FÍSICA MODERNA

O GEN | Grupo Editorial Nacional, a maior plataforma editorial no segmento CTP (científico, técnico e profissional), publica nas áreas de saúde, ciências exatas, jurídicas, sociais aplicadas, humanas e de concursos, além de prover serviços direcionados a educação, capacitação médica continuada e preparação para concursos. Conheça nosso catálogo, composto por mais de cinco mil obras e três mil e-books, em www.grupogen.com.br.

As editoras que integram o GEN, respeitadas no mercado editorial, construíram catálogos inigualáveis, com obras decisivas na formação acadêmica e no aperfeiçoamento de várias gerações de profissionais e de estudantes de Administração, Direito, Engenharia, Enfermagem, Fisioterapia, Medicina, Odontologia, Educação Física e muitas outras ciências, tendo se tornado sinônimo de seriedade e respeito.

Nossa missão é prover o melhor conteúdo científico e distribuí-lo de maneira flexível e conveniente, a preços justos, gerando benefícios e servindo a autores, docentes, livreiros, funcionários, colaboradores e acionistas.

Nosso comportamento ético incondicional e nossa responsabilidade social e ambiental são reforçados pela natureza educacional de nossa atividade, sem comprometer o crescimento contínuo e a rentabilidade do grupo.

FÍSICA MODERNA

Origens Clássicas e Fundamentos Quânticos

2ª edição

Francisco Caruso

Laboratório de Física Experimental de Altas Energias
Centro Brasileiro de Pesquisas Físicas

Vitor Oguri

Instituto de Física Armando Dias Tavares
Universidade do Estado do Rio de Janeiro

Direitos exclusivos para a língua portuguesa
Copyright © 2016 by
LTC — Livros Técnicos e Científicos Editora Ltda.
Uma editora integrante do GEN | Grupo Editorial Nacional

Travessa do Ouvidor, 11
Rio de Janeiro, RJ — CEP 20040-040
Tels.: 21-3543-0770 / 11-5080-0770
Fax: 21-3543-0896
`ltc@grupogen.com.br`
`www.ltceditora.com.br`

Projeto Gráfico e Editoração Eletrônica: Francisco Caruso & Vitor Oguri
Capa: Leônidas Leite
Ilustrações: Francisco Caruso, Marcelo Chelles, Vitor Oguri

CIP-BRASIL. CATALOGAÇÃO NA PUBLICAÇÃO
SINDICATO NACIONAL DOS EDITORES DE LIVROS, RJ

C317f
2. ed.

Caruso, Francisco
Física moderna: origens clássicas e fundamentos quânticos / Francisco Caruso; Vitor Oguri. — 2. ed. — Rio de Janeiro: LTC, 2016.
il.; 28 cm
Inclui bibliografia, exercícios e índice
ISBN 978-85-216-3094-4

1. Física. I. Oguri, Vitor. II. Título.

16-30967	CDD 531
	CDU 531

A *Alberto Santoro*,
com amizade;

Cristina & Stella,
com amor;

Armando Tavares,
com saudade;

Felipe da Silveira,
com esperança.

Prefácio à segunda edição

A publicação de um livro da qualidade e vulto deste Física Moderna causou, em 2006, um merecido impacto que ainda repercute. O privilégio de prefaciar a presente edição enseja um segundo mergulho no trabalho de Caruso e Oguri e o prazer renovado da leitura de um texto de características excepcionais. Das concepções filosóficas da Antiguidade sobre a natureza da matéria à visita aos constituintes elementares, uma trajetória histórica rica e crítica, calcada nas fontes primárias de tal conhecimento, engloba conceitos, experimentações e desenvolvimentos teóricos associados e conduz aos tempos da modernidade em que a Relatividade e a Física Quântica têm um papel fundamental. Considerada em vários momentos como uma teoria do faz de conta, a Mecânica Quântica surge nestas páginas como possível, plausível e finalmente como embasamento científico para o desenvolvimento da Física Moderna.

O livro de Caruso e Oguri proporciona tudo isto e não abandona o leitor que invade seus meandros fantásticos. Transcendendo a perspectiva de um livro didático no sentido estrito torna-se um, entretanto, por excelência, em um contexto mais amplo. A obra se presta a distintas leituras, atraindo quem simplesmente ama a Física, auxiliando na percepção de diversas facetas de como se faz Ciência, desvendando aspectos históricos, servindo a professores como fonte e inspiração de configurações de cursos dos mais variados níveis e a alunos de várias carreiras e, inclusive, como fonte bibliográfica das mais ricas. Não é de surpreender, pois, a acolhida e o reconhecimento conquistados por sua primeira edição transformando-a, em decorrência, em alvo de grande procura.

Passada quase uma década da publicação original, os autores, cientes da repercussão da mesma e ciosos em manter seu nível de qualidade, nos oferecem uma segunda edição. Mantendo a estrutura da anterior, a nova edição é, também, fruto de um trabalho minucioso em que o cuidado dos autores se revela tanto no texto, na bibliografia e no índice, como nas figuras, tabelas e exercícios. Destacam-se entre os conteúdos que mais apresentam atualizações os referentes às concepções clássicas sobre a natureza da luz, à relatividade restrita, à radioatividade, ao modelo atômico de Bohr e às aplicações da equação de Schrödinger, com reflexos no aumento significativo do número de exercícios e figuras. Caruso e Oguri merecem estar satisfeitos com os resultados obtidos.

Missão cumprida pelos autores, resta liberar esta edição aos leitores para que possam usufruir do livro.

Victoria Elnecave Herscovitz
Instituto de Física UFRGS

Prefácio à primeira edição

Este é um livro para quem ama a Física, e não para quem queira apenas servir-se dela. Os professores Francisco Caruso e Vitor Oguri, conhecidos pesquisadores na área de Física das Partículas Elementares, amam a Física e deixam isso muito claro no plano geral da obra, bem como em cada um de seus detalhes.

Inserido na ilustre linhagem dos livros de Física Moderna cuja raiz é o clássico de Max Born, *Atomic Physics*, este belo e fundamental texto inova a literatura da área em vários aspectos, entre os quais destaco a excelente ideia de incluir e, de fato, destacar, na bibliografia, as fontes primárias, isto é, aqueles trabalhos, quase sempre artigos de revistas científicas, em que a Física mostra sua face real, sem os retoques dos epígonos, e onde se aprende o *fazer* dos físicos ou, em poucas palavras, o que a Física realmente *é*.

Também a parte mais tradicional da bibliografia é enriquecida por sugestões de leitura, curtos textos que comentam as obras citadas e despertam no leitor o interesse pela obra e a tentação de, algum dia, lê-la. Nisto me recorda o notável livro de Herbert Goldstein, *Classical Mechanics*, cuja bibliografia comentada tanto alargou nossos horizontes.

Outro aspecto digno de nota foi a preocupação dos autores em tornar o livro, o quanto possível, autossuficiente, adequando o texto à realidade de um país carente de bibliotecas.

Revela-se, desde os primeiros capítulos, que os autores são escritores talentosos. Em uma prosa clara, elegante e leve, mas nunca superficial, em um português impecável, abordam problemas difíceis, como a teoria termodinâmica da radiação de equilíbrio, que imortalizou Max Planck e inaugurou a Física Quântica, e a tornam, não fácil, pois que fácil não é, mas acessível, porque abordada racional e gradualmente.

Um livro sério e honesto, a obra de Caruso e Oguri não recorre a prestidigitações e não simplifica (no mau sentido) o seu tema. O leitor não encontrará aqui uma Física *ad usum delfini*, mas a Física verdadeira, tornada perfeitamente acessível ao leitor dedicado.

Era disso que precisávamos.

Henrique Fleming
Professor Titular
Universidade de São Paulo

Apresentação

Este livro de texto é fruto da experiência de ensino de Física Moderna, acumulada ministrando as disciplinas de Estrutura da Matéria e de Mecânica Quântica, no Instituto de Física da Uerj, desde 1983, e algumas vezes Mecânica Quântica no CBPF. Construído de modo a ser o mais autoconsistente possível, o livro aborda a evolução das concepções clássicas acerca da natureza da matéria e da luz, antes de apresentar, com detalhes, a crise da virada do século XX e a subsequente construção da Física Quântica, que introduziu novos e transformadores paradigmas na Ciência.

Seguindo uma perspectiva histórica, procuramos, sobretudo, dar subsídios capazes de despertar o interesse e o espírito crítico do leitor, permitindo que ele compreenda bem a origem da Física Moderna e a dinâmica da investigação científica, por entender que essa característica crítica essencial do pensamento científico tem sido sistematicamente deixada de lado em outros livros universitários. Esperamos, dessa forma, construir um diálogo com o leitor no qual buscamos nos expressar de modo ainda mais claro, pois, como nos ensina Schopenhauer, com o texto escrito não se ouvem as perguntas do interlocutor.

Gostaríamos de ressaltar que os experimentos, as hipóteses e os modelos apresentados no texto não são todos histórica e logicamente necessários à construção, elaboração e apresentação das teorias fundamentais da Física Moderna em um texto didático. Entretanto, mesmo as grandes sínteses na Ciência, alcançadas, em alguns casos raros, por um ou outro pesquisador, resultam, em última análise, de um trabalho coletivo sistemático de pesquisa, de proposição de novas ideias e novos conceitos, de novos experimentos, ao longo de toda a história da cultura. Por outro lado, concordamos com Werner Heisenberg, quando ele afirma no prefácio do seu livro *Física e Filosofia* que *talvez a melhor maneira de abordar os problemas da Física Moderna seja através de uma descrição histórica do desenvolvimento da teoria quântica*. Mas, claro, os caminhos são muitos. Optamos por dar ênfase à evolução das ideias e dos conceitos básicos recorrentes na discussão da essência da matéria e da luz ao longo da história e, como não poderia deixar de ser, tal escolha reflete a formação dos autores e a visão que têm do ensino e da ciência.

Acreditamos que seja um trabalho pioneiro, capaz de atender à expectativa da comunidade de físicos de se dispor de um livro de texto diferente, em uma das áreas mais fascinantes da Física. Algumas das preocupações dos autores podem ser aqui destacadas, no sentido de mostrar a originalidade e a relevância do livro. Em primeiro lugar, cabe enfatizar o cuidado com a consulta e a referência constantes às fontes primárias, sempre que possível, procurando, dessa forma, evidenciar a beleza e a dinâmica da investigação científica, permitindo que o leitor interessado disponha de todas as informações para localizar, com facilidade, os textos seminais. Ao final de cada capítulo, o leitor encontra uma lista de referências bibliográficas comentadas, separadas em "fontes primárias" e "outros artigos e sugestões de leitura", a qual possibilita um aprofundamento maior sobre qualquer assunto tratado, além de um número expressivo de exercícios. Uma outra característica do livro é a tentativa de com ele resgatar a reflexão crítica do leitor sobre o objeto de sua leitura. Para isso, os autores recorrem, com frequência, a comentários epistemológicos e a reflexões e citações dos cientistas que fizeram a história da Mecânica Quântica. Outro aspecto que pode ser destacado é a preocupação de deduzir praticamente todas as fórmulas que são utilizadas normalmente, e não considerar, como a maioria, que o aluno "já viu isso ou aquilo em outra disciplina". Dessa forma, procuramos construir um livro que dispense o aluno de recorrer a outros, em seus estudos (como livros de Mecânica, Teoria Cinética dos Gases, Eletromagnetismo e Física Matemática). Por último, pode-se dizer que o livro é atual, na medida em que foi levada em consideração uma vasta bibliografia moderna sobre seu tema (incluindo livros e artigos), bibliografia esta que é oferecida ao leitor ao final de cada capítulo, no caso dos artigos, e as demais referências ao final do livro, em ordem alfabética de sobrenome dos autores.

Nos nove primeiros capítulos, apresentamos os principais resultados da Física Clássica, que precedem o surgimento da Física Quântica. Neles abordamos os fundamentos clássicos da natureza da matéria e da luz, considerados indispensáveis para se entender a crise do sistema explicativo causal clássico, que tem início com a descoberta do elétron, com o estudo da Radiação de Corpo Negro, do Movimento Browniano, e da Teoria da Relatividade. Os quatro capítulos introdutórios lidam com a gradual consolidação da visão atomista da matéria. Os dois seguintes abordam diferentes concepções sobre a luz, até se chegar à Eletrodinâmica de Maxwell e à contribuição revolucionária de Einstein, a Relatividade Restrita. Os três capítulos que se seguem tratam especificamente da desconstrução do conceito de átomo como algo eterno e sem estrutura. Neles são abordadas as contribuições provenientes das pesquisas sobre a eletrólise, as descargas em gases e a radioatividade. Toda essa notável conquista científica ainda prescindia da constante de Planck.

No Capítulo 10, apresentamos o estudo da radiação de corpo negro, que culmina com a introdução da ideia de *quantum* na Física e suas primeiras aplicações. Os trabalhos de Planck e de Einstein, desenvolvidos entre 1900 e 1905, mudam para sempre a Física, dando início ao que se convencionou chamar de *Física Moderna* ou ainda *Física Quântica*. Seguem-se dois capítulos com a descrição detalhada dos modelos atômicos clássicos (Thomson, Nagaoka, Rutherford) e quânticos (Bohr & Sommerfeld). O último grupo de capítulos aborda temas como a dualidade onda-partícula, as hipóteses de Louis de Broglie e a construção da Mecânica Quântica (Heisenberg, Schrödinger, Born & Dirac), que, além da abordagem histórica, contém uma apresentação exaustiva das principais formulações dessa nova teoria para o microcosmo. Concluímos com uma discussão de como o estágio atual da Física das Partículas Elementares é uma herança das concepções atomísticas da matéria aqui apresentadas.

Esperamos que o público-alvo do livro possa ser bastante amplo, incluindo a graduação, o mestrado profissionalizante e até mesmo o mestrado em outras áreas afins. Alunos de graduação dos cursos de bacharelado e licenciatura em Física, alunos de graduação de Engenharia cursando a disciplina básica obrigatória de Física IV ou disciplinas como a de Dispositivos Semicondutores, que contemplem uma introdução à Física Moderna no ciclo profissional (Eletrônica e Elétrica). Pode também ser útil em cursos de Física Médica ou de Medicina Nuclear, nos quais começa a haver uma demanda maior de livros sobre os fundamentos da Física Moderna, cada vez mais pertinente ao estudo do instrumental e dos equipamentos usados na Medicina. O livro também pode ser útil para professores de ensino médio e professores universitários de Física. Por fim, talvez o livro também possa interessar ao leitor culto.

Agradecemos a Francisca Valéria Fortaleza Vasconcelos por ter vencido nossa inércia e digitado a primeira versão em LaTeX a partir do manuscrito. Ao pessoal da Biblioteca do CBPF, Fátima Bacelar Couto, Heloísa Ottoni, Sergio Velho, Marcelo da Silva Magalhães, José Santos de Souza, José Ramalho Nery e Maria Rosa Simplício, e a Maria Luisa Mesiano da Biblioteca CTC-D da Uerj pelo inestimável auxílio na localização de várias referências. Ao pessoal da LTC, pelo profissionalismo, competência e, em especial, Ricardo Redisch, Carla Nery, Raquel Bouzan Barraca e Sandra Mara Albuquerque pela paciência e gentil tolerância com os autores na fase de revisão final do livro. Agradecemos ainda a Erick Hoepfner (Uerj) pelo excelente trabalho com as imagens e a capa do livro e pela constante preocupação com os *backups*. A todos os membros da Oficina de Educação através de Histórias em Quadrinhos e Tirinhas (Eduhq), pela possibilidade de utilizarmos algumas de suas tirinhas e, em especial, aos alunos-artistas Luisa Daou, Nilton de Freitas, Ivson Aguiar da Silva, Gustavo dos Santos Amaral e Wallace Jonas de Andrade Marques, nosso muito obrigado.

Nosso sincero reconhecimento àqueles que fizeram críticas e deram importantes contribuições pontuais em diferentes capítulos: Maria José Bechara (IF/USP), Maria Lucia Bianconi (Instituto de Bioquímica da UFRJ), Mauro Velho de Castro Faria (IB/Uerj), Mirian de Carvalho (UFRJ), Paulo Alves Porto (IQ/USP), Ilton Jornada e Joana Mara Santos (IQ/Uerj), Hélio da Motta Filho (CBPF), Jorge Barreto (UFRJ), Paulo Murilo de Carvalho (UFF), André Sznajder, Pedro von Ranke Perlingeiro, José Umberto Cinelli Lobo de Oliveira, e Nilson Antunes (IF/Uerj).

Versões preliminares do livro foram utilizadas em diferentes ocasiões por colegas no IF/Uerj, cujos comentários foram úteis para que revíssemos o texto. Neste sentido, Marcia Begalli, José Roberto Mahon, Arnaldo José Santiago e Fabio Antonio Seixas de Rezende deram importantes contribuições.

Agradecemos ainda a Maria Cristina de Oliveira Silveira e a Stella Maris Nunes Amadei, pelo incansável auxílio na revisão do texto, pelas críticas e sugestões que em muito contribuíram para sua clareza e pelo incentivo. Contribuíram também para a revisão do texto, em diversos momentos: Ademar Monteiro dos Santos, Anderson Luiz Santana França, Carlos Cristóvão de Almeida, Cláudia Mello Belhassof, Marília Pinto de Oliveira, Marco Antonio Correa, Rafaela Ventura e Raquel Bouzan Barraca a quem somos muito gratos.

Não temos palavras para agradecer aos amigos que se dispuseram a ler criticamente o conteúdo de todo o livro: Eugene Levin (Departamento de Física de Altas Energias da Universidade de Tel-Aviv), José Maria Filardo Bassalo (UFPA) e Alfredo Marques (CBPF). A eles, nosso mais sincero reconhecimento. Seus comentários enriqueceram muito o texto e é desnecessário dizer que qualquer falha que ainda persista deva ser atribuída exclusivamente aos autores.

Por último, mas não menos importante, devemos mencionar o incentivo constante de muitos amigos, fundamental durante o longo período de preparo do livro, entre os quais destacamos: Alfredo Marques, Ívano Damião Soares e Sérgio Joffily, do CBPF, José Maria Filardo Bassalo (UFPA), Bruto Max Pimentel Escobar (IFT/Unesp), Gil da Costa Marques (USP), Wanderley de Souza (Finep), Nobuo Oguri e Maria de Lourdes Barbosa (os dois últimos *in memoriam*). Resta ainda Alberto Santoro (IF/Uerj), que foi sempre mais do que um incentivador. Nosso orientador em períodos diferentes, esperamos que ele veja espelhado nestas páginas muito do entusiasmo, da dimensão ética e social da Ciência, e da preocupação com a formação científica dos jovens que continua nos transmitindo até hoje.

Francisco Caruso & Vitor Oguri

Rio de Janeiro, março de 2016.

Sumário

Prefácio à segunda edição   ix

Prefácio à primeira edição   xi

Apresentação   xiii

1 A estrutura da matéria: concepções filosóficas na Antiguidade   **1**

     1.1   As primeiras especulações sobre a constituição da matéria   1

     1.2   Átomos e vazio: Leucipo, Demócrito e Epicuro   7

     1.3   Pitágoras, o idealismo de Platão e a geometrização da Física   9

         1.3.1   A Escola Pitagórica   9

         1.3.2   A geometrização de Platão   10

         1.3.3   A influência de Platão na Física   11

     1.4   Aristóteles e o antiatomismo   14

     1.5   As propriedades da matéria e o vazio: especulação ou realidade?   16

     1.6   Fontes primárias   19

     1.7   Outras referências e sugestões de leitura   19

     1.8   Exercícios   20

2 As origens do atomismo científico: contribuições da Química   **21**

     2.1   Descartes contra o atomismo   21

     2.2   O atomismo de Galileu, Gassendi e Boyle   23

     2.3   A cosmovisão mecanicista e o átomo de Newton   26

     2.4   A combustão: o flogístico e o calórico   28

     2.5   O átomo químico   29

         2.5.1   O átomo de Dalton   30

         2.5.2   As massas atômicas   34

         2.5.3   A hipótese de Prout e os isótopos   36

2.5.4 A hipótese de Avogadro e o conceito de molécula 37

2.5.5 A classificação dos elementos químicos: de Lavoisier a Mendeleiev 41

2.6 O legado de Mendeleiev 48

2.7 Fontes primárias 52

2.8 Outras referências e sugestões de leitura 53

2.9 Exercícios 55

3 O atomismo na Física: o triunfo do mecanicismo   **57**

3.1 A Teoria Cinética dos Gases 58

3.1.1 Os postulados básicos 59

3.1.2 O gás ideal 59

3.1.3 A compreensão da hipótese de Avogadro 64

3.1.4 A distribuição de Maxwell-Boltzmann 64

3.1.5 Os calores específicos dos gases 72

3.2 Evidências experimentais das distribuições moleculares 74

3.2.1 A fórmula de Arrhenius 75

3.2.2 A efusão de moléculas 77

3.2.3 Os primeiros experimentos sobre as distribuições moleculares 78

3.2.4 Os experimentos da década de 1940 79

3.2.5 O experimento de Miller-Kush 81

3.3 O conceito de seção de choque 83

3.3.1 O livre caminho médio 84

3.3.2 A lei de distribuição dos livres caminhos 87

3.3.3 A equação da continuidade 88

3.3.4 A definição experimental de seção de choque 90

3.3.5 A definição probabilística de seção de choque 91

3.4 Fontes primárias 94

3.5 Outras referências e sugestões de leitura 94

3.6 Exercícios 95

4 O movimento browniano e a hipótese molecular   **99**

4.1 O movimento aleatório ratifica a visão corpuscular da matéria 99

4.2 As contribuições de Einstein e Langevin 101

4.2.1 Os trabalhos de Einstein 101

4.2.2   A abordagem de Langevin 104

4.2.3   O passeio aleatório 106

4.3   Os experimentos de Perrin 107

4.4   Fontes primárias 112

4.5   Outras referências e sugestões de leitura 113

4.6   Exercícios 113

5   A natureza da luz: concepções clássicas   115

5.1   A natureza da luz: discreta ou contínua? 115

5.2   Fenômenos ondulatórios 118

    5.2.1   A equação de onda clássica de d'Alembert 119

    5.2.2   Meios não dispersivos 120

    5.2.3   A solução geral da equação de d'Alembert 122

    5.2.4   Ondas monocromáticas 122

    5.2.5   Velocidade de fase 124

    5.2.6   Velocidade de grupo 124

    5.2.7   Meios dispersivos 124

    5.2.8   Ondas planas monocromáticas 125

    5.2.9   Ondas esféricas 126

    5.2.10   Energia e *momentum* de uma onda monocromática 127

    5.2.11   Ondas estacionárias 128

    5.2.12   Reflexão e transmissão de ondas planas 131

5.3   A polêmica Newton-Huygens 133

5.4   Os experimentos de Young e de Fresnel 134

    5.4.1   Difração da luz por uma fenda estreita 135

    5.4.2   O experimento da dupla fenda 138

    5.4.3   Coerência temporal 141

    5.4.4   Múltiplas fendas e redes de difração 143

5.5   Fourier e a propagação do calor 146

5.6   A descrição eletromagnética da luz 148

    5.6.1   As equações de Maxwell 148

    5.6.2   A Eletrodinâmica Clássica de Lorentz 151

    5.6.3   As equações das ondas eletromagnéticas 152

    5.6.4   A energia de uma onda eletromagnética 155

5.6.5 O *momentum* de uma onda plana eletromagnética 158

5.6.6 A pressão da luz 159

5.6.7 A fórmula de Larmor 160

5.6.8 A seção de choque de Thomson 162

5.7 A propagação da luz e o éter, segundo Maxwell e Einstein 165

5.8 Fontes primárias 167

5.9 Outras referências e sugestões de leitura 168

5.10 Exercícios 169

6 A Eletrodinâmica e a Teoria da Relatividade Restrita de Einstein   **171**

6.1 O movimento e o espaço 171

6.2 As duas nuvens de Lord Kelvin 173

6.3 Os experimentos de Michelson e Morley 173

6.4 A covariância das leis físicas 176

6.4.1 As transformações de Galileu 177

6.4.2 As transformações de Lorentz 179

6.5 A Relatividade Restrita 181

6.5.1 Medidas próprias e não próprias 182

6.5.2 Sincronismo, simultaneidade e escalas de tempo 183

6.5.3 O não sincronismo de relógios em movimento e a simultaneidade relativa 184

6.5.4 Medidas de comprimento ao longo do movimento 185

6.5.5 A invariância da medida de comprimento na direção transversal ao movimento . . 186

6.5.6 A dilatação temporal 187

6.5.7 A contração da medida de comprimento na direção do movimento 189

6.5.8 O efeito Doppler 192

6.5.9 As transformações espaço-temporais entre referenciais inerciais 194

6.5.10 As transformações de velocidades 196

6.5.11 As transformações dos campos eletromagnéticos 197

6.6 A Eletrodinâmica Relativística de Einstein 200

6.6.1 A Eletrodinâmica da partícula relativística 201

6.6.2 A energia e o *momentum* de uma partícula relativística 202

6.6.3 Algumas consequências das equações de Einstein 205

6.7 A conservação de energia e de momento linear em sistemas de partículas 207

6.7.1 O referencial do centro de massa 208

	6.7.2 Gases relativísticos	209
	6.7.3 Sistemas nucleares	210
	6.7.4 Colisões de partículas em altas energias	211
6.8	O impacto da Relatividade	213
6.9	Fontes primárias	214
6.10	Outras referências e sugestões de leitura	214
6.11	Exercícios	215

7 A desconstrução do átomo: algumas evidências do século XIX — **219**

7.1	O átomo de eletricidade: Faraday e a eletrólise	219
	7.1.1 Os átomos de eletricidade	219
	7.1.2 As leis de Faraday	223
7.2	A espectroscopia dos elementos químicos	225
	7.2.1 O espectro do átomo de hidrogênio	228
	7.2.2 O efeito Zeeman	229
7.3	Fontes primárias	233
7.4	Outras referências e sugestões de leitura	234
7.5	Exercícios	235

8 Os raios catódicos: a descoberta do elétron e dos raios X — **237**

8.1	A descoberta do elétron	237
	8.1.1 Os raios catódicos	237
	8.1.2 Os experimentos de Thomson	241
	8.1.3 A gota fugidia de Wilson	246
	8.1.4 Os experimentos de Millikan	248
	8.1.5 Existem cargas fracionárias?	254
	8.1.6 O modelo de Drude	255
	8.1.7 As primeiras teorias do elétron	257
8.2	A descoberta dos raios X	259
	8.2.1 Uma janela indiscreta: os raios X	259
	8.2.2 A difração de raios X e a lei de Bragg	261
	8.2.3 Medida do número de elétrons	265
	8.2.4 Moseley e os espectros de raios X	266
8.3	Fontes primárias	267

8.4 Outras referências e sugestões de leitura 269

8.5 Exercícios 270

9 A Radioatividade   **273**

9.1 As primeiras descobertas 273

9.2 Os raios α, β e γ 277

9.3 A teoria da transmutação 279

    9.3.1 A contribuição de Rutherford e Soddy 279

    9.3.2 O decaimento β e a conservação de energia 281

    9.3.3 A Lei de Decaimento Radioativo 282

9.4 O número de Avogadro 285

9.5 Datação radiológica 286

9.6 Fontes primárias 288

9.7 Outras referências e sugestões de leitura 288

9.8 Exercícios 289

10 A radiação de corpo negro e o retorno à concepção corpuscular da luz   **291**

10.1 A Mecânica Estatística 292

    10.1.1 Boltzmann e o problema da irreversibilidade 296

10.2 A radiação de corpo negro 298

    10.2.1 As leis de Stefan e Wien 299

    10.2.2 Os osciladores de Planck 305

    10.2.3 Rayleigh e os modos de vibração da radiação 308

    10.2.4 A fórmula de Planck 310

    10.2.5 Planck e o *quantum* de energia 311

    10.2.6 Einstein e a lei de Planck 313

10.3 Einstein e a quantização da luz 318

    10.3.1 O efeito fotoelétrico 320

    10.3.2 Os calores específicos dos sólidos 322

    10.3.3 O efeito Compton 326

10.4 Fontes primárias 330

10.5 Outras referências e sugestões de leitura 331

10.6 Exercícios 332

11 Os modelos atômicos clássicos   **335**

11.1 O átomo de Thomson 335

    11.1.1 A emissão de energia por cargas aceleradas 336

    11.1.2 As hipóteses de Thomson 337

    11.1.3 As predições do modelo de Thomson 337

        11.1.3.1   A emissão de radiação por um átomo 337

        11.1.3.2   A estabilidade atômica 340

        11.1.3.3   As linhas espectrais 344

        11.1.3.4   Os anéis de elétrons e a Tabela Periódica 344

        11.1.3.5   O espalhamento de partículas α por um átomo 346

11.2 O átomo de Nagaoka 348

    11.2.1 As hipóteses de Nagaoka 348

    11.2.2 Os problemas do modelo de Nagaoka 349

11.3 Um exemplo do método da observação indireta 349

11.4 O átomo de Rutherford 352

    11.4.1 As hipóteses de Rutherford 352

    11.4.2 O problema da estabilidade do átomo 353

    11.4.3 Estimativa do raio nuclear 354

    11.4.4 O movimento sob ação de uma força central 355

11.5 O espalhamento de partículas α pelos núcleos atômicos 359

11.6 Fontes primárias 361

11.7 Outras referências e sugestões de leitura 362

11.8 Exercícios 362

12 Os modelos quânticos do átomo   **363**

12.1 O átomo de Bohr 363

    12.1.1 Os primórdios da descrição quântica da matéria 363

    12.1.2 Os postulados de Bohr 364

    12.1.3 A fórmula de Balmer como consequência dos postulados de Bohr 365

    12.1.4 A origem da quantização do momento angular 368

    12.1.5 Os níveis de energia de átomos como consequência da quantização do momento angular 371

    12.1.6 O átomo de Bohr como um oscilador harmônico 372

    12.1.7 O postulado desnecessário 373

12.1.8 Moseley, o modelo de Bohr e o número atômico 376

12.1.9 O efeito Doppler 379

12.2 A velha Mecânica Quântica 381

12.2.1 Os invariantes adiabáticos 381

12.2.2 A regra de quantização de Wilson-Sommerfeld 383

12.2.3 A estrutura fina dos espectros atômicos 385

12.2.4 A teoria relativística de Sommerfeld 388

12.3 De que é feito o núcleo atômico? 389

12.4 Fontes primárias 391

12.5 Outras referências e sugestões de leitura 391

12.6 Exercícios 392

13 A Mecânica Quântica Matricial **393**

13.1 Os novos argumentos probabilísticos de Einstein 394

13.1.1 As probabilidades de transição e a radiação de corpo negro 394

13.1.2 Fontes de laser 396

13.2 A Mecânica Matricial de Heisenberg, Born e Jordan 397

13.2.1 A regra de comutação entre a posição e o *momentum* 400

13.2.2 As equações de movimento de Heisenberg 400

13.2.3 O oscilador harmônico: as intensidades das linhas espectrais do hidrogênio 401

13.3 Fontes primárias 405

13.4 Outras referências e sugestões de leitura 405

13.5 Exercícios 406

14 A Mecânica Quântica Ondulatória **407**

14.1 As hipóteses de Louis de Broglie 407

14.1.1 Os pacotes de ondas-piloto 410

14.1.2 A quantização de Wilson-Sommerfeld segundo Louis de Broglie 414

14.2 A difração de elétrons 415

14.2.1 Os experimentos de Davisson, Kunsman e Germer 416

14.2.2 Os experimentos de G.P. Thomson 418

14.2.3 O efeito Kapitza-Dirac 419

14.3 A equação de Schrödinger 421

14.3.1 A analogia de Hamilton e a equação independente do tempo 421

14.3.2 A equação de Schrödinger dependente do tempo 423

14.3.3 O limite das órbitas clássicas 425

14.4 A interpretação probabilística de Born 426

14.4.1 A normalização da função de onda 429

14.4.2 Incertezas e valores médios da posição 430

14.4.3 A invariância da equação de Schrödinger 431

14.5 O movimento da partícula em campos conservativos 433

14.5.1 Os estados estacionários 434

14.5.2 Os estados não estacionários 435

14.5.3 A ortogonalidade dos autoestados de energia 435

14.5.4 A conservação de energia 437

14.5.5 Os estados quase estacionários 439

14.5.6 A relação entre as formulações matricial e ondulatória 439

14.5.7 A partícula livre 440

14.5.8 O operador *momentum* 441

14.5.9 Incertezas e valores médios do *momentum* 443

14.6 As relações de incerteza de Heisenberg 444

14.6.1 Aplicações das relações de incerteza 447

14.7 As equações de Ehrenfest 451

14.7.1 O limite clássico da Mecânica Quântica 453

14.8 Generalizações e sistemas de partículas 456

14.8.1 O operador momento angular orbital 456

14.8.2 O acoplamento do momento angular orbital com o campo magnético 458

14.8.3 A equação de Schrödinger para N partículas 460

14.9 Fontes primárias 461

14.10 Outras referências e sugestões de leitura 462

14.11 Exercícios 463

15 Aplicações da equação de Schrödinger   469

15.1 A analogia entre a Mecânica Quântica e a Óptica 469

15.2 Problemas de potenciais descontínuos: poços e barreiras de potenciais 471

15.2.1 Espectros discretos de energia: autoestados ligados 472

15.2.2 Espectros contínuos de energia: estados não ligados 474

15.2.3 O poço de potencial infinito 475

15.2.4 A barreira de potencial retangular 479

15.3 O oscilador harmônico simples 482

15.3.1 Os níveis de energia do oscilador 483

15.3.2 Os autoestados de energia do oscilador 486

15.3.2.1 A função geratriz dos polinômios de Hermite 487

15.3.2.2 A fórmula de Rodrigues para os polinômios de Hermite 488

15.3.2.3 Relações de recorrência para os polinômios de Hermite 489

15.3.2.4 A ortogonalidade e a normalização dos autoestados de energia 490

15.4 O átomo de hidrogênio 492

15.4.1 A separação das variáveis 494

15.4.2 A parte angular 494

15.4.2.1 Os polinômios de Legendre e as funções harmônicas esféricas 494

15.4.2.2 Determinação dos primeiros polinômios e das funções associadas de Legendre não normalizadas 499

15.4.2.3 Diagramas polares dos polinômios e das funções associadas de Legendre . 502

15.4.2.4 A normalização dos primeiros polinômios e das funções associadas de Legendre 503

15.4.2.5 A função geratriz, a fórmula de Rodrigues e as relações de recorrência para os polinômios de Legendre 505

15.4.2.6 A ortogonalidade e a normalização dos polinômios de Legendre 505

15.4.2.7 A fórmula de Rodrigues e as relações de recorrência para as funções associadas de Legendre 507

15.4.2.8 A ortogonalidade e a normalização das funções associadas de Legendre . 507

15.4.3 A parte radial 509

15.4.3.1 Comportamento assintótico e espectro de energia do átomo de hidrogênio 511

15.4.3.2 O estado fundamental e os primeiros estados excitados 514

15.4.3.3 As distribuições de probabilidade de presença radiais do elétron no átomo de hidrogênio 516

15.4.3.4 Notação espectroscópica 518

15.4.3.5 As funções radiais e os polinômios e funções associadas de Laguerre . . . 520

15.4.3.6 Fórmulas de recorrência, de Rodrigues e função geratriz dos polinômios de Laguerre 522

15.4.3.7 Ortogonalidade dos polinômios de Laguerre e das funções radiais 523

15.4.4 Regras de seleção 524

15.5 Fontes primárias 527

15.6 Outras referências e sugestões de leitura 527

15.7 Exercícios 527

16 A equação de Dirac   **531**

16.1 O milho e a pérola 532

16.2 A equação relativística de Dirac 533

16.3 A descoberta do pósitron 538

16.4 A pérola e o milho: moral da fábula 541

16.5 A equação de Pauli como limite não relativístico da equação de Dirac 543

16.6 O *spin* do elétron 545

     16.6.1 As origens do conceito de *spin* 545

     16.6.2 O experimento de Stern-Gerlach 546

     16.6.3 O *spin* e a Tabela Periódica 547

16.7 Fontes primárias 549

16.8 Outras referências e sugestões de leitura 550

16.9 Exercícios 550

17 Os indivisíveis de hoje   **551**

17.1 Os *quarks* 551

17.2 Uma herança de Rutherford 553

17.3 Fontes primárias 558

17.4 Outras referências e sugestões de leitura 558

17.5 Exercícios 559

Constantes e unidades físicas   **561**

Referências Bibliográficas   **563**

Índice Onomástico   **573**

Índice de Assuntos   **581**

Material
Suplementar

Este livro conta com o seguinte material suplementar:

- Ilustrações da obra em formato de apresentação (restrito a docentes)

O acesso ao material suplementar é gratuito, bastando que o leitor se cadastre em: http://gen-io.grupogen.com.br.

GEN-IO (GEN | Informação Online) é o repositório de materiais suplementares e de serviços relacionados com livros publicados pelo GEN | Grupo Editorial Nacional, maior conglomerado brasileiro de editoras do ramo científico-técnico-profissional, composto por Guanabara Koogan, Santos, Roca, AC Farmacêutica, Forense, Método, Atlas, LTC, E.P.U. e Forense Universitária. Os materiais suplementares ficam disponíveis para acesso durante a vigência das edições atuais dos livros a que eles correspondem.

1

A estrutura da matéria: concepções filosóficas na Antiguidade

1.1 As primeiras especulações sobre a constituição da matéria

Um dos maiores legados da história da humanidade é a construção do que se pode chamar de *cosmovisão científica*: um novo olhar sobre a Natureza, ou seja, sobre a *Physis*, tal qual era entendida pelos gregos. A origem do processo de construção dessa *cosmovisão*, lento e fascinante, corresponde à origem e ao florescimento da Filosofia e da Física na Grécia antiga. É importante compreender que esse momento histórico assinala o início de uma drástica mudança de atitude do homem com relação à *Physis*, de grande relevância para o pensamento ocidental, que se refletirá mais tarde, de forma marcante, na Física Moderna. É nesse período riquíssimo, de quase dois séculos, que tem início e se concretiza a ruptura com a concepção mitopoética da natureza, até então predominante, e afirmam-se alguns traços que marcarão a trajetória cultural do Ocidente. Por um lado, a busca de uma visão da *Physis* baseada em relações causais, estabelecidas a partir da *razão*, cujo expoente máximo foi Aristóteles de Estagira. Por outro, a ideia de simplicidade manifestada desde quando se buscou compreender racionalmente a natureza a partir de um *único princípio*, de uma *matéria primordial* organizada pela ação dos contrários e, finalmente, a ideia norteadora de que existe um *Cosmos*, termo grego que significa *um todo organizado*.

De particular interesse para se compreender as origens do conceito de *átomo* e a evolução do atomismo é a análise do surgimento, na primeira fase da filosofia grega, das primeiras especulações sobre a essência e sobre a constituição da matéria. A natureza da matéria – ou simplesmente de corpos extensos dotados de certas propriedades – foi uma questão intrigante para os filósofos antigos e ainda é para os físicos contemporâneos; motivo pelo qual se decidiu por iniciar o livro pela herança grega, introduzindo, ainda que de forma sucinta, algumas das ideias que abriram uma fascinante discussão que dura mais de 27 séculos.

Esse rico despertar da razão corresponde ao período entre os séculos VII e IV a.C. e teve suas origens na chamada "Escola Jônica", fundada por Tales, cujos primeiros integrantes eram originários da cidade de Mileto, situada no litoral da Ásia Menor. Muitos autores enfatizam que esse é um marco da filosofia europeia, mas é preciso que fique claro que não há uma linha de demarcação nítida entre o pensamento pré-racional, mítico ou baseado em concepções antropomórficas, e o pensamento racional associado a uma visão científica do mundo. Durante muito tempo vozes das duas correntes de pensamento vão coexistir na tentativa de explicar o cosmos.

Os integrantes da Escola Jônica ocuparam-se basicamente de explicar a natureza física do mundo. A questão de fundo que Tales e tantos outros se colocaram pode ser formulada assim: *podem todas as coisas ser vistas como uma simples realidade, aparecendo em diferentes formas?*

Tendo essa indagação como mote, Tales teria respondido à pergunta "De que é constituída a matéria?" da seguinte maneira: *A água é a causa material de todas as coisas.* Mais precisamente, em uma citação de Aristóteles, lê-se:

> *Deve haver alguma substância natural, uma ou mais do que uma, de que provêm as outras coisas, enquanto ela é preservada. Contudo, sobre o número e a forma dessa espécie de princípio nem todos estão de acordo; mas Tales, fundador desse tipo de filosofia, diz que é a água (...), tendo talvez formulado essa suposição por ver que o alimento de todas as coisas é úmido e que o próprio calor dele provêm e vive graças a ele (aquilo de que provêm é o princípio de todas as coisas), formulou a hipótese não só a partir disto como ainda do fato de os germes de todas as coisas terem uma natureza úmida, sendo a água o princípio natural das coisas úmidas.*[1]

Outro comentário a esse respeito deve-se a Heráclito, o Homérico:

> *É que a substância natural úmida, uma vez que facilmente se transforma em cada uma das diferentes coisas, está acostumada a passar por variadíssimas modificações: a parte dela que é exalada transforma-se em ar, e a parte mais sutil é inflamada de ar em éter, ao passo que a água se torna compacta e se muda em lodo, transforma-se em terra. Por isso Tales declarou que, dos quatro elementos, a água era, por assim dizer, o mais ativo enquanto causa.*

A perspectiva da criação do mundo a partir da *água* – ou de que dela tudo provém – já era, na verdade, difundida na Índia e na Babilônia, assim como a ideia de que essa substância primordial se dividia, de alguma forma, em duas substâncias contrárias, como mecanismo necessário para a explicação de que para toda qualidade se opõe um contrário (ao dia, a noite; à luz, a escuridão etc.).[2]

A hipótese de que haja uma matéria primordial contém, em sua essência, um conjunto de atitudes de grande importância, tanto para a evolução da filosofia pré-socrática como, também, para a formação de um novo pensar, ou seja, do novo pensamento científico.

A característica marcante do trabalho de Tales reside na procura do entendimento da natureza de modo *racional*, postulando que este esteja ligado a um *único princípio*. Suas ideias são justificadas não em termos de deuses ou forças sobrenaturais, mas em termos da *lógica*. Desse modo, uma contribuição importante de Tales diz respeito ao desenvolvimento do método da prova sistemática. Assim como Pitágoras fará mais tarde, ele ensina como deduzir proposições de axiomas ou de princípios simples que parecem indubitáveis, ingrediente essencial para a racionalização da *Physis*. No contexto intelectual de hoje – marcado pelo pragmatismo e pelo imediatismo – não é demais lembrar que Tales foi movido principalmente pela curiosidade intelectual e não por qualquer tipo de necessidade prática, no sentido utilitarista empregado atualmente.

---

[1] A menos que se indique o contrário, as citações dos filósofos gregos neste capítulo foram retiradas do livro de Kirk e Raven (1990).

[2] Esse tipo de pensamento, bastante divulgado na Mesopotâmia e no Egito, teve inegável influência na formação da filosofia grega. Entretanto, cabe notar que, nessas culturas, tais ideias estavam sempre personificadas na mitologia.

Talvez tenha sido Tales o primeiro a exigir que a simplicidade fosse incluída na Filosofia. Encontrar um *único princípio* é ter a "filosofia mais simples", mesmo que a natureza não seja simples. Essa premissa foi transmitida a outros filósofos e utilizada de uma maneira ainda mais enfática, por exemplo, por Aristóteles, que afirmou que a natureza possui uma tendência intrínseca à simplicidade. Como um exemplo marcante de outra época, pode-se citar Guilherme de Ockham, célebre nominalista franciscano de Oxford, pioneiro da epistemologia moderna, que retoma a ideia implícita na obra de Tales ao afirmar que complicações devem ser evitadas ao se descrever a natureza. Sua filosofia é dominada por um *princípio de economia* que se resume nas frases: *não se faz com muitas coisas aquilo que pode ser feito com poucas*[3] ou *as entidades não hão de se multiplicar a não ser que seja necessário.*[4] Esse princípio, relacionado a um *ideal de simplicidade*, está presente também no *corpus* da Física Moderna, por meio do chamado *princípio da mínima ação*, e incorporou-se ao dia a dia de qualquer cidadão, no dito popular: "para que complicar o que se pode facilitar?".

Assim, conclui-se que a formulação da questão sobre a causa material de todas as coisas e a postura assumida por Tales ao respondê-la foram essenciais, nos primórdios da Escola Jônica, mais do que a definição do elemento fundamental. Esse conjunto de ideias novas vai ser encontrado total ou parcialmente em trabalhos posteriores, que vão formar o sólido legado do pensamento grego, como se mostrará resumidamente a seguir.

Há quem afirme que Anaximandro de Mileto teria sido *o primeiro dos gregos que se conhece a aventurar-se a apresentar uma descrição escrita da natureza*. Discípulo de Tales, Anaximandro sustentava que a substância original que constitui o mundo é τὸ ἄπειρον – o *apeiron* ou o *indefinido* – que não é nem a água, nem nenhum dos outros elementos naturais (terra, ar e fogo), depois considerados essenciais por outros filósofos. Aristóteles interpreta o *apeiron* principalmente no sentido de algo "espacialmente infinito". Tal substância original é eterna, indestrutível e infinita. Desse modo, ao considerar o *apeiron* como substância primeira – embora, como Tales, adotando um princípio substancialista –, Anaximandro nega que a substância primordial necessite poder ser percebida pelos sentidos; ao contrário, sustenta que tal substância possa ser fruto apenas da mente humana. Em outras palavras, Anaximandro admite a hipótese de uma realidade imperceptível escondida na realidade perceptível. Esse é o aspecto original de sua filosofia, que o diferencia fundamentalmente de Tales, já que a escolha da água é influenciada pela experiência dos sentidos, como apontou Aristóteles na citação anteriormente reproduzida.

Anaximandro, talvez influenciado pelos contrastes decorrentes das mudanças das estações do ano, postulou, de início, um equilíbrio entre substâncias opostas. O *apeiron*, dotado de um movimento eterno, gera diferentes formas e corpos que dão lugar a conflitos sem fim. Como qualquer predominância entre os opostos – por exemplo, *quente* e *frio* – seria uma injustiça, um deve oferecer ao outro oportunidade de reparação, o que caracteriza um *movimento eterno* em busca do *equilíbrio*.

É muito pouco provável que o próprio Anaximandro tenha alguma vez tratado isoladamente da questão do movimento. Mas tendo o *indefinido* uma natureza divina, ele possuiria o poder de pôr em movimento o que quer que quisesse e onde quisesse. Mundos poderiam ser criados ou destruídos, como bolhas no *apeiron*, e seriam compostos de *quente* e *frio*. É fundamental notar que "quente" e "frio" não são empregados como adjetivos; devem, na verdade, ser compreendidos como algo substantivo.

É nessa explicação cosmológica que se encontra, pela primeira vez, o conceito de substâncias naturais opostas,[5] conceito este que vai reaparecer com frequência nas obras de vários outros filósofos pré-socráticos.[6]

---

[3] *Frustra fit per plura quod potest fieri per pauciora.*
[4] *Entia non sunt multiplicanda praeter necessitatem.*
[5] Na Física Moderna, tem-se as cargas elétricas positivas e negativas, os polos magnéticos norte e sul, as partículas e suas antipartículas, enfim, vários exemplos de contrários.
[6] A difícil distinção entre *substância* e *atributo* só será efetuada por Platão e Aristóteles.

Pode-se concluir, em última análise, que a escolha do *indefinido* como substância primordial se deve à concepção que Anaximandro tinha de um certo equilíbrio reparador entre os contrários. Note que seu raciocínio poderia ter sido: a *água* e o *fogo*, tidos como substâncias primeiras, seriam opostos que se destruiriam quando colocados em contato. Tomando-se como verdadeira a assertiva de Tales de que todas as coisas se originam da água, como explicar que o fogo tenha se tornado parte tão predominante do nosso mundo se, desde o princípio, tivesse a constante oposição de toda a massa – indefinidamente extensa – do seu verdadeiro antagonista? Esse raciocínio é válido independentemente da substância natural considerada. Consequentemente, os constituintes beligerantes (os opostos) do nosso mundo devem ter-se desenvolvido de uma substância diferente de qualquer um deles, a qual Anaximandro tomou como o *indefinido*, que, por definição, não pode ser percebido pelos sentidos humanos.

O terceiro filósofo de Mileto, Anaxímenes, admitia um movimento perpétuo, que seria a causa da transformação da substância primeira em outras. Ele identificava a substância primeira como sendo o *ar*, que podia diferir na sua natureza substancial pelo grau de *rarefação* e de *densidade* (características opostas). São os dois processos de rarefação e de condensação os responsáveis pela mudança da substância primeira. Note que os dois substantivos opostos mencionados são muito mais facilmente relacionados com o ar do que com outra substância natural. Assim, de certa forma, Anaxímenes retorna à linha filosófica de Tales, ao adotar o *ar* como substância primeira, acrescentando o conceito dos opostos introduzido por Anaximandro. Nesse sentido, a filosofia de Anaxímenes pode ser considerada uma síntese das filosofias de Tales e de Anaximandro.

Já Heráclito de Éfeso tomou como substância primeira o *fogo*. Na filosofia de Heráclito a *unidade essencial dos contrários* desempenha um papel fundamental. As sentenças abaixo são exemplos disso:

(*i*) *A água do mar é a mais pura e a mais poluída; para os peixes, é potável e salutar, mas, para os homens, é impotável e deletéria.*

(*ii*) *O caminho a subir e a descer é um e o mesmo.*

(*iii*) *A doença torna a saúde agradável e boa, a fome, a saciedade; a fadiga, o descanso.*

Em (*i*) tem-se um exemplo de uma mesma coisa que produz efeitos diferentes sobre diferentes seres vivos; em (*ii*), diferentes aspectos da mesma coisa podem justificar descrições opostas; já a sentença (*iii*) é algo equivalente à proposição de que *não haveria justiça sem injustiça, o belo sem o feio*. Assim, Heráclito é apontado por vários autores como criador da *dialética*.

Ao contrário de Anaximandro, Heráclito admitiria situações de estabilidade locais, desde que fossem temporárias e estivessem equilibradas por um estado correspondente em outro lugar. Essa hipótese não invalida a tese dos contrários e, na verdade, permite sua aplicação a situações reais, nas quais se encontra alguma configuração estável em meio a tantas outras mutantes. A continuidade da mudança nessa filosofia resume-se na imagem de que *tudo está em mudança e nada permanece parado, e, comparando o que existe à corrente de um rio, [Heráclito] diz que não se poderia penetrar duas vezes no mesmo rio.*

O argumento apresentado para invalidar a escolha de um elemento natural como substância primeira, durante a discussão sobre as ideias de Anaximandro, não se aplica ao *fogo* na filosofia de Heráclito, que é uma forma arquetípica da matéria. Nela, o fogo é muito mais a *causa*, a origem ininterrupta dos processos naturais, do que algo indefinido ou infinito.[7] O *fogo* – aquilo que anda – é o responsável pelas mudanças. O que hoje se chama de fogo é apenas *uma parte* do cosmos de Heráclito, que pode ser compreendido de forma análoga ao mar, metáfora de uma representação geral da água. Há quem conjecture que o fogo cósmico puro tenha sido identificado por Heráclito como o *aither* (éter),

substância ígnea e brilhante que enche o céu resplandescente e circunda o mundo: este aither foi por muitos [Aristóteles, Hipócrates, entre outros] considerado não só divino, mas também lugar das almas.

---

[7] O conceito moderno que mais se aproxima do *fogo* em Heráclito é o de *energia*.

Outro filósofo que tomou uma substância natural – a terra – como fundamental foi Xenófanes de Cólofon: a terra e a água se misturariam constantemente e a origem dos seres vivos estaria no lodo. Esse tipo de pensamento encontra explicação, por exemplo, na observação de fósseis. Constata-se ainda, em Xenófanes, a intenção de buscar um Uno enquanto Ser, ideia que vai reaparecer mais tarde em Parmênides.

Pode-se dizer que o *fogo*, a *terra*, o *ar* e a *água*, de certo modo, têm um mesmo *status*, no sentido de que qualquer mudança que ocorra deve ser tal que mantenha constante o total de cada substância. Assim, se uma quantidade de terra se dissolve em mar, uma quantidade equivalente de mar condensa-se em terra em outra região.

Note que até agora todas as tentativas de formular uma explicação racional para a *Physis* depararam-se com a antítese *unidade × variedade*. A enorme variedade de coisas e eventos que formam o mundo se contrapõe, naturalmente, a qualquer tentativa de entendimento da Natureza tendo por base uma *unidade*. Entender a Natureza de forma racional requer, necessariamente, o estabelecimento de *critérios lógicos*, o que implica a busca de uma *ordem* no mundo, o que, por sua vez, corresponde ao reconhecimento do que é *igual*, reforçando a ideia de *uma unidade fundamental*. Bem, e quais seriam as consequências dessa postura? Por um lado, ela poderia levar, no limite, à convicção da existência de um único *princípio fundamental*, enquanto, ao mesmo tempo, apresentaria grande dificuldade para que a infinita variedade de coisas fosse derivada desse *único* princípio. Esse problema é ainda atual e muito provavelmente é uma barreira epistemológica para as teorias de unificação, seja do campo unificado de Albert Einstein, seja de supercordas ou similares.

A segunda fase na história da especulação da filosofia pré-socrática é constituída de duas escolas: a Eleática e a Pitagórica, que, por sua relevância, será apresentada separadamente (Seção 1.3).

Parmênides de Eleia pode ser considerado o filósofo que levou o *monismo*,[8] introduzido por Tales, às últimas consequências. Enquanto Tales e seus seguidores derivavam a pluralidade das coisas a partir de uma matéria fundamental, Parmênides, preso ao conceito de *Uno* e à ideia de que os objetos de pensamento devem ser objetos reais, sustentava a inexistência de qualquer mudança e a impossibilidade de movimento. Para ele, só se deve pensar ou falar de uma coisa "que é".[9]

Parmênides negou o tempo, o vazio e a pluralidade. Ele acreditava que a sua premissa de que *uma coisa é ou não é* seria uma verdade eterna. Em nenhum instante, passado ou futuro, essa premissa poderia ter sido ou poderá ser falsa, pois ele a supôs única. Logo, o passado e o futuro são desprovidos de qualquer significado, o que implica um *presente eterno*, e as noções de tempo e de movimento são, assim, negadas; o *Ser – aquilo que é –* não é criado nem destruído. É preciso que o *Ser* o seja inteiramente e seja, portanto, *uno e contínuo*, ou nada. Admitir essa premissa é negar não somente o movimento, mas também o *vazio*, uma vez que o primeiro não ocorre sem a existência do segundo.

Outros filósofos, como Zenão de Eleia e Melisso de Samos, argumentaram contra a pluralidade. Melisso talvez tenha sido quem forneceu aos atomistas a base para todo o seu sistema, ao fazer uma crítica à validade do uso dos sentidos. A constatação, através dos sentidos, de que o que é frio é possível de ser aquecido, o que é duro, de ser amolecido, de que o que é vivo morre[10] é inconsistente com a hipótese de que, caso haja uma pluralidade, ela deva ser da mesma espécie que se atribui ao *uno*, como defendia Parmênides. Essa inconsistência levou Melisso a afirmar que os sentidos provocam apenas ilusões, pois o que é *real* não muda, e, portanto, se houvesse uma pluralidade, as coisas teriam de ser precisamente da mesma natureza que o Uno. Outra contribuição importante de Melisso para a doutrina atomista foi a dedução da impossibilidade de movimento sem que haja o vazio, cuja função importante é manter separadas as unidades.

---

[8] A visão segundo a qual existe apenas uma realidade fundamental, uma origem simples, da qual todas as coisas e fenômenos decorrem, mesmo que dessa totalidade observada se percebam diferentes aspectos da realidade.

[9] Veja-se a citação de Simplício: *Forçoso é que o que se pode dizer e pensar seja; pois lhe é dado ser, e não ao que nada é. Isto te ordeno que ponderes, pois é este o primeiro caminho de investigação (...).*

[10] Compare-se com o conhecido ditado popular: *água mole em pedra dura tanto bate até que fura.*

O *monismo* foi substituído pelo *pluralismo* na filosofia de Empédocles de Agrigento.[11] Simplício, referindo-se a ele, escreve:

> *Ele faz os elementos materiais, em número de quatro, fogo, ar, água e terra, todos eternos, mas mudando em quantidade e escassez por meio da mistura e separação, mas os seus verdadeiros primeiros princípios, que cedem movimento a esses, são o* Amor *e a* Discórdia. *Os elementos estão continuamente sujeitos a uma mudança alternada, ora misturados pelo Amor, ora separados pela Discórdia; de modo que, pela sua exposição, os primeiros princípios são em número de seis.*

Nessa filosofia, é a ação dos contrários – *Amor* e *Discórdia* – que provoca mudança, o que, de certa forma, corresponde aos contrários – *rarefação* e *densidade* – da filosofia de Anaxímenes.

O passo seguinte foi dado por Anaxágoras de Clazômena, também da Escola Jônica, quando escreveu: *Todas as coisas estavam juntas, então veio o Espírito* (Nous)[12] *e as colocou em ordem.* O *movimento* deveria ser explicado e não simplesmente aceito, e, para tal, Anaxágoras substitui o *Amor* e a *Discórdia* de Empédocles pelo *Espírito*. Atribui-se a Anaxágoras a ideia de que *em todas as coisas há uma porção de todas as coisas, exceto Espírito, e que há algumas coisas em que também existe Espírito.* Ele afirmava ainda que, por mais que se pudesse subdividir uma porção de matéria, se teria sempre um número infinito de porções, mesmo que se levasse essa subdivisão até uma escala tão pequena quanto possível.

De um modo um tanto semelhante a Empédocles, Anaxágoras realça a dialética da mistura e da separação, sendo que ele imaginava que todas as coisas seriam formadas por um número infinito de *sementes*,[13] contendo porções extremamente pequenas de tudo aquilo que existe no mundo visível. Assim, as mudanças seriam explicadas por um mecanismo de combinação e separação dessas sementes.

Por fim, cabe destacar um aspecto muito importante da contribuição de Anaxágoras: a percepção de que o agente ou a "força" que controla o movimento deve estar completamente separado da matéria sobre a qual ele atua, cuja relevância pode ser inferida do fato de essa convicção ter sido defendida, séculos mais tarde, pelo filósofo francês René Descartes, ao considerar a *matéria* e a *força* conceitos independentes. A natureza do movimento era explicada, em sua filosofia, por uma causa eficiente: *Deus.* Por sua perfeição, simplicidade e imutabilidade, Deus seria o responsável pela simplicidade e pela conservação do movimento.

Embora de acordo com Anaxágoras sobre a importância e a necessidade de tratar a questão do movimento, o inglês Isaac Newton não deixa lugar em sua obra para essa separação entre *força* e *matéria*. Ao contrário de Anaxágoras e de Descartes, ele define a massa em termos da força e vice-versa, expressando a natureza da massa, da força e do movimento por meio de sua segunda lei. *Movimento* e *força* são conceitos novamente inseparáveis dos de *massa* e de *aceleração.* Assim, Newton não necessita recorrer a causas metafísicas para o movimento (Seção 2.3).

---

[11] O nome antigo é Akragas.

[12] Adotou-se a tradução "Espírito" para *Nous*, termo grego que, na filosofia de Anaxágoras, significa algo como *intuição intelectual.*

[13] O termo usado por Aristóteles para as sementes de Anaxágoras é *homeomeria*, composto de "semelhante" mais "parte".

1.2 Átomos e vazio: Leucipo, Demócrito e Epicuro

> *Nada existe além de átomos e vazio; tudo mais é opinião.*
>
> Demócrito

Acredita-se que a gênese do conceito de *átomo* na filosofia se deva a Leucipo de Abdera[14] e sua posterior elaboração a seu discípulo, Demócrito.

Leucipo observou que o nascer e a mudança são incessantes no mundo, e, ao contrário dos eleatas (entre eles Parmênides), aceitou a existência do *vazio*, tendo postulado a existência de inúmeros elementos em movimento perpétuo (*os átomos*). Essas ideias foram aceitas por Demócrito e retomadas por Epicuro de Samos. Sobre os atomistas, Aristóteles escreveu:

> *Leucipo e seu associado Demócrito sustentam que os elementos são o cheio e o vazio; eles os chamam Ser e não Ser, respectivamente. Ser é cheio e sólido, não ser é vazio e não denso. Visto que o vazio existe em não menor grau que o corpo, segue-se que o não ser não existe menos que o ser. Os dois juntos são as causas materiais das coisas existentes. E tal como aqueles que fazem a substância una subjacente gerar outras coisas pelas suas modificações, e postulam a rarefação e a condensação como origem dessas modificações, da mesma maneira também esses homens dizem que a diferença dos átomos são as causas das outras coisas. Eles sustentam que essas diferenças são três: forma, disposição e posição.*

Do ponto de vista atomístico, o que é (o Ser) não é necessariamente Uno, podendo repetir-se um número infinito de vezes. A matéria não pode ser criada ou destruída, e o Universo é constituído de corpos sólidos e de um vazio infinitamente extenso. Logo, o *átomo* e o *vazio* constituem a essência do materialismo da filosofia atomística. Cabe notar que o vazio, na teoria de Demócrito, não é simplesmente o *nada* (a negativa do Ser), já que ele serve de sustentáculo para o movimento dos átomos: *os átomos movem-se no vazio e, ao juntarem-se, produzem o nascimento, e ao separarem-se, a morte.*

Leucipo e Demócrito teriam acreditado que os átomos se movem por colisões e choques mútuos, sem tentar explicar suas causas. Ambos pareciam acreditar em um determinismo absoluto: atribui-se a Leucipo a afirmação de que *nada acontece sem razão, tudo tem justificativa ou uma necessidade*, e a Demócrito, a proposição de que *tudo acontece segundo a necessidade; pois a causa do nascimento de todas as coisas é o redemoinho, a qual ele chama necessidade*. Foi Leucipo quem tentou demonstrar que a fonte do movimento está na própria matéria, relacionando as qualidades das coisas ao resultado dos deslocamentos e choques dos átomos.

Entretanto, os atomistas não chegaram a apresentar argumento algum que justificasse o movimento inicial dos átomos, o que corresponde a aceitar uma descrição puramente causal de seus movimentos, pensando apenas no resultado da colisão entre átomos, sem se preocupar com o movimento primeiro. Esse ponto de vista – de certa forma aceito e desenvolvido por Newton – foi criticado por Aristóteles, ao escrever: *Leucipo e Demócrito, que dizem que os seus corpos primários estão sempre em movimento no vazio infinito, deviam especificar o tipo de movimento que lhes é natural.*

Mas como justificar a existência dos átomos? Segundo Epicuro, tal conceito, não sendo contestado por nenhuma prova dos sentidos, é verdadeiro. Por definição, os átomos e o vazio não são acessíveis aos sentidos humanos, apesar de comporem o mundo sensível. Aqui reaparece, em outro contexto, a questão da existência de uma realidade imperceptível através dos sentidos, valorizada por Anaximandro.

---

[14] Há controvérsias sobre a cidade natal de Leucipo. Alguns historiadores afirmam que ele seria originário de Mileto, outros, de Eleia.

Figura 1.1: O atomismo grego.

Talvez Leucipo e Demócrito não conhecessem os trabalhos de Zenão e de Melisso, mas, no plano das ideias, pode-se estabelecer uma clara relação lógica entre eles. É importante notar que, quando eles postularam como elemento primeiro o *átomo*, uma entidade abstrata, estavam negando por completo a validade dos sentidos como instrumento de busca do conhecimento, uma vez que toda informação sobre a matéria, obtida pelos sentidos, a indica como *contínua*.[15]

Um fragmento de Demócrito indica sua crítica à validade dos sentidos *vis-à-vis* a produção de conhecimento: *Por convenção existem o doce e o amargo, o quente e o frio, por convenção existe a cor; na verdade são os átomos e o vazio (...).* Ainda nesse sentido pode-se também citar outro fragmento:

> *Há duas formas de conhecimento, uma genuína, outra obscura. À obscura pertence tudo o que se segue: vista, ouvido, olfato, paladar, tato. A outra é genuína e é muito diferente dessa (...). Quando a forma obscura já não pode ver mais minuciosamente, nem ouvir, nem cheirar, nem provar, nem conhecer pelo tato, mas mais fina (...).*

A indivisibilidade atribuída ao átomo era defendida de maneira diferente por cada um dos atomistas: Leucipo sustentava que essa propriedade é decorrente de sua pequenez, enquanto, para Demócrito, decorria do fato de ele não conter vazio intrínseco e, para Epicuro, relacionava-se com sua dureza.

Demócrito, ao atribuir aos átomos duas propriedades capazes de diferenciá-los, *tamanho* e *formato*, imaginava-os como indivisíveis apenas fisicamente, mas não conceitualmente, uma vez que estes podiam, pelo menos em princípio, diferir em tamanho.

Sobre suas formas, Demócrito as admitia em número infinito. Quanto ao motivo para essa hipótese, Aristóteles e Teofrasto de Ereso citam argumentos diferentes. O primeiro afirma que tal hipótese decorre da admissão de que a verdade não está nas aparências, contraditórias e *infinitamente* variáveis. Já Teofrasto afirma que tal escolha se deve ao fato de não haver nenhuma razão para que um átomo tenha uma forma e não outra.[16] Essa hipótese foi contestada por Epicuro, que percebeu que isso acarretaria a existência de átomos tão grandes que poderiam ser vistos a olho nu.

---

[15] Ao contrário dos elementos *água, terra, ar e fogo*, o *átomo* não pode ser visto ou tocado e não tem propriedades que afetem os sentidos humanos como o cheiro, por exemplo. Esses filósofos admitiam, no entanto, algumas outras propriedades, como é visto no texto.

[16] Típico argumento baseado no que se chama "princípio da razão suficiente".

Epicuro considerou o *peso* a terceira propriedade intrínseca do átomo, que seria responsável por sua queda através do espaço. Já Demócrito, apesar de não negar o inquestionável peso dos corpos, concluiu que este é proporcional ao tamanho do átomo: como os corpos compostos são formados de átomos e vazio, e o vazio não tem peso, só aos primeiros, sólidos e feitos da mesma substância, é permitido ter peso.

Vale ressaltar, ainda, a influência do pensamento de Anaxágoras sobre o atomismo, embora devam-se destacar dois pontos de vista fundamentalmente diferentes. O primeiro é que Anaxágoras postulou, de início, uma variedade infinita de *sementes*, o que eliminava de sua filosofia tanto o nascimento quanto a derivação da pluralidade a partir da unidade; os atomistas consideravam todas as substâncias absolutamente homogêneas e justificavam a aparente variedade de fenômenos por meras diferenças de forma, posição e disposição dos átomos (Seção 1.5), que, assim, ficavam livres de conter os atributos de todas as coisas, como nas sementes de Anaxágoras. O segundo relaciona-se ao fato de que, para os atomistas, a matéria é formada de *pequenos tijolos indivisíveis*, enquanto, para Anaxágoras, ela é infinitamente divisível.

1.3 Pitágoras, o idealismo de Platão e a geometrização da Física

> *Se o mundo dos sentidos não se ajusta às matemáticas, tanto pior para o mundo dos sentidos.*
> Bertrand Russell

1.3.1 A Escola Pitagórica

De acordo com o filósofo inglês Bertrand Russell, Pitágoras foi intelectualmente *um dos homens mais importantes que já existiram, tanto quando era sábio como quando não o era. A matemática, como argumento dedutivo-demonstrativo, começa com ele e nele está ligada a uma forma peculiar de misticismo. A influência das matemáticas sobre a filosofia, em parte devida a ele, tem sido, desde então, tão profunda quanto funesta.*

Mais adiante, deixando de lado o tom irônico e provocativo da última frase, Russell volta a enfatizar a importância de Pitágoras, afirmando não conhecer *nenhum outro homem que haja exercido como ele tanta influência na esfera do pensamento*, justificando, assim, esta asserção:

> *Aquilo que nos parece platonismo é, quando analisado, essencialmente pitagorismo. Toda concepção do mundo eterno, revelada ao intelecto, mas não aos sentidos, deriva dele. Se não fosse por ele, os cristãos não teriam considerado Cristo como sendo o Verbo; se não fosse por ele, os teólogos não teriam procurado provas lógicas da existência de Deus e da imortalidade.*

O próprio sentido moderno da palavra *teoria*, como conquista intelectual construída a partir do conhecimento matemático, começa a ser elaborado a partir do pitagorismo. Apesar de toda a influência que a doutrina pitagórica exerceu sobre o pensamento humano, serão destacados apenas alguns pontos, que se relacionam mais diretamente com a discussão da essência das coisas.[17]

A Escola Pitagórica dedicou-se ao estudo da Matemática e a fez progredir bastante. Para os pitagóricos, o princípio de todas as coisas seria a *Matemática* e, por conseguinte, também sua essência, os números. Vale lembrar que esses números eram restritos ao que se chama hoje de *números racionais*, os quais

---

[17] Sobre o próprio Pitágoras sabe-se muito pouco – e muito menos sobre seus sucessores –, e a melhor fonte de referência é Aristóteles.

podem ser expressos como razões de dois números inteiros. As semelhanças entre os números e as coisas reais eram mais percebidas do que entre elas e o fogo, ar, água e terra, como, por exemplo, na Música. A afirmativa de que *as coisas são iguais aos números* deve ser compreendida no sentido de que as coisas reais são compostas de números que delas não são separáveis.

Dessa forma, *os pitagóricos pensavam nos números como espacialmente extensos e confundiam o ponto da geometria com a unidade aritmética, do que resultava uma forma primitiva de átomo, se é que podem usar tal expressão.*[18]

Essa Escola esperava, assim, fazer da *Aritmética* a base de estudo da Física. Entretanto, tal programa filosófico esbarra no problema dos incomensuráveis. Tome-se, por exemplo, um triângulo retângulo de lado igual a 1 unidade de comprimento. A hipotenusa desse triângulo mede $\sqrt{2}$, que é um número *irracional* e, portanto, uma quantidade que *não é* igual a um *número*, no sentido pitagórico do termo. A alternativa para essa impossibilidade de representar a *Physis* com os números foi apresentada pelo ateniense Platão, substituindo em sua filosofia a Aritmética pela Geometria.

1.3.2   A geometrização de Platão

Platão apresenta, em sua obra *Timeu*, cujo personagem principal é um astrônomo pitagórico, além de uma descrição dos céus, a sua visão geométrica – e ao mesmo tempo pluralista – da constituição da matéria, bastante diferente da atomista. Por um lado, ele afirma que *um corpo físico é simplesmente uma parte de espaço limitado por superfícies geométricas, as quais não contêm nada além de espaço vazio.* Por outro, ainda no *Timeu*, sustenta que a menor parte dos quatro elementos da filosofia de Empédocles se relaciona com os poliedros regulares da Geometria (Figura 1.2), descobertos pelos pitagóricos.

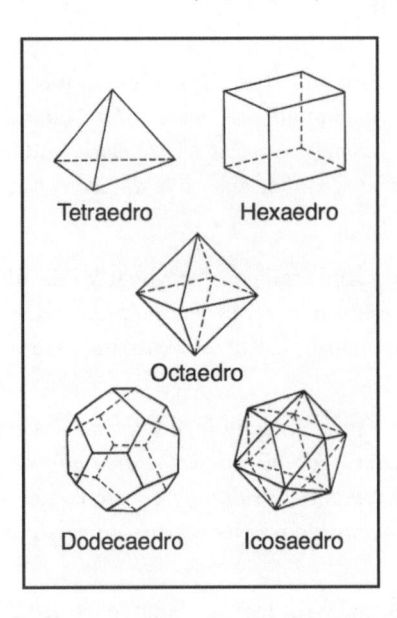

Figura 1.2: Os cinco poliedros regulares utilizados como base da filosofia de Platão.

A associação platônica é a seguinte: *água-icosaedro, ar-octaedro, terra-hexaedro e fogo-tetraedro*. Na base dessas associações está uma espécie de analogia mecânica muito simples. Por exemplo, o fogo – o elemento mais penetrante – é relacionado à figura do tetraedro, que tem pontas mais penetrantes. Como não havia um quinto elemento a ser relacionado ao dodecaedro, Platão supôs que Deus o usara para delinear o Universo como um todo.

---

[18] Resquícios dessa espacialidade dos números ainda são encontrados em termos matemáticos como "números quadrados" e "elevar um número ao cubo".

Ao contrário dos atomistas, Platão não considerava esses elementos imutáveis. De fato, os triângulos[19] podem ser rearranjados em outras figuras, de modo que também é possível haver conversão de uns elementos em outros. Essa ideia platônica teve grande influência no desenvolvimento da Alquimia e, de certa forma, está presente nas concepções modernas acerca das partículas elementares (Capítulo 17).

Na filosofia de Platão, as entidades fundamentais não se confundem com a menor parte da matéria, que correspondem aos sólidos regulares, os quais, por sua vez, são ainda formados de *triângulos* equiláteros e isósceles, podendo ser recombinados, dando origem a outros sólidos. Portanto, conclui-se que as *entidades fundamentais* da filosofia de Platão existem no mundo das ideias; são as *formas geométricas* e não *tijolos indivisíveis*, como os *átomos*. Essencialmente, pode-se dizer que o programa de Platão, no que tange à descrição da natureza, pressupõe uma *espacialização* da matéria e uma *geometrização* da Física.

Todas as assertivas discutidas aqui são pura especulação filosófica, fundamentais, contudo, para a construção do atomismo científico, séculos mais tarde.

1.3.3   A influência de Platão na Física

Apesar das marcantes diferenças de pensamento, esse período clássico da filosofia grega caracteriza-se, em linhas gerais, pela presença do ideal de *Cosmos* e pela convicção de que a ordenação da variedade infinita das coisas e eventos possa (e deva) ser alcançada racionalmente. Portanto, para os pensadores gregos, a compreensão da Natureza passa necessariamente pela busca de um tipo de ordem, o que, por sua vez, requer o reconhecimento do que é igual, do que é regular ou, ainda, da capacidade de reconhecer *simetrias*: tudo em busca de uma *Unidade*. Para Tales, essa unidade era a *água*, para Heráclito, o *fogo*, enquanto eram o *átomo* e o *vazio* a representá-la para os atomistas e a *Geometria*, para Platão.

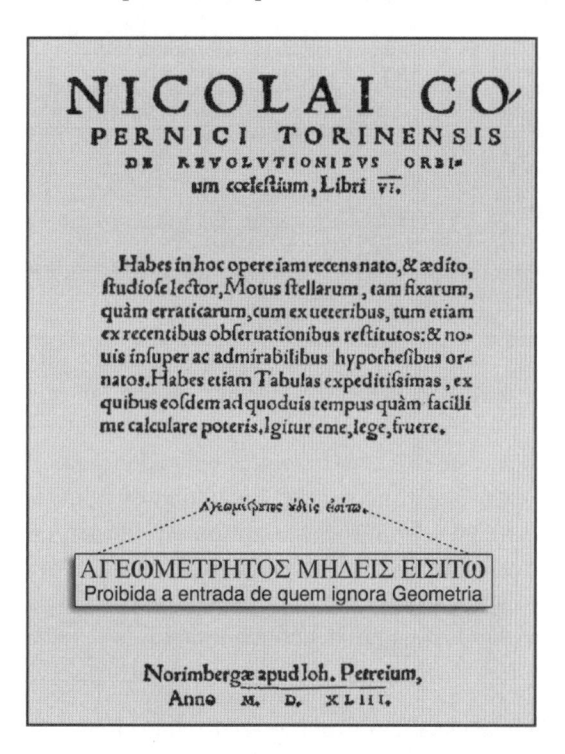

Figura 1.3: Folha de rosto do livro de Copérnico, publicado em 1543, na qual se destaca a frase atribuída a Platão.

---

[19] *Entre os dois triângulos, o isósceles tem apenas uma forma; o escaleno (...) tem um número infinito. Entre as infinitas formas, precisamos novamente selecionar a mais bela, se quisermos proceder na ordem devida, e se alguém puder indicar uma forma mais bela que a nossa para a construção desses corpos deve receber os louros, não como um inimigo, mas como um amigo.*

Dois exemplos podem evidenciar a relevância do ideal platônico de geometrizar a Natureza na história da Física. O primeiro é que a valorização implícita da simetria terá grande impacto na Astronomia do século XVI. O astrônomo polonês Nicolau Copérnico, ao escrever, na folha de rosto de seu livro *Sobre a Revolução dos Orbes Celestes*, publicado em 1543, a mesma frase lendária que Platão teria mandado afixar na porta de sua Academia, ou seja, *proibida a entrada de quem ignora Geometria*, declara explicitamente compartilhar da visão platônica acerca da descrição e compreensão da Física celeste em termos essencialmente geométricos (Figura 1.3).

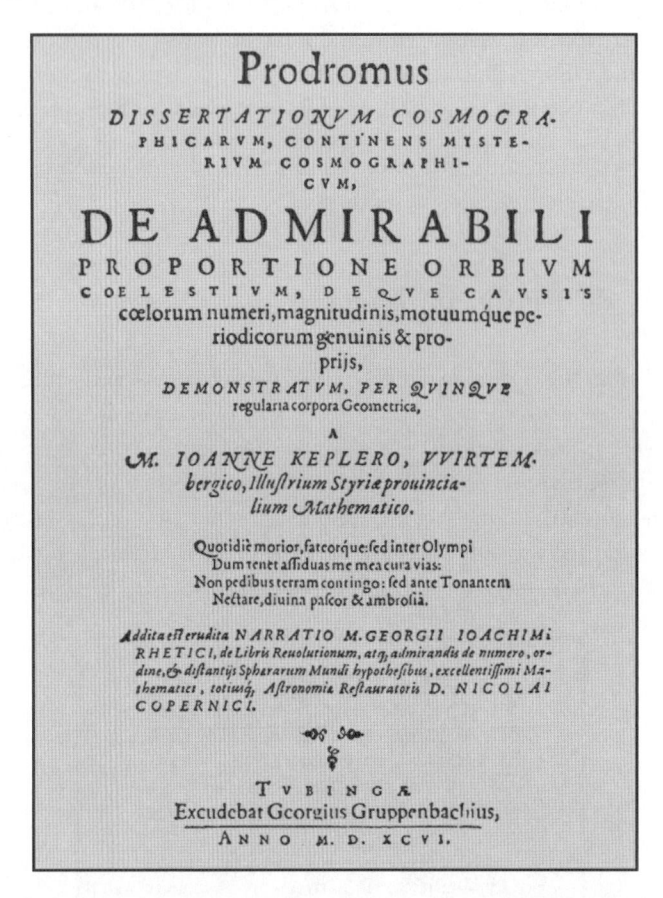

Figura 1.4: Folha de rosto do livro de Kepler, publicado em 1596, em que se lê: "Pródromo das dissertações cosmográficas contendo o mistério cosmográfico sobre as admiráveis proporções dos orbes celestes e sobre as razões próprias e genuínas do número, da grandeza e dos movimentos periódicos dos céus, mistério demonstrado mediante os cinco sólidos regulares da Geometria por Johannes Kepler."

Esse mesmo ideal fará também com que o astrônomo alemão Johannes Kepler admita, em 1596, que os mistérios cosmográficos sejam explicados a partir dos cinco sólidos regulares da Geometria, como explicita o pródromo de seu livro (Figura 1.4). De fato, nessa obra, ele mostra que os cinco poliedros regulares podem ser alternadamente arranjados em uma ordem específica, no interior de uma série de seis esferas concêntricas, de acordo com a Figura 1.5. A existência de apenas cinco dessas figuras regulares justificaria a existência de apenas seis planetas, cada qual ocupando uma das seis esferas do sistema solar kepleriano.

A arquitetura do Cosmos de Kepler é assim construída: a esfera de Saturno é circunscrita ao cubo, no qual é inscrita a esfera de Júpiter; nela é inscrito o tetraedro que circunscreve a esfera de Marte, que, por sua vez, circunscreve o dodecaedro, contendo a esfera da Terra, que engloba o icosaedro, onde se encontra a esfera de Vênus, a qual, por fim, circunscreve o octaedro contendo a esfera de Mercúrio. No centro, imóvel, está o Sol.

As distâncias dos planetas ao Sol foram obtidas tomando-se por base as relações métricas entre os poliedros regulares e as esferas inscritas e circunscritas em cada um. Assim, Kepler as estimou com uma

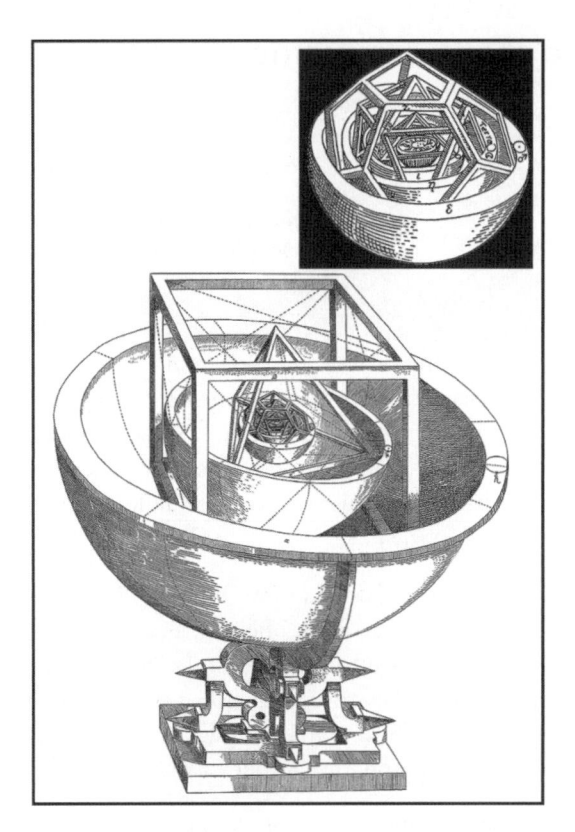

Figura 1.5: O modelo cosmológico de Kepler, baseado na circunscrição de poliedros regulares em esferas (os céus).

precisão de cerca de 10%. Neste ponto, cabe um comentário sobre o método científico. Essa discrepância de 10% não era absolutamente vista como um teste positivo da teoria, indicativo de um bom acordo entre a teoria e a experiência, como seria hoje. Ao contrário, na época de Kepler, uma precisão dessa ordem indicava muito mais que a teoria estava correta – uma vez que espelhava a perfeição divina – e, certamente, deveria haver erros nas medidas.

A partir de 1601, Kepler passa a trabalhar com o dinamarquês Tycho Brahe, que acumulara uma grande quantidade de dados observacionais. Sua imagem harmônica do Mundo, construída em bases geométricas, altera-se. A harmonia, estabelecida por Deus, passa a refletir-se nas trajetórias elípticas dos planetas em torno do Sol, mais especificamente nas chamadas leis de Kepler; as duas primeiras publicadas em 1609 e a terceira, em 1619. A versão final das três leis foi publicada, em 1620, no livro IV do *Epistome Astronomiae Copernicanae*. Identifica-se aqui um afastamento da visão platônica, difusa na Idade Média, fundamental para a modernização da Astronomia.[20] É ainda importante enfatizar que a terceira lei de Kepler foi essencial nos estudos newtonianos da Gravitação e, em particular, na compreensão da universalidade da lei de atração gravitacional.

O segundo exemplo de influência platônica, relacionado à concepção moderna da estrutura da matéria, é a introdução de novos constituintes da matéria nuclear, os *quarks*, que serão apresentados no Capítulo 17.

---

[20] Alguns autores sustentam que a Astronomia Moderna foi fundada por Kepler.

1.4   Aristóteles e o antiatomismo

> *Na visão [de Aristóteles], a matéria é um substrato,*
> *uma potencialidade pura, a qual adquire sua expressão*
> *explícita e específica através de um processo igualmente*
> *específico de concretização.*
>
> Bernard Pullman

Embora Aristóteles tenha deixado uma vasta obra, de suma importância para o desenvolvimento do pensamento humano – obra filosófica esta que, principalmente sob a pena do dominicano São Tomás de Aquino, foi conciliada com os dogmas da Igreja Católica –, serão esboçados aqui apenas alguns poucos pontos de sua filosofia, relevantes para a compreensão da evolução das ideias acerca da constituição da matéria. Cabe notar que a postura antiatomista e a autoridade de Aristóteles despertaram um sem-número de seguidores em diferentes épocas, até o século XIX.

Aristóteles defendia a existência de um Cosmos finito e ordenado – no qual a Terra ocupava o centro. Não era apenas o progresso ou a evolução das coisas que ocorreria de forma ordenada; assim como Platão, ele acreditava na existência de um *telos* – de um *fim* – ou, ainda, de uma perfeição, de uma ordem suprema, segundo a qual todas as transformações acontecem, nem que seja para reparar a ordem previamente estabelecida do Cosmos e provisoriamente rompida por algum motivo. Essa hipótese é conhecida como *princípio teleológico* e está na base da filosofia aristotélica.

Na sua *Física*, Aristóteles trata da realidade última de que são feitos os corpos materiais e a natureza das causas das mudanças neles observáveis. Portanto, acima de tudo, o que necessita de explicação são os fenômenos de *movimento* e de *mudança*. Seus estudos, nesse sentido, baseiam-se no conceito de *forma imanente* e de *potencialidade* (*dynamis*). Aristóteles tende a considerar a *forma*[21] como uma espécie de *princípio*, ao contrário dos atomistas, para os quais ela é apenas uma característica secundária dos átomos. Nesse sentido, alguns autores afirmam que Aristóteles não deixou de ser platônico, pois acredita que o *conhecimento* é possível e que ele deva ser alcançado a partir da *forma*, e não da *matéria*. Por outro lado, Aristóteles nega a separação entre aquilo que se observa pelos sentidos e a sua essência, separação essa implícita na associação do mundo real com o mundo das *Ideias*, defendida por Platão.

Outra importante diferença entre Aristóteles e os atomistas refere-se à *fonte* de aquisição do conhecimento. Aristóteles defende o senso comum e o papel fundamental dos *sentidos*, o que é categoricamente negado na doutrina atomista. Isso o remete a um mundo no qual a realidade é constituída de *qualidades*.[22] São as *qualidades* que desempenham um papel crucial no modo pelo qual se percebe o mundo e no mecanismo pelo qual as *formas* se tornam realidade, a partir das diferentes potencialidades da *matéria*. O Estagirita é levado, dessa forma, a propor a existência de quatro *qualidades primordiais*, tomadas dos ensinamentos de Empédocles. Todas as demais qualidades podem ser reduzidas a essas quatro, que ele subdivide em ativas – o *quente* e o *frio* – e passivas – o *seco* e o *úmido*. As combinações de uma qualidade ativa com outra passiva, atuando sobre uma *matéria primordial*, dariam origem às substâncias primordiais de Empédocles: *terra, água, ar* e *fogo*. Esse sistema representa um engenhoso mecanismo capaz de explicar as mútuas transformações dos elementos, de acordo com o diagrama da Figura 1.6, entendidas apenas como mudanças entre as matérias sensíveis.

Uma terceira diferença crucial entre a concepção aristotélica e a atomista pode ser resumida no "horror ao vácuo" que permeia a obra de Aristóteles. Em suas próprias palavras,

---

[21] *Forma* não deve ser entendida aqui apenas no sentido geométrico que se emprega hoje, mas no sentido mais amplo de um conjunto de propriedades que fazem do *Ser* o que ele é.

[22] Um objeto de cor azul *é* azul, por exemplo.

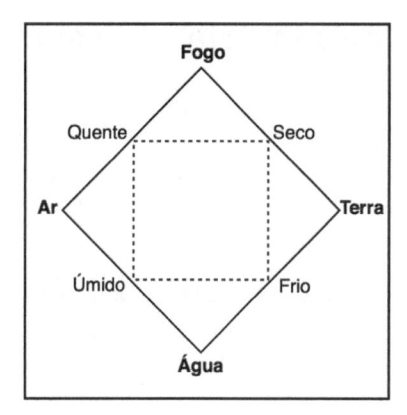

Figura 1.6: As qualidades e as substâncias primordiais de Aristóteles, segundo uma representação medieval.

> *se existem a continuidade, o contato e a consecutividade (...), e se contínuas são as coisas cujas extremidades estão juntas, e consecutivas aquelas em meio às quais não há nada afim, é impossível que alguma coisa contínua resulte composta de indivisíveis, por exemplo, que uma linha resulte composta de pontos, se é verdade que a linha é um contínuo e o ponto, um indivisível.*

Cabe notar que a impossibilidade lógica de aceitação dos átomos a partir da negação do vazio não se constitui no único motivo para Aristóteles negar a existência de *átomos*.

Dada a enorme influência que Aristóteles exerceu durante a Idade Média, as doutrinas de Leucipo, Demócrito e Epicuro só ficaram conhecidas pelas confutações aristotélicas das ideias atomistas. O pensamento atomista só voltou a ter uma apresentação coerente e favorável com a revalorização, por parte dos humanistas, do poema de Lucrécio intitulado *De Rerum Natura*,[23] do qual se encontrou um manuscrito, em 1417. Os Livros I e II do poema dedicam-se ao atomismo e à sua relação com a Natureza e procuram justificar que tudo pode ser reduzido a átomos e vazio. Esse poema foi muito lido no século XVI e, a partir dessa época, começaram a se enfraquecer as restrições de origem religiosa ou teológica que haviam sido impostas à doutrina atomista. Outro aspecto importante dessa redescoberta do poema de Lucrécio foi a defesa em favor da verdade científica, que se apreende de seu poema, a qual foi motivo de inspiração para vários criadores do "Novo Mundo", dentre os quais destaca-se o pensador italiano Giordano Bruno, de Nola.

Bruno – crítico ferraz do aristotelismo – aponta para um Universo aberto, infinito e, portanto, plural, dinâmico. O caminho para isso passa por uma defesa apaixonada de algo que Aristóteles negava, o valor dos opostos ou, para usar sua terminologia, dos contrários:

> *O princípio, o meio e o fim, o nascimento, o aumento e a perfeição de tudo aquilo que vemos resultam de contrários, pelos contrários, nos contrários, para os contrários: e onde há contrariedade há ação, há reação, há movimento, há diversidade, há pluralidade, há ordem, há graus, há sucessão, há vicissitude.*

Nesse novo mundo bruniano, há lugar para a Ciência compreender as mudanças; uma nova Ciência que, afastando-se do saber aristotélico, expande suas fronteiras e passa a existir, segundo o filólogo italiano Nuccio Ordine, *lá onde as leis da mutação agitam a matéria*. No que se refere à estrutura da matéria, será exatamente a busca dessas leis o objeto de estudo da Química e da Física a partir do século XIX (Capítulo 2).

---

[23] *Sobre a Natureza das Coisas.*

1.5 As propriedades da matéria e o vazio: especulação ou realidade?

> *Não é necessário provar a existência real de*
> *um Vácuo, mas [a] sua Ideia (...)*
>
> John Locke

As propriedades da matéria perceptíveis aos sentidos são, segundo os atomistas, uma consequência das posições relativas e dos movimentos dos próprios átomos e, portanto, de alguma maneira, dependem do vazio. Apesar de sua origem puramente especulativa, optou-se por concluir este capítulo introdutório destacando a atualidade dessa dependência no cenário da Ciência contemporânea.

De fato, embora os conceitos de *átomo* e de *vazio* tenham sido revistos e reformulados à luz da Física Moderna, como será visto ao longo do livro, essa hipótese basilar do atomismo filosófico continua em vigor, agora embasada experimentalmente. Por exemplo, os organismos vivos, em sua quase totalidade, são incapazes de sintetizar proteínas[24] a partir de aminoácidos dextrogiros; apenas os levogiros são utilizados.[25] E a única diferença entre os dois é o arranjo espacial; mais especificamente, um é a imagem especular do outro, e, nesse caso, essas moléculas são ditas *quirais*.[26] A relação entre o arranjo espacial das moléculas quirais e a propriedade de girar o plano de polarização da luz só foi estabelecida bem depois da observação da atividade óptica das substâncias.

O químico alemão Hermann Emil Fischer, no final do século XIX, introduziu uma convenção, conhecida como "projeção de Fischer", para representar a configuração de compostos quirais em um único plano. Nessa convenção, as moléculas quirais são denotadas pelos prefixos D e L. Apesar de Fischer ter se inspirado nas propriedade ópticas dos compostos, mostrou-se, mais tarde, que nem sempre existe relação entre a configuração molecular de Fischer e a sua propriedade de girar o plano de polarização da luz.[27]

A forma geral de um L-aminoácido, na representação de Fischer, é apresentada na Figura 1.7, na qual estão mostrados apenas o carbono alfa, que está ligado à amina (NH_2), e o carbono da carboxila ($COOH$), presentes em todos os aminoácidos com a conformação L, fortemente dominante nos seres vivos. O radical R caracteriza um dos 20 aminoácidos que compõem as proteínas. No caso da serina – aminoácido encontrado em praticamente todas as proteínas –, o radical R é CH_2OH, como mostra a Figura 1.8.

É importante notar que a D-serina pode apenas ser encontrada em animais proveniente de proteína alimentar de origem vegetal ou bacteriana. Só a L-serina é sintetizada nos seres vivos. Esses aspectos do metabolismo dos seres vivos suscitam questões ainda sem resposta na Biologia do desenvolvimento. Uma delas é *como é possível, por exemplo, que um animal desenvolva um corpo bilateralmente simétrico com componentes assimétricos (L-aminoácidos, açúcares-D, para citar alguns)?*

Pode-se ainda considerar como se estrutura o metano (CH_4), que é o mais simples de todos os compostos orgânicos, e se constitui no produto final da decomposição anaeróbica (sem ar) das plantas. Mais do que pela simplicidade de sua estrutura, o interesse no metano se justifica por sua relação com a vida. De fato,

---

[24] O termo *proteína* foi sugerido por Berzelius, em 1838, a partir do grego *proteios*, que significa *primário*, traduzindo a ideia de que as proteínas seriam a estrutura básica dos seres vivos. As proteínas são macromoléculas que, de fato, exercem papéis cruciais em quase todos os processos biológicos. Elas são formadas por aminoácidos ligados entre si em uma sequência bem definida. As propriedades físicas e químicas de uma proteína dependem de como a cadeia de aminoácidos se "enovela" no espaço tridimensional.

[25] Diz-se que uma substância é *opticamente ativa* quando ela é capaz de fazer girar o plano de polarização da luz incidente, o que pode ser observado com um polarímetro. Se a rotação desse plano for para a direita (sentido do movimento dos ponteiros de um relógio), diz-se que a substância é *dextrogira* (do latim *dexter* = direita). Se a rotação for no sentido anti-horário, chama-se a substância de *levogira* (do latim *laevus* = esquerda). Houve uma época em que se representavam os compostos dextrogiros e levogiros pelos prefixos *d* e *ℓ*. Atualmente, utiliza-se o sinal (+) para denotar os primeiros e (−) para os outros.

[26] Como definiu o próprio Lord Kelvin, *chamo* quiral *qualquer figura geométrica ou grupo de pontos (...) se a respectiva imagem em um espelho plano, mentalmente realizada, não puder ser levada a coincidir com a própria figura.*

[27] A D-glicose é dextrogira e a D-frutose é levogira.

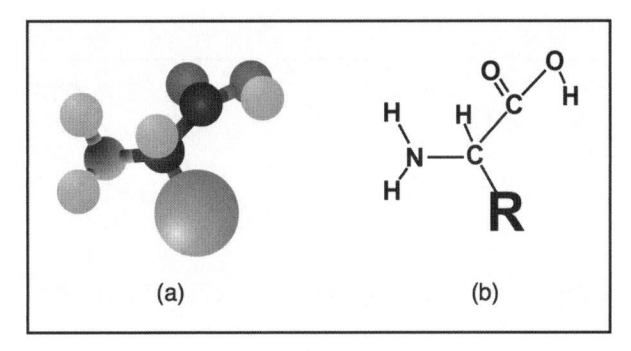

Figura 1.7: Representação espacial de um L-aminoácido genérico e de sua equivalente fórmula plana, na qual R é um radical de átomos de hidrogênio, carbono, nitrogênio e oxigênio.

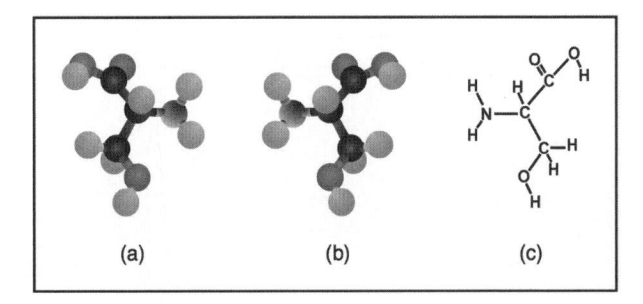

Figura 1.8: (a) Representação espacial de uma molécula D-serina; (b) representação espacial da L-serina; (c) equivalente fórmula plana da L-serina.

há uma teoria que afirma que a origem da vida em um estado primitivo da Terra teria ocorrido quando ela estava envolta em uma atmosfera muito diferente da atual, composta de metano, água, amoníaco e hidrogênio. Indícios a favor dessa hipótese foram encontrados em 1953 pelos químicos americanos Harald C. Urey e Stanley Miller. Eles demonstraram ser possível transformar, por meio de descargas elétricas, uma mistura com os componentes químicos citados em um grande número de compostos orgânicos, dentre os quais alguns aminoácidos essenciais à vida.

Os resultados da difração de elétrons (Seção 14.2) ou de raios X (Seção 8.2) e da espectroscopia indicam que o átomo de carbono, quando ligado a quatro outros átomos (de hidrogênio, no caso do metano), tem as suas ligações orientadas segundo os vértices de um tetraedro, cujo centro se encontra no próprio átomo de carbono. Uma tal estrutura espacial já havia sido concebida, em 1874, pelo químico holandês Jacobus Henricus van't Hoff, muito antes de as técnicas físicas mencionadas antes estarem disponíveis.[28] Para isso, baseou-se em uma impossibilidade empírica, relacionada ao número de *isômeros*, que são compostos diferentes que possuem a mesma fórmula molecular. De fato, até hoje, só se conseguiu preparar uma única substância com a fórmula geral CH_3Y, na qual Y pode ser um grupo qualquer. Esse resultado, considerando-se o metano (CH_4, ou seja, $Y=H$), sugere que os quatro átomos de hidrogênio da molécula sejam inteiramente equivalentes. Caso contrário, dependendo do átomo de H substituído por Y, o composto resultante seria diferente. Sendo assim, a molécula de metano poderia, em princípio, apresentar uma das três configurações espaciais da Figura 1.9: planar, piramidal e tetraédrica.

Para compostos com a fórmula geral CH_2YZ, se a forma da ligação carbônica fosse a plana ou a piramidal, a troca de dois átomos de H por Y e Z daria lugar a dois isômeros, como mostra a Figura 1.10 para o segundo caso.

---

[28] É importante lembrar que a hipótese de que existem relações entre a estrutura molecular e a atividade óptica foi também aventada, quase simultaneamente, pelo químico francês Joseph Aquille le Bel. Por isso, le Bel e van't Hoff são apontados como os fundadores da estereoquímica.

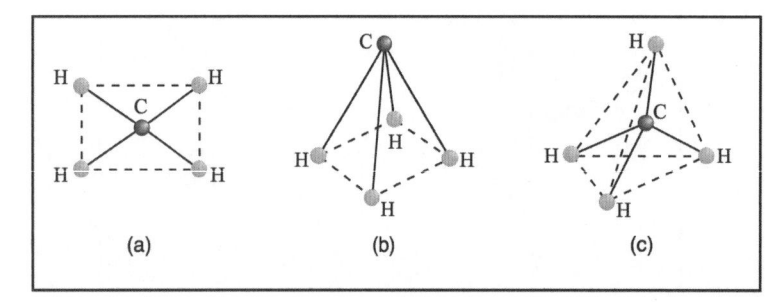

Figura 1.9: Representações espaciais da molécula de metano: planar (a), piramidal (b) e tetraédrica (c).

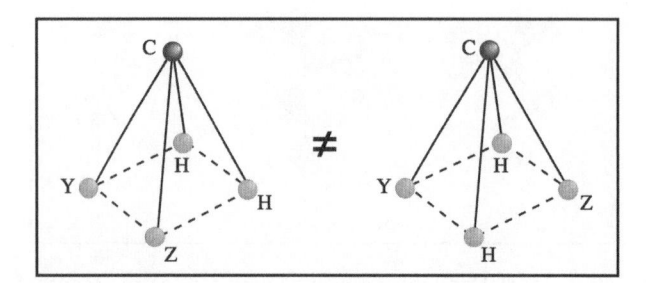

Figura 1.10: Dois possíveis isômeros da molécula CH₂YZ, caso ela tivesse uma estrutura piramidal.

Entretanto, chega-se sempre a apenas uma substância do tipo CH_2YZ, quaisquer que sejam os grupos Y e Z. Por exclusão, pode-se concluir que a configuração tetraédrica é a única compatível com esse fato experimental.[29]

Assim, por um lado, o vínculo referente à estrutura espacial do metano, que estaria ligado à origem da vida na Terra, pode ser utilizado para concluir que a dimensionalidade do espaço deve ser pelo menos igual a três. Esse argumento soma-se ao argumento antrópico de Gerald James Whitrow, segundo o qual a estrutura geométrica e topológica de formas de vida animal mais elaboradas requer que o espaço tenha pelo menos três dimensões. De fato, seu argumento essencialmente relaciona o clássico teorema do nó da Matemática – que diz não ser possível dar um nó em espaços de dimensionalidade par – à necessidade de formas de vida mais complexas possuírem sistemas nervosos sofisticados, nos quais os nervos passam uns sobre os outros como um emaranhado de viadutos, evitando a intersecção de pontos que levariam a uma interferência de informações.

Por outro lado, é importante notar que a natureza escolheu uma *única* disposição espacial dos átomos de metano e de *todos* os compostos do tipo CH_3Y e CH_2YZ, a qual pode ser chamada, genericamente, de *estrutura tetraédrica do carbono*.

Concluindo, a ideia atomista de que a disposição do *ser* no *não ser*, ou seja, dos átomos no vazio, de alguma forma, determina propriedades da matéria tem agora respaldo na experiência, e, mais do que isso, percebe-se que as diferenças espaciais são, em alguns casos, cruciais para o tipo de vida que se conhece.

---

[29] Uma outra prova, mais incisiva em favor dessa estrutura tetraédrica do carbono, é a observação experimental dos isômeros de compostos do tipo CWXYZ, que são a imagem especular um do outro, os chamados *enantiômeros*. Verifica-se que os enantiômeros têm propriedades físicas idênticas, exceptuando-se o sentido de rotação do plano de polarização da luz incidente sobre uma amostra de composto. Verifica-se ainda que há uma íntima relação entre essa propriedade física e a disposição *quiral* da molécula.

1.6 Fontes primárias

Aristóteles. *Física*, livro VI, 1.

Copérnico, N., 1543. *As Revoluções dos Orbes Celestes.* Lisboa: Fundação Calouste Gulbenkian (1984), tradução de A. Dias Gomes e G. Domingues.

Le Bel, J.A., 1874. On the relations which exist between the atomic formulas of organic compounds and the rotatory power of their solutions. *Bulletin de la Société Chimique Française* **22**, p. 337-347. Republicado *in* **Leicester, H.M.; Klickstein, H.S. (Eds.), 1963**, p. 459-462.

Lucrezio, século I a.C.. *Della Natura*, versione, introduzione e note do Enzio Cetrangolo. Firenze: Sansoni Ed. (1978). Veja tradução para o português de Agostinho da Silva em *O Epicurismo e "Da Natureza".* Rio de Janeiro: Ediouro, s/d.

Platão, s/d. *Timeu.* Edição utilizada: **Hamilton, E.; Cairns, H. (Eds.),** *The Collected Dialogues of Plato.* New Jersey: Princeton University, Fourteenth printing (1989).

Urey, H.C.; Miller, S., 1959. Organic compound synthesis on the primitive earth. *Science* **130**, p. 245-251; Origin of Life (reply to letter by S.W. Fox). *Science* **30**, p. 1622-1624.

Van't Hoff, J.H., 1874. A suggestion looking to the extension into space of the structural formulas at present use in Chemistry. And a note upon the relation between the optical activity and the chemical constitution of organic compound. *Archives Neerlandaises des Sciences Exactes et Naturelles* **9**, p. 445-454.

1.7 Outras referências e sugestões de leitura

Bailey, C., 1928. Obra clássica de referência que aborda exaustivamente o atomismo de Leucipo, Demócrito e Epicuro.

Barnes, J., 1982. Livro erudito no qual o autor se detém mais nos aspectos filosóficos das ideias e dos argumentos dos présocráticos, dando particular ênfase às contribuições de Parmênides, Zenão, Anaxágoras e Demócrito.

Barnes, J. (Ed.), 1982. Edição das obras completas de Aristóteles em inglês.

Bassalo, J.M.F., 1980. Do átomo filosófico de Leucipo ao átomo científico de Dalton. *Revista Brasileira de Ensino de Física* **2**, n. 2, p. 70-76. Apresenta, resumidamente, a evolução do conceito de átomo na Filosofia, comentando o papel desempenhado pela Alquimia como motivadora de um estudo científico dos elementos que culmina na Química, celeiro do atomismo moderno. Contém muitas notas históricas e referências.

Bassalo, J.M.F., 1996-2005. Nos três volumes dos *Nascimentos da Física* o leitor encontrará mais de 6.800 verbetes sobre os principais fatos e descobertas da Física, apresentados em ordem cronológica. O volume 1 pode ser útil para complementar a leitura deste capítulo.

Bassalo, J.M.F., 1997-2002. Veja no quinto volume comentários sobre a quiralidade das moléculas da talidomida, limonema e penicilina (p. 1844-1845). A obra, em seis tomos, é útil para complementar informações históricas citadas ao longo deste e dos demais capítulos.

Burnet, J., 1914. Texto sobre a História da Filosofia Grega, dividido em três partes: O Mundo, Conhecimento e Conduta, e, por fim, Platão, a quem o autor dedica mais de um terço da obra.

Burnet, J., 1957. Livro sobre a cultura grega, que aborda desde a origem da Escola de Mileto até Leucipo. A tese principal do livro é que o atomismo teve influência de Parmênides e da Escola Eleática.

Cantore, E., 1969. Livro de Filosofia da Ciência no qual o autor apresenta o desenvolvimento das teorias modernas ligadas ao microcosmo – Teoria Cinética dos Gases, a Física Atômica e Molecular – como resultado de uma contínua busca de se impor ordem à natureza.

Caruso, F., 2009. A note on space dimensionality constraints relied on anthropic arguments: methane structure and the origin of life. *In* M.S.D. Cattani; L.C.B. Crispino; M.O.C. Gomes & A.F.S. Santoro (Eds.) *Trends in Physics: Festschrift in homage to Prof. José Maria Filardo Bassalo*, Livraria da Física, São Paulo, p. 95-106.

Caruso, F.; Moreira, R., 1999. A Física e a geometrização do mundo: construindo uma cosmovisão científica. *In* Bastos Filho, Jenner B.; Amorim, Nádia F.M.; Lages, Vinicius Nobre (Orgs.) *Cultura e desenvolvimento: A sustentabilidade cultural em questão.* Recife: UFPE.

Caruso, F.; Moreira, R., 2001. A Geometria e os novos espaços na Arte e na Ciência. *Ciência Hoje na Escola* **7**, p. 71-76.

Caruso, F.; Oguri, V., 1997. A eterna busca do indivisível. *Química Nova* **20**, n. 3, p. 324-334.

Cohen, M.R., 1953. Livro que examina o significado de *certeza* na Ciência.

Farrington, B., 1944. Pequeno livro que oferece ao leitor não familiarizado com o tema uma primeira visão da Ciência grega nos séculos VI e V a.C.

Farrington, B., 1968. Abordagem introdutória e ampla da obra de Epicuro.

Ferrater Mora, J., 1981 Ao leitor não familiarizado com a Filosofia pode ser útil consultar um dicionário filosófico como esse.

Greene, B., 2001. Livro de divulgação científica sobre teorias unificadas, supercordas *etc.*

Guthrie, W.K.C., 1967. Obra resumida que aborda a filosofia grega desde Tales até Aristóteles.

Guthrie, W.K.C., 1962-1981. Obra de referência sobre a História da Filosofia Grega.

Hamilton, E.; Cairns, H. (Eds.), 1989. Coletânea dos *Diálogos* de Platão em inglês.

Heisenberg, W., 1958. Dedica alguns capítulos à Filosofia, mostrando suas relações com as raízes da teoria atômica. Dá ênfase ao estudo da Física Moderna, suas interpretações e relações com outros ramos do conhecimento.

Heisenberg, W., 1966. Livro de Teoria de Campos no qual o autor tenta desenvolver uma teoria unificada a partir de um campo fundamental inspirada, de certa forma, na ideia de *apeiron* de Anaximandro.

Kirk, G.S.; Raven, J.E., 1990. Essa é a referência tomada por base na parte inicial deste capítulo, no que se refere às citações gregas. Maiores detalhes sobre as doutrinas dos pré-socráticos podem ser encontrados nessa obra, a qual é bastante interessante para quem aprecia a história da Filosofia ou da Ciência, mesmo que não tenha uma formação prévia sobre o assunto. O principal motivo para se citar esse livro é que ele se limita aos princípios *"físicos"* pré-socráticos e seus precursores, cuja preocupação principal incidia sobre a natureza (*physis*) e a coerência da coisas em sua totalidade. Há uma versão mais recente desse livro em **Kirk, G.S.; Raven, J.E.; Schofield, M., 1994**.

Lanczos, C., 1986. Texto clássico sobre os princípios variacionais aplicados à Mecânica, que prima por dar ênfase aos fundamentos e aspectos históricos e filosóficos relacionados ao tema.

Martins, J.B., 2002. Livro de divulgação que apresenta uma história do átomo dando ênfase a aspectos da personalidade e da obra dos cientistas que construíram essa história, além de abordar as origens da Física Nuclear, refletindo a formação do autor. O livro apresenta também uma discussão sobre os processos de datação e sobre a polêmica em torno do Santo Sudário. Acompanha um CD com gravações de depoimentos de físicos como Einstein, Thomson e outros.

Neville, A.C., 1981. Problemas de Assimetria nos Animais. *In* Duncan, R.; Weston-Smith, M. (Orgs.) *A Enciclopédia da Ignorância*. Brasília: Ed. UnB. Texto sobre o papel da assimetria nos seres vivos, do ponto de vista biológico.

Pullman, B., 1998. Esse livro oferece um panorama da história intelectual do átomo, abordando, inicialmente, suas origens históricas no pensamento grego, sem deixar de lado o atomismo hindu e o árabe. Trata, a seguir, da evolução das ideias filosóficas e científicas sobre o átomo, enfatizando as etapas que permitiram a passagem da perspectiva filosófica e religiosa para a perspectiva científica do átomo. É dada particular atenção às contribuições dos séculos XIX e XX.

Sambursky, S., 1975. Antologia de textos relevantes para a História da Física cobrindo um vasto período, todos apresentados em língua inglesa.

Sambursky, S., 1987. Livro clássico em que o autor discute como os gregos viam, pensavam e interpretavam o mundo físico, procurando enfocar o que eles sabiam, como sabiam e quais eram os limites da Ciência grega.

Sorabji, R., 1992. O texto divide-se em três partes que se relacionam: I. Matéria, II. Espaço e III. Tempo. No que se refere mais especificamente ao tema "estrutura da matéria", recomenda-se a leitura da Parte I, na qual o autor argumenta que há várias analogias entre as teorias modernas da matéria e as antigas, abrindo novos horizontes no plano da história das ideias.

Van Melsen, A.G., 1952. Nesse livro aborda-se a história da Teoria Atômica, considerando-se seus aspectos filosóficos e físicos, além de suas implicações sobre a filosofia da natureza.

Yourgrau, W.; Mandelstan, S., 1968. Texto avançado, no qual os autores enfatizam a história e a teoria dos conceitos matemáticos relacionados ao princípio variacional. São abordados temas como o princípio do tempo mínimo de Fermat, o princípio de mínima ação de Maupertuis, os princípios de Euler, de Lagrange e de Hamilton, entre outros. O papel dos princípios variacionais no desenvolvimento da Teoria Quântica é tratado na segunda metade do livro.

Whitrow, G.J., 1955. Why physical space has three dimensions. *British Journal for Philosophy of Science* **6**, p. 13-31.

1.8   Exercícios

Exercício 1.8.1 Eratóstenes conhecia o fato de que, na cidade de Siene, na Grécia, uma vez por ano, no solstício de verão, precisamente ao meio-dia, uma haste que fosse colocada perpendicularmente ao chão não tinha sombra. Refazendo a experiência em Alexandria, concluiu que a sombra nunca chegava a desaparecer e que, de fato, no mesmo dia e hora citados, a sombra projetada sobre o solo fazia um ângulo de 7° com a haste, o que é incompatível com a Terra ser plana. Supondo que a Terra é esférica, e sabendo que a distância entre essas duas cidades é de cerca de 700 km, recalcule o valor estimado por Eratóstenes para o raio da Terra.

Exercício 1.8.2 Mostre que, no sistema solar de Kepler, descrito no texto, a razão entre o raio da esfera de Saturno e a de Júpiter é igual a $\sqrt{3}$.

Exercício 1.8.3 Os pitagóricos, que não dispunham de qualquer forma de notação numérica, convencionaram exprimir os números de forma semelhante à que se usa ainda hoje nos dominós. Mais precisamente, eles confundiam o ponto da Geometria com a unidade da Aritmética e, assim, pensavam nos números como algo espacialmente extenso. Desse modo, para eles, os objetos concretos eram literalmente compostos de agregados de unidades-pontos-átomos. Comente essas ideias à luz do que foi visto na Seção 1.4.

2

As origens do atomismo científico: contribuições da Química

Cannizzaro antecipou a síntese da Química e da Física que estava por vir, quando, no encontro de Karlsruhe, negou que houvesse qualquer sentido na distinção entre o 'átomo químico' e o 'átomo físico'.

Mary Joe Nye

2.1 Descartes contra o atomismo

É impossível haver átomos, isto é, partículas de matéria que sejam, por sua própria natureza, indivisíveis; pois, se de fato houvesse átomos, e não importa quão minúsculos possamos imaginá-los, teriam necessariamente de ser extensos, portanto, poderíamos (...) reconhecer sua divisibilidade.

René Descartes

No mundo de Platão e de Aristóteles havia uma forte tendência à exaltação da *racionalidade* como critério central de busca da Verdade, na qual a Geometria e a Lógica desempenharam um papel muito importante. No mundo cristão, no entanto, construiu-se, a partir do século I d.C., uma sociedade teocêntrica, impregnada de uma *cosmovisão religiosa*, que se constituirá na forma dominante de pensamento no Ocidente por muitos séculos. Somente no final da Idade Média é que esse estado mental, essencialmente religioso, começará a dar lugar a um outro, que preparará o caminho para o Renascimento italiano e para a Revolução Científica.

Por sua vez, um papel muito importante na difusão do conhecimento científico foi desempenhado pela invenção da imprensa, em meados do século XV. Paralelamente, surge uma tendência de geometrizar o desenho que antecede a pintura, evidente na obra de tantos pintores renascentistas italianos, como Masaccio, Piero della Francesca, Pollaiuolo e Raffaello, marcadas pelo uso da *perspectiva* (Figura 2.1). Essa tendência deve ser entendida como um presságio de uma nova *geometrização* da Física depois de Platão (Seção 1.3.2).

A nova concepção artística característica do Renascimento espelha uma forma diferente de relacionamento do homem com a Natureza e, de certa forma, antecipa a ruptura com a *cosmovisão religiosa* que dominou toda a Idade Média.

Figura 2.1: "Escola de Atenas", de Raffaello. Destacam-se a perspectiva e a estrutura geométrica da pintura, além de o próprio Raffaello ter se colocado no canto direito inferior do quadro, próximo a Ptolomeu, junto do grupo que está estudando Geometria com Euclides.

A Astronomia, com Copérnico e Kepler, muito contribuiu para essa segunda geometrização, com grande impacto sobre a Física e sobre o homem (Seção 1.3.3). Entretanto, é digna de destaque uma outra valorização da *Geometria*: a de Descartes, fundador da *Geometria Analítica* e de uma nova Filosofia.

Nos seus *Principia Philosophiae*, de 1644, Descartes apresenta os fundamentos de seu sistema filosófico e científico, os princípios gerais da Física e detalhadas considerações acerca de fenômenos terrestres e celestiais. A influência dessa obra, a partir do século XVII, pode ser aferida pelo fato de que não há livro de Física publicado entre 1650 e 1720 (incluindo os *Principia Mathematica* de Newton) em que os problemas levantados e analisados por Descartes, sob sua ótica mecanicista, não fossem considerados.

Contudo, os *Principia* de Descartes atribuíam um caráter de certeza a intuições ou especulações, sem qualquer dependência direta da *experiência*, e foram, por isso, fortemente combatidos por Newton.

O projeto filosófico cartesiano buscava fundamentar as bases de um mecanicismo que explicasse todos os fenômenos físicos a partir de interações entre partículas ou "corpúsculos" que não devem, absolutamente, ser identificados com os de *átomos*. Ao contrário dos atomistas, Descartes não aceitava a ideia de *partículas indivisíveis*. Sua extrema concepção geométrica do mundo reduz a matéria à *extensão*, considerada por ele, em lugar da massa, a propriedade fundamental da matéria. E a extensão da matéria – aquilo que tem dimensões –, como no caso do espaço geométrico contínuo, deve ser infinitamente divisível. Segue-se daí a impossibilidade de existirem átomos, como atesta a epígrafe desta seção.

Ao renegar também a existência do vazio, o filósofo francês supera a dicotomia introduzida pelos atomistas, ou seja, o fato de considerarem o espaço separado e independente da matéria, uma vez que Descartes reduz sua essência à *extensão*: *A matéria é constituída essencialmente de seu comprimento, largura e profundidade*. Desta forma, o conceito de *força* não é essencial na Física cartesiana, sendo entendido como algo relacionado à mudança de lugar. Foi Newton quem ampliou a noção de *força*, que passou a ser qualquer agente que produz uma alteração no estado de movimento do corpo.

A geometrização extremada de Descartes o levou a um beco sem saída. Considerem-se, do ponto de vista estritamente geométrico, dois corpos idênticos A e B interagindo com um terceiro corpo C. Se tudo se reduz à Geometria, de que forma explicar a situação em que os resultados empíricos da colisão de AC e BC são distintos? Faltava a Descartes o conceito de *massa*. Neste exemplo, as formas geométricas dos dois corpos A e B podem ser idênticas, mas as suas massas são diferentes; portanto, para colisões nas mesmas condições e com um mesmo corpo, as acelerações resultantes serão diferentes, como explicará Newton.

Em uma perspectiva histórica, essa cosmovisão geométrica de Descartes não foi capaz de gerar uma teoria quantitativa da Física. Seu projeto mecanicista de explicar a pluralidade dos fenômenos físicos a partir de interações entre partículas, no entanto, sobrevive; é retomado, por exemplo, no programa einsteiniano de geometrizar a Gravitação.

Coube a Newton lançar as bases de uma nova cosmovisão e iniciar uma nova fase do Mecanicismo (Seção 2.3). Antes, porém, é preciso analisar as contribuições de três expoentes do atomismo no século XVII: o grande italiano Galileu Galilei, o matemático francês Pierre Gassendi e o físico e químico irlandês Robert Boyle.

2.2   O atomismo de Galileu, Gassendi e Boyle

> *A discussão sobre a divisibilidade da matéria parece ter sido, em grande parte, mesmo se de forma inconsciente, um debate acerca do valor existencial da dedução matemática ou lógica.*
>
> Adolph Snow

A partir dos primeiros séculos da era cristã, o pensamento humano, de alguma forma, afastou-se dos problemas da origem do Mundo, da busca de princípios substancialistas e das preocupações com a essência da matéria e esteve muito mais voltado para problemas morais e teológicos; somente na Idade Média, a questão dos elementos fundamentais foi recolocada pelos alquimistas. Por exemplo, o médico suíço Paracelso[1] defendeu a ideia de que os elementos principais do Universo deveriam encontrar-se em *princípios* ou *qualidades* das substâncias, e não nas substâncias em si. Assim, por exemplo, o enxofre seria o princípio da combustão (fogo).

Com o início da Renascença italiana, surge um crescente interesse com relação à Natureza. Foi mais exatamente nos séculos XVI e XVII que a Ciência Natural tomou grande impulso. Através de várias descobertas, como as observações astronômicas, as quais permitiam descrever o aspecto montanhoso da superfície lunar, e a revelação de inúmeras estrelas até então desconhecidas, é que começam a ocorrer inovações na Física e na Astronomia aristotélicas, puramente especulativas. É a partir daí, no século XVII, que Galileu começa a explicar os fenômenos através de causas naturais, procurando prescindir de causas religiosas. O fato, por exemplo, de terem sido descobertas manchas no Sol rompe com a ideia vigente da perfeição do Universo pregada pela Igreja, pois, se *Deus criou o Universo, ele o fez à luz da perfeição*. O interesse em combinar o conhecimento empírico com a Matemática, como ocorreu no trabalho de Galileu, foi talvez em parte devido à possibilidade de se chegar, dessa maneira, a algum conhecimento que pudesse ser mantido completamente afastado das disputas teológicas que se sucediam durante a Reforma.

No pensamento renascentista, renova-se o interesse por várias ideias da Antiguidade, e a doutrina atomista não foi exceção. Os princípios do atomismo e do materialismo começam, nessa época, a interessar os cientistas e são combinados, ora com o conhecimento alquímico, como em Paracelso, ora com concepções metafísicas, como em Giordano Bruno, ora, ainda, com teorias religiosas, como em Galileu e Newton. *Grosso modo*, pode-se dizer que esse interesse provinha, em última análise, da possibilidade de fundamentar uma filosofia mecanicista, capaz de estudar os fenômenos com base na matéria e no movimento, tal como sugeria a nova filosofia de Descartes.

Galileu tem, no processo de transição entre a Física Medieval e a do período da Revolução Científica, um papel fundamental, ao lançar as bases de um novo método científico no qual combina, de forma indissolúvel, a Matemática e o conhecimento empírico. Para ele, a Matemática é necessariamente um instrumento de busca da *Verdade* à qual a Ciência se dedica, como atesta o seguinte fragmento de sua obra *Il Saggiatore*, publicada pela primeira vez em 1623:

---

[1] Theophrastus Philippus Aureolus Bombastus von Hohenheim.

O grandíssimo livro [da natureza] está escrito em língua matemática e os caracteres são os triângulos, círculos e outras figuras geométricas (...) sem as quais se estará vagueando em vão por um obscuro labirinto.

Ainda sobre a questão da verdade científica, Salviati – que representa a voz de Galileu – afirma em seus *Discursos e Demonstrações Matemáticas sobre Duas Novas Ciências*, de 1632, que

(...) nas ciências naturais, cujas conclusões são verdadeiras e necessárias e não têm qualquer relação com o arbítrio humano, é preciso precaver-se para não se colocar em defesa do falso (...).

Outro aspecto fundamentalmente valorizado no método científico galileano é a experimentação, cuja relevância, considerado o caminho da honestidade intelectual, já havia sido expressa, com muita clareza, pelo genial pintor e cientista italiano Leonardo da Vinci:

Meu propósito é resolver um problema [científico] em conformidade com a experiência (...) e devemos consultar a experiência em uma certa variedade de casos e circunstâncias, até podermos extrair deles uma regra geral que esteja contida nos mesmos (...). Elas nos conduzem a ulteriores investigações da natureza e a criações da arte. Impede-nos de iludirmos a nós mesmos, ou a outros, ao acenarmos com resultados que não possam ser obtidos.

Essa atitude em relação à Natureza vai se difundir a tal ponto que muitos livros, principalmente dos séculos XVIII e XIX, se iniciam com epígrafes ou com gravuras que sintetizam esse valor leonardiano atribuído à experimentação – ao que oferece a Mãe Natureza –, que pode ser bem exemplificado aqui pela gravura reproduzida na Figura 2.2. O saudoso físico brasileiro Cesar Lattes gostava de incentivar os jovens a seguir essa postura de Leonardo da Vinci: *vá aprender suas lições na Natureza, pois toda teoria é provisória, mas o resultado empírico, não.*

Galileu refere-se aos átomos em duas de suas obras mais importantes. No *Saggiatore*, afirma que, excluindo o som, é possível se chegar a uma teoria corpuscular dos fenômenos físicos, conhecidos até então, e admite a hipótese atômica (a existência de átomos e do vazio), desenvolvendo uma teoria corpuscular para o calor e para a luz. Ele reserva, na verdade, o termo *átomo* para as partículas luminosas.

Já no *Diálogo sobre os Dois Máximos Sistemas do Mundo Ptolemaico e Copernicano*, Galileu, admitindo que os átomos possuem apenas qualidades matemáticas, chama-os de *átomos sem quantidade*, desprovidos de extensão, dimensão e forma. Observa-se, portanto, uma significativa mudança de concepção acerca do atomismo, doutrina essa certamente conveniente ao projeto galileano de matematizar também os movimentos terrestres, e não apenas os celestiais.[2]

Galileu não mais defende as ideias filosóficas dos atomistas antigos, pois, segundo ele próprio, causam-lhe apenas desgaste. Prefere, assim, adotar um atomismo "mais pragmático", reduzindo os átomos a pontos matemáticos. Esse novo enfoque será de grande utilidade para a construção do atomismo científico e no estabelecimento da Teoria Cinética dos Gases, no século XIX (Capítulo 3).

A concepção atomística da matéria de Galileu está na origem de seu problema com a Inquisição, segundo a tese do historiador italiano Pietro Redondi, pois, uma vez que os átomos são imutáveis e indivisíveis,[3] isso impossibilitaria a transformação do pão e do vinho, respectivamente, na carne e no sangue de Cristo, pondo, assim, em dúvida um importante dogma da Igreja: a *eucaristia*.

---

[2] A evidente matematização da Astronomia e da Cosmologia de Kepler (Seção 1.3.3) advém de harmonias que se traduzem por relações geométricas entre corpos celestes e entre suas correspondentes posições. Não houve, portanto, qualquer necessidade de alusão à constituição dos corpos. Pode-se afirmar que, nessa época, Cosmologia e o que se poderia chamar de "Física de Partículas" (atomismo) eram completamente dissociadas.

[3] Supondo correta a tese de Redondi, pode-se imaginar que a concepção atual de *partículas elementares*, na qual a *elementaridade* não está mais relacionada à indestrutibilidade dos constituintes últimos da matéria, pode ter sido considerada na revisão do processo de heresia de Galileu e ter contribuído, de alguma forma, para a sua absolvição, por parte do Vaticano. A tese de Redondi contrapõe-se à tese mais aceita de que a condenação de Galileu tem a ver com seu endosso ao heliocentrismo de Copérnico.

Figura 2.2: A Mãe Natureza como fonte da Verdade, conforme frontispício de um livro do século XVIII.

Influenciado pelo método de Galileu, Gassendi escolhe para seus propósitos a doutrina atomista de Epicuro. Mais do que nos átomos, seu interesse volta-se para o significado filosófico do atomismo. Admitia a necessidade de elementos indivisíveis, os quais deveriam ser dotados de tamanho, forma (como para Demócrito) e peso (como para Epicuro). Considerava ainda que os átomos podem ser matematicamente divisíveis *ad infinitum*, embora, na realidade, sejam indivisíveis e se movimentem e se combinem no vazio. Pode-se afirmar que Gassendi tornou o atomismo aceitável à sua época. Uma de suas principais contribuições – retomada por outros pesquisadores mais tarde – foi a afirmação de que algumas moléculas seriam formadas a partir de átomos. As moléculas, diferentes entre si, seriam as sementes da variedade de coisas.

Boyle também admite que a matéria é indestrutível e composta de átomos e vazio. Ele percebeu cedo a importância fundamental da Matemática como linguagem da Ciência, incluindo seu papel na descrição dos resultados experimentais e como um instrumento relevante para o estabelecimento de uma visão atomística do mundo, de cunho mecanicista, no âmbito da Química. Ele considera que o mundo opera *segundo dois princípios nobres e mais universais: matéria e movimento*.

Embora compartilhe da maioria das ideias de Gassendi e de Descartes, a tendência de Boyle é buscar descrever propriedades químicas específicas dos átomos, sem se ater tanto às suas propriedades mecânicas. Para ele, havia ainda muito a ser testado, tanto do ponto de vista da filosofia mecanicista quanto da Química; os fenômenos químicos, em especial, ainda estavam longe de serem compreendidos à luz do atomismo (Seções 2.5.1 a 2.5.5).

Apesar disso, Boyle já acreditava, por exemplo, que havia distinção entre *elementos* e *compostos químicos*. Os átomos dos compostos seriam formados de átomos dos elementos. Ele chega a evocar indicações empíricas, a partir de reações químicas, para justificar a divisão da matéria em corpúsculos ou partículas. Em suma, sua abordagem do atomismo tende mais para a Química do que para a Física, e sua contribuição, a partir de 1654, visando estender a filosofia mecanicista à Química, foi importante e pioneira, em uma tentativa consciente de afastá-la de suas raízes filosóficas imbricadas na Alquimia.

2.3   A cosmovisão mecanicista e o átomo de Newton

> *Newton deu aos átomos um significado matemático,*
> *concebendo os átomos simples como pontos, e as relações*
> *dos átomos uns com os outros como relações geométricas.*
>
> Adolph Snow

No que diz respeito à descrição da matéria, o elemento base da filosofia newtoniana é a lei do movimento, e não substâncias, partículas ou formas geométricas, como na filosofia grega. Os átomos são criados por Deus e simplesmente aceitos por Newton, como se apreende da passagem da "Questão 31" do seu *Optiks*:

> *Parece provável que Deus, no início, formou a matéria em Partículas sólidas, massivas, duras,*
> *impenetráveis, imóveis, de Tamanhos e Formas tais, e com tais outras propriedades, e em tais*
> *Proporções em relação ao espaço, como fora mais conveniente ao Fim para o qual as formou*
> *(...).*[4]

Nesse fragmento, nota-se que Newton buscava apenas uma descrição puramente causal do movimento dos corpos e formas, aceitando, sem questionamento, a visão atomista do Mundo. No entanto, ao aceitar o átomo matemático de Galileu, concebido como pontos, vai além e busca compreender as relações entre eles a partir do movimento.

Newton combinou o atomismo clássico com seu conceito de gravidade para explicar a variação de densidade da matéria. Embora, em sua obra, as partículas basilares não tivessem qualquer relação direta com as substâncias químicas observadas, elas ofereceram uma base conceitual para as explicações químicas por um bom tempo. Mais que isso, o físico inglês vislumbrou, na mesma "Questão 31", a possibilidade de existirem, entre as menores partículas da matéria, forças atrativas e repulsivas de outra natureza que não a gravitacional e a eletromagnética:

> *Não têm as pequenas Partículas dos Corpos determinados Poderes, ou Forças, por meio dos*
> *quais agem (...) umas sobre as outras, para produzir uma grande Parte dos Fenômenos da*
> *Natureza? Pois sabe-se que os Corpos agem, uns sobre os outros, pelas Atrações da Gravidade,*
> *do Magnetismo e da Eletricidade; (...) e não fazem que seja improvável que possam existir*
> *Poderes mais atrativos do que esses (...) Como essas atrações podem se realizar eu não vou*
> *considerar aqui (...) As Atrações da Gravidade, do Magnetismo e da Eletricidade atingem*
> *distâncias consideráveis, (...) e podem existir outras que atinjam distâncias tão pequenas que*
> *até hoje escaparam à nossa observação (...).*[5]

Um dos méritos de Newton foi o de despertar várias tentativas no sentido de se quantificar a lei de força da atração química, fato que teve inegável impacto no próprio desenvolvimento da Química. Sua contribuição vai ainda mais longe. Quanto à estrutura da matéria, seu pensamento influenciou grandes expoentes da Química, como o francês Antoine Laurent Lavoisier e o inglês John Dalton, como sugere a seguinte citação:

> *As especulações de Newton sobre o éter deram uma imensa contribuição à organização de uma*
> *vasta e crescente massa de dados experimentais sobre o calor, a luz, o fogo, o magnetismo e a*
> *eletricidade. Em particular, o éter newtoniano servia como modelo para a teoria calórica do*
> *calor. Tal teoria passou a fazer parte da nova concepção de Lavoisier sobre a combustão e,*
> *sucessivamente, se mostrou essencial ao desenvolvimento da teoria atômica de Dalton.*

Mas, na verdade, a influência newtoniana transcende em muito as concepções acerca da constituição da matéria, na medida em que dá origem a uma cosmovisão científica de cunho mecanicista, largamente

---

[4] O próprio John Dalton transcreveu essa passagem em seu caderno de notas.

[5] O século XX evidenciou dois novos tipos de interação de curto alcance (restritas à escala dos núcleos atômicos): as interações *fortes*, ou nucleares, e as *fracas*. A primeira é responsável pela estabilidade do núcleo atômico, e a segunda, pelos decaimentos radioativos (Capítulo 9).

difundida e aceita até o final do século XIX. De fato, mesmo na grande síntese do físico escocês James Clerk Maxwell sobre a Eletricidade e o Magnetismo, há *uma tentativa de explicar os fenômenos eletromagnéticos em termos de uma ação mecânica, transmitida de um corpo para outro por intermédio de um meio ocupando o espaço entre eles.*

Em geral, Newton e os newtonianos buscam determinar as forças que geram as mudanças de estado dos movimentos. Esquematicamente, pode-se dizer que essa busca, originada em Descartes, ganha corpo em Newton, é formalizada pelo matemático suíço Leonhard Euler e culmina com o francês Pierre-Simon de Laplace. Durante essa evolução, vai se afirmando a concepção de um determinismo absoluto, de cunho mecanicista. De acordo com Laplace:

> *Nós devemos considerar o estado presente do Universo como efeito de seu estado anterior, e causa do que se deve seguir. Uma Inteligência que, por um dado instante, conhecesse todas as forças de que a natureza é animada, e a situação respectiva dos seres que a compõem, se fosse suficientemente vasta para submeter esses dados ao cálculo, abraçaria na mesma fórmula os movimentos dos maiores corpos do Universo e os do átomo mais leve: nada seria incerto para ela e o futuro, como o passado, estaria presente aos seus olhos.*

Talvez a melhor síntese do impacto do mecanicismo na Física até os primeiros anos do século XX seja a afirmativa do inglês William Thomson, mais conhecido como Lord Kelvin, de que entender um problema de Física significa ser capaz de fazer um modelo mecânico dele.

A ideia de um sistema explicativo da Natureza baseado na *causa efficiens* – essência do *determinismo mecanicista* – marca o ambiente cultural que propiciou o fortalecimento da visão atomista da matéria. A título de exemplo, pode-se recordar uma conferência intitulada "Os Confins do Conhecimento da Natureza", proferida em 1880, na qual o fisiólogo alemão Emil du Bois-Reymond sustenta residir a autenticidade de uma Ciência na sua fundamentação calcada na mecânica dos átomos:

> *Se imaginássemos todas as transformações do mundo material resolvidas em movimentos de átomos, produzidos por uma força central constante, o universo seria cientificamente conhecido. O estado do mundo durante um diferencial de tempo apareceria como imediato efeito de seu estado durante o diferencial de tempo precedente, e como causa direta do seu estado durante o diferencial de tempo sucessivo. Lei e acaso seriam somente diferentes nomes da necessidade mecânica.*

Esse determinismo mecanicista, por mais sucesso que tenha alcançado, não está livre de críticas. No que se refere especificamente ao conceito basilar de força, já na obra de Galileu, encontra-se uma crítica epistemológica muito perspicaz, que diz respeito ao total desconhecimento da natureza interna ou da essência da *força*. Talvez a esse fato se aplique bem a máxima de Newton *não faço hipóteses*. Não fazer hipóteses sobre essa essência é, sem dúvida, ao mesmo tempo, o ponto forte e o ponto fraco da Física newtoniana. Se, por um lado, abriu perspectivas revolucionárias para o conhecimento científico e filosófico, por outro, restringiu os limites do conhecimento newtoniano aos efeitos quantitativos das forças, expressos em termos do movimento.

Aos poucos, o sentido de realidade atribuído às *forças* será também atribuído aos *campos*, tanto a partir dos estudos da propagação do calor (Seção 5.5), pelo matemático francês Jean-Baptiste Joseph Fourier, quanto da teoria eletromagnética do físico e químico inglês Michael Faraday e de Maxwell (Capítulo 5), além da Teoria da Relatividade (Capítulo 6) e da Mecânica Quântica (Capítulos 13-14). Segundo o físico americano Steven Weinberg,

> *Da fusão da Relatividade com a Mecânica Quântica resultou uma nova visão de mundo, na qual a matéria perdeu seu papel central. Esse papel foi usurpado por princípios de simetria, alguns deles ocultos à visão no presente estado do Universo.*

2.4   A combustão: o flogístico e o calórico

> *Uma conexão invisível é mais po-*
> *derosa do que uma visível.*
>
> Hipólito

Antes de se passar à descrição do atomismo científico de Dalton, é importante se abordar outro aspecto das reações químicas. Se, por um lado, a busca da compreensão racional dessas reações levou à identificação de uma série de elementos e compostos químicos, por outro, era preciso imaginar, também, qual seria o *agente transformador* que atuaria sobre a matéria. Elementos materiais e princípios transformadores, como se viu no Capítulo 1, há muito já faziam parte das tentativas de elaboração de explicações científicas para os fatos observados. Isso é particularmente verdadeiro para o estudo da *combustão*.

Uma das explicações mais engenhosas e influentes acerca desse processo teve origem, em 1681, a partir de uma ideia do químico industrial alemão Johann Joachim Becher. Certamente ainda inspirado na teoria dos quatro elementos primordiais, ele supunha que os corpos eram constituídos de ar, água e três tipos de terra: *terra mercurialis* (terra mercurial), *terra lapidia* (terra vítrea) e *terra pinguis* (terra gorda, ou inflamável). Para Becher, a combustão nada mais era do que a transformação do corpo queimado a partir da expulsão de sua parte mais volátil, a *terra pinguis*, eliminada pelo fogo.

Com base nessas hipóteses, o químico alemão Georg Ernst Stahl desenvolveu, a partir de 1697, a *teoria do flogístico*, aceitando que as substâncias combustíveis teriam, como proposto por Becher, uma matéria ígnea – uma *terra pinguis* – à qual deu o nome de *flogístico*, termo derivado do verbo grego que significa "inflamar".

A grande maioria dos químicos do século XVIII acreditou nessa teoria. Apesar de equivocada, teve o mérito de servir de base para a explicação de muitos fatos experimentais da época, além de ter, de alguma forma, fomentado o desenvolvimento da análise química, ainda que alguns historiadores sustentem que ela representou, na verdade, um atraso considerável para o desenvolvimento da Química. De qualquer forma, há de se concordar com aqueles que afirmam que Stahl foi um dos primeiros a formular um sistema racional para essa Ciência.

É importante notar que, embora dominante, a teoria do flogístico tinha opositores. Um deles foi um contemporâneo de Stahl, o médico, botânico e químico holandês Hearman Boerhaave, que considerou o *fogo* uma substância imponderável, cuja composição nada tinha a ver com os átomos da matéria ponderável. Este *fogo* de Boerhaave foi, mais tarde, denominado *calórico*, por outros cientistas, entendido como o *agente físico* ou *dinâmico* responsável pela mudança de estado da matéria.

Assim, durante muito tempo, coexistiram as ideias do *flogístico* e do *calórico*. Com a teoria do flogístico, conseguia-se explicar a oxidação de um metal, durante a combustão, supondo que ele seria constituído de seu óxido mais o flogístico. O mecanismo oposto, ou seja, a obtenção do metal a partir de seu aquecimento com carvão, também era compreendido admitindo-se que o carvão, rico em flogístico, o cedia ao óxido, regenerando o metal e um excedente de carvão "deflogisticado". Também a diminuição da massa na combustão de materiais, tais como a madeira e o próprio carvão, era facilmente entendida pela hipótese da liberação do flogístico. O que não era compreendido era o aumento da massa observado, por exemplo, na combustão de metais, uma vez que o metal, perdendo flogístico, deveria ter sua massa diminuída. Houve, por parte de defensores dessa teoria, uma tentativa malsucedida de atribuir, nesses casos, peso negativo a essa substância. Contudo, foram a descoberta do oxigênio e os trabalhos de Lavoisier que deram origem ao abandono da teoria do flogístico.

O oxigênio foi isolado, em 1774, pelo químico inglês Joseph Priestley, que, ironicamente, era partidário da teoria do flogístico. Priestley notou que, durante o aquecimento de óxido de mercúrio, em um recipiente fechado, havia a liberação de um gás, o qual, ele percebeu depois, era capaz de avivar muito a chama de uma vela. Além disso, notou que esse gás era melhor para a respiração do que o ar que normalmente se respira. Sendo assim, ele considerou que esse gás não poderia conter flogístico, chamando-o, então, de "ar deflogisticado".

A verdadeira composição do gás, no entanto, só foi compreendida por Lavoisier, que conseguiu reconhecer e interpretar o papel do oxigênio nos processos de calcinação e combustão e, até mesmo, da respiração. Ao contrário de Priestley e outros, Lavoisier teve sucesso pois ateve-se, o máximo possível, aos fatos experimentais. Em particular, ele foi capaz de estabelecer as relações de peso nas reações de oxidorredução e, a partir daí, a validade da conservação de massa (Seção 2.5).

Lavoisier aceita o *calórico* como substância imponderável, a qual, combinada com as substâncias químicas, dá conta das mudanças de estado quando não há mudança de peso no processo. As partículas desse fluido se repeliam, contrabalançando a força gravitacional – sempre atrativa –, impedindo, assim, o colapso de todos os corpos em uma massa sólida homogênea. Essas ideias levaram a uma teoria segundo a qual os átomos seriam circundados por uma nuvem de calórico, mais ou menos densa, cuja densidade diminuiria com a distância r ao centro do átomo como $1/r^n$ ($n > 2$). Comparada à gravidade, essa nuvem daria lugar a uma força de curto alcance. Com essa teoria, era fácil compreender a expansão das substâncias, devida ao aquecimento, e a contração, com o resfriamento.

Entretanto, a teoria do calórico também estava com seus dias contados, a partir dos estudos de Benjamin Thompson – o Conde Rumford – sobre a produção de calor por atrito e os de Humphry Davy, sobre a fusão do gelo também por atrito. Ambos evidenciaram que o fluxo de calor de um corpo é inexaurível. Prevaleceu, assim, a visão de que o calor era o resultado de movimentos imperceptíveis das moléculas da matéria (Capítulo 3).

2.5 O átomo químico

Na Química, apenas as razões das massas atômicas desempenhavam um papel, e não a sua grandeza absoluta. Portanto, a teoria atômica podia ser encarada mais como um símbolo visual do que como conhecimento sobre a composição real da matéria.

Albert Einstein

Durante seu percurso milenar, a Alquimia criou um vocabulário, uma notação, uma prática e um instrumental (Figura 2.3), que foram herdados e conservados, de certa forma, pela Química.

Figura 2.3: "Laboratório de um alquimista", quadro do pintor belga Pieter Bruegel, o Velho, 1558.

Entretanto, como chama a atenção o historiador francês, de origem russa, Alexandre Koyré, os alquimistas nunca conseguiram fazer uma experiência precisa pelo simples fato de nunca terem tentado. O próprio Koyré afirma:

> *Não é o termômetro que falta [ao alquimista], é a ideia de que o calor seja susceptível de medida exata. Assim, contenta-se com os termos do senso comum: fogo vivo, fogo lento etc., e não se serve, ou quase nunca, da balança.*

... e, todavia, a balança já existia!

No século XVIII, Lavoisier revolucionou a Química, trazendo importantes contribuições para sua sistematização e quantificação e, ao mesmo tempo, abrindo novas perspectivas de pesquisa: as descobertas dos gases, dos minerais e dos compostos orgânicos não deveriam mais ser consideradas isoladamente; era preciso estabelecer um novo objeto de estudo, composto da totalidade das substâncias e de suas relações. Ao construir seu sistema, adotou uma abordagem moderna, que se contrapunha às ideias de transformações misteriosas da matéria. Há quem atribua a origem dessa abordagem à fé que Lavoisier tinha na *balança* (Figura 2.4), aparelho de medição mais preciso daquela época.[6] Para o químico francês, toda mudança podia e devia ser explicada e mensurada.

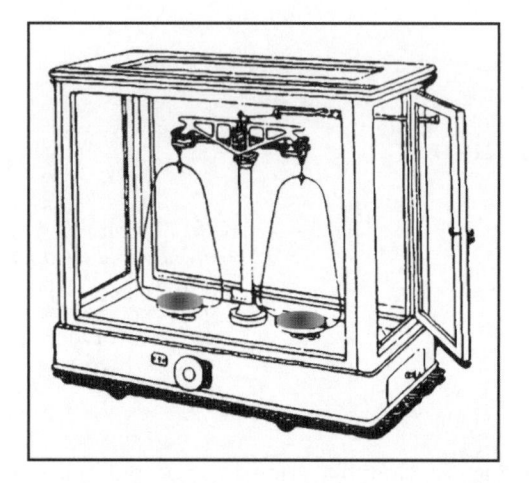

Figura 2.4: Desenho de uma balança científica do século XIX.

Segundo Lavoisier, um elemento químico é a menor porção de uma substância que ainda apresenta as mesmas propriedades químicas e não pode ser subdividido em outro elemento: *com a palavra 'elementos' ou 'princípios dos corpos' associamos a noção da última entidade à qual se chega pela análise; todas as substâncias que ainda não decompusemos por quaisquer meios consideramos elementos.*

2.5.1 O átomo de Dalton

Talvez o desenvolvimento mais notável dos fundamentos dessa "nova" Química, lançada por Lavoisier, seja o trabalho de Dalton, um dos primeiros cientistas a formular, em 1808, uma teoria atômica não especulativa, mas científica. Ele reconheceu as virtudes de uma concepção atomística da Química, de consolidação lenta ao longo do século XIX, apesar do esforço de muitos outros químicos. Nesse processo, desempenhou um papel importante o desafio da medição do peso atômico dos elementos químicos, reflexo do fabuloso sucesso da Teoria da Gravitação de Newton, que atribuiu um lugar de destaque à força *peso*. Lavoisier, ao afirmar que *a determinação dos pesos das matérias e dos produtos antes ou depois das experiências [é] a base de tudo o que se pode fazer de útil e de exato na Química*, dá uma mostra concreta

---

[6] Para se ter uma noção comparativa quanto à precisão das balanças científicas, basta ver que, no final do século XIX, enquanto o limite de erro de uma balança comum era 10^{-3}, o de uma balança científica era da ordem de 10^{-8}, ou seja, 100 mil vezes mais precisa.

dessa influência. No início do século XX, levando essa ideia ao extremo, o químico e filósofo da ciência polonês Emile Meyerson defende a opinião de que a definição do termo *matéria* deve ser: *aquilo que é pesado.*

A teoria de Dalton foi capaz de predizer e explicar quantitativamente uma série de fenômenos químicos conhecidos na época, partindo da seguinte ideia basilar:

> *As partículas últimas de todos os corpos homogêneos são perfeitamente semelhantes em peso, forma etc. Em outras palavras, toda partícula de água é como qualquer outra partícula de água; toda partícula de hidrogênio é como qualquer outra partícula de hidrogênio (...).*

Apesar do indiscutível sucesso e do impacto da obra de Dalton no desenvolvimento da Química, pode-se dizer que a sua teoria foi, de início, uma teoria atômica física, à qual, além da já citada influência newtoniana, ele incorporou algumas concepções difusas na Física e na Química do século XVIII. De fato, para dar conta de que a matéria exibe propriedades elásticas, como se viu na seção anterior, Dalton também admite que os átomos são envoltos por uma nuvem imponderável de *calórico, (...) do mesmo modo que a Terra, ou qualquer outro planeta, possui sua atmosfera de ar circundando-a (...).*

A motivação última dessa hipótese é a descrição de propriedades da matéria empiricamente determinadas – a elasticidade, no caso – a partir de algo responsável pela interação entre os constituintes primeiros da matéria, aqui representado pelo calórico. Esse tipo de visão, em outro contexto, envolvendo o conceito de campo, será reencontrado na Física de Partículas Elementares (Capítulo 17). O que se deseja enfatizar aqui é que uma compreensão mais ampla da constituição da matéria, que começa a se delinear no século XVIII e envolve não apenas os seus tijolos fundamentais, mas também os mediadores de suas interações – uma espécie de "cimento".

De volta ao atomismo de Dalton, ele pressupõe, ainda, que *da razão dos pesos dentro da massa [do composto] podem-se deduzir os pesos relativos das partículas últimas ou dos átomos dos corpos e, com esse dado, o peso e o número desses átomos em outras combinações (...).*

As seguintes hipóteses resumem os principais pontos da teoria de Dalton:

(*i*) todo *elemento químico* é composto de pequenas partículas chamadas *átomos;*

(*ii*) todos os átomos de um mesmo elemento apresentam as mesmas propriedades;

(*iii*) átomos de diferentes elementos têm propriedades químicas diferentes;[7]

(*iv*) durante uma reação química, nenhum átomo de determinado elemento desaparece ou se transforma em um átomo de outro elemento;

(*v*) formam-se substâncias compostas quando se combinam átomos distintos de mais de um elemento;

(*vi*) em um dado composto químico, os números relativos de átomos dos seus elementos são definidos e constantes e, em geral, podem expressar-se como inteiros ou frações simples;

(*vii*) quando dois elementos se unem para formar uma terceira substância, presume-se que apenas *um* átomo de um elemento se combine com *um* átomo de outro elemento.

A hipótese (*vi*) é, na verdade, uma expressão da lei das proporções múltiplas de Dalton. Pelas hipóteses (*i*) e (*ii*), nota-se que o átomo de Dalton é bastante semelhante ao átomo dos filósofos gregos, no que diz respeito à indivisibilidade e à eternidade, embora as propriedades que os diferenciam entre si não sejam as mesmas.[8]

As hipóteses (*i-iv*) são suficientes para explicar a lei de Lavoisier, de 1772, e a lei das proporções definidas do francês Joseph Louis Proust, de 1799, quais sejam:

---

[7] Há autores que enunciam essas mesmas hipóteses substituindo a expressão "propriedades químicas" por "massa". No entanto, a primeira forma foi adotada por estar mais de acordo com o contexto da própria teoria de Dalton.

[8] Existe uma pluralidade bem maior quando se considera o conjunto de *propriedades químicas*, comparado às diferenças de *forma, posição* e *disposição* do atomismo grego.

Lei de Lavoisier – *A soma das massas dos produtos da reação é constante, quando a reação se realiza em sistemas fechados.* Sua lei, no entanto, é mais popular pela sua versão *na natureza nada se cria, nada se perde; tudo se transforma.*[9]

Figura 2.5: Versão popular da lei de Lavoisier.

Cabe aqui um comentário sobre a contribuição de Lavoisier. O poeta latino Públio Ovídio Naso, por exemplo, afirmou em seu livro *Metamorfoses* que *tudo muda, nada morre.*[10] Já o filósofo britânico Francis Bacon, no seu *Cogitationes de Natura Rerum*, enuncia algo muito parecido com a conclusão de Lavoisier, ou seja, *que todas as coisas mudam, e que nada realmente perece, e que a soma da matéria permanece a mesma é suficientemente certo.* Onde está, portanto, a originalidade do químico francês? Ela se encontra precisamente na justificativa da expressão *suficientemente certo.* Enquanto, para Bacon, a certeza era fruto de argumentos especulativos, Lavoisier vai buscar sua confirmação na Natureza, dando um embasamento experimental a uma antiga ideia. A partir de medidas precisas de peso ele atribui um *status* científico, no sentido galileano, ao claro enunciado de Bacon.

Lei de Proust – *Em uma mesma reação química, seja ela qual for, as massas das substâncias participantes guardam entre si uma relação fixa.* Assim, por exemplo, se uma massa M de água é formada de N compostos do tipo $H_a O_b$, em que a é o número de átomos de hidrogênio[11] (H) e b o número de átomos de oxigênio (O), essa massa será expressa em termos das massas m_H e m_O, dos átomos de hidrogênio e de oxigênio, da seguinte forma:

$$M = N\big(a\, m_H + b\, m_O\big)$$

Uma vez que todos os termos da expressão anterior são constantes, a razão entre as massas

$$\frac{a\, m_H}{b\, m_O}$$

também é constante, ou seja, vale a lei de Proust.

Entretanto, como pode ser visto do exemplo anterior, a lei de Proust *não* determina por si só a razão entre as massas dos átomos que formam um composto, a não ser que se saiba a relação entre os números de átomos do composto. Nesse estágio do conhecimento, faz-se, portanto, necessária uma hipótese adicional: o postulado (*vii*). Naturalmente, essa escolha deve ser compatível com outros resultados conhecidos da Química.

---

[9] A lei de Lavoisier envolve dois aspectos: i) a aditividade da massa; ii) a conservação da massa, devido ao aparente fato de a matéria não poder nunca ser criada nem destruída, apenas transformada. Com relação a (i), sabe-se hoje que é uma lei aproximada, a qual depende da energia envolvida na reação, pois, segundo a Teoria da Relatividade Restrita de Einstein, a massa de um sistema composto não é igual à soma das massas de seus constituintes (Capítulo 6). Com relação ao aspecto (ii), a Teoria Quântica Relativística de Dirac estabelece que partículas e antipartículas materiais podem se aniquilar e podem ser criadas a partir de processos de decaimentos ou colisões de outras partículas (Capítulo 16).

[10] *Omnia mutandur nihil interit.*

[11] O nome hidrogênio foi cunhado por Lavoisier, do prefixo grego *hydro*, que quer dizer água, e o sufixo *gen*, que quer dizer gerador, causador, criador.

Dalton, baseado no fato de que apenas um composto é formado pelos elementos hidrogênio e oxigênio e convicto de sua hipótese arbitrária sobre a combinação de dois elementos, escolheu $a = 1$ e $b = 1$, que corresponde à composição HO (um átomo de hidrogênio para um de oxigênio) para a água, em vez de H_2O,[12] como determinado mais tarde. Não demorou muito para que o postulado (*vii*) de Dalton se mostrasse incompatível no caso de elementos que poderiam se combinar para formar diferentes compostos, o que fez com que ele o revisse.

Pode-se ver que a teoria de Dalton é essencialmente diferente da pura especulação metafísica dos filósofos antigos, pois baseia-se em resultados experimentais quantificados. Além disso, embora alguns elementos químicos por ele considerados[13] (Tabela 2.1) fossem, na verdade, compostos, suas hipóteses eram compatíveis com as leis empíricas conhecidas na época, como as de Lavoisier e de Proust.

Tabela 2.1: Símbolos e pesos atômicos atribuídos por Dalton aos "elementos" químicos

	Elementos	p.a.			p.a.
⊙	Hidrogênio	1	⊕	Estrôncio	46
⬤	Nitrogênio	5	✳	Bário	68
⬤	Carbono	5,4	I	Ferro	50
○	Oxigênio	7	Z	Zinco	56
⊗	Fósforo	9	C	Cobre	56
⊕	Enxofre	13	L	Chumbo	90
⬤	Magnésio	20	S	Prata	190
⬤	Lima	24	G	Ouro	190
⬤	Soda	28	P	Platina	190
⬤	Potássio	42	✸	Mercúrio	167

p.a. - peso atômico

Por último, cabe notar que Dalton não chega a fazer, em sua obra, qualquer alusão a uma possível estrutura elétrica do átomo. Sua ênfase foi dada à questão das expansões térmicas. Esse caminho do estudo do calor levou, bem mais tarde, ao desenvolvimento de uma Teoria Cinética dos Gases, que muito contribuiu para a consolidação do atomismo (Capítulo 3). Por outro lado, outros avanços científicos do início do século XIX, como a invenção da pilha de Volta e a descoberta da eletrólise, iriam delinear um outro caminho mais fértil para a compreensão do átomo, a partir de um melhor entendimento das interações elétricas, à medida que apontaram para um átomo divisível, um átomo neutro com uma estrutura interna, eletricamente carregada (Capítulo 7).

---

[12] Dalton chamou de átomo a menor parte de um composto que conserva as suas propriedades, o que o levava a falar, por exemplo, em *átomo d'água*; os termos *átomo* e *molécula* eram muitas vezes empregados como sinônimos nessa época.

[13] Foi Dalton quem imaginou a primeira representação simbólica, marcada pela simplicidade, ligada ao sistema de átomos e à sua tabela de pesos atômicos (Tabela 2.1). Há autores que afirmam que essas representações sugerem, mesmo, uma certa estrutura molecular, noção que só aparecerá cerca de 50 anos mais tarde.

2.5.2 As massas atômicas

Dois foram os principais problemas envolvidos na falta de precisão na determinação das massas ou dos pesos atômicos[14] durante boa parte do século XIX.

O primeiro se deve à grande confusão entre massa atômica e molecular. Em particular, é importante lembrar que vários elementos comuns na natureza são encontrados na forma diatômica. Nesse sentido, de particular importância é a molécula de hidrogênio H_2, considerada, por muito tempo, padrão das massas atômicas (Seção 2.5.3). Se a essa molécula se atribuir uma massa relativa 1, em vez de 2, as massas atômicas relativas de outros elementos, comparados com o hidrogênio, seriam a metade do que deveriam ser.

O segundo ponto se refere à utilização, frequente naquela época, do conceito de *equivalente*, ou "peso de combinação". O equivalente é o número em gramas de um elemento que se combina com 8 g de oxigênio. Essa escolha foi determinada, em parte, pela característica da água, em cujo processo de formação se combinam 8 g de oxigênio com 1 g de hidrogênio. Nesse sentido, diz-se que 8 g de oxigênio são o *equivalente* de 1 g de hidrogênio. Por outro lado, era mais fácil, na prática, medir o peso de um elemento que se combina com o oxigênio do que com o hidrogênio. Assim, a partir desse método de medida, determinava-se o peso atômico simplesmente multiplicando-se o peso equivalente de um elemento pela sua valência (Seção 2.5.4). Claro está que, mesmo dispondo de medidas precisas para o peso equivalente, se a valência estivesse errada, resultaria um peso atômico incorreto.

Tabela 2.2: Valores atribuídos aos pesos atômicos de alguns elementos por diferentes autores durante o período de 1802 a 1871 comparados com os valores atuais

Elemento	Dalton (1802-04)	Berzelius (1813-14) O = 100	em relação ao H[1]	Berzelius (1835) O = 100	em relação ao H[1]	Newlands "equivalentes" 1863*	1865	Newlands (1864) Peso atômico	Mendeleiev (1871)	Valor atual
Hidrogênio	1	6,636	1,06	6,2398	1		1	1	1	1,01
Nitrogênio	5	79,54	12,73	88,518	7,093	14	6	14	14	14
Carbono	5,4	75,1	12	76,438	12,24	6	5	12	12	12
Oxigênio	7	100	16	100	16,026	8	7	16	16	16
Fósforo	9	167,512	26,8	196,143	15,517	31	13	31	31	31
Enxofre	13	201	32,16	201,165	16,120	16	14	32	32	32,1
Potássio	42	978,0	156,48	489,916	78,594	39	16	39	39	39,1
Estrôncio	46	1418,14	226,90	547,285	87,708	43,8	31	87,5	87	87,6
Bário	68	1709,1	273,46	856,880	137,326	68,5	45	137	137	137
Ferro	50	693,64	110,98	339,205	54,362	28	21	56	56	55,8
Zinco	56	806,45	129,03	403,226	54,622	32,6	25	65	65	65,4
Cobre	56	806,48	129,04	395,695	63,414	31,7	23	63,5	63	63,5
Chumbo	90	2597,4	415,58	1294,498	207,458	103,7	54	207	207	207
Prata	190	2688,17	430,11	1351,607	108,305	108	37	108	108	108
Ouro	190	2483,8	397,41	1243,013	199,208	197	49	196	199	197
Platina	190	1206,7	193,07	1233,499	197,682	98,7	50	197	198	195
Mercúrio	167	2531,6	405,06	1265,823	202,862	100	52	200	200	201

(*) Newlands se refere a esses valores como "os velhos números equivalentes" tomados, com uma ou outra exceção, da oitava edição do Manual de George Fownes.

Na Tabela 2.2, foram colocadas lado a lado algumas das principais determinações dos *pesos atômicos* e dos *equivalentes*, para que se tenha noção do difícil caminho percorrido até se chegar aos valores comparáveis aos de referência em 1871, indicando o quão confusa era a determinação dos pesos atômicos durante o período compreendido entre os trabalhos de Dalton e do russo Dmitri Mendeleiev.

---

[14] Embora na Física *massa* e *peso* sejam conceitos distintos, na Química, historicamente, ambos são utilizados indistintamente, uma vez que a escala de massa ou de peso atômico é sempre relativa a um padrão, caso em que as duas opções se confundem. O leitor encontrará referência às duas expressões neste capítulo.

Em 1814, o químico sueco Jakob Berzelius elaborou uma tabela de pesos atômicos surpreendentemente acurada: a segunda edição francesa de seu livro, de 1835, atribuía aos elementos, com exceção de poucos, valores de pesos atômicos próximos aos de hoje. Esses valores foram aperfeiçoados a partir de análises químicas sistemáticas e cuidadosas realizadas pelo químico belga Jean Servais Stas.

O químico industrial inglês John Alexander Reina Newlands preferia usar o conceito de equivalente, atribuindo ao carbono, em 1865, o valor 5 g. No entanto, sabe-se que o equivalente do carbono é 3 g, pois é essa quantidade que se combina com 8 g de oxigênio. Por outro lado, o carbono é tetravalente (valência = 4),[15] porque, como foi visto, forma uma molécula de metano (CH_4). Portanto, sua massa atômica relativa é $3 \times 4 = 12$, enquanto, utilizando-se o valor determinado por Newlands, se encontraria $5 \times 4 = 20$.

Outra coisa que salta aos olhos, observando-se a Tabela 2.2, é que tanto o potássio quanto a prata aparecem com o peso atômico quatro vezes maior que o atual. Muitas dessas questões só foram esclarecidas a partir do Congresso de Karlsruhe, realizado na Alemanha de 3 a 5 de setembro de 1860.

Outro aspecto digno de nota é que essa etapa de sistematização da Química, iniciada no século XIX, ganhou ainda mais força quando Berzelius introduziu, em 1814, os símbolos modernos dos elementos. Foi sua a ideia de usar a inicial maiúscula do nome latino para cada elemento, acrescentando outra letra, minúscula, nos casos de elementos com a mesma inicial.

A Tabela 2.3 apresenta essa notação de Berzelius para algumas substâncias químicas compostas. O número de pontos acima do símbolo indicava o número de oxigênios com o qual o elemento se combina; assim, S̈ equivale a SO_2, na notação moderna.

Tabela 2.3: Notação de alguns compostos químicos e seus respectivos pesos atômicos, segundo Berzelius

Name.	Formel.	O=100.	H=1.
Unterschwefl. Säure	S	301,165	48,265
Schweflichte Säure	S̈	401,165	64,291
Unterschwefelsäure	S̈	902,330	144,600
Schwefelsäure	S̈	501,165	80,317
Phosphorsäure	P̈	892,310	143,003
Chlorsäure	C̈l	942,650	151,071
Oxydirte Chlorsäure	C̈l	1042,650	167,097
Jodsäure	J̈	2037,562	326,543
Kohlensäure	C̈	276,437	44,302
Oxalsäure	C̈	452,875	72,578
Borsäure	B̈	871,966	139,743
Kieselsäure	S̈i	577,478	92,548
Selensäure	S̈e	694,582	111,315
Arseniksäure	Äs	1440,084	230,790
Chromoxydul	C̈r	1003,638	160,845
Chromsäure	C̈r	651,819	104,462
Molybdänsäure	M̈o	898,525	143,999
Wolframsäure	Ẅ	1483,200	237,700
Antimonoxyd	S̈b	1912,904	306,565
Antimonichte Säure	S̈b	1006,452	161,296
	S̈b	2012,904	322,591
Antimonsäure	S̈b	2112,904	338,617
Telluroxyd	T̈e	1006,452	161,296
Tantalsäure	T̈a	2607,430	417,871
Titansäure	T̈i	589,092	94,409
Goldoxydul	Äu	2586,026	414,441
Goldoxyd	Äu	2786,026	446,493
Platinoxyd	P̈t	1415,220	226,806
Rhodiumoxyd	R̈	1801,360	228,689

---

[15]Ver Seção 2.5.4.

Com o tempo, o trabalho sistemático de Berzelius *permitiu uma visualização das reações químicas de modo mais simples e mais efetivo*, como se pode observar na Figura 2.6, na qual se comparam duas notações diferentes de uma mesma reação química.

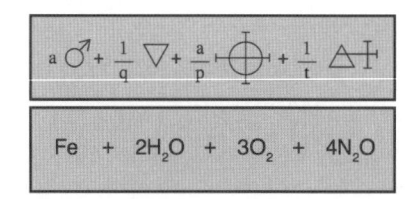

Figura 2.6: Simplificação da notação de uma reação química.

Só bem mais tarde, na segunda década do século XX, é que se começa a compreender o papel central do *número atômico* (Capítulo 12), em detrimento do papel desempenhado pelo *peso atômico* no século XIX, constituindo-se em mais uma evidência da gradativa perda de prestígio da gravitação newtoniana, na qual o *peso* possuía um *status* especial. Esse papel será, aos poucos, desempenhado por *simetrias abstratas*.

2.5.3 A hipótese de Prout e os isótopos

A construção de uma escala de pesos atômicos relativos foi um passo fundamental para uma racionalização sistemática da Química.

Pouco depois de Dalton inaugurar a era do atomismo científico, o médico inglês William Prout percebeu, em 1815, que a variedade de pesos atômicos poderia ser expressa como múltiplos inteiros de uma unidade fundamental. A seguir, argumentou que essa unidade fundamental seria o peso do átomo do hidrogênio.

Historicamente, a verificação de que o elemento *cloro* (Cl) tem peso atômico fracionário ($\mu_{Cl} = 35,5$) pôs em xeque a hipótese de Prout. Essa natureza fracionária só foi compreendida com a descoberta dos *isótopos* – átomos do mesmo elemento com massas diferentes. O termo *isótopo* (do grego *isos* = mesmo, *topos* = lugar) foi introduzido pelo químico inglês Frederick Soddy, em 1913. Segundo ele, dois isótopos de chumbo deveriam ocupar o *mesmo lugar* na Tabela Periódica (Seção 2.5.5), ainda que possuindo propriedades diferentes quanto à radiação emitida. Nesse mesmo ano, deve-se ao físico inglês *Sir* Joseph John Thomson a primeira demonstração da existência de isótopos na natureza. O primeiro isótopo artificial de um elemento conhecido foi obtido em 1934, bombardeando-se alumínio com partículas α (núcleo de He), obtendo-se um isótopo radioativo do fósforo (Seção 9.3).

Por um lado, a descoberta dos isótopos contraria a premissa de Dalton, já mencionada, de que as *partículas últimas de todos os corpos homogêneos são perfeitamente semelhantes em peso, forma (...)*. Sabe-se hoje, além disso, não ser o átomo indivisível, apesar de o termo grego ter sido mantido na Química e na Física. Por outro lado, *a ideia de que átomos de mesmo elemento são todos idênticos em peso não pode ser posta à prova por métodos químicos (...)*, como observou o inglês Francis William Aston.

A descoberta dos isótopos permite, de certa maneira, lançar uma nova luz sobre a hipótese de Prout. De fato, em 1919, Aston, utilizando o espectrômetro de massa reproduzido na Figura 2.7, conseguiu isolar dois isótopos do gás neônio (Ne), um de massa 20 e outro de massa 22. Descobriu, mais tarde, isótopos de um grande número de elementos não radioativos e enunciou a *lei dos números inteiros*, revivendo a ideia básica de Prout. Citando Aston,

> *Um fato do maior interesse teórico (...) [é] que, dos mais de quarenta diferentes valores medidos até aqui para a massa atômica e molecular, todos, sem uma única exceção, resultam em números inteiros, considerando o carbono e o oxigênio como 12 e 16 exatamente, permitindo-se cargas múltiplas. Caso essa relação de inteiros se mostre geral, será um grande passo para se elucidar a estrutura última da matéria. Por outro lado, parece muito conveniente fazer uma distinção satisfatória entre as diferentes partículas atômicas e moleculares que*

podem dar origem a uma mesma linha no espectro de massa, uma questão consideravelmente difícil.

Figura 2.7: O espectrômetro de Aston.

Verificou-se que o cloro, por exemplo, possui dois isótopos com pesos atômicos 35 e 37 ou, mais precisamente, 34,98 e 36,98. A separação física desses isótopos no espectrômetro de massa permitiu mostrar que 75,4% dos átomos de cloro são do isótopo mais leve e os restantes 24,6%, do mais pesado, resultando para o peso atômico do cloro o seguinte valor:

$$\mu_{Cl} = 0,754 \times 34,98 + 0,246 \times 36,98 = 35,47$$

Apesar de serem considerados os constituintes últimos de um elemento químico, os átomos são, na verdade, constituídos de prótons (p) e nêutrons (n) aglutinados em um núcleo, e elétrons[16] (e). Os prótons são partículas com carga elétrica positiva, os nêutrons não possuem carga e têm massa bem próxima à dos prótons; os elétrons têm carga negativa, igual em módulo à carga do próton, e massa da ordem de 1 840 vezes menor que a do próton (Capítulo 8). Contudo, essa subestrutura atômica só vai ser compreendida na Física, mais precisamente, no âmbito da Física Quântica, no primeiro quarto do século XX (Capítulo 12).

2.5.4 A hipótese de Avogadro e o conceito de molécula

Sabe-se que a lei de Proust e a lei das proporções múltiplas são válidas para todos os compostos químicos, quaisquer que sejam seus estados físicos. No entanto, quando os reagentes estão no estado gasoso, o químico francês Joseph-Louis Gay-Lussac estabeleceu, em 1808, que *existe uma razão simples entre os volumes dos gases reagentes.*

---

[16] *Elétron* originalmente significa *âmbar*, em grego. O termo foi adotado como alusão ao fenômeno conhecido pelos gregos de que submeter o âmbar à fricção o torna capaz de atrair pequenos pedaços de papel ou poeira. Diz-se que o âmbar ficou eletrificado. Veja detalhes sobre a descoberta do elétron no Capítulo 8.

Sejam observadas, por exemplo, as seguintes combinações:

- hidrogênio e cloro, para a síntese do ácido clorídrico (cloridreto), na qual as razões entre os respectivos volumes são 1:1:2,

$$10 \text{ mL (hidrogênio)} + 10 \text{ mL (cloro)} = 20 \text{ mL (cloridreto)}$$

- hidrogênio e oxigênio, para a obtenção de vapor d'água, na qual as razões entre os respectivos volumes são 2:1:2,

$$20 \text{ mL (hidrogênio)} + 10 \text{ mL (oxigênio)} = 20 \text{ mL (vapor)}$$

Por que em alguns casos há contração de volume e em outros não? Essas observações levaram o físico italiano Amedeo Avogadro a introduzir, em 1811, o conceito de *molécula* e a admitir, por hipótese, que *dois volumes iguais de dois gases quaisquer contêm o mesmo número de moléculas, desde que a temperatura e a pressão sejam as mesmas* (Seção 3.1.3). É importante notar sua distinção entre "moléculas inteiras" – hoje em dia, simplesmente, *moléculas* – e "moléculas elementares", os *átomos* atuais.

Segundo Avogadro, as reações observadas por Gay-Lussac podem ser expressas como:

$$\begin{cases} N \text{ moléculas (hidrogênio)} + N \text{ moléculas (cloro)} = 2N \text{ moléculas (cloridreto)} \\ 2N \text{ moléculas (hidrogênio)} + N \text{ moléculas (oxigênio)} = 2N \text{ moléculas (vapor)} \end{cases}$$

ou, considerando as moléculas como resultantes de combinações de átomos simples, como o átomo de hidrogênio (H), o de oxigênio (O) ou de cloro (Cl), pode-se escrever para a equação de obtenção de vapor d'água

$$2\text{H}_a + \text{O}_b = 2\text{H}_{a'}\text{O}_{b'}$$

Como, pela hipótese de Dalton, os átomos são indestrutíveis, segue-se que

$$\begin{cases} a' = a \\ b' = b/2 \end{cases}$$

Nas palavras do próprio Avogadro,[17] *a molécula de água será formada de meia molécula de oxigênio com uma ou, dizendo a mesma coisa, com duas meias moléculas de hidrogênio.*

Desse modo, Avogadro estabelece corretamente que as sínteses do ácido clorídrico e da água podem ser expressas pelas chamadas fórmulas moleculares,

$$\begin{cases} \text{H}_2 + \text{Cl}_2 \rightarrow 2\text{HCl} \\ 2\text{H}_2 + \text{O}_2 \rightarrow 2\text{H}_2\text{O} \end{cases}$$

que representam as combinações moleculares mínimas ($a = b = 2$) em uma determinada reação química. De acordo com a lei de Avogadro, essas expressões implicam a lei de Gay-Lussac.

Apesar da hipótese de igualdade do número de moléculas contido em um dado volume, nas mesmas condições de temperatura e pressão, Avogadro não propôs nenhum procedimento para a sua determinação; apenas sugeriu que, mesmo para volumes ordinários, esse número deveria ser *"muito grande"*. De fato, o número de moléculas contido em um volume igual a 22,4 L de um gás, nas chamadas CNTP – condições normais de temperatura (0°C) e pressão (760 mmHg = 1 atm) –, inicialmente, denominado número de Avogadro ($N_A = 6,02 \times 10^{23}$), e mais tarde constante de Avogadro, só foi determinado cerca de 50 anos mais tarde (Capítulo 4).

---

[17] Três anos mais tarde, Faraday faz proposta semelhante a essa.

O físico francês Jean-Baptiste Perrin, o primeiro a determinar experimentalmente o número de Avogadro, assim ressaltou o seu caráter universal:*(...) o número invariável [N_A] é uma constante universal, a qual poderia ser apropriadamente chamada de constante de Avogadro.*

A ideia de que o hidrogênio e outros gases são compostos de moléculas diatômicas não foi aceita, de início, por Dalton e por vários outros químicos, por não admitirem a combinação de dois ou mais átomos de mesma espécie para constituir uma outra substância, utilizando o seguinte argumento: se dois átomos de hidrogênio, contidos em um recipiente, podem se juntar, por que não há um agrupamento de todos tal que se condensem, formando um líquido? A solução desse problema depende da compreensão da estrutura eletrônica dos átomos e só foi possível ao final do primeiro quarto do século XX, com a introdução do conceito de *spin* e do princípio de exclusão de Pauli, na Mecânica Quântica (Capítulo 16).

A partir da aceitação do conceito de molécula, puderam ser estabelecidas, por exemplo, as fórmulas moleculares do óxido de sódio, do óxido de cálcio, do cloreto de sódio, do ácido clorídrico e da água, respectivamente, Na_2O, CaO, $NaCl$, HCl e H_2O. Desse conjunto de fórmulas conclui-se que um átomo de oxigênio tem capacidade para se combinar com dois átomos de sódio (Na) ou hidrogênio e com um átomo de cálcio (Ca). Por outro lado, um átomo de hidrogênio (H) tem capacidade para se combinar com um átomo de cloro (Cl), e este com um átomo de sódio (Na).

Desses resultados, surge o conceito de *valência*, ou seja, a propriedade que indica a capacidade em potencial de os átomos se combinarem. Os átomos Na, Cl e H são ditos de valência 1 ou monovalentes, e os átomos de O e de Ca são ditos de valência 2 ou bivalentes. Atribui-se ao químico britânico Edward Frankland a formulação do conceito de *valência*, termo cunhado em 1868 por Hermann Wichelhaus. Embora a ideia tenha surgido para esclarecer a natureza de alguns compostos orgânicos, a aplicabilidade do conceito de valência se ampliou e teve grande importância no trabalho de classificação de Mendeleiev (Seção 2.5.5), que observou que *o arranjo dos elementos, ou grupos de elementos, de acordo com seus pesos atômicos, corresponde às suas valências.*

Mas a aceitação da hipótese de Avogadro não foi imediata. Segundo o russo Isaac Asimov,

> *durante meio século depois de Avogadro, sua hipótese permaneceu ignorada, e a distinção entre átomos e moléculas de elementos gasosos importantes não estava definida claramente no pensamento de vários químicos, persistindo, assim, a incerteza acerca dos pesos atômicos de alguns dos elementos mais importantes* (Tabela 2.2).

Uma justificativa plausível encontra-se na seguinte observação do físico Abraham Pais:

> *A lei de Avogadro é a primeira em ordem cronológica das leis químico-físicas que se baseiam na hipótese explícita da realidade das moléculas. O atraso com o qual a lei foi aceita pelos químicos é um indicador evidente da difusa resistência à ideia da realidade molecular.*

Em 1858, o químico italiano Stanislao Cannizzaro deu importante contribuição para a aceitação da hipótese de Avogadro ao estabeler a diferença entre o peso atômico e o molecular. O trabalho de Cannizzaro foi essencial para a posterior classificação dos elementos em ordem crescente de pesos atômicos.

Segundo a lei de Avogadro, comparando-se os pesos (através de medidas macroscópicas) de volumes iguais (V) de dois gases distintos, como, por exemplo, o oxigênio e o hidrogênio, obtém-se

$$\left(\frac{\text{peso da amostra de oxigênio}}{\text{peso da amostra de hidrogênio}} \right)_V = \frac{\text{massa da molécula de oxigênio}}{\text{massa da molécula de hidrogênio}} \simeq 16$$

Normalmente, a massa de uma molécula é expressa em *unidades de massa atômica* (u), como

$$m = \mu\, u$$

na qual μ é chamada de *massa molecular.*[18]

---

[18] Até 1961, os físicos e químicos utilizavam escalas distintas, e somente a partir de então passaram a utilizar a mesma escala relativa de peso atômico, na qual a unidade de massa atômica, $u = (1{,}660538921 \pm 0{,}00000073) \times 10^{-27}$ kg, é igual a $1/12$ da massa do isótopo 12 do carbono. Sabe-se hoje que seu núcleo é constituído de 6 prótons e 6 nêutrons.

Uma vez que a massa molecular do hidrogênio (μ_{H_2}) é igual a 2, e o oxigênio também é diatômico, tem-se

$$\frac{\mu_{O_2}}{\mu_{H_2}} = 16 \quad \Rightarrow \quad \mu_{O_2} = 32 \quad \Rightarrow \quad \mu_O = 16$$

Desse modo, conhecendo-se a massa de uma amostra de um gás, por exemplo, a massa de um certo volume de hidrogênio, $M(H_2)$, pode-se estimar o número de moléculas (N) contido nessa amostra como

$$N = \frac{M(H_2)}{\text{massa de uma molécula do gás}} = \frac{M(H_2)}{\mu_{H_2} u}$$

Nas CNTP, quando esse volume V é igual a 22,4 L, esse número é o número de Avogadro N_A. Esse número pode ser estimado a partir do valor da densidade do gás de hidrogênio nas CNPT, dado por $\rho = 0{,}08988$ g/L, e considerando $u \simeq 1{,}6605 \times 10^{24}$ g, como sendo igual a

$$N_A = \frac{\rho V}{\mu_{H_2} u} \simeq \frac{1}{u} \simeq 6{,}022 \times 10^{23}$$

Um conceito intimamente ligado à constante de Avogadro é o *mol*. O termo mol foi introduzido, em 1900, pelo químico alemão Wilhelm Ostwald, para quem *o peso molecular de uma substância, expresso em gramas, será (...) chamado mole*. Só 17 anos mais tarde, o *mol* passa a ser relacionado ao gás ideal: *a quantidade de qualquer gás que ocupe um volume de $22\,414$ mL em condições normais é chamada mole*. A partir de 1959-60, os físicos e químicos concordaram em definir o *mol* como *a quantidade de matéria de um sistema contendo tantas entidades elementares quantos átomos existem em $0{,}012$ kg de carbono 12*, ou seja:

- 1 mol de moléculas de um gás possui aproximadamente $6{,}022 \times 10^{23}$ moléculas desse gás;

- 1 mol de íons equivale a aproximadamente $6{,}022 \times 10^{23}$ íons;

- 1 mol de grãos de areia equivale a aproximadamente $6{,}022 \times 10^{23}$ grãos de areia.

- 1 mol de elétron equivale a aproximadamente $6{,}022 \times 10^{23}$ elétrons;

Atualmente, segundo o Bureau Internacional des Poids et Mesures (BIPM), o *mol* é uma das sete unidades básicas do Sistema Internacional de Unidades (SI), sendo o nome da unidade quantidade de matéria (símbolo: mol), e a constante de Avogadro tem dimensões de mol^{-1}, sendo seu valor igual a $(6{,}02214129 \pm 0{,}00000027) \times 10^{23}$ mol^{-1}.

Assim, pode-se escrever

$$M(1 \text{ mol de } H_2) = 2 \text{ g} \simeq N_A \times \mu_{H_2}$$

De modo geral,

$$M(1 \text{ mol de um gás}) = \text{valor da massa molecular (g)}$$

Em resumo, os trabalhos de Lavoisier, Dalton, Gay-Lussac, Avogadro e Cannizzaro constituem as bases de uma teoria atômica quantitativa.

Se, por um lado, como foi mencionado, houve resistência quanto à aceitação dessa teoria, havia também aqueles cientistas que, desde cedo, compreenderam seu potencial preditivo. Dentre eles pode-se citar o físico e químico francês Pierre Louis Dulong, que estudou os calores específicos dos sólidos e mostrou que medidas dessa grandeza física possibilitavam um novo tipo de verificação das massas atômicas (Seção 10.3.2). Em uma carta escrita a Berzelius em 1820, ele afirmou estar convencido de *que esta teoria [atômica] é a mais importante concepção do século e que daqui a vinte anos estará integrada em todas as partes das ciências físicas em uma extensão incalculável*. Apenas o prazo estipulado estava equivocado.

As coisas, no entanto, não foram assim tão rápidas. Todo esse conhecimento acumulado até 1869 permitiu, em última análise, que Mendeleiev desse mais um importante passo no sentido da consolidação da teoria atômica, ao conseguir classificar os elementos químicos segundo a ordem crescente de seus pesos atômicos (ordenamento horizontal) e segundo características físico-químicas comuns e recorrentes (ordenamento vertical), na famosa *tabela periódica*.

2.5.5 A classificação dos elementos químicos: de Lavoisier a Mendeleiev

A Tabela 2.4, publicada em 1789 por Lavoisier em seu tratado de Química, resume a ordenação de 31 elementos químicos conhecidos na época, além da *luz* e do *calórico*, considerados as 33 *substâncias simples* da Natureza pelo químico francês.

Tabela 2.4: As "substâncias simples", segundo Lavoisier

Decorridos 26 anos da publicação da Tabela dos Elementos de Lavoisier, o físico francês André-Marie Ampère dedica-se, durante o ano de 1815, a classificar um número bem maior de elementos (48), motivado, muito provavelmente, por seu espírito enciclopedista e por seu interesse na classificação de plantas. Cabe destacar que, embora o número de elementos tenha aumentado, eram ainda muito grandes as incertezas e controvérsias acerca da determinação dos pesos atômicos, o que dificultava qualquer tentativa de classificação dos elementos.

Ampère, contrariando Lavoisier, não mais considera a *luz* e o *calórico* como *substâncias simples* e busca uma classificação "natural" dos elementos químicos, como fica evidente logo no início de suas memórias publicadas em 1816:

> *Parece-me que devemos fazer um esforço para banir da Química as classificações artificiais, e começar a atribuir a cada substância simples o lugar que ela deve ocupar na ordem natural, através da comparação sucessiva desse lugar com todos os outros e combinando-o com aqueles aos quais estão relacionados através do maior número de características comuns e, acima de tudo, pela importância dessas características.*

Assim, Ampère esperava que dessas associações naturais se pudesse chegar a um conjunto de "gêneros", ou grupos de elementos, que poderiam ser arranjados em uma ordem tal que grupos similares fossem adjacentes uns aos outros, como sugere o ordenamento reportado na Tabela 2.5, publicada originalmente em 1816.

Tabela 2.5: Os elementos químicos de Ampère: "Tabela dos 15 gêneros e das 48 espécies dos corpos simples ponderáveis, classificados na ordem natural"

Apesar de esforços como os de Lavoisier e de Ampère, dois foram os pressupostos básicos para se chegar a construir uma classificação satisfatória dos elementos químicos, só alcançados nos anos de 1860: disponibilidade de medidas precisas e confiáveis dos pesos atômicos (Tabela 2.2), e conhecimento de um número grande de elementos (Tabela 2.10), de modo a tornar aparentes as relações de semelhança e as diferenças.

Entre a contribuição de Cannizzaro e o trabalho de Mendeleiev, houve várias tentativas de classificar os elementos químicos em ordem crescente de seus pesos atômicos, dentre as quais destacam-se a do químico alemão Johann Wolfgang Döbereiner, a do geólogo francês Alexandre-Émile Béguyer de Chancourtois e a de Newlands.

Döbereiner, em 1829, buscando uma relação matemática envolvendo o peso atômico de elementos com propriedades semelhantes, verificou que havia uma relação numérica entre os pesos atômicos de elementos químicos de uma mesma "família". A Tabela 2.6 apresenta três grupos de elementos com os valores de seus respectivos pesos atômicos.

Döbereiner verificou que a média aritmética dos pesos atômicos dos elementos X e Z de cada família indicada na Tabela 2.6 é praticamente igual ao peso atômico do elemento intermediário Y. De fato, para o que se denotou por família I, a média entre os pesos atômicos do cálcio (Ca) e do bário (Ba) é 88,5, a ser comparada com o valor 87 do estrôncio (Sr); para a família II, a média dos elementos extremos é exatamente o valor do peso atômico do sódio (Na); e, para a família III, a média vale 75,5 e deve ser comparada com 75, que é o peso atômico do arsênio (As).

Tabela 2.6: As "tríades de Döbereiner"

	Elemento químico	A		Elemento químico	A		Elemento químico	A
X	Cálcio	40		Lítio	7		Fósforo	31
Y	Estrôncio	87		Sódio	23		Arsênio	75
Z	Bário	137		Potássio	39		Antimônio	120

Essa constatação levou-o a dispor alguns elementos químicos em grupos de três – as chamadas *tríades* de Döbereiner –, respeitando o fato de pertencerem a uma mesma família e sendo o peso atômico do elemento intermediário igual à média aritmética dos outros dois. Entretanto, com os valores dos pesos atômicos conhecidos na época, não era possível estabelecer relações entre as tríades. Apesar disso, a grande diferença de peso atômico entre o cloro (35,5) e o iodo (127) sugeria a existência de um terceiro elemento (halogênio), análogo a esses dois, com um valor intermediário de peso atômico. Esse elemento – o bromo (Br) – foi descoberto alguns anos depois.

Por volta de 1850, haviam sido identificadas cerca de 20 tríades, indicativo de uma regularidade mais ampla, ainda por ser compreendida.

Essas ideias de agrupar os elementos segundo um conjunto de suas propriedades foram retomadas em 1864 por Chancourtois e, em 1866, por Newlands, após o Congresso de Karlsruhe, no qual Cannizzaro defendeu e difundiu as ideias de Avogadro, dando importante passo para que se dissipassem muitas das dúvidas acerca dos valores dos pesos atômicos. Por outro lado, muitos de seus participantes, dentre os quais Mendeleiev, passaram a dedicar-se à busca de uma classificação periódica dos elementos. Esses dois fatos tornaram o Congressso de Karlsruhe um marco na história da Química.

Seguindo essa tendência, Chancourtois foi o primeiro a dispor os elementos químicos em ordem crescente de seus pesos atômicos. Ele imaginou uma representação para os elementos em forma de hélice em torno de um cilindro vertical, cuja circunferência, tomando por base o peso atômico do oxigênio, era dividida em 16 seções, e na qual os elementos eram dispostos em alturas proporcionais a seus pesos atômicos. Como o telúrio (Te) ocupava o ponto final da hélice, essa representação foi por ele denominada *vis tellurique*, isto é, rosca ou parafuso telúrico. Uma projeção planar de sua hélice pode ser vista na Figura 2.8. Ressalte-se que os espaços em branco que apareciam nessa hélice não foram interpretados como indicativos de novos elementos, como fará mais tarde Mendeleiev; ao contrário, o autor considerava que deveriam corresponder a diferentes variedades de elementos conhecidos.

Newlands organizou os elementos de acordo com a Tabela 2.7, dispondo-os em ordem crescente de seus pesos atômicos. A organização não foi linear; ele os agrupou em pequenas colunas de sete elementos cada. Excetuando-se o hidrogênio, propriedades químicas semelhantes eram observadas para elementos de uma mesma linha horizontal dessa tabela. Assim, dado um elemento, o oitavo elemento contado a partir dele

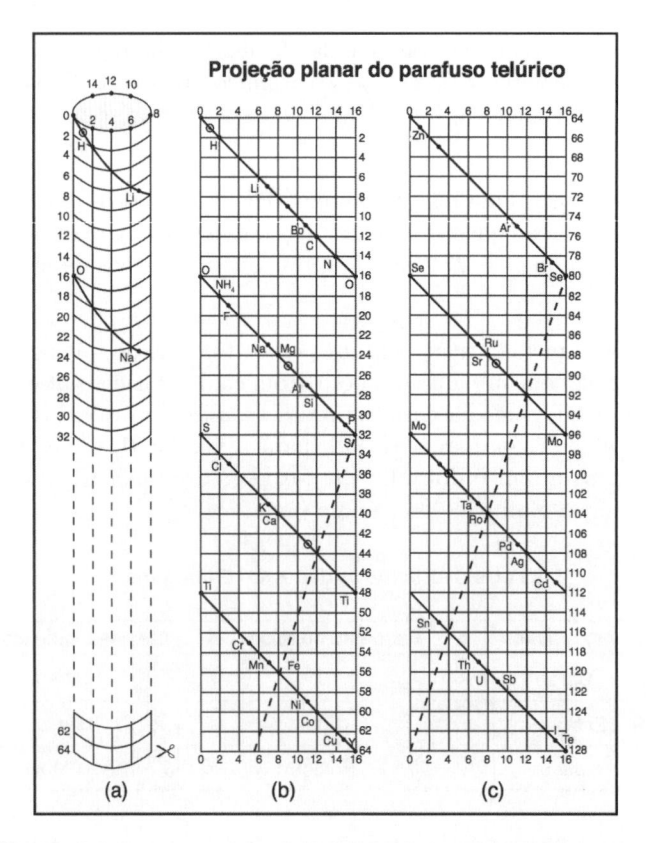

Figura 2.8: Projeção planar da hélice telúrica de Chancourtois.

teria propriedades semelhantes, o que corresponde a elementos de uma mesma linha.

Newlands, vislumbrando nessa organização uma harmonia semelhante àquela das notas musicais, que se repetem de oito em oito, estabeleceu a *lei das oitavas*. Sua tabela, apresentada no trabalho intitulado "A lei das oitavas e as causas das relações numéricas entre os pesos atômicos", era semelhante à de Mendeleiev. Embora o autor não tenha ousado deixar espaços em branco, de certa forma antecipou a coragem de Mendeleiev ao inverter a ordem de certos elementos quando o peso atômico conhecido na época não condizia com o que ele esperava de sua posição adequada na tabela.[19]

Tabela 2.7: Reprodução parcial da Tabela de Newlands

1	Hidrogênio 1	8	Flúor 19	15	Cloro 35,5
2	Lítio 7	9	Sódio 23	16	Potássio 39
3	Glicínio 9	10	Magnésio 24	17	Cálcio 40
4	Boro 11	11	Alumínio 27	18	Titânio 48
5	Carbono 12	12	Silício 28	19	Cromo 52
6	Azoto 14	13	Fósforo 31	20	Manganês 55
7	Oxigênio 16	14	Enxofre 32	21	Ferro 56

Tais tentativas de classificação dos elementos químicos viriam a ganhar uma nova dimensão com o trabalho de Mendeleiev, embora não tenham sido levadas a sério de imediato pela comunidade química. O tom irônico do presidente da London Chemical Society atesta tal fato ao perguntar a Newlands *por que não experimentava escrever os nomes dos elementos em ordem alfabética (...) Talvez assim descobrisse também alguma lei (...)*!

Outro químico que também se preocupou especialmente em estabelecer relações entre as propriedades físicas dos elementos e seus pesos atômicos foi o alemão Lothar Meyer. Em 1870, ele apresentou em um

---

[19] Ambas as classificações, de Chancourtois e de Newlands, funcionavam relativamente bem até o cálcio (Ca), cujo peso atômico é 40.

gráfico (Figura 2.9) a relação entre os pesos atômicos dos elementos conhecidos e seus *volumes atômicos*, definidos como a razão entre o peso atômico e a densidade.

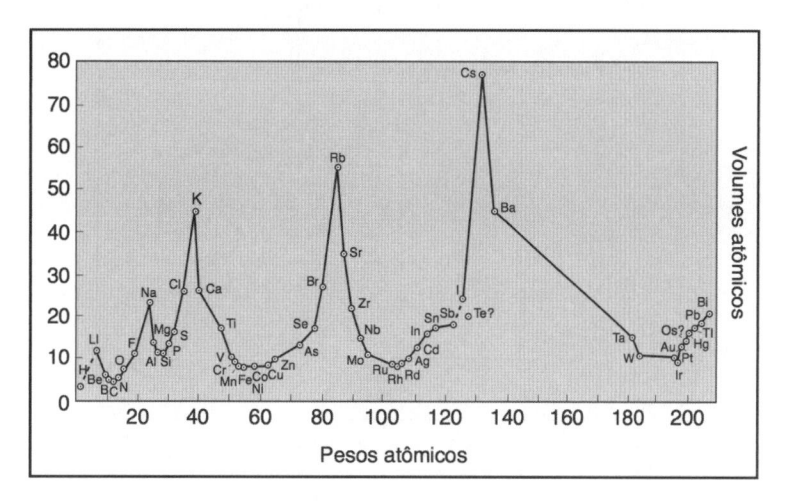

Figura 2.9: Gráfico de Lothar Meyer mostrando a relação entre os pesos e os volumes atômicos.

Esse gráfico foi importante pois revelou uma relação periódica entre os pesos e os volumes atômicos, sugerindo que outras grandezas, além da *valência*, podem estar relacionadas à periodicidade dos elementos químicos. Verificou-se, mais tarde, que o ponto de fusão, o ponto de ebulição, a condutividade térmica e a elétrica, os potenciais eletrolíticos, as formas cristalinas, entre outras, eram propriedades relacionadas à periodicidade dos elementos químicos.

Figura 2.10: A contribuição de Einstein e Mendeleiev.

Antecipando-se ao conceito de estrutura eletrônica dos átomos, Mendeleiev classificou os elementos químicos segundo a ordem crescente de seus pesos atômicos, colocando aqueles de propriedades semelhantes em colunas, na sua primeira *Tabela Periódica*. Guiado pelos ideais de *síntese* e de *simetria*, ele escreve:

> *Conceber, compreender e aprender a simetria total do edifício [da ciência], incluindo suas porções inacabadas, é equivalente a experimentar aquele prazer só transmitido pelas formas mais elevadas de beleza e verdade.*

Segundo Gaston Bachelard, foi de grande importância a percepção de que as várias oitavas se correspondem e de que as mais diversas propriedades se repetem quando se passa de uma para outra. Mendeleiev exprime assim essa relação: *as propriedades dos corpos simples, como as formas e as propriedades das combinações, são uma função periódica da grandeza do peso atômico.*

Tabela 2.8: A primeira tentativa de Mendeleiev de classificação dos elementos químicos

ОПЫТЪ СИСТЕМЫ ЭЛЕМЕНТОВЪ.

ОСНОВАННОЙ НА ИХЪ АТОМНОМЪ ВѢСѢ И ХИМИЧЕСКОМЪ СХОДСТВѢ.

```
                          Ti = 50    Zr = 90    ? = 180.
                           V = 51    Nb = 94    Ta = 182.
                          Cr = 52    Mo = 96    W = 186.
                          Mn = 55    Rh = 104,4 Pt = 197,4.
                          Fe = 56    Ru = 104,4 Ir = 198
                      Ni = Co = 59   Pl = 106,6 Os = 199.
H = 1                            Cu = 63,4  Ag = 108   Hg = 200
         Be = 9,4 Mg = 24   Zn = 65,2  Cd = 112
          B = 11   Al = 27,4  ? = 68   Ur = 116   Au = 197?
          C = 12   Si = 28    ? = 70   Sn = 118
          N = 14   P = 31    As = 75   Sb = 122   Bi = 210?
          O = 16   S = 32    Se = 79,4 Te = 128?
          F = 19   Cl = 35,5 Br = 80    I = 127
  Li = 7 Na = 23   K = 39   Rb = 85,4 Cs = 133   Tl = 204
                   Ca = 40  Sr = 87,6 Ba = 137   Pb = 207.
                    ? = 45  Ce = 92
                  ?Er = 56  La = 94
                  ?Yi = 60  Di = 95
                  ?In = 75,6 Th = 118?
```

A primeira tabela, na qual os elementos estão listados em colunas verticais, foi publicada em 1869; uma versão dela, usada para divulgação pelo próprio Mendeleiev, está reproduzida na Tabela 2.8, e uma segunda, em novo formato, publicada dois anos mais tarde, na Tabela 2.9.

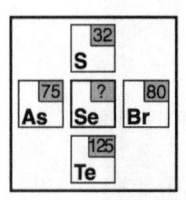

Figura 2.11: Regra do quadrilátero.

Usando um procedimento análogo ao de Newlands, Mendeleiev estabeleceu o que alguns chamam de *regra do quadrilátero*, segundo a qual o átomo de um elemento, conhecido ou não, terá massa atômica igual à média aritmética dos elementos que estão acima e abaixo dele no grupo (linha vertical) e dos que estão à sua direita e à sua esquerda (horizontal). Considere-se, por exemplo, o selênio (Se). Os quatro elementos que fazem fronteira com seu quadrilátero são o enxofre (S), o bromo (Br), o telúrio (Te) e o arsênio (As) (Figura 2.11).

Seguindo a regra, a massa atômica do selênio (Se), com valores da época (Tabela 2.9), é obtida corretamente como

$$\frac{32 + 125 + 75 + 80}{4} = \frac{312}{4} = 78$$

Na Tabela 2.9, os elementos de cada *Grupo* são apresentados por Mendeleiev com uma subdivisão em duas claras colunas, uma mais à esquerda e outra mais à direita do Grupo. No Grupo VI, por exemplo, temos uma dessas colunas que contém S, Se e Te, e outra com Cr, Mo, W, U. O motivo pelo qual estão todos no mesmo Grupo é que todos formam hidretos do tipo RH_2 e/ou óxidos do tipo RO_3. Entretanto, há diferenças significativas entre eles. Hoje em dia sabe-se que a coluna que começa com o enxofre (S) reúne elementos não metálicos, enquanto a que começa com o cromo (Cr) contém metais de transição. Outros comentários sobre os acertos e os erros de Mendeleiev serão feitos na Seção 2.6.

Tabela 2.9: Arranjo horizontal dos elementos proposto por Mendeleiev, em 1871, no qual cada número se refere ao peso de um átomo do elemento em relação ao átomo de hidrogênio

Linha	Grupo I – R^2O	Grupo II – RO	Grupo III – R^2O^3	Grupo IV RH^4 RO^2	Grupo V RH^3 R^2O^5	Grupo VI RH^2 RO^3	Grupo VII RH R^2O^7	Grupo VIII – RO^4
1	H = 1							
2	L1 = 7	Be = 9,4	B = 11	C = 12	N = 14	O = 16	F = 19	
3	Na = 23	Mg = 24	Al = 27,3	Si = 28	P = 31	S = 32	Cl = 35,5	
4	K = 39	Ca = 40	– = 44	Ti = 48	V = 51	Cr = 52	Mu = 55	Fe = 56, Co = 59,
								Ni = 59, Cu = 63.
5	(Cu = 63)	Zn = 65	– = 68	– = 72	As = 75	Se = 78	Br = 80	
6	Rb = 85	Sr = 87	?Yt = 88	Zr = 90	Nb = 94	Mo = 96	– = 100	Ru = 104, Rh = 104
								Pd = 106, Ag = 108.
7	(Ag = 108)	Cd = 112	In = 113	Su = 118	Sb = 122	Te = 125	J = 127	
8	Cs = 133	Ba = 137	?Di = 138	?Ce = 140	–	–	–	– – – –
9	(–)	–	–	–	–	–	–	
10	–	–	?Er = 178	?La = 180	Ta = 182	W = 184	–	Os = 195, Ir = 197,
								Pt = 198, Au = 199.
11	(Au = 199)	Hg = 200	Tl = 204	Pb = 207	Bi = 208			
12	–	–	–	Th = 231	–	U = 240		– – – –

O que se deseja enfatizar aqui é que, em 1870, Mendeleiev exorta a comunidade química russa, incisivamente, a adotar uma posição: *é necessário fazer uma coisa ou outra – ou considerar a lei periódica absolutamente verdadeira e constituindo-se um novo instrumento na pesquisa química, ou refutá-la*. As objeções que ele enfrentava podem ser sintetizadas na pergunta de um colega: *Pode a natureza ter espaços em branco?*

Tabela 2.10: Elementos químicos conhecidos em diferentes períodos históricos

Período		Nº de elementos químicos	
		Descobertos	Total acumulado
Antiguidade		9	9
Idade Média		3	12
Séc. XVI		1	13
Séc. XVII		2	15
Séc. XVIII		16	31
Séc. XIX	1803 (Dalton)	5	36
	1829 (Döbereiner)	18	54
	1864 (Chancourtois)	8	62
	1866 (Newlands)	0	62
	1869 (Mendeleiev)	1	63
	1900	20	83
Séc. XX	1960	19	102
	2000	8	110

A Tabela 2.10 resume o número de elementos químicos conhecidos em vários períodos históricos. Em particular, no século XIX, estão destacados os quantitativos e as datas correspondentes aos trabalhos abordados nesta seção.[20]

---

[20] Em relação ao século XVIII, a diferença entre o número 31 reportado na Tabela 2.10 e o número de elementos citados no texto, 33, deve-se ao fato de Lavoisier ter considerado, em sua tabela, a *luz* e o *calórico* como "substâncias simples".

2.6   O legado de Mendeleiev

> *(...) Estava claro que a tabela periódica olhava para ambos os lados: para fora, para as propriedades manifestas dos elementos, e para dentro, para alguma propriedade atômica ainda desconhecida que a determinava.*
>
> Oliver Sacks

O legado mais evidente do trabalho científico de Mendeleiev é, indiscutivelmente, a própria versão moderna de sua tabela e toda a compreensão que ela sintetiza acerca da totalidade dos elementos químicos naturais e artificiais.

Tabela 2.11: Elementos descobertos entre 1871 (data da publicação da segunda Tabela de Mendeleiev) e 1925

Elemento			Descoberta	
Nome	Símbolo	Z	Ano	Nome dos cientistas
Gálio	Ga	31	1875	Paul E. L. de Boisbaudran
Itérbio	Yb	70	1878	Jean Charles G. de Marignac
Túlio	Tm	69	1879	Per Teodor Cleve
Escândio	Sc	21	1879	Lars Frederick Nilson
Hólmio	Ho	67	1879	M. Delafontaine & J. L. Soret
Samário	Sm	62	1879	Paul E. L. de Boisbaudran
Gadolínio	Gd	64	1880	Jean Charles G. de Marignac
Praseodímio	Pr	59	1885	Carl Auer von Welsbach
Neodímio	Nd	60	1885	Carl Auer von Welsbach
Disprósio	Dy	66	1886	Paul E. L. de Boisbaudran
Germânio	Ge	32	1886	Clemens Winkler
Argônio	Ar	18	1894	Lord Rayleigh & Sir W. Ramsay
Neônio	Ne	10	1898	Sir William Ramsay
Criptônio	Kr	36	1898	Sir William Ramsay
Xenônio	Xe	54	1898	Sir William Ramsay
Rádio	Ra	88	1898	Pierre Curie & Marie Curie
Polônio	Po	84	1898	Pierre Curie & Marie Curie
Radônio	Rn	86	1898	Friedrich Ernst Dorn
Actínio	Ac	89	1899	A. Debierne
Európio	Eu	63	1901	Eugene Demarcay
Lutécio	Lu	71	1907	Georges Urbain
Protactínio	Pa	91	1917	Kasimir Fajans, O.Göhring, Frederick Soddy, John Cranston, Lise Meitner & Otto Hahn
Háfnio	Hf	72	1923	Dirk Coster
Rênio	Re	75	1925	Walter Noddack & Ida Tacke

É relevante ressaltar que, por ocasião da publicação da primeira tabela, eram conhecidos 63 elementos (as "partículas elementares" da época) e, em 1925, data da descoberta do último elemento natural, esse número chegou a 87. A Tabela 2.11 relaciona todos os elementos descobertos nesse período, indicando o ano e o nome dos descobridores.

Mendeleiev antecipou, assim, a existência e as propriedades desses novos elementos, como consequência das regularidades e simetrias por ele identificadas e de sua convicção sobre a exatidão dessas simetrias envolvendo as *partículas elementares* da época. Dois exemplos históricos são apresentados nas Tabelas 2.12 e 2.13, com relação, respectivamente, às descobertas do gálio (Ga) e do germânio (Ge). É quase impossível não se impressionar com a quantidade e a acurácia dessas predições.

Além das já citadas, Mendeleiev fez outras predições, igualmente detalhadas, que tiveram confirmações experimentais. Entretanto, fez também predições equivocadas, algumas das quais serão citadas aqui. Por exemplo, ele imaginava que o mercúrio (Hg) estaria no mesmo grupo do cobre (Cu) e da prata (Ag), mesmo significando que o Hg apareceria antes do ouro (Au), que tem um peso atômico mais baixo na tabela. Isso fez com que Mendeleiev questionasse o peso atômico do ouro e o colocasse no grupo do boro (B), abaixo do urânio (U), que, por sua vez, estava posicionado em lugar errado devido a um equívoco na determinação de seu peso atômico àquela época.

Tabela 2.12: Propriedades previstas por Mendeleiev para o eka-alumínio e as observadas para o gálio

Propriedades previstas Eka-Alumínio (Ea)	Propriedades observadas Gálio (Ga)
Peso atômico: ≈ 68 Volume atômico: 11,5 Valência: 3 Cor: Cinza	Peso atômico: 69,9 Volume atômico: 11,7 Valência: 3 Cor: Cinza esbranquiçado
Metal de densidade específica 5,9 g/cm³; ponto de fusão baixo; não volátil; não sofre a ação do ar; deve-se vaporizar com calor vermelho; deve dissolver-se lentamente em ácidos e álcalis.	Metal de densidade específica 5,94 g/cm³; ponto de fusão 30,15°C; não volátil a temperaturas moderadas; não é alterado pelo ar; ação do vapor desconhecida; dissolve-se lentamente em ácidos e álcalis.
Óxido: Fórmula Ea_2O_3; gravidade específica 5,5; deve dissolver-se em ácidos para formar sais do tipo EaX_3; o hidróxido deve dissolver-se em ácidos e álcalis.	Óxido: Fórmula Ga_2O_3; gravidade específica desconhecida; dissolve-se em ácidos formando sais do tipo GaX_3; o hidróxido se dissolve em ácidos e álcalis.
Sais devem ter a tendência de formar sais básicos; o sulfato deve formar alumes; o sulfido deve ser precipitado por H_2S ou $(NH_4)_2S$; o anidro clorido deve ser mais volátil que o clorido de zinco; o elemento deverá provavelmente ser descoberto por análises espectroscópicas.	Os sais rapidamente se hidrolisam e formam sais básicos; alumes desconhecidos; o sulfido é precipitado por H_2S ou $(NH_4)_2S$ em condições especiais; o anidro clorido é mais volátil que o clorido de zinco; o gálio foi descoberto com o auxílio de um espectroscópio.

Tabela 2.13: Propriedades previstas por Mendeleiev para o eka-silício e as observadas para o germânio

Propriedades	Eka-Silício	Germânio
Peso atômico	72	72,32
Densidade específica (g/cm³)	5,5	5,47
Volume atômico	13	13,22
Valência	4	4
Calor específico (cal/g °C)	0,073	0,076
Densidade específica do dióxido (g/cm³)	4,7	4,703
Volume molecular do dióxido	22	22,16
Ponto de ebulição do tetraclorido (°C)	<100	86
Densidade específica do tetraclorido (g/cm³)	1,9	1,887
Volume molecular do tetraclorido	113	113,35

Há ainda alguns problemas envolvendo quatro pares de elementos, para os quais o de maior número atômico possui o menor peso atômico. Entretanto, excetuando-se o par cobalto-níquel, cuja diferença de massa é de apenas 0,24 u – dentro do erro experimental na época de Mendeleiev –, todos os outros casos conhecidos hoje envolvem elementos que não haviam sido descobertos em 1871; na realidade, envolvem anomalias dos isótopos.

Na verdade, havia ainda um grande problema que talvez impedisse Mendeleiev de ter uma clareza maior da chave de toda a sua tabela. Não se tratava da falta de um ou outro elemento, mas de todo um grupo de elementos ainda por ser descoberto: os *gases nobres* – um grupo tão inerte que escapou à atenção dos químicos por um século. Contudo, nada disso tira o brilho, o valor e a beleza da Tabela Periódica de Mendeleiev, que ainda continua impressionando e motivando muitos jovens a fazerem Química. Assim o químico e escritor italiano Primo Levi descreveu o impacto que ela lhe causou: *A Tabela Periódica de Mendeleiev (...) era uma poesia, maior e mais solene do que todas as poesias digeridas no ginásio: pensando bem, tinha até rima!*

Essa crença no poder preditivo da compreensão das regularidades da natureza, implícita em seu trabalho, também está presente nos estudos atuais de simetrias unitárias em Física de Partículas (Capítulo 17).

Ao longo do tempo, algumas descobertas chegaram a pôr em questionamento a própria lógica da classificação de Mendeleiev. Mas sua forma prevaleceu em detrimento de certas mudanças de forma sugeridas por outros químicos como Thomas Bailey, que propôs, em 1882, uma tabela na forma piramidal. Em 1895, o químico dinamarquês Julius Thomsen sugeriu a forma moderna, mais longa, da Tabela Periódica, indicando que os períodos (linhas horizontais) deveriam terminar todos com um elemento de valência zero (os gases nobres). Duas descobertas contribuíram para outras mudanças: a das *terras raras* ou lantanídeos – significando o comportamento químico semelhante ao do lantâneo (La) – e a da *radioatividade* (Capítulo 9).

Em relação às terras raras, o químico tcheco Bohuslav Brauner apontou, em 1902, a falta de espaço para posicioná-las na Tabela de Mendeleiev, propondo uma extensão a partir do elemento 57 (La), prevendo, ainda, a existência da última terra rara a ser descoberta apenas em 1945: o elemento 61, o promécio (Pm), cujo nome homenageia Prometeu.

Quanto à radioatividade, a formação dos conceitos de *número atômico* e de *isotopia* é consequência igualmente importante das ideias de Mendeleiev, e constituem um passo essencial na compreensão da subestrutura dos elementos químicos. Nesse sentido, são dignos de destaque os trabalhos posteriores do físico dinamarquês Niels Bohr, do inglês Henry Gwyn-Jeffreys Moseley e dos austríacos Erwin Schrödinger e Wolfgang Pauli.

Por volta da metade da década de 1930, faltavam apenas ser descobertos os elementos cujos números atômicos correspondiam a 43, 61, 85 e 87, para que a Tabela Periódica, que havia sido elaborada para comportar 92 elementos, fosse completada.

Tabela 2.14: Tabela Periódica preparada por G.T. Seaborg em 1945

Tabela periódica mostrando elementos pesados como membros de uma série actinídea

Arranjo proposto por Glenn T. Seaborg

As primeiras tentativas de produção de elementos além do urânio (U) – os elementos transurânicos – foram feitas pelos físicos italianos Enrico Fermi, Emilio Segrè e colaboradores, em 1934, na Universidade de Roma, bombardeando uma amostra de urânio com nêutrons. Esse novo capítulo da Física Nuclear permitiu a produção de vários elementos radioativos, que trouxeram novos desafios para os químicos e físicos. Um deles era onde colocá-los na Tabela Periódica.

A discussão sobre o posicionamento desses elementos pesados na Tabela também se prolongou por muito tempo. Em 1945, o químico norte-americano Glen Theodore Seaborg publica uma versão da Tabela Periódica (Tabela 2.14), na qual aparece, pela primeira vez, uma nova série de elementos (Tabela 2.15) – os *actinídeos* –, esclarecendo que os elementos mais pesados que o actinídeo estavam dispostos erroneamente em versões anteriores da Tabela Periódica.

Essa segunda série de elementos, semelhante à série dos lantanídeos, possui um conjunto de propriedades comuns, ou seja, seus constituintes são metais cinza ou prateados, que apresentam alta condutividade elétrica, e seus cátions são trivalentes, entre outras. Note que a estrutura proposta por Seaborg (Tabela 2.14) já é muito semelhante à Tabela Periódica atual (Tabela 2.16), na qual a numeração horizontal de 1 a 18 no topo refere-se aos grupos, seguindo recomendação atual da IUPAC (International Union of Pure and Applied Chemistry); os números na vertical representam o período. Para cada elemento, mostram-se apenas o seu símbolo, o número atômico – no quadrado superior esquerdo, em branco – e a massa atômica – no canto superior direito, em cinza –, com três algarismos significativos, tomando-se como referência o isótopo C^{12}. As massas atômicas entre parênteses referem-se ao isótopo mais estável. Os elementos cujos símbolos estão em letra vazada são elementos artificiais. A principal diferença entre a Tabela de Seaborg e a atual é a descoberta dos nove elementos que completam a série dos actinídeos.

Tabela 2.15: Série dos actnídeos

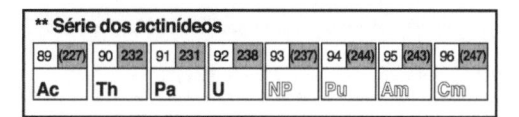

Tabela 2.16: Tabela Periódica simplificada dos Elementos Químicos

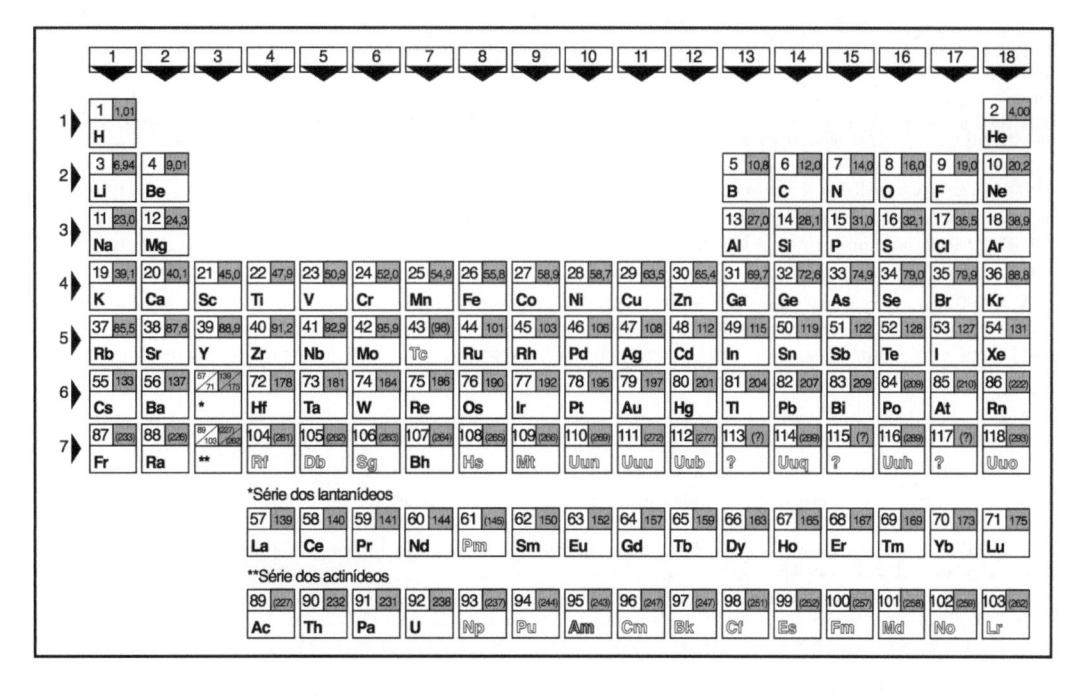

Outro legado marcante da obra de Mendeleiev, de natureza geral, foi a confirmação de que da busca de simetrias como critério de classificação resultam modelos ou teorias com capacidade preditiva. A partir de então, a Química deixa apenas de descrever e de enumerar; passa a *prever*. Não deixa de ser curioso constatar, com o tempo, que as partículas agrupadas na Tabela Periódica (os átomos dos elementos químicos) não são *elementares*. Mais ainda, é interessante notar que no ramo da Física que se dedicará ao estudo dos constituintes últimos da matéria – a Física de Partículas – esse tipo de critério de classificação das partículas elementares, a partir do reconhecimento e da valorização das suas simetrias, se concretiza, mais uma vez, com grande sucesso (Capítulo 17).

2.7 Fontes primárias

Ampère, A.-M., 1816. Essai d'une Classification naturelle pour les Corps simples. *Annales de Chimie et de Physique* **1**, p. 295-308; De l'essai d'une Classification naturelle pour les Corps simples. *Ibid.*, p. 373-394; Suite d'une Classification Naturelle pour les Corps Simples. *Ibid.* **2**, p. 5-32 e 105-125.

Aston, F.W., 1920. Isotopes and Atomic Weights. *Nature* **105**, p. 617-621.

Avogadro, A., 1811. Essai d'une manière de determiner les masses relatives des molécules élementaires des corps. *Journal de Physique* **73**, p. 58-76.

Bailey, T., 1882. On the connexion between the atomic weight and the chemical and physical properties of elements. *Philosophical Magazine*, S. 5, **13**, n. 78, p. 26-37.

Berthollet, C.-L., 1803. *Essai de Statique Chimique.* Paris: Firmin Didot, volumes I e II.

Berzelius, J.J., 1813. Essay on the Cause of Chemical Proportions, and Some Circumstances Relating to Them: Together with a Short and easy Method of Expressing Them. *Annals of Philosophy* **2**, p. 443-454; *ibid.* **3**, p. 51-52, 93-106, 244-255, 353-364. Veja **Leicester, H.M.; Klickstein, H.S. (Eds.), 1963**, p. 262-268.

Berzelius, J.J., 1828. *Jahresbericht über die Fortschritte der Physischen Wissenschaften* (Annual Report), p. 76.

Berzelius, J.J., 1835. *Théorie des proportions chimiques et table analytique des poids atomiques, des corps simples et de leurs combinaisons les plus importantes.* Paris: Firmin Didot Frères, deuxième edition, p. 95-121.

Brauner, B., 1902. Über die Stellung der Elemente der seltenen Erden im periodischen System von Mendelejeff. *Zeistschrift für anorganisch Chemie* **32**, p. 1-30.

Cannizzaro, S. 1858. Sunto di un Corso di Filosofia Chimica. *Il Nuovo Cimento* **7**, p. 321-366. Reeditado por Sellerio editore, Palermo (1991), com comentários e notas históricas de Luigi Cerruti e introdução de Leonello Paolini. Tradução para o inglês republicada por The Alembic Club, Edinburgh (1947).

Dalton, J., 1808-1827. *A New System of Chemical Philosophy.* Manchester. Edição mais recente, Londres: Peter Owen Ltd. (1965).

Davy, H., 1799. *An essay on heat, light, and the communication of Light, in The Collected Works of H. Davy*, vol. II, Londres: Smith, Elder & Co., 1879, e New York: Johnson Reprint Corporation, 1972.

De Chancourtois, A.E.B., 1862. Mémoire sur un classement naturel des corps simples ou radicaux appelé *vis tellurique. Comptes Rendus* **54**, p. 757-761, 840, 967. Ver também, do mesmo autor, *Vis Tellurique: Classement Naturel des Corps simples ou radicaux obtenu au moyen d'un Système de Classification hélicoïdal et numérique.* Paris: Mallet-Bachelier (1963).

Dempster, A.J., 1922. Positive-Ray Analysis of Potassium, Calcium and Zinc. *Physical Review* **20**, n. 6, p. 631-638.

Descartes, R., 1644. *Princípios de Filosofia.* Veja original em francês in *Œuvres de Descartes*, AT VIIIA 51. Paris: Librairie Philosophique J. Vrin (1996).

Döbereiner, J.W., 1829. Versuch zu einer Gruppirung der elementaren Stoffe nach ihrer Analogie. *Annalen der Physik und Chemie*, Ser. 2, **15**, n. 2, p. 301-7. Reproduzido em **Leicester, H.M.; Klickstein, H.S. (Eds.), 1963**, p. 268-272, como An Attempt to Group Elementary Substances according to Their Analogies.

Du Bois-Reimond, E., 1891. *Über die Grenzen des Naturekennens.* Leipzig: Verlag von Veit & Comp.; tradução italiana aos cuidados de V. Cappelletti, *I confini della conoscenza della natura.* Edição utilizada, Milão: Feltrinelli Editore (1973).

Dumas, J.-B., 1857. Mémoire sur les équivalents des corps simples. *Comptes Rendus* **45**, p. 709-731.

Dumas, J.-B., 1859. Mémoire sur les équivalents des corps simples. *Annales de Chemie* [3] **55**, p. 129-210.

Dumas, J.-B., 1860. Ueber die Äquivalentgewichte der einfachen Körper. *Annalen der Chemie* **113**, p. 20-36.

Faraday, M., 1832. Experimental researches in electricity. *Philosophical Transactions of the Royal Society*, Seventh Series, **122**, p. 125-162. Disponível em http://archive.org/details/philtrans01461252.

Faraday, M., 1834. Experimental researches in electricity. *Philosophical Transactions of the Royal Society*, Seventh Series, **124**, p. 77-122. Reproduzido em **Hutchins, R.M. (Ed.), 1980**, p. 361-390. Disponível em http://archive.org/details/philtrans08694360.

Frankland, E., 1852. On a new series of organic bodies containing metals. *Philosophical Transactions of the Royal Society* **142**, p. 417-444.

Galileu Galilei, 1623. *Il Saggiatore.* Edição usada: Milão: Istituto Editoriale Italiano, s/d.

Gay-Lussac, J.L., 1809. Mémoire sur la combinaison des substances gazeuses les unes avec les autres. *Mémoires de la Societé d'Arcueil* **2**, p. 207-234.

Kekulé, A., 1857. Über die s.g. gepaarten Verbindungen und die Theorie der mehratomizen Radicale. *Annalen der Chemie und Pharmacie* **104**, n. 2, p. 129-150.

Lavoisier, A., 1789. *Traité élémentaire de chimie, présenté dans un ordre nouveau et d'après les découvertes modernes.* Paris: Cuchet. Tradução inglesa de Robert Kerr: *Elements of Chemistry*, Edindurgh (1790).

Loschmidt, J., 1866. Zu Grösse der Luftmolecüle. *Sitzungsberichte der kaiserlischen Akademie der Wissenschaften in Wien der Mathematik und Naturwissenschaften*, Klasse II, Abteinlung **52**, p. 395-413. Reproduzido em **Garber, E.; Brush, S.G.; Everitt, C.W.F. (Eds.), 1986**.

Mendeleiev, D., 1869a. The Relation between the Properties and Atomic Weights of the Elements. *Journal of the Russian Physical Chemical Society* **1**, p. 60-77.

Mendeleiev, D., 1869b. On the Relationship of the Properties of the Elements to their Atomic Weights. *Zeitschrift für Chemie* **12**, p. 405-406.

Mendeleiev, D., 1871. A Natural System of the Elements and its Use in Predicting the Properties of Undiscovered Elements. *Journal of the Russian Physical Chemical Society* **3**, p. 25-56.

Mendeleiev, D., 1872. Die periodische Gesetzmäßigkeit der chemischen Elemente. *Annalen der Chemie*, Supplementband **8**, p. 149.

Mendeleiev, D., 1889. The Periodic Law of Chemical Elements. *Journal of Chemical Society* **55**, p. 634-656.

Meyer, J.L., 1870. Die Natur der chemischen Element als Function ihrer Atomgewichte". *Annalen der Chemie*, Supplementband **7**, p. 354-364. Veja **Leicester, H.M.; Klickstein, H.S. (Eds.), 1963**, p. 434-8.

Newlands, J.A.R., 1863. On Relations among the Equivalents. *Chemical News* **7**, p. 70-72.

Newlands, J.A.R., 1864. Relations between Equivalents. *Chemical News* **10**, p. 59-60 e 94-95; *idem*, **13**, p. 113.

Newlands, J.A.R., 1865. On the 'Law of Octaves'. *Chemical News* **12**, p. 83.

Newlands, J.A.R., 1878. On Periodic Law. *Chemical News* **38**, p. 106-107.

Newlands, J.A.R., 1884. On the discovery of the periodic law and on the relations among the atomic weights. London: E. & F.N. Spon.

Newton, I., 1704. *Opticks*. Edição utilizada da Dover, New York, 1952; em português, *Óptica*. São Paulo: EdUsp (1996).

Newton, I., 1726. *Philosophiæ Naturalis Principia Mathematica*. Rule 3, Book 3, third edition. Veja a edição aos cuidados de Koyré, A.; Cohen, I.B., Cambridge: Harvard University (1972).

Ostwald, W., 1900. *Grundriss der allgemeinen Chemie*. Leipzig: Engelmann.

Ostwald, W., 1917. *Grundriss der allgemeinen Chemie*. Dresden: Steinkopff, p. 44. Veja também **Gorin, G., 1994.** Mole and Chemical Amount: A Discussion of the Fundamental Measurements of Chemistry. *Journal of Chemical Education* **71**, n. 21, p. 114-116.

Proust, J.L., 1799. Researches on Copper. *Annales de Chemie* **32**, p. 26-54; parcialmente reproduzido em inglês em **Leicester, H.M.; Klickstein, H.S. (Eds.), 1963**, p. 202-205.

Prout, W., 1815. On the Relation between the specific Gravity of Bodies in their Gaseous State and the Weights of their Atoms. *Annals of Philosophy* **6**, p. 321-330.

Prout, W., 1816. Correction of a Mistake in the Essay on the Relation between the specific Gravity of Bodies in their Gaseous State and the Weights of their Atoms. *Annals of Philosophy* **7**, p. 111-113.

Psillos, Stathis, 1994. A philosophical study of the transition from the caloric theory of heat to thermodynamics: Resisting the pessimistic meta-induction. *Studies in History and Philosophy of Science* **25**, n. 2, p. 159-190.

Seaborg, G.T., 1945. The Chemical and Radioactive properties of the heavy elements. *Chemical and Engineering News* **23**, p. 2190-2193.

Soddy, F., 1913. The radioelements and periodic law. *Chemical News* **107**, p. 97-99.

Stahl, G.E., 1697. *Zymotechnia fundamentalis sive fermentations theoria generalis*. Halle: Salfeld.

Stas, J.S., 1860. Recherches on the Mutual Relations of Atomic Weights. *Bulletin de l'Académie Royale de Belgique*, serie 2, **10**, p. 208-213, 336. Veja também Jean Charles de Marignac, Recherches on the Mutual Relations of Atomic Weights by J.S. Stas. *Idem*, **10**, n. 8 (1860).

Thomson, B., 1798. An inquiry concerning the source of the heat which is excited by friction. *Philosophical Transactions of the Royal Society* **88**, p. 80-102.

Thomson, J.J., 1913. On the Appearance of Helium and Neon in Vacuum Tubes. *Nature* **90**, p. 645-647.

Wichelhaus, C.H., 1868. *Annalen der Chemie und Pharmacie*, Supplementband **VI**, p. 257-280.

2.8 Outras referências e sugestões de leitura

Alfonso-Goldfaber, A.M., 2001. A autora aborda a passagem da Alquimia à Química como resultado de uma mudança de cosmovisão; enquanto os alquimistas se prendiam a concepções vitalistas e a métodos qualitativos, os químicos abraçam uma visão mecanicista do Mundo, buscando quantificá-lo.

Aston, F.W., 1922. Mass spectra and isotopes. *Nobel Lecture*. O texto pode ser encontrado em [**NOBEL, 2005**].

Aston, F.W., 1933. Livro clássico sobre a espectroscopia de massa e os isótopos escrito por um prêmio Nobel que dedicou boa parte de sua vida científica ao tema.

Bachelard, G., 1973. Obra de cunho filosófico que aborda questões tais como: o problema da diversidade dos fenômenos químicos, o estabelecimento gradual de uma ordem a partir de um conjunto variado de observações; a influência racionalista no empirismo químico; a geometrização da substância; a contribuição de Mendeleiev e a matematização da Química.

Becker, P., 2001. History and Progress in the accurate determination of the Avogadro Constant. *Reports on Progress in Physics* **64**, n. 12, p. 1945-2008.

Becker, P., 2003. Tracing the definition of the kilogram to the Avogadro constant using a silicon single crystal. *Metrologia* **40**, p. 366-375.

Begalli, M.; Caruso, F.; Predazzi, E., 2000. O Desenvolvimento da Física de Partículas. *In* **Caruso, F.; Santoro, A. (Eds.)**, p. 59-70.

Bellone, E., 1990. História da Física que aborda as contribuições científicas que vão de Galileu a Dirac. O eixo temático escolhido baseia-se na contraposição de um caos pressuposto a uma harmonia idealizada nas tentativas de ordenar e compreender o mundo físico.

Benfey, O.T. 1993. Precursors and cocursors of the Mendeleev table: the Pythagorean spirit in element classification. *Bulletim for the History of Chemistry* **13-14**, p. 60-66.

Bensaude-Vincent, B.; Stengers, I., 1996. As autoras se propõem, nessa obra, a apresentar uma história da Química desprovida dos lugares comuns tradicionais.

Brock, W.H. (Ed.), 1967. Aborda uma tentativa não atomística de explicar as composições químicas.

Camel, Tânia de Oliveira; Koehler, Carlos B.G.; Filgueiras, Carlos A.L., 2009. A Química Orgânica na consolidação dos conceitos de átomo e molécula. *Química Nova* **32**, n. 2, p. 543-553.

Caruso, F., 2000. Dividindo o Indivisível. *In* **Caruso, F.; Santoro, A. (Eds.)**, p. 43-50.

Caruso, F.; Moreira, R., 2001. O espaço na Física e na Arte. *In* Martins, A.M.M.; Carvalho, M. (Orgs.) *Novas visões: Fundamentando o espaço arquitetônico e urbano*. Rio de Janeiro: Booklink/PROARQ/FAU/UFRJ.

Caruso, F.; Santoro, A. (Eds.), 2000. Coletânea de artigos que correspondem ao conteúdo da Escola Lishep 1993, escritos por vários pesquisadores de forma a dar uma visão ampla ao leitor sobre a Física Moderna. O livro aborda temas tais como: Teoria da Relatividade, a Mecânica Quântica, a Física de Partículas e a Cosmologia, em uma linguagem acessível ao público geral.

Cassebaum, H.; Kauffman, G.B., 1971. The Periodic System of the Chemical Elements: The Search fot Its Discoverer. *Isis* **62**, n. 3, p. 314-327.

Chang, K.-M., 2002. Fermentation, Phlogiston and Matter Theory: Chemistry and Natural Philosophy in George Ernest Stahl 'Zymotechnia fundamentalis sive fermentations theoria generalis'. *Early Science and Medicine* **7**, n. 1, p. 31-64.

Ciardi, M., 1995. Discute a gênese histórica da hipótese de Avogadro e apresenta uma rica bibliografia com fontes primárias e secundárias sobre o assunto.

Deslattes, R.D., 1980. The Avogadro Constant. *Annual Review of Physics and Chemistry* **31**, p. 435-461.

DiFilippo, F.; Natarajav, V.; Boyce, K.R.; Pritchard, D.E., 1994. Accurate Atomic Masses for Fundamental Metrology. *Physical Review Letters* **73**, n. 11, p. 1481-1484.

Dijksterhuis, E.J., 1986. Para quem deseja compreender a evolução do mecanicismo.

Dimitriev, I.S., 2004. Scientific discovery in 'statu nascendi': The case of Dmitrii Mendeleev's Periodic Law. *Historical Studies in the Physical and Biological Sciences* **34**, Part 2, p. 233-275.

Gordin, M.D., 2002. The Organic Roots of Mendeleev's Periodical Law. *Historical Studies in the Physical and Biological Sciences* **32**, part 2, p. 263-290.

Gorin, G., 1994. Mole and Chemical Amount: A Discussion of the Fundamental Measurements of Chemistry. *Journal of Chemical Education* **71**, n. 21, p. 114-116.

Hall, A.R., 1963. Esse volume, escrito por um renomado historiador da Ciência, propõe-se a ilustrar como a tradição científica da Antiguidade, que atravessa a Idade Média, vai mudar de forma drástica em um período de menos de um século, no qual dois expoentes como Galileu e Newton estabelecem algumas das características que foram definitivamente absorvidas no novo método científico.

Hettema, H.; Kuipers, T.A.F., 1988. The Periodic Table – Its Formalization, Status, and Relation to Atomic Theory. *Erkenntnis* **28**, p. 387-408.

Hooykas, R., 1948. The Concepts of 'Natural' and 'Artificial' Substances and the Development of Corpuscular Theory. *Archives Internationales d'Histoire des Sciences* **4**, p. 640-651.

Ihde, A.J., 1984. Com mais de 800 páginas, esse livro, de interesse geral, aborda o desenvolvimento da Química Moderna, dividido em quatro partes: I. Os Fundamentos da Química; II. O Período das Teorias Fundamentais; III. O Crescimento da Especialização; IV. O Século do Elétron. Além das questões abordadas aqui nesse livro, essa obra cobre também outras áreas da Química, tais como: Bioquímica, Química Orgânica, Físico-Química, Química Analítica, Química Industrial e Radioquímica.

Jones, Arthur Taber, 1922. Did Humphry Davy melt ice by rubbing two pieces together under the receiver of an air pump?. *Science* **54**, n. 1428, p. 514.

Kargon, R.H., 1966. Aborda a evolução do atomismo na Inglaterra, enfocando as visões de Thomas Hariot, Francis Bacon, Thomas Hobbes, Walter Charlton, Robert Boyle além do atomismo do jovem Newton. Contém importante bibliografia.

Knight, D.M. (Org.) 1970. Coletânea de artigos clássicos de Química.

Lacina, A., 1999. Atom – from hypothesis to certainty. *Physics Education* **34**, p. 397-402.

Lederman, L., 1982. Unraveling the mysteries of the atom. *Physics Teacher* **20**, n. 1, p. 15-20.

Leicester, H.M., 1971. O autor preocupa-se, nesse livro, em oferecer uma visão histórica da Química relacionando suas principais ideias com outras ideias e outros saberes, em uma estrada de duas mãos. O resultado foi muito positivo, gerando um livro de agradável leitura, que transcende as questões técnicas inerentes à Química.

Leicester, H.M.; Klickstein, H.S. (Eds.), 1963. Livro de referência para quem se interessa pela História da Química. Contém textos em inglês de mais de 80 cientistas que contribuíram para o desenvolvimento da Química de 1400 a 1900, todos com notas introdutórias.

Makie, Douglas, 1935. Davy's experiments on the frictional development of heat. *Nature* **135**, p. 878.

Meyerson, E., 1951. Recomendado para quem se interessa pela história da epistemologia. De particular interesse para o assunto deste capítulo são os comentários sobre o princípio de conservação da matéria e sobre o atomismo.

Novello, M., 2004. Livro de divulgação científica sobre as origens das leis da natureza, no qual o autor aborda, de modo muito original, as relações entre Cosmologia e Física de Partículas.

Nye, M.-J., 1972. Apresenta uma perspectiva do trabalho científico de Jean Perrin e seu impacto sobre a realidade da visão molecular da matéria.

Nye, M.-J., 1983. Como a questão do átomo foi abordada entre o Congresso de Karlsruhe (1860) e a Primeira Conferência de Solvay (1911) é o foco dessa obra, a partir de uma compilação de fontes primárias, com seleção e notas da organizadora do livro.

Palmer, W.G., 1945. Pequena história do conceito de *valência* que trata do desenvolvimento do conceito antes do estabelecimento das teorias eletrônicas, dos métodos para se determinar a valência e estrutura dos átomos, das relações desse conceito com a Tabela Periódica e da teoria eletrônica da valência levando em conta o *spin* dos elétrons.

Partington, J.R., 1998. Obra enciclopédica sobre a História da Química, cobrindo seu desenvolvimento desde a Antiguidade até o século XX.

Patterson, E.C., 1970. O leitor pode encontrar aqui uma cuidadosa análise da contribuição de John Dalton ao atomismo científico.

Posin, D.Q., 1948. Biografia de Mendeleiev.

Pullman, B., 1998. Esse livro oferece um panorama da história intelectual do átomo, abordando, inicialmente, suas origens no pensamento grego, sem deixar de lado o atomismo hindu e o árabe. Trata, a seguir, da evolução das ideias filosóficas e científicas sobre o átomo, enfatizando as etapas que permitiram a passagem da perspectiva filosófica e religiosa para a perspectiva científica do atomismo. É dada particular atenção às contribuições dos séculos XIX e XX.

Pyle, A., 1997. O livro apresenta uma compreensível história do atomismo desde Demócrito até Newton abordada da perspectiva tanto científica quanto filosófica.

Redondi, P., 1983. *Galileo Eretico.* Torino: Giulio Einaudi.

Rocke, A.J., 1978. Atoms and Equivalents: the Early Development of the Chemical Atomic Theory. *Historical Studies in the Physical Sciences* **9**, p. 225-263.

Rocke, A.J., 1984. Para quem deseja se aprofundar na história do *atomismo* na Química, incluindo as diversas contribuições que vão de Dalton a Cannizzaro.

Russell, Colin A., 1971. A History of Valency. New York: Humanities Press.

Sacks, O., 2002. *Tio Tungstênio: Memórias de uma Infância Química.* São Paulo: Companhia das Letras.

Scott, W.L., 1970. A partir de uma abordagem original, o autor trata do conflito histórico entre o atomismo e as teorias conservacionistas durante o período de 1644 a 1860.

Snow, A.J., 1926. Excelente livro para se compreender melhor a obra de Newton, do qual se destacam os capítulos sobre o atomismo.

Stillman, J.M., 1960. O autor propõe-se a reescrever a História da Alquimia e do início da Química Medieval, cobrindo o período que vai das antigas práticas químicas até a revolução de Lavoisier.

Strathern, P. 2002. Texto moderno de divulgação científica, escrito em uma linguagem coloquial, bem-humorada, que traça o que o autor sustenta ser a "verdadeira história da Química", na qual fatos históricos e biografias se misturam em uma leitura agradável, que pode motivar o estudante a ler outros livros sobre o assunto.

Taton, R, 1961. Obra geral de referência sobre a História da Ciência em quatro volumes.

Thackray, A., 1981. Aborda especificamente a contribuição de Newton ao estudo sobre a constituição da matéria. O autor não se limita a tratar a evolução científica, mas examina as consequências da teoria newtoniana da matéria nos planos intelectual, cultural e social. Particular atenção é dada à obra de John Dalton, que, ao propor um "novo sistema" na Química, supera alguns aspectos da tradição newtoniana, muito influente em sua época.

Thomson, T., 1807. Uma das primeiras exposições didáticas do atomismo de Dalton.

Thomson, T., 1813. On the Daltonian Theory of Definite Proportions in Chemical Combination. *Annals of Philosophy* **2**, p. 32.

Trifonov, D.N.; Trifonov, V.D., 1984. Oferece um breve panorama de como foram descobertos os elementos químicos.

Van Spronsen, J.W., 1969. Dedicado à história dos primeiros 100 anos da classificação periódica dos elementos químicos.

Virgo, S.E., 1933. Loschmidt's number. *Science Progress* **27**, p. 634-649. Artigo no qual são apresentados inúmeros modos diferentes de se obter o número de Avogadro.

Weeks, M.E., 1935. Trata-se de uma obra que reproduz uma série de artigos publicados no *Journal of Chemical Education* pela autora. Como o título sugere, aborda a história da descoberta dos elementos químicos desde aqueles conhecidos na Antiguidade até os elementos radioativos e os descobertos até a data da edição. Oferece ao leitor, no final, uma vasta e útil cronologia.

2.9   Exercícios

Exercício 2.9.1 Faça um resumo do conceito de *mônadas* introduzido pelo filósofo e matemático alemão Gottfried Wilhelm Leibniz.

Exercício 2.9.2 Comente as implicações que a existência de *isótopos* e *isóbaros* trazem para os átomos de Demócrito e de Dalton.

Exercício 2.9.3 Segundo Dalton, uma molécula de água é formada de 1 átomo de hidrogênio e 1 de oxigênio, enquanto a amônia seria constituída de 1 átomo de hidrogênio e 1 de azoto (nitrogênio). Essa hipótese foi testada logo por Thomas Thomson, em 1807. Sabe-se que o peso relativo de uma molécula de água é formado de 85 2/3 partes de oxigênio e 14 1/3 partes de hidrogênio, enquanto a de amônia consiste em 80 partes de azoto e 20 de hidrogênio. Mostre que as densidades relativas do hidrogênio, do azoto e do oxigênio estão, respectivamente, na razão de 1 : 4 : 6. Compare o resultado com os valores da Tabela dos elementos de Dalton (Figura 2.1).

Exercício 2.9.4 Observando a representação gráfica de Chancourtois (Figura 2.8), mostre que, se m é o peso atômico de um elemento da primeira espiral, então o peso atômico de outros elementos com características similares será dado por $m + 16n$, onde n é um número inteiro.

Exercício 2.9.5 Seguindo a regra do quadrilátero e utilizando a Tabela de Mendeleiev de 1871, determine as massas atômicas dos elementos dos Grupos III e IV, linha 5, e compare com os valores reportados na Tabela 2.9.

Exercício 2.9.6 Considere a reação nuclear da qual resulta a formação de um isótopo da prata ($\mathtt{Ag}$):

$$\mathrm{Ag}_{47}^{107} + X \rightarrow \mathrm{Ag}_{47}^{108}$$

onde X é uma partícula. Determine X.

Exercício 2.9.7 Considere o seguinte processo de fissão do Urânio:

$$\mathrm{U}_{92}^{235} + n_0^1 \rightarrow \mathrm{Pr}_{59}^{147} + X + 3n_0^1$$

onde X representa o isótopo de um elemento químico. Determine esse elemento X.

Exercício 2.9.8 O isótopo mais abundante do alumínio é o $\mathtt{Al}_{13}^{27}$. Determine o número de prótons, nêutrons e elétrons desse isótopo.

Exercício 2.9.9 O argônio (Ar) encontrado na natureza é composto de 3 isótopos, cujos átomos aparecem nas seguintes proporções: 0,34% de Ar^{36}, 0,07% de Ar^{38} e 99,59 de Ar^{40}. Sabendo que as massas atômicas destes três isótopos valem, respectivamente, 35,9676 u, 37,9627 u e 39,9624 u, determine, a partir desses dados, o peso atômico do argônio.

Exercício 2.9.10 Determine a razão dos isótopos do tipo N^{15} e N^{14} que compõem o nitrogênio encontrado na natureza, sabendo que seu peso atômico é 14,0067 e os dos seus isótopos são, respectivamente, $m(N^{14}) = 14,00307$ u e $m(N^{15}) = 15,0001$ u.

Exercício 2.9.11 Considere a equação química

$$N_2 + 3H_2 \rightarrow 2NH_3$$

Supondo que N_2 e NH_3 estejam sob as mesmas condições de temperatura e pressão, calcule o volume produzido de NH_3 nessa reação a partir de 10 L de N_2.

Exercício 2.9.12 Determine o número de átomos de oxigênio existentes em 25 g de $CaCO_3$.

Exercício 2.9.13 Determine o número de mols de gás N_2 existentes em 35,7 g de nitrogênio.

Exercício 2.9.14 Determine o número de mols existentes em 42,4 g de carbonato de sódio, Na_2CO_3.

Exercício 2.9.15 Determine a fórmula química de um composto cuja massa relativa é formada de 60% de oxigênio e 40% de enxofre.

3

O atomismo na Física: o triunfo do mecanicismo

Ofereço [os Principia] *como os princípios matemáticos da filosofia, pois toda a essência da filosofia parece consistir nisso – a partir dos fenômenos de movimento, investigar as forças da natureza e, então, a partir dessas forças, demonstrar os outros fenômenos.*

Isaac Newton

A aceitação de um determinismo absoluto de cunho mecanicista, nos moldes de Laplace, repousava na convicção de que era possível explicar o *caos molecular* a partir da ordem e da certeza. Mais que isso, residia ainda na constatação de que certos fenômenos complexos ligados ao movimento de corpos celestes podem ser compreendidos a partir de uma superposição de fenômenos simples. A relação entre causa simples e efeitos complexos, como bem enfatiza o historiador da ciência Gerald Holton, *não é uma necessidade nem lógica, nem experimental,* mas, poderia ser acrescentado, apenas uma convicção metafísica.

A concepção estrita dos fenômenos físicos sofre uma revisão profunda a partir dos estudos da Teoria Cinética dos Gases (Seção 3.1) e do Movimento Browniano (Capítulo 4). De fato, como será visto inicialmente neste capítulo, a ordem de um sistema macroscópico e suas propriedades físicas passam a ser compreendidas por um caos subjacente. Por exemplo, a pressão que um gás exerce sobre as paredes de um recipiente em repouso em cima de uma mesa é fruto de um movimento molecular caótico, o qual, na média, não produz uma força resultante capaz de mover o recipiente. Apesar de a ordem passar a ter uma explicação a partir do caos molecular, os processos elementares de colisão entre as partículas e entre elas e as paredes do recipiente continuam obedecendo às leis deterministas da Mecânica de Newton.

Na descrição do movimento browniano, Einstein se reaproxima do sonho newtoniano, mostrando que mesmo a eterna dança aleatória das partículas em suspensão em um líquido poderia ser compreendida a partir das leis de Newton para as colisões entre as moléculas do líquido e as partículas em suspensão. E mais, a partir daí determina com acurácia o número de Avogadro. É o retorno à ideia de que o caos pode ser explicado por algum tipo de ordem. Desse modo, a essência da Mecânica newtoniana da partícula não é abalada; pelo contrário, serve de sustentáculo aos desenvolvimentos baseados na hipótese atômica da matéria.

3.1 A Teoria Cinética dos Gases

> *Tantas propriedades da matéria, especialmente na forma gasosa, podem ser deduzidas da hipótese de que suas diminutas partes estão em movimento rápido, com a velocidade aumentando com a temperatura, que a natureza precisa desse movimento se torna objeto da curiosidade racional.*
>
> James Clerk Maxwell

O grande sucesso inicial da Mecânica de Newton está associado à Lei da Gravitação Universal, a partir da qual ele foi capaz de explicar o movimento dos planetas do Sistema Solar, ao deduzir as leis de Kepler, introduzindo a primeira constante universal da história da Física, a *constante da gravitação universal* G,[1] cujo valor de referência atual é $(6{,}673 \pm 0{,}010) \times 10^{-11}$ m^3.kg^{-1}.s^{-2}. Os limites dessa teoria clássica da gravitação foram estabelecidos por Einstein, em 1916, com a chamada Teoria da Relatividade Geral.

Com relação à concepção da matéria, o uso da Mecânica Clássica como alicerce da Teoria Cinética dos Gases marca o apogeu da cosmovisão mecanicista de Newton. Essa teoria é um dos melhores exemplos de como as evidências da existência de sistemas microscópicos, como os átomos e as moléculas, foram sendo construídas e estabelecidas a partir de inferências baseadas em modelos mecânicos.

A Teoria Cinética tem por base a hipótese de que a matéria, em qualquer estado físico, deve ser constituída de moléculas. Com as evidências obtidas pela Química (Capítulo 2), ficou claro que o número de partículas (moléculas ou átomos) em um volume de gás é enorme e seria impraticável descrever o estado do gás especificando-se a posição e a velocidade de cada uma de suas partículas, como impunha um mecanicismo laplaciano estrito. Os primeiros passos da teoria foram dados pelo matemático suíço Daniel Bernoulli, em 1733.[2]

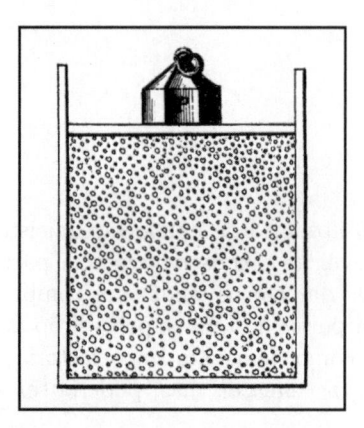

Figura 3.1: Concepção de Bernoulli sobre a natureza de um gás e da pressão por ele exercida no recipiente.

Para Bernoulli, um gás seria composto de um grande número de partículas esféricas em constante movimento em todas as direções. Na ilustração da Figura 3.1, a sustentação do pistão, devida à pressão do gás, resultaria das numerosas colisões das partículas do gás com a parede do pistão. Assim, diminuindo-se o volume, aumenta-se o número de colisões por unidade de tempo e, portanto, a pressão do gás. Esse fato constitui, essencialmente, a lei de Boyle. Nesse sentido, o próprio calor seria considerado a energia efetiva transferida devida ao movimento microscópico das partículas que constituem um sistema.

---

[1] É frequente a afirmação de que Henry Cavendish foi quem primeiro mediu o valor de G. Na realidade, utilizando um aparato desenhado pelo geólogo John Michell, Cavendish, em 1798, não mediu nem a constante universal da Gravitação, nem a massa da Terra. Sua medida restringiu-se ao que chamou de gravidade específica da Terra, ou seja, a razão entre a densidade da Terra e da água, encontrando o valor 5,48 g/cm^3. A partir desse valor, ele poderia ter chegado ao valor $G = 6{,}754 \times 10^{-11}$ m^3. kg^{-1}. s^{-2}.

[2] O físico alemão Max von Laue comenta que, até 1800, apenas Daniel Bernoulli, em sua obra *Hidrodinâmica*, de 1738, havia argumentado sobre a utilidade do conceito de átomo. Excetuando-se uma hipótese do polonês Ludwig August Seeber, em 1824, de que as estruturas cristalinas dependiam dos átomos, todo o desenvolvimento inicial da atomística na Física está relacionado à Teoria Cinética dos Gases.

Um problema bem semelhante a esse já havia surgido no estudo da dinâmica dos fluidos. Uma das maneiras de tratar o movimento dos fluidos consiste em imaginá-los divididos em elementos infinitesimais de volume, aos quais se pode chamar de *partículas do fluido*, e descrever o movimento individual de cada uma dessas *partículas*. Essa visão corpuscular foi desenvolvida pelo matemático e físico italiano Joseph Louis Lagrange.

Já no método utilizado pelo matemático suíço Leonhard Euler, em vez de se especificar o movimento de cada partícula, utiliza-se o conceito de *campo*, definindo-se a densidade e a velocidade do fluido em cada ponto do espaço e em cada instante. Assim, Euler estava preocupado em descrever o comportamento do fluido a partir de um ponto de vista coletivo, uma vez que as quantidades fundamentais do seu estudo referem-se ao *fluido* como um todo, e não a cada um dos seus constituintes.

A partir de então, essas duas concepções acompanharão todo o desenvolvimento da Física Teórica. A conexão entre esses dois pontos de vista pode ser estabelecida por um tratamento estatístico. Utilizar métodos estatísticos em uma teoria para sistemas macroscópicos, como os gases, significa fazer hipóteses sobre o comportamento de seus constituintes (moléculas) em escala microscópica e, a partir daí, chegar aos *valores médios* característicos do estado do gás, os quais deverão, obviamente, concordar com os resultados experimentais. É importante ressaltar que, em princípio, os valores individuais não são necessariamente passíveis de serem observados.

3.1.1 Os postulados básicos

A Teoria Cinética foi estabelecida tendo como modelo mecânico de um *gás ideal* o seguinte conjunto de hipóteses:

- um gás é formado por um grande número de partículas eletricamente neutras – as *moléculas*, em constante movimento;
- a direção em que uma molécula se move é *aleatória*, ou seja, *não* há direção privilegiada para seus deslocamentos;
- tanto o choque de moléculas contra moléculas quanto o de moléculas contra as paredes do recipiente que contém o gás são considerados perfeitamente *elásticos* e obedecem às leis de Newton;
- os efeitos das forças intermoleculares são desprezados, de modo que, entre as colisões, as moléculas se movem livremente em linhas retas;
- o diâmetro de uma molécula é desprezível em relação às distâncias percorridas entre colisões;
- a duração dos choques é muito pequena em relação ao tempo que as moléculas se movem livremente.

Além de marcar o apogeu da Mecânica newtoniana, o sucesso na observação, previsão e explicação de vários fenômenos baseados nessas hipóteses, juntamente com os trabalhos da Química, discutidos anteriormente (Capítulo 2), conduziu à concepção dominante de que a *matéria é constituída de moléculas e átomos*.

Nas seções seguintes, apresentam-se a dedução e a interpretação de alguns resultados da Teoria Cinética, a saber: as equações de estado de um gás ideal, as distribuições de velocidades e dos livres caminhos das moléculas de um gás ideal e as estimativas dos calores específicos de alguns gases.

3.1.2 O gás ideal

A *equação de estado* que rege a evolução termodinâmica de um gás ideal – estabelecida após os experimentos de Boyle, em 1662, dos franceses Jacques Alexandre Cesar Charles, em 1788, e de Joseph Gay-Lussac, em 1808, e das hipóteses de Dalton, em 1803, e de Avogadro, em 1811 – é deduzida e interpretada pelo alemão Rudolph Clausius, em 1857, admitindo, como D. Bernoulli, que a pressão do gás resulta de colisões elásticas de suas moléculas com as paredes do recipiente que o contém.

A abordagem adotada a seguir é, essencialmente, a dedução apresentada por Maxwell em 1859.

Considere que, em um recipiente de volume V, haja N_i moléculas com velocidade v_i. Assim, a densidade de moléculas com velocidade v_i no interior do recipiente é N_i/V. Em um intervalo de tempo Δt, as moléculas com componentes de velocidade v_{ix} na direção x, que se chocam com uma das duas paredes do recipiente de seção A, transversal à direção x, são as que estão contidas no interior de um paralelepípedo de volume $\Delta V = Av_{ix}\Delta t$ (Figura 3.2).

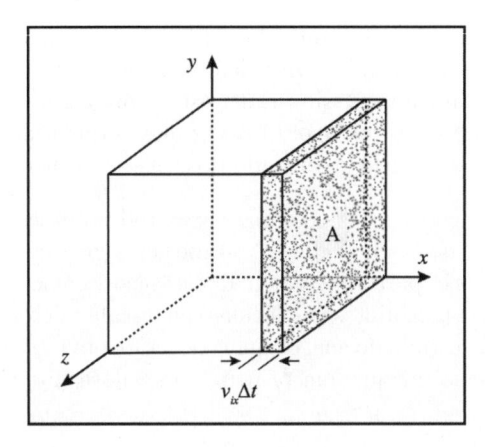

Figura 3.2: Volume no qual estão distribuídas as moléculas de um gás ideal.

Assim, o número N_{ix} das moléculas que colidem com uma das paredes do recipiente transversal à direção x, no intervalo de tempo Δt, é dado por

$$N_{ix} = \frac{1}{2}\frac{N_i}{V}v_{ix}A\Delta t$$

em que o fator $1/2$ se deve ao fato de que somente para metade das moléculas as componentes de velocidade têm o sentido que vai de encontro à parede escolhida.

Como resultado das colisões elásticas com essa parede, as moléculas são refletidas e a variação da componente x do *momentum* (Δp_{ix}) de cada molécula de massa m é dada por

$$\Delta p_{ix} = 2mv_{ix}$$

Desse modo, a *pressão média* (P) do gás sobre a parede é dada pela soma do número de colisões multiplicada pela força média $(\Delta p_{ix}/\Delta t)$ por unidade de área:

$$P = \sum_{i=1}^{N} N_{ix} \times \frac{1}{A}\frac{\Delta p_{ix}}{\Delta t} = \frac{m}{V}\sum_{i=1}^{N} N_i v_{ix}^2$$

ou seja,

$$P = \frac{N}{V}m\langle v_x^2\rangle \tag{3.1}$$

na qual N é o número total de moléculas e

$$\langle v_x^2\rangle = \sum_{i=1}^{N} N_i v_{ix}^2/N$$

é a média dos quadrados das componentes de velocidade na direção x.

A hipótese de isotropia do movimento das moléculas, também denominada *princípio do caos molecular*, segundo a qual as moléculas se deslocam em quaisquer das três direções independentes x, y e z com a mesma probabilidade, conduz a

$$\begin{cases} \langle v_x^2\rangle = \langle v_y^2\rangle = \langle v_z^2\rangle \\[2ex] \langle v^2\rangle = \langle v_x^2\rangle + \langle v_y^2\rangle + \langle v_z^2\rangle = \sum_{i=1}^{N} N_i v_i^2/N \end{cases}$$

sendo $\langle v^2 \rangle$ a média dos quadrados das velocidades das moléculas do gás, ou seja,

$$\langle v^2 \rangle = 3 \langle v_x^2 \rangle$$

Assim, pode-se escrever a pressão do gás, equação (3.1), como

$$P = \frac{1}{3} \frac{N}{V} m \langle v^2 \rangle \tag{3.2}$$

Essa expressão foi obtida, em 1847, pelo inglês James Joule, considerando, entretanto, que todas as moléculas tivessem a mesma velocidade.

Uma vez que Nm é igual à massa M da amostra de gás, a expressão de Joule, equação (3.2), pode ser escrita como

$$P = \frac{1}{3} \rho \langle v^2 \rangle \tag{3.3}$$

em que ρ é a densidade do gás.

A partir da equação (3.3), pode-se calcular a média dos quadrados das velocidades das moléculas de um gás, com base nos dados experimentais relativos à sua pressão e à sua densidade. Por exemplo, a densidade do nitrogênio, sob pressão de 1 atm $(1{,}01 \times 10^5 \text{ N/m}^2)$, à temperatura de 0 °C, é igual a $1{,}25 \text{ kg/m}^3$, logo,

$$\langle v^2 \rangle = \frac{3P}{\rho} = 24{,}2 \times 10^4 \text{ m}^2/\text{s}^2$$

A raiz quadrada da média dos quadrados, denominada *velocidade média quadrática* ou *velocidade eficaz* (v_{ef}) das moléculas, é igual a

$$v_{\text{ef}} = 492 \text{ m/s}$$

A expressão de Joule também pode ser escrita como

$$P = \frac{1}{3} \frac{N}{V} \langle pv \rangle \qquad \text{ou} \qquad P = \frac{2}{3} \frac{N}{V} \langle \epsilon \rangle \tag{3.4}$$

sendo p o módulo do *momentum* de cada molécula e $\langle \epsilon \rangle$, a energia cinética média das moléculas. Assim, a energia média de todas as moléculas, isto é, a *energia interna* $U = N\langle \epsilon \rangle$ do gás, relaciona-se com a pressão por

$$U = \frac{3}{2} PV \tag{3.5}$$

De acordo com os experimentos de Boyle e Charles, em um processo isotérmico, a pressão (P) de um gás é inversamente proporcional ao seu volume (V),

$$P \propto \frac{1}{V} \qquad \Longleftrightarrow \qquad PV = \text{constante}$$

e, em um processo isométrico $(V = \text{constante})$, diretamente proporcional à temperatura (T),

$$P \propto T$$

Desse modo, a temperatura de um gás ideal deve ser proporcional à energia interna,

$$T \propto PV \propto U$$

Na escala termodinâmica de temperatura, ou escala Kelvin, essa relação é dada pela equação de estado empírica de um gás ideal, obtida pelo francês Émile Clapeyron, conhecida como equação de Clapeyron,

$$PV = nRT \tag{3.6}$$

na qual $n = N/N_A$ é o número de moles, $N_A \simeq 6{,}02 \times 10^{23}$ é o número de Avogadro (Capítulo 4), e a constante $R \simeq 8{,}3$ J·K^{-1} · mol^{-1} é a chamada *constante universal dos gases*.[3]

Assim, a energia interna do gás, equação (3.5), pode ser escrita como

$$U = \frac{3}{2}N\frac{R}{N_A}T \tag{3.7}$$

e, portanto, a temperatura de um gás é proporcional à energia cinética média de suas moléculas,

$$\langle \epsilon \rangle = \frac{3}{2}\frac{R}{N_A}T$$

ou seja, *a temperatura de um gás ideal clássico é uma medida da energia cinética média das moléculas que o constituem.*

Figura 3.3: Relação entre temperatura e energia cinética média das moléculas de um gás.

A relação entre a energia cinética média das moléculas e a temperatura também pode ser escrita como

$$\langle \epsilon \rangle = \frac{3}{2}kT \tag{3.8}$$

na qual $k = R/N_A \simeq 1{,}380 \times 10^{-23}$ J·K^{-1} é uma nova constante fundamental da Física, denominada *constante de Boltzmann.*

Aparecendo aqui como um fator de conversão entre a temperatura e a energia média, a constante de Boltzmann, embora esteja implícita no trabalho de 1872 do físico austríaco Ludwig Boltzmann, na

---

[3] O valor de R pode ser calculado a partir da equação (3.6), lembrando que o volume de 1 mol de um gás ideal, nas condições normais de temperatura e pressão (CNTP: $T = 0$ °C $= 273{,}15$ K e $P = 1$ atm $= 760$ mm Hg), isto é, o *volume molar*, é igual a $22\,415$ cm^3 ou $22{,}415$ L. Nesse caso,

$$R = \frac{PV}{nT} = \frac{1 \times 22\,415}{273{,}15} = 82{,}06 \ \frac{\text{cm}^3}{\text{K}}\frac{\text{atm}}{\text{mol}}$$

ou, uma vez que 1 atm $= 1{,}01325 \times 10^5$ N/m^2,

$$R = 8{,}315 \ \text{J·K}^{-1}\text{·mol}^{-1} = 8{,}315 \times 10^7 \text{erg·K}^{-1}\text{·mol}^{-1} = 1{,}986 \ \text{cal·K}^{-1}\text{·mol}^{-1}.$$

A última unidade é mais usada em Química, considerando que 1 cal (1 caloria *pequena*) $= 4{,}186 \times 10^7$ erg.

tentativa de elucidar a conexão entre a irreversibilidade dos processos macroscópicos e a visão microscópica da 2ª lei da Termodinâmica (Seção 10.1.1), só foi explicitada e calculada em 1900,[4] pelo físico alemão Max Planck, quando apresentou a fórmula do espectro da radiação de corpo negro (Capítulo 10). Portanto, em termos dessa nova constante, a energia interna do gás, equação (3.5), também pode ser escrita como

$$U = \frac{3}{2}NkT \tag{3.9}$$

e a equação de estado, isto é, a relação entre a pressão, o volume e a temperatura, por

$$PV = NkT \tag{3.10}$$

Substituindo-se a equação de estado, equação (3.10), na expressão de Joule, equação (3.2), a velocidade eficaz das moléculas de um gás ideal pode ser expressa por

$$v_{\text{ef}} = \sqrt{3\frac{kT}{m}} \tag{3.11}$$

ou, em termos da constante R e do peso molecular $\mu = mN_A$ (g/mol),[5]

$$v_{\text{ef}} = \sqrt{3\frac{RT}{\mu}} \quad (\text{cm/s}) \tag{3.12}$$

Assim, enquanto a energia média por molécula não depende da natureza do gás, só dependendo da temperatura, a velocidade eficaz depende também da massa de suas moléculas. Logo, para o hidrogênio, $\mu(H_2) \simeq 2$ g/mol, à temperatura ambiente ($T \simeq 300$ K), a velocidade eficaz é da ordem de $v_{\text{ef}}(H_2) \simeq 2 \times 10^3$ m/s e, para o oxigênio, $\mu(O_2) \simeq 32$ g/mol, e $v_{\text{ef}}(O_2) \simeq 500$ m/s.

Com a equação (3.12) explica-se por que os gases leves fluem mais rapidamente através de pequenos orifícios e se difundem com maior rapidez através dos corpos porosos do que os gases pesados. Baseado nesse fato, o físico inglês John William Strutt, mais conhecido como Lord Rayleigh, em 1896, conjecturou que os gases de uma mistura poderiam ser separados por difusão no vácuo, através de uma barreira porosa. Essa ideia foi utilizada durante a Segunda Guerra Mundial, por Harald Urey e colaboradores para separar isótopos de urânio (U^{235} e U^{238}) que compunham gases compostos de flúor, como o hexafluoreto de urânio (UF_6).

De um ponto de vista estritamente mecânico, o conceito de temperatura pode ser apresentado a partir da expressão de Joule, equação (3.2), e das condições de equilíbrio entre dois gases que não podem trocar suas partículas constituintes.

Sejam A e B dois gases contidos, respectivamente, em volumes V_A e V_B, a pressões P_A e P_B, e com números de moléculas N_A e N_B, separados por uma parede móvel impermeável (Figura 3.4).

Apesar de necessária, a condição de equilíbrio mecânico, $P_A = P_B$, não é suficiente para garantir o chamado equilíbrio termodinâmico dos gases. Além disso, é necessário que os gases estejam em equilíbrio térmico,[6] o qual é expresso pela igualdade entre as energias médias por partícula dos dois gases,

$$\frac{U_A}{N_A} = \frac{U_B}{N_B} = \langle \epsilon \rangle$$

---

[4] Se a temperatura é definida a partir da energia cinética média de uma molécula de um gás, o valor de k é muito pequeno. Segundo Planck, Boltzmann, sabendo disso, não explicitou a constante que recebeu seu nome (nem mesmo o seu valor) *por nunca ter pensado na possibilidade da determinação prática do valor exato dessa constante.*

[5] O peso molecular é numericamente igual à massa de um mol de moléculas em gramas (Seção 2.5.4).

[6] Se a parede for permeável, ou seja, se houver a possibilidade de troca de partículas, deve-se considerar também o equilíbrio no processo de difusão.

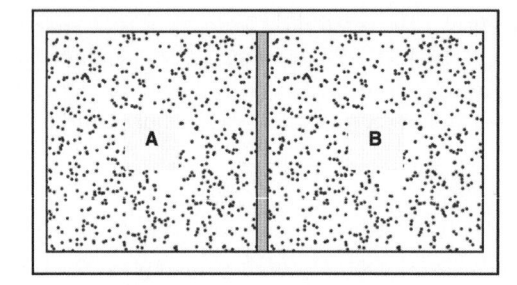

Figura 3.4: Gases A e B separados por uma parede móvel não permeável.

ou seja,

$$\langle \epsilon \rangle = \frac{1}{2} m_A \langle v_A^2 \rangle = \frac{1}{2} m_B \langle v_B^2 \rangle \qquad \Longleftrightarrow \qquad T_A = T_B = T \qquad (3.13)$$

na qual m_A e v_A dizem respeito às partículas do gás A e m_B e v_B referem-se às partículas do gás B. Assim, a grandeza macroscópica que caracteriza o equilíbrio térmico, a *temperatura*, é proporcional à energia média por partícula.

3.1.3   A compreensão da hipótese de Avogadro

A partir da equação da pressão de um gás obtida por Joule, equação (3.2), e de algumas observações experimentais, pode-se compreender a hipótese de Avogadro no âmbito da Teoria Cinética dos Gases.

Considerem-se dois gases diferentes, à mesma temperatura e à mesma pressão, ocupando um certo volume V. Sejam m_i e $\langle v_i \rangle$, respectivamente, a massa e a velocidade média das moléculas dos gases $i = 1, 2$. Admita-se, por hipótese, que os números totais de moléculas, N_1 e N_2, de cada gás no mesmo volume sejam diferentes. Como a pressão é a mesma, segue-se da equação (3.2) que

$$N_1 m_1 \langle v_1^2 \rangle = N_2 m_2 \langle v_2^2 \rangle \qquad (3.14)$$

A experiência mostra que a mistura dos dois gases à mesma pressão e à mesma temperatura por si só não produz qualquer alteração nessas duas grandezas. Como foi visto na seção anterior, o equilíbrio térmico exige, de acordo com a equação (3.13), que

$$m_1 \langle v_1^2 \rangle = m_2 \langle v_2^2 \rangle \qquad (3.15)$$

Comparando-se as equações (3.14) e (3.15), segue-se que

$$N_1 = N_2$$

ou seja, *sob as mesmas condições de temperatura e pressão, o número de moléculas de um gás contidas em uma unidade de volume é o mesmo para todos os gases.*

3.1.4   A distribuição de Maxwell-Boltzmann

Uma vez que a energia das N moléculas de um gás, equação (3.9), é dada pelo produto de $3N$ fatores iguais a $kT/2$, e que $3N$ é o número de coordenadas independentes, ou *graus de liberdade* de um gás ideal,[7] diz-se que a energia do gás decorre da contribuição de termos iguais a $kT/2$ para cada grau de liberdade.

---

[7] O número de *graus de liberdade* associado a uma partícula é igual ao número mínimo de coordenadas necessárias para a descrição de seu movimento. Para uma partícula livre, as três coordenadas cartesianas (x, y, z) constituem um conjunto mínimo possível; portanto, o número de graus de liberdade de uma partícula livre é 3. Para um gás ideal composto de N partículas esse número é $3N$.

Esse resultado, de acordo com Maxwell, deriva do chamado *princípio da equipartição de energia*, segundo o qual cada grau de liberdade de uma molécula contribui com $kT/2$ para o valor da energia interna total do gás.

O princípio da equipartição de energia, na verdade, só é válido em determinadas circunstâncias, e sua aplicação indiscriminada levou a resultados incorretos e a uma crise na Física Teórica, mostrando os limites da Mecânica Clássica, ao final do século XIX, e constituindo-se em um dos componentes da gênese das Teorias Quânticas (Capítulo 10).

As tentativas para se ampliar os domínios da Mecânica Clássica como teoria fundamental se estenderam até que muitos se convencessem de que ela é que teria de ser modificada ou substituída por outra teoria. Essas tentativas culminaram com a consolidação da Mecânica Estatística e com a criação da Mecânica Quântica (Capítulos 13 e 14); a partir de então, a teoria fundamental sobre a qual quaisquer modelos ou teorias interpretativas do microcosmo teriam de se apoiar.

Entretanto, como já foi afirmado, a Teoria Cinética dos Gases marca o apogeu da Mecânica Clássica como o alicerce principal de qualquer teoria interpretativa construída até o início do século XX, incluindo o Movimento Browniano (Capítulo 4) e o Eletromagnetismo (Capítulo 5). Nesse sentido, se verá até onde foi o sucesso da Teoria Cinética, com a obtenção da lei de distribuição de velocidades das moléculas de um gás ideal.

Apesar de fundamentada em grandezas microscópicas, como as velocidades das moléculas (não observadas diretamente), a equação de estado de um gás ideal em equilíbrio térmico é uma relação entre os parâmetros experimentais macroscópicos (valores médios) associados a um gás. Para uma descrição em nível microscópico, que possibilite o estudo da flutuação de valores médios ou das distribuições das grandezas microscópicas associadas às moléculas de um gás, Maxwell, através de um tratamento estatístico, obteve a distribuição de velocidade das moléculas de um gás ideal em equilíbrio térmico.

A fração $dN_{v_x v_y v_z}/N$ de moléculas, com componentes de velocidades compreendidas entre v_x e $v_x + dv_x$, v_y e $v_y + dv_y$, v_z e $v_z + dv_z$, em um volume V, devido ao grande número de moléculas, pode ser representada por uma função $f(v_x, v_y, v_z)$ que, estatisticamente, descreve uma distribuição contínua de velocidades, denominada *distribuição de velocidades de Maxwell*.

Assim, $f(v_x, v_y, v_z)\, dv_x\, dv_y\, dv_z$ é a probabilidade de que uma molécula do gás, em um volume V, tenha componentes de velocidade entre v_x e $v_x + dv_x$, v_y e $v_y + dv_y$, v_z e $v_z + dv_z$. Desse modo, os valores médios associados a qualquer grandeza, $g(v_x, v_y, v_z)$, que dependa das velocidades das moléculas, como, por exemplo, a média $\langle g \rangle$ e o desvio-padrão σ_g, podem ser calculados por

$$\langle g \rangle = \int \int \int_{-\infty}^{\infty} g(v_x, v_y, v_z)\, f(v_x, v_y, v_z)\, dv_x\, dv_y\, dv_z \qquad (3.16)$$

e

$$\sigma_g = \sqrt{\langle g^2 \rangle - \langle g \rangle^2}$$

Uma vez que, classicamente, v_x, v_y e v_z podem assumir quaisquer valores[8] entre $-\infty$ e ∞, a função de distribuição de probabilidades $- f(v_x, v_y, v_z) -$ das velocidades moleculares de um gás ideal em equilíbrio térmico deve satisfazer também à chamada *condição de normalização*, quando a integral é entre todos os valores possíveis das componentes da velocidade, ou seja,

$$\frac{1}{N} \int \int \int_{-\infty}^{\infty} dN_{v_x v_y v_z} = \int \int \int_{-\infty}^{\infty} f(v_x, v_y, v_z)\, dv_x\, dv_y\, dv_z = 1$$

---

[8] Fisicamente, existe um limite para as velocidades, ou seja, elas têm de ser menores que a velocidade da luz no vácuo (c). Entretanto, como o número de moléculas com altas velocidades, mas ainda bem menores que c, é muito pequeno, a extensão dos limites de integração até o infinito não modifica na prática o valor da integral.

Ao se utilizar a hipótese do caos molecular, admitem-se:

- a *isotropia* do movimento das moléculas, ou seja, que a função de distribuição de probabilidades das componentes da velocidade depende apenas do quadrado do módulo (v^2) da velocidade das moléculas, ou seja,

$$f(v_x, v_y, v_z) = f(v^2)$$

na qual $v^2 = v_x^2 + v_y^2 + v_z^2$;

- a *uniformidade* em todas as direções, ou seja, que as componentes da velocidade sejam estatisticamente independentes, isto é,

$$f(v^2) = f_x(v_x^2)\, f_y(v_y^2)\, f_z(v_z^2) \tag{3.17}$$

Antes de prosseguirmos, é importante destacar que essa hipótese considerada por Maxwell em sua derivação original da distribuição de velocidades só é estritamente válida no limite não relativístico, no qual a energia cinética é dada por

$$T = \frac{1}{2} m (v_x^2 + v_y^2 + v_z^2)$$

Como veremos no Capítulo 6, a energia cinética relativística é dada não mais pela expressão anterior, mas pela equação

$$T = mc^2 \left\{ \frac{1}{\sqrt{1 - (v_x^2 + v_y^2 + v_z^2)/c^2}} - 1 \right\}$$

para a qual a equação (3.17) não mais se aplica. Assim, a demonstração de Maxwell que estamos reproduzindo aqui não deve ser considerada uma demonstração geral da distribuição de Maxwell.

De volta à dedução da distribuição de velocidades, fazendo-se $v^2 = u$, $v_x^2 = u_x$, $v_y^2 = u_y$ e $v_z^2 = u_z$, pode-se escrever

$$f(u) = f_x(u_x)\, f_y(u_y)\, f_z(u_z)$$

Tomando-se o logaritmo natural da expressão anterior,

$$\ln f(u) = \ln f_x(u_x) + \ln f_y(u_y) + \ln f_z(u_z)$$

e derivando essa equação em relação a cada uma das variáveis independentes u_x, u_y e u_z,

$$\begin{cases} \dfrac{\partial \ln f}{\partial u_x} = \dfrac{\mathrm{d} \ln f_x}{\mathrm{d} u_x} = \dfrac{\mathrm{d} \ln f}{\mathrm{d} u} \underbrace{\left(\dfrac{\partial u}{\partial u_x} \right)}_{1} \\[2em] \dfrac{\partial \ln f}{\partial u_y} = \dfrac{\mathrm{d} \ln f_y}{\mathrm{d} u_y} = \dfrac{\mathrm{d} \ln f}{\mathrm{d} u} \underbrace{\left(\dfrac{\partial u}{\partial u_y} \right)}_{1} \\[2em] \dfrac{\partial \ln f}{\partial u_z} = \dfrac{\mathrm{d} \ln f_z}{\mathrm{d} u_z} = \dfrac{\mathrm{d} \ln f}{\mathrm{d} u} \underbrace{\left(\dfrac{\partial u}{\partial u_z} \right)}_{1} \end{cases}$$

conclui-se que

$$\frac{f_x'(u_x)}{f_x(u_x)} = \frac{f_y'(u_y)}{f_y(u_y)} = \frac{f_z'(u_z)}{f_z(u_z)} = \frac{f'(u)}{f(u)} = -b$$

sendo b uma constante a ser determinada.

Integrando-se cada uma das expressões anteriores, obtém-se

$$\begin{cases} f_x \propto e^{-bu_x} = e^{-bv_x^2} \\ f_y \propto e^{-bu_y} = e^{-bv_y^2} \\ f_z \propto e^{-bu_z} = e^{-bv_z^2} \\ f \propto e^{-bu} = e^{-bv^2} \end{cases}$$

Para que as integrais que expressam a condição de normalização sejam satisfeitas, a constante b deve ser positiva. Como as distribuições f_x, f_y e f_z são independentes entre si, cada uma deve ser normalizada independentemente das demais, e, como têm a mesma dependência funcional, a constante de normalização (A) para cada uma delas é dada por

$$A \underbrace{\int_{-\infty}^{\infty} e^{-b\xi^2} \; \mathrm{d}\xi}_{I=\sqrt{\pi/b}} = 1 \quad \Longrightarrow \quad A = \sqrt{\frac{b}{\pi}}$$

- A integral I, conhecida como integral gaussiana, pode ser calculada a partir de

$$I^2 = \int_{-\infty}^{\infty} \int_{-\infty}^{\infty} e^{-bx^2} e^{-by^2} \; \mathrm{d}x \; \mathrm{d}y$$

que, em coordenadas polares, r e θ, pode ser escrita como

$$I^2 = \int_0^{\infty} \int_0^{2\pi} e^{-br^2} r \; \mathrm{d}r \; \mathrm{d}\theta = 2\pi \underbrace{\int_0^{\infty} e^{-br^2} r \; \mathrm{d}r}_{1/(2b)}$$

Assim,[9]

$$I(b) = \sqrt{\frac{\pi}{b}} \quad \Longrightarrow \quad A = \sqrt{\frac{b}{\pi}}$$

A constante b pode ser determinada comparando-se a expressão para a energia cinética média por molécula, equação (3.8),

$$\langle \epsilon \rangle = \frac{3}{2} kT = \frac{1}{2} m \langle v^2 \rangle = \frac{3}{2} m \langle v_x^2 \rangle \quad \Longrightarrow \quad \langle v_x^2 \rangle = \frac{kT}{m}$$

com a média dos quadrados $\langle v_x^2 \rangle$ calculada, por meio da função de distribuição $f_x(v_x^2)$,

$$\langle v_x^2 \rangle = \sqrt{\frac{b}{\pi}} \int_{-\infty}^{\infty} v_x^2 \, e^{-bv_x^2} \; \mathrm{d}v_x = -\sqrt{\frac{b}{\pi}} \frac{\mathrm{d}}{\mathrm{d}b} \underbrace{\int_{-\infty}^{\infty} e^{-bv_x^2} \; \mathrm{d}v_x}_{\sqrt{\pi/b}} = \frac{1}{2b}$$

---

[9] Outras integrais do tipo $I_n = \int_0^{\infty} \xi^n e^{-b\xi^2} d\xi$ podem ser calculadas diferenciando a integral I em função de b. A expressão geral é

$$I_n = \frac{1}{2} \Gamma\left(\frac{n+1}{2}\right) b^{-(n+1)/2}$$

na qual a função Γ (gama de Euler), uma extensão do conceito de fatorial para números reais, é definida por

$$\Gamma(x) = \int_0^{\infty} t^{x-1} e^{-t} \; \mathrm{d}t$$

de modo que $\Gamma(n+1) = n! = n\Gamma(n)$. Assim, $\Gamma(1/2) = 2I_0 = \sqrt{\pi} \Longrightarrow \Gamma(3/2) = \frac{1}{2}\Gamma(1/2) = \frac{\sqrt{\pi}}{2}$.

Encontra-se, desse modo,

$$b = \frac{m}{2kT}$$

Ou seja, a distribuição para cada componente da velocidade é do tipo

$$f_x(v_x^2) = \left(\frac{m}{2\pi kT}\right)^{\frac{1}{2}} \exp\left(-\frac{1}{2}\frac{mv_x^2}{kT}\right)$$

da qual resulta a *distribuição de velocidades de Maxwell* ou simplesmente *distribuição de Maxwell*:

$$\boxed{f(v_x, v_y, v_z) = f(v^2) = \left(\frac{m}{2\pi kT}\right)^{\frac{3}{2}} \exp\left(-\frac{1}{2}\frac{mv^2}{kT}\right)} \tag{3.18}$$

Com a notação $f(v^2)$ para $f(v_x, v_y, v_z)$, procurou-se, até aqui, apenas acentuar o fato de a distribuição para a velocidade (v_x, v_y, v_z) de uma molécula só poder depender do quadrado de seu módulo. Entretanto, isso não quer dizer que $f(v^2)$ seja a distribuição dos módulos da velocidade. Esta, denominada *distribuição dos módulos das velocidades de Maxwell*, será denotada a seguir por $\rho(v)$ e se obtém a partir da igualdade

$$f(v^2)\,dv_x\,dv_y\,dv_z = f(v^2)\,v^2\,dv\,\text{sen}\,\theta\,d\theta\,d\phi \tag{3.19}$$

Como a distribuição $f(v^2)$ não depende de θ e ϕ, integrando-se nas variáveis angulares, a probabilidade de que o módulo das velocidades das moléculas esteja entre v e $v + dv$ pode ser escrita como

$$\frac{dN_v}{N} = \underbrace{4\pi v^2\,f(v^2)}_{\rho(v)}\,dv \tag{3.20}$$

Desse modo, chega-se à distribuição dos módulos das velocidades de Maxwell,

$$\boxed{\rho(v) = \sqrt{\frac{2}{\pi}}\,\left(\frac{m}{kT}\right)^{\frac{3}{2}}\,v^2 \exp\left(-\frac{1}{2}\frac{mv^2}{kT}\right)} \tag{3.21}$$

na qual v assume valores contidos no intervalo $0 \leq v < \infty$.

A Figura 3.5 mostra a distribuição de velocidades para o oxigênio (O_2) à temperatura ambiente (300 K).

A partir da distribuição de Maxwell, vários parâmetros característicos das moléculas de um gás podem ser calculados, como, por exemplo, a moda, a média, a média quadrática e a dispersão das velocidades (Seção 3.6).

A distribuição de Maxwell, obtida em 1853, foi generalizada por Boltzmann, em 1870, para descrever o comportamento de gases submetidos a um campo externo, como na atmosfera terrestre. Se o gás se encontra em equilíbrio térmico, o número de moléculas ($dN_{v_x v_y v_z}$) com componentes de velocidades compreendidas entre v_x e $v_x + dv_x$, v_y e $v_y + dv_y$, v_z e $v_z + dv_z$, em um volume $dV = dx\,dy\,dz$, a uma certa altura, pode ser expresso em termos da densidade ou concentração local de moléculas $n(x, y, z)$, como

$$dN_{v_x v_y v_z xyz} = \left(\frac{m}{2\pi kT}\right)^{3/2} n(x, y, z)\,\exp\left(-\frac{1}{2}\frac{mv^2}{kT}\right)\,dv_x\,dv_y\,dv_z\,dx\,dy\,dz \tag{3.22}$$

Acompanhando-se essas moléculas em duas regiões distintas 1 e 2, pode-se escrever

$$dN^{(1)}_{v_x v_y v_z xyz} = n_1\,\left(\frac{m}{2\pi kT}\right)^{3/2} \exp\left(-\frac{\epsilon_{c_1}}{kT}\right)\,dv_x\,dv_y\,dv_z\,dx\,dy\,dz$$

ou

$$dN^{(2)}_{v_x v_y v_z xyz} = n_2\,\left(\frac{m}{2\pi kT}\right)^{3/2} \exp\left(-\frac{\epsilon_{c_2}}{kT}\right)\,dv_x\,dv_y\,dv_z\,dx\,dy\,dz$$

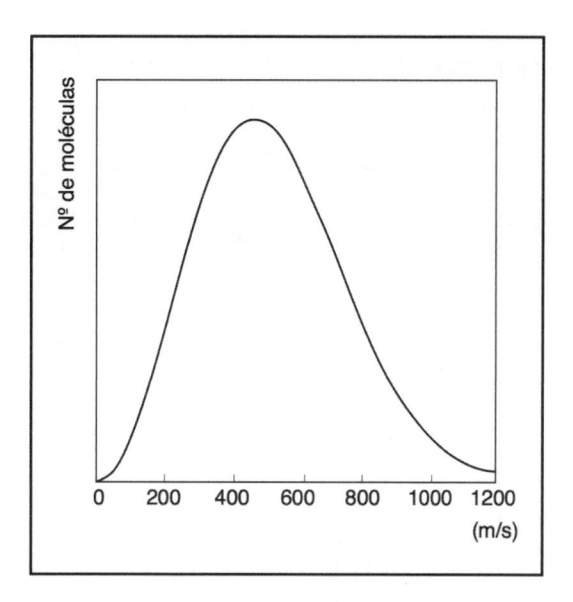

Figura 3.5: Distribuição dos módulos das velocidades de Maxwell, para o oxigênio, considerado um gás ideal à temperatura ambiente.

sendo ϵ_{c_1} e ϵ_{c_2} as energias cinéticas das moléculas nas duas regiões.

Igualando-se esses números, obtém-se a chamada *distribuição de Boltzmann*, que relaciona a densidade de um gás, em equilíbrio térmico, em um campo externo, em duas regiões distintas:

$$n_2 = n_1 \ \exp\left[-\frac{1}{kT}\left(\epsilon_{c_1} - \epsilon_{c_2}\right)\right] \tag{3.23}$$

Para campos conservativos, a conservação de energia permite que se expresse a relação entre as energias cinética ϵ_c e potencial ϵ_p de uma molécula de massa m, em duas regiões distintas $\vec{r}_1$ e $\vec{r}_2$, por

$$\epsilon_{c_1} + \epsilon_{p_1} = \epsilon_{c_2} + \epsilon_{p_2}$$

sendo ϵ_{p_i} a energia potencial de uma molécula, na região i, associada à posição $\vec{r}_i$. Assim, a equação (3.23), para campos conservativos, pode ser reescrita como

$$n_2 = n_1 \ \exp\left[-\frac{1}{kT}\left(\epsilon_{p_2} - \epsilon_{p_1}\right)\right]$$

As moléculas no campo gravitacional uniforme terrestre possuem energia potencial

$$\epsilon_p = mgz$$

sendo z a altura onde se encontra a molécula em relação à superfície terrestre.

Considerando a atmosfera terrestre em equilíbrio térmico à temperatura T, ou seja, considerando-a isotérmica, de acordo com a equação de Clapeyron, equação (3.6), escrita como

$$n = \frac{N}{V} = \frac{P}{kT}$$

chega-se à chamada *fórmula barométrica*,

$$\boxed{\frac{n}{n_0} = \frac{P}{P_0} = \exp\left(-\frac{mgz}{kT}\right) = \exp\left(-\frac{\mu gz}{RT}\right)} \tag{3.24}$$

na qual $\mu = mN_A$ é a massa molecular do gás e P_0 é a pressão do ar ao nível do mar.

Pode-se ainda determinar a fórmula barométrica considerando-se uma coluna de gás ideal, como mostrado esquematicamente na Figura 3.6.

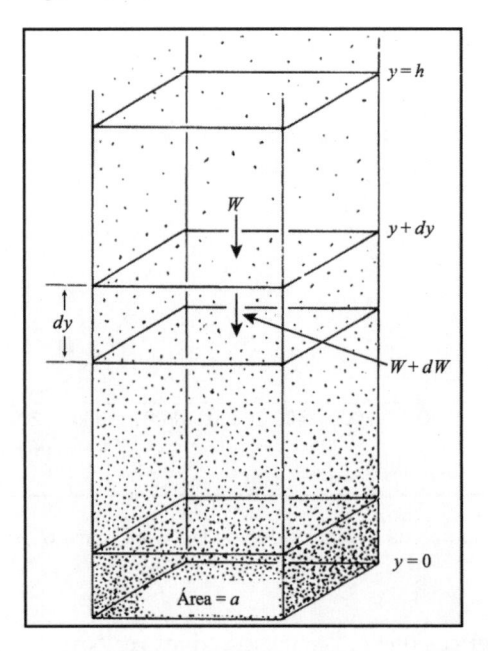

Figura 3.6: Esquema da distribuição de moléculas em uma coluna vertical de um gás ideal.

De acordo com a concepção molecular da matéria, esse volume contém uma densidade volumétrica média n de moléculas (também chamada de *concentração molecular*), cada qual com um peso mg. Devido ao peso, o número de moléculas será maior na parte inferior do volume do que em sua parte inferior, como ilustrado na figura.

Seja h a altura da coluna, cuja área da base é a. Admita-se também que a temperatura T do gás seja uniforme. Considere-se um elemento diferencial de volume $a\,dy$. Se W é o módulo do peso da coluna de gás sobre a base superior desse volume infinitesimal, na base inferior será $W + dW$.[10] Em termos da densidade média (n) de moléculas por unidade de volume, pode-se escrever:

$$W + \mathrm{d}W = W + mgna\,\mathrm{d}y$$

Assim, a diferença de pressão entre as bases superior e inferior do volume infinitesimal considerado será

$$\mathrm{d}P = \frac{1}{a}\left[W - W - \mathrm{d}W\right] = -mgn\,\mathrm{d}y \tag{3.25}$$

Por outro lado, para um mol de gás ideal,

$$PV = RT \;\Rightarrow\; P = \underbrace{\frac{N_A}{V}}_{n}\,\frac{R}{N_A}\,T = \left(\frac{R}{N_A}\right)nT$$

donde

$$\mathrm{d}P = \frac{R}{N_A}T\,\mathrm{d}n$$

Essa diferença de pressão, devida à diferença de concentração molecular ao longo da altura, é igual à equação (3.25). Logo,

$$\frac{R}{N_A}T\,\mathrm{d}n = -mgn\,\mathrm{d}y$$

---

[10]Optou-se aqui pela letra W para designar peso para não confundir o leitor com a letra P que designa pressão.

ou

$$\frac{\mathrm{d}n}{n} = -\frac{N_A mg}{RT}\,\mathrm{d}y$$

A equação anterior pode ser integrada entre n_0 (a concentração molecular no plano $y = 0$) e n (valor em $y = h$), ou seja

$$\int_{n_0}^{n} \frac{\mathrm{d}n'}{n'} = -\left(\frac{N_A mg}{RT}\right)\int_0^h \mathrm{d}y$$

donde

$$n = n_0 \exp\left(\frac{-N_A mgh}{RT}\right) \tag{3.26}$$

Como $P \propto n$, a equação (3.26) pode ser escrita em termos das pressões P e P_0, resultado conhecido como a *lei das atmosferas*. Esse resultado será útil para a compreensão do movimento browniano (Seção 4.3).

A principal dificuldade para se testar a distribuição de Maxwell-Boltzmann através da fórmula barométrica, equação (3.24), aplicando-a à atmosfera terrestre, está associada à falta de uma verdadeira uniformidade da distribuição de temperatura. Apesar disso, a variação exponencial da pressão com a altitude prevista pela fórmula barométrica de Boltzmann em linhas gerais é confirmada pelos resultados experimentais, como indica a Figura 3.7.

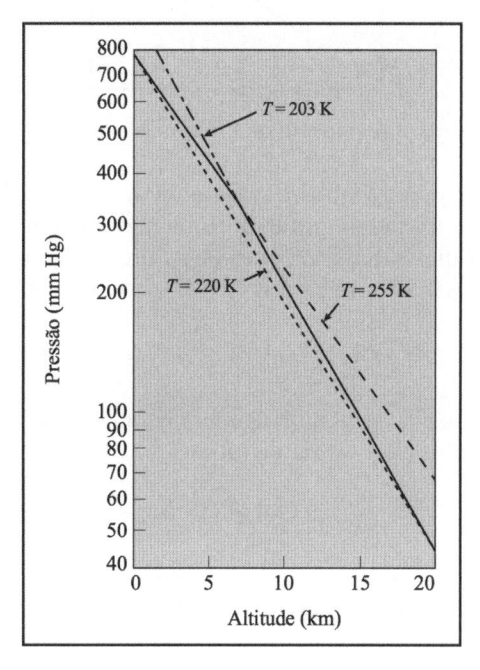

Figura 3.7: Variação da pressão atmosférica com a altitude.

A fórmula barométrica foi extensivamente testada por Perrin, a partir de 1909, contornando de forma original o fato de a temperatura atmosférica não ser exatamente isotérmica, através da preparação de emulsões estáveis, que consistiam em partículas esféricas de resina, praticamente idênticas, em suspensão na água, capazes de simular um sistema de corpúsculos em equilíbrio térmico sob a ação de um campo gravitacional, o qual, em pequena escala, teria o mesmo comportamento de uma atmosfera isotérmica. Desse modo, pela contagem do número de partículas em vários níveis de suspensão, foi capaz de verificar a forma da distribuição barométrica e determinar o número de Avogadro (Capítulo 4).

Utilizando-se a fórmula barométrica, equação (3.24), pode-se expressar a densidade local genérica n, que aparece na equação (3.22), em termos da densidade $n_0 = (N/V)_0$ ao nível do mar, obtendo-se, assim, a chamada *distribuição de Maxwell-Boltzmann*:

$$dN_{v_x v_y v_z xyz} = n_0 \left(\frac{m}{2\pi kT} \right)^{3/2} \exp \left[-\frac{(\epsilon_c + \epsilon_p)}{kT} \right] dv_x \, dv_y \, dv_z \, dx \, dy \, dz \tag{3.27}$$

que descreve a fração de moléculas, em um campo externo, com componentes de velocidades entre v_x e $v_x + dv_x$, v_y e $v_y + dv_y$, v_z e $v_z + dv_z$, e coordenadas entre x e $x + dx$, y e $y + dy$, z e $z + dz$, tal que a energia (ϵ) das moléculas seja igual a $\epsilon = \epsilon_c(v_x, v_y, v_z) + \epsilon_p(x, y, z)$.

3.1.5   Os calores específicos dos gases

A distribuição de Maxwell-Boltzmann permite a generalização do *princípio da equipartição de energia* de forma a incluir, além do movimento de translação, os movimentos internos de vibração e rotação das moléculas. De forma geral, esse princípio pode ser enunciado como: *cada termo quadrático na expressão clássica da energia mecânica dos constituintes de um gás, em equilíbrio térmico à temperatura T, contribui com $kT/2$ para a energia média por constituinte.*

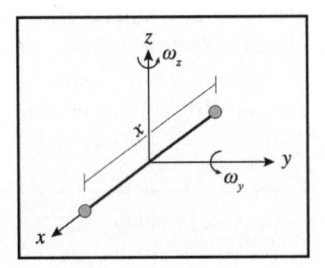

Figura 3.8: Modelo de uma molécula diatômica.

Por exemplo, considerando-se que as moléculas diatômicas de um gás podem ser visualizadas como pequenos halteres (Figura 3.8), a energia total de uma molécula pode ser expressa pela adição de três parcelas. Ao movimento tridimensional de translação da molécula de massa m, caracterizado pelo deslocamento de seu centro de massa com velocidade (v_x, v_y, v_z), associa-se a energia cinética de translação

$$\epsilon_{\text{trans}} = \frac{1}{2}mv_x^2 + \frac{1}{2}mv_y^2 + \frac{1}{2}mv_z^2$$

Ao movimento relativo de seus dois átomos ao longo do eixo (x), definido por eles, que é um movimento harmônico unidimensional, associa-se a energia de vibração

$$\epsilon_{\text{vib}} = \frac{1}{2}\mu\dot{x}^2 + \frac{1}{2}\mu\omega^2 x^2$$

em que μ é a massa reduzida dos dois átomos e ω é a frequência de vibração natural do sistema. E, ao movimento de rotação, haverá a contribuição de mais dois termos quadráticos, isto é,

$$\epsilon_{\text{rot}} = \frac{1}{2}I_y\omega_y^2 + \frac{1}{2}I_z\omega_z^2$$

sendo I_y e I_z os momentos de inércia em relação aos eixos y e z perpendiculares ao eixo do halter, e ω_y e ω_z as respectivas velocidades angulares em torno desses eixos.

Assim, segundo a formulação geral do princípio da equipartição, à contribuição à energia interna total do gás, por molécula, além dos três termos quadráticos do modo translacional,

$$\langle\epsilon\rangle_{\text{trans}} = \frac{1}{2}kT + \frac{1}{2}kT + \frac{1}{2}kT = \frac{3}{2}kT$$

deve-se adicionar a contribuição proveniente dos dois termos quadráticos do modo vibracional de movimento, igual a

$$\langle\epsilon\rangle_{\text{vib}} = \frac{1}{2}kT + \frac{1}{2}kT = kT$$

e outra devida também aos dois termos quadráticos do modo rotacional, que é igual a

$$\langle\epsilon\rangle_{\text{rot}} = \frac{1}{2}kT + \frac{1}{2}kT = kT$$

Logo, a energia média por molécula, devida aos modos translacional, vibracional e rotacional, será dada por

$$\langle\epsilon\rangle = \langle\epsilon\rangle_{\text{trans}} + \langle\epsilon\rangle_{\text{vib}} + \langle\epsilon\rangle_{\text{rot}} = \frac{7}{2}kT$$

Dessa maneira, a energia interna de um gás molecular com N moléculas, em equilíbrio térmico à temperatura T, pode ser expressa genericamente por

$$U = N\eta\frac{1}{2}kT$$

na qual η não é mais agora o número de graus de liberdade de cada molécula, mas sim o número de termos quadráticos que contribuem para a energia de uma molécula. Nesse caso, a capacidade térmica a volume constante (C_V) é dada por

$$C_V = \left(\frac{\partial U}{\partial T}\right)_V = \frac{\eta}{2}Nk = \frac{\eta}{2}nR$$

De certa maneira, foram os insucessos da aplicação desse princípio aos problemas da radiação de corpo negro, do calor específico dos sólidos e dos gases poliatômicos que exigiram a revisão crítica de vários conceitos da Física Clássica, levando a modificações profundas, não dos fundamentos da Física Estatística, mas da própria Mecânica Clássica.

Entretanto, os primeiros resultados pareciam corroborar as predições da Teoria Cinética dos Gases, baseada na Mecânica Newtoniana. De fato, o sucesso inicial da teoria pode ser atestado pela comparação das previsões do fator γ, que expressa a razão entre os calores específicos à pressão (c_P) e a volume (c_V) constantes, para diversos gases, com os dados experimentais apresentados na Tabela 3.1.

Tabela 3.1: Valores experimentais do fator γ para alguns gases

Gás	He	Ar	H_2	O_2	N_2	CO	CO_2	NH_3	$C_4H_{10}O$
γ	1,659	1,670	1,410	1,401	1,404	1,404	1,304	1,310	1,080

A escolha do fator γ justifica-se pelo fato de que, experimentalmente, é mais difícil manter o volume constante do que a pressão, ao variar a energia de um sistema.[11] Desse modo, determinando-se a capacidade térmica de um gás à pressão constante, $C_P = (\partial U/\partial T)_P$, a partir da relação de Mayer, $C_P - C_V = nR = Nk$, obtém-se a capacidade térmica a volume constante, $C_V = (\partial U/\partial T)_V$, e, consequentemente, o fator $\gamma = C_P/C_V = c_P/c_V$.

Do ponto de vista teórico, uma vez que

$$C_P = Nk + C_V = \left(1 + \frac{\eta}{2}\right)Nk$$

o fator γ é dado por

$$\gamma = 1 + \frac{2}{\eta} \tag{3.28}$$

donde a estimativa teórica é de que

$$1 \leq \gamma \leq 1,67$$

Essa previsão da Teoria Cinética para um gás está indicada na Tabela 3.2.

---

[11] No caso dos gases, manter o volume constante ao aquecer ou resfriar não é tão problemático. Entretanto, para sólidos e líquidos, torna-se difícil manter o volume enquanto se varia a energia.

Tabela 3.2: Dependência da energia interna e dos calores específicos dos gases com o número (η) de termos quadráticos na energia de suas moléculas

Natureza das contribuições	η	$U = \dfrac{\eta}{2} NkT$	$c_v = \dfrac{\eta}{2} Nk$	$\gamma = \dfrac{c_p}{c_v}$
Translação (3)	3	$\dfrac{3}{2} NkT$	$\dfrac{3}{2} Nk$	1,67
Translação (3) + Rotação (2) ou Translação (3) + Vibração (2)	5	$\dfrac{5}{2} NkT$	$\dfrac{5}{2} Nk$	1,40
Translação (3) + Rotação (3)	6	$3\,NkT$	$3\,Nk$	1,33
Translação (3) + Rotação (2) + Vibração (2)	7	$\dfrac{7}{2} NkT$	$\dfrac{7}{2} Nk$	1,29

Dessa forma, quanto mais complexa a molécula, maiores os calores específicos molares (C/n) e, consequentemente, mais o fator γ deverá se aproximar da unidade. Para uma molécula monoatômica, apenas os três graus de liberdade translacionais contribuem. De fato, observando os valores da Tabela 3.1 para o He e o Ar, verifica-se que esses gases monoatômicos têm $\gamma \simeq 1,67$, de acordo com a Tabela 3.2. Já os gases diatômicos, H_2, O_2, N_2 e CO, nas temperaturas próximas à temperatura ambiente (para as quais ocorrem, provavelmente, rotações, mas não vibrações), têm forma de halteres com dois graus de liberdade de rotação (Figura 3.8). Esses gases apresentam $\gamma \simeq 1,40$, também de acordo com o previsto teoricamente.

Cabe notar que o valor $\gamma = 1,5$ não é observado experimentalmente, o que equivale, como se segue da equação (3.28), à escolha $\eta = 4$. Do ponto de vista teórico, esse fato é perfeitamente explicável, pois a ocorrência de alguns valores de η violariam uma hipótese basilar da Teoria Cinética. Por exemplo, uma molécula monoatômica não poderia estar associada a $\eta < 3$, pois isso implicaria que uma ou mais direções espaciais não seriam acessíveis ao movimento, em uma clara violação da *hipótese do caos molecular*. Para as moléculas diatômicas, a escolha $\eta = 4$ corresponderia a apenas um modo rotacional ou vibracional, de novo contrariando a hipótese de isotropia. Do ponto de vista experimental, o fato de não se observar na Natureza o valor $\gamma = 1,5$ exclui toda uma classe de modelos geométricos ou de simetrias moleculares. Apesar da comparação satisfatória no caso de muitos gases, para moléculas orgânicas mais complexas o valor médio encontrado para γ é da ordem de 1,33, o que corresponde a $\eta = 6$. Além disso, os calores específicos molares variam com a temperatura (Figura 3.9), o que não é previsto pela teoria.

Quando se aplica o princípio da equipartição da energia aos líquidos e sólidos (Capítulo 10), o desacordo para os valores de γ é ainda maior do que para os gases poliatômicos.

3.2 Evidências experimentais das distribuições moleculares

É uma consequência curiosa da natureza elétrica da matéria que possamos estudar átomos e moléculas mais facilmente quando eles são ionizados do que quando eles estão no estado normal eletricamente neutro.

J.L. Costa *et al.*

Nesta seção, serão apresentadas algumas das principais evidências experimentais que permitiram testar a lei de distribuição de Maxwell-Boltzmann até a década de 1950. A primeira delas no âmbito da Química e as demais através da medição de velocidades de feixes de átomos ou moléculas.

Antes, porém, é importante enfatizar que, do ponto de vista da Física, de 1920 a 1954, várias medições foram feitas e, em um certo número delas, a previsão obtida foi modesta, apontando, algumas vezes, diferenças significativas entre a distribuição observada e a predição de Maxwell-Boltzmann,

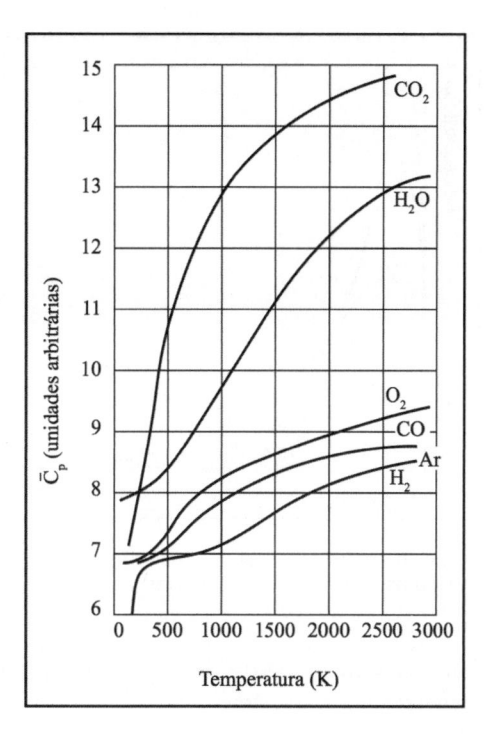

Figura 3.9: Calores específicos à pressão constante para alguns dos gases mostrados na Tabela 3.1, no limite de gás ideal (baixa pressão).

frequentemente na região do espectro de baixas velocidades. Medidas mais precisas só foram obtidas em 1955, e, apesar disso, a confiabilidade na fórmula de Maxwell-Boltzmann não foi abalada, em um claro exemplo de canonização *a priori* de uma teoria.[12]

3.2.1 A fórmula de Arrhenius

Um primeiro teste importante para a distribuição de Maxwell-Boltzmann é a análise da dependência da rapidez das reações químicas com a temperatura. A observação de que pequenos aumentos de temperatura podem causar grandes aumentos da rapidez sugere que o efeito da temperatura seja mais associado à energia das colisões do que à frequência de suas ocorrências.

Suponha que uma certa reação química ocorra apenas quando as moléculas atinjam um certo valor de energia igual ou maior do que um valor crítico ϵ_0, chamado de *energia de limiar*. A rapidez da reação, a uma dada temperatura, depende, portanto, do número de moléculas com energia $\epsilon \geq \epsilon_0$. Ora, esse número é dado pela distribuição de Maxwell-Boltzmann. A Figura 3.10 mostra essa distribuição para três valores diferentes de temperatura, T_1, T_2 e T_3, sendo $T_1 < T_2 < T_3$.

As áreas totais sob as curvas são as mesmas, pois são proporcionais ao número total de moléculas. Entretanto, nota-se que, para um certo valor de ϵ_0, há mais moléculas com energia superior a ϵ_0 para temperaturas mais altas, o que aumenta a frequência das colisões e a rapidez da reação. Aumentando o número de choques efetivos, capazes de causar o rompimento necessário à formação de novas ligações químicas, as transformações tornam-se mais rápidas. Esse efeito pode ser calculado teoricamente e o acordo com os dados experimentais é muito bom, confirmando a aplicabilidade da distribuição de Maxwell-Boltzmann à descrição cinética dos gases, como se verá a seguir.

---

[12] Outro exemplo clássico é a teoria de Debye para os calores específicos dos sólidos (Seção 10.3.2).

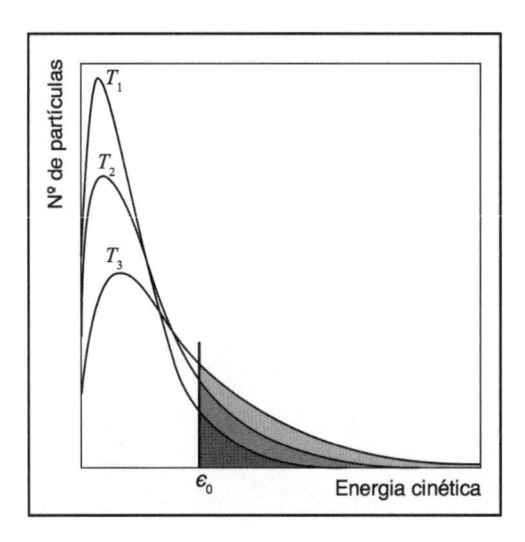

Figura 3.10: Distribuições de Maxwell-Boltzmann para três diferentes temperaturas. A área hachurada é proporcional ao número de partículas com energia superior ao valor crítico (limiar de energia) para que ocorra uma certa reação química.

A expressão para a relação entre a velocidade de reação e a temperatura foi obtida, em 1889, pelo químico sueco Svante August Arrhenius e é dada por

$$\log \chi = H - \frac{a}{T} \tag{3.29}$$

na qual χ é a constante de velocidade de reação e H e a são constantes que serão definidas a seguir.

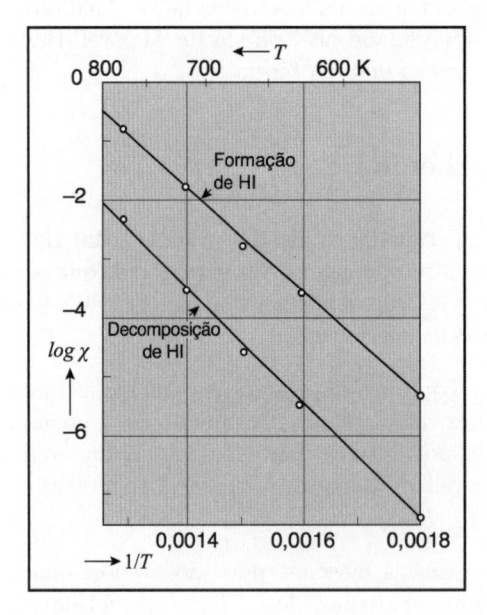

Figura 3.11: Dependência entre a velocidade de reação e a temperatura na formação e decomposição do ácido iodídrico.

Note que a dependência entre $\log \chi$ e $1/T$ na equação (3.29) é linear. A Figura 3.11 mostra a relação entre essas grandezas nos casos de formação e decomposição do ácido iodídrico, HI.

Representando por $\chi_{\max}$ o valor que teria a constante de velocidade de reação se todos os choques fossem eficazes, o valor real da constante χ pode ser obtido em função de $\chi_{\max}$ e do fator de Boltzmann, isto é,

$$\chi = \chi_{\max} \, e^{-A/RT}$$

em que $A = N_A \epsilon$. Tomando o logaritmo na base 10 dessa expressão, obtém-se a fórmula de Arrhenius

$$\log \chi = \log \chi_{\max} - \frac{A}{RT} \underbrace{\log e}_{0,4342} \tag{3.30}$$

Comparando-se as equações (3.30) e (3.29), e tendo-se em conta o valor de R, obtém-se

$$\log \chi = H - \frac{A}{4{,}574\, T}$$

O parâmetro A é a chamada energia de ativação (em calorias), e H, o expoente de frequência,[13] a partir do qual se define a constante de reação máxima, $\chi_{\max} = 10^H$.

Apesar de algumas dificuldades, esse tipo de predição teórica pode ser aplicado também a reações em dissoluções e, frequentemente, resulta em bom acordo com os valores experimentais.

3.2.2 A efusão de moléculas

Dentre as várias determinações diretas da distribuição de velocidades das moléculas de um gás, serão destacadas as contribuições de Ira Forry Zartman, Cheng Chuang Ko, Immanuel Estermann, O.C. Simpson, Otto Stern, R.C. Miller e Polykarp Kusch. Em todos esses experimentos, nos quais foram feitas várias determinações diretas da distribuição de velocidades das moléculas de gases, utilizaram-se feixes de moléculas que escapavam de um pequeno orifício de um recipiente para uma região onde a pressão de vapor era mantida a valores baixíssimos (Figura 3.12).

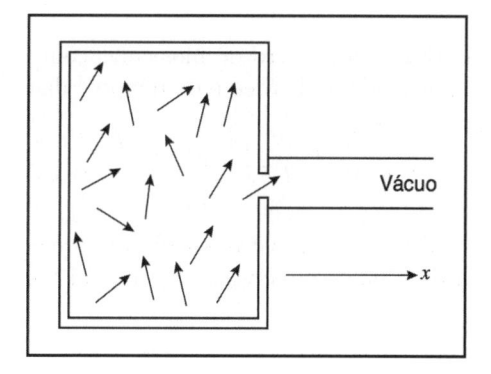

Figura 3.12: Esquema da efusão de um gás.

Em geral, nesses experimentos, as moléculas eram de substâncias metálicas (como a prata) vaporizadas em um forno. Uma vez que o orifício é suficientemente pequeno, as moléculas atingiam o equilíbrio térmico com as paredes do forno, antes de emergirem pelo orifício. Nesse processo, denominado *efusão*, o feixe emergente pode ser caracterizado pela temperatura do forno.

A distribuição dos módulos das velocidades das moléculas no processo de efusão não é dada diretamente pela distribuição de Maxwell, uma vez que moléculas mais ligeiras se aproximam mais rapidamente do orifício que as mais lentas. Desse modo, espera-se que a distribuição dos módulos das velocidades das moléculas emergentes associe um peso maior àquelas mais ligeiras.

De acordo com a Figura 3.13, a fração de moléculas com módulos de velocidades entre v e $v + dv$, que escapam pelo orifício de área dS, em um intervalo de tempo dt, em uma direção θ, definida pelo ângulo

---

[13] As letras A e H são uma referência aos fundadores da cinética química, Arrhenius e van't Hoff.

sólido $d\Omega = \operatorname{sen}\theta\ d\theta\ d\phi$, em torno da direção $\hat{n}$, é dada por

$$\frac{\mathrm{d}N_v}{N} = v\cos\theta\ \mathrm{d}t\ \mathrm{d}S\ n(v)\ \mathrm{d}v\ \frac{\mathrm{d}\Omega}{4\pi} \tag{3.31}$$

em que $n(v)$ é a distribuição da densidade de moléculas (número de moléculas por unidade de volume) em função dos módulos de suas velocidades (v), ou seja, a distribuição dos módulos de velocidades de Maxwell, $\rho(v)$, dividida pelo volume (V) ocupado pelas moléculas antes de emergirem do orifício, $n(v) = \rho(v)/V$.

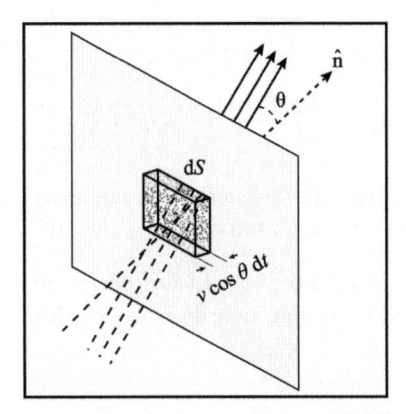

Figura 3.13: Partículas emitidas em uma direção θ, no processo de efusão de um gás por um orifício.

Integrando-se a expressão (3.31) em um hemisfério, ou seja, variando θ de 0 até $\pi/2$ e ϕ, de 0 até 2π, a fração do total de N moléculas com módulos de velocidades entre v e $v + \mathrm{d}v$ que escapam pelo orifício por unidade de área e de tempo é expressa como

$$\frac{1}{N}\frac{\mathrm{d}N_v}{\mathrm{d}S\ \mathrm{d}t} = \frac{vn(v)}{4\pi}\ \mathrm{d}v\ \underbrace{\int_0^{2\pi}\mathrm{d}\phi}_{2\pi}\ \underbrace{\int_0^{\pi/2}\cos\theta\ \operatorname{sen}\theta\ \mathrm{d}\theta}_{1/2} = \frac{v\rho(v)}{4V}\ \mathrm{d}v \tag{3.32}$$

e, portanto, utilizando a equação (3.21), o número de moléculas com módulos de velocidades entre v e $v + \mathrm{d}v$ que escapam pelo orifício por unidade de área e de tempo é dado por

$$\frac{\mathrm{d}N_v}{\mathrm{d}S\ \mathrm{d}t} = \sqrt{\frac{1}{\pi}}\ \frac{N}{V}\ \left(\frac{m}{2kT}\right)^{\frac{3}{2}}\ v^3\ \exp\left(-\frac{1}{2}\frac{mv^2}{kT}\right)\ \mathrm{d}v \tag{3.33}$$

Essa é a distribuição de velocidades esperada para as moléculas que emergem do orifício, supondo que dentro do forno elas obedeçam à distribuição maxwelliana, que foi testada nos experimentos que serão descritos a seguir.

Integrando-se a equação (3.32) sobre todas as velocidades, obtém-se o número de moléculas que escapam pelo orifício por unidade de área e de tempo, também denominado *fluxo* (Φ) de moléculas através do orifício, dado por

$$\Phi = \frac{1}{4}\ \frac{N}{V}\ \langle v \rangle \tag{3.34}$$

sendo $\langle v \rangle$ a velocidade média das moléculas, calculada a partir da distribuição de velocidades de Maxwell, ou seja,

$$\langle v \rangle = \int_0^\infty v\rho(v)\ \mathrm{d}v$$

3.2.3 Os primeiros experimentos sobre as distribuições moleculares

Em 1920, foi realizada a primeira medida direta da velocidade molecular por Stern, utilizando vapor de prata (Ag). Os experimentos similares de Zartman e Ko baseiam-se no aparato experimental representado esquematicamente na Figura 3.14, que pode ser descrito, qualitativamente, da seguinte forma.

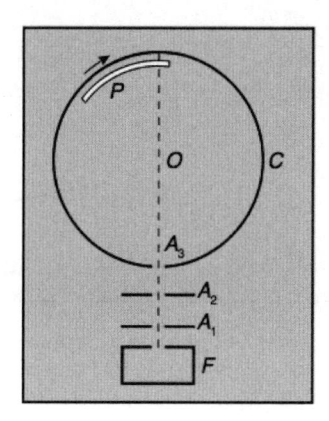

Figura 3.14: Esquema do aparato experimental de Zartman.

Íons de um gás de átomos de prata, provenientes de um forno (F), são colimados pelas fendas A_1 e A_2 e penetram por uma pequena abertura A_3 na região de um cilindro C capaz de girar, por exemplo, no sentido horário. No seu interior é feito vácuo e há uma placa curva (P) de vidro especial, capaz de registrar partículas. Isso é implementado retirando-se a placa depois do experimento e medindo-se, com um microfotômetro, a intensidade da luminosidade da zona escura que se forma na placa pelas colisões dos íons. Inicialmente, a experiência é feita com o cilindro em repouso com relação às paredes. A seguir, ela é refeita, agora com o cilindro girando a cerca de 6 000 rpm em torno do eixo perpendicular ao plano que passa pelo ponto O. Nesse caso, as moléculas só podem penetrar no cilindro no curto intervalo de tempo em que a fenda A_3 passa pela linha do feixe. Durante esse tempo, a placa está se movendo para a direita. Assim, quanto mais lenta for a partícula, mais ela se aproximará da extremidade esquerda da placa. Haverá, portanto, uma distribuição de partículas da direita para a esquerda, com nuanças no escurecimento da placa, dependendo do número de moléculas que a atingem com velocidades diferentes. Logo, o gradual escurecimento da placa dará uma medida da distribuição de velocidades do feixe de moléculas. Uma prova de contato de um registro do espectrômetro é mostrada na Figura 3.15.

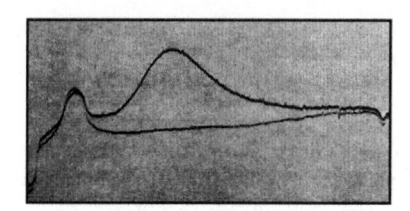

Figura 3.15: Impressão de contato feita por Zartman de um registro do fotômetro, na qual a escala da abscissa foi multiplicada por um fator 2.

3.2.4 Os experimentos da década de 1940

Uma medida mais precisa pode ser obtida observando-se unicamente a queda livre das partículas de um feixe de moléculas gasosas. O aparato experimental utilizado está esquematizado na Figura 3.16.

Átomos de césio (`Cs`) saem de uma fenda minúscula de um forno situado em uma câmara em que foi feito alto vácuo. Um diafragma F, situado próximo à fenda, detém a maior parte dos átomos. Os que passam por ele formam um feixe estreito quase horizontal. A fenda C, equidistante do diafragma e do detector D, é chamada de *fenda colimadora*.

Os átomos são detectados pelo método de ionização superficial, no qual a grande maioria deles cai sobre um fio de tungstênio (`W`) aquecido; esses átomos de césio tornam-se ionizados, reevaporam e são coletados por um cilindro carregado negativamente que circunda o fio. A corrente iônica do coletor cilíndrico é uma medida direta do número de átomos que atingem o fio por segundo. O resultado é expresso em função da altura s do fio em relação à horizontal do feixe, conforme a Figura 3.17.

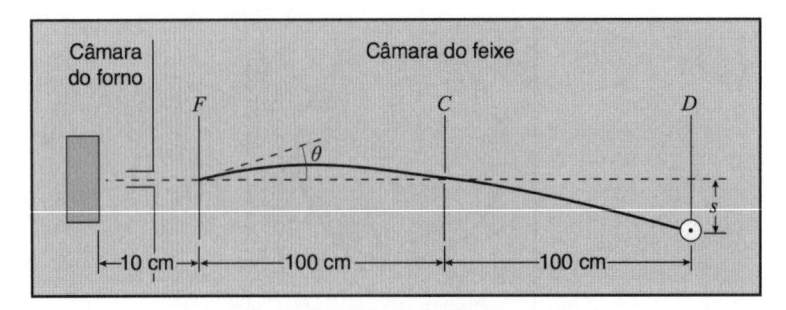

Figura 3.16: Esquema do aparato experimental de Estermann.

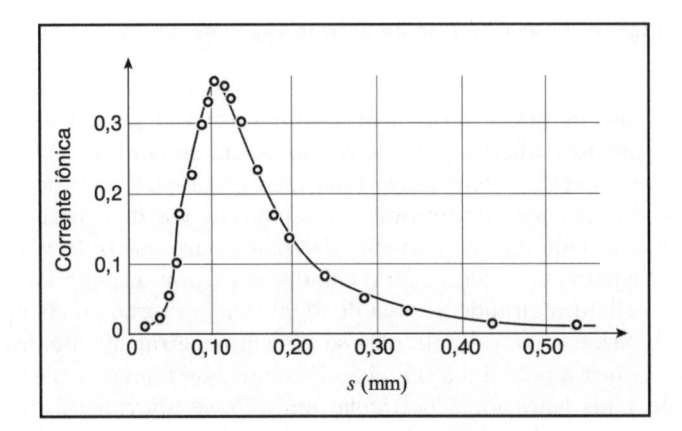

Figura 3.17: Resultado do experimento de Estermann, compatível com a equação (3.33).

Um outro experimento, realizado em 1948, combinava a utilização de um disco seletor de velocidades e a técnica de detectar os átomos emitidos do forno através de um fio aquecido afastado 20 cm da fenda do forno.

A distribuição de velocidades esperada para os átomos dá origem a uma corrente elétrica dependente do tempo no sistema de detecção. Como essa corrente é uma medida do número de átomos que chegam ao detector por unidade de tempo, é possível "ver" graficamente tal distribuição acoplando-se um osciloscópio ao sistema de detecção. A Figura 3.18 mostra uma fotografia particular do traço deixado na tela do osciloscópio.

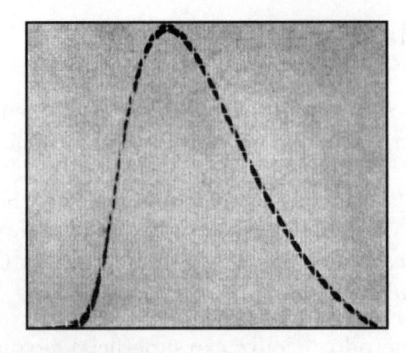

Figura 3.18: Fotografia da tela do osciloscópio de um experimento para medir a distribuição de velocidades de átomos térmicos, no qual átomos de índio são capturados em um detector de fio quente, cuja corrente gerada dependente do tempo foi observada no osciloscópio.

3.2.5 O experimento de Miller-Kush

O acordo entre a distribuição de velocidades observada e aquela deduzida considerando que a distribuição das moléculas no interior de um forno é maxwelliana e que a sua abertura é ideal[14] só foi diretamente verificado em 1955, graças ao desenvolvimento de um seletor de velocidades de alta resolução (Figura 3.19). O esquema desse aparato experimental, composto de dois discos paralelos, com pequenas aberturas, defasadas de um pequeno ângulo θ, é mostrado na Figura 3.19.[15]

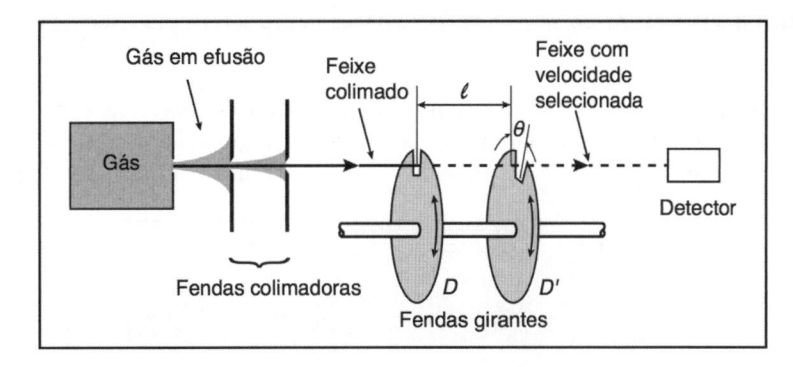

Figura 3.19: Esquema de um seletor de velocidades moleculares.

De certa forma, a ideia de se utilizar esse tipo de aparato não era nova, mas evoluiu de dois outros utilizados independentemente, em 1927, com a mesma finalidade, por Eldridge e por Costa, Smyth e Karl Taylor Compton, ambos mostrados, respectivamente, nas Figuras 3.20 e 3.21.

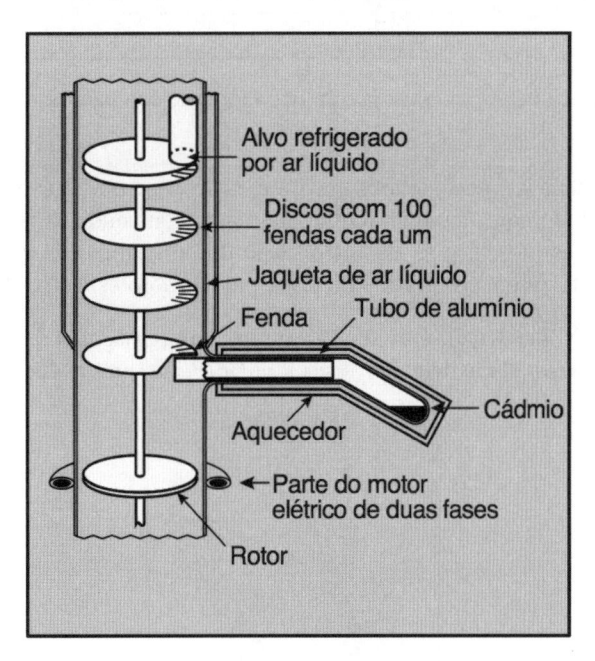

Figura 3.20: Esquema do seletor de velocidades moleculares usado por Eldridge.

Cabe aqui ressaltar, uma vez mais, que até se conseguir um seletor de alta resolução e feixes de alta intensidade, aliado a melhorias no *design* da abertura do forno, os ajustes dos resultados experimentais à curva teórica apresentavam sempre certo desacordo, pelo menos em alguma parte do espectro de velocidades.

---

[14] Uma abertura ideal é aquela cuja dimensão é muito menor do que o livre caminho médio (Seção 3.3.1) das moléculas do gás.

[15] De certa forma, a ideia de usar os discos com dentes faz lembrar da roda dentada do primeiro experimento envolvendo apenas medidas terrestres da velocidade da luz, feito pelo físico francês Armand Fizeau, em 1849.

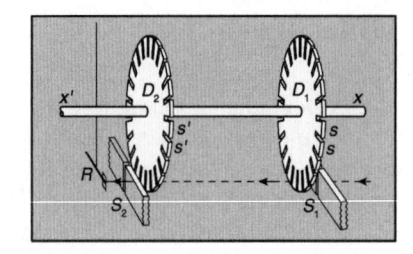

Figura 3.21: Detalhe do seletor de velocidades moleculares usado por Costa *et al.*

A título de exemplo, a Figura 3.22 mostra uma comparação de 1927 entre os dados e o esperado teoricamente. Embora o resultado seja melhor que os anteriores, algumas objeções foram levantadas pouco tempo depois, referindo-se a problemas nas medidas de temperatura e à baixa resolução do aparato.

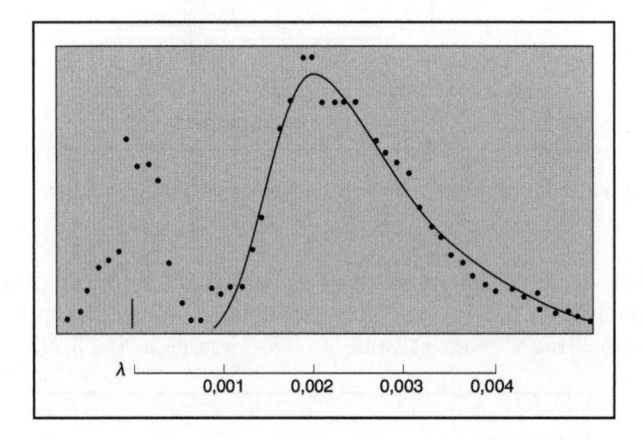

Figura 3.22: Distribuição de velocidades obtida por Eldridge, comparada com a expectativa teórica.

Exemplos análogos podem ser encontrados na literatura, sem que, no entanto, a confiabilidade na distribuição de Maxwell-Boltzmann fosse abalada. Ela continuou sendo objeto de investigação científica experimental, mesmo muitos anos depois da introdução das distribuições quânticas de Bose-Einstein e Fermi-Dirac, até que se obtivessem resultados precisos para todo o espectro de velocidades.

Voltando ao seletor de Miller-Kush, é evidente que apenas partículas que passam pelas duas fendas vão ser detectadas e que a velocidade delas deve ser $v = \ell w/\theta$, na qual w é a velocidade angular do disco.

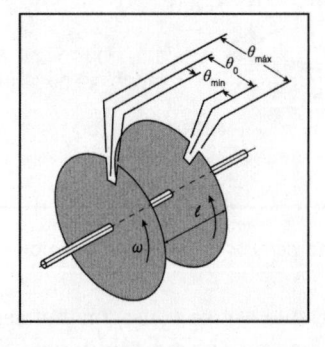

Figura 3.23: Detalhe da defasagem das fendas dos discos do seletor de velocidades moleculares, mostrando as grandezas envolvidas e suas relações.

Na realidade, como as duas fendas têm dimensões finitas, as moléculas transmitidas terão velocidades compreendidas entre v e $v + \Delta v$, em que Δv é determinado pelas relações entre $v_{\max\,[\min]}$ e $\theta_{\min\,[\max]}$ (Figura 3.23):

$$v_{\max\,[\min]} = \frac{\ell w}{\theta_{\min\,[\max]}}$$

Se o experimento for repetido para diferentes valores de v (variando a velocidade dos discos), podem-se obter as distribuições de velocidade e de energia das moléculas, em perfeito acordo com as predições de Maxwell-Boltzmann, como indicam, por exemplo, os resultados reproduzidos na Figura 3.24.

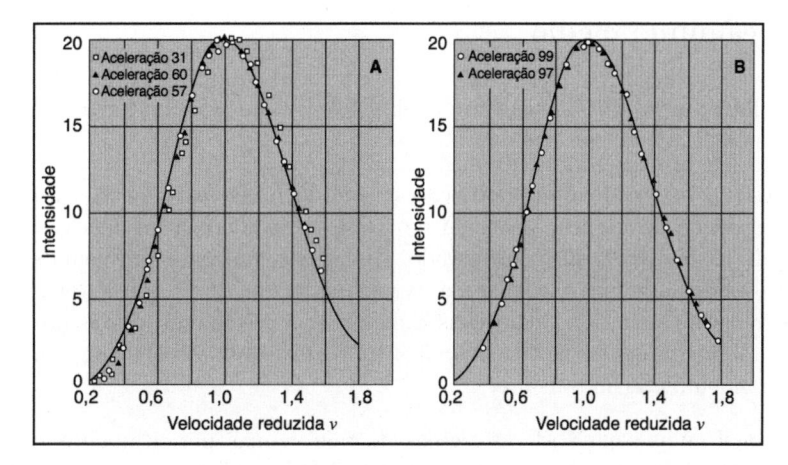

Figura 3.24: Distribuições típicas de velocidades para vapor de potássio (a) e de tálio (b), correspondendo a diferentes tomadas de dados (diferentes temperaturas e pressões do forno de Miller). Os diferentes pontos experimentais (assinalados com triângulos, quadrados e círculos) correspondem a três tomadas de dados distintas.

3.3 O conceito de seção de choque

> *O conceito de seção de choque é baseado na observação de um conjunto de partículas em um feixe, e, portanto, é uma noção basicamente estatística, independentemente de o processo ser tratado clássica ou quanticamente.*
>
> Paul Roman

O conceito de seção eficaz de choque, ou simplesmente *seção de choque*, é fundamental para a caracterização de fenômenos que envolvem a interação de feixes de partículas ou de radiações, como a luz ou os raios X, com a matéria. Genericamente, o processo de interação entre feixes de partículas ou de radiações e um sistema-alvo é denominado *espalhamento* (Figura 3.25).

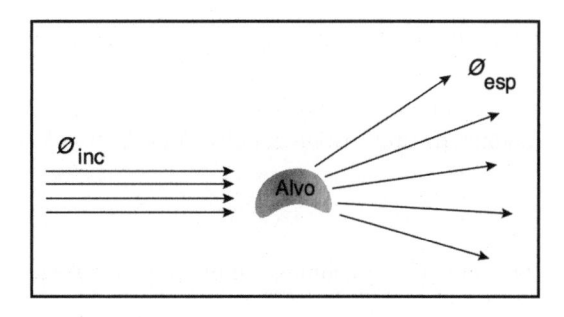

Figura 3.25: Esquema do espalhamento de um feixe de partículas por um centro espalhador (alvo).

De fato, a maior parte das informações sobre a estrutura da matéria, ou seja, dos sistemas microscópicos como os átomos, os núcleos e as partículas subatômicas, foi obtida a partir de processos que envolvem o espalhamento de feixes inicidentes sobre um alvo, ou por colisões entre feixes que se propagam em sentidos contrários.

A seção de choque é uma grandeza física com dimensão de área, relacionada com a razão entre o *fluxo* de partículas (ou portadores de energia) antes e após as colisões (ou interações) com algum sistema físico, como se verá a seguir.

3.3.1 O livre caminho médio

Uma quantidade introduzida por Clausius, em 1862, é a distância média percorrida por uma molécula entre colisões sucessivas, ou *livre caminho médio* (ℓ).

A introdução desse conceito deve-se à objeção levantada à Teoria Cinética, segundo a qual, se as moléculas se movem com velocidades da ordem de 10^3 m/s, a mistura de dois gases deveria ser quase instantânea ou muito mais rápida que o observado. Clausius contorna o problema supondo que, apesar do valor elevado da velocidade entre colisões, o livre caminho médio é grande em relação ao tamanho da molécula, mas muito pequeno em relação às dimensões do recipiente que contém o gás. De fato, o diâmetro de uma molécula é da ordem de 3 Å $= 3 \times 10^{-8}$ cm, enquanto ela tem, em média, um cubo de aresta 35 Å para se movimentar livremente.

Supondo que as moléculas sejam esferas rígidas de raio r, mas perfeitamente elásticas, no instante de uma colisão, a distância entre seus centros será $d = 2r$, ou seja, quando a superfície de uma esfera de centro O' tocar a superfície esférica de outra molécula com centro O (Figura 3.26). Assim, para o movimento de uma determinada molécula de centro O, em primeira aproximação, pode-se considerar que o seu raio efetivo seja igual a d e que as demais moléculas estejam em repouso e sejam puntiformes (em O''). A área da seção de choque transversal ao movimento dessa molécula,

$$\sigma = \pi d^2$$

chamada de *seção de choque geométrica*, é a área efetiva que a molécula oferece como alvo às outras (Seções 3.3.4 e 3.3.5).

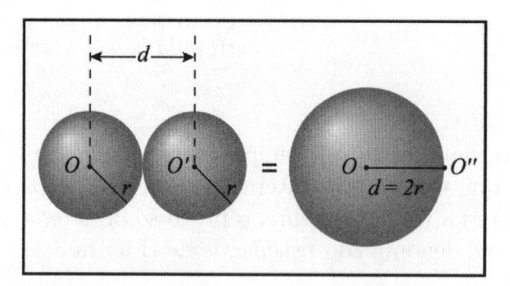

Figura 3.26: A colisão entre duas moléculas de um gás.

Assim, durante um intervalo de tempo Δt, essa molécula com velocidade média $\langle v \rangle$ percorre uma distância da ordem de $\langle v \rangle \Delta t$ ao longo de uma trajetória aleatória, devido às colisões, varrendo um volume V igual a

$$V = \sigma \langle v \rangle \Delta t$$

Se n é o número de moléculas por unidade de volume, o número de colisões durante o intervalo Δt é dado por

$$n\sigma \langle v \rangle \Delta t$$

Desse modo, a frequência (f) de colisão – isto é, o número médio de colisões por unidade de tempo, proporcional à seção de choque – é dada por

$$\boxed{f = n\sigma\langle v\rangle} \tag{3.35}$$

e a distância média entre colisões, ou livre caminho médio $(\ell = \langle v\rangle/f)$, é inversamente proporcional à seção de choque

$$\boxed{\ell = \frac{1}{n\sigma}} \tag{3.36}$$

Uma vez que, sob condições normais de temperatura e pressão, a densidade de um gás é da ordem de 3×10^{19} moléculas/cm^3 e a velocidade eficaz é da ordem de 10^5 cm/s, a frequência de colisão para um gás ideal é de aproximadamente 4×10^9 Hz (4 bilhões de colisões por segundo) e o livre caminho médio, aproximadamente 3×10^{-5} cm, ou seja, cerca de 1 000 vezes o tamanho $(d \simeq 3 \times 10^{-8}$ cm) de uma molécula. A magnitude desse valor para o livre caminho médio é que justifica, *a posteriori*, boa parte do sucesso da Teoria Cinética dos Gases.

A expressão para o livre caminho médio, equação (3.36), pode ser escrita de uma forma mais geral como

$$\ell = \frac{\alpha}{n\sigma} \tag{3.37}$$

em que α é um fator que depende das hipóteses feitas sobre os movimentos relativos das moléculas. A Tabela 3.3 resume os principais valores de α, determinados entre 1859 e 1886, para diferentes hipóteses, respectivamente de Maxwell, Clausius e Peter Guthrie Tait.

Tabela 3.3: Valores do fator α da equação (3.37) para algumas hipóteses diferentes sobre os movimentos relativos das colisões moleculares de um gás

α	Hipótese sobre a velocidade molecular	Autor
1	Uma única molécula se move e as outras são consideradas estacionárias.	[Clausius, 1859]
$\dfrac{1}{\sqrt{2}}$	O fator α é a razão entre a velocidade real da molécula observada e sua velocidade relativa às demais, supondo ainda que esta última tenha o mesmo módulo da primeira.	[Maxwell, 1860]
$\dfrac{3}{4}$	Todas as moléculas se movem com a mesma velocidade em direções aleatórias.	[Clausius, 1860]
0,6775	Calcula-se o livre caminho médio correspondendo a cada valor possível da velocidade e então fazem-se as médias sobre todas as velocidades.	[Tait, 1886]

De acordo com Maxwell, se v é a velocidade de uma determinada molécula e w, sua velocidade em relação a uma outra molécula, pode-se considerar que $\alpha = v/w$.

Se todas as outras moléculas têm velocidade u, $w = \sqrt{v^2 + u^2}$. Admitindo-se $u = v$, obtém-se $w = v\sqrt{2}$, sendo $\alpha = 1/\sqrt{2}$.

Esse resultado foi criticado por Clausius, que argumentou que a velocidade relativa é, na verdade, uma grandeza vetorial, $\vec{w} = \vec{u} - \vec{v}$, ou seja,

$$w = (u^2 + v^2 - 2uv\cos\theta)^{1/2}$$

sendo θ o ângulo entre os versores $\hat{u}$ e $\hat{v}$. Tomando-se a média de $w(\theta) \equiv (a - b\cos\theta)^{1/2}$ sobre todos os valores de θ, obtém-se

$$\overline{w} = \frac{1}{4\pi}\int w(\theta)\underbrace{\mathrm{d}\Omega}_{\text{sen}\,\theta\mathrm{d}\theta\mathrm{d}\phi}$$

Como a função w só depende de θ, integrando em ϕ de 0 a 2π, obtém-se

$$\overline{w} = \frac{1}{2} \int w(\theta) \operatorname{sen} \theta \mathrm{d}\theta = \frac{1}{2} \int_1^{-1} (a - bx)^{1/2} \, \mathrm{d}x \tag{3.38}$$

em que $a = u^2 + v^2$, $b = uv$ e $x = \cos\theta$. Fazendo-se a mudança de variável $x = (a/b)y$, chega-se a uma integral exata, cujo resultado é

$$\overline{w} = \frac{1}{3b} \left[(a - b)^{3/2} - (a + b)^{3/2} \right]$$

ou, em termos das variáveis iniciais do problema,

$$\overline{w} = \frac{1}{6uv} \left[(u + v)^3 - (u - v)^3 \right] \tag{3.39}$$

A equação (3.39) tem dois resultados, dependendo se $u > v$ ou $u < v$, a saber:

$$\overline{w} = \begin{cases} u + \dfrac{v^2}{3u} & (u > v) \\[2mm] v + \dfrac{u^2}{3v} & (u < v) \end{cases} \tag{3.40}$$

O modo de calcular o livre caminho médio a partir da equação

$$\ell = \frac{1}{n\sigma} \frac{v}{w} \tag{3.41}$$

foi, mais tarde, criticado por Tait. De fato, seu argumento é que, como a velocidade relativa depende da direção, ou seja, $w = w(\theta)$, deve-se calcular o livre caminho médio para cada valor da velocidade molecular v e, então, fazer a média sobre todas as velocidades usando a distribuição de Maxwell

$$f(u) = \frac{4}{a^3 \sqrt{\pi}} u^2 e^{-u^2/a^2}$$

Desse modo, em vez da equação (3.41), tem-se

$$\ell = \frac{1}{n\sigma} \int_0^\infty \frac{v}{\overline{w}(v)} f(v) \, \mathrm{d}v \tag{3.42}$$

em que, usando os resultados da equação (3.40),

$$\overline{w}(v) = \int_0^v f(u) \left(v + \frac{u^2}{3v} \right) \mathrm{d}u + \int_v^\infty f(u) \left(u + \frac{v^2}{3u} \right) \mathrm{d}u$$

Resolvendo as quatro integrais contidas em $\overline{w}(v)$, obtém-se

$$\ell = \frac{1}{n\sigma} \int_0^\infty \frac{8z^4 \, \mathrm{d}z}{(2z^2 + 1)\sqrt{\pi} \operatorname{erf}(z)e^{z^2} + 2z} \tag{3.43}$$

em que $z = v/a$ e $\operatorname{erf}(z)$ é a função erro dada por

$$\operatorname{erf}(z) = \frac{2}{\sqrt{\pi}} \int_0^z e^{-x^2} \, \mathrm{d}x = \frac{2}{\sqrt{\pi}e^{z^2} \displaystyle\sum_{k=0}^\infty 2^k \dfrac{z^{2k+1}}{(2k+1)!!}}$$

A integral da equação (3.43) é resolvida numericamente. O cálculo feito com o programa Maple dá como resultado

$$\ell = \frac{0{,}677462}{n\sigma} \tag{3.44}$$

a ser comparado com a previsão de Tait, indicada na Tabela 3.3,

$$\ell = \frac{0{,}6775}{n\sigma} \tag{3.45}$$

3.3.2 A lei de distribuição dos livres caminhos

Um problema associado ao livre caminho médio historicamente relevante é o da atenuação de um feixe homogêneo de partículas ao atravessar um gás, devida às colisões de suas partículas com as moléculas constituintes do gás. Por exemplo, com base nesse tipo de abordagem experimental, foi possível a primeira determinação ou estimativa do número de elétrons em átomos leves (Seção 8.2.3).

Para a realização do cálculo de atenuação de um feixe, é necessário que se derive a distribuição para as distâncias percorridas, entre colisões sucessivas, pelas partículas do feixe, também denominadas *livres caminhos*, ou uma distribuição que permita encontrar a probabilidade de que uma partícula do feixe percorra uma certa distância sem sofrer colisões, ou, dito ainda de outra forma, uma distribuição de probabilidades para os livres caminhos.

Considere que o número inicial de partículas em um feixe seja N_0, o qual colide com uma distribuição uniforme de centros espalhadores. Após atravessar uma distância $\mathrm{d}x$, a variação fracional $(-\mathrm{d}N/N)$ do número de partículas (N) ou da intensidade (I) do feixe – igual à fração de partículas que sofrem colisões e não atravessam a distância $\mathrm{d}x$ – é proporcional a essa distância, ou seja,[16]

$$-\frac{\mathrm{d}N}{N} = -\frac{\mathrm{d}I}{I} = a\,\mathrm{d}x \tag{3.46}$$

em que a é uma constante.

Integrando-se a equação anterior, a fração de partículas que atravessam a distância x é dada por

$$\frac{N(x)}{N_0} = e^{-ax}$$

sendo $N_0 = N(0)$. Essa fração é proporcional à distribuição de probabilidade de que não haja colisão, ou seja, à distribuição dos livres caminhos das partículas do feixe, que, normalizada, é dada por

$$\rho(x) = a\,e^{-ax}$$

Assim, o livre caminho médio (ℓ) pode ser calculado por

$$\langle x \rangle = \ell = a \int_0^\infty x\rho(x)\,\mathrm{d}x = a\left(-\frac{\mathrm{d}}{\mathrm{d}a}\right)\int_0^\infty e^{-ax}\,\mathrm{d}x = \frac{1}{a}$$

Da equação (3.36), $\ell = (n\sigma)^{-1}$, sendo n o número de partículas-alvo por unidade de volume, ou a densidade de alvos, e σ a seção de choque do processo de espalhamento. Desse modo, a intensidade (I) de um feixe de partículas atenuado pela interação com um meio material de espessura x pode ser escrita como

$$\boxed{I(x) = I_0 e^{-n\sigma x} = I_0 e^{-\mu x}} \tag{3.47}$$

em que I_0 é a intensidade inicial do feixe e $\mu = n\sigma$ é o coeficiente de atenuação. Medindo-se I e I_0, obtém-se a seção de choque de absorção, σ.

O acordo entre a experiência e vários resultados da Teoria Cinética, desenvolvida por Clausius, Maxwell e Boltzmann – que se baseia na hipótese molecular da matéria –, juntamente com o conceito de átomo científico elaborado pelos químicos do século XIX, fez com que muitos outros cientistas aceitassem a visão atomista do Mundo e contribuiu para a consolidação de uma cosmovisão mecanicista. Havia, nessa época, uma forte convicção acerca da realidade do átomo e de sua descrição em termos da Mecânica Clássica de

---

[16] O mesmo raciocínio vale quando se considera o número de partículas de uma amostra de material radioativo que se desintegram em um pequeno intervalo de tempo $\mathrm{d}t$, ou seja,

$$-\frac{\mathrm{d}N}{N} = \lambda\,\mathrm{d}t \quad \Longrightarrow \quad \frac{N(t)}{N_0} = e^{-\lambda t}$$

Nesse caso, $\tau = 1/\lambda$ é denominado *vida-média* da partícula (Seção 9.3.3).

Newton, que pode ser resumida na seguinte definição de Lord Kelvin: *O átomo é um pedaço de matéria com forma, movimento e leis de ação, objeto inteligível da investigação científica.*

No entanto, sobre isso não existia consenso. Ostwald e o físico alemão Ernest Mach, por exemplo, acreditavam poder basear todas as explicações dos fenômenos a partir de uma visão macroscópica, fundamentada no conceito de *energia.*

Dois trabalhos que muito contribuíram para o prevalecimento da concepção atomista da matéria foram os resultados de J.J. Thomson sobre o elétron e o estudo teórico do movimento browniano feito por Einstein com as medidas feitas por Perrin (Capítulo 4), os quais acabaram por convencer os mais céticos a aceitarem a visão atomista. Entre eles estava Ostwald, que acabou admitindo que esses resultados

> *justificam que o mais cauteloso dos cientistas fale agora da prova experimental da natureza atômica da matéria. A hipótese atômica é então elevada à posição de uma teoria cientificamente bem fundamentada.*

Essas contribuições experimentais de Perrin serão abordadas em detalhes no Capítulo 4. Aqui é suficiente adiantar que, por volta da metade do século XIX, acreditava-se que o movimento aleatório de partículas ínfimas de pólen em suspensão fosse devido ao fato de serem formadas de matéria viva. Mais tarde, constatou-se que o movimento browniano é consequência da agitação térmica das moléculas de um fluido, a qual induz sobre os corpúsculos visíveis ao microscópio – que nele se encontram em suspensão – um movimento desordenado e aleatório. Das investigações de Einstein sobre esse efeito, foi possível calcular o número de Avogadro (N_A) e o resultado, obtido em 1911, é impressionante: a previsão é de $N_A = 6{,}56 \times 10^{23}$ (Seção 4.2), a ser comparada com o valor de referência atual, $N_A = (6{,}0221367 \pm 0{,}0000036) \times 10^{23}$.

Tudo o que foi dito até aqui parece confirmar o caráter indivisível do átomo, salvo, talvez, a existência de isótopos e isóbaros. Mas são os átomos realmente indivisíveis? A resposta dada pela Física é *não.*

Antes, porém, de apresentar alguns experimentos que apontaram para a divisibilidade do átomo, é necessário que se discuta um pouco mais o útil conceito de seção de choque.

3.3.3   A equação da continuidade

De maneira geral, o *fluxo* (Φ_X) de uma grandeza X,[17] associado a um feixe que incide sobre uma superfície de área dS, em um intervalo de tempo dt, através dessa superfície, é definido como

$$\Phi_X = \frac{\mathrm{d}X}{\mathrm{d}S\,\mathrm{d}t} \tag{3.48}$$

Por exemplo, o número de partículas dN_{inc} de um feixe homogêneo, com velocidade $\vec{v}$, que incide em uma superfície dS (Figura 3.27), em um intervalo de tempo dt, pode ser expresso por

$$\mathrm{d}N_{\mathrm{inc}} = \rho v \cos\theta\,\mathrm{d}t\,\mathrm{d}S = \rho\,(\vec{v}.\hat{n})\,\mathrm{d}t\,\mathrm{d}S$$

em que ρ é a densidade das partículas no feixe, e θ é o ângulo entre a direção do feixe e a normal $\hat{n}$ à superfície dS. Desse modo, o fluxo incidente Φ_{inc} pode ser expresso por

$$\Phi_{\mathrm{inc}} = \frac{\mathrm{d}N_{\mathrm{inc}}}{\mathrm{d}S\,\mathrm{d}t} = (\rho\vec{v}) \cdot \hat{n} \tag{3.49}$$

---

[17] Se essa grandeza é a energia, o fluxo médio é chamado também de *intensidade.*

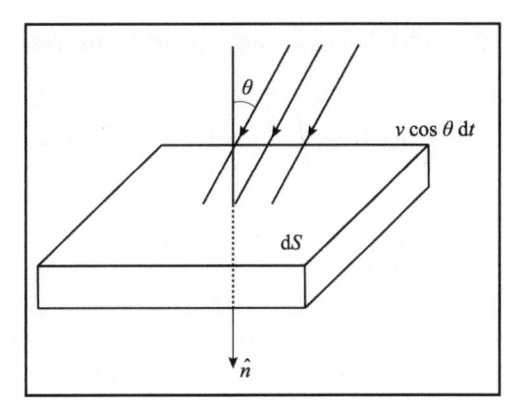

Figura 3.27: Fluxo de um feixe homogêneo de partículas através de uma superfície.

A grandeza definida por $\vec{J} = \rho\vec{v}$, que expressa as propriedades direcionais de um feixe, é denominada *densidade de corrente*. Sua definição permite que se expressem as leis de conservação por uma relação entre as medidas de fluxo.

Seja dS um elemento de superfície fechada de um volume V que é atravessado por um fluxo de partículas com velocidade $\vec{v}$ (Figura 3.28).

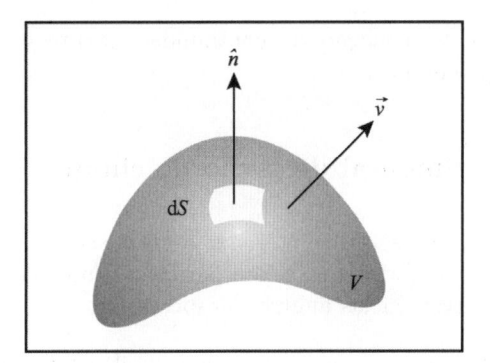

Figura 3.28: Fluxo de partículas através de uma superfície fechada.

O decréscimo temporal do número de partículas no volume é dado por

$$-\frac{dN}{dt} = \oint_S (\rho\,\vec{v}) \cdot \hat{n}\,dS = \oint_S \vec{J} \cdot \hat{n}\,dS$$

Essa relação exprime, de forma mais geral, a lei de conservação de partículas, pois indica que o decréscimo do número de partículas em um volume é igual ao número de partículas que atravessam a superfície que o limita, ou seja, exclui a criação ou a aniquilação de partículas, massa, carga ou energia.[18]

Para um volume de raio infinito, ou qualquer outro volume em cuja superfície limítrofe a densidade de corrente se anule, pode-se expressar de forma mais restrita uma lei de conservação por

$$-\frac{dN}{dt} = 0 \iff N = \text{constante}$$

Expressando-se o número total de partículas contidas no volume V por $N = \int_V \rho\,dV$ e utilizando-se

---

[18] No domínio da Física de Partículas ou de Altas Energias, onde há a criação e aniquilação de partículas, apenas as leis de conservação de carga e energia permanecem válidas.

o teorema da divergência de Gauss, a lei de conservação pode ser expressa por[19]

$$-\frac{\mathrm{d}}{\mathrm{d}t} \int_V \rho \, \mathrm{d}V = \oint_S \vec{J} \cdot \hat{n} \, \mathrm{d}S = \int_V \vec{\nabla} \cdot \vec{J} \, \mathrm{d}V$$

o que implica

$$\int_V \left(\frac{\partial \rho}{\partial t} + \vec{\nabla} \cdot \vec{J} \right) \mathrm{d}V = 0$$

Assim, se não houver singularidades nas distribuições de carga e corrente, ρ e $\vec{J}$, em uma determinada região, a lei de conservação do número de partículas pode ser expressa, por meio de uma forma local, denominada *equação da continuidade*, como

$$\boxed{\frac{\partial \rho}{\partial t} + \vec{\nabla} \cdot \vec{J} = 0} \qquad (3.50)$$

Essa equação foi amplamente utilizada na interpretação da Mecânica Quântica (Seção 14.4) e na descoberta por Dirac, em 1926, da equação quântico-relativística, que descreve as interações entre partículas eletricamente carregadas de *spin* $1/2$, a equação de Dirac (Capítulo 16).

De maneira análoga, se ρ for igual à densidade, $\mathrm{d}m/\mathrm{d}V$, ou à densidade de carga $\mathrm{d}q/\mathrm{d}V$, ou ainda à densidade de energia, $\mathrm{d}\epsilon/\mathrm{d}V$, a equação de continuidade expressará, respectivamente, as leis de conservação de *massa*, de *carga* e de *energia*.

3.3.4   A definição experimental de seção de choque

Em geral, os feixes incidentes sobre um sistema-alvo são homogêneos, monoenergéticos ou monocromáticos, e colimados de tal forma que sejam paralelos a uma certa direção. Ou seja, na prática, os feixes apresentam pequenas divergências angular e espectral.

Dinamicamente, em baixas energias, as partículas que constituem o feixe espalhado podem resultar de colisões elásticas ou inelásticas. No caso elástico, o feixe espalhado tem a mesma natureza que o incidente, ou seja, há apenas um desvio da direção inicial; no caso inelástico, devido à ocorrência de processos como a criação, a aniquilação, a excitação ou a absorção, o feixe espalhado pode apresentar uma composição distinta da original, incluindo uma alteração de energia das partículas.

Pictoricamente, o espalhamento pode ser visto como a ocorrência de processos que removam partículas do feixe incidente, criando novas partículas ou alterando as direções de propagação, a energia ou o *momentum* das partículas incidentes.

Nesse contexto, a *seção de choque total*, σ, para o espalhamento de partículas de um feixe homogêneo por um único centro espalhador (alvo) é definida pela razão entre a taxa temporal de partículas espalhadas em todas as direções (contagem de partículas por unidade de tempo, $\mathrm{d}N_{esp}/\mathrm{d}t$) e o fluxo incidente ($\Phi_{inc}$), ou seja,

$$\sigma = \frac{1}{\Phi_{inc}} \left(\frac{\mathrm{d}}{\mathrm{d}t} N_{esp} \right) \qquad (3.51)$$

Por outro lado, se a contagem das partículas espalhadas é feita em uma direção definida por um ângulo sólido $\mathrm{d}\Omega$ limitado por uma superfície $\mathrm{d}S$ (Figura 3.29), define-se a *seção de choque diferencial*

---

[19] O operador $\vec{\nabla}$, denominado *nabla*, é escrito em coordenadas cartesianas (x, y, z) como

$$\vec{\nabla} = \hat{\imath} \frac{\partial}{\partial x} + \hat{\jmath} \frac{\partial}{\partial y} + \hat{k} \frac{\partial}{\partial z}$$

sendo $(\hat{\imath}, \hat{\jmath}, \hat{k})$ os vetores unitários nas direções dos eixos cartesianos.

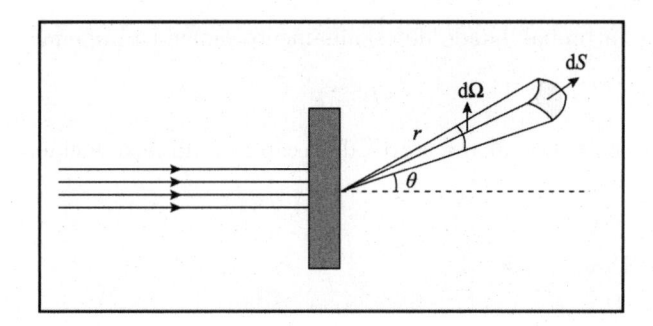

Figura 3.29: Espalhamento de um feixe de partículas por um alvo, em uma dada direção definida por um ângulo sólido.

pela expressão

$$d\sigma = \frac{1}{\Phi_{\text{inc}}}\left(\frac{d}{dt}N_{\text{esp}}\right)_{\theta,\phi} = \left(\frac{\Phi_{\text{esp}}}{\Phi_{\text{inc}}}\right)dS = r^2\left(\frac{\Phi_{\text{esp}}}{\Phi_{\text{inc}}}\right)d\Omega \tag{3.52}$$

em que se usou a definição de fluxo dada pela equação (3.48) e expressou-se o elemento de área dS em termos do elemento de ângulo sólido $d\Omega$.

Dessa forma, a seção de choque total é dada por

$$\sigma = \int d\sigma = \int\left(\frac{d\sigma_{r,\theta,\phi}}{dS}\right)dS = \int\left(\frac{d\sigma}{d\Omega}\right)_{\theta,\phi}d\Omega$$

com as respectivas definições:

$$\begin{cases} \dfrac{d\sigma_{r,\theta,\phi}}{dS} = \dfrac{\Phi_{\text{esp}}}{\Phi_{\text{inc}}} \\[3mm] \dfrac{d\sigma}{d\Omega} = \dfrac{1}{\text{sen}\,\theta}\dfrac{d\sigma_{\theta,\phi}}{d\theta\,d\phi} = r^2\dfrac{\Phi_{\text{esp}}}{\Phi_{\text{inc}}} \end{cases}$$

Introduzida no campo da Física Nuclear, a seção de choque tem dimensão de área, e sua unidade prática é o *barn*, definido por: 1 barn = 10^{-24} cm^2. Essa escolha de unidade, por questões históricas, deve-se ao fato de que 10^{-24} cm^2 é da ordem de grandeza da área transversal de um núcleo pesado.

3.3.5 A definição probabilística de seção de choque

O conceito de seção de choque também pode ser construído a partir de uma abordagem probabilística.

No espalhamento elástico de um feixe homogêneo por um centro espalhador, pode-se definir a probabilidade de que, devido a uma interação com o alvo, uma partícula do feixe incidente seja desviada de sua direção inicial como

$$P = \frac{dN_{\text{esp}}/dt}{dN_{\text{inc}}/dt} \qquad (0 \leq P \leq 1) \tag{3.53}$$

Se a seção reta do feixe incidente é igual a S, uma vez que, de acordo com a equação (3.49), $dN_{\text{inc}}/dt = \Phi_{\text{inc}}S$, se obtém, das equações (3.51) e (3.53), a expressão

$$PS = \frac{1}{\Phi_{\text{inc}}}\frac{d}{dt}N_{\text{esp}} = \sigma \tag{3.54}$$

Assim, *a seção de choque é uma medida da probabilidade de ocorrência do espalhamento de um feixe de partículas por um centro espalhador.*

Considere o caso de um espalhamento elástico de um feixe de partículas por um alvo extenso, tal que a interação ocorra apenas durante a colisão. Se as dimensões características do alvo forem muito menores que a seção reta do feixe, a probabilidade de espalhamento dependerá apenas da geometria do alvo, ou seja,

$$P = P_{\text{geom}}$$

sendo P_{geom} a razão entre a área do alvo e a área da seção reta do feixe incidente, isto é,

$$P_{\text{geom}} = A_a/S$$

Assim, pela equação (3.54), obtém-se

$$\sigma = \sigma_{\text{geom}} = A_a$$

Ou seja, *a seção de choque pode ser interpretada também como a área efetiva de um alvo que, multiplicada pelo fluxo incidente, indica o número de partículas espalhadas por unidade de tempo.*

Esse resultado ainda se aplica a espalhamentos elásticos nos quais o número de alvos (N_a) por unidade de volume (V), ou densidade de alvos, é muito pequeno ($N_a/V << 1$), pois, nesse caso, a chance de uma partícula do feixe incidente colidir com mais do que um alvo é extremamente remota. Entretanto, nas situações em que há a possibilidade de interações múltiplas, a seção de choque é definida de tal modo que leve em conta o número de alvos, como

$$\sigma = \frac{1}{\mathcal{L}} \left(\frac{\mathrm{d}}{\mathrm{d}t} N_{\text{esp}} \right)$$

em que $\mathcal{L} = N_a \Phi_{\text{inc}}$ é denominada *luminosidade.*[20]

Expressando-se a taxa de partículas espalhadas em todas as direções por

$$\frac{\mathrm{d}}{\mathrm{d}t} N_{\text{esp}} = P \frac{\mathrm{d}}{\mathrm{d}t} N_{\text{inc}} = \left(\frac{P}{N_a/S} \right) (N_a \Phi_{\text{inc}})$$

em que S é a área da seção reta do feixe incidente, a relação entre a probabilidade e a seção de choque total é dada por

$$\sigma = \frac{P}{n_a}$$

na qual $n_a = N_a/S$ é a densidade superficial dos alvos interceptados pela seção reta do feixe incidente.

Desse modo, a probabilidade de transmissão T, ou seja, a probabilidade de que uma partícula do feixe incidente, ao atravessar um sistema de pequena espessura Δx, não seja desviada de sua direção inicial (não haja colisão), pode ser expressa por

$$T = 1 - P = 1 - \left(\frac{N_a}{S} \right) \sigma$$

e, como essa probabilidade de transmissão é proporcional à razão entre a intensidade[21] do feixe transmitido (I) e a do feixe incidente (I_0), pode-se escrever

$$I = I_0 \left(1 - \frac{N_a}{S} \sigma \right)$$

Assim, a variação relativa da intensidade é dada por

$$-\frac{\Delta I}{I_0} = \left(\frac{N_a}{S} \right) \sigma = \left(\frac{N_a}{V} \right) \sigma \Delta x$$

---

[20] No caso de feixes não homogêneos, a luminosidade é dada por

$$\mathcal{L} = \left(\frac{N_a}{S} \right) \frac{\mathrm{d}}{\mathrm{d}t} N_{\text{inc}} = n_a \frac{\mathrm{d}}{\mathrm{d}t} N_{\text{inc}}$$

sendo S a seção reta do feixe ao penetrar o sistema-alvo.

[21] Número de partículas por unidade de tempo e de área que atravessam uma superfície, multiplicado pela energia média por partícula, ou seja, o fluxo de energia que atravessa uma superfície.

sendo V o volume do sistema-alvo interceptado pelo feixe. Portanto, a intensidade de um feixe homogêneo, após atravessar uma espessura finita x do alvo, previamente indicada na equação (3.47), é reobtida:

$$I = I_0 e^{-n\sigma x}$$

A utilização de feixes de partículas para a obtenção das propriedades de um sistema-alvo, ou das propriedades dos próprios constituintes dos feixes, a partir de medições de seções de choque, foi efetivamente usada pelo físico neozelandês Ernest Rutherford e colaboradores, no início do século XX, para as descobertas do núcleo atômico e do próton, e permitiu estabelecer as principais propriedades atômicas e nucleares da matéria (Capítulo 11). Tal procedimento desencadeou um avanço sem precedentes na investigação teórica e experimental da estrutura da matéria.

Alguns exemplos de experimentos que envolvem o espalhamento de partículas e que foram de grande importância para a compreensão da estrutura da matéria ao longo de todo o século XX estão citados na Tabela 3.4.

Tabela 3.4: Experimentos realizados no século XX, que envolvem espalhamentos de partículas, e suas consequências para a compreensão da natureza da matéria e da luz

Experimentos	Resultados ou hipóteses
Choque elástico de partículas alfa contra átomos. [Rutherford, E., 1911]	Identificação do núcleo atômico.
Choque inelástico de elétrons contra átomos e moléculas de um gás. [Franck, J. & Hertz G., 1914]	Evidência dos níveis discretos de energia para átomos e moléculas.
Choque elástico de fótons contra elétrons atômicos. [Compton, A., 1923]	Evidência da natureza corpuscular da radiação eletromagnética.
Difração de raios X. [Friedrich, W., Knipping, P. & von Laue, M., 1912]	Evidência da estrutura atômica cristalina dos sólidos.
Difração de elétrons em cristais de Ni. [Davisson, C. & Germer, L. 1927]	Evidência de dualidade onda-partícula.
Fragmentação de núcleos por nêutrons lentos. [Fermi, E.1936]	Possibilidade de utilização de energia nuclear.
Colisão próton-próton. [Chamberlain, O., Segrè, E., Wiegand, C. & Ypsilantis, T., 1955]	Descoberta do antipróton.
Espalhamento profundamente inelástico elétron-próton (SLAC). [Breidenbach, M. et al., 1969]	Evidência dos *partons* como constituintes dos prótons.
Espalhamento próton-antipróton (CERN). [UA1 Collaboration, 1983]	Descoberta dos bósons intermediários W e Z.

3.4 Fontes primárias

Amaldi, E.; Fermi, E., 1936. Sopra l'assorbimento e la diffusione dei neutroni lenti. *Ricerca Scientifica* **7**, n. 1, p. 454-503; On the absorption and the diffusion of slow neutrons. *Physical Review* **50**, n. 10, p. 899-928.

Beams, J.W.; Skarstrom, C., 1939. The concentration of isotopes by evaporative centrifuge method. *Physical Review* **56**, p. 266-272.

Bernoulli, D., 1738. *Hydrodynamica*, cuja tradução para o inglês da seção sobre a pressão em um fluido está reproduzida em **Brush, S.G., 1965**, p. 57-65.

Boltzmann, L., 1872. Weitere Studien über das Wärmegleichgewicht unter Gasmolekülen. *Sitzungsberichte der kaiserlichen Akademie der Wissenschaft zu Wien*, Part II, **66**, p. 275-370.

Boltzmann, L., 1896-1898. *Lectures on Gas Theory*. Republicado em inglês, University of California (1964).

Cavendish, H., 1798. Experiments to determine the density of the Earth. *Philosophical Transactions of the Royal Society*, part 2, **88**, p. 469-526.

Clausius, R.J.E. 1857. Über die Art der Bewegung Welche wir Wärme nennen. *Annalen der Physik* [2] **100**, p. 353-380. Tradução inglesa The Nature of the Motion which we call Heat, *Philosophical Magazine*, S. 4, **14**, p. 108-27, reproduzida em **Brush, S.G., 1965**, p. 111-134.

Clausius, R.J.E. 1858. Über die mittlere Länge der Wege, welche bei Molecularbewegung gasförmigen Körper von den einzelnen Molecülen zuzückgelegt werden, nebst einigen anderen Bemerkungen über die mechanischen Wärmetheorie. *Annalen der Physik und Chemie*, Ser. 2, **105**, p. 239-258. Tradução inglesa On the Mean Lengths of the Paths Described by the Separate Molecules of Gaseous Bodies, *Philosophical Magazine*, S. 4, **17**, p. 81-91, reproduzida em **Brush, S.G., 1965**, p. 140-147.

Clausius, R.J.E. 1860. On the dynamical theory of gases. *Philosophical Magazine* S. 4, **19**, p. 434-436.

Clausius, R.J.E. 1865. Ueber verschiedene für die Anwendung bequeme Formen der Hauptgleichungen der mechanischen Wärmetheorie. *Annalen der Physik und Chemie*, Ser. 2, **125**, p. 353-400. Artigo no qual Clausius introduz o conceito de *entropia*.

Cohen, V.W.; Ellett, A., 1937. Velocity Analysis by Means of the Stern-Gerlach Effect. *Physical Review* **52**, n. 5, p. 502-508.

Costa, J.L., Smyth, H.D.; Compton, K.T., 1927. A Mechanical Maxwell Demon. *Physical Review* **30**, n. 3, p. 349-353.

Einstein, A., 1916. Die Grundlage der allgemeinen Relativitätstheorie. *Annalen der Physik*, Ser. 4, **49**, n. 7, p. 769-822. Publicado em inglês em **Lorentz, H.A.**, *et al.*, **1923**, com o título The Foundation of the General Theory of Relativity.

Eldridge, J.A., 1927. Experimental Test of Maxwell's Distribution Law. *Physical Review* **30**, n. 6, p. 931-935.

Estermann, I., 1946. Molecular Beam Technique. *Review of Modern Physics* **18**, n. 3, p. 300-323.

Estermann, I., Simpson, O.C.; Stern, O., 1937. The magnetic moment of the proton. *Physical Review* **52**, n. 6, p. 535-545.

Estermann, I., Simpson, O.C.; Stern, O., 1947. The Free Fall of Atoms and the Measurement of the Velocity Distribution in a Molecular Beam of Cesium Atoms. *Physical Review* **71**, n. 4, p. 238-249.

Joule, J., 1847. On Matter, Living Force, and Heat. Reproduzido em **Brush, S.G., 1965**, p. 78-88.

Ko, C.C., 1934. The heat of dissociation of Bi_2 determined by the method of molecular beam. *Journal of Franklin Institute* **217**, p. 173-199.

Kofsky, I.L. & Levinstein, H., 1948. A Dynamical Method for the determination of the velocity Distribution of Thermal Atoms. *Physical Review* **74**, n. 4, p. 500.

Maxwell, J.C., 1860. Illustrations of the Dynamical Theory of Gases. *Philosophical Magazine*, S. 4, **19**, p. 19-32, **20**, p. 21-37. Reproduzidos em **Niven, W.D. (Ed.), 1890**, p. 379-409 e **Brush, S.G., 1965**, p. 148-171.

Maxwell, J.C., 1866. On the Dynamical Theory of Gases. *Philosophical Transactions* **157**, p. 49-88. Reproduzido em **Niven, W.D. (Ed.), 1890**, p. 27-78.

Maxwell, J.C., 1888. *Theory of Heat*. Nova York: Dover (2001).

Miller, R.C.; Kusch, P., 1955. Velocity Distributions in Potassium and Thallium Atomic Beams. *Physical Review* **99**, n. 4, p. 1314-1321.

Rayleigh, Lord, 1896. Theoretical considerations respecting the separation of gases by diffusion and similar processes. *Philosophical Magazine* **XLII**, p. 493-498.

Stern, O., 1920. Über eine Methode zur Berechnung der Entropie von Systemen elastisch gekoppelter Massenpunkte. *Annalen der Physik*, Ser. 4, **51**, n. 19, p. 237-260.

Tait, P.G., 1886-88. On the Foundations of the Kinetic Theory of Gases. *Transactions of the Royal Society of Edinburgh* **33**, p. 65-95 (1886); On the Foundations of the Kinetic Theory of Gases, II. *Idem* **33**, p. 251-277 (1887); On the Foundations of the Kinetic Theory of Gases, III. *Idem* **35**, p. 1029-1041 (1888).

Urey, H.C., 1939. Separation of Isotopes. *Reports on Progress in Physics* **6**, p. 48-77.

Zartman, I.F., 1931. A Direct Measurement of Molecular Velocities. *Physical Review* **37**, n. 4, p. 383-391.

3.5 Outras referências e sugestões de leitura

Brush, S.G., 1957a. Theory of Gases I. Herapath. *Annals of Science* **13**, p. 188-198.

Brush, S.G., 1957b. The Development of the Kinetic Theory of Gases II. Waterston. *Annals of Science* **13**, p. 273-282.

Brush, S.G., 1957c. The Development of the Kinetic Theory of Gases III. Clausius. *Annals of Science* **14**, p. 185-196.

Brush, S.G., 1965. Reproduz artigos importantes para a evolução da Teoria Cinética dos Gases. Contém os seguintes textos em inglês: Robert Boyle, *The Spring of the Air*; Isaac Newton, *The Repulsion Theory*; Daniel Bernoulli, *On the Properties and Motions of Elastic Fluids, especially air*; George Gregory, *The Existence of Fire*; Robert Mayer, *The Forces of Inorganic Nature*; James Joule, *On Matter, Living Force, and Heat*; Hermann von Helmholtz, *The Conservation of Force*; Rudolf Clausius, *The Nature of the Motion which we Call Heat*; Rudolf Clausius, *On the Mean Length of the Paths Described by the Separate Molecules of Gaseous Bodies*; James Clerk Maxwell, *Illustrations of the Dynamical Theory of Gases*; Rudolf Clausius, *On a Mechanical Theorem Applicable to Heat*.

Brush, S.G., 1976. Obra de referência, em dois volumes, sobre a história da Teoria Cinética dos Gases no século XIX. O volume I, após uma introdução de cerca de 100 páginas, aborda, separadamente, as contribuições de Herapath, Waterson, Clausius, Maxwell, Boltzmann, van der Walls e Mach. Já o volume II aborda os problemas relacionados aos seguintes temas: A teoria ondulatória do calor; Fundamentos da Mecânica Estatística de 1845-1915; Forças interatômicas e equação de estado; Viscosidade e a teoria de transporte de Maxwell-Boltzmann; Condução de calor e a lei de Stefan-Boltzmann; Aleatoriedade e irreversibilidade; Movimento Browniano. Ao final desse volume, o autor oferece ao leitor uma vasta bibliografia sobre a Teoria Cinética.

Cohen, I.B.. 1989. Scientific Revolutions, Revolutions in Science, and a Probabilistic Revolution 1800-1930, em **Krüger, L.; Daston, L.J.; Heidelberger, M., 1989**, v. 1, p. 23-44. Interessante visão sobre o papel da probabilidade na Física.

De Podesta, M. *et al.*, 2013. A low-uncertainty measurement of the Boltzmann constant. *Metrologia* **50**, p. 354-376. Valor estimado: $k_B = 1{,}38065159(98) \times 10^{-23}$ JK^{-1}.

Garber, E.; Brush, S.G.; Everitt, C.W.F., 1986. Estudo da contribuição de Maxwell à Teoria Cinética dos Gases e à Física Molecular.

Golden, S., 1964. Texto de Teoria Cinética dos Gases.

Holton, G., 1979. De particular interesse para este Capítulo veja "Os temas do pensamento científico", p. 17-34.

Krüger, L.; Daston, L.J.; Heidelberger, M., 1989. Obra importante, em dois volumes, para quem quer se aprofundar sobre a Revolução Probabilística. Em particular, o segundo tomo traz quatro artigos sobre a área da Física.

Landsberg, P., 1961. The Definition of the Perfect Gas. *American Journal of Physics* **29**, n. 10, p. 695-698.

Miller, D.G. & Dennis, W., 1960. Definition of the perfect Gas and Its Relation to the Second Law of Thermodynamics. *American Journal of Physics* **28**, p. 796-798.

Oguri, V. (Org.) *et al.*, 2005. Livro de texto introdutório sobre estimativas e erros em Física Experimental que pode ser útil para quem não estiver familiarizado com o tratamento estatístico utilizado neste capítulo.

Reed, B.C. 2011. Liquid Thermal Diffusion during the Manhattan Project. *Physics in Perspective* **13**, p. 161-188.

Sears, F.W. 1972. Texto básico sobre Teoria Cinética dos Gases.

Sklar, L., 1995. Aborda várias questões filosóficas relacionadas aos fundamentos da Mecânica Estatística.

Ulich, H., 1946. Texto básico de Físico-Química.

Von Plato, J., 1998. Apresenta uma abordagem histórica interessante das bases físicas e matemáticas da Teoria da Probabilidade.

Zemansky, M.W., 1978. Texto básico de Termodinâmica.

3.6   Exercícios

Exercício 3.6.1 Calcule os valores da integral $\displaystyle\int_0^\infty x^n e^{-\alpha x^2}\, dx$, para $n = 0, 1, 2, 3, 4$ e 5.

Exercício 3.6.2 Determine, em função da temperatura e da massa molecular do gás, a moda, a média, a média quadrática e o desvio-padrão para a distribuição dos módulos das velocidades de Maxwell.

Exercício 3.6.3 Considere as moléculas dos seguintes gases: CO, H_2, O_2, Ar, NO_2, Cl_2 e He, todos mantidos a uma mesma temperatura. Determine aqueles que, quanto à distribuição de velocidades de Maxwell, terão, respectivamente, a maior e a menor: moda, média, valor eficaz e desvio-padrão.

Exercício 3.6.4 Considere que um gás de hélio contido em um recipiente seja uma mistura de dois isótopos, He_3^2 e He_4^2, nas condições normais de temperatura e pressão. Estime a razão entre as velocidades médias dos dois diferentes isótopos.

Exercício 3.6.5 Mostre que, se ρ e P são, respectivamente, a densidade e a pressão de um gás, a velocidade eficaz de suas moléculas pode ser expressa por $v_{ef} = \sqrt{3P/\rho}$. Determine, ainda, a razão entre a velocidade eficaz das moléculas e a velocidade do som nesse gás, dada por $(5P/3\rho)^{1/2}$.

Exercício 3.6.6 Calcule a energia cinética média por molécula para um gás ideal a temperaturas de $-33\ ^\circ$C, $0\ ^\circ$C e $27\ ^\circ$C.

Exercício 3.6.7 Estime a velocidade eficaz das moléculas do nitrogênio (N_2) e do hélio (He) à temperatura ambiente ($T \simeq 27\ ^\circ$C).

Exercício 3.6.8 Desprezando qualquer efeito relativístico, determine a temperatura para a qual a energia cinética média de translação das moléculas de um gás ideal seja igual à de um único íon carregado acelerado a partir do repouso por uma diferença de potencial de 10^3 volts, cuja massa é igual à de uma das moléculas.

Exercício 3.6.9 Mostre que o número, $N(0, v_x)$, de moléculas de um gás ideal com componentes x de velocidades entre 0 e v_x é dado por

$$N(0, v_x) = \frac{N}{2}\operatorname{erf}(\xi)$$

sendo N o número total de moléculas e $\xi = (m/2kT)^{1/2}v_x$.

Mostre também que o número $N(v_x, \infty)$ de moléculas com componentes x de velocidades maiores que v_x é

$$N(v_x, \infty) = \frac{N}{2}\left[1 - \text{erf}(\xi)\right]$$

Esses resultados estão expressos em termos da função erro, $\text{erf}(\xi)$, definida por

$$\text{erf}(\xi) = \frac{2}{\sqrt{\pi}}\int_0^\xi e^{-x^2}dx$$

Exercício 3.6.10 Mostre que o número, $N(0,v)$, de moléculas de um gás ideal com velocidades entre 0 e v é dado por

$$N(0,v) = N\left[\text{erf}(\xi) - \frac{2}{\sqrt{\pi}}\xi e^{-\xi^2}\right]$$

na qual $\xi^2 = (mv^2/2kT)$.

Exercício 3.6.11 Determine as probabilidades de que a velocidade de uma molécula de hidrogênio (H_2), à temperatura ambiente, seja maior que: 80 km/h, 10^2 m/s e 10^3 m/s.

Exercício 3.6.12 Determine a porcentagem de moléculas de oxigênio que têm velocidades maiores que 10^3 m/s, quando a temperatura do gás for de: a) 10^2 K; b) 10^3 K e c) 10^4 K.

Exercício 3.6.13 Calcule a velocidade média ($\langle v \rangle$), a velocidade eficaz (v_{ef}) e a dispersão, $\sigma_v = \sqrt{\langle v^2 \rangle - \langle v \rangle^2}$ das velocidades das moléculas do hidrogênio (H_2), à temperatura ambiente. Determine a diferença entre a energia média, $\langle \epsilon \rangle = m\langle v^2 \rangle/2$, e $m\langle v \rangle^2/2$.

Exercício 3.6.14 Determine a densidade de moléculas (número de moléculas por unidade de volume) de um gás ideal nas CNTP.

Exercício 3.6.15 Se o raio da molécula de oxigênio (O_2) é da ordem de $1,8 \times 10^{-10}$ m, estime a frequência de colisões das moléculas, em condições normais de temperatura e pressão.

Exercício 3.6.16 Estime a distância média (d) entre as moléculas à temperatura ambiente e mostre que

$$r < d < \ell$$

na qual r é o raio de uma molécula e ℓ é o livre caminho médio.

Exercício 3.6.17 Mostre que, segundo Tait, a expressão para o livre caminho médio para as moléculas de um gás é dada pela equação (3.43), isto é,

$$\ell = \frac{1}{n\sigma}\int_0^\infty \frac{8z^4\,\mathrm{d}z}{(2z^2+1)\sqrt{\pi}\,\text{erf}(z)e^{z^2}+2z} \tag{3.55}$$

Exercício 3.6.18 Suponha que a energia ϵ de uma molécula de um gás ideal seja dada somente por sua energia cinética de translação. Mostre que, nesse caso, a fração de moléculas com energia entre ϵ e $\epsilon + \mathrm{d}\epsilon$ é dada por

$$\frac{\mathrm{d}N}{N} = \frac{2}{\sqrt{\pi}}\left(\frac{1}{kT}\right)^{3/2}\sqrt{\epsilon}\,e^{-\epsilon/kT}\,\mathrm{d}\epsilon$$

Exercício 3.6.19 Considere a distribuição de energia $\rho(\epsilon)\,\mathrm{d}\epsilon$. Mostre que a fração de moléculas que possuem energia cinética maior que um valor $\epsilon >> kT$ é

$$\frac{2}{\sqrt{\pi}}\left(\frac{\epsilon}{kT}\right)^{1/2}e^{-\epsilon/kT}\left[1 + \frac{1}{2}\left(\frac{kT}{\epsilon}\right) - \frac{1}{4}\left(\frac{kT}{\epsilon}\right)^2 + \ldots\right]$$

Exercício 3.6.20 O fluxo de nêutrons através da seção de um reator é da ordem de 4×10^{16} nêutrons·m^{-2}·s^{-1}. Se os nêutrons (térmicos) à temperatura ambiente ($T = 300$ K) obedecem à distribuição de velocidades de Maxwell, determine:

a) a densidade de nêutrons;

b) a pressão do gás de nêutrons.

Exercício 3.6.21 Determine o número total de choques moleculares por segundo, por unidade de área, da parede de um recipiente contendo um gás que obedece à lei de distribuição de Maxwell.

Exercício 3.6.22 Um forno contém vapor de cádmio (Cd) à pressão de $1,71 \times 10^{-2}$ mm Hg, à temperatura de 550 K. Em uma parede do forno existe uma fenda com o comprimento de 1 cm e uma largura de 10^{-3} cm. Do outro lado da parede há um altíssimo vácuo. Supondo que todos os átomos que chegam à fenda a atravessam, determine a corrente do feixe de átomos.

Exercício 3.6.23 Determine o comprimento do lado de um cubo que contém um gás ideal nas CNTP, cujo número de moléculas é igual à população do Brasil ($\simeq 170$ milhões de habitantes) no fim do século XX.

Exercício 3.6.24 Mostre que a probabilidade de que uma molécula de um gás ideal tenha *momentum* com módulo compreendido entre p e $p + \mathrm{d}p$ é dada por

$$g(p)\mathrm{d}p = 4\pi \left(\frac{1}{2\pi m k T} \right)^{3/2} \exp\left[-(p^2/2mkT) \right] p^2 \, \mathrm{d}p$$

Exercício 3.6.25 Considere a distribuição de Maxwell-Boltzmann para partículas que não interagem entre si e que se movem originalmente na horizontal sob a ação de um campo gravitacional uniforme, cuja energia é $p^2/2m + mgz$, sendo z a altura da partícula em relação a um ponto de referência. Determine para essas partículas:

a) a energia cinética média;

b) a energia potencial média;

c) a dispersão na posição;

d) o valor da dispersão na posição à temperatura de 300 K, para moléculas de H_2.

Exercício 3.6.26 A distribuição (ρ) dos módulos das velocidades das moléculas de um gás ideal em equilíbrio térmico à temperatura T pode ser escrita como

$$\rho(v) = a\, v^2\, e^{-\alpha v^2} \qquad \text{em que} \qquad \begin{cases} a = \dfrac{4}{\sqrt{\pi}} \alpha^{3/2} \\[2mm] \alpha = \dfrac{\mu}{2RT} \end{cases}$$

e $R = 8{,}315 \times 10^7$ erg/K·mol.

a) Mostre que o valor modal (v_{mod}) da velocidade é dado por $v_{\mathrm{mod}} = \sqrt{\dfrac{2RT}{\mu}}$

b) Determine o valor modal da velocidade, se o gás for uma amostra de hélio (He_2) à temperatura ambiente.

Exercício 3.6.27 A distribuição das componentes de velocidades (v_x), na direção x, das moléculas de um gás ideal em equilíbrio térmico à temperatura T, é dada por

$$f(v_x) = A\, e^{-\alpha v_x^2}$$

em que $\alpha = \dfrac{m}{2kT}$, m é a massa de cada molécula, $k \simeq 1{,}38 \times 10^{-23}$ J/K é a constante de Boltzmann e $A = \sqrt{\dfrac{\alpha}{\pi}}$ é a constante de normalização.

a) Mostre que a velocidade média quadrática das moléculas na direção x é dada por $\langle v_x^2 \rangle = \dfrac{kT}{m}$.

b) Determine a energia cinética média das moléculas.

Exercício 3.6.28 A condutividade térmica K de um gás de moléculas poliatômicas, consideradas como esferas rígidas, é dada pela fórmula

$$K = \frac{5\pi}{32} \left(\bar{C}_V + \frac{9}{4}R \right) \ell \frac{<v>}{M} \rho$$

na qual $\bar{C}_V$ é a capacidade térmica média a volume constante do gás, R é a constante dos gases, ℓ é o livre caminho médio das moléculas e ρ, a densidade molecular do gás. Mostre que, em termos da dimensão característica d das moléculas e da temperatura T, a expressão anterior pode ser escrita como

$$K = \frac{5}{16} \left(\bar{C}_V + \frac{9}{4}R \right) \left(\frac{RT}{\pi M} \right)^{1/2} \frac{1}{N_A d^2}$$

Exercício 3.6.29 Mostre que a seção de choque diferencial, $d\sigma/d\Omega$, para o espalhamento geométrico de uma partícula por uma esfera rígida de raio R é

$$\frac{d\sigma}{d\Omega} = \frac{1}{4}R^2$$

e que a seção de choque total é πR^2.

4

O movimento browniano e a hipótese molecular

4.1 O movimento aleatório ratifica a visão corpuscular da matéria

Em 1828, o botânico inglês Robert Brown descreveu de maneira sistemática, pela primeira vez, o que ficou conhecido na ciência como *movimento browniano*. Ele verificou, com o auxílio de um microscópio, que grãos de pólen de diversas flores, uma vez colocados na água, se dispersavam em um grande número de partículas microscópicas, as quais ficavam em suspensão executando movimentos irregulares. Repetindo a experiência para pólen de diferentes plantas, Brown observou sempre o mesmo tipo de fenômeno, levando-o a pensar, inicialmente, que esse movimento decorresse da natureza orgânica das partículas em suspensão. Achou ter encontrado, assim, nessas partículas, uma espécie de *molécula primitiva* da matéria viva. Entretanto, ele próprio observou mais tarde movimentos análogos para partículas de matéria inorgânica.

O movimento browniano tornou-se, no início do século XX, uma das mais convincentes provas acerca da realidade das moléculas, ou seja, da hipótese corpuscular da matéria. Sua natureza intrigou pesquisadores até os trabalhos conclusivos de Einstein e Perrin. Nesse meio-tempo, além do interesse científico, esse fenômeno despertou também o interesse de filósofos. Houve, de fato, especulações filosóficas que viam nesse movimento irregular uma manifestação natural em favor do livre-arbítrio; ideia que agradava muito aos opositores do determinismo mecanicista.

Resumidamente, pode-se afirmar que, desde a observação de Brown até os estudos de Einstein, houve pouquíssimas pesquisas experimentais relevantes sobre o movimento browniano, que o colocavam como um problema da Física. Todo esse esforço teve um desfecho com chave de ouro com o meticuloso trabalho de Perrin, que obteve 13 estimativas compatíveis do número de Avogadro. Assim, esses dois físicos dão razão à expeculação de Sêneca, no século I d.C.: *"Até mesmo os fenômenos que, na aparência, são desordenados e incertos, não acontecem sem razão, por mais imprevistos que sejam."*

Em 1888, o francês Louis Georges Gouy verificou que o movimento browniano é tão mais intenso quanto menor for a viscosidade do líquido, embora não seja praticamente afetado por grandes variações de intensidade da luz incidente sobre o líquido, nem por ação de intensos campos eletromagnéticos. Ele atribuía o movimento à agitação térmica das moléculas do líquido e chegou a medir a velocidade de diferentes partículas, encontrando algo da ordem de 10^{-8} vezes o valor da velocidade molecular média para uma dada temperatura.

Em 1900, o alemão Felix Maria Exner, seguindo os passos de seu pai, o fisiologista Sigmund Exner, mostrou que a velocidade das partículas no movimento browniano decresce com o aumento do tamanho das partículas e cresce com o aumento da temperatura.

De acordo com a hipótese molecular, as observações de Gouy e Exner podem ser compreendidas admitindo-se que os movimentos das partículas em suspensão se originam das colisões sofridas por elas com as moléculas em movimento térmico do líquido no qual se encontram.

A princípio, se poderia esperar que, devido ao caráter aleatório do movimento das moléculas, o número de colisões sofridas por cada partícula browniana fosse o mesmo para qualquer direção, ou seja, os choques se compensariam e a partícula permaneceria imóvel. Entretanto, do ponto de vista estatístico, os valores médios de grandezas como a concentração das partículas[1] e a pressão exibem flutuações, de modo que, em um dado instante, qualquer partícula está sujeita a choques não compensados (Figura 4.1).

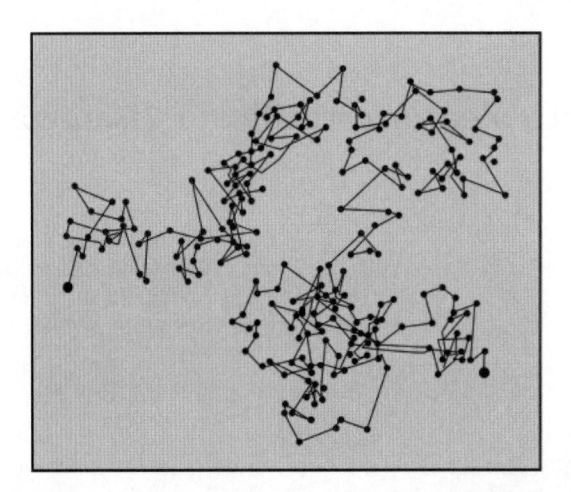

Figura 4.1: O movimento de uma partícula browniana.

Se o raio (a) e, portanto, o volume (V) e a massa (m) das partículas brownianas forem muitíssimo maiores que os das moléculas do líquido, cujos raios são da ordem de 10^{-7} cm, o peso prevalece, e, mesmo sofrendo colisões, a partícula praticamente não se move. Porém, para partículas com dimensões da ordem de $10^{-4} \sim 10^{-5}$ cm, choques não compensados acarretarão uma espécie de movimento convulsivo das partículas. Nesse sentido, o movimento browniano revela a existência do movimento molecular desordenado das moléculas de um líquido.

O efeito do tamanho das partículas pode ser explicado notando-se que, enquanto o peso de um corpo, de dimensões lineares da ordem de a, é proporcional ao volume (a^3), a força média, devida à pressão, que esse mesmo corpo sofre no interior de um fluido é proporcional à área (a^2) de sua superfície. Assim, enquanto no movimento de partículas muitíssimo maiores que as moléculas do fluido predominam as forças gravitacionais, para partículas brownianas predominam as forças superficiais (Figura 4.2).

---

[1] O número de partículas por unidade de volume.

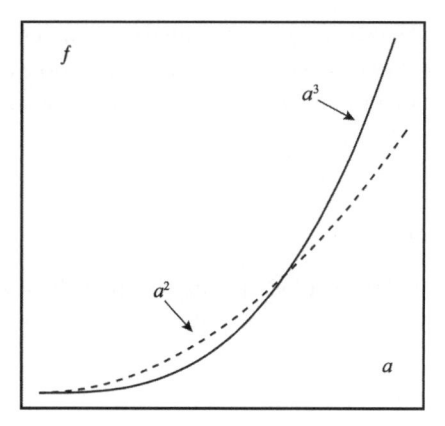

Figura 4.2: Efeito do tamanho (a) das partículas sobre as forças que atuam sobre elas.

4.2 As contribuições de Einstein e Langevin

> *De acordo com [a Teoria Cinética], uma molécula dissolvida difere de um corpo em suspensão apenas no tamanho, e é difícil ver a razão pela qual corpos em suspensão não devam produzir a mesma pressão osmótica que um número igual de moléculas dissolvidas.*
>
> Albert Einstein

4.2.1 Os trabalhos de Einstein

Entre 1905 e 1908, Einstein publicou cinco artigos sobre o movimento browniano. Cronologicamente, o primeiro deles foi a sua tese para obtenção do título de *Doctor der Philosophie* pela Universidade de Zurique, em 1905,[2] na qual ele propunha, a partir de um estudo teórico sobre o equilíbrio de moléculas solutas em um fluido (solvente), um novo método de determinação das dimensões lineares (a) de uma molécula e do número de Avogadro (N_A).

Para Einstein, não havia diferença entre as moléculas de um soluto (como as moléculas de açúcar em água) e as partículas em suspensão em fluido (emulsão). Assim, a difusão, o movimento browniano e as flutuações na concentração das partículas em um fluido constituem o mesmo fenômeno, decorrente do movimento de agitação térmica das moléculas de um meio. Do ponto de vista lagrangiano, a difusão de uma quantidade de partículas em um meio é um efeito macroscópico que só é possível porque as partículas executam o movimento browniano. Por outro lado, do ponto de vista euleriano, o problema pode ser tratado como flutuações na concentração, ou seja, considerando-se um volume fixo no espaço no qual há um fluxo de partículas que entram e saem de maneira aleatória.

Um dos resultados cruciais da tese de Einstein estabelece que, quando as moléculas de um soluto são dissolvidas em um solvente líquido cuja viscosidade é η, há uma variação dessa grandeza, expressa por $(\eta' - \eta)/\eta$, entre a viscosidade η' da mistura e a do solvente é proporcional à fração φ do volume inicialmente ocupado pelas moléculas do soluto, ou seja,

$$(\eta' - \eta)/\eta = \alpha\varphi \qquad \Longrightarrow \qquad \eta' = \eta(1 + \alpha\varphi)$$

em que o parâmetro α, considerado inicialmente igual à unidade, foi corrigido, mais tarde, em 1911, para $\alpha = 2,5$.

A fração de volume (φ) pode ser escrita como

$$\varphi = \frac{N(4\pi/3)a^3}{V}$$

---

[2] Apesar de publicada apenas em 1906, a tese foi concluída em abril de 1905.

sendo N o número de moléculas do soluto, a, o raio efetivo (em relação ao arrasto hidrodinâmico) de cada molécula do soluto e V, o volume total da mistura. Sabendo que $N/N_A = M/\mu$, em que M é a massa total das moléculas, μ, a massa molecular e N_A, o número de Avogadro (Seção 2.5.4), obtém-se

$$\varphi = \frac{4\pi}{3}\frac{\rho}{\mu}N_A a^3 = \frac{1}{\alpha}\left(\frac{\eta'}{\eta} - 1\right) \tag{4.1}$$

na qual $\rho = M/V$ é a densidade do soluto.

Considerando-se o movimento das moléculas apenas em uma direção x, segundo a Teoria Cinética, a variação da concentração ($n = N/V$) das moléculas do soluto em equilíbrio térmico à temperatura T é proporcional à variação da pressão (P) nessa direção. De fato,

$$P = \frac{N}{V}kT = nkT \qquad \Longrightarrow \qquad \frac{\partial P}{\partial x} = kT\frac{\partial n}{\partial x}$$

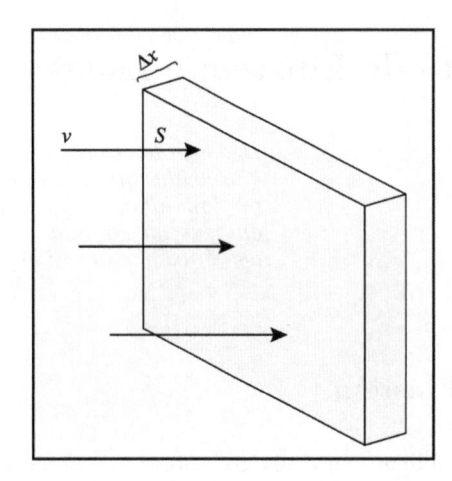

Figura 4.3: Esquema da difusão de moléculas do soluto.

Por outro lado, a única força capaz de provocar essa variação de pressão através de uma superfície de área S (Figura 4.3), que limita o volume $\Delta V = \Delta x S$, é a força de atrito viscoso $f_a = -bv$, proporcional à velocidade v das moléculas. Nessa expressão, conhecida como *lei de Stokes*, estabelecida em 1845 pelo matemático e físico irlandês George Stokes, b é o coeficiente de atrito, dado por

$$b = 6\pi\eta a \tag{4.2}$$

Sendo ΔN o número de moléculas de um soluto no volume ΔV, a variação de pressão pode ser escrita como

$$\Delta P = \Delta N\frac{f_a}{S}$$

Substituindo-se $f_a = -bv$ e dividindo-se ambos os termos por Δx, obtém-se

$$\left(\underbrace{\frac{\Delta N}{\Delta x S}}_{n}\right)v = -\frac{1}{b}\frac{\Delta P}{\Delta x}$$

Assim, o fluxo $J = nv$ (Seção 3.3.3) de moléculas de um soluto através da superfície S pode ser expresso por

$$J = -\frac{1}{b}\frac{\partial P}{\partial x} = -\frac{kT}{b}\frac{\partial n}{\partial x} = -D\frac{\partial n}{\partial x} \tag{4.3}$$

Ou seja, o fluxo de moléculas do soluto é proporcional ao gradiente de concentração ($\partial n/\partial x$), em que o fator de proporcionalidade D, dado por

$$D = \frac{kT}{b} = \frac{kT}{6\pi\eta a} = \frac{RT}{6\pi\eta}\frac{1}{N_A a} \tag{4.4}$$

é o chamado *coeficiente de difusão*.

Dessa maneira, Einstein obtém duas equações independentes que lhe permitirão calcular a ordem de grandeza das dimensões moleculares, dada pelo raio hidrodinamicamente efetivo da molécula (a) e do número de Avogadro (N_A).

Com efeito, reescrevendo-se as equações (4.1) e (4.4) como

$$N_A a^3 = \frac{3}{4\pi} \frac{\mu}{\rho} \varphi \tag{4.5}$$

e

$$N_A a = \frac{RT}{6\pi\eta} \frac{1}{D} \tag{4.6}$$

e utilizando, para uma solução aquosa de açúcar, os seguintes dados:

$$\mu = 342 \text{ g/mol} \qquad\qquad D = 0,384 \text{ cm}^2/\text{dia}$$
$$\eta = 0,0135 \text{ g. cm}^{-1}.\text{s}^{-1} \qquad\qquad \varphi = 2,45$$
$$\rho = 1,00388 \text{ g/cm}^3 \qquad\qquad T = 282,5 \text{ K} \quad (9,5°\text{C})$$

os valores, inicialmente, estimados por Einstein para a e N_A foram, respectivamente:

$$a = 9,9 \times 10^{-8} \text{ cm}$$
$$N_A = 2,1 \times 10^{23}$$

Esses valores foram alterados em uma nota suplementar, datada de janeiro de 1906, utilizando novos dados para o coeficiente de difusão do açúcar na água e para a viscosidade da solução, sendo os novos valores encontrados:

$$a = 7,8 \times 10^{-8} \text{ cm}$$
$$N_A = 4,15 \times 10^{23}$$

Posteriormente, alertado por um colaborador de Perrin sobre um possível erro para o valor da viscosidade (η') da solução, Einstein encarrega um de seus alunos de estudar o problema, o qual descobre que o erro estava no valor do parâmetro α, o que alterava o valor da correção à viscosidade da solução e, portanto, o valor estimado para a fração (φ) do volume ocupado pelas moléculas de açúcar. Com o valor de α alterado para 2,5 e, portanto, a partir de uma nova correção para o valor de φ, Einstein obtém, em 1911, os seguintes valores:

$$a = 4,9 \times 10^{-8} \text{ cm}$$
$$N_A = 6,56 \times 10^{23}$$

Em seu segundo artigo sobre o movimento das moléculas, considerando que as moléculas do soluto, que se deslocam na direção x, obedecem à equação da continuidade (Seção 3.3.3)

$$\frac{\partial n}{\partial t} + \frac{\partial J}{\partial x} = 0$$

Einstein, utilizando-se de uma abordagem estatística, argumenta que a concentração de moléculas do soluto deve obedecer à equação de difusão

$$\frac{\partial n}{\partial t} = D \frac{\partial^2 n}{\partial x^2} \tag{4.7}$$

Supondo-se que no instante inicial $t = 0$ o deslocamento seja nulo, a solução da equação (4.7) é dada por

$$n(x,t) \propto \frac{1}{\sqrt{4\pi Dt}} \exp\left(-\frac{x^2}{4Dt}\right) \tag{4.8}$$

Note que essa solução é proporcional a uma distribuição gaussiana para os deslocamentos das partículas.[3] Assim, o valor médio de qualquer grandeza associada às partículas brownianas pode ser calculado a partir dessa distribuição.

Desse modo, a média dos quadrados dos deslocamentos é proporcional ao tempo de observação do movimento, ou seja,

$$\langle x^2 \rangle = 2Dt = \left(\frac{kT}{3\pi\eta a} \right) t = \frac{RT}{3\pi\eta N_A a} t \tag{4.9}$$

Portanto, o deslocamento médio quadrático, ou deslocamento efetivo, na direção x é

$$\lambda_x = \sqrt{\langle x^2 \rangle} = \sqrt{2Dt} = \sqrt{\left(\frac{kT}{3\pi\eta a} \right) t} = \sqrt{\left(\frac{RT}{3\pi\eta N_A a} \right) t} \tag{4.10}$$

Considerando que a viscosidade da água, a 17 °C, é de 0,0135 g.cm^{-1}.s^{-1} para uma partícula cujo diâmetro é da ordem de 10^{-4} cm, Einstein estimou que, em um segundo, as moléculas de açúcar dissolvido em água teriam um deslocamento efetivo em uma dada direção x igual a

$$\lambda_x = 0{,}8\,\mu\text{m}$$

Em um minuto, de acordo com a equação (4.10), esse deslocamento seria da ordem de $6\,\mu$m.[4]

Por outro lado, observando-se λ_x em um dado intervalo de tempo t, pode-se determinar o coeficiente $D = \lambda_x^2/(2t)$ e, consequentemente, o número de Avogadro por

$$N_A = \left(\frac{1}{D} \right) \frac{RT}{6\pi\eta a} \tag{4.11}$$

ou, equivalentemente, a constante de Boltzmann, por

$$k = D \left(\frac{6\pi\eta a}{T} \right) \tag{4.12}$$

A fórmula de Einstein, equação (4.10), expressa o deslocamento médio quadrático do conjunto de todas as partículas brownianas. Entretanto, a fórmula é válida também para a média quadrática dos sucessivos deslocamentos de uma única partícula, em intervalos de tempo iguais. Esse foi o ponto de vista utilizado por Perrin em seus experimentos.

Resultados similares aos de Einstein foram obtidos também pelo físico polonês Marian Smoluchowski, em 1906. Suas análises inspiraram-se na Teoria Cinética dos Gases, abordando o problema a partir da colisão de partículas. A ligeira discrepância entre os resultados de Einstein e Smoluckowski foi explicada por Langevin, mostrando que os métodos do segundo levavam ao mesmo resultado do primeiro, se corretamente aplicados.

Langevin apresentou uma nova dedução da fórmula de Einstein, que, a partir de então, passou a ser a forma mais usual de exposição do movimento browniano.

4.2.2 A abordagem de Langevin

Do ponto de vista estritamente hidrodinâmico, considerando que, em uma solução diluída, as moléculas do soluto de massa m são pequenas esferas de raio a, as quais individualmente se movem de acordo com as leis newtonianas de movimento em um meio de viscosidade η, o deslocamento individual de cada molécula em uma direção x obedece à equação de movimento proposta por Langevin, em 1908,

$$m\frac{\mathrm{d}v}{\mathrm{d}t} = -bv + f(t) \tag{4.13}$$

---

[3] A forma funcional dessa distribuição é idêntica à distribuição de Gauss, com desvio-padrão $\sqrt{2Dt}$.

[4] Esse foi o intervalo de tempo que Perrin utilizou para observar os deslocamentos em um microscópio (Seção 4.3).

em que v é a velocidade dos constituintes do soluto, $f(t)$ é uma força de intensidade aleatória dependente do tempo t, devida às colisões das moléculas do soluto com as do solvente, e b é o coeficiente de atrito, dado pela lei de Stokes ($b = 6\pi\eta a$).

Multiplicando-se a equação (4.13) pelo deslocamento (x) da molécula, obtém-se

$$mx\frac{dv}{dt} = m\left[\frac{d}{dt}(xv) - v^2\right] = -b\,xv + xf(t)$$

a qual pode ser escrita como

$$\frac{d}{dt}(xv) + \frac{b}{m}(xv) = v^2 + \frac{x}{m}f(t) \tag{4.14}$$

Suponha que a velocidade média quadrática das partículas em movimento aleatório em uma dimensão, em equilíbrio térmico com um sistema à temperatura T, seja dada pela Teoria Cinética dos Gases (Seção 3.1.2) por

$$m\langle v^2\rangle = kT$$

e que, do ponto de vista estatístico, os valores x e f não sejam correlacionados, isto é,[5]

$$\langle x\,f\rangle = \langle x\rangle\langle f\rangle$$

Uma vez que o deslocamento médio é nulo, $\langle x\rangle = 0$, a equação de movimento, equação (4.14), pode então ser escrita para os valores médios como

$$\frac{d}{dt}\langle xv\rangle + \frac{b}{m}\langle xv\rangle = \langle v^2\rangle$$

A solução geral dessa equação de movimento para $\langle xv\rangle$ contém um termo transitório proporcional a $e^{-t/\tau}$, em que $\tau = m/b$ é um tempo de relaxação, e outro permanente, que descreve o comportamento da partícula para intervalos de tempo muito maiores que τ, quando o equilíbrio térmico é atingido e, portanto, $\langle v^2\rangle = kT/m$.

Assim, para $t \gg \tau$, a solução pode ser escrita como

$$\langle xv\rangle = \frac{1}{2}\frac{d}{dt}\langle x^2\rangle = \frac{kT}{b} \tag{4.15}$$

Uma vez que a relaxação é extremamente rápida, para intervalos de tempo de observação muito maiores que o tempo de relaxação ($t \gg \tau$),[6] o valor médio dos quadrados dos deslocamentos das partículas do soluto é obtido por integração direta da equação (4.15).

Levando em conta que $b = 6\pi\eta a$, o resultado não depende de suas massas e é dado pela fórmula de Einstein, equação (4.9),

$$\langle x^2\rangle = \left(\frac{kT}{3\pi\eta a}\right)t \qquad \left(t >> \frac{m}{6\pi\eta a}\right) \tag{4.16}$$

Desse modo, tanto a abordagem original de Einstein como a de Langevin mostram que o problema pode ser encarado a partir de uma visão mecânica newtoniana, apesar dos argumentos estatísticos.

---

[5]A covariância entre duas grandezas aleatórias x e y é definida por $\sigma_{xy} = \langle xy\rangle - \langle x\rangle\langle y\rangle$. Duas grandezas são ditas não correlacionadas quando $\sigma_{xy} = 0 \Rightarrow \langle xy\rangle = \langle x\rangle\langle y\rangle$. É importante notar que a covariância nula entre duas grandezas não implica que elas sejam independentes.

[6] Valores típicos para os parâmetros envolvidos são: $\eta \sim 10^{-2}$ g.cm^{-1}.s^{-1}, $a \sim 10^{-4}$ cm, $m \sim 10^{-15}$ g. De modo que $\tau = m/(6\pi\eta a) \approx 10^{-10}$ s.

4.2.3 O passeio aleatório

Do ponto de vista estritamente estatístico, o resultado obtido por Einstein pode ser entendido a partir do problema conhecido como "passeio aleatório", termo cunhado pelo matemático inglês Karl Pearson, em 1905, cuja formulação foi desenvolvida na tese de doutorado de Louis Bachelier, em 1900.

Se alguém, partindo do ponto $x = 0$, se desloca ao longo da direção x, com passos de mesmo comprimento λ e com a mesma probabilidade de dar um passo no sentido positivo $(+x)$ ou negativo $(-x)$, quão longe esse alguém estará do ponto de partida após um número N de passos?

Como o problema é de caráter probabilístico, não se pode dizer ao certo a que distância da origem estará a pessoa. Nessas circunstâncias, o deslocamento médio é nulo, $\langle x \rangle = 0$, mas o deslocamento médio quadrático, $\sqrt{\langle x^2 \rangle}$, se o passeio fosse repetido um grande número de vezes, é dado por

$$\sqrt{\langle x^2 \rangle} = \lambda \sqrt{N} \tag{4.17}$$

A Figura 4.4 exemplifica alguns desses possíveis deslocamentos aleatórios.

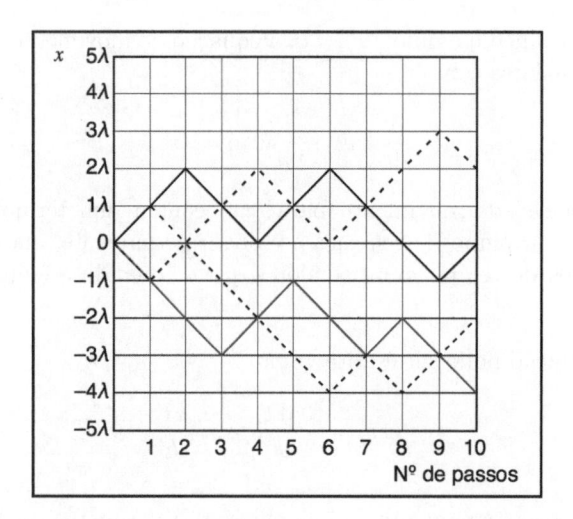

Figura 4.4: Simulação de vários passeios aleatórios possíveis, a partir do lançamento de uma moeda.

Para se chegar a esse resultado, sabe-se que, após o primeiro passo, a posição x_1 é tal que

$$x_1 = \pm \lambda \quad \Longrightarrow \quad x_1^2 = \lambda^2 = \langle x_1^2 \rangle$$

Após n passos, a posição média quadrática pode ser obtida a partir da posição anterior x_{n-1}, ou seja,

$$x_n = x_{n-1} \pm \lambda \quad \Longrightarrow \quad x_n^2 = x_{n-1}^2 \pm 2x_{n-1}\lambda + \lambda^2$$

Uma vez que o valor médio das posições, para qualquer número de passos, é nulo, obtém-se

$$\langle x_n^2 \rangle = \langle x_{n-1}^2 \rangle \pm 2 \underbrace{\langle x_{n-1} \rangle}_{0} \lambda + \lambda^2$$

Assim,

$$\langle x_1^2 \rangle = \lambda^2$$

$$\langle x_2^2 \rangle = \langle x_1^2 \rangle + \lambda^2 = 2\lambda^2$$

$$\langle x_3^2 \rangle = 3\lambda^2$$

$$\vdots$$

$$\vdots$$

$$\langle x_N^2 \rangle = N\lambda^2$$

Para uma partícula browniana, pode-se interpretar x_N como a projeção do deslocamento na direção x, a partir da origem, após N colisões com as moléculas do fluido.

Se T é o intervalo de tempo médio entre duas colisões, o tempo total decorrido após N colisões é dado por $t = NT$. Assim, a média dos quadrados dos deslocamentos de uma partícula browniana é proporcional ao tempo total de observação, ou seja,

$$\langle x^2 \rangle \propto t$$

4.3 Os experimentos de Perrin

Atualmente o nosso coração tem sentimentos sobre os átomos (...) para os quais ficaria indiferente se não fosse pela Ciência.

Bertrand Russell

A determinação da constante de difusão a partir do movimento browniano foi feita pelo físico francês Léon Brillouin, em um experimento sugerido por Perrin. Em vez de tentar observar os deslocamentos das partículas, Perrin sugeriu que se observasse o número ($\mathcal{N}$) de partículas brownianas coletadas em uma placa de vidro, inserida perpendicularmente à superfície de uma emulsão, por unidade de área, em um dado intervalo de tempo (Figura 4.5).

Se n é a concentração de partículas brownianas, pode-se escrever o número de partículas coletadas por unidade de área, em um dado intervalo de tempo, como

$$\mathcal{N} \simeq \frac{1}{2}n\lambda_x = n\sqrt{\frac{D}{2}}\sqrt{t}$$

na qual se usou a equação (4.10); o fator $1/2$ decorre do fato de se observarem as partículas que se deslocam apenas em um sentido.

Apesar dos trabalhos de Einstein, foram os experimentos de Perrin que contribuíram decisivamente para dirimir o resto de ceticismo que ainda havia na comunidade científica a respeito da teoria atômica da matéria, através de medidas precisas do número de Avogadro.

O físico francês notou que o deslocamento aleatório das partículas em suspensão em um fluido, como se observa no movimento browniano, é muito semelhante ao movimento caótico das moléculas de um gás, no qual se baseia, em última análise, o sucesso da Teoria Cinética dos Gases, conforme visto no Capítulo 3.

Embora as dimensões dos átomos e das moléculas sejam extremamente pequenas para serem contadas diretamente, o movimento browniano mostrou-se um fenômeno adequado para contornar esse problema e, assim, se proceder a uma análise quantitativa, pois as partículas são suficientemente pequenas para se

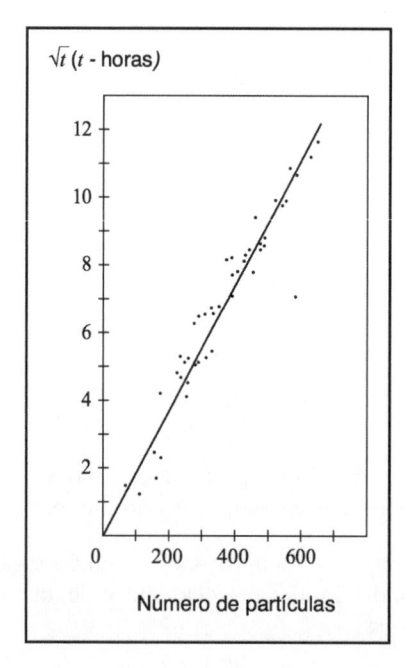

Figura 4.5: Resultado do experimento realizado por Brillouin, no laboratório de Perrin, que mostra o número de partículas brownianas coletadas em uma placa de vidro inserida em uma emulsão, em função do tempo de observação.

comportarem como constituintes de um gás, mas grandes o suficiente para serem contadas com o auxílio de um microscópio.

Portanto, para seus experimentos, Perrin precisava preparar uma suspensão aquosa, na qual as partículas suspensas satisfizessem às seguintes condições:

- ser suficientemente grandes para serem vistas individualmente, mas pequenas o bastante para terem comportamento térmico semelhante ao dos gases e, dessa forma, se poder quantificar seu movimento;[7]
- ter todas tamanho e massa uniformes.

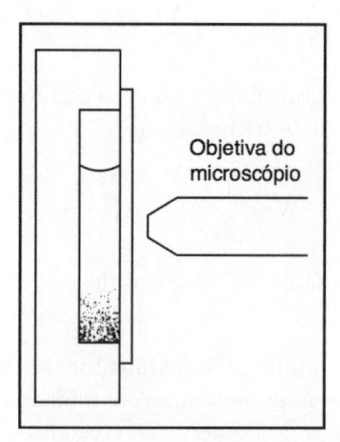

Figura 4.6: Esquema do aparato de Perrin para observação da distribuição de partículas brownianas no campo gravitacional terrestre.

Centrifugando uma mistura de água com uma espécie particular de resina de borracha mais densa que a água, Perrin pôde obter uma suspensão para a qual as condições acima fossem satisfeitas. Através de

---

[7] Essa condição implica que a concentração das partículas em suspensão deve ser tão pequena a ponto de se poder considerar desprezível o efeito das forças entre elas.

um processo repetitivo de centrifugação, ele pôde selecionar o tamanho das partículas que melhor lhe convinham.

A observação pode ser feita de duas maneiras. Inicialmente, com a emulsão preparada verticalmente e a objetiva do microscópio horizontalmente posicionada (Figura 4.6).

Desse modo, foi possível observar de maneira qualitativa a distribuição das partículas em suspensão em função da altura (Figura 4.7).

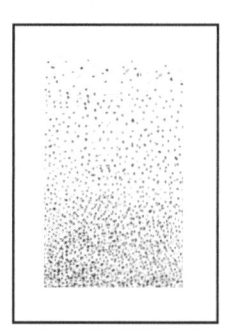

Figura 4.7: Distribuição de partículas em suspensão em uma solução aquosa.

Em seguida, para fazer observações quantitativas, a emulsão foi preparada na horizontal, com a objetiva do microscópio verticalmente posicionada (Figura 4.8).

Do ponto de vista teórico, embora mais densas que a água, essas pequenas partículas ficam em suspensão distribuídas como mostra a Figura 4.7, ou seja, há uma densidade maior de partículas na região inferior do recipiente, que vai diminuindo à medida que se vai aproximando da superfície.

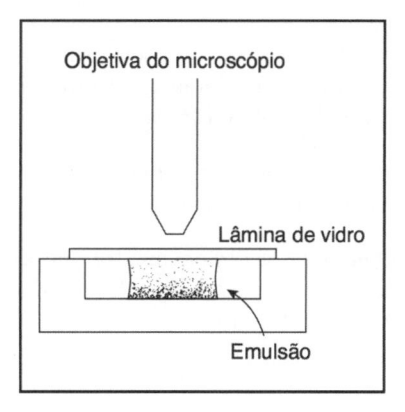

Figura 4.8: Esquema do aparato de Perrin para medir a concentração de partículas brownianas em vários níveis da emulsão.

Admitindo-se que, ao longo da vertical, a concentração (n) de partículas brownianas de massa m e volume V, em equilíbrio térmico à temperatura T, obedeça à fórmula barométrica, equação (3.24), deve-se ter

$$\frac{n}{n'} = \exp\left(-\frac{mgh}{kT}\right) = \exp\left(-\frac{N_A mgh}{RT}\right)$$

na qual n e n' são as concentrações em duas alturas separadas por uma distância h e g é a aceleração local da gravidade.

Se $\rho = m/V$ é a densidade das partículas brownianas e ρ' é a densidade do fluido no qual elas estão em suspensão, levando-se em conta o efeito do empuxo ($\rho'Vg$) sobre as partículas de volume $V = m/\rho$, deve-se utilizar, na fórmula barométrica, o peso efetivo das partículas dado por

$$mg - \rho'Vg = mg - \frac{\rho'}{\rho}mg = mg\frac{(\rho - \rho')}{\rho}$$

Desse modo, obtém-se

$$\frac{n}{n'} = \exp\left[\frac{-N_A mg(\rho - \rho')h}{\rho RT}\right] \tag{4.18}$$

Essa expressão é conhecida como a equação do equilíbrio de sedimentação de uma suspensão como resultado do movimento browniano.

Uma vez medida a razão n/n', a partir da fórmula (4.18), conhecida como a equação do equilíbrio de sedimentação de uma suspensão que resulta do movimento browniano, Perrin determinou o número de Avogadro. Mas como medir n/n'?

Para contornar o problema da contagem de milhares de partículas deslocando-se em todas as direções, muitas das quais saindo ao mesmo tempo que tantas outras entravam no campo da objetiva, Perrin reduziu o campo de visão do microscópio de tal modo que apenas um pequeno número de partículas fosse observado em intervalos de tempo regulares. Seguindo essa técnica, que se mostrou muito mais eficiente que o uso de fotografias abrangendo todo o campo visual, ele preferiu fazer séries de 100 leituras para um certo nível de profundidade e mais 100 para outro, repetindo milhares de vezes esse procedimento para obter uma boa precisão na medida. A observação de cada série de 100 contagens, que dava como resultado uma sequência de pequenos números, como

$$2, 2, 0, 3, 2, 2, 5, 3, 1, 2, \ldots\ldots$$

é equivalente ao que se poderia observar em uma fotografia instantânea de um campo visual 100 vezes maior do que o utilizado para a contagem das partículas.

Assim, determinando de hora em hora a razão n/n', dada pela equação (4.18), entre as concentrações em dois níveis fixos, constatou-se que, após uma hora, e entre três horas e 15 dias, a razão se mantinha estável. Isso denotava o equilíbrio de um processo reversível, pois após qualquer perturbação, como o resfriamento da emulsão, forçando as partículas a se acumularem nas regiões inferiores, o sistema retornava ao equilíbrio termodinâmico anterior.

Após a observação de várias séries, em diversos níveis, seus resultados não apenas permitiram confirmar a equação de sedimentação como também o levaram a determinar um valor médio para o número de Avogadro, a partir dessa equação, obtendo $6,82 \times 10^{23}$.

Em um outro experimento, Perrin observou o movimento das partículas através de um microscópio cuja ocular estava dotada de um reticulado, que servia de sistema de coordenadas.

Medindo as projeções ao longo do eixo x dos deslocamentos sucessivos de uma partícula, em intervalos de tempo da ordem de um minuto, a partir dos segmentos de reta determinados pelas posições sucessivas, Perrin obteve um quadro semelhante ao da Figura 4.9.

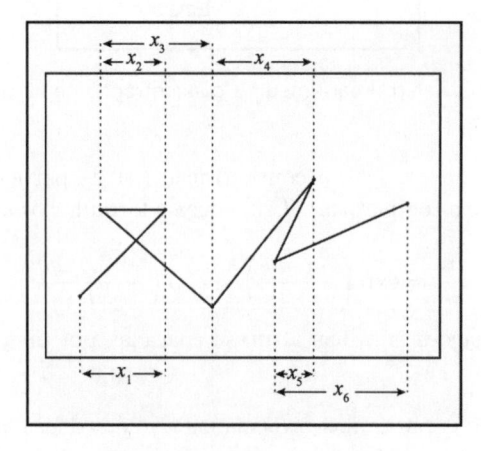

Figura 4.9: Deslocamentos sucessivos de uma partícula browniana.

É claro que, diminuindo-se o intervalo de tempo de observação, nota-se que cada segmento retilíneo, por sua vez, resulta de vários outros segmentos aleatórios. Ou seja, o que se observa é uma imagem simplificada da "trajetória" da partícula. A "verdadeira trajetória" seria obtida pela redução do tempo a uma escala microscópica.

De qualquer maneira, quadrando-se cada projeção dos deslocamentos e determinando-se a média, pode-se calcular o desvio médio quadrático e, assim, por meio da fórmula de Einstein,

$$N_A = \left(\frac{t}{\lambda_x^2} \right) \frac{RT}{3\pi\eta a}$$

determina-se o número de Avogadro.

A medida do número de Avogadro consiste em mais do que contar, direta ou indiretamente, o número de constituintes de 1 mol de uma substância. Por muitas décadas ela esteve ligada a uma questão central do conhecimento científico: estava em jogo nada mais nada menos do que a confirmação da hipótese atômica da constituição da matéria.

Em um artigo de 1866 sobre o tamanho das moléculas do ar, o austríaco Josef Loschmidt estimou o diâmetro dessas moléculas como sendo da ordem de 10^{-9} m (1 nanômetro). Tal estimativa é cerca de três vezes maior que o valor atual, e as fontes de equívoco foram, basicamente, imprecisões nas medidas do livre caminho médio e no coeficiente de condensação do ar. Entretanto, o número de moléculas em 1 cm^3, nas CNTP – que ficou conhecido como número de Loschmidt (L) – pode ser estimado a partir dos resultados e das fórmulas desse artigo, encontrando-se $L \approx 2,0 \times 10^{18}$ moléculas/cm^3, do qual resulta, para o número de Avogadro, o valor $0,5 \times 10^{23}$ moléculas/mol. Os valores de referência hoje para os números de Loschmidt e de Avogadro são $2,6867775 \times 10^{25}$ moléculas/m^3 e $6,02214199 \times 10^{23}$ moléculas/mol, respectivamente. A partir de então, vários pesquisadores de grande renome contribuíram para calcular o valor do número de Avogadro, conforme mostra a Tabela 4.1. Medidas mais acuradas só foram obtidas a partir de 1913.

Tabela 4.1: Medidas do número de Avogadro em diferentes experimentos até 1935

Ano	Cientista	Valor (nº/mol) x 10²³
1811	Avogadro	desconhecido
1811	Ampère	desconhecido
1866	Loschmidt	0,5
1871	Rayleigh	≈ 4
1873	Maxwell	4,3
1900	Planck	6,175
1906	Einstein	6,56
1908	Perrin	6,5 – 6,9
1911	Boltwood & Rutherford	6,1
1913	Millikan	6,062 ± 0,012
1914	Fletcher	6,03 ± 0,12
1914	Perrin	6,03
1914	Westgren	6,85 ± 0,02
1917	Millikan	6,064 ± 0,006
1930	Bond	6,054 ± 0,03
1935	Bearden	6,0221 ± 0,0005

Provavelmente nenhuma outra constante fundamental despertou o interesse de tantos físicos do porte de Ampère, Maxwell, Boltzmann, Thomson, Planck, Einstein, Rutherford, Millikan, Perrin e outros. Esse fato por si só já sugere a força da concepção atômica da matéria e seu papel basilar na construção do conhecimento científico moderno que, concluindo, podem muito bem ser resumidos nas palavras do físico americano Richard Feynman:

> *Se, em algum cataclismo, todo o conhecimento científico fosse destruído e somente uma sentença fosse transmitida para as próximas gerações de criaturas, que enunciado conteria mais informação em menos palavras? Acredito que seja a* hipótese atômica *(...) de que* todas as coisas são feitas de átomos *(...). Nessa única sentença, você verá, existe uma* enorme *quantidade de informações sobre o mundo.*

4.4 Fontes primárias

Bachelier, L., 1900. Théorie de la Spéculation. *Annales Scientifiques de l'École Normale Superieur* **3**, n. 17 p. 21-86.

Bond, W.N., 1930. The values and inter-relationship of c, e, h, M, G and R. *Philosophical Magazine* **10**, p. 994-1003.

Bond, W.N., 1930. The electric charge. *Ibid.* **12**, p. 632-640.

Brown, R., 1828. A Brief Account of Microscopical Observations Made in the Months of June, July, and August, 1827, on the Particles Contained in the Pollen of Plants; and the General Existence of Active Molecules in Organic and Inorganic Bodies. *Philosophical Magazine* **4**, p. 161-173.

Einstein, A., 1905a. Eine neue Bestimmung der Moleküldimensionen. Dissertação de Doutorado, Universidade de Zurich. Publicada como artigo em *Annalen der Physik*, Ser. 4, **19**, p. 289-305 (1906). Traduzida para o português em **Stachel, J. (Org.), 2001**, p. 61-86, como Uma nova determinação das dimensões moleculares.

Einstein, A., 1905b. Über die von der molekularkinetischen Theorie der Wärme geforderte Bewegung von in ruhenden Flüssigkeiten suspendierten Teilchen. *Annalen der Physik*, Ser. 4, **17**, p. 549-560. Traduzido para o português em **Stachel, J. (Org.), 2001**, p. 103-116, como Sobre o movimento de pequenas partículas em suspensão dentro de líquidos em repouso, tal como exigido pela teoria cinético-molecular do calor.

Einstein, A., 1906a. *Annalen der Physik*, Ser. 4, **19**, p. 306. Traduzido para o inglês em **Einstein, A., 1909-1955.**, p. 191, como Supplement to A New Determination of Molecular Dimensions.

Einstein, A., 1906b. Zur Theorie der Brownschen Bewegung. *Annalen der Physik*, Ser. 4, **19**, p. 371-381. Traduzido para o inglês em **Einstein, A., 1926**, p. 19-35, como On the Theory of Brownian Motion.

Einstein, A., 1907. Theoretische Bemerkung über die Brownsche Bewegung. *Zeitschrift für Elektrochemie und angewandte physikalische Chemie* **13**, p. 41-42. Traduzido para o inglês em **Einstein, A., 1909-1955**, p. 229-231, como Theoretical Remarks on Brownian Motion.

Einstein, A., 1908. Elementare Theorie der Brownschen Bewegung. *Zeitschrift für Elektrochemie und angewandte physikalische Chemie* **14**, p. 235-239. Traduzido para o inglês em **Einstein, A., 1909-1955**, p. 318-328, como Elementary Theory of Brownian Motion.

Einstein, A., 1911. Berichtigung zu meiner Arbeit: 'Eine neue Bestimmung der Moleküldimensionen'. *Annalen der Physik*, Ser. 4, **34**, p. 591-592. Traduzido para o inglês em **Einstein, A., 1909-1955**, p. 336-337, como Corrections of My Paper 'A new determination of Molecular Dimensions'.

Exner, S., 1867. Untersuchungen über Brown's Molecülarbewegung. *Sitzungsberichte der kaiserlichen Akademie der Wissenschaft zu Wien* **56**, Abteilung 2, p. 116.

Exner, F.M., 1900. Notiz zu Brown's Molecularbewegung. *Annalen der Physik*, Ser. 4, **2**, n. 8, p. 843-847.

Gouy, L.-G., 1888. Note sur le Mouvement Brownien. *Journal de Physique et de Radium* **7**, n. 2, p. 561-563.

Gouy, L.-G., 1889. Sur le Mouvement Brownien. *Comptes Rendus de l'Académie des Sciences de Paris* **109**, p. 102-105.

Langevin, P., 1908. Sur la théorie du movement brownien. *Comptes Rendus* **146**, p. 530-533, traduzido para o inglês em *American Journal of Physics* **65**, n. 11, p. 1079-1081 (1997), como On the Theory of Brownian Motion.

Loschmidt, J., 1866. Zu Grösse der Luftmolecüle. *Sitzungsberichte der kaiserlichen Akademie der Wissenschaft zu Wien, Mathematisch-Naturwissenschafliche* Klasse II, Abteilung **52**, p. 395-413. Tradução para o inglês, em *Journal of Chemical Education* **72**, n. 10, p. 870-875 (1995), como On the Sizes of Air Molecules.

Millikan, R.A., 1913. Brownian Moviments in Gases at Low Pressures. *Physical Review* **1**, n. 1, p. 218-221.

Perrin, J., 1901. Les hypothèses moléculaires. *Revue Scientifique* **15**, p. 449-461.

Perrin, J., 1908a. L'agitation moléculaire et le mouvement brownien. *Comptes Rendus* **146**, p. 967-1023; Grandeur des molécules et charge de l'électron. *Comptes Rendus* **147**, p. 594-596. Primeira medida de Perrin.

Perrin, J., 1908b. La lois de Stokes et le mouvement brownien. *Comptes Rendus* **147**, p. 475-476.

Perrin, J., 1908c. L'origine de le mouvement brownien. *Comptes Rendus* **147**, p. 530-532.

Perrin, J., 1909. *Brownian Mouvement and Molecular Reality.* Nova edição, Phoenix Collection, Nova York: Dover (2005).

Perrin, J., 1911. Les déterminations des grandeurs moléculaires. *Comptes Rendus* **152**, p. 1165-1168.

Rayleigh, Lord, 1871. On the light from the sky, its polarization and color. *Philosophical Magazine* **41**, p. 107-120.

Smoluchowski, M.V., 1908. Zur Kinetischen Theorie der Brownschen Molekularbewegung und der Suspensionen. *Annalen der Physik*, Ser. 4, **21**, p. 756-780.

Smoluchowski, M.V., 1908. Molekular-Kinetische Theorie der Opaleszenz von Gasen im kritischen Zustande, sowie einiger verwandter Erscheinungen. *Annalen der Physik*, Ser. 4, **25**, p. 205-226.

Taiti, P.G., 1887. The assumptions required for the proof of Avogadro's law. *Philosophical Magazine*, S. 5, **23**, p. 433-434.

Westgren, A., 1915. Bestimmung der Avogadrofchen Konstante Durch Messungen der Brownfchen Dewegung der Teilchen in Goldhydrosolen. *Zeistschrift für Anorganische und Allgemeine Chimie* **93**, p. 231-266.

4.5 Outras referências e sugestões de leitura

Bearden, J.A., 1935. The Measurement of X-Ray Wavelengths by Large Ruled Gratings. *Physical Review*, Second series, **48**, n. 5, p. 385-390.

Becker, P., 2001. History and Progress in the accurate determination of the Avogadro constant. *Reports on Progress in Physics* **64**, n. 12, p. 1945-2008.

Chaudesaigues, 1908. Le Mouvement brownien et la formule d'Einstein. *Comptes Rendus* **147**, p. 1044-1046.

Deslattes, R.D., 1980. The Avogadro Constant. *Annual Review of Physics and Chemistry* **31**, p. 435-461.

Einstein, A., 1926. Esse livro contém a tradução para o inglês de cinco artigos de Einstein sobre sua investigação do Movimento Browniano, com uma série de notas úteis de R. Fürth. Ao utilizar esta edição, note, entretanto, que devido à alteração de algumas constantes, os resultados numéricos não coincidem com os de Einstein.

Lunn, A.C., 1922. Atomic Constants and Dimensional Invariants. *Physical Review*, Series 2, **20**, n. 1, p. 1-14.

Morse, P.M., 1965. Livro de texto que apresenta o movimento browniano como consequência das flutuações térmicas das partículas de um fluido, com uma boa discussão sobre a teoria das probabilidades.

Nye, M.-J., 1972. Apresenta uma perspectiva do trabalho científico de Jean Perrin e seu impacto sobre a realidade da visão molecular da matéria.

Perrin, J., 1913. *Les Atoms*. Paris: Librairie Félix Alcan. Tradução inglesa *Atoms*. Woodbridge: Ox Bow, (1990). Excelente livro no qual o autor expõe seu trabalho de pesquisa experimental voltada para a determinação do número de Avogadro. Sua leitura é ainda atual e indispensável.

Pesic, P. 2005. Estimating Avogadro's number from skylight and airlight. *European Journal of Physics* **26**, p. 183-187.

Schilpp, P.A. (Ed.), 1988. Autobiografia de Einstein, com 26 ensaios críticos sobre sua obra e as réplicas de Einstein às críticas, além de uma vasta bibliografia.

Staumanis, M.E., 1953. Absolute Value of Avogadro's Number and the Soundness of Crystals. *Physical Review* **92**, n. 5, p. 1155-1157.

Sturm, J.E., 1998. Ernest Rutherford, Avogadro's number and chemical kinetics revisited. *Journal of Chemical Education* **75**, p. 998-1003.

Uhlenbeck, G.E.; Goudsmit, S., 1929. A Problem in Brownian Motion. *Physical Review* **34**, n. 1, p. 145-151.

Virgo, S.E., 1933. Loschmidt's Number. *Science Progress* **27**, p. 634-649. Mostra que em 1933 já era grande o número de modos diferentes de se obter o número de Avogadro.

Wertenstein, L., 1928. New Method of Determination of the volume of 1 curie radon. *Philosophical Magazine* **6**, n. 34, p. 17-33.

4.6 Exercícios

Exercício 4.6.1 Partículas de fuligem de raio $0{,}4 \times 10^{-4}$ cm estão imersas em uma solução aquosa de viscosidade $0{,}0278$ g.cm^{-1}.s^{-1} à temperatura de 18,8 °C. Se o deslocamento efetivo observado em uma dada direção durante 10 s é da ordem de $1{,}82 \times 10^{-4}$ cm, estime o número de Avogadro.

Exercício 4.6.2 Uma partícula de raio a (cm) move-se com velocidade constante v (cm/s) através de um fluido de viscosidade η (g.cm^{-1}.s^{-1}). Se a força de atrito que atua sobre ela depende de a, v e η, mostre que uma análise dimensional leva à lei de Stokes.

Exercício 4.6.3 Obtenha a equação (4.9).

Exercício 4.6.4 De acordo com a equação (4.10), estime o deslocamento médio quadrático em uma direção para moléculas de açúcar dissolvidas em água a 17 °C, decorridos 2 minutos.

Exercício 4.6.5 Utilizando os dados disponíveis à época de Einstein, determine o valor da constante de Boltzmann, a partir da equação (4.12).

Exercício 4.6.6 Partindo da equação (4.10), esboce a dependência do deslocamento médio quadrático, λ_x em termos do tempo t.

Exercício 4.6.7 A solução da equação de difusão no movimento browniano,

$$\frac{\partial}{\partial t} n(x,t) = D \, \frac{\partial^2}{\partial x^2} n(x,t)$$

pode ser determinada pelo método da transformada de Fourier, supondo que toda função de x, como a concentração de moléculas solutas, $n(x,t)$, pode ser representada pela superposição de funções harmônicas exponenciais

$$n(x,t) = \int_{-\infty}^{\infty} n(k,t) \, e^{ikx} \, \mathrm{d}k$$

sendo k uma variável real associada ao período de cada componente harmônica, e $n(k,t)$ é um fator de peso associado a cada componente, denominada transformada de Fourier de $n(x,t)$, dada por

$$n(k,t) = \frac{1}{2\pi} \int_{-\infty}^{\infty} n(x,t)\, e^{-ikx}\, \mathrm{d}x$$

Considerando que a concentração das moléculas solutas obedece à condição de contorno

$$n(-\infty, t) = n(\infty, t) = 0$$

e a concentração inicial é praticamente nula, exceto no plano definido por $x = 0$, ou seja, a concentração inicial é dada por

$$n(x, 0) \propto \delta(x)$$

em que $\delta(x)$, a função delta de Dirac, satisfaz a relação $\displaystyle\int_{-\infty}^{\infty} \delta(x)\,\mathrm{d}x = 1$.

Mostre que:

a) substituindo a superposição de Fourier na equação de difusão obtém-se a equação diferencial

$$\frac{\mathrm{d}}{\mathrm{d}t} n(k,t) = -Dk^2 n(k,t)$$

cuja solução é dada por $n(k,t) = n(k,0)\, e^{-Dk^2 t}$;

b) a transformada de Fourier da concentração inicial, $n(k,0)$, é proporcional a $1/(2\pi)$;

c) substituindo a transformada $n(k,t)$ na superposição de Fourier para a concentração,

$$n(x,t) = \frac{1}{2\pi} \int_{-\infty}^{\infty} e^{-Dt[k^2 - ikx/(Dt)]}\, \mathrm{d}k$$

o resultado para a concentração em qualquer instante e posição, é dado por

$$\frac{1}{\sqrt{4\pi Dt}}\, e^{-x^2/(4Dt)}$$

(Sugestão: completar os quadrados na variável k, na integral de Fourier.)

5

A natureza da luz: concepções clássicas

O que levou finalmente os físicos, após longa hesitação, a abandonar a crença na possibilidade de toda a Física ter como base a Mecânica de Newton foi a Eletrodinâmica de Faraday e Maxwell.

Albert Einstein

5.1 A natureza da luz: discreta ou contínua?

A verdade, aprendemos, é de diferentes tipos, nem todos completamente compatíveis.

Peter Medawar

O debate científico envolvendo a dicotomia *discreto* × *contínuo* não ficou circunscrito ao estudo e à descrição da matéria. A discussão acerca da natureza da luz também nunca esteve livre dessa polêmica.

Da Grécia Clássica não permaneceram registros de um interesse pela natureza da luz comparável ao interesse pela matéria e por sua constituição. O estudo da Óptica naquele período resultou da confluência de diferentes interesses: fisiológico, físico-filosófico e matemático. Com relação ao primeiro, pode-se afirmar que a esse período remonta a origem da Oftalmologia, pois havia uma motivação prática voltada para compreender a origem da cegueira e tratar as doenças dos olhos. O que se chama de interesse físico-filosófico engloba questões epistemológicas, psicológicas e a busca das causas físicas da visão. Por último, o interesse matemático envolve a Geometria como ferramenta para explicar a percepção do espaço.

No período pré-socrático destacam-se, principalmente, duas correntes sobre o mecanismo da visão. A primeira, atribuída aos pitagóricos, sustentava que o olho envia um feixe de luz ou de *fogo* que incide sobre os objetos, ideia essa que vai influenciar a teoria platônica da visão. A segunda, de autoria dos atomistas, defendia que o olho recebe mais ou menos passivamente efluxos ou imagens provenientes dos objetos. Empédocles, no entanto, supunha que a luz era uma substância que flui sempre, emitida pela fonte de luz, embora, às vezes, segundo Aristóteles, considerasse a possibilidade de os olhos emitirem luz. Como não poderia deixar de ser, os atomistas acreditavam na natureza corpuscular das imagens que chegavam aos olhos, imaginando que estas se formavam a partir de um feixe de partículas do ar, existente entre o objeto e o observador, que atingia a retina. Já os estoicos formularam uma explicação baseada no contínuo, análoga à propagação de ondas.[1]

---

[1] Um fenômeno ondulatório, ou a propagação de ondas acústicas em um meio elástico, consiste em um processo de vibração coletivo das partículas do meio, que resulta na transferência de energia de uma região a outra. Macroscopicamente, o fenômeno pode ser descrito ou caracterizado pela perturbação ou variação contínua no tempo e no espaço de uma grandeza ou propriedade do meio, como a pressão ou a densidade (Seção 5.2).

Apesar de esse debate acerca da natureza *discreta* ou *contínua* da luz, envolvendo a visão, travar-se no terreno da pura especulação filosófica, digna de nota foi a contribuição sistemática de Euclides de Alexandria à Óptica, que tornou essa discussão menos especulativa.

Euclides apresentou a primeira teoria matemática da visão, na melhor tradição platônica, concentrando-se em apresentar uma fundamentação geométrica da Óptica. Ignorando a causa primeira dos fenômenos e qualquer interesse fisiológico, preocupou-se apenas com o que é observado e pode ser expresso geometricamente, seguindo o método descrito em seus *Elementos*. Sua contribuição ao ideal de geometrizar a Física, em certo sentido, foi além de Platão – que se restringiu a lançar as bases de uma Cosmologia e de uma visão da estrutura da matéria fundamentadas no mundo das ideias (Seção 1.3), no âmbito do que se pode chamar de uma filosofia geométrica. De fato, Euclides lançou mão de uma descrição geométrica dos fenômenos luminosos, no sentido mais atual desse termo – um sentido quase galileano –, separando a questão da propagação física da luz de outras para as quais ele não teria resposta. Ao aplicar a Geometria ao estudo da Óptica, mostrou que fenômenos reais podiam ser descritos qualitativa e quantitativamente.[2] Esse foi um marco importante, normalmente não enfatizado, na história da geometrização da Física, que contará, mais tarde, com as contribuições de Descartes, Galileu e Newton, e ganhará uma nova dimensão com Einstein. Como nos lembra o historiador da Física Max Jammer,

> *foi Einstein quem esclareceu como a Geometria (...) cessa de ser uma ciência axiomático-dedutiva e torna-se uma entre as ciências naturais: a mais velha de todas, na verdade.*

Durante a Idade Média, a luz despertou o interesse de vários estudiosos e, devido à sua natureza única de se propagar na Terra e no Céu, foi vista como de caráter divino. Como exemplo, o erudito inglês Robert Grosseteste considerava que *a luz, por sua extensão, condensação e rarefação, explicava todos os fenômenos do Universo.*

A primeira contribuição moderna à compreensão da natureza dos fenômenos luminosos que se destaca é a de Descartes, um dos fundadores da *Nova Filosofia*. A formulação de suas ideias sobre a natureza da luz baseava-se em suas concepções metafísicas. Por não acreditar no vazio, Descartes encarava a luz como uma pressão transmitida, análoga à propagação do som, através de um meio perfeitamente elástico, o *éter*, meio muito leve e rarefeito, capaz de penetrar todos os corpos sem ser percebido. A existência ou não desse meio, desse substrato para a propagação da luz, vai ser tema de muita discussão e investigação científica até o surgimento da Teoria da Relatividade Restrita, em 1905 (Seção 5.7 e Capítulo 6).

Sobre a questão da propagação da luz, é importante citar a contribuição do matemático francês Pierre de Fermat, introduzindo um princípio fundamental, a partir do qual se propunha a deduzir a trajetória dos raios de luz. Em agosto de 1657, estabeleceu o *Princípio do Tempo Mínimo* ao afirmar que *a natureza sempre atua pelo menor caminho.*

Trata-se de um princípio metafísico, mas extremamente importante no desenvolvimento futuro da Física Teórica. Muitos se perguntaram sobre o que deveria ser *mínimo* durante a propagação da luz e também de outros corpos, ou ainda, de forma mais geral, sobre o que seria mínimo na evolução de um sistema físico. Historicamente, as respostas foram muitas. Essa discussão está relacionada ao cálculo variacional e, com o desenvolvimento da Mecânica Analítica, ao *Princípio de Mínima Ação*. A partir daí, abriram-se novos horizontes; não apenas chegou-se a diferentes formulações da Mecânica de Newton, como também foi possível estender esse princípio para se obterem as equações de Maxwell para o Eletromagnetismo que, diferentemente da Mecânica, são a base de uma teoria de campos. Mais que isso, o *Princípio de Mínima Ação* tem servido como ponto de partida para a formulação de novas teorias até hoje. Seu papel unificador, segundo o matemático húngaro Cornelius Lanczos, reside no fato de, por meio dele, se ter chegado à compreensão de que existe *um princípio* por trás do conjunto de equações que descrevem a dinâmica de um sistema físico, por mais complicado que seja, que expressa o sentido de todo esse conjunto. Dada uma quantidade fundamental – a ação –, o princípio de que esta seja estacionária leva ao conjunto completo de equações diferenciais que descrevem o sistema considerado.

---

[2] Outro exemplo de aplicação prática da Geometria foi a estimativa do raio da Terra feita por Eratóstenes, cerca de 200 a.C., medindo a sombra de uma vareta no solstício de verão em duas cidades (Exercício 1.8.2).

Voltando à questão específica da natureza da luz, só depois que o importante papel do método experimental nas ciências físicas foi evidenciado por Galileu, a Óptica começou a se edificar em bases sólidas, no século XVII, como uma ciência experimental.

Nesse contexto, uma das primeiras leis quantitativas da Física, estabelecida pelo holandês Willebrord van Roijen Snell, em 1621, mas publicada apenas em 1637, por Descartes, em seu livro *Dióptrica*, foi a *lei da refração*.[3]

Em 1666, o jovem Newton realizou um experimento muito simples, mas importante para o estudo da luz. Assim, mais tarde, ele descreveu o que fez:

> *Tendo escurecido meu quarto e feito um pequeno orifício na minha cortina, para permitir a entrada de uma quantidade suficiente de luz do Sol, coloquei meu prisma próximo à entrada de luz, de forma que ela pudesse ser refratada sobre a parede oposta.*

Figura 5.1: Newton decompondo a luz do Sol com um prisma para um estudo de Óptica. Gravação feita a partir de um quadro de J.A. Houston, 1879.

O resultado é bem conhecido: a luz solar é decomposta em várias cores, e, utilizando-se de outro prisma, Newton foi capaz de recompô-la. Sua interpretação para esse fenômeno foi que a luz solar seria composta de diferentes cores, cada qual tendo um índice de refração diferente. Neste caso, como a luz se refrata duas vezes no prisma, ao passar do ar para o vidro e, em seguida, do vidro de volta para o ar, cada componente (cor) sofre uma mudança de direção diferente e, portanto, há uma separação, ou uma dispersão das cores, dando origem ao espectro do arco-íris. De acordo com a teoria ondulatória do século XIX, esse fenômeno é compreendido atribuindo-se a cada cor um *comprimento de onda* diferente

---

[3] Para incidência oblíqua, a lei da refração relaciona as direções de um feixe de luz ao atravessar a superfície de separação de dois meios homogêneos e isotrópicos, pela equação

$$\frac{\operatorname{sen}\theta_i}{\operatorname{sen}\theta_r} = n$$

sendo θ_i e θ_r os ângulos de incidência e de refração do feixe em relação à normal à superfície, e n, o índice de refração relativo dos meios. De um ponto de vista mais fundamental, o índice de refração relaciona as velocidades de fase da luz nos dois meios.

(Seção 5.2.4), de modo que o desvio na direção de cada componente da luz pelo prisma depende dessa grandeza. Quanto menor o comprimento de onda, maior a refração.

Outro fato importante quanto à natureza e à propagação da luz foi a descoberta do fenômeno conhecido como *difração*, no qual se via luz projetada na região que deveria ser exclusivamente de sombra. Esse fenômeno foi descoberto pelo físico italiano Francesco Maria Grimaldi, que, ao que parece, cunhou o termo *difração*. Escrevendo sobre a propagação da luz, ele afirma, em seu livro publicado postumamente, em 1665, que *a luz se propaga (...) não só diretamente, refrativamente e por reflexão, mas também, em um certo outro modo, difrativamente.*[4]

Já os fenômenos de interferência foram observados por Boyle e pelo físico inglês Robert Hooke. Enquanto Boyle era partidário da hipótese corpuscular e acreditava no vácuo, Hooke, por não aceitar o vazio, tinha uma concepção ondulatória para os fenômenos luminosos.

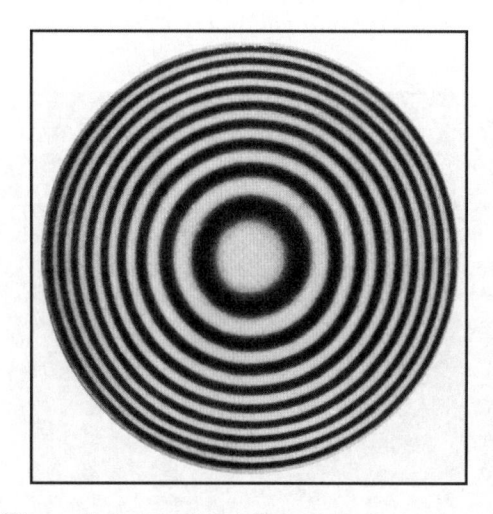

Figura 5.2: Padrões de interferência luminosa.

Tendo esse cenário por base, ocorrerá o debate entre Newton e o físico holandês Christiaan Huygens acerca da natureza da luz,[5] como será visto na Seção 5.3.

5.2   Fenômenos ondulatórios

> *Não é de todo fácil estabelecer uma definição que seja precisa e, ao mesmo tempo, cubra os vários fenômenos físicos para os quais o termo 'onda' é comumente aplicado.*
>
> Horace Lamb

Até o século XVIII, as concepções pré-clássicas para os fenômenos acústicos, ópticos e térmicos eram baseadas, essencialmente, nos sentidos do homem. Associado à audição, o *som* era (e ainda é) caracterizado como o efeito produzido por perturbações longitudinais da pressão ou da densidade do ar ao movimentar ou interagir com os tímpanos, fazendo-os vibrar com frequências de 20 Hz a 20 kHz. Associada à visão, a luz pôde ser caracterizada, no século XIX, como o efeito produzido por perturbações transversais dos *campos eletromagnéticos*, com frequências em outra escala, da ordem de 5×10^{14} kHz.

A generalização do conceito de *energia* e de sua conservação na Física Clássica, resultante dos trabalhos do físico e médico alemão Hermann Ludwig von Helmholtz, de Julius Robert Mayer e de Joule, permitiu a caracterização dos fenômenos naturais e das interações entre os sistemas físicos como processos de

---

[4] *Lumen propagatur (...) non solum Directer, Refracter, ac Reflexe, sed etiam alio quodam Quarto modo, diffracte.*
[5] Na realidade, entre os partidários das visões corpuscular e ondulatória.

transformações, transferências ou trocas de energia. Assim, o *calor*, inicialmente associado ao tato, seria o efeito coletivo resultante da transferência de energia de um sistema de partículas/moléculas para outro, por condução no contato direto, por convecção, através do deslocamento da matéria, ou pela propagação de ondas eletromagnéticas de frequências menores que a da luz visível, na região do infravermelho, na faixa de $10^{12} - 4{,}3 \times 10^{14}$ Hz.

A partir do século XIX, com a hipótese científica da constituição atômica da matéria, surge também a convicção de que tanto os fenômenos envolvendo o movimento de corpos macroscópicos como os fenômenos biológicos, químicos, moleculares e atômicos, em nível microscópico, decorriam ou das *interações eletromagnéticas*, caracterizadas pela transferência de energia entre corpos com carga elétrica, ou das *interações gravitacionais*, caracterizadas pela transferência de energia entre corpos com massa, entre alguns constituintes básicos (partículas) da matéria.

O sucesso da Teoria Cinética dos Gases reforçou essa visão mecanicista e reducionista da Natureza. Embora haja, ainda hoje, críticas filosóficas e metodológicas ao reducionismo, quando encarado como um método eficaz de análise da Ciência, e não como um dogma, deve-se compreender que ele permitiu, em última instância, o desenvolvimento durante o século XX não só da Física, incluindo suas várias ramificações, desde a Matéria Condensada à Astrofísica, mas também da Química Molecular e da Biologia Genética.

Nesse sentido, os fenômenos acústicos, que ocorrem em meios elásticos líquidos, sólidos e gasosos, se caracterizam, do ponto de vista microscópico, pelo movimento coletivo e organizado de um número considerável de partículas constituintes (átomos e moléculas) do meio. O efeito resultante das interações entre esses constituintes pode ser caracterizado pelas perturbações ou alterações de algumas propriedades macroscópicas do meio, tais como a densidade e a pressão.

Ao comportamento coletivo das partículas de um sistema que resulta na transferência de energia de uma região a outra de um meio, de modo sistemático, organizado, contínuo e persistente,[6] denomina-se *movimento ondulatório* ou *propagação de ondas*.

Microscopicamente, as chamadas *ondas acústicas* resultam do movimento local (vibrações ou oscilações) dos átomos ou moléculas constituintes de um meio, transferindo energia de um átomo a outro, a uma baixa taxa temporal (baixa frequência).

Apesar da natureza discreta da matéria, a perturbação associada a um movimento ondulatório, em geral, é descrita por campos escalares, vetoriais, tensoriais ou espinoriais contínuos, representados por *funções de onda*, que descrevem as variações espaço-temporais de alguma propriedade macroscópica de um meio. Localmente, esses campos obedecem a equações diferenciais parciais, denominadas *equações de onda*.

5.2.1   A equação de onda clássica de d'Alembert

Do ponto de vista clássico, movimentos ondulatórios em meios lineares, homogêneos e não dissipativos são descritos pela chamada *equação de onda de d'Alembert*,[7]

$$\boxed{\left(\nabla^2 - \frac{1}{v^2}\frac{\partial^2}{\partial t^2}\right)\Psi(\vec{r},t) = 0} \tag{5.1}$$

na qual v é uma constante, característica do meio, denominada *velocidade de propagação* da onda, $\Psi(\vec{r},t)$ é a função de onda em um instante t, que descreve as variações de uma propriedade do meio, em um ponto genérico $\vec{r}$, e ∇^2 é o operador laplaciano que, em coordenadas cartesianas (x,y,z), é expresso por

$$\nabla^2 = \frac{\partial^2}{\partial x^2} + \frac{\partial^2}{\partial y^2} + \frac{\partial^2}{\partial z^2}$$

---

[6] Se as perturbações não são sistemáticas e organizadas, diz-se que houve um *ruído*.
[7] Estabelecida pelo matemático francês Jean-le-Rond d'Alembert, em 1750.

Se o movimento ondulatório for caracterizado por uma perturbação que depende apenas de uma coordenada espacial (x), a equação de onda reduz-se à forma espacialmente unidimensional,

$$\left(\frac{\partial^2}{\partial x^2} - \frac{1}{v^2}\frac{\partial^2}{\partial t^2}\right)\Psi(x,t) = 0$$

5.2.2 Meios não dispersivos

O exemplo de movimento ondulatório mais simples de ser descrito é a propagação de um *pulso*, em uma dada direção x, em uma corda homogênea comprida e tensionada.

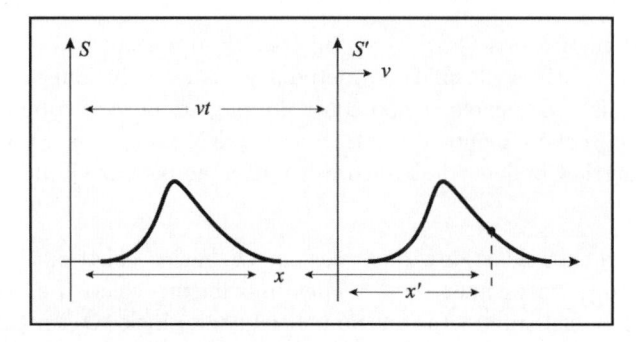

Figura 5.3: Propagação de um pulso que se desloca em uma corda com velocidade constante, segundo dois referenciais que se deslocam um em relação ao outro com a mesma velocidade do pulso.

A característica fundamental da propagação nesse meio, denominado *meio não dispersivo*, é que o pulso se propaga sem alterar a sua forma ou perfil (Figura 5.3), com velocidade (v) constante, dada por

$$v = \sqrt{\frac{F}{\rho}}$$

sendo F a força de tensão aplicada à corda e ρ sua densidade.

Essa relação pode ser estabelecida a partir do esquema de um pulso que se propaga em uma corda de densidade ρ, tensionada em seus extremos (Figura 5.4). Seja $\Psi(x,t)$ o deslocamento transversal y, em um instante t, de um ponto da corda cuja abscissa é x.

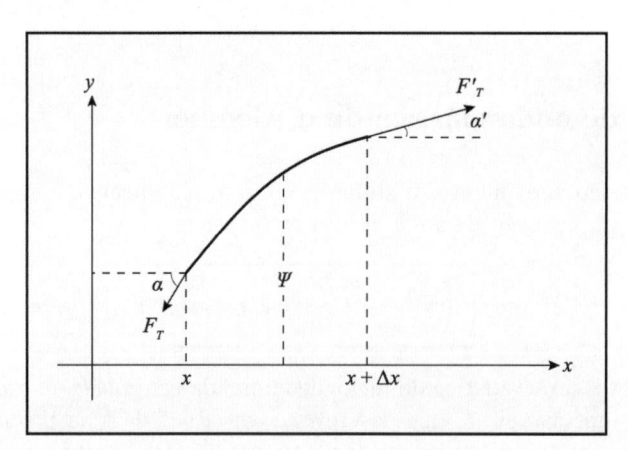

Figura 5.4: Esquema de propagação de um pulso em uma corda tensionada.

Para pequenas oscilações, de acordo com as leis de Newton, o trecho de corda representado na figura obedece às relações

$$\begin{cases} F' \cos \alpha' - \underbrace{F \cos \alpha}_{F_x} = 0 \quad \Longrightarrow \quad F' = F \\[2em] F' \mathrm{sen}\ \alpha' - \underbrace{F \mathrm{sen}\ \alpha}_{F_y} \simeq F(\mathrm{tg}\ \alpha' - \mathrm{tg}\ \alpha) = F \left(\left.\frac{\mathrm{d}y}{\mathrm{d}x}\right|_{x+\Delta x} - \left.\frac{\mathrm{d}y}{\mathrm{d}x}\right|_x \right) = \rho \Delta x \frac{\mathrm{d}^2 y}{\mathrm{d}t^2} \end{cases} \quad (5.2)$$

em que $\rho \Delta x$ é igual à massa do elemento Δx da corda.

Levando em conta que $y \equiv \psi(x,t)$, tem-se

$$\frac{\mathrm{d}y}{\mathrm{d}x} = \frac{\partial \Psi}{\partial x} \quad \mathrm{e} \quad \frac{\mathrm{d}^2 y}{\mathrm{d}t^2} = \frac{\partial^2 \Psi}{\partial t^2}$$

e tomando-se o limite $\Delta x \to 0$ da equação (5.2),

$$F \lim_{\Delta x \to 0} \frac{1}{\Delta x} \left[\frac{\partial \Psi}{\partial x}(x + \Delta x, t) - \frac{\partial \Psi}{\partial x}(x,t) \right] = \rho \frac{\partial^2 \Psi}{\partial t^2}(x,t)$$

obtém-se, assim, a equação de d'Alembert,

$$\frac{\partial^2 \Psi}{\partial x^2} = \frac{1}{(F/\rho)} \frac{\partial^2 \Psi}{\partial t^2}$$

que descreve a propagação de uma onda com velocidade $v = (F/\rho)^{1/2}$.

Assim, a função de onda Ψ que descreve o pulso segundo um referencial estacionário S indica os deslocamentos (y_i) de cada ponto da corda, ao longo do tempo (t), com relação à sua configuração de equilíbrio. O valor inicial da função de onda, $\Psi(x, t = 0)$, denominado perfil do pulso, indica a forma inicial da corda $f(x)$,

$$\Psi(x,0) = f(x)$$

Introduzindo um referencial S', que se desloca com a velocidade de propagação do pulso, um observador em S' notaria um perfil estacionário dado por (Figura 5.3)

$$\Psi(x',0) = f(x')$$

Desse modo, a função de onda com relação a S seria dada por

$$\Psi(x,t) = f(x - vt)$$

A corda homogênea é o exemplo mais simples de um meio no qual a propagação de ondas se dá sem distorções e obedece à equação de onda de d'Alembert, denominado genericamente *meio homogêneo não dispersivo*.

Uma vez que as variações da grandeza (deslocamento) que descrevem a função de onda em uma corda são transversais à direção de propagação, diz-se que nela se propagam *ondas transversais*. Em meios fluidos, como os gases e os líquidos, a propagação do som ocorre por meio de *ondas longitudinais*, uma vez que as variações das grandezas (pressão e densidade) que descrevem a função de onda no fluido ocorrem na direção de propagação. Em meios rígidos como os sólidos, as ondas resultantes das variações de tensões internas podem ser de ambos os tipos: longitudinais e transversais.

Se as vibrações de todas as partes ocorrem em um mesmo plano, como considerado no exemplo do pulso (Figura 5.3), a onda é dita *plano-polarizada* (no plano $x \times y$) ou *linearmente polarizada* (na direção do eixo y).

5.2.3   A solução geral da equação de d'Alembert

A solução geral para a equação de ondas se propagando em meios não dispersivos com velocidade v, característica do meio, pode ser encontrada a partir das variáveis

$$\begin{cases} \xi = x - vt \\ \\ \zeta = x + vt \end{cases}$$

Desse modo,

$$\begin{cases} \dfrac{\partial}{\partial x} = \underbrace{\dfrac{\partial \xi}{\partial x}}_{1} \dfrac{\partial}{\partial \xi} + \underbrace{\dfrac{\partial \zeta}{\partial x}}_{1} \dfrac{\partial}{\partial \zeta} \implies \dfrac{\partial^2}{\partial x^2} = \dfrac{\partial^2}{\partial \xi^2} + 2\dfrac{\partial^2}{\partial \xi \partial \zeta} + \dfrac{\partial^2}{\partial \zeta^2} \\ \\ \dfrac{\partial}{\partial t} = \left(\underbrace{\dfrac{\partial \xi}{\partial t}}_{-v} \dfrac{\partial}{\partial \xi} + \underbrace{\dfrac{\partial \zeta}{\partial t}}_{v} \dfrac{\partial}{\partial \zeta} \right) \implies \dfrac{1}{v^2}\dfrac{\partial^2}{\partial t^2} = \dfrac{\partial^2}{\partial \xi^2} - 2\dfrac{\partial^2}{\partial \xi \partial \zeta} + \dfrac{\partial^2}{\partial \zeta^2} \end{cases}$$

e a equação de onda, equação (5.1), pode ser escrita como

$$\frac{\partial^2 \Psi}{\partial \xi \partial \zeta} = 0$$

Integrando primeiro em relação a ξ e depois em relação a ζ,

$$\frac{\partial \Psi}{\partial \zeta} = h(\zeta) \implies \Psi = f(\xi) + \int h(\zeta)\, d\zeta$$

obtém-se

$$\Psi = f(\xi) + g(\zeta)$$

ou seja,

$$\Psi(x,t) = f(x - vt) + g(x + vt)$$

Assim, a solução geral da equação de onda de d'Alembert em uma dimensão espacial é dada pela superposição linear de duas ondas que se propagam em sentidos opostos, com mesma velocidade.

5.2.4   Ondas monocromáticas

Outra característica dos meios não dispersivos é a possibilidade de propagação de ondas harmônicas monocromáticas plano-polarizadas, isto é, ondas cujo perfil é periódico e dado por uma função harmônica (Figura 5.5), por exemplo, do tipo

$$\Psi(x,0) = A\, \text{sen}\, kx = f(x)$$

em que A é a *amplitude* da onda e k é uma constante positiva, denominada *número de propagação*.

Desse modo, a função que descreve a propagação de uma onda plana monocromática (Figura 5.6), na direção positiva de x, é dada por

$$\Psi(x,t) = A\, \text{sen}\, k(x - vt)$$

A periodicidade de uma função harmônica permite que se definam os conceitos de *comprimento de onda*, *período* e *frequência*.

O *comprimento de onda* (λ) é o período espacial da onda, ou seja, a menor distância para a qual os valores da função de onda se repetem em um dado instante (Figura 5.5).

$$\Psi(x,t) = \Psi(x + \lambda, t) \implies k(x + \lambda) = kx + 2\pi \implies \boxed{k = \frac{2\pi}{\lambda}}$$

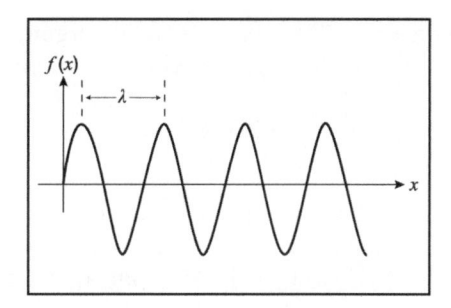

Figura 5.5: Perfil de uma onda monocromática senoidal em um dado instante.

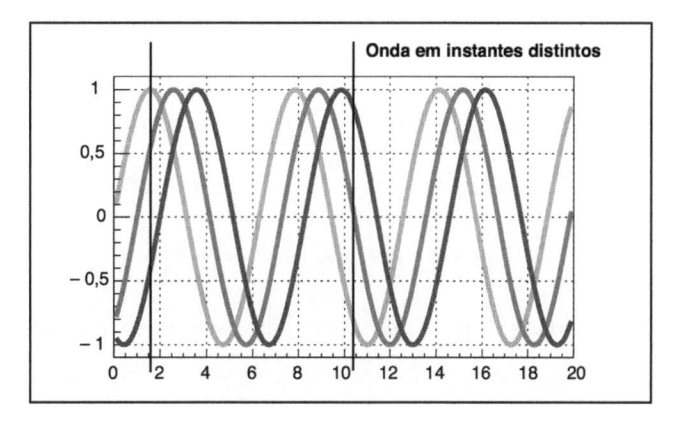

Figura 5.6: Perfil de uma onda monocromática senoidal em vários instantes.

Analogamente, o *período* temporal (T) é definido por

$$\Psi(x,t) = \Psi(x, t+T) \implies kv(t+T) = kvt + 2\pi$$

donde

$$kvT = 2\pi \implies \boxed{vT = \lambda}$$

A *frequência* (ν), que é o inverso do período temporal, é dada por

$$\nu = \frac{1}{T} \implies \boxed{v = \lambda\nu} \tag{5.3}$$

É costume introduzirem-se também a *frequência angular* (ω) e o *número de onda* (K), dados por

$$\begin{cases} \omega = 2\pi\nu \\ K = 1/\lambda \end{cases} \implies \boxed{\omega = kv} \quad \text{e} \quad \boxed{\nu = Kv}$$

De modo geral, uma onda monocromática pode ser expressa por

$$A \operatorname{sen}\big[k(x - vt) + \phi\big] = A \operatorname{sen}(kx - \omega t + \phi)$$

ou

$$A \operatorname{sen}\left[2\pi\left(\frac{x}{\lambda} - \frac{t}{T}\right) + \phi\right] = A \operatorname{sen}\big[2\pi(Kx - \nu t) + \phi\big]$$

sendo ϕ denominada *constante de fase*.

De maneira análoga, podem-se utilizar cossenos ou exponenciais complexas para representar as funções de onda como

$$\Im\left\{Ae^{i(kx - \omega t)}\right\} \qquad \text{ou} \qquad \Re\left\{Ae^{i(kx - \omega t)}\right\}$$

em que $\Im$ denota a parte imaginária e $\Re$, a parte real do argumento entre chaves. Em geral, na representação complexa, a constante de fase é absorvida na amplitude, que se torna, assim, uma quantidade complexa dada por

$$A = |A|e^{i\phi}$$

No caso da Física Clássica, a escolha da representação complexa é ditada por conveniência ou simplicidade de cálculo, lembrando-se que, ao final do cálculo de qualquer grandeza, o resultado deve ser necessariamente um número real. Essa arbitrariedade de escolha que, à primeira vista, pode parecer óbvia e geral não se aplica, por exemplo, na Mecânica Quântica Ondulatória, como será visto no Capítulo 14.

5.2.5 Velocidade de fase

A periodicidade de uma onda monocromática de número de propagação k e frequência ω, que se desloca com velocidade $v = \omega/k$, implica que sua fase, $\phi(x,t) = kx - \omega t + \phi$, em um ponto x e em um instante t, seja igual à fase em um ponto $x + \lambda$ no instante $t + T$, sendo λ o comprimento de onda e T o período, ou seja,

$$\phi(x + \lambda, t + T) = \phi(x, t)$$

Uma vez que $\lambda = vT$, a velocidade de propagação de uma onda monocromática também é denominada *velocidade de fase*.

5.2.6 Velocidade de grupo

Considere uma perturbação obtida pela superposição linear de duas ondas monocromáticas de mesma amplitude (A), com frequências e e comprimentos de onda bem próximos, $\omega' = \omega + \Delta\omega$ e $k' = k + \Delta k$,

$$\begin{cases} \Psi_1(x,t) = A\operatorname{sen}(kx - \omega t) \\ \Psi_2(x,t) = A\operatorname{sen}(k'x - \omega't) \end{cases} \implies \Psi(x,t) = \underbrace{A\cos\frac{1}{2}(\Delta k x - \Delta\omega t)}_{A'(x,t)} \operatorname{sen}(kx - \omega t)$$

na qual $\dfrac{\Delta\omega}{\omega} \ll 1$ e $\dfrac{\Delta k}{k} \ll 1$. A Figura 5.7 mostra que a perturbação resultante se propaga com amplitude variável, $A'(x,t)$, cujo perfil se desloca com velocidade igual a

$$v_g = \frac{\Delta\omega}{\Delta k}$$

A perturbação resultante é denominada *pacote* ou *grupo* de ondas, e a velocidade de propagação do perfil desse pacote, *velocidade de grupo*.

5.2.7 Meios dispersivos

A expressão para a velocidade de fase em uma corda homogênea, $v = (F/\rho)^{1/2}$, mostra que a velocidade ($v = \omega/k = \text{constante}$) tem o mesmo valor para qualquer onda monocromática. Isso implica que a relação entre a frequência e o número de propagação, denominada *relação de dispersão*, é linear, ou seja,

$$\omega(k) \propto k$$

o que caracteriza um meio *não dispersivo*.

Se a relação entre a frequência e o número de propagação for não linear, o meio é dito *dispersivo*.

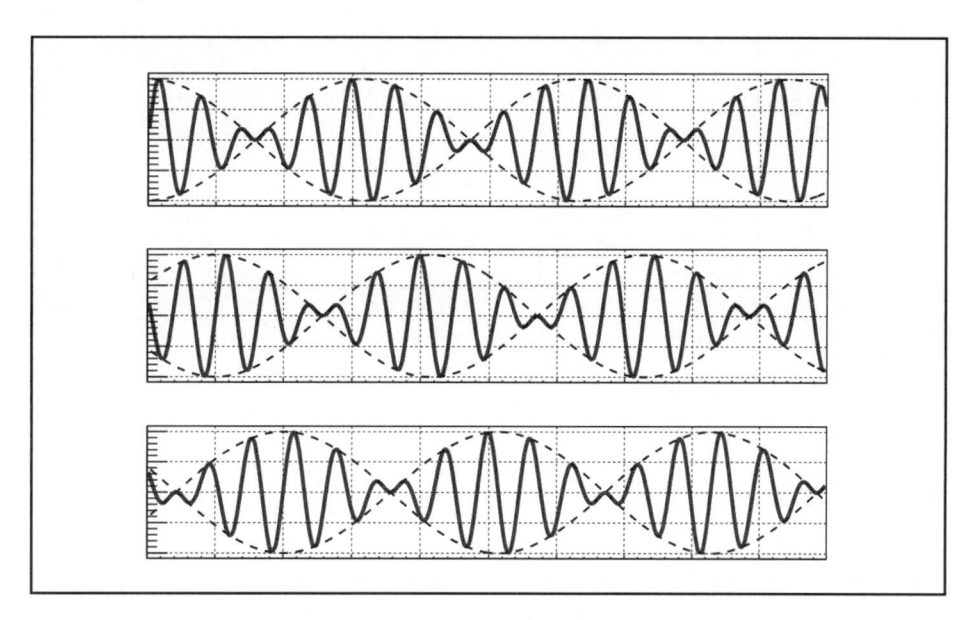

Figura 5.7: Exemplo de um pacote ou grupo de ondas em três instantes distintos.

Em meios dispersivos, a velocidade de fase de uma onda monocromática depende do comprimento de onda

$$v = \frac{\omega(k)}{k}$$

ou seja, tem um valor distinto para cada comprimento de onda ou frequência. Desse modo, em um meio dispersivo, o perfil de um grupo de ondas é distorcido ao longo de sua propagação.

5.2.8 Ondas planas monocromáticas

As superfícies sobre as quais a função harmônica

$$f(\vec{r}) = Ae^{i\vec{k} \cdot \vec{r}}$$

assume um mesmo valor constituem um conjunto de planos perpendiculares ao vetor constante $\vec{k}$, separados por uma distância λ, tal que $k = 2\pi/\lambda$, uma vez que essas condições para dois planos consecutivos (Figura 5.8), perpendiculares à k, são dadas por

$$\begin{cases} \vec{k} \cdot \vec{r} = \text{ constante} \\ \vec{k} \cdot \vec{r}' = \text{ constante } + 2\pi \end{cases} \implies k \underbrace{(r' - r)\cos\theta}_{\lambda} = 2\pi \implies \boxed{k = \frac{2\pi}{\lambda}}$$

Assim, a função de onda

$$\Psi(\vec{r}, t) = \Im\left\{ Ae^{i(\vec{k}.\vec{r} - \omega t)} \right\}$$

descreve a propagação de uma onda plana monocromática em três dimensões com velocidade de fase $v = \omega/k$ na direção do chamado *vetor de propagação* $\vec{k}$. Os planos que determinam os pontos cujas fases correspondem a um mesmo valor da função de onda são denominados *frentes de ondas planas*.

Orientando-se o sistema de referência de modo que a direção e o sentido do eixo x coincidam com a direção e o sentido do vetor $\vec{k}$, qualquer onda plana monocromática tridimensional que se propaga no sentido do vetor k pode ser representada pela função de onda espacialmente unidimensional

$$\Psi(x, t) = \Im\left\{ Ae^{i(kx - \omega t)} \right\}$$

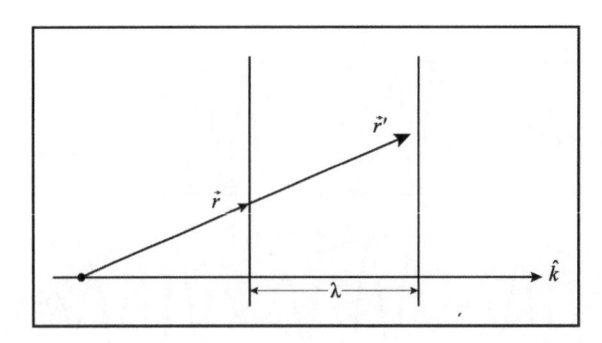

Figura 5.8: A propagação de duas frentes de ondas planas na direção $\hat{k}$.

5.2.9 Ondas esféricas

Um outro tipo de mecanismo de propagação ocorre quando a perturbação origina-se de um centro, propagando-se com velocidade v, em frentes de onda que são superfícies esféricas concêntricas (Figura 5.9) perpendiculares a um vetor de propagação $\vec{k} = k\hat{r}$, cujo módulo é dado por $k = \omega/v$, sendo $\omega = 2\pi/T$ a frequência e T o período.

Essas ondas, chamadas *ondas esféricas*, podem ser representadas por

$$\Psi(r,t) = \frac{A}{r}\,\text{sen}\,(kr - \omega t) = A(r)\,\text{sen}\,(kr - \omega t)$$

sendo r a distância ao centro (O) de propagação de qualquer ponto do espaço.

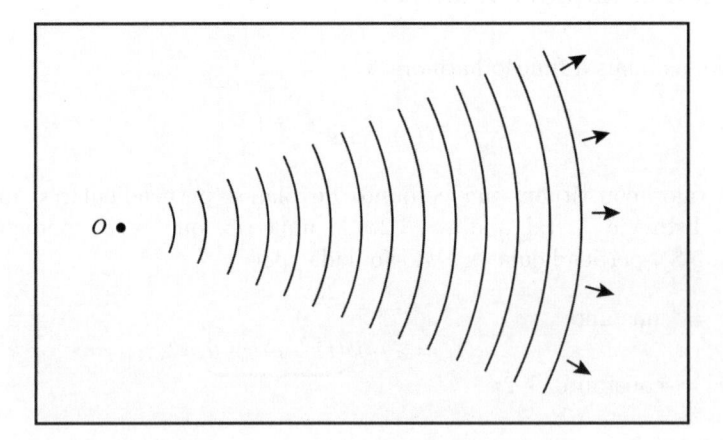

Figura 5.9: Porções de frentes de ondas esféricas.

A rigor, uma onda esférica não é monocromática; no entanto, nas vizinhanças de pontos muito afastados da origem (O), a amplitude da onda esférica varia muito pouco em relação à fase, comportando-se praticamente como uma onda plana do tipo

$$\Psi(r,t) = A\,\text{sen}\,(kr - \omega t)$$

Por isso, considera-se, em diversos experimentos de interferência de ondas, apenas a propagação de ondas planas.

5.2.10 Energia e *momentum* de uma onda monocromática

De acordo com a Figura 5.4, a *potência* (p_a) ou a taxa temporal de energia absorvida por um trecho de corda para manter a propagação de um pulso é dada por

$$p_a = F_y \left(\frac{\mathrm{d}y}{\mathrm{d}t} \right) = F_y \frac{\partial \Psi}{\partial t}$$

Uma vez que $F_y = -F \,\mathrm{sen}\,\alpha \simeq -F \,\mathrm{tg}\,\alpha = -F \dfrac{\partial \Psi}{\partial x}$, a potência pode ser expressa por

$$p_a = -F \left(\frac{\partial \Psi}{\partial x} \right) \left(\frac{\partial \Psi}{\partial t} \right)$$

Para uma onda monocromática, $\Psi = A \,\mathrm{sen}(kx - \omega t)$, tem-se

$$\begin{cases} \dfrac{\partial \Psi}{\partial x} = kA \cos(kx - \omega t) \\[2mm] \dfrac{\partial \Psi}{\partial t} = -\omega A \cos(kx - \omega t) \end{cases}$$

e a potência é dada por

$$p_a = F\omega k A^2 \cos^2(kx - \omega t)$$

Já a potência média $(P = \langle p_a \rangle_T)$ absorvida em um período $(T = 1/\nu = 2\pi/\omega)$ é dada por

$$P = \langle p_a \rangle_T = F\omega k A^2 \langle \cos^2(kx - \omega t) \rangle = \frac{1}{2} F\omega k A^2 \tag{5.4}$$

Uma vez que $F = v^2 \rho$ e $k = \omega/v$, a potência média pode ser expressa também como

$$P = \frac{1}{2} \rho v \omega^2 A^2$$

A proporcionalidade da potência com o quadrado da amplitude (A^2) da onda é característica de todos os tipos de movimentos ondulatórios descritos classicamente; entretanto, a proporcionalidade com ω^2 ocorre apenas para ondas acústicas.

Assim, a energia (ϵ) cedida por uma fonte de vibração externa e absorvida pela corda, durante um período $(T = \lambda/v)$, é dada por

$$\epsilon = PT = \frac{1}{2}(\rho v)\, \omega^2 A^2 \times \frac{2\pi}{\omega} = \pi \rho v \omega A^2$$

Essa energia é transportada ao longo da corda e flui com a velocidade de propagação v. Para meios dispersivos, a energia flui com a chamada velocidade de grupo (v_g).

Escrevendo-se a relação entre a potência e a energia como

$$P = v\frac{\epsilon}{\lambda}$$

a taxa temporal média da energia, ou fluxo médio de energia, que atravessa uma superfície S (Figura 5.10), transversal às oscilações da corda, denominada *intensidade (I) da onda*, é dada por

$$I = \frac{P}{S} = v \left(\frac{\epsilon}{V} \right) = uv \tag{5.5}$$

em que $V = \lambda S$ é o volume ocupado pela onda em um período e u, a densidade média de energia.

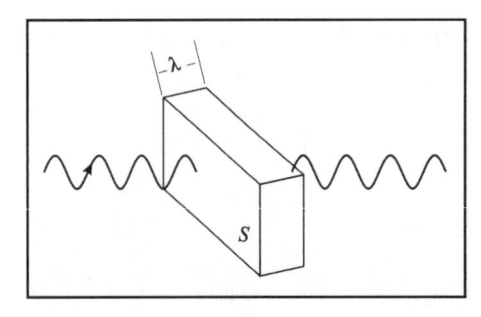

Figura 5.10: Representação de uma região do espaço atravessada por uma onda.

Nesse sentido, a velocidade de propagação de uma onda não é a velocidade das partículas constituintes do meio nem de matéria alguma,[8] mas, sim, a taxa com a qual a energia associada a esse campo contínuo se propaga em um meio.

Associado ao transporte de energia deve haver também transporte de *momentum*. De fato, ondas acústicas e eletromagnéticas exercem pressão sobre uma superfície colocada em seu caminho, e a existência dessa pressão deve estar certamente associada a um *momentum*. Enquanto para ondas eletromagnéticas monocromáticas essa associação é imediata (Seção 5.6.5), o caso acústico é mais complicado e depende de uma análise detalhada das propriedades do meio no qual a onda se propaga.

5.2.11   Ondas estacionárias

Em geral, o movimento ondulatório estabelecido em uma corda não é descrito apenas pelo movimento de pulsos ou ondas sem obstáculos à propagação, a menos que a corda seja infinita e não haja descontinuidades na densidade, ou vínculos impostos, como a fixação de seus extremos.

Ao contrário das chamadas *ondas de propagação*, pode ocorrer que, em uma corda de densidade linear ρ e comprimento L, sujeita a uma força de tensão F, resulte um movimento ondulatório no qual todos os pontos da corda oscilem harmonicamente com mesma frequência (ω) e constante de fase, tal que a função de onda possa ser expressa, por exemplo, como

$$\Psi(x,t) = C \operatorname{sen} kx \cos \omega t \tag{5.6}$$

na qual C é uma constante, e $\omega/k = v = (F/\rho)^{1/2}$.

A expressão anterior, equação (5.6), é uma solução da equação de onda de d'Alembert que descreve uma *onda estacionária*, resultante da superposição de duas ondas monocromáticas que se propagam em sentidos opostos com velocidades de magnitude v, que foram refletidas em seus extremos, supostamente fixos,

$$\begin{aligned}
\Psi(x,t) &= A \operatorname{sen}(kx - \omega t + \phi_A) + B \cos(kx + \omega t + \phi_B) \\
&= a(t) \operatorname{sen} kx + b(t) \cos kx
\end{aligned}$$

em que A e B são constantes e $a(t)$ e $b(t)$ são combinações lineares de $\cos \omega t$ e $\operatorname{sen} \omega t$. De fato, quando, tomando-se um dos extremos como origem, se impõem as condições de contorno

$$(\text{extremos fixos}) \quad \begin{cases} \Psi(0,t) = 0 \quad \Longrightarrow \quad b(t) = 0 \\[2mm] \Psi(L,t) = 0 \end{cases}$$

---

[8] As partículas simplesmente executam movimentos locais de vibração.

e as condições iniciais

$$\begin{cases} \Psi(x,0) = C \operatorname{sen} kx \qquad \text{(perfil inicial)} \quad \Longrightarrow \quad a(0) = C \\[2ex] \dfrac{\partial \Psi}{\partial t}(x,0) = 0 \qquad \text{(velocidade inicial)} \quad \Longrightarrow \quad a(t) = C \cos \omega t \end{cases}$$

obtém-se a equação (5.6).

Enquanto a velocidade de fase das componentes monocromáticas não depende das condições de contorno, o mesmo não ocorre para o comprimento de onda e a frequência, pois a condição para o extremo $x = L$ implica que

$$\operatorname{sen} kL = 0 \quad \Longrightarrow \quad kL = n\pi \quad (n = 1, 2, 3, \ldots)$$

ou seja,

$$\lambda_n = \frac{2\pi}{k} = \frac{2L}{n} \qquad \text{e} \qquad \nu_n = \frac{v}{\lambda_n} = \frac{n}{2L}\sqrt{\frac{F}{\rho}}$$

Assim, os valores possíveis para o comprimento de onda e a frequência constituem um conjunto numérico discreto, de comprimentos de onda e frequências próprios, ou característicos,

$$\{\lambda_n, \nu_n\} \qquad (n = 1, 2, 3, \ldots)$$

que correspondem a um conjunto de soluções estacionárias $\Psi_n(x,t)$, denominadas *modos normais de vibração*,[9] dadas por

$$\Psi_n(x,t) = C_n \operatorname{sen}\left(\frac{n\pi}{L}x\right) \cos \omega_n t$$

sendo $\omega_n = 2\pi\nu_n$.

Devido à linearidade da equação de onda de d'Alembert, a solução mais geral para as ondas estacionárias é dada pela superposição linear dos modos normais

$$\Psi(x,t) = \sum_{n=1}^{\infty} \Psi_n(x,t) = \sum_{n=1}^{\infty} C_n \operatorname{sen}\left(\frac{n\pi}{L}x\right) \cos \omega_n t \tag{5.7}$$

No instante $t = 0$, essa solução se reduz ao perfil inicial, $f(x)$, da corda, ou seja,

$$\Psi(x,0) = f(x) = \sum_{n=1}^{\infty} C_n \, \psi_n(x) \tag{5.8}$$

em que $\psi_n(x) = \operatorname{sen}(n\pi x/L)$.

Uma vez que o perfil inicial da corda é arbitrário, a expressão (5.8) sugere que qualquer função pode ser descrita, em um dado intervalo, por uma série de funções harmônicas. Essa importante hipótese, já utilizada por D. Bernoulli, Euler e Lagrange, foi amplamente utilizada por Jean-Baptiste Joseph Fourier, em 1807, em seu trabalho sobre a propagação do calor. A representação de uma função arbitrária por séries de funções trigonométricas é conhecida como série de Fourier.[10]

Calculando-se a energia cinética (ϵ_c) da corda vibrante, segundo a equação (5.7),

$$\epsilon_c = \frac{1}{2}\rho \int_0^L \left(\frac{\partial \Psi}{\partial t}\right)^2 \mathrm{d}x$$

---

[9] Também denominadas *funções próprias* ou *autofunções*, $\Psi_n(x,t)$, da equação de onda de d'Alembert, que satisfazem as condições de contorno homogêneas em dois pontos 0 e L, isto é, $\Psi_n(0,t) = \Psi_n(L,t) = 0$.

[10] A representação de uma função por meio de séries de Fourier constitui a base de uma das técnicas mais eficazes da Matemática Aplicada, e a partir das tentativas de se procurar fundamentações matemáticas mais rigorosas para a sua validade, o próprio conceito de integral, um dos mais importantes para a Análise Matemática, foi estabelecido pelos matemáticos Bernhard Riemann e Henri Lebesgue.

e a energia potencial (ϵ_p),[11]

$$\epsilon_p = \frac{1}{2} F \int_0^L \left(\frac{\partial \Psi}{\partial x}\right)^2 \, dx$$

e levando em conta que

$$\int_0^L \text{sen}\left(\frac{l\pi}{L}x\right) \text{sen}\left(\frac{n\pi}{L}x\right) \, dx = \int_0^L \cos\left(\frac{l\pi}{L}x\right) \cos\left(\frac{n\pi}{L}x\right) \, dx = \frac{L}{2}\delta_{ln}$$

com $\delta_{ln} = 0 \, (l \neq n)$ ou $1 \, (l = n)$, a expressão obtida para a energia total (ϵ) da corda é dada por

$$\epsilon = \epsilon_c + \epsilon_p = \sum_{n=1}^{\infty} \frac{1}{4}(\rho L) \, \omega_n^2 \, C_n^2 = \sum_{n=1}^{\infty} \epsilon_n$$

Ela mostra que a energia total é a soma das energias dos vários modos normais de vibrações da corda, ou seja, os modos normais comportam-se como componentes independentes pelos quais a energia total se acha distribuída. Nesse sentido, diz-se que a energia de uma onda é transportada por portadores de energia discretos e independentes.

A grande crise, no início do século XX, que muitos apontam como devida à *dualidade onda-partícula*, ilustrada na Figura 5.11 e discutida no Capítulo 14, com origem na formulação ondulatória da Mecânica Quântica, só foi superada quando se aceitou que, de modo complementar, os fenômenos acústicos, luminosos e eletromagnéticos podiam ser descritos tanto como processos ondulatórios, ou seja, pela propagação de ondas em um meio contínuo,[12] como pela transferência de energia por meio de *portadores discretos*, ou *quanta*[13] de energia, que se deslocam como um feixe de partículas através do meio com a velocidade de propagação de uma onda (Capítulo 14). Por exemplo, os fenômenos acústicos em sólidos cristalinos podem ser descritos tanto pela propagação de uma onda acústica como pelo comportamento dinâmico de partículas denominadas *fônons*.

Figura 5.11: O comportamento dual do fóton.

---

[11] A energia potencial é elástica, e sua expressão resulta da aproximação para pequenas oscilações da deformação $(ds - dx)$ de um trecho da corda, dada por

$$ds = (dx^2 + dy^2)^{1/2} \simeq dx\left[1 + \frac{1}{2}\left(\frac{dy}{dx}\right)^2\right] \implies ds - dx = \frac{1}{2}\left(\frac{\partial y}{\partial x}\right)^2 dx$$

e do trabalho que deve ser feito pela força de tensão F para deformá-la,

$$d\epsilon_p = F(ds - dx)$$

[12] Nos casos luminosos e eletromagnéticos, mesmo no vácuo.

[13] Em latim, *quanta* é o plural da palavra *quantum*.

Entretanto, como se verificou posteriormente, tanto os *fônons* quanto os *quanta* de luz, os *fótons*,[14] apesar de satisfazerem às leis de conservação de energia e *momentum*, não mais obedeciam às equações de movimento derivadas da Mecânica Clássica de Newton. Pelo caráter relativístico implícito na formulação de Maxwell para o Eletromagnetismo, a interação dos *quanta* portadores de energia eletromagnética com partículas carregadas só foi propriamente incorporada em uma teoria física a partir da formulação quântico-relativística de Dirac (Capítulo 16).

5.2.12 Reflexão e transmissão de ondas planas

O mecanismo de estabelecimento de ondas estacionárias em uma corda pode ser descrito pela reflexão e pela transmissão de ondas através de pontos de descontinuidades na densidade da corda. Uma vez que a equação de onda de d'Alembert envolve derivadas de segunda ordem com relação às coordenadas espaciais e temporais, tanto a função de onda (Ψ) quanto a sua derivada primeira ($\partial\Psi/\partial x$) devem ser contínuas em toda a região na qual ocorre movimento ondulatório, inclusive nos pontos nos quais a densidade sofre alguma mudança abrupta.

Considere que uma corda semi-infinita, composta de duas seções, I e II, de densidades ρ_1 e ρ_2, respectivamente, seja excitada em seu extremo na região I, de tal modo que inicialmente se estabeleça uma onda harmônica de frequência ω_1,

$$A\, e^{ik_1 x} e^{-i\omega t}$$

que se propaga na direção da região II (Figura 5.12) com velocidade $v_1 = \sqrt{(F/\rho_1)}$ e número de propagação $k_1 = \omega/v_1 = \omega\sqrt{(\rho_1/F)}$.

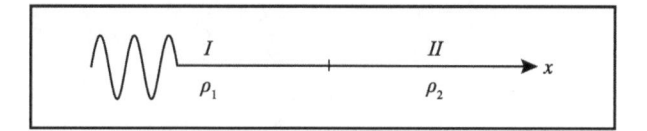

Figura 5.12: Corda vibrante de duas seções.

Ao atingir o ponto de descontinuidade, que divide as duas seções da corda, uma parte da energia transportada pela onda incidente é refletida, dando origem a uma onda refletida, também harmônica, de mesma frequência e velocidade que a incidente,

$$B\, e^{-ik_1 x} e^{-i\omega t}$$

e uma parte é transmitida para a região II, por meio da propagação de uma onda harmônica do tipo

$$C\, e^{ik_2 x} e^{-i\omega t}$$

também de mesma frequência que a incidente, mas com velocidade $v_2 = \sqrt{(F/\rho_2)}$ e número de propagação $k_2 = \omega/v_2 = \omega\sqrt{(\rho_2/F)}$ distintos da onda incidente.

Formalmente, a solução do problema pode ser escrita para as duas regiões I e II como

$$\begin{cases} \Psi_I &= \underbrace{A\, e^{ik_1 x} e^{-i\omega t}}_{\text{onda incidente}} + \underbrace{B\, e^{-ik_1 x} e^{-i\omega t}}_{\text{onda refletida}} \\ \\ \Psi_{II} &= \underbrace{C\, e^{ik_2 x} e^{-i\omega t}}_{\text{onda transmitida}} \end{cases}$$

---

[14] Essa denominação foi dada em 1926 pelo químico Gilbert Lewis. Essencialmente, o que distingue os *fônons* dos *fótons* é o fato de os primeiros só existirem em um meio material, enquanto os fótons existem mesmo no vácuo.

Levando-se em conta as condições de contorno no ponto $(x = 0)$ de descontinuidade na densidade, válidas em qualquer instante de tempo t,

$$\begin{cases} \Psi_I(0,t) = \Psi_{II}(0,t) \\[2mm] \dfrac{\partial \Psi_I}{\partial x}(0,t) = \dfrac{\partial \Psi_{II}}{\partial x}(0,t) \end{cases}$$

obtém-se

$$\begin{cases} A + B = C \\[2mm] A - B = \dfrac{k_2}{k_1} C \end{cases}$$

o que implica

$$\frac{B}{A} = \frac{k_1 - k_2}{k_1 + k_2} \qquad \text{e} \qquad \frac{C}{A} = \frac{2k_1}{k_1 + k_2}$$

Uma vez que a potência de uma onda monocromática, dada pela equação 5.4, é

$$P = \frac{1}{2} F \omega k A^2$$

as porcentagens refletidas e transmitidas de energia são dadas pelos chamados *coeficientes de reflexão* (r) e de *transmissão* (t), definidos por

$$r = \frac{P_{\text{refl}}}{P_{\text{inc}}} \qquad \text{e} \qquad t = \frac{P_{\text{trans}}}{P_{\text{inc}}}$$

sendo

$$\begin{cases} P_{\text{inc}} = \dfrac{1}{2} F \omega k_1 A^2 \\[3mm] P_{\text{refl}} = \dfrac{1}{2} F \omega k_1 B^2 \\[3mm] P_{\text{trans}} = \dfrac{1}{2} F \omega k_2 C^2 \end{cases}$$

as respectivas potências incidente, refletida e transmitida.

Assim, os coeficientes são dados por

$$\begin{cases} r = \left(\dfrac{B}{A}\right)^2 = \left(\dfrac{k_1 - k_2}{k_1 + k_2}\right)^2 \\[4mm] t = \dfrac{k_2}{k_1} \left(\dfrac{C}{A}\right)^2 = \dfrac{4k_1 k_2}{(k_1 + k_2)^2} \end{cases}$$

Os coeficientes de reflexão e de transmissão satisfazem a relação $r + t = 1$, pois, pelo princípio da conservação de energia,

$$P_{\text{inc}} = P_{\text{refl}} + P_{\text{trans}} \quad \Rightarrow \quad k_1 A^2 = k_1 B^2 + k_2 C^2$$

5.3 A polêmica Newton-Huygens

*Não têm os raios de luz vários lados, dotados
de várias propriedades originais?*

Isaac Newton

O debate sobre a natureza corpuscular ou ondulatória da luz envolveu, durante séculos, estudiosos renomados como Isaac Newton, Jean-Baptiste Biot, Roger Joseph Boscovich e Laplace – defensores da visão corpuscular – e aqueles que, de uma forma ou de outra, não admitiam o vácuo, Robert Hooke, Christiaan Huygens, Thomas Young, Augustin-Jean Fresnel, Armand Hyppolyte Louis Fizeau e Jean-Baptiste Leon Foucault – defensores da visão ondulatória.

Embora Newton não tivesse uma opinião definitiva sobre a natureza da luz, e a despeito do fato de todos os citados serem partidários do mecanicismo, a discussão ficou conhecida como a polêmica entre Newton e Huygens. Na realidade, nessa polêmica duas coisas estavam em jogo. A primeira, de natureza metodológica, contrapunha o papel central da experiência no sistema newtoniano à especulação de cunho cartesiano, adotada por Huygens. A segunda envolvia a aceitação ou não do conceito de vácuo e suas implicações. Como poderiam ocorrer ações a distância no vazio?

Newton, além das contribuições fundamentais à Mecânica e à Gravitação, muito contribuiu também ao desenvolvimento experimental e teórico da Óptica, demonstrando uma notável habilidade para construir seus próprios instrumentos e dedicando muitos anos de sua vida científica ao estudo dos fenômenos ópticos.

Uma das hipóteses de Newton acerca da natureza da luz era que ela se constituía de feixes de corpúsculos que se deslocavam no vácuo em linha reta.[15] Esses corpúsculos poderiam penetrar em materiais transparentes e eram refletidos pelas superfícies dos materiais opacos. Essa teoria corpuscular da luz explicava fenômenos como as leis da *reflexão* e da *refração*, que seriam, em última análise, corolários das leis de conservação para o movimento das partículas. Para se ter uma ideia da força que a experimentação, introduzida por Galileu, já tinha alcançado nessa época, Newton esboça a intenção de seu trabalho no livro *Opticks: Or a Treatise of the Reflexions, Inflections and Color of Light* como: *Meu desejo neste livro não é explicar as propriedades da luz por hipóteses, mas propor e prová-las pela razão e por experimentos (...)*. Eis aí o que pode ser considerado um típico exemplo da famosa máxima newtoniana, *hipotheses non fingo*.[16]

Foi Huygens quem, em 1670, retomou o ponto de vista ondulatório de Hooke para a luz, a partir do qual foi capaz de explicar tanto os fenômenos de reflexão quanto os de refração.

Essa concepção ondulatória para a luz era compatível com a não aceitação da ideia de vácuo, pois, em analogia com as ondas sonoras, que necessitavam de um meio para se propagarem, foi resgatado o conceito de um meio no qual ocorreriam os fenômenos luminosos: o *éter* (Capítulo 6).

Entretanto, se a propagação da luz fosse um fenômeno ondulatório, por que ela, à semelhança das ondas na superfície calma de um lago, não se desviaria das extremidades de um obstáculo? Ou seja, por que não se observava o fenômeno de difração da luz?[17] Esse fato, somado ao prestígio científico de Newton, fez com que a hipótese ondulatória para a natureza da luz não fosse prontamente aceita. Somente mais tarde, após as experiências de Young e Fresnel sobre a interferência e a difração da luz, e com as medições da velocidade de propagação da luz, feitas por Foucault em líquidos, dentre outras, a situação foi revertida, e a concepção ondulatória da luz adquiriu grande credibilidade.

---

[15] Quando Newton publicou pela primeira vez suas pesquisas sobre a luz, não se sabia se ela se propagava instantaneamente ou não. Quem primeiro comprovou sua finitude, medindo a velocidade de propagação da luz, foi o astrônomo dinamarquês Olaf Roemer, em 1675, através de observações de eclipses dos satélites de Júpiter.

[16] *Não faço hipóteses.*

[17] Na verdade, no caso óptico, a *difração* é observada quando as dimensões de uma fenda, por exemplo, por onde a luz passe, forem suficientemente pequenas do ponto de vista macroscópico, mas, ainda assim, grandes quando comparadas ao comprimento de onda da luz.

Apesar das diferentes concepções acerca do espaço físico e da luz, Newton, Huygens e seus contemporâneos concordavam que a explicação para a propagação da luz tinha de ser obtida a partir de um modelo mecânico.

5.4   Os experimentos de Young e de Fresnel

Do gênio de Young e Fresnel, a teoria ondulatória da luz foi estabelecida de modo tão forte que a partir de então a hipótese corpuscular não era mais capaz de recrutar qualquer novo adepto entre os jovens.

Edmund Whittaker

Os experimentos de Young, iniciados em 1800, se estenderam até 1803, quando foram publicadas suas observações sobre a interferência e a difração da luz. A observação de que a composição de feixes de luz que emanavam de duas fontes distintas, ao incidir sobre um anteparo, resultava em padrões de intensidade análogos aos de interferências de ondas sonoras (Figura 5.13) levou-o a crer que os fenômenos ópticos seriam resultantes de movimentos ondulatórios em um meio etéreo.

Figura 5.13: Interferência de ondas.

Apesar do importante trabalho de Young, suas conclusões, por serem de caráter qualitativo, não tiveram um grande impacto no meio científico da época. Fresnel, ao aplicar a análise matemática quantitativa ao seu trabalho de investigação científica sobre a natureza da luz, afasta-se das analogias com a acústica e das considerações qualitativas de Young e rechaça várias objeções contra a teoria ondulatória da luz. Contudo, somente em 1826, após uma série de experimentos e análises quantitativas de Fresnel, foi que se começou a aceitar a ideia de que os fenômenos ópticos e a luz podiam ser explicados por um modelo ondulatório. Dignos de nota são os seus importantes experimentos sobre a difração e a transversalidade da luz.

Quanto à difração, um de seus resultados notáveis foi obtido colocando-se um pedaço de papel preto (absorvedor de luz) em uma das bordas de um difrator. Desse modo, pôde perceber que as faixas luminosas que apareciam na região de sombra desapareciam. A partir desse resultado, Fresnel concluiu, corretamente, que essas faixas de luz na região de sombra resultavam da interação da luz com as *duas* bordas do difrator. Já a luz externa à região de sombra, como não desaparecia com a colocação do papel preto, seria explicada admitindo-se que provinha da reflexão em apenas uma das bordas.

No que se refere à transversalidade da luz, Fresnel e François Arago fizeram um experimento, em 1816, no qual mostraram que dois feixes de luz polarizados a 90° um em relação ao outro não interferiam entre si, como quaisquer outros dois feixes não polarizados. Além disso, os dois feixes polarizados mostravam manter sempre a mesma intensidade, independentemente da diferença das trajetórias de ambos. Essa seria a chave para a compreensão da relação entre a teoria ondulatória da luz e os fenômenos de polarização: a *transversalidade* das vibrações luminosas ou, simplesmente, da *luz*. Em 1821, Fresnel, com base em uma série de experimentos, pôde concluir que a luz consiste em ondas transversais, e não longitudinais, como o som.

Um último ponto a se destacar, antes de se passar à descrição matemática da contribuição de Fresnel, é a objeção levantada à época pelo matemático francês Siméon-Denis Poisson tentando invalidar a teoria de Fresnel com relação à figura de difração provocada por obstáculos circulares opacos. Segundo Poisson, deveria haver um ponto luminoso – conhecido hoje como *spot* de Poisson – no centro da figura de difração, quase tão intenso quanto se não houvesse obstáculo. O que ele não sabia é que esse fenômeno havia sido observado, em 1723, pelo astrônomo e matemático Giacomo F. Maraldi e seria confirmado logo depois de sua objeção, por Arago, e tampouco que esse fato serviria, na verdade, para comprovar a teoria de Fresnel.

5.4.1   Difração da luz por uma fenda estreita

Originalmente, o termo *difração* surgiu para designar o fenômeno que se manifesta sempre que a luz encontra um objeto ou obstáculo cujas dimensões são suficientemente pequenas do ponto de vista macroscópico, mas, ainda assim, grandes comparadas ao comprimento de onda da luz. Tal fenômeno não podia ser explicado pela hipótese de que a luz seria composta de raios que, num meio homogêneo e isotrópico, se propagavam em linha reta.

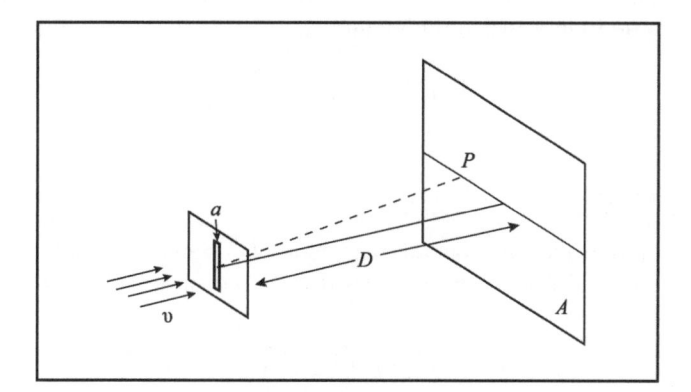

Figura 5.14: Esquema de difração por uma fenda estreita.

A difração por uma fenda estreita de espessura a, iluminada por uma fonte de luz de frequência ν (Figura 5.14), pode ser analisada a partir do chamado Princípio de Huygens, o qual pode ser expresso como:

" [A] perturbação em qualquer ponto alcançado por uma onda resulta da superposição de ondas esféricas secundárias de mesma frequência, que foram emitidas por cada ponto de uma frente anterior de onda qualquer. "

Assim, a perturbação ou campo resultante (Ψ) num ponto genérico $P(r, \theta)$ de um anteparo A a uma distância D da fenda (Figura 5.15) é dada pela superposição de cada onda esférica (Ψ_j), originária em cada ponto $\vec{r}_j$ da fenda:

$$\Psi = \sum_j \Psi_j$$

sendo,

$$\Psi_j = \Psi_0 \frac{e^{ik|\vec{r}-\vec{r}_j|}}{|\vec{r}-\vec{r}_j|} \qquad (k = 2\pi\nu/c)$$

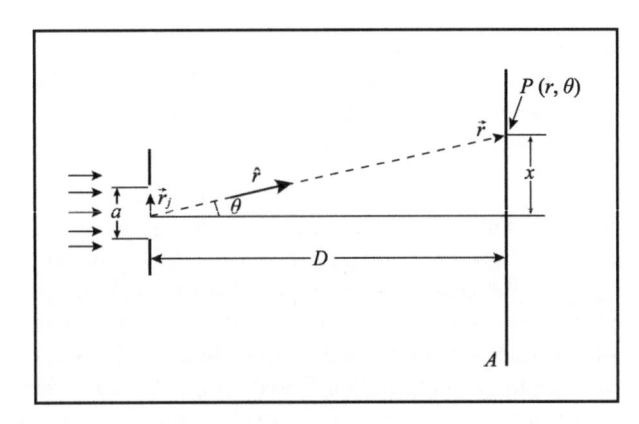

Figura 5.15: Vista de topo do esquema de difração por uma fenda estreita.

Para pontos distantes da fenda, as ondas esféricas incidentes no anteparo podem ser aproximadas por ondas planas, de comprimento de onda $\lambda = c/\nu$, e, assim, podem-se fazer as chamadas *aproximações de Fraunhofer*, para a amplitude e para a fase,

$$\begin{cases} |\vec{r} - \vec{r_j}| = r & \text{(amplitude)} \\ |\vec{r} - \vec{r_j}| = r - \hat{r}.\vec{r_j} & \text{(fase)} \end{cases}$$

Denotando-se $\hat{r} \cdot \vec{r_j} = \xi \operatorname{sen} \theta$, em que $\xi = |r_j|$, a onda resultante em P pode ser calculada por uma integração em ξ ao longo de toda a região da fenda,

$$\Psi = \Psi_0 \frac{e^{ikr}}{r} \frac{1}{a} \int_{-a/2}^{a/2} e^{ik\xi \operatorname{sen} \theta} \, d\xi = \Psi_0 \frac{e^{ikr}}{r} \frac{\operatorname{sen} \beta}{\beta}$$

na qual $\beta = \frac{ka \operatorname{sen} \theta}{2} = \frac{\pi a \operatorname{sen} \theta}{\lambda}$.

Uma vez que não é a amplitude (Ψ) mas a intensidade (I) da onda, a qual é proporcional a $|\Psi|^2$, que é observada no anteparo, os padrões de intensidades das franjas observadas são dados por (Figura 5.16):

$$\boxed{I = I_0 \left(\frac{\operatorname{sen} \beta}{\beta} \right)^2} \tag{5.9}$$

sendo $I_0 = \Psi_0^2 / D^2$ a intensidade em $x = 0$.

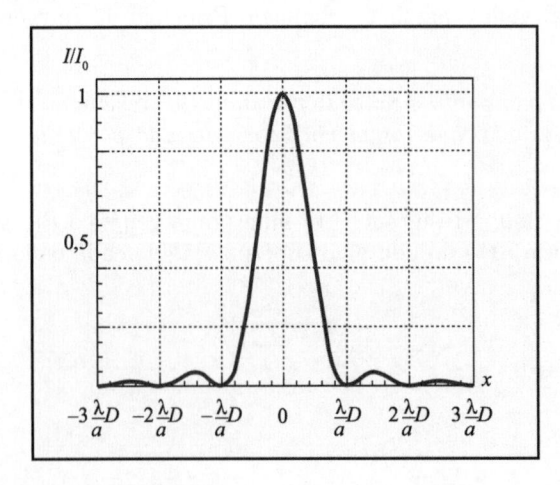

Figura 5.16: Intensidade relativa da luz difratada na direção x, ao longo do anteparo.

Além do máximo principal em $x = 0$, para pequenos ângulos, sen $\theta \simeq \theta \simeq x/D$ $\Rightarrow$ $\beta \simeq \pi \dfrac{x}{\lambda}\dfrac{a}{D}$, a intensidade apresenta zeros e máximos secundários dados por

$$\beta = \pm\pi, \pm 2\pi, \ldots \quad \Rightarrow \quad n\lambda = a \operatorname{sen}\theta \quad \Rightarrow \quad x = n\frac{\lambda}{a}D \quad \text{(zeros)} \quad (n = \pm 1, \pm 2, \ldots)$$

e

$$x = \pm \left(n + \frac{1}{2} \right)\frac{\lambda}{a}D \quad \text{(máximos secundários)} \quad (n = 1, 2, \ldots)$$

Assim, do ponto de vista óptico, o fenômeno da difração resulta de um processo coletivo de superposição, no qual um grande número de perturbações interfere em uma dada região do espaço.

O princípio de Huygens, ou a abordagem de uma fenda como fonte de ondas, pode ser explicado a partir de um esquema simples.

Suponha que a fenda de um anteparo opaco A iluminado por uma fonte de onda F seja vedada com um pequeno pino (Figura 5.17).

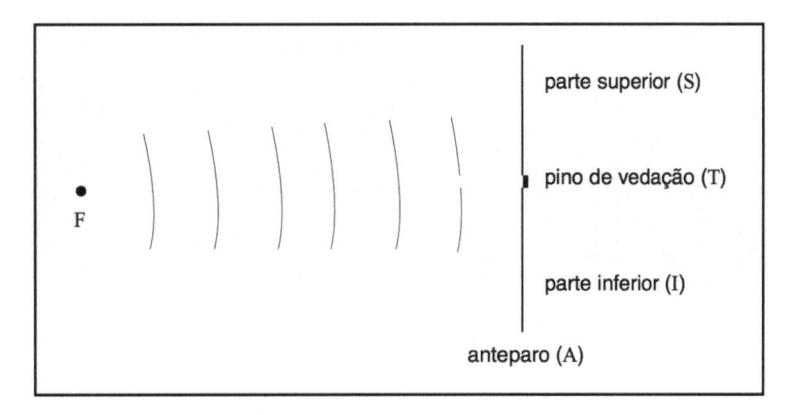

Figura 5.17: Anteparo com fenda fechada com um pino.

Como o anteparo é opaco, considerando que a perturbação associada a uma onda luminosa é de origem eletromagnética, na forma de campos elétricos e magnéticos, a intensidade da luz e o campo resultante na região atrás do anteparo são nulos.

De acordo com o Princípio da Superposição, esse campo nulo é resultante da superposição da onda incidente, proveniente da fonte F, com as ondas resultantes das interações entre a onda incidente e os átomos do anteparo e do pino de vedação,

$$\vec{E}_{\text{inc}} + \vec{E}_S + \vec{E}_I + \vec{E}_T = 0$$

sendo $\vec{E}_{\text{inc}}$, $\vec{E}_S$, $\vec{E}_I$ e $\vec{E}_T$ os campos elétricos associados, respectivamente, à onda incidente, às ondas provenientes dos átomos da parte superior (S) do anteparo, dos átomos da parte inferior (I) do anteparo e do pino (T) de vedação.

Se a fenda é suficientemente pequena para não perturbar as interações da onda incidente com os átomos das partes superior e inferior do anteparo, o campo elétrico $(\vec{E})$ na região atrás do anteparo, após a remoção do pino de vedação, é dado por

$$\vec{E} = \vec{E}_{\text{inc}} + \vec{E}_S + \vec{E}_I = \underbrace{\vec{E}_{\text{inc}} + \vec{E}_S + \vec{E}_I + \vec{E}_T}_{0} - \vec{E}_T = -\vec{E}_T$$

Ou seja, a fenda se comporta como um pequeno emissor de ondas, composto por muitas fontes secundárias.

O fato de o campo associado à fenda estar defasado de π rad em relação ao campo associado ao pino não é importante para o cálculo da intensidade da onda proveniente da fenda, uma vez que a intensidade depende do quadrado da amplitude do campo associado à onda.

5.4.2   O experimento da dupla fenda

Com base no princípio de Huygens, os argumentos de Young e Fresnel para o experimento da dupla fenda podem ser apresentados do seguinte modo.

Sejam

$$\begin{cases} \psi_1 = \psi_0(r_1)\,\mathrm{sen}\,(kr_1 - \omega t) \\[2mm] \psi_2 = \psi_0(r_2)\,\mathrm{sen}\,(kr_2 - \omega t) \end{cases}$$

as funções de onda que representam duas perturbações luminosas coerentes,[18] de amplitudes $\psi_0(r_1)$ e $\psi_0(r_2)$, mesma frequência $\nu = \omega/2\pi$ e comprimento de onda $\lambda = 2\pi/k$, originadas em duas fendas pontuais e idênticas F_1 e F_2, separadas uma da outra por uma distância d (Figura 5.18), devido à incidência de uma onda plana em uma direção perpendicular ao plano que contém as fendas.

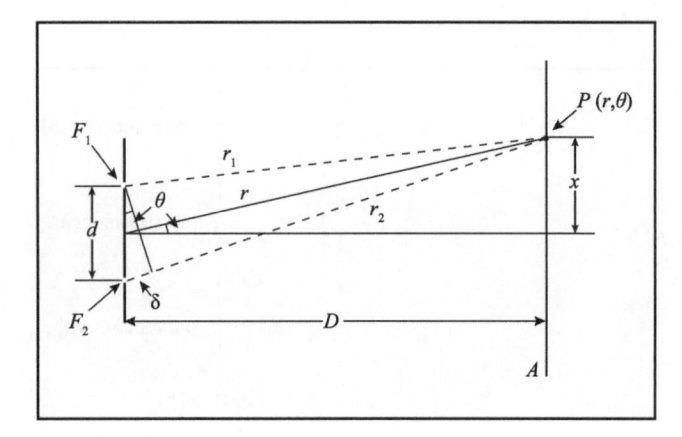

Figura 5.18: Esquema de interferência de ondas originadas em duas fendas em um anteparo.

Para pontos $P(r,\theta)$, sobre um anteparo A, distantes do plano das fendas, $(r,\ r_1,\ r_2 >> d)$, as amplitudes e a diferença de marcha entre as duas ondas são dadas pelas aproximações de Fraunhofer[19]

$$\begin{cases} \psi_0(r_1) = \psi_0(r_2) = \psi_0(r) \simeq \psi_0 \quad \text{(constante)} \\[2mm] \delta = r_2 - r_1 \simeq d\,\mathrm{sen}\,\theta \simeq d\,\mathrm{tg}\,\theta \simeq a\theta \end{cases}$$

Ou seja, para pontos distantes das fontes, as ondas originadas em F_1 e F_2 podem ser consideradas planas.

A perturbação resultante no anteparo é dada pela superposição linear

$$\psi = \psi_1 + \psi_2$$

Como as ondas possuem a mesma frequência, a intensidade I observada em um ponto genérico do anteparo (A), a uma distância D do plano das fendas, será proporcional à média temporal do quadrado da função de onda resultante,

$$I \ \propto \ \langle \psi^2 \rangle_T \ = \ \langle (\psi_1 + \psi_2)^2 \rangle$$

---

[18] Duas fontes de ondas quase monocromáticas, originadas em duas fendas, ou as ondas provenientes de duas fontes, são ditas coerentes quando as funções harmônicas que as representam mantêm uma diferença de fase constante, durante o tempo de resolução (τ) de um observador ou de um detector. Por exemplo, para o olho humano, τ é da ordem de 0,1 s, enquanto, para um rápido dispositivo eletrônico, τ pode ser da ordem de 10^{-10} s. Assim, duas fontes independentes nas quais as fases variam em 0,01 s parecem incoerentes para um observador humano e altamente coerentes para um detector eletrônico.

[19] Para incidência não perpendicular, a diferença de marcha é dada por $\delta = d(\mathrm{sen}\,\theta_i + \,\mathrm{sen}\,\theta)$, sendo θ_i o ângulo de incidência com respeito à direção perpendicular às fendas. Para pontos próximos às fendas, as ondas que interferem não podem mais ser aproximadas por ondas planas, e, nesse caso, tem-se a chamada difração de Fresnel.

Uma vez que

$$\psi^2 = (\psi_1 + \psi_2)^2$$

$$= \psi_0^2 \operatorname{sen}^2(kr - \omega t) + \psi_0^2 \operatorname{sen}^2(kr - \omega t + k\delta) + 2\psi_0^2 \operatorname{sen}(kr - \omega t) \operatorname{sen}(kr - \omega t + k\delta)$$

obtém-se

$$I \propto \frac{1}{2}\psi_0^2 + \frac{1}{2}\psi_0^2 + \psi_0^2 \cos k\delta = \psi_0^2 (1 + \cos k\delta)$$

Desse modo, a intensidade da perturbação resultante, ou o padrão de interferência das ondas, apresentará máximos (resultantes de interferências construtivas) e mínimos (resultantes de interferências destrutivas) em pontos tais que, para valores inteiros de n,

$$k\delta = \begin{cases} 2n\pi & \text{(máximos)} \\ \\ (2n+1)\pi & \text{(mínimos)} \end{cases}$$

Como $k = 2\pi/\lambda$, a interferência construtiva entre duas fontes coerentes, de mesma amplitude e frequência, só ocorrerá em pontos do espaço onde a diferença de marcha entre as ondas seja um múltiplo do comprimento de onda λ, ou seja,

$$\boxed{\delta = n\lambda \quad n = 0, \pm 1, \pm 2, \dots} \tag{5.10}$$

Escrevendo a diferença de marcha em termos da posição $x \simeq D\theta$ ao longo do anteparo, $\delta = \dfrac{d}{D}x$, a intensidade I em cada ponto do anteparo será proporcional a

$$\psi_0^2 \left[1 + \cos\left(\frac{2\pi}{\lambda} \frac{d}{D} x \right) \right]$$

ou seja,

$$\boxed{I = I_0 \cos^2\left(\frac{\pi}{\lambda} \frac{d}{D} x \right)} \tag{5.11}$$

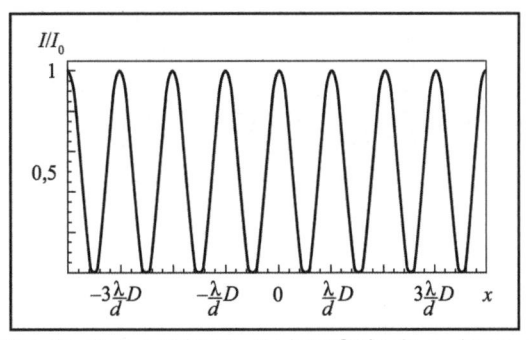

Figura 5.19: Intensidade relativa da onda resultante da interferência ao longo da direção x sobre o anteparo.

A Figura 5.19 mostra os máximos e os zeros resultantes da interferência da luz ao longo do anteparo A, localizados nos pontos

$$\boxed{x_n = n\frac{\lambda}{d}D \quad \text{(máximos)} \quad n = 0, \pm 1, \pm 2, \dots} \tag{5.12}$$

e

$$\boxed{x_n = \pm \left(n + \tfrac{1}{2} \right) \frac{\lambda}{d}D \quad \text{(zeros)} \quad n = 0, 1, 2, \dots} \tag{5.13}$$

Esses máximos e zeros são visualizados no anteparo como franjas claras e escuras. No entanto, nem todas as franjas claras apresentam a mesma intensidade.

Uma vez que as fendas, apesar de estreitas, possuem largura finita, a intensidade devida à interferência de duas fendas é modulada pelo padrão de intensidade da difração em cada fenda. Assim, a partir da franja central mais intensa, a intensidade das franjas vai decrescendo, de acordo com a relação entre a distância (d) e a largura (a) das fendas (Figura 5.20).

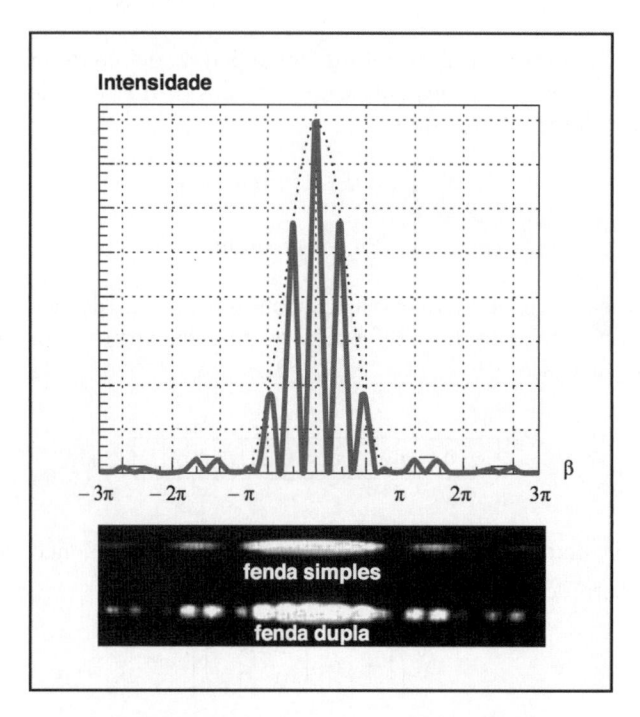

Figura 5.20: Intensidade relativa em função da posição x ao longo do anteparo de um dispositivo de dupla fenda de Young, para fendas não pontuais (a=d/3). Na parte superior, a linha pontilhada é a curva de intensidade da difração em cada fenda. Na parte inferior, as franjas de interferência para uma fenda (difração) e duas fendas.

A expressão para a intensidade em um experimento de duas fendas não pontuais é dada por

$$I = I_0 \underbrace{\left(\frac{\operatorname{sen}\beta}{\beta}\right)^2}_{\text{difração}} \underbrace{\left(\frac{\operatorname{sen}2\gamma}{\operatorname{sen}\gamma}\right)^2}_{\text{interferência}} \qquad (5.14)$$

sendo

$$\begin{cases} \beta = \dfrac{\pi}{\lambda} a \operatorname{sen}\theta \\[2mm] \gamma = \dfrac{\pi}{\lambda} d \operatorname{sen}\theta \end{cases} \qquad (\text{para pequenos ângulos, } \operatorname{sen}\theta \simeq \operatorname{tg}\theta \simeq \theta \simeq x/D)$$

Assim, além dos máximos e zeros devidos à interferência, a intensidade apresenta também os zeros devidos à difração para os valores

$$\beta = \pm\pi, \pm 2\pi, \ldots \quad \Rightarrow \quad n\lambda = a \operatorname{sen}\theta \quad \Rightarrow \quad x = n\frac{\lambda}{a}D \quad (\theta < 10°) \qquad (n = \pm 1, \pm 2, \ldots) \qquad (5.15)$$

5.4.3 Coerência temporal

Além da condição de que as dimensões lineares (d) dos obstáculos que interagem com a luz sejam muito maiores que o comprimento de onda (λ),[20] $\lambda \ll d$, de um ponto de vista experimental, a característica fundamental para a ocorrência de uma padrão de interferência de ondas em um experimento de Young é a existência de uma coerência temporal entre as ondas originadas nas duas fendas. Só assim esse padrão pode ser observado em um anteparo distante.

Essa coerência, em geral, é obtida utilizando-se a luz de uma única fonte (F), pontual e monocromática, para iluminar as duas fendas (Figura 5.21).

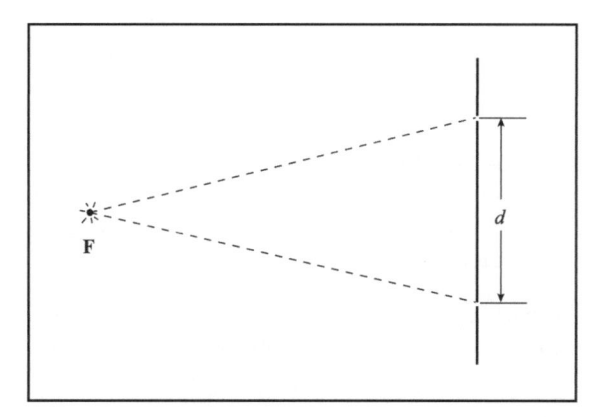

Figura 5.21: Esquema para iluminar coerentemente duas fendas com uma fonte pontual (F).

Dois fatores limitam o grau de coerência obtido em um experimento de dupla fenda de Young: a divergência espectral e as dimensões finitas da fonte de luz.

Supondo que uma fonte de frequência ν e período $T = 1/\nu$ possa ser considerada pontual, mas apresente um pequena divergência espectral ($\Delta\nu$) tal que

$$\Delta\nu \ll \nu$$

define-se o *tempo de coerência* (t_{c}) de emissão da luz por uma fonte como o intervalo no qual a fonte pode ser considerada quase monocromática, por

$$t_{\mathrm{c}} = \frac{1}{\Delta\nu}$$

uma vez que, durante esse intervalo, haverá um grande número de oscilações de frequência ν, dado por

$$\frac{t_{\mathrm{c}}}{T} = \frac{\nu}{\Delta\nu} \gg 1$$

Por exemplo, se a fonte é um tubo padrão de descarga em um gás, o tempo de coerência é o tempo de vida médio de um estado atômico excitado do gás que, a princípio, seria da ordem de 10^{-8} s. Entretanto, colisões devidas ao movimento térmico reduzem esse tempo de emissão para cerca de 10^{-10} s.

Desse modo, só haverá um padrão de interferência se a diferença de marcha introduzida pelo arranjo for muito menor que a distância, denominada *comprimento de coerência* (l_{c}), que a luz pode percorrer durante o tempo de coerência, ou seja,

$$\delta \ll l_{\mathrm{c}} = ct_{\mathrm{c}}$$

Se a diferença de marcha for da ordem do comprimento de coerência, os feixes que se superpõem em cada ponto do anteparo virão de decaimentos de átomos distintos e, portanto, serão incoerentes.

---

[20]Se as dimensões dos objetos que interagem com a luz são de mesma ordem do comprimento de onda ($\lambda \sim d$), o processo é chamado de *espalhamento*.

Enquanto para uma fonte laser a divergência espectral é pequena ($\Delta\nu/\nu \approx 10^{-9}$) e, portanto, o tempo de coerência é da ordem de 10^{-6} s, para uma simples lâmpada incandescente de lanterna ($\Delta\lambda/\bar{\lambda} \approx 0{,}3$) o mesmo é da ordem de 10^{-14} s (Tabela 5.1).

Tabela 5.1: Valores de divergência espectral, comprimentos e tempos de coerência, para algumas fontes de luz

fonte	t_c (s)	l_c	$\Delta\nu/\nu$
lanterna	10^{-14}	3 μm	0,3
tubo	10^{-10}	3 cm	10^{-5}
laser	10^{-6}	3 m	10^{-9}

Por outro lado, se as dimensões da fonte não puderem ser desprezadas, as fendas também serão iluminadas por feixes originados em grupos atômicos distintos e independentes, sem correlações em suas posições ou tempos de vida de estados excitados. Esses feixes serão totalmente incoerentes, mesmo para um arranjo espacial conveniente como a dupla fenda.

Do ponto de vista prático, para contornar esse problema, coloca-se uma fenda simples entre a fonte e o dispositivo de dupla fenda, a uma distância D apropriada, limitando a seção transversal do feixe (Figura 5.22).

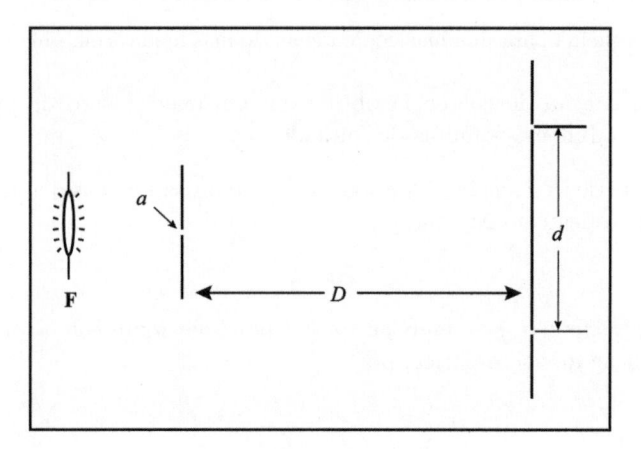

Figura 5.22: Arranjo para iluminar coerentemente duas fendas com uma fonte extensa (F).

Nesse caso, o fenômeno da difração permite estabelecer um critério simples para que uma fenda iluminada por uma fonte extensa possa ser considerada uma fonte de luz pontual.

As fendas só serão coerentemente excitadas, com diferença de fase quase nula, se a distância (d) entre elas for menor que a largura do máximo principal do padrão de difração no dispositivo de dupla fenda, devido à interferência dos feixes originados na fenda simples, ou seja,

$$d < 2D\frac{\lambda}{a}$$

Assim, existe um compromisso entre as dimensões do arranjo de dupla fenda, a largura da fenda simples e o comprimento de onda, num experimento de Young com fonte de luz ordinária, de descarga em gases, ou mesmo de laser.

Para um arranjo de Young que utilize uma fenda simples de largura $a = 0{,}2$ mm e um dispositivo de dupla fenda no qual a distância (d) entre as fendas é de 0,25 mm, a distância D entre a fenda simples e o dispositivo de dupla fenda, para que se possa observar os padrões de interferência com uma fonte extensa ordinária ($\bar{\lambda} \approx 0,5\ \mu$m), deve ser maior que $(ad)/(2\bar{\lambda})$, *i.e.*,

$$D > \left(\frac{ad}{2\bar{\lambda}}\right) \simeq 5\ \text{cm}$$

desde que o anteparo esteja a uma distância L do dispositivo de dupla fenda, garantindo que a diferença de marcha seja menor que 3 μm.

5.4.4 Múltiplas fendas e redes de difração

Do ponto de vista microscópico, não existe diferença entre os fenômenos de interferência e de difração. Ambos resultam da superposição de ondas originadas em fontes coerentes. Enquanto a superposição de duas ou mais ondas é referida como interferência, a superposição de um grande número de ondas é chamada de difração.

A equação (5.14), para a intensidade resultante em um experimento de duas fendas, é generalizada para um experimento de múltiplas (N) fendas não pontuais, de largura a e igualmente espaçadas de uma distância d, como

$$I = I_0 \left(\frac{\operatorname{sen}\beta}{\beta}\right)^2 \left(\frac{\operatorname{sen}N\gamma}{\operatorname{sen}\gamma}\right)^2 \quad \text{sendo} \quad \begin{cases} \beta = \dfrac{\pi}{\lambda}a\operatorname{sen}\theta \\[2ex] \gamma = \dfrac{\pi}{\lambda}d\operatorname{sen}\theta \end{cases} \tag{5.16}$$

Os zeros devidos à difração ainda são dados pela equação 5.15.

$$\beta = n\pi \quad \Rightarrow \quad n\lambda = a\operatorname{sen}\theta \quad \Rightarrow \quad x = n\frac{\lambda}{a}D \quad (\theta < 10°) \quad (n = \pm 1, \pm 2, \dots)$$

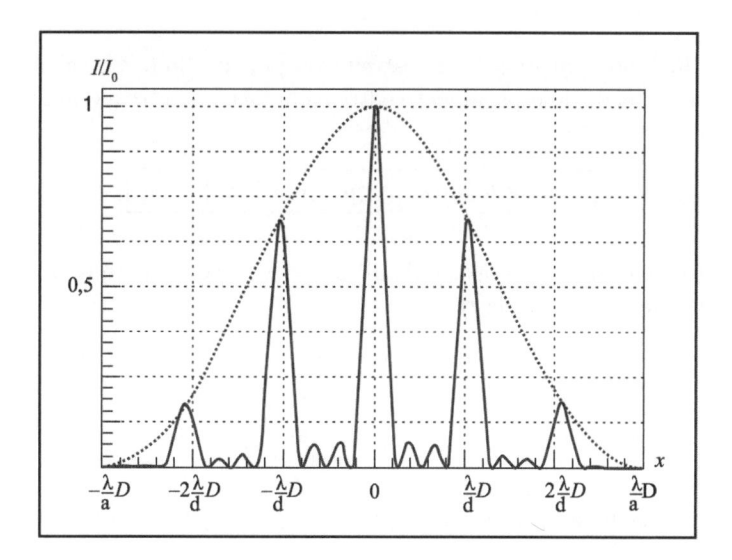

Figura 5.23: Intensidade relativa em função da posição x ao longo do anteparo de um dispositivo de quatro fendas ($N = 4$) não pontuais (a=d/3), que mostra três zeros ($N - 1 = 3$) e dois máximos secundários ($N - 2 = 2$) entre os máximos principais. A linha pontilhada é a curva de intensidade da difração em cada fenda.

No entanto, o padrão de interferência (Figura. 5.23) apresenta novas características, com máximos principais ainda dados por

$$\gamma = n\pi \quad \Rightarrow \quad n\lambda = d\operatorname{sen}\theta \quad \Rightarrow \quad x = n\frac{\lambda}{d}D \quad (\theta < 10°) \quad (n = 0, \pm 1, \pm 2, \dots)$$

zeros dados por

$$\gamma = \frac{n\pi}{N} \quad \Rightarrow \quad n\lambda = Nd\,\mathrm{sen}\,\theta \quad \Rightarrow \quad x = \frac{n}{N}\frac{\lambda}{d}D \quad (\theta < 10°) \qquad (n = \pm 1, \pm 2, \ldots)$$

e máximos secundários entre esses zeros, localizados aproximadamente nos pontos

$$x = \left(\frac{n + 1/2}{N}\right)\frac{\lambda}{d}D \quad (\theta < 10°) \qquad (n = \pm 1, \pm 2, \ldots)$$

O número de zeros entre dois máximos principais é igual a $N - 1$, e o número de máximos secundários é igual a $N - 2$.

Para $N = 4$ e $d = 3a$, os primeiros zeros estão localizados em $\pm\frac{1}{4}\frac{\lambda}{d}D$, $\pm\frac{1}{2}\frac{\lambda}{d}D$ e $\pm\frac{3}{4}\frac{\lambda}{d}D$, e os primeiros máximos secundários, em $\pm\frac{3}{8}\frac{\lambda}{d}D$ e $\pm\frac{5}{8}\frac{\lambda}{d}D$.

De acordo com a localização dos zeros, a largura (δx) de um máximo principal é da ordem de

$$\boxed{\delta x = \frac{\lambda}{N}\frac{D}{d} \quad \Rightarrow \quad \delta\theta = \frac{\lambda}{Nd\cos\theta}} \tag{5.17}$$

ou seja, para um número grande de fendas interceptadas por uma frente de onda, os máximos principais se apresentam como linhas, e os máximos secundários praticamente não são visíveis.

• Redes de difração

Um arranjo óptico constituído por um número (N) grande de linhas ou ranhuras igualmente espaçadas, no qual a luz incidente é espalhada pelas linhas ou refletida nas ranhuras, e os feixes resultantes podem interferir em um dado anteparo, denomina-se rede de difração.

Uma vez que a luz difratada por uma fenda estreita ou por um fio é equivalente, a direção dos feixes difratados em uma rede depende do espaçamento entre as linhas, ou entre as ranhuras, e do comprimento de onda da luz incidente, segundo

$$\boxed{d\,\mathrm{sen}\,\theta = n\lambda \qquad (n = 0, \pm 1, \pm 2, \ldots)} \tag{5.18}$$

Nesse caso, o número n é chamado de ordem da difração. A Figura 5.24 mostra o padrão de intensidade de luz monocromática difratada por uma rede.

Para feixes de diferentes comprimentos de onda, a separação angular é dada por

$$\boxed{\Delta\theta = \frac{n\Delta\lambda}{d\cos\theta} = \frac{\Delta\lambda}{\sqrt{(d/n)^2 - \lambda^2}}} \tag{5.19}$$

ou seja, quanto maior a ordem da difração, maior a separação angular entre dois feixes de comprimentos de onda distintos (Figura 5.25).

Devido a essa propriedade, as redes de difração são amplamente usadas para selecionar comprimentos de onda em dispositivos monocromadores, ou para análise da composição espectral da luz, em espectrômetros.

Comparando-se as expressões para a largura de um máximo principal e para a separação angular entre dois feixes, a condição para que os dois feixes de comprimentos de ondas próximos possam ser discriminados em uma rede de difração é dada por

$$\delta\theta = \frac{\lambda}{Nd\cos\theta} < \Delta\theta = \frac{n\Delta\lambda}{d\cos\theta}$$

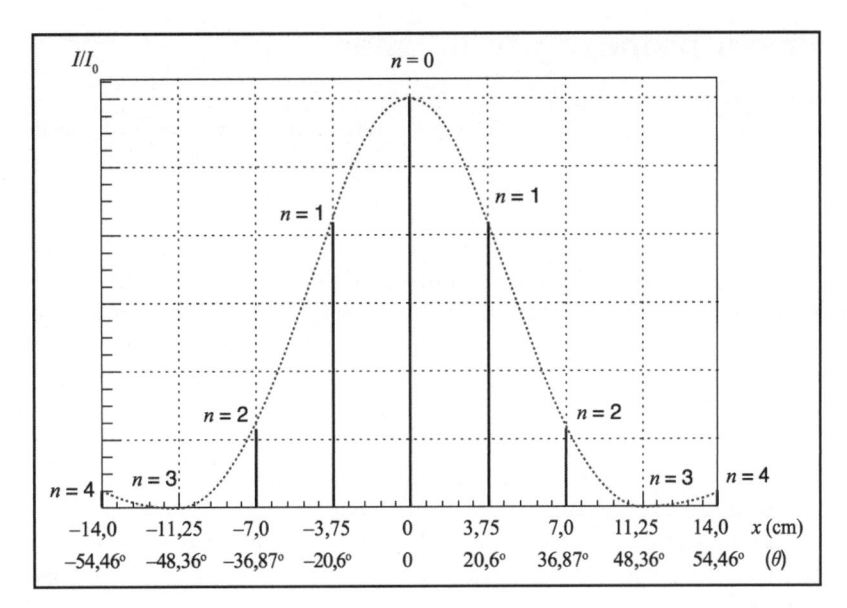

Figura 5.24: Intensidade da luz vermelha ($\lambda = 0{,}625\ \mu$m) ao ser difratada por uma rede de transmissão de 1 cm de largura, com 600 linhas/mm, para $n = 0, 1, 2, 4$, em função da distância (x) sobre um anteparo e do ângulo (θ) entre a direção do feixe difratado e o feixe incidente. A distância (D) da rede ao anteparo, onde os campos interferem, é igual a 10 cm. Sendo $a = d/3$, a intensidade que corresponde a $n = 3$ é suprimida.

Desse modo, quanto maiores a ordem (n) da difração e o número de linhas (N) da rede, maior a capacidade da rede em discriminar comprimentos de onda distintos, ou seja, melhor a chamada *resolução da rede*.[21]

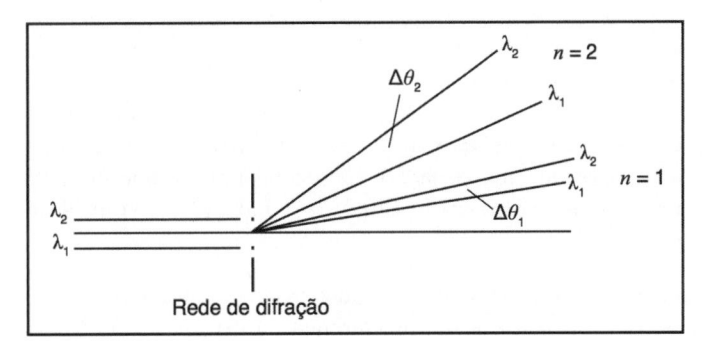

Figura 5.25: Separação angular de dois feixes de comprimentos de onda diferentes em uma rede de difração, para duas ordens distintas.

Assim, mesmo baseando-se em um modelo mecânico, que considerava as vibrações de um meio etéreo, parecia que o mecanismo de propagação da luz era, definitivamente, ondulatório. Qualquer modelo corpuscular para a natureza da luz que a considerasse um feixe de partículas que obedeciam à Mecânica de Newton não conseguia explicar como o movimento de partículas, com mesma velocidade, deslocando-se na mesma direção e sentido, poderia ser neutralizado em algumas regiões do espaço.

---

[21]As expressões $\dfrac{\Delta\theta}{\Delta\lambda} = \dfrac{n}{d\cos\theta}$ e $R = nN$ são denominadas, respectivamente, dispersão e resolução da rede.

5.5   Fourier e a propagação do calor

> *Qualquer que seja o âmbito das teorias mecânicas,*
> *elas não se aplicam aos efeitos do calor.*
>
> Jean-Baptiste Fourier

É na descrição do calor, visto como algo que se propaga de modo contínuo, que se encontra a origem de um novo estilo de fazer Ciência. Nesse sentido, ao contrário da abordagem utilizada na Teoria Cinética, Fourier preocupa-se em descrever o modo pelo qual o calor se propaga – através de *leis simples e constantes* – sem discutir a essência do calor – as suas *causas primárias* – como se depreende do Discurso Preliminar de sua *Teoria Analítica do Calor*:

> *As causas primárias nos são desconhecidas, mas estão sujeitas a leis simples e constantes, que podem ser descobertas pela observação, cujo estudo constitui o objeto da filosofia natural. O calor, como a gravidade, penetra todas as substâncias do Universo, seus raios ocupam todas as partes do espaço. O objetivo de nosso trabalho é estabelecer as leis matemáticas a que esse elemento obedece. A teoria do calor, daqui em diante, constituirá um dos ramos mais importantes da Física Geral (...). Qualquer que seja o âmbito das teorias mecânicas, elas não se aplicam aos efeitos do calor. Estes constituem um tipo especial de fenômeno, e não podem ser explicados pelos princípios do movimento e do equilíbrio.*

De certa forma, Newton também faz algo semelhante quando, no seu *Opticks*, admite a existência dos átomos e procura, nos *Principia*, descrever as interações da matéria e não explicar suas origens. Tanto em Newton quanto em Fourier há um deslocamento da pergunta do *por quê* ao *como*. Sendo assim, em que, então, os dois programas vão diferir? É justamente a introdução de um fluido imponderável e sutil – o *calórico* (Seção 2.4) – que vai fazer a diferença: do ponto de vista matemático, a propagação de uma substância fluida no espaço contínuo envolverá variações contínuas de certa grandeza no espaço e no tempo e, além disso, as coordenadas espaciais, como o tempo, passam a ser também parâmetros: isso implicará a adoção de *equações diferenciais parciais* para descrever as leis físicas. O enfoque do problema é, assim, desviado para a busca de uma equação diferencial parcial que descreva o fenômeno físico, ou seja, para a busca de uma *forma matemática*. Em outras palavras, a equação diferencial passa a ser o centro do sistema explicativo: a *causa formalis* do fenômeno em questão.

A propagação de calor por condução térmica de uma região de um meio a outra ocorre sempre que haja diferença de temperatura entre as regiões. Essa diferença dá origem a um fluxo de energia ou calor (Q) no sentido em que a temperatura decresce. A hipótese de Fourier, de 1815, construída de modo análogo à difusão de partículas em um meio (Capítulo 4), foi de que o fluxo de calor em uma certa direção x, também denominado densidade de corrente térmica (J), era proporcional à variação de temperatura (T) ao longo de x,

$$J = -\kappa \frac{\partial T}{\partial x} \tag{5.20}$$

sendo o parâmetro κ a condutividade térmica do meio.[22] O sinal negativo indica que o calor, considerado um fluido por Fourier, "flui" no sentido da maior para a menor temperatura.

A densidade de corrente térmica determina também a energia por unidade de tempo (t) que cruza uma superfície S,

$$\begin{aligned}
\frac{\mathrm{d}Q}{\mathrm{d}t} &= (J_e - J_s)\,S = -(J_s - J_e)\,S = -(\Delta J)\,S \\
&= -\frac{\partial J}{\partial x}\,(S\,\mathrm{d}x) = \kappa\,\frac{\partial^2 T}{\partial x^2}\,(S\,\mathrm{d}x)
\end{aligned} \tag{5.21}$$

sendo J_e a densidade de corrente que incide na superfície S no sentido positivo do eixo x, e J_s a densidade de corrente que atravessa a mesma superfície no sentido oposto.

---

[22] Em três dimensões, $\vec{J} = -K\vec{\nabla}T$.

De acordo com a Calorimetria, o calor absorvido por um volume $S\,dx$ do meio de densidade ρ e calor específico c é dado por

$$Q = \rho\,(S\,dx)\,c\,\Delta T$$

Assim, a energia por unidade de tempo que cruza a superfície pode ser escrita como

$$\frac{dQ}{dt} = \rho\,(S\,dx)\,c\,\frac{\partial T}{\partial t} \tag{5.22}$$

Igualando-se as equações (5.21) e (5.22), obtém-se a *equação de difusão de Fourier*,

$$\frac{\partial T}{\partial t} = \left(\frac{\kappa}{\rho c}\right)\frac{\partial^2 T}{\partial x^2}$$

Em três dimensões espaciais, a equação de difusão do calor escreve-se como

$$\frac{\rho c}{\kappa}\frac{\partial T}{\partial t} = \nabla^2 T \tag{5.23}$$

em que ∇^2 é o *operador laplaciano*.

Além da equação de difusão, várias outras equações (Tabela 5.2) importantes na Física[23] são de primeira ordem na derivada temporal e possuem a seguinte forma genérica:

$$\frac{\partial \Psi}{\partial \tau} = H\Psi$$

na qual H é função do operador laplaciano, Ψ é a grandeza cuja variação caracteriza o fenômeno e τ, uma variável proporcional ao tempo.

Tabela 5.2: Dependência funcional das equações de difusão e da equação de Schrödinger. ρ é a densidade do material difundido, a, a constante de difusão, c, o calor específico por unidade de volume, κ, a condutividade térmica, $\hbar$, a constante de Planck dividida por 2π (Capítulo 10), e m, a massa da partícula

Equação $H\Psi = \dfrac{\partial \Psi}{\partial \tau}$	Campo Ψ	Parâmetro τ
Difusão de matéria	ρ (densidade)	$a^2 t$
Difusão de calor	T (temperatura)	$\dfrac{\kappa}{c}t$
Schrödinger	Ψ (função de onda)	$\dfrac{i\hbar}{2m}t$

O estudo dos fluidos imponderáveis e sutis, como o calórico e o fluido elétrico, representou uma certa desmaterialização das explicações causais na Física, que preparou o terreno para a introdução de conceitos como linhas de força, no caso elétrico, e, em última instância, do conceito de *campo*. Isso coloca a *causa formalis* no primeiro plano das explicações científicas do século XIX.

Além de Fourier, Lagrange teve também um papel fundamental na afirmação desse sistema explicativo causal. Ao se utilizarem as equações de Lagrange, obtidas a partir do chamado *princípio de mínima ação*, para resolver um problema específico e explicar um fenômeno físico, se está atribuindo a ele, além da *causa formalis* dada por uma função de Lagrange, uma *causa finalis*, expressa pelo princípio variacional. Foi o estudo de fenômenos e sistemas complexos – difusão de calor, Mecânica dos Meios Contínuos e Teoria de Campos – que exigiu a adoção de um sistema explicativo complexo e o abandono do mecanicismo *stricto sensu*, baseado exclusivamente na *causa efficiens*.

Ainda no interior da Física Clássica, o Eletromagnetismo oferece, também, um exemplo interessante de explicação calcada na *causa formalis*, embora as equações de Maxwell (Seção 5.6.1) tenham sido obtidas a partir de um modelo mecânico do éter e, portanto, no fundo, partindo de um esquema baseado na *causa efficiens*.

---

[23] A unidade imaginária i que aparece na equação de Schrödinger (Capítulo 14) é que, em última análise, assegura que ela não descreva um processo dissipativo como a equação de difusão, e que se possa definir uma quantidade conservada associada a ela.

5.6 A descrição eletromagnética da luz

Parece ser uma característica da mente humana que conceitos familiares [como os dos modelos mecânicos] são abandonados somente com grande relutância, especialmente quando um quadro concreto dos fenômenos tem de ser sacrificado.

Max Born

5.6.1 As equações de Maxwell

Baseando-se principalmente nas ideias de Faraday sobre um éter cheio de linhas de força, que transmitiria as ações eletromagnéticas, Maxwell, realizou uma das sínteses mais fundamentais na história da Física, publicada em 1865, ao mostrar que todos os fenômenos elétricos, magnéticos e ópticos podem ser descritos, unificadamente, a partir de um conjunto de equações diferenciais, conhecidas como as *equações de Maxwell*.

Utilizando-se a notação vetorial, as equações de Maxwell são reduzidas a quatro equações vetoriais, usualmente, expressas no Sistema Internacional de Unidades (SI) como

$$
\begin{aligned}
&\vec{\nabla}.\vec{D} = \rho && \text{(lei de Gauss)}\\
&\vec{\nabla}.\vec{B} = 0 && \text{(ausência de monopolo magnético)}\\
&\vec{\nabla} \times \vec{H} = \vec{J} + \frac{\partial \vec{D}}{\partial t} && \text{(lei de Ampère-Maxwell)}\\
&\vec{\nabla} \times \vec{E} = -\frac{\partial \vec{B}}{\partial t} && \text{(lei de Faraday)}
\end{aligned}
\tag{5.24}
$$

nas quais $\vec{E}$ e $\vec{D}$ são os campos elétricos, $\vec{B}$ e $\vec{H}$ são os campos magnéticos,[24] ρ e $\vec{J}$ são, respectivamente, as densidades de carga e de corrente, t é o tempo e $\vec{\nabla}$ é o operador diferencial nabla que, em coordenadas cartesianas (x, y, z), é expresso como

$$
\vec{\nabla} = \hat{\imath}\frac{\partial}{\partial x} + \hat{\jmath}\frac{\partial}{\partial y} + \hat{k}\frac{\partial}{\partial z}
$$

sendo $(\hat{\imath}, \hat{\jmath}, \hat{k})$ os vetores unitários nas direções dos eixos cartesianos.

Em um meio linear homogêneo, isotrópico e não dispersivo, esses campos obedecem às chamadas relações constitutivas

$$
\begin{cases}
\vec{D} = \epsilon\vec{E}\\
\vec{B} = \mu\vec{H}\\
\vec{J} = \sigma\vec{E}
\end{cases}
$$

sendo ϵ a permissividade elétrica, μ, a permeabilidade magnética, e σ, a condutividade do meio onde estão definidos os campos. Para o vácuo,

$$
\begin{cases}
\sigma_0 = 0 \ (\mho m)\\
\epsilon_0 = 8{,}854\,187\,817 \times 10^{-12} \ \text{F/m}\\
\mu_0 = 4\pi \times 10^{-7} \ \text{H/m}
\end{cases}
$$

---

[24] A tendência atual é se referir aos campos $\vec{E}$ e $\vec{B}$, respectivamente, como os campos elétrico e magnético fundamentais, pois são eles que aparecem na expressão da força de Lorentz, a qual descreve a interação do campo eletromagnético com a matéria (Seção 5.6.2).

Além de Faraday, essa grande síntese apoiou-se nos trabalhos de um enorme número de pesquisadores, como os ingleses William Gilbert, Stephen Gray e Oliver Heaviside, os italianos Luigi Galvani e Alessandro Volta, os franceses Charles François Dufay, Charles Augustin Coulomb, Jean-Baptiste Biot, Felix Savart e André-Marie Ampère, os alemães George Simon Ohm e Wilhelm Eduard Weber, o dinamarquês Hans Christian Oersted, os norte-americanos Benjamin Franklin e Joseph Henry e o russo Friedrich Emil Lenz.

Foram Faraday e Henry que descobriram, em 1831, que o espaço sem matéria ordinária é capaz de transmitir ações elétricas e magnéticas, ao constatarem que a partir do movimento acelerado de um ímã pode-se induzir uma corrente elétrica, ou seja, pode-se estabelecer um campo elétrico a partir de um campo magnético variável. Esse é o conteúdo da lei de Faraday, que pode ser escrita como a integral do campo magnético $\vec{B}$ através de uma superfície de área S,

$$\varepsilon = -\frac{\mathrm{d}}{\mathrm{d}t} \int_S \vec{B} \cdot \mathrm{d}\vec{S}$$

na qual ε é a força eletromotriz associada a um campo elétrico $\vec{E}$ ao longo da curva C que limita a superfície S, tal que

$$\oint_C \vec{E} \cdot \mathrm{d}\vec{l} = \varepsilon$$

Essa força eletromotriz é gerada pela variação temporal do fluxo do campo magnético em S.

Outro conceito importante introduzido por Faraday foi o de *linhas de força*, idealizadas para facilitar a visualização dos fenômenos elétricos e magnéticos; são linhas contínuas nas quais, em cada ponto do espaço, os campos elétricos e magnéticos são tangentes. Por exemplo, para partículas carregadas positiva e negativamente, em repouso ou em movimento uniforme, com velocidade v muito menor que a velocidade da luz no vácuo, os campos elétricos podem ser visualizados como mostrado na Figura 5.26.

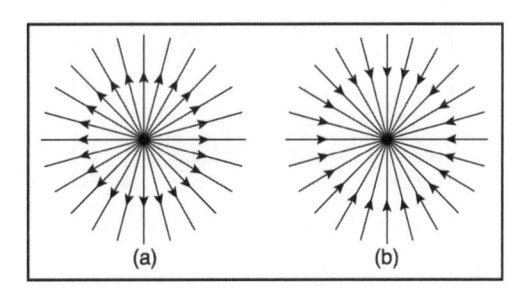

Figura 5.26: Linhas de força do campo elétrico em um plano ao redor de cargas positivas (a) e negativas (b) em repouso.

Esses campos satisfazem a lei de Gauss, a qual pode ser expressa na forma integral como

$$\oint \vec{D} \cdot \mathrm{d}\vec{S} = q$$

sendo q a carga elétrica contida no interior de qualquer superfície fechada de área S em torno de q.

Para o campo magnético ao redor de um ímã e para um dipolo elétrico, também em repouso, as linhas de força são representadas como na Figura 5.27.

Assim, a ausência de monopolos magnéticos pode ser expressa pelo fato de as linhas de força magnéticas serem sempre fechadas, ou seja, o fluxo do campo magnético através de qualquer superfície fechada é nulo,

$$\oint \vec{B} \cdot \mathrm{d}\vec{S} = 0$$

As equações de Maxwell evidenciam que o esquema de abordagem mecanicista de redução dos fenômenos às interações entre partículas não é adequado para o tratamento dos fenômenos eletromagnéticos. Torna-se necessária a introdução de campos continuamente distribuídos pelo espaço vazio.

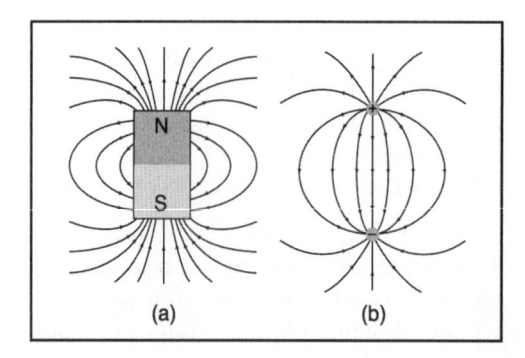

Figura 5.27: Linhas de força em um plano ao redor de um ímã (a) e de um dipolo elétrico (b) em repouso.

O caráter ondulatório da luz já havia sido evidenciado por Young e Fresnel (Seção 5.4), mas somente a partir das equações de campo, equações (5.24), Maxwell mostrou, em 1864, que um circuito elétrico oscilante poderia irradiar ondas eletromagnéticas com a velocidade de propagação da luz no éter (ou no vácuo), identificando-as com as ondas luminosas.

O cálculo da velocidade da luz (Seção 5.2) no vácuo pode ser feito a partir das propriedades elétricas e magnéticas nesse meio (ϵ_0 e μ_0), ou seja, pelo Eletromagnetismo de Maxwell, do mesmo modo que, a partir das leis da Mecânica Clássica de Newton, se pôde predizer a velocidade das ondas acústicas nos meios gasosos, líquidos e sólidos.

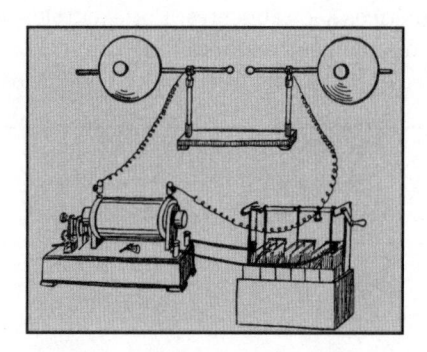

Figura 5.28: Esquema do aparato usado por Hertz para mostrar a existência de ondas eletromagnéticas.

A observação experimental de ondas eletromagnéticas foi realizada em 1887 pelo alemão Heinrich Rudolph Hertz, utilizando o aparato esquematizado na Figura 5.28.

A geração de ondas eletromagnéticas em seu laboratório (Figura 5.29) parecia ser a consagração da síntese de Maxwell para o Eletromagnetismo e o triunfo da concepção ondulatória da luz, que passa a ser descrita como uma onda eletromagnética de pequeno comprimento de onda quando comparada com as ondas acústicas, embora restasse ainda esclarecer o quanto essa importante predição de Maxwell dependia de uma visão ainda mecanicista, implícita no modelo mecânico do éter, o qual se acreditava ser o substrato necessário à realização dos fenômenos eletromagnéticos, que se deformava como um meio elástico (Seção 5.7).

Refletindo sobre o significado da teoria de Maxwell, Hertz afirma que: *A teoria de Maxwell é o sistema de equações de Maxwell.* Esse sistema de equações diferenciais para os campos elétricos e magnéticos constitui a base da explicação causal – a *causa formalis* – dos fenômenos eletromagnéticos. Tal sistema explicativo é fundamentalmente diferente daquele apoiado na Mecânica de Newton, calcado na *causa efficiens* (Seção 2.3). Diferenças estruturais marcantes entre as duas teorias estarão no centro da análise crítica de Einstein sobre a relatividade dos movimentos das partículas carregadas na Eletrodinâmica Clássica (Capítulo 6).

Figura 5.29: Laboratório no qual Hertz fez a descoberta das ondas eletromagnéticas.

Somente a partir dos trabalhos de Einstein, admitiu-se que a luz – ou a radiação eletromagnética – era algo tão fundamental quanto um elétron ou qualquer outra partícula material elementar.[25] Ou seja, os portadores não materiais de energia das radiações e as partículas materiais elementares são os constituintes básicos da natureza. Desse modo, a transferência de energia eletromagnética de um ponto a outro do espaço, diferentemente dos fenômenos acústicos, pode se dar sem o transporte de matéria, por intermédio da radiação eletromagnética. Nesse sentido, a própria pergunta "o que é uma onda?" passa a ser respondida como "aquilo que obedece a uma equação de onda", como a equação de d'Alembert, por exemplo.

Na interpretação de Einstein de 1905, a teoria eletromagnética de Maxwell prescinde de um meio material para a propagação de ondas eletromagnéticas (Capítulo 6). Essa ideia tem respaldo na observação de que a luz se propaga no vácuo. Em outras palavras, é possível a transferência de energia por ações eletromagnéticas de altíssimas frequências (da ordem de 10^{14} Hz) de uma região a outra do espaço vazio.

Entretanto, diferentemente da Mecânica de Newton, que aliada a um modelo clássico de estrutura da matéria pode prever os valores de diversos parâmetros macroscópicos termodinâmicos, o Eletromagnetismo de Maxwell não é capaz de prever o valor de parâmetros como a permissividade e a condutividade, característicos de um meio macroscópico, nem explicar as suas dependências com a frequência do campo eletromagnético, e nem mesmo prever as cargas e as massas das partículas; por isso a teoria eletromagnética é dita fenomenológica.

5.6.2 A Eletrodinâmica Clássica de Lorentz

Uma das primeiras tentativas para elaboração de uma teoria interpretativa clássica capaz de explicar as interações dos campos eletromagnéticos com a matéria data de 1895 e deve-se ao físico holandês Hendrik Antoon Lorentz, que combina o Eletromagnetismo e a Mecânica Clássica com um modelo atomístico da matéria, o chamado modelo de Drude-Lorentz (Seção 8.1.6),[26] e desenvolve inicialmente uma Eletrodinâmica Clássica do tipo newtoniana.

De acordo com essa teoria, uma partícula de massa m e carga q movendo-se com velocidade $\vec{v}$ em uma região na qual o campo eletromagnético é caracterizado pelos vetores $\vec{E}$ e $\vec{B}$ sofre ação da chamada de *força de Lorentz* ($\vec{F}$),

---

[25] Lavoisier (Capítulo 2), em sua tabela das substâncias simples (1789), coloca a *luz* no topo de sua lista, seguida do *calórico* e dos elementos químicos conhecidos até então (Tabela 2.4).

[26] O modelo segundo o qual o mundo físico seria composto de matéria ponderável, de partículas móveis eletricamente carregadas e do éter, tal que os fenômenos eletromagnéticos e ópticos seriam baseados na posição e no movimento dessas partículas.

$$\boxed{\vec{F} = q\vec{E} + q\vec{v} \times \vec{B}}$$ (5.25)

tal que a equação do movimento da partícula é dada por

$$\boxed{\frac{d\vec{p}}{dt} = \frac{d}{dt}(m\vec{v}) = q(\vec{E} + \vec{v} \times \vec{B})}$$

É importante enfatizar que, ao escrever essa equação, Lorentz admitiu a validade da equação dinâmica de Newton e das transformações de Galileu entre referenciais inerciais.

Apesar da obtenção de muitos resultados satisfatórios, como a explicação da dispersão da luz, a Eletrodinâmica Clássica de Lorentz encontra sérias dificuldades no século XX. A existência de novos fenômenos luminosos, como o efeito fotoelétrico (Seção 10.3.1), que consiste na emissão de elétrons por um metal no qual incide radiação eletromagnética e outros fenômenos envolvendo os processos de emissão e absorção da luz que não admitiam uma explicação ondulatória, tampouco eram compatíveis com a concepção corpuscular calcada na Mecânica de Newton e na Eletrodinâmica de Lorentz, levou Einstein a uma nova concepção corpuscular da luz, com a qual ele consegue explicar o efeito fotoelétrico, em 1905, utilizando a ideia do *quantum* de Planck (Capítulo 10), postulando que a energia de um feixe luminoso, em vez de estar distribuída continuamente através do espaço nos campos elétrico e magnético, estaria distribuída discretamente por *pequenos pacotes de energia* ou *fótons* (os *quanta* de luz).

Do ponto de vista conceitual, Einstein afirma que

> *a fraqueza dessa teoria [de Lorentz] reside no fato de que ela tentou determinar os fenômenos por uma combinação de equações diferenciais parciais (...) e equações diferenciais totais (...), procedimento esse que obviamente não é natural.*

Esse quadro dá origem à ideia de um comportamento dual para a luz. Em outras palavras, pela primeira vez na história, parece que a natureza da luz depende do tipo de experiência realizada, manifestando-se ora como um fenômeno ondulatório resultante de vibrações coletivas de um meio, ora como um feixe de partículas que se deslocam com *momentum* definido. É como se a luz tivesse duas faces, e cada tipo de experimento pudesse desvelar apenas uma. Assim, a velha concepção pré-socrática de que uma coisa *é* ou *não é* – considerada uma verdade inquestionável durante o desenvolvimento da Física até aqui – fica abalada e, com ela, o próprio conceito de *Ser* e o papel epistemológico de um experimento, tecendo novas relações entre teoria e experiência e impondo sérias limitações sobre o observador newtoniano.

Essa *dualidade onda-corpúsculo*, termo que pode ser entendido como resultado do insucesso das tentativas clássicas de interpretação dos fenômenos envolvendo a luz, é, na sua essência, uma expressão da inexistência na época de uma teoria dinâmica para a descrição da luz e suas interações com a matéria, só alcançada com a *Eletrodinâmica Quântica* (QED); a partir de então, a teoria mais bem-sucedida na descrição dos fenômenos que envolvem uma das interações fundamentais da Física: a interação da luz com as partículas materiais eletricamente carregadas.

5.6.3   As equações das ondas eletromagnéticas

Tomando-se o rotacional das expressões diferenciais das leis de Faraday e de Ampère-Maxwell no vácuo ($\rho = 0$ e $\vec{J} = 0$), equações (5.24), e levando-se em conta as relações constitutivas entre os campos na ausência de um meio, $\vec{D} = \epsilon_0 \vec{E}$ e $\vec{B} = \mu_0 \vec{H}$, obtém-se

$$\begin{cases} \dfrac{1}{\mu_0}\vec{\nabla} \times (\vec{\nabla} \times \vec{B}) = \dfrac{1}{\mu_0}\left[\vec{\nabla}(\vec{\nabla}.\vec{B}) - \nabla^2\vec{B}\right] = \dfrac{\partial}{\partial t}(\vec{\nabla} \times \vec{D}) = -\epsilon_0\dfrac{\partial^2\vec{B}}{\partial t^2} \\[4mm] \vec{\nabla} \times (\vec{\nabla} \times \vec{E}) = \vec{\nabla}(\vec{\nabla}.\vec{E}) - \nabla^2\vec{E} = -\dfrac{\partial}{\partial t}(\vec{\nabla} \times \vec{B}) = -\mu_0\epsilon_0\dfrac{\partial^2\vec{E}}{\partial t^2} \end{cases}$$

Uma vez que no vácuo e na ausência de partículas as divergências dos campos são nulas, nele valem as equações de onda para os campos $\vec{E}$ e $\vec{B}$:

$$\begin{cases} \nabla^2\vec{E} - \mu_0\epsilon_0\dfrac{\partial^2\vec{E}}{\partial t^2} = 0 \\[3mm] \nabla^2\vec{B} - \mu_0\epsilon_0\dfrac{\partial^2\vec{B}}{\partial t^2} = 0 \end{cases} \tag{5.26}$$

Assim, as ações dos campos eletromagnéticos propagam-se no vácuo com velocidade

$$c = \frac{1}{\sqrt{\mu_0\epsilon_0}} = 299\,792\,458 \text{ m/s} \simeq 3{,}0 \times 10^8 \text{ m/s} \tag{5.27}$$

ou seja, com a velocidade da luz.[27]

O fato de as equações de ondas para os campos no vácuo serem lineares e homogêneas implica que cada componente dos campos $\vec{E}$ e $\vec{B}$ satisfaz também à equação de onda de d'Alembert.

Em um meio linear e homogêneo sem cargas livres ($\rho = 0$ e $\vec{J} = 0$) e não magnético ($\mu = \mu_0$), tal que $\vec{D} = \epsilon\vec{E}$, os campos obedecem também à equação de onda de d'Alembert, mas com velocidade de propagação (v) dada por

$$v = \frac{1}{\sqrt{\mu_0\epsilon}} \tag{5.28}$$

Desse modo, a teoria de Maxwell estabelece que o índice de refração (n) de um meio dielétrico, definido pela razão entre a velocidade da luz no vácuo (c) e no meio (v), depende das constantes dielétricas e é dado pela *relação de Maxwell*,

$$n = \sqrt{\frac{\epsilon}{\epsilon_0}} \tag{5.29}$$

O sistema usualmente utilizado para expressar o comportamento dos campos eletromagnéticos no domínio microscópico é o *sistema gaussiano* (para o qual, no vácuo, $\mu_0 = \epsilon_0 = 1$), que incorpora a velocidade da luz no vácuo nas equações de Maxwell:

$$\begin{cases} \vec{\nabla}.\vec{D} = 4\pi\rho \\[3mm] \vec{\nabla} \times \vec{E} = -\dfrac{1}{c}\dfrac{\partial\vec{B}}{\partial t} \end{cases} \qquad \begin{cases} \vec{\nabla}.\vec{B} = 0 \\[3mm] \vec{\nabla} \times \vec{H} = \dfrac{4\pi}{c}\vec{J} + \dfrac{1}{c}\dfrac{\partial\vec{D}}{\partial t} \end{cases}$$

Nesse sistema, a força de Lorentz sobre uma partícula de carga q, que se desloca com velocidade v, é escrita como

$$\boxed{\vec{F} = q\left(\vec{E} + \frac{\vec{v}}{c} \times \vec{B}\right)} \tag{5.30}$$

A partir de agora, as equações básicas do Eletromagnetismo serão escritas no sistema gaussiano de unidades.

Uma característica fundamental dos campos eletromagnéticos no vácuo, observada experimentalmente e deduzida das equações de Maxwell, é que suas perturbações se propagam como ondas transversais.

Por exemplo, para soluções do tipo onda plana monocromática, linearmente polarizada, de frequência ν, que se propagam na direção do vetor de propagação $\vec{k}$, os campos $\vec{E}$ e $\vec{B}$ podem ser escritos como

---

[27] A convenção de se usar a letra "c" para a velocidade da luz provavelmente vem da inicial do termo latino *celeritas*, velocidade.

ondas planas linearmente polarizadas do tipo

$$\begin{cases} \vec{E}(\vec{r},t) = \vec{E}_0\,\mathrm{sen}(\vec{k}\cdot\vec{r}-\omega t) = \Im\left[\vec{E}_0 e^{i(\vec{k}\cdot\vec{r}-\omega t)}\right] \\[3mm] \vec{B}(\vec{r},t) = \vec{B}_0\,\mathrm{sen}(\vec{k}\cdot\vec{r}-\omega t) = \Im\left[\vec{B}_0 e^{i(\vec{k}\cdot\vec{r}-\omega t)}\right] \end{cases}$$

em que $\vec{E}_0$ e $\vec{B}_0$ são vetores complexos constantes que, além de representarem as amplitudes dos campos, indicam também as constantes de fases, e $k = |\vec{k}| = \omega/c = 2\pi/\lambda$, $\quad \lambda = c/\nu = cT \quad$ e $\quad \omega = 2\pi\nu = 2\pi/T$.

Uma vez que as ações dos operadores $\vec{\nabla}$ e $\partial/\partial t$ sobre as funções exponenciais[28] equivalem, respectivamente, a multiplicá-las por $i\vec{k}$ e $-i\omega$, as equações de Maxwell para campos harmônicos implicam

$$\begin{cases} \vec{k}.\vec{E}_0 = 0 \\[3mm] \vec{k}\times\vec{E}_0 = \dfrac{\omega}{c}\vec{B}_0 \end{cases} \qquad \begin{cases} \vec{k}.\vec{B}_0 = 0 \\[3mm] \vec{k}\times\vec{B}_0 = -\dfrac{\omega}{c}\vec{E}_0 \end{cases}$$

Assim, os vetores $\vec{E}$, $\vec{B}$ e $\vec{k}$ constituem um triedro ortogonal dextrogiro (Figura 5.30), ou seja, em qualquer instante e posição, os campos $\vec{E}$ e $\vec{B}$ são ortogonais entre si e ortogonais à direção de propagação da onda, de tal modo que suas amplitudes estão relacionadas por[29]

$$\vec{E}_0 \times \vec{B}_0 = E_0^2\hat{k} \qquad (E_0 = B_0)$$

ou seja, *os campos eletromagnéticos se propagam no vácuo como ondas transversais.*[30]

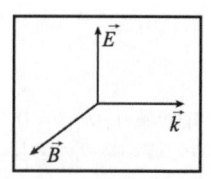

Figura 5.30: Triedro representando o vetor de propagação e os vetores dos campos elétrico e magnético de uma onda plana monocromática, em um dado instante e posição no espaço.

Tabela 5.3: Espectro eletromagnético, destacando-se os diversos tipos de radiação para os quais são indicadas as ordens de grandeza da frequência e do comprimento de onda

Tipo de radiação	Frequência v (Hz)	Comprimento de onda (λ)
Ondas de rádio	$< 10^9$	> 300 mm
Micro-ondas	$10^9 - 10^{12}$	$(300 - 0,3)$ mm
Infravermelho	$10^{12} - 4,3\times10^{14}$	$(300 - 0,8)\ \mu$m
Luz (visível)	$(4,3 - 5,7)\times10^{14}$	$(0,8 - 0,4)\ \mu$m
Ultravioleta	$5,7\times10^{14} - 10^{16}$	$(0,4 - 0,03)\ \mu$m
Raios X	$10^{16} - 10^{19}$	$(300 - 0,3)$ Å
Raios gama (γ)	$> 10^{19}$	$< 0,3$ Å

[28] Devido à linearidade das equações de Maxwell, no lugar de funções trigonométricas, o uso de funções exponenciais facilita o manejo das relações entre os campos.

[29] No SI, $E_0 = cB_0$.

[30] Qualquer que seja a dependência espaço-temporal de um campo eletromagnético no vácuo, ele sempre pode ser representado por uma superposição de ondas monocromáticas transversais linearmente polarizadas. Desse modo, a resultante também se propaga como uma onda transversal.

A Tabela 5.3 apresenta um resumo do espectro eletromagnético no vácuo, em que a relação entre o comprimento de onda (λ) e a frequência (ν) é dada por $\lambda\nu = c$ ($3,0 \times 10^8$ m/s). Observa-se que a parte visível (luz) corresponde a uma estreitíssima faixa desse espectro.

5.6.4 A energia de uma onda eletromagnética

A densidade de energia associada a um campo eletrostático pode ser estabelecida a partir do seguinte esquema, que envolve um sistema de placas paralelas, uniformemente carregadas com cargas q e $-q$, de áreas iguais a A, separadas por uma distância d, e um dielétrico de permissividade ϵ: o capacitor de placas paralelas (Figura 5.31).

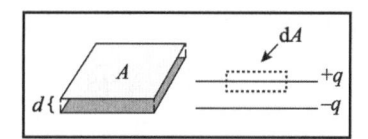

Figura 5.31: Capacitor de placas paralelas.

O pequeno retângulo representa a vista lateral de uma superfície de área dA, e suas faces são paralelas às placas do capacitor.

Uma vez que a magnitude da carga elétrica (q) armazenada em cada uma da placas metálicas do capacitor é proporcional à diferença de potencial (d.d.p.) v entre as placas, $q \propto v$, define-se a *capacitância* (C) pela relação

$$C = \frac{q}{v}$$

Aplicando-se a lei de Gauss à superfície mostrada na Figura 5.31,

$$\epsilon E\,dA = 4\pi\sigma\,dA$$

em que $\sigma = q/A$ é a densidade superficial de carga, obtém-se para o campo elétrico (E) uniforme no interior do dielétrico

$$E = \frac{4\pi}{\epsilon}\frac{q}{A}$$

Desse modo, a d.d.p. (v) entre as placas é dada por

$$v = Ed = \frac{4\pi}{\epsilon}\frac{d}{A}\,q$$

e a capacitância, por

$$C = \epsilon\frac{A}{4\pi d}$$

A energia eletrostática (U_e) necessária para armazenar uma carga q pode ser calculada por

$$U_e = \int_0^q v\,dq = C\int_0^v v\,dv = \frac{1}{2}Cv^2$$

ou seja,

$$U_e = \epsilon\frac{E^2}{8\pi}\underbrace{Ad}_{V}$$

Se não houver dielétrico, a densidade de energia ($u_e = U_e/V$) associada ao campo elétrico na região de vácuo é dada por

$$u_e = \frac{E^2}{8\pi}$$

Por outro lado, a densidade de energia associada a um campo magnetostático pode ser estabelecida a partir do seguinte esquema, que envolve um solenoide com N espiras, de seção reta S e comprimento l, enrolado em um material de permissividade μ, no qual foi estabelecida uma corrente i (Figura 5.32).

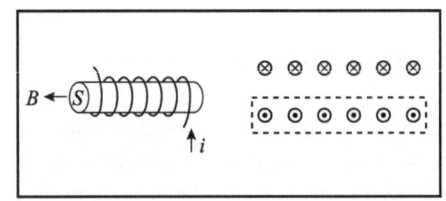

Figura 5.32: Solenoide de N espiras.

Nesse caso, a corrente i é proporcional ao fluxo através da superfície S de cada espira, $i \sim \phi = BS$, e a *indutância* (L) é definida por

$$L = \frac{N\phi}{ic} = \frac{NBS}{ic}$$

Aplicando-se a lei de Ampère ao longo do solenoide, no caminho indicado na Figura 5.32, obtém-se para o campo magnético (B) no interior do material magnético

$$\frac{B}{\mu}\,\mathrm{d}x = \frac{4\pi}{c}ni\,\mathrm{d}x$$

na qual $n = N/l$ é o número de espiras por unidade de comprimento. Desse modo, a indutância é dada por

$$L = N^2\mu\frac{4\pi S}{c^2 l}$$

A energia magnetostática (U_m), necessária para manter uma corrente i e uma tensão induzida $\epsilon = \dfrac{N}{c}\dfrac{\mathrm{d}\phi}{\mathrm{d}t} = L\dfrac{\mathrm{d}i}{\mathrm{d}t}$ pode ser calculada por

$$U_m = \int_0^i \epsilon i\,\mathrm{d}t = L\int_0^i i\,\mathrm{d}i = \frac{1}{2}Li^2$$

ou seja,

$$U_m = \frac{1}{\mu}\frac{B^2}{8\pi}\underbrace{Sl}_{V}$$

Se o meio for o vácuo, a densidade de energia ($u_m = U_m/V$) associada ao campo magnético na região é dada por

$$u_m = \frac{B^2}{8\pi}$$

Do mesmo modo que no caso de campos estacionários, a fórmula da energia por unidade de volume u_{em} (densidade de energia) associada ao campo eletromagnético no vácuo é dada por

$$\boxed{u_{em} = \frac{1}{8\pi}\left(E^2 + B^2\right)} \tag{5.31}$$

com a diferença de que agora $\vec{E}$ e $\vec{B}$ dependem do tempo.

Assim, a taxa de variação da energia eletromagnética em um volume V é dada por

$$\frac{\mathrm{d}U_{em}}{\mathrm{d}t} = \frac{\mathrm{d}}{\mathrm{d}t}\int_V u_{em}\mathrm{d}V = \frac{\mathrm{d}}{\mathrm{d}t}\int_V \frac{(E^2 + B^2)}{8\pi}\mathrm{d}V \tag{5.32}$$

Para uma onda plana de frequência ν, que se propaga na direção z, tal que $\vec{k} \cdot \vec{r} = kz$, os campos podem ser expressos por[31]

$$\begin{cases} \vec{E} = \hat{\imath}E_0\text{sen}(kz - \omega t) = \hat{\imath}E_x(z,t) \\[2mm] \vec{B} = \hat{\jmath}B_0\text{sen}(kz - \omega t) = \hat{\jmath}B_y(z,t) \end{cases} \tag{5.33}$$

e as leis de Ampère-Maxwell e Faraday podem ser escritas, respectivamente, como

$$\begin{cases} \left(\dfrac{1}{c}\dfrac{\partial \vec{E}}{\partial t}\right)_x = \left(\vec{\nabla} \times \vec{B}\right)_x = -\dfrac{\partial B_y}{\partial z} \\[4mm] \left(\dfrac{1}{c}\dfrac{\partial \vec{B}}{\partial t}\right)_y = -\left(\vec{\nabla} \times \vec{E}\right)_y = -\dfrac{\partial E_x}{\partial z} \end{cases}$$

Explicitando a derivada temporal dos campos na equação (5.32), obtém-se

$$\frac{\mathrm{d}}{\mathrm{d}t}\int_V u_{\text{em}}\mathrm{d}V = \frac{1}{4\pi}\int_V \left(E_x\frac{\partial E_x}{\partial t} + B_y\frac{\partial B_y}{\partial t}\right)\mathrm{d}V$$

$$= -\frac{c}{4\pi}\int_V \underbrace{\left(E_x\frac{\partial B_y}{\partial z} + B_y\frac{\partial E_x}{\partial z}\right)}_{\dfrac{\partial}{\partial z}(E_xB_y) = \vec{\nabla}\cdot(\vec{E}\times\vec{B})}\mathrm{d}V$$

$$= -\int_V \vec{\nabla}\cdot\left[\frac{c}{4\pi}(\vec{E}\times\vec{B})\right]\mathrm{d}V$$

Assim, decorre que a energia eletromagnética obedece a uma lei de conservação expressa pelo teorema estabelecido em 1884 pelo inglês John Henry Poynting, ou seja,

$$\boxed{\frac{\partial u_{\text{em}}}{\partial t} + \vec{\nabla}\cdot\vec{P} = 0} \tag{5.34}$$

em que a grandeza

$$\boxed{\vec{P} = \frac{c}{4\pi}(\vec{E}\times\vec{B})} \tag{5.35}$$

é denominada *vetor de Poynting* e indica o fluxo de energia que cruza a superfície S que delimita o volume V considerado.

Utilizando-se o teorema da divergência de Gauss, pode-se expressar o teorema de Poynting na forma integral como

$$-\frac{\mathrm{d}U_{\text{em}}}{\mathrm{d}t} = \oint_S \vec{P}\cdot\mathrm{d}\vec{s} \tag{5.36}$$

Desse modo, para uma onda plana monocromática de frequência ν que se propaga na direção de $\vec{k}$, o vetor de Poynting é dado por

$$\vec{P} = \frac{c}{4\pi}\hat{k}E_0^2\,\text{sen}^2(\vec{k}\cdot\vec{r} - \omega t)$$

e a densidade de energia, por

$$u_{\text{em}} = \frac{E^2}{4\pi} = \frac{E_0^2}{4\pi}\,\text{sen}^2(\vec{k}\cdot\vec{r} - \omega t)$$

---

[31] Uma vez que a densidade de energia envolve relações não lineares, não se pode usar diretamente a forma exponencial complexa como substituta para as quantidades trigonométricas reais.

Logo, o vetor de Poynting e a densidade de energia associados a uma onda eletromagnética plana monocromática, no vácuo, estão relacionados por

$$\boxed{\vec{P} = u_{em}\, c\, \hat{k}}$$

Considerando que, do ponto de vista experimental, as frequências ópticas são da ordem de 10^{14} Hz, que correspondem a intervalos de tempo muito menores do que a resolução temporal de qualquer detector (fotocélulas, filmes, retinas *etc.*), conclui-se que a quantidade observada é, na realidade, a média temporal do vetor de Poynting na direção de propagação, denominada intensidade (I) de uma onda eletromagnética. Assim, obtém-se uma expressão que relaciona uma grandeza experimental – a intensidade – e uma outra de definição teórica conveniente, a densidade de energia:

$$\boxed{I = \langle \vec{P}.\hat{k}\rangle = uc = \frac{c}{4\pi}\langle E^2\rangle = \frac{c}{8\pi}E_0^2} \tag{5.37}$$

na qual $u = \langle u_{em}\rangle$ representa a média em um período.

Esse é um resultado extensivamente utilizado em qualquer teoria que descreva a propagação de energia com uma concepção ondulatória, que pode ser resumido como: *A intensidade, ou o fluxo de energia, de uma onda monocromática é proporcional ao quadrado de sua amplitude.*

Se a detecção for feita em uma direção ($\hat{n}$) qualquer (Figura 5.33),

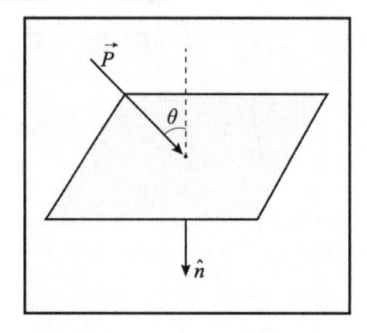

Figura 5.33: Incidência oblíqua da radiação sobre a superfície de um detector.

$$\boxed{I = \langle \vec{P}.\hat{n}\rangle = uc\cos\theta = \frac{c}{8\pi}E_0^2\,\cos\theta} \tag{5.38}$$

5.6.5   O *momentum* de uma onda plana eletromagnética

Se uma onda plana eletromagnética que se propaga no vácuo em uma direção $\hat{k}$ interage com uma partícula de carga q, movendo-se com velocidade $\vec{v}$, através da força de Lorentz, expressa pela equação (5.25), forçando-a a oscilar em uma pequena região ($a \sim 10^{-8}$ cm), a velocidade (v) da partícula pode ser estimada, para frequências ópticas ($\nu \sim 10^{14}$ Hz), como $v = a\nu$, do que resulta $v << c$.

Pela conservação de energia, a potência absorvida pela partícula deve ser igual (em módulo) à taxa de variação da energia (U_{em}) da radiação,

$$\left\langle \frac{dU}{dt}\right\rangle_{part} = \left\langle \frac{d\vec{p}}{dt}\cdot\vec{v}\right\rangle_{part} = -\left\langle \frac{dU_{em}}{dt}\right\rangle$$

Como a perturbação se propaga com velocidade constante $c\hat{k}$, a taxa de variação de energia da radiação pode ser expressa pela variação de um *momentum* associado ao campo eletromagnético

$$\left\langle \frac{d\vec{p}_{em}}{dt} \right\rangle \cdot (c\hat{k}) = \left\langle \frac{dU_{em}}{dt} \right\rangle \implies \boxed{\vec{p}_{em} = \frac{U_{em}}{c}\hat{k}}$$

Definindo-se a *densidade de momentum* $(\vec{g})$ por

$$\vec{p}_{em} = \int \vec{g}\, dV$$

segue-se que[32]

$$\boxed{\vec{g} = \frac{u_{em}}{c}\,\hat{k} = \frac{E^2}{4\pi c}\,\hat{k}} \tag{5.39}$$

A forma geral para a densidade de *momentum* no vácuo é dada por

$$\boxed{\vec{g} = \frac{\vec{E} \times \vec{B}}{4\pi c}} \tag{5.40}$$

5.6.6 A pressão da luz

Ao atribuir-se um *momentum* ao campo eletromagnético, pode-se concluir também que uma onda eletromagnética deve exercer pressão quando absorvida ou refletida por uma superfície.

De acordo com a equação (3.5), a pressão de um gás sobre as paredes do recipiente que o contém é proporcional à sua densidade de energia média (u),

$$P = \frac{2}{3}u$$

Analogamente, a pressão de radiação exercida por uma onda eletromagnética em uma superfície perfeitamente refletora também é proporcional à densidade de energia da radiação.

O fator 2 na fórmula da pressão do gás molecular decorre da relação não relativística entre o *momentum* $(p = mv)$ e a energia cinética $(pv = 2\epsilon)$ de uma partícula livre, quando é substituída na fórmula de Joule, equação (3.4), reescrita como

$$P = \frac{1}{3}\frac{N}{V}\langle pv \rangle$$

De forma análoga às ondas acústicas estacionárias, considerando que a energia (U_{em}) de uma onda eletromagnética está distribuída entre N portadores de energia (γ) discretos e independentes, com energia ϵ_γ e *momentum* $p_\gamma = \epsilon_\gamma/c$ médios, tal que $U_{em} = N\epsilon_\gamma$, a pressão (P) exercida pela onda no interior de uma cavidade cujas paredes são perfeitamente refletoras é dada pela equação de estado

$$\boxed{P = \frac{1}{3}u} \tag{5.41}$$

sendo $u = \dfrac{U_{em}}{V} = N\dfrac{\epsilon_\gamma}{V} = \dfrac{N}{V}p_\gamma c$ a densidade de energia média resultante das várias componentes monocromáticas da radiação.

Assim, a radiação eletromagnética comporta-se como um gás capaz de exercer pressão sobre as paredes de um obstáculo sem, no entanto, obedecer à equação de Clapeyron.

---

[32]No Capítulo 6, será visto que relação análoga vale para os fótons.

Em 1901, a pressão exercida pela radiação solar foi medida pelo russo Pyotr Nikolaievich Lebedev e pelos americanos Edward Leamington Nichols e Gordon Ferrie Hull.

Uma das consequências de se atribuir energia e *momentum* à radiação eletromagnética seria a absorção de sua energia pelos elétrons de uma superfície e, possivelmente, a liberação de alguns deles, com energias suficientes para abandonar a superfície de um corpo. Esse fenômeno, que ocorre em superfícies metálicas bombardeadas por radiações eletromagnéticas de altas frequências, descoberto por Hertz, em 1887, é denominado *efeito fotoelétrico* (Seção 10.3.1), e não será possível descrevê-lo em termos da teoria de Lorentz-Maxwell.

5.6.7 A fórmula de Larmor

Suponha que uma partícula com carga e esteja há algum tempo em repouso em uma certa posição O. Nesse regime estacionário, as linhas de forças são retas que emanam da partícula (Figura 5.26), e o campo elétrico associado, em qualquer ponto do espaço só depende da distância do ponto à partícula, apresentando simetria radial com relação à posição da partícula. Se a partícula se deslocar em movimento retilíneo e uniforme com velocidade (v) muito menor que a velocidade da luz no vácuo (c), ou seja, $v \ll c$, a configuração das linhas de força permanece essencialmente a mesma, com a diferença de que as linhas de força agora emanam da posição atual da partícula, enquanto o campo elétrico continua apresentando a mesma simetria radial.[33]

Considere que, em um instante $t = 0$, a partícula que estava em repouso na posição O sofra aceleração constante a. Após um pequeno intervalo de tempo τ, a partícula alcança a posição O', a aceleração se anula e sua velocidade é igual a $v = a\tau \ll c$. A partir desse instante, a partícula continua a se deslocar em movimento uniforme com essa velocidade.

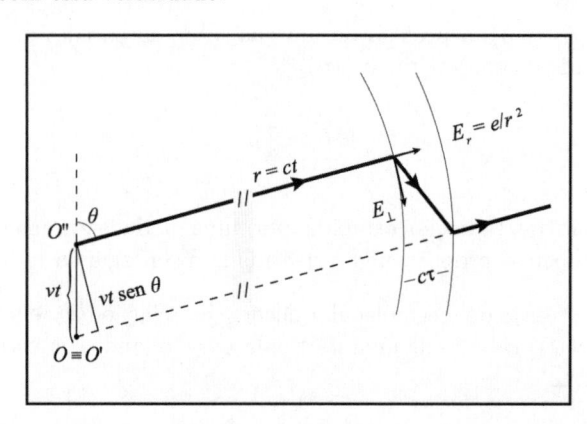

Figura 5.34: Variação de uma linha de força, associada ao campo elétrico devido a uma partícula que foi acelerada durante um pequeno intervalo de tempo. A zona de radiação está compreendida entre as duas frentes de onda praticamente planas.

Nessas circunstâncias, durante o período (τ) de aceleração, a simetria radial das linhas de força ou do campo elétrico é perdida. Entretanto, após um intervalo de tempo $\Delta t \gg \tau$, durante o qual a partícula se desloca com velocidade constante v, ela alcança uma posição O'', determinada por $\overline{O''O'} = v\Delta t$, e a configuração das linhas de força apresenta novamente a simetria radial. Assim, levando-se em conta que a informação não pode se deslocar com uma velocidade maior que a luz no vácuo, em um instante $t = \tau + \Delta t \simeq \Delta t$, a configuração das linhas de força associadas à partícula apresenta-se com simetria radial em duas regiões distintas (Figura 5.35).

Para pontos muito afastados, ou seja, cuja distância (r) da partícula é tal que $r > ct$, as linhas de forças se originam da posição inicial da partícula quando em repouso. Para pontos dentro de uma esfera de raio

---

[33] Esse resultado, apesar de levar em conta o fato de a informação não poder se deslocar com velocidade maior que a da luz no vácuo, é surpreendente, pois expressa o fato de que, mesmo para pontos muito afastados da partícula, o campo, em um instante t, depende de sua posição atual.

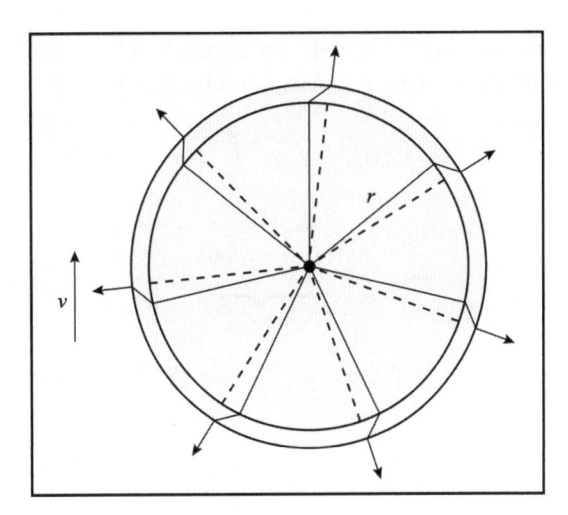

Figura 5.35: Linhas de força produzidas por uma partícula carregada, que se desloca com velocidade muito menor que a da luz, adquirida durante um pequeno intervalo de tempo, no qual foi acelerada.

ct, centrada na partícula, ou seja, tal que $r \leq ct$, as linhas se originam na posição atual da partícula.

Assim, o campo elétrico (E_r) devido à partícula na região definida por $r \leq ct$ é radial em relação à sua posição nesse instante t e tem, basicamente, a mesma dependência espacial que a de um campo eletrostático. Exceto em uma pequena região de largura $c\tau$ (*zona de radiação*), que corresponde ao período em que a partícula foi acelerada, o campo elétrico é de novo radial (Figura 5.34).

Na zona de radiação, além de uma componente radial estacionária, dada por

$$E_r = \frac{e}{r^2}$$

existe uma componente transversal do campo elétrico ($E_\perp$), não estacionária, que caracteriza a radiação emitida no intervalo τ.

Para se calcular $E_\perp$ em um determinado ponto do espaço basta lembrar que o campo elétrico é tangente à linha de força que passa por esse ponto, a qual deve ser contínua (Figura 5.34). Assim,

$$\frac{E_\perp}{E_r} = \frac{vt\,\mathrm{sen}\theta}{c\tau}$$

Substituindo $t = r/c$ e $\tau = v/a$ na equação anterior, obtém-se, para a componente não estacionária,

$$E_\perp = \frac{a\,\mathrm{sen}\,\theta}{c^2}\,(r\,E_r) \;=\; \frac{ea\,\mathrm{sen}\,\theta}{c^2 r} \tag{5.42}$$

Portanto, a intensidade (I) da radiação emitida, devida à aceleração da partícula, obtida das equações (5.37) e (5.42), é dada por

$$I(\theta) = \frac{c}{4\pi}\langle E_\perp^2 \rangle = \frac{e^2\langle a^2 \rangle\,\mathrm{sen}^2\theta}{4\pi c^3 r^2} \tag{5.43}$$

A potência total (P) da radiação emitida pela partícula é obtida integrando-se a equação anterior sobre uma superfície esférica de raio r, cujo elemento de área é $dA = 2\pi r^2 \,\text{sen}\,\theta \,d\theta$.

$$
\begin{aligned}
P &= \int I dA = 2\pi r^2 \int_0^\pi I(\theta)\,\text{sen}\,\theta\,d\theta \\
&= \frac{e^2}{2c^3}\langle a^2\rangle \underbrace{\int_0^\pi \text{sen}^3\theta\,d\theta}_{4/3}
\end{aligned}
$$

Assim, chega-se à fórmula, obtida em 1897 pelo físico irlandês Joseph Larmor, para a potência emitida por uma carga elétrica acelerada

$$
\boxed{P = \frac{2e^2}{3c^3}\langle a^2\rangle} \tag{5.44}
$$

que é válida para qualquer tipo de movimento acelerado da partícula, desde que $v \ll c$.[34]

Nessa fórmula, se a potência irradiada pela partícula é avaliada em um instante t, a aceleração corresponde àquela que a partícula tinha em $t - r/c$, ou seja, deve-se considerar o tempo que a radiação levou para alcançar o ponto de observação.

Foi a partir da fórmula de Larmor que Bohr e seus colaboradores – o holandês Hendrich Anthony Kramers, John Clarke Slater e Heisenberg – calcularam a intensidade das linhas espectrais do hidrogênio e, depois, Heisenberg, Max Born e Ernest Pascual Jordan estabelecerem a Mecânica Quântica em sua forma matricial inicial em 1925 (Capítulo 13).

5.6.8 A seção de choque de Thomson

Segundo a Eletrodinâmica Clássica de Lorentz, uma partícula eletricamente carregada, na presença de um campo eletromagnético monocromático, sem vínculos que restrinjam o seu movimento, oscila com a frequência do campo. Se a partícula estiver ligada a outras, como os íons de um cristal, a oscilação terá uma amplitude tanto maior quanto mais próximas forem as frequências de vibrações próprias do sistema e da luz incidente (efeito ressonante).

Em qualquer dos casos, uma partícula eletricamente carregada vibrando atua como uma antena dipolar, absorvendo energia do campo externo com o qual está interagindo e emitindo ondas eletromagnéticas isotropicamente de mesma frequência que o campo externo.

Como determinar que percentual da energia incidente, por unidade de tempo, é convertido em energia emitida pelo dipolo elétrico? Para um elétron livre ou fracamente ligado ao átomo, a emissão é isotrópica e descrita pela chamada seção de choque de Thomson.

Sejam e e m, respectivamente, a carga elétrica e a massa da partícula oscilante na presença de um campo eletromagnético externo monocromático de amplitude E_0. Nessa situação, ela vai vibrar com aceleração dada por

$$
a = \frac{E_0 e}{m} \tag{5.45}
$$

Uma vez que a componente do campo elétrico da radiação $(\vec{E})$, devido a uma carga com aceleração a, em um ponto P cuja distância ao dipolo é r, é dada pela equação (5.42)

$$
E = \frac{ea}{rc^2}\,\text{sen}\,\chi = \frac{e^2 E_0}{rmc^2}\,\text{sen}\,\chi \tag{5.46}
$$

---

[34] No caso relativístico, a potência irradiada depende do tipo de trajetória descrita pela partícula.

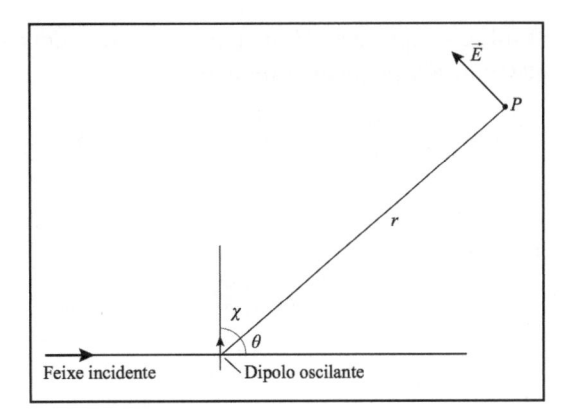

Figura 5.36: Dipolo oscilante na presença de um campo eletromagnético externo.

a intensidade da radiação emitida pelo dipolo, equação (5.37), é igual a

$$I = \frac{1}{r^2} \left(\frac{e^2}{mc^2} \right)^2 \operatorname{sen}^2\chi \, I_{\mathrm{inc}} \qquad (5.47)$$

sendo $I_{\mathrm{inc}} = (c/8\pi)E_0^2$ a intensidade da radiação incidente. Nas duas equações anteriores, χ é o ângulo entre a direção em que o dipolo oscila e o segmento de reta que une a origem do dipolo ao ponto de observação P (Figura 5.36).

Para luz incidente não polarizada, pode-se representar o campo elétrico incidente (E_0) como resultante de duas componentes independentes, E_y e E_z (Figura 5.37), tal que as respectivas intensidades sejam iguais e dadas por $I_y = I_z = I_{\mathrm{inc}}/2$.

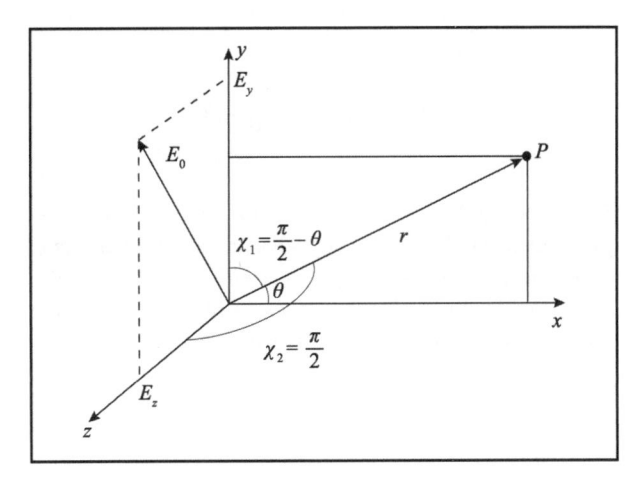

Figura 5.37: Decomposição do campo do dipolo oscilante.

Assim, as intensidades I_1 e I_2, devidas a cada uma das componentes, são expressas por

$$\begin{cases} I_1 = \dfrac{1}{r^2} \left(\dfrac{e^2}{mc^2} \right)^2 \operatorname{sen}^2\chi_1 \, I_y \;=\; \dfrac{1}{2r^2} \left(\dfrac{e^2}{mc^2} \right)^2 \cos^2\theta \, I_{\mathrm{inc}} \\[3mm] I_2 = \dfrac{1}{r^2} \left(\dfrac{e^2}{mc^2} \right)^2 \operatorname{sen}^2\chi_2 \, I_z \;=\; \dfrac{1}{2r^2} \left(\dfrac{e^2}{mc^2} \right)^2 I_{\mathrm{inc}} \end{cases}$$

e a intensidade total da radiação emitida pelo dipolo será dada por

$$I(\theta) = I_1 + I_2 = \frac{1}{r^2} \left(\frac{e^2}{mc^2} \right)^2 \frac{(1 + \cos^2\theta)}{2} \, I_{\mathrm{inc}} \qquad (5.48)$$

Integrando a equação (5.48) sobre a superfície (S) de uma esfera de raio r, em torno da carga, obtém-se a potência total (P) da radiação emitida pela carga oscilante,

$$P = \int_S I \; dS = r^2 \int_{\theta,\phi} I(\theta) \; d\Omega = 2\pi r^2 \int_0^\pi I(\theta) \; \mathrm{sen}\, \theta \; d\theta \qquad (5.49)$$

em que $d\Omega = 2\pi \, \mathrm{sen}\, \theta \, d\theta$ é o ângulo sólido em torno do eixo x, associado ao ângulo θ. Usando-se a equação (5.48), para $I(\theta)$, obtém-se

$$P = 2\pi \left(\frac{e^2}{mc^2} \right)^2 \underbrace{\frac{1}{2} \int_0^\pi (1 + \cos^2 \theta) \, \mathrm{sen}\, \theta \; d\theta}_{4/3} \; I_{\mathrm{inc}}$$

Assim,

$$P = \frac{8\pi}{3} \left(\frac{e^2}{mc^2} \right)^2 I_{\mathrm{inc}} \qquad (5.50)$$

A razão entre a energia eletromagnética total espalhada por unidade de tempo (taxa de energia), P, por uma partícula carregada, e a intensidade da onda incidente (fluxo incidente) é a seção de choque da partícula (Seção 3.3.5). Essa área efetiva é chamada de seção de choque (σ) de Thomson

$$\boxed{\sigma = \frac{8\pi}{3} \left(\frac{e^2}{mc^2} \right)^2} \qquad (5.51)$$

Considerando que a partícula oscilante seja um elétron, cuja forma, por hipótese, é uma esfera rígida de raio r_e (Seção 8.1.7), J.J. Thomson, comparando a equação (5.51) com a seção de choque geométrica $\sigma \simeq \pi r_e^2$, estimou o raio clássico do elétron como

$$r_e = \frac{e^2}{mc^2} \simeq 2{,}8 \times 10^{-13} \; \mathrm{cm} \qquad (5.52)$$

A equação (5.51) foi obtida por J.J. Thomson para calcular a seção de choque de um elétron no espalhamento de raios X pela matéria (Seção 8.2.1). Devido à alta frequência dos raios X, os elétrons, apesar de ligados aos átomos, comportam-se como partículas praticamente livres, que oscilam com a mesma frequência da radiação incidente. Portanto, classicamente, o comprimento de onda λ do raio X espalhado não se altera, ao contrário do que foi posteriormente observado por Compton (Seção 10.3.3).

Da equação (5.49), pode-se expressar a potência emitida por unidade de ângulo sólido como

$$\frac{dP}{d\Omega} = \left(\frac{e^2}{mc^2} \right)^2 \frac{(1 + \cos^2 \theta)}{2} I_{\mathrm{inc}} = \frac{d\sigma}{d\Omega} I_{\mathrm{inc}} \qquad (5.53)$$

da qual se obtém a chamada seção de choque diferencial de Thomson:

$$\boxed{\left(\frac{d\sigma}{d\Omega} \right)_{\mathrm{Th}} = \left(\frac{e^2}{mc^2} \right)^2 \frac{(1 + \cos^2 \theta)}{2}} \qquad (5.54)$$

5.7 A propagação da luz e o éter, segundo Maxwell e Einstein

> *O modelo mecânico de Maxwell para o campo eletromagnético é um dos mais imaginativos e menos críveis jamais proposto.*
>
> William Berkson

Maxwell construiu, em 1865, e sistematizou, em 1873, sua teoria eletromagnética a partir de uma visão mecanicista do éter, tomado como um suporte material para a propagação de ondas eletromagnéticas. No Capítulo XX de seu tratado sobre Eletricidade & Magnetismo, intitulado "Teoria Eletromagnética da Luz", Maxwell afirma que a teoria ondulatória da luz também pressupõe a existência de um meio, que ele se propõe a mostrar ser idêntico ao éter luminífero. Na verdade, tal identificação é apresentada muito mais como forma de dar suporte à existência física do éter. De fato, Maxwell escreveu a propósito o seguinte:

> *Preencher o espaço com um novo meio toda vez que qualquer novo fenômeno deva ser explicado não é absolutamente filosófico, mas se o estudo de dois diferentes ramos da ciência sugere, independentemente, a ideia de um meio, e se as propriedades que devem ser atribuídas ao meio para dar conta dos fenômenos eletromagnéticos são do mesmo tipo daquelas que atribuímos ao meio luminífero para dar conta dos fenômenos da luz, a evidência a favor da existência física do meio será consideravelmente reforçada.*

Mais adiante, Maxwell refere-se à importância da medição da velocidade de propagação das ondas eletromagnéticas nesse meio da seguinte forma:

> *Se for encontrado que a velocidade de propagação dos distúrbios eletromagnéticos é a mesma da velocidade da luz, e isso não apenas no ar, mas em outros meios transparentes, teremos fortes razões para acreditar que a luz é um fenômeno eletromagnético, e a combinação da evidência óptica com a elétrica produzirá uma convicção acerca da realidade do meio, similar àquela que se obtém no caso de outros tipos de matéria, pela evidência combinada dos sentidos.*

Esse meio luminífero para Maxwell, no caso da concepção ondulatória da luz, é um receptáculo de energia.

Apesar do esforço de Maxwell, Hertz, Lorentz e seguidores, Einstein chama atenção para o fato de que nunca se conseguiu

> *(...) imaginar um modelo mecânico para o éter, capaz de fornecer uma interpretação mecânica satisfatória das leis dos campos eletromagnéticos de Maxwell. As leis eram claras e simples, as interpretações mecânicas, pesadas e contraditórias.*

A teoria eletromagnética permitiu a abordagem e a explicação de vários problemas de interação da luz com a matéria, através da força de Lorentz, da dedução da fórmula de Larmor, da fórmula do desdobramento das linhas espectrais no efeito Zeeman (Seção 7.2.2), da seção de choque de Thomson (Seção 5.6.8) e da fórmula da pressão de radiação, que evidenciaram o caráter composto dos átomos e a própria existência da primeira partícula elementar (o elétron) do atual modelo das partículas elementares e suas interações, o chamado *Modelo Padrão*. Em todos esses exemplos, não foi possível testar realmente a existência de um éter.

Apesar das tentativas de Lorentz ao combinar o Eletromagnetismo de Faraday e de Maxwell com a concepção atomística da matéria para, assim, estabelecer uma mecânica de partículas eletricamente carregadas, não se foi capaz de conceber uma explicação e uma dedução para a fórmula de Balmer (Seção 7.2.1) a partir da Eletrodinâmica Clássica. Desse modo, a utilização de modelos baseados na

Mecânica Clássica de Newton começa a ser questionada, evidenciando as suas limitações na compreensão da natureza.

Um dos últimos esforços, ainda baseado parcialmente na Mecânica Clássica, foi empreendido por Niels Bohr, em 1913, ao deduzir a fórmula de Balmer, a partir do modelo atômico planetário de Rutherford para o átomo de hidrogênio (Seção 11.4). Esse procedimento híbrido constitui uma das últimas tentativas na qual a Mecânica Clássica foi usada como fulcro de teorias explicativas da Física Moderna.

Einstein faz uma revisão profunda de conceitos relacionados à estrutura de simetria da Eletrodinâmica Clássica, sendo levado a construir a Teoria da Relatividade Restrita, que foi o estopim para a reformulação de conceitos basilares da Física e para o desenvolvimento de novos modelos para a interação da matéria com a luz (Capítulo 6).

Mas é preciso ter em mente que, por outro lado, houve também, segundo Einstein, uma tentativa em sentido contrário, ou seja, de reduzir os princípios mecânicos aos princípios eletromagnéticos. Para Hertz, por exemplo, a matéria é vista não apenas como um substrato de velocidades, de energia cinética e de forças de pressão mecânica, mas também como substrato dos campos eletromagnéticos. Outro passo nesse sentido pode ser identificado nas tentativas de atribuir uma origem eletromagnética à massa das partículas (Seção 8.1.7).

Todas essas contribuições apontam para uma confusão ainda maior entre os conceitos de *éter* e *matéria*, embora reforçando a característica mecânica do primeiro. Foi Lorentz quem, ao construir sua Eletrodinâmica, deu uma grande contribuição no sentido de não mais atribuir propriedades mecânicas ao éter, excetuando uma: sua *imobilidade*.

A teoria de Maxwell-Lorentz serviu de base para Einstein desenvolver a Teoria da Relatividade Restrita, na qual não há espaço para o conceito de um éter em repouso absoluto. Daí, duas conclusões podem resultar. A primeira é que o éter simplesmente não existe e os campos eletromagnéticos são realidades independentes, que não podem ser reduzidos a outros conceitos, nem representam estados de um meio particular. A segunda conclusão, logicamente possível, é que a negativa do éter não é algo necessariamente exigido pelo princípio da relatividade restrita – *supérfluo*, diz Einstein no seu artigo *Sobre a Eletrodinâmica dos Corpos em Movimento*, de 1905; o que é obrigatório é que não se atribua um estado de movimento específico ao éter. Essa segunda possibilidade, aos olhos do próprio Einstein, encontra respaldo na Teoria da Relatividade Geral, como ele enfatizou em uma conferência que proferiu em Leyden, em 1920.

Nesse período, Einstein concebeu o mundo a partir de duas realidades que, embora ligadas por uma conexão causal, são separadas uma da outra do ponto de vista lógico: o *éter gravífico* e o *campo eletromagnético* ou, como ele próprio os chama, o *espaço* e a *matéria*.[35] Isto porque ele é capaz de admitir uma porção de espaço sem campo eletromagnético, enquanto nenhuma região espacial pode ser concebida sem campo gravitacional, pois é este que confere ao espaço suas propriedades métricas. Portanto, do ponto de vista da hipótese da existência de um éter, os campos gravitacional e eletromagnético apresentam uma diferença crucial.

Por outro lado, Einstein acreditava então que as partículas elementares constituintes da matéria seriam resultado de condensações do campo eletromagnético (Seção 8.1.7). Eis a origem de sua afirmação, já citada, acerca da existência de duas realidades distintas: o *éter gravífico* e o *campo eletromagnético*. Desse modo, Einstein é levado a concluir a palestra ponderando que,

> (...) de acordo com a Teoria da Relatividade Geral, o espaço é dotado de propriedades físicas; neste sentido, consequentemente existe um éter. Segundo a Teoria da Relatividade Geral, um espaço sem éter é inconcebível, pois não somente a propagação da luz seria impossível, mas também não haveria qualquer possibilidade de existência para as réguas e os relógios e, consequentemente, para as distâncias espaço-temporais no sentido da Física. Este éter não deve, no entanto, ser concebido como sendo dotado da propriedade que caracteriza os meios ponderáveis, ou seja, como constituído de partes que podem ser seguidas no tempo; a noção de movimento não lhe deve ser aplicada.

---

[35] Aqui Einstein admite explicitamente que a matéria nada mais é que a condensação do campo eletromagnético.

Em síntese, a tentativa posterior de unificar a Gravitação e o Eletromagnetismo, que ocupou o intelecto de Einstein por muito tempo, pode ser encarada como consequência de um ideal geométrico, no qual as dicotomias *éter/matéria* deixam de existir, e *espaço* e *matéria* são unificados em uma teoria de campos, coroando uma espécie de projeto neocartesiano.

Independentemente disso, para se ter uma ideia de como o conceito de *éter* estava arraigado na Física, na Conferência de Solvay de 1928, portanto passados 23 anos da publicação do *Sobre a Eletrodinâmica dos Corpos em Movimento*, ainda se vê Lorentz afirmando que, do seu ponto de vista, a Teoria da Relatividade *não* exclui necessariamente a existência de um meio universal.

5.8 Fontes primárias

Ampère, A.-M., 1827. Mémoire sur la théorie mathématique des phénomènes électrodynamiques, uniquement déduite de l'expérience, dans lequel se trouvent réunis les Mémoires que M. Ampère a communiqués à l'Académie Royale des Sciences, dans les séances de 4 et 26 décembre 1820, 10 juin 1822, 22 décembre 1823, 12 septembre et 23 novembre 1825. *Mémoires de la Classe des Sciences Mathématiques et Physiques de l'Institut de France* **6**, p. 175-387.

Biot, J.B.; Savart, F., 1820. Note sur le Magnétisme de la pile de Volta. *Annales de Chimie et Physique* **15**, p. 222-223; Expériences électro-magnétiques [sur la mesure de l'action exercée à distance sur une particule de magnétisme, par un fil conjonctif, par MM. Biot et Savart]. *Journal de Physique, de Chimie, d'Histoire Naturelle et des Arts* **91**, p. 151.

Coulomb, Ch.A., 1785-1791. Série de sete memórias, originalmente publicadas em *Mémoirs des Accademie des Sciences*. Em particular, as memórias referentes à eletricidade e ao magnetismo encontram-se nas p. 107-318.

Coulomb, Ch.A., 1884. *Collections de Mémoires Relatifs a la Physique*, publiés par la Societé Française de Physique, Tome 1. Paris: Gauthier-Villars.

Descartes, R., 1637. *La Dioptrique.* In *Œuvres de Descartes.* Paris: Librairie Philosophique J. Vrin (1996).

Earnshaw, S., 1842. On the Nature of the Molecular Forces which Regulate the Constitution of the Luminiferous Ether. *Transactions of the Cambridge Philosophical Society* **7**, Part I, p. 97-112.

Einstein, A., 1920. O éter e a teoria da relatividade. Conferência feita na Universidade de Leyden, em maio de 1920, publicada em francês em **Einstein, A., 1972**, p. 63-74.

Euclides, s/d. *Os Elementos.* Veja edição *The Thirteen Books of Euclid's Elements*, traduzido com introdução e comentários de *Sir* Thomas L. Heath. Nova York: Dover, 3 volumes, s/d.

Faraday, M., 1834. Experimental researches in electricity. *Philosophical Transactions of the Royal Society*, Seventh Series, p. 77-122. Reproduzido em **Hutchins, R.M. (Ed.), 1980**, p. 361-390.

Fourier, J.B.J., 1822. *The Analytical Theory of Heat.* Tradução inglesa, Nova York: Dover (2003).

Fresnel, A., 1824. Mémoire sur la double diffraction. *Académie des Sciences*, tome **7**, p. 45-176.

Fresnel, A., 1826. Mémoire sur la diffraction de la lumière. *Mémoires de l'Académie Royale des Sciences de L'Institut de France*, vol. **5**, p. 339-475; reproduzido em inglês em **Shamos, M.H., 1987**, p. 108-120.

Grassmann, H., 1845. Neue Theorie der Elektrodynamik. *Annalen der Physik und Chemie*, Ser. 2, **64**, p. 1-18. Artigo no qual o autor apresenta a forma moderna da força de Biot-Savart.

Grimaldi, F.M., 1665. *Physico-Mathesis de Lumine, coloribus et iride.* Bononiae. Republicado por Arnaldo Forni, Bologna, 1963.

Helmholtz, H. 1881. The Modern Development of Faraday's Conception of Electricity. The Faraday Lecture, delivered before the Fellows of the Chemical Society in London, on April 5, 1881.

Henry, J., 1832. On the Production of Currents and Sparks of Electricity from Magnetism. *American Journal of Science and Arts* **22**, p. 403-408.

Hertz, H., 1893. *Electric Waves.* Macmillan and Co.; nova edição, Nova York: Dover (1962).

Landau, L., 1941. Theory of Superfluidity of He II. *Journal of Physics (Moscow, U.S.S.R.)* **5**, p. 71-90.

Larmor, J., 1897. On the Theory of the Magnetic Influence on Spectra and on the Radiation from Moving Ions. *Philosophical Magazine* **44**, p. 503-512.

Larmor, J., 1910. On the Statistical Theory of Radiation. *Philosophical Magazine* **20**, p. 350-353.

Lorentz, H.A., 1904. Electromagnetic phenomena in a system moving with any velocity less than that of light. *Koninklijke Akademie van Wetenschappen te Amsterdam* **12**, p. 986-1009. Tradução para o inglês em *Proceedings of the Academy of Sciences of Amsterdam* **6**, p. 809-831 (1903-1904).

Lorentz, H.A., 1904-1905. The Motion of electrons in metallic bodies, I-III. Artigos publicados em *Proceedings of Koninklijke Nederlandse Akademie van Wetenschappen te Amsterdam* **7**, p. 438-453, p. 585-593 e p. 684-691, respectivamente.

Maxwell, J.C., 1855-1856. On Faraday's Lines of Force. *Transactions of the Cambridge Philosophical Society* **10**, p. 27-83. Reproduzido em **Niven, W.D. (Ed.), 1890**, v. 1, p. 155-229.

Maxwell, J.C., 1865. A Dynamical Theory of the Electromagnetic Field. *Royal Society Transactions* **155**, p. 459-512. Reproduzido em **Niven, W.D. (Ed.), 1890**, v. 1, p. 526-597.

Maxwell, J.C., 1873. *A Treatise on Electricity and Magnetism*, v. 1 e 2. Nova York: Dover (1972).

Newton, I., 1704. *Opticks.* Republicado por Dover, New York, em 1952. Edição em português, *Óptica*. São Paulo: EdUsp (1996).

Oersted, H.Ch., 1820a. Conflictus eletrici in Acum magneticam. *Journal für die Chemie und Physik* **29**, p. 275.

Oersted, H.Ch., 1820b. Experiments on the effect of a current of electricity on the magnetic needle. *Annals of Philosophy* **16**, p. 274-275.

Oersted, H.Ch., 1820c. Expériences sur l'effet du conflict electrique sur l'aiguille aimantée. *Annales de Chimie et Physique* **14**, p. 417-425.

Ohm, G.S., 1826. Ein Nachtrag zum Aussatz. *Poggendorff's Annalen der Physik und Chemie* **7**, p. 117-118. *Schweigger's Journal der Chemie und Physik* **46**, p. 137-166.

Poynting, J.H., 1884. On the Transfer of Energy in the Electromagnetic Field. *Philosophical Transactions of the Royal Society of London,* **175**, p. 343-361. Reimpresso em *Collected Scientific Papers by John Henry Poynting.* Cambridge: Cambridge University Press (1920).

Poynting, J.H., 1903. Radiation in the Solar System: its Effect on Temperature and its Pressure on Small Bodies. *Philosophical Transactions of the Royal Society of London* **175**, p. 343-361.

Thomson, J.J., 1906. *Conduction of Electricity through Gases.* 2 ed., Cambridge: University Press.

Volta, A., 1793. Account of some Discovery made by Mr. Galvani [...] in Two Letters from Mr. A. Volta [...] to Mr. Tiberius Cavallo. *Philosophical Transactions of the Royal Society of London* **83**, p. 10-44.

Volta, A., 1800. Mémoire sur l'électricité excitée par le contact mutuel des conducteurs mêmes les plus parfait. *Philosophical Transactions of the Royal Society of London* **90**, pt. 2, p. 403-431.

Young, T., 1802. The Bakerian Lecture, On the theory of light and colours. *Philosophical Transactions of the Royal Society of London* **92**, p. 12-48.

Young, T., 1804. Experiments and calculations relative to physical optics (1803 Bakerian Lecture). *Philosophical Transactions of the Royal Society of London* **94**, p. 1-16. Reimpresso em **Shamos, M.H., 1987**, p. 96-107. Proposta de que o princípio de interferência é a causa dos efeitos de difração da luz.

5.9   Outras referências e sugestões de leitura

Achinstein, P., 1991. Contém 11 ensaios sobre Filosofia da Ciência   dedicados a temas como: ondas luminosas, moléculas e elétrons e a polêmica que se criou sobre a dualidade onda-partícula, a partir da prática científica do século XIX.

Berkson, W., 1974. Escrita de forma muito clara, é uma obra de referência para quem se interessa pela história do conceito de *campo* na Física. O autor focaliza o período em que se constrói uma nova cosmovisão, que vai de Faraday a Einstein.

Born, M.; Wolf, E., 1980. Texto clássico avançado de Óptica, que faz a dedução da Óptica Física a partir das equações de Maxwell. Em particular, de interesse para este capítulo, veja sua introdução histórica.

Buchwald, J.Z., 1989. Aborda a origem da teoria ondulatória da luz no início do século XIX, a partir de estudos teóricos e experimentais na área da Óptica.

Darius, J., 1984. Livro de fotografia no qual se podem encontrar reproduções de algumas fotografias que marcaram a história da Física Moderna.

Einstein, A., 1972 Coletânea de artigos sobre Eletromagnetismo, Éter, Geometria e Relatividade.

Greiner, W., 1998. Livro de texto de graduação sobre Eletrodinâmica Clássica.

Harrison, M.E.; Marek, C.T.; White, J.D., 1997. Rediscovering Poisson's Spot. *The Physics Teacher* **35**, p. 18-19.

Hesse, M.B., 1962. Cobrindo o período que vai desde a Antiguidade clássica até o século XIX, a autora apresenta uma discussão sobre a questão central de como os corpos atuam uns sobre os outros através do espaço, do ponto de vista da História da Física.

Huygens, C.; Fresnel, A., 1945. Traz a tradução para o espanhol do *Tratado da Luz*, de Christiaan Huygens, e a *Natureza da Luz*, de Augustin Fresnel.

Jackson, J.D., 1999. Livro de texto avançado sobre Eletrodinâmica Clássica, frequentemente utilizado em cursos de pós-graduação em Física.

Lanczos, 1986. Texto sobre o princípio variacional aplicado à Mecânica, incluindo considerações históricas e filosóficas relacionadas ao tema.

Lindberg, D.C., 1976. Abordagem histórica de diversas teorias da visão, na Antiguidade, na Idade Média e na Renascença.

Moreira Xavier, R., 1986. Notas sobre a evolução do conceito de causa na física pós-newtoniana: da causa eficiente à causa formal. *Notas de Física* CBPF-NF-053/86, Rio de Janeiro: Centro Brasileiro de Pesquisas Físicas.

Moreira Xavier, R., 1993. Bachelard e o livro do calor: o nascimento da Física Matemática na época da articulação causal do mundo. *Revista Filosófica Brasileira* **6**, n. 1, p. 100-113.

Munro, J., 1912. Texto elementar sobre a história da eletricidade.

Niven, W.D. (Ed.), 1890 Coleção dos trabalhos científicos de Maxwell.

Pearce Williams, L., 1980. Origens da Teoria de Campos, dando ênfase às contribuições de Faraday e Maxwell.

Rohrlich, F., 1965. Texto clássico avançado sobre as interações das partículas carregadas com os campos eletromagnéticos.

Rupert Hall, A., 1995. Livro que ajuda o leitor a compreender o tratado *Optiks* de Newton.

Sabra, A.I., 1967. Estudo histórico dedicado ao desenvolvimento da Óptica no século XIX, que aborda as contribuições de Descartes, Hooke, Huygens, Fresnel e Newton.

Whittaker, E., 1951. Uma história das teorias do éter e da eletricidade. Obra de referência, rica em detalhes históricos e bibliográficos.

Yourgrau, W.; Mandelstan, S., 1968. Aborda a evolução do princípio variacional em teorias dinâmicas, com particular ênfase ao desenvolvimento da Mecânica Quântica.

5.10   Exercícios

Exercício 5.10.1 Mostre que os coeficientes de reflexão r e de transmissão t de um pulso se propagando em uma corda com duas densidades diferentes, como definidos no texto, satisfazem a relação $r + t = 1$.

Exercício 5.10.2 Calcule o valor médio quadrático, em um período (T), da função sen $(kx - \omega t)$, que descreve uma onda monocromática de frequência $\omega = 2\pi/T$ e número de propagação k.

Exercício 5.10.3 A partir do princípio de Huygens e das aproximações de Fraunhoufer, mostre que a integral que determina o padrão de interferência no experimento da dupla fenda de Young é igual a

$$e^{\beta+\gamma} \left(\frac{\text{sen}\,\beta}{\beta} \right) \left(\frac{\text{sen}\,2\gamma}{\text{sen}\,\gamma} \right)$$

sendo $\beta = \dfrac{\pi}{\lambda} a\,\text{sen}\,\theta$ e $\gamma = \dfrac{\pi}{\lambda} d\,\text{sen}\,\theta$.

Exercício 5.10.4 A partir do princípio de Huygens e das aproximações de Fraunhoufer, mostre que a integral que determina o padrão de interferência em um arranjo de N fendas é igual a

$$e^{[\beta+(N-1)\gamma]} \left(\frac{\text{sen}\,\beta}{\beta} \right) \left(\frac{\text{sen}\,N\gamma}{\text{sen}\,\gamma} \right)$$

com β e γ definidos no problema anterior.

Exercício 5.10.5 Luz de comprimento de onda igual a 5 000 Å é utilizada em um experimento de dupla fenda, no qual a largura de cada fenda é 0,025 mm e a distância entre as fendas é 0,1 mm. As franjas de interferência são observadas em um anteparo colocado a uma distância das fendas da ordem de 50 cm. Determine:

   a) a separação no anteparo entre os máximos principais;
   b) a distância entre o máximo central e o primeiro mínimo de difração;
   c) o número de franjas brilhantes que são observadas dentro do pico central de difração.

Exercício 5.10.6 Duas ondas planas luminosas de comprimentos de onda iguais a 4 500 Å e 6 000 Å incidem perpendicularmente a uma rede de difração. Determine o número mínimo de linhas por milímetros da rede tal que a separação angular entre os respectivos máximos principais de ordem 1 seja igual a 20°.

Exercício 5.10.7 Uma lâmpada de vapor de sódio emite luz amarela constituída por duas componentes espectrais de comprimentos de onda 589,00 nm e 589,59 nm, o chamado dubleto do sódio. A franja limite observada subentendendo um ângulo de 10° em uma rede de difração é de ordem 3. Determine:

   a) a distância entre as linhas da rede;
   b) a largura total da rede.

Exercício 5.10.8 Uma rede de difração tem 600 linhas/mm. Calcule quantas franjas claras podem ser observadas quando luz monocromática de 4 500 Å é difratada por essa rede.

Exercício 5.10.9 Determine quantas linhas deve ter uma rede de difração para ser capaz de discriminar a luz de uma fonte que emite duas ondas monocromáticas de comprimentos de onda cuja soma é 13126 Å e a diferença igual a 1,8 Å.

Exercício 5.10.10 As componentes do campo magnético de uma onda eletromagnética de frequência ω e número de propagação k se propagando no vácuo são $B_x = B_0\,\text{sen}\,(ky + \omega t)$, $B_y = B_z = 0$. Determine as componentes do campo elétrico e a direção e o sentido da propagação da onda.

Exercício 5.10.11 Deduza a equação da continuidade para a carga elétrica a partir das equações de Maxwell.

Exercício 5.10.12 Mostre que a pressão P exercida por uma luz monocromática de intensidade I que incide perpendicularmente sobre uma superfície que a absorve completamente é dada por

$$P = \frac{I}{c}$$

Exercício 5.10.13 A intensidade da radiação do Sol que penetra na atmosfera terrestre é da ordem de $1,4 \times 10^3$ W/m^2. Compare a pressão da radiação com a pressão atmosférica ao nível do mar.

Exercício 5.10.14 Considere que em uma região do espaço haja um campo magnético paralelo ao eixo z e com simetria axial, ou seja, seu módulo, embora possa variar no tempo, depende apenas da distância r ao eixo z. Determine o campo elétrico em cada ponto do espaço.

Exercício 5.10.15 Um íon, de carga elétrica q e massa m, desloca-se em uma órbita circular de raio r sob ação de uma força centrípeta F. Em um certo intervalo de tempo, um campo magnético fraco e uniforme é estabelecido na direção perpendicular ao plano da órbita. Mostre que a variação no módulo da velocidade v do íon, no SI, é $\Delta v = \pm qrB/2m$.

Exercício 5.10.16 Mostre que, no SI, a variação no momento magnético, $\Delta\vec{\mu}$, de um íon sujeito à variação de velocidade na situação descrita no problema anterior é igual a

$$\Delta\vec{\mu} = \pm \left(\frac{q^2 r^2}{4m} \right) \vec{B}$$

Exercício 5.10.17 Considere que um elétron de coordenada y oscile com amplitude y_0 em torno de uma origem com frequência ν, ou seja, $y = y_0 \cos(2\pi\nu t)$. Mostre que a potência média irradiada por esse elétron é

$$P = \frac{16\pi^4 \nu^4 e^2}{3c^3} y_0^2$$

sendo e a carga do elétron.

Exercício 5.10.18 Usando o resultado do problema anterior, estime o valor da potência média irradiada pelo elétron, cuja carga elétrica é da ordem de $-4,8 \times 10^{-10}$ ues, sabendo que a frequência é da ordem de $5,0 \times 10^{14}$ Hz, e supondo que a amplitude de oscilação do elétron seja da ordem das dimensões atômicas.

Exercício 5.10.19 Com base na fórmula de Larmor para a potência média irradiada por uma carga acelerada, equação (5.44), dê uma explicação de por que o céu é azul.

Exercício 5.10.20 Um próton percorre uma órbita circular de raio $r = 1$ m através do campo magnético uniforme de um cíclotron, com energia cinética igual a 50 MeV. Calcule a energia perdida pelo próton durante seu movimento orbital.

Exercício 5.10.21 Faça um esboço da seção de choque diferencial de Thomson, equação (5.54), em função do ângulo θ de espalhamento.

6

A Eletrodinâmica e a Teoria da Relatividade Restrita de Einstein

Uma generalização feita não pelo mero prazer de generalizar, mas para resolver problemas previamente existentes, é sempre uma generalização frutífera.

Henri Lebesgue

6.1 O movimento e o espaço

O sentido do espaço se reduz (...) a uma associação constante entre certas sensações e certos movimentos, ou à representação desses movimentos.

Henri Poincaré

É praticamente impossível se dissociar a história da Física da história do conceito de *espaço*. Essa afirmação é particularmente verdadeira ao se olhar para a gênese da Teoria da Relatividade.

Historicamente, destacam-se as contribuições de Aristóteles, Newton e Einstein, que conseguiram definir de forma clara, coerente e operacional o que é *espaço*. De certo modo, pode-se dizer que todos os outros trabalhos sobre esse conceito basilar da Física são comentários às obras desses três. No entanto, o que se gostaria de enfatizar é que, guardadas as devidas diferenças de cada período histórico, a questão do *movimento* sempre esteve presente ou no centro das principais críticas a uma dada concepção espacial ou na base da reestruturação do próprio conceito de espaço.

O espaço de Aristóteles é concebido como uma quantidade contínua, a soma de *lugares – topos*. Estes, por sua vez, são partes do espaço cujos limites coincidem com os dos corpos que o contêm. Assim, o lugar ocupado pela água de um jarro é a superfície do jarro imediatamente em contato com a água. Essa definição não acarreta problemas epistemológicos enquanto não se tenta aplicá-la a uma situação de movimento. Uma clássica objeção a esse conceito aristotélico advém quando se cogita qual é o lugar de uma pedra situada no leito de um rio. Ora, como no exemplo da jarra, o lugar da pedra seria a superfície da água do rio imediatamente em contato com ela. Mas o rio corre, logo, essa água muda e, portanto, muda também o lugar da pedra, embora ela não se mova em relação ao leito do rio. Paradoxos desse tipo foram minando a teoria aristotélica do espaço durante a Idade Média.

Newton se dispõe a descrever o movimento, a dinâmica das partículas e dos corpos, a partir de uma teoria mecânica calcada na *causa eficiente*: as forças. Sua intenção está clara na passagem:

> *Derivar dos fenômenos da natureza dois ou três princípios gerais do movimento e então explicar em que modo as propriedades e as ações de todas as coisas corpóreas derivam destes princípios evidentes é realizar um grande progresso na Filosofia.*

Sendo a Mecânica a teoria do movimento mensurado a partir de réguas e relógios, é preciso definir *espaço* e *tempo*. Logo no início dos *Principia* encontra-se a afirmativa de que

> *o espaço absoluto, considerado na sua natureza sem relação a qualquer coisa estranha, permanece sempre homogêneo e imóvel; o espaço relativo é uma dimensão ou medida móvel do espaço absoluto, que se revela aos nossos sentidos mediante sua relação com os corpos, e é comumente confundida com o espaço imóvel.*

O *espaço absoluto* para Newton é uma necessidade lógica e ontológica. Mas não se pode perder de vista também suas concepções religiosas, que o levaram a conceber o espaço como o *sensorium* de Deus. Seu caráter absoluto é, por exemplo, indispensável em seu sistema para a compreensão da primeira lei de Newton. É através do conceito de espaço absoluto que o grande físico inglês reunificará a Física dos fenômenos terrestres e celestes por meio da *lei da gravitação universal* (Figura 6.1), afirmando que uma maçã cai na Terra pelo mesmo motivo – segundo a mesma lei – que a Terra se movimenta ao redor do Sol.

Figura 6.1: Universalidade da Gravitação de Newton.

Um dos argumentos para provar a existência de um movimento absoluto, reflexo da existência de um espaço absoluto, relaciona-se às forças centrífugas, e foi apresentado por Newton em seu clássico *experimento do balde girante* cheio de água, suscitando polêmicas e críticas, como as do físico e filósofo austríaco Ernest Mach. No entanto, as questões envolvidas nesse experimento só puderam ser compreendidas com base no princípio de equivalência de Einstein, à luz da Teoria da Relatividade Geral.

Por último, a crítica de Einstein à Eletrodinâmica dos corpos em movimento tem início na observação de que o conjunto das equações de Maxwell, tomando por base as transformações de Galileu (Seção 6.4.1), daria lugar a fenômenos distintos, considerando-se o *movimento relativo* entre um fio, no qual se estabelece uma corrente, e um ímã, ora no referencial inercial no qual o fio está em repouso, ora no que o ímã está em repouso. Esses são apenas alguns exemplos históricos em que a questão do *movimento*, observada por outro prisma, proporcionou o progresso da Física.

6.2 As duas nuvens de Lord Kelvin

Os pensamentos retornam, as convicções se propagam, as situações passam irrevogavelmente.

Johann W. von Goethe

No clima de virada do século XIX para o XX, em uma conferência proferida em 27 de abril de 1900, Lord Kelvin, partidário da visão mecanicista, afirmou que no céu azul da Física Clássica só existiam duas nuvens: o problema da não detecção do vento de *éter* e o problema da partição de energia. Seu artigo, publicado em 1901, dedicado às nuvens do século XIX, assim se inicia:

A beleza e a clareza da teoria dinâmica, que sustenta que calor e luz são modos de movimento, no presente é obscurecida [sic.] por duas nuvens. I. A primeira relaciona-se com a teoria ondulatória da luz, e foi tratada por Fresnel e pelo Dr. Thomas Young; ela envolve a questão 'Como pode a Terra mover-se através de um sólido elástico, tal como é essencialmente o éter luminífero?' II. A segunda é a doutrina de Maxwell-Boltzmann, referente à partição de energia.

Esse é um exemplo notável, no qual a presunção se mistura à perspicácia. Talvez estimulado pelo espírito de que o fim de um século marca o *fim* de muita coisa, Lord Kelvin, por um lado, apontou que o conjunto de teorias que se convencionou chamar de Física Clássica dava conta de praticamente todos os fenômenos observados e, por outro lado, foi capaz de identificar exatamente os dois problemas mais importantes de sua época, dos quais tiveram origem duas grandes revoluções científicas.

A dissipação dessas duas nuvens foi o ponto de partida de uma mudança radical de conceitos na Física, que resultou na construção e criação das *teorias quânticas e relativísticas*. Conceitos como o de *espaço, tempo, simultaneidade, energia, massa, trajetória, partícula, interação* e *vazio* foram revistos à luz dessas novas teorias. Utilizando uma terminologia atribuída ao filósofo francês Gaston Bachelard, houve, nesse momento, um corte epistemológico na Ciência, ou seja, os novos resultados não podiam mais ser explicados pelas velhas teorias e os antigos paradigmas kuhnianos tiveram de ser revistos.

Nesse contexto, o início do século XX foi marcado pela publicação, na Alemanha, de dois trabalhos teóricos fundamentais: um de Planck (1900) e outro de Einstein (1905), que acabaram por ter influência decisiva nos estudos dos fenômenos em escala atômica.

6.3 Os experimentos de Michelson e Morley

A existência de um éter surge como sendo incompatível com a teoria [da relatividade]; um éter fixo implicaria a possibilidade de se detectar um "movimento absoluto". Mas, sem um meio, como se pode explicar a propagação de ondas luminosas? Na teoria eletromagnética, a velocidade de uma perturbação eletromagnética é igual ao inverso da raiz quadrada do produto das permeabilidades elétrica e magnética. Como explicar a constância da propagação, a hipótese fundamental (pelo menos na teoria restrita), se não existe um meio?

Albert Abraham Michelson

A alusão de *Lord* Kelvin à não detecção do vento de *éter* decorre dos experimentos dos norte-americanos Albert Abraham Michelson e Edward Williams Morley, nos quais não foi possível observar qualquer diferença na medida da velocidade da luz causada pelo movimento da Terra em relação a um possível meio etéreo.

Segundo as regras da cinemática clássica, esperava-se que a velocidade de propagação da luz em relação à Terra dependesse da direção de propagação, como é diferente a velocidade de um barco em relação à margem de um rio, ao se mover em direções diferentes na sua correnteza. Michelson tentava, desde 1881, quando concebeu seu interferômetro, confirmar a existência de um sistema de referência privilegiado associado ao éter. Em 1887, ele e Morley, construindo um novo aparato, realizaram experimentos nos quais esperavam, finalmente, medir a diferença de tempo que a luz demoraria para percorrer uma certa distância na direção do movimento da Terra, em sua órbita em torno do Sol, em comparação com o tempo que a luz demoraria para percorrer a mesma distância em uma direção perpendicular.

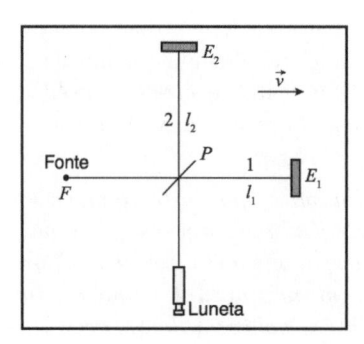

Figura 6.2: Esquema do interferômetro de Michelson e Morley para detectar o vento do éter.

Os experimentos de 1881 a 1887 foram baseados na mesma concepção, de acordo com o esquema da Figura 6.2, no qual um raio luminoso, de comprimento de onda (λ) na faixa do amarelo ($5{,}89 \times 10^{-7}$ m), emitido por uma fonte F, é dividido em duas partes (1 e 2), por transmissão e reflexão, ao incidir sobre uma lâmina de vidro P, sobre a qual se deposita uma fina camada de prata. Os raios 1 e 2 são refletidos nos espelhos E_1 e E_2 e retornam à placa P; devido à diferença de marcha dos raios, podem-se observar franjas de interferência em uma luneta. A localização exata das franjas depende da diferença dos comprimentos l_1 e l_2.

Suponha que o aparato, juntamente com a Terra, se mova com velocidade $v \simeq 30$ km/s ($v \ll c$) em relação ao éter. Ao longo do braço de comprimento l_1, para um observador em repouso em relação ao éter, o intervalo de tempo (t_1) gasto pelo raio 1 para percorrer a distância $\overline{PE_1}$ e depois $\overline{E_1P}$, segundo as transformações de Galileu (Seção 6.4.1), é dado por

$$t_1 = l_1 \left[\frac{1}{c-v} + \frac{1}{c+v} \right] = \frac{2l_1/c}{1 - v^2/c^2} \simeq 2\frac{l_1}{c} \left(1 + \frac{v^2}{c^2} \right) \tag{6.1}$$

Durante o intervalo de tempo (t_2) que o raio 2 leva para retornar à lâmina P, percorrendo uma distância ct_2, o aparato se desloca de uma distância vt_2 (Figura 6.3), tal que

$$(ct_2/2)^2 = (vt_2/2)^2 + l_2^2$$

Assim, o intervalo de tempo t_2 é dado por

$$t_2 = \frac{2l_2/c}{\sqrt{1 - v^2/c^2}} \simeq 2\frac{l_2}{c} \left(1 + \frac{1}{2}\frac{v^2}{c^2} \right) \tag{6.2}$$

Devido às supostas invariâncias do intervalo de tempo e da distância, t_1 e t_2 são iguais aos intervalos atribuídos por um observador na Terra.

Quando interferem nos vários pontos da luneta, a diferença de tempo, $\Delta t = t_1 - t_2$, implica diferenças de marcha entre os raios 1 e 2 determinadas por

$$\delta = c\Delta t = 2(l_1 - l_2) + (2l_1 - l_2)\frac{v^2}{c^2} \tag{6.3}$$

Se o aparato for girado em $90°$ no sentido anti-horário (Figura 6.4), os tempos (t_1^* e t_2^*) gastos, respectivamente, pelos os raios 1 e 2 para retornarem à lâmina P são dados por

$$t_1^* = \frac{2l_1/c}{\sqrt{1 - v^2/c^2}} \simeq 2\frac{l_1}{c} \left(1 + \frac{1}{2}\frac{v^2}{c^2} \right) \tag{6.4}$$

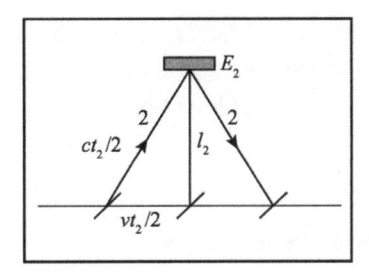

Figura 6.3: Trajetória dos raios luminosos segundo um sistema privilegiado.

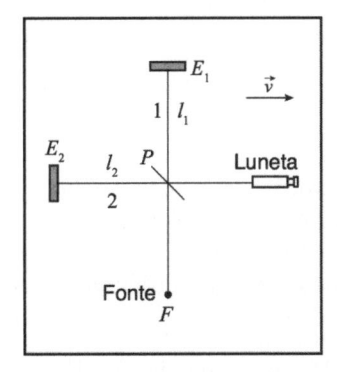

Figura 6.4: Aparato de Michelson girado de $90°$ com relação ao esquema da Figura 6.2.

$$t_2^* = \frac{2l_2/c}{1 - v^2/c^2} \simeq 2\frac{l_2}{c}\left(1 + \frac{v^2}{c^2}\right) \tag{6.5}$$

A diferença de tempo, $\Delta t^* = t_1^* - t_2^*$, implica diferenças de marcha dos raios 1 e 2 determinadas por

$$\delta^* = c\Delta t^* = 2(l_1 - l_2) + (l_1 - 2l_2)\frac{v^2}{c^2} \tag{6.6}$$

Desse modo, esperava-se que, com a rotação do aparato, as franjas de interferência nas duas situações se deslocassem de uma quantidade da ordem de

$$\frac{\delta - \delta^*}{\lambda} = \frac{(l_1 + l_2)}{\lambda}\frac{v^2}{c^2} \tag{6.7}$$

Nos experimentos de 1881, os comprimentos dos braços eram praticamente iguais a 1,2 m, o que corresponderia a um deslocamento $\delta - \delta^* = 0{,}04$ franjas. Como o deslocamento observado foi da ordem de 0,02 franjas, o resultado não foi conclusivo.

Ao repetir os experimentos com Morley, em 1887, o comprimento efetivo dos braços, por meio de múltiplas reflexões, foi estendido para cerca de 11 m, o que corresponderia a um deslocamento da ordem de 0,4 franjas. Dessa vez, o deslocamento observado foi de apenas 0,01 franjas, e, portanto, o resultado da experiência de Michelson-Morley foi negativo: *nenhum efeito foi observado*. Logo, o resultado da experiência não confirmou a existência do vento de éter.

Cabe ressaltar que a análise de Michelson supõe que a luz seria alguma coisa cuja velocidade se compusesse segundo a fórmula de adição de velocidades derivada das transformações de Galileu.

Lorentz e o físico irlandês George Fitzgerald chegaram a propor que todo objeto sofreria uma contração em seu comprimento ao longo da direção de seu movimento. Após outras tentativas de Larmor, do próprio Lorentz, e do matemático francês Jules Henri Poincaré, o resultado nulo no experimento de Michelson-Morley pôde ser compreendido, em 1905, com o artigo intitulado "Sobre a eletrodinâmica dos corpos em movimento", no qual Einstein estabelece que a hipótese de um *éter* luminífero é supérflua para a validade do Eletromagnetismo e, portanto, da Óptica (Seção 5.7). Segundo os postulados de Einstein, o resultado nulo nos experimentos de Michelson-Morley decorre do fato de que, independentemente do movimento da Terra, o intervalo de tempo (t) (para um observador na Terra) que a luz leva para percorrer uma distância l é dado simplesmente por $t = l/c$.

6.4 A covariância das leis físicas

> *Um resultado de meu trabalho foi a afirmação de que as transformações de Lorentz transcendem suas conexões com as equações de Maxwell e dizem respeito à natureza do espaço e do tempo em geral. Um outro resultado é que a "invariância de Lorentz" é uma condição geral para qualquer teoria física.*
>
> Albert Einstein

Os resultados dos experimentos de Michelson e dos trabalhos de Lorentz, que precederam a Teoria da Relatividade Restrita, evidenciaram alguns dos problemas relacionados às sínteses da Mecânica de Newton com o Eletromagnetismo de Maxwell. Apesar disso, as motivações que levaram Einstein à elaboração de uma nova teoria do espaço e do tempo devem ser procuradas em seu próprio programa de pesquisa da natureza.

Nas palavras de Gerald Holton,[1] historiador da ciência, Einstein sempre foi fiel à *sedução jônica*. Da mesma maneira que os primeiros pensadores gregos, Einstein sempre acreditou na unidade do Universo e, portanto, da Ciência. Para ele, existiria uma realidade física objetiva e o papel do cientista seria elaborar teorias que descrevessem essa realidade.

No entanto, uma teoria física seria uma criação livre da mente, baseada em intuições. Sua aceitação *a posteriori* estaria condicionada aos resultados de experimentos, bem como à previsão de novos fatos a serem observados. Porém, nada garante que uma teoria esteja realmente correta, mesmo que interprete de forma convincente uma determinada classe de fenômenos. Foi esse o caso da Mecânica Clássica de Newton para a maioria dos fenômenos envolvendo corpos que se deslocavam com velocidades muito menores que a velocidade da luz no vácuo.

Embora Einstein não acreditasse na existência de padrões para a elaboração de teorias físicas, acreditava em princípios básicos que poderiam guiá-lo na direção correta. Ou seja, segundo suas próprias palavras: *"Eu mesmo elaborei a teoria física da relatividade com base em preconceitos metafísicos."*

Nesse ponto, Einstein não é exceção; podem-se citar, antes e depois ele, físicos do porte de Galileu e Dirac, que também elaboraram teorias com base em preconceitos metafísicos explícitos.

Na elaboração da teoria da Relatividade Restrita podem-se destacar os seguintes princípios básicos, ou preconceitos metafísicos:

i) princípio da unidade;

ii) princípios de simetria e invariância;

iii) princípio da causalidade newtoniana;

iv) princípio do *continuum*.

Em *Ideas and Opinions*,[2] um texto escrito em homenagem a Planck, Einstein afirma que não somente é possível construir uma "representação simplificada do mundo que propicie uma visão de conjunto", mas que essa é "a tarefa suprema do cientista". Essa visão ampla e a busca de respostas a perguntas gerais, ao contrário, têm dificuldades de afirmar-se nas Universidades, lugar em que as disciplinas fornecem, uma

---

[1] *O sonho de Einstein: em busca da Teoria do Todo*, Pietro Grecco, Ed. da Unicamp, 2011.
[2] A. Einstein, 1954.

após outra, uma visão fragmentária do saber científico e os pesquisadores preferem especializar-se em setores cada vez mais restritos.

6.4.1 As transformações de Galileu

A ideia de que a Física deve ser a mesma para observadores que se deslocam uns em relação aos outros, em movimento de translação uniforme, foi defendida por Galileu em seu *Diálogo*. A argumentação começa com as seguintes palavras de Salviati, um dos três personagens do livro:

Feche-se com um amigo em uma grande sala sob a ponte de um navio e arranje moscas a voar, borboletas e outros pequenos animais; tenha também um grande vaso com água contendo peixes; suspenda um balde cuja água cai gota a gota por um orifício no chão. Com o navio parado, observe cuidadosamente os pequenos animais a voar, os peixes a nadar com a mesma velocidade para todos os lados, as gotas caindo no vaso pousado no chão; e você mesmo lance ao seu amigo um objeto e verifique que o pode fazer com a mesma facilidade em uma e em outra direção, quando as distâncias são iguais e que, saltando a pés juntos, você atravessa espaços iguais em todos os sentidos. Quando tiver observado com cuidado todas essas coisas (embora não se duvide que tudo se passe assim com o navio parado) faça avançar o navio tão velozmente quanto queira, desde que o movimento seja uniforme sem oscilações para um lado e para o outro. Você não descobrirá nenhuma mudança em todos os efeitos precedentes e nenhum deles medirá se o navio está em marcha ou está parado (...), e a razão pela qual todos esses efeitos permanecem iguais é que o movimento é comum ao navio e a tudo que ele contém, incluindo o ar.

Esse princípio de absoluta equivalência entre dois referenciais que se movem relativamente em translação uniforme, isto é, entre *referenciais inerciais*, concebido em uma época de primazia da Mecânica, é a base do princípio da relatividade de Galileu, o qual implica o abandono de qualquer possibilidade de movimento absoluto. Pode-se ainda enunciá-lo de forma diferente de Galileu:

Se as leis da Mecânica são válidas em um dado referencial, então são igualmente válidas em qualquer outro referencial que se mova em translação uniforme em relação ao primeiro.

O conteúdo desse princípio é que todo sistema de referência inercial deve ser equivalente para a descrição do movimento; ele pode ainda ser enunciado como sugere a tirinha da Figura 6.5.

Figura 6.5: O princípio da relatividade de Galileu.

Apesar do caráter absoluto que o espaço e o tempo têm na sua Mecânica, Newton admitia que medidas absolutas sobre o movimento não poderiam ser observadas e que as leis da Mecânica se referiam a intervalos espaciais e temporais relativos:

> *O movimento de corpos encerrados em um dado espaço são os mesmos entre si, esteja esse espaço em repouso ou se movendo uniformemente em uma linha reta sem qualquer movimento circular.*

O princípio da relatividade de Galileu, embora verdadeiro para a Mecânica de Newton, não seria necessariamente válido para o Eletromagnetismo de Maxwell, visto que são teorias fundamentalmente distintas. O fato de não existir na Mecânica um experimento com o qual se é capaz de decidir se um corpo está em repouso ou em movimento retilíneo uniforme não exclui, pelo menos *a priori*, a possibilidade de haver um experimento envolvendo o Eletromagnetismo que permita diferenciar as duas situações.

As leis de Newton, leis fundamentais da Mecânica Clássica, pressupõem relações definidas entre as coordenadas espaciais e temporais de uma partícula, (x, y, z, t) e (x', y', z', t'), segundo dois referenciais inerciais distintos. Considerando referenciais que utilizam sistemas cartesianos de coordenadas, S e S', de eixos que são paralelos, cujas origens coincidem em $t' = t = 0$, e S' se desloca em movimento de translação uniforme segundo S, com velocidade $\vec{V}$, na direção e sentido positivo do eixo x (Figura 6.6), as relações entre suas coordenadas são dadas pelas equações

$$\begin{cases} x' = x - Vt \\ y' = y \\ z' = z \\ t' = t \end{cases} \qquad \Longleftrightarrow \qquad \begin{cases} x = x' + Vt' \\ y = y' \\ z = z' \\ t = t' \end{cases} \tag{6.8}$$

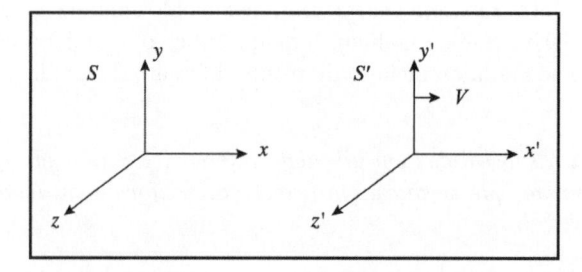

Figura 6.6: Sistemas de coordenadas S e S', de eixos paralelos, em dois referenciais distintos.

As equações (6.8), que permitem relacionar as coordenadas espaciais e temporais de um mesmo evento, quando as medições são efetuadas em referenciais referenciais distintos, são denominadas *transformações de Galileu*, e subentendem que:

- As escalas de tempo não dependem do referencial, isto é, o intervalo de tempo de um evento medido em referenciais distintos é invariante.

Se T e T' são as medidas das durações de um mesmo evento segundo os sistemas S e S',

$$\boxed{T = T'}$$

O fato de a duração de um evento ou do intervalo de tempo entre eventos ser invariante com relação à localização ou ao estado de movimento de um observador implica que relógios sincronizados em um dado instante permanecem sincronizados mesmo que passem a se deslocar um em relação ao outro. A invariância do sincronismo, com relação a observadores em referenciais distintos, implica a existência de uma escala de tempo universal.

- As medidas de comprimento são invariantes, segundo uma mudança de referencial.

  Se L e L' são as medidas dos comprimentos de um objeto segundo os sistemas S e S',

  $$\boxed{L = L'}$$

  Deve-se lembrar que, para a determinação do comprimento de um objeto que se desloca, as coordenadas dos extremos do objeto devem ser determinadas simultaneamente, ou seja, em um mesmo instante.

- as relações entre as velocidades ($\vec{v}\,'$ e $\vec{v}$) e as acelerações ($\vec{a}\,'$ e $\vec{a}$) de uma partícula, segundo os sistemas S' e S, são dadas por

  $$\vec{v}\,' = \vec{v} - \vec{V} \tag{6.9}$$

  e

  $$\vec{a}\,' = \vec{a} \tag{6.10}$$

  ou seja, a aceleração é um invariante segundo uma transformação de Galileu.

A equação de movimento de uma partícula de massa m sob a ação de uma força $\vec{F}$ é dada pela 2ª lei de Newton

$$\frac{d\vec{p}}{dt} = \frac{d}{dt}(m\vec{v}) = m\vec{a} = \vec{F}$$

na qual a força depende de combinações invariantes da posição ou da velocidade da partícula, ou de intervalos temporais também invariantes.

$$\begin{cases} \vec{F} = -\vec{\nabla}\epsilon_P & \left(\epsilon_P\left(\vec{r} - \vec{r}_0\right) - \text{energia potencial}\right) \\[2ex] \vec{F} = -b\left(\vec{v} - \vec{v}_0\right) & \left(b - \text{coeficiente de atrito}\right) \\[2ex] \vec{F} = \vec{F}_0\cos\omega(t - t_0) & \left(\omega - \text{frequência}\right) \end{cases}$$

Uma vez que a massa de uma partícula é constante ao longo do tempo, e não depende do referencial segundo o qual foi determinada, a equação clássica de movimento, ou 2ª lei de Newton, mantém a mesma forma quando expressa em qualquer referencial inercial. Diz-se que ela é *covariante* com relação às transformações de Galileu.

6.4.2 As transformações de Lorentz

Admitindo o princípio da relatividade como válido também para o Eletromagnetismo, Lorentz deduz as relações entre as coordenadas espaço-temporais de um ponto do espaço, (x, y, z, t) e (x', y', z', t'), segundo dois referenciais inerciais que utilizam sistemas cartesianos de coordenadas, S e S', de eixos paralelos cujas origens coincidem em $t' = t = 0$, e S' se desloca em movimento de translação uniforme com relação a S, com velocidade $\vec{V}$, na direção e sentido positivo do eixo x (Figura 6.6). As relações deduzidas por Lorentz são as chamadas transformações de Lorentz:

$$\begin{cases} x' = \gamma(V)(x - Vt) \\ y' = y \\ z' = z \\ t' = \gamma(V)(t - Vx/c^2) \end{cases} \iff \begin{cases} x = \gamma(V)(x' + Vt') \\ y = y' \\ z = z' \\ t = \gamma(V)(t' + Vx'/c^2) \end{cases} \tag{6.11}$$

sendo $\gamma(V) = \dfrac{1}{\sqrt{1 - V^2/c^2}} \geq 1$ o denominado fator de Lorentz.

Diferentemente das transformações de Galileu, as transformações de Lorentz subentendem que:

- se T e T' são as medidas das durações de um mesmo evento, segundo os sistemas S e S', mas ocorrido em um mesmo ponto segundo um observador em S',

$$T = \gamma(V)T' \qquad \text{(dilatação temporal)}$$

- se L e L' são as medidas dos comprimentos de um mesmo objeto segundo os sistemas S e S', mas em repouso segundo um observador em S',

$$L = \frac{L'}{\gamma(V)} \qquad \text{(contração do comprimento)}$$

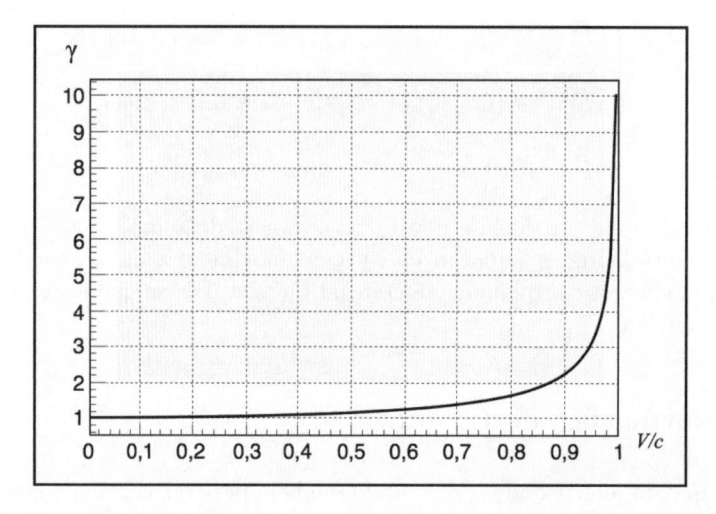

Figura 6.7: Variação do fator de Lorentz com a velocidade da partícula.

Assim, segundo as transformações de Lorentz, as medidas dos intervalos de tempo e de comprimento dependem do referencial, ou seja, do observador, ao contrário do admitido nas transformações de Galileu.

Por outro lado, analisando-se o comportamento do fator de Lorentz com a velocidade (Figura 6.7), para que esses efeitos sejam observados é necessário que a magnitude da velocidade (V) de um referencial em relação ao outro seja igual a uma fração apreciável da velocidade da luz (c), caso contrário, o fator de Lorentz tende à unidade.

$$V/c \to 0 \iff c \to \infty \implies \gamma(V) = 1 \qquad \text{(limite clássico)} \qquad (6.12)$$

Nesse limite clássico, todos os resultados de uma teoria relativística condicionada pelas transformações de Lorentz se igualam aos das teorias clássicas, para as quais são válidas as transformações de Galileu.

6.5 A Relatividade Restrita

> *Não há dúvida de que, se fizermos um retrospecto de seu desenvolvimento, a Teoria da Relatividade Restrita estava pronta para ser formulada em 1905. Lorentz já havia observado que as transformações que agora levam o seu nome são essenciais para a análise das equações de Maxwell, e Poincaré já tinha penetrado mais profundamente nessas conexões.*
>
> Albert Einstein

Em agosto de 1899, o jovem Einstein escreveu uma carta a sua mulher, Mileva Marić, na qual se lê:

> *(...) agora estou relendo Hertz, a respeito da propagação da força elétrica, com muito cuidado, porque não entendi o tratado de Helmholtz sobre o princípio de mínima ação em Eletrodinâmica. Estou cada vez mais convencido de que a Eletrodinâmica dos corpos em movimento, como é apresentada hoje, não corresponde à realidade, e que será possível apresentá-la de modo mais simples.*

Após um breve comentário de que lhe parece que as forças elétricas podem ser definidas sem recorrer ao *éter*, continua, dizendo que *a eletrodinâmica seria então a teoria dos movimentos das eletricidades e dos magnetismos em movimento em espaço vazio*. Sobre qual das duas visões vai prevalecer, ele conclui o raciocínio apostando *nos resultados das experiências com radiação*.

Cerca de um mês depois, em outra carta a Mileva, retoma o tema assim:

> *Tive uma boa ideia em Aarau para investigar a maneira com que o movimento relativo de um corpo em relação ao éter luminífero afeta a velocidade de propagação da luz em corpos transparentes. Até pensei em uma teoria sobre o fenômeno que me pareceu plausível.*

Esses trechos são muito importantes porque testemunham que as grandes ideias de Einstein não brotaram repentinamente no ano de 1905.[3] Os artigos publicados nesse ano foram frutos de muito trabalho prévio. No que se refere ao seu artigo *Sobre a Eletrodinâmica dos Corpos em Movimento*, Einstein refletiu e amadureceu suas ideias por quase seis anos. Afirmação análoga pode ser feita para o problema da luz e da radiação do corpo negro (Seção 10.3), com base em outra carta, datada de março de 1901, na qual se pode ler: *Parece-me não ser fora de questão que a energia cinética latente do calor em sólidos e fluidos possa ser vista como energia dos ressonadores elétricos.*

De certo modo, a essência da Teoria da Relatividade Restrita não é apenas a relativização dos conceitos de espaço e tempo, mas, também, a reafirmação de que as leis da natureza devem ser independentes de referenciais. É essa a base do *espaço-tempo*.

Para Lorentz, um dos referenciais de suas transformações seria um sistema de referência privilegiado – o *éter*. Einstein, por sua vez, deriva as transformações de Lorentz, reformulando, dentre outros, os conceitos de espaço e tempo, até então tidos como primários e intuitivos, a partir de dois postulados:

- princípio da relatividade restrita – as leis da Física devem ser as mesmas em todos os sistemas inerciais de referência;

- princípio da invariância da velocidade da luz – a velocidade de propagação da luz no vácuo tem um valor constante, dado por

$$c = 299\,792\,458 \text{ m/s}$$

independentemente do estado de movimento do emissor, para qualquer que seja o observador.

---

[3] Em 1905, denominado *annus mirabilis* de Einstein, além de seu trabalho sobre o movimento do elétron sob ação do campo eletromagnético, no qual ele estabelece os princípios da Teoria da Relatividade Restrita, ele publica outros quatro relevantes artigos; dois sobre algumas consequências da hipótese molecular da matéria, como o movimento browniano, um sobre a natureza da luz e um sobre a relação entre a massa e a energia de uma partícula.

Cabe notar que, embora Maxwell já tivesse mostrado que $c = 1/\sqrt{\mu_0 \epsilon_0}$, naquela época ainda se acreditava que a velocidade da luz poderia variar segundo a velocidade do sistema inercial adotado em relação ao éter, meio no qual c adquire o valor determinado por Maxwell. Hoje, no entanto, μ_0 e ϵ_0 são consideradas *constantes universais* associadas ao vácuo exatamente por causa da invariância da luz proposta por Einstein.

A partir desses dois postulados, Einstein também desenvolve uma nova teoria dinâmica, mais adequada que a dinâmica newtoniana, para descrever o movimento de uma partícula carregada sob ação de um campo eletromagnético, restabelecendo o princípio de que todo sistema de referência inercial é equivalente para a descrição dos fenômenos físicos. As relações entre as coordenadas espaço-temporais em dois referenciais inerciais distintos, no entanto, não são mais dadas pelas transformações de Galileu, mas, sim, pelas transformações de Lorentz.

Figura 6.8: O novo conceito de espaço-tempo.

Além desses postulados, Einstein admite também, como na Física Clássica, a homogeneidade e a isotropia do espaço. Desse modo, as transformações entre sistemas de coordenadas em referenciais inerciais distintos continuam sendo lineares.

6.5.1 Medidas próprias e não próprias

Como consequência dos postulados de Einstein, a Teoria da Relatividade Restrita estabelece que algumas grandezas, cujas medidas eram tidas como absolutas, como o comprimento de um objeto e a duração de um fenômeno, não são invariantes. Por outro lado, estabelece que uma série de outras grandezas possui medidas invariantes com relação às transformações entre referenciais inerciais.

Por exemplo, admitindo a isotropia espacial, a medida do comprimento de uma barra é invariante segundo observadores que se deslocam perpendicularmente à direção longitudinal da barra.

A medida de comprimento determinada por observadores em um referencial para o qual a barra está em repouso é denominada *medida de comprimento próprio*, ou *comprimento próprio*. Assim, para observadores que se deslocam ao longo de uma reta perpendicular à barra, a medida de comprimento determinada por eles, $L_\perp$, será igual à medida própria, L_0.

$$L_\perp = L_0$$

Por outro lado, para observadores que se deslocam ao longo da barra, a medida de comprimento, $L_\parallel$, será diferente da medida própria, L_0.

$$L_\parallel \neq L_0$$

Medidas da duração de eventos que ocorrem em um mesmo ponto de um referencial, chamados *eventos locais*, são denominadas medidas próprias de intervalos de tempo ou, brevemente, *tempo próprio*.

A avaliação do instante de ocorrência de *eventos não locais* exige a medição de tempo em diferentes regiões do espaço, ou seja, a existência de observadores com relógios sincronizados em vários pontos de um dado referencial inercial.

Antes das análises de Einstein, acreditava-se que relógios sincronizados em um dado referencial estariam sincronizados para qualquer outro referencial, ou seja, o sincronismo não dependeria do estado de movimento dos relógios. O não sincronismo de relógios em movimento entre si implica a relatividade do conceito de simultaneidade.

6.5.2 Sincronismo, simultaneidade e escalas de tempo

Uma escala de tempo pressupõe a existência de relógios sincronizados, os quais, por sua vez, pressupõem a definição de um método de sincronização e a permanência do sincronismo. Tanto a sincronização como a permanência se baseiam no princípio da invariância da velocidade da luz. Nas palavras de Einstein:

> *Se existe um relógio em um ponto A do espaço, um observador em A pode determinar o tempo para eventos em sua vizinhança imediata, observando as posições dos ponteiros quando os eventos ocorrem. Se, em outro ponto B, também existe um relógio, sob todos os aspectos semelhante ao de A, um observador em B poderá também determinar o tempo para eventos em sua vizinhança imediata.[4] Mas não é possível, sem outras hipóteses, comparar o instante de ocorrência dos eventos em A e B; definimos apenas "um instante de tempo A" e "um instante de tempo B", mas não um "instante de tempo comum" a A e B. Esse tempo comum pode ser determinado estabelecendo-se, por definição, que o "tempo" necessário para a luz ir de A até B é igual ao "tempo" necessário para ir de B até A. Supondo que um raio luminoso, no instante t_A do "tempo A", parta de A para B, ao alcançar B é refletido de volta para A, no instante t_B do "tempo B", e retorna a A no instante t'_A do "tempo A". De acordo com a definição, os dois relógios estarão sincronizados se[5]*
>
> $$t_B - t_A = t'_A - t_B$$
>
> *Admitimos que essa definição de sincronismo é livre de contradições e possível para qualquer número de pontos, e que as seguintes relações são universalmente válidas:*
>
> *1. Se o relógio em B estiver sincronizado com o relógio em A, o relógio em A estará sincronizado com o relógio em B.*
>
> *2. Se o relógio em A está sincronizado com o relógio em B, e também com um relógio em C, então os relógios em B e C estão em sincronizados entre si.*
>
> *Com o auxílio de certos experimentos físicos (idealizados), estabelecemos o que deve ser entendido por relógios sincronizados em estado de repouso relativo e localizados em diferentes pontos do espaço, e obtivemos, evidentemente, as definições de "sincronismo" e de "instante de tempo". O "instante de tempo" de ocorrência de um evento é aquele que é lido simultaneamente com esse evento por um relógio em repouso no local de ocorrência do evento. Para todas as medidas de tempo, esse relógio está sincronizado com um dado relógio em repouso relativo.*

Assim, Einstein estabelece um método de sincronização que permite a avaliação da simultaneidade de eventos não locais, desde que, uma vez sincronizados em um dado referencial, os relógios permaneçam em sincronismo. A permanência do sincronismo é estabelecida também a partir do princípio da invariância da velocidade da luz, como será visto a seguir.

---

[4] Os relógios em A e B estão em repouso entre si, ou seja, estão em um mesmo referencial inercial.

[5] Essa expressão é equivalente a $t_B = (t_A + t'_A)/2$. Se o "tempo B" for diferente desse valor, por exemplo, t'_B, o relógio em B pode ser sincronizado com o de A, atrasando ou adiantando o tempo de $|(t_A + t'_A)/2 - t'_B|$.

Sejam A e B relógios que foram inicialmente sincronizados em repouso, segundo um observador O' (Figura 6.9). Uma fonte de luz localizada no ponto médio entre os dois relógios emite ondas esféricas, e observam-se os eventos:

- evento 1: A recebe um sinal de uma dada frente de onda.

- evento 2: B recebe um sinal da mesma frente de onda recebida por A.

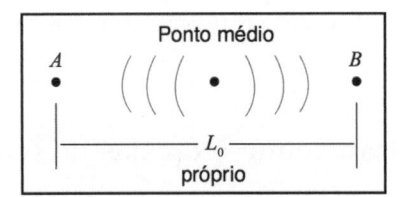

Figura 6.9: Relógios sincronizados no referencial próprio.

Para o observador O', se uma frente de onda é enviada em $t = 0$, o tempo necessário para o sinal alcançar o relógio A é igual a $t'_A = \dfrac{L_0/2}{c}$, e o tempo necessário para o sinal alcançar o relógio B é igual a $t'_B = \dfrac{L_0/2}{c}$, sendo L_0 a medida própria da distância entre A e B. Assim,

$$t'_A = t'_B \quad \Rightarrow \quad \Delta t' = t'_A - t'_B = 0$$

Segundo O', os relógios permanecem sincronizados e recebem os sinais de uma mesma frente de onda simultaneamente, ou seja, os eventos 1 e 2 são simultâneos para O'.

O fato de relógios sincronizados em um dado referencial inercial permanecerem sincronizados permite estabelecer uma escala de tempo comum para um número qualquer de relógios no referencial.

6.5.3   O não sincronismo de relógios em movimento e a simultaneidade relativa

Enquanto se pode estabelecer um conjunto de relógios sincronizados em um dado referencial inercial, para um outro referencial inercial os relógios não estarão sincronizados. O sincronismo e, portanto, a simultaneidade dependem do estado de movimento do observador.[6]

Sejam A e B os relógios sincronizados entre si, e os eventos definidos anteriormente na Seção 6.5.2 (Figura 6.9).

Para um observador O, para o qual os relógios e a fonte se deslocam com velocidade v, A e B não recebem os sinais de uma mesma frente de onda em um mesmo instante (Figura 6.10).

Segundo o observador O, uma frente de onda enviada em $t = 0$, alcança o relógio A em $t_A = \dfrac{L/2}{c + v}$ e o relógio B em $t_B = \dfrac{L/2}{c - v}$. A distância (L) entre os relógios A e B para O não é necessariamente igual à medida própria (L_0), segundo O'. Assim,

$$\Delta t = t_A - t'_B = \frac{L}{2}\left[\frac{(c+v) - (c-v)}{c^2 - v^2}\right] = \frac{Lv/c^2}{1 - v^2/c^2} \quad \Rightarrow \quad \Delta t = t_A - t_B = \gamma^2 L\frac{v}{c^2} \neq 0$$

---

[6] O termo "observador", como utilizado no texto, não deve ser interpretado como alguém que apenas visualiza a ocorrência ou a evolução de um evento (fenômeno). O termo representa a capacidade de acesso às medidas de grandezas físicas associadas a um evento, principalmente, de tempo e espaço, com relação a um dado referencial. Segundo esse referencial, em todos os pontos de seu sistema de coordenadas estão localizados relógios em repouso e sincronizados entre si, que determinam o tempo do referencial, ou do "observador".

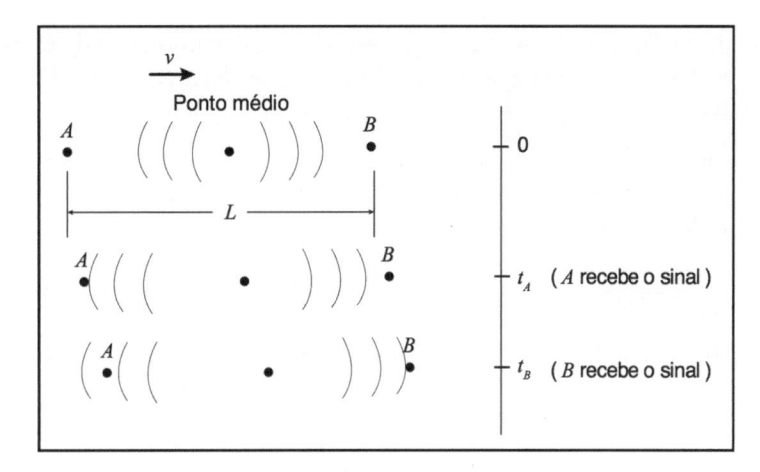

Figura 6.10: Relógios segundo um referencial não próprio.

sendo $\gamma(v)$ o fator de Lorentz.

Desse modo, os eventos 1 e 2 não são simultâneos para o observador O, pois

$$\Delta t \neq \Delta t'$$

Para o observador O, para o qual os relógios estão em movimento, os relógios não permanecem sincronizados, e, portanto, eventos espacialmente não locais, quando simultâneos para um referencial, não são simultâneos para outros referenciais.[7] A simultaneidade depende do movimento dos observadores, ou seja, é relativa.

6.5.4 Medidas de comprimento ao longo do movimento

A medida do comprimento de uma barra, para um observador O que se desloca ao longo da barra, resulta da avaliação da ocorrência de dois eventos (Figura 6.11):

- evento 1: coincidência do ponto extremo A da barra com um ponto P_1 de uma dada régua em repouso para o observador O.

- evento 2: coincidência do outro ponto extremo B da barra com um ponto P_2 da régua.

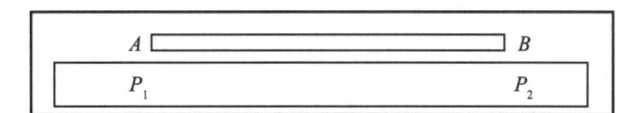

Figura 6.11: Medida de comprimento de uma barra com uma régua.

Se a régua e a barra estão em repouso entre si, apenas as condições de simultaneidade que definem separadamente os eventos 1 e 2 são necessárias para se determinar a distância entre A e B, ou seja, o comprimento próprio da barra (L_0). A simultaneidade entre os eventos 1 e 2 não é necessária, e, uma vez que os pontos estão em repouso entre si, os eventos 1 e 2 podem ser avaliados em instantes distintos.

Se a barra se move em relação à régua, a determinação da distância entre A e B, ou seja, do comprimento não próprio da barra (L), segundo o observador O, além das condições de simultaneidade

---

[7]Segundo a cinemática não relativística, não haveria discordância sobre o intervalo de tempo entre os eventos. Tanto o observador O' como o observador O atribuiriam aos eventos 1 e 2 os tempos $t_A = \frac{L_0/2}{c+v}$ e $t_B = \frac{L_0/2}{c-v}$, respectivamente. Para O', $(c+v)$ e $(c-v)$ seriam as velocidades da luz nos dois sentidos. E, para O, a medida de comprimento L seria igual ao comprimento próprio L_0.

que definem separadamente os eventos 1 e 2, exige-se também a simultaneidade desses eventos entre si. Portanto, o observador deve ser capaz de avaliar as coincidências dos pontos A e P_1 e dos pontos B e P_2, em um mesmo instante.

Uma vez que a simultaneidade de eventos não locais é relativa, os comprimentos próprio e não próprio são diferentes. Ou seja, as medidas de comprimento de uma barra para observadores que se deslocam paralelamente à barra são relativas.

$$L \neq L_0$$

6.5.5   A invariância da medida de comprimento na direção transversal ao movimento

Enquanto a medida de comprimento de uma barra ao longo do movimento é relativa, a medida de comprimento de uma barra perpendicular ao movimento é invariante.

Sejam duas barras A e B de mesmo comprimento próprio (L_0), que se aproximam uma da outra, perpendicularmente ao solo (Figura 6.12), e em movimento uniforme.

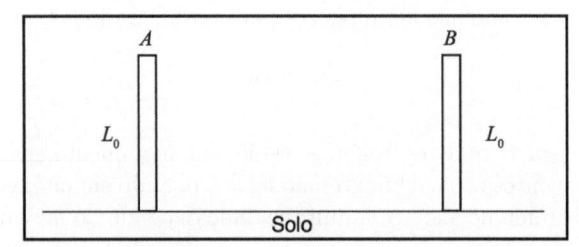

Figura 6.12: Barras que se aproximam perpendicularmente ao solo.

Para um observador que se desloca com a barra B, a barra A se aproxima com velocidade constante v e tem comprimento L (Figura 6.13), não necessariamente igual ao comprimento próprio L_0 da barra B.

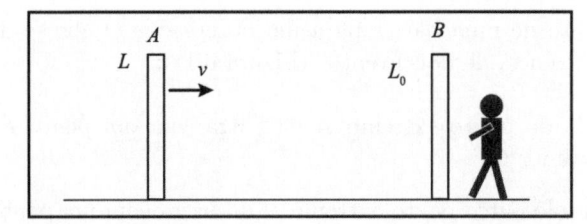

Figura 6.13: Barra A aproximando-se de B, segundo observador solidário a B.

Supondo que, ao se cruzarem, a barra A deixa uma marca na barra B abaixo de sua extremidade (Figura 6.14), então,

$$L < L_0$$

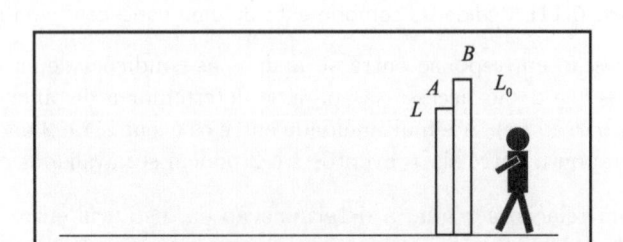

Figura 6.14: Barras cruzando-se, segundo observador solidário a B.

Reciprocamente, para um observador que se desloca com a barra A, a barra B se aproxima com velocidade constante v (Figura 6.15), o comprimento L' parecerá menor que o comprimento próprio L_0.

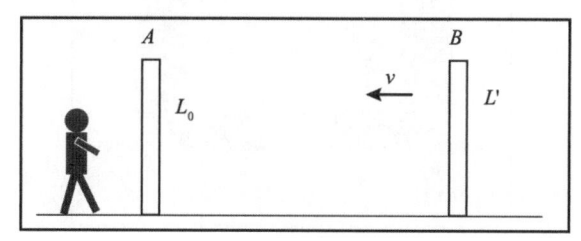

Figura 6.15: Barra B aproximando-se de A, segundo observador solidário a A.

Portanto, a barra B deverá deixar uma marca na barra A abaixo de sua extremidade (Figura 6.16), ou seja,

$$L' < L_0$$

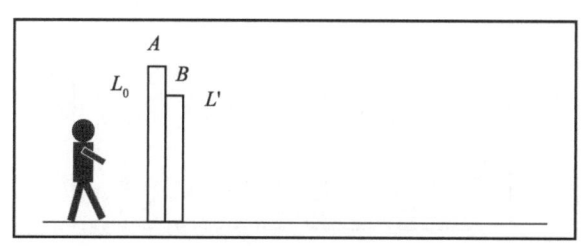

Figura 6.16: Barras cruzando-se, segundo observador solidário a A.

De maneira análoga, supondo que para ambos os observadores as medidas não próprias sejam maiores que o comprimento próprio, obtém-se outra contradição. Essas contradições são removidas somente se

$$L = L' = L_0$$

ou seja, as medidas de comprimento de uma barra para observadores que se deslocam perpendicularmente a ela são invariantes.

Nesse exemplo, o argumento utilizado para remover as contradições só é possível porque um dos extremos de cada barra está permanentemente em contato com o solo e, portanto, avalia-se o que ocorre apenas em uma das extremidades de cada barra. Desse modo, ambos os observadores avaliam a simultaneidade de um mesmo evento (local) e, portanto, não deve haver ambiguidades nas conclusões de cada observador.

6.5.6 A dilatação temporal

Do mesmo modo que as medidas de comprimento ou as distâncias entre pontos do espaço são relativas, a duração temporal de um evento também depende do estado de movimento do observador.

Seja um observador O', em repouso no interior de um trem que se desloca com velocidade v com relação a um observador O (Figura 6.17), e ambos observam a reflexão de um sinal luminoso que parte do piso, no teto do trem.

A duração (τ_0) desse processo para O' será dada por

$$\tau_0 = 2\,\frac{\overline{BD}'}{c}$$

Como a partida e a chegada do sinal ocorrem em um mesmo ponto do espaço para o observador O', τ_0 é um intervalo de tempo próprio.

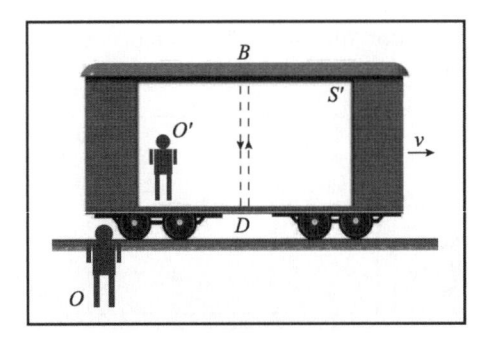

Figura 6.17: Esquema da reflexão de um sinal luminoso no teto de um trem, segundo um observador em seu interior.

Para o observador externo O, o caminho percorrido pelo sinal está representado na Figura 6.18, ou seja, o sinal é emitido no ponto A, refletido no ponto B e detectado no ponto C.

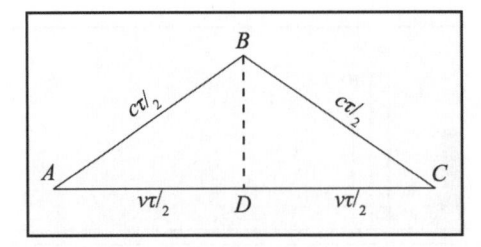

Figura 6.18: Reflexão de um sinal luminoso no teto de um trem, segundo um observador exterior.

Assim, devido ao movimento do trem, para o observador O, os eventos não ocorreram em um mesmo ponto (eventos não locais), e o intervalo de tempo (τ) não próprio entre suas ocorrências é dado por

$$\tau = \frac{\overline{AB} + \overline{BC}}{c} = 2\,\frac{\overline{AB}}{c} \qquad \left(\overline{AB} = \overline{BC}\right)$$

Desse modo, a relação entre os dois intervalos de tempo é dada por

$$\frac{\tau_0}{\tau} = \frac{\overline{BD}'}{\overline{AB}}$$

Uma vez que a linha que determina a altura do trem é perpendicular ao movimento, a altura do trem $\overline{BD}$ é invariante para os observadores, e pode ser expressa como

$$\overline{BD}' = \overline{BD} = \sqrt{\overline{AB}^2 - \overline{AD}^2}$$

no qual $\overline{AD} = \overline{DC} = v\tau/2$ e $\overline{AB} = c\tau/2$, obtém-se

$$\frac{\tau_0}{\tau} = \frac{\sqrt{\overline{AB}^2 - \overline{AD}^2}}{\overline{AB}} = \sqrt{1 - \left(\frac{\overline{AD}}{\overline{AB}}\right)^2} = \sqrt{1 - \left(\frac{v}{c}\right)^2}$$

ou

$$\boxed{\tau = \gamma(v)\,\tau_0 \qquad \Longrightarrow \qquad \tau \geq \tau_0} \tag{6.13}$$

sendo $\gamma(v) = \left(1 - v^2/c^2\right)^{-1/2}$ o fator de Lorentz.

Ou seja, a medida de intervalo de tempo não próprio é maior que a medida de intervalo de tempo próprio. Esse resultado, proposto por Larmor, em 1900, é denominado *dilatação temporal*.

6.5.7   A contração da medida de comprimento na direção do movimento

A relação entre a medida de comprimento próprio de um objeto e a determinada por um observador que se move paralelamente à direção longitudinal do objeto pode ser estabelecida do modo descrito a seguir.

Seja um trecho de estrada cujo comprimento próprio é L_0 (Figura 6.19), na qual um observador A se desloca com velocidade v em relação a um observador B em repouso na estrada.

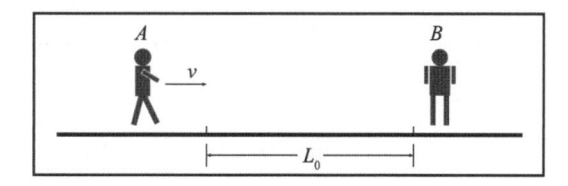

Figura 6.19: Comprimento próprio de um trecho de estrada.

Para o observador B, o intervalo de tempo (τ) que A percorre o trecho indicado de estrada é dado por

$$\tau = \frac{L_0}{v}$$

Para o observador A, o intervalo de tempo necessário para o trecho ser percorrido é um intervalo de tempo próprio igual a τ_0, tal que

$$\tau_0 = \frac{\tau}{\gamma(v)} = \frac{L_0}{v}\sqrt{1 - \frac{v^2}{c^2}}$$

Uma vez que o observador A pode determinar o comprimento (L) não próprio do trecho de estrada por

$$L = v\tau_0$$

obtém-se

$$\boxed{L = \frac{L_0}{\gamma(v)} \qquad \Longrightarrow \qquad L \leq L_0} \tag{6.14}$$

Ou seja, a medida de comprimento não próprio é menor que a medida própria. Esse resultado, proposto por Lorentz e Fitzgerald, é denominado *contração espacial*.

A relatividade das medidas de posição e tempo pode ser ilustrada com a análise dos seguintes exemplos:

I) Um foguete (fictício) em movimento uniforme passa por uma estação espacial (evento 1) na direção e sentido positivo do eixo x do sistema de coordenadas de um observador (O) na estação, com velocidade $v = 0{,}6c$. Nesse instante, o astronauta (O') no foguete e o observador na estação sincronizam seus relógios e suas posições, para $t_1 = t_1' = 0$ e $x_1 = x_1' = 0$, respectivamente. Dez minutos (t_2) mais tarde, o observador na estação envia um pulso luminoso ao encontro do foguete (evento 2). Ainda segundo o observador na estação, o pulso alcança o astronauta (evento 3) no instante t_3.

Uma vez que a velocidade de O' para O é igual $v = 0{,}6c$, o fator de Lorentz é dado por

$$\gamma(v) = \frac{1}{\sqrt{1 - v^2/c^2}} = 5/4$$

De acordo com o esquema a seguir, segundo a visão de cada observador,

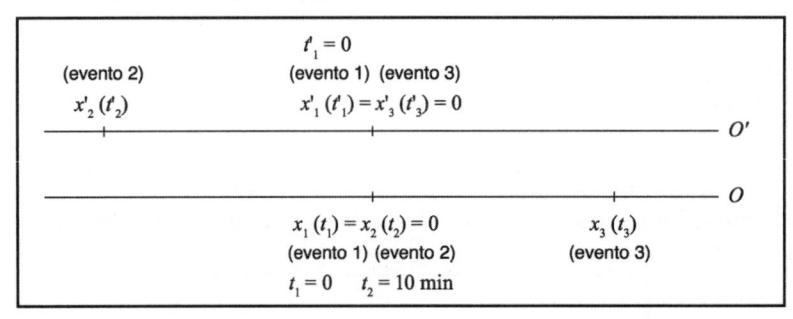

pode-se estabelecer:

– Os eventos 1 e 2 ocorrem em um mesmo ponto para o observador (O) na estação, *i.e.*, $(t_2 - t_1)$ é um intervalo de tempo próprio.
Assim, $t'_2 - t'_1 = \gamma(t_2 - t_1) \quad \Rightarrow \quad t'_2 = \frac{5}{4} \times 10 = 12{,}5$ min.
Ou seja, enquanto para o astronauta o pulso foi enviado 12,5 min após eles terem sincronizado os seus relógios, para o observador na estação, o evento 2 ocorre após um intervalo de tempo próprio igual a 10 min.

– Uma vez que para o astronauta (O') a velocidade da estação é igual a $v' = -v$, a coordenada x'_2 da estação quando o pulso é enviado é dada por

$$x'_2 - x'_1 = v'(t'_2 - t'_1) \quad \Rightarrow \quad x'_2 = -1{,}35 \times 10^8 \text{ km}$$

Ou seja, para o astronauta, a distância da estação ao foguete era igual a $d'_2 = 1{,}35 \times 10^8$ km.
Por outro lado, para o observador na estação, quando o pulso é enviado, a distância entre eles é dada por

$$d_2 = v(t_2 - t_1) \quad \Rightarrow \quad d_2 = 1{,}08 \times 10^8 \text{ km}$$

– Os eventos 2 e 3 ocorrem em pontos associados a coordenadas distintas para ambos os observadores.

– Segundo o astronauta, o intervalo de tempo (não próprio) no qual o pulso se desloca da estação ao foguete, ou seja, o intervalo de tempo entre os eventos 2 e 3, é dado por

$$t'_3 - t'_2 = \frac{d'_2}{c} = 7{,}5 \text{ min} \quad \Rightarrow \quad t'_3 = t'_2 + \frac{d'_2}{c} = 20 \text{ min}$$

– Os eventos 1 e 3 ocorrem em um mesmo ponto para o astronauta (O'), ou seja, $(t'_3 - t'_1)$ é um intervalo de tempo próprio.
Assim, $t_3 - t_1 = \gamma(t'_3 - t'_1) \quad \Rightarrow \quad t_3 = \frac{5}{4} \times t'_3 = \frac{5}{4} \times 20 = 25$ min
Ou seja, enquanto para o observador na estação o pulso alcança o astronauta 25 min após eles terem sincronizado os relógios, para o astronauta, o evento 3 ocorre após um intervalo de tempo próprio é igual 20 min.

– Para o observador na estação, a distância entre o foguete e a estação quando o pulso alcança o astronauta, ou seja, a separação espacial entre os eventos 2 e 3, ou entre 1 e 3, é dada por

$$d_3 = x_3 - x_2 = c(t_3 - t_2) \quad \Rightarrow \quad d_3 = 2{,}25 \times 10^8 \text{ km}$$

Para o astronauta, ao ser alcançado pelo pulso, a distância entre o foguete e a estação corresponde a
$$d'_3 = d'_2 + v(t'_3 - t'_2) \quad \Rightarrow \quad d'_3 = 2{,}16 \times 10^8 \text{ km}$$

II) O tempo próprio de vida (τ_0) dos múons é da ordem de 2,2 μs. Se um feixe de múons penetra a atmosfera, a 10 km de altura (h_0), com velocidade de 0,99c, estime o tempo de vida para um observador no solo.

Calculando-se o fator de Lorentz,

$$v = 0{,}99c \qquad \Rightarrow \qquad \gamma \simeq 7{,}089$$

Para um observador no solo, o tempo de vida é dado por

$$\tau = \gamma\,\tau_0 = 15{,}6 \ \mu\text{s}$$

De acordo com a lei de decaimento de uma partícula instável, após um intervalo de tempo $t = h/c$ (tempo necessário para a partícula com velocidade próxima da luz percorrer a distância h) o número de partículas sobreviventes é dado por

$$N = N_0 e^{-t/\tau}$$

Desse modo, o número de múons que consegue alcançar o solo é da ordem de

$$N = \frac{N_0}{e^{h_0/c\tau}} \simeq \frac{N_0}{8{,}5}$$

ou seja, cerca de 10% dos múons.

Se não houvesse o efeito de dilatação temporal, esse número seria dado por

$$N = \frac{N_0}{e^{h_0/c\tau_0}} \simeq \frac{N_0}{3{,}8 \times 10^6}$$

ou seja, cerca de 0,00003%.

Assim, para cada dez milhões (10^7) de múons, presentes em um dado momento na atmosfera, que se deslocam para o solo com velocidade da ordem de c, cerca de um milhão (10^6) alcança o solo, e não apenas três (3) como previsto pela cinemática não relativística.

Por outro lado, como h_0 é uma medida própria, a distância (h) a ser percorrida pelos múons até o solo, no referencial do múon, é dada por

$$h = \frac{h_0}{\gamma} \simeq 1{,}41 \ \text{km}$$

de modo que a estimativa para o número de múons que consegue alcançar pode ser expressa também como

$$N = \frac{N_0}{e^{h/c\tau_0}} \simeq \frac{N_0}{8{,}5}$$

III) Uma nave espacial (fictícia) cujo comprimento próprio é igual a 30 m desloca-se com velocidade igual a $6,0 \times 10^4$ km/s, segundo um observador na Terra. Um tripulante lança uma bola para o alto e a mesma retorna (segundo ele) à sua mão em 3,0 s. Determine o tempo de voo da bola e o comprimento da nave, para o observador na Terra.

Nesse caso, o fator de Lorentz é dado por

$$v = 6,0 \times 10^4 \text{ km/s} \quad \Rightarrow \quad \gamma = \frac{1}{\sqrt{1 - \left(\dfrac{v}{c}\right)^2}} = \frac{1}{\sqrt{1 - \left(\dfrac{6,0 \times 10^4}{3,0 \times 10^5}\right)^2}} = 1,0206$$

Uma vez que o lançamento e o retorno da bola ocorrem em um mesmo ponto, para o tripulante, $\tau_0 = 3,0$ s é um intervalo de tempo próprio. Assim, para o observador na Terra, o tempo de voo da bola é dado por

$$\tau = \gamma \tau_0 = 3,02 \text{ s}$$

Como o comprimento determinado por um tripulante no referencial da nave é próprio, o comprimento da nave, para o observador na Terra, é dado por

$$L = \frac{L}{\gamma} = 29,39 \text{ m}$$

6.5.8   O efeito Doppler

Apesar de a velocidade da luz no vácuo ter um valor constante (c) para qualquer referencial, a frequência (ν), o comprimento de onda (λ) e, portanto, a cor da luz dependem do referencial. Esse fenômeno, denominado *efeito Doppler*, ocorre sempre que a fonte de ondas (F) e o observador estão em movimento um em relação ao outro (Figura 6.20).

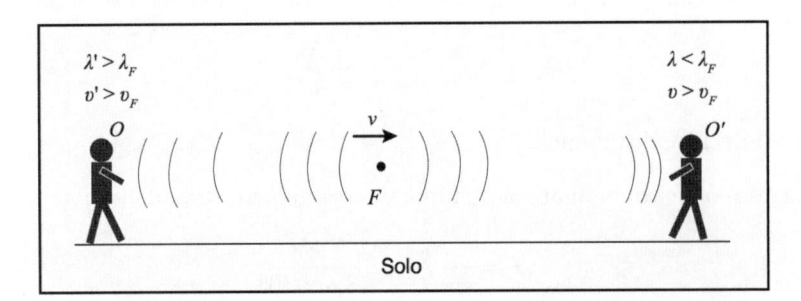

Figura 6.20: Esquema do efeito Doppler longitudinal.

Sejam O e O' observadores no solo, para os quais a fonte se afasta e se aproxima, respectivamente. Os relógios de ambos os observadores foram sincronizados com o relógio de um observador que se desloca com a fonte, no instante $t = 0$, quando uma frente de onda Σ_1 é enviada por ela.

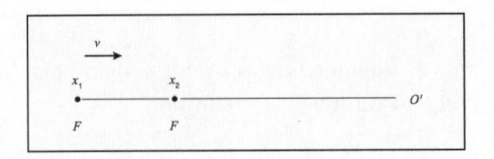

Figura 6.21: Fonte se aproximando do observador, que se encontra na linha de ação da velocidade da fonte.

Segundo o observador O', para o qual a fonte está se aproximando (Figura 6.21):

- a frente de onda Σ_1, que o alcança no instante t_1, foi emitida quando a fonte estava em x_1, ou seja,

$$t_1 = \frac{x_1}{c}$$

- a frente de onda Σ_2 emitida quando a fonte estava em x_2 após um período próprio T_F, que corresponde, pela equação (6.13), a um intervalo de tempo γT_F para O', o alcança no instante t_2, ou seja,

$$t_2 = \frac{x_2}{c} + \gamma T_F$$

Assim, o período da onda (T') determinado por O' é dado por

$$T' = t_2 - t_1 = \frac{(x_2 - x_1)}{c} + \gamma T_F \tag{6.15}$$

Por outro lado, o tempo γT_F é também igual à distância percorrida pela fonte dividido por sua velocidade, ou seja,

$$\gamma T_F = \frac{(x_1 - x_2)}{v}$$

Escrevendo

$$\frac{(x_2 - x_1)}{c} = -\frac{(x_1 - x_2)}{v}\frac{v}{c} = -\gamma T_F \frac{v}{c}$$

A equação (6.15) pode ser expressa como

$$T' = T_F \gamma \left(1 - \frac{v}{c}\right) = T_F \frac{\left(1 - \dfrac{v}{c}\right)}{\sqrt{1 - \dfrac{v^2}{c^2}}} = T_F \sqrt{\frac{1 - v/c}{1 + v/c}}$$

Logo, a relação entre as respectivas frequências é dada por

$$\boxed{\nu' = \nu_F \sqrt{\frac{1 + v/c}{1 - v/c}}} \qquad \text{(fonte se aproximando)} \tag{6.16}$$

No limite não relativístico $(v \ll c)$,

$$\nu' = \nu_F \left(1 + \frac{v}{c}\right)$$

Reciprocamente, para o observador O, para o qual a fonte se afasta,

$$\boxed{\nu = \nu_F \sqrt{\frac{1 - v/c}{1 + v/c}}} \qquad \text{(fonte se afastando)} \tag{6.17}$$

A equação (6.17) descreve o chamado *efeito Doppler longitudinal*, quando o observador está na mesma linha de ação da velocidade da fonte. No caso geral, quando o observador (O) não está na mesma linha de ação do movimento da fonte (Figura 6.22), os instantes t_1 e t_2 são dados por

$$\begin{cases} t_1 = \dfrac{r_1}{c} \\[3mm] t_2 = \dfrac{r_2}{c} + \dfrac{x_1 - x_2}{v} \end{cases}$$

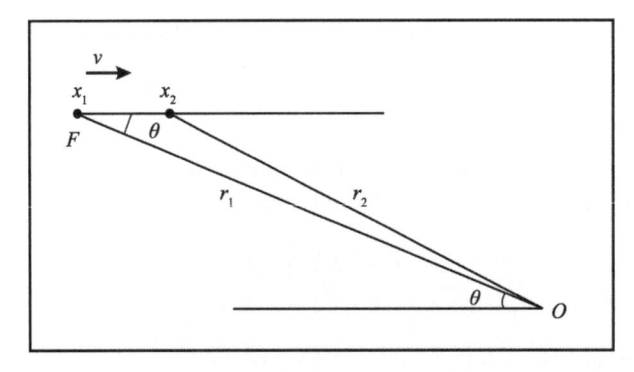

Figura 6.22: Efeito Doppler para um observador fora da linha de ação do movimento da fonte.

Para pontos afastados, uma vez que $r_1 - r_2 \simeq (x_1 - x_2)\cos\theta$, o período da onda (T), segundo o observador O, é dado por

$$T = t_2 - t_1 = \left(\frac{x_1 - x_2}{v}\right)\left(1 - \frac{v}{c}\cos\theta\right)$$

ou seja,

$$T = T_F \frac{\left(1 - \dfrac{v}{c}\cos\theta\right)}{\sqrt{1 - \dfrac{v^2}{c^2}}}$$

e a relação entre as respectivas frequências é dada por

$$\boxed{\nu = \nu_F \sqrt{\frac{1 + v/c}{1 - \dfrac{v}{c}\cos\theta}}} \qquad (6.18)$$

A equação (6.18) generaliza todos os casos para o efeito Doppler.

$$\begin{cases} \theta = 0 \text{ rad} \quad (\text{fonte se aproximando}) \quad \Rightarrow \quad \nu = \nu_F \sqrt{\dfrac{c + v}{c - v}} \\[3mm] \theta = \pi \text{ rad} \quad (\text{fonte se afastando}) \quad \Rightarrow \quad \nu = \nu_F \sqrt{\dfrac{c - v}{c + v}} \\[3mm] \theta = \pi/2 \text{ rad} \quad (\text{Doppler transversal}) \quad \Rightarrow \quad \nu = \nu_F \sqrt{1 - v^2/c^2} \end{cases}$$

6.5.9   As transformações espaço-temporais entre referenciais inerciais

A partir dos efeitos de dilatação temporal e de contração espacial, podem-se estabelecer as relações gerais entre as medidas de espaço e de tempo efetuadas por dois observadores em referenciais inerciais distintos.

Sejam dois sistemas de coordenadas S e S' em dois referenciais inerciais distintos, tal que S' se move com velocidade $\vec{V}$ em relação a S (Figura 6.23).

Uma partícula que se desloca de P para M, segundo um observador em S', percorre um deslocamento próprio cujas componentes (paralela e transversal) são dadas por

$$\begin{cases} \Delta\vec{r}_\perp{}' \\[3mm] \Delta\vec{r}_\parallel{}' \qquad\qquad (|\Delta\vec{r}_\parallel{}'| = \overline{PQ}) \end{cases}$$

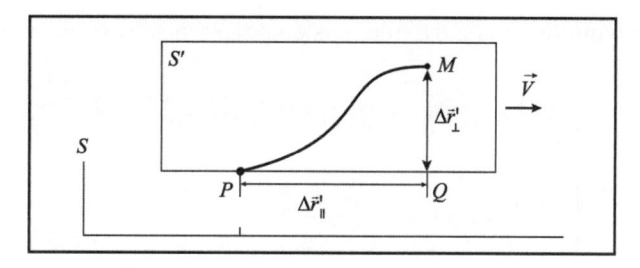

Figura 6.23: Referenciais inerciais distintos.

Para um observador em S, enquanto a componente transversal ao movimento é invariante,

$$\Delta\vec{r}_\perp = \Delta\vec{r}_\perp{}' \tag{6.19}$$

a componente na direção do movimento, devida à contração espacial da medida de distância $\overline{PQ}$ e ao deslocamento de S', é dada por

$$\Delta\vec{r}_\parallel = \frac{\Delta\vec{r}_\parallel{}'}{\gamma(V)} + \vec{V}\Delta t \tag{6.20}$$

sendo $\gamma(V) = \left(1 - V^2/c^2\right)^{-1/2}$ o fator de Lorentz e Δt o intervalo de tempo determinado por S. Assim, as medidas dos dois observadores relacionam-se por

$$\Delta\vec{r}_\parallel{}' = \gamma(V)\left(\Delta\vec{r}_\parallel - \vec{V}\Delta t\right) \tag{6.21}$$

De maneira recíproca, para um observador em S, a partícula se desloca de P para M, percorrendo um deslocamento próprio cujas componentes (paralela e transversal) são dadas por

$$\begin{cases} \Delta\vec{r}_\perp = \Delta\vec{r}_\perp{}' \\[2mm] \Delta\vec{r}_\parallel \end{cases}$$

Para um observador em S', devido à contração espacial e ao deslocamento de S, pode-se escrever

$$\Delta\vec{r}_\parallel{}' = \frac{\Delta\vec{r}_\parallel}{\gamma(V)} - \vec{V}\Delta t' \tag{6.22}$$

ou seja, as medidas dos dois observadores relacionam-se também por

$$\Delta\vec{r}_\parallel = \gamma(V)\left(\Delta\vec{r}_\parallel{}' + \vec{V}\Delta t'\right) \tag{6.23}$$

sendo $\Delta t'$ a medida de tempo determinada por um observador em S'.

Desse modo, substituindo-se a equação (6.21) em (6.23), obtém-se

$$\Delta t' = \gamma(V)\left(\Delta t - \frac{\vec{V}\cdot\Delta\vec{r}}{c^2}\right) \tag{6.24}$$

e, substituindo-se a equação (6.23) em (6.21), obtém-se

$$\Delta t = \gamma(V)\left(\Delta t' + \frac{\vec{V}\cdot\Delta\vec{r}'}{c^2}\right) \tag{6.25}$$

Se as origens temporais e espaciais coincidem, ou seja,

$$\begin{cases} t_0 = t_0' = 0 \\[2mm] \vec{r}(0) = \vec{r}'(0) = 0 \end{cases}$$

as coordenadas do movimento de uma partícula, nos dois referenciais, estão relacionadas por

$$\begin{cases} \vec{r}_\parallel{}' = \gamma(\beta)\left(\vec{r}_\parallel - \vec{\beta}ct\right) = \gamma(\beta)\left[\dfrac{(\vec{\beta}\cdot\vec{r})}{\beta^2} - ct\right]\vec{\beta} \\[4mm] \vec{r}_\perp{}' = \vec{r}_\perp = \vec{r} - \dfrac{(\vec{\beta}\cdot\vec{r})}{\beta^2}\,\vec{\beta} \\[4mm] t' = \gamma(\beta)\left[t - \dfrac{(\vec{\beta}\cdot\vec{r})}{c}\right] \end{cases} \tag{6.26}$$

na qual $\vec{\beta} = \vec{V}/c$.

Uma vez que valem as relações

$$\gamma^2 = \frac{1}{1-\beta^2} \qquad \Longrightarrow \qquad \frac{\gamma^2-1}{\gamma^2} = \beta^2$$

pode-se escrever a posição da partícula como

$$\vec{r}' = \vec{r}_\parallel{}' + \vec{r}_\perp{}' = \vec{r} - \vec{\beta}\left[\frac{(1-\gamma)}{\beta^2}(\vec{\beta}\cdot\vec{r}) + \gamma ct\right]$$

ou seja,

$$\boxed{\;\vec{r}' = \vec{r} - \gamma\vec{\beta}\left[\frac{-\gamma}{1+\gamma}(\vec{\beta}\cdot\vec{r}) + ct\right]\;} \tag{6.27}$$

Para dois referenciais inerciais que utilizam sistemas cartesianos de coordenadas, S e S', de eixos paralelos, cujas origens temporais e espaciais inicialmente coincidem, e o movimento entre eles, para S, ocorre ao longo do sentido positivo do eixo x, obtêm-se as usuais transformações de Lorentz,

$$\begin{cases} x' = \gamma(V)(x - Vt) \\ y' = y \\ z' = z \\ t' = \gamma(V)(t - Vx/c^2) \end{cases} \quad\Longleftrightarrow\quad \begin{cases} x = \gamma(V)(x' + Vt') \\ y = y' \\ z = z' \\ t = \gamma(V)(t' + Vx'/c^2) \end{cases} \tag{6.28}$$

sendo $\gamma(V) = \dfrac{1}{\sqrt{1-V^2/c^2}} \geq 1$ o fator de Lorentz e V a velocidade de S' em relação a S.

6.5.10   As transformações de velocidades

Desse modo, as velocidades da partícula segundo os dois sistemas de coordenadas S e S' estão relacionadas por

$$\frac{\mathrm{d}\vec{r}'}{\mathrm{d}t'} = \vec{v}' = \frac{\mathrm{d}\vec{r} - \gamma\vec{\beta}\left[\dfrac{-\gamma}{1+\gamma}(\vec{\beta}.\mathrm{d}\vec{r}) + c\,\mathrm{d}t\right]}{\gamma\left[\mathrm{d}t - (\vec{\beta}.\mathrm{d}\vec{r})/c\right]}$$

ou seja,

$$\boxed{\;\vec{v}' = \frac{\vec{v} - \gamma\vec{\beta}\left[\dfrac{-\gamma}{1+\gamma}(\vec{\beta}.\vec{v}) + c\right]}{\gamma\left[1 - (\vec{\beta}.\vec{v})/c\right]}\;} \tag{6.29}$$

Se a partícula se desloca, segundo um observador em S, com velocidade $\vec{v}$ paralela à velocidade de S', isto é, $\vec{v} \parallel \vec{V}$, a relação entre as velocidades segundo os dois referenciais é dada pela fórmula de Einstein para a composição de velocidades

$$\boxed{\vec{v}\,' = \frac{\vec{v} - \vec{V}}{1 - vV/c^2}} \tag{6.30}$$

Se S' se desloca em relação a S na direção e no sentido positivo do eixo x, isto é, $\vec{V} = V\hat{\imath}$, podem-se escrever as transformações que descrevem a relação entre as coordenadas segundo sistemas cartesianos em dois referenciais inerciais, ou seja, as transformações de Lorentz, na forma usual, como

$$\begin{cases} x' = \gamma(V)(x - Vt) \\ y' = y \\ z' = z \\ t' = \gamma(V)(t - Vx/c^2) \end{cases}$$

e as relações entre as velocidades como

$$\begin{cases} v_x{}' = (v_x - V) \cdot \left(1 - v_x V/c^2\right)^{-1} \\[2mm] v_y{}' = v_y \sqrt{1 - V^2/c^2} \cdot \left(1 - v_x V/c^2\right)^{-1} \\[2mm] v_z{}' = v_z \sqrt{1 - V^2/c^2} \cdot \left(1 - v_x V/c^2\right)^{-1} \end{cases} \tag{6.31}$$

Assim, de acordo com as regras de transformações de velocidades, o fator de Lorentz transforma-se como

$$\begin{aligned} \gamma(v') \ &= \left(1 - v'^2/c^2\right)^{-1/2} = \frac{\left(1 - v^2/c^2\right)^{-1/2}\left(1 - V^2/c^2\right)^{-1/2}}{\left(1 - v_x V/c^2\right)^{-1}} \\[2mm] &= \gamma(v)\gamma(V)\left(1 - v_x V/c^2\right) \end{aligned} \tag{6.32}$$

6.5.11   As transformações dos campos eletromagnéticos

Tradicionalmente, as expressões que explicitam as transformações dos campos eletromagnéticos com relação às mudanças de referenciais inerciais são obtidas a partir do procedimento utilizado por Einstein, impondo a covariância das equações de Maxwell, na forma diferencial, com respeito às transformações de Lorentz.

Ao discutir a lei de Faraday em seu conceituado livro *Classical Electrodynamics*, o físico americano John David Jackson calcula o fluxo do campo magnético e a circulação do campo elétrico em superfícies e contornos móveis. A seguir, utilizando o princípio da relatividade, estabelece as relações entre os campos eletromagnéticos em dois referenciais inerciais cuja velocidade relativa é muito menor que c. Ou seja, as transformações dos campos eletromagnéticos quando as coordenadas espaço-temporais estão relacionadas pelas transformações de Galileu.

Abordando-se o problema de forma análoga, mas levando-se em consideração, além do princípio da relatividade, o efeito cinemático mais marcante da Teoria da Relatividade Restrita, a dilatação temporal, as relações entre os campos eletromagnéticos em dois referenciais inerciais com velocidade relativa arbitrária podem ser estabelecidas a partir das equações de Maxwell na forma integral.

Com relação a qualquer referencial inercial, as equações de Maxwell, para os campos eletromagnéticos $\vec{E}$ e $\vec{B}$ em uma dada região do vácuo, podem ser escritas no sistema gaussiano na forma integral como:

$$\begin{cases} \oint_L \vec{E} \cdot d\vec{l} = -\dfrac{1}{c} \int_S \dfrac{\partial \vec{B}}{\partial t} \cdot d\vec{s} \\[4mm] \oint_L \vec{B} \cdot d\vec{l} = \dfrac{1}{c} \int_S \dfrac{\partial \vec{E}}{\partial t} \cdot d\vec{s} \end{cases} \qquad \begin{cases} \oint \vec{E} \cdot d\vec{s} = 0 \\[4mm] \oint \vec{B} \cdot d\vec{s} = 0 \end{cases} \tag{6.33}$$

sendo S a superfície delimitada pelo contorno de integração L.

Sejam K' e K dois referenciais inerciais tais que a velocidade de translação de K' segundo K seja $\vec{v}$. Se L é um contorno plano, em repouso para um observador em K', perpendicular a $\vec{v}$, qualquer elemento de linha no contorno será invariante para um observador no referencial K. O mesmo se dará com a área da superfície S por ele limitada. Ou seja,

$$\begin{cases} d\vec{l} = d\vec{l}' \\[3mm] d\vec{s} = d\vec{s}' \end{cases}$$

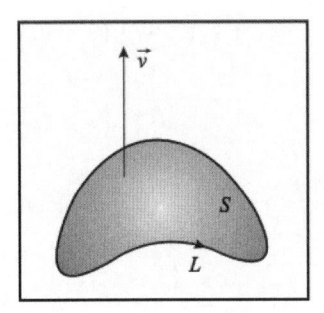

Figura 6.24: Contorno de integração móvel.

O fluxo $\phi_B(t)$ do campo magnético através da superfície S, em um instante t, segundo o observador em K, é dado por

$$\phi_B(t) = \int_{S(t)} \vec{B}(t) \cdot d\vec{s}$$

e sua taxa de variação, por

$$\frac{d\phi_B}{dt} = \lim_{\Delta t \to 0} \frac{1}{\Delta t} \left\{ \int_{S(t+\Delta t)} \vec{B}(t+\Delta t) \cdot d\vec{s} - \int_{S(t)} \vec{B}(t) \cdot d\vec{s} \right\}$$

Subtraindo-se e adicionando-se ao lado direito da equação anterior o termo

$$\int_{S(t+\Delta t)} \vec{B}(t) \cdot d\vec{s}$$

levando-se em conta que o fluxo total do campo magnético, através do volume V gerado pelo movimento do contorno (Figura 6.25), durante um intervalo de tempo Δt, é nulo,

$$\int_{S(t+\Delta t)} \vec{B}(t) \cdot d\vec{s} - \int_{S(t)} \vec{B}(t) \cdot d\vec{s} + \int_{S_l} \vec{B}(t) \cdot d\vec{s}_l = 0$$

e escrevendo-se o elemento de área da superfície lateral S_l como

$$d\vec{s}_l = d\vec{l} \times \vec{v}\Delta t$$

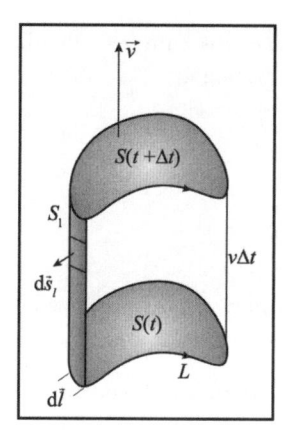

Figura 6.25: Volume gerado pelo contorno de integração móvel.

a taxa de variação do fluxo é dada por

$$\frac{\mathrm{d}\phi_B}{\mathrm{d}t} = \frac{\mathrm{d}}{\mathrm{d}t}\int_S \vec{B}(t) \cdot \mathrm{d}\vec{s} = \int_S \frac{\partial\vec{B}}{\partial t} \cdot \mathrm{d}\vec{s} - \oint_L \underbrace{\vec{B} \cdot (\mathrm{d}\vec{l} \times \vec{v})}_{(\vec{v}\times\vec{B})\cdot \mathrm{d}\vec{l}}$$

Segundo o observador em K, o volume V é limitado pelas superfícies $S(t)$ e $S(t + \Delta t)$ e por uma superfície lateral S_l, paralela à velocidade $\vec{v}$, de dimensões $|\vec{v}|\Delta t$ e l (comprimento do contorno). Assim, a equação de Maxwell que expressa a lei de Faraday pode ser escrita como

$$\oint_L \vec{E} \cdot \mathrm{d}\vec{l} = -\frac{1}{c}\frac{\mathrm{d}}{\mathrm{d}t}\int_S \vec{B} \cdot \mathrm{d}\vec{s} - \oint_L \left(\frac{\vec{v}}{c} \times \vec{B}\right) \cdot \mathrm{d}\vec{l} \tag{6.34}$$

ou

$$\oint_L \left(\vec{E} + \frac{\vec{v}}{c} \times \vec{B}\right) \cdot \mathrm{d}\vec{l} = -\frac{1}{c}\frac{\mathrm{d}}{\mathrm{d}t}\int_S \vec{B} \cdot \mathrm{d}\vec{s} \tag{6.35}$$

Para o observador em K', a lei de Faraday é expressa por

$$\oint_L \vec{E}' \cdot \mathrm{d}\vec{l} = -\frac{1}{c}\frac{\mathrm{d}}{\mathrm{d}t'}\int_S \vec{B}' \cdot \mathrm{d}\vec{s} \tag{6.36}$$

em que $\mathrm{d}t'$ é o intervalo de tempo entre eventos que ocorrem nos mesmos pontos de um referencial (como o fluxo do campo magnético através da superfície fixa S), ou seja, é um intervalo de tempo próprio, relacionado com o intervalo dt por

$$\mathrm{d}t = \gamma(v)\,\mathrm{d}t'$$

sendo $\gamma(v)$ o fator de Lorentz.

Comparando-se as expressões para a lei de Faraday nos dois referenciais, equações (6.35) e (6.36), resulta

$$\begin{cases} \vec{E}'_\perp = \gamma(v)\left(\vec{E}_\perp + \dfrac{\vec{v}}{c} \times \vec{B}\right) \\[2ex] \vec{B}'_\parallel = \vec{B}_\parallel \end{cases} \tag{6.37}$$

sendo $\vec{E}'_\perp$ e $\vec{E}_\perp$ as componentes do campo elétrico perpendiculares à velocidade $\vec{v}$ e $\vec{B}'_\parallel$ e $\vec{B}_\parallel$ as componentes do campo magnético paralelas a esse mesmo vetor $\vec{v}$.

Com respeito às componentes $\vec{E}_\parallel$ e $\vec{B}_\perp$ dos campos, devido à simetria das equações de Maxwell no vácuo, se obtém, de forma inteiramente análoga,

$$\begin{cases} \vec{B}'_\perp = \gamma(v) \left(\vec{B}_\perp - \dfrac{\vec{v}}{c} \times \vec{E} \right) \\[3mm] \vec{E}'_\parallel = \vec{E}_\parallel \end{cases} \tag{6.38}$$

sendo $\vec{B}'_\perp$ e $\vec{B}_\perp$ as componentes do campo magnético perpendiculares à velocidade $\vec{v}$, e $\vec{E}'_\parallel$ e $\vec{E}_\parallel$ as componentes do campo elétrico paralelas a esta mesma velocidade.

Com o princípio da Relatividade Restrita estabelecendo que não existe um sistema de referência privilegiado para as leis da Física – sejam elas mecânicas ou eletromagnéticas –, a hipótese de um *éter*, cuja existência tinha sido admitida por Huygens, Young, Fresnel, Faraday, Maxwell e Lorentz, não era mais necessária à teoria eletromagnética. Segundo Einstein, as equações de Maxwell, bem como uma de suas principais previsões, a propagação de ondas no vácuo, *não precisam* pressupor nenhuma imagem ou suporte material para serem validadas (Seção 5.7). Na verdade, tal conceito era necessário à teoria de Maxwell para possibilitar a interpretação dos campos eletromagnéticos como campos de deformações elásticas, ditada por sua concepção mecanicista do mundo. No entanto, ao mesmo tempo que o éter teria uma enorme rigidez para permitir a propagação da luz com altíssima velocidade e suportar oscilações de frequências altíssimas (10^{14} Hz), esse modelo era incapaz de dar conta da ausência de ondas eletromagnéticas longitudinais.

Diferentemente dos fenômenos acústicos, que resultam de pequenas vibrações das partículas constituintes de um meio discreto e apenas macroscopicamente se apresentam como processos contínuos, a abolição do *éter* dos modelos físicos e a ocorrência de propagação da luz através do espaço, por exemplo, do Sol à Terra, indicam que os processos ondulatórios eletromagnéticos ocorrem mesmo no vácuo, através de um acoplamento entre os campos elétricos e magnéticos. Entretanto, apesar de possuírem naturezas distintas, as ondas eletromagnéticas e as acústicas são descritas por uma mesma equação, a equação de ondas de d'Alembert, equação (5.1), o que implica analogias formais entre vários processos, como os de interferência e difração.

6.6   A Eletrodinâmica Relativística de Einstein

> *Se tivesse de escrever agora o último capítulo, certamente teria dado um lugar de maior destaque à Teoria da Relatividade de Einstein, na qual o estudo dos fenômenos eletromagnéticos em sistemas móveis ganha uma simplicidade que eu não pude obter. A causa do não êxito deve-se à ideia fixa de que somente a variável t pudesse representar o tempo verdadeiro; o tempo local t' seria apenas uma quantidade matemática auxiliar. Na teoria de Einstein, t' tem o mesmo* status *que t.*
>
> Hendrik Lorentz

Entre tantas consequências físicas e filosóficas das hipóteses de Einstein, estão aquelas que indicaram a relação estreita entre *espaço* e *tempo* e exigiram o abandono dos conceitos de *espaço* e *tempo absolutos* admitidos por Newton. Outras consequências importantes da teoria de Einstein dizem respeito à unificação e à redefinição dos princípios de conservação de energia e de *momentum* em um único princípio, que só puderam ser verificados experimentalmente nos estudos envolvendo partículas observadas a grandes altitudes, em raios cósmicos, ou em colisões nos grandes aceleradores de partículas.

De outro modo, dando continuidade à análise e revisão do conceito de espaço, Einstein, em 1916, generaliza o princípio da relatividade, com a hipótese de que qualquer sistema de referência (incluindo os acelerados) deve ser equivalente para a descrição dos fenômenos físicos, e elabora uma nova teoria da Gravitação, a *Relatividade Geral*.

6.6.1   A Eletrodinâmica da partícula relativística

Uma vez estabelecidas as relações entre as coordenadas de uma partícula e entre os campos eletromagnéticos segundo dois referenciais inerciais, Einstein apresenta uma eletrodinâmica relativística, que descreve o movimento de uma partícula carregada, lentamente acelerada, sob a ação de um campo eletromagnético. Einstein se refere explicitamente ao elétron, que, em 1905, já era conhecido (Capítulo 8).

Assim, seja uma partícula com massa m e carga e, que se desloca em relação a um sistema de coordenadas cartesianas S em um referencial inercial, tal que a sua velocidade em um dado instante t é $\vec{v}(t)$ (Figura 6.26).

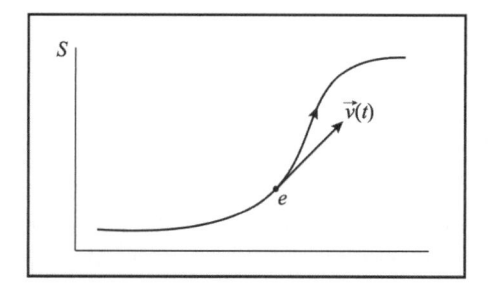

Figura 6.26: Movimento de uma partícula segundo um sistema cartesiano S.

Seja um outro sistema cartesiano S' em outro referencial inercial, que se desloca em movimento de translação uniforme com relação a S com velocidade $\vec{V}$, tal que no instante t sua velocidade é a mesma que a da partícula, ou seja, $\vec{V} = \vec{v}(t)$.

Se a partícula se move sob a ação de um campo eletromagnético tal que, segundo um observador em S', o campo magnético seja nulo ($\vec{B}' = 0$) e o campo elétrico seja paralelo a $\vec{V}$ ($\vec{E}' \parallel \vec{V}$), em um pequeno intervalo de tempo (dt'), durante o qual a velocidade da partícula (segundo S') é tal que se pode utilizar a Eletrodinâmica Clássica de Lorentz, a equação de movimento da partícula é expressa por

$$m\frac{d^2\vec{r}'}{dt'^2} = e\vec{E}' \qquad (\vec{B}' = 0)$$

sendo $\vec{r}'$ e t' as coordenadas da partícula segundo S' (Figura 6.27).

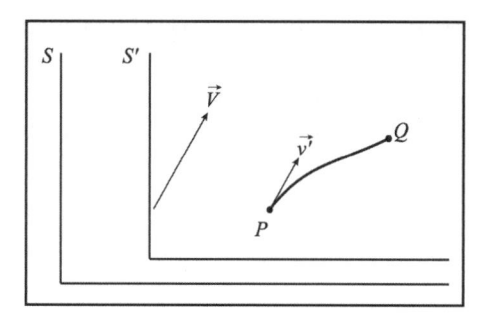

Figura 6.27: Movimento de uma partícula segundo dois sistemas cartesianos S e S'.

As medidas realizadas por um observador em S' são iguais às medidas próprias. Nesse contexto, o pequeno intervalo de tempo (dt') que um observador em S' associa ao deslocamento da partícula, do ponto P ao ponto Q, é igual ao intervalo de tempo próprio ($d\tau$) que o referencial da partícula determina como o intervalo de tempo em que o ponto Q chega até a sua posição, ou seja,

$$dt' = d\tau$$

e, portanto, relaciona-se ao intervalo de tempo (dt) determinado por um observador em S por

$$dt' = \frac{dt}{\gamma(v)}$$

sendo v o módulo da velocidade (o qual é igual a V) da partícula no instante t, segundo o referencial S.

Para um observador em S, o deslocamento $(\mathrm{d}\vec{r})$ feito pela partícula entre dois pontos de seu referencial, durante o intervalo de tempo $\mathrm{d}t$, relaciona-se com o deslocamento $(\mathrm{d}\vec{r}')$ determinado por um observador em S' por

$$\begin{cases} \mathrm{d}\vec{r}_\perp{}' = \mathrm{d}\vec{r}_\perp \\[2mm] \mathrm{d}\vec{r}_\parallel{}' = \gamma(v)\,\mathrm{d}\vec{r}_\parallel \end{cases}$$

e, além de um campo elétrico $\vec{E}$, existe um campo magnético $\vec{B}$, tal que suas componentes paralela e transversal à velocidade da partícula estão relacionadas às componentes dos campos segundo S' por

$$\begin{cases} \vec{E}'_\parallel = \vec{E}_\parallel \\[3mm] \vec{E}'_\perp = \gamma(v)\left(\vec{E}_\perp + \dfrac{\vec{v}}{c}\times\vec{B}\right) \end{cases}$$

Desse modo, as equações relativísticas que regem o movimento de uma partícula carregada sob a ação de um campo eletromagnético, segundo um observador inercial qualquer, podem ser escritas como

$$\begin{cases} \gamma^3 m\dfrac{\mathrm{d}^2\vec{r}_\parallel}{\mathrm{d}t^2} = e\vec{E}_\parallel = \vec{F}_\parallel \\[4mm] \gamma m\dfrac{\mathrm{d}^2\vec{r}_\perp}{\mathrm{d}t^2} = e\left(\vec{E}_\perp + \dfrac{\vec{v}}{c}\times\vec{B}\right) = \vec{F}_\perp \end{cases} \tag{6.39}$$

Diferentemente das equações de movimento newtonianas, nas quais as forças envolvidas, que satisfazem à condição de invariância segundo as transformações de Galileu, são de naturezas diversas (peso, contato, vínculo, atrito, elétrica, gravitacional *etc.*), as equações de movimento relativísticas estão associadas aos fenômenos eletromagnéticos, pois apenas para a força de Lorentz as equações de movimento de Einstein são invariantes com relação às transformações de Lorentz. Essa é uma característica de todas as teorias quântico-relativísticas. Cada teoria diz respeito a um tipo especial de interação.

6.6.2   A energia e o *momentum* de uma partícula relativística

É interessante notar que, assim como Einstein foi o primeiro, depois de Planck, a considerar seriamente a hipótese de quantização da energia, estendendo sua aplicação às oscilações atômicas de um cristal, Planck, por sua vez, foi o primeiro a publicar sobre a Eletrodinâmica de Einstein.

Segundo Planck, as equações de movimento de uma partícula podem ser escritas de forma análoga à equação de movimento de Newton, utilizada pela Eletrodinâmica de Lorentz,

$$\boxed{\dfrac{\mathrm{d}\vec{p}}{\mathrm{d}t} = \vec{F} = e\left(\vec{E} + \dfrac{\vec{v}}{c}\times\vec{B}\right)} \tag{6.40}$$

se o *momentum* $(\vec{p})$ de uma partícula de massa m, que se desloca com velocidade $\vec{v}$, for definido como

$$\boxed{\vec{p} = \gamma(v)m\vec{v}} \tag{6.41}$$

Desse modo, o *momentum* de uma partícula livre será conservado ao longo do tempo. Com efeito, explicitando a equação (6.40), e multiplicando-a escalarmente por $\vec{v}$,

$$\frac{\mathrm{d}}{\mathrm{d}t}\left(\gamma m\vec{v}\right) = m\left[\frac{\mathrm{d}\gamma}{\mathrm{d}t}\vec{v} + \gamma\frac{\mathrm{d}\vec{v}}{\mathrm{d}t}\right] = \vec{F} \quad \Longrightarrow \quad m\left[\frac{\mathrm{d}\gamma}{\mathrm{d}t}v^2 + \gamma\vec{v}\cdot\frac{\mathrm{d}\vec{v}}{\mathrm{d}t}\right] = \vec{F}\cdot\vec{v}$$

e notando-se que

$$\frac{d\gamma}{dt} = \gamma^3 \frac{\vec{v}}{c^2} \cdot \frac{d\vec{v}}{dt} \quad \Longrightarrow \quad \gamma\vec{v} \cdot \frac{d\vec{v}}{dt} = \frac{c^2}{\gamma^2} \frac{d\gamma}{dt}$$

obtém-se

$$\boxed{\frac{d}{dt}(\gamma mc^2) = \vec{F} \cdot \vec{v}} \tag{6.42}$$

A equação (6.42) corresponde à equação da Mecânica Clássica para a variação da energia cinética de uma partícula de massa m e velocidade $\vec{v}$, sob ação de uma força $\vec{F}$,

$$\frac{d}{dt}\left(\frac{1}{2}mv^2\right) = \vec{F}.\vec{v} \tag{6.43}$$

Uma vez que a energia de uma partícula livre é a sua energia cinética, pode-se identificar

$$\boxed{\epsilon = \gamma mc^2} \tag{6.44}$$

como a expressão relativística para a energia de uma partícula livre.

Nas palavras do próprio Einstein,

um corpo em repouso tem massa, mas nenhuma energia cinética, isto é, energia de movimento. Um corpo em movimento tanto tem massa como energia cinética. Resiste mais fortemente à alteração da velocidade do que um corpo em repouso. Parece que a energia cinética aumenta a sua resistência ao movimento. Se dois corpos têm a mesma massa em repouso, aquele com maior energia cinética resiste mais fortemente à ação de uma força externa.

Figura 6.28: A relação de Einstein entre energia e massa.

Levando-se em conta a equação (6.42), a equação (6.40) pode ser escrita como

$$\gamma m \frac{d\vec{v}}{dt} = \vec{F} - \frac{\vec{v}}{c^2}(\vec{F}.\vec{v})$$

e, utilizando-se as componentes paralela e transversal,

$$\gamma m \left(\frac{d\vec{v}_\parallel}{dt} + \frac{d\vec{v}_\perp}{dt}\right) = \vec{F}_\parallel \underbrace{\left(1 - \frac{v^2}{c^2}\right)}_{1/\gamma^2} + \vec{F}_\perp$$

obtêm-se as equações de Einstein, equação (6.39),

$$\begin{cases} \gamma^3 m \dfrac{\mathrm{d}\vec{v}_\parallel}{\mathrm{d}t} = e\vec{E}_\parallel \vec{F}_\parallel \\[2mm] \gamma m \dfrac{\mathrm{d}\vec{v}_\perp}{\mathrm{d}t} = e\left(\vec{E}_\perp + \dfrac{\vec{v}}{c} \times \vec{B} \right) = \vec{F}_\perp \end{cases}$$

A partir das definições relativísticas para uma partícula livre dotada de *momentum*, equação (6.41), e de energia, equação (6.44), resulta que a relação entre essas grandezas pode ser expressa por

$$\boxed{\vec{p} = \frac{\epsilon}{c^2}\vec{v}} \tag{6.45}$$

Alternativamente, pode-se quadrar a equação (6.44), substituir a expressão explícita para γ^2 e eliminar o termo v^2 a partir da equação (6.45), obtendo-se

$$\boxed{\epsilon^2 = (pc)^2 + (mc^2)^2} \tag{6.46}$$

A equação (6.46) mostra que a energia de uma partícula livre não é apenas cinética. A energia tem uma componente devida ao movimento (pc) e outra, denominada *energia de repouso*, (ϵ_0), dada por

$$\boxed{\epsilon_0 = mc^2}$$

em uma composição que mnemonicamente obedece ao teorema de Pitágoras (Figura 6.29).

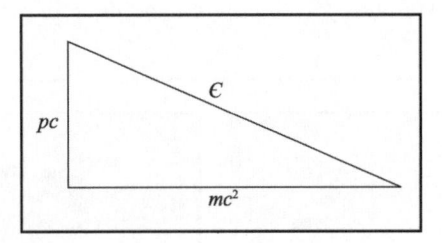

Figura 6.29: A relação entre a energia e o *momentum* de uma partícula livre.

Por outro lado, expressando-se a massa de uma partícula livre como

$$\boxed{m = \left(\frac{\epsilon}{c^2}\right)\sqrt{1 - \frac{v^2}{c^2}}} \tag{6.47}$$

conclui-se que apenas partículas de massa nula e, portanto, não materiais podem se deslocar com a velocidade da luz. Para essas partículas, a relação entre a energia (ϵ) e o *momentum* ($\vec{p}$) é dada por

$$\boxed{\epsilon = pc} \qquad (m = 0) \tag{6.48}$$

Além de ser compatível com a existência de partículas (não materiais) de massa nula, a equação (6.47) é compatível também com a existência de partículas livres com massas negativas. Esse conceito, aparentemente não físico, foi utilizado por Dirac na elaboração de uma Mecânica Quântica Relativística (Capítulo 16), e o levou à hipótese de existência de uma antipartícula associada ao elétron, posteriormente denominada *pósitron* (Capítulo 16), cuja descoberta experimental só foi feita em 1932, pelo norte-americano Carl David Anderson.

De acordo com as regras de transformações para o fator de Lorentz, equação (6.32), e para as velocidades, equação (6.31), as relações entre os *momenta* ($\vec{p}$, $\vec{p}'$) e as energias (ϵ, ϵ') de uma partícula de massa m, que se desloca com velocidades $\vec{v}$ e $\vec{v}\,'$, segundo dois sistemas cartesianos de eixos paralelos S e S', tal que S' se move com velocidade $\vec{V} = V\hat{\imath}$ em relação a S, são dadas por

$$\begin{cases} \epsilon' = \gamma(v')mc^2 = \gamma(V)\Big[\gamma(v)mc^2 - \gamma(v)mv_x V\Big] = \gamma(V)(\epsilon - p_x V) \\[2mm] p'_x = \gamma(v')mv'_x = \gamma(V)\Big[\gamma(v)mv_x - \gamma(v)mV\Big] = \gamma(V)(p_x - \epsilon V/c^2) \\[2mm] p'_y = \gamma(v')mv'_y = \gamma(v)mv_y = p_y \\[2mm] p'_z = \gamma(v')mv'_z = \gamma(v)mv_z = p_z \end{cases} \tag{6.49}$$

ou seja,

$$\begin{cases} \epsilon' = \gamma(V)\big(\epsilon - \vec{p}\cdot\vec{V}\big) \\[2mm] \vec{p}_\parallel\,' = \gamma(V)\big(\vec{p}_\parallel - \epsilon\vec{V}/c^2\big) \\[2mm] \vec{p}_\perp\,' = \vec{p}_\perp \end{cases} \tag{6.50}$$

Uma vez que as equações (6.49) implicam que a combinação

$$\big(\epsilon'/c\big)^2 - p_x'^2 - p_y'^2 - p_z'^2 = \big(\epsilon/c\big)^2 - p_x^2 - p_y^2 - p_z^2$$

é invariante quando a energia e o *momentum* são expressos em referenciais inerciais distintos e que, segundo a equação (6.46),

$$\big(\epsilon/c\big)^2 - p^2 = m^2 c^2$$

as relações de transformações cinemáticas entre os *momenta* e as energias subentendem que a massa de uma partícula livre, além de conservada ao longo do tempo, é invariante de Lorentz. Ou seja, não depende do referencial utilizado para descrever o movimento da partícula.

6.6.3 Algumas consequências das equações de Einstein

Para campos uniformes, a equação (6.40) pode ser formalmente integrada,

$$\vec{p}(t) = \vec{p}(0) + \int_0^t \vec{F}(t')\,\mathrm{d}t'$$

e a partir dessa expressão pode-se estabelecer que:

(i) para uma força de magnitude constante ou crescente com o tempo, o *momentum* cresce indefinidamente, ou seja,
$$\lim_{t\to\infty} F(t) \to \infty \qquad \Longrightarrow \qquad p(t) \to \infty$$

(ii) existe um limite para a velocidade de uma partícula de massa m (Figura 6.30).

Uma vez que
$$\vec{p}(t) = \frac{m\vec{v}}{\sqrt{1 - v^2/c^2}} \qquad \Longrightarrow \qquad v^2 = \left(\frac{p}{m}\right)^2 \big(1 - v^2/c^2\big)$$

implica que
$$v(t) = \frac{p(t)/m}{\sqrt{1 + (p/mc)^2}}$$

ou seja,
$$\lim_{t\to\infty} p(t) \to \infty \qquad \Longrightarrow \qquad \lim_{t\to\infty} v(t) \to c \qquad \Longrightarrow \qquad \lim_{t\to\infty} a(t) \to 0$$

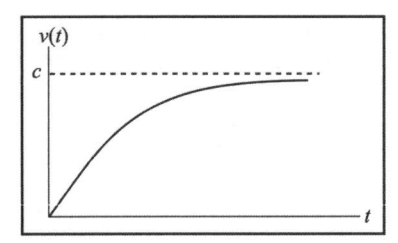

Figura 6.30: Limite de velocidade de uma partícula.

Figura 6.31: Limite de velocidade nos aceleradores de partículas.

Assim, apesar de a energia $\epsilon = \gamma(v)mc^2$ de uma partícula de massa m poder alcançar qualquer valor, pois o fator de Lorentz cresce muito rapidamente para velocidades próximas à da luz no vácuo, para altas energias a aceleração se anula.

(iii) Para uma partícula de massa m e carga elétrica e, inicialmente em repouso, em um campo elétrico uniforme independente do tempo (E_0),

$$F = eE_0 \qquad \Longrightarrow \qquad p(t) = eE_0 t$$

donde

$$v(t) = \frac{(eE_0/m)t}{\sqrt{1 + \left(eE_0 t/mc\right)^2}} \qquad \Longrightarrow \qquad \lim_{t \to \infty} v(t) \to c$$

ou seja,

$$a(t) = \frac{eE_0/m \left\{ \sqrt{1 + \left(eE_0 t/mc\right)^2} - \left(eE_0 t/mc\right)^2 \left[1 + \left(eE_0 t/mc\right)^2\right]^{-1/2} \right\}}{1 + \left(eE_0 t/mc\right)^2}$$

Assim,

$$\lim_{t \to \infty} a(t) \to 0$$

e, no limite clássico ($c \to \infty$),

$$\lim_{c \to \infty} \begin{cases} v(t) = \dfrac{eE_0}{m}\, t \\[2ex] a(t) = \dfrac{eE_0}{m} = a(0) \quad \text{(constante)} \end{cases}$$

(iv) Para uma partícula de massa m e carga elétrica $-e$, que se desloca sob ação de um campo magnético uniforme independente do tempo $\vec{B}_0$, a força de Lorentz

$$\vec{F} = -e\frac{\vec{v}}{c} \times \vec{B}_0 \implies \vec{F} \cdot \vec{v} = 0 \implies \frac{\mathrm{d}}{\mathrm{d}t}(\gamma mc^2) = 0 \implies v = \text{constante}$$

implica que o movimento é circular e uniforme.

Por outro lado,

$$v = \text{constante} \implies \gamma = \text{constante} \implies \gamma m\frac{\mathrm{d}\vec{v}}{\mathrm{d}t} = \vec{F} \implies \gamma ma_c = e\frac{v}{c}B_0$$

uma vez que a aceleração centrípeta a_c é igual a v^2/r, obtêm-se

$$\gamma mv = p = \frac{reB_0}{c} \tag{6.51}$$

e

$$r = \gamma\underbrace{\left(\frac{mcv}{eB_0}\right)}_{r_0} = \frac{v/c}{\sqrt{1 - v^2/c^2}}\frac{mc^2}{eB_0} \qquad (r > r_0) \tag{6.52}$$

em que r_0 é o raio clássico da trajetória, determinado pela Eletrodinâmica Clássica.

As expressões anteriores estão associadas às evidências experimentais que dissiparam algumas das dúvidas iniciais acerca da correção da Teoria da Relatividade. Através de observações da deflexão de raios β, procedentes de decaimentos radioativos e submetidos a campos magnéticos, foram realizados os primeiros experimentos com resultados compatíveis com a equação (6.52). Na época, não se sabia ao certo que os raios β eram elétrons com altas velocidades, e os resultados foram apresentados como medidas da razão carga-massa das partículas radioativas (Capítulo 9).

Do ponto de vista experimental, a equação (6.51) constitui a base para a medição do *momentum* de partículas em altas energias.

6.7 A conservação de energia e de momento linear em sistemas de partículas

A nova Mecânica será caracterizada, acima de tudo, pela regra de que nenhuma velocidade pode exceder a velocidade da luz.

Henri Poincaré

O fato de que a equação de movimento relativística de uma partícula seja formalmente idêntica à equação de movimento expressa pela 2ª lei de Newton implica que, tanto para a Mecânica Clássica de Newton como para a Eletrodinâmica Relativística de Einstein, o *momentum* $(\vec{p})$ e a energia (ϵ) de uma partícula livre $(\vec{F} = 0)$ são grandezas conservadas ao longo do tempo.

Para um sistema de partículas cujas velocidades, segundo um sistema de coordenadas S em um referencial inercial, são muito menores que a velocidade da luz, define-se o *centro de massa* do sistema $(\vec{r}_{\mathrm{cm}})$ segundo S por

$$\vec{r}_{\mathrm{cm}} = \frac{\sum_i m_i\vec{r}_i}{M}$$

sendo $\vec{r}_i$ a posição da partícula de massa m_i e $M = \sum_i m_i$ a massa do sistema.

Assim, a *velocidade do centro de massa* $(\vec{v}_{\mathrm{cm}})$ é dada por

$$\vec{v}_{\mathrm{cm}} = \frac{\sum_i m_i\vec{v}_i}{M} = \frac{\vec{P}}{M}$$

sendo $\vec{v}_i$ a velocidade da partícula de massa m_i e $\vec{P} = \sum_i m_i \vec{v}_i$ o *momentum* total do sistema.

Se as partículas obedecem às leis de Newton, a 3ª lei assegura que a resultante das forças internas é nula. Assim, se o sistema for isolado, ou seja, se a resultante das forças externas for nula, isso implica que o *momentum* total de um sistema isolado é conservado ao longo do tempo.

Qualquer referencial inercial que se desloca em movimento de translação uniforme com a velocidade do centro de massa de um sistema isolado é denominado *referencial do centro de massa*. Alternativamente, pode-se definir o referencial do centro de massa como aquele para o qual o *momentum* total de um sistema isolado seja nulo.

Se as partículas do sistema não obedecem às leis de Newton, como um sistema de partículas eletricamente carregadas observadas de um referencial segundo o qual suas velocidades são frações apreciáveis da velocidade da luz, não há uma lei para assegurar que a resultante das forças internas seja nula, pois a 3ª lei de Newton pressupõe que as interações entre as partículas do sistema são instantâneas e que as forças de ação e reação tenham o mesmo suporte, o que não ocorre com as forças eletromagnéticas.

Entretanto, considerando que os campos eletromagnéticos que medeiam as interações entre partículas carregadas também possuem *momentum* e energia, podem-se postular as leis de conservação de *momentum* e energia que incluam as partículas que interagem e os campos associados às interações entre aquelas de um sistema isolado.

Em diversos casos, o *momentum* e a energia total de um campo podem ser atribuídos a portadores que se comportam como partículas independentes. No caso de um campo eletromagnético monocromático, esses portadores de energia e *momentum* são partículas não massivas, denominadas *fótons*.

Ao contrário da Mecânica Clássica de Newton, na qual as leis de conservação de energia e *momentum* total de um sistema isolado são teoremas que decorrem das leis de Newton, na Eletrodinâmica Relativística de Einstein essas leis são postuladas como princípios fundamentais da teoria, a saber:

- princípio da conservação de energia – a energia total de um sistema isolado de partículas é conservada;

- princípio da conservação de *momentum* – o *momentum* linear total de um sistema isolado de partículas é conservado.

6.7.1 O referencial do centro de massa

Ao se adotar o princípio da conservação do *momentum* total de um sistema isolado de partículas, pode-se definir o chamado sistema de referência do centro de massa, do modo descrito a seguir.

As transformações para os *momenta* e para as energias de um conjunto isolado de partículas segundo dois sistemas de coordenadas cartesianas S e S' associados a referenciais inerciais distintos, tal que S' se desloca em movimento de translação uniforme com velocidade $\vec{V}$ segundo S, podem ser escritas como

$$
\begin{cases}
\vec{P}_{\parallel} = \sum_i \vec{p}_{i\parallel} = \gamma(V)\left(\sum_i \vec{p}_{i\parallel}{}' + \sum_i \epsilon_i' \vec{V}/c^2\right) = \gamma(V)\left(\vec{P}_{\parallel}' + E'\vec{V}/c^2\right) \\[2mm]
\vec{P}_{\perp} = \sum_i \vec{p}_{i\perp} = \sum_i \vec{p}_{i\perp}{}' = \vec{P}' - (\vec{P}' \cdot \vec{V})\vec{V}/V^2 = \vec{P}' - \vec{P}_{\parallel}' \\[2mm]
E = \sum_i \epsilon_i = \gamma(V)\left(\sum_i \epsilon_i' + \sum_i p_{i\parallel}'V\right) = \gamma(V)\left(E' + \vec{P}' \cdot \vec{V}\right)
\end{cases}
\tag{6.53}
$$

ou seja,

$$\begin{cases} \vec{P} = \vec{P}\,' + [\gamma(V) - 1](\vec{P}\,' \cdot \vec{V})\vec{V}/V^2 + \gamma(V)E'\vec{V}/c^2 \\[2mm] E = \gamma(V)[E' + (\vec{P}\,' \cdot \vec{V})] \end{cases} \tag{6.54}$$

O sistema de referência do centro de massa associado a um sistema isolado de partículas é definido a partir da condição de que, com relação a esse referencial inercial, o *momentum* total do sistema é nulo, ou seja,

$$\vec{P}\,' = 0 \quad \Longrightarrow \quad \begin{cases} \vec{P} = \gamma(V_{\rm cm})E'\,\vec{V}_{\rm cm}/c^2 \\[2mm] E = \gamma(V_{\rm cm})E' \end{cases} \quad \Longrightarrow \quad \boxed{\vec{P} = \frac{E}{c^2}\vec{V}_{\rm cm}} \tag{6.55}$$

Assim, a velocidade do centro de massa para um sistema isolado é definida por

$$\boxed{\vec{V}_{\rm cm} = \frac{\vec{P}}{E/c^2}} \tag{6.56}$$

6.7.2 Gases relativísticos

Para sistemas nos quais, na maior parte do tempo, as partículas constituintes de massas m_i são eletricamente neutras e estão tão afastadas umas das outras como nos gases, de modo que as energias de interações possam ser desprezadas, podem-se considerar apenas os *momenta* $(\vec{p}_i = \gamma_i m_i \vec{v}_i)$ e as energias $(\epsilon_i = \gamma_i m_i c^2)$ individuais das partículas massivas.

Nesses casos, o limite clássico $(c \to \infty)$ mostra que a velocidade do centro de massa corresponde à expressão clássica

$$\lim_{c \to \infty} \vec{V}_{\rm cm} = \lim_{c \to \infty} \frac{\sum_i \gamma_i m_i \vec{v}_i}{\sum_i \gamma_i m_i} = \frac{\sum_i m_i \vec{v}_i}{\sum_i m_i} = \frac{\vec{P}}{M}$$

De modo análogo ao caso de uma partícula, as equações (6.53) implicam que

$$E^2 - \underbrace{\left(\vec{P}_\parallel + \vec{P}_\perp\right)^2}_{P^2} c^2 = E'^2 - \underbrace{\left(\vec{P}_\parallel\,' + \vec{P}_\perp\,'\right)^2}_{P'^2} c^2$$

ou seja, que a combinação

$$\left(E/c\right)^2 - P^2 \geq 0$$

é invariante com relação às transformações cinemáticas entre referenciais inerciais. Essa relação permite que se defina a massa invariante total de um gás relativístico como

$$M = \sqrt{\left(\frac{E}{c^2}\right)^2 - \left(\frac{P}{c}\right)^2} \tag{6.57}$$

Levando-se em conta a equação (6.56), a equação (6.57) pode ser expressa como

$$M = \left(\frac{E}{c^2}\right)\sqrt{1 - \frac{V_{\rm cm}^2}{c^2}} = \left(\sum_i \gamma_i m_i\right)\sqrt{1 - \frac{V_{\rm cm}^2}{c^2}} \tag{6.58}$$

Uma vez que

$$0 < \sqrt{1 - V_{\rm cm}^2/c^2} < 1$$

a expressão anterior, equação (6.58), implica que a massa invariante total de um sistema isolado de partículas que praticamente não interagem, como um gás, não é igual à soma das massas individuais de cada partícula do sistema. Ou seja, apesar de ser um invariante de Lorentz, a massa não é uma grandeza aditiva.

$$M < \sum_i m_i \qquad \text{(gás)}$$

(6.59)

6.7.3 Sistemas nucleares

Considere que a energia de repouso (E_0) de uma partícula não elementar de massa M, como um átomo, um núcleo atômico, um nêutron ou um próton, seja dada pela expressão

$$E_0 = Mc^2$$

e admita também que essa energia resulta das energias $(\gamma_i m_i c^2)$ de suas partículas constituintes (de massas m_i) e da energia potencial (U_{int}) das interações internas entre elas, como

$$E_0 = Mc^2 = \sum_i \gamma_i m_i c^2 + U_{int}$$

Assim, verifica-se que a massa de um sistema não é igual à soma das massas individuais de seus constituintes, ou seja, a massa não é uma grandeza aditiva,

$$M \neq \sum_i m_i$$

(6.60)

Na Física Nuclear, uma vez que as energias cinéticas $(T_i = m_i v_i^2/2)$ das partículas são bem menores que as energias de repouso $(\epsilon_{0i} = m_i c^2)$, geralmente se utiliza um limite semirrelativístico para o fator de Lorentz,

$$\gamma(v) = \lim_{v/c \ll 1} \left(1 - v^2/c^2\right)^{1/2} \simeq 1 + \frac{1}{2}\frac{v^2}{c^2} \qquad \text{(limite semirrelativístico)}$$

de modo que a energia de repouso possa ser expressa como

$$E_0 = Mc^2 = \left(\sum_i m_i\right)c^2 + \sum_i \frac{m_i v_i^2}{2} + U_{int}$$

Do ponto de vista clássico, a energia potencial de interação só depende da configuração instantânea das partículas que constituem um sistema. No entanto, devido à velocidade finita de propagação de qualquer perturbação, relativisticamente, a energia potencial depende também de configurações prévias das partículas. Portanto, de maneira geral, não se pode escrever uma expressão explícita para essa energia.

- Se a soma das massas $\left(\sum_i m_i\right)$ das partículas constituintes é maior que a massa (M) do sistema, ou seja,

$$\sum_i m_i > M$$

a diferença $\Delta M = \sum_i m_i - M$, denominada *defeito de massa*, permite determinar a *energia de ligação* (E_l) do sistema por

$$E_l = \Delta M\, c^2$$

(6.61)

a qual constitui uma medida da estabilidade de um sistema.

Essa energia, necessária para decompor um sistema em seus constituintes, é também a energia liberada quando um sistema estável é formado a partir da aglutinação de partículas massivas, em um processo denominado *fusão*.

- Se a soma das massas $\left(\sum_i m_i\right)$ das partículas constituintes é menor que a massa (M) do corpo, ou seja,

$$\sum_i m_i < M$$

o sistema é instável e pode se decompor espontaneamente em subsistemas, liberando a energia

$$\boxed{Q = \left(M - \sum_i m_i\right)c^2} \tag{6.62}$$

denominada fator Q da reação, em um processo denominado *fissão*.

Por exemplo, um átomo de plutônio (Pu), de massa 237,998858 u, sofre uma transmutação espontânea, emitindo uma partícula α, que é o núcleo de He (Seção 9.2), cuja massa é 4,00150618 u, transformando-se em um átomo de urânio (U), de massa 233,991302 u, ou seja,

$$Pu \rightarrow \alpha + U$$

Nesse caso, a maior parte da energia liberada (98%) é sob a forma de energia cinética da partícula α

$$Q = \left[M_{Pu} - \left(m_\alpha + M_U\right)\right]c^2 = 5,63 \text{ MeV}$$

Cronologicamente, a primeira evidência experimental das consequências das relações energéticas relativísticas foi obtida em 1932, pelo inglês John Douglas Cockcroft e pelo irlandês Ernest Thomas Sinton Walton, quando conseguiram produzir partículas α, em sentidos opostos, a partir do bombardeamento de alvos de lítio (Li), de massa 7,0104 u, e flúor (F), com prótons (p), de massa 1,0072 u, acelerados a energias de 0,7 MeV.

Considerando que a energia cinética (ϵ_c) dos prótons incidentes era bem menor que a energia de repouso (ϵ_0),

$$\left(\frac{\epsilon_c}{\epsilon_0}\right)_p = \frac{m_p v^2/2}{m_p c^2} \simeq \frac{1}{2}\left(\frac{v}{c}\right)^2 = 9 \times 10^{-4}$$

o balanço energético da reação nuclear

$$p + Li \rightarrow 2\alpha$$

é dado por

$$Q = \left[\left(m_p + M_{Li}\right) - 2m_\alpha\right]c^2 \simeq 14,3 \text{ MeV}$$

Essa energia liberada, dividida pelas duas partículas α como energia cinética, é compatível com o valor obtido, da ordem de 8,5 MeV, a partir da determinação do alcance das partículas α no ar. A discrepância deve-se à incerteza na massa do lítio naquela época.

6.7.4   Colisões de partículas em altas energias

Além da fissão e da fusão de partículas não elementares, em colisões em altas energias podem ocorrer os processos de criação ou aniquilação de partículas (Capítulo 16). Se as partículas que participam do processo são as mesmas antes e depois da colisão, a colisão é dita elástica.

Do ponto de vista relativístico, a lei de conservação de energia em colisões de partículas em altas energias, ou seja, que só interagem em curtíssimas distâncias, decorre da lei de conservação de *momentum*.

Seja a colisão de duas partículas (a, b) que, inicialmente, possuem *momenta* $\left(\vec{p}_a, \vec{p}_b\right)_i$ e energias $\left(\epsilon_a, \epsilon_b\right)_i$, segundo um sistema de coordenadas S, em um dado referencial inercial (Figura 6.32).

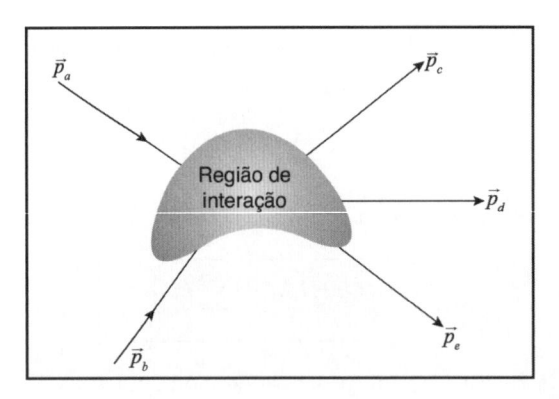

Figura 6.32: Colisão de duas partículas em altas energias.

Se, também segundo S, após a colisão resultam três partículas (c, d, e) com *momenta* e energias dados, respectivamente, por $\left(\vec{p}_c, \vec{p}_d, \vec{p}_e\right)_f$ e $\left(\epsilon_c, \epsilon_d, \epsilon_e\right)_f$, a lei de conservação de *momentum* pode ser expressa como

$$\left(\vec{p}_a + \vec{p}_b\right)_i = \left(\vec{p}_c + \vec{p}_d + \vec{p}_e\right)_f \tag{6.63}$$

Se a lei de conservação de *momentum* é válida em outro sistema de coordenadas S', que se desloca em movimento de translação uniforme com velocidade $\vec{V}$, segundo um observador em S, ou seja, é válida em qualquer referencial inercial,

$$\left(\vec{p}_a' + \vec{p}_b'\right)_i = \left(\vec{p}_c' + \vec{p}_d' + \vec{p}_e'\right)_f \tag{6.64}$$

as transformações de Lorentz implicam que

$$\gamma(V)\left[\left(\vec{p}_a + \vec{p}_b\right)_{\|i} - \left(\epsilon_a + \epsilon_b\right)_i \vec{V}/c^2\right] = \gamma(V)\left[\left(\vec{p}_c + \vec{p}_d + \vec{p}_e\right)_{\|f} - \left(\epsilon_c + \epsilon_d + \epsilon_e\right)_f \vec{V}/c^2\right]$$

Uma vez que, segundo a equação (6.63),

$$\left(\vec{p}_a + \vec{p}_b\right)_{\|i} = \left(\vec{p}_c + \vec{p}_d + \vec{p}_e\right)_{\|f}$$

obtém-se a lei de conservação de energia em S:

$$\boxed{\left(\epsilon_a + \epsilon_b\right)_i = \left(\epsilon_c + \epsilon_d + \epsilon_e\right)_f} \tag{6.65}$$

Expressando-se a equação (6.65) em termos das medidas de um observador em S',

$$\gamma(V)\left[\left(\epsilon_a' + \epsilon_b'\right)_i + \left(\vec{p}_a' + \vec{p}_b'\right)_{\|i} \cdot \vec{V}\right] = \gamma(V)\left[\left(\epsilon_c' + \epsilon_d' + \epsilon_e'\right)_f + \left(\vec{p}_{c\|}' + \vec{p}_d' + \vec{p}_e'\right)_{\|f} \cdot \vec{V}\right]$$

e tendo em conta que, segundo a equação (6.64),

$$\left(\vec{p}_a' + \vec{p}_b'\right)_{\|i} = \left(\vec{p}_c' + \vec{p}_d' + \vec{p}_e'\right)_{\|f}$$

obtém-se a lei de conservação de energia em S':

$$\boxed{\left(\epsilon_a' + \epsilon_b'\right)_i = \left(\epsilon_c' + \epsilon_d' + \epsilon_e'\right)_f} \tag{6.66}$$

6.8 O impacto da Relatividade

> *O grande feito da teoria de Einstein foi a relativização e a objetivização dos conceitos de espaço e tempo.*
>
> Max Born

A partir da Relatividade, surge uma nova visão de mundo, uma nova *Weltanschauung*, para usar o termo alemão consagrado. O espaço no qual se medem as distâncias e o tempo, quantificados com réguas e relógios, não são mais nem absolutos nem independentes. Formam agora uma variedade a quatro dimensões: o *espaço-tempo* (Figura 6.33).

Figura 6.33: Representação humorística do espaço-tempo.

As medidas de espaço e de tempo dependem, essencialmente, como foi visto, das condições de movimento dos observadores. Nessa nova *Weltanschauung*, é inegável a dupla contribuição de Einstein, fazendo uma profunda crítica do conceito de *tempo* e tomando a Teoria de Maxwell como paradigma de teoria física, em vez da Mecânica Newtoniana. Atribuiu-se, assim, ao *princípio da relatividade* um caráter mais universal, estendendo-o aos fenômenos eletromagnéticos e, mais tarde, à Gravitação. A isso, Einstein chegou em três etapas:

• a formulação da Relatividade Restrita, de 1905, na qual considerou apenas os movimentos retilíneos e uniformes;

• a formulação da Relatividade Geral,[8] de 1916, quando ele estende o princípio da relatividade aos movimentos acelerados, do que resultam uma nova Teoria da Gravitação e a base teórica de uma Cosmologia científica;

• a formulação da Teoria do Campo Unificado, de 1950, com a qual estende as ideias da Relatividade Geral ao Eletromagnetismo, como que fechando um ciclo.

A Teoria da Relatividade também contribuiu para a superação da noção clássica de *vácuo*, a partir do trabalho de Dirac, que chegou a uma equação quântico-relativística para descrever o elétron (Capítulo 16). Como consequência das simetrias dessa equação, o conceito de *vácuo* será drasticamente reformulado, passando a ser considerado não mais a ausência de qualquer coisa material, mas uma estrutura extremamente complexa. Tão complexa que não se pode dizer que seja um meio menos estranho que o *éter*.

---

[8] Historicamente, a primeira evidência experimental relevante da Relatividade Geral deu-se em 29 de maio de 1919, com a observação do desvio da trajetória da luz emitida por estrelas distantes, causado pelo campo gravitacional do Sol. Tal observação, feita por uma missão científica internacional, ocorreu na cidade de Sobral, no Ceará, e outra, na ilha de Príncipe.

6.9 Fontes primárias

Bucherer, A.H., 1909. Die experimentelle Bestätigung des Relativitätsprizips. *Annalen der Physik*, Ser. 4, **28**, p. 513-536.

Einstein, A., 1905a. Zur Elektrodynamik bewegter Körper. *Annalen der Physik*, Ser. 4, **17**, p. 891-921. Traduzido para o português com o título Sobre a eletrodinâmica dos corpos em movimento, em **Stachel, J. (Org.), 2001**, p. 143-182.

Einstein, A., 1905b. Ist die Trägheit eines Körpers von seinem Energieinhalt abhängig?. *Annalen der Physik*, Ser. 4, **17**, p. 639-641. Traduzido para o português com o título A inércia de um corpo depende de seu conteúdo de energia?, em **Stachel, J. (Org.), 2001**, p. 183-199.

FitzGerald, G.F., 1889. The Ether and the Earth's Atmosphere. *Science*, **13**, n. 328, p. 390.

Kaufmann, W., 1899. Ueber die diffuse Zerstreuung der Kathodenstrahlen in verschiedenen Gasen. *Annalen der Physik und Chemie*, Ser. 3, **69**, n. 9, p. 95-118.

Kaufmann, W., 1901. Die elektromagnetische Masse des Elektrons. *Nachrichten von der Königliche Gesellschaft der Wissenschaften zu Göttingen* **2**, p. 143-155. Die magnetische und elektrische Ablenkbarkeit der Becquerelstrahlen und die scheinbare Masse der Elektronen. *Idem*, **8**.

Kaufmann, W., 1902. Ueber die elektromagnetische Masse des Elektrons. *Nachrichten von der Königliche Gesellschaft der Wissenschaften zu Göttingen* **5**, p. 291-296.

Kaufmann, W., 1903. Über die 'elektromagnetische Masse' der Elektronen. *Nachrichten von der Königliche Gesellschaft der Wissenschaften zu Göttingen, Mathematisch-Physikalische Klasse* **3**, p. 90-103, 148 (errata).

Kaufmann, W., 1905. Über die Konstitution des Elektrons. *Königlich Preussische Akademie der Wissenschaften (Berlin). Sitzungsberichte*, p. 949-956.

Kaufmann, W., 1906. Über die Konstitution des Elektrons. *Annalen der Physik*, Ser. 4, **19**, n. 3, p. 487-553.

Kelvin, Lord, 1901. Nineteenth Century Clouds over the Dynamical Theory of Heat and Light. *Philosophical Magazine*, S. 6, v. **2**, n. 7, p. 1-40.

Larmor, J., 1900. *Aether and Matter: A Development of the Dynamical Relations of the Aether to Material Systems on the Basis of the Atomic Constitution of Matter.* Cambridge: University Press.

Lorentz, H.A., 1892. The Relative Motion of the Earth and the Ether. *Verslagen Koninklijke Akadamie van Wetenschappen Amsterdam* , v. **1**, p. 74-79.

Michelson, A.A., 1927. *Studies in Optics.* University of Chicago. Reedição, Nova York: Dover (1995).

Planck, M., 1906. Das Prinzip der Relativität und die Grundgleichungen der Mechanik. *Verhandlungen der Deutschen Physicalishen Gesellschaft* **8**, p. 136-141.

Poincaré, H., 1904. *Bulletin de la Societé Mathématique de Belgique*; traduzido para o inglês em The Principles of Mathematical Physics. *Monist* **15**, n. 1, p. 1-24 (1905).

Rossi, B.; Hall, D.B., 1941. Variation of the Rate of Decay of Mesotrons with Momentum. *Physical Review* **59**, n. 3, p. 223-228.

6.10 Outras referências e sugestões de leitura

Bergmann, P.G., 1942. Texto clássico introdutório, no qual a Teoria da Relatividade é apresentada para alunos não familiarizados com o tema.

Cushing, J. 1981. Electromagnetic mass, relativity, and the Kaufmann experiments. *American Journal of Physics* **49**, p. 1133-1149.

Einstein, A., 1916. Este texto sobre a Relatividade Restrita e Geral ganhou uma tradução para o português em 1999.

Einstein, A., 1955. *Technische Rundschau* **20**, p. 47. Jahrgand, Bern, 6, Mai.

Einstein, A., 1972. Reflexões de Einstein sobre a Eletrodinâmica, o Éter, a Geometria e a Relatividade.

Einstein, A., 1909-1955. Já foram publicados doze volumes das obras de Einstein.

Einstein, A.; Infeld, L., 1938. Livro de divulgação sobre a evolução da Física.

Frisch, D.; Smith, J., 1963. Measurement of the Relativistic Time Dilation Using Mesons. *American Journal of Physics* **31**, p. 342-355. Artigo didático sobre os múons cósmicos que chegam à Terra devido à dilatação temporal.

Greene, B., 2001. Divulgação científica sobre a teoria das Supercordas, Dimensões Ocultas e a Busca da Teoria Definitiva.

Jaffe, B., 1960. Biografia de Michelson que aborda de uma maneira clara sua contribuição à medida da velocidade da luz e à Física Experimental.

Jammer, M., 1993. História do conceito de espaço na Física. Em particular, de seus aspectos relacionados à Teoria da Relatividade, tanto da Restrita quanto da Geral.

Landau, L.; Rumer, Y., 2004. Divulgação científica que se propõe a responder a questão "O que é a Teoria da Relatividade?".

Lorentz, H.A., et al., 1923 Tradução para o português dos trabalhos seminais de Lorentz, Einstein e Minkowski. Apresenta ainda outros textos de Einstein, Sommerfeld e Weyl.

Lorentz, H.A., 1935-1939 Obra em nove volumes que colige os trabalhos científicos de Lorentz.

Miller, T.S., 1981. Contém em apêndice a tradução inglesa do artigo de Einstein intitulado "Sobre a eletrodinâmica dos corpos em movimento", e cada capítulo do livro se ocupa em analisar cada parágrafo desse artigo, dando ênfase a aspectos históricos e filosóficos.

Novello, M., 1988. Em particular, o capítulo "Cosmologia e Partículas Elementares".

Pais, A., 1987. Biografia e contribuição científica de Einstein.

Pauli, W., 1921 Teoria da Relatividade, escrito por Wolfgang Pauli quando tinha apenas 21 anos.

Schaffner, K.F., 1972. Vasta introdução ao problema do éter no século XIX, seguida de 11 textos sobre o assunto.

Schilpp, P.A. (Ed.), 1988. Autobiografia de Einstein, 26 ensaios críticos sobre sua obra e as réplicas de Einstein às críticas, além de uma vasta bibliografia.

Sesmat, A., 1937. Aborda questões como o movimento relativo, a cinemática, a óptica e a dinâmica relativísticas e a teoria da gravitação.

Stachel, J. (Org.), 2001. *O ano miraculoso de Einstein: cinco artigos que mudaram a face da Física.* Rio de Janeiro: Ed. UFRJ.

Swenson, L.S., 1972. *The ethereal aether. A history of the Michelson-Morley-Miller aether-drift experiments, 1880-1930.* Austin: University of Texas Press.

Tonnelat, M.A., 1971. História do princípio da Relatividade.

Ushenko, A.P., 1937. Aspectos filosóficos da Relatividade.

Zahar, E., 1989. Texto de Relatividade escrito com um enfoque histórico-metodológico diferente do que normalmente é apresentado ao graduando.

6.11 Exercícios

Exercício 6.11.1 Dada a equação de onda de d'Alembert

$$\nabla^2 \Psi - \frac{1}{c^2}\frac{\partial^2 \Psi}{\partial t^2} = 0$$

na qual $\Psi(x,y,z,t)$ é um campo escalar, mostre que:

a) a equação não é invariante sob a transformação de Galileu

$$\begin{cases} x' = x - Vt \\ y' = y \\ z' = z \\ t' = t \end{cases}$$

b) a equação é invariante sob a transformação de Lorentz

$$\begin{cases} x' = \gamma(V)(x - Vt) \\ y' = y \\ z' = z \\ t' = \gamma(V)(t - xV/c^2) \end{cases}$$

sendo $\gamma(V) = (1 - V^2/c^2)^{-1/2}$.

(x',y',z',t') e (x,y,z,t) são as coordenadas espaço-temporais segundo dois referenciais inerciais S' e S, cujas origens coincidem no instante inicial $(t' = t = 0)$, e S' se desloca em relação a S, na direção e sentido positivo do eixo x, com velocidade V.

Exercício 6.11.2 Estime o valor de $\sqrt{1 - v^2/c^2}$ para

a) $v = 10^{-2}$ c

b) $v = 0{,}9998$ c

Exercício 6.11.3 Os braços do interferômetro original de Michelson-Morley tinham cerca de 10 m e a fonte de luz era de sódio, com comprimento de onda de 5 900 Å.

- Determine as diferenças de tempo e de marcha esperadas quando o feixe de luz é paralelo à velocidade da Terra.
- Se a sensibilidade do aparelho para o deslocamento das franjas era de 0,005, estime qual seria a menor velocidade que a Terra poderia apresentar em relação ao éter.

Exercício 6.11.4 Um trem de comprimento próprio igual a 900 m passa pela plataforma de uma estação com velocidade igual a 180 km/h, segundo um observador na plataforma. Cada sinalizador colocado nos extremos do trem emite um pulso luminoso para o outro extremo. Segundo o observador na plataforma, os pulsos foram emitidos simultaneamente. Determine o intervalo de tempo entre as emissões desses dois pulsos, para um passageiro do trem.

Exercício 6.11.5 O comprimento de um foguete em movimento uniforme, em relação a um observador na Terra, é cerca de 1% menor do que quando em repouso. Calcule a velocidade do foguete.

Exercício 6.11.6 Dois foguetes, A e B, com o mesmo comprimento próprio $L_\circ = 90$ m, se aproximam um do outro, ao longo da mesma direção. Segundo o astronauta de A, a frente do foguete B leva $1{,}5 \times 10^{-6}$ s para passar inteiramente pelo foguete A. Determine, para o astronauta em B:

a) o intervalo de tempo que a frente de A leva para cruzar o foguete B;

b) o intervalo de tempo que o foguete A leva para passar inteiramente pelo foguete B.

Exercício 6.11.7 Segundo um observador O', que se desloca em relação a um outro observador O com velocidade $v = 0,4$ c, dois eventos separados por uma distância de 550 m ocorreram simultaneamente. Determine, para o observador O, a distância e a diferença de tempo de ocorrência entre os dois eventos.

Exercício 6.11.8 Um avião se move em relação ao solo com velocidade de 600 m/s. Seu comprimento próprio é de 50 m. Determine a medida desse comprimento para um observador no solo.

Exercício 6.11.9 Um avião se desloca em relação ao solo com velocidade de 600 m/s. Determine após quanto tempo um relógio no solo e outro no interior do avião irão diferir por 2 μs.

Exercício 6.11.10 Um cubo tem volume próprio de 1 000 cm^3. Determine o volume para um observador que se move com velocidade igual a 0,8 c em relação ao cubo, em uma direção paralela a uma das arestas.

Exercício 6.11.11 Dois observadores O e O' aproximam-se um do outro com velocidade relativa de 0,6c. Para O, a posição inicial de O' em relação a ele é igual a 20 m. Determine, segundo O', o intervalo de tempo necessário para que eles se encontrem.

Exercício 6.11.12 Segundo um observador em um referencial inercial, três pares de eventos separados por distâncias de $9,0 \times 10^8$ m, $7,5 \times 10^8$ m e $5,0 \times 10^8$ m ocorreram em intervalos de tempo 5,0 s, 2,5 s e 1,5 s, respectivamente. Determine os respectivos intervalos de tempo próprios.

Exercício 6.11.13 Uma pessoa na Terra gostaria de alcançar uma galáxia a uma distância (segundo ela) de 160 000 anos-luz, durante seu tempo (próprio) de vida restante de cerca de 60 anos. Determine a velocidade mínima, segundo um observador na Terra, de um foguete capaz de fazer essa viagem.

Exercício 6.11.14 Uma barra encontra-se em repouso no plano $x'y'$ de um sistema de referência S' que se desloca com velocidade de módulo igual 0,4c na direção $+x$, segundo um sistema de referência inercial S. Segundo S', uma extremidade da barra está localizada na origem, e a outra extremidade a uma distância igual a 1,0 m, fazendo um ângulo igual a 30° com o eixo x'. Os eixos dos sistemas de referência S e S' são coincidentes em $t = t' = 0$.

a) Calcule o comprimento da barra segundo S;

b) calcule o ângulo da barra com o eixo x de S;

c) esboce o gráfico do comprimento da barra em função do ângulo, segundo S.

Exercício 6.11.15 A tabela a seguir mostra alguns dados obtidos por Kaufmann mostrando a dependência esperada por ele da razão e/m com a velocidade v dos elétrons.

Velocidade (10^{10} cm/s)	e/m (10^8 C/g)
1,00	1,7
1,50	1,52
2,36	1,31
2,48	1,17
2,59	0,97
2,72	0,77
2,83	0,63

Faça um esboço dessa dependência e compare-o com o resultado esperado relativisticamente, ou seja, $e/(\gamma m)$.

Exercício 6.11.16 No complexo de aceleradores de Stanford (SLAC), um elétron pode ser acelerado até energias de 50 GeV, ao longo de um percurso de 3,2 km, segundo observadores no laboratório. Determine:

a) o intervalo de tempo que o elétron leva para adquirir essa energia, segundo um observador no laboratório;

b) o intervalo de tempo que o elétron gasta no percurso, segundo um observador em um referencial para o qual o elétron está em repouso;

c) o comprimento do percurso, segundo o observador no referencial para o qual o elétron está em repouso.

Exercício 6.11.17 Um foguete afasta-se da Terra com velocidade v, segundo um observador na Terra. Um sinal luminoso de comprimento de onda $\lambda_\circ$ é enviado da Terra para o foguete. Calcule o valor de v para o qual o comprimento de onda do sinal detectado no foguete seja igual a $2\lambda_\circ$.

Exercício 6.11.18 Para um observador na Terra, a frequência da luz emitida por uma estrela é deslocada do azul de 1%, ou seja, $\nu_{\mathrm{obs}} = 1,01\,\nu_{\mathrm{azul}}$.

a) Indique se a estrela se afasta ou se aproxima da Terra.

b) Determine a velocidade da estrela em relação à Terra.

Exercício 6.11.19 Um foguete se afasta da Terra com velocidade v. Um sinal luminoso amarelo ($\lambda_F = 575$ nm) é enviado da Terra. Determine o valor de v para que a cor do sinal seja percebido como vermelha ($\lambda_F = 675$ nm) para o astronauta no foguete.

Exercício 6.11.20 Dois elétrons são expelidos de um átomo radioativo, em repouso no laboratório. O módulo da velocidade de cada elétron, segundo um observador no laboratório, é igual a $0,67c$. Determine a velocidade de um elétron em relação ao outro. Compare com o resultado clássico.

Exercício 6.11.21 Para um observador na Lua, duas naves espaciais (fictícias) se aproximam uma da outra com velocidades $0,8c$ e $0,9c$. Calcule a velocidade de uma nave em relação à outra.

Exercício 6.11.22 Um feixe de elétrons é submetido, a partir do repouso, a uma diferença de potencial de 4,5 MV em um acelerador linear. Determine:

a) a energia adquirida pelos elétrons;

b) a velocidade adquirida pelos elétrons.

Exercício 6.11.23 Um acelerador circular mantém em órbita um feixe de prótons, no qual cada próton tem energia de 500 GeV. O raio da órbita dos prótons é da ordem de 750 m. Determine:

a) a intensidade do campo magnético que mantém os prótons em órbita;

b) o período do movimento dos prótons.

Exercício 6.11.24 Quando duas moléculas de hidrogênio ($\mathrm{H_2}$) se combinam com uma molécula de oxigênio ($\mathrm{O_2}$) para formar duas moléculas de água ($\mathrm{H_2O}$),

$$2\mathrm{H_2} + \mathrm{O_2} \rightarrow 2\mathrm{H_2O}$$

a energia liberada é da ordem de 5,0 eV. Determine:

a) o defeito de massa (ΔM);

b) a variação relativa de massa $(\Delta M/M_{\circ})$.

Exercício 6.11.25 Um corpo inicialmente em repouso em um referencial inercial S desintegra-se em duas partes, que se deslocam em sentidos opostos. As massas de cada fragmento valem 3,0 kg e 4,0 kg, e as respectivas velocidades, $0,8\,c$ e $0,6\,c$. Calcule a massa do corpo antes da desintegração.

Exercício 6.11.26 O méson K° (káon neutro) é uma partícula eletricamente neutra de massa igual a $m_K = 498 \text{ MeV}/c^2$, que decai em dois píons carregados (π^+ e π^-) segundo

$$K^{\circ} \to \pi^+ \pi^-$$

Esses píons têm cargas elétricas de mesmo valor absoluto, sinais contrários e mesma massa, igual a $m_\pi = 140 \text{ MeV}/c^2$. Determine as energias e as velocidades dos píons no referencial do káon.

Exercício 6.11.27 Um píon de carga elétrica positiva (π^+) e massa $m_\pi = 139{,}6 \text{ MeV}/c^2$, em repouso no laboratório, decai em um múon de mesma carga elétrica (μ^+) e um neutrino do múon (ν_μ),

$$\pi^+ \to \mu^+ \nu_\mu$$

A massa do múon é igual a $m_\mu = 105{,}7 \text{ MeV}/c^2$ e a do neutrino é praticamente nula. Determine a velocidade do múon segundo um observador no laboratório.

7

A desconstrução do átomo: algumas evidências do século XIX

Quanto mais a matéria é, em aparência, positiva e sólida, mais sutil e laborioso é o trabalho de imaginação.

Charles Pierre Baudelaire

A Física experimental da segunda metade do século XIX foi muito rica, especialmente quando se olha para o impacto que teve na compreensão do átomo. De fato, um grande número de experimentos foi realizado, e dados foram acumulados antes que se dispusesse de um conhecimento teórico abrangente da subestrutura atômica. Pela primeira vez se cogitou que o átomo poderia ser divisível. Três momentos desse período, que começaram a mudar a face do atomismo científico, serão considerados neste capítulo: a eletrólise de Faraday, a espectroscopia do átomo de hidrogênio e o efeito Zeeman. Embora ocorridas praticamente à mesma época, optou-se por apresentar separadamente as descobertas provenientes dos estudos com raios catódicos, isto é, do elétron e dos raios X (Capítulo 8), e a descoberta da Radioatividade (Capítulo 9).

7.1 O átomo de eletricidade: Faraday e a eletrólise

Não excluímos a hipótese de que cada massa atômica possa resultar de uma quantidade de matéria mais fina (...).

Rudolph Clausius

7.1.1 Os átomos de eletricidade

Paralelamente ao estudo dos gases, desenvolviam-se estudos sobre os fenômenos elétricos e magnéticos. A princípio, não se estabeleceram conexões entre os átomos e as propriedades elétricas e magnéticas da matéria. Entretanto, uma vez aceita sua constituição atômica, como explicar os fenômenos da magnetização e da eletrização de certos materiais por atrito, se os átomos são eletricamente neutros? O caminho para uma resposta a essa questão foi longo, mas pode ser resumido como se segue.

Por volta de 1780, o anatomista e médico italiano Luigi Galvani havia descoberto que, quando se tocavam duas extremidades de um músculo de uma rã dissecada com metais diferentes, este se contraía. Galvani atribuiu tal fenômeno a propriedades do próprio músculo, postulando a existência de uma *eletricidade animal* que, de alguma forma, se relacionaria com a *vida*.

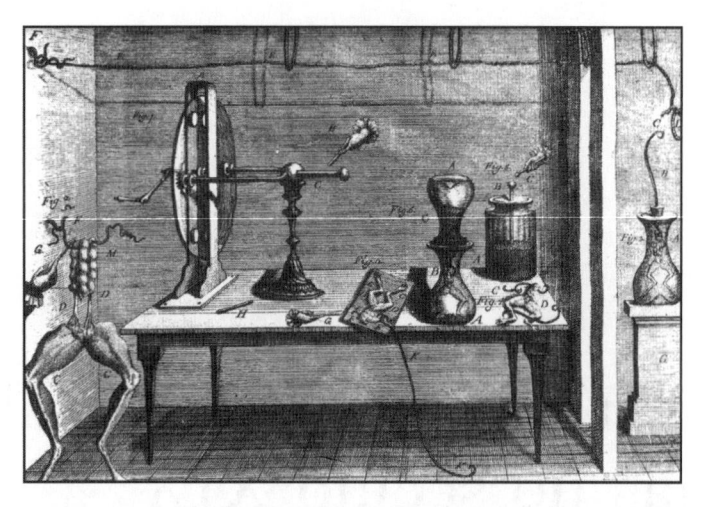

Figura 7.1: Ilustração original do principal trabalho de Galvani sobre seus estudos com a "eletricidade animal".

O físico italiano Alessandro Volta polemizou com Galvani durante décadas. Segundo Volta, o experimento com a rã nada tinha a ver com ela, mas, sim, com os dois metais diferentes. No final de 1799, para provar sua tese, Volta concluiu seu experimento com o que chamou, talvez não sem ironia, *órgão de eletricidade artificial*, hoje conhecido como a *pilha voltaica*.

O dispositivo era formado de uma série de discos de metais distintos, como prata e zinco, empilhados, alternadamente, uns sobre os outros, como uma *pilha*. Entre os discos eram colocados pedaços de tecido ou papel embebidos em água com sal ou com carbonato de potássio (K_2CO_3), ou alguma coisa ácida (Figura 7.2). Outros metais, como cobre, estanho e chumbo, podiam também ser utilizados, mas Volta encontrou o melhor resultado com a prata (Hg).

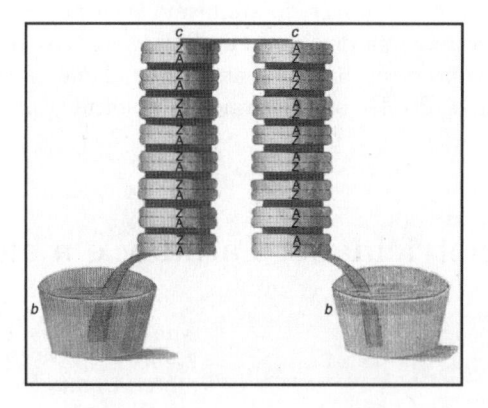

Figura 7.2: A pilha voltaica.

Seus resultados, comunicados por carta em março de 1800 ao presidente da *Royal Society of London*, foram lidos em junho e publicados em setembro desse mesmo ano. Mas por que era necessário o ácido entre as placas metálicas?

No mesmo ano da publicação de Volta, dois cientista ingleses, William Nicholson e Anthony Carlisle, constroem uma pilha e fazem a primeira eletrólise da água (Figura 7.3), ou seja, mostram que a substância em um meio ácido se decompõe. Em particular, a água é decomposta em hidrogênio e oxigênio.

Esse foi um experimento importante no qual se mostrou, pela primeira vez, que a eletricidade pode ser utilizada para decompor ligações químicas. Ora, até então, pensava-se que as transformações químicas eram devidas a forças químicas e agora viu-se que as forças elétricas são capazes de provocar reações químicas. Por associação direta, pode-se imaginar que as forças das ligações químicas são de natureza elétrica. É o início da *eletroquímica*.

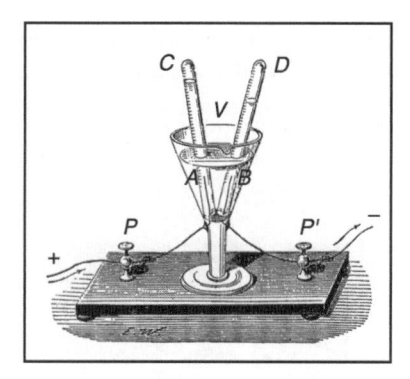

Figura 7.3: Esquema do aparato utilizado para a primeira eletrólise da água.

Em 1807, o químico inglês Humphry Davy construiu a mais potente bateria feita até então, usando 250 placas metálicas, o que lhe permitiu fazer passar uma forte corrente elétrica através de uma solução aquosa de potassa (Figura 7.4). Assim, foi isolado, pela primeira vez, o *potássio* (K). Pouco depois, com a mesma técnica, isolou o elemento ao qual deu o nome de *sódio* (Na), a partir da soda cáustica.

Figura 7.4: Davy e a eletrólise.

Para se ter noção do impacto da descoberta da eletrólise, Davy referiu-se a ela, em 1826, como *a verdadeira origem de tudo o que tem sido feito na ciência da eletroquímica*.

Nesse sentido, foram importantes os trabalhos de Faraday, descritos a seguir, dos quais resultaram informações quantitativas cruciais para que se estabelecessem relações mais profundas entre a constituição última da matéria, a eletricidade e as ligações químicas.

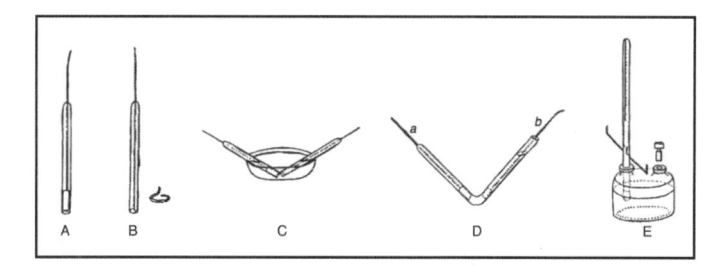

Figura 7.5: Esquemas dos aparatos idealizados por Faraday para fazer a decomposição eletrolítica de várias substâncias.

Os experimentos de Faraday de 1833 sobre o efeito da corrente elétrica em soluções, a *eletrólise*, deram lugar às primeiras evidências quantitativas em favor da existência de constituintes eletricamente carregados no interior da matéria, os chamados *átomos de eletricidade*.[1] A Figura 7.5 mostra os desenhos de alguns dos instrumentos concebidos por Faraday e publicados em seu artigo seminal.

A Figura 7.6 mostra a fotografia de um dos aparatos originais, utilizados por Faraday, que propiciaram a descoberta da estrutura discreta (descontínua) das cargas elétricas, a qual pode ser vista como um corolário das leis da eletrólise por ele estabelecidas (Seção 7.1.2).

Figura 7.6: Aparato utilizado por Faraday para obter as leis da eletrólise.

O primeiro passo dessa descoberta, que abriu novos caminhos para a compreensão do átomo, pode ser exemplificado por meio do esquema da Figura 7.7.

Colocando-se, em uma cuba, duas placas eletricamente carregadas com polarizações opostas – os eletrodos – mergulhadas em uma solução de um sal, como o sulfato de cobre ($CuSO_4$), ou de um ácido, como o nitrato de prata ($AgNO_3$), resulta a produção de um campo elétrico que vai atuar sobre o fluido. Como consequência da ação desse campo, observa-se que os metais (íons positivos) de tais soluções se depositam no eletrodo negativo (catodo), enquanto os não metais (íons negativos) deslocam-se em direção ao eletrodo positivo (anodo).

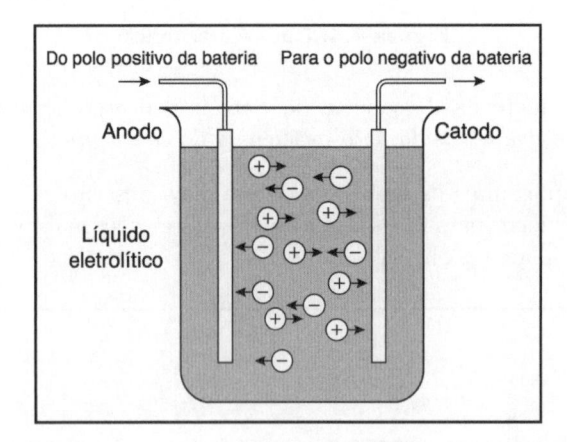

Figura 7.7: Esquema da dissociação iônica na eletrólise.

Esse fenômeno sugere que as moléculas da substância dissolvida são dissociadas em duas espécies diferentes de partes carregadas: os *íons*. Quando os íons alcançam os eletrodos, eles se neutralizam; os íons negativos (não metais), ao entrarem em contato com o eletrodo positivo, e os íons positivos (dos metais), com o eletrodo negativo.

---

[1] Nesse artigo, Faraday cunha vários termos de origem grega utilizados até hoje, como: *anodo, catodo, eletrodo, eletrólise, íon, cátion* e *ânion*.

Faraday observou que, quando uma mesma quantidade de eletricidade passa através de diferentes eletrodos, a quantidade de substância liberada nas soluções de íons monovalentes será proporcional a seus pesos atômicos, independentemente da concentração da solução, do tamanho dos eletrodos e da voltagem aplicada entre as placas.

7.1.2   As leis de Faraday

Os resultados dos experimentos de Faraday sobre o fenômeno da eletrólise, realizados durante o período de 1831-1834, podem ser sintetizados por duas leis:

- a quantidade de massa (m) de substância depositada em cada um dos eletrodos, durante um dado intervalo de tempo, é proporcional à carga (Q) que percorre o circuito, ou seja,

$$m = KQ \qquad (1^{\underline{a}} \text{ lei})$$

  em que o fator K, denominado *equivalente eletroquímico*, representa a massa liberada por unidade de carga durante a eletrólise;

- o equivalente eletroquímico (K) é proporcional ao chamado equivalente químico μ/n, sendo μ o peso atômico do elemento que constitui a substância depositada em um dos eletrodos e n a sua valência, ou seja,

$$\frac{\mu}{n} = FK \qquad (2^{\underline{a}} \text{ lei})$$

O fator de proporcionalidade F, cujo valor é da ordem de $9,65 \times 10^4$ C, é denominado *constante de Faraday* e representa a carga depositada no eletrodo por um mol da substância de valência unitária.

Sabendo-se que o equivalente eletroquímico para o íon de hidrogênio é $K_{\text{H}} = 0,01045$ mg/C, pode-se estimar, a partir da $1^{\underline{a}}$ lei de Faraday, que a relação carga-massa desse íon, $(Q/m)_{\text{H}}$, é da ordem de 10^5 C/g.

Se a massa do íon de hidrogênio, a massa do próton ($m_p \simeq 1,67 \times 10^{-24}$ g), fosse conhecida, a carga poderia ser estimada como

$$(Q)_{\text{H}} = \left(\frac{Q}{m}\right)_{\text{H}} m_p \sim 10^{-19} \text{ C}$$

Entretanto, a massa do próton só foi determinada em 1919 por Rutherford (Capítulo 11).

De qualquer modo, utilizando-se também a $2^{\underline{a}}$ lei de Faraday, a carga do íon de hidrogênio pode ser estimada. De fato, escrevendo-se a constante de Faraday como

$$F = \left(\frac{\mu}{m}\right)\left(\frac{Q}{n}\right)$$

e tendo-se em conta que $\mu/m = N_A/N$, em que N_A é o número de Avogadro e N é o número de íons, a carga depositada por íon, $q = Q/N$, pode ser expressa como

$$q = \left(\frac{F}{N_A}\right) n \tag{7.1}$$

Como a corrente em uma solução iônica é devida ao movimento dos íons, a expressão anterior mostra que a carga de cada íon de uma substância é proporcional à sua valência n. Desse modo, a carga mínima $e = F/N_A$ corresponde à carga de um íon monovalente, ou seja, à carga do íon de hidrogênio. Como a valência de um elemento é um inteiro, a carga de qualquer íon é um múltiplo da carga mínima elementar,

$$q = ne$$

Assim, as leis de Faraday, junto com a hipótese atômica, permitem antever também uma estrutura atômica para a eletricidade. Foi o irlandês George Johnstone Stoney quem, em 1874, utilizando a fórmula anterior, primeiro estimou o valor da carga elementar (e), apresentando seu resultado em uma reunião da *British Association for Advancement of Science*, mas publicando-o apenas em 1881, cujo valor foi 10^{-20} C. De acordo com os valores atuais,

$$e = \frac{F}{N_A} = \frac{9{,}65 \times 10^4}{6{,}02 \times 10^{23}} \simeq 1{,}6 \times 10^{-19} \text{ C}$$

Discursando em homenagem a Faraday, Helmholtz destacou o que seria seu resultado mais importante com as seguintes palavras:

> *Se aceitamos a hipótese de que as substâncias elementares são compostas de átomos, não podemos deixar de concluir que também a eletricidade, tanto positiva quanto negativa, se subdivide em porções elementares que se comportam como átomos de eletricidade.*

Aí está, portanto, a primeira indicação em favor da existência de uma carga elementar, que seria posteriormente identificada como a carga do *elétron*, denominação dada aos *átomos de eletricidade* pelo próprio Stoney. Essa interpretação criou condições para uma melhor compreensão da natureza atômica da eletricidade, principalmente devido a observações de fenômenos resultantes de descargas elétricas em gases rarefeitos (Capítulo 8).

Em princípio, a expressão para a carga mínima permitiria a determinação da carga do elétron a partir do número de Avogadro. Entretanto, os métodos para se determinar essa constante são menos precisos do que aqueles de medição da carga do elétron. Por isso, ao contrário, a equação (7.1) é utilizada para se determinar o número de Avogadro em função da constante de Faraday e da carga do elétron.

Ainda comentando a importância das pesquisas de Faraday sobre a eletrólise, Maxwell pode ser evocado, pois afirma, com muita propriedade, que,

> *de todos os fenômenos elétricos, a eletrólise parece ser o que melhor nos oferece um maior discernimento sobre a verdadeira natureza da corrente elétrica, porque encontramos correntes de matéria ordinária e correntes de eletricidade formando partes essenciais do mesmo fenômeno.*

Assim, pode-se dizer que o conceito de uma carga elementar, ou *quantum de eletricidade*, foi se delineando a partir das contribuições de Faraday ao estudo da eletrólise. No entanto, somente ao final do século XIX, entre 1895 e 1897, evidências mais fortes foram obtidas pelo holandês Peter Zeeman (Seção 7.2.2) e por J.J. Thomson, com as primeiras medições diretas da relação da carga-massa para o elétron (Capítulo 8).

Por outro lado, os resultados de Faraday com a eletrólise permitiram o desenvolvimento de um novo método independente para determinar os pesos equivalentes dos elementos químicos, mas não foi de imediato implementado pelos químicos devido à recusa inicial de Berzelius em aceitar a contribuição de Faraday.

Entretanto, Berzelius ficou muito impressionado com o aparecimento de cargas opostas nos dois eletrodos e pela capacidade deles de atrair e repelir cargas opostas. Parecia, assim, inevitável, com a eletrólise, que a afinidade química[2] tivesse a ver com a eletricidade. De fato, Berzelius supôs que todo átomo tem cargas positivas e negativas, sendo, portanto, polarizável, e considerou que a quantidade de eletricidade armazenada em cada átomo dependia das diferenças eletroquímicas mútuas. Assim, ele

---

[2] Esse conceito remonta ao químico francês Claude-Louis Berthollet, partidário do sonho newtoniano de utilizar as equações do movimento para explicar a realidade natural e, em particular, os fenômenos químicos: *as potências que produzem os fenômenos químicos derivam todas da atração mútua das moléculas dos corpos, à qual se deu o nome de afinidade para distingui-la da atração astronômica.*

acreditava que a quantidade de eletricidade encontrada no ponto de união de dois átomos deveria aumentar com sua afinidade. Os resultados dos experimentos de Faraday foram contrários às hipóteses de Berzelius. Em particular, Faraday demonstrou que a quantidade de eletricidade originada na decomposição eletrolítica *não* depende do grau de afinidade das substâncias, mas da valência.

A medida da carga do elétron só foi diretamente determinada em 1909, pelo físico norte-americano Robert Millikan, quando seu caráter discreto foi confirmado (Capítulo 8). A carga elétrica elementar é uma constante fundamental da natureza, e todos os elétrons têm essa mesma carga. Os átomos como um todo são neutros; o que significa que a carga do núcleo atômico, descoberto por Rutherford, deve ser positiva para neutralizar a carga dos elétrons das camadas eletrônicas (Seção 11.4). No caso do hidrogênio, o núcleo é simplesmente o próton. Apesar de prótons e elétrons terem muitas propriedades fundamentalmente diferentes, a explicação de por que eles têm cargas elétricas (e_p, e) com exatamente o mesmo módulo ainda é um grande desafio para a Física. Uma medida de 1963 impôs o seguinte limite superior para a diferença relativa das cargas dessa duas partículas

$$\frac{|e_p - e|}{e} < 1 \times 10^{-15}$$

7.2   A espectroscopia dos elementos químicos

> *O valor de uma lei empírica prova-se fazendo dela a base de um raciocínio.*
> Gaston Bachelard

Muitas das ideias sobre a estrutura atômica e molecular que surgiram no início do século XX estavam, de certo modo, intimamente ligadas ao desenvolvimento da investigação da radiação emitida pela matéria sólida ou gasosa, graças ao trabalho pioneiro dos alemães Robert Wilhelm Bunsen e Gustav Kirchhoff, a partir da invenção do espectrógrafo óptico (Figura 7.8) e do desenvolvimento do que se convencionou chamar de *espectroscopia*, entre 1855 e 1863.

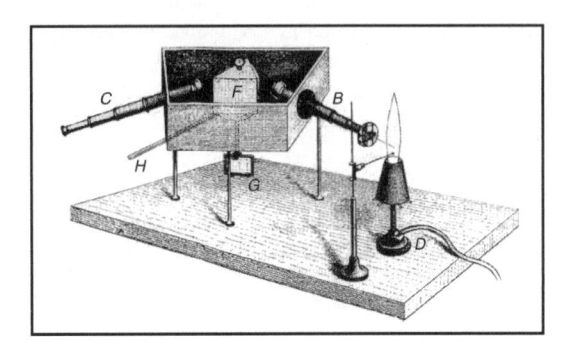

Figura 7.8: Ilustração do aparato idealizado e utilizado por Kirchhoff & Bunsen, em 1860, para observação de espectros de diversos materiais.

Pode-se afirmar que o marco inicial da espectroscopia foi a descoberta de Newton, em 1666, de que feixes de luz de diferentes cores são refratados para diferentes ângulos quando incidem em um prisma (Seção 5.1). A configuração que se obtém ao se colocar um anteparo para projetar os raios luminosos provenientes do prisma chama-se *espectro* (Figura 7.9).

Foi uma *chama* que permitiu os primeiros passos para a análise química por meio da espectroscopia. De fato, a partir dos trabalhos de Bunsen e Kirchhoff, nos quais várias substâncias eram levadas à chama do

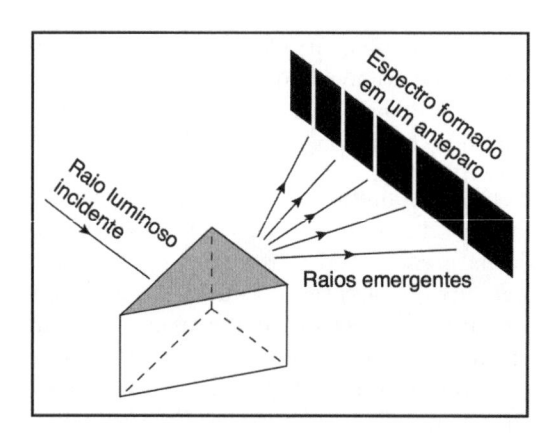

Figura 7.9: Uma experiência simples de decomposição da luz por um prisma.

bico de Bunsen (à direita da Figura 7.8), e do estudo de descargas entre eletrodos de diversos materiais, foram descobertos novos elementos químicos, como o rubídio (`Rb`), o índio (`In`), o tálio (`Ta`) e o césio (`Ce`). O próprio hélio (`He`) foi descoberto em 1869 por técnicas espectrais. Kirchhoff e Bunsen determinaram também que na atmosfera solar há muito mais ferro (`Fe`) do que cobre (`Cu`), inaugurando uma importante área de investigação astrofísica.

A mesma chama de um bico de Bunsen conduziu às primeiras evidências sobre a existência do próprio *elétron* como partícula elementar, a partir da espectroscopia da luz emitida por gases, sob ação de campos magnéticos, com o chamado efeito Zeeman.[3]

A emissão de luz pelas substâncias pode ser obtida por diferentes métodos. Um deles seria por meio da excitação de um gás por elevação de sua temperatura até um valor bem alto, o que provocaria a emissão de luz por choques entre os átomos e moléculas. Outros processos têm a denominação geral de *luminescência* (no qual a energia cinética térmica não é essencial para o mecanismo de excitação). Um exemplo é a chamada *eletroluminescência* que envolve descargas em gases, a partir da qual foram descobertos os raios catódicos, em 1869 – mais tarde identificados como elétrons –, e os raios X, como será visto no Capítulo 8. A excitação, nesse caso, é resultante do choque entre elétrons ou íons acelerados por um campo elétrico com os átomos e as moléculas do próprio gás.

Cada elemento químico dá origem a um espectro de emissão característico, como se fosse uma espécie de "impressão digital", única para cada elemento. Para os gases monoatômicos, esses espectros, projetados em um anteparo ou visualizados por meio de um microscópio, apresentam-se, em geral, como um conjunto de *linhas* espaçadas e paralelas (Figura 7.10) e, para os gases contendo dois ou mais átomos, como *bandas* contínuas (Figura 7.11).[4]

Quando a luz branca solar, ou a luz emitida por um sólido, como o filamento de uma lâmpada incandescente, que incide sobre um gás ou vapor, passa por um prisma, observam-se algumas zonas, raias ou linhas escuras, que correspondem às frequências das radiações que foram absorvidas pelo gás. O espectro assim obtido é denominado *espectro de absorção*, e, em outras palavras, pode-se chamá-lo de um processo de "subtração de luz". Essa absorção seletiva de energia foi uma das primeiras evidências do caráter composto dos átomos, e de que estes estavam, de alguma forma, associados a determinadas frequências características.

---

[3] A partir da espectroscopia, Michelson teve a ideia de definir um novo padrão de comprimento para substituir a barra de platina-irídio de Sèvres. Historicamente, ele escolheu medir raias de sódio, mercúrio e finalmente cádmio, para o qual encontrou o melhor resultado: 1 metro = 1 553 163,5 comprimentos de onda da linha vermelha desse metal, com uma precisão estimada de uma parte em 10 milhões. Essa técnica é utilizada ainda hoje, inclusive para definir o padrão de tempo. Enquanto até 1960 definia-se o *segundo* como a fração 1/86 400 do dia solar médio, atualmente essa unidade é definida como a duração de 9 192 631 770 períodos da radiação emitida pela transição entre dois níveis (hiperfinos) de energia do estado fundamental do átomo de césio 133.

[4] As moléculas compostas de vários átomos que não sofrem dissociação também emitem luz, que pode ser analisada em um espectrômetro, dando origem a um enorme número de linhas tão próximas umas das outras que parecem formar uma banda contínua.

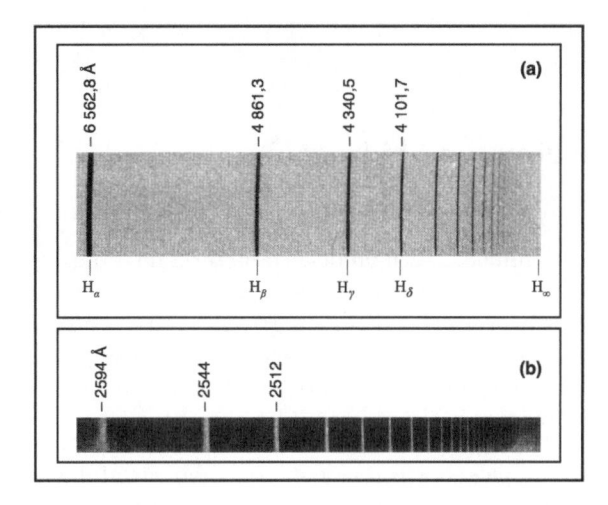

Figura 7.10: (a) Espectro de emissão do hidrogênio; (b) espectro de absorção do sódio.

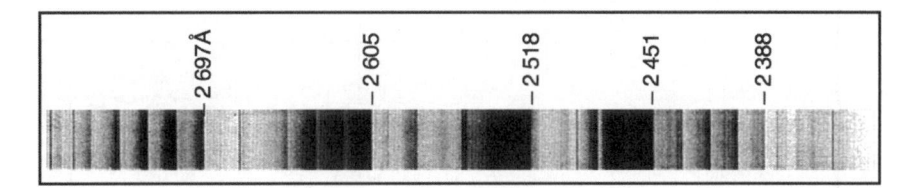

Figura 7.11: Espectro de bandas de uma molécula.

Uma grande utilidade dos espectros de absorção é a possibilidade de permitir detectar quantidades mínimas de certas substâncias em uma amostra através da *análise espectral*. As primeiras investigações sistemáticas iniciaram-se em 1814 com o alemão Joseph Fraunhofer, que classificou as linhas escuras, posteriormente denominadas *linhas de Fraunhofer*, no meio do arco-íris de cores do espectro solar.

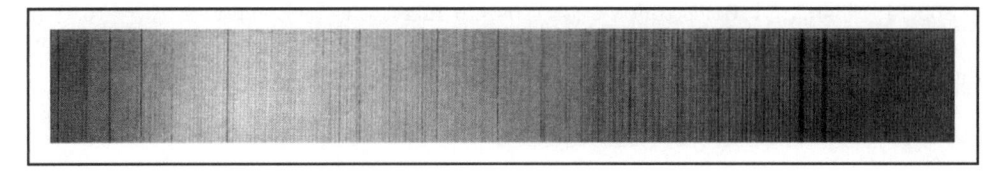

Figura 7.12: Espectro da radiação solar obtido por Fraunhofer.

Observando o espectro de absorção na descarga elétrica entre eletrodos de carbono (C), iluminado com a luz do Sol, Foucault, em 1849, concluiu que a substância que emite luz de uma dada frequência também absorve melhor a luz nessa frequência. Essa conclusão parece reforçar a ideia de que os fenômenos de emissão e absorção seriam devidos a uma espécie de ressonância entre a radiação e os átomos de uma substância, ou seja, sugere que os átomos seriam sistemas compostos. Segundo Maxwell,

foram essas observações que primeiro levaram à conclusão de que o espectro implicava que os átomos tivessem estrutura, ou seja, fossem um sistema capaz de executar movimentos internos de vibração.

Por último, cabe ressaltar que a investigação desses espectros serviu também para estabelecer que somente certos níveis de energia discretos são possíveis para um átomo ou uma molécula (Seção 12.1.2).

Na linguagem da Física Atômica Moderna, o espectro de emissão de um elemento químico é a imagem da radiação eletromagnética emitida por seus átomos excitados ao retornarem ao seu estado energético normal.

7.2.1 O espectro do átomo de hidrogênio

Uma vez aceita a concepção de que a matéria era constituída por átomos osciladores, as características de cada átomo seriam bem determinadas estudando-se a matéria no estado físico no qual esses osciladores fossem mais independentes, ou seja, nos gases. Desse modo, um lugar de destaque na história da espectroscopia é ocupado pelas experiências de descargas em gases, por meio das quais foram estudados os espectros de várias substâncias gasosas, o que se revelou da maior importância para o desenvolvimento da Mecânica Quântica a partir, inicialmente, do trabalho do físico dinamarquês Niels Bohr (Capítulo 12) e, em seguida, devido à contribuição de Heisenberg (Capítulo 13).

O espectro de linha mais simples, correspondente também ao átomo mais simples – o átomo de hidrogênio –, foi primeiro observado pelo sueco Anders Jöns Ångström, em 1853. A Figura 7.13 ilustra a sequência de raias espectrais emitidas pelo átomo de hidrogênio.

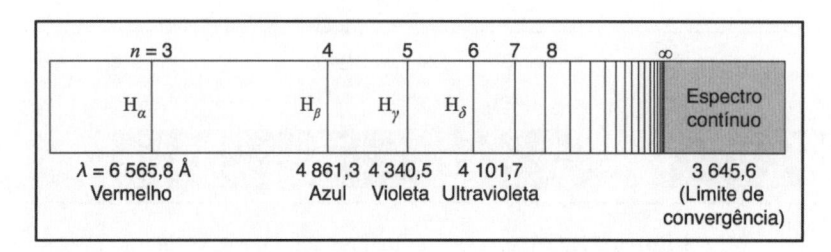

Figura 7.13: Esquema do espectro do átomo de hidrogênio.

Entretanto, só após cerca de 30 anos, em 1885, um professor de Matemática e Latim, o suíço Johann Jakob Balmer, com a idade de 60 anos, matematizou as regularidades desse espectro. Movido pela convicção de que *o mundo inteiro, natureza e arte, é uma grande harmonia unificada*, Balmer dedicou toda sua vida a expressar essas relações de harmonia numericamente. Baseando-se nas medidas de Ångström para os comprimentos de onda de apenas quatro linhas espectrais, a saber $6\,562{,}10$; $4\,860{,}74$; $4\,340{,}1$; $4\,101{,}2$, todos expressos em angstrons (Å), sendo 1 Å $= 10^{-8}$ cm, Balmer conseguiu escrever o termo geral de uma série matemática capaz de reproduzir os comprimentos de onda (λ) de cada raia do espectro observado:

$$\boxed{\lambda = 3\,645{,}6\,\frac{n^2}{n^2 - 4}} \qquad (n = 3, 4, 5, 6) \tag{7.2}$$

O modo como Balmer se referiu, na época, aos seus estudos sobre o espectro do hidrogênio pode ser considerado profético, à luz dos desenvolvimentos futuros e do papel que a compreensão do átomo de hidrogênio teve para o desenvolvimento da Física Quântica. De fato, ele afirmou o seguinte:

> *Parece-me que o hidrogênio (...), mais que qualquer outra substância, está destinado a abrir novos caminhos para o conhecimento da estrutura da matéria e de suas propriedades. A esse respeito, a relação numérica entre os comprimentos de onda das primeiras quatro linhas espectrais do hidrogênio deve atrair particularmente nossa atenção.*

Em 1888, o sueco Johannes Robert Rydberg escreve a fórmula de Balmer de modo mais sugestivo (Seção 12.1.3), em termos do inverso do comprimento de onda $(1/\lambda)$, chamado *número de onda* (K), como

$$\boxed{\frac{1}{\lambda} = K = R_H \left(\frac{1}{2^2} - \frac{1}{n^2} \right)} \qquad (7.3)$$

A nova constante introduzida, $R_H = 1{,}09737 \times 10^5$ cm^{-1}, é a chamada *constante de Rydberg* para o átomo de hidrogênio.

Após os trabalhos de Ångström, vários pesquisadores, ao determinarem o espectro de hidrogênio, como o alemão Friedrich Paschen e os americanos Theodore Lyman, Frederick Sumner Brackett e August Herman Pfund, observaram outros conjuntos de linhas espectrais, em regiões não visíveis do espectro, que puderam ser descritas pela generalização da fórmula de Balmer, feita por Rydberg e pelo suíço Walter Ritz,

$$\frac{1}{\lambda} = R_H \left(\frac{1}{m^2} - \frac{1}{n^2} \right) \qquad (7.4)$$

da qual, para diferentes valores de m, obtêm-se as séries indicadas na Tabela 7.1.

Tabela 7.1: Principais séries espectroscópicas

Série	Região do espectro	m	n	Ano
Lyman	Ultravioleta	1	2,3, ...	1906-14
Balmer	Ultravioleta e visível	2	3,4, ...	1885
Paschen	Infravermelho	3	4,5, ...	1908
Brackett	Infravermelho	4	5,6, ...	1922
Pfund	Infravermelho	5	6,7, ...	1924

Uma vez que a frequência (ν) é inversamente proporcional ao comprimento de onda (λ), $\nu = c/\lambda$, pode-se escrever

$$\nu_{mn} = cR_H \left(\frac{1}{m^2} - \frac{1}{n^2} \right) \qquad (7.5)$$

Assim, Ritz enuncia um princípio de combinação, o qual estabelece que qualquer linha do espectro e, portanto, a frequência da radiação associada seria dada pela diferença entre dois termos espectrais,

$$\nu_{ln} = \nu_{lk} - \nu_{kn}$$

Apesar da generalização, a fórmula de Balmer ainda era empírica, não explicada nem pela Mecânica nem pelo Eletromagnetismo. A primeira explicação compatível com os dados ocorreu somente em 1913, com Niels Bohr (Capítulo 12).

7.2.2 O efeito Zeeman

Uma outra técnica espectroscópica foi derivada de algumas tentativas de Faraday, em 1862, para evidenciar os efeitos de um campo magnético intenso sobre o espectro de luz de uma vela. A propósito, Maxwell comenta que não existe força na natureza capaz de alterar a massa e a frequência de oscilação dos "pequenos corpos" que compõem a matéria. Alguns anos mais tarde, inspirado nesse comentário, Zeeman, na época assistente de Lorentz, considerou relevante refazer os experimentos de Faraday, com redes de difração de Rowland de grande poder de resolução na época (cerca de 600 linhas/mm) e campos magnéticos mais intensos, obtidos com bobinas de Ruhmkorff (Figura 7.14), que produziam campos da ordem de 10^4 gauss. No final do século XX, já se dispunha de redes com 2×10^{-8} m de espaçamento entre as linhas.

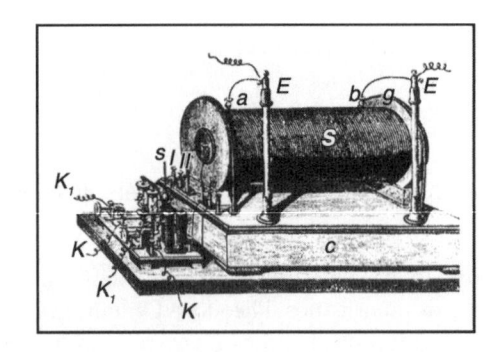

Figura 7.14: Bobina de Ruhmkorff disponível à época de Zeeman.

Em 1896, Zeeman conseguiu apenas observar o alargamento das raias espectrais do vapor de sódio (Na). Além disso, em uma das primeiras aplicações da expressão da força de Lorentz, esse resultado permitiu-lhe pôr em evidência a existência de uma carga fundamental no interior do átomo, a qual já havia sido motivo de especulação por Stoney, em 1874, como já se adiantou, mas sem confirmação experimental. De fato, seu resultado foi suficiente para se estimar a ordem de grandeza da razão carga-massa do que hoje se chama *elétron* (Capítulo 8), como sendo $e/m = 10^7$ abcoulomb/g, valor surpreendentemente próximo do valor atual $e/m = (1,75881962 \pm 0,00000053) \times 10^7$ abcoulomb/g.[5] Sobre esse assunto, Zeeman escreve o seguinte em seu diário:

> *Finalmente confirmado que de fato existe uma ação da magnetização sobre a vibração da luz (...) [Lorentz] chamou isto de uma prova direta da existência de íons.*

Em 1897, foi efetivamente observado por Zeeman o desdobramento da linha azul do espectro atômico do cádmio (Cd) em várias linhas mais finas, sob a influência de um campo magnético, conforme mostra a Figura 7.15.

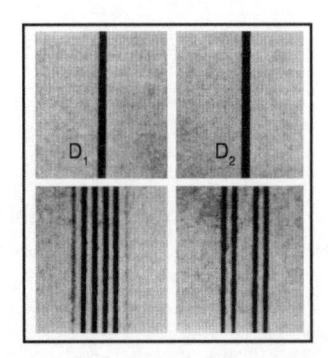

Figura 7.15: O desdobramento das raias do espectro atômico do cádmio.

A teoria clássica do efeito Zeeman foi desenvolvida por Lorentz, baseando-se na hipótese de que a luz emitida por um átomo tem sua origem no movimento vibratório dos elétrons no interior dos átomos.[6] Em poucas palavras, o *efeito Zeeman* tem a ver com o fato de que a frequência da luz emitida pelos átomos em uma descarga em gases é alterada quando o gás encontra-se submetido a um campo magnético externo. Logo, de certa forma, Zeeman tinha razão em querer refazer o experimento de Faraday e, assim, dar uma resposta definitiva, com base empírica, ao comentário de Maxwell, ou seja, é possível alterar a frequência de oscilação das partículas atômicas sob ação de campos magnéticos intensos.

Assim, em 1897, Zeeman determinou a razão carga-massa dessas partículas, bem como o sinal negativo de suas cargas. O melhor valor obtido então foi $e/m = 1,7570 \times 10^{11}$ C/kg, muito próximo do valor que Thomson determinaria, nesse mesmo ano, com os tubos de raios catódicos, utilizando, além de um campo magnético, um campo eletrostático (Capítulo 8).

---

[5] A unidade eletromagnética de carga, o *abcoulomb*, é igual a 10 coulomb. Portanto, o valor estimado por Zeeman (no SI) foi de $e/m = 10^{11}$ C/kg.

[6] A rigor, Lorentz utiliza o termo *elétron* apenas em 1899, empregando antes disso, assim como Zeeman, o termo *íon*.

Um dos grandes sucessos da Eletrodinâmica Clássica de Lorentz foi a explicação do efeito Zeeman. Considerando o elétron de um átomo um oscilador sob a ação da força de Lorentz, devida ao campo magnético externo uniforme ($\vec{B}$), o movimento é regido pela equação

$$m\frac{d^2\vec{r}}{dt^2} = \vec{f}(r) - e\frac{\vec{v}}{c} \times \vec{B} \tag{7.6}$$

na qual m, $-e$, $\vec{r}$ e $\vec{v}$ são, respectivamente, a massa, a carga, a posição e a velocidade do elétron; $\vec{f}(r)$ é a força elástica sobre o elétron oscilante e c é a velocidade da luz no vácuo.

Na ausência do campo externo, a solução na qual o elétron descreve uma órbita circular de raio r é dada por

$$m\omega_o^2 r = f(r) \tag{7.7}$$

sendo $\omega_o = v/r$ a frequência angular do movimento.

Para um campo magnético moderado, pode-se supor que o raio da órbita permaneça constante, enquanto há uma pequena variação relativa no módulo da velocidade ($v = \omega r$) ou na frequência angular (ω) do movimento do elétron, ou seja,

$$\omega = \omega_o\left(1 + \frac{\Delta\omega}{\omega_o}\right)$$

e

$$m\frac{d^2r}{dt^2} = \frac{dv}{dt} = m\omega\frac{dr}{dt} = m\omega^2 r$$

De acordo com essa hipótese de que a variação de ω é pequena, a solução para o raio da órbita do elétron pode ser escrita como

$$m\omega^2 r = f(r) \pm e\frac{\omega}{c}rB \tag{7.8}$$

Nessa equação, o sinal $\pm$ depende do sentido de rotação dos elétrons em relação à direção do campo magnético. Substituindo a equação (7.7) na equação (7.8),

$$m(\omega^2 - \omega_o^2) = m\underbrace{(\omega - \omega_o)}_{\Delta\omega}(\omega + \omega_o) = \pm e\frac{\omega}{c}B \tag{7.9}$$

Para uma pequena variação relativa da frequência, pode-se considerar $\omega \simeq \omega_0$ e, portanto,

$$\Delta\omega = \pm\frac{e}{2mc}B = \pm\gamma B \tag{7.10}$$

A grandeza $\gamma = e/(2mc)$, denominada *razão giromagnética orbital do elétron*, é da ordem de $8{,}8 \times 10^6$ uem. Portanto, para um campo magnético da ordem de 10^4 gauss, a variação relativa da frequência é tipicamente da ordem de $\Delta\omega/\omega_0 \sim 10^{-4}$. A variação de frequência, responsável pelo aparecimento das linhas, não depende do raio da órbita; depende apenas do fator giromagnético. Como a velocidade do elétron não é exatamente perpendicular ao campo magnético externo, essa variação de frequência ($\Delta\omega$) foi interpretada, posteriormente, de maneira correta, por Larmor, como a frequência (Ω) com a qual a órbita atômica descrita pelo elétron executa um movimento de precessão em torno da direção do campo magnético até se orientar com ele. Lembrando que, nesse caso, o plano da órbita é perpendicular ao vetor momento angular, $\vec{L}$, pode-se dizer que este, inicialmente, faz uma precessão em torno da direção de $\vec{B}$ com a frequência de Larmor, Ω (Figura 7.16).

A observação do desdobramento das raias espectrais depende, na verdade, da direção, em relação ao campo magnético, segundo a qual se observa a luz emitida pelo gás. Considerando que o elétron executa um movimento oscilatório e periódico de frequência ω no plano xy, por exemplo, na direção x, entre os pontos A e B (Figura 7.17),

$$\vec{r} = r_o\cos\omega t\,\hat{i} \qquad \Longrightarrow \qquad |\vec{v}| = \omega r_o$$

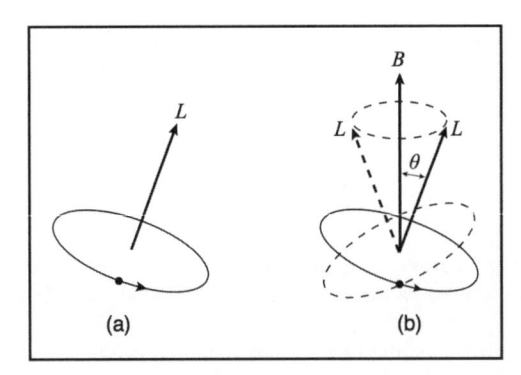

Figura 7.16: A precessão de Larmor.

o movimento pode ser descrito pela composição de dois movimentos circulares em sentidos opostos,

$$
\begin{cases}
\vec{r}_1 = \dfrac{r_o}{2}\cos\theta\,\hat{\imath} + \dfrac{r_o}{2}\operatorname{sen}\theta\,\hat{\jmath} \\[3mm]
\vec{r}_2 = \dfrac{r_o}{2}\cos\theta\,\hat{\imath} - \dfrac{r_o}{2}\operatorname{sen}\theta\,\hat{\jmath}
\end{cases}
\implies \quad \vec{r} = \vec{r}_1 + \vec{r}_2
$$

em que $\theta = \omega t$.

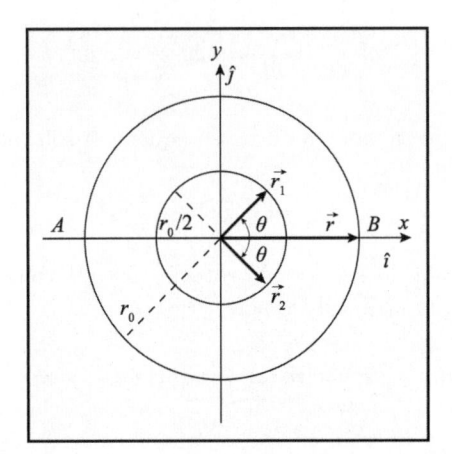

Figura 7.17: Composição de dois movimentos circulares.

Logo, o efeito de um campo magnético $\vec{B}$, perpendicular ao plano xy, sobre cada um dos movimentos circulares será diferente (Figura 7.18)

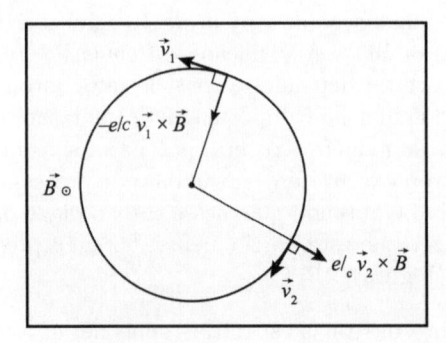

Figura 7.18: Efeito de um campo magnético sobre dois movimentos circulares em sentidos opostos.

De fato, quando se examina uma linha transversalmente, isto é, com o campo magnético perpendicular à direção da luz emitida pelo gás, ela se decompõe em três linhas. As linhas devidas às oscilações na direção do campo magnético não são alteradas (ν_o). Das outras duas direções, uma delas também não contribui por estar em uma direção frontal ao observador $(\theta = 0)$, de acordo com a equação (5.43). Assim, as oscilações ao longo da terceira direção dão origem a duas linhas associadas às frequências de dois movimentos circulares $(\nu_1$ e $\nu_2)$, conforme a Figura 7.19.

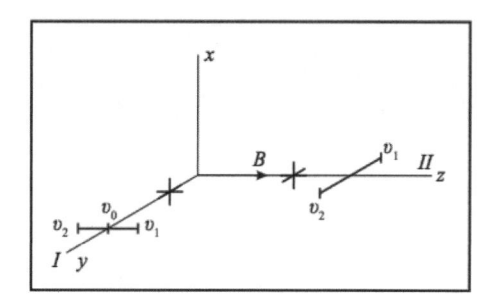

Figura 7.19: Obervação do desdobramento das linhas associadas ao efeito Zeeman.

Quando a observação é longitudinal, aparecem apenas duas linhas. Nesse caso, as oscilações ao longo do campo magnético não contribuem para a emissão da luz, pois encontram-se na direção frontal ao observador. Apenas as oscilações nas outras direções dão origem a duas linhas associadas às frequências de dois movimentos circulares $(\nu_1$ e $\nu_2)$, conforme a Figura 7.19.

Isso é o que se convencionou chamar de *efeito Zeeman normal*,[7] o qual permitiu concluir experimentalmente – nas palavras usadas pelo próprio Zeeman em sua *Nobel Lecture* – que *as oscilações da luz resultam da vibração dos elétrons*. Daí sua importância histórica.

O efeito Zeeman tornou-se também um método poderoso para esclarecer a estrutura atômica fina da matéria e decisivo para que Wolfgang Pauli estabelecesse o *princípio de exclusão*. Foi igualmente importante para a compreensão do *spin* do elétron (Seção 16.6) e de seu papel na constituição da matéria, através do que se conhece hoje por *efeito Zeeman anômalo*,[8] que não pode ser explicado pela Eletrodinâmica Clássica.

Os fenômenos apresentados neste capítulo não foram, na realidade, os únicos, no século XIX, a contribuírem para a desconstrução do conceito de *átomo*, entendido como algo realmente sem estrutura, algo, como escreveu Maxwell em um verbete para a Enciclopédia Britânica, *que não pode ser dividido em dois*. Tanto a eletrólise quanto a espectroscopia puseram em evidência a natureza atômica da eletricidade e tiveram, ambas, um enorme impacto direto sobre o desenvolvimento da Química, contribuindo para a descoberta ou para a separação de vários elementos. Do ponto de vista da Física, a pesquisa científica nessas áreas teve o mérito de chamar a atenção para o problema da interação da matéria (elétrons) com a radiação, que se tornou central nas primeiras décadas do século XX.

Outras descobertas vieram logo a seguir, contribuindo também para a desconstrução desse átomo eterno e indivisível, e serão apresentadas nos próximos capítulos, a saber: as descobertas dos raios catódicos e dos raios X (Capítulo 8) e da Radioatividade (Capítulo 9).

7.3 Fontes primárias

Balmer, J.J., 1885a. Notiz über die Spektrallinien des Wasserstoffes. *Verhandlungen der Naturforschenden Gesellschaft Basel* **7**, p. 548-560. *Idem*, p. 750.

Balmer, J.J., 1885b. Notiz über die Spektrallinien des Wasserstoffs. *Annalen der Physik und Chemie* **25**, n. 5, p. 80-87. Tradução inglesa em **Boorse, H.A.; Motz, L., 1966**. O autor resume os resultados desses dois trabalhos em: Notiz über die Spektrallinien des Wasserstoffes. *Annalen der Physik und Chemie*, Ser. 3, **25**, n. 5, p. 80-86. Tradução inglesa em **Boorse, H.A.; Motz, L., 1966**.

Balmer, J.J., 1897. *Ein neue Formel für Spektralwellen*, Leipzig.

Brackett, F., 1922. A New Series of Spectrum Lines. *Nature* **109**, p. 209.

---

[7] A primeira explicação quântica do efeito Zeeman normal foi apresentada em 1916 por Sommerfeld e Debye.

[8] No efeito Zeeman anômalo são observadas mais do que três linhas.

Davy, H., 1826. On the relations of electrical and chemical changes. *Philosophical Transactions of the Royal Society of London* **116**, p. 383-422.

Debye, P., 1916. Quantenhypothese und Zeeman-Effekt. *Physikalische Zeitschrift* **17**, n. 20, p. 507-516.

Faraday, M., 1834. Experimental Researches in Electricity. *Philosophical Transactions of the Royal Society*, Seventh Series, p. 77-122. Reproduzido em **Hutchins, R.M. (Ed.), 1980**, p. 361-390.

Galvani, L., 1791. *De Viribus Electracitatis in Moto Musculari Commentarius*, Bononiae.

Kirchhoff, G.; Bunsen, R., 1860 Chemical Analysis by Observation of Spectra. *Annalen der Physik und Chemie*, Ser. 2, **110**, p. 161-189.

Larmor, J., 1897. On the Theory of the Magnetic Influence on Spectra; and the Radiation from Moving Ions. *Philosophical Magazine* **44**, p. 503-512.

Lyman, T., 1914. An Extension of the Spectrum in the Extreme-Violet. *Physical Review* **3**, n. 6, p. 504-505.

Nicholson, N., 1800. Account of the new electrical or galvinic apparatus of Sig. Alex. Volta, and experiments performed with the same. *Journal of Natural Philosophy, Chemistry and Arts* **4**, p. 179-187. Publicado também em alemão: Beschreiburg des neuen electrischen oder galvanishen Apparats Alexander Volta's, und einiger wichtigen damit angestellten Versusche. *Annalen der Physik* **6**, p. 340-359 (1800).

Paschen, F., 1897. Über Gesetzmäßigkeiten in den Spektren fester Körper. *Wiedemannsche Annalen der Physik*, Ser. 4, **60**, p. 662-723.

Paschen, F., 1908. Zur Kenntnis ultraroter Linienspektra. I. (Normalwellenlängen bis 27000 Å.−E.). *Annalen der Physik* **27**, n. 13, p. 537-570.

Pfund, A.H., 1924. The emission of nitrogen and hydrogen in the infrared. *Journal of the Optical Society of America* **9**, p. 193-196.

Plucker, J., 1857. Über die Einwirkung des Magneten auf die elektrische Entlandlung in verdunnten Gasen. *Annalen der Physik und Chemie*, Ser. 2, **103**, p. 88-106; tradução inglesa em *Philosophical Magazine* **16**, p. 119, 408 (1858).

Rydberg, J.R.,1889. On the Emission Spectra of the Chemical Elements. *Den Kongliga Sven ska Vetenskaps Akademiens Handlingar* **23**, p. 11.

Sommerfeld, A., 1916. Zur Theorie des Zeeman-Effekts der Wasserstofflinien, mit einem Anhang über den Stark-Effekt. *Physikalische Zeitschrift* **17**, p. 491-507.

Stoney, G.J. 1881. On the physical units of nature. *Philosophical Magazine*, S. 5, **11**, p. 381-391.

Volta, A. 1800. On the Electricity excited by the mere Contact of conducting Substances of different kinds (texto em francês). *Philosophical Tansactions of the Royal Society of London* **2**, p. 403-431. Tradução para o inglês em *Philosophical Magazine* **7**, p. 289-311.

Zeeman, P., 1896. Over den invloed eener magnetisatie op den aard van het door uitgezonden licht. *Verhandelingen der Koninklijke Akademie Nederlandse van Wetenschappen te Amsterdam* **5**, p. 181-185 e p. 242-248; tradução para o inglês, On the influence of magnetism on the nature of the light emitted by a substance. *Philosophical Magazine* **43**, p. 226-239 (1897).

Zeeman, P., 1897a. Over doubletten en tripletten in het spectrum, teweeggebracht door uitwendige magnetische krachten. *Verhandelingen der Koninklijke Akademie Nederlandse van Wetenschappen te Amsterdam* **6**, p. 13-18, 99-102, 260-262; tradução para o inglês, Doublets and triplets in the spectrum produced by external magnetic force. *Philosophical Magazine* **44**, p. 55-66 e 255-259 (1897).

Zeeman, P., 1897b. The Effect of Magnetisation on the Nature of Light Emitted by a Substance. *Nature* **55**, p. 347.

Zeeman, P., 1897c. Lignes doubles et triples dans le espectre, produites sous l'influence d'un champ magnétique extérieur. *Comptes Rendus de l'Académie de Sciences Française* **124**, p. 1444-1445.

7.4   Outras referências e sugestões de leitura

Carazza, B.; Guidetti, G.P., 1984. Spettroscopia e Modelli Atomici Prima di Bohr. *Rendiconti del Seminario della Facoltà di Scienza dell'Università di Cagliari* **54**, fasc. 1, p. 73-86.

Carazza, B.; Robotti, N., 2002. Explaining Atomic Spectra within Classical Physics: 1897-1913. *Annals of Science* **59**, p. 299-320.

Chagas, A.P., 2000. Os 200 anos da pilha elétrica. *Química Nova* **23**, n. 3, p. 427-429.

Helmholtz, H., 1881. The Modern Development of Faraday's Conception of Electricity. The Faraday Lecture, delivered before the Fellows of the Chemical Society in London, on April 5, 1881.

Herzberg, G., 1937. *Espectros atômicos e estrutura atômica*. Apresentação concisa dos princípios básicos da espectroscopia atômica.

Hindmarsch, W.R., 1967. *Atomic Spectra*. Oxford: Pergamon Press. Na primeira parte, o livro apresenta uma vasta introdução geral sobre a espectroscopia e, na segunda parte, reproduz 17 textos fundamentais sobre o assunto.

Kox, A.J., 1997. The Discovery of the Electron II. The Zeeman Effect. *European Journal of Physics* **18**, p. 139-144.

Sommerfeld, A., 1919. *Atombaum und Spektrallinien*. Vieweg: Braunschweig. Tradução inglesa: *Atomic Structure & Spectral Lines*. Londres: Mathuen & Co., Third Edition, 2 vol. (1934). Livro clássico sobre a espectroscopia e a estrutura atômica.

Trífonov, D.N.; Trífonov, V.D., 1984. Pequena história de como foram encontrados os elementos químicos.

White, H.E., 1934. *Introdução aos espectros atômicos*. Apresenta uma descrição mais completa e mais extensa do tema espectroscopia.

Zeeman, P., 1903. Texto lido pelo autor por ocasião do recebimento do prêmio Nobel no qual é revista sua contribuição à Física.

7.5 Exercícios

Exercício 7.5.1 Calcule os comprimentos de onda para as primeiras transições do átomo de hidrogênio para as séries de:

a) Lyman;

b) Paschen;

c) Brackett.

Exercício 7.5.2 Em 1871, Stoney havia demonstrado que os comprimentos de onda das três primeiras raias do espectro do átomo de hidrogênio, denotadas por H_α (a de maior comprimento de onda), H_β e H_γ, guardavam a seguinte proporção:

$$H_\alpha : H_\beta : H_\gamma = \frac{1}{20} : \frac{1}{27} : \frac{1}{32}$$

que representam, usando seus termos, "o 20º, 27º e 32º harmônicos de uma vibração fundamental". Mostre que essas razões resultam da fórmula de Balmer para os valores $m = 2$ e $n = 3, 4, 6$.

Exercício 7.5.3 Determine o maior e o menor comprimento de onda da série de Lyman.

Exercício 7.5.4 Determine o número de linhas/mm de uma rede de difração cujo espaçamento entre linhas é de 2×10^{-8} m.

Exercício 7.5.5 Determine o número de mols de hidrogênio (H_2) obtidos pela eletrólise de 1,08 kg de água.

Exercício 7.5.6 Determine a quantidade de cloro, em gramas, que pode ser produzida por uma corrente de 10 A durante 5 minutos, na eletrólise de `NaCl` fundido.

Exercício 7.5.7 Determine o tempo necessário para eletrodepositar 6,3 g de Cu^{++} em um circuito de corrente de 2 A.

Exercício 7.5.8 Calcule o volume de hidrogênio liberado, a 27 °C e 700 mmHg, pela passagem de uma corrente de 1,6 A durante 5 minutos por uma cuba contendo hidróxido de sódio.

Exercício 7.5.9 Calcule a carga elétrica em um circuito necessária para eletrodepositar 28 g de Fe^{++}.

Exercício 7.5.10 Ao submeter um átomo de hidrogênio no estado fundamental ($n = 1$) a um campo magnético fraco, cada linha do espectro se desdobra em duas. Esse efeito deve-se ao *spin* do elétron (Capítulo 16) no interior do átomo e é conhecido como efeito Zeeman anômalo.

A diferença de frequência entre os dois níveis é dada por

$$\frac{e}{mc} B$$

Usando o valor aproximado de $B \simeq 0,5$ gauss para o campo magnético médio terrestre, estime essa diferença de frequência entre os dois níveis, em Hz.

Exercício 7.5.11 Determine o valor da razão giromagnética do elétron no SI (Sistema Internacional de Unidades).

Exercício 7.5.12 A partir de um ajuste linear do tipo $y = ax$, utilizando os dados de Faraday mostrados na tabela abaixo, determine o valor da constante de Faraday.

Elemento	μ	K (mg/C)	μ / n
Hidrogênio	1,008	0,01945	1,008
Oxigênio	16,0	0,08293	8,0
Cobre	63,57	0,3294	63,57
Cloro	35,46	0,3674	37,785
Prata	107,9	1,118	107,9

8

Os raios catódicos: a descoberta do elétron e dos raios X

Temos nos raios catódicos matéria em um novo estado, um estado no qual a subdivisão da matéria é levada muito além do que no estado gasoso ordinário: um estado no qual toda matéria – isto é, matéria derivada de diferentes fontes, como hidrogênio, oxigênio etc. – é uma e do mesmo tipo; essa matéria é a substância da qual todos os elementos químicos são feitos.

Joseph John Thomson

8.1 A descoberta do elétron

Parece, finalmente, que temos nas nossas mãos, e sob nosso controle, as pequenas partículas indivisíveis que, com boa margem de certeza, parecem constituir a base física do Universo.

William Crookes

8.1.1 Os raios catódicos

O que se viu nos primeiros capítulos deste livro foi uma gradual consolidação de uma concepção atomística da matéria, fortemente imbricada com os desenvolvimentos da Química, da Teoria Cinética dos Gases e dos estudos do Movimento Browniano, na qual a natureza indivisível do átomo não é questionada. No Capítulo 7, apresentou-se um conjunto de evidências experimentais sugerindo a *divisibilidade* do átomo. Neste capítulo, apresentam-se outras evidências nesse sentido, obtidas a partir do surgimento dos chamados *tubos de Geissler*, *ampolas de Crookes*, ou ainda *tubos de raios catódicos*, e dos estudos nos novos fenômenos descobertos com esses tubos, como será descrito a seguir. A partir das conclusões dessas pesquisas há a confirmação inequívoca de que o átomo possui uma subestrutura, fato que, no entanto, só será compreendido no século XX.

Foi a partir de 1857, com o aperfeiçoamento das técnicas de trabalhos com vidros e das máquinas de fazer vácuo, desenvolvidas pelo vidreiro e mecânico alemão Johann Heinrich Geissler, que começaram a surgir condições favoráveis à realização de experimentos com esses tubos, voltados para a compreensão da estrutura da matéria.

A possibilidade de se produzir uma descarga elétrica em gases rarefeitos havia sido descoberta pelo alemão Gottfried Heinrich Grummert e pelo inglês William Watson. Este último, utilizando uma garrafa de Leyden como bateria, pôde fazer passar uma corrente por um tubo de vidro de cerca de 90 cm de comprimento por 8 cm de diâmetro, no interior do qual havia sido feito vácuo.[1]

Em 1859, Gleissler juntamente com o matemático e físico alemão Julius Plücker descobriram os raios conhecidos hoje como *raios catódicos*, termo introduzido, em 1876, pelo físico alemão Eugene Goldstein. Foi durante a extração de ar do tubo, mantido em uma sala escura, que se teve a oportunidade de observar pela primeira vez que, após um certo grau de rarefação do gás, surgia uma luminosidade no interior do tubo (Figura 8.1).

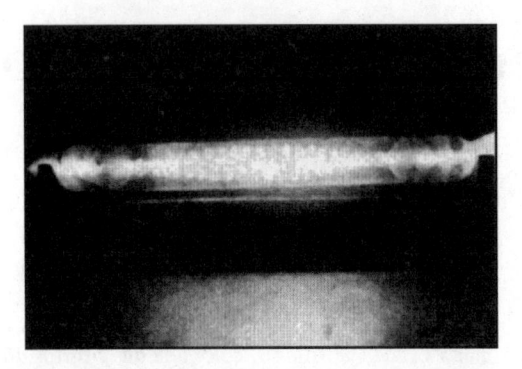

Figura 8.1: A luminosidade provocada pela descarga em gases em uma ampola de Crookes.

Nesses tubos, que propiciaram o estudo dos gases em diferentes condições de pressão (na época, cerca de 10^{-2} mm Hg), a descarga elétrica era produzida entre dois eletrodos metálicos[2] fixos, localizados em seu interior.

O motivo pelo qual as técnicas de vácuo foram importantes nesse estudo é que, à pressão ordinária, a quantidade de moléculas do gás dielétrico em um tubo impede a descarga elétrica. Por exemplo, para fazer saltar uma centelha entre duas placas metálicas colocadas a uma distância de 1 cm no ar livre, é preciso que se aplique a elas uma diferença de potencial da ordem de 3 000 volts.

Pode-se dizer que esses desenvolvimentos técnicos, junto com a bobina de Rühmkorff (Figura 7.14), criaram as condições necessárias para o desenvolvimento do que se pode chamar hoje, olhando em retrospectiva, de o primeiro acelerador de partículas: o *tubo de raios catódicos*. Se efetivamente for posto aí o marco da era dos aceleradores, fica evidente que ela já tem início com uma íntima relação entre ciência básica e tecnologia, relação esta que vem se estreitando cada vez mais, tornando-se indispensável ao desenvolvimento da Física de Partículas e de tecnologias associadas.

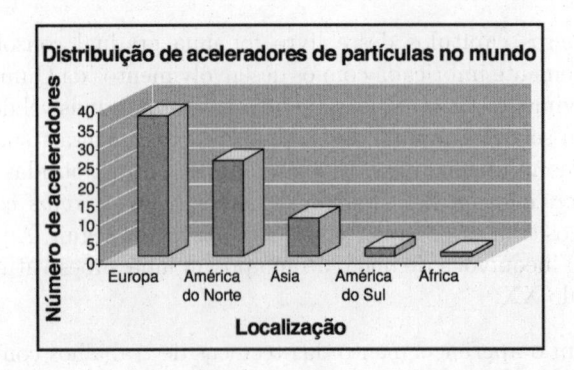

Figura 8.2: Distribuição mundial de aceleradores de partículas dedicados à pesquisa básica, em 2003.

---

[1] Watson e Franklin contribuíram para a definição de cargas positivas e negativas e para as primeiras ideias de conservação da carga elétrica.

[2] O eletrodo conectado ao terminal negativo da fonte de tensão foi chamado por Faraday de *catodo*. Como ficou comprovado que os raios partiam do catodo, daí o nome *raios catódicos*.

Para se ter uma ideia do crescimento do emprego dos aceleradores nas pesquisas científicas, mostra-se, na Figura 8.2, a atual distribuição mundial dessas máquinas dedicadas apenas à pesquisa básica.

Foi a partir dos trabalhos experimentais sistemáticos dos físicos ingleses William Crookes e J.J. Thomson, buscando explicar a natureza do facho que aparece dentro desses tubos, que essa área de investigação científica ganhou maior interesse.

Com um tubo similar ao mostrado na Figura 8.3, Crookes observou que o feixe luminoso que atravessava o tubo a partir do catodo se propagava em linha reta, na ausência de ações externas.

Figura 8.3: Tubo utilizado para mostrar a trajetória retilínea dos raios catódicos na ausência de interações externas, ressaltada por uma placa branca ao fundo, colocada no interior do tubo.

Graças a uma série de experimentos, chegou-se à conclusão de que o feixe luminoso era consequência de excitações das moléculas do gás, resultantes dos choques com as partículas carregadas provenientes do catodo. É essa luminosidade que vai permitir a identificação da trajetória dos elétrons. Em 1897, Thomson conseguiu medir a razão entre a carga e a massa dessas partículas, encontrando um valor muito maior que o de íons em eletrólises.

Assim, as partículas que constituíam os raios catódicos, os elétrons, teriam cargas elétricas muito grandes, ou seriam extremamente leves. Desse resultado ele concluiu, corretamente, que a massa do elétron seria 1 836 vezes menor que a do hidrogênio ionizado (H^+), pois sabia da Química que o hidrogênio é monovalente e, portanto, H^+ tem, em módulo, a mesma carga do elétron.

Ainda nesse mesmo artigo, ele verificou que esses corpúsculos carregados eram exatamente os mesmos, quaisquer que fossem os elementos do catodo, do anodo e do gás dentro do tubo. Esses pareciam ser constituintes universais da matéria (os elétrons), mostrando, empiricamente, que o átomo *não é indivisível*.

Figura 8.4: J.J. Thomson no laboratório Cavendish, observando um tubo de raios catódicos.

É preciso ter em mente que esses fenômenos de descargas em gases, porquanto hoje em dia possam nos parecer muito simples, foram parte integrante da "Física de fronteira" durante metade do século XIX. Nesse contexto, é digno de destaque o laboratório Cavendish, da Universidade de Cambridge, na Inglaterra, onde foram feitas, inicialmente, as experiências de raios catódicos, que resultaram na descoberta do elétron e, posteriormente, aquelas de radioatividade, das quais resultou a descoberta do nêutron. Apesar de ter sido dirigido, desde sua fundação em 1874, por dois grandes expoentes da Física inglesa, Maxwell e Rayleigh, foi a partir de 1884, sob a direção e orientação de J.J. Thomson, que o laboratório iniciou seu período de grande prestígio internacional, alcançando seu apogeu sob a direção de Rutherford. A Figura 8.4 mostra Thomson em uma bancada do Cavendish, com um tubo de raios catódicos em funcionamento,[3] indicando a escala desses aceleradores de elétrons.

De volta à questão da essência desses raios catódicos, talvez a natureza luminosa do feixe sugerisse mais intuitivamente que os raios catódicos fossem um feixe de luz. A sombra produzida pela cruz de malta do aparato da Figura 8.5.a, projetada no fundo do tubo, dá suporte a essa interpretação.

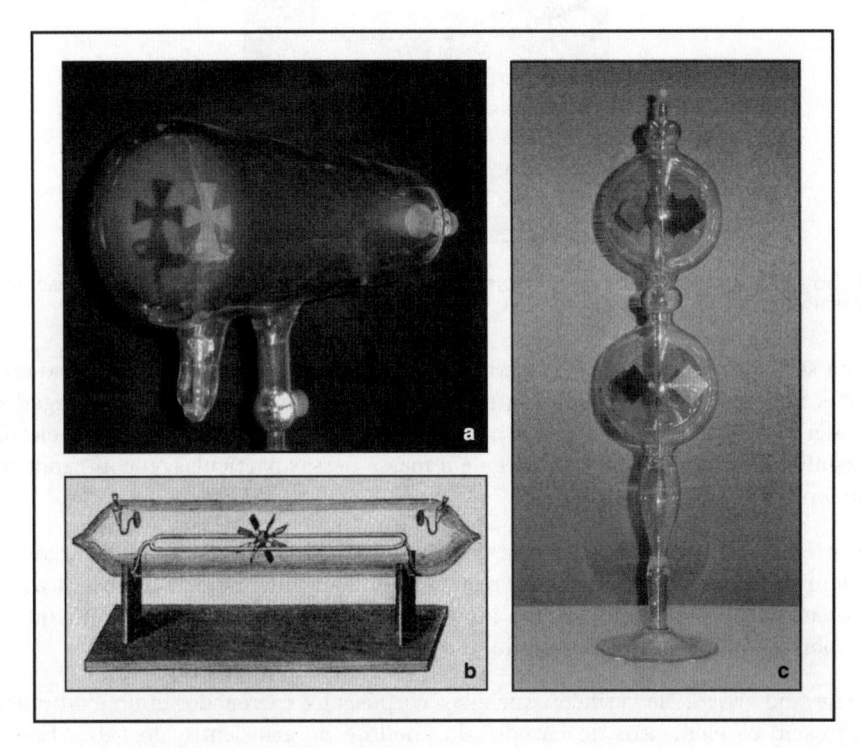

Figura 8.5: Diferentes tubos para verificar qualitativamente a natureza corpuscular dos raios catódicos.

No entanto, desde 1869, o alemão Johann Wilhelm Hittorf, ao aproximar do "feixe luminoso" um ímã, notando que este sofreu um desvio, havia concluído que os raios catódicos *não* podiam ser luz, pois esta não é desviada por um campo magnético. É preciso ter em mente, contudo, que naquela época ainda não era claro que esse fato fosse uma consequência das equações de Maxwell, devido, em parte, a sua forte vinculação com o conceito de éter.

A Figura 8.5.b mostra um tubo projetado para reforçar a hipótese de que os raios catódicos seriam formados por feixes de partículas. Nesse tubo foi introduzido um pequeno moinho, capaz de girar praticamente sem atrito em torno do seu eixo, na altura do feixe. Sendo os raios formados de partículas, o momento linear transferido por elas ao moinho seria capaz de fazê-lo girar.[4] Outros tubos foram ainda desenhados para esse mesmo propósito, como o da Figura 8.5.c.

Dois anos depois da descoberta de Hittorf, o inglês Cromwell Fleetwood Varley, em 1871, ratifica que os raios catódicos eram desviados por campos magnéticos como se fossem um feixe de partículas com carga elétrica negativa.

---

[3] Época em que um acelerador linear de partículas cabia em cima de uma mesa.
[4] O *momentum* associado a uma onda eletromagnética não seria capaz de fazer girar o moinho.

Após tentativas não bem-sucedidas, em 1883, de deflexão dos raios catódicos por campos elétricos, Hertz mostra, em 1891, que os raios catódicos têm a capacidade de atravessar lâminas metálicas delgadas, continuando a se propagar na mesma direção incidente. Esse resultado, na época, fez a discussão sobre a natureza dos raios catódicos pender mais para a interpretação ondulatória de Hertz, pois parecia difícil conciliar a permeabilidade das folhas metálicas aos raios catódicos com a hipótese de que estes eram constituídos por partículas carregadas.

Assim, por volta de 1894, pelo fato de a própria natureza da luz ainda não ser bem compreendida, a comunidade física em geral não estava ainda convencida da natureza dos raios catódicos. Enquanto pesquisadores ingleses, como Varley e Crookes, decidiram-se em favor da sua natureza corpuscular, Goldstein, Hertz e o húngaro Philipp Lenard acreditavam que os raios catódicos fossem ondas eletromagnéticas. Certamente, nessa discussão havia um peso muito grande da "autoridade", devido à opinião de Hertz em favor da visão ondulatória.

O primeiro a mostrar, em 1895, que os raios catódicos depositavam carga negativa em um coletor colocado no interior de um tubo de Crookes foi Perrin.

Optar pela visão corpuscular implica encontrar respostas para as questões sobre a origem e a natureza dessas "partículas". O que elas são? Qual a sua massa e sua carga? Aceitá-las como átomos não é plausível, pois essas partículas são eletricamente carregadas, ao contrário dos átomos, que são neutros e constituem a matéria que, em geral, é manifestamente neutra. São essas partículas, então, os átomos de eletricidade aos quais se aludiu na seção sobre a eletrólise (Seção 7.1)? Ou são elas as partículas carregadas no interior do átomo, responsáveis pelo efeito Zeeman (Seção 7.2.2)?

Apenas para complementar o raciocínio, deve-se lembrar, mais uma vez, que J.J. Thomson mostrou que as partículas constituintes dos raios catódicos teriam uma massa aproximadamente 1 840 vezes menor que a do hidrogênio ionizado, o qual, por sua vez, já é o mais leve dos átomos. Pode-se concluir que essas partículas seriam *constituintes* dos átomos. Surge, então, a questão: "o que são os *átomos* (até então definidos como as partes *indivisíveis* da matéria)?", a qual nitidamente abala o paradigma de átomo como algo indivisível, o tijolo fundamental da matéria segundo a Química. A Física havia posto em evidência sua natureza composta.

8.1.2 Os experimentos de Thomson

Ao iniciar seus estudos sobre a natureza dos raios catódicos, em 1884, Thomson estabeleceu que, além de campos magnéticos, os raios eram desviados também por campos eletrostáticos.[5] Isso só foi possível graças ao aumento do vácuo no interior dos tubos. Esses resultados foram decisivos em prol da visão corpuscular. O tubo original utilizado por Thomson e seu esquema são mostrados na Figura 8.6.

No esquema da Figura 8.7, V é a diferença de potencial entre as duas placas metálicas P e P' colocadas paralelamente à direção inicial do feixe; d é a distância entre elas, e l, seus comprimentos, de tal modo que o campo elétrico uniforme entre as placas é $E = V/d$. Ao se estabelecer uma pequena tensão no filamento do tubo, as partículas carregadas (os elétrons) com carga e, originadas no catodo C, quando passam pela região entre as placas, sofrem, segundo a expressão de Lorentz, equação (5.25), a ação defletora de uma força elétrica $F_e = eE$, que é perpendicular à trajetória inicial do feixe. A distância entre o centro das placas e o anteparo (o próprio vidro do tubo pintado com um material fosforescente) é L ($L \gg l$) e y é o desvio vertical ($\overline{OO'}$) produzido no feixe.

Enquanto a componente horizontal (v_x) das partículas não se altera, permanecendo igual à velocidade inicial v_0 ao deixar o catodo, a componente vertical (v_y), adquirida ao final da região das placas, é dada por

$$v_y = \frac{e}{m} \, E \, \frac{l}{v_0}$$

em que eE/m é a aceleração imposta à partícula e l/v_0 é o intervalo de tempo que uma partícula leva para percorrer a região entre as placas.

---

[5] Ao que parece, algumas evidências nesse sentido foram também obtidas por Goldstein.

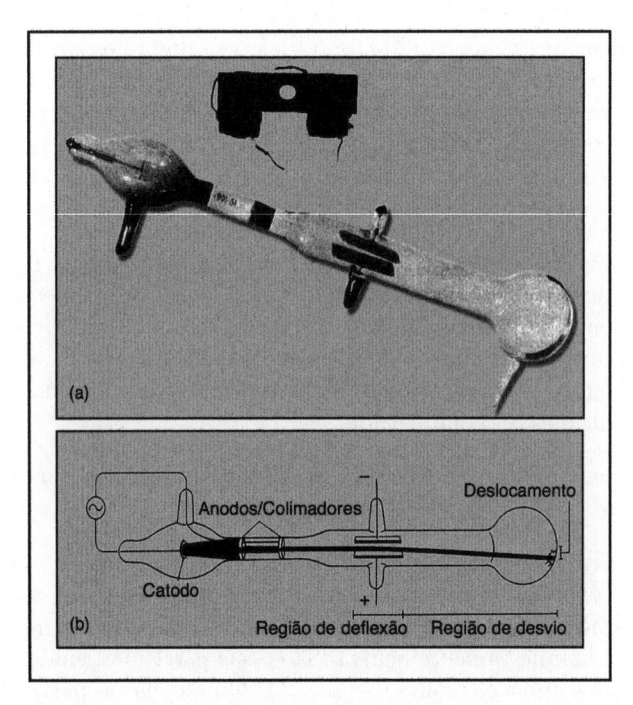

Figura 8.6: O tubo de raios catódicos original de J.J. Thomson.

Assim, o pequeno desvio θ sofrido pelo feixe é dado por (Figura 8.7)

$$\operatorname{tg}\theta = \frac{v_y}{v_x} = \frac{e}{m}E\,\frac{l}{v_0^2} \simeq \theta \simeq \frac{y}{L} \tag{8.1}$$

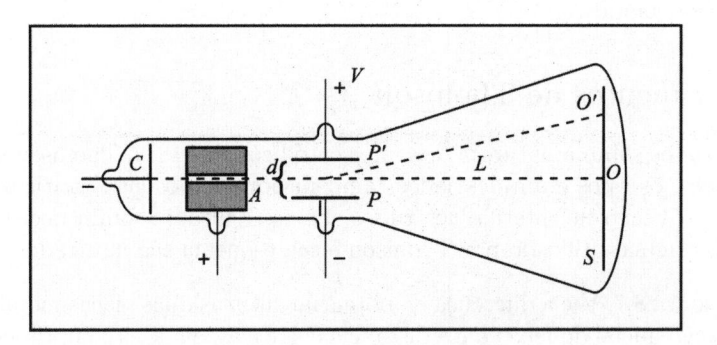

Figura 8.7: A deflexão do feixe de raios catódicos.

Para poder medir a razão e/m, Thomson precisava conhecer a velocidade inicial, $v_0 = v_x$, quantidade muito difícil de medir diretamente. Para isso, ele fez uma medida separada, na qual, além do campo elétrico ($\vec{E}$) entre as placas, ele aplicava um campo magnético ($\vec{B}$), gerado por bobinas de Helmholtz,[6] sendo este perpendicular tanto à direção da velocidade inicial das partículas quanto à do campo elétrico (Figura 8.8). Uma vez que a partícula carregada em movimento interage com o campo magnético e com o elétrico de acordo com a força de Lorentz,[7]

$$\vec{F} = -e(\vec{E} + \vec{v} \times \vec{B})$$

ele podia ajustar convenientemente o campo magnético de modo a anular o desvio do feixe, condição que

---

[6] As bobinas de Helmholtz constituem um arranjo de duas grandes bobinas paralelas, tal que o campo magnético entre elas seja praticamente uniforme.

[7] Thomson utilizou o chamado sistema eletromagnético de unidades, no qual a expressão da força de Lorentz é idêntica ao SI, mas com o campo magnético medido em gauss e o elétrico em abvolt/cm.

é satisfeita se $|\vec{F}| = 0$, ou seja,

$$E = v_0 B \quad \Longleftrightarrow \quad v_0 = \frac{E}{B}$$

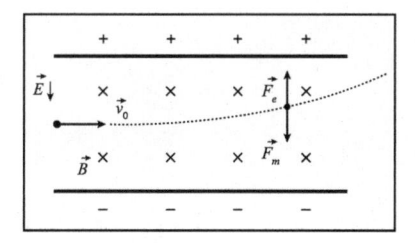

Figura 8.8: Deflexão de uma partícula negativamente carregada em uma região em que há um campo elétrico entre as placas e um campo magnético perpendicular ao plano, indicado por ($\times$).

Desse modo, pode-se expressar o desvio do feixe, equação (8.1), como

$$\theta \simeq \frac{y}{L} = \left(\frac{e}{m}\right) \underbrace{\left(\frac{lB^2}{E}\right)}_{\xi} \tag{8.2}$$

Considerando que θ é uma função linear de ξ, cujo valor depende apenas de grandezas conhecidas, a razão e/m pode ser determinada a partir de um ajuste linear do tipo $\theta = a\xi$. Utilizando os dados da Figura 8.1, Thomson foi capaz de determinar o valor da razão e/m para o elétron, encontrando[8]

$$\frac{e}{m} = (0{,}73 \pm 0{,}14) \times 10^7 \text{ abcoulomb/g} \tag{8.3}$$

Tabela 8.1: Valores utilizados por Thomson, respectivamente, para o campo magnético das bobinas de Helmholtz, o campo elétrico entre as placas defletoras, e para o desvio angular do feixe. Os valores da tabela correspondem ao comprimento de L=5 cm.

B (gauss)	E (abvolt/cm)	θ (rad)
5,0	$1,8 \times 10^{10}$	6/110
3,6	$1,0 \times 10^{10}$	7/110
5,5	$1,5 \times 10^{10}$	8/110
6,3	$1,5 \times 10^{10}$	9/110
5,4	$1,5 \times 10^{10}$	9,5/110
6,9	$1,5 \times 10^{10}$	11/110
6,6	$1,5 \times 10^{10}$	13/110

O valor obtido por Thomson para a razão e/m é menor que o conjunto de valores medidos nos anos subsequentes por outros pesquisadores com outras técnicas, como mostra a Tabela 8.2, embora sejam todos da mesma ordem de grandeza do valor esperado atual

$$\frac{e}{m} = (1{,}75881962 \pm 0{,}00000053) \times 10^8 \text{ coulomb}/g$$

O ajuste linear aos dados de Thomson (Figura 8.9) mostra que seu resultado, do ponto de vista estatístico, não é compatível ao nível de 2σ com o valor de referência atual.[9]

---

[8] A unidade de carga do sistema eletromagnético (uem), o abcoulomb, é igual a 10 coulomb. Portanto, o valor da razão e/m encontrado por Thomson no SI é $7{,}3 \times 10^{10}$ C/kg.

[9] A compatibilidade de dois resultados $r_1 \pm \sigma_1$ e $r_2 \pm \sigma_2$ é estabelecida pela comparação da discrepância ($|r_1 - r_2|$) com

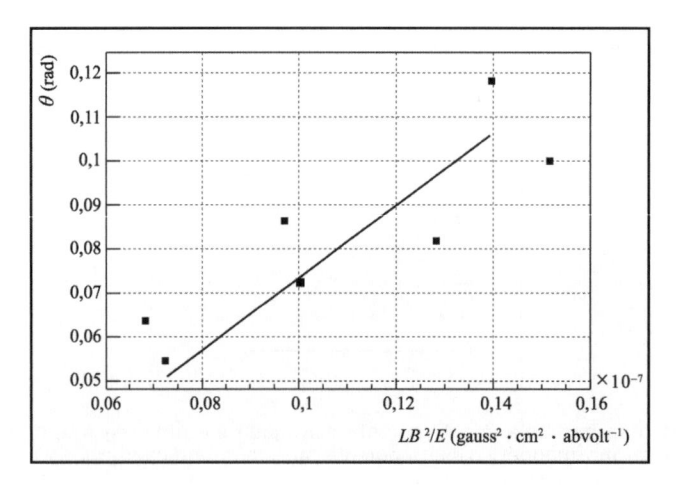

Figura 8.9: Ajuste linear aos dados de Thomson.

Isso, no entanto, absolutamente não tira o mérito da hipótese de existência do elétron e da medição pioneira de Thomson. Assim, foi utilizando um tubo de raios catódicos que Thomson, em 1897, conseguiu estabelecer o caráter corpuscular dos raios catódicos, ou seja, a existência da primeira partícula elementar do atual Modelo Padrão (Capítulo 17), o *elétron*, e determinar a razão (e/m) entre a sua carga (e) e a sua massa (m), cujo valor já havia sido estimado por Zeeman (Seção 7.2.2). Decorridos mais de 100 anos ainda não se observou qualquer estrutura para o elétron e também não se sabe a origem de sua massa e de sua carga (Seção 8.1.7).

Tabela 8.2: Valores de e/m para o elétron obtidos em diversos experimentos no período de 1904-1937

Fonte de elétrons	$\dfrac{e}{m}$ (uem/g)	Referência
Óxidos de terras alcalinas	$1,48\times 10^7$	[Wehnelt, A., 1904]
Raios catódicos	$1,763\times 10^7$	[Bucherer, A.H., 1908]
Raios catódicos	$1,775\times 10^7$	[Classen, J., 1908]
CaO aquecido	$1,773\times 10^7$	[Classen, J., 1908]
Luz ultravioleta	$1,756\times 10^7$	[Alberti, E., 1912]
Correntes termoiônicas	$1,76\times 10^7$	[Dushman, S., 1914]
Raios catódicos	$1,768\times 10^7$	[Bush, H., 1922]
Efeito Zeeman	$1,761\times 10^7$	[Babcock, H.D., 1923]
Espectroscopia de H e de He	$1,7606\times 10^7$	[Houston, W.V., 1927]
Raios β	$1,761\times 10^7$	[Perry, C.T., & Chaffee, E.L., 1930]
Raios β	$1,759\times 10^7$	[Kirchner, F., 1932]
Filamentos	$1,7584\times 10^7$	[Dunnington, F.G., 1937]

Como já foi citado, Thomson pôde constatar que a razão e/m para os raios catódicos era aproximadamente 1 836 vezes maior que a mesma razão para o hidrogênio ionizado. Levando-se em conta os valores dos campos magnéticos e elétricos, a velocidade dos elétrons seria da ordem de $0{,}25\,c$, ou seja, cerca de $1/4$ da velocidade (c) da luz no vácuo; o que mostra que os constituintes dos raios catódicos podiam adquirir velocidades maiores do que a adquirida até então por qualquer outro corpo.

---

a composição $(\sigma = \sqrt{\sigma_1^2 + \sigma_2^2})$ dos erros de cada resultado. Dois resultados são compatíveis ao nível de 2σ, se

$$|r_1 - r_2| < 2\sigma$$

Nesse caso,

$$\left(\frac{e}{m}\right)_{\text{Th}} - \left(\frac{e}{m}\right)_{\text{ref}} > 2 \times\ 0{,}14 \times 10^7 \text{ abcoulomb/g}$$

O estabelecimento do elétron como constituinte subatômico levou o próprio Thomson a propor um modelo para o átomo. Uma vez que os átomos como um todo são eletricamente neutros, admitir que os elétrons são constituintes atômicos implicava supor que o átomo teria também alguma "coisa" que tivesse carga positiva. Desse raciocínio nasceu o modelo atômico de Thomson, como será visto no Capítulo 11.

Figura 8.10: Elétron, partícula elementar centenária.

Além de Zeeman e Thomson, o alemão Walter Kaufmann também determinou a razão e/m para os raios catódicos, mas não os identificou como um feixe de partículas. No entanto, a partir de 1901, quando passou a utilizar-se de raios β provenientes do decaimento de sais de rádio, Kaufmann observou variações na razão e/m, com relação aos valores obtidos utilizando-se a expressão clássica.

Enquanto para os raios catódicos $v/c \sim 0{,}3$, para os raios β, $v/c \sim 0{,}9$. Com esse valor, de acordo com a eletrodinâmica relativística de Einstein, o movimento de uma partícula de massa m que incide com velocidade v_0 em uma direção x perpendicular a um campo elétrico uniforme E na direção y é governado por

$$\begin{cases} p_x = \gamma(v)mv_0 \\ p_y = eEt \end{cases}$$

Após percorrer uma distância l, na direção x,

$$\frac{p_y}{p_x} = \frac{eEl}{\gamma m v_0^2}$$

a deflexão vertical (y) observada em uma tela a uma distância L, em vez de expressa pela equação (8.2), é dada por

$$\frac{y}{L} = \left(\frac{e}{m}\right)\frac{1}{\gamma}\left(\frac{lB^2}{E}\right)$$

sendo B o módulo do campo magnético.

Em 1908, três anos após a publicação da Teoria da Relatividade de Einstein, o também alemão Alfred Heinrich Bucherer afirmou que os melhores ajustes para os dados de e/m precisavam levar em conta o fator de Lorentz $\gamma(v) = 1/\sqrt{1 - v^2/c^2}$, na equação anterior.

O tipo de experimento descrito nesta seção não permitiu conhecer os valores da carga (e) e da massa (m) do elétron independentemente, mas apenas a razão entre estas grandezas. O motivo de fundo é que teoricamente, em última análise, se igualou a força de inércia à força elétrica que atua sobre a partícula. Soma-se a isso o fato de não se ter, até o presente, nenhum modelo ou teoria capaz de atribuir uma origem eletromagnética às massas, embora, no passado, isso tenha sido tentado (Seção 8.1.7). Nesse caso ter-se-ia uma massa eletrônica $m = m(e)$ e poder-se-ia usar o resultado de Thomson para determinar o valor da carga elétrica e, assim, o da massa. Medir separadamente o valor de e só foi conseguido em experiências diferentes realizadas por John Sealy Townsend, Harald Albert Wilson e Thomson em 1900 e por Millikan nos anos de 1909 a 1911.

8.1.3   A gota fugidia de Wilson

Os íons em um gás não se distribuem uniformemente, mas sim por um processo de difusão. Aplicando-se uma tensão (de saturação) através de um gás, é possível direcionar todos os íons para um ou para outro eletrodo. A carga total depositada em cada eletrodo é igual ao número de íons de um certo tipo multiplicado pela carga iônica. Sendo assim, qualquer modo de medir a carga elétrica de um íon em um gás dependeria de se encontrar uma forma de medir o número de íons em um meio gasoso.

Uma contribuição importante nesse sentido foi dada pelo escocês Charles Thomson Rees Wilson, que descobriu que os íons podem servir de núcleos para a condensação de vapor d'água supersaturado.

De fato, a condensação ocorre em torno dos íons negativos quando a pressão do vapor d'água atinge quatro vezes o valor de saturação e, ao redor dos íons positivos, quando alcança seis vezes esse valor. Com base nesse princípio, Wilson construiu sua *câmara de nuvens*, importante instrumento na investigação da radiação e das partículas elementares.

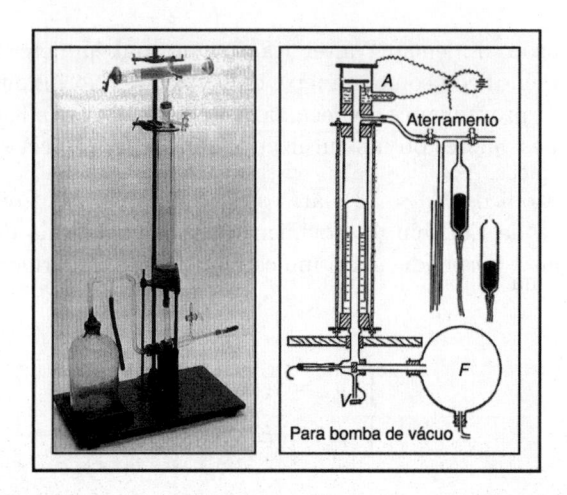

Figura 8.11: A primeira câmara de nuvens de Wilson.

Na Figura 8.11 se veem a foto e o esquema da sua primeira câmara rudimentar, enquanto a Figura 8.12 mostra a foto e o esquema de uma câmara sucessiva.

Seu dispositivo foi aprimorado em 1911. Nele, o gás (que pode ser ar ou uma mistura de argônio (Ar) com álcool etílico, C_2H_5OH ou C_2H_6O), saturado com vapor, sofre uma expansão adiabática através do movimento rápido de um pistão e sua temperatura é abaixada. O efeito de resfriamento é maior do que o efeito da expansão volumétrica e o gás fica supersaturado de vapor d'água. Se, nesse instante, um raio ionizante qualquer penetra na câmara, os íons formados servem para nuclear pontos de condensação do vapor e a trajetória do raio aparece, então, como um traço de gotículas brilhantes de água no vapor, quando se ilumina a câmara lateralmente, de modo adequado. Através de uma máquina fotográfica, colocada acima da câmara de nuvens, pode-se registrar o rastro de ionização deixado pela radiação ou pela partícula ionizante. A Figura 8.13 mostra uma dessas fotografias, feita pelo próprio Wilson.

Essa técnica de registrar traços de partículas foi aprimorada com a invenção da câmara de bolhas, em 1952, pelo físico norte-americano Donald Glaser. A diferença essencial entre elas é que a segunda é preenchida por um líquido (e não por um gás, como a primeira), no qual a passagem de partículas carregadas, com grandes velocidades, sob condições controladas de pressão da câmara, produz um rastro de minúsculas bolhas, que pode ser fotografado. Uma outra vantagem prática desse novo dispositivo é quanto ao tempo necessário para poder utilizá-lo de novo: enquanto na câmara de nuvens esse tempo

Figura 8.12: Câmara de nuvens de Wilson.

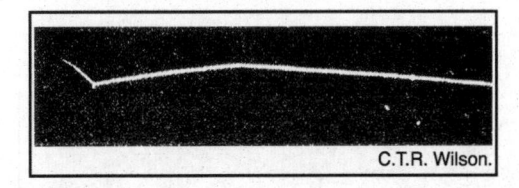

Figura 8.13: Rastro de ionização provocada pela passagem de uma partícula carregada em uma câmara de nuvens de Wilson.

pode ser de alguns minutos, na câmara de bolhas é de apenas um segundo.

As ideias e a câmara de Wilson foram empregadas pela primeira vez em 1898 para determinar o valor da carga elétrica por J.J. Thomson (Figura 8.14) e por Harald Albert Wilson, em 1903.

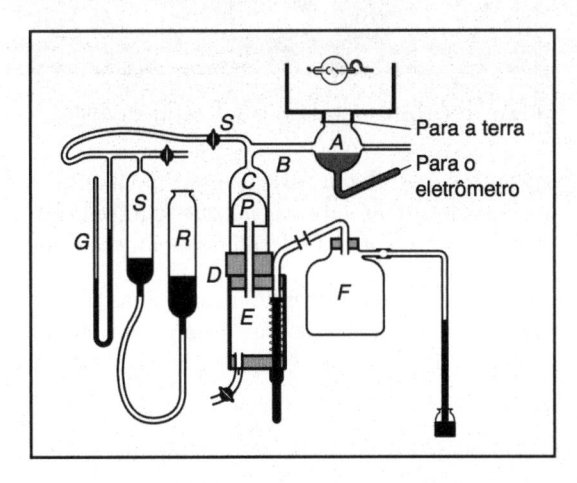

Figura 8.14: Aparato experimental de Thomson para medir a carga elétrica.

No entanto, ambos os experimentos estavam sujeitos a um problema sistemático sério. O problema é que o gás, após a expansão, começa a se aquecer por condução e irradiação do recinto, e, consequentemente, o espaço ao redor das gotas deixa de estar saturado. Assim, as gotas começam a evaporar e suas massas diminuem sensivelmente durante a experiência.

Encontrar um meio de ter uma gota mais estável foi o desafio vencido por Millikan. Nesse sentido, os experimentos de Millikan têm suas origens nas pesquisas realizadas no laboratório Cavendish.

8.1.4 Os experimentos de Millikan

A demonstração sem ambiguidades da natureza discreta das cargas elétricas e as primeiras determinações confiáveis do valor da carga do elétron, pela medida das cargas de partículas isoladas, foram feitas por Millikan, a partir de 1909.

Da experiência da eletrólise de Faraday já sabe-se que, se existem os *quanta* de eletricidade, o valor de sua carga é extremamente pequeno:

$$e = \frac{96520}{N_A} \simeq 1{,}602 \times 10^{-19} \text{ C} \tag{8.4}$$

Portanto, do ponto de vista experimental, era preciso idealizar uma experiência que envolvesse pequenos corpos carregados, cujas cargas totais não fossem muito grandes e que, com o mesmo aparato, se pudesse calcular a massa do elétron. A Figura 8.15 mostra a montagem do aparato de Millikan em seu laboratório.

Figura 8.15: Detalhe do laboratório de Millikan.

O método experimental utilizado por Millikan satisfaz esses pontos e consiste na determinação direta da carga de pequenas gotas de óleo e de outras substâncias que se movem em um certo meio. A Figura 8.16 mostra o esquema do seu aparato experimental. O detalhe da câmera pode ser visto na Figura 8.17.

Após borrifar gotículas de óleo na região compreendida entre duas placas de um capacitor, inicialmente descarregado (ausência de campo elétrico), as forças que atuam sobre uma gota de óleo de massa m, raio a e densidade ρ, em um meio (ar) de densidade é ρ_{ar}, são (Figura 8.18)

- peso da gota: $mg = \rho V g$
  sendo g a aceleração da gravidade e $V = 4/3\,\pi a^3$ o volume da gota;
- força de atrito viscoso: bv
  proporcional à velocidade (v) da gota, na qual, segundo a lei de Stokes, $b = 6\pi\eta a$, e η é a viscosidade do meio;
- força de empuxo: $\rho_{ar} V g$.

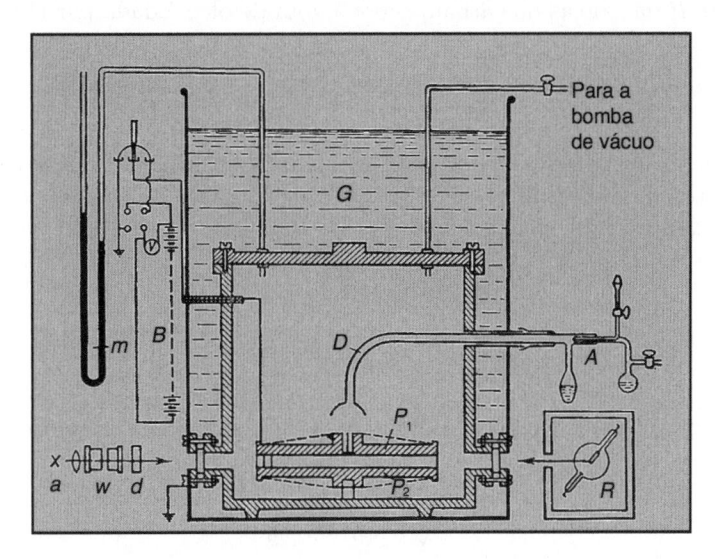

Figura 8.16: Esquema do aparato experimental utilizado por Millikan: (a) = fonte de luz; (w) e (d) = filtros capazes de absorver os raios térmicos; (P1) e (P2) são as placas do condensador; (AD) é o pulverizador para obtenção das gotículas de óleo; (G) é um banho de óleo (termostato); (B) = bateria; (m) = manômetro e (R) = tubo de raios X.

Figura 8.17: Detalhe do aparato experimental utilizado por Millikan.

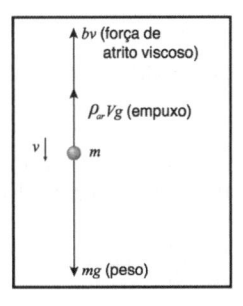

Figura 8.18: Forças que atuam sobre uma gota de óleo que cai em um meio de viscosidade η e densidade ρ.

Assim, a resultante R das forças que atuam sobre a gota de óleo é dada por (Figura 8.18)

$$R = \frac{4\pi}{3}a^3\rho g - \frac{4\pi}{3}a^3\rho_{\text{ar}}g - bv = \frac{4\pi}{3}a^3(\rho - \rho_{\text{ar}})g - 6\pi\eta a v$$

Como a intensidade da força de resistência viscosa aumenta linearmente com a velocidade, existirá um valor dessa força para o qual a resultante e, portanto, a aceleração se anulam. A partir desse instante ela se movimentará com uma velocidade constante, v_g, chamada de velocidade terminal, que satisfaz à expressão

$$6\pi\eta v_g = \frac{4\pi}{3}a^2(\rho - \rho_{\text{ar}})g \tag{8.5}$$

Da equação anterior, pode-se facilmente obter uma expressão para o raio da gota em função da velocidade terminal, como

$$a = \frac{3}{\sqrt{2}}\left[\frac{\eta v_g}{(\rho - \rho_{\text{ar}})g}\right]^{\frac{1}{2}} \tag{8.6}$$

Determinando-se o valor de v_g, a equação (8.6) permite calcular o raio a; em seguida, $m = \frac{4}{3}\pi a^3\rho_{\text{ar}}$ e, finalmente, o valor da carga q da gota. Antecipando o resultado dessa experiência, após um número enorme de observações, Millikan observou que as cargas (q) das gotas eram sempre um múltiplo inteiro (n) de um certo valor:

$$q \simeq n \times 1{,}602 \times 10^{-19} \text{ C}$$

Ele interpretou isso como a quantização da carga elétrica, isto é, toda carga elétrica que se mede na natureza é um múltiplo inteiro de uma carga fundamental

$$e = 1{,}602 \times 10^{-19} \text{ C}$$

que pode ser identificada como a carga do elétron. Destaca-se agora, com mais detalhes, a engenhosidade de Millikan para chegar a esse resultado.

Teoricamente, o valor de v_g de uma certa gotícula é sempre o mesmo, desde que se possa garantir que o líquido que a constitui não se evapore. Por isso é conveniente a escolha de um óleo que evapore muito pouco, possibilitando a utilização de uma mesma gotícula para várias observações. Desse modo, sua massa será sempre a mesma, permitindo um número muito maior de medidas.

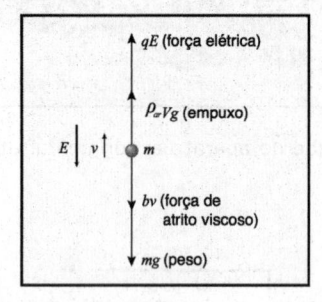

Figura 8.19: Forças que atuam sobre uma gota de óleo carregada, em um meio viscoso, sob ação de um campo elétrico.

Quando as gotículas carregadas são forçadas a subir por ação de um campo elétrico externo E, a resultante (R) das forças sobre cada uma delas é dada por (Figura 8.19)

$$R = qE - \frac{4\pi}{3}a^3(\rho - \rho_{\text{ar}})g - 6\pi\eta a v$$

Levando-se em conta a equação (8.5), obtém-se

$$R = qE - 6\pi\eta a(v + v_g)$$

Nesse caso, a velocidade terminal de subida, v_E, alcançada quando a resultante é nula, é dada por

$$q = \underbrace{\frac{6\pi\eta a}{E}}_{(I)} \times \underbrace{(v_g + v_E)}_{(II)}$$

O termo (I) é obtido uma vez na ausência do campo elétrico, enquanto o termo (II) é medido várias vezes na presença do campo.

Substituindo-se o valor de a, dado pela equação (8.6), na equação anterior, obtém-se[10]

$$q = \frac{9\pi\sqrt{2}}{E} \frac{\eta^{3/2} v_g^{1/2}}{(\rho - \rho_{\mathrm{ar}})^{1/2} g^{1/2}} \, (v_g + v_E) \tag{8.7}$$

A quantização da carga parecia ser verdade exceto para gotas muito pequenas, para as quais q parecia decrescer rapidamente com a diminuição do raio a.

Millikan explicou esse fato fazendo notar que a expressão da lei de Stokes para o atrito viscoso não era válida para gotículas muito pequenas. De fato, são duas as hipóteses básicas implícitas na forma usual desta lei: os corpos em movimento têm uma forma esférica e o meio onde eles se movimentam é contínuo. Ora, quando a dimensão da gota é comparável ao livre caminho médio (l) das moléculas do meio em que a gota se movimenta, esta segunda hipótese deixa de ser válida. Portanto, a razão l/a expressa o limite de validade da lei de Stokes: se $l/a << 1$, a lei de Stokes é aplicável, e, caso contrário, deve-se encontrar uma alternativa. Uma expressão empírica, sugerida por Millikan, que leva em conta esse efeito é

$$F = \frac{6\pi\eta a v_g}{1 + Al/a}$$

na qual A é uma nova constante. Note que, quando $Al/a \to 0$, recai-se na fórmula usual de Stokes.

Millikan encontrou um modo engenhoso de obter o valor das cargas com a fórmula modificada da lei de Stokes sem conhecer essa constante. Com essa correção, em vez da equação (8.7), tem-se

$$q_S = \frac{9\pi\sqrt{2}}{E} \frac{\eta^{3/2} v_g^{1/2}}{(\rho - \rho_{\mathrm{ar}})^{1/2} g^{1/2}} \frac{v_g + v_E}{(1 + Al/a)^{3/2}} \tag{8.8}$$

Expressando-se essa equação em função de q, o valor da carga sem a correção da lei de Stokes, pode-se escrever

$$\frac{q_S}{q} = (1 + Al/a)^{-3/2} \quad \Longrightarrow \quad q_S^{2/3}(1 + Al/a) = q^{2/3}$$

Sendo o livre caminho médio l inversamente proporcional à pressão do gás, P, é possível ainda escrever

$$q^{2/3} = q_S^{2/3} \left(1 + \frac{B}{aP}\right) \tag{8.9}$$

na qual B é uma outra constante.

A equação (8.9) mostra que há uma relação linear entre $q^{2/3}$ e $(aP)^{-1}$ (Figura 8.20). Desse modo, a partir de um ajuste linear, variando P, determina-se, para cada caso, o valor aparente da carga q (sem correção de Stokes). Como, na verdade, o termo $B/(aP)$ é um termo de correção, pode-se tomar para a o valor da equação (8.6) sem a correção à fórmula de Stokes.

---

[10] Note que essa expressão *não* quer dizer que a carga elétrica depende da aceleração da gravidade local. De fato, como foi visto, ela provém do termo (I) utilizado para calcular uma única vez o raio da gota. Qualquer variação no valor de g será numericamente compensada por variações do termo $v_g + v_E$. De outro modo, ter-se-ia $q = q(g)$, fato não observado experimentalmente.

Tabela 8.3: Valores do raio das gotas obtidos com a em cm, a pressão em cm de Hg e a carga em statC

1/rP	22,5	40,85	44,88	45,92	46,85	48,11	48,44
$q^{2/3}$	61,90	62,82	62,75	63,00	62,82	62,93	62,82

49,52	51,73	54,09	55,52	56,15	59,94	60,78	61,03
63,12	63,13	63,08	63,12	63,24	63,35	63,53	63,33

61,33	61,69	71,74	74,77	78,40	85,08	88,70	89,35
63,54	63,43	63,82	64,00	64,22	64,36	64,40	64,59

A partir dos dados de Millikan (Tabela 8.3), o resultado do ajuste linear encontrado para o valor da carga do elétron é[11]

$$e = (4{,}774 \pm 0{,}008) \times 10^{-10} \text{ statC} \qquad (8.10)$$

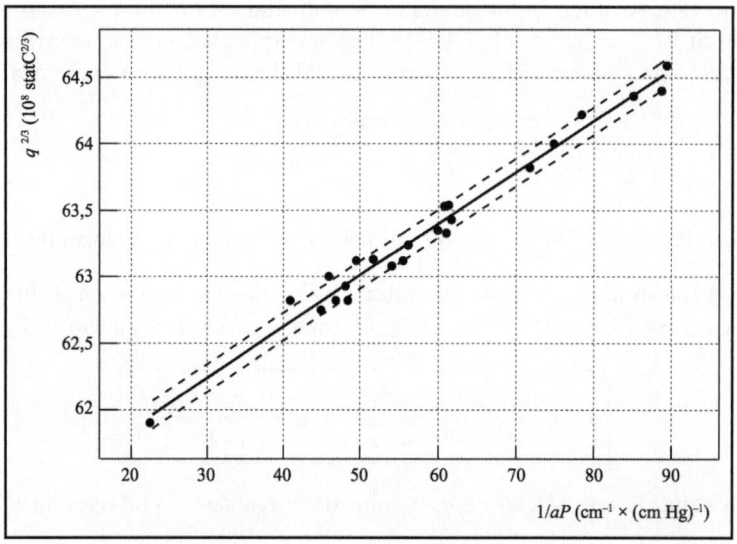

Figura 8.20: Gráfico de $q^{2/3}$ *versus* $1/(aP)$.

A Figura 8.20 mostra o gráfico de $q^{2/3}$ em função de $1/(aP)$. Ao extrapolar a reta que ajusta os dados experimentais até a origem, Millikan obteve o valor de $q_s^{2/3}$. Essa extrapolação corresponde ao limite perfeito de validade da lei de Stokes (lembre-se que $1/P \to 0$ equivale a $a \to \infty$ ou ainda a $1/a \to 0$), do que resulta $q = q_s$.

Resta ainda mostrar que essa carga elementar (a carga do *elétron*) não depende nem da natureza da matéria escolhida para formar as gotículas, nem do tipo de gás escolhido para preencher a câmara de Millikan. Nesse sentido, basta uma rápida inspeção na Figura 8.21 – que apresenta o resultado de quatro ajustes lineares para situações experimentais diferentes – para se concluir que este é realmente o caso.

Note que todas as retas extrapoladas para o valor $1/P \to 0$ interceptam a ordenada no mesmo ponto. Isso significa que a carga do elétron (carga mínima) não depende nem da natureza da substância que compõe a gota, nem da natureza do gás no qual ela está imersa.

---

[11] A unidade de carga no sistema eletrostático (ues), o statcoulomb (statC), é igual a $333{,}5641 \times 10^{-12}$ coulomb.

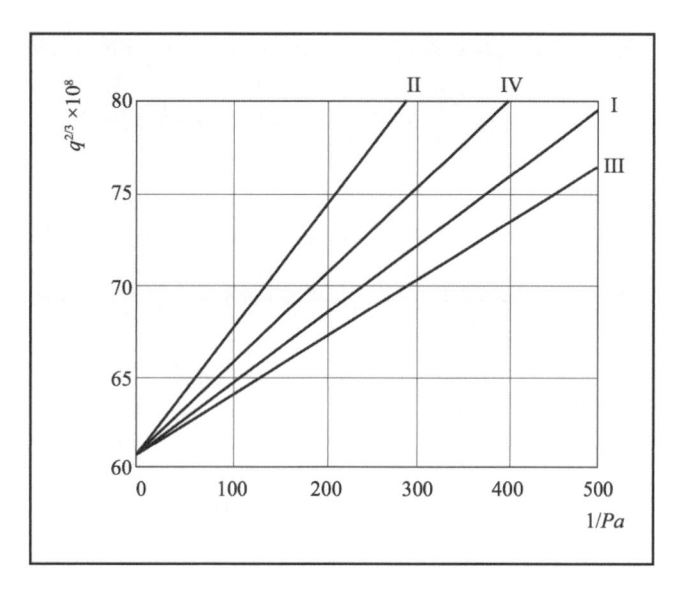

Figura 8.21: Curvas análogas às da Figura 8.20 assim obtidas: I - gotas de óleo no ar; II - gotas de óleo no hidrogênio; III - gotas de mercúrio no ar; IV - partículas de cinzas no ar.

Em suma, os experimentos de Millikan levaram não apenas à constatação da existência de uma carga elementar na natureza – a carga do elétron –, mas permitiram também a primeira determinação precisa de seu valor, que, combinado com o resultado da eletrólise de Faraday, leva a uma determinação também precisa do número de Avogadro. Esses fatos levaram-no a afirmar que

> *[A carga elétrica] tem cada vez mais sido vista, não somente como a mais fundamental das constantes físicas ou químicas, mas também como aquela da mais suprema importância na solução de problemas numéricos da Física moderna.*

Alguns dos primeiros valores medidos para a carga elétrica estão resumidos na Tabela 8.4.

Tabela 8.4: Medidas da carga do elétron especificando a técnica experimental

Método	e (statC)	Referência
Medida da carga de partículas α	$4,65 \times 10^{-10}$	[Rutheford & Geiger, 1908]
Medida da carga de partículas α	$4,79 \times 10^{-10}$	[Regener, 1909]
Observação de gotas d'água (método original de Thomson)	$4,76 \times 10^{-10}$	[Begeman, 1910]
Observação de gotas de azeite e mercúrio	$4,774 \times 10^{-10}$	[Millikan, 1911]
Observação de gotas de enxofre	$4,17 \times 10^{-10}$	[Roux, 1911]
Movimento browniano	$4,24 \times 10^{-10}$ $5,01 \times 10^{-10}$	[Perrin, 1911] [Fletcher, 1911]
Teoria da radiação	$4,69 \times 10^{-10}$	[Planck, 1913]
Medidas com raios X	$4,806 \times 10^{-10}$	[Bearden, 1931]

Combinando-se os resultados dos experimentos de Thomson e Millikan, obtém-se o seguinte valor para a massa do elétron:

$$m = \frac{(e)_{\text{Millikan}}}{(e/m)_{\text{Thomson}}} = 9{,}11 \times 10^{-31} \text{ kg}$$

Millikan dedicou grande parte da sua vida científica à determinação da carga do elétron. A Tabela 8.5 mostra a evolução e o aperfeiçoamento de suas medidas durante pouco mais de duas décadas.

Tabela 8.5: Evolução dos valores encontrados por Millikan para a carga do elétron

Ano	$e\,(10^{-10}\,\text{statC})$
1909	4,65
1910	4,891
1913	$4{,}774 \pm 0{,}009$
1917	$4{,}774 \pm 0{,}005$
1930	$4{,}770 \pm 0{,}005$

Resta compreender, teoricamente, a origem da quantização da carga elétrica. Apenas uma tentativa será mencionada aqui, ligada à existência de *monopolos magnéticos*. Classicamente, seriam partículas hipotéticas que existiriam de forma análoga às partículas eletricamente carregadas, às quais estariam associadas uma carga magnética g, uma densidade de carga magnética ρ_M e uma densidade de corrente magnética $\vec{j}_M$, que tornariam as equações de Maxwell simétricas com relação às fontes. Entretanto, até hoje, isso não passa de uma conjectura, pois todos os experimentos realizados no sentido de comprovar sua existência revelam que os efeitos magnéticos resultam de dipolos magnéticos, ainda que a cada novo acelerador construído, com energia maior, se continue tentando encontrá-lo.

Entretanto, cabe ressaltar um importante trabalho de Dirac, de 1931, no qual ele tenta encontrar uma explicação teórica para a quantização da carga elétrica, no âmbito da Física Quântica. Nesse trabalho ele encontra uma relação entre as cargas elétrica (e) e magnética (g) em termos da constante de Planck $\hbar$ (Capítulo 10) e da velocidade da luz, c,

$$eg = n\frac{\hbar c}{2}$$

sendo $n = 1, 2, 3, \ldots$. Assim, a quantização da carga elétrica estaria intimamente ligada à existência de um monopolo magnético.

8.1.5   Existem cargas fracionárias?

Em 1909, o físico austríaco Felix Ehrenhaft havia publicado um trabalho com medidas do que chamou de *quantum elementar de eletricidade* e, ainda nos dois trabalhos seguintes, encontrou valores que pareciam estar de acordo com os de Millikan. Contudo, posteriormente, em uma série de trabalhos, passou a sustentar ter encontrado objetos carregados com carga elétrica muito menor que a do elétron.

A partir daí, desenvolveu-se uma longa polêmica envolvendo Millikan e Ehrenhaft,[12] sobre a possibilidade de existirem submúltiplos da carga elementar do elétron. Ao analisar a polêmica, Gerald Holton levanta uma questão muito interessante, do ponto de vista da prática da pesquisa científica experimental: *quando o resultado de uma medida pode e deve ser desprezado?*

---

[12] Esta questão foi discutida também por Planck, Perrin, Einstein, Sommerfeld e outros.

Figura 8.22: Inexistência de monopolos magnéticos.

Em artigo publicado em fevereiro de 1910, Millikan fez a seguinte observação:

Deixei de lado uma observação incerta e não reproduzida, aparentemente sobre uma gota carregada isoladamente, da qual resultaria um valor de carga cerca de 30% inferior ao valor final de 'e'.

Embora pareça – excetuando-se Ehrenhaft – que todos concordem que o problema tenha sido fruto de um erro de medida, na realidade, essa discussão expôs o tênue limite entre a aceitação e a rejeição de dados obtidos em um experimento. Tal decisão pode ser essencial para a conclusão de uma investigação científica, ou mesmo para a descoberta de um novo fenômeno, e depende da metodologia, das convicções e da ética dos pesquisadores envolvidos.

Por outro lado, a Física de Partículas (Capítulo 17) propõe a existência de *quarks* com cargas elétricas fracionárias, com módulos iguais a 1/3 ou 2/3 da carga do elétron.

Então, existem ou não as cargas fracionárias?

Pode-se citar, como exemplo da busca experimental de cargas fracionárias após a introdução do conceito de *quarks*, o artigo de 1968, de David Rank, que utiliza técnicas de espectroscopia ultravioleta e a das gotas de óleo. Como não foi observado nenhum efeito, o autor concluiu que, no caso das gotas de óleo, a densidade de *quarks* é muito pequena, 10^{-20} *quarks*/núcleon. Em 1997, L. Saminadayer, D.C. Glattli, Y. Jin e B. Etienne reportaram a observação de uma carga fracionária $e/3$.

8.1.6 O modelo de Drude

Três anos após a descoberta do elétron, o físico alemão Paul Drude propõe um modelo fenomenológico para explicar a condução elétrica e a condutividade térmica dos metais, partindo da hipótese de que eles podem ser tratados como um gás de partículas carregadas e, assim, utilizando os resultados da Teoria Cinética dos Gases. Esse foi o primeiro trabalho capaz de calcular quantidades associadas a sólidos macroscópicos, a partir de uma concepção microscópica da constituição da eletricidade e da matéria.

Drude considerou o metal um gás eletricamente neutro como um todo, mas formando um "mar" de partículas livres carregadas negativa e positivamente. Uma outra hipótese, mais forte e restritiva, foi supor que todas as partículas carregadas de um mesmo tipo tivessem a mesma velocidade média, de acordo com a distribuição de Maxwell-Boltzmann.

Na presença de um campo elétrico uniforme (E), cada partícula carregada adquire uma componente de velocidade na direção do campo. No sentido do campo, para as partículas positivamente carregadas, e no sentido oposto ao campo, no caso das negativas.

Segundo a Teoria Cinética, entre duas colisões sucessivas com as outras partículas do metal, cada partícula de um tipo i desloca-se de uma distância da ordem de seu livre caminho médio (ℓ_i). Uma vez que entre cada colisão a aceleração é constante, o valor médio da velocidade de cada tipo de partícula de massa m_i e carga q_i será dado por

$$\langle v_i \rangle = \frac{1}{2}\frac{q_i}{m_i}E\,\tau_i$$

na qual τ_i, denominado tempo de relaxação, é igual ao intervalo de tempo entre colisões sucessivas.

Assim, a densidade de corrente (J) total é dada por

$$J = \sum_i n_i q_i \langle v_i \rangle = \left(\sum_i \frac{n_i q_i^2 \tau_i}{2m_i}\right)E \tag{8.11}$$

sendo n_i o número de partículas do tipo i por unidade de volume.

A proporcionalidade entre a densidade de corrente e o campo elétrico, dada pela equação (8.11), expressa a lei de Ohm, por meio da qual se obtém a condutividade elétrica (σ) do metal

$$\sigma = \sum_i \frac{n_i q_i^2 \tau_i}{2m_i} \tag{8.12}$$

O tempo de relaxação τ_i pode ser eliminado da equação (8.12), expressando-o em termos do livre caminho médio ℓ_i e da velocidade média $\langle v_i \rangle$ das partículas de tipo i, ou seja,

$$\tau_i = \frac{\ell_i}{\langle v_i \rangle}$$

Logo, a contribuição do modelo de Drude à condutividade elétrica dos metais, devido às partículas negativas e positivas, é

$$\sigma = \sum_i \frac{n_i q_i^2 \ell_i}{2m_i \langle v_i \rangle} \tag{8.13}$$

Fazendo o mesmo tipo de consideração sobre os constituintes elementares do metal, Drude determinou sua condutividade térmica, κ – definida pela lei de Fourier, equação (5.20) –, encontrando

$$\kappa = \sum_i \frac{1}{3}c_i \langle v_i \rangle^2 \tau_i \tag{8.14}$$

sendo $c_i = (3/2)n_i k$ o calor específico associado às partículas do tipo i. Novamente eliminando τ_i e c_i da equação (8.14), obtém-se

$$\kappa = \sum_i \frac{k}{2}n_i \langle v_i \rangle \ell_i \tag{8.15}$$

Das equações (8.13) e (8.15), no caso em que todas as massas e as cargas de todas as partículas possuem, respectivamente, as mesmas magnitudes, $m_i = m$ e $q_i = e$, obtém-se a razão

$$\frac{\kappa}{\sigma} = \frac{mk\langle v \rangle^2}{e^2} \tag{8.16}$$

Segundo a Teoria Cinética, para um sistema de partículas em equilíbrio térmico à temperatura T, a velocidade média quadrática das partículas é dada por

$$\langle v^2 \rangle = \frac{3kT}{m} \simeq \langle v \rangle^2$$

em que k é a constante de Boltzmann.

Assim, Drude chegou à razão[13]

$$\frac{\kappa}{\sigma} = 3 \left(\frac{k}{e}\right)^2 T \tag{8.17}$$

que é um resultado muito próximo ao da lei estabelecida empiricamente, em 1853, pelos químicos alemães Gustav Heinrich Wiedemann e Johann Carl Rudolf Franz, até então sem uma explicação teórica.

Como o resultado para a razão κ/σ só depende de duas constantes fundamentais, além da temperatura, isso significa que o modelo de Drude prevê que essa razão seja a mesma para todos os metais. Embora isso não seja verdade, não deixa de ser uma boa aproximação, comparando-se com os resultados experimentais conhecidos na época.

O modelo de Drude foi, mais tarde, aperfeiçoado por Lorentz, que partiu de três novas premissas:

- todas as partículas negativas móveis são, na verdade, um único tipo de elétron, comum a todos os metais;

- todos os elétrons são descritos pela distribuição de velocidades de Maxwell em equilíbrio;

- as partículas positivamente carregadas permanecem fixas na matéria.

Lorentz chegou a referir-se ao modelo de Drude-Lorentz como um bom começo para se compreender as propriedades elétricas e térmicas de um cristal. Mesmo sem se ater aos detalhes do modelo e de seus problemas, o que é importante destacar, do ponto de vista histórico, é que ele foi um marco na Física do Estado Sólido e expandiu o horizonte da visão corpuscular da eletricidade e da matéria. Em particular, a descrição, ainda que aproximada, da *lei de Wiedemann-Franz* pôde evidenciar que tanto o transporte de calor como o de eletricidade nos metais envolviam deslocamentos de elétrons livres nesses corpos.

Apesar do sucesso que o modelo de Drude-Lorentz teve, ele não foi capaz de prever, separadamente, os valores de κ e de σ, nem de explicar, como enfatizou o próprio Lorentz, em 1915, por que o movimento térmico dos elétrons nos metais não contribui para os calores específicos dos sólidos (Seção 10.3.2).

8.1.7 As primeiras teorias do elétron

O primeiro modelo do elétron foi o de uma esfera rígida com distribuição de carga esfericamente simétrica, proposto em 1902 pelo físico alemão Max Abraham, e elaborado por ele em um longo artigo publicado no ano seguinte. Esse foi o primeiro passo para um debate duradouro sobre a natureza do elétron e de suas interações, que deu margem a uma série de conjecturas, modelos e teorias, até que se desenvolvesse uma Teoria Quântica Relativística capaz de descrever o elétron e suas interações com o campo eletromagnético, a *Eletrodinâmica Quântica*. Para ilustrar a beleza e a riqueza desse embate de ideias, pode-se apresentar, de maneira muito geral, um problema que interessou físicos do porte de Lorentz, Max Born, Dirac e outros, além dos brasileiros Mario Schenberg e José Leite Lopes: o *elétron puntiforme*.

Supondo, como fez Abraham, que a carga do elétron se encontra distribuída simetricamente em uma esfera de raio a, sua densidade de energia de repouso, associada ao campo eletrostático no vácuo, seria dada, como visto na Seção 5.6.4, pela equação

$$u_{\text{em}} = \frac{1}{8\pi} \left(E^2\right) = \frac{1}{8\pi} \frac{e^2}{r^4} \tag{8.18}$$

---

[13]O fator numérico correto para essa razão é igual a 3/2.

Neste caso, a energia total seria

$$U_{\text{em}} = \frac{4\pi}{8\pi} \int_a^\infty \left(\frac{e^2}{r^2} \right) \, dr = \frac{1}{2} \frac{e^2}{a} \tag{8.19}$$

Considerando que essa energia é a energia de repouso do elétron, a relação entre o raio, a massa e a carga do elétron diferia apenas de um fator $1/2$ da estimativa de Thomson, dada por

$$a = \frac{e^2}{2mc^2} \simeq 10^{-13} \text{ cm}$$

Mesmo considerando-se as menores dimensões espaciais sondadas até hoje em Física de Partículas ($\simeq 10^{-18}$ m), nunca houve qualquer evidência de que o elétron não fosse puntiforme. Ora, se isso é verdade, deve-se tomar o limite de $a \to 0$ na equação (8.19), o que daria uma energia infinita. Portanto, a energia de formação do elétron, ou sua massa (Seção 6.6.2), deveria ser infinita. É necessário, portanto, buscar alternativas para se evitar essa divergência na teoria clássica do elétron.

Uma possibilidade seria modificar as equações de Maxwell, já que nessa teoria o elétron é visto como algo *a priori*. De fato, as fontes e correntes nas equações de Maxwell são quantidades fenomenológicas. A primeira tentativa de derivar a existência de partículas elementares carregadas (no caso elétrons) de uma teoria clássica de campos foi feita pelo físico alemão Gustav Mie. Seu propósito era alterar as equações e o tensor *momentum*-energia da Eletrodinâmica de Maxwell-Lorentz de tal forma que a repulsão coulombiana no interior do elétron fosse equilibrada por outras forças, também de natureza elétrica, mas imperceptíveis fora da região da partícula.

Esse tipo de abordagem foi seguido também por Max Born, que propôs uma teoria não linear, que continha um novo parâmetro de escala, a qual se reduzia à Eletrodinâmica usual de Maxwell em um certo limite, assim como a dinâmica galileana de uma partícula livre pode ser obtida da dinâmica relativística no limite $v \ll c$. Em outros trabalhos com o físico polonês Leopold Infeld, essa nova Eletrodinâmica, também construída com campos vetoriais analogamente à de Maxwell, foi aprimorada e deduzida formalmente a partir de princípios de simetria bem gerais, como as invariâncias espaço-temporais, sendo conhecida na literatura como *Eletrodinâmica de Born-Infeld*. Hoje em dia, o interesse por esse tipo de teoria tem sido revivido no âmbito da Gravitação. Mas, na época, uma das preocupações de Born era mostrar que era possível, seguindo o sonho de Abraham, ter uma origem eletromagnética para a massa do elétron, bem como calcular esse valor. Feito o cálculo da energia eletrostática dessa teoria, que resulta em uma quantidade finita, ela foi igualada à expressão relativística da energia de repouso, $\epsilon_0 = mc^2$. Entretanto, esse valor da massa depende da nova constante de escala introduzida na teoria, que não é medida, mas estimada.

Outra ideia interessante sobre o elétron foi cogitada em 1948 pelo físico holandês Hendrik Casimir. Antes, porém, é melhor descrever o que é o *efeito Casimir*. Este efeito refere-se a uma força de atração muito tênue que aparece entre duas placas planas metálicas não carregadas colocadas no vácuo, separadas de uma distância da ordem de mícrons. Essa força, prevista por Casimir em 1948, foi verificada experimentalmente por outro físico holandês, Marcus Sparnaay, em 1958. A causa desse efeito são as flutuações do vácuo quântico (Capítulo 16) do campo eletromagnético entre as placas. Aproveitando essa ideia, Casimir fez a conjectura de que uma força dessa natureza poderia contrabalançar a força de repulsão coulombiana no interior do elétron. Entretanto, partindo de um modelo muito ingênuo para o que seria o elétron, encontrou uma *força de Casimir* também repulsiva. Em 1999, mostrou-se, a partir de um modelo diferente para o elétron, um pouco mais realista, com outras condições de contorno em sua superfície, que é possível se obter uma força de Casimir *atrativa*, sugerindo que, talvez, a intuição de Casimir estivesse correta.

Só a título de conclusão, é preciso afirmar que mesmo a solução técnica encontrada na Eletrodinâmica Quântica para resolver o problema da autoenergia do elétron – a chamada *renormalização da massa* – não está livre de críticas. Dirac, por exemplo, assim se refere a esse problema:

> *Podemos dizer que a massa do elétron, que se coloca inicialmente nas equações, não é a mesma que a massa observada. Então, quando levamos em conta a interação do elétron com o campo eletromagnético, a interação muda a massa e dá a ela um valor diferente daquele do parâmetro de massa original nas equações de movimento. Agora, é uma ideia física bastante razoável se a variação na massa é pequena ou, mesmo se ela não é pequena, se ela é finita. No entanto, é muito difícil atribuir um sentido a isso quando a variação da massa é infinitamente grande.*

Mais adiante, declarando-se insatisfeito com a teoria, embora a maioria não esteja, por "jogar fora" termos infinitos de forma arbitrária, Dirac conclui sua crítica de modo enfático, dizendo que *uma matemática sensível envolve desprezar uma quantidade quando ela resulta pequena – não desprezá-la porque ela é infinitamente grande e você não a deseja!* Pode-se, portanto, concluir que as origens da massa e da carga dos elétrons são ainda problemas em aberto na Física de Partículas e na Teoria de Campos.

8.2   A descoberta dos raios X

> *Outra diferença muito marcante entre o comportamento dos raios catódicos e os raios X reside no fato de (...) eu não ter obtido uma deflexão dos raios X por um ímã, mesmo com campos magnéticos muito intensos.*
>
> Wilhelm Röntgen

8.2.1   Uma janela indiscreta: os raios X

Uma outra descoberta que resultou do estudo empírico envolvendo os tubos de raios catódicos foi a dos raios X, pelo alemão Wilhelm Röntgen, quando os físicos começaram a se perguntar se os raios catódicos se propagariam fora dos tubos.

Em 1894, Lenard, então assistente de Hertz, idealizou o aparato mostrado esquematicamente na Figura 8.23, com o qual estudou o que acontecia com os raios catódicos ao se propagarem no ar, fora do tubo.

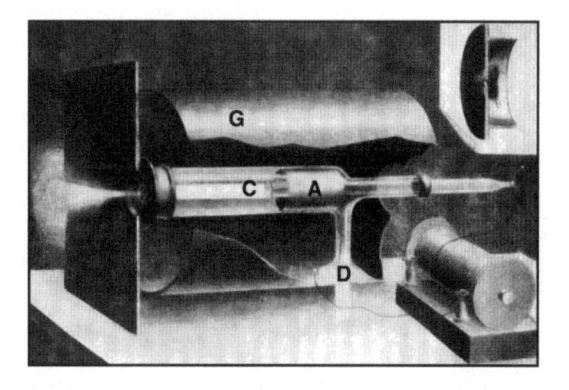

Figura 8.23: Esquema do aparato de Lenard que consiste em um anodo cilíndrico de latão (A), um catodo de alumínio com um orifício de 1,7 mm de diâmetro em uma lâmina cuja espessura é de 3 milésimos de milímetro (C), uma saída para a bomba de vácuo (D), tudo envolto em uma caixa metálica (G).

Com esse dispositivo, Lenard pôde observar que os raios catódicos se propagavam até uma distância de poucos centímetros do tubo, não apenas no ar, mas também em outros gases. Verificou, ainda, que os raios eram capazes de impressionar chapas fotográficas e de tornar fluorescentes certos materiais, como, por exemplo, o platino-cianeto de bário ($Ba\ Pt\ (CN)_4.4H_2O$), sólido cristalino que apresenta tonalidades verde e amarela conforme a incidência de luz que o ilumina.

Foi utilizando um tubo de Lenard que Röntgen se propôs a estudar, em novembro de 1895, a fluorescência de certas substâncias.[14]

Para eliminar efeitos indesejáveis, Röntgen introduziu o tubo com o qual trabalharia em uma caixa de papelão preto, de modo a bloquear raios visíveis e ultravioleta provenientes do tubo. Desse modo, apenas os raios catódicos passariam pela janela de Lenard, sendo colimados para a direção dos objetos contendo as substâncias fluorescentes. Com a sala completamente escura, Röntgen observou que um cartão coberto por uma solução de platino-cianeto de bário estava iluminado. Entretanto, os raios catódicos se propagam no ar por apenas alguns poucos centímetros, e o cartão alvejado estava localizado a muito mais do que isso; cerca de 2 m.

Com o tubo isolado, qual seria a origem da fluorescência? Mais surpreendente ainda foi o fato de que o papel não estava na linha do feixe de raios catódicos. O que provocava, então, aquela luminescência? Intrigado e perplexo com sua origem desconhecida, Röntgen deu a esses raios o nome provisório de raios X – baseado na letra normalmente atribuída à incógnita de um problema a resolver – nome este que passou a ser definitivamente adotado.

Ao contrário dos raios catódicos, os raios X não são desviados por campos eletromagnéticos; entretanto, Röntgen verificou, mais tarde, o poder de penetração desses raios e compreendeu que o seu centro de irradiação em todas as direções é o lugar da parede do tubo de raios catódicos onde a fluorescência é mais forte. Os raios X são, portanto, produzidos pelos raios catódicos ao colidirem com as paredes do tubo de vidro.

Apesar de absorvidos e bloqueados por finas folhas metálicas, os raios X possuíam um poder de penetração em materiais como a madeira e o papel muito maior que qualquer onda eletromagnética conhecida. Essa propriedade é que permitiu a radiografia dos ossos do corpo humano, uma vez que, enquanto os tecidos e os nervos são facilmente atravessados por raios X, os ossos, por conterem cálcio (Ca), são suficientemente opacos para produzir sombras em uma placa fotográfica. Assim, praticamente dois meses depois da descoberta de Röntgen, foi tirada a primeira radiografia (Figura 8.24), de grande impacto sobre a Medicina.

Passados dois anos da descoberta de Röntgen, ainda se discutia sobre a natureza dos raios X. Alguns físicos de prestígio, como Stokes e Thomson, haviam concluído que *os raios de Röntgen não são ondas de comprimento de onda muito pequeno, mas impulsos*.[15] Rayleigh surpreende-se com essa afirmativa argumentando:

> *Se ondas curtas são inadmissíveis, ondas longas são ainda mais inadmissíveis. O que seria, então, do teorema de Fourier e sua asserção de que qualquer distúrbio pode ser analisado em ondas regulares?*

E, mais adiante, completa sua defesa da visão ondulatória com a frase:

> *O comportamento peculiar da radiação com relação à difração e à refração deve ser atribuído meramente aos comprimentos de onda extremamente pequenos que compõem [os raios X].*

---

[14] Alguns autores afirmam que Röntgen teria utilizado inicialmente um tubo de Hittorf, destinado originalmente a estudar o efeito calorífico dos raios catódicos sobre lâminas delgadas. Para tanto, Hittorf havia substituído o catodo plano por uma superfície metálica côncava em cujo foco colocava a lâmina a ser examinada. O próprio Röntgen, em seu artigo original, cita que utilizou um desses tubos. Entretanto, há quem afirme que problemas com esse tubo teriam forçado Röntgen a fazer uso de um tubo de Lenard. A isso somam-se disputas entre esses dois cientistas sobre a autoria da descoberta dos raios X, o que torna muito difícil estabelecer a verdade acerca desse detalhe histórico de qual equipamento foi utilizado.

[15] Partículas que não seriam eletricamente carregadas.

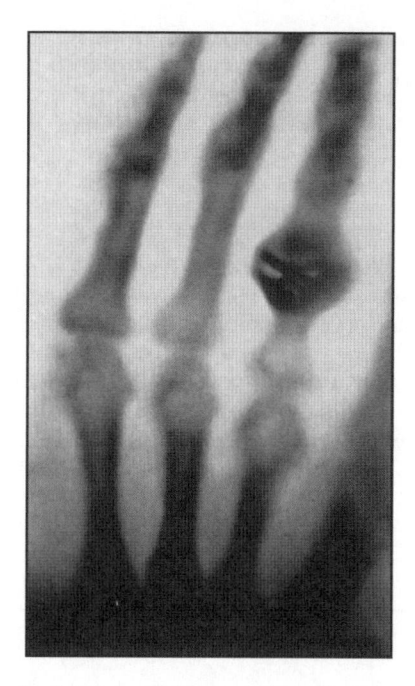

Figura 8.24: A primeira radiografia tirada por Röntgen da mão do professor de anatomia, A. Köllicker.

É essa visão de Rayleigh que se mostrará de acordo com um conjunto de observações experimentais.

Os tubos modernos de raios X foram desenvolvidos pelo americano Willian David Coolidge; neles é feito alto vácuo no interior do tubo (Figura 8.25), e os elétrons são emitidos por um filamento aquecido (C), em geral de tungstênio (W), até um anodo (A) resfriado, normalmente de cobre (Cu), molibdênio (Mo) ou tungstênio. A pressão no interior do tubo é tão baixa que o gás é envolvido na produção de raios X.

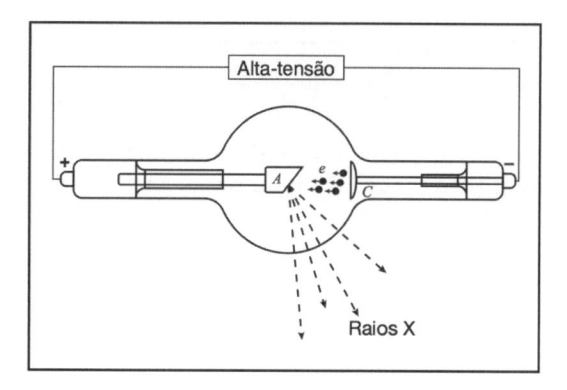

Figura 8.25: Esquema de um tubo moderno de raios X, ou tubo de Coolidge.

8.2.2   A difração de raios X e a lei de Bragg

Para os sentidos do homem, os raios X são raios invisíveis, bem mais penetrantes que os raios catódicos, e capazes de atravessar o papel e a madeira, e até o corpo humano. Nenhuma descoberta foi tão imediatamente explorada como os raios X. Já por volta de 1896, eram largamente utilizados para diagnósticos médicos nos principais hospitais da Europa.

No entanto, apesar de os experimentos do inglês Charles Glover Barkla, em 1905, sobre a polarização dos raios X, indicarem que a propagação desses raios se daria por uma perturbação transversal,[16] a

---

[16] Conforme a relação entre a direção de propagação de uma onda e aquela em que ocorre a variação da propriedade perturbada do meio, a onda é dita *transversal* ou *longitudinal*.

concepção ondulatória dos raios X só foi reforçada em 1912, quando von Laue propôs o experimento da difração dos raios X pela estrutura ordenada dos materiais cristalinos,[17] realizado pelos físicos experimentais alemães, alunos de von Laue, Walther Friedrich e Paul Knipping.

Uma vez que os primeiros experimentos com raios X estabeleceram que seus comprimentos de onda seriam da ordem de décimos de angstrom ($\sim 10^{-9}$ cm), enquanto o espaçamento interatômico em um sólido seria da ordem de 1 Å (10^{-8} cm), ocorreu a von Laue que, se os raios X fossem realmente ondas eletromagnéticas, quando excitassem os átomos espacialmente ordenados de um cristal, forçando-os a oscilar, a radiação espalhada resultaria da interferência de várias fontes coerentes, devido ao arranjo atômico regular. Ou seja, um cristal serviria como uma rede de difração para os raios X.

De maneira análoga à experiência de Young, von Laue desenvolveu uma teoria elementar para explicar os padrões de difração observados e resultantes da passagem de raios X por um arranjo periódico de átomos, como uma difração de Fraunhofer. Entretanto, uma simples analogia para a difração por um cristal foi estabelecida, em 1913, pelos ingleses William Henry Bragg e William Lawrence Bragg.[18]

Considere uma onda eletromagnética que incida sobre dois átomos (A e B), separados por uma distância a, conforme a Figura 8.26.

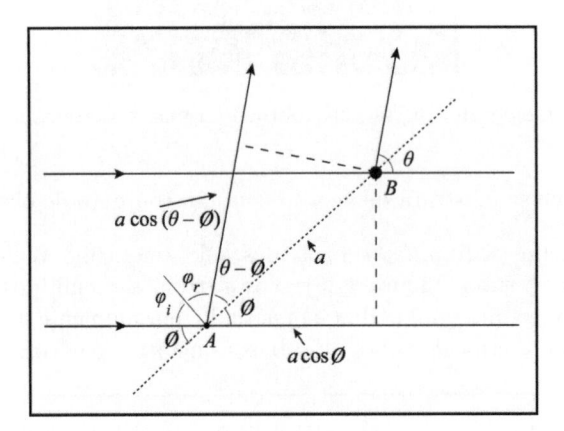

Figura 8.26: Interferência de raios X por dois átomos A e B de uma rede cristalina.

Ao serem excitados, os átomos se tornam emissores de radiação em todas as direções, tal que a diferença de marcha (δ_{AB}) das ondas originadas em A e B, na direção correspondente ao ângulo θ, é dada por

$$\delta_{AB} = a\cos\phi - a\cos(\theta - \phi) \tag{8.20}$$

Assim, se $\theta = 2\phi$, ou seja, $\delta_{AB} = 0$, haverá interferência construtiva em qualquer anteparo ou detector colocado ao longo dessa direção.

Em termos dos chamados ângulos de incidência, $\varphi_i = \pi/2 - \phi$, e de reflexão, $\varphi_r = \pi/2 - (\theta - \phi)$, a diferença de marcha (δ_{AB}) pode ser escrita como

$$\delta_{AB} = a(\operatorname{sen}\varphi_i - \operatorname{sen}\varphi_r) \tag{8.21}$$

Desse modo, a condição para a ocorrência dos máximos de difração para uma rede plana de átomos regularmente espaçados pode ser expressa por

$$\varphi_i = \varphi_r$$

ou seja, a difração de raios X pode ser vista como a reflexão de uma onda eletromagnética por um plano.

---

[17] A grande maioria dos elementos da tabela periódica exibe uma estrutura cristalina, quando sólidos.

[18] O interessante é que o pai, Henry Bragg, por ter realizado experimentos com materiais radioativos, inicialmente, era partidário da concepção corpuscular para os raios X.

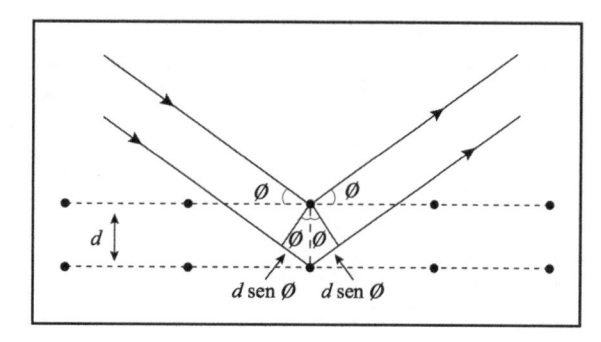

Figura 8.27: Difração de raios X pelos planos de um cristal.

Para uma rede tridimensional, cujos planos atômicos estão separados por uma distância d (Figura 8.27), interferências construtivas ocorrerão, para átomos em planos distintos, quando a diferença de marcha for um múltiplo do comprimento de onda (λ) da radiação incidente, ou seja,

$$\boxed{2d \operatorname{sen}\phi = n\lambda} \quad n = 1, 2, 3, \ldots \tag{8.22}$$

Tal relação é conhecida como *lei de Bragg*, e os planos relativos a $n = 1, 2, 3, \ldots$ correspondem a difrações de primeira, segunda, terceira, ..., n-ésima ordens.

Para um cristal tridimensional, os máximos de difração ocorrem apenas para certos ângulos de reflexão (Figura 8.28). Para $n = 1$, o ângulo é dado por $\phi_1 = \operatorname{sen}^{-1}(\lambda/2d)$, e quanto maior a ordem da difração, maior o ângulo de reflexão $\phi_n = \operatorname{sen}^{-1}(n\lambda/2d)$.

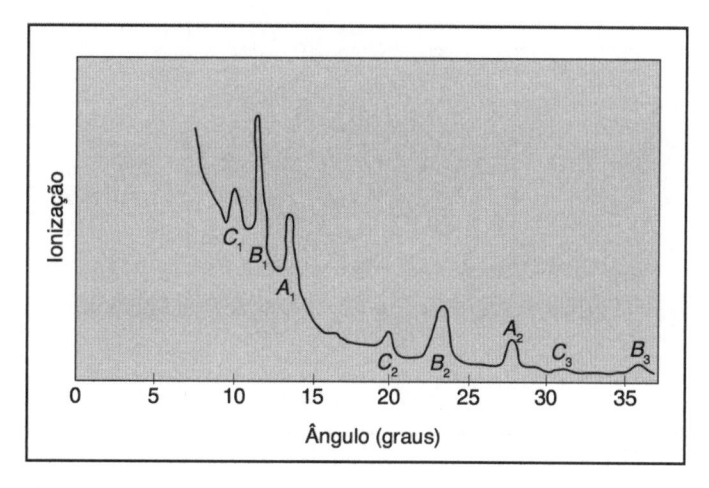

Figura 8.28: Primeiro espectro de raios X obtido por Bragg.

Desse modo, ao incidir um feixe de raios X não monocromáticos, com vários comprimentos de onda, segundo uma dada direção, pode-se imaginar o cristal como um arranjo de planos atômicos distintos (Figura 8.29).

Uma vez que a direção do feixe incidente é fixa, existem poucos planos paralelos que produzem difração intensa, correspondentes a um dado comprimento de onda. Esse fato explica o pequeno número de *spots* produzidos no experimento de von Laue, Friedrich e Knipping (Figura 8.30).

Do ponto de vista experimental, uma vez conhecida a distância entre dois planos atômicos, pode-se calcular o comprimento de onda dos raios X que proporciona um máximo e vice-versa, utilizando raios X de comprimentos de onda conhecidos, podem-se calcular as distâncias interatômicas em um cristal. Assim é que as estruturas dos sólidos cristalinos foram precisamente determinadas, nos primórdios da Física do Estado Sólido. A título de exemplo, pode-se mostrar um esquema da estrutura do sal ($NaCl$) conforme desenho do final do século XIX.

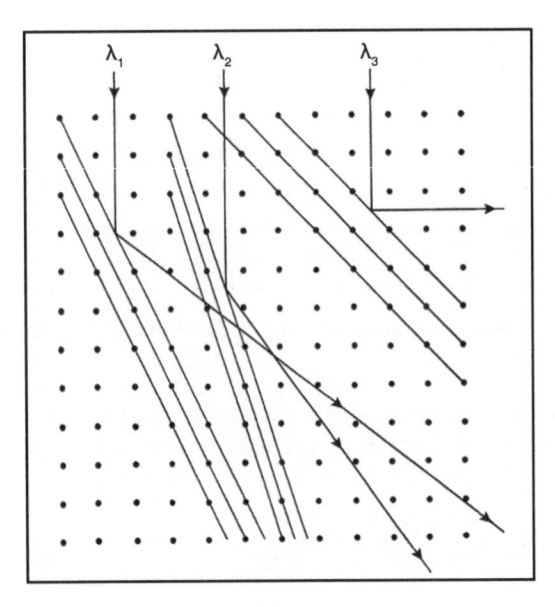

Figura 8.29: Difração de raios X de diversos comprimentos de onda por planos de um cristal.

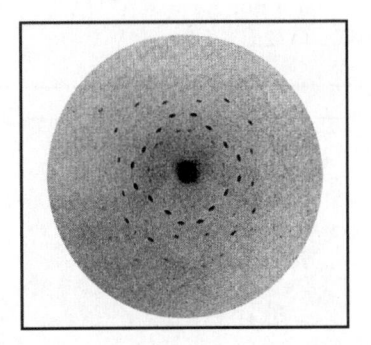

Figura 8.30: Típico padrão de difração de raios X.

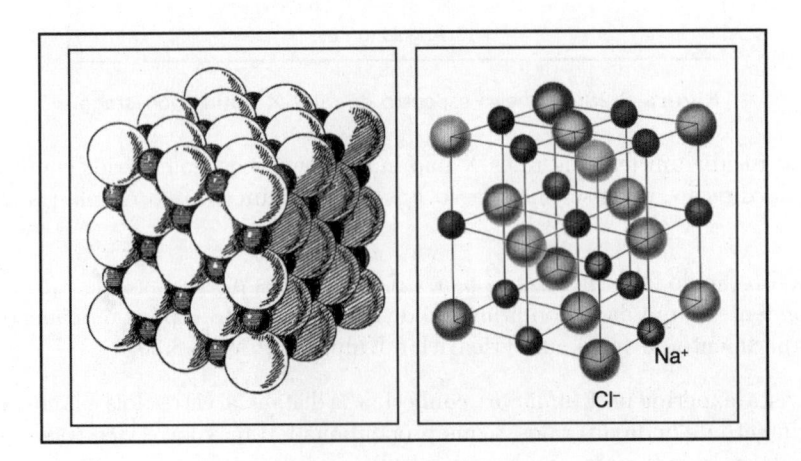

Figura 8.31: Esquema de um cristal de sal: à esquerda, representação do final do século XIX e, à direita, uma mais recente.

Sabe-se, a partir das técnicas de raios X, que os átomos de `Na` e `Cl` estão alternadamente nos vértices de um cubo e a distância entre os planos atômicos (faces do cubo) é $d = 2{,}826$ Å.

Esta foi uma importante contribuição do estudo dos raios X à Cristalografia e à consolidação do atomismo científico. Do ponto de vista atomista, a matéria em estado cristalino seria, como já visto, um arranjo regular de átomos e moléculas dispostos em camadas. Do ponto de vista matemático, pode-se mostrar que o número de formas possíveis para os cristais é bastante limitado. Mais precisamente, existem 32 "classes de cristais" diferentes previstas, definidas por diferentes propriedades de simetria. Se, por um lado, isto confirma a "lei dos índices racionais" descobertas pelos mineralogistas, por outro, o fato de *todas* as 32 classes serem encontradas na natureza, não havendo evidências experimentais da existência de nenhuma classe a mais ou a menos, é mais um ponto em favor da realidade dos átomos.

Por outro lado, foi a partir de experimentos com raios X que o físico americano Arthur Holly Compton, em 1922, obteve evidências de que a radiação eletromagnética, na interação com a matéria, se comportava, em alguns casos, como se fosse constituída de feixes de partículas que obedeciam às leis de conservação relativísticas do *momentum* e da energia (Capítulo 10).

8.2.3 Medida do número de elétrons

Charles Barkla, aluno de J.J. Thomson, já havia descoberto, em 1904, que os raios X podiam ser parcialmente polarizados. A partir desse ano, dedicou-se a determinar experimentalmente o número de elétrons de átomos leves, valendo-se do espalhamento de raios X pela matéria. Já se mostrou (Seção 3.3.2) que, medindo-se a atenuação de um feixe homogêneo após atravessar uma espessura finita x do alvo, pode-se determinar a seção de choque de absorção, σ. Vice-versa, se a seção de choque for conhecida, pode-se determinar o número n de partículas-alvo por unidade de volume. Assim, Barkla considerou, em 1904, a possibilidade de medir indiretamente o número de elétrons dos átomos-alvo, medindo a atenuação dos raios X espalhados por esses elétrons, seguindo uma sugestão de Thomson. Para isso, usa-se a equação (3.47),

$$\frac{I}{I_0} = e^{-n\sigma x} \tag{8.23}$$

O número de átomos por volume, n', é dado por

$$n' = \frac{N_A m'}{AV} = \frac{N_A}{A}\rho'$$

na qual N_A é o número de Avogadro, m', a massa do átomo e ρ', a densidade atômica. Supondo-se ainda que cada átomo dispõe de z elétrons livres, que serão considerados os centros espalhadores, tem-se

$$n = zn' = z\frac{N_A}{A}\rho'$$

Tomando-se o logaritmo da equação (8.23), obtém-se

$$n = \frac{1}{\sigma x}\ln\left(\frac{I_0}{I}\right) = z\frac{N_A}{A}\rho'$$

ou

$$z = \frac{A}{\sigma x N_A \rho'}\ln\left(\frac{I_0}{I}\right)$$

Nesse caso, Barkla tomou para a seção de choque σ a fórmula de Thomson, equação (5.51),

$$\sigma = \frac{8\pi}{3}\left(\frac{e^2}{mc^2}\right)^2$$

obtendo, assim,

$$z = \frac{3m^2 c^4 A}{8\pi e^4 N_A} \times \underbrace{\frac{1}{x\rho'}\ln\left(\frac{I_0}{I}\right)}_{F}$$

Para o coeficiente F, Barkla encontrou, exceto para o hidrogênio, o valor 0,2. Portanto, seu resultado conduz à expressão

$$z = \left(\frac{3m^2 c^4}{40\pi e^4 N_A} \right) A \tag{8.24}$$

Somente em 1911, dispondo de valores mais precisos para todas as constantes físicas envolvidas no coeficiente da equação (8.24), Barkla pôde mostrar que, para átomos leves, se encontra a seguinte relação entre o número de elétrons e o número de massa A:

$$z \simeq \frac{1}{2} A \tag{8.25}$$

8.2.4 Moseley e os espectros de raios X

Henry Moseley fez um estudo sistemático dos espectros de raios X no biênio 1913-14, utilizando 38 elementos químicos diferentes como alvo. Neste período observou que os espectros de linhas emitidas por esses elementos correspondiam a dois tipos de séries, identificadas com os tipos K e L da radiação fluorescente característica previamente observada por Barkla e Charles Albert Sadler.[19]

Como não havia na época um método geral de análise espectral, os tipos característicos de raios X que um dado átomo emite quando devidamente excitado por uma fonte externa eram, até então, descritos em termos da absorção desses raios pelo alumínio (Al). Sendo assim, e com base no sucesso dos trabalhos de W.H. Bragg e W.L. Bragg já mencionados, Moseley apresenta em seu trabalho, publicado em 1913, um método fotográfico, por meio do qual a análise dos espectros de raios X torna-se tão simples quanto a de qualquer outro ramo da espectroscopia.

Examinando em detalhes os espectros de 12 elementos com pesos atômicos entre 40 e 65, esse trabalho confirma algumas das ideias de Rutherford e de Bohr sobre a constituição atômica da matéria (Capítulos 11 e 12).

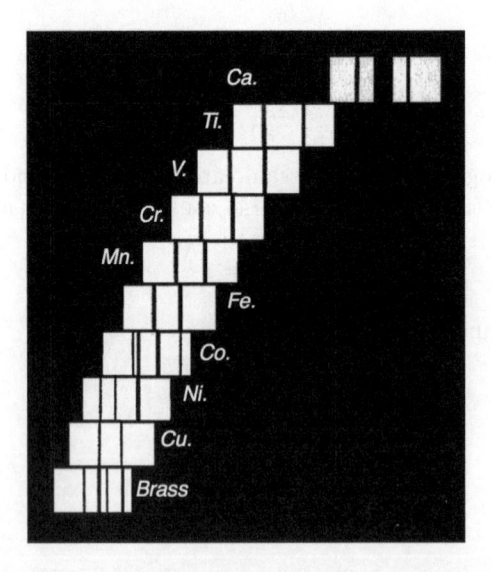

Figura 8.32: Espectros de raios X dos primeiros dez elementos estudados por Moseley.

A Figura 8.32 mostra um conjunto de fotografias das linhas de menores comprimentos de onda (série K) do espectro de raios X de dez elementos escolhidos de modo a formarem uma série contínua, com uma única exceção (entre o Ca e o Ti).

---

[19] Barkla tinha dado aos dois primeiros tipos de emissões características, correspondendo a comprimentos de ondas específicos, os nomes de série K para as emissões mais penetrantes e série L para as menos penetrantes. Mais tarde, outras séries de emissão foram observadas.

As fotografias foram ordenadas de modo que as partes que representam o mesmo ângulo de reflexão de Bragg estejam na mesma linha vertical. Note a extrema regularidade desses espectros compostos cada qual de duas linhas; cada elemento exibe um espectro idêntico ao dos demais, exceto pela escala dos comprimentos de onda que se altera. Os casos nos quais aparecem mais de duas linhas, devidas a impurezas nas amostras, sugerem que a técnica empregada por Moseley pode se constituir em um poderoso método de análise química, capaz até mesmo de descobrir novos elementos, como de fato ocorreu.

As regularidades observadas por Moseley são tão fortes que, mesmo que não se soubesse da existência do elemento escândio (Sc) entre o cálcio (Ca) e o titânio (Ti), uma simples inspeção da Figura 8.32 teria sugerido fortemente sua existência.

Examinando todos esses espectros, Moseley concluiu que a raiz quadrada da frequência ($\sqrt{\nu}$) de qualquer uma das duas linhas espectrais é praticamente proporcional ao número atômico do elemento analisado, ou seja,

$$\sqrt{\nu} = k\,(Z - \sigma) \tag{8.26}$$

na qual k e σ são duas constantes para uma dada série e Z é o número atômico. Esta é conhecida como *lei de Moseley*. Ajustando-se os valores de k e σ, a mesma equação também é válida para a série L. Embora experimentos posteriores mais precisos tenham mostrado que essa lei não é exata, ela teve importante papel na compreensão da origem dos espectros e da própria estrutura atômica (Seção 12.1.8).

8.3 Fontes primárias

Abraham, M., 1902. Prinzipien der Dynamik des Elektrons. *Physicalische Zeitschrift* **4**, p. 57-63.

Abraham, M., 1903. Prinzipien der Dynamik des Elektrons. *Annalen der Physik*, Ser. 4, **10**, p. 105-179.

Alberti, E., 1912. Neubestimmung der spezifischen Ladung lichtelektrich ausgelöster Elektronen. *Annalen der Physik* **39**, n. 16, p. 1133-1164.

Babcock, H.D., 1923. A Determination of e/m from Measurements of the Zeeman Effect. *Astrophysical Journal* **58**, p. 149-163.

Barkla, C.G., 1904a. Polarization in Röntgen Radiation. *Nature* **69**, p. 463.

Barkla, C.G., 1904b. Energy of Secondary Röntgen Radiation. *Philosophical Magazine* **7**, p. 543-560.

Barkla, C.G., 1911. Note on the Energy of Scattered X-Radiation. *Philosophical Magazine* **21**, p. 648-652.

Bearden, J., 1931. Absolute Wave-length of the Cu and Cr K-Series. *Physical Review* **37**, n. 10, p. 1210-1229.

Begeman, L., 1910. An Experimental Determination of the Charge of an Electron by the Cloud Method. *Physical Review*, Series I, n. 1, **31**, p. 41-54.

Bragg, L., 1912. The Diffraction of Short Electromagnetic Waves by a Crystal. *Proceedings of Cambridge Philosophical Society* **17**, p. 43-57.

Bucherer, A.H., 1905. Das deformierte Elektron und die Theorie des Elektromagnetismus. *Physikalische Zeitschrift* **6**, p. 833-834.

Bucherer, A.H., 1908a. *Verhandlungen der Deutschen physikalischen Gesellschaft* **6**, p. 688.

Bucherer, A.H., 1908b. Messungen an Becquerelstrahlen. Die experimentelle Bestätigung der Lorentz-Einsteinschen Theorie. *Physikalische Zeitschrift* **9**, p. 755-762.

Bucherer, A.H., 1909. Die experimentelle Bestatigung des Relativitatsprinzips. *Annalen der Physik* **29**, n. 3, p. 513-536.

Busch, H., 1922. Eine neue Methode zur e/m-Bestimmung. *Physikalische Zeitschrift* **23**, p. 438-439.

Casimir, H.B.G., 1948. On the attraction between two perfectly conducting plates. *Verhandelingen der Koninkllijke Akademie Nederlandse van Wetenschappen* **51**, p. 793-795.

Classen, J. 1908. "Eine Neubestimmung von ϵ/μ für Kathodenstrahlen. *Physikalische Zeitschrift* **9**, n. 22, p. 762-765.

Compton, A.H., 1919. The size and the shape of the electron: I. The Scattering of High Frequency Radiation. *Physical Review* **14**, n. 1, p. 20-43 e The size and the shape of the electron: II. The Absorption of High Frequency Radiation. *Idem*, n. 3, p. 247-259.

Coolidge, W., 1913. A Powerful Röntgen Ray Tube with a Pure Electron Discharge. *Physical Review* **2**, n. 6, p. 409-430.

Crookes, W., 1861. Early Researches on the Spectra of Artificial Light from Different Sources. *Chemical News* **3**, p. 184-185; 261-263; 303-307.

Crookes, W., 1878. On the illumination of lines of molecular pressure and the trajectory of molecules. *Proceedings of the Royal Society of London* **28**, n. 191, p. 103-111.

Crookes, W., 1879a. Contributions to molecular physics in high vacua. *Proceedings of the Royal Society of London* **28**, n. 195, p. 477-482.

Crookes, W., 1879b. Radiant matter. *Chemical News* **40**, pp. 91-93, 104-107, 127-131.

Crowther, J.A., 1907. On the Secondary Röntgen Radiation from Gases and Vapour. *Philosophical Magazine* **14**, p. 653-675.

Dirac, P.A.M., 1931. Quantised Singularities in the Electromagnetic Field. *Proceedings of the Royal Society of London A* **133**, p. 60-71.

Drude, P., 1900. Zur Elektronentheorie der Metalle. *Annalen der Physik*, Ser. 4, **1**, n. 3, p. 566-613.

Ehrenhaft, F., 1910. Ueber eine neue Methode zur Messung von Ladung die Ladung des Elektrons erheblech unsterschriten etc.. *Physikalische Zeitschrift* **11**, p. 619.

Fitz, H.C.; Good, W.B.; Kassner Jr., J.L.; Ruark, A.E., 1958. Cloud Chamber Search for Particles Ionizing Less Than an Electron. *Physical Review* **111**, n. 5, p. 1406-1416.

Fletcher, H., 1911a. A Contribution to the Theory of Brownian Movements with Experimental Applications". *Physical Review,* Series I, **32**, n. 2, p. 251.

Fletcher, H., 1911b. A Verification of the Theory of Brownian Movements and a Direct Determination of the Value of NE For Gaseous Ionization.*Physical Review,* Series I, **33**, n. 2, p. 81-110.

Fletcher, H., 1914. A Determination of Avogadro's Constant N from Measurements of the Brownian Movements of Small Oil Drops Suspended in Air. *Physical Review* **4**, Second Series, n. 5, p. 440-453.

Friedrich, W.; Knipping, P.; von Laue, M., 1912. Interferenz-Erscheinungen bei Röntgenstrahlen. *Königlich bayerischen Akademie der Wissenschaften zu München, Sitzungsberichte* **42**, p. 303-322. Reproduzido com notas adicionais em *Annalen der Physik,* Ser. 4, **41**, p. 971-988.

Goldstein, E., 1888. Über die Entladung der Elektrizität in verdünnten Gasen. *Königlisch preussischen Akademie der Wissenschaft (Berlin), Sitzungsberichte,* p. 82-124.

Henry, J., 1832. On the Production of Currents and Sparks of Electricity from Magnetism. *The American Journal of Science and Arts* **22**, p. 403-408.

Houston, W.V., 1927. A Spectroscopic Determination of e/m. *Physical Review* **30**, n. 5, p. 608-613.

Hull, A.W.; Williams, N.H., 1925. Determination of Elementary charge E from Measurements of the Shot-Effect. *Physical Review* **25**, n. 2, p. 147-173.

Kaufmann, W.; Aschkinass, E., 1897. Über die Deflexion der Kathodenstrahlen. *Annalen der Physik und Chemie,* Ser. 3, **62**, p. 588-595.

Laue, M., 1913. Röntgenstrahlinterferenzen. *Physikalische Zeitschrift* **14**, p. 1075-1079.

Lenard, P., 1894. Ueber Kathodenstrahlen in Gasen von atmosphärischem Druck und im äussersten Vakuum. *Annalen der Physik und Chemie,* Ser. 3, **51**, n. 2, p. 225-268.

Lenard, P., 1900. Erzeungung von Kathodenstrahlen durch ultraviolettes Licht. *Annalen der Physik* **2**, n. 2, p. 359-375; *Sitzungsberichte der kaiserlichen Akademie der Wissenschaft zu Wien,* S. ber., Oct. 19th, 1899.

Lorentz, H.A., 1904-1905. The Motion of electrons in metallic bodies, I-III. Artigos publicados *in Proceedings of Koninklijke Nederlandse Akademie van Wetenschappen te Amsterdam* **7**, p. 438-453, p. 585-593 e p. 684-691, respectivamente.

Millikan, R.A., 1910. A New Modification of the Cloud Method of Determining the Elementary Electrical Charge and the Most Probable Value of that Charge. *Philosophical Magazine,* S. 6, **19**, n. 110, p. 209-228.

Millikan, R.A., 1911. The Isolation of an Ion, a Precision Measurement of its Charge, and the Correction of Stockes's Law. *Physical Review,* Series I, **32**, n. 4, p. 349-397. Primeira medida conclusiva da carga elétrica.

Millikan, R.A., 1913. On the Elementary Electrical Charge and the Avogadro Constant. *Physical Review* **2**, Series 2, n. 2, p. 109-143. Primeira medida precisa da carga do elétron e da constante de Avogadro.

Millikan, R.A., 1916a. The Existence of a Subelectron?. *Physical Review* **8**, n. 6, p. 595-625.

Millikan, R.A., 1916b. Radiation and Atomic Structure. Presidential Address delivered at the New York Meeting of the Physical Society, December 27, 1916, publicado em *Physical Review* **10**, n. 2, p. 194-213 (1917).

Millikan, R., 1917. A New Determination of e, N and Related Constants. *Philosophical Magazine* **34**, n. 6, p. 1-30.

Millikan, R., 1930. The most probable 1930 values of the electron and related constants. *Physical Review* **35**, n. 10, p. 1231-1237.

Millikan R.A.; Fletcher, H., 1911. The Question of Valency in Gaseous Ionization. *Physical Review,* Series I, **32**, n. 2, p. 239.

Moseley, H.G.J. 1913. The High-Frequency Spectra of Elements. *Philosophical Magazine* **26**, p. 1024-1034.

Moseley, H.G.J. 1914. The High-Frequency Spectra of Elements, Part II. *Philosophical Magazine* **27**, p. 703-713.

Perrin, J., 1895. Nouvelles propriétés des rayons cathodiques. *Comptes Rendus* **121**, p. 1130-1134.

Perrin, J., 1896. New Experiments on the Kathode Rays. *Nature* **53**, p. 298-299.

Perrin, J., 1909. Mouvement Brownien et Réalité Moléculaire. *Annales de Chemie et Physique,* 8e série, **18**, p. 1-114.

Perrin, J., 1911. Les déterminations de grandeurs moléculaires. *Comptes Rendu* **152**, p. 1165.

Plücker, J. von, 1859. Ueber die Constitution der elektrischen Spektra der Verschiedenen Gase und Dämpfer. *Annalen der Physik und Chemie* **107**, Ser. 2, p. 497-539.

Rayleigh, Lord, 1898. Röntgen Rays and Ordinary Light. *Nature* **57**, p. 607.

Regener, E, 1909 *Königlich preussischen Akademie der Wissenschaften (Berlin). Sitzungsberichte* **37**, p. 948.

Röntgen, W.C., 1895. Über eine neue Art von Strahlen Vorläufige Mittheilung. *Sitzunsgberichte Physik-med. Gesselschaften Würzburg* **137** (dec. 1895).

Röntgen, W.C., 1896. On a new kind of rays. *Nature* **53**, n. 1369, p. 274-277.

Roux, J., 1911. La charge de l'electron. *Comptes Rendus* **152**, p. 1168-1169.

Sparnaay, M.J., 1958. Measurements of Attractive Forces Between Flat Plates. *Physica* **34**, p. 751-764.

Starke, H., 1903. Die magnetische und elektrische Ablenkbarkeit reflektierter und von dünne Metallblättchen hindurchgelassener Kathodenstrahlen. *Vehrandlungen der Deutschen Physikalischen Gesellschaft* **5**, p. 14-22. Medida da razão e/m.

Stokes, G.G., 1897. On the Nature of the Röntgen Rays. *Memoirs and Proceedings of the Manchester Literary and Philosophical Society* **XLI**, p. 1-28.

Stoney, G.J., 1898. Evidence that Röntgen rays are ordinary light. *Philosophical Magazine* **45**, p. 532-536.

Stover, R.W.; Moran, T.I.; Trischka, J.W.,1967. Search for an Electron-Proton Charge Inequality by Charge Measurements on an Isolated Macroscopic Body. *Physical Review* **164**, n. 5, p. 1599-1609.

Thomson, J.J., 1897a. Cathode Ray. *Philosophical Magazine,* S. 5, **44**, p. 293-316.

Thomson, J.J., 1897b. On the Kathode Rays. *Nature* **55**, p. 453.

Thomson, J.J., 1898a. On the Charge of Electricity carried by the Ions produced by Röntgen Rays. *Philosophical Magazine* **46**, p. 528.

Thomson, J.J., 1898b. Charge carried by Rontgen Ions. *Philosophical Magazine,* S. 5, **46**, p. 528-545.

Thomson, J.J., 1899. On the Masses of the Ions in Gases at Low Pressure. *Philosophical Magazine,* S. 5, **48**, p. 547-567.

Thomson, J.J., 1907. On Rays of Positive Electricity. *Philosophical Magazine,* S. 6, **13**, n. 77, p. 561-575.

Varley, C.F., 1871. On the Discharge of Electricity. *Proceedings of the Royal Society of London* **19**, p. 236-242.

Watson, W., 1748-1752. An Account of the Experiments made by some Gentlemen of the Royal Society, in order to Measure the Absolute Velocity of Electricity. *Philosophical Transactions of the Royal Society of London* **45**, p. 93. A Letter of Mr. Watson, F.R.S., to the Royal Society, concerning the Electrical Experiments in England upon Thunder-Clouds. *Ibid* **47**, p. 567-570 (1751-1752).

Weidemann, G.; Franz, R., 1853. Ueber Wärme-Leitungstähigkeit der Metalle. *Annalen der Physik und Chemie* **89**, p. 497-531.

Wiechert, E., 1896. Die Theorie der Elektrodynamik und die Röntgensche Entdeckung. *Schriften der Physikalisch-Ökonomischen Gesellschaft zu Königsberg in Preussem* **37**, p. 1-48; *idem Sitzungsber* **37**, p. 29; "Experimentelles über die Kathodenstrahlen". *Ibid.* **38**, p. 12-16 (1897).

Wilson, C.T.R., 1897. Condensation of Water Vapour in the Presence of Dust-free Air and Other Gases. *Philosophical Transactions* **A189**, p. 265-307, ver também *ibid* **A192**, p. 403 (1899).

Wilson, C.T.R., 1911. On a Method of making Visible the Paths of Ionising Particles through a Gas. *Proceedings of the Royal Society* **A85**, p. 285-288.

Wilson, C.T.R., 1923a. Investigations on X-Rays and β-Rays by the Cloud Method Part I. – X-Rays. *Proceedings of the Royal Society of London* **A104**, n. 724, p. 1-24.

Wilson, C.T.R., 1923b. Investigation on X-Rays and β-Rays by the Cloud Method. Part II. – β-Rays. *Proceedings of the Royal Society* **A104**, p. 192-212.

Wilson, H.A., 1903. A Determination of the Charge on the Ions Produced in Air by Röntgen Rays. *Philosophical Magazine*, S. 6, **5**, p. 429-441.

8.4   Outras referências e sugestões de leitura

Anderson, D.L., 1964. Livro escrito por um importante físico que descreve, de forma concisa e clara, a descoberta do elétron e o desenvolvimento da concepção atômica da eletricidade.

Ashcroft, N.W.; Mermin, N.D., 1976. Livro de texto de Estado Sólido muito adotado.

Babcock, H.D., 1929. Revision of the Value of e/m Derived from Measurements of the Zeeman Effect. *Astrophysical Journal* **69**, p. 43-48.

Bartky, W.; Dempster, A.J., 1929. Paths of Charged Particles in Electric and Magnetic Fields. *Physical Review* **33**, n. 6, p. 1019-1022.

Bearden, J.A., 1935. The Measurement of X-Ray Wavelengths by Large Ruled Gratings. *Physical Review* **48**, n. 5, p. 385-390.

Bearden, J.A., 1939. The Spectroscopic and Free Electron Value of e/m. *Physical Review* **55**, n. 6, p. 584.

Bragg, L., 1975. Livro clássico sobre as técnicas de análise com raios X escrito por um de seus protagonistas.

Brown, L.M.; Pais, A.; Pippard, B., 1995. Grande obra sobre a Física do século XX que pode ser útil neste e nos demais capítulos.

Caruso, F.; Neto, N.P.; Svaiter, B.F.; Svaiter, N.F., 1991. Attractive or repulsive nature of Casimir force in D-dimensional Minkowski spacetime. *Physical Review* **D43**, n. 4, p. 1300-1306. Discute o efeito Casimir em *D*-dimensões.

Caruso, F.; De Paola, R.; Svaiter, N.F., 1999. Zero Point Energy of Massless Scalar Fields in the Presence of Soft and Semihard Boundaries in *D* Dimensions. *International Journal of Modern Physics A* **14**, n. 3, p. 2077-2089. Argumenta-se que condições de contorno mais realistas para um modelo do elétron podem levar a uma força de Casimir atrativa em três dimensões.

Carvalho, R., 1955. Apresenta de maneira bem simples, com uma linguagem bem acessível, sem usar a Matemática, a história do átomo. Em particular, sugere-se a leitura da parte que conta a história da evolução dos raios catódicos.

Cork, J.M., 1930. Molybdenum *L*-Series Wave-Lengths by Ruled Gratings. *Physical Review* **35**, n. 12, p. 1456-1462.

Crowther, J.A., 1947 Importante livro de texto sobre a Física dos íons, dos elétrons e das radiações ionizantes, que dá ênfase aos aspectos experimentais.

Darrigol, O., 1994. The Electron Theories of Larmor and Lorentz: A Comparative Study. *Historical Studies in Physical and Biological Sciences* **24** part 2, p. 265-336.

DuMond, J.W.M.; Bollman, V.L., 1936. Tests of the Validity of X-Ray Crystal Methods of Determining e. *Physical Review* **50**, n. 6, p. 524-537.

Dunnington, F.G., 1937. A Determination of e/m for an Electron by a New Deflection Method. II. *Physical Review* **52**, n. 5, p. 475-501.

Dunnington, F.G.; Hemenway, C.L.; Rough, J.D., 1954. Determination of the h/e by a new method. *Physical Review* **94**, n. 3, p. 592-598.

Dushman, S., 1914a. Determination of e/m from Measurements of the Thermoionic Currents. *Physical Review* **3**, n. 1, p. 65-66.

Dushman, S., 1914b. Determination of e/m from Measurements of the Thermoionic Currents. *Physical Review* **4**, n. 2, p. 121-134.

Ehrenhaft, F., 1928. New Evidence of the Existence of Charges Smaller than the Electron. *Philosophical Magazine*, Series 7, **5**, n. 28, p. 225-241.

Epstein, P.S., 1948. Robert Andrews Millikan as Physicist and Teacher. *Review of Modern Physics* **20**, n. 1, p. 10-25.

Hirosige, T., 1969. Origins of Lorentz' theory of electron and the concept of the electromagnetic field. *Historical Studies in the Physical Sciences* **1**, p. 151-209.

Hoddeson, L.H.; Baym, G., 1980. The Development of the quantum mechanical electron theory of metals: 1900-28. *Proceedings of the Royal Society of London* **A371**, p. 8-23. Cabe notar que todo esse volume é dedicado aos primórdios da Física do Estado Sólido.

Houston, W.V., 1937. The Viscosity of Air. *Physical Review* **52**, n. 7, p. 751-757.

Kinsler, L.E.; Houston, W.V., 1934. The Value of e/m from the Zeeman Effect. *Physical Review* **45**, n. 2, p. 104-108.

Kirchner, F., 1932. Determination of specific charging of electrons from the measurement of speed. *Annalen der Physik* **12**, n. 4, p. 503-508.

Kittel, C., 1978. Clássico livro de texto de Estado Sólido.

Kox, A.J., 1997. The Discovery of the Electron II. The Zeeman Effect. *European Journal of Physics* **18**, p. 139-144.

Lemmerich, J., 1998. The Discovery of the Electron. A. De Roeck; A. Wagner (Eds.), *XVIII International Symposium on Lepton-Photon Interactions*. Singapore: World Scientific, p. 617-627.

Lorentz, H.A., 1909. Livro clássico sobre a teoria do elétron.

Maris, H.J., 2000. On the Fission of Elementary Particles and the Evidence for Fractional Electrons in Liquid Helium. *Journal of Low Temperature Physics* **120**, n. 3/4, p. 173-204.

McCormmach, R., 1970a. H.A. Lorentz and the electromagnetic views of nature. *Isis* **61**, p. 459-497.

McCormmach, R., 1970b. Einstein, Lorentz, and the electron theory. *Historical Studies in the Physical Sciences* **2**, p. 41-87.

Millikan, R.A., 1944. Importante livro que, de certa forma, pode ser visto como um livro sobre os primeiros tempos da Física de Partículas.

Nathanson, J.B., 1913. A Determination of e/m and v by the Measurement of an Helix of Wehnelt Cathode Rays. *Physical Review* **2**, n. 4, p. 307-313.

Perl, M.L.; Lee, E.R., 1997. The search for elementary particles with fractional electric charge and the philosophy of speculative experiments. *American Journal of Physics* **65**, n. 8, p. 698-706.

Perrin, J., 1911. Les grandeurs moléculaires [nouvelles mesures]. *Comptes Rendus* **152**, p. 1569.

Perry, C.T.; Chaffee, E.L., 1930. A Determination of e/m for an Electron by Direct Measurement of the Velocity of Cathode Rays. *Physical Review* **36**, n. 5, p. 904-918.

Rank, D.M., 1968. Search for Stable Fractionally Charged Particles. *Physical Review* **176**, n. 5, p. 1635-1643.

Reahead, P.A., 1998. The birth of electronics: Thermionic emission and Vacuum. *Journal of Vacuum Science & Technology* **A16**, n. 3, p. 1394-1401.

Rechenberg, H., 1997. The electron in physics – selection from a chronology of the last 100 years. *European Journal of Physics* **18**, p. 145-149.

Robotti, N., 1979. L'Elettrone di Stoney. *Physis* **21**, p. 103-143.

Robotti, N., 1997. The Discovery of the Electron: I. *European Journal of Physics* **18**, p. 133-138.

Rutherford, E., 1925. Moseley's work on X-rays. *Nature* **116**, p. 316-317.

Schönberg, M., 1945. Classical Theory of Point Electron. *Physical Review* **67**, n. 3-4, p. 122.

Schönberg, M., 1945b. The Electron Self Energy. *Physical Review* **67**, n. 5-6, p. 193.

Schönberg, M., 1945c. A 'Self Energy' do Electron. *Anais da Academia Brasileira de Ciências* **17**, p. 163-165.

Schönberg, M., 1946. Estado de Energia Negativa do Elétron. *Anais da Academia Brasileira de Ciências* **18**, p. 93-101.

Sexl, Th., 1925. On Electric Charges Carried by Individual Microscopic Particles. *Physical Review* **26**, n. 1, p. 92-96.

Shaw, A.E., 1938. A New Precision Method for the Determination of e/m for Electron. *Physical Review* **54**, n. 3, p. 193-209.

Smith, G.E., 1997. J.J. Thomson and the Electron: 1897-1899 An Introduction. *The Chemical Educator* **2**, n. 6, p. 1-42.

Springford, M. (Ed.), 1997. Volume comemorativo do centenário da descoberta do elétron, contendo artigos sobre questões científicas atuais envolvendo essa partícula.

Stauss, H.E., 1930. The Use of Refracting of X-Rays for the Determination of the Specific Charge of the Electron. *Physical Review*, Series 2, **36**, n. 7, p. 1101-1108.

Wille, K., 2000. Esse livro, que pressupõe bom conhecimento de Eletromagnetismo, procura explicar, de forma sistemática, os princípios físicos básicos que estão por trás dos aceleradores de partículas utilizados em Física de Altas Energias. O livro apresenta um panorama geral dos diversos tipos de aceleradores e depois se concentra no anel de armazenamento de elétrons, muito útil em Física de Altas Energias e na produção de radiação síncroton.

8.5   Exercícios

Exercício 8.5.1 Discuta quais foram as principais contribuições dos estudos de descargas em gases no contexto da Física na virada do século XIX para o século XX.

Exercício 8.5.2 Determine a razão entre a força elétrica que atua sobre uma partícula carregada em um campo elétrico de 20 V/m e o peso da partícula para:

a) um elétron;

b) um próton.

Exercício 8.5.3 Determine a velocidade que um elétron adquire quando acelerado a partir do repouso através de uma diferença de potencial de 600 V, no plano xy.

Exercício 8.5.4 Após atingir a velocidade calculada no problema anterior, o elétron penetra em uma região $(x \geq 0)$ onde há um campo elétrico de 40 V/m, no sentido $-y$. Determine:

a) as coordenadas do elétron após 5×10^{-8} s, sabendo que sua velocidade ao penetrar na região fazia um ângulo de 30° com a direção x;

b) a direção da velocidade nesse instante.

Exercício 8.5.5 Mostre que a sensibilidade, S, de um tubo de raio catódico, definida como a razão entre a deflexão máxima, Y, do feixe e a tensão máxima, V, aplicada entre as placas defletoras, é dada por

$$S = \frac{Y}{V} = \frac{lD}{2dV_a}$$

na qual l é o comprimento das placas defletoras, d e D são, respectivamente, as distâncias entre as placas e das placas ao anteparo, e V_a, o potencial acelerador.

Exercício 8.5.6 Considere as seguintes dimensões de um típico tubo de raios catódicos comercial:

- comprimento das placas do capacitor: $l = 1{,}6$ cm;

- distância entre as placas: $d = 0{,}5$ cm;

- distância entre o final do capacitor e o anteparo: $D = 15$ cm.

a) Sabendo que os elétrons partem do repouso no catodo e são acelerados na direção x por uma d.d.p. de $2\,400$ V entre o anodo e o catodo, calcule a velocidade com que eles penetram no capacitor.

b) Sendo 500 V/m o valor do campo elétrico entre as placas do capacitor, calcule o deslocamento do feixe em relação ao eixo x.

Exercício 8.5.7 Dois íons positivos de mesma carga q e massas diferentes, m_1 e m_2, são acelerados ao longo da direção y, a partir do repouso, por uma diferença de potencial V.

Mostre que se o feixe entra em uma região onde há campo magnético ao longo da direção x os valores das coordenadas y_1 e y_2 para pequenas deflexões de cada feixe, considerado o mesmo intervalo de tempo t, satisfazem a seguinte relação:

$$\left| \frac{y_1}{y_2} \right| = \left(\frac{m_2}{m_1} \right)^{1/2}$$

Exercício 8.5.8 Uma partícula carregada entra em uma região entre duas placas metálicas paralelas, muito grandes. A velocidade da partícula é paralela às placas no instante em que ela penetra nessa região. As placas estão separadas por uma distância de 2 cm, e a diferença de potencial entre elas é de $2\,000$ V.

Após a partícula ter penetrado 5 cm no espaço entre as duas placas, verifica-se que ela foi defletida de $0{,}6$ cm.

Mantendo-se o campo elétrico, aplica-se um campo magnético cuja densidade de fluxo é igual a $0{,}1$ T e verifica-se que a partícula não sofre mais qualquer deflexão.

Calcule a razão entre a carga e a massa dessa partícula.

Exercício 8.5.9 Mostre que, no experimento de Millikan, o campo elétrico E, necessário para fazer subir uma gota de óleo, de massa m e carga q, com uma velocidade igual ao dobro da de queda da gota na ausência de campo tem módulo igual a $E = 3mg/q$, desprezando-se a resistência do ar.

Exercício 8.5.10 Determine a diferença de potencial que se deve aplicar às placas de um capacitor, separadas de 5 mm, para equilibrar uma gotícula de óleo, cuja massa é $3{,}119 \times 10^{-3}$ g e cuja carga é igual a 5 vezes a carga do elétron.

Exercício 8.5.11 Cite três fatores importantes na definição da espessura delgada da folha onde se encontra a janela de Lenard, justificando-os.

Exercício 8.5.12 Determine quantos elétrons por segundo atravessam a seção transversal de um condutor quando se afirma que nele há uma corrente elétrica igual a 1 ampère.

Exercício 8.5.13 Os dados mostrados na tabela a seguir referem-se ao experimento de Millikan para medir a carga do elétron.

Dados gerais	
Separação entre as placas	0,016 m
Voltagem das placas	5 085 V
Deslocamento da gota	$1,021 \times 10^{-2}$ m
Viscosidade do ar	$1,824 \times 10^{-5}$ N s/m²
Densidade do óleo	$0,92 \times 10^{3}$ kg/m³
Densidade do ar	1,2 kg/m³

Tempos medidos (s)	
Tempo médio de queda da gota (sem campo)	11,88
Cinco medidas do tempo de subida da gota (com campo)	22,37
	34,80
	29,25
	19,70
	42,30

Estime o valor da carga do elétron a partir desses dados.

Exercício 8.5.14 A figura a seguir mostra o detalhe de uma câmara de bolhas, preenchida com um gás, exposta a prótons de alta energia (16 GeV). Observando a geometria dos traços da figura e considerando que a colisão elementar do próton p com uma partícula do alvo é elástica, determine o gás que preenche a câmara.

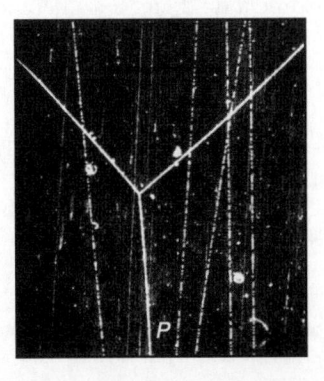

Exercício 8.5.15 Considerando-se que o cristal de sal (NaCl) tem os átomos de Na e Cl distribuídos alternadamente nos vértices de um cubo, a distância entre os planos atômicos pode ser determinada por

$$d = \left(\frac{1}{n}\right)^{1/3}$$

em que n é o número de átomos por cm³. Sabendo-se que o peso molecular do sódio é 58,45 e sua densidade relativa $\rho = 2,163$, determine o valor de d.

9

A Radioatividade

9.1 As primeiras descobertas

O primeiro a divulgar na França algumas das fotografias obtidas por Röntgen com os raios X (Seção 8.2) foi Henri Poincaré, no início de 1896, em uma reunião da Academia de Ciências de Paris. Nessa ocasião, indagado pelo físico francês Henri Becquerel sobre a origem dos raios X no tubo de raios catódicos, respondeu que estes provinham da região fluorescente do tubo, oposta ao catodo. No entanto, a verdadeira causa dessa emissão não era ainda conhecida, o que deu origem a muita especulação na época. Como Becquerel já se interessava pelo estudo dos fenômenos de fluorescência e fosforescência, começou a indagar-se sobre as relações entre a emissão de raios X e a fluorescência. Seu ponto de partida foi investigar se algumas substâncias, que notadamente se tornavam fosforescentes sob incidência de luz, eram capazes de emitir qualquer tipo de radiação penetrante, como os raios X.

Após uma série de resultados negativos, Becquerel resolveu investigar um sal de urânio, cuja fosforescência intensa, induzida pela ação da luz ultravioleta, já lhe era peculiar. Assim, ele envolveu uma chapa fotográfica com um papel preto bem espesso, de forma a resguardar o filme da luz solar, e colocou sua amostra contendo urânio sobre o filme, expondo tudo ao sol por várias horas. Após a revelação, verificou que a imagem da silhueta do objeto (amostra) aparecia no negativo.

Tudo parecia indicar que os raios X tinham sido emitidos pelo sal de urânio enquanto ele estava fluorescente, como resultado de sua exposição prévia ao sol, dando suporte à tese original do físico francês. Entretanto, um resultado, de certa forma casual, mudou o rumo da história. Em um dia totalmente nublado, Becquerel não pôde repetir seu experimento como pretendia fazer. Mesmo assim, deixou o sal de urânio sobre a placa fotográfica, que acabou sendo revelada. Ainda acreditando em sua premissa, ao revelar o filme, esperava encontrar um efeito muito menos intenso. Para sua surpresa, ao contrário, a silhueta da amostra se mostrou mais intensa na imagem recém-revelada. Descobria-se, assim, algo novo, muito importante: o sal de urânio emitia raios capazes de penetrar o papel preto, independentemente de ter ou não sido exposto ao Sol. Na realidade, o próprio Becquerel mostrou, mais tarde, que essa era uma característica de todos os sais de urânio que pôde testar e do próprio elemento urânio (U). A primeira imagem obtida com os chamados "raios de Becquerel", ou ainda "raios urânicos", publicada em 1896, pode ser vista na Figura 9.1.

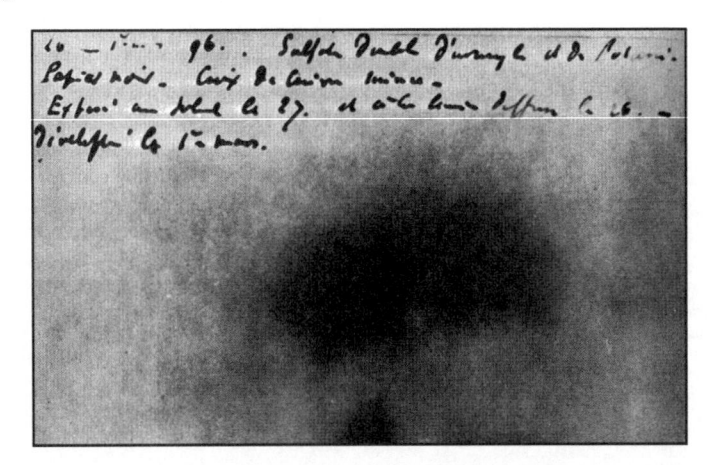

Figura 9.1: Reprodução da primeira imagem publicada obtida com os "raios de Becquerel".

Becquerel continuou trabalhando no assunto algum tempo, embora tenha também se interessado, no mesmo período, pelo efeito Zeeman (Seção 7.2.2), e publicou, em 1903, um grande artigo de revisão sobre o assunto, ocupando todo o volume 46 da *Mémoire de l'Académie des Sciences de Paris*.

Suas principais observações sobre a radiação urânica foram que:

(*i*) são capazes de ionizar gases, tornando-os bons condutores;

(*ii*) são capazes de descarregar corpos carregados;

(*iii*) são independentes do estado cristalino do urânio;

(*iv*) produzem um efeito sobre os filmes fotográficos que diminui com o aumento da distância entre a amostra e o filme.

Mas o que mais o intrigava era a *natureza espontânea* do fenômeno de emissão desses raios; não havia a necessidade de qualquer causa externa. Essa questão mobilizou muitos físicos e só foi compreendida décadas mais tarde com a Mecânica Quântica.

Os trabalhos de Becquerel foram refeitos pela polonesa Maria Sklodowska, mais conhecida como Madame Curie, a partir de 1897, com o propósito inicial de ir além da descrição essencialmente qualitativa de seu colega, obtendo resultados quantitativos. Para isso, lançou mão de um método baseado em medidas elétricas, similar ao que havia sido desenvolvido em estudos de condutividade elétrica nos gases.

Em primeiro lugar, ela confirmou que a emissão dos raios de Becquerel era uma *propriedade atômica* do elemento urânio e, em seguida, verificou que o próximo elemento mais pesado do que o urânio – o *tório* (Th) – também emitia o mesmo tipo de raios, embora mais ativo. Assim, a denominação "raios urânicos" mostrou-se inapropriada, e Madame Curie propôs o termo *radioatividade* para esse fenômeno, após a descoberta do rádio (Ra).

Embora os efeitos fotográficos e elétricos produzidos pelos raios desses elementos radioativos fossem semelhantes aos dos raios X, há uma enorme diferença entre eles quanto ao poder de penetração, logo percebido por Madame Curie. Os raios emitidos pelo urânio e pelo tório são capazes de se propagar por apenas poucos centímetros, e não penetram mais do que poucos milímetros na matéria sólida.

A partir daí, ela analisa uma série de rochas e minérios, confirmando que aqueles que contêm urânio ou tório são radioativos, ao mesmo tempo que descobre alguns cuja radioatividade chegava a ser da ordem de três ou quatro vezes maior do que a medida para esses dois elementos. Sua conclusão foi arrojada: essas amostras deveriam conter algum elemento muito mais radioativo do que os até então estudados. Ao formular essa hipótese, Madame Curie estava, na verdade, abrindo novos caminhos para a Física, apontando para a possibilidade de se usar a análise da radioatividade de amostras para descobrir novos elementos, assim como, no passado (Capítulo 7), a análise espectral revelou novos elementos químicos, caminho esse que se mostrou muito frutífero e ao qual dedicou grande parte de sua vida.

De volta ao método experimental empregado por Madame Curie em 1899, era preciso medir a condutividade adquirida pelo ar na presença de substâncias radioativas. Para isso, utilizou um aparato simples, composto, essencialmente, de um eletrômetro e um capacitor de placas paralelas A e B, como indica a Figura 9.2.

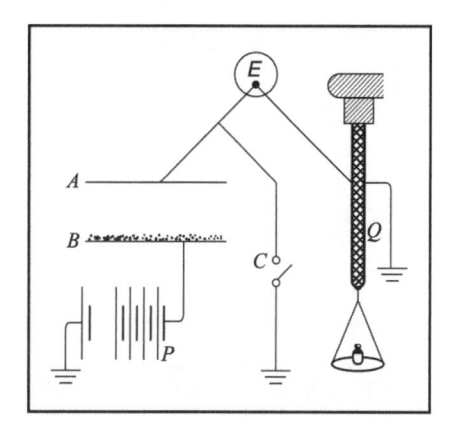

Figura 9.2: Esquema do aparato utilizado nas experiências de Madame Curie.

Sobre a placa B é depositado diretamente, por pulverização, o material radioativo que se deseja estudar. Quando o aterramento da placa A, indicado na Figura 9.2, é rompido abrindo-se a chave C, estabelece-se uma corrente elétrica entre as placas A e B, e o potencial elétrico de A é registrado pelo eletrômetro E. A velocidade do desvio do eletrômetro, sendo proporcional à intensidade da corrente, poderia ser usada para medi-la, mas isso seria complicado e pouco preciso. É mais simples e eficiente encontrar outro efeito, mais fácil de ser medido com maior precisão, que possa ser usado para anular o efeito que se deseja medir, seguindo o tipo de artifício engenhoso empregado por J.J. Thomson para medir a velocidade dos raios catódicos, introduzindo um campo magnético capaz de anular o efeito do campo eletrostático (Seção 8.1.2). No caso em questão, as cargas a serem medidas são muito pequenas. Assim, Madame Curie preferiu equilibrar a carga gerada no capacitor com uma carga oposta criada por um quartzo piezelétrico Q (Figura 9.3), de modo a zerar a leitura do eletrômetro.

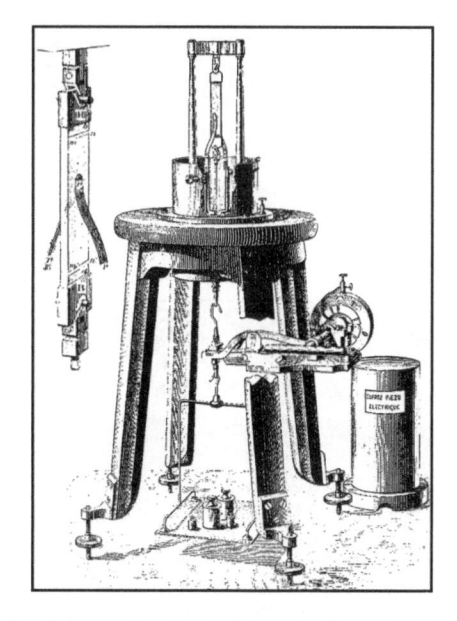

Figura 9.3: Ilustração do aparato piezelétrico do tipo utilizado por Madame Curie.

Sabe-se que o *efeito piezelétrico* é o aparecimento de uma diferença de potencial entre as faces de um cristal, como o quartzo, por exemplo, quando sujeito a uma compressão. A diferença de potencial V produzida entre as duas faces de um cristal de quartzo de largura ℓ, resultante de uma compressão p, é dada por

$$V = a\ell \, \frac{p}{\epsilon}$$

sendo ϵ a permissividade do material e a uma constante de proporcionalidade, que pode variar de 10^{-10} a 10^{-20} C/N. A carga elétrica induzida no cristal por uma força de intensidade F é

$$Q = aF$$

No experimento em questão (Figura 9.2), a face direita do cristal está aterrada e a esquerda ligada ao eletrômetro. Com uma força de tração conhecida, pode-se gerar uma carga elétrica de sinal contrário à acumulada na placa A, capaz de zerar o eletrômetro. Dessa forma, Madame Curie pôde medir o valor absoluto da quantidade de eletricidade que atravessava o capacitor durante um certo tempo, obtendo, assim, a intensidade de corrente elétrica. Uma amostra de seus resultados é apresentada na Tabela 9.1.

Tabela 9.1: Resultados reportados na tese de Madame Curie sobre as medidas das correntes produzidas por substâncias radioativas, utilizando o aparato descrito no texto

Material radioativo	Espessura da camada (mm)	Corrente $i \times 10^{11}$ A
Óxido de urânio	0,5 3,0	2,7 3,0
Óxido de tório	0,25 0,5 3,0	2,2 2,5 5,5 (média)

Foi também mostrado experimentalmente que o poder de penetração da radiação emitida pelo tório é maior que o do urânio. A Tabela 9.2 fornece os valores originais da fração percentual de raios emitidos por diferentes substâncias que é transmitida por uma fina lâmina de alumínio de 10^{-3} cm de espessura. Note que, como a atividade do tório depende da espessura do material depositado na placa do capacitor, os respectivos valores das espessuras usadas são indicados na tabela para o óxido de tório (ThO_2).

Retornando à possibilidade de existência de um elemento muito mais radioativo do que o urânio e o tório, Madame Curie concentra-se em isolar impurezas de minérios de urânio capazes de apresentar maiores índices de radioatividade que o urânio puro. A tarefa não foi fácil; com a colaboração do marido, Pierre Curie, descobrem um novo elemento ao qual deram o nome de *polônio*, cuja descoberta foi anunciada em julho de 1898. Essa nova substância apresentava a característica de desaparecer espontaneamente (Seção 9.3.3).

Tabela 9.2: Resultados reportados na tese de Madame Curie sobre o percentual de radiação que conseguia atravessar uma lâmina delgada de alumínio

Substâncias radioativas		% de raios transmitidos pela lâmina
Urânio		18
Óxido de urânio (U_2O_5)		20
Sulfato de tório		38
Óxido de tório	0,25 mm 0,5 mm 6 mm	38 47 70

Em seguida, o casal Curie descobre um elemento radioativo no grupo composto pelos elementos bário (Ba), estrôncio (Sr) e cálcio (Ca), anunciando essa nova substância radioativa, à qual foi dado o nome de *rádio* (Ra), em setembro de 1898. Nas pouco mais de três décadas que se sucederam, Madame Curie dedicou-se obstinadamente a alcançar níveis cada vez maiores de purificação e concentrações crescentes desses novos elementos radioativos. Todos esses elementos emitem raios. Compreender a natureza desses raios foi um desafio muito estimulante, que é tratado nas Seções 9.2 e 9.3.3.

9.2 Os raios α, β e γ

> *Uma das mais impressionantes propriedades da emanação do tório é seu poder de excitar a radio-atividade em todas as superfícies com as quais entra em contato (...).*
>
> Ernest Rutherford & Frederick Soddy

Rutherford ficou particularmente interessado pela natureza das novas radiações descobertas por Becquerel e pelo casal Curie. Seriam elas de fato semelhantes aos raios X?

Em pouco tempo, ele concluía que havia dois tipos de radiação, denominadas provisoriamente *alfa* (α) e *beta* (β). Assim como no caso dos raios X, essa nomenclatura é usada até hoje. As principais diferenças observadas entre eles relacionavam-se ao poder de ionização e ao poder de penetração na matéria. Os raios α eram fortemente ionizantes, mas podiam ser interceptados por uma folha de papel. Já os raios β eram menos ionizantes, mas capazes de atravessar cartão e finas folhas metálicas. A Figura 9.4 apresenta uma "radiografia" obtida com os raios β.

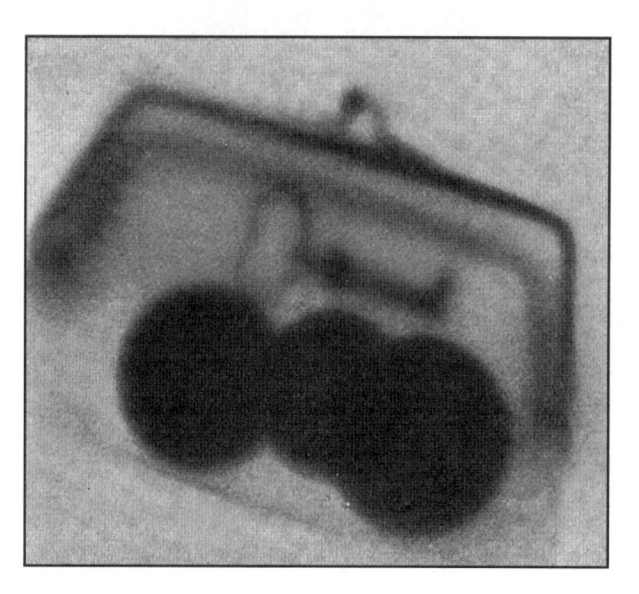

Figura 9.4: Imagem de uma pequena bolsa contendo alguns objetos obtida com raios β nos primórdios dos estudos sobre a radioatividade.

Mais tarde, o francês Paul Ulrich Villard encontrou uma terceira componente dessas novas radiações, "mais dura", ou seja, de poder de penetração na matéria ainda muito maior, e eletricamente neutra, denominada raios γ. Esses três tipos de radiação podem ainda ser diferenciados pelos desvios causados por um campo magnético perpendicular à direção de movimento. A Figura 9.5 mostra o clássico esquema apresentado na tese de M. Curie.

Com o tempo, percebeu-se que, dos três raios, apenas os γ eram semelhantes aos raios X; eram, na verdade, ondas eletromagnéticas de comprimento de onda ainda menor do que os raios X e, portanto, mais penetrantes.

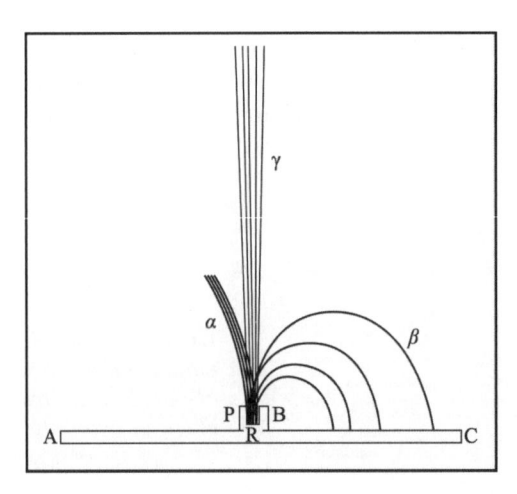

Figura 9.5: Esquema do desvio dos raios α, β e γ por um campo magnético perpendicular ao plano do movimento, extraído da tese de Madame Curie.

O fato de os raios α e β serem desviados por um magneto significa que ambos são eletricamente carregados. Como os desvios produzidos são em direções opostas, eles possuem cargas opostas. A Figura 9.6 mostra a deflexão de partículas α por um campo magnético registrada em uma câmara de Wilson.

Figura 9.6: Fotografia de registros do desvio de partículas α em uma câmara de Wilson.

Becquerel, em 1899, utilizando um procedimento análogo ao de Thomson, determinou que a razão carga-massa para os raios β era praticamente igual à dos elétrons. Outras medições foram realizadas com maior precisão por Kaufmann, em 1907. Desse modo, os raios β acabaram por ser identificados com os elétrons, embora tipicamente apresentassem energia e velocidade maiores do que aqueles produzidos em raios catódicos. Quanto aos raios α, apesar de serem muito mais difíceis de serem defletidos com campos elétricos e magnéticos, Rutherford, em 1903, conseguiu medir a razão carga-massa dessas partículas e, a partir de experimentos mais precisos em 1906, estabeleceu que essa razão para os raios α era cerca de metade do valor da razão para os íons de hidrogênio, ou seja,

$$\left(\frac{q}{m}\right)_\alpha \simeq \frac{1}{2}\frac{e}{m_{\mathrm{H}^+}} \simeq \frac{1}{2}\frac{e}{m_p}$$

Isso poderia indicar que as partículas α eram íons com carga elétrica igual à carga elementar do íon de H^+ e peso atômico igual ao dobro do hidrogênio. Essa hipótese foi descartada, uma vez que não se conhecia elemento químico com peso atômico igual a 2. Assim, Rutherford pôde concluir que as partículas α eram íons positivos do átomo de hélio (He), o qual tem peso atômico igual a 4 e carga elétrica duas vezes a carga elementar, ou seja,

$$\left(\frac{q}{m}\right)_\alpha = \frac{2e}{4u} = \frac{e}{2u} \simeq \frac{1}{2}\frac{e}{m_{\mathrm{H}^+}}$$

Uma medida direta da carga elétrica das partículas α só foi obtida em 1908 por Rutherford, Hans Geiger e Ernest Regener. Foi nessa época que Geiger desenvolveu um contador que consistia em um condensador cilíndrico com um fio fazendo o papel do eletrodo central. As partículas α, ao penetrarem o contador, provocam pequenas descargas que podem ser observadas por meio de um eletrômetro (Figura 9.7). O número dessas breves descargas elétricas é igual ao número de partículas α que passa pelo interior do contador, o qual ficou conhecido como *contador Geiger*.

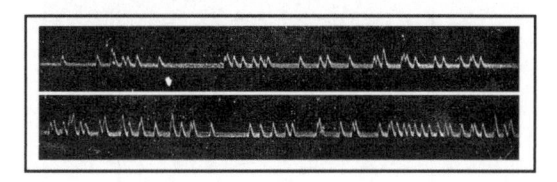

Figura 9.7: Registro fotográfico das descargas no eletrômetro do contador Geiger realizado sobre um filme em movimento.

A radioatividade natural possuía, portanto, duas componentes formadas de partículas e uma de natureza eletromagnética (uma luz de altíssima frequência). Em particular, essas novas partículas α se transformariam, em pouco tempo, em um instrumento essencial para sondar a matéria (Capítulo 11), constituindo-se em uma técnica experimental que levou à descoberta do *núcleo atômico*.

9.3 A teoria da transmutação

> *Os elementos transurânicos representam a realização dos sonhos dos alquimistas relativamente à transmutação.*
>
> Glenn Seaborg

9.3.1 A contribuição de Rutherford e Soddy

O historiador romeno Mircea Eliade afirma que a Química nasceu da decomposição da ideologia alquímica. Parafraseando-o, pode-se dizer que foi a decomposição da ideologia química que fez surgir a Radioatividade.

Até aqui apresentou-se um apanhado fenomenológico dos primeiros estudos sobre os elementos radioativos e suas transformações.

Em 1902, Rutherford e Soddy propuseram uma teoria para a radioatividade, frequentemente chamada de *teoria da transmutação*. O ponto principal dessa teoria é a admissão de que as substâncias radioativas contêm *átomos instáveis*, dos quais uma fração fixa se desintegra espontaneamente por unidade de tempo. Como resultado desse processo, são criados novos átomos de outros radioelementos, distintos dos átomos pais tanto física quanto quimicamente. Esse novo átomo, por sua vez, também é instável, desintegrando-se com a emissão de certo tipo de radiação característica, e assim por diante, por meio de um número finito de estágios, até que um elemento estável seja alcançado (Figura 9.8).

Essa teoria descreveu com sucesso a transmutação espontânea de alguns elementos químicos, como o urânio (U) e o tório (Th). É quase impossível resistir à tentação de ver nesse novo fenômeno uma certa reafirmação do sonho alquímico. Se Rutherford atribuía o fato de as ideias alquímicas terem persistido durante séculos a uma forte concepção filosófica acerca da natureza da matéria, de cunho aristotélico, há também quem afirme, de forma complementar, que a *Alquimia provavelmente se origina na frustração do empirismo*. A verdade é que ele, juntamente com Becquerel, o casal Curie, Soddy e tantos outros pesquisadores, mostrou, por força da Física experimental, que uma "nova alquimia" é possível, reforçando,

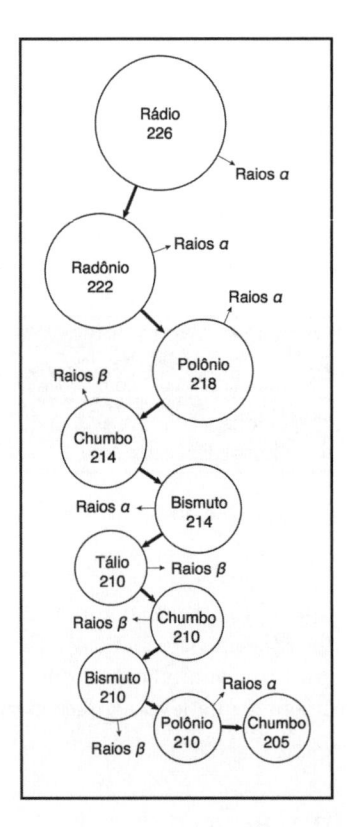

Figura 9.8: Esquema do decaimento do rádio ilustrativo da teoria da transmutação de Rutherford e Soddy.

em outras bases, o sentido de que *o conceito da transmutação alquímica é o fabuloso coroamento da fé na possibilidade de modificar a Natureza por meio do trabalho humano*, como bem destaca Eliade. Essa não é apenas uma opinião, pois, só para tocar em um ponto emblemático para os alquimistas – a transformação de outras substâncias em ouro –, hoje é possível produzir quantidades ínfimas desse metal nobre, mas a partir da transmutação de outro metal ainda mais valioso: a platina (Pt).

Há, entretanto, diferenças a ressaltar entre as transformações radioativas e as transformações químicas. A radioatividade leva à ruptura do próprio átomo, enquanto as reações químicas envolvem a quebra de moléculas em átomos e suas recombinações. Por outro lado, os processos radioativos naturais são espontâneos e incontroláveis e, acreditava-se, até 1934, não poderiam ser influenciados por agentes físicos ou químicos; uma descoberta feita nesse ano por Irène Curie e Frédéric Joliot ampliou a compreensão dos processos radioativos: a descoberta da *radioatividade artificial*.

Bombardeando alumínio (Al) com partículas α, eles mostraram que, mesmo após remover a fonte dessas partículas, o alvo continuava emitindo uma radiação semelhante aos raios β. Observaram, ainda, que essa atividade decaía exponencialmente com o tempo, com uma meia-vida de aproximadamente três minutos. A interpretação deles para esse fato foi correta e pode ser resumida pela fórmula

$$\text{Al}^{27} + \text{He}^4 \rightarrow \text{P}^{30} + n^1$$

ou seja, o bombardeamento do alumínio com partículas α dava origem a um nêutron (n^1), descoberto em 1932 pelo físico inglês James Chadwick (Figura 9.9), e um isótopo do fósforo (P), não encontrado na natureza. Este isótopo artificial é instável e decai em silício (Si^{30}), emitindo um pósitron, e^+ (Capítulo 16), como na equação

$$\text{P}^{30} \rightarrow \text{Si}^{30} + e^+$$

A partir daí, vários outros isótopos radioativos foram produzidos em outros experimentos de desintegração, e, hoje em dia, são conhecidos isótopos de *todos* os elementos, desde o hidrogênio até o urânio, com várias aplicações na Biologia, na Química, na Medicina e na Tecnologia.

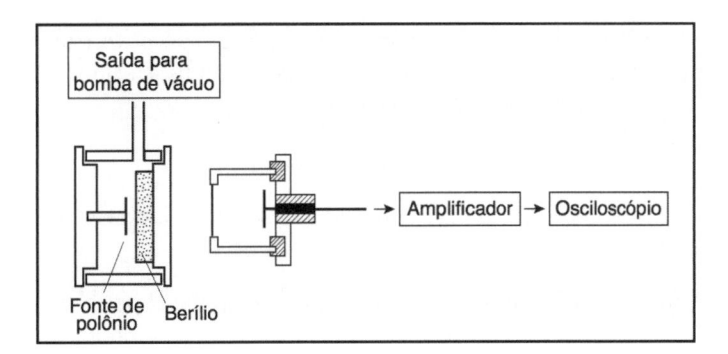

Figura 9.9: Esquema do experimento que levou Chadwick à descoberta do nêutron.

9.3.2 O decaimento β e a conservação de energia

O decaimento β do bismuto (Bi)

$$Bi_{83}^{210} \rightarrow Po_{84}^{210} + \beta + Q \tag{9.1}$$

teve um importante papel histórico. Nessa desintegração, cuja meia-vida é de cinco dias, Q é a energia de desintegração ou a energia liberada na reação como resultado da diferença de massa das partículas dos estados final e inicial. Nesse caso – um decaimento do tipo $1 \rightarrow 2$ (uma partícula que decai em outras duas) – o esperado seria que todas as partículas β tivessem a mesma velocidade. Entretanto, quando essas velocidades são medidas por meio de um espectrógrafo magnético, encontra-se uma *distribuição contínua* de velocidades, correspondendo a uma *distribuição contínua de energias* das partículas β. Como explicar o fato de a energia ser continuamente partilhada entre apenas duas partículas no estado final do decaimento do bismuto?

A Figura 9.10 mostra a distribuição de energia entre as partículas β emitidas pelo Bi^{210}. Note que a energia é continuamente distribuída até um valor máximo e depois decresce.

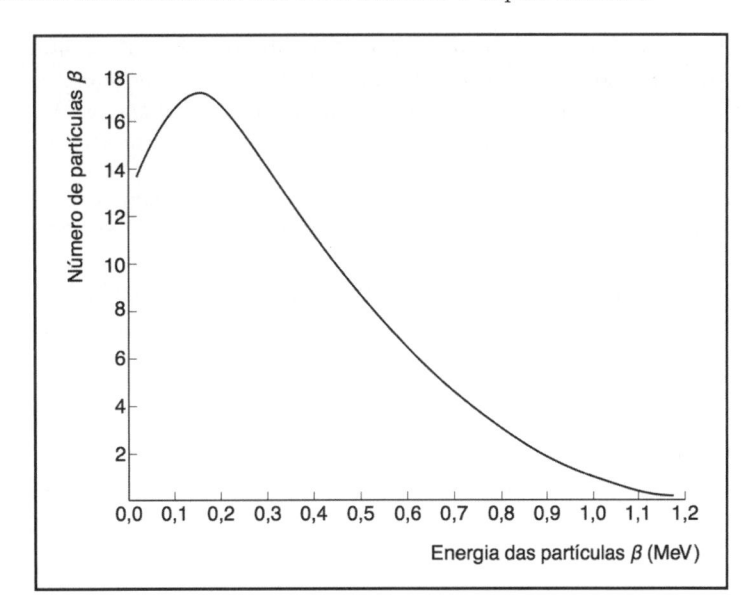

Figura 9.10: Distribuição de energia do decaimento β.

Pode-se imaginar que esse decaimento tenha origem no interior do núcleo, com o nêutron decaindo em um próton e um elétron (β)

$$n \rightarrow p + \beta$$

Contudo, esse processo elementar também não poderia explicar o espectro contínuo de energia do decaimento β, pois envolve apenas duas partículas no estado final. A solução para esse problema foi sugerida por Wolfgang Pauli, em 1931, ao postular a existência de um novo tipo de partícula: o *neutrino* (ν), termo italiano para o diminutivo de nêutron, que também não possuiria carga elétrica. Desta forma, o decaimento β teria origem no seguinte processo elementar:

$$n \to p + \beta + \bar{\nu}$$

O neutrino tem massa nula ou muito pequena comparada com a massa do elétron, questão essa ainda em aberto na Física de Partículas.

Com a hipótese de Pauli, compreende-se que a energia total disponível pode ser repartida entre o elétron e o neutrino, de forma que, se o elétron carrega a maior fração, o neutrino leva a menor e vice-versa.

Há ainda outro motivo para justificar a hipótese do neutrino no decaimento β: a conservação do momento angular total.

A compreensão do decaimento β a partir de um processo elementar envolvendo o neutrino foi historicamente importante, pois alguns físicos, entre os quais Niels Bohr, chegaram a cogitar, com base no resultado apresentado na Figura 9.10, que o *princípio da conservação de energia* pudesse ser violado no microcosmo.

9.3.3 A Lei de Decaimento Radioativo

> *(...) deve-se compreender (...) que há 'mais' e não 'menos' em uma organização quantitativa do real que em uma descrição qualitativa da experiência.*
>
> Gaston Bachelard

A primeira indicação de que a atividade radioativa decresce com o passar do tempo foi observada pelo físico Gerhard Carl Schmidt, ao constatar que compostos de tório emitiam continuamente partículas radioativas, cujo poder radioativo durava apenas alguns minutos. Em 1900, já se sabia que o vapor emanado pelo tório, Rn^{220}, perdia metade de sua atividade em 60 s (o valor atual é 56 s). Até 1906 não houve, na verdade, uma preocupação sistemática de estudar a dependência temporal da atividade radioativa. A lei da desintegração radioativa foi uma das duas importantes contribuições teóricas de Rutherford.

A transformação radioativa ocorre de tal modo que em cada unidade de tempo a mesma fração da substância presente em uma certa amostra sofre desintegração em cada instante considerado. Logo, se N é a quantidade de substância, isto é, o número de átomos que resta inalterado no tempo t, e dN é a quantidade que se desintegra durante o intervalo de tempo dt, o quociente dN/N é proporcional a dt. Dessa forma,

$$\frac{dN}{N} = -\lambda \, dt \tag{9.2}$$

sendo λ uma constante, e o sinal menos significa que N decresce com o tempo. Em outras palavras, a mudança de um sistema por emissão radioativa em qualquer instante é sempre proporcional à quantidade da substância que compõe o sistema e que permanece inalterada.

A equação (9.2) pode ser integrada, obtendo-se

$$N = N_o \, e^{-\lambda t} \tag{9.3}$$

no qual N_o é o número de partículas no instante $t = 0$.

A constante λ é chamada de *constante radioativa* ou *constante de decaimento* da substância considerada. A quantidade $\tau = 1/\lambda$ é normalmente chamada de *vida-média*, conceito introduzido por Rutherford.

A taxa de decaimento das substâncias radioativas é geralmente expressa pelo que se chama *meia-vida*, isto é, o tempo necessário para que metade da amostra original se desintegre. Denotando esse tempo por

$T_{1/2}$, tem-se da equação anterior

$$\frac{N_o}{2} = N_o\, e^{-\lambda T_{1/2}}$$

ou

$$T_{1/2} = \frac{\ln 2}{\lambda} = \frac{0{,}693}{\lambda} = 0{,}693\tau \tag{9.4}$$

Esse resultado expressa a relação entre a constante radioativa λ (ou vida-média τ) e a meia-vida $T_{1/2}$.

Naturalmente, a constante de decaimento λ varia de substância para substância. Entretanto, verifica-se experimentalmente que há uma relação simples entre λ e o alcance R das partículas α emitidas pelos elementos radioativos, conhecida como *relação de Geiger-Nuttall* (Figura 9.11),

$$\log \lambda = A + B \log R$$

em que A e B são constantes.

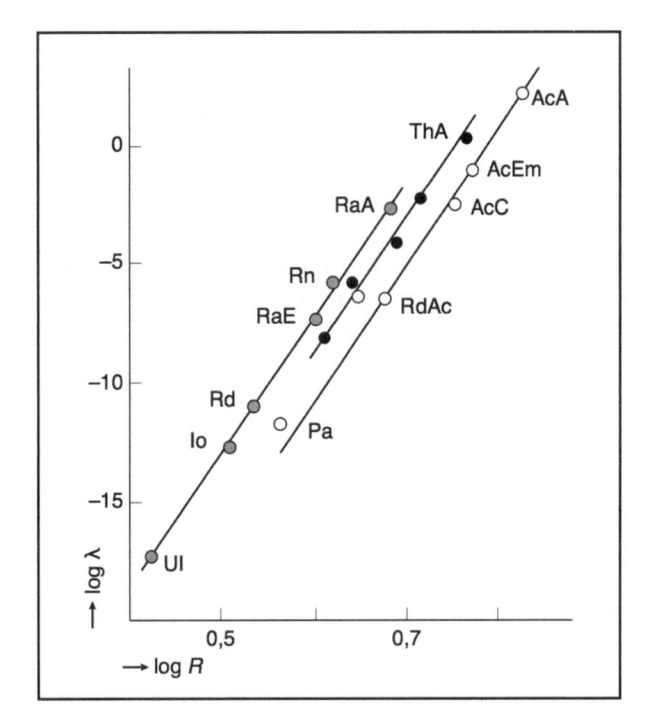

Figura 9.11: Relação entre a constante de decaimento e o alcance das partículas α emitidas para diferentes elementos radioativos.

A Figura 9.12 mostra a relação entre a constante de decaimento λ e a energia das partículas α, da qual se pode concluir que quanto menor a vida-média ($\tau = 1/\lambda$) maior será a energia das partículas α emitidas durante a desintegração. Uma interpretação desse fato só foi possível bem mais tarde, no âmbito da Física Nuclear.

Com o tempo, muitas regularidades foram sendo observadas com relação às propriedades químicas dos membros de uma série radioativa, como as regularidades físicas apresentadas nas Figuras 9.11 e 9.12. Cada vez que uma partícula α é emitida, a valência do átomo se altera (diminui) de duas unidades. Por outro lado, toda vez que uma partícula β é emitida, a valência varia de uma unidade no sentido oposto. Em 1911, Soddy já havia observado que toda vez que um átomo emitia uma partícula α transmutava-se em outro, correspondendo a um elemento duas posições abaixo na lista de massas atômicas. Essas observações podem ser consideradas, de certa forma, precursoras da ideia de *número atômico* (Seção 12.1.8).

Dois anos mais tarde, em 1913, Soddy e o químico polonês Kasimir Fajans chegaram, independentemente, à chamada *lei do deslocamento*:

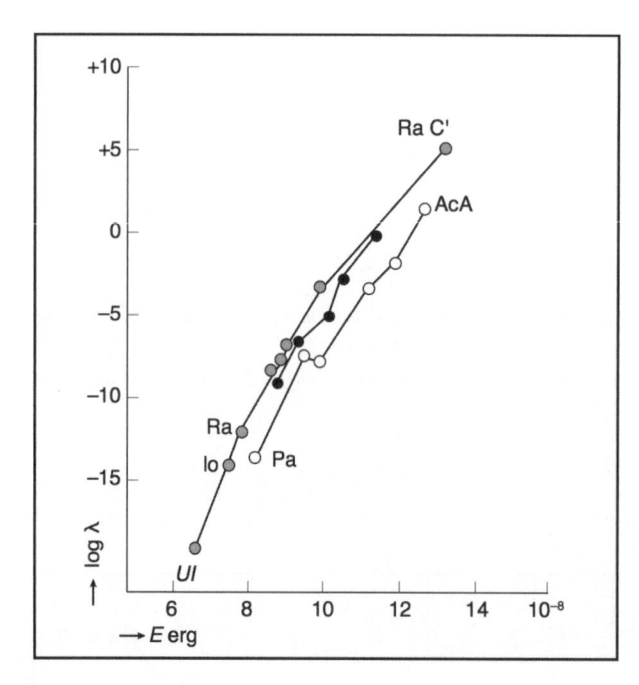

Figura 9.12: Relação entre a constante de decaimento e a energia das partículas α emitidas para diferentes elementos radioativos.

A emissão de uma partícula α causa um decréscimo de dois no número atômico, isto é, um deslocamento de duas posições para a esquerda na Tabela Periódica. A emissão de uma partícula β causa um aumento de um no número atômico, isto é, um deslocamento de uma posição para a direita na Tabela Periódica.

Conhecida a lei matemática do decaimento radioativo, de natureza probabilística, restava conhecer suas causas.

A Teoria Cinética dos Gases (Capítulo 3) e a Termodinâmica partem da aceitação tácita de um certo determinismo molecular, embora o tratamento matemático de ambas aponte na direção de um certo indeterminismo, inerente ao tratamento estatístico. Como visto em outros capítulos, essa "infiltração" da Estatística na Física aparece em vários momentos: na descrição do movimento browniano; na derivação do espectro da radiação de corpo negro feita por Planck, com base na interpretação estatística de Boltzmann da entropia; na teoria de fótons de Einstein para a luz e em seus trabalhos sobre a emissão e absorção de fótons pela matéria; e na própria interpretação da Mecânica Quântica.

A esse grupo deve-se ainda acrescentar a descoberta da lei do decaimento radioativo, que se baseia em concepções probabilísticas. Do ponto de vista do atomismo estrito, essa lei levanta uma importante questão epistemológica. De fato, se todos os átomos são rigorosamente idênticos, como se pensava até o final do século XIX, como alguns átomos de uma mesma amostra poderiam decair em um certo intervalo de tempo e outros não? Uma resposta satisfatória para esta pergunta só será dada pela Mecânica Quântica. Entretanto, cabe apresentar, mesmo que resumidamente, alguns caminhos que poderiam levar a uma resposta plausível ainda no âmbito da Física Clássica.

O ponto de partida que parece ser natural é tentar compreender quais são as causas dos decaimentos radioativos, pois, como bem enfatiza o físico italiano Edoardo Amaldi,

sem qualquer conhecimento das causas que determinam em casos simples a desintegração de um átomo específico, podemos compreender este processo como um evento puramente acidental no sentido do cálculo da probabilidade.

O que Rutherford e Soddy já tinham esclarecido refere-se à *probabilidade* e não à *causa* dos decaimentos.

De fato, em meio a uma complexidade de fenômenos, eles haviam compreendido que cada átomo radioativo possui uma probabilidade definida de decair por unidade de tempo, a qual é rigorosamente constante no tempo. Essa probabilidade é característica da substância radioativa estudada e não depende absolutamente de mais nada.

Em 1909, Soddy escreve:

> *A causa da desintegração atômica permanece desconhecida. É difícil construir qualquer modelo para o mecanismo de desintegração, principalmente levando em conta certas características relacionadas com o processo. Em particular, deve ser mencionado o fato de que o período de vida-média dos átomos que se desintegram é o mesmo se considerarmos os átomos recentemente formados ou aqueles que já sobreviveram várias vezes ao período médio de desintegração. O que pode ser chamado de a inevitabilidade do processo, e sua inteira independência de todas as condições, sugere que a causa da desintegração seja exterior ao átomo. É difícil acreditar que a causa resida no espaço externo ao átomo. Parece mais provável que ela exista dentro do átomo e, ao mesmo tempo, não seja influenciada por ele. A questão sobre a qual se deve discutir é se necessariamente apenas um modo de instabilidade pode existir dentro do átomo ao mesmo tempo.*

Estar de acordo com Soddy quanto ao fato de que a causa última das transformações radioativas é interna ao átomo levou o químico e físico francês Andrè Debierne a propor, em 1912, que o átomo deveria ter uma estrutura complexa, capaz de introduzir um elemento de desordem. No fundo, parece evidente a analogia com um gás ideal clássico composto por um número praticamente infinito de constituintes. Um número enorme de constituintes daria origem a flutuações estatísticas. Por outro lado, a agitação desordenada poderia dar origem, em certos casos, a estados de instabilidade. Claro que, como bem notou Langevin, as ideias de Debierne de uma estrutura complexa para cada átomo necessariamente vão requerer um grande número de parâmetros para fixar a configuração do átomo. É interessante notar aqui a analogia entre este átomo de Debierne e o que se chamou de *Bag Model* para os hádrons, desenvolvido na década de 1970, no qual essas partículas "elementares" eram vistas como um gás de *quarks* sem massa, no interior de uma sacola.

De qualquer forma, uma interpretação convincente em nível clássico não foi conseguida nem por Debierne nem por ninguém. Era preciso um novo olhar sobre o microcosmo que ainda estava por vir com a Mecânica Quântica (Seção 13.1.1). Apesar disso, a lei dos decaimentos radioativos tem uma consequência epistemológica importante, pois permitiu a determinação do valor do número de Avogadro de um modo totalmente diferente e inesperado.

9.4 O número de Avogadro

> *Uma admirável investigação de Rutherford, ampliando ainda mais a ideia de átomo de eletricidade, permite que [a] magnitude [do número de Avogadro] seja obtida de vários modos diferentes, a partir de observações relativas aos corpos radioativos.*
>
> Jean Perrin

Na Seção 9.3.3, foi mostrada e discutida a lei do decaimento exponencial, que relaciona o número N de átomos presentes em uma amostra em um dado tempo t com o número de átomos presentes em $t = 0$, ou seja,

$$N = N_o \, e^{-\lambda t} \tag{9.5}$$

na qual a constante λ depende do tipo de material radioativo. A meia-vida do material, $T_{1/2}$, é definida como o tempo que metade dos átomos presentes na amostra no instante $t = 0$ leva para decair e é expressa pela equação (9.4).

Por outro lado, diferenciando a equação (9.5) em relação ao tempo t, obtém-se uma expressão para a taxa de decaimento do átomos, dada por

$$-\frac{dN}{dt} = \lambda \left(N_o e^{-\lambda t} \right) = N\lambda \tag{9.6}$$

Rutherford utilizou esses resultados para calcular o número de Avogadro a partir do decaimento de substâncias radioativas, que emitiam partículas α. Naquela época, acreditava-se que a meia-vida do rádio fosse da ordem de 2 000 anos ($6,3 \times 10^{10}$ s), do que resulta $\lambda = 1,09 \times 10^{-11}$ s^{-1}. Era também sabido que 1 grama de rádio emite $3,4 \times 10^{10}$ partículas α por segundo. Substituindo esses dois valores na equação (9.6), obtém-se $N = 3,12 \times 10^{21}$ partículas por grama de rádio. Supondo que cada partícula é emitida por um átomo, para saber o número de átomos de rádio em um mol, basta multiplicar o número encontrado pelo peso atômico desse elemento, que é 226. Desse modo, Rutherford encontrou[1] $N_A = 7,05 \times 10^{23}$.

9.5 Datação radiológica

Em termos de princípios físicos, é claro, um método que funciona para os mil anos pode se estender por todo o caminho a cinquenta mil.

W.F. Libby

Uma outra importante aplicação da lei de decaimento radioativo de Rutherford foi realizada pelo grupo do químico norte-americano Willard Frank Libby, em 1947, ao utilizar o carbono 14 (C^{14}) para a determinação de idades cronológicas de amostras de materiais orgânicos antigos. Esse isótopo do carbono tem meia-vida ($T_{1/2}^{C^{14}}$) da ordem de 5 730 anos.

Essa meia-vida está associada ao decaimento do carbono 14 em nitrogênio 14 por emissão β, ou seja,

$$C^{14} \rightarrow N^{14} + \beta$$

Grande parte do dióxido de carbono (CO_2) existente na atmosfera é constituída de carbono 12, e uma pequena parte, de carbono 14. A razão entre a quantidade de núcleos de carbono 12 e de carbono 14, $N_{C^{12}}/N_C^{14}$, denominada *abundância relativa*, é da ordem de $7,7 \times 10^{11}$.

No processo de fotossíntese, o dióxido de carbono é absorvido pelas plantas, que serão ingeridas pelos animais e pelo homem. Desse modo, admite-se que os organismos vivos contêm carbono 14 na mesma proporção, em relação ao carbono 12, que a atmosfera.

Após a morte, o organismo não absorve mais dióxido de carbono. Portanto, a massa do carbono 12 permanece constante, enquanto o carbono 14 continua decaindo. Assim, a partir da atividade do carbono 14 em uma amostra de organismo morto, como o fóssil de uma planta, um pedaço de carvão vegetal ou parte de ossos de animais, pode-se estimar a idade da amostra.

De acordo com a lei de Rutherford, a taxa de decaimento de um núcleo radioativo pode ser expressa como

$$-\frac{dN}{dt} = \frac{N_0}{\tau} e^{-t/\tau}$$

ou

$$A = A_0 e^{-t/\tau}$$

sendo A a *atividade* e A_0 a atividade inicial do núcleo.

---

[1] Corrigindo os valores da meia-vida do rádio e da sua taxa de emissão de partículas α pelo que se conhece hoje, o resultado obtido seria $N_A = 6,0 \times 10^{23}$.

No SI, a unidade para a atividade é o becquerel (Bq), tal que 1 Bq = 1 decaimento/segundo. Outra unidade utilizada é o curie (Ci), tal que 1 Ci = $3{,}7 \times 10^{10}$ Bq.

Considerando que a quantidade de núcleos de carbono 12 em uma amostra de material orgânico morto permanece constante ao longo do tempo, o número inicial de carbono 14 é dado por

$$N_0(\mathtt{C}^{14}) = \frac{N(\mathtt{C}^{12})}{\left[\frac{N_{\mathtt{C}^{12}}}{N_{\mathtt{C}}^{14}} \right]}$$

Uma vez calculada a quantidade inicial de núcleos de carbono 14, determina-se a atividade inicial por

$$A_0 = \frac{N_0(\mathtt{C}^{14})}{\tau_{\mathtt{C}^{14}}} = 0{,}693 \, \frac{N_0(\mathtt{C}^{14})}{T_{1/2}^{\mathtt{C}^{14}}}$$

Logo, a partir da medição da atividade (A) atual da amostra e da determinação da massa de carbono 12, $M(\mathtt{C}^{12})$, existente na amostra, pode-se estimar a idade da amostra por

$$t = \tau_{\mathtt{C}^{14}} \ln\left(\frac{A_0}{A} \right) = \frac{T_{1/2}^{\mathtt{C}^{14}}}{0{,}693} \ln\left(\frac{A_0}{A} \right)$$

na qual a atividade inicial é determinada a partir do número de núcleos de carbono 12 na amostra, por $N(\mathtt{C}^{12}) = \frac{N_A}{12} \times M(\mathtt{C}^{12})$.

Tendo em vista o valor da meia-vida do carbono 14, seu uso só é efetivo para datar objetos com idade até cerca de 50 mil anos. No entanto, o princípio usado na datação por carbono 14 também se aplica a outros isótopos. Além do carbono 14, pode-se usar o potássio 40 – com meia-vida de $1{,}28 \times 10^9$ anos – ou o urânio 235 – com meia-vida de 704 milhões de anos –, e muitos outros elementos radioativos.

Enquanto o potássio 40 ($\mathtt{K}^{40}$) pode decair em argônio 40 ($\mathtt{Ar}^{40}$) por emissão de um pósitron (β^+),

$$\mathtt{K}^{40} \to \mathtt{Ar}^{40} + \beta^+$$

o urânio 235 ($\mathtt{U}^{235}$) pode decair em cascata até o chumbo 207 ($\mathtt{Pb}^{207}$).

Uma vez que o argônio é um gás nobre, pode-se supor que todo o $\mathtt{Ar}^{40}$ em uma rocha terrestre originou-se do decaimento do $\mathtt{K}^{40}$. O número atual de $\mathtt{K}^{40}$, no instante presente t, é dado por

$$N(\mathtt{K}^{40}) = N_0 \, e^{-t/\tau_{\mathtt{C}^{14}}}$$

sendo N_0 o número de $\mathtt{K}^{40}$ no instante inicial de formação da rocha. Portanto, o número atual de $\mathtt{Ar}^{40}$ é dado por

$$N(\mathtt{Ar}^{40}) = N_0 - N(\mathtt{K}^{40})$$

Dessas relações decorre que

$$N(\mathtt{K}^{40}) = \left[N(\mathtt{Ar}^{40}) + N(\mathtt{K}^{40}) \right] e^{-t/\tau_{\mathtt{C}^{14}}} \quad \Rightarrow \quad t = \tau_{\mathtt{C}^{14}} \ln\left[\frac{N(\mathtt{Ar}^{40})}{N(\mathtt{K}^{40})} + 1 \right]$$

Sabendo-se que a razão entre a quantidade de núcleos de argônio e de potássio é da ordem de

$$\frac{N_{\mathtt{Ar}^{40}}}{N_{\mathtt{K}}^{40}} \simeq 10{,}3$$

pode-se estimar a idade da rocha, a qual é aproximadamente a idade da Terra, como

$$t = \frac{T_{1/2}^{\text{K}^{40}}}{0,693} \times \ln 11{,}3 = \frac{1{,}28 \times 10^9}{0{,}693} \times \ln 11{,}3 \simeq 4{,}48 \times 10^9 \text{ anos}$$

Trata-se, como o leitor pode perceber, de um método muito poderoso e de largo alcance. Entretanto, resultados confiáveis dependem muito da qualidade da amostra e de quanto se consegue dimensionar diversos fatores envolvidos no ambiente no qual a amostra foi produzida ou conservada, o que nem sempre é tarefa fácil.

9.6 Fontes primárias

Anderson, E.C.; Libby, W.F.; Weinhouse, S.; Reid, A.F.; Grosse, A.V., 1947. Natural Radiocarbon from Cosmic Radiation. *Physical Review* **72**, n. 10, p. 931-936.

Becquerel, H., 1896a. Sur les radiations émises par phosphorescence. *Comptes Rendus* **122**, p. 420-421.

Becquerel, H., 1896b. Sur les radiations invisibles émises par les corps phosphorescents. *Comptes Rendus* **122**, p. 501-503.

Becquerel, H., 1896c. Sur quelques proprietés nouvelles des radiations invisibles émises par divers corps phosphorescents. *Comptes Rendus* **122**, p. 559-564.

Becquerel, H., 1896d. Sur les radiations invisibles émises par les sels d'uranium. *Comptes Rendus* **122**, p. 689-694.

Becquerel, H., 1896e. Sur les propriétés différentes des radiations invisibles émises par les sels d'uranium, et du rayonnement de la paroi anticathodique d'un tube de Crookes. *Comptes Rendus* **122**, p. 762-767.

Becquerel, H., 1896f. Émission de radiations nouvelles par l'uranium métallique. *Comptes Rendus* **122**, p. 1086-1088.

Becquerel, H., 1903. Recherches sur une propriété nouvelle de la Matière, Activité Radiante. *Mémoire de l'Académie des Sciences de Paris* **46**, p. 1-364.

Boltwood, B.B.; Rutherford, E., 1909. Production of Helium by Radium. *Memoires of the Manchester Literary and Philosophical Society* IV, **52**, n. 6, p. 1-2. Veja também Die Erzeugung von Helium durch Radium. *Akademie Wissenschaften in Wien* **120**, p. 313-336 (1911).

Curie, S., 1898. Rayons émis par les composés de l'uranium et du thorium. *Comptes Rendus* **126**, p. 1101-1103.

Curie, S., 1899. Les rayons de Becquerel et le polonium. *Révue Générale des Sciences* **10**, p. 41-50.

Curie, Mme. S., 1904. *Recherches sur les Substances Radioactives.* Thèse présentée a la Faculté des Sciences de Paris pour obtenir le grade de Docteur ès Sciences Physiques. Paris: Gauthiers-Villars, deuxième édition.

Fajans, K., 1913. Radioactive transformations and the periodic system of the elements. *Berichten der deutschen chemischen Gesellschaft* **46**, p. 422-439.

Fajans, K., 1914. Die Radioelemente und das periodische System. *Naturwissenschaft* **2**, n. 19, p. 463-468.

Rutherford, E., 1903 The Magnetic and Electrical Deviation of the Easily Absorved Rays from Radium. *Philosophical Magazine*, S. 6, **5**, p. 177-187. Descoberta de que a partícula α tem carga elétrica positiva.

Rutherford, E., 1913. The Structure of the Atom. *Nature* **92**, n. 2302, p. 423.

Soddy, F., 1913a. Intra-atomic Charge. *Nature* **92**, n. 2301, p. 399-400.

Soddy, F., 1913b. The Radio-elements and the Periodic Law. *Chemical News* **107**, p. 97-99.

Van der Broek, A., 1913. Intra-atomic Charge. *Nature* **92**, n. 2301, p. 372-373.

9.7 Outras referências e sugestões de leitura

Badash, L. (Ed.), 1969. Correspondência entre Rutherford e o químico Bertram Borden Boltwood sobre a Radioatividade, cobrindo um período de 20 anos (1904-1924).

Curie, Mme. S., 1904. *Recherches sur les Substances Radioactives.* Tese de Doutorado apresentada à Faculdade de Ciências de Paris.

Curie, Madame P., 1910. *Traité de Radioactivité*, 2 v. Paris: Gauthier-Villars. Corresponde às aulas sobre Radioatividade dadas pela autora na Sorbonne.

Curie, M.S., 1954. Edição das obras de Madame Curie sob responsabilidade de sua filha.

Fajans, K., 1931. Livro sobre as forças químicas e as propriedades ópticas dos radioelementos e dos isótopos.

Leenson, I.A., 1998. Ernest Rutherford, Avogadro's Number, and Chemical kinetics. *Journal of Chemical Education* **75**, n. 8, p. 998-1003.

Martins, R.A., 1990. Como Becquerel não descobriu a radioatividade. *Caderno Catarinense de Ensino de Física*, v. 7, p. 27-45. *Journal of Chemical Education* **75**, n. 8, p. 998-1003.

Rutherford; E. Chadwick, J.; Ellis, C.D., 1930. Um dos livros de texto mais importantes sobre a Radioatividade.

Rutherford, E., 2004. Nova edição em inglês do livro clássico de Rutherford sobre a Radioatividade.

Segrè, E., 1980. Apresenta de forma bastante clara uma história da Física Moderna que vai da descoberta dos raios X à descoberta dos *quarks*.

9.8 Exercícios

Exercício 9.8.1 A energia cinética das partículas α emitidas pelo Ra foi estimada por Rutherford, em 1905, a partir dos seguintes dados: $e = 3,4 \times 10^{-10}$ ues, $e/m = 6,3 \times 10^3$ uem (abcoulomb/g) para a partícula α, cuja velocidade é $v = 2,5 \times 10^9$ cm/s. Determine o valor por ele estimado.

Exercício 9.8.2 A taxa de emissão de calor por 1 g de Ra é igual a $1,2 \times 10^6$ erg. Considerando que o efeito de aquecimento da amostra seja devido apenas às partículas α emitidas, determine o número destas partículas que deve ser expelido por segundo.

Exercício 9.8.3 Considerando que hoje o valor da meia-vida do Ra^{226} é de 1 602 anos, determine:

a) a atividade de um grama do Ra^{226};

b) o número de Avogadro.

Exercício 9.8.4 Considere que a probabilidade P de desintegração de um átomo radioativo dependa apenas do intervalo de tempo de observação considerado Δt, ou seja, $P = \lambda \Delta t$, em que λ é a constante de decaimento. A probabilidade de que um dado átomo *não* se desintegre nesse intervalo de tempo é $Q_1 = 1 - P = 1 - \lambda \Delta t$. Deste modo, a probabilidade de que um certo átomo *não* se desintegre decorridos n intervalos de tempo Δt é

$$Q_n = (1 - \lambda \Delta t)^n$$

Se a observação se dá em um intervalo finito de tempo t, durante o qual o número n de intervalos Δt é muito grande, pode-se escrever

$$Q_n = \left(1 - \frac{\lambda t}{n}\right)^n$$

Mostre que, se n é muito grande, obtém-se a relação

$$N = N_o \, e^{-\lambda t}$$

Exercício 9.8.5 Considere uma amostra radioativa contendo 3 mg de U^{234}. Sabendo que $T_{1/2} = 2,48 \times 10^5$ anos e $\lambda = 8,88 \times 10^{-14} \text{ s}^{-1}$, determine a massa desse isótopo do urânio que não se terá desintegrado após $6,2 \times 10^4$ anos.

Exercício 9.8.6 Considere em uma série de radioisótopos o decaimento de um elemento A em outro B, sabendo que B decai em C. Seja N_o o número inicial de átomos do tipo A, cuja constante de decaimento é λ_A e seja λ_B a constante de decaimento de B. Mostre que o número de átomos do tipo B que *não* decaíram após um tempo t é dado por

$$N_B = \frac{N_o \lambda_A}{\lambda_B - \lambda_A} \left[e^{-\lambda_A t} - e^{-\lambda_B t}\right]$$

Exercício 9.8.7 Sabe-se que a meia-vida do isótopo do iodo I_{53}^{133} é igual a 20 h. Considerando uma amostra desse isótopo de 2 g, determine o tempo decorrido, em horas, para que essa massa se reduza a 0,25 g.

Exercício 9.8.8 Uma amostra de carvão vegetal contém aproximadamente 25 g de carbono 12, e a atividade do carbono 14 na amostra é igual a 250 desintegrações por minuto. Determine a idade da amostra.

Exercício 9.8.9 Suponha que todo o chumbo 207 na Terra se originou do decaimento do urânio 235. Sabendo-se e que a abundância relativa do chumbo em relação a esse elemento é da ordem de 29, determine a idade da Terra e compare-a com a datação baseada no potássio 40 (Seção 9.5).

Exercício 9.8.10 A meia-vida do nêutron é da ordem de 10 minutos. Um feixe de nêutrons se propaga no vácuo. Determine a distância percorrida pelo feixe quando a intensidade é reduzida a metade, se a energia de cada nêutron é igual a 5 eV;

Exercício 9.8.11 A atividade do Au_{79}^{200} é igual a 58,9 Ci. Sabendo que 1 Ci $= 3,7 \times 10^{10}$ desintegrações/s, determine meia-vida desse isótopo.

Exercício 9.8.12 A atividade de uma amostra de Cr_{24}^{55} em intervalos de 10 minutos, em milicuries, é dada por

| 1118,8 | 123,9 | 19,2 | 2,68 | 0,36 |

Determine a meia-vida do Cr_{24}^{55}.

10

A radiação de corpo negro e o retorno à concepção corpuscular da luz

Nunca na história da Física houve uma inter-polação matemática tão imperceptível com tão amplas consequências físicas e filosóficas.

Max Jammer

A segunda nuvem à qual Kelvin se referiu, na aurora do século XX (Seção 6.2), diz respeito à teoria de Maxwell-Boltzmann e foi parcialmente dissipada por Planck ao término do ano de 1900. É curioso notar que, apesar de a hipótese de um *quantum* de energia, introduzida por Planck, ter tido uma influência marcante na Física Atômica e Molecular do século XX, sua descoberta não está ligada aos principais tópicos dessa área da Física, no período de 1895-1900. A origem do trabalho de Planck foi o estudo da radiação de calor de um corpo negro,[1] a temperaturas da ordem de centenas de graus Celsius, ou seja, a análise de espectros eletromagnéticos contínuos de emissão e de absorção.

Os primeiros resultados da análise espectroscópica da emissão da radiação de corpo negro, obtidos pelo físico alemão Friedrich Paschen, em 1894, envolviam comprimentos de onda relativamente curtos, da ordem de 5 μm, na faixa do infravermelho. Dessas observações, Paschen e o também alemão Wilhelm Wien sugeriram, independentemente, em 1896, uma fórmula semiempírica que se ajustava às curvas experimentais da intensidade da radiação emitida (Figura 10.4).

Apesar do sucesso inicial da fórmula de Wien (Seção 10.2.1), seus limites foram logo evidenciados quando, no início do século XX, mais precisamente em 1900, os dois grupos do *Physicalish-Technische Reichsanstalt*, de Berlim, constituídos de Otto Lummer, Ernst Pringsheim, Ferdinand Kurlbaum e Heinrich Rubens, estenderam as observações para comprimentos de onda maiores, inicialmente até 18 μm e, logo após, na faixa de 30 a 50 μm (Figura 10.7), a temperaturas entre 200°C e 1 600°C. Os resultados assim obtidos, principalmente por Kurlbaum e Rubens, estabeleceram definitivamente que, para essas frequências menores, bem afastadas da região visível, em vez da fórmula de Wien, a recém-proposta fórmula de Rayleigh (Seção 10.2.3) era a que mais adequadamente se ajustava aos dados.

Foram esses resultados que forçaram Planck a reavaliar seus conceitos e estudos iniciais da radiação de corpo negro, em um clássico e frutífero exemplo de interação entre experimento e teoria.

Assim, ao final do verão europeu de 1900, Planck obteve a fórmula de interpolação (Seção 10.2.4), cujos limites eram a expressão de Rayleigh (para baixas frequências) e a de Wien (para altas frequências), e partiu em busca de uma interpretação física para a sua lei de comportamento da intensidade da radiação de corpo negro.

---

[1] Um corpo negro absorve toda a energia da radiação eletromagnética que incide sobre ele.

Desde o início, a abordagem de Planck se baseava em um modelo no qual a matéria seria constituída de osciladores elementares, cujas vibrações dariam origem à radiação, em um processo no qual a matéria e a radiação estariam em equilíbrio térmico; esses osciladores, em última instância, seriam os átomos, apesar de sua resistência à hipótese atômica.

Com os resultados experimentais dos grupos de Berlim, Planck se vê obrigado a abandonar sua visão sobre a constituição da matéria e a adotar a abordagem estatística de Boltzmann para a definição de entropia de um gás (Seção 10.1.1). Assim, conclui que a frequência de cada componente monocromática da radiação emitida seria igual à frequência natural de vibração de osciladores elementares, cujas energias só poderiam assumir valores discretos, múltiplos inteiros de um *quantum* de energia proporcional a essa frequência.

Do mesmo modo que a velocidade da luz no vácuo (c) é a constante fundamental da Teoria da Relatividade Restrita (Capítulo 6), a constante de proporcionalidade entre o *quantum* de energia e a frequência da radiação, posteriormente denominada *constante de Planck* (h), é a constante fundamental da nova teoria física que emergiu, ao término do primeiro quarto do século XX, para descrever a evolução ou a dinâmica das partículas microscópicas, a Mecânica Quântica (Capítulos 13 e 14).

Apesar de a hipótese de um *quantum* de energia ter se constituído no principal fator da gênese da Mecânica Quântica, permitindo uma excelente descrição dos dados experimentais, Planck, resistindo a essa ideia, que contrariava as leis da Física Clássica, passou vários anos procurando, sem sucesso, uma outra forma de explicar a lei de radiação de corpo negro.

As primeiras utilizações da hipótese de Planck de quantização da energia, com a subsequente extensão de seu domínio de aplicação, apareceram em dois trabalhos de Einstein: um, em 1905, sobre a quantização da própria radiação (Seção 10.3), e outro sobre os calores específicos dos sólidos, em 1907 (Seção 10.3.2).

Um ponto de contato entre os trabalhos de Rayleigh e os de Einstein é que, desde o início, ambos se concentraram na própria radiação, ou seja, no campo eletromagnético, ao contrário de Planck, que se concentrava nos osciladores dos quais a radiação provinha. Assim, em seu trabalho de 1905, Einstein, após mostrar que qualquer componente monocromática de alta frequência da radiação de corpo negro se comportava como um gás (Seção 10.3), no qual a energia de suas partículas, posteriormente denominadas *fótons*, era igual ao *quantum* de energia de Planck, explica, dentre outros, o fenômeno do *efeito fotoelétrico*, que é a emissão de elétrons de um metal, no qual incide radiação eletromagnética de alta frequência, principalmente na faixa do ultravioleta (Seção 10.3.1).

Por reiterar uma visão corpuscular da luz e estar baseada em argumentos estatísticos, houve muita resistência na comunidade científica da época à ideia de quantização do campo eletromagnético. Entretanto, essa hipótese, reforçada por um outro argumento estatístico do próprio Einstein, em 1909, é que dá origem à percepção de que a luz manifesta um comportamento dual, evidenciando ora um caráter corpuscular, ora um caráter ondulatório.

10.1   A Mecânica Estatística

> *A irreversibilidade é um efeito puramente estatístico.*
>
> Jan Von Plato

Como visto em capítulos anteriores, a concepção atomística da matéria esteve ligada às investigações de Maxwell e Boltzmann, ao final do século XIX, sobre o comportamento dos gases moleculares (Capítulo 3), e, finalmente, aos trabalhos de Einstein e Perrin sobre o movimento browniano. Essas abordagens, além de coroarem a Mecânica Clássica como a base de teorias interpretativas dos sistemas complexos constituídos de muitas partículas, deram a eles uma descrição estatística.

Inicialmente, a partir de hipóteses e modelos acerca dos mecanismos de colisões entre as moléculas de um gás, a Teoria Cinética dos Gases foi elaborada. Em seguida, procurou-se uma teoria estatística de caráter mais geral, não apenas para gases, mas ainda apoiada nas leis da Mecânica Clássica.

No contexto clássico, essa teoria estatística, iniciada por Boltzmann, foi elaborada e estabelecida pelo físico norte-americano Josiah Willard Gibbs, em 1901, a partir da formulação da Mecânica Clássica feita pelo matemático irlandês William Rowan Hamilton, e foi por Gibbs denominada *Mecânica Estatística*.

Com os trabalhos de Planck e Einstein, a abordagem estatística passa a ser um instrumento eficaz e poderoso na análise dos processos físicos de natureza distinta dos compostos moleculares. Ambos chegam a resultados que se tornaram verdadeiros estopins para a grande revolução de ideias e novas concepções ocorrida na Física, no início do século XX, que culminou não só com a generalização e afirmação da Mecânica Estatística, mas com a criação da Mecânica Quântica, a teoria física sobre a qual viria se apoiar qualquer teoria interpretativa posterior para o microcosmo.

A formulação estatística clássica para sistemas cujos constituintes quase não interagem, apenas o suficiente para estabelecer o equilíbrio térmico,[2] é suficientemente geral para explicar as principais teorias desenvolvidas por Planck e Einstein acerca da radiação do corpo negro e dos calores específicos dos sólidos, como será visto ao longo deste capítulo.

Do ponto de vista da Mecânica Clássica, a energia (ϵ) de uma partícula de massa m, em um campo conservativo, pode ser expressa em função de sua posição (x, y, z) e *momentum* (p_x, p_y, p_z) como

$$\epsilon(x, y, z, p_x, p_y, p_z) = \epsilon_p(x, y, z) + \frac{p_x^2}{2m} + \frac{p_y^2}{2m} + \frac{p_z^2}{2m}$$

sendo $\epsilon_p(x, y, z)$ a energia potencial da partícula.

Desse modo, a evolução ou o comportamento da partícula pode ser representado em um *espaço de fase* de dimensão seis, no qual cada ponto (x, y, z, p_x, p_y, p_z), que depende do valor da energia ϵ, caracteriza o *estado* dinâmico da partícula.

Para partículas que se movem apenas ao longo de uma direção x, com *momentum* p, o espaço de fase é um "plano" (x, p) no qual a evolução de cada partícula pode ser visualizada como uma trajetória nesse plano (Figura 10.1).

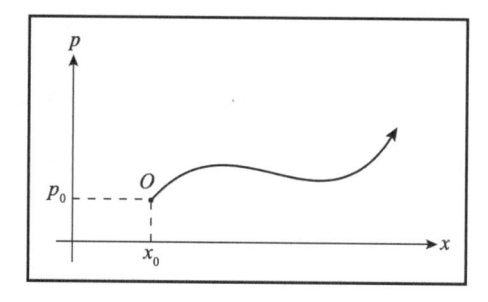

Figura 10.1: Possível trajetória de uma partícula em seu espaço de fase, a partir de um ponto inicial O.

Cada ponto desse plano, compatível com a energia e outros vínculos externos, representa um *estado* possível para a partícula. A área $(\mathrm{d}x\,\mathrm{d}p)$ de uma região desse plano é proporcional ao número de estados acessíveis à partícula.

Nesse contexto, a probabilidade de ocupação de uma determinada região de área $\mathrm{d}x\,\mathrm{d}p$ desse espaço de fase, por uma partícula com energia $\epsilon(x, p)$, que faz parte de um sistema em equilíbrio térmico à temperatura T, é proporcional a

---

[2] Apesar de não interagirem entre si, os constituintes podem interagir com um campo externo, como o gravitacional terrestre ou o eletromagnético.

$$\exp\left[-\frac{\epsilon(x,p)}{kT}\right]\,dx\,dp$$

em que, por sua vez, o fator de Boltzmann $e^{-\epsilon/kT}$ é proporcional ao número médio de partículas na região de área $dx dp$, e k é a constante de Boltzmann.[3]

Assim, o valor médio de qualquer grandeza $f(x,p)$ associada à partícula, expressa em função da posição e do *momentum*, pode ser calculado por

$$\langle f \rangle = \frac{1}{z} \int f(x,p) \exp\left[-\frac{\epsilon(x,p)}{kT}\right]\,dx\,dp$$

e a dispersão em relação à média, caracterizada pelo desvio-padrão, por

$$\Delta f = \sqrt{\langle f^2 \rangle - \langle f \rangle^2}$$

sendo $z = \int e^{-\epsilon/kT}\,dx\,dp$ um fator de normalização denominado *função de partição*.

Por exemplo, para um sistema de partículas de massa m que se comportam como osciladores harmônicos unidimensionais, idênticos e independentes, de mesma frequência ω_o, em equilíbrio térmico à temperatura T, a energia de cada oscilador é dada por

$$\epsilon = \frac{p^2}{2m} + \frac{1}{2}m\omega_o^2 x^2$$

e seus possíveis estados no plano de fase (x,p) estão ao longo de uma elipse (Figura 10.2) cuja área[4] (A) é proporcional à energia, ou seja,

$$A \propto \epsilon$$

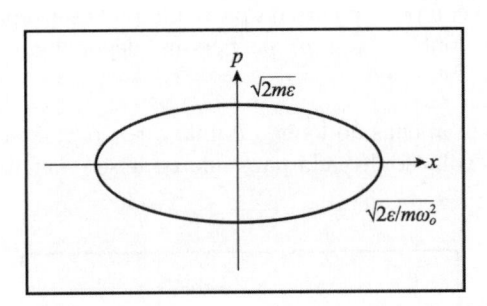

Figura 10.2: Lugar geométrico dos estados de um oscilador harmônico unidimensional em seu plano de fase.

Assim, para um oscilador harmônico unidimensional, o elemento de área $dx\,dp$ no plano de fase, ou o número de estados acessíveis a cada oscilador na região cuja área é $dx\,dp$, é proporcional ao elemento de energia $d\epsilon$, ou seja,

$$dx\,dp \propto d\epsilon$$

Como, classicamente, não existem restrições para o valor da energia,[5] o valor médio de qualquer grandeza, $f(\epsilon)$, associada a um oscilador unidimensional que dependa apenas da energia, pode ser calculado por

$$\langle f \rangle = \frac{1}{z}\int_0^\infty f(\epsilon)\,e^{-\beta\epsilon}\,d\epsilon$$

com $z = \displaystyle\int_0^\infty e^{-\beta\epsilon}\,d\epsilon$ e $\beta = 1/kT$.

---

[3] Como notado no Capítulo 3, a constante de Boltzmann, apesar de implícita nos trabalhos de Boltzmann, só foi explicitamente determinada, pela primeira vez, nos trabalhos de Planck sobre a radiação do corpo negro.

[4] A área dessa elipse é $A = \pi a b$, com $a = \sqrt{2\epsilon/(m\omega_o^2)}$ e $b = \sqrt{2m\epsilon}$, portanto, $A = 2\pi\epsilon/\omega_o$.

[5] Do ponto de vista da Mecânica Clássica, ϵ pode assumir qualquer valor no intervalo $(0,\infty)$, isto é, pode variar continuamente.

Em geral, para sistemas cujos constituintes são distintos de um oscilador harmônico, o elemento de área $dx\,dp$, proporcional ao número de estados acessíveis aos constituintes do sistema, em uma pequena região do espaço de fase, pode ser expresso como

$$dx\,dp \;\propto\; g(\epsilon)d\epsilon$$

em que $g(\epsilon)$ é a chamada *densidade de estados* de energia, e a função de partição passa a ser definida por

$$z = \int_0^\infty g(\epsilon)e^{-\beta\epsilon}\,d\epsilon \tag{10.1}$$

Nesse sentido, a densidade de estados para um oscilador harmônico clássico é uniforme e, simplesmente, dada por $g(\epsilon) = 1$.

A densidade de estados de energia pode ser determinada para casos simples, como os gases moleculares ou sistemas cujos constituintes não interagem, a partir do número de estados acessíveis aos constituintes em uma dada região do espaço de fase, expresso como função da energia. Por exemplo, para um gás molecular ideal que ocupa um volume V, o número de estados para uma molécula de massa m com *momentum* entre p e $p + dp$ é proporcional a[6]

$$V p^2\,dp \tag{10.2}$$

Expressando-se em termos da energia ($p = \sqrt{2m\epsilon}$), o número de estados para uma molécula com energia entre ϵ e $\epsilon + d\epsilon$ é proporcional a

$$V \epsilon^{1/2}\,d\epsilon \tag{10.3}$$

Desse modo, a densidade de estados de energia, $g(\epsilon)$, para uma molécula de um gás ideal é proporcional a $\epsilon^{1/2}$. Enquanto a expressão (10.2) é de caráter geral, a expressão (10.3) depende da relação entre a energia (ϵ) e o *momentum* (p) de uma partícula livre. Do ponto de vista clássico, essa relação é dada por $p = \sqrt{2m\epsilon}$. Para partículas livres com altas energias (Seção 6.6.2), o *momentum* é proporcional à energia, $p \propto \epsilon$. Além das partículas com altas energias, essa proporcionalidade entre a energia e o *momentum* se verifica também para outros sistemas físicos (Tabela 10.1). Nesses casos, a densidade de estados $g(\epsilon)$ de energia é proporcional ao quadrado da energia, $g(\epsilon) \propto \epsilon^2$. Entretanto, o número médio de partículas com energia ϵ não é mais proporcional ao fator de Boltzmann.

A Tabela 10.1 mostra alguns sistemas e as correspondentes densidades de estados associadas a seus constituintes.

Tabela 10.1: Densidades de estado para diversos sistemas

Sistemas	Constituintes	$g(\epsilon)$
Gases moleculares	Moléculas	$\epsilon^{1/2}$
Radiação em uma cavidade	Osciladores clássicos	1
Radiação em uma cavidade	Osciladores quânticos	$\sum_{n=0}^{\infty} \delta(\epsilon - \epsilon_n)$
Radiação em uma cavidade	Modos de vibração	ϵ^2
Sólidos cristalinos	Modos de vibração	ϵ^2

---

[6] O número total (G) de estados acessíveis para uma partícula livre, de massa m, de um gás, até um valor de *momentum* igual a p, é obtido integrando-se o elemento de volume de seu espaço de fase $dx\,dy\,dz\,dp_x\,dp_y\,dp_z$ até o volume V e o *momentum* p. Devido à isotropia, o movimento das moléculas no subespaço dos *momenta* está restrito a uma esfera de raio $p = \sqrt{p_x^2 + p_y^2 + p_z^2}$, donde obtém-se $G = V(4\pi/3)\,p^3$.

Para osciladores e partículas não relativísticas, considerando a função de partição como dependente de $\beta = 1/kT$,

$$z(\beta) = \int_0^\infty g(\epsilon)e^{-\beta\epsilon}\,\mathrm{d}\epsilon$$

a energia média de cada constituinte,

$$\langle\epsilon\rangle = \frac{1}{z}\int_0^\infty \epsilon\, g(\epsilon)\, e^{-\beta\epsilon}\,\mathrm{d}\epsilon$$

pode ser expressa como

$$\langle\epsilon\rangle = -\frac{1}{z}\frac{\mathrm{d}z}{\mathrm{d}\beta} = -\frac{\mathrm{d}}{\mathrm{d}\beta}\ln z$$

Assim, basta calcular a função de partição para se determinar a energia média por constituinte.

Essa foi a abordagem de Einstein (Seção 10.2.6) para explicar tanto o resultado clássico obtido por Rayleigh quanto o de Planck para a energia média de um oscilador que faz parte de um sistema em equilíbrio térmico. Planck, por sua vez, utilizou-se do método combinatorial de Boltzmann, baseado na definição de *entropia*.

10.1.1   Boltzmann e o problema da irreversibilidade

Um dos principais obstáculos conceituais à aceitação da Teoria Cinética era o argumento de que ela não poderia descrever fenômenos e processos termodinâmicos irreversíveis, como o estabelecimento do equilíbrio térmico, sendo ela uma teoria microscópica baseada na Mecânica de Newton, cuja lei fundamental ($\vec{F} = m\mathrm{d}^2\vec{r}/\mathrm{d}t^2$) é invariante pela transformação temporal $t \to -t$, ou seja, reversível.

De fato, em 1876, Loschmidt argumentou nesse sentido ao afirmar que, para cada possível movimento dos constituintes de um sistema, que leva a seu equilíbrio, existe um outro, igualmente possível, que o afasta do equilíbrio, e, portanto, os processos de origem mecânica, em última análise, seriam sempre reversíveis.

O problema da irreversibilidade, do ponto de vista macroscópico, está ligado às leis que regem a troca de energia entre os sistemas. Enquanto a 1ª lei da Termodinâmica expressa a conservação da energia interna (U) de um sistema,

$$\Delta U = Q - W \tag{10.4}$$

e não proíbe a transformação integral do trabalho (W) realizado por um sistema em calor (Q), a 2ª lei da Termodinâmica impõe limites à transformação reversa, ou seja, à conversão de calor em trabalho.

A grandeza definida por Clausius, em 1854, para caracterizar esses limites denomina-se *entropia* e, usualmente, é denotada por S.[7] Segundo Clausius, a variação da entropia de um sistema, de uma condição ou estado A para um estado B, ao receber ou ceder uma pequena quantidade de calor Q, à temperatura T, é tal que

$$S_B - S_A = \Delta S \geq \frac{Q}{T} \tag{10.5}$$

no qual a igualdade só é verificada se a evolução for reversível.

Desse modo, a conservação da energia para processos reversíveis pode ser expressa por

$$\Delta U = T\Delta S - W \tag{10.6}$$

---

[7] Veja comentário sobre uma controvérsia a esse respeito no livro de S.G. Brush (1965), p. 576.

e, para um gás ideal – uma vez que o trabalho (W) realizado à pressão P, ao se expandir ou se comprimir de um volume ΔV, é $W = P\Delta V$ –, por

$$\Delta U = T\Delta S - P\Delta V \tag{10.7}$$

Logo, a temperatura e a pressão de um sistema em equilíbrio térmico podem ser expressas por

$$\frac{1}{T} = \left(\frac{\partial S}{\partial U}\right)_V \tag{10.8}$$

$$\frac{P}{T} = \left(\frac{\partial S}{\partial V}\right)_U \tag{10.9}$$

A equação (10.9) pode ser utilizada para se determinar a equação de estado do sistema, e a equação (10.8) foi utilizada por Planck e Einstein ao estudarem a radiação de corpo negro (Seção 10.2).

A relação de Clausius, equação (10.5), baseia-se na $2^{\underline{a}}$ lei da Termodinâmica e expressa o fato de que o calor (Q) não passa, espontaneamente, de um corpo para outro à temperatura (T) mais alta.

Assim, o *princípio da irreversibilidade* macroscópica pode ser expresso como

> *A entropia de um sistema isolado nunca decresce:* $\Delta S \geq 0$

ou

> *O equilíbrio de um sistema isolado é um estado de entropia máxima.*

A interpretação microscópica desse princípio foi feita por Boltzmann, em bases estatísticas, ao identificar a entropia S de um sistema de N partículas, ocupando volume V e tendo energia U, em equilíbrio térmico à temperatura T, como uma medida de sua desordem, expressa por[8]

$$S(N,V,U) \propto \ln G(N,V,U) \tag{10.10}$$

sendo $G(N,V,U)$ o número total de configurações microscópicas compatíveis com os vínculos externos impostos ao sistema. Na linguagem estatística, diz-se que o conjunto de valores (N,V,U) define um macroestado do sistema e $G(N,V,U)$ é o número de microestados compatíveis com esse macroestado. Nesse sentido, quanto maior o número de partículas ou o volume de um sistema, maior o número total de configurações, maior a desordem e, consequentemente, maior a entropia do sistema.

Admitindo que a ocorrência de cada microestado seja igualmente provável, a probabilidade $P(N,V,U)$ de ocorrência de um dado macroestado (N,V,U) é proporcional ao número de microestados correspondentes,

$$P(N,V,U) \propto G(N,V,U) \quad \Longrightarrow \quad P(N,V,U) \propto e^S$$

Desse modo, a probabilidade relativa de que qualquer parâmetro macroscópico (X) que dependa da quantidade de matéria, como a energia (U), o volume (V) ou o número total de partículas (N), exiba um dado valor em relação ao seu valor de equilíbrio (X_0) pode ser expressa pela variação da entropia, ou seja,

$$\frac{P(X)}{P(X_0)} = \exp[S(X) - S(X_0)] = \frac{G(X)}{G(X_0)}$$

---

[8] Foi a partir da definição de entropia como $S = k \ln G$ que Planck, em 1900, introduziu a constante de Boltzmann (k).

A partir dessa expressão, pode-se calcular, por exemplo, a probabilidade relativa de que um gás reduza, espontaneamente, o seu volume à metade, $P(V/2)/P(V) = P_{1/2}$. Utilizando-se o argumento de Einstein de 1905, de que, se o volume V ocupado por um gás ideal, com N partículas e energia U, em equilíbrio térmico, for dividido em regiões de volume V_0, o número de estados acessíveis a cada partícula do gás é dado por V/V_0. Para N partículas independentes, o número total (G) desses microestados é proporcional a

$$\left(\frac{V}{V_0}\right)^N$$

e, portanto,

$$P_{1/2} = \frac{G(V/2)}{G(V)} = \frac{1}{2^N}$$

Como $N \simeq 10^{23}$, esse valor é extremamente pequeno, e, nesse sentido, diz-se que o fenômeno é macroscopicamente irreversível.

Assim, a entropia de um gás ideal, obtida por argumentos puramente probabilísticos, a partir da equação (10.10), é dada por

$$S = \alpha \ln V + C$$

sendo α e C constantes, o que implica, segundo a equação (10.9), a equação de estado

$$\frac{P}{T} = \left(\frac{\partial S}{\partial V}\right)_U = \frac{\alpha}{V} \implies \frac{PV}{T} = \alpha$$

Por um argumento semelhante, em geral, a entropia depende das variáveis (N, V, U) que definem um macroestado, segundo

$$S \propto \mu \ln N + \alpha \ln V + \gamma \ln U + C$$

sendo μ, α, γ e C constantes.

Cabe notar que a arbitrariedade da divisão do volume V, ou seja, da escolha de um volume V_0, a menos de um valor absoluto para a entropia, não acarreta nenhum problema, uma vez que apenas variações de entropia são relevantes para a determinação de qualquer propriedade macroscópica de um gás. Entretanto, do ponto de vista quântico, como mostrado pela primeira vez por Planck, em 1900, pode-se atribuir uma escala absoluta para a entropia (Seção 10.2.5).

10.2   A radiação de corpo negro

> *Tentei imediatamente incorporar de alguma forma o* quantum *elementar de ação 'h' no contexto da teoria clássica. Mas, em face de todas essas tentativas, esta constante mostrou-se obstinada.*
>
> Max Planck

De um certo ponto de vista, as teorias quânticas tiveram origem na adoção de métodos estatísticos para o estudo de sistemas físicos, quando Max Planck, em 1900, deduziu uma expressão que descrevia o comportamento da radiação de corpo negro. Desde 1895, quando iniciou suas pesquisas nesse domínio, Planck procurou concentrar-se nos osciladores elementares (átomos radiantes) em vez de na radiação em si, como já mencionado.

Anteriormente ao trabalho de Planck, no período entre 1854 e 1859, os precursores da espectroscopia, Bunsen e Kirchhoff, haviam estabelecido que, apesar de os poderes de absorção[9] (a) e de emissão[10] (I) de

---

[9] a (poder de absorção) = fração de energia total da radiação que é absorvida por um corpo, por unidade de tempo. Por exemplo, para um corpo negro, $a = 1$ e, para o tungstênio (W), à temperatura de $2\,450$ K, $a = 0,24$.

[10] I (poder de emissão) = intensidade da radiação térmica emitida por um corpo. Por exemplo, para o tungstênio à temperatura de $2\,450$ K, $I = 50$ W/cm^2.

um corpo radiador dependerem da temperatura e de sua natureza, a razão $(I/a)_\lambda$, para um determinado comprimento de onda (λ), só depende da temperatura; de outro modo, não poderia existir o equilíbrio da radiação no interior de uma cavidade que contivesse substâncias diferentes:

$$\left(\frac{I}{a}\right)_\lambda \quad \text{(corpo qualquer)} \; = \; I_\lambda(T) \quad \text{(corpo negro)}$$

Nas palavras do próprio Kirchhoff, *para raios de mesmo comprimento de onda e mesma temperatura, a razão do poder emissivo e de absorção é a mesma para todos os corpos.* Assim, a intensidade espectral da radiação de um corpo negro é dada por uma função universal $I_\lambda(T)$, que depende do comprimento de onda (λ) e de sua temperatura T.

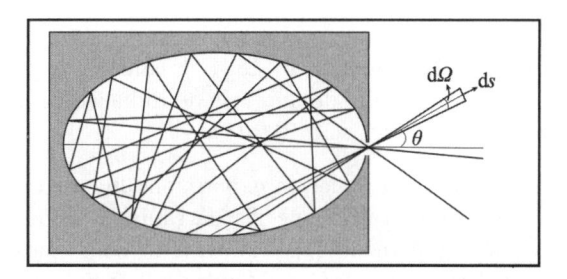

Figura 10.3: Radiação de corpo negro por uma cavidade.

Conforme mostrado por Kirchhoff, do ponto de vista experimental, qualquer cavidade com paredes totalmente refletoras no interior de um sólido que tenha uma pequena abertura (Figura 10.3) se comporta como um corpo negro. De fato, toda radiação vinda do exterior que passe pelo orifício é refletida várias vezes nas paredes internas até ser totalmente absorvida por elas. Por outro lado, quando o sólido se aquece, estas paredes emitem radiação eletromagnética, cuja maior parte permanece no interior da cavidade. Em equilíbrio térmico, através de reflexões sucessivas, a energia da radiação emitida pelas paredes é igual à absorvida. Por essa razão, a radiação no interior da cavidade e, portanto, também a pequena fração da radiação que dela emerge através da abertura devem possuir exatamente a distribuição espectral de intensidade característica da radiação do corpo negro.

Uma vez que a fração de energia por unidade de tempo e de área da radiação de densidade de energia média u que escapa pelo orifício de uma cavidade em uma direção θ, segundo um ângulo sólido $d\Omega$ (Figura 10.3), é dada, de acordo com a equação (5.38), por

$$uc\cos\theta \, \frac{d\Omega}{4\pi}$$

a intensidade (I) da radiação isotrópica emitida pela cavidade, em um hemisfério, relaciona-se com a densidade média de energia (u) por

$$\boxed{I = \frac{uc}{4}} \tag{10.11}$$

10.2.1 As leis de Stefan e Wien

Na tentativa de encontrar a função universal $I_\lambda(T)$, duas leis que exprimem a dependência da radiação de corpo negro com a temperatura, e que desempenharam importante papel nos trabalhos de Planck e Einstein, foram:

- a lei de Stefan (1879) – "A intensidade da radiação emitida por um corpo negro é proporcional à quarta potência de sua temperatura."[11]

$$I = \sigma T^4$$

(10.12)

sendo $\sigma = (5{,}670\,51 \pm 0{,}00019) \times 10^{-12}$ W·cm$^{-2} \cdot K^{-4}$ a chamada constante de Stefan-Boltzmann;

- a lei do deslocamento de Wien (1893) – "O comprimento de onda (λ_M) correspondente à máxima densidade espectral de energia da radiação emitida por um corpo negro é inversamente proporcional à sua temperatura."

$$\lambda_M T = b$$

(10.13)

com $b = (0{,}2897756 \pm 0{,}0000024)$ cm·K.

A lei de Stefan foi deduzida por Boltzmann em 1884. Usando a teoria de Maxwell e argumentos estatísticos, Boltzmann mostrou que a pressão de um "gás de radiação" é igual a um terço da densidade de energia e, a partir daí, que $I = \sigma T^4$ (Exercício 10.6.11).

Por sua vez, a lei de deslocamento foi estabelecida experimentalmente em bases sólidas em 1897, após Paschen constatar que a densidade espectral de energia da radiação de um corpo negro, em função do comprimento de onda, para várias temperaturas, comportava-se como mostrado na Figura 10.4, e com base nos trabalhos de Lummer & Pringsheim e C.E. Mendenhall & F.A. Saunders.

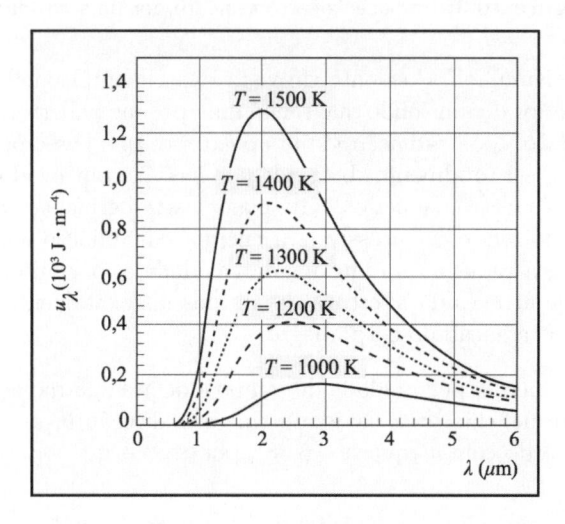

Figura 10.4: Isotermas das distribuições espectrais de energia para vários comprimentos de onda, que mostra o deslocamento, para a direita, do máximo da energia, à medida que a temperatura decresce.

O gráfico da Figura 10.4 mostra que, para cada curva, existe um comprimento de onda (λ_M) para o qual a densidade espectral de energia é máxima, e que, para duas temperaturas T_1 e $T_2 < T_1$, a posição relativa do ponto de máximo desloca-se para um valor maior, ou seja,

$$T_2 < T_1 \quad \Longrightarrow \quad \lambda_{M_2} > \lambda_{M_1}$$

Essas duas leis podem ser explicadas pela expressão para a densidade espectral de energia (u_λ) da radiação de um corpo negro, deduzida por Wien, em 1893,

$$u_\nu = \nu^3 \phi \left(\frac{\nu}{T} \right)$$

(10.14)

em que ϕ é uma função da razão entre ν e T.

---

[11] A intensidade da radiação emitida por um corpo qualquer pode ser expressa como $I = e\,\sigma T^4$, em que e, denominada *emissividade* do corpo, é igual ao poder de absorção e, para o corpo negro, $e = a = 1$.

Para chegar a esse resultado, Wien admitiu correta a lei de Stefan e desenvolveu um engenhoso argumento, baseado na invariância de escala, que pode ser compreendido da seguinte forma. Admita que um corpo negro seja modelado por uma esfera oca cujas paredes são perfeitamente condutoras, com um pequeno orifício. Suponha agora que esta esfera de raio r esteja se contraindo uniformemente, com velocidade $v = dr/dt$, durante um tempo t (Figura 10.5).

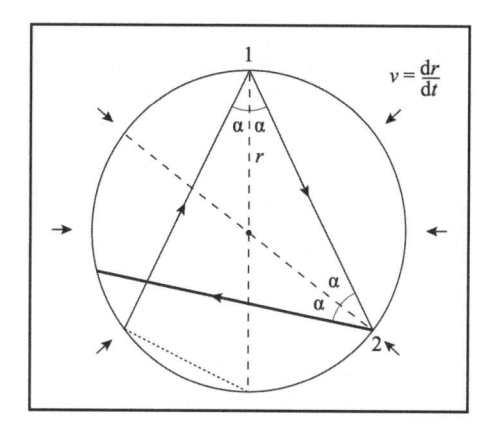

Figura 10.5: Esquema da reflexão de raios de luz no interior de uma esfera que se contrai.

Considere um feixe de luz cuja velocidade de propagação é c e o período é τ, espalhado pela superfície interna da esfera segundo um ângulo α. Como a parede está se movendo, haverá um efeito Doppler, segundo o qual a variação relativa do período será

$$\frac{\delta\tau}{\tau} = \frac{2v\cos\alpha}{c} = \frac{2\cos\alpha}{c}\frac{dr}{dt} \tag{10.15}$$

Lembre-se de que o *efeito Doppler* (Seção 6.5.8) consiste na modificação da frequência emitida por uma fonte percebida por um observador quando há movimento relativo entre ele e a fonte. Esse efeito pode ser igualmente compreendido e descrito a partir da hipótese corpuscular da luz e do modelo atômico de Bohr (Seção 12.1.9).

Seja uma fonte de luz S de frequência ν e comprimento de onda λ, que se move na direção de um observador estacionário com uma velocidade u formando um ângulo θ em relação à reta que os une (Figura 10.6).

De acordo com a teoria ondulatória, para um observador no ponto O, se $u \ll c$, a consequência do movimento será uma diminuição do comprimento de onda, de λ para

$$\lambda' = \lambda - \frac{u}{\nu}\cos\theta$$

Uma vez que $\lambda\nu = c$,

$$\left|\frac{\Delta\lambda}{\lambda}\right| = \left|\frac{\Delta\nu}{\nu}\right|$$

O observador em O perceberá, portanto, uma variação na frequência em relação ao caso em que a fonte está em repouso, dada por

$$\frac{\Delta\nu}{\nu} = \left|\frac{\lambda' - \lambda}{\lambda}\right| = \frac{u}{c}\cos\theta \tag{10.16}$$

No caso considerado aqui, como a distância percorrida pela luz entre duas reflexões é $\ell = 2r\cos\alpha$, o tempo gasto nesse trajeto é igual a

$$\frac{\ell}{c} = \frac{2r\cos\alpha}{c}$$

Denotando $d\tau/dt$ como a variação do período em um segundo, a variação $\delta\tau$ no período, correspondente ao intervalo de tempo entre as duas reflexões, é obtida multiplicando o tempo gasto, no trajeto considerado,

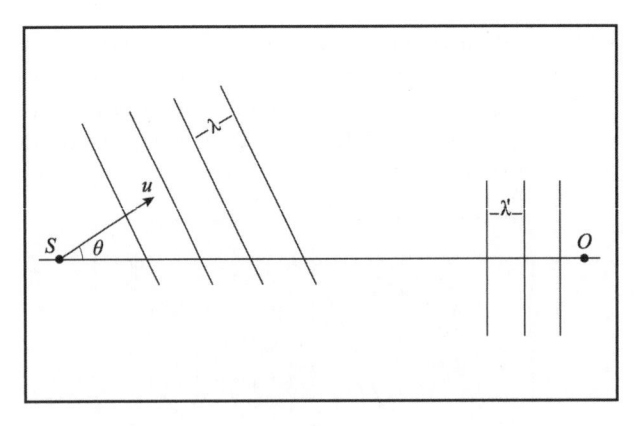

Figura 10.6: Esquema do efeito Doppler.

por essa quantidade, ou seja,

$$\delta\tau = \left(\frac{2r\cos\alpha}{c}\right)\frac{d\tau}{dt} \tag{10.17}$$

Igualando as equações (10.15) e (10.17), chega-se a

$$\frac{dr}{r} = \frac{d\tau}{\tau} \implies \tau \propto r(t)$$

O que significa que o período é proporcional ao raio, ou seja, enquanto a esfera se contrai em uma transformação adiabática, o período da luz também se contrai de tal modo que permanece proporcional ao raio r.

A luz sofre também uma variação $\delta\lambda$ no seu comprimento de onda. Como $\lambda\nu = c$ ($\tau = \lambda/c$),

$$\lambda \propto r(t) \tag{10.18}$$

Denotando-se por ϵ a quantidade de energia dessa luz para um comprimento de onda particular e lembrando que esta quantidade envolve uma média no período, deve-se ter

$$\frac{\delta\epsilon}{\epsilon} = -\frac{\delta\tau}{\tau} = -\frac{2\cos\alpha}{c}\frac{dr}{dt} \tag{10.19}$$

Note que a equação (10.19) pode ainda ser escrita em termos da variação na frequência ν da luz como

$$\frac{\delta\epsilon}{\epsilon} = \frac{\delta\nu}{\nu} \tag{10.20}$$

Isso significa que a relação entre as grandezas ϵ e ν é *linear*, quando a luz é considerada uma onda. Portanto, verifica-se, já nesse ponto, que não há contradição, no que se refere à luz, entre o resultado clássico e a proposta posterior de Planck segundo a qual a relação linear entre essas duas grandezas é mantida, com a introdução de uma nova constante h, isto é, $\epsilon = h\nu$.

Definindo $d\epsilon/dt$ como a variação da energia por segundo, encontra-se para a variação na energia

$$\frac{\delta\epsilon}{\epsilon} = \left(\frac{2r\cos\alpha}{c}\right)\frac{d\epsilon}{dt} \tag{10.21}$$

donde

$$\frac{d\epsilon}{\epsilon} = -\frac{dr}{r} \implies \epsilon \propto r^{-1}(t) \tag{10.22}$$

Logo, a densidade de energia por unidade de volume (V), para um certo comprimento de onda, varia como

$$\frac{\epsilon}{V} \propto r^{-4}(t)$$

Esse resultado vale para qualquer comprimento de onda. Como, pela lei de Stefan, a densidade de energia total varia como T^4, segue-se que a temperatura varia como

$$T \propto r^{-1}(t) \tag{10.23}$$

Com esses resultados, pode-se agora avaliar o que ocorre com a lei de Stefan,

$$u = \int F(\lambda, T)\, \mathrm{d}\lambda = aT^4 \tag{10.24}$$

segundo uma transformação de escala do tipo

$$r \to \eta r$$

Usando os resultados das equações (10.18) e (10.23), a energia total transforma-se como

$$u = aT^4 \to \int F(\eta\lambda, \eta^{-1}T)\, \mathrm{d}(\eta\lambda) = a\eta^{-4}T^4$$

Substituindo o termo aT^4 pela equação (10.24), segue que

$$\int F(\eta\lambda, \eta^{-1}T)\, \mathrm{d}\lambda = \eta^{-5} \int F(\lambda, T)\, \mathrm{d}\lambda$$

donde se tira que

$$F(\lambda, T) = \eta^5\, F(\eta\lambda, \eta^{-1}T) \tag{10.25}$$

Considere que a forma geral para a função F seja

$$F(\lambda, T) = \lambda^a T^b\, \phi(\lambda T)$$

na qual a e b são constantes a determinar e ϕ é uma função invariante de escala, por construção. Substituindo esta função na equação (10.25), obtém-se

$$\lambda^a T^b\, \phi(\lambda T) = \eta^{a-b+5}\, \lambda^a T^b\, \phi(\lambda T)$$

ou seja, a função F é determinada pela relação que garante a invariância de escala,

$$a = b - 5$$

A primeira solução, correspondendo à escolha $b = 1 \Longrightarrow a = -4$, implica a forma funcional

$$F(\lambda, T) = \lambda^{-4} T\, \phi(\lambda T) \tag{10.26}$$

Esse resultado é conhecido como teorema de Wien. Combinando as equações (10.18) e (10.23), vê-se que λ é inversamente proporcional à temperatura, na transformação adiabática considerada. Portanto, se existe um valor λ_{max} para cada distribuição de energia a uma dada temperatura, ele deve satisfazer a relação

$$\lambda_{max} T = \text{constante}$$

conhecida como a *lei do deslocamento de Wien*. A equação (10.26) pode, então, ser reescrita como

$$F(\lambda, T) = C\lambda^{-5}\, \phi(\lambda T) \tag{10.27}$$

sendo C uma constante. Esse foi o resultado obtido por Wien, em 1893-1894. A forma da função $\phi(\lambda T)$ foi investigada por ele em 1896-1897.

Para determinar a função $\phi(\lambda T)$, Wien recorre a um modelo para o corpo radiante fazendo a hipótese de que, de certa forma, a radiação de um corpo negro se comporta como um gás que satisfaz a distribuição de velocidades de Maxwell. A seguir, admite que cada molécula desse gás emite vibrações cujos comprimentos de onda e intensidades dependem apenas da velocidade v das moléculas, hipótese esta difícil de se justificar. Admitindo-a, se $\lambda = \lambda(v) \Longrightarrow v = v(\lambda)$. A função $F(\lambda, T)$, que é a intensidade da radiação com comprimentos de onda entre $\lambda = \lambda + d\lambda$ é, portanto, proporcional ao número de moléculas que emitem radiação nesse intervalo. Esse número é dado pela expressão de Maxwell, podendo ainda depender da velocidade, que, por hipótese, depende só de λ. Assim, Wien postula que

$$F(\lambda, T) = g(\lambda)\, e^{-f(\lambda)/T} \tag{10.28}$$

em que f e g são funções desconhecidas. Comparando-se as equações (10.27) e (10.28), chega-se à lei da radiação de Wien para a densidade espectral de energia

$$\boxed{F(\lambda, T) = u_\lambda = A\frac{e^{-B/\lambda T}}{\lambda^5} \quad \left(u_\nu \sim \nu^3 e^{-C\nu/T}\right)} \tag{10.29}$$

sendo $B = 1,44$ cm·K, $A = 0,5 \times 10^{-21}$ J·cm e $C = B/c$.

Essa fórmula foi deduzida de um modo bem diferente e mais rigoroso por Planck, em 1899, como pode ser visto na próxima Seção 10.2.2. Entretanto, embora a derivação de Wien fosse calcada em uma hipótese *ad hoc*, seu resultado teve o mérito incontestável de reproduzir corretamente a lei do deslocamento.

Evidente que, fazendo o caminho inverso, pode-se mostrar que a lei de Stefan decorre imediatamente do cálculo da integral da expressão de Wien, equação (10.14),

$$\begin{aligned}
u &= \int_0^\infty u_\nu \, d\nu = \int_0^\infty \nu^3 \phi\left(\frac{\nu}{T}\right)\, d\nu \\
&= T^4 \underbrace{\int_0^\infty x^3 \phi(x)\, dx}_{\text{constante}} \qquad (x = \nu/T)
\end{aligned}$$

Portanto, de acordo com a equação (10.11), $I = \sigma T^4$.

Por outro lado, uma vez que

$$u_\nu |d\nu| = u_\lambda |d\lambda|$$

e que

$$\lambda \nu = c \quad \Longrightarrow \quad |d\nu| = \frac{c}{\lambda^2}|d\lambda|$$

obtém-se a densidade espectral de energia em função do comprimento de onda,

$$\boxed{u_\lambda = \frac{\phi(\lambda T)}{\lambda^5}} \tag{10.30}$$

Desse modo, o comprimento de onda (λ_M) para o qual a densidade espectral de energia é máxima, isto é, aquele que maximiza a expressão de Wien, satisfaz a

$$\frac{du_\lambda}{d\lambda} = T\,\frac{\phi'(\lambda T)}{\lambda^5} - 5\,\frac{\phi(\lambda T)}{\lambda^6} = 0$$

Ou seja, $b = \lambda_M T$ é a raiz da equação

$$x\phi'(x) - 5\phi(x) = 0$$

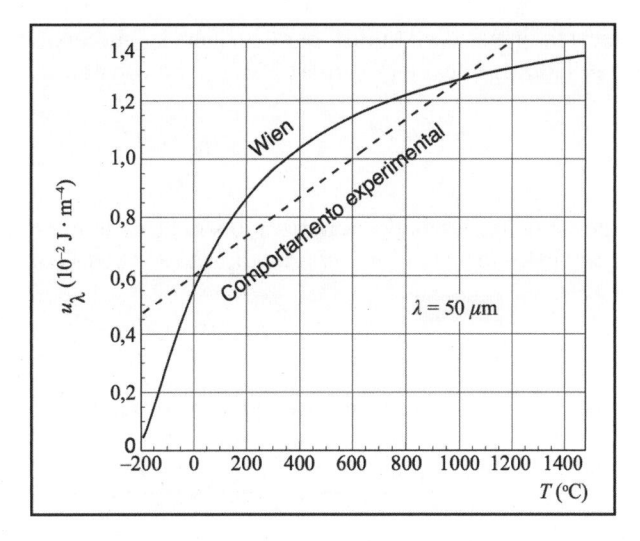

Figura 10.7: Comparação da lei de Wien (linha cheia), com um ajuste dos dados de Rubens e Kurlbaum à fórmula de Rayleigh (linha tracejada), para radiação de comprimento de onda da ordem de 50 μm.

Entretanto, como já citado, os resultados de Rubens e Kurlbaum para a variação da densidade espectral de energia com a temperatura (Figura 10.7) evidenciaram que, apesar de descrever a parte de altas frequências (ondas curtas), a expressão de Wien, na forma da equação (10.29), não a descrevia adequadamente na região de baixas frequências.

Essa dependência linear com a temperatura foi obtida pela primeira vez por Rayleigh, em 1900, com o fator numérico corrigido pelo inglês James Jeans, em 1905, e propriamente estabelecida por Einstein, também em 1905.

10.2.2 Os osciladores de Planck

Os primeiros trabalhos de Planck sobre a radiação de corpo negro basearam-se na Termodinâmica, principalmente para justificar a lei de Wien. Inicialmente, Planck considerou que os osciladores das paredes da cavidade estavam em equilíbrio térmico com a radiação eletromagnética estabelecida em seu interior, de modo que a perda de energia de cada oscilador seria compensada pela absorção de energia da radiação.

Uma partícula de carga e e massa m, com aceleração a, em movimento oscilatório não relativístico, em uma direção x, emite radiação, e a energia média irradiada por segundo (potência P) é dada pela fórmula de Larmor, equação (5.44),

$$P = \frac{2e^2}{3c^3}\langle a^2 \rangle$$

na qual, relembra-se, o valor médio é calculado durante o período de oscilação ($T = 1/\nu$).

Uma vez que a energia (ϵ) de um oscilador harmônico simples obedece à relação

$$\epsilon = \langle \epsilon \rangle = \langle \epsilon_p \rangle + \langle \epsilon_c \rangle = 2\langle \epsilon_c \rangle = 2\langle \epsilon_p \rangle = m(2\pi\nu)^2 \langle x^2 \rangle$$

em que $\langle \epsilon_p \rangle$ e $\langle \epsilon_c \rangle$ são, respectivamente, as energias médias potencial e cinética, e a aceleração média quadrática, em termos da frequência natural do oscilador e do seu deslocamento, é dada por

$$a = -(2\pi\nu)^2 x \quad \Longrightarrow \quad \langle a^2 \rangle = (2\pi\nu)^2 \frac{\langle \epsilon \rangle}{m}$$

de modo que a potência emitida pode ser escrita como

$$P = \underbrace{\frac{2e^2}{3mc^3}(2\pi\nu)^2}_{\gamma} \langle \epsilon \rangle = -\left\langle \frac{d\epsilon}{dt} \right\rangle \tag{10.31}$$

Essa perda de energia mostra que os osciladores, para frequências na faixa do infravermelho ($\nu < 10^{14}$ Hz), comportam-se como osciladores fracamente amortecidos, cuja constante de amortecimento γ é dada por

$$\gamma = \frac{8\pi^2 e^2 \nu^2}{3mc^3} \ll 1 \qquad (\sim 10^{-34}\nu^2)$$

Por outro lado, o movimento de um oscilador amortecido sob ação de um campo eletromagnético monocromático $E_{ox}(\nu')\cos 2\pi\nu't$ de frequência $\nu' = 1/T'$, na direção x, obedece à equação de um movimento harmônico forçado

$$\ddot{x} + \gamma\dot{x} + (2\pi\nu)^2 x \;=\; \frac{e}{m}E_{ox}(\nu')\cos 2\pi\nu't$$

A solução não transitória desse problema pode ser escrita em termos de componentes elásticas (x_e) e absorventes (x_a) como

$$x \;=\; \underbrace{A_e \,\cos 2\pi\nu't}_{x_e} + \underbrace{A_a \,\mathrm{sen} 2\pi\nu't}_{x_a} \tag{10.32}$$

Substituindo-se essa solução formal na equação de movimento do oscilador, obtém-se o seguinte sistema de equações para as amplitudes:

$$\begin{cases} 2\pi(\nu^2 - \nu'^2)A_a - \gamma\nu'A_e = 0 \\[2mm] \gamma\nu'A_a + 2\pi(\nu^2 - \nu'^2)A_e = \dfrac{e}{m}\dfrac{E_{ox}(\nu')}{2\pi} \end{cases}$$

cuja solução é

$$A_a \;=\; \left(\frac{eE_{ox}(\nu')}{m}\right)\frac{\gamma\nu'/2\pi}{(2\pi)^2(\nu^2-\nu'^2)^2 + (\gamma\nu')^2}$$

$$A_e \;=\; \left(\frac{eE_{ox}(\nu')}{m}\right)\frac{(\nu^2-\nu'^2)}{(2\pi)^2(\nu^2-\nu'^2)^2 + (\gamma\nu')^2}$$

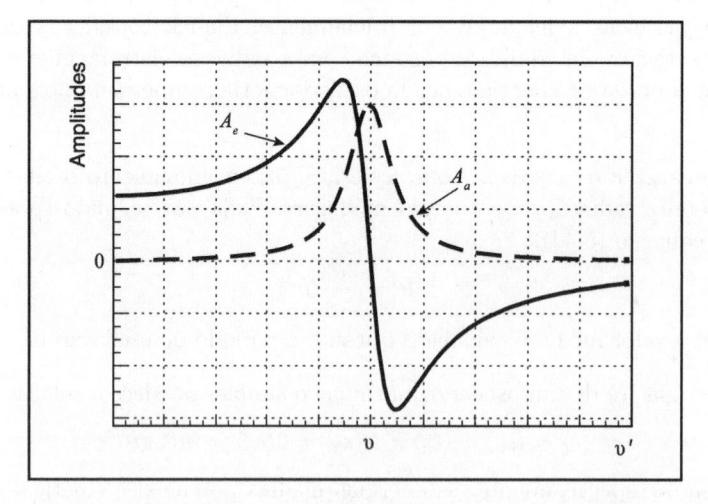

Figura 10.8: Amplitudes elástica e absorvente do oscilador.

Uma vez que a radiação de corpo negro não é monocromática, a potência absorvida pelo oscilador sob ação de cada componente monocromática de frequência ν' do campo de radiação é dada por $P_{\nu'}\,\mathrm{d}\nu' = \langle F\cdot v\rangle_{T'}\,\mathrm{d}\nu'$, ou seja, pela componente absorvente

$$P_{\nu'}\,\mathrm{d}\nu' = \langle eE_x\dot{x}\rangle_{T'}\,\mathrm{d}\nu' \;=\; \left[\frac{e^2 E_{ox}^2(\nu')}{4m\pi}\right]\frac{\nu'^2\gamma/2\pi}{(\nu^2-\nu'^2)^2 + \left(\gamma\nu'/2\pi\right)^2}\,\mathrm{d}\nu'$$

Da equação (10.32),

$$\dot{x} = -2\pi\nu' A_e \,\text{sen}\, 2\pi\nu' t + 2\pi\nu' A_a \cos 2\pi\nu' t$$

Sendo $E_x = E_{ox}(\nu') \cos 2\pi\nu' t$, então

$$
\begin{aligned}
\langle eE_x\dot{x}\rangle_{T'} &= \langle eE_{ox}(\nu') \cos 2\pi\nu' t \left[-2\pi\nu' A_e \,\text{sen}\, 2\pi\nu' t + 2\pi\nu' A_a \cos 2\pi\nu' t\right]\rangle_{T'} \\
&= 2\pi\nu' eE_{ox}(\nu') \left[\underbrace{\langle \cos 2\pi\nu' t \cdot \text{sen}\, 2\pi\nu' t\rangle_{T'}}_{=0} A_e + \underbrace{\langle \cos^2 2\pi\nu' t\rangle_{T'}}_{=1/2} A_a \right]
\end{aligned}
$$

Logo,

$$\langle eE_x\dot{x}\rangle_{T'} = \pi\nu' eE_{ox}(\nu')A_a = \left[\frac{e^2 E_{ox}^2(\nu')}{4\pi m}\right] \frac{\gamma\nu'^2/(2\pi)}{(\nu^2 - \nu'^2)^2 + \left(\gamma\nu'/(2\pi)\right)^2}$$

Assim, a potência total absorvida P' por um oscilador de frequência natural ν é dada por

$$P' = \int_0^\infty P_{\nu'}\mathrm{d}\nu' = \frac{e^2}{4m\pi} \int_0^\infty \frac{E_{ox}^2(\nu')\nu'^2\gamma/2\pi}{(\nu^2 - \nu'^2)^2 + \left(\gamma\nu'/2\pi\right)^2} \,\mathrm{d}\nu'$$

Como mostra a Figura 10.8, a absorção apreciável de energia só ocorre para frequências próximas à frequência natural do oscilador, podem-se utilizar as aproximações

$$
\begin{cases}
\nu' \simeq \nu \\
\nu^2 - \nu'^2 = (\nu + \nu')(\nu - \nu') \simeq 2\nu(\nu - \nu')
\end{cases}
$$

e estender o limite inferior de integração para $-\infty$, obtendo-se[12]

$$P' = \frac{e^2 E_{0x}^2(\nu)}{8m\pi} \underbrace{\int_{-\infty}^\infty \frac{(\gamma/4\pi)}{(\nu' - \nu)^2 + (\gamma/4\pi)^2} \,\mathrm{d}\nu}_{=\pi}$$

ou seja,

$$P' = \frac{e^2}{8m} E_{0x}^2(\nu)$$

Uma vez que a radiação também é isotrópica, a densidade espectral de energia está relacionada a cada componente cartesiana do campo elétrico por

$$u_\nu = \frac{3}{8\pi} E_{0x}^2(\nu) \tag{10.33}$$

de modo que a potência total absorvida por oscilador também pode ser expressa por

$$P' = \frac{\pi e^2}{3m} u_\nu \tag{10.34}$$

Como no caso de equilíbrio, as duas equações (10.31) e (10.34) devem ser iguais, isto é,

$$P = P'$$

obtém-se

$$\boxed{u_\nu = \frac{8\pi\nu^2}{c^3} \langle\epsilon\rangle} \tag{10.35}$$

---

[12]Pode-se fazer uso do resultado

$$I = \int_{-\infty}^\infty \frac{\mathrm{d}x}{(ax^2 + 2bx + c)^n} = \frac{(2n-3)!!\pi a^{n-1}}{(2n-2)!!(ac - b^2)^{n-1/2}}$$

sendo $a > 0$, $ac > b^2$.

Essa equação (10.35) foi obtida por Planck, em 1899, e indica que a densidade espectral de energia u_ν da radiação é determinada pela energia média de cada oscilador $\langle \epsilon \rangle$.

Assim, segundo a expressão de Wien, equação (10.29), para altas frequências, a energia média de cada oscilador seria dada por

$$\boxed{\langle \epsilon \rangle \sim \nu e^{-c\nu/T}} \tag{10.36}$$

10.2.3 Rayleigh e os modos de vibração da radiação

Rayleigh, ao contrário de Planck, fixou-se na própria radiação, estabelecendo que a expressão de Planck, equação (10.35), que relaciona a densidade espectral de energia com a energia média de cada oscilador, era consequência apenas do Eletromagnetismo Clássico de Maxwell, após mostrar que o campo eletromagnético em uma cavidade era equivalente a um conjunto discreto e infinito de osciladores harmônicos independentes.

Rayleigh calcula as frequências dos osciladores a partir da equação de onda de d'Alembert,

$$\left(\nabla^2 - \frac{1}{c^2} \frac{\partial^2}{\partial t^2} \right) \Psi(\vec{r}, t) = 0$$

sendo Ψ a função que descreve um campo estabelecido no interior de uma cavidade cúbica de lado a, volume $V = a^3$, sujeito às condições de contorno[13]

$$\Psi(0, 0, 0, t) = \Psi(a, a, a, t)$$

Para vibrações harmônicas de frequência $\nu = \omega/(2\pi)$,

$$\Psi(\vec{r}, t) = \psi(\vec{r}) \, e^{-i\omega t}$$

a parte espacial da função de onda satisfaz à chamada *equação de Helmholtz*,

$$\left(\nabla^2 + k^2 \right) \psi(\vec{r}) = 0$$

em que $k = \omega/c$.

O problema, então, admite um conjunto infinito e discreto de soluções do tipo

$$\psi_{lmn} \sim \operatorname{sen} k_l x \, \operatorname{sen} k_m y \, \operatorname{sen} k_n z$$

em que os valores de k_l, k_m e k_n são discretos para a condição de contorno anterior e dados por

$$\begin{pmatrix} k_l \\ k_m \\ k_n \end{pmatrix} = \begin{pmatrix} l \\ m \\ n \end{pmatrix} \frac{\pi}{a} \quad (l, m, n, = 0, 1, \ldots)$$

e os valores possíveis de $k = \sqrt{k_l^2 + k_m^2 + k_n^2}$ são dados por

$$k = \sqrt{l^2 + m^2 + n^2} \left(\frac{\pi}{a} \right)$$

Assim, a solução geral do problema pode ser escrita como uma superposição dos chamados modos normais de vibração (lmn)

$$\Psi = \sum_{l,m,n} \psi_{lmn} \, e^{-i2\pi\nu_{lmn}t}$$

---

[13] Para o campo eletromagnético, as condições são diferentes para as componentes normais e tangenciais à superfície de contorno; no entanto, resultam nos mesmos valores para as possíveis frequências dos osciladores.

sendo $\nu_{lmn} = \sqrt{l^2 + m^2 + n^2}\,(c/2a)$ a frequência do modo (lmn).

Desse modo, Rayleigh estabeleceu que o campo eletromagnético no interior de uma cavidade resulta da superposição de modos de vibração análogos aos que produzem as ondas acústicas estacionárias estabelecidas em um meio contínuo, como a corda vibrante com extremos fixos.

Como para cada modo normal corresponde um conjunto de três números inteiros positivos (l, m, n), considerando esses números coordenadas de um ponto em um sistema de três eixos de coordenadas, $\alpha = \sqrt{l^2 + m^2 + n^2}$ é a distância de cada ponto à origem. Portanto, para uma alta densidade de pontos, o número de pontos entre α e $\alpha + d\alpha$ é dado pelo volume de um octante[14] correspondente à camada esférica de raio α, ou seja,

$$2 \times \frac{1}{8} 4\pi\alpha^2\ d\alpha = \pi\alpha^2\ d\alpha$$

na qual o fator 2 se deve às duas direções de polarizações independentes de uma onda eletromagnética transversal.

Uma vez que α pode ainda ser escrito, a partir da equação (), como $\alpha = 2a\nu/c$, donde $\nu = \alpha c/2a$, o número (dG) de modos de frequência entre ν e $\nu +\ d\nu$ é dado por

$$dG = \pi \frac{(2a)^3}{c^3}\nu^2\ d\nu = \frac{8\pi V}{c^3}\nu^2\ d\nu$$

Introduzindo-se o conceito de *densidade de modos*, definida por

$$g(\nu) = \frac{dG}{d\nu} = V\frac{8\pi}{c^3}\nu^2 \tag{10.37}$$

e denotando-se por $\langle\epsilon\rangle$ a energia média associada a cada modo de vibração, a energia média total U do campo pode ser expressa por

$$U = \int \langle\epsilon\rangle g(\nu)\ d\nu = V \int \frac{8\pi}{c^3}\nu^2\langle\epsilon\rangle\ d\nu$$

Uma vez que a densidade espectral de energia (u_ν) é definida por

$$\frac{U}{V} = \int u_\nu\ d\nu$$

de uma comparação direta entre as duas últimas fórmulas resulta a expressão de Planck, equação (10.35),

$$u_\nu = \frac{8\pi}{c^3}\nu^2\langle\epsilon\rangle \tag{10.38}$$

Admitindo que o princípio de equipartição de energia seria válido para cada modo normal de vibração da radiação, a energia média de cada modo, $\langle\epsilon\rangle$, seria dada por

$$\boxed{\langle\epsilon\rangle \sim T} \tag{10.39}$$

Assim, para baixas frequências, a densidade espectral de energia (u_ν) seria dada pela chamada fórmula de Rayleigh-Jeans,

$$\boxed{u_\nu \sim \nu^2\ T} \tag{10.40}$$

---

[14] Originalmente, Rayleigh considerou todo o volume da esfera. A correção para o octante foi feita por Jeans, em 1905.

A esse resultado Poincaré refere-se de forma contundente:

É difícil adotar essa maneira de ver [de Jeans]; sua teoria, que não prevê nada, não está em contradição com a experiência, mas deixa sem explicação todas as leis conhecidas que ela se limita a não contradizer e que não aparecem mais do que como o efeito de que não sei que feliz acaso.

Na verdade, apesar de compatível com os resultados experimentais de Rubens e Kurlbaum (Figura 10.7) no domínio de longos comprimentos de onda (frequências baixas), a expressão de Rayleigh, equação (10.40), implica que

$$\lim_{\nu \to \infty} u_\nu(T) = \infty$$

O fato de que, para altas frequências, ou seja, para pequenos comprimentos de onda, a densidade de energia da radiação prevista pela fórmula de Rayleigh fosse bem maior que a obtida experimentalmente, tendendo mesmo a valores infinitos (ver a Figura 10.10 mais adiante), ficou conhecido como "a catástrofe do ultravioleta", expressão cunhada pelo físico austríaco Paul Ehrenfest, em 1911. Essa denominação reflete o espanto causado pelo insucesso da abordagem clássica de Rayleigh-Jeans ao problema.

10.2.4   A fórmula de Planck

Ao ser comunicado, em 1900, por Rubens e Kurlbaum de que a lei de Wien, confirmando os resultados de Lummer e Pringsheim, não cobria de modo satisfatório todo o espectro da radiação do corpo negro, Planck, ainda a partir de argumentos termodinâmicos, propõe com sucesso uma fórmula de interpolação para a densidade espectral de energia irradiada por um corpo negro.

Uma vez que, para baixas frequências, a energia média por oscilador $\langle \epsilon \rangle$, dada pela expressão de Rayleigh, equação (10.39),

$$\langle \epsilon \rangle \sim T \quad \Longrightarrow \quad \frac{1}{T} = \frac{d\langle s \rangle}{d\langle \epsilon \rangle} \sim \frac{1}{\langle \epsilon \rangle}$$

em que $\langle s \rangle = S/N$ é o valor médio da entropia por oscilador, o que implica

$$\frac{d^2\langle s \rangle}{d\langle \epsilon \rangle^2} \sim -\frac{1}{\langle \epsilon \rangle^2} \tag{10.41}$$

e, para altas frequências, a partir da expressão de Wien, equação (10.36),

$$\langle \epsilon \rangle \sim \nu e^{-c\nu/T} \quad \Longrightarrow \quad \frac{1}{T} = \frac{d\langle s \rangle}{d\langle \epsilon \rangle} \sim -\ln\langle \epsilon \rangle$$

obtém-se

$$\frac{d^2\langle s \rangle}{d\langle \epsilon \rangle^2} \sim -\frac{1}{\langle \epsilon \rangle} \tag{10.42}$$

Planck propõe, então, que a expressão para a derivada segunda da entropia, que cobrisse todo o espectro, cujos limites são dados pelas equações (10.41) e (10.42), seria dada pela seguinte fórmula de interpolação[15]

$$\frac{d^2\langle s \rangle}{d\langle \epsilon \rangle^2} = \frac{-a}{\langle \epsilon \rangle(b + \langle \epsilon \rangle)}$$

em que a e $b(\nu)$ seriam dois parâmetros a se determinar, tal que

$$\begin{cases} \lim_{\nu \to 0} b \to 0 \\ \\ \lim_{\nu \to \infty} b \to \infty \end{cases}$$

[15] Para Planck, a derivada segunda da entropia com relação à energia seria uma medida da irreversibilidade de um processo termodinâmico.

Integrando-se a expressão proposta por Planck,

$$\frac{\mathrm{d}\langle s\rangle}{\mathrm{d}\langle \epsilon\rangle} = -\int \frac{a}{\langle \epsilon\rangle(b+\langle \epsilon\rangle)}\,\mathrm{d}\langle \epsilon\rangle = -\frac{a}{b}\Big[\ln\langle \epsilon\rangle - \ln(b+\langle \epsilon\rangle)\Big]$$

$$\frac{1}{T} = \frac{a}{b}\ln\left(1+\frac{b}{\langle \epsilon\rangle}\right)$$

obtém-se, para a energia média, a célebre fórmula de Planck

$$\boxed{\langle \epsilon\rangle = \frac{b}{e^{b/aT}-1}}$$ (10.43)

Comparando-se, no limite de altas frequências, com a equação (10.36), derivada da fórmula de Wien, os parâmetros a e b devem ser tais que

$$\begin{cases} b \sim \nu \\ a = \text{ constante} \end{cases}$$

Ao procurar dar um conteúdo físico para a sua fórmula, Planck se dá conta de que a entropia dos osciladores poderia ser determinada por argumentos probabilísticos, ou melhor, a partir da Mecânica Estatística desenvolvida por Boltzmann.

10.2.5 Planck e o *quantum* de energia

No seu segundo trabalho de 1900, Planck utiliza a definição de entropia de Boltzmann, equação (10.10), para calcular a entropia da radiação. Dividindo a energia U de um conjunto de N osciladores, em M elementos indistinguíveis de energia $\epsilon = \epsilon = U/M$, distribui esses M elementos pelos N osciladores, obtendo para o número (G) total de estados a expressão[16]

$$G = \frac{(N+M-1)!}{M!\,(N-1)!} \simeq \frac{(N+M)^{N+M}}{M^M N^N}$$

Por exemplo, para um conjunto (A,B,C) de $N=3$ osciladores distinguíveis e $M=2$ células (α,β) indistinguíveis, obtêm-se apenas $G=6$ estados para o sistema (Tabela 10.2).

Tabela 10.2: Distribuição de dois elementos de energia indistinguíveis por três osciladores distinguíveis

A	B	C
α β	β α	— —
α β	— —	β α
— —	α β	β α
α, β	—	—
—	α, β	—
—	—	α, β

Para um conjunto (A,B) de $N=2$ osciladores distinguíveis e $M=3$ células (α,β,γ) indistinguíveis, obtêm-se $G=4$ estados (Tabela 10.3).

---

[16] Essa expressão leva em conta o limite do fatorial para grandes números (fórmula de Stirling).

Tabela 10.3: Distribuição de três elementos de energia indistinguíveis por dois osciladores distinguíveis

A	B
α, β	γ
α, γ	β
β, γ	α
γ	α, β
β	α, γ
α	β, γ
α, β, γ	—
—	α, β, γ

Desse modo, a entropia ($S = k \log G$) passa a ser dada por[17]

$$S = k\left[(N + M)\log(N + M) - N\log N - M\log M\right]$$

$$= k\left[N\log N\left(1 + \frac{M}{N}\right) + M\log N\left(1 + \frac{M}{N}\right) - N\log N - M\log M\right]$$

$$= k\left[N\left(1 + \frac{M}{N}\right)\log\left(1 + \frac{M}{N}\right) - N\frac{M}{N}\log\frac{M}{N}\right]$$

$$= Nk\left[\left(1 + \frac{\langle\epsilon\rangle}{\epsilon}\right)\log\left(1 + \frac{\langle\epsilon\rangle}{\epsilon}\right) - \frac{\langle\epsilon\rangle}{\epsilon}\log\frac{\langle\epsilon\rangle}{\epsilon}\right]$$

implica que

$$\frac{1}{T} = \frac{d\langle s\rangle}{d\langle\epsilon\rangle} = \frac{k}{\epsilon}\log\left(1 + \frac{\epsilon}{\langle\epsilon\rangle}\right) \tag{10.44}$$

ou seja,

$$\boxed{\langle\epsilon\rangle = \frac{\epsilon}{e^{\epsilon/kT} - 1}} \tag{10.45}$$

Para que a energia média não dependa da divisão de células, o elemento de energia não pode ser arbitrário. Comparando-se a equação (10.45) com a equação (10.43), podem-se identificar os parâmetros a e b com

$$\begin{cases} b = \epsilon \sim \nu \\ \\ a = k \end{cases}$$

A partir desse resultado, Planck conclui que o elemento de energia, ao contrário do que sucedia para a entropia calculada para células distinguíveis, não é arbitrário, no sentido de que possui um valor mínimo determinado pela frequência da componente da radiação emitida, ou seja, deve ser igual a um *quantum* de energia,

$$\epsilon = h\nu$$

sendo a constante de proporcionalidade h denominada *constante de Planck*.

Dessa maneira, Planck introduziu e calculou[18] duas constantes universais da Física: a constante de

---

[17] A constante de proporcionalidade implícita na definição de Boltzmann foi explicitada e denotada por Planck como k, e chamada de *constante de Boltzmann*.

[18] Os valores calculados por Planck foram

$$\begin{cases} k = 1{,}346 \times 10^{-16} \text{ erg/K} = 1{,}346 \times 10^{-23} \text{ J/K} \\ h = 6{,}55 \times 10^{-27} \text{ erg}\cdot\text{s} = 6{,}55 \times 10^{-34} \text{ J.s} \end{cases}$$

Boltzmann (k) e a constante de Planck (h), cujos valores de referência hoje são

$$\begin{cases} k = (1{,}380658 \pm 0{,}000012) \times 10^{-23} \text{ J/K} \\[2mm] h = (6{,}62606876 \pm 0{,}00000052) \times 10^{-34} \text{ J} \cdot \text{s} \end{cases}$$

A Tabela 10.4 resume alguns valores de h.

Tabela 10.4: Algumas medidas da constante de Planck

Valor $(\times 10^{-27}$ erg $\cdot$ s$)$	Referência
6,55	[Planck, 1900]
6,57	[Millikan, 1914]
6,39	[Duane & Hunt, 1915]
6,654	[Mendenhall, 1917]
6,547	[Millikan, 1917]
6,5543	[Birge, 1919]
6,556	[Duane, Palmer & Yeh, 1921]
6,6206891	[Williams *et al.*, 1998]

A partir das fórmulas para a entropia de um gás ideal e das leis de Faraday para a eletrólise, no mesmo trabalho, Planck fez também estimativas para o número de Avogadro (N_A) e para a carga elementar de eletricidade, o módulo da carga do elétron (e), como

$$\begin{cases} k = \dfrac{R}{N_A} & \implies & N_A = 6{,}175 \times 10^{23} \\[4mm] e = \dfrac{F}{N_A} & \implies & e = 4{,}69 \times 10^{-10} \text{ ues} \end{cases}$$

sendo $R \simeq 8{,}31 \times 10^{-7}$ erg·mol^{-1}·K^{-1} a constante universal dos gases e $F \simeq 9{,}65 \times 10^{4}$ C a constante de Faraday.

10.2.6 Einstein e a lei de Planck

Admitindo-se que os osciladores unidimensionais de Planck comportam-se como sistemas clássicos, cujos termos de energia são quadráticos, e que, portanto, obedecem ao teorema da equipartição de energia, a energia média $\langle \epsilon \rangle$ será dada por

$$\boxed{\langle \epsilon \rangle = kT} \tag{10.46}$$

A energia média de um oscilador de um sistema em equilíbrio térmico à temperatura T pode ser obtida também, como mostrado por Einstein em seu artigo de 1907 sobre o calor específico dos sólidos, a partir da função de partição

$$z = \int_0^{\infty} e^{-\beta \epsilon} \, d\epsilon = \frac{1}{\beta}$$

com $\beta = 1/kT$, e a energia ϵ pode assumir qualquer valor no intervalo $(0, \infty)$, ou seja, pode variar continuamente.

Assim, a energia média de um oscilador é dada por

$$\langle \epsilon \rangle = -\frac{\mathrm{d}}{\mathrm{d}\beta} \log z = \frac{1}{\beta} = kT$$

Substituindo-se a equação (10.46) em (10.35), obtém-se a lei de Rayleigh

$$\boxed{u_\nu = \frac{8\pi\nu^2}{c^3}\, kT} \tag{10.47}$$

Por outro lado, admitindo a hipótese de quantização de Planck, segundo a qual, na interação com uma onda eletromagnética monocromática, a energia de um átomo na absorção ou emissão da radiação só poderia ser proporcional a múltiplos inteiros da frequência da onda, ou seja, supondo que os valores das energias de cada oscilador harmônico só pudessem ser múltiplos inteiros de um certo valor mínimo $\epsilon_0 = h\nu$,

$$\boxed{\epsilon_n = n\epsilon_0 = nh\nu \qquad (n = 0, 1, 2, \cdots)}$$

na qual $h = 6{,}626 \times 10^{-34}$ J·s era uma nova constante universal, Einstein pôde calcular a função de partição com as energias discretizadas, por

$$z = \sum_{n=0}^{\infty} e^{-\beta\epsilon_n} = 1 + e^{-\beta\epsilon_0} + e^{-2\beta\epsilon_0} + \cdots\cdots$$

ou seja,

$$\begin{aligned}
\langle \epsilon \rangle &= -\frac{\mathrm{d}}{\mathrm{d}\beta} \ln \sum_{n=0}^{\infty} e^{-\beta\epsilon_n} \\
&= -\frac{\mathrm{d}}{\mathrm{d}\beta} \ln \left\{ 1 + e^{-\beta\epsilon_0} + e^{-2\beta\epsilon_0} + \cdots\cdots \right\}
\end{aligned}$$

Levando-se em conta a expansão em série de Taylor,[19]

$$\frac{1}{1-x} = 1 + x + x^2 + x^3 + \cdots\cdots$$

pode-se escrever a energia média como

$$\langle \epsilon \rangle = -\frac{\mathrm{d}}{\mathrm{d}\beta} \ln \left\{ \frac{1}{1 - e^{-\beta\epsilon_0}} \right\} = \frac{\epsilon_0 e^{-\beta\epsilon_0}}{1 - e^{-\beta\epsilon_0}}$$

ou ainda[20]

$$\boxed{\langle \epsilon \rangle = \frac{h\nu}{e^{\beta h\nu} - 1}} \qquad (\beta = 1/kT) \tag{10.48}$$

Assim, quando a expressão anterior, equação (10.48), é substituída na fórmula que relaciona a densidade de energia com a energia média, equação (10.35), obtém-se a lei de radiação de Planck, representada para algumas temperaturas na Figura 10.9.

---

[19]Chega-se ao mesmo resultado calculando a soma dos termos de uma progressão geométrica infinita, com primeiro termo igual a 1 e razão $e^{-\beta\epsilon_0}$.

[20] Esse procedimento equivale a considerar a densidade de estados que aparece na equação (10.1) como

$$g(\epsilon) = \sum_n \delta(\epsilon - \epsilon_n)$$

$$u_\nu = \frac{8\pi h\nu^3}{c^3}\frac{1}{e^{h\nu/kT}-1}$$ (10.49)

Ou, em termos do comprimento de onda,

$$u_\lambda = \frac{8\pi ch}{\lambda^5}\frac{1}{e^{hc/k\lambda T}-1}$$ (10.50)

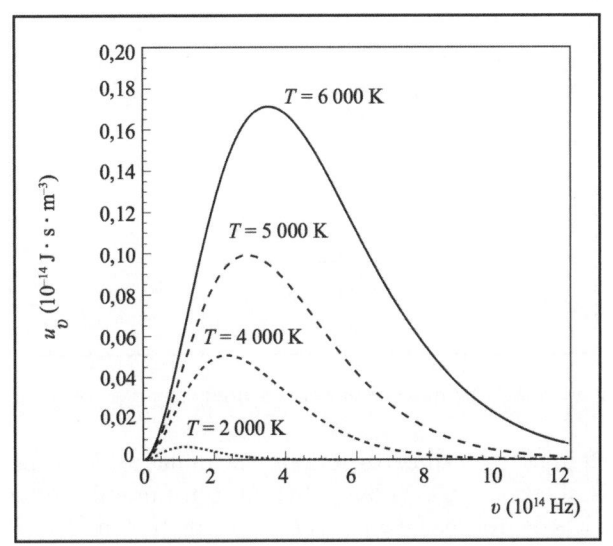

Figura 10.9: Isotermas das distribuições espectrais de energia.

Note o papel central da equação (10.35) nessa dedução. A propósito, Poincaré faz a seguinte observação que destaca uma vertente importante de criatividade científica:

> *Esta hipótese [de Planck] dá bem conta dos fatos conhecidos desde que se admita que a relação entre a energia do oscilador e sua radiação seja a mesma que nas teorias antigas [a Eletrodinâmica de Maxwell]. E aí está bem a primeira dificuldade; por que conservá-la depois de ter destruído tudo? Mas é preciso conservar alguma coisa, senão não será possível construir.*

Como exemplo de aplicação da fórmula de Planck, uma vez que a temperatura da superfície do Sol é da ordem de 5 800 K, as curvas da Figura 10.9 mostram que grande parte da energia da radiação solar se encontra na parte visível do espectro ($\nu_{luz} \simeq 5 \times 10^{14}$ Hz). Por outro lado, como a temperatura do filamento de tungstênio de uma lâmpada não pode ser maior do que a do seu ponto de fusão (3 683 K), compreende-se por que sua eficiência é baixa.

Os dois limites assintóticos da lei de Planck implicam:

- $\dfrac{h\nu}{kT} \ll 1$ (baixas frequências) $\implies$ $e^{h\nu/kT} \simeq 1 + \dfrac{h\nu}{kT}$

$$u_\nu = \frac{8\pi\nu^2}{c^3}\,kT \quad \text{(fórmula de Rayleigh)}$$

- $\dfrac{h\nu}{kT} \gg 1$ (altas frequências) $\implies$ $e^{h\nu/kT} \gg 1$

$$u_\nu = \frac{8\pi h\nu^3}{c^3}\,e^{-h\nu/kT} \quad \text{(fórmula de Wien)}$$

Assim, a fórmula de Planck para a densidade espectral de energia sintetiza todas as leis e fórmulas previamente estabelecidas para a radiação do corpo negro, como se pode ver na Figura 10.10.

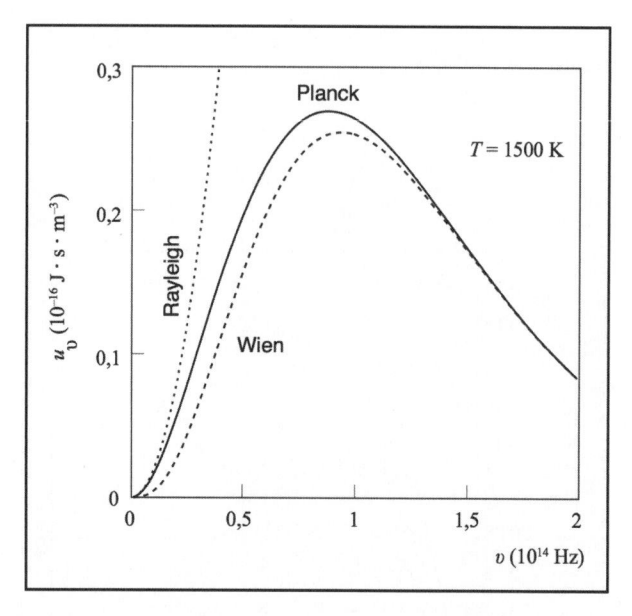

Figura 10.10: Comparação da lei de Planck com as predições das fórmulas de Rayleigh e Wien.

Cabe destacar novamente que, ao deduzir a fórmula da radiação de corpo negro, Planck introduziu duas constantes universais, a constante de Planck (h) e a constante de Boltzmann (k), que podem ser determinadas a partir das leis de deslocamento ($\lambda_M T = b$) e de Stefan ($I = \sigma T^4$), e apresentou também estimativas para o número de Avogadro e para a carga elementar, através das relações $N_A = R/k$ e $e = F/N_A$, sendo $R \simeq 8,3$ J/K e $F \simeq 96\,500$ C/mol. O pequeno valor encontrado por Planck para a carga elementar, de $4,69 \times 10^{-10}$ ues, foi motivo de dúvida até os experimentos de Rutherford e Geiger, em 1908, com partículas α, que estimaram a carga como $9,3 \times 10^{-10}$ ues. Tanto a carga do elétron quanto a constante de Planck[21] foram determinadas de maneira não ambígua por Millikan, respectivamente, em 1909 e 1914 (Capítulo 8).

A dedução da lei de Planck a partir da abordagem de Einstein, em seu trabalho sobre o calor específico dos sólidos, teve o grande mérito de separar, pela primeira vez, os aspectos estatísticos e dinâmicos do problema. Os métodos da Física Estatística podem ser utilizados em qualquer contexto. Os resultados diferentes obtidos por Rayleigh e Planck, como mostrado por Einstein, não decorreram da utilização de métodos estatísticos diferentes, mas sim de diferentes hipóteses acerca de como se calcular o espectro de energia do oscilador harmônico. Utilizando-se o espectro contínuo de energia, resultante da Mecânica Clássica, obtém-se a fórmula de Rayleigh. Por outro lado, adotando-se a hipótese de quantização da energia, resulta a fórmula de Planck.

Nesse sentido, a conclusão quase evidente é que as leis da Mecânica Clássica deveriam ser modificadas para descreverem fenômenos que envolvem a dinâmica de partículas atômicas. Entretanto, o desenvolvimento da Física não ocorreu desse modo. Somente ao final do primeiro quarto do século XX é que essa hipótese foi propriamente considerada, e dela emergiu a Mecânica Quântica.

Uma das demonstrações mais impressionantes do espectro de radiação de corpo negro e da fórmula de Planck decorre da chamada *radiação cósmica de fundo*, descoberta em 1965 por Arnold Allan Penzias e Robert Woodrow Wilson. Essa é uma radiação isotrópica, na faixa de micro-ondas, que permeia todo o espaço, e que, acredita-se, se originou no início da formação de nosso Universo, com o *Big Bang*, ocorrido há cerca de 15 bilhões de anos, envolvendo a radiação e algumas partículas elementares.

Nesse cenário, após atingir um equilíbrio térmico inicial, a expansão do Universo causou o resfriamento da radiação abaixo de $3\,000$ K, e as partículas, então, se combinaram para constituírem os primeiros

---

[21] Obtida a partir da equação de Einstein para o efeito fotoelétrico.

átomos. A partir daí, supõe-se que houve pouca interação entre a radiação e a matéria, e, enquanto a matéria se condensou em galáxias e estrelas, a radiação continuou a se resfriar. Essa é hoje a radiação de fundo, que, após bilhões de anos, atingiu a temperatura de 2,73 K.

A distribuição de Planck pode ser ajustada à distribuição espectral da radiação cósmica de fundo correspondente à temperatura de 2,73 K, com os dados obtidos do satélite COBE (*Cosmic Background Explorer*), em 1989. Outra possibilidade interessante é utilizá-la para se estabelecer um limite para a dimensionalidade do espaço.

De fato, a densidade de modos de Rayleigh $g(\nu)$, equação (10.37), pode ser generalizada para um espaço a d dimensões,

$$g_d(\nu) = \frac{2(d-1)\pi^{d/2}}{\Gamma(d/2)} \frac{V}{c^d} \, \nu^{d-1}$$

Nesse caso, a equação (10.49) torna-se

$$u_\nu = \frac{2(d-1)\pi^{d/2}}{\Gamma(d/2)} \left(\frac{\nu}{c}\right)^d \frac{h}{e^{h\nu/kT} - 1} \tag{10.51}$$

Essa fórmula mostra como a fórmula de Planck depende da dimensionalidade d do espaço. Ela oferece uma possibilidade única de se impor limites sobre d, fora de um laboratório, em larga escala, aplicando-a ao espectro da radiação de fundo. Em 1986, os italianos Anna Grassi, Giorgio Sironi e Giuliano Strini obtiveram, assim, um limite superior para a dimensionalidade do espaço[22]

$$|d - 3| < 0,02$$

Em 2009, os autores fizeram um ajuste dos dados do COBE utilizando a equação (10.51). O resultado é mostrado na Figura 10.11 e corresponde ao valor

$$(d - 3) = -(0,957 \pm 0,006) \times 10^{-5}$$

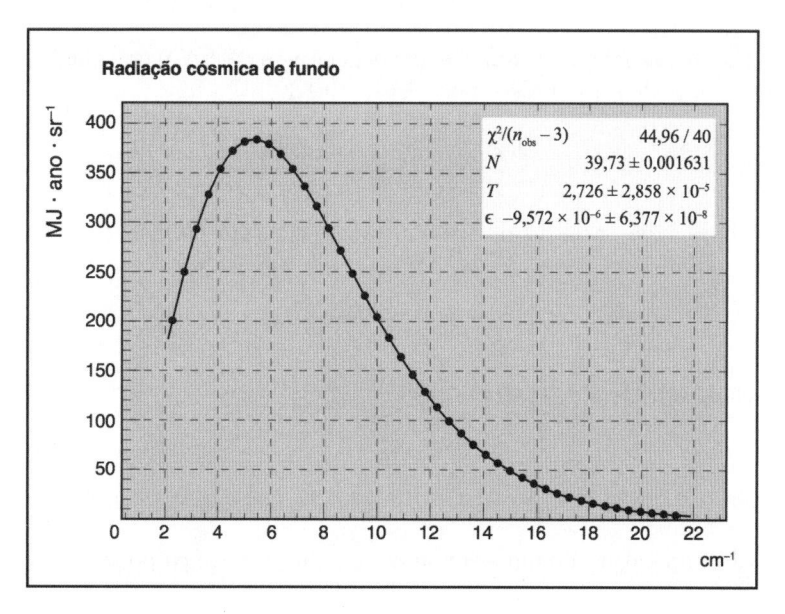

Figura 10.11: Comparação da lei de Planck com a distribuição espectral da radiação cósmica de fundo correspondente a temperatura de 2,726 K.

---

[22] Esse resultado, na verdade, não leva em conta corretamente todos os $d - 1$ modos transversais de vibração.

A precisão desse resultado é bem melhor do que os precedentes e pela primeira vez foi possível mostrar que a quantidade $d - 3$ é negativa, o que traz, por exemplo, algumas vantagens para a Teoria de Campos no que concerne a algumas divergências que passariam a ser evitadas.

10.3   Einstein e a quantização da luz

> *[Einstein] pode bem ter sido o primeiro a perceber que o advento da teoria quântica representava uma crise na Ciência.*
>
> Abraham Pais

Para Planck, a hipótese de que a energia de um oscilador em equilíbrio térmico com a radiação só pudesse ser trocada em quantidades discretas, múltiplas de um *quantum* de energia, era um efeito que só se manifestaria na interação de ondas eletromagnéticas, confinadas em uma região, com a matéria. Quem realmente defendeu a hipótese da quantização da energia de um oscilador, independentemente de sua interação com a radiação, durante a primeira década do século XX, foi Einstein, em 1907, ao explicar o comportamento dos calores específicos dos sólidos.

O fato de que o *quantum* de energia fosse determinado pela frequência da radiação emitida ou absorvida poderia, já em 1900, ser atribuído à própria natureza da radiação, e levado à conclusão de que a luz monocromática, de frequência ν, seria constituída de corpúsculos de energia igual a $h\nu$, ou seja, uma volta à visão corpuscular da luz, considerada um feixe de partículas. Essa foi a hipótese formulada por Einstein em seu trabalho de 1905 sobre a natureza da luz. A partir da lei de Wien, limite da fórmula de Planck para altas frequências, e da definição estatística de Boltzmann para a entropia, Einstein mostrou que a entropia de qualquer componente monocromática da radiação do corpo negro, ou seja, que a entropia de uma onda eletromagnética de frequência ν, em equilíbrio térmico, é igual à de um gás ideal cuja energia de suas partículas seja igual ao *quantum* de energia de Planck, $h\nu$, estabelecendo, pela primeira vez, a chamada quantização da radiação do campo eletromagnético.

Admitindo que a própria radiação fosse constituída por *quanta* de energia $h\nu$, os *fótons*, ou seja, atribuindo à luz uma natureza discreta, Einstein explica algumas propriedades peculiares dos metais, quando estes são irradiados com luz visível e ultravioleta, como a regra de Stokes [23] e o efeito fotoelétrico.

Assim, após mostrar que a entropia de um gás não degenerado com N partículas contido em um volume V, em equilíbrio térmico, pode ser expressa por (Seção 10.1.1)

$$S = Nk \ln V + \text{constante}$$

Einstein deduz que, para uma variação de volume $(V_2 - V_1)$ com energia U constante, a variação de entropia é dada por

$$(\Delta S)_U = Nk \ln \frac{V_2}{V_1} \tag{10.52}$$

Definindo a densidade espectral de entropia por

$$\frac{S}{V} = \int s_\nu \mathrm{d}\nu$$

a relação que define a temperatura de um sistema em equilíbrio térmico pode ser expressa por

$$\frac{1}{T} = \left(\frac{\partial S}{\partial U}\right)_V = \frac{\mathrm{d}s_\nu}{\mathrm{d}u_\nu}$$

---

[23] A frequência da luz emitida é menor ou igual à da luz incidente.

Sabendo-se que, no limite de altas frequências ($\nu \gg 1$) e baixa densidade de energia, a densidade espectral de energia da radiação de corpo negro é dada pela lei de Wien,

$$u_\nu = \frac{8\pi h \nu^3}{c^3} \, e^{-h\nu/kT}$$

obtém-se

$$\frac{\mathrm{d}s_\nu}{\mathrm{d}u_\nu} = -\frac{k}{h\nu} \ln \frac{c^3 u_\nu}{8\pi h \nu^3}$$

que, após a integração, resulta em

$$s_\nu = \frac{ku_\nu}{h\nu} \left(1 - \ln \frac{c^3 u_\nu}{8\pi h \nu^3} \right)$$

Desse modo, a entropia e a energia da radiação eletromagnética em um volume V, em um pequeno intervalo de frequência $(\nu, \nu + \Delta\nu)$, estão relacionadas por

$$S = \frac{kU}{h\nu} \left(1 - \ln \frac{c^3 U}{8\pi h \nu^3 \Delta\nu V} \right) + \text{constante} = \frac{kU}{h\nu} \ln V + \text{constante}(U, \nu, \Delta\nu)$$

Assim, para uma variação de volume $(V_2 - V_1)$ com energia constante U, a variação de entropia da componente de frequência ν da radiação é também dada por

$$\left(\Delta S \right)_U = \left(\frac{U}{h\nu} \right) k \ln \frac{V_2}{V_1} \tag{10.53}$$

Comparando as equações (10.52) e (10.53), Einstein concluiu que a componente de frequência ν da radiação eletromagnética de um corpo negro comporta-se como um gás ideal com N partículas, cada uma com energia $h\nu$ ($U = Nh\nu$).

Admitindo-se a hipótese de quantização da luz de Einstein, pode-se explicar, qualitativamente, os espectros discretos de emissão e de absorção dos gases. Considerando que o fenômeno resulta de vários processos discretos, envolvendo a troca de energia entre um átomo e um fóton, a energia do átomo após a emissão (ϵ') deve ser menor do que aquela (ϵ) antes, de tal modo que a diferença ($\epsilon - \epsilon'$) seja igual à energia (ϵ_γ) do fóton emitido.

Uma vez que a energia de um fóton é proporcional à frequência da radiação emitida, isso implica que

$$|\epsilon - \epsilon'| \sim \nu$$

O espectro de linhas de um gás, determinado pelas frequências características de cada substância, implica, por sua vez, que as energias dos átomos dessas substâncias constituem também um conjunto discreto de valores, ou seja, pode-se concluir da espectroscopia que os átomos dos gases possuem um espectro discreto de energia.

Nesse sentido, coube a Bohr, em 1913, a partir de um modelo dinâmico para o movimento do elétron em um átomo de hidrogênio, deduzir as frequências características do átomo de hidrogênio, ou os níveis de energia associados ao seu espectro (Capítulo 12).

De modo análogo ao que fez Planck, Bohr concentrou-se no emissor da radiação, o átomo, e, assim, conseguiu explicar por que apenas certas linhas aparecem no espectro do hidrogênio, dando uma coerência teórica à fórmula de Balmer (Seção 12.1.3).

O problema da radiação de corpo negro foi abordado por Einstein em mais duas ocasiões. Em 1916, introduzindo o conceito de emissão espontânea (Capítulo 13), e em 1924, baseando-se nos trabalhos do físico indiano Satyandranath Bose, quando apresentou as bases para uma abordagem estatística de gases constituídos de partículas indistinguíveis que pudessem compartilhar os mesmos estados quânticos. A partir de então, essas partículas são conhecidas como *bósons*, que têm sempre *spin* inteiro, e a estatística que as descreve passou a ser conhecida como *estatística de Bose-Einstein*.

10.3.1   O efeito fotoelétrico

O fenômeno do efeito fotoelétrico consiste na liberação de elétrons pela superfície de um metal, após a absorção da energia proveniente da radiação eletromagnética incidente sobre ele, de tal modo que a energia total da radiação é parcialmente transformada em energia cinética dos elétrons expelidos. Esse fenômeno foi observado pela primeira vez por Hertz, em 1887, e extensivamente estudado por Lenard, em 1902, e por Millikan, de 1906 a 1916.

A constatação de que as partículas emitidas eram elétrons se deu em 1899, quando Thomson, ao expor à radiação ultravioleta uma superfície metálica no interior de um tubo de Crookes, estabeleceu que essas partículas eram de mesma natureza daquelas que constituíam os raios catódicos.

Nos experimentos realizados, um fotocatodo é iluminado por um feixe de luz monocromática, liberando elétrons, e a corrente I resultante é, em seguida, anulada ajustando-se um potencial retardador até um valor de corte V.

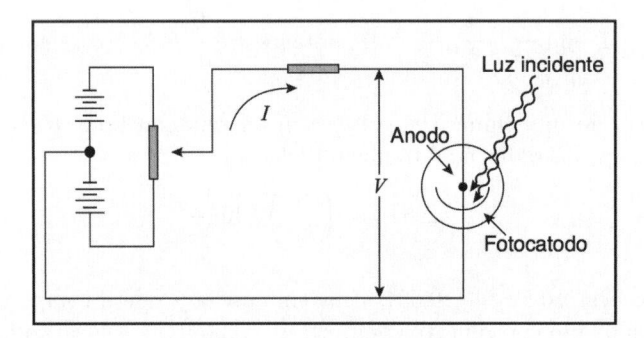

Figura 10.12: Esquema de um circuito para observação do efeito fotoelétrico.

Os principais resultados das observações de Lenard podem ser resumidos como:

- a ocorrência da emissão de elétrons não depende da intensidade da luz incidente;

- havendo a emissão, a corrente é proporcional à intensidade da luz, quando a frequência e o potencial retardador são mantidos constantes;

- a ocorrência da emissão depende da frequência da luz;

- para cada metal há um limiar de frequência, abaixo do qual não há a emissão;

- para uma determinada frequência, o potencial de corte independe da intensidade da luz;

- a energia cinética dos elétrons e o potencial de corte crescem com a frequência da luz.

Os resultados de Lenard foram explicados por Einstein, em 1905, admitindo que a luz de frequência ν, em sua interação com a matéria, fosse constituída por *quanta* de luz de energia $\epsilon = h\nu$. De acordo com Einstein, ao penetrar na superfície do metal, cada fóton interage com um elétron, transmitindo-lhe toda a sua energia. Entretanto, para um elétron abandonar a superfície do metal, é necessário que ele adquira uma certa quantidade de energia ϕ, denominada *função trabalho*. Admitindo que é pouco provável a absorção de dois ou mais fótons por um elétron, os elétrons só conseguem abandonar o metal se $h\nu > \phi$. Portanto, aqueles que escapam emergem com energia cinética máxima ϵ_c, dada por

$$\epsilon_c = h\nu - \phi$$

A equação anterior é compatível com o fato de que, ao se aumentar a intensidade da luz, aumentando o número de fótons incidentes, aumenta-se também o número de elétrons emitidos e, portanto, a corrente, mas não a energia cinética máxima que cada elétron pode adquirir.

Desse modo, o potencial de corte V, necessário para deter o fluxo de elétrons, é determinado pela condição de que a energia potencial eV deva ser igual à energia cinética máxima dos elétrons ejetados, ou seja,

$$\boxed{eV = h\nu - \phi} \tag{10.54}$$

Após a determinação da carga do elétron, Millikan, apesar de não acreditar na ideia de fóton de luz, estabeleceu, de forma definitiva, a expressão linear proposta por Einstein e a utilizou para determinar de maneira precisa e acurada uma outra constante universal: a constante de Planck. Depois de uma sucessão de medidas, em 1914, o valor experimental estabelecido por Millikan foi

$$h = 6{,}57 \times 10^{-34} \text{ J.s}$$

com erro relativo menor do que 0,5%. Nesse mesmo ano, Millikan afirma que

> *apesar então do aparente completo sucesso da equação de Einstein* [equação (10.54)], *a teoria física da qual ela foi concebida para ser a expressão simbólica é considerada tão insustentável que o próprio Einstein, eu creio, não mais a sustente. Mas de que outra forma a equação pode ser obtida?*

O argumento utilizado para se obter a equação de Einstein baseou-se na suposição de que a energia é distribuída apenas entre o elétron e o fóton. Entretanto, para haver um balanço do *momentum*, é necessário um terceiro corpo.[24] Esse terceiro corpo é a rede cristalina do metal que absorve uma parte do *momentum*. Uma vez que a rede é muito mais pesada que o elétron, pode-se supor também que ela recua com energia desprezível. Assim, uma característica do efeito fotoelétrico é que ele é um processo que evidencia a transferência praticamente total da energia de um fóton a um elétron ligado de um átomo de uma rede cristalina.

Um outro tipo de mecanismo, que prevalece para fótons de energias mais altas, ou seja, radiações eletromagnéticas de frequências maiores que a da luz, como os raios X, ocorre quando apenas uma parte da energia é transferida para o elétron. Nesse caso, o processo – denominado *efeito Compton* – resulta da colisão de fótons com elétrons praticamente livres na matéria. Sua compreensão se constituiu em um argumento definitivo em favor da ideia de quantização da radiação (Seção 10.3.3), ou seja, da existência de fótons.

Apesar de a explicação do efeito fotoelétrico ter suscitado grandes polêmicas teóricas, o fenômeno foi rapidamente utilizado pela indústria eletrônica para o desenvolvimento de uma série de componentes sensíveis à luz, chamados *elementos fotossensíveis*, que se baseiam em dois processos distintos: (i) emissão fotoelétrica; (ii) quebra de ligações covalentes em semicondutores[25] devido à ação dos fótons.

Entre os componentes eletrônicos da categoria (i) estão as válvulas fotomultiplicadoras, válvulas captadoras de imagem e células fotoelétricas.

Uma célula fotoelétrica a vácuo é uma válvula constituída de um catodo fotossensível (fotocatodo), de grande área, colocado no interior de um bulbo selado e de um anodo coletor de elétrons sob a forma de um fio ou anel colocado à frente do fotocatodo (Figura 10.13).

O intuito de se fazer o anodo pequeno é o de obstruir o menos possível a passagem dos raios luminosos para o catodo. Para se escolher o material que vai compor o fotocatodo, é preciso conhecer quais elementos químicos possuem menor função trabalho, para que se obtenha a maior eficiência do dispositivo. Os metais alcalinos, em virtude da baixa função trabalho, são os melhores emissores fotoelétricos expostos à luz visível, sendo o césio (Cs) o de menor função trabalho e, por isso, muito usado nas válvulas fotoemissivas.

---

[24] Em 1905, Einstein considera o fóton apenas um *quantum* energético de luz, e não uma partícula real com *momentum*. A associação de um *momentum* ao fóton só é realizada por Einstein em seu artigo de 1909 e confirmada, bem mais tarde, pelo efeito Compton (Seção 10.3.3).

[25] São elementos químicos de estrutura cristalina com propriedades elétricas intermediárias entre os dielétricos e os metais.

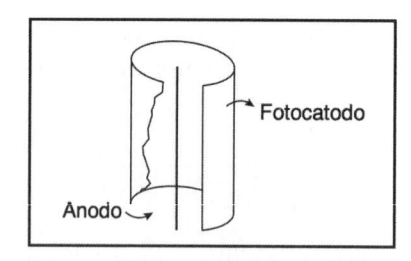

Figura 10.13: Esquema de uma célula fotoelétrica a vácuo.

Pode-se verificar que, para esse tipo de válvula, a partir de uma certa tensão anódica, em torno de 25 volts para a maioria das células a vácuo, a corrente independe da tensão no anodo, dependendo, apenas, do fluxo luminoso incidente sobre o fotocatodo. Em algumas válvulas introduz-se gás com a finalidade de aumentar a corrente de saída (resultante da ionização) para um dado fluxo luminoso.

Desse modo, pode-se comandar a corrente em um circuito pela luz incidente, para o controle automático de entrada e saída, para parar quase instantaneamente uma prensa, ou mesmo reconstruir os sons registrados em películas cinematográficas.

A aplicação mais utilizada na Física é a válvula fotomultiplicadora, que é constituída de uma fotocélula e de um conjunto de anodos auxiliares (dinodos) que têm a função de multiplicar o número de elétrons fotoemitidos, que, para tal, são feitos de substâncias de baixa função trabalho, responsáveis por uma emissão secundária de elétrons em número bem maior que o incidente.

Com relação aos componentes da categoria (ii), a quebra de ligações covalentes em semicondutores devido à ação dos fótons, chamado efeito fotoelétrico interno, é muito utilizada nas resistências fotoelétricas, denominadas LDR, ou em dispositivos que transformam a energia luminosa em elétrica, como os fotômetros, que permitem avaliar a intensidade da iluminação a partir da corrente elétrica. No mesmo processo se baseia o funcionamento das pilhas solares utilizadas em foguetes espaciais ou em qualquer calculadora eletrônica portátil.

10.3.2   Os calores específicos dos sólidos

A diferença marcante entre os sólidos cristalinos e os amorfos é a existência, nos primeiros, de correlações de longo alcance, como consequência da ordem, da periodicidade e das simetrias no arranjo de seus constituintes.

Um sólido cristalino é constituído da repetição de uma unidade básica de padrão geométrico regular, denominada célula unitária, na qual seus átomos ou moléculas se distribuem. Desse modo, os átomos ou moléculas se comportam como osciladores que se encontram em posições relativas, cujas distâncias médias são fixas, ou seja, como elementos localizados em uma rede cristalina.

O calor específico dos sólidos varia grandemente de uma substância para outra. No entanto, em 1819, os franceses Pierre Dulong e Alexis Petit descobriram que o calor específico molar dos sólidos cristalinos tinha um valor constante aproximado de 6 cal·mol^{-1}·$^{\circ}$C^{-1}, o que ficou conhecido como *lei de Dulong-Petit*, originalmente enunciada assim: *átomos de todos os corpos simples têm exatamente a mesma capacidade para o calor*. Apesar de historicamente ter sido muito importante para a revisão de diversos valores de pesos atômicos (Tabela 10.5), a primeira explicação para a lei de Dulong-Petit só foi obtida por Boltzmann, em 1876, cerca de meio século após ser estabelecida.

Uma vez que a razão entre o calor molar (C_{molar}) e o calor específico (c) de um elemento é igual à razão entre a massa (m) de um elemento e o número de moles (n), ou seja, ao peso atômico (μ),

$$C_{\text{molar}}/c = m/n = \mu$$

este pode ser determinado a partir de medidas térmicas. Dulong e Petit abrem, assim, uma possibilidade

Tabela 10.5: Estimativas de diversos pesos atômicos a partir de medidas de calores específicos

Elemento	Calor específico cal · K⁻¹ · g⁻¹	Peso atômico μ		
		Berzelius (1813)	Estimado (1819)	Valor atual
Cu	0,0922	129,04	64,62	63,55
Au	0,0306	397,41	194,71	196,97
Fe	0,10	110,98	59,58	55,85
Pb	0,0308	415,58	193,44	207,20
K	0,178	156,48	33,47	39,10
Ag	0,0565	430,11	105,45	107,87
S	0,169	32,16	32,25	32,04
Zn	0,0928	129,03	64,20	65,39

de se medir, por meios físicos, uma grandeza normalmente determinada pela Química: desta forma, foram corrigidos vários valores de pesos atômicos de certos elementos.

Considerando que um cristal com N átomos pudesse ser representado por um conjunto de $3N$ osciladores idênticos, independentes e que obedecessem às leis de Newton da Mecânica Clássica, Boltzmann aplica o princípio da equipartição de energia a esses $3N$ osciladores, que equivalem a $6N$ termos quadráticos independentes na expressão da energia, e obtém para a energia média (energia interna) (U) do cristal, em equilíbrio térmico à temperatura T, a expressão

$$U = 3NkT = 3nRT$$

Desse modo, o calor específico molar a volume constante seria dado por

$$c_V = \frac{1}{n}\left(\frac{\partial U}{\partial T}\right)_V = 3R \sim 6\,\text{cal}\cdot\text{mol}^{-1}\cdot\,^\circ\text{C}^{-1}$$

o que concorda com o comportamento em temperaturas ambientes, normalmente referido como lei de Dulong-Petit.

A hipótese de que o valor do calor específico de um sólido seria uma constante independente da temperatura começa a ser questionada quando, em fins do século XIX, mais precisamente em 1898, o químico e físico escocês *Sir* James Dewar liquefez o hidrogênio. As baixas temperaturas alcançadas, utilizando-se de misturas refrigerantes, evidenciaram uma dependência com a temperatura do tipo

$$\lim_{T\to 0\text{K}} c_V \to 0$$

ou seja, em baixas temperaturas, o calor específico de um sólido cristalino diminui com a temperatura.

Essa discrepância levou Einstein a estender a hipótese de quantização da energia de Planck a qualquer oscilador, em qualquer circunstância, não apenas em interação com a radiação, de tal modo que a energia média de um oscilador unidimensional de frequência ν_E seria dada por

$$\langle \epsilon \rangle = \frac{h\nu_E}{e^{h\nu_E/kT} - 1}$$

em vez do resultado clássico $\langle \epsilon \rangle = kT$.

Desse modo, para um total de $3N$ osciladores idênticos e independentes no cristal, a energia interna seria dada por

$$U = \frac{3Nh\nu_E}{e^{h\nu_E/kT} - 1}$$

Uma vez que $Nk = nR$, definindo-se a temperatura de Einstein por $T_E = h\nu_E/k$, pode-se escrever

$$U = \frac{3nRT_E}{e^{T_E/T} - 1}$$

Assim, o calor específico molar a volume constante seria então dado por

$$
\begin{aligned}
c_V &= \frac{1}{n}\left(\frac{\partial U}{\partial T}\right)_V = \frac{1}{n}\underbrace{\left(\frac{\partial \beta}{\partial T}\right)_V}_{-1/T^2}\left(\frac{\partial U}{\partial \beta}\right)_V \quad (\beta = 1/T) \\[2mm]
&= 3R\,\frac{T_E}{T^2}\,\frac{\partial}{\partial \beta}\left(\frac{-1}{e^{\beta T_E} - 1}\right) = 3R\left(\frac{T_E}{T}\right)^2 \frac{e^{T_E/T}}{\left(e^{T_E/T} - 1\right)^2}
\end{aligned}
\tag{10.55}
$$

Através de seu único parâmetro, a temperatura T_E, correspondente à frequência de oscilação de cada átomo da rede, a fórmula de Einstein reproduziu o limite clássico de altas temperaturas e, de início, aparentemente se ajustava às observações de Heinrich Friedrich Weber, feitas em 1875, em experimentos com o diamante a baixas temperaturas.

A teoria do calor específico dos sólidos de Einstein, ao descrever o fato de que este diminui com a temperatura, desempenhou um papel importante no estabelecimento da chamada 3ªlei da Termodinâmica, pelo químico alemão Walther Hermann Nernst.

Além da quantização da energia, a hipótese básica de Einstein foi a de que os átomos do cristal oscilariam com uma mesma frequência, ou seja, que os osciladores seriam idênticos e independentes. Do ponto de vista clássico, ao se aplicar o teorema da equipartição de energia, não importa se os osciladores sejam idênticos ou não; só importa que sejam independentes, pois, quaisquer que sejam as frequências, a dependência quadrática da energia de cada átomo, nas variáveis cinemáticas, é o que determina a energia média do cristal.

Entretanto, esses osciladores, apesar de idênticos, são acoplados, de modo que suas frequências de oscilações são de fato distintas, pois são as frequências próprias de vibrações do cristal.[26] No fundo, é por esse motivo que o resultado de Einstein não reproduziu corretamente o comportamento de c_V quando $T \to 0$. De fato, sua predição, equação (10.55), neste limite, reduz-se a

$$c_V \sim R\left(\frac{T_E}{T}\right)^2 e^{-T_E/T}$$

Identificando os modos de baixas frequências com a propagação do som em um meio contínuo (elástico e isotrópico) e admitindo ainda que as frequências de oscilação dos átomos no interior do sólido devem ter um valor máximo ν_D, o holandês Peter Debye, em 1912, obtém uma expressão para o calor específico dos sólidos.

Para isso, pode-se partir da densidade de modos de vibração de Rayleigh, equação (10.37), lembrando apenas de substituir a velocidade de propagação da luz pela do som. Como em um cristal podem haver vibrações longitudinais, além das transversais, haverá um novo termo correspondendo às primeiras. Denotando essas velocidades, respectivamente, por $v_\parallel$ e $v_\perp$, a nova densidade de modos se escreve

$$u_\nu \to 4\pi V\left[\frac{2}{v_\perp^3} + \frac{1}{v_\parallel^3}\right]\nu^2\langle\epsilon\rangle$$

ou ainda, usando o resultado de Planck,

$$\frac{U}{V} = \int u_\nu \, d\nu = 4\pi\left[\frac{2}{v_\perp^3} + \frac{1}{v_\parallel^3}\right]\int_0^{\nu_D} \frac{h\nu}{e^{\beta h\nu} - 1}\nu^2 \, d\nu$$

---

[26] Frequências dos chamados modos próprios ou normais de vibração do cristal.

A frequência máxima ν_D é fixada requerendo-se que o número total de modos normais de vibração seja igual ao número total, $3N$, de graus de liberdade do cristal

$$4\pi \left[\frac{2}{v_\perp^3} + \frac{1}{v_\parallel^3} \right] \int_0^{\nu_D} \nu^2 \, \mathrm{d}\nu = 3N$$

em que

$$\nu_D^3 = \frac{9N}{4\pi \left[\dfrac{2}{v_\perp^3} + \dfrac{1}{v_\parallel^3} \right]}$$

Logo, pode-se escrever

$$\frac{U}{V} = \frac{9N}{\nu_D^3} \int_0^{\nu_D} \frac{h\nu}{e^{\beta h\nu} - 1} \nu^2 \, \mathrm{d}\nu$$

Para explicitar a dependência dessa quantidade com T, é conveniente definir

$$T_D = \frac{h\nu_D}{k} \qquad \Longrightarrow \qquad \nu_D = \frac{kT_D}{h}$$

e fazer a mudança de variável

$$x = \frac{h\nu}{kT}$$

obtendo-se, assim,

$$\frac{U}{V} = \frac{9Nk}{T_D^3} T^4 \int_0^{T_D/T} \frac{x}{e^x - 1} \, \mathrm{d}x$$

e, finalmente, a capacidade térmica

$$C_V = \left(\frac{\partial U}{\partial T} \right)_V = \frac{9NkV}{T_D^3} \frac{\mathrm{d}}{\mathrm{d}T} \left[T^4 \int_0^{T_D/T} \frac{x}{e^x - 1} \, \mathrm{d}x \right] \tag{10.56}$$

O calor específico é obtido pela relação $c_V = C_V/M$, sendo M a massa do cristal. No limite $T_D/T \ll 1$, reobtém-se o valor clássico $C_V = 3NkV$, aproximando-se a exponencial do integrando por $1 + x$.

O comportamento de C_V a baixas temperaturas pode ser calculado da equação (10.56) substituindo-se o limite superior da integral por ∞, obtendo-se

$$C_V \simeq R \left(\frac{T}{T_D} \right)^3 \quad (T \to 0)$$

sendo $T_D = h\nu_D/k$, a chamada *temperatura de Debye*.

A comparação entre as predições de Einstein e de Debye para baixas temperaturas pode ser vista na Figura 10.14.

A teoria de Debye permitiu encontrar uma fórmula de interpolação que descreve de maneira satisfatória o comportamento do calor específico de uma enorme variedade de sólidos cristalinos. Entretanto, a concordância não se verifica para vários cristais, mesmo quando aplicada ao único cristal cúbico (tungstênio) para o qual a hipótese básica de sólido isotrópico é satisfeita. Nas palavras do físico inglês Moses Blackman, devido ao seu enorme êxito inicial na comparação com diversos dados experimentais, a teoria de Debye tornou-se um exemplo daquilo que se pode chamar *"canonização a priori"* de uma teoria.

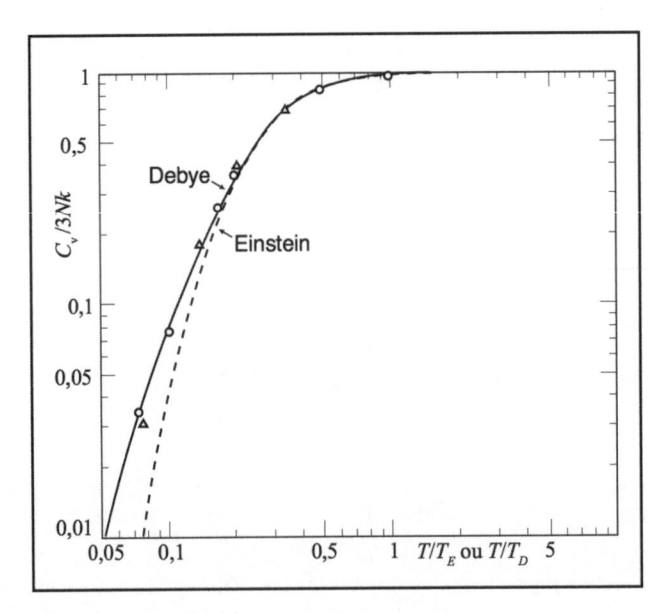

Figura 10.14: Comparação entre as predições de Einstein e Debye. Neste gráfico as temperaturas das duas curvas estão normalizadas às respectivas temperaturas críticas.

10.3.3   O efeito Compton

Apesar dos importantes trabalhos experimentais e teóricos realizados em Berlim durante a primeira década do século XX, poucos estavam convencidos ou sequer conheciam as hipóteses de Planck e de Einstein. Na realidade, as hipóteses de quantização de energia e da radiação só eram consideradas por pouquíssimos pesquisadores alemães. Enquanto a quantização de energia passa a ser aceita a partir de 1913, com a teoria de Bohr para o átomo de hidrogênio (Seção 12.1.2), os fótons só seriam definitivamente aceitos em 1922, quando o físico americano Arthur Holly Compton, após cinco anos de ininterruptos experimentos, estabelece, definitivamente, que a radiação de curtíssimo comprimento de onda (na região de raios X) que ele fazia incidir sobre um alvo de grafite era espalhada de modo não explicável pela teoria clássica do Eletromagnetismo.

Compton explicou esse fato supondo que a colisão entre o fóton e o elétron atômico pudesse ser considerada uma colisão entre duas partículas livres, que obedeciam à cinemática relativística, ou seja, às leis de conservação da energia e *momentum* segundo a Teoria da Relatividade Restrita de Einstein.

O principal argumento contrário a essa ideia, utilizado por Lorentz e Bohr, foi o mesmo que os partidários da visão ondulatória da luz utilizaram na polêmica Newton-Huygens: *Como é que partículas movendo-se como um feixe poderiam dar lugar a fenômenos como os de interferência e difração?* Nas palavras de Bohr,

> *apesar de seu valor heurístico (...), a hipótese [de Einstein] dos* quanta *de luz, que é praticamente irreconciliável com os chamados fenômenos de interferência, não é capaz de lançar luz sobre a natureza da radiação.*

A ideia de se associar, além da energia, um *momentum* ao fóton já tinha sido considerada por Einstein e pelo físico alemão Johannes Stark, em 1909. Stark chega mesmo a impor a lei de conservação do *momentum* na interação de uma onda eletromagnética com um elétron, apesar de não considerar a expressão correta, relativística, para o *momentum* do elétron.

Com Compton, o conceito de fóton como partícula é integralmente estabelecido. Segundo ele, deve-se admitir que um fóton (γ), associado à radiação monocromática de frequência ν, que se propaga na direção $\hat{k}$, comporta-se como uma partícula de massa nula que se move à velocidade (c) da luz no vácuo, tal que:

- $\epsilon_\gamma = h\nu$ (energia)

- $\vec{p}_\gamma = \dfrac{\epsilon_\gamma}{c}\hat{k} = \dfrac{h\nu}{c}\hat{k} = \dfrac{h}{\lambda}\hat{k}$ (*momentum*)

O efeito Compton foi, na realidade, a evidência experimental que faltava para que a comunidade científica admitisse a existência do fóton como constituinte da luz, colocando um ponto final nessa questão que foi assunto de grande polêmica. O que era aceito até então pela maioria dos físicos era o resultado das discussões surgidas na conferência de Solvay de 1911, onde foi aceita apenas a descontinuidade na emissão e na absorção de luz, e não da própria energia da luz, como havia proposto Einstein.

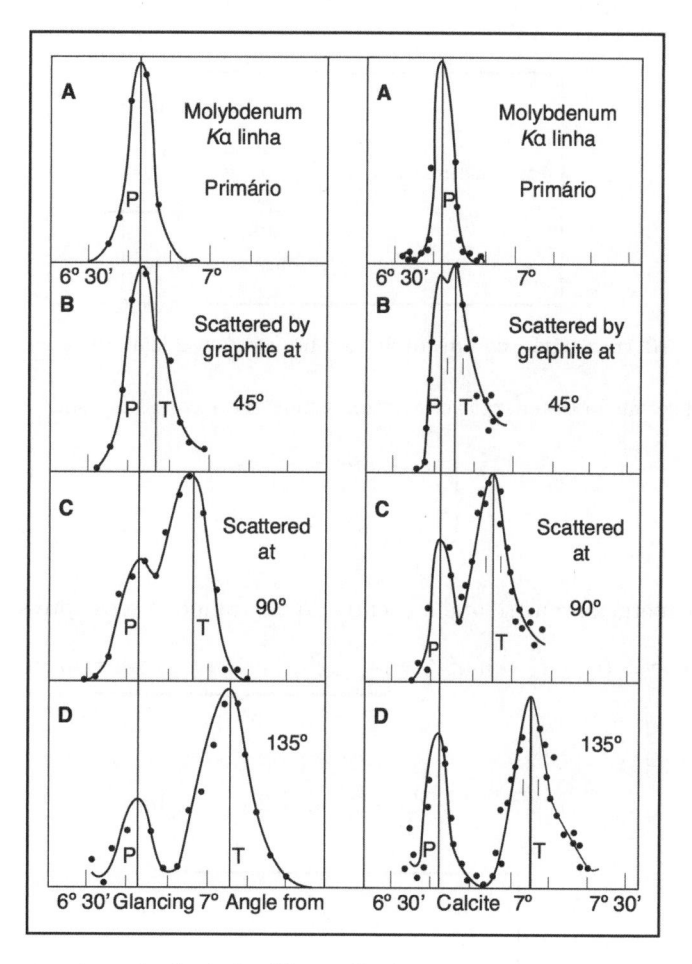

Figura 10.15: Espectro da radiação (raios X) espalhada por um alvo de carbono no efeito Compton.

Os espectros da radiação espalhada por alvos de molibdênio (Mo) e de grafite, levantados experimentalmente, são mostrados na Figura 10.15. Nessas figuras, o pico da esquerda é o que era esperado teoricamente. De acordo com a teoria clássica de Thomson do espalhamento de raios X, o comprimento de onda da radiação espalhada em uma direção qualquer deve ser igual ao da radiação incidente (λ).

A Figura 10.15 mostra também um segundo pico, relativo a um comprimento de onda λ', que não é explicado classicamente. Dessa forma, Compton descobriu que a radiação espalhada tem duas componentes, verificando que os comprimentos de onda dos raios X espalhados são maiores que o comprimento de onda da radiação incidente. A relação entre λ' e λ depende do ângulo θ entre a direção da radiação espalhada e a direção da incidente, e é dada pela fórmula de Compton,

$$\lambda' = \lambda + A\,\mathrm{sen}^2\,\frac{\theta}{2} \tag{10.57}$$

Para chegar a esse resultado e determinar a constante A, Compton supôs que os aspectos cinemáticos do processo de espalhamento de raios X pela matéria pudessem ser descritos pela colisão elástica entre um fóton e um elétron atômico (Figura 10.16), à qual se aplica a conservação de energia e *momentum*. Como a energia dos fótons de um feixe de raios X é muito maior que a energia de movimento dos elétrons nos átomos, pode-se considerá-los, inicialmente, em repouso.

Sejam $(\epsilon_\gamma, \epsilon_0)$ e $(\epsilon'_\gamma, \epsilon)$, respectivamente, as energias do fóton e do elétron, antes e depois da colisão, ou seja,

$$\begin{cases} \epsilon_\gamma = h\nu = \dfrac{hc}{\lambda} \\[2mm] \epsilon_0 = mc^2 \end{cases} \quad \text{e} \quad \begin{cases} \epsilon'_\gamma = h\nu' = \dfrac{hc}{\lambda'} \\[2mm] \epsilon^2 = (pc)^2 + (mc^2)^2 \end{cases}$$

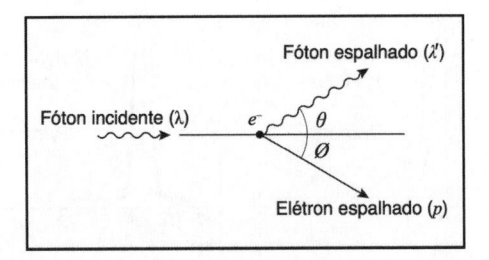

Figura 10.16: Colisão de um fóton com um elétron, inicialmente em repouso.

Logo, as leis de conservação da energia e do *momentum* são expressas como

$$\begin{cases} \epsilon_\gamma + mc^2 = \epsilon'_\gamma + \epsilon \\[2mm] \vec{p}_\gamma = \vec{p}_\gamma{}' + \vec{p} \end{cases}$$

Da conservação da energia, segue-se que a energia do elétron pode ser expressa também por

$$\epsilon^2 = (\epsilon_\gamma - \epsilon'_\gamma + mc^2)^2 = \underbrace{(\epsilon_\gamma - \epsilon'_\gamma)^2 + 2(\epsilon_\gamma - \epsilon'_\gamma)mc^2}_{p^2 c^2} + m^2 c^4$$

da qual resulta

$$p^2 c^2 = \epsilon_\gamma^2 + \epsilon'^2_\gamma - 2\epsilon_\gamma \epsilon'_\gamma + 2(\epsilon_\gamma - \epsilon'_\gamma)mc^2 \tag{10.58}$$

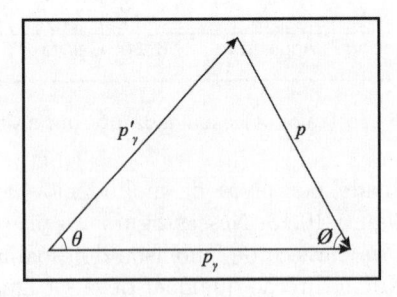

Figura 10.17: Diagrama de conservação do *momentum* para o efeito Compton.

Da conservação do *momentum*, expressa pela Figura 10.17, resulta

$$p^2 = p'^2_\gamma + p_\gamma^2 - 2p'_\gamma p_\gamma \cos\theta$$

e levando-se em conta que $p_\gamma = \epsilon_\gamma/c$ e $p'_\gamma = \epsilon'_\gamma/c$, obtém-se

$$p^2 c^2 = \epsilon_\gamma^2 + \epsilon'^2_\gamma - 2\epsilon_\gamma \epsilon'_\gamma \cos\theta \tag{10.59}$$

Igualando-se as equações (10.58) e (10.59), resulta

$$(\epsilon_\gamma - \epsilon'_\gamma)mc^2 = \epsilon_\gamma\epsilon'_\gamma(1 - \cos\theta) \tag{10.60}$$

ou seja,

$$\frac{1}{\epsilon'_\gamma} - \frac{1}{\epsilon_\gamma} = \frac{1}{mc^2}(1 - \cos\theta)$$

Uma vez que $\epsilon_\gamma = hc/\lambda$ e $\epsilon'_\gamma = hc/\lambda'$, chega-se à relação de Compton

$$\boxed{\lambda' - \lambda = \frac{h}{mc}(1 - \cos\theta) = \left(\frac{2h}{mc}\right)\mathrm{sen}^2\frac{\theta}{2}} \tag{10.61}$$

Ainda de acordo com a conservação do *momentum*, expressa pela Figura 10.17, pode-se escrever

$$\mathrm{cotg}\,\phi = \frac{p_\gamma - p'_\gamma\cos\theta}{p'_\gamma\mathrm{sen}\,\theta} = \left(\frac{\epsilon_\gamma}{\epsilon'_\gamma} - \cos\theta\right)\frac{1}{\mathrm{sen}\,\theta} \tag{10.62}$$

Reescrevendo-se a relação de Compton como

$$\frac{\epsilon_\gamma}{\epsilon'_\gamma} = \frac{\lambda'}{\lambda} = 1 + \frac{h\nu}{mc^2}(1 - \cos\theta) = \left(\frac{2h}{mc}\right)\mathrm{sen}^2\frac{\theta}{2}$$

e substituindo-a na equação (10.62), obtém-se

$$\begin{aligned}
\mathrm{cotg}\,\phi &= \left[1 + \frac{h\nu}{mc^2}(1 - \cos\theta) - \cos\theta\right]\frac{1}{\mathrm{sen}\,\theta}\\
&= \left(1 + \frac{h\nu}{mc^2}\right)\frac{(1 - \cos\theta)}{\mathrm{sen}\,\theta}
\end{aligned}$$

ou seja,

$$\mathrm{cotg}\,\phi = (1 + \alpha)\,\mathrm{tg}\,\frac{\theta}{2} \tag{10.63}$$

sendo $\alpha = h\nu/(mc^2)$.

A equação (10.63), obtida por Debye, em 1923, mostra que, enquanto o fóton pode ser espalhado em qualquer ângulo ($-\pi \leq \theta \leq \pi$), o elétron espalhado está confinado na região frontal ($-\pi/2 \leq \phi \leq \pi/2$).

Além de estabelecer a cinemática do espalhamento de ondas de curtíssimos comprimentos de onda, como os raios X, pela matéria, os estudos de Compton mostraram, decisivamente, que, além da mudança do comprimento de onda, a teoria clássica de Thomson era incapaz de explicar os baixos valores e a assimetria *forward-backward* na distribuição angular da seção de choque. A seção de choque para o fóton espalhado no efeito Compton foi calculada em 1929, por Oskar Benjamin Klein e Yoshio Nishina, usando a segunda quantização, e pode ser escrita como

$$\left(\frac{d\sigma}{d\Omega}\right)_{KN} = \left(\frac{d\sigma}{d\Omega}\right)_{Th}\frac{f(\theta)}{[1 + \alpha(1 - \cos\theta)]^2} \tag{10.64}$$

na qual

$$\left(\frac{d\sigma}{d\Omega}\right)_{Th} = \left(\frac{e^2}{mc^2}\right)^2\frac{(1 + \cos^2\theta)}{2}$$

é a seção de choque de Thomson, e

$$f(\theta) = \left\{1 + \frac{\alpha^2(1 - \cos\theta)^2}{(1 + \cos^2\theta)\,[1 + \alpha(1 - \cos\theta)]}\right\}$$

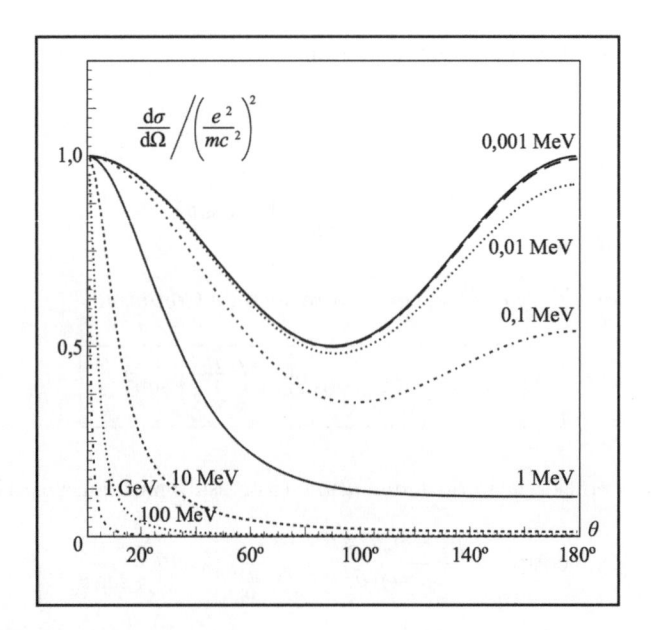

Figura 10.18: Comparação das seções de choque de Thomson (curva simétrica com linha cheia na parte superior do gráfico) e de Klein-Nishina para várias energias do fóton incidente.

A Figura 10.18 mostra a comparação das seções de choque de Thomson e de Klein-Nishina, para várias energias do fóton incidente. Note que as duas seções de choque coincidem para baixas energias e, nesse caso, possuem uma distribuição angular simétrica. Ao contrário dessa simetria da seção de choque a baixas energias, quanto maior a energia dos fótons incidentes no efeito Compton, mais fótons e elétrons são espalhados na região frontal. De fato, a figura mostra que, para uma energia do fóton incidente de 100 MeV, todos os fótons são espalhados para ângulos menores do que 20°.

10.4 Fontes primárias

Birge, R.T., 1919. The Most Probable Value of the Planck Constant *h*". *Physical Review* **14**, n. 4, p. 361-368.

Boltzmann, L., 1884. Ableitung des Stefan'schen Gesetzes betreffend die Abhängigkeit der Wärmestrahlung von der Temperatur aus der elektromagnetischen Lichttheorie. *Wiedemannsche Annalen der Physik* **22**, p. 291-294.

Bose, S.N., 1924. Plancks Gesetz und Lichtquantenhypothese. *Zeitschrift für Physik* **26**, p. 178-181. Traduzido para o português em *Revista Brasileira de Ensino de Física* **27**, n. 3, p. 463-465 (2005), como A lei de Planck e a hipótese dos quanta de luz.

Clausius, R.J.E. 1854. Über eine veränderte Form des zweiten Hauptsatzes der mechanischen Wärmetheorie. *Annalen der Physik und Chemie*, Ser. 2, **93**, p. 481-506.

Compton, A.H., 1923. A Quantum Theory of the Scattering of X-Rays by Light Elements". *Physical Review* **21**, n. 5, p. 483-502.

Debye, P., 1910. Der Wahrscheinlichkeitsbegriff in der Theorie der Streahlung. *Annalen der Physik* **33**, p. 1427-1434.

Debye, P., 1912. Zur theorie der spezifischen Wärme. *Annalen der Physik* **39**, p. 789-839. Reimpresso em **Debye, P., 1954**, p. 650-696.

Duane, W.; Hunt, F.L., 1915. On X-Ray Wave-Lengths. *Physical Review*, Series 2, **6**, n. 2, p. 166-171.

Einstein, A., 1905. Über einen die Erzeugung und Verwandlung des Lichtes betreffenden heuristischen Gesichtspunkt. *Anallen der Physik* (Leipzig) **17**, p. 132-148, Traduzido para o português em **Stachel, J. (Org.), 2001**, p. 201-222, como Sobre um ponto de vista heurístico a respeito da produção e transformação da luz.

Einstein, A., 1906. Zur Theorie der Lichterzeugung und Lichtabsorption. *Annalen der Physik* (Leipzig) **20**, p. 199-206.

Einstein, A., 1907. Die Plancksche Theorie der Strahlung und die Theorie der spezifischen Wärme. *Annalen der Physik*, Ser. 4, **22**, p. 180-190. Traduzido para o inglês em **Einstein, A. 1909-1955.**, p. 214-224, como Planck's Theory of Radiation and the Theory of Specific Heat.

Einstein, A., 1909a. Zum gegenwärhgen Stand des Strahlungsproblems. *Physikalische Zeitschrift* **10**, p. 185-193. Traduzido para o inglês em **Einstein, A. 1909-1955**, p. 357-375, como On the Present Status of the Radiation Problem.

Einstein, A., 1909b. Entwicklung unserer Anschauungen über das Wesen und die Konstitution der Strahlung. *Deutsche Physikalische Gesellschaft, Verhandlungen* **7**, p. 482-500. *Physikalische Zeistschrift* **10**, p. 817-825. Traduzido para o português na *Revista Brasileira de Física* **27**, n. 1, p. 77-85 (2005), como Sobre o desenvolvimento das nossas concepções sobre a natureza e a constituição da radiação.

Franck, J.; Hertz, G., 1912a. Über Zusammenstöße zwischen Elektronen und den Molekülen des Quecksilberdampfes und die Ionizierungsspannung derselben. *Verhandlungen der Deutschen Physikalischen Gesellschaft Berlin* **14**, p. 457-467.

Franck, J.; Hertz, G., 1912b. Über die Erregung der Quecksilberresonanzlinie 253,6 $\mu\mu$ durch Elektronenstöße. *Ibid.*, **14**, p. 512-517.

Gibbs, J.W., 1901. *Elementary Principles in Statistical Mechanics.* Reimpresso por Ox Bow (1981).

Haskins, C.N., 1914. Note on the Evaluation of the Constant C_2 in Planck's Radiation Equations. *Physical Review* **3**, n. 6, p. 476-478.

Jeans, J.H., 1905. On the partition of energy between matter and ether. *Philosophical Magazine* **10**, p. 91-98.

Kirchhoff, G.R., 1859. – "Über den Zusammenhang zwischen Emission und Absorption von Licht und Wärme". *Monatsberichte der Akademie der Wissenchaften zu Berlin* (December), p. 783-787.

Klein, O.; Nishina, Y., 1929. Ueber die Streuung von Strahlung durch freie Elektronen nach der neuer relativistischen Quantendynamik von Dirac. *Zeitschrift für Physik* **52**, p. 853-869.

Kunz, J., 1909. On the Electron Theory of Thermal Radiation for Small Values of λT. *Physical Review*, Series I, **28**, n. 5, p. 313-323.

Mendenhall, C.E., 1917 A Determination of the Planck Radiation Constant C_2. *Physical Review* **10**, n. 5, p. 515-524.

Mendenhall, C.E.; Saunders, F.A., 1901. The Radiation of a Black Body. *Astrophysical Journal* **13**, n. 1, p. 25-47.

Meyer, E.; Gerlach, W., 1914. Über den photoelektrischen Effekt an ultramikroskopischen Metallteilchen. *Annalen der Physik*, Ser. 4, **45**, n. 18, p. 177-236.

Meyer, E.; Gerlach, W., 1915. Über die Abhängigkeit der photoelektrischen Verzögerungszeit vom Gasdruck bei Metallteilchen ultramikroskopischer Größenordnung. *Annalen der Physik*, Ser. 4, **47**, n. 10, p. 227-244.

Millikan, R.A., 1914. A Direct Determination of 'h'. *Physical Review* **4**, n. 1, p. 73-75.

Millikan, R.A., 1916. A Direct Photoelectric Determination of Planck's h. *Physical Review* **7**, n. 3, p. 355-388.

Nernst, W., 1911. Zur Theorie der spezifischen Wärme und über die anwendung Lehre von den Energiequantum auf physikalisch-chemische Fragen überhaupt. *Zeitschrift für Elektrochemie* **17**, n. 7, p. 265-275.

Petit, A.T.; Dulong, P.L., 1819. Recherches sur quelques points importants de la Théorie de la Chaleur. *Annales de Chimie et de Physique* [2], **10**, p. 395-413. Tradução inglesa em *Annals of Philosophy* **14**, p. 189-198.

Planck, M., 1900a. Über eine Verbesserung der Wienschen Spektralgleichung. *Verhandlungen der Deutschen Physikalishen Gesellschaft* v. **2**, p. 202-204. Traduzido para o português em *Revista Brasileira de Ensino de Física* **22**, n. 4, p. 536-537 (2000), como sobre um aperfeiçoamento da equação de Wien para o espectro. Comunicação feita em outubro de 1900, na Sociedade Alemã de Física, sobre a dependência funcional da densidade de energia da radiação de corpo negro.

Planck, M., 1900b. Zur Theorie des Gesetzes der Energieverteilung im Normalspektrum. *Verhandlungen der Deutschen Physikalishen Gesellschaft* v. **2**, p. 237-245. Artigo no qual Planck introduziu a constante física universal h. Ver Kangro, 1976.

Planck, M., 1900c. Über irreversible Strahlungsvorgänge. *Annalen der Physik*, Ser. 4, **1**, p. 69-122.

Planck, M., 1901a. Über das Gesetz der Energieverteilung im Normalspektrum. *Annalen der Physik*, Ser. 4, **4**, p. 553-563. Versão modificada de **Planck, M., 1900b**, traduzida para o português em *Revista Brasileira de Ensino de Física* **22**, n. 4, p. 538-542 (2000), como Sobre a lei da distribuição de energia no espectro normal. Artigo no qual Planck define e calcula as duas constantes universais h e k.

Planck, M., 1901b. Über die Elementarquanta der Materie und der Elektricität. *Annalen der Physik*, Ser. 4, **4**, p. 564-566.

Rayleigh, Lord, 1900. Remarks upon the law of a complete radiation. *Philosophical Magazine* **49**, p. 539-540.

Rayleigh, Lord, 1905. The Dynamical Theory of Gases and of Radiation. *Nature* **71**, p. 559, *idem* **72**, p. 54-55 e p. 243-244. Reproduzidos na Obra de Lord Rayleigh, p. 248-253.

Rubens, H.; Kurlbaum, F., 1900. Über die Emission langwelliger Wärmestrahlen durch den schwarzen Körper bei verschiedenen Temperaturen. *Stizungberichte der Königlich-Preußischen Akademie der Wissenschaften (Berlin)*, seção de 25 de outubro, p. 929; Über die Emission langwelliger Wärmstrahlen durch den schwarzen Körper bei verschiedenen Temperaturen. *Berliner Berichte*, p. 929-941.

Rubens, H.; Kurlbaum, F., 1901. Anwendung der Methode der Reststrahlen zur Prüfung des Strahlungsgesetzes. *Annalen der Physik* **4**, p. 649-666.

Stefan, J., 1879. Über die Beziehung zwischen der Wärmstrahlung und der Temperatur. *Wiener Berichte* **79**, p. 391-428.

Wien, W., 1893. Ein neue Beziehung der Strahlung schwarzer Körper zum zweiten Hauptsatz der Wärmetherorie. *Königlich Preussische Akademie der Wissenschaften (Berlin) Sitzungsberichte* (9 de fevereiro), p. 55-62.

Wien, W., 1894. Temperatur und Entropie der Strahlung. *Wiedmannsche Annalen der Physik* **52**, p. 132-165.

Wien, W., 1896. Über die Energievertheilung im Emissionsspektrum eines schwarzen Körpers. *Wiedmannsche Annalen der Physik* **58**, p. 662-669.

10.5 Outras referências e sugestões de leitura

Bergia, S.; Navarro, L., 1988. Recurrences and continuity in Einstein's research on radiation between 1905-1916. *Archives for History of Exacts Sciences* **38**, n. 1, p. 79-99.

Blackman, M., 1941. The Theory of the Specific Heat of Solids. *Reports on Progress in Physics* **8**, p. 11-30.

Blevin, W.R.; Brown, W.J., 1971. A precise measurement of the Stefan-Boltzmann constant. *Metrologia* **7**, n. 1, p. 15.

Bradley, M.P. *et all.*, **1999.** Penning Trap Measurements of the Masses of ^{133}Cs, $^{87.85}$Rb, and ^{23}Na with Uncertainties ≤ 02 ppb. *Physical Review Letters* **83**, n. 22, p. 4510-4513. Medida da constante de Planck.

Buckingham, E., 1912. On the Deduction of Wien's Displacement Law. *Philosophical Magazine* **23**, p. 920-931.

Caruso, F.; Oguri, V., 2009. The Cosmic Microwave Background Spectrum and the Upper Limit for Fractal Space Dimensionality. *Astrophysical Journal*, bf 694, n. 1, p. 151-153.

Compton, A.H.; Alison, S.K.,1935] *X-rays in Theory and Experiment.* Nova York: D. van Nostrand.

Debye, P., 1954. Coletânea de artigos de Debye.

Duane, W.; Palmer, H.H.; Yeh, C.-S., 1921. A Remeasurement of the Radiation Constant, h, By Means of X-Rays. *Proceedings of the National Academy of Science* **7**, n. 8, p. 237-242; *Journal of the Optical Society of America* **5**, p. 376-387.

Dunnington, F.G., 1954. Determination of h/e by a new method. *Physical Review* **94**, n. 3, p. 592-598.

Eddington, A.S., 1925. On the Derivation of Planck's Law from Einstein's Equation. *Philosophical Magazine* **50**, n. 6, p. 803-808.

Ehrenfest, P., 1911. Welche Züge der Lichtquantenhypothese spielen in der Theorie der Wärmestrahlung eine wesentliche Rolle?. *Annalen der Physik* **36**, p. 91-118.

Einstein, A.; Stern, O., 1913. Einige Argumente für die Annahme einer molekularen Agitation beim absoluten Nullpunkt. *Annalen der Physik* **40**, p. 551-560.

Grassi, A.; Sironi, G.; Strini, G., 1986. Fractal Space-Time and Black Body Radiation. *Astrophysics and Space Science* **124**, p. 203-205.

Heisenberg, W., 1958 Uma leitura complementar interessante para este capítulo é o Capítulo 2 desse livro: "A história da teoria quântica".

Kangro, H. (Ed.), 1972. Apresenta a tradução dos dois trabalhos originais de Planck para o inglês, além de conter os originais em alemão.

Kangro, H., 1976. Esse é um texto clássico de História da Física acerca dos trabalhos teóricos e experimentais compreendidos no período de 1880-1901, que constituem um conjunto de pressupostos e resultados acerca da emissão de radiação por corpo negro, os quais levaram, em última análise, à "lei de Planck". É uma obra de referência para quem deseja se aprofundar no assunto.

Klein, M.J., 1962. Max Planck and the beginning of the quantum theory. *Archives for History of Exact Sciences* **1**, p. 459-479.

Klein, M.J., 1965. Einstein, specific heats and the early quantum theory. *Science* **148**, p. 173-180.

Kuhn, T.S., 1978. O autor procura, nesse livro, apresentar a gradual evolução do conceito de descontinuidade na Física nas duas primeiras décadas do século XX. Ao contrário da maioria dos historiadores da Ciência, Kuhn sustenta que o conceito revolucionário da descontinuidade não é originário do trabalho de Planck, mas surge entre os físicos que tentavam compreender o sucesso da sua nova teoria do corpo negro. Em particular, Kuhn analisa as contribuições de Ehrenfest, Einstein e Lorentz à emergência do conceito de descontinuidade.

Langevin, P.; de Broglie, M. (Eds.), 1912. Anais da famosa primeira Conferência de Solvay, realizada em Bruxelas, de 30 de outubro a 3 novembro de 1911, na qual estiveram presentes físicos como Lorentz, Nernst, Planck, Rubens, Sommerfeld, Wien, Jeans, Rutherford, Brillouin, Madame Curie, Langevin, Perrin, Poicaré, Knudsen e outros, para discutir a teoria da radiação e os *quanta*.

Larmor, J., 1910. On the Statistical Theory of Radiation. *Philosophical Magazine* **20**, p. 350-353.

Lavenda, B.H., 1990. Underlying probability distributions of Planck's Radiation Law. *International Journal of Theoretical Physics (Historical Archive)* **29**, n. 12, p. 1379-1392.

McKie, D.; Heathote, N.H.V., 1935. Livro dedicado à questão dos calores específicos.

Mehra, J., 1975. Importante texto no qual se discutem os impactos das várias conferências de Solvay sobre o desenvolvimento da Física Moderna. De maior interesse para o assunto do presente livro são os capítulos: A Teoria da Radiação e os *Quanta*; A Estrutura da Matéria; Átomos e Elétrons; A Condutividade Elétrica dos Metais; e Elétrons e Fótons.

Mehra, J.; Rechenberg, H., 1999. Planck's half-quanta: A history of the concept of zero-point energy. *Foundations of Physics* **29**, n. 1, p. 91-132.

Peddie, W., 1911. The Problem of Partition of Energy especially in Radiation. *Philosophical Magazine* **22**, p. 663-668.

Penzias, A.A.; Wilson, R.W., 1965. A Measurement of Excess Antenna Temperature at 4080 mc/s (Effective Zenith Noise, Temperature of Horn-Reflector Antenna at 4080 mc Due to Cosmic Black Body Radiation, Atmospheric Absorption, etc.). *Astrophysical Journal* **142**, p. 419-421.

Planck, M., 1914. Livro de texto sobre a radiação do calor.

Planck, M., 1958. Reprodução de parte significativa da obra de Planck em alemão.

Quinn, T.J.; Martin, J.E., 1985. A radiometric determination of the Stefan-Boltzmann constant and thermodynamic temperatures between -40 degrees C and + 100 degrees C. *Philosophical Transactions of the Royal Society A* **316**, n. 1536, p. 85-189.

Robotti, N.; Badino, M., 2001. Max Planck and the 'constants of nature'. *Annals of Science* **58**, n. 2, p. 137-162.

Schankland, R.S. (Ed.), 1973. Artigos científicos de Arthur Compton.

Sloggett, G.J.; Clothier, W.K.; Ricketts, B.W., 1986. Determination of $2e/h$ and h/e^2 in SI Units. *Physical Review Letters* **57**, n. 26, p. 3237-3240.

Steiner, R., 2013. History and progress on accurate measurements of the Planck constant. *Reports on Progress in Physics* **76**, n. 1, a.n. 016101.

Studart, N., 2000. A invenção do conceito de quantum de energia segundo Planck. *Revista Brasileira de Ensino de Física* **22**, n. 4, p. 523-535.

Stuewer, R.H., 1975. Esse é um livro muito interessante de título autossugestivo. Traz uma descrição minuciosa do estudo do efeito Compton e de seu impacto na Física.

Tagliaferri, G., 1985. Livro de história da Mecânica Quântica, das suas origens ao estabelecimento da Mecânica Ondulatória.

Williams, E.R.; Steiner, R.L.; Newell, D.B.; Olsen, P.T., 1998. Accurate Measurement of the Planck Constant. *Physical Review Letters* **81**, n. 12, p. 2404-2407.

Wilson, H.A., 1910. On the Statistical Theory of Heat Radiation. *Philosophical Magazine* **20**, p. 121-125.

10.6 Exercícios

Exercício 10.6.1 Em 1895, Paschen propôs para a função $F(\lambda, T)$ a forma

$$F(\lambda, T) = b\lambda^{-\gamma} e^{-a/\lambda T}$$

na qual a e b são constantes e $\gamma \simeq 5,66$. Mostre que, a menos que $\gamma = 5$, esta lei de Paschen é irreconciliável com a lei de Stefan-Boltzmann.

Exercício 10.6.2 Mostre que não é possível ocorrer o efeito fotoelétrico se o elétron for livre.

Exercício 10.6.3 Mostre que a constante de Planck tem as mesmas dimensões do momento angular.

Exercício 10.6.4 Determine a energia, em eV, de um fóton cujo comprimento de onda é de 912 Å.

Exercício 10.6.5 Uma esfera de tungstênio de 0,5 cm de raio está suspensa em uma região de alto vácuo, cujas paredes estão a 300 K. A emissividade do tungstênio é da ordem de 35%. Desprezando-se a condução de calor através dos suportes, determine a potência que deve ser cedida ao sistema para manter a temperatura a 3 000 K.

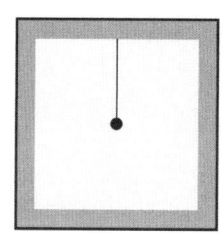

Exercício 10.6.6 Suponha que apenas 5% da energia fornecida a uma lâmpada incandescente sejam irradiados sob a forma de luz visível e que o comprimento de onda dessa luz seja 5 600 Å. Calcule o número de fótons emitidos por segundo por uma lâmpada de 100 W.

Exercício 10.6.7 Na superfície da Terra, uma área de 1 cm², perpendicular aos raios solares, recebe 0,13 J de energia irradiada por segundo. Sabendo que o raio do Sol é da ordem de 7×10^8 m, que a distância entre o Sol e a Terra é da ordem de $1,5 \times 10^8$ km e, supondo que o Sol seja um corpo negro, determine a temperatura na superfície do Sol.

Exercício 10.6.8
a) Mostre que o máximo da expressão de Planck para u_λ é obtido como solução da seguinte equação transcendental:

$$e^{-x} + \frac{1}{5}x - 1 = 0$$

em que $x = \dfrac{ch}{k\lambda_M T}$

b) Usando o método das aproximações sucessivas ou o método de Newton, mostre que a raiz é dada por $x = 4,9651$.
c) A partir do resultado anterior, mostre que

$$\frac{h}{k} \simeq 4,8 \times 10^{-11} \text{ s} \cdot \text{K}$$

Exercício 10.6.9 A partir da integração da lei de Planck (em função da frequência) e da lei de Stefan, mostre que

$$\frac{k^4}{h^3} \simeq 1,25 \times 10^8 \text{ J} \cdot \text{s}^{-3} \cdot \text{K}^{-4}$$

Exercício 10.6.10 Considerando os resultados dos dois exercícios anteriores, obtenha estimativas para as constantes h e k.

Exercício 10.6.11 A partir da 1ª lei da Termodinâmica e da equação de estado para a radiação eletromagnética, $P = u/3$, em que P e u são, respectivamente, a pressão e a densidade de energia da radiação, mostre que (lei de Stefan)

$$u = aT^4$$

Exercício 10.6.12 Utilizando os dados da Tabela 10.6, obtidos com um experimento realizado no laboratório de Física Moderna do curso de Física da Universidade do Estado do Rio de Janeiro (Uerj), cujo esquema está representado na Figura 10.12, determine a constante de Planck.

Tabela 10.6: Dados relativos a um experimento sobre o efeito fotoelétrico

v (10^{14} Hz)	V (volt)
5,19	0,75
5,49	0,81
6,88	1,41
7,41	1,61
8,22	1,95

Exercício 10.6.13 Mostre que a energia de recuo do elétron no espalhamento Compton é dada por

$$\epsilon = h\nu \, \frac{2\alpha \cos^2 \phi}{[(1 + \alpha)^2 - \alpha^2 \cos^2 \phi]} + mc^2$$

resultado obtido por Debye em 1923.

11

Os modelos atômicos clássicos

O grande problema com os modelos [atômicos] com elétrons era que eles eram instáveis se os elétrons fossem considerados inicialmente em repouso.

Abraham Pais

11.1 O átomo de Thomson

A eletrificação essencialmente envolve a separação do átomo (...).

Joseph John Thomson

Pode-se dizer que o conceito de *modelo* teve sua origem na própria filosofia de Tales de Mileto, que buscava entender a Natureza de maneira racional, exigindo ainda que a *simplicidade* estivesse contida em tal entendimento.

Figura 11.1: Ilustração do método da observação indireta.

Desde a Antiguidade, o homem tem o hábito de contemplar, admirar e observar a Natureza. Mas os filósofos e cientistas vão além: querem compreender essa Natureza de forma racional. Daí manipularem logicamente suas impressões sobre o que contemplam, submetendo-as à análise. Esse processo de produção de conhecimento, via de regra, exige um certo grau de abstração da realidade tangível. Abstrair do real, fazer analogias e levantar hipóteses sobre um certo fenômeno, visando entendê-lo, é construir um *modelo*.

Nesse processo, é necessário circunscrever o problema que se deseja estudar ou compreender, o que significa, muitas vezes, simplificá-lo. Galileu fez isso de forma magistral, criando um novo método científico. Só para dar um exemplo, ele restringiu em muito o alcance do conceito aristotélico de *movimento*, que, além do que hoje se entende por movimento em Física, incluía o crescimento dos seres vivos, dentre outras formas de mudança. Esse foi um ponto essencial para o desenvolvimento da cinemática e da dinâmica que se seguiu. Com isso, Galileu estava fazendo o que se chama de *abolição do cosmos*, ou seja, estava isolando o que é possível isolar do resto do cosmos, em prol de ter maior controle sobre os agentes e as causas do fenômeno, bem como da possibilidade de sua matematização. Do ponto de vista empírico, isso é essencial.

Um modelo físico deve ser capaz não só de permitir a explicação do fenômeno estudado, como também de fazer previsões; pode ou não ser coerente com outros modelos ou teorias relacionados com o fenômeno. A discordância pode, algumas vezes, ser indicativa de novos fenômenos e apontar para a necessidade de novas explicações. A história da Estrutura da Matéria está cheia desses exemplos, como pode ser visto ao longo deste livro.

Admitido inicialmente como um objeto sem estrutura, o átomo era mais do que um objeto de contagem na estrutura da matéria. Thomson é o primeiro a construir um modelo atômico com estrutura ativa, procurando estudar a sua dinâmica interna. Como será apresentado a seguir, com esse primeiro "modelo atômico físico", Thomson foi capaz de explicar a emissão de radiação por corpos a uma temperatura maior que o zero absoluto e ter uma primeira explicação qualitativa acerca de algumas regularidades da Tabela Periódica. Entretanto, seu modelo não foi capaz de explicar satisfatoriamente alguns resultados importantes, como a estabilidade da matéria, a regularidade dos espectros discretos de descargas em gases e o desvio de um feixe de partículas α por uma lâmina metálica delgada.

É claro que não há nenhuma "prova direta", como a visualização, da existência de átomos por nenhum experimento. Mas, a rigor, do ponto de vista dinâmico, também não há uma prova direta para a força mecânica, a não ser através de sua relação com a aceleração, via segunda lei de Newton. O que os mais céticos podem concluir é que vários experimentos, modelos e teorias não contradizem a hipótese atômica. Lembre-se, no entanto, do que disse Ostwald a respeito da teoria atômica (Seção 3.3.2). Desse modo, "verificar uma hipótese" ou "ver um objeto" ao nível microscópico baseia-se na aceitação de evidências que não se contradizem, ou seja, que são consistentes entre si.

11.1.1   A emissão de energia por cargas aceleradas

A uma temperatura maior que o zero absoluto, todo corpo emite radiação eletromagnética, perdendo energia, diminuindo sua temperatura, se não estiver isolado.

A que se deve essa emissão? De acordo com a Eletrodinâmica Clássica, é possível dar uma explicação microscópica para esse fenômeno macroscópico admitindo que a radiação emitida por um átomo tem sua origem no movimento dos elétrons no seu interior.

Se uma partícula carregada isolada encontra-se estacionária, pode-se imaginar que a energia do sistema esteja armazenada no campo eletrostático associado à partícula e, portanto, se houvesse emissão de radiação, o princípio da conservação de energia estaria sendo violado. Por outro lado, se a partícula estiver se movendo com velocidade constante, a energia armazenada se desloca juntamente com ela. Isso porque, nesse caso, pode-se sempre encontrar um referencial inercial onde a partícula esteja em repouso, e, assim, recai-se no caso anterior. Como, pelo princípio da relatividade restrita, a descrição de um fenômeno físico não pode depender do referencial inercial em que é estudado, conclui-se que, quando o movimento da partícula carregada é uniforme, esta não emite radiação, e a energia se move com ela.

Como a emissão de radiação por um corpo é um dado empírico, pode-se concluir que no modelo de Thomson os elétrons, no interior dos átomos, estão acelerados e, por isso, perdem energia, emitindo radiação eletromagnética.

A concepção do átomo como um sistema de partículas carregadas em movimento acelerado remete ao problema da estabilidade dos sistemas atômicos.

11.1.2 As hipóteses de Thomson

Dois anos após a medição da razão carga/massa do elétron, Thomson, em 1899, começou a elaborar um modelo para o átomo, imaginando-o como composto de um grande número de elétrons[1] e "alguma" carga positiva que balanceasse a carga negativa total. Essa ideia vaga sobre a carga positiva do átomo foi substituída, em 1904, pelo modelo no qual o átomo seria uma distribuição esférica homogênea de carga positiva,[2] no interior da qual os elétrons estariam distribuídos uniformemente, em anéis concêntricos. A dinâmica e a estabilidade do movimento desses anéis é do que trata seu artigo de 1904.

Partindo de tal modelo, Thomson discute o problema do movimento de n-elétrons em anéis imersos em uma esfera carregada uniformemente. Supõe ainda que o espaçamento angular dos elétrons, na situação de equilíbrio, seja igual, e, assim, investiga a estabilidade e os períodos de oscilação dos n-corpúsculos na situação descrita anteriormente e aplica tais resultados para descrever a estrutura atômica. Na realidade, ele supôs que, no caso de um átomo de muitos elétrons, estes estariam distribuídos em anéis concêntricos para que fossem satisfeitas as condições de estabilidade que assegurassem o equilíbrio, postulando ainda que o número desses anéis fosse mínimo. Isto nada tem a ver com a imagem de um *pudim de ameixas*, que muitos autores fazem do modelo de Thomson, uma vez que esta analogia sugere uma distribuição aleatória das ameixas.

Com esse modelo, pôde-se mostrar que os elétrons executam movimentos periódicos acelerados, o que permitiu a Thomson explicar, qualitativamente, o fenômeno da emissão de radiação eletromagnética por um corpo, fenômeno bem conhecido na época.

Thomson admitia que a distribuição positiva de cargas não possuía massa. Nesse caso, a massa atômica deveria ser dada pela massa do número total de elétrons constituintes do átomo. Sendo assim, cada átomo de hidrogênio, por exemplo, possuiria milhares de elétrons, pois, como já foi visto, a massa do elétron é cerca de 1 840 vezes menor que a do íon de hidrogênio.

Essa hipótese de Thomson logo vai se mostrar incorreta, principalmente quando confrontada com um problema dinâmico novo: os experimentos de dispersão de partículas α, provocada pela incidência de um feixe dessas partículas sobre uma lâmina metálica delgada. A partir dela, ficou comprovada a possibilidade de espalhamento para ângulos entre as direções de incidência e de espalhamento maiores que 90°, o que não era explicado pelo modelo de Thomson, como será visto a seguir.

11.1.3 As predições do modelo de Thomson

11.1.3.1 A emissão de radiação por um átomo

Com base no modelo atômico de Thomson, pode-se considerar, por simplicidade, a força que um substrato esférico de raio a, no qual estaria distribuída uniformemente uma carga positiva $(+e)$, de magnitude igual à do elétron, exerceria sobre este único elétron. Assim, a densidade de cargas positivas será dada por

$$\rho = \frac{e}{\frac{4}{3}\pi a^3} \tag{11.1}$$

---

[1] Thomson não emprega o termo *elétron*, referindo-se, genericamente, a *corpúsculos*. Entretanto, por simplicidade e por vício de linguagem, o termo *elétron* será utilizado ao longo do capítulo.

[2] Em 1902, *Lord* Kelvin já havia proposto que a carga elétrica positiva estaria distribuída uniformemente no volume atômico.

Esse é um problema simples de interação de uma partícula carregada com uma distribuição homogênea esférica de cargas que a envolve.

Traçando-se uma superfície esférica gaussiana S, de raio r, que passa pelo elétron, representada pela linha tracejada na Figura 11.2, o valor da carga interna, q_{in}, contida no interior dessa superfície é dado por

$$q_{\text{in}} = \rho V_{\text{in}} = e \left(\frac{r}{a}\right)^3$$

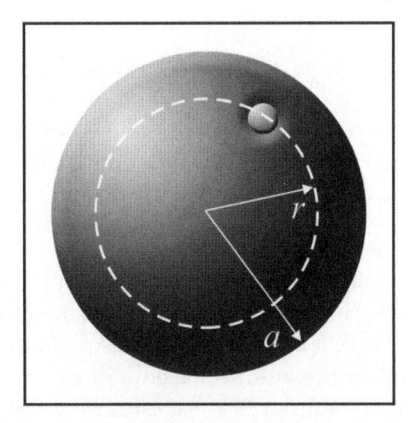

Figura 11.2: Modelo de Thomson para um átomo com um elétron, sem guardar as devidas proporções entre os raios clássicos do elétron e do átomo.

Segundo a lei de Gauss, e considerando a simetria esférica do problema, segue-se que o campo elétrico radial a uma distância r do centro é o mesmo daquele criado por uma partícula com carga q_{in} localizada no centro da esfera,

$$\int_S E\, dS = 4\pi q_{\text{in}} \quad \Longrightarrow \quad E\left(4\pi r^2\right) = 4\pi\, e \left(\frac{r}{a}\right)^3 \quad \Longrightarrow \quad E = \frac{e}{a^3} r$$

Assim, a força que atua sobre o elétron, a essa distância r, é uma força do tipo elástica, expressa por

$$\vec{F} = -\frac{e^2}{a^3}\, \vec{r} \tag{11.2}$$

na qual $\vec{r}$ é a posição do elétron com relação ao centro da esfera positiva de raio a.

A característica mais geral do movimento resultante desse tipo de força é a *periodicidade*. Dependendo da relação entre a velocidade e a posição inicial da partícula, o movimento pode se degenerar em uma oscilação linear ou em um movimento circular uniforme.

De acordo com a 2ª lei de Newton, a equação de movimento de uma partícula de massa m, sujeita à força de Thomson, é expressa por

$$\frac{d^2\vec{r}}{dt^2} + \left(\frac{e^2}{ma^3}\right) \vec{r} = 0$$

cuja solução geral é dada por

$$\vec{r} = \vec{r}_o \cos\omega t + \frac{\vec{v}_o}{\omega}\operatorname{sen}\omega t \quad \Longrightarrow \quad \vec{v} = \vec{v}_o \cos\omega t - \omega\vec{r}_o\, \operatorname{sen}\omega t$$

sendo $\vec{r}_o$ e $\vec{v}_o$, respectivamente, a posição e a velocidade iniciais do elétron, e $\omega = \sqrt{e^2/(ma^3)}$.

Assim, independentemente das condições iniciais, a partícula executa um movimento plano periódico de frequência ν igual a

$$\nu = \frac{\omega}{2\pi} = \frac{1}{2\pi}\sqrt{\frac{e^2}{ma^3}} \tag{11.3}$$

Segundo o modelo de Thomson, essa seria a frequência da radiação emitida por um átomo hipotético composto apenas de um elétron.[3]

Substituindo na equação (11.3) os valores da carga e $(1,67 \times 10^{-19}$ C) e da massa m $(9,11 \times 10^{-31}$ kg) do elétron, para uma frequência $(\nu \approx 10^{15}$ Hz) típica da luz emitida por um gás, obtém-se, para o raio atômico (a),

$$a \simeq 10^{-8} \text{ cm} = 1 \text{ Å}$$

um valor da mesma ordem de grandeza daquele obtido pela Teoria Cinética dos Gases.

Para verificar se essa quantidade representa bem as dimensões da região onde estão distribuídas as cargas positivas nos átomos, Hans Geiger e Ernest Marsden, estimulados pelos trabalhos e pelas ideias de Rutherford, realizaram experimentos de bombardeamento dos átomos de um alvo por partículas α. O esquema do aparato utilizado (Figura 11.3) foi publicado no artigo deles de 1913 (Seção 11.4).

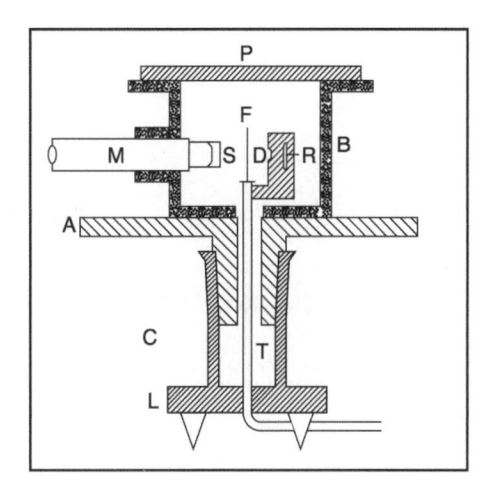

Figura 11.3: Esquema do aparato utilizado na experiência de Geiger e Marsden.

Apesar de estimar a ordem de grandeza das frequências de emissão da luz por um átomo, o modelo de Thomson implicava a perda de energia por radiação, que levaria o sistema a um colapso, ou seja, o átomo de Thomson seria instável.

Como visto na Seção 5.6.7, de acordo com a fórmula de Larmor, a potência média (P) irradiada por uma partícula com carga e, em um período T, é proporcional ao valor médio quadrático da sua aceleração a,

$$P = \frac{2e^2}{3c^3} \langle a^2 \rangle = \left\langle \frac{d\epsilon}{dt} \right\rangle$$

Assim, segundo o modelo de Thomson, para um átomo com um elétron, na qual a aceleração é dada por

$$\vec{a} = -(\omega^2 \vec{r}_0 \cos \omega t + \omega \vec{v}_0 \operatorname{sen} \omega t) \quad \Longrightarrow \quad \langle a^2 \rangle = \frac{\omega^2}{2}(\omega^2 r_0^2 + v_0^2)$$

a perda de energia média $(\langle d\epsilon/dt \rangle = -P)$ do átomo seria igual a

$$\left\langle \frac{d\epsilon}{dt} \right\rangle = -\frac{2e^2}{3c^3}\frac{\omega^2}{2}(\omega^2 r_0^2 + v_0^2)$$

Admitindo-se que a perda de energia é lenta comparada com o período $(T \sim 10^{-15}$ s) do movimento do elétron, a energia média do átomo em cada ciclo pode ser escrita como

$$\langle \epsilon \rangle = \frac{1}{2}m\langle v^2 \rangle + \frac{1}{2}m\omega^2 \langle r^2 \rangle$$

---

[3] Para Thomson (Seção 11.1.3.2), mesmo o átomo de hidrogênio possuiria não apenas um, mas milhares de elétrons, que originariam as diversas linhas espectrais.

ou seja,

$$\langle \epsilon \rangle = \frac{1}{2}m\left[\frac{1}{2}(\omega^2 r_0^2 + v_0^2) + \frac{1}{2}(\omega^2 r_0^2 + v_0^2)\right] = \frac{1}{2}m(\omega^2 r_0^2 + v_0^2)$$

Desse modo,

$$\frac{d\epsilon}{dt} = -\left(\frac{2e^2\omega^2}{3mc^3}\right)\langle \epsilon \rangle = -\frac{\langle \epsilon \rangle}{\tau}$$

e, portanto, a energia média por ciclo decairia exponencialmente segundo a fórmula

$$\langle \epsilon \rangle = \epsilon_o\, e^{-t/\tau} \tag{11.4}$$

sendo $\tau = \dfrac{3mc^3}{2e^2\omega^2}$ a vida-média do átomo.[4]

Apesar do movimento fracamente amortecido ($\omega\tau \gg 1$), considerando a frequência típica da luz ($\nu \simeq 10^{14}$ Hz), a vida-média de um átomo, de acordo com o modelo de Thomson, seria da ordem de

$$\tau \simeq 10^{-8}\,\text{s}$$

Nesse caso, ao se levar em conta a perda de energia por radiação, a solução geral para o movimento de um elétron deve ser escrita como

$$\vec{r} = e^{-t/2\tau}\left(\vec{r}_0 \cos\omega t + \frac{\vec{v}_0}{\omega}\text{sen}\,\omega t\right)$$

Introduzindo-se um sistema de coordenadas oblíquo (ξ, ζ), cujos eixos são paralelos a $\vec{r}_0$ e $\vec{v}_0$, as coordenadas do elétron são dadas por

$$\begin{cases} \xi = r_0 e^{-t/2\tau}\cos\omega t \\[2ex] \zeta = \dfrac{v_0}{\omega}e^{-t/2\tau}\text{sen}\,\omega t \end{cases}$$

e a equação da trajetória, por

$$\left(\frac{\xi}{r_0}\right)^2 + \left(\frac{\zeta}{v_0/\omega}\right)^2 = e^{-t/\tau}$$

A representação gráfica dessa trajetória no sistema de coordenadas (ξ, ζ) é uma espiral elíptica (Figura 11.4), que mostra a instabilidade de um átomo com um elétron, devido à radiação eletromagnética, segundo o modelo de Thomson.

Essa questão já havia sido levantada por Larmor logo após Thomson ter medido a razão e/m do elétron. Segundo Larmor, para um sistema com vários elétrons, se a média da soma de suas acelerações em uma determinada órbita fosse constantemente nula, não haveria ou haveria muito pouca perda por radiação e, portanto, o movimento de vários elétrons em uma órbita poderia ser estável. Por outro lado, se o sistema não irradiasse, não haveria linhas espectrais. Como contornar esse paradoxo? Esse paradoxo será novamente abordado na Seção 11.4, na qual se discute o modelo de Rutherford.

11.1.3.2 A estabilidade atômica

Apesar de saber, a partir de uma abordagem inicial simplificada, que um sistema de partículas carregadas circulando em anéis concêntricos perderia energia por emissão de radiação eletromagnética e,

---

[4] A *vida-média* do estado de um sistema caracterizado por uma grandeza física que tem uma lei de decaimento exponencial é o intervalo de tempo em que o valor da grandeza decai a $1/e$ de seu valor inicial (Seção 9.3.3).

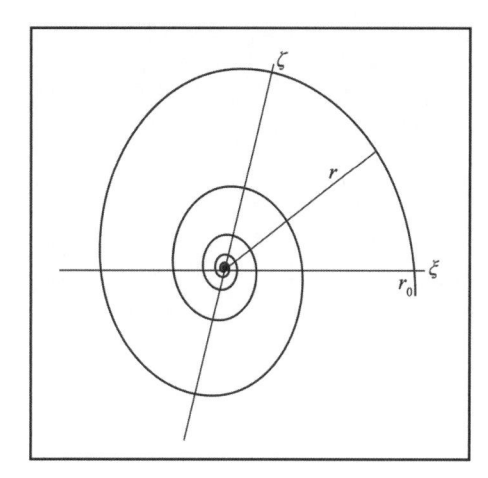

Figura 11.4: Trajetória espiral que um elétron descreveria no interior de uma distribuição homogênea de cargas positivas.

portanto, levaria ao colapso do sistema, Thomson discute a estabilidade de seu modelo sem levar em conta o problema da radiação, considerando a estabilidade do equilíbrio apenas do ponto de vista mecânico.

Ao pensar no problema da distribuição eletrônica no interior do átomo, Thomson inspirou-se nos resultados do experimento de Alfred Marshall Mayer, de 1878, cujo esquema é mostrado na Figura 11.5.

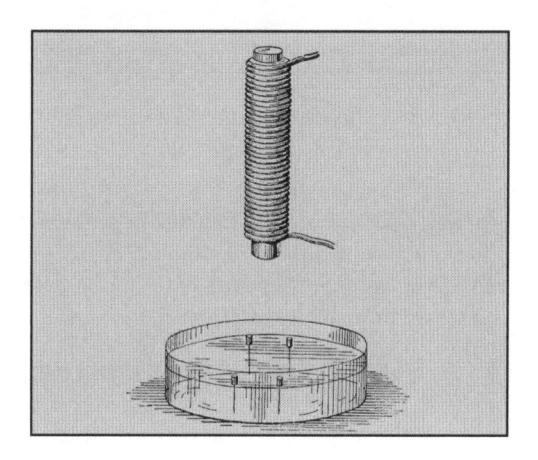

Figura 11.5: Esquema da experiência de Mayer.

A ideia desse experimento é muito simples: mostrar como pequenos polos magnéticos se arranjam na presença de um campo magnético intenso. Para isso, pequenas agulhas imantadas são presas a pequenas cortiças que flutuam em uma cuba com água. Ao interagirem com um campo magnético elas se movem até alcançarem uma configuração de equilíbrio. A Figura 11.6 mostra as distribuições de equilíbrio para configurações de 2 até 12 agulhas.

A analogia que Thomson fez é evidente: as cargas elétricas estão para os polos magnéticos, assim como o campo elétrico, devido à distribuição positiva de cargas, desempenha um papel análogo ao do campo magnético no experimento de Mayer. Esse resultado serviu de orientação para Thomson propor como os elétrons se arranjariam no interior do átomo. As configurações até 12 elétrons estão representadas na Figura 11.7. Embora a analogia e o modelo sejam muito ingênuos, Thomson acreditava que os padrões de configuração de Mayer pudessem levar a uma compreensão das propriedades dos elementos químicos da Tabela Periódica, que se repetiam a intervalos regulares (Seção 2.5.5). Por exemplo, subgrupos de apenas dois elétrons só seriam encontrados em átomos com 2, 8 ou 9 elétrons e depois só reapareceriam quando o número de elétrons fosse 19 ou 20. De qualquer forma, essa foi a primeira tentativa de se descrever a distribuição espacial dos constituintes eletricamente carregados da matéria (Seção 11.1.3.4).

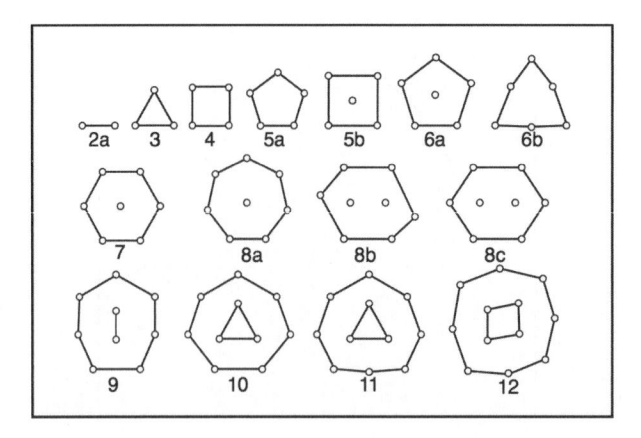

Figura 11.6: Algumas configurações de equilíbrio das agulhas de Mayer.

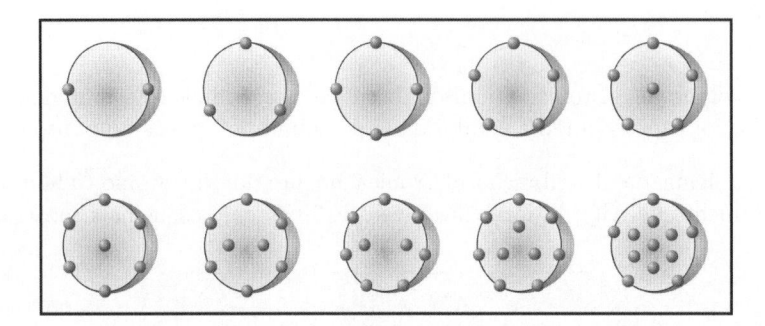

Figura 11.7: Representação esquemática da distribuição de elétrons no átomo de Thomson contendo de 2 até 12 elétrons.

Em 1904, Thomson acreditava que o átomo de hidrogênio possuía milhares de elétrons. Entretanto, dois anos mais tarde, ele muda de ideia e afirma que *o número de corpúsculos em um átomo (...) é da mesma ordem que o peso atômico da substância*. Lembre-se de que o próprio Thomson havia sugerido a Barkla, ainda em 1904, que medisse esse número a partir de técnicas de raios X, o que foi finalmente feito com sucesso em 1911 (Seção 8.2.3).

Para um átomo com muitos elétrons, a distribuição de cargas positivas, de valor Ze, em uma região esférica de raio a, exerce uma força sobre cada um dos elétrons de um anel de raio r, dada por

$$F = Ze^2 \frac{r}{a^3}$$

Se os elétrons estão em repouso, essa força de atração deve ser equilibrada pela resultante das forças de todos os demais elétrons sobre esse elétron.

Considerando as grandezas definidas na Figura 11.8, decorre que a projeção radial da força de repulsão entre dois elétrons seja

$$F_r = F_{ee} \cos \alpha = F_{ee} \cos \left(\frac{\pi}{2} - \frac{\theta}{2} \right) = F_{ee} \, \text{sen} \, \frac{\theta}{2}$$

em que a força coulombiana entre os dois elétrons é dada por

$$F_{ee} = \frac{e^2}{4r^2 \text{sen}^2 \frac{\theta}{2}} \qquad \Longrightarrow \qquad F_r = \frac{e^2}{4r^2 \text{sen} \frac{\theta}{2}}$$

Se o espaçamento angular entre os elétrons de um anel é constante, $\theta = 2\pi/n$, a força total de repulsão

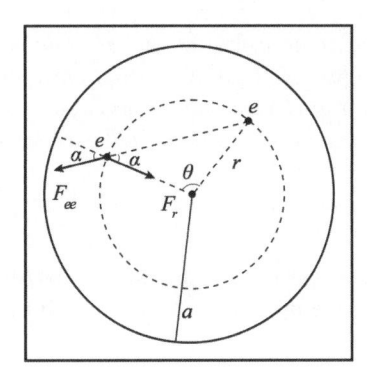

Figura 11.8: Esquema ilustrativo da distribuição de 2 elétrons no modelo de Thomson, indicando o diagrama de forças.

devido à distribuição de cargas negativas, F_R, é dada por

$$F_R = \frac{e^2}{4r^2}\left[\operatorname{cosec}\frac{\pi}{n} + \operatorname{cosec}\frac{2\pi}{n} + \ldots + \operatorname{cosec}\frac{(n-1)\pi}{n}\right] \equiv \frac{e^2}{4r^2}S_n$$

Impondo-se a condição de equilíbrio $(F = F_R)$, obtém-se

$$\frac{Ze^2 r_{eq}}{a^3} = \frac{e^2}{4r^2_{eq}}S_n \qquad \Longrightarrow \qquad \frac{r^3_{eq}}{a^3} = \frac{S_n}{4Z} \tag{11.5}$$

No caso particular em que todos os elétrons estão em um único anel, a equação anterior pode ser escrita como

$$\frac{r}{a} = \left(\frac{S_n}{4n}\right)^{1/3} \tag{11.6}$$

Para dois elétrons em um único anel $(n = 2 \Longrightarrow r = a/2)$, esse anel encontra-se exatamente no meio da distribuição positiva de cargas. O raio do anel aproxima-se do raio do átomo quando n cresce.

No entanto, o equilíbrio desse sistema de distribuição de cargas elétricas é instável, pois, considerando a força total (F_T) para um valor de r qualquer,

$$F_T = \frac{e^2 S_n}{4r^2} - \frac{Ze^2 r}{a^3}$$

a sua derivada em relação à variável r,

$$\frac{dF_T}{dr} = \left[-\frac{e^2 S_n}{2r^3} - \frac{Ze^2}{a^3}\right]$$

mostra que o ponto de equilíbrio,

$$r_{eq} = a\left(\frac{S_n}{4Z}\right)^{1/3}$$

não é estável,

$$\left.\frac{dF_T}{dr}\right|_{r_{eq}} = -\frac{3Ze^2}{a^3} < 0$$

Esse resultado levou Thomson a considerar a situação em que a distribuição de elétrons não é estática. Admitindo que os elétrons estavam em movimento, analisou o problema da estabilidade mecânica das órbitas de forma sistemática até $n = 8$ (Figura 11.7). Sua conclusão pode ser resumida com suas próprias palavras:

Temos assim, em primeiro lugar, uma esfera de eletricidade positiva uniforme e, dentro dessa esfera, um número de corpúsculos [elétrons] dispostos em uma série de anéis paralelos, com o número de corpúsculos em um anel variando de anel para anel: cada corpúsculo se move a alta velocidade sobre a circunferência do anel no qual está situado e os anéis são dispostos de modo que aqueles que contêm um grande número de corpúsculos estão próximos à superfície da esfera, enquanto aqueles em que há um número menor de corpúsculos estão mais no interior.

De qualquer forma, não é demais repetir, a simetria da distribuição dos elétrons, por si só, deixa evidente que a imagem frequentemente empregada de um "pudim de ameixas" para descrever o modelo de Thomson é inadequada.

11.1.3.3   As linhas espectrais

Se os átomos de um gás de hidrogênio tivessem apenas um elétron, só haveria emissão de luz de uma única frequência, dada pela equação (11.3). Como explicar, então, as diversas linhas do espectro de hidrogênio, por exemplo, descrito pela fórmula de Balmer?

Antes de responder à pergunta, cabe recordar que a espectroscopia não fazia parte dos principais interesses de Thomson naquela época, os quais estavam muito mais voltados para o problema da regularidade da Tabela Periódica de Mendeleiev (Seções 2.5.5 e 11.1.3.4).

Voltando à pergunta, pode-se afirmar qualitativamente que essa variedade de linhas espectrais ocorreria porque, para Thomson, o átomo de hidrogênio seria constituído de milhares de elétrons, de tal modo que a interação coulombiana entre eles seria responsável pelo aparecimento de oscilações próprias de diversas frequências. Na verdade, isso é apenas uma descrição qualitativa do que pode acontecer. Entretanto, Thomson não tentou calcular as frequências das raias espectrais a partir de seu modelo. Quem tentou fazê-lo foi Rayleigh, em 1906, estendendo o número de elétrons no modelo de Thomson para infinito e considerando a distribuição de cargas negativas como um fluido, encontrando soluções oscilatórias cujas frequências ν dependeriam de números inteiros n de acordo com a expressão

$$\nu \propto 1 - \frac{1}{2n}$$

Desse modo, a partir do modelo de Thomson, obtêm-se resultados que *não* estão de acordo com a fórmula de Balmer, na qual a frequência depende inversamente do quadrado de um número inteiro (Seção 7.2.1).

11.1.3.4   Os anéis de elétrons e a Tabela Periódica

Viu-se que Thomson considera o átomo uma distribuição esférica uniforme de cargas positivas, em cujo interior os elétrons se distribuem em uma série de anéis paralelos, nos quais se movem a altas velocidades. O número de corpúsculos varia de anel para anel, os quais são arranjados de modo que o anel que contém o maior número de elétrons é o mais externo (mais próximo à superfície da esfera), enquanto o que contém o menor número de corpúsculos é o mais interno.

Na prática, a distribuição eletrônica de Thomson é ditada por um ideal de simplicidade. De fato, ele vai buscar determinar as configurações que correspondem ao número mínimo de anéis capaz de acomodar, cada um, o maior número de elétrons possível que possa estar em equilíbrio com os demais elétrons internos.

Na Tabela 11.1 mostra-se a distribuição de corpúsculos por anéis considerando um número total de partículas variando de 5 a 60 em intervalos de cinco.

A Tabela 11.2 apresenta as possíveis configurações com número de corpúsculos entre 59 e 67, todas contendo 20 corpúsculos no anel mais externo.

Tabela 11.1: Distribuição de corpúsculos em anéis segundo Thomson

Número de corpúsculos	60	55	50	45	40	35
Número de corpúsculos em anéis sucessivos	20 16 13 8 3	19 16 12 7 1	18 15 11 5 1	17 14 10 4	16 13 8 3	16 12 6 1
Número de corpúsculos	30	25	20	15	10	5
Número de corpúsculos em anéis sucessivos	15 10 5	13 9 3	12 7 1	10 5	8 2	5

Tabela 11.2: Distribuição de corpúsculos em anéis segundo Thomson, para um total de corpúsculos variando de 59 a 67

Número de corpúsculos	59	60	61	62	63	64	65	66	67
Número de corpúsculos em anéis sucessivos	20 16 13 8 2	20 16 13 8 3	20 16 13 9 3	20 17 13 9 3	20 17 13 10 3	20 17 13 10 4	20 17 14 10 4	20 17 14 10 5	20 17 15 10 5

Considere o caso de um átomo de 59 corpúsculos, em cujo interior o número de corpúsculos é o mínimo para garantir a estabilidade mecânica. Este é um típico exemplo de uma situação em que seria relativamente fácil se arrancar um corpúsculo do último anel por meio de forças externas. Nesse caso, o átomo facilmente perderia um elétron mais externo, tornando-se um íon positivo. Um átomo deste tipo se comportaria como o átomo de um elemento fortemente eletropositivo. A adição sucessiva de mais elétrons nas camadas mais internas, variando o número total de 60 a 67 (Tabela 11.2), vai tornando o sistema mais estável, ficando cada vez mais difícil extrair um elétron do anel externo até se alcançar a situação de máxima estabilidade no caso de 67 corpúsculos. Já a situação com um total de 68 corpúsculos seria análoga à de 59. Desta forma qualitativa Thomson sugeria uma explicação para a eletronegatividade dos elementos químicos. Em suas próprias palavras,

> se considerarmos a série de arranjos de corpúsculos na qual um anel mais externo contém um número constante de corpúsculos, temos, no começo e no fim, sistemas que se comportam como átomos de um elemento incapazes de reter uma carga de eletricidade positiva ou negativa; então (procedendo no sentido de aumentar o número de corpúsculos) temos primeiro um sistema que se comporta como o átomo de um elemento eletropositivo monovalente, a seguir um que se comporta como o átomo de um elemento eletropositivo bivalente, enquanto, no outro extremo da série, temos um sistema que se comporta como o átomo de valência zero; imediatamente antes deste, um que se comporta como o átomo de um elemento eletronegativo monovalente (...). Esta sequência de propriedades é muito parecida com a observada no caso dos átomos dos elementos. Então temos a série de elementos:
>
> He Li Be B C N O F Ne
> Ne Na Mg Al Si P S Cl Ar
>
> O primeiro e o último elementos em cada uma destas séries têm valência zero, o segundo é um elemento eletropositivo monovalente, o penúltimo é um elemento eletronegativo monovalente (...) e assim por diante.

Thomson vai além e prevê também a possibilidade de explicar outras características comuns dos elementos químicos, comentando assim a presença de regularidades nas configurações dos anéis de seu modelo:

> *Podemos (...) dividir os vários grupos de átomos em série, cada um membro de uma série derivada do membro precedente (isto é, do membro de peso atômico imediatamente inferior) com o acréscimo de um ulterior anel de elétrons (...). Quando o átomo do p-ésimo membro é formado a partir do $(p-1)$-ésimo pela adição de um único anel de corpúsculos, estes átomos pertencem ambos a elementos que se encontram no ordenamento dos elementos segundo a lei periódica no mesmo grupo, ou seja, formam uma série que, se ordenada segundo a Tabela de Mendeleiev, deveria encontrar-se toda em uma mesma coluna vertical.*

Essa foi a primeira tentativa de se explicarem as regularidades da Tabela Periódica em termos do número e da distribuição dos elétrons nos átomos, ainda que de forma vaga e, sobretudo, baseada na hipótese equivocada de que os átomos eram compostos de milhares de elétrons.

Uma vez compreendido que o número de elétrons no átomo é dado pelo *número atômico Z* (Seção 12.1.8), ainda foi preciso aguardar a substituição do conceito de *órbita clássica* pelo conceito de *orbital*, introduzido pela Mecânica Quântica e, posteriormente, a descoberta do *spin* do elétron, para se chegar a uma verdadeira compreensão da distribuição eletrônica nos átomos.

Concluindo seu artigo de 1904, Thomson tenta ainda encontrar uma justificativa para a radioatividade no âmbito de seu modelo, levando em conta sua característica de que as condições de equilíbrio para os anéis eletrônicos dependiam de uma velocidade angular crítica. Se, por um lado, velocidades superiores à crítica faziam com que os elétrons emitissem luz, por outro a diminuição progressiva da velocidade orbital dos elétrons nos anéis poderia levar a um outro valor crítico para o qual, segundo Thomson, se verificaria uma *explosão*. Neste sentido, ele conjectura que *podemos ter, como acontece no rádio, que uma parte do átomo seja lançada para fora. Como consequência da lentíssima dissipação de energia por radiação, a vida do átomo deveria ser muito longa.*

11.1.3.5 O espalhamento de partículas α por um átomo

Outro fato que deveria ser explicado pelo modelo de Thomson é o espalhamento de um feixe de partículas α ao incidir sobre uma lâmina delgada metálica.

A Figura 11.9 mostra um esquema da partícula α atravessando o átomo de hidrogênio de Thomson. A deflexão de uma partícula α pode ser calculada pela lei de Coulomb e pelas leis de Mecânica Clássica, uma vez que a velocidade (v_α) da partícula é tal que $v_\alpha/c \sim 1/20$.

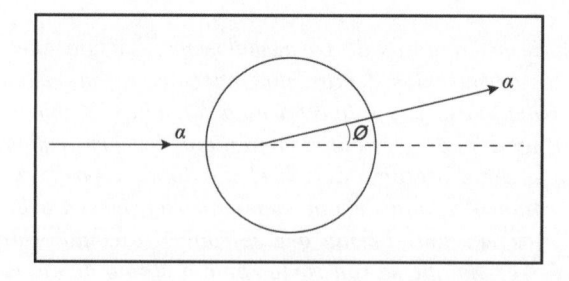

Figura 11.9: Esquema do espalhamento de uma partícula α, de acordo com o modelo de Thomson.

À primeira vista, pode parecer que o elétron atômico seria capaz de produzir uma grande deflexão na partícula α, uma vez que $F \to \infty$ quando $r \to 0$. Existem, porém, outros vínculos. As leis de conservação de energia e de *momentum* impõem que, para uma colisão de um corpo massivo, que se move inicialmente com velocidade de módulo v_o, com um corpo de pequena massa, a velocidade que a partícula pode adquirir depois do choque não pode exceder $2v_o$.

Considerando que a massa (M) da partícula α que se move inicialmente com velocidade v_o é muito maior que a massa (m) do elétron, pode-se considerá-lo inicialmente em repouso. Sendo $\vec{v}_\alpha$ e $\vec{v}_e$ as velocidades finais da partícula α e do elétron, respectivamente, pela conservação de *momentum* tem-se

$$M\vec{v}_o = M\vec{v}_\alpha + m\vec{v}_e \tag{11.7}$$

e, pela conservação de energia,

$$\frac{1}{2}\,Mv_o^2 = \frac{1}{2}\,Mv_\alpha^2 + \frac{1}{2}\,mv_e^2 \tag{11.8}$$

Assim, para $m \ll M$, resulta

$$v_e = 2v_o\cos\theta \qquad \Longrightarrow \qquad v_e \leq 2v_o$$

em que θ é o ângulo entre a direção da partícula α incidente e a direção de recuo do elétron.

Consequentemente, o máximo *momentum* que pode ser transferido para o elétron nessa colisão é dado por $2mv_o$, e esse valor deve ser igual ao máximo *momentum* perdido (Δp_α) pela partícula α durante a colisão,

$$\Delta p_\alpha = 2mv_o$$

Desse modo,

$$\Delta p_\alpha << p_\alpha = Mv_o \qquad \Longrightarrow \qquad \phi_{\max} = \frac{\Delta p_\alpha}{p_\alpha} = \frac{2m}{M} \sim 10^{-4}\ \text{rad} \tag{11.9}$$

sendo $\phi_{\max}$ o ângulo máximo de desvio da partícula α pelo elétron.

Essa é a predição do modelo de Thomson para o espalhamento devido a apenas um elétron. Porém o ângulo de espalhamento devido a vários elétrons é da mesma ordem de grandeza, pois, devido à velocidade da partícula α e às dimensões do átomo, é muito pequena a probabilidade de haver mais de duas colisões entre a partícula α e elétrons de um mesmo átomo.

Além do elétron, a partícula α é desviada também pelas forças coulombianas de interação entre ela e a distribuição de cargas positivas do átomo.

De acordo com a lei de Coulomb, a força exercida por um elemento de volume do átomo, contendo uma carga positiva dq, distando r da partícula α, em um dado instante, é dada por

$$dF = 2e\,\frac{dq}{r^2} \tag{11.10}$$

sendo $2e$ a carga da partícula α.

A força de interação entre a partícula α e toda a distribuição positiva é obtida a partir da integração

$$F = 2e\int\frac{dq}{r^2}$$

Entretanto, para se determinar a ordem de grandeza do desvio, pode-se considerar o raio do átomo (a) a distância na qual a força de interação tem um valor significativo, e utilizar como limite superior para a força de repulsão coulombiana,

$$F_{\max} \sim 2e\frac{q}{a^2}$$

em que $q = Ze$ é a carga positiva total de um átomo hidrogenoide.

Desse modo, a máxima variação do *momentum* (Δp_α) da partícula α durante a passagem por um átomo é dada por

$$\Delta p_\alpha = F_{\max}\Delta t$$

na qual $\Delta t = a/v_\alpha$ é o tempo médio que uma partícula leva para atravessar um átomo.

Logo, o ângulo de desvio máximo $(\phi_{\max})$ da partícula α pela distribuição de cargas positivas do átomo é dado por

$$\phi_{\max} = \frac{\Delta p_\alpha}{p_\alpha} = \frac{2Ze^2}{Mav_\alpha^2} \tag{11.11}$$

cujo valor, para átomos pesados ($Z \simeq 100$), é $\phi_{max} \sim 10^{-4}$ rad.

Assim, as cargas positivas também produzem apenas pequenas deflexões. Como elas estão distribuídas uniformemente, as partículas α nunca interagem com uma porção de cargas positivas suficiente para provocar grande deflexões. Para átomos mais leves ($Z < 100$), os desvios serão ainda menores.

Até agora obteve-se o ângulo de espalhamento produzido por um único átomo; para uma comparação com dados experimentais, é necessário saber o que o modelo prevê para o caso real em que o feixe de partículas α incide sobre uma folha delgada de metal. Thomson fez esse cálculo em 1910, encontrando um resultado incompatível com as observações de Geiger e Marsden.

11.2   O átomo de Nagaoka

Cada átomo deve consistir (...) em um ou mais sóis positivos (...) e pequenos planetas negativos.

Jean Perrin

11.2.1   As hipóteses de Nagaoka

O objetivo do físico japonês Hantaro Nagaoka, em 1904, era propor um modelo que explicasse as regularidades das linhas espectrais e, paralelamente, desse conta da emissão radioativa de partículas β por elementos pesados.[5]

O modelo consiste em um sistema com um grande número de elétrons distribuídos em um anel circular e com intervalos angulares iguais, os quais se repelem de acordo com a lei de Coulomb. No centro do anel encontra-se uma partícula com massa e carga positiva, ambas respectivamente muito maiores que a massa e a carga (em módulo) do elétron, que os atrai, sendo nula a carga elétrica total. Tal sistema é conhecido também como "sistema saturniano", que difere do considerado por Maxwell ao estudar os anéis de Saturno, pelo fato de conter elétrons que se repelem, em vez de satélites que se atraem.

Os elétrons executariam pequenas oscilações que poderiam ser radiais ou perpendiculares ao plano da órbita, o que provocaria alterações nas posições dos elétrons no anel, isto é, existiriam regiões com diferentes densidades de elétrons. Esse foi o mecanismo proposto por Nagaoka para explicar as linhas espectrais.

Nessa época já se sabia, da espectroscopia, que a maioria dos elementos poderia ter mais de uma série espectral e, nesse caso, o átomo teria tantos anéis quanto o número de séries, se os espectros dos elementos fossem realmente devidos ao movimento dos elétrons nas órbitas circulares, que poderiam estar ou não em um mesmo plano. No caso de átomos com mais de um anel, dois anéis vizinhos interagindo começariam a oscilar e poderia ocorrer uma ressonância devido às oscilações dos outros átomos, resultando na quebra do anel. Isso pode ter levado Nagaoka a concluir que um elemento só pode emitir partículas β caso possua mais de uma série espectral. Entretanto, sabe-se hoje que o processo de emissão-β é um processo nuclear que não tem nenhuma relação com as séries espectrais.

Também os afastamentos das linhas eram atribuídos à pequena influência da amplitude de oscilação de um anel sobre o período de oscilação de anéis vizinhos, o que poderia causar flutuações nas linhas espectrais.

---

[5] Sabe-se hoje que essas partículas são *elétrons* emitidos pelos núcleos, provenientes de decaimentos fracos.

11.2.2 Os problemas do modelo de Nagaoka

Sobre os problemas desse modelo, destacam-se os seguintes. Em nenhum ponto de seu artigo Nagaoka menciona o número de elétrons contido em cada anel. Assim, o átomo de hidrogênio poderia ter vários elétrons em um anel, como no modelo de Thomson. No entanto, já se sabe que o átomo de hidrogênio possui apenas um elétron.

Quanto à emissão de radiação β por um átomo, pode-se dizer que, ao se quebrar um anel desses, haveria emissão de um grande número de elétrons, o que era, de fato, verificado experimentalmente. No entanto, a natureza dessa observação decorria da grande quantidade de átomos contida na amostra estudada, o que, obviamente, não implica que cada átomo tenha um grande número de elétrons.

A terceira restrição ao modelo está também em sua instabilidade. O próprio Nagaoka mostra ter consciência desse problema ao escrever que

> (...) a objeção a tal modelo de elétrons é que o sistema deve finalmente tender ao repouso, em consequência de perda de energia por radiação, se a perda não for convenientemente compensada.

11.3 Um exemplo do método da observação indireta

> A Ciência pode impor limites ao conhecimento, mas não deve impor limites à imaginação.
>
> Bertrand Russell

Como observar os átomos ou outra entidade cujo tamanho seja da ordem ou menor que 10^{-8} cm, como é conhecido atualmente, já que um microscópio ordinário tem um poder de resolução aproximadamente da ordem de 10^{-4} cm? Essa pergunta se assemelha a uma outra mais ligada à vida cotidiana: "Como medir a espessura de uma folha de papel se só se dispõe de uma régua milimetrada como instrumento de medida?" (Figura 11.10). Tais perguntas sugerem um método de *observação indireta*. A última pergunta é facilmente respondida medindo-se a espessura de uma quantidade razoável de folhas e dividindo-se o resultado pelo número total de folhas, obtendo-se, assim, o valor médio da espessura individual, ainda que sem o instrumento adequado, com precisão razoável.

Figura 11.10: Tirinha abordando a questão da medida sem o instrumento apropriado.

E quanto aos átomos? A resposta a essa questão foi dada por Rutherford e colaboradores por meio de experiências nas quais um feixe de partículas (*sondas*) incidia sobre uma lâmina metálica (*alvo*), permitindo, assim, a obtenção de informações sobre a constituição atômica da matéria a partir de medições de grandezas associadas às partículas do feixe emergente (Figura 11.11). Esse procedimento é, na verdade, utilizado até hoje e, de certa forma, mostra as limitações nas observações diretas feitas pelo homem. Para se observar regiões cada vez menores do microcosmo, é preciso que a energia da sonda seja cada vez maior, o que levou ao abandono das fontes radioativas para gerar os feixes e à construção de máquinas cada vez maiores para acelerar partículas a fim de se obter feixes – usados como sonda – cada vez mais energéticos.

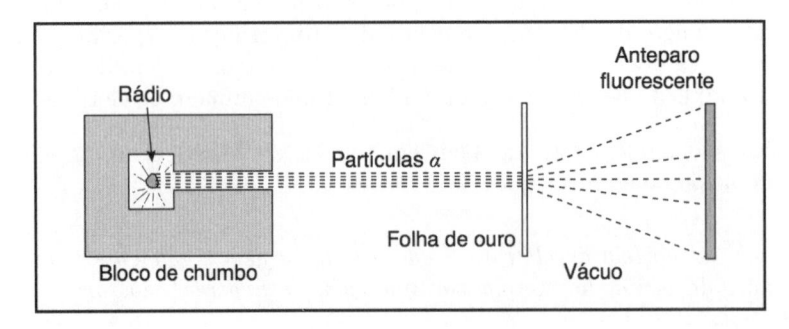

Figura 11.11: Esquema do experimento de Rutherford.

Um exemplo muito interessante que permite obter resultados quantitativos pelo método de observação indireta foi desenvolvido pelo grupo do "Laboratório Circulante" da UFRJ,[6] que será descrito a seguir, com algumas alterações, para torná-lo um pouco mais próximo do procedimento de Rutherford.

Imagine um tabuleiro de madeira, em forma de paralelepípedo, o qual só não possui duas faces laterais opostas (Figura 11.12). No seu interior, coloca-se um pequeno número conhecido de bolas de gude presas segundo o esquema da Figura 11.13. Este esquema permite que a posição relativa das bolas varie. O sistema é entregue a alguém que desconhece o que tem dentro, e lhe é solicitado que diga qual o raio médio dos corpos que existem dentro da *caixa-preta*.

Após refletir um pouco, a pessoa tem a seguinte ideia. Ela constrói uma rampa (um plano inclinado) cuja largura ℓ é igual à largura da face que falta na caixa, dividida em 12 raias iguais, que será utilizada para lançar uma outra bola de gude.

Assim, ela monta a sua experiência como mostra a Figura 11.12. Com o auxílio de um dado de 12 faces, para garantir a aleatoriedade dos lançamentos, o observador poderá então *ouvir* o barulho das colisões, que é uma forma de observação indireta, pois não está *vendo* os constituintes da caixa.

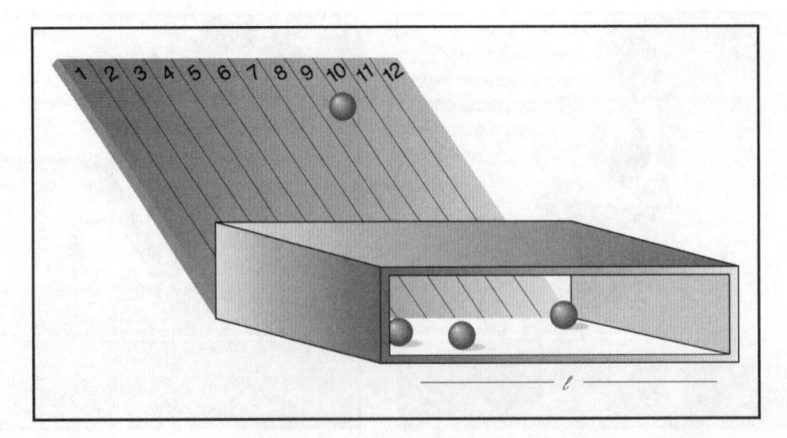

Figura 11.12: Esquema ilustrativo de um experimento simples de colisão entre bolinhas de gude capaz de permitir uma fácil compreensão das ideias envolvidas no experimento de Rutherford.

---

[6] Tomou-se conhecimento dessa experiência na reunião anual da SBPC de 1980. Ela fazia parte do Laboratório Circulante (UFRJ) sob a responsabilidade de Susana de Souza Barros e Rui Pereira. O título do trabalho citado é: "Determinação das dimensões de um objeto utilizando probabilidades de colisão".

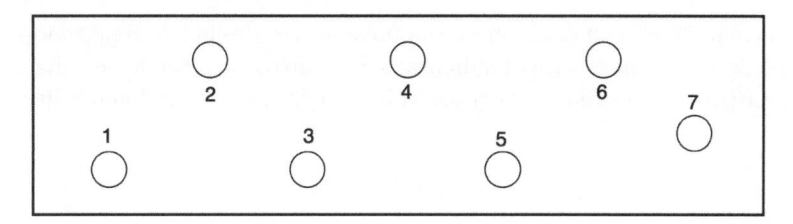

Figura 11.13: Esquema das possíveis posições das bolinhas-alvo.

Nesse caso, cada bola apresenta uma seção de choque geométrica para a bola incidente, igual à área efetiva. O observador pode definir a probabilidade de choque p como sendo a razão entre o número de choques (f) que ele conta e o número (n) de lançamentos efetuados, que deve ser pelo menos da ordem de 100.

Qual deve ser a dependência dessa função de probabilidade?

Em primeiro lugar, é intuitivo que ela deve depender da densidade dos alvos. Para um tamanho fixo da caixa, quanto maior for o número N de alvos, maior será a probabilidade de choque, e, portanto, p deve ser diretamente proporcional a N. Supondo agora que este número N seja fixo, a probabilidade p vai depender do inverso da largura ℓ, isto é, quanto maior a extensão do tabuleiro, e consequentemente ℓ, menor será a densidade de alvos, e, logo, p diminui. Pode-se ver ainda que p deve depender também do raio r da seção transversal do alvo. Isso é visto melhor da seguinte maneira. Para que haja choque, é preciso que a distância entre a bola incidente e a bola-alvo seja menor que uma certa distância crítica D que será determinada a seguir.

Sejam r_a o raio da bola-alvo e r_b o raio da bola incidente. A probabilidade de b passar à esquerda ou à direita de a deve ser igual. Logo vê-se, pela Figura 11.14, que o centro da partícula incidente deve passar a uma distância menor ou igual a $D/2$ do centro do alvo, tanto pela direita quanto pela esquerda, para que haja colisão.

Pela própria figura, deduz-se que $D = 2\,(r_a + r_b)$. Portanto, a probabilidade de colisão deve depender diretamente de D, pois quanto maiores forem r_a e/ou r_b, maior será p.

Resumindo os resultados, a probabilidade de colisão é dada por

$$p = \frac{f}{n} = \frac{2(r_a + r_b)N}{\ell} \tag{11.12}$$

Este resultado só é válido se a densidade de alvos for suficientemente baixa de modo que a probabilidade de colisão não seja igual a um.

Considerando-se, como ulterior hipótese simplificadora, que $r_a = r_b = r$, obtém-se, da expressão acima,

$$\frac{f}{n} = \frac{4rN}{\ell} \qquad \Longrightarrow \qquad r = \frac{f\ell}{4nN} \tag{11.13}$$

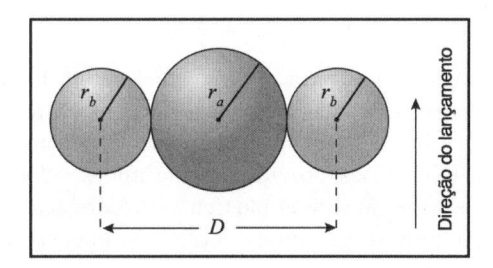

Figura 11.14: Diagrama ilustrativo da condição para que haja colisão no caso de duas esferas rígidas.

Na equação (11.13), todos os valores da direita são conhecidos após a experiência, o que permite calcular o valor médio do raio (r) ou do diâmetro ($d = 2r$) da bola de gude *sem* vê-la.

A incerteza na medida do raio ou do diâmetro da bola pode ser reduzida repetindo-se os n lançamentos um grande número de vezes para várias configurações de alvos, mantendo-se uma baixa densidade de alvos. Nesse caso, a frequência média relativa das colisões ($\bar{f}/n$) é proporcional à densidade linear (N/ℓ) de alvos,

$$\frac{\bar{f}}{n} = d\,\frac{2N}{\ell}$$

Esse experimento foi realizado pelo aluno Nilton Cesar de Freitas, repetindo 80 vezes cada conjunto de 100 lançamentos, para configurações diferentes de 2, 3 e 4 alvos. Os dados obtidos estão apresentados na Tabela 11.3.

Tabela 11.3: Distribuição de frequência em função do número de alvos

N	$\bar{f}$
2	31,0
3	45,1
4	55,7

Sabendo que a largura (ℓ) da rampa é igual a 32,3 cm, a partir de um ajuste linear, o valor estimado para o diâmetro da bola é

$$d = (2{,}34 \pm 0{,}07)\ \text{cm}$$

Comparando-se com o valor avaliado com um paquímetro $(2{,}440 \pm 0{,}005)$ cm pode-se afirmar que os dois resultados são compatíveis ao nível de 2σ (Seção 8.1.2).

11.4   O átomo de Rutherford

> *[O espalhamento de partículas α para trás] foi tão incrível como se você disparasse uma bala de canhão de 15 polegadas sobre uma folha de papel e ela voltasse e atingisse você.*
>
> Ernest Rutherford

11.4.1   As hipóteses de Rutherford

Rutherford, ao contrário de Nagaoka, estava preocupado em explicar os resultados de Geiger e Marsden, propondo, para isso, um modelo para o átomo que consistia em um núcleo central com carga $\pm Ze$, envolto por uma distribuição uniforme de carga $\mp Ze$, em uma esfera de raio a. O *núcleo* atômico introduzido nesse modelo teria um raio da ordem de 10^4 vezes menor que o raio atômico, conforme será visto a seguir, e seria o responsável pelos espalhamentos a grandes ângulos, desde que a partícula incidente passasse perto dele o suficiente para experimentar uma força apreciável.

A escolha do sinal positivo ou negativo para a carga nuclear em nada influencia o resultado obtido por Rutherford, que, por convenção, escolheu a carga $+Ze$. Entretanto, pode-se achar um argumento a favor dessa escolha, que aparece implícito no seu trabalho. O argumento é que partículas carregadas positivamente, emitidas por um núcleo pesado, adquirem grandes velocidades, o que é mais facilmente compreendido a partir da premissa de que essas partículas faziam parte do núcleo e puderam adquirir grande velocidade por causa da repulsão do campo elétrico do núcleo, em vez de se supor que ela já se movimentava rapidamente no átomo.

Com esse modelo, Rutherford conseguiu explicar o espalhamento a grandes ângulos de partículas α por átomos. Por outro lado, ele não discute o problema da estabilidade do átomo porque, dando-lhe a palavra,

Figura 11.15: Tirinha abordando a questão da escala do átomo.

(...) a questão da estabilidade do átomo proposto não precisa ser considerada nesse estágio, pois isso vai depender obviamente da estrutura minuta do átomo e do movimento das partes carregadas que o constituem.

Na realidade, ao final desse artigo, Rutherford considera a hipótese de que a carga negativa pudesse se apresentar como partículas ao redor do núcleo, como no modelo de Nagaoka, em vez de uma distribuição homogênea de cargas, e, portanto, também esse átomo seria *instável*.

Se os elétrons estivessem estacionários, é claro que nada impediria que eles fossem atraídos pelo núcleo. Por outro lado, se circulassem ao redor do núcleo, seriam constantemente acelerados e, de acordo com a Eletrodinâmica Clássica, emitiriam radiação e perderiam energia, como nos modelos de Thomson e Nagaoka.

11.4.2 O problema da estabilidade do átomo

Com a confirmação da existência do núcleo, agrava-se o problema da estabilidade do átomo. Em uma visão simplificada, se os elétrons circulassem ao redor de um núcleo, seriam constantemente acelerados e, portanto, perderiam energia pela emissão de radiação eletromagnética, de tal modo que os raios de suas órbitas iriam diminuindo até que eles colidissem com o núcleo. Daí pode-se concluir que tal átomo emitiria um espectro contínuo, o que estaria em desacordo com os dados obtidos pela espectroscopia.

De acordo com a fórmula de Larmor, equação (5.44), a potência da radiação emitida por uma partícula de massa m, carga e e aceleração a pode ser escrita como

$$P = \frac{2}{3c^3} \left\langle \left| \ddot{\vec{d}} \right|^2 \right\rangle$$

na qual c é a velocidade da luz no vácuo, $\vec{d} = e\vec{r}$ é o momento dipolar elétrico, e $\vec{r}$ é a posição da partícula.

Essa fórmula pode ser estendida para um sistema de partículas, em que agora $\vec{d}$ é o momento dipolar total, dado por

$$\vec{d} = \sum_i q_i \vec{r}_i \qquad \Longrightarrow \qquad \dot{\vec{d}} = \sum_i q_i \vec{v}_i$$

sendo $\vec{r}_i$ e $\vec{v}_i$, respectivamente, as posições e as velocidades de cada partícula i do sistema.

Para um sistema de partículas idênticas, que, portanto, têm a mesma relação carga/massa,

$$\frac{q_i}{m_i} = \frac{e}{m}$$

o momento dipolar elétrico total da distribuição resulta em

$$\vec{d} = \frac{e}{m}\left(\sum_i m_i \vec{r}_i\right) \implies \dot{\vec{d}} = \frac{e}{m}\left(\sum_i \underbrace{m_i \vec{v}_i}_{\vec{p}_i}\right) = \frac{e}{m}\vec{P}$$

em que $\vec{P}$ é o *momentum* total do sistema.

Para um sistema isolado de partículas idênticas e carregadas, no qual o *momentum* é conservado,

$$\vec{P} = \text{constante} \implies \ddot{\vec{d}} = 0$$

não haveria contribuições dipolares para a radiação. Desse modo, poder-se-ia dizer que a emissão de radiação por um átomo seria devida às pequenas contribuições de ordem multipolares superiores e que, portanto, considerando-se apenas o movimento dos elétrons, não haveria colapso atômico. Entretanto, as intensidades das linhas espectrais devido às contribuições multipolares são tão fracas que seria impossível observá-las.

O problema da estabilidade atômica vai ser retomado por Niels Bohr, que elaborará uma solução surpreendente, como será visto na Seção 12.1.2.

11.4.3 Estimativa do raio nuclear

De acordo com o modelo de Rutherford, um átomo constituído de um núcleo, com carga positiva Ze, localizado na origem de um sistema de coordenadas, em torno do qual as cargas negativas estão uniformemente distribuídas em uma esfera de raio a, produz, em um ponto P, a uma distância r, um campo elétrico radial $\vec{E}$ de módulo igual a

$$E = Ze\left[\frac{1}{r^2} - \frac{r}{a^3}\right] \tag{11.14}$$

na qual o primeiro termo é a contribuição das cargas positivas e o segundo, devido às cargas negativas, conforme equação (11.2).

Sabe-se que o campo elétrico estacionário deriva de um potencial elétrico escalar V tal que

$$\vec{E} = -\vec{\nabla}V \tag{11.15}$$

Pode-se pensar no potencial criado pelas cargas positivas separadamente do potencial criado pela distribuição negativa, visto que vale a relação

$$V = V_+ - V_- \implies \vec{E} = -\vec{\nabla}(V_+ - V_-)$$

Levando em conta a expressão geral do gradiente em coordenadas polares (r, θ), dada por

$$\vec{\nabla} = \hat{e}_r\,\frac{\partial}{\partial r} + \hat{e}_\theta\,\frac{1}{r}\frac{\partial}{\partial \theta} \tag{11.16}$$

obtém-se, para os potenciais V_+ e V_-,

$$V_+(r) = Ze\left[\frac{1}{r} + C_1\right]$$

$$\tag{11.17}$$

$$V_-(r) = -Ze\left[\frac{r^2}{2a^3} + C_2\right]$$

sendo C_1 e C_2 constantes a determinar.

Determinam-se as constantes tomando-se a origem do potencial na esfera de raio $r = a$,

$$V_+(a) = V_-(a) \implies \frac{1}{a} + C_1 = -\frac{1}{2a} - C_2$$

logo, $C_1 + C_2 = -\dfrac{3}{2a}$.

Assim, $V = V_+ - V_-$ é dado por

$$V(r) = Ze \left[\frac{1}{r} - \frac{3}{2a} + \frac{r^2}{2a^3} \right]$$

Nesse caso, uma partícula de massa m e de carga elétrica $Z'e$, movendo-se em direção ao centro do átomo, irá parar a uma distância $r = d$ do átomo, e, pela conservação de energia, obtém-se, nesse ponto,

$$\frac{1}{2} mv_o^2 = ZZ'e^2 \left[\frac{1}{d} - \frac{3}{2a} + \frac{d^2}{2a^3} \right] \tag{11.18}$$

Para um alvo de urânio ($Z = 92$), bombardeado por partículas α ($Z'_\alpha = 2$), com uma velocidade inicial $v_o = 2 \times 10^9$ cm/s, obtém-se

$$a \simeq 3 \times 10^{-12} \text{ cm}$$

Tomando-se essa distância como dimensão da região onde a carga elétrica positiva está concentrada – o núcleo atômico –, verifica-se que o raio do núcleo é 10^4 vezes menor que o raio atômico. Isto mostra que o átomo é constituído muito mais de vazio do que de matéria sólida.

Rutherford mostrou, assim, que os desvios produzidos pelos elétrons são desprezíveis comparados com a ação do núcleo, que possui quase toda a massa do átomo, concentrada em uma região de dimensão linear da ordem de 10^{-12} cm. Pode-se, então, para efeito da descrição do espalhamento de partículas α, desprezar a ação do potencial criado pela distribuição negativa de cargas e tomar apenas a contribuição de cargas positivas:

$$V(r) = \frac{Ze}{r} \tag{11.19}$$

11.4.4   O movimento sob ação de uma força central

Se uma força conservativa $\vec{f}(r)$ que atua sobre uma partícula de massa m está sempre na direção radial, então a energia potencial ϵ_P só pode depender do módulo do vetor posição $\vec{r}$, tal que $\vec{f}(r) = -\vec{\nabla}\epsilon_P(r)$. Como a energia potencial só depende da distância radial, o problema possui simetria esférica, isto é, qualquer rotação em torno de um eixo fixo não vai influir na solução do problema e, consequentemente, o momento angular é conservado, o que implica um movimento plano.

Nesse caso, pode-se escrever a velocidade ($\vec{v}$) da partícula em coordenadas polares como

$$\vec{v} = \frac{dr}{dt}\hat{r} + r\frac{d\theta}{dt}\hat{\theta}$$

em que $\hat{r}$ é um vetor unitário na direção radial e $\hat{\theta}$, um unitário perpendicular a $\vec{r}$ no plano da órbita.

Assim, a energia total (ϵ) da partícula pode ser escrita como

$$\epsilon = \frac{1}{2}mv^2 + \epsilon_P(r) = \frac{1}{2}m\left(\dot{r}^2 + r^2\dot{\theta}^2\right) + \epsilon_P(r)$$

Uma vez que o módulo do momento angular ($\vec{L}$), nesse caso, é constante e dado por

$$L = mr^2\dot{\theta} \tag{11.20}$$

a energia total pode ser escrita como

$$\epsilon = \frac{1}{2}m\dot{r}^2 + \frac{L^2}{2mr^2} + \frac{\alpha}{r} \tag{11.21}$$

na qual $\epsilon_p(r) = \alpha/r$ é uma energia potencial devida a forças centrais e α é uma constante positiva para forças repulsivas e negativa para forças atrativas.

As características da trajetória do movimento são determinadas pela energia total e pelo tipo de interação. O diagrama de energia (Figura 11.16) mostra que, para um campo atrativo ($\alpha < 0$), as órbitas podem ser fechadas, quando a energia total for negativa ($\epsilon < 0$), ou sem limites, quando a energia for positiva ($\epsilon > 0$).

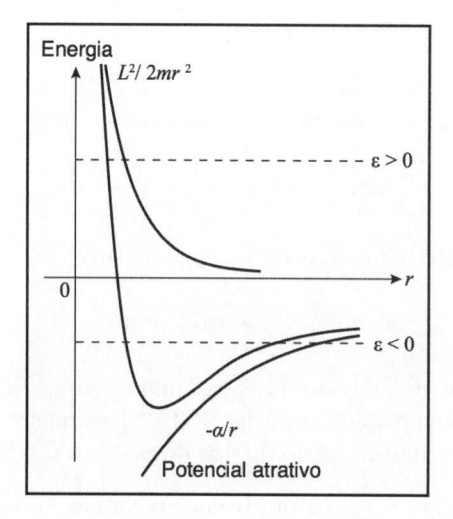

Figura 11.16: Diagrama de energia para o movimento de uma partícula sob ação de uma força central atrativa.

Dividindo-se a equação (11.21), que expressa a conservação de energia, pela equação (11.20), que expressa a conservação do momento angular, e eliminando-se o tempo, obtém-se a equação diferencial da órbita da partícula, para um campo atrativo,

$$\left(\frac{1}{r^2}\frac{dr}{d\theta}\right)^2 = -\frac{1}{r^2} + \frac{2m|\alpha|}{L^2 r} + \frac{2m\epsilon}{L^2} \tag{11.22}$$

Em vez de integrar diretamente a equação de movimento, equação (11.22), um método mais simples alternativo consiste em substituir dr por $-r^2\,d(1/r)$ e escrever o lado direito da equação em termos de $1/r$,

$$\left[\frac{d(1/r)}{d\theta}\right]^2 = -\left(\frac{m|\alpha|}{L^2} - \frac{1}{r}\right)^2 + \left(\frac{m|\alpha|}{L^2}\right)^2\left(1 + \frac{2\epsilon L^2}{m\alpha^2}\right)$$

Denotando-se $u = 1/r$, $\rho = L^2/(m|\alpha|)$, $y = 1/\rho - u$ e

$$\xi = \sqrt{1 + \frac{2\epsilon L^2}{m\alpha^2}} \tag{11.23}$$

a equação de movimento pode ser escrita como

$$\left(\frac{dy}{d\theta}\right)^2 = \left(\frac{\xi}{\rho}\right)^2 - y^2 = \left(\frac{\xi}{\rho}\right)^2\left[1 - \left(\frac{y\rho}{\xi}\right)^2\right]$$

ou

$$\frac{d(y\rho/\xi)}{\sqrt{1 - \left(\frac{y\rho}{\xi}\right)^2}} = d\theta$$

Fazendo-se $y\rho/\xi = \cos\phi$, isso resulta em

$$-\mathrm{d}\phi = \mathrm{d}\theta \quad \Longrightarrow \quad -\phi = \theta - \theta_o \quad \Longrightarrow \quad y = \frac{\xi}{\rho}\cos(\theta - \theta_o)$$

ou seja,

$$\frac{1}{r} = \frac{1}{\rho} - \left(\frac{\xi}{\rho}\right)\cos(\theta - \theta_o) \quad \Longrightarrow \quad \boxed{r = \frac{\rho}{1 - \xi\cos(\theta - \theta_o)}} \qquad (11.24)$$

A equação (11.24), solução para a trajetória da partícula, representa a equação de uma seção cônica, e as constantes ρ e ξ são denominadas, respectivamente, *parâmetro* e *excentricidade* da órbita. A natureza da órbita depende do valor da excentricidade e, consequentemente, da energia total do sistema, conforme a Tabela 11.4.

Tabela 11.4: Relação entre o valor da energia e a excentricidade das possíveis órbitas genéricas em um movimento sob ação de uma força central atrativa

Excentricidade	Energia	Órbita
$\xi > 1$	$\epsilon > 0$	Hipérbole
$\xi = 1$	$\epsilon = 0$	Parábola
$\xi < 1$	$\epsilon < 0$	Elipse
$\xi = 0$	$\epsilon = -m\alpha^2/2L^2$	Círculo

Fazendo-se

$$\begin{cases} x = r\cos(\theta - \theta_o) \\ y = r\,\mathrm{sen}(\theta - \theta_o) \end{cases} \quad \Longrightarrow \quad r^2 = x^2 + y^2$$

e escrevendo a solução da trajetória como

$$r - \xi r\cos(\theta - \theta_o) = \rho \quad \Longrightarrow \quad r^2 = (\xi x + \rho)^2$$

resulta em

$$(\xi x)^2 + 2\rho\xi x + \rho^2 = x^2 + y^2$$

ou seja,

$$(1 - \xi^2)\left(x - \frac{\rho\xi}{1 - \xi^2}\right)^2 + y^2 - \rho^2\left(\frac{\xi^2}{1 - \xi^2} + 1\right) = 0$$

Denotando-se $x' = \left(x - \dfrac{\rho\xi}{1 - \xi^2}\right)$ e $y' = y$, a solução pode ser escrita na forma canônica das cônicas como

$$\left(\frac{x'}{a}\right)^2 + \left(\frac{y'}{b}\right)^2 = 1$$

sendo $a = \dfrac{\rho}{1 - \xi^2}$ e $b = \dfrac{\rho}{\sqrt{1 - \xi^2}}$.

No caso particular da elipse, quando $\epsilon < 0$, a e b são, respectivamente, os semieixos maior e menor, dados por

$$a = \frac{|\alpha|}{2|\epsilon|} > 0 \qquad \text{e} \qquad b = \frac{L}{\sqrt{2m|\epsilon|}} > 0 \qquad (11.25)$$

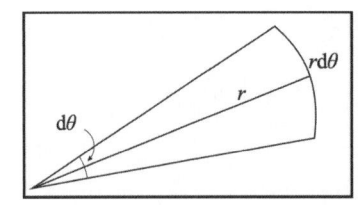

Figura 11.17: Elemento de arco da trajetória.

Segundo a Figura 11.17, a área (dA) do setor indicado e a conservação do momento angular implicam

$$
\begin{cases}
dA = \dfrac{1}{2}r^2\,d\theta \\[2ex]
L = mr^2\dot{\theta}
\end{cases}
\implies \qquad 2m\dot{A} = L\,(\text{constante})
$$

Integrando em um período (T),

$$
2mA = LT \implies T = \frac{2\pi mab}{L}
$$

A Tabela 11.5 resume algumas grandezas físicas referentes ao movimento circular, correspondente a um potencial central no qual $\alpha = -e^2$, ou seja, $\epsilon_P = -e^2/r$, em termos da carga e, da massa m e do momento angular L da partícula que se move.

Tabela 11.5: Grandezas físicas do movimento circular não relativístico em termos das constantes e, m e L

Grandeza	Fórmula
Raio da órbita	$r = \dfrac{L^2}{me^2}$
Velocidade	$v = \dfrac{e^2}{L}$
Velocidade angular	$\omega = \dfrac{me^4}{L^3}$
Frequência	$\upsilon = \dfrac{m^2e^4}{2\pi L^3}$
Energia cinética	$T = \dfrac{me^4}{2L^2}$
Energia potencial	$U = \dfrac{me^4}{L^2}$
Energia total	$E = \dfrac{me^4}{2L^2}$

11.5 O espalhamento de partículas α pelos núcleos atômicos

> *O estudo das propriedades dos raios α tem tido papel notável no desenvolvimento da radioatividade e tem se constituído em um instrumento para trazer à luz um número de fatos e relações de primeira importância.*
>
> Ernest Rutherford

A energia ϵ de uma partícula α no campo coulombiano de um núcleo pesado de carga Ze é dada por

$$\epsilon = \frac{1}{2}mv^2 + \frac{2Ze^2}{r}$$

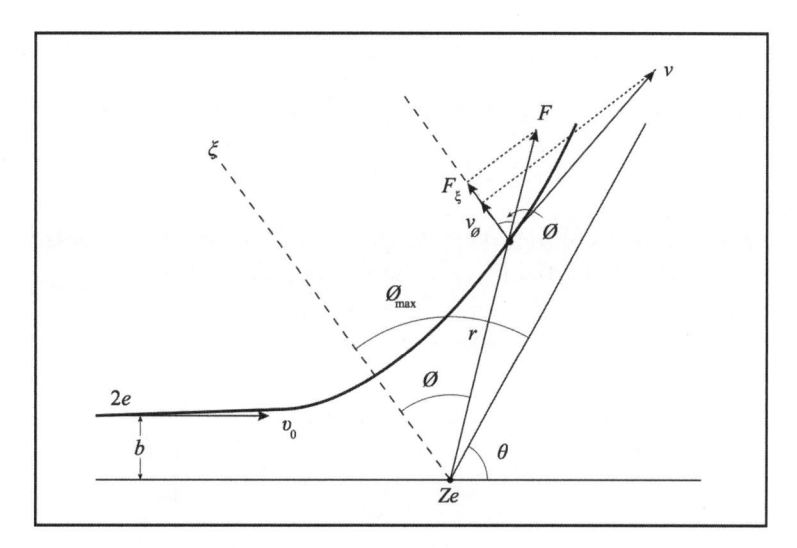

Figura 11.18: Diagrama do espalhamento de uma partícula α por um núcleo pesado.

Para uma colisão não frontal, se o núcleo não interagisse com a partícula, a menor distância entre os dois seria igual ao chamado parâmetro de impacto (b). O ângulo de espalhamento (θ) é definido como o ângulo entre a direção incidente e a da partícula espalhada. Desse modo, quanto maior o parâmetro de impacto, menor o ângulo de espalhamento, e quanto menor o parâmetro de impacto, maior o ângulo de espalhamento (Figura 11.19).

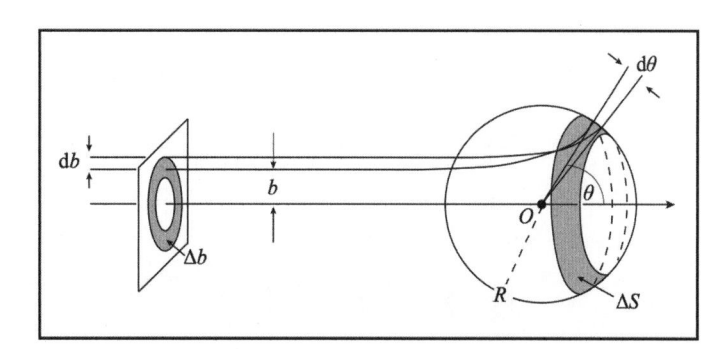

Figura 11.19: Parâmetro de impacto e ângulo de espalhamento.

As partículas desviadas segundo as direções definidas pelos ângulos θ e $\theta + d\theta$ provêm de uma coroa circular de área igual a $2\pi b\, db$.

Se J_α^{inc} é a densidade de corrente de partículas α incidentes, a taxa de partículas $(\mathrm{d}N/\mathrm{d}t)$ que serão espalhadas entre θ e $\theta + \mathrm{d}\theta$ é dada por

$$\frac{\mathrm{d}N}{\mathrm{d}t} = J_\alpha^{\text{inc}}\, 2\pi b\, \mathrm{d}b$$

Por outro lado, a taxa de partículas espalhadas relaciona-se com a seção de choque por (Seção 3.3.3)

$$\frac{\mathrm{d}N}{\mathrm{d}t} = J_\alpha^{\text{inc}}\, \mathrm{d}\sigma$$

Desse modo, a seção de choque, em termos do parâmetro de impacto, é dada por

$$\mathrm{d}\sigma = 2\pi b\, \mathrm{d}b \quad \Longrightarrow \quad \frac{\mathrm{d}\sigma}{\mathrm{d}\cos\theta} = 2\pi b \frac{\mathrm{d}b}{\mathrm{d}\cos\theta} \quad \Longrightarrow \quad \frac{\mathrm{d}\sigma}{\underbrace{2\pi\,\mathrm{sen}\,\theta\,\mathrm{d}\theta}_{\mathrm{d}\Omega}} = \frac{b}{\mathrm{sen}\,\theta}\left|\frac{\mathrm{d}b}{\mathrm{d}\theta}\right| \tag{11.26}$$

ou seja, dada pela área da coroa circular de raios b e $b + \mathrm{d}b$.

De acordo com a conservação do momento angular $(\vec{L})$, em qualquer ponto da trajetória,

$$L = mv_o b = m\,v_\phi\, r = m\,\dot{\phi}\, r^2$$

Uma vez que a colisão é elástica, e considerando que o núcleo é muito mais pesado que a partícula α, a variação (Δp) do *momentum* da partícula α é dada por (Figura 11.20)

$$\Delta p = 2mv_o\,\mathrm{sen}\,\frac{\theta}{2} \tag{11.27}$$

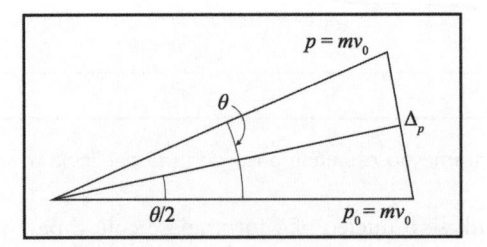

Figura 11.20: Diagrama da conservação de *momentum* em um espalhamento elástico.

A variação do *momentum* na direção ξ resulta da impulsão da força de interação coulombiana entre a partícula α e o núcleo $(F = 2Ze^2/r^2)$, durante toda a trajetória. Como apenas a componente da força na direção de ξ, $F\cos\phi$, contribui para essa impulsão, tem-se

$$\begin{aligned} \Delta p &= \int F\cos\phi\,\mathrm{d}t = \frac{2Ze^2}{v_o b}\int \cos\phi\,\dot{\phi}\,\mathrm{d}t \\ &= \frac{2Ze^2}{v_o b}\int_{-\phi_{\max}}^{\phi_{\max}} \cos\phi\,\mathrm{d}\phi = \frac{4Ze^2}{v_o b}\,\mathrm{sen}\,\phi_{\max} \end{aligned}$$

Como $2\phi_{\max} + \theta = \pi$, isso resulta em

$$\Delta p = \frac{4Ze^2}{v_o b}\cos\frac{\theta}{2} \tag{11.28}$$

Comparando-se as equações (11.27) e (11.28), obtém-se

$$\mathrm{tg}\,\frac{\theta}{2} = \frac{Ze^2}{(mv_o^2/2)b} \quad \Longrightarrow \quad b = \left(\frac{Ze^2}{mv_o^2/2}\right)\mathrm{cotg}\,\frac{\theta}{2}$$

Substituindo-se o valor de b na equação (11.26), encontra-se, finalmente,

$$\boxed{\frac{d\sigma}{d\Omega} = \left(\frac{Ze^2}{mv_o^2}\right)^2 \frac{1}{\text{sen}^4\theta/2}}$$

(11.29)

A equação (11.29) é a fórmula de Rutherford para a seção de choque de colisão entre partículas α de massa m e um núcleo pontual, de massa $M \gg m$, de tal modo que se pode desprezar o recuo do núcleo e considerá-lo a origem do sistema de referência ao qual o ângulo θ se refere. Entretanto, no caso geral em que há recuo, o ângulo observado não é igual ao calculado.

Essa fórmula pôde ser utilizada para determinação do número atômico Z de elementos utilizados como alvo, e obteve-se o valor de Z com um erro menor que 2%, o que confirmou a natureza nuclear do átomo proposto por Rutherford.

Por outro lado, a expressão para a menor distância de aproximação ($r_{\min}$) entre a partícula α e o núcleo, em função do ângulo de espalhamento (θ),

$$r_{\min} = \frac{Ze^2}{(1/2)mv_0^2}\left[1 + \frac{1}{\text{sen}\,\theta/2}\right]$$

(11.30)

mostra que a menor distância ocorre quando $\theta = \pi$. Nesse caso, $r_{\min}$ pode ser interpretada como a soma dos raios da partícula e do núcleo, desde que a energia inicial da partícula α não exceda um valor para o qual a seção de choque de Rutherford não seja mais válida.

De fato, para valores maiores que uma determinada energia limite, a partícula poderia penetrar na região nuclear, e, assim, se estaria no domínio das interações fortes, cujo campo de forças não é de natureza coulombiana.

O *modelo atômico nuclear* foi introduzido, com um intervalo de sete anos, por dois físicos que tentavam explicar fenômenos bem distintos. No entanto, todo o procedimento experimental envolvendo espalhamentos de partículas foi extremamente importante como origem de uma metodologia utilizada até hoje em dia nos aceleradores de partículas.

11.6 Fontes primárias

Geiger, H.; Marsden, E., 1909. On a Diffuse Reflection of the α-Particles. *Proceedings of the Royal Philosophical Society* **82**, p. 495-500.

Geiger, H., 1910. The Scattering of α-Particles by Matter. *Proceedings of the Royal Society A* **83**, p. 492-504.

Geiger, H.; Marsden, E., 1913. The Laws of Deflexion of α Particles through Large Angles. *Philosophical Magazine* **25**, n. 148, p. 604-623.

Iwanenko, D.D., 1932. The Neutron Hypothesis. *Nature* **129**, p. 798.

Kelvin, Lord (William Thomson), 1902. Aepinus Atomized. *Philosophical Magazine*, S. 6, **3**, n. 15, p. 257-283.

Mayer, A.M., 1878. A Note on Experiments with Floating Magnets. *American Journal of Science* **15**, p. 276-477; *ibid.*, **16**, p. 247. Reimpresso em *Nature* **17**, p. 487; **18**, p. 258-260 (1878).

Nagaoka, H., 1904. Kinetics of a system of particles illustrating the line and the band spectrum and the phenomena of radioactivity. *Philosophical Magazine* **7**, p. 445-455.

Rayleigh, Lord, 1906. On electrical vibrations and the constitution of the atom. *Philosophical Magazine* **11**, p. 117-123. Republicado em **Rayleigh, Lord, 1964**, p. 287-291.

Rutherford, E., 1906. Retardation of the alpha-particle from radium passing through matter. *Philosophical Magazine* **12**, p. 134-146. Primeira observação do espalhamento α.

Rutherford, E.; Marsden, H., 1908a. A method of counting the number of α particles from radio-active matter. *Memoirs of the Manchester Literary and Philosophical Society* **52**, n. 9, p. 1-3.

Rutherford, E.; Marsden, H., 1908b. An electrical method of counting the number of α particles from radio-active substances. *Proceedings of the Royal Society of London A* **81**, p. 141-161.

Rutherford, E., 1911. The Scattering of α and β Particles by Matter and the Structure of the Atom. *Philosophical Magazine* **21**, p. 669-688. Artigo em que Rutherford propõe o seu modelo atômico. Reproduzido em **Beyer, R.T. (Ed.), 1949**.

Rutherford, E., 1913a. The Structure of the Atom. *Nature* **92**, n. 2302, p. 423.

Rutherford, E., 1913b. The Structure of the Atom. *Philosophical Magazine* **27**, n. 158, p. 488-498.

Rutherford, E., 1919. Collision of α Particles with Light Atoms IV. An Anomalous Effect in Nitrogen. *Philosophical Magazine* **37**, n. 222, p. 581-587.

Thomson, J.J., 1899. On the masses of the Ions in Gases at Low Pressures. *Philosophical Magazine* **48**, p. 547-567.

Thomson, J.J., 1904. On the structure of the atom: an investigation of the stability and periods of oscillation of a number of corpuscules arranged at equal intervals around the circumference of a circle; with application of the results to the theory of atomic structure. *Philosophical Magazine*, S. 6, **7**, p. 237-265.

Thomson, J.J., 1907. On Rays of Positive Electricity. *Philosophical Magazine* **13**, n. 77, p. 561-575.

Thomson, J.J., 1910. On the scattering of rapidly moving electrified particles. *Cambridge Literary and Philosophical Society* **15**, part 5, p. 456-467.

11.7   Outras referências e sugestões de leitura

Bethe, H.A., 1953. Molière's theory of multiple scattering. *Physical Review* **89**, n. 6, p. 1256-1266.

Birks, J.B., 1963. Biografia de Ernest Rutherford.

Bohr, N., 1958. The Rutherford Memorial Lecture 1958. *Proceedings of the Royal Society* **78**, n. 6, p. 1083-1115.

Carazza, B.; Guidetti, G.P., 1984. Spettroscopia e modelli atomici prima di Bohr. *Rendiconti del Seminario della Facoltà di Scienze dell'Università di Cagliari* **54**, fascicolo 1, p. 73-86.

Carazza, B.; Robotti, N., 2002. Explaining Atomic Spectra within Classical Physics: 1897-1913. *Annals of Science* **59**, n. 3, p. 299-320.

Robotti, N., 1978. Livro rico em detalhes sobre a história dos primeiros modelos atômicos, desde a descoberta dos elétrons até o átomo de Bohr.

Rutherford, E., 1962-1965 Coletânea em três volumes dos trabalhos científicos de Ernest Rutherford.

Schott, G.A., 1906. On the Electrical Theory of Matter and the Explanation of Fine Spectrum Lines and of Gravitation. *Philosophical Magazine*, S. 6, **12**, n. 67, p. 21-26.

Schott, G.A., 1907. On the Electrical Theory of Matter and of Radiation. *Philosophical Magazine*, S. 6, **13**, n. 74, p. 189-213.

Thomson, G.P., 1964. Recordações da vida e obra de J.J. Thomson no laboratório Cavendish registradas por seu filho.

Zatzkis, H., 1958. Thomson Atom. *American Journal of Physics* **26**, n. 9, p. 635-638.

11.8   Exercícios

Exercício 11.8.1 Mostre que, no modelo de Thomson para muitos elétrons, a condição de equilíbrio eletrostático estável implica que o número máximo de elétrons situados em um único anel seja de 574.

Exercício 11.8.2 Determine a condição, em termos do comprimento de onda da radiação e da vida média do átomo, para que a perda de energia média por ciclo da radiação emitida por um átomo clássico de Thomson seja pequena.

Exercício 11.8.3 Estime a vida-média do átomo de Thomson dada por

$$\tau = \frac{3mc^3}{2e^2\omega^2}$$

Exercício 11.8.4 Considerando o modelo de Thomson, mostre que para períodos de oscilação $T \ll \tau$ pode-se considerar

$$\left\langle \frac{d\epsilon}{dt} \right\rangle = \frac{d\langle\epsilon\rangle}{dt}$$

Exercício 11.8.5 Estime a razão entre a máxima aceleração que uma partícula α pode ser submetida no espalhamento devido a um átomo de ouro no modelo de Thomson e a aceleração da gravidade.

Exercício 11.8.6 Estime o ângulo máximo de espalhamento de uma partícula α provocado por uma distribuição positiva de cargas, segundo a equação (11.11).

Exercício 11.8.7 Refaça os cálculos feitos para o modelo de Rutherford considerando o núcleo negativo. Comente o resultado.

Exercício 11.8.8 Mostre que no modelo de Rutherford a menor distância de aproximação (r_{min}) entre a partícula α e o núcleo, em função do ângulo de espalhamento (θ), é dada pela equação (11.30).

$$r_{min} = \frac{Ze^2}{(1/2)mv_0^2}\left[1 + \frac{1}{\text{sen}\,\theta/2}\right]$$

12

Os modelos quânticos do átomo

A teoria quântica é sobre a compatibilidade de dois opostos aparentemente irreconciliáveis.

Paul Strathern

12.1 O átomo de Bohr

Deve haver qualquer coisa por trás de tudo isso (...). Não acredito que o valor da constante de Rydberg possa ser obtido corretamente por acaso.

Albert Einstein

12.1.1 Os primórdios da descrição quântica da matéria

A solução para a instabilidade do átomo no modelo de Rutherford foi apresentada por Niels Bohr, que adicionou regras de quantização à dinâmica do átomo. Contudo, essas regras foram adicionadas sem a preocupação de um nexo lógico, isto é, foram colocadas *ad hoc* no modelo, de modo a poder continuar utilizando o formalismo clássico para calcular grandezas observáveis. Esse "exemplo de inconsistência" ilustra como às vezes os caminhos do desenvolvimento científico não são lineares. Enquanto um outro exemplo apresentado no Capítulo 10, o corte epistemológico provocado pelo trabalho de Planck, apontava para limitações da Física Clássica quanto à descrição da luz, embora estivesse circunscrito ao problema da radiação do corpo negro, o trabalho de Bohr tem o mérito de pôr em dúvida a adequação da concepção clássica da matéria a partir da relação entre a estabilidade do átomo e a constante de Planck $\hbar$ estabelecida em seu modelo semiclássico.

Apesar das restrições de natureza epistemológica, mostrar que a descrição clássica da matéria também não era satisfatória foi a maior contribuição de Bohr para o desenvolvimento da Física Moderna, pois despertou na comunidade científica a consciência de que era necessário elaborar uma nova teoria capaz de descrever os fenômenos atômicos: a *Mecânica Quântica*. Em particular, o trabalho de Bohr influenciou diretamente as ideias de Heisenberg e de Louis de Broglie, sendo que esse último, por sua vez, teve grande influência sobre Schrödinger.

Em setembro de 1913, Jeans foi o primeiro a reconhecer publicamente o valor do trabalho de Bohr, quando declarou: *O Dr. Bohr conseguiu uma explicação engenhosíssima e sugestiva, e penso que devemos acrescentar convincente, das leis das riscas espectrais.*

Sobre a justificativa das hipóteses fundamentais de Bohr, ele se limitou a dizer que havia uma justificativa muito forte: *o êxito.*

Figura 12.1: Sátira sobre o modelo de Bohr.

Foi no seu artigo "Sobre a constituição de átomos e moléculas" que Bohr lançou as bases de uma nova mecânica, capaz de descrever satisfatoriamente alguns fenômenos atômicos. É nesse artigo que aparece, pela primeira vez, o exemplo de se tomar o caso limite de grandes números quânticos e verificar se os novos resultados se reduzem aos resultados clássicos. A esse poderoso instrumento heurístico Bohr costumava se referir como "argumento de correspondência".

O fato de a teoria clássica da radiação de um átomo aparecer (pelo menos matematicamente) como um limite da teoria quântica é vantajoso no sentido de que a nova teoria (quântica) tem um suporte empírico não somente nos novos resultados como também naqueles já preditos pela teoria clássica.

Em resumo, reportando-se à época em que a Mecânica Quântica ainda era desconhecida, é quase intuitivo o postulado de que, qualquer que seja essa nova teoria, ela deve conter como algum limite particular a antiga Mecânica Clássica.

12.1.2 Os postulados de Bohr

A postura de Bohr diante das inconsistências entre as novas descobertas dos fenômenos quânticos e a descrição clássica da Física, de certa forma, lembra o ditado maquiavélico "se não pode vencer o inimigo, una-se a ele". O físico Leon Rosenfeld refere-se à origem dessa postura e a descreve, na introdução do livro contendo os três artigos de Bohr sobre a constituição de átomos e moléculas, do seguinte modo:

A fonte da segurança de Bohr ao propor seus postulados deve procurar-se nas meditações epistemológicas da sua primeira juventude, as quais lhe tinham permitido reconquistar esse sentido da natureza dialética dos nossos processos mentais que se tinha tão completamente obliterado na tradição científica. Esta atitude tinha-o ajudado a compreender que o conflito entre a representação clássica dos fenômenos e as suas características quânticas era irredutível, e que o problema real não era eliminá-lo da nossa visão do mundo, mas sim integrar os dois aspectos em conflito em uma síntese racional.

A principal motivação de Bohr ao propor um novo modelo atômico foi contornar, simultaneamente, as dificuldades dos modelos clássicos de Thomson e Rutherford relacionados à estabilidade da matéria. Segundo ele mesmo diz na introdução de seu artigo "Sobre a constituição de átomos e moléculas", de 1913, não existem, aparentemente, configurações estáveis para o átomo de Rutherford, apesar de ele poder explicar bem o espalhamento de partículas α. Por outro lado, o modelo de Thomson, embora não explicasse esse espalhamento, apresentava certas configurações estáveis.

Bohr já tinha conhecimento de que alguns fenômenos recém-descobertos na época permitiam questionar a validade da aplicação da Eletrodinâmica Clássica a sistemas de dimensões atômicas. Ele tinha a intuição de que era necessária a inclusão da constante de Planck no contexto da Física Atômica, e é sobre isso que ele trata em seu artigo de 1913, o qual pode ser sintetizado em dois postulados:

(i) Um sistema atômico baseado no modelo de Rutherford só pode existir em determinados *estados estacionários* (órbitas) com energias definidas

$$\{\epsilon_1, \epsilon_2, \epsilon_3, \dots\}$$

e pode ser parcialmente descrito pelas leis da Mecânica Clássica.

(ii) A *emissão* (ou *absorção*) de radiação eletromagnética só ocorre durante a transição entre estados estacionários, tal que a frequência (ν) da radiação emitida (ou absorvida) é dada por

$$\nu = \frac{|\epsilon_f - \epsilon_i|}{h} \tag{12.1}$$

em que h é a constante de Planck e ϵ_f e ϵ_i são, respectivamente, os valores de energia nos dois estados envolvidos na transição. Ou seja, a energia (ϵ) do fóton emitido ou absorvido é igual a

$$\epsilon = h\nu$$

Entretanto, há implícita no trabalho de Bohr uma série de outras hipóteses que vale a pena explicitar, resumindo-as como se segue:

1) os átomos produzem as linhas espectrais uma de cada vez;
2) o átomo de Rutherford oferece uma base satisfatória para os cálculos exatos dos comprimentos de onda das linhas espectrais;
3) a produção dos espectros atômicos é um fenômeno quântico;
4) um simples elétron é o agente desse processo;
5) *dois* estados distintos do átomo estão envolvidos na produção de uma linha espectral;
6) a relação $\epsilon = h\nu$, correlacionando a energia e a frequência da radiação, é válida tanto para a *emissão* como para a *absorção*.

A essa lista de pontos o inglês Edmund Whittaker acrescenta um último, que, dada a sua importância epistemológica, merece ser destacado. É o princípio de que

devemos renunciar a todas as tentativas de visualizar ou de explicar classicamente o comportamento do elétron ativo durante uma transição do átomo entre um estado estacionário e outro.

Whittaker comenta, nesse ponto, que esse é um princípio nunca antes sonhado por qualquer predecessor de Bohr, princípio este que é o elemento novo decisivo para a criação de uma ciência para a espectroscopia teórica, o que é absolutamente verdade. Porém, mais que isso, Bohr está fornecendo a chave para a formulação da Mecânica das Matrizes, como foi conhecida na época a formulação da Mecânica Quântica de Heisenberg, Born e Jordan (Capítulo 13).

12.1.3 A fórmula de Balmer como consequência dos postulados de Bohr

A partir do modelo de Rutherford, no qual o átomo seria formado por um núcleo de dimensões muito pequenas, com carga elétrica positiva (Ze), em que e é a carga elementar, e por um elétron com carga negativa ($-e$), muito leve em relação ao núcleo, Bohr admite que o elétron descreveria órbitas elípticas estacionárias com velocidade (v) muito menor que a da luz (c) no vácuo, e que não haveria perda de energia por radiação. Além disso, a interação entre o elétron e o núcleo poderia ser descrita por uma força (F) eletrostática coulombiana, dada por

$$F = -\frac{Ze^2}{r^2}$$

sendo r a distância entre eles.

Segundo as fórmulas da Seção 11.4, as relações entre a frequência de revolução (f) do elétron de massa m e o semieixo (a) maior da elipse descrita por ele para uma dada energia (ϵ) são dadas por

$$\begin{cases} f = \dfrac{1}{\pi Z e^2} \sqrt{\dfrac{2|\epsilon|^3}{m}} \\[4mm] 2a = \dfrac{Ze^2}{|\epsilon|} \end{cases} \tag{12.2}$$

Não havendo restrições para os valores da energia, da frequência ou dos eixos da elipse, as medidas dessas grandezas seriam limitadas apenas pelas relações anteriores.

De acordo com o postulado (i), no entanto, o conjunto de valores para a energia dos estados estacionários é discreto, ou seja,

$$\{\epsilon_n\} \qquad (n = 1, 2, \dots)$$

Admitindo ainda que a energia de cada estado dependa da frequência de revolução, Bohr impõe uma segunda relação entre a energia e a frequência de revolução de um estado estacionário

$$|\epsilon_n| = h f_n g(n) \tag{12.3}$$

em que $g(n)$ é uma função desconhecida.

Substituindo-se a frequência dada pela equação (12.3) na correspondente equação (12.2), obtém-se

$$\frac{|\epsilon_n|}{hg(n)} = \frac{1}{\pi Z e^2} \sqrt{\frac{2|\epsilon_n|^3}{m}} \qquad \Longleftrightarrow \qquad \frac{1}{\pi^2 Z^2 e^4} \frac{2|\epsilon_n|^3}{m} = \frac{|\epsilon_n|^2}{h^2 g^2(n)}$$

o que implica

$$\begin{cases} |\epsilon_n| = \dfrac{\pi^2 m Z^2 e^4}{2h^2} \dfrac{1}{g^2(n)} \\[4mm] f_n = \dfrac{\pi^2 m Z^2 e^4}{2h^3} \dfrac{1}{g^3(n)} \end{cases}$$

De acordo com o postulado (ii), havendo emissão ou absorção, devido à transição entre estados de energias ϵ_n e ϵ_l, a frequência (ν) da radiação emitida ou absorvida será dada por

$$\nu = \nu_{ln} = \frac{|\epsilon_l - \epsilon_n|}{h} = \frac{\pi^2 m Z^2 e^4}{2h^3} \left| \frac{1}{g^2(l)} - \frac{1}{g^2(n)} \right| \tag{12.4}$$

Note que a frequência da radiação é diferente da frequência de revolução.

Para o átomo de hidrogênio, para o qual $Z = 1$, a expressão anterior, equação (12.4), só é compatível com a fórmula de Rydberg, equação (7.4), reescrita como

$$\nu = c R_H \left(\frac{1}{l^2} - \frac{1}{n^2} \right)$$

se $g(n) = bn$, sendo b uma constante.

Assim, pode-se escrever, para o átomo de hidrogênio

$$\begin{cases} |\epsilon_n| = \dfrac{\pi^2 m e^4}{2h^2}\, \dfrac{1}{b^2 n^2} \\[3mm] f_n = \dfrac{\pi^2 m e^4}{2h^3}\, \dfrac{1}{b^3 n^3} \end{cases}$$

A constante b pode ser determinada a partir da transição entre dois estados vizinhos com energias ϵ_n e ϵ_l, tal que $n = l + 1$, no limite de grandes valores de n. Nesse limite, $f_n = f_l$, e Bohr considera que a frequência (ν_{ln}) da radiação emitida deve ser igual à frequência (f_n) de revolução do elétron. Essa hipótese foi denominada por Bohr de *Princípio de Correspondência*.

Assim,

$$\lim_{n\to\infty} \nu_{ln} = \frac{\pi^2 m e^4}{2h^3}\, \frac{1}{b^2 n^2} \left| \left(\frac{n}{l}\right)^2 - 1 \right|$$

Esse limite pode ser calculado recordando-se que o termo

$$\left(\frac{n}{l}\right)^2 = \left(\frac{l+1}{l}\right)^2 = \left(1 + \frac{1}{l}\right)^2$$

Para valores grandes de l,

$$\left(1 + \frac{1}{l}\right)^2 \simeq \left(1 + \frac{2}{l}\right) \qquad \Rightarrow \qquad \left(\frac{n}{l}\right)^2 - 1 = \frac{2}{l}$$

Mas para valores muito grandes de l, $l = n$, donde o limite vale

$$\lim_{n\to\infty} \nu_{ln} = \frac{\pi^2 m e^4}{2h^3}\, \frac{2}{b^2 n^3}$$

e, de acordo com o Princípio de Correspondência,

$$\lim_{n\to\infty} \nu_{ln} = \lim_{n\to\infty} f_n \quad \Longrightarrow \quad b = 1/2$$

Desse modo, a hipótese de Bohr, equação (12.3), é expressa por (Seção 12.1.6)

$$|\epsilon_n| = \frac{n h f_n}{2}$$

e o espectro atômico de energia é dado por

$$\epsilon_n = -\left(\frac{2\pi^2 m e^4}{h^2}\right) \frac{1}{n^2} \qquad (n = 1, 2, \dots) \tag{12.5}$$

De acordo com o postulado (ii), obtém-se para a frequência da radiação emitida ou absorvida a fórmula de Ritz

$$\nu_{ln} = c R_\infty \left| \frac{1}{l^2} - \frac{1}{n^2} \right| \tag{12.6}$$

sendo $R_\infty = \dfrac{2\pi^2 m e^4}{ch^3} \simeq 1{,}097 \times 10^5 \text{ cm}^{-1} \simeq R_H$, e o índice ($\infty$) da constante significa que se está considerando a massa do núcleo infinita.

Fixando-se $l = 2$ e variando n, obtém-se a série de Balmer. Para $l = 3$, obtém-se a série de Paschen e, assim, todas as séries experimentalmente observadas. Desse modo, segundo o modelo de Bohr, a diferença entre os termos espectrais de Ritz (Seção 7.2.1) corresponde a transições do elétron entre os diversos níveis de energia do átomo,

$$\nu_{ln} = \nu_{lk} - \nu_{kn} = \frac{\epsilon_l - \epsilon_k}{h} - \frac{\epsilon_k - \epsilon_n}{h} = \frac{\epsilon_l - \epsilon_n}{h}$$

A frequência de radiação emitida na transição entre a n-ésima órbita e a seguinte é igual à frequência de revolução do elétron na n-ésima órbita, apenas para valores grandes de n. Ao contrário de Bohr, seus predecessores, como Lorentz, Zeeman, Larmor e Thomson, em todos os cálculos clássicos da frequência de radiação a partir do movimento dos constituintes dos átomos, admitiam, equivocadamente, que esta era igual à frequência de revolução do elétron.

Bohr mostrou que, para o estado fundamental e para os estados atômicos excitados de níveis mais baixos, essa hipótese *não* é válida. O que existe é um limite assintótico do resultado quântico, para grandes valores de n, que coincide com o clássico.

Apesar do sucesso de sua predição, Bohr tinha consciência de que seria muito difícil (e pouco provável) progredir limitando-se aos estudos dos espectros atômicos. Esta dificuldade foi expressa uma vez por ele com uma metáfora, aludindo à beleza, às regularidades e ao colorido das asas de uma borboleta e concluindo que *ninguém pensou que se poderia obter as bases da Biologia a partir do colorido da asa de uma borboleta.*

Pode-se ter uma noção do impacto do sucesso de Bohr em reproduzir teoricamente a série de Balmer a partir da afirmativa de Whittaker de que esse fato *teve um efeito que pode ser comparado ao efeito do cálculo de Maxwell da velocidade da luz a partir de sua teoria eletromagnética.*

Contudo, sem diminuir o trabalho de Bohr nem o comentário de Whittaker, cabe notar uma diferença crucial entre as contribuições de Maxwell e de Bohr aqui citadas: enquanto o primeiro estava realizando uma das maiores sínteses teóricas da história da Física, o segundo estava na verdade, com seu resultado, minando decisivamente o *corpus* da Física Clássica, abrindo um novo capítulo da Física, cuja síntese seria feita apenas 12 anos mais tarde por Heisenberg (Capítulo 13) e Schrödinger (Capítulo 14).

12.1.4   A origem da quantização do momento angular

Enquanto a quantização da energia do oscilador harmônico de Planck está associada ao problema da radiação do corpo negro, a quantização do momento angular tem suas raízes nos estudos da espectroscopia atômica e molecular, realizados entre 1910 e 1913. Foi nesse contexto que surgiu a ideia de quantização do momento angular.

O sucesso da explicação de Einstein para o efeito fotoelétrico (Seção 10.3.1) havia posto em evidência a importância da constante de Planck (h) para a descrição do comportamento de sistemas atômicos, mas não seu verdadeiro papel, que será pouco a pouco revelado a partir da espectroscopia atômica e molecular. Esse fato, por um lado, suscitou algumas tentativas de encontrar uma interpretação mecânica ou eletromagnética para h e, por outro, permitiu, aos poucos, que se compreendesse a estrutura quântica da matéria.

Digna de destaque nessa década de transição é a contribuição de Arthur Erich Haas, que foi quem primeiro tentou relacionar a constante de Planck à constituição do átomo, tomando por base o modelo atômico de Thomson. Há quem afirme que Haas teria sido influenciado pela ideia de Einstein de que deveria haver um modo de se relacionar dois fatos não explicados pela Eletrodinâmica Clássica de Maxwell: a natureza quântica da radiação e a existência dos elétrons. A passagem a que se alude é a seguinte:

Parece-me que podemos concluir, de $h = e^2/c$, que a mesma modificação da teoria que contenha o quantum *elementar (e) conterá, então, como consequência, a estrutura quântica da radiação.*

Motivado por essa ideia, Haas obteve uma relação para a constante de Planck em termos da carga elétrica do elétron (e) e do raio (a) do átomo de hidrogênio, que ele considerava quantidades fundamentais.

Haas partiu da hipótese de que os elétrons se movem na órbita mais externa possível, que corresponde ao raio a da distribuição de cargas positivas. Dadas a simetria esférica do modelo de Thomson e a natureza coulombiana da força elétrica, essa hipótese leva automaticamente ao mesmo resultado que se obteria para um átomo de um elétron considerando o modelo nuclear de Rutherford. Por outro lado, seguindo os passos de Planck, Haas foi levado a considerar os átomos reais osciladores harmônicos ideais, de modo a poder utilizar a regra de quantização de Planck para a energia. Dessa forma, Haas postula que a relação entre a energia potencial (ϵ_p) de um elétron de massa m e a frequência (ν) da radiação emitida por um átomo seria dada por

$$|\epsilon_p| = \frac{e^2}{a} = h\nu \tag{12.7}$$

Considerando um movimento circular, de raio a e velocidade $v = \omega a$, sendo $\omega = 2\pi f$ a frequência angular orbital do elétron, de acordo com a Mecânica Clássica,

$$m\frac{v^2}{a} = m\omega^2 a = (2\pi f)^2 ma = \frac{e^2}{a^2} \qquad \Longrightarrow \qquad f = \frac{e}{2\pi a}\frac{1}{\sqrt{ma}}$$

Tomando-se a frequência ν da radiação emitida, dada pela equação (12.7), como sendo igual à frequência orbital f do elétron, ou seja,

$$\frac{e^2}{ha} = \frac{e}{2\pi a}\frac{1}{\sqrt{ma}}$$

Haas pôde obter, assim, a equação

$$h = 2\pi e\sqrt{ma} \tag{12.8}$$

segundo sua intenção de obter uma expressão para $h = h(e, a)$.

Se a equação anterior for resolvida para a, encontra-se

$$a = \frac{h^2}{4\pi^2 e^2 m} \tag{12.9}$$

que é o chamado raio de Bohr para o estado fundamental do átomo de hidrogênio, o estado correspondente à órbita de menor raio.

É importante enfatizar que a equação (12.7) só é válida para o estado fundamental do átomo, não se aplicando aos seus estados excitados. Embora tenha havido outras tentativas de investigar o papel da constante de Planck na Física Atômica, antes do trabalho de Bohr, que lograram algum êxito, elas tiveram de ser abandonadas quando Rutherford pôs em evidência as limitações do modelo de Thomson.

Duas mudanças no modo de conceber a origem das linhas espectrais, ocorridas no início do século XX, foram essenciais para o aprimoramento dos modelos atômicos. A primeira foi o abandono da ideia de que o conjunto de linhas espectrais expressava as frequências naturais de oscilação de um átomo – e a subsequente compreensão de que o espectro completo de um elemento químico depende de um grande número de átomos, cada qual, através do movimento dos elétrons, produzindo uma linha espectral. Nesse sentido, foram importantes as contribuições de Arthur William Conway, Walther Ritz e Penry Vaughan Bevan. A segunda mudança, devida a John William Nicholson, foi a compreensão de que os espectros atômicos eram essencialmente fenômenos quânticos. Em suas palavras:

As leis fundamentais da Física devem se basear na teoria quântica da radiação, recentemente desenvolvida por Planck e outros, de acordo com a qual trocas de energia entre sistemas periódicos só podem ocorrer em certas quantidades definidas, determinadas pelas frequências dos sistemas.

Adotando o recém-introduzido modelo atômico de Rutherford, Nicholson postula que *o momento angular de um átomo pode aumentar ou diminuir por quantidades discretas.*

Nicholson aplicou suas ideias ao estudo do espectro de nebulosas, aceitando a ideia de que o espectro tem sua origem em átomos diferentes, definindo o que se pode chamar de *estados* diferentes dos átomos, caracterizados por seus movimentos internos, como se vê na citação:

> *As linhas de uma série não podem emanar de um mesmo átomo, mas de átomos cujos momentos angulares internos tenham, por radiação ou de outro modo, decrescido de várias quantidades discretas a partir de um valor padrão. Por exemplo, nessa visão, existem vários tipos de átomos de hidrogênio, idênticos em suas propriedades químicas e mesmo em peso, mas diferentes em seus movimentos internos.*

Na verdade, Nicholson só compartilha em parte as ideias de Conway, pois não admite que uma linha espectral seja produzida por um único elétron do átomo. De fato, ele estuda a contribuição de um anel oscilante e, dessa forma, se depara com o problema da instabilidade mecânica do modelo, já mencionada. Além disso, comete o erro (então recorrente), como o próprio Bohr chama atenção, de admitir que *a frequência das riscas em um espectro é identificada com a frequência de vibração de um sistema mecânico em um estado de equilíbrio bem definido.*

Com relação à quantização do momento angular, Nicholson tem uma posição muito interessante, expressa na seguinte citação:

> *É possível admitir uma visão diferente da teoria de Planck, que pode ser brevemente apresentada. Como a parte variável da energia de um sistema atômico (...) é proporcional a $mna^2\omega^2$, a razão entre a energia e a frequência é proporcional a $mna^2\omega$, ou $mnav$, que é o momento angular total do elétron em torno do núcleo. Se, portanto, a constante de Planck tem, como Sommerfeld sugeriu, um significado atômico, pode significar que o momento angular de um átomo só possa aumentar ou diminuir de quantidades discretas quando os elétrons vão ou voltam. É fácil ver que essa visão traz menos dificuldades para a mente do que a interpretação mais usual, que se acredita envolver uma constituição atômica da própria energia.*

As ideias de Nicholson, embora relevantes, não levariam à explicação da fórmula de Balmer. Bohr foi, de fato, o primeiro físico a considerar um fenômeno quântico a produção de uma linha espectral por um único elétron atômico, postulando a quantização do momento angular.

Contudo, cabe notar que data de 1912 a primeira aplicação bem-sucedida dos princípios quânticos à espectroscopia. Isso se deve ao trabalho do químico dinamarquês Niels Bjerrum no domínio da espectroscopia molecular, e não atômica.

Algumas regularidades dos espectros de absorção de alguns ácidos na forma gasosa podem ser explicadas supondo que os dois átomos que formam a molécula do ácido são polarizados (um positiva e o outro negativamente) e que eles oscilam um em relação ao outro ao longo da linha que os une com frequência ν_0. Além disso, seguindo sugestão de Lorentz, Bjerrum supôs que a linha que liga os dois átomos gira em um plano e admitiu, inspirado em um trabalho de Nernst, que a energia de rotação deveria ser um múltiplo de $h\nu$, sendo ν o número de revoluções por segundo da molécula. Assim, denotando-se por I o momento de inércia da molécula, obtém-se, segundo Bjerrum,

$$\frac{1}{2}I\omega^2 = \frac{1}{2}I(2\pi\nu)^2 = nh\nu \qquad (n = 1, 2, 3, ...) \tag{12.10}$$

Denotando por ν_n os possíveis valores discretos da frequência, tem-se

$$\nu_n = \frac{nh}{2\pi^2 I}$$

Desse modo, o espectro de absorção na região do infravermelho deve conter frequências equidistantes dadas por $\nu = \nu_0 + \nu_n$, em que ν_0 é a frequência da radiação absorvida.

Ehrenfest, em 1913, mostrou que a energia de rotação deve ser igual a $h\nu/2$, e não $h\nu$ como postulou Bjerrum, porque essa energia é puramente cinética. Assim, em vez da equação (12.10), deve-se escrever

$$\frac{1}{2}I\omega^2 = \frac{1}{2}I(2\pi\nu)^2 = \frac{1}{2}nh\nu$$

donde

$$I\omega = n\frac{h}{2\pi} \tag{12.11}$$

Mas $I\omega$ é exatamente o momento angular (L) da molécula, que é quantizado e deve ser um múltiplo inteiro de $\hbar = h/2\pi \simeq 1{,}054 \times 10^{-34}$ J·s,

$$L = n\hbar \qquad (n = 1, 2, 3, ...) \tag{12.12}$$

12.1.5 Os níveis de energia de átomos como consequência da quantização do momento angular

Após mostrar como a fórmula de Balmer poderia ser deduzida, a partir de um postulado quântico e do Princípio de Correspondência, Bohr alternativamente supõe, como Haas, que um elétron de carga $-e$ e massa m descreva uma trajetória circular de raio r sob ação de uma força de atração coulombiana, exercida por um núcleo de carga positiva Ze, tal que

$$\frac{mv^2}{r} = \frac{Ze^2}{r^2} \quad \Longrightarrow \quad mv^2 = \frac{Ze^2}{r} \quad \Longrightarrow \quad (mvr)^2 = mZe^2r \tag{12.13}$$

sendo v a velocidade do elétron.

Uma vez que o momento angular (L) orbital do elétron em relação ao núcleo é dado por

$$L = mvr = m\omega r^2$$

pode-se escrever o raio da órbita e a energia como função do momento angular em relação ao núcleo como (Tabela 11.5)

$$\begin{cases} r = \dfrac{L^2}{mZe^2} \\[3mm] \epsilon = \dfrac{1}{2}mv^2 - \dfrac{Ze^2}{r} = -\dfrac{Ze^2}{2r} = -\dfrac{mZ^2e^4}{2L^2} \end{cases}$$

Do ponto de vista clássico, uma vez que o momento angular pode assumir qualquer valor, qualquer órbita centrada no núcleo corresponde a um possível estado do átomo, e, aparentemente, não há nenhum motivo pelo qual o átomo, em seu estado fundamental, deva ter algum raio particular. Entretanto, assumindo um novo postulado, o da quantização do momento angular,

$$L = n\hbar \qquad (n = 1, 2, 3, ...)$$

obtém-se para o raio

$$r_n = n^2\frac{\hbar^2}{mZe^2}$$

Note que as possíveis trajetórias dos elétrons possuem raios que variam com o quadrado do número quântico n. Ao se calcular o raio do estado fundamental, ou seja, o menor raio a, correspondendo a $n = 1$, chamado raio de Bohr, obtém-se, para $Z = 1$,

$$a = \frac{\hbar^2}{me^2} \simeq 0{,}529 \times 10^{-8} \text{ cm}$$

cuja ordem de grandeza corresponde à prevista pela Teoria Cinética dos Gases.

De maneira análoga, a energia total pode ser escrita como

$$\epsilon_n = -\frac{1}{2}\frac{mZ^2e^2}{\hbar^2}\frac{e^2}{n^2} = -\frac{Z^2e^2}{2a}\frac{1}{n^2} \tag{12.14}$$

e a energia do estado fundamental, para $Z = 1$, que corresponde ao potencial de ionização do átomo de hidrogênio, por

$$\epsilon_0 = -13,6 \text{ eV}$$

Desse modo, admitindo que a órbita do elétron nos estados estacionários de um átomo seja circular, e substituindo o Princípio da Correspondência pela quantização do momento angular, obtêm-se a quantização da energia e, portanto, a fórmula de Balmer. Assim, a quantização do momento angular leva à *quantização de energia*.

A teoria de Bohr estaria perfeitamente de acordo com os dados experimentais, desde que a constante R_∞ da equação (12.6) fosse exatamente igual à constante de Rydberg, R_H, o que, no entanto, não se verificava.

Se r é a distância entre o elétron de massa m e o núcleo de massa M, e x a distância do núcleo ao centro de massa do sistema, pode-se escrever (Figura 12.2)

$$x = \frac{m}{M+m}r \qquad \Longrightarrow \qquad r - x = \frac{M}{M+m}r$$

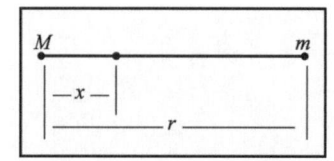

Figura 12.2: Centro de massa do sistema elétron-núcleo.

Se o elétron circular em torno do centro de massa com velocidade angular ω, o núcleo também o circulará com a mesma velocidade angular ω.

Em relação ao centro de massa, o momento angular (L) total interno do sistema é dado por

$$L = m\omega(r-x)^2 + M\omega x^2$$

Substituindo os valores de x e $r - x$ obtém-se

$$L = \frac{mM}{m+M}\omega r^2 = \mu\omega r^2 = \mu v r \tag{12.15}$$

na qual $\mu = \dfrac{mM}{M+m}$ é a massa reduzida do sistema.

Ao corrigir o postulado da quantização do momento angular para – "as órbitas permitidas são tais que o *momento angular total interno* é um múltiplo inteiro de $\hbar$" –, a teoria de Bohr estava de acordo com a espectroscopia, isto é, o valor teórico da constante

$$R_H = \frac{2\pi^2\mu e^4}{ch^3}$$

coincidia com o valor da constante de Rydberg, e, assim, Bohr conseguiu obter teoricamente a expressão de Balmer.

12.1.6 O átomo de Bohr como um oscilador harmônico

Segundo o modelo circular de Bohr, a energia de um elétron de massa m em movimento com frequência $\omega = 2\pi f$, em uma órbita de raio $r_0 = a$ e velocidade $v_0 = \omega r_0$, pode ser escrita como

$$|\epsilon_{\text{Bohr}}| = \frac{\omega L}{2} = \frac{1}{2}m\omega^2 r^2 = \frac{1}{2}mv_0^2 \tag{12.16}$$

na qual $L = mv_0 r_0$ é o momento angular orbital do elétron em relação ao núcleo.

Por outro lado, uma partícula de massa m, sujeita a uma força central do tipo $\vec{F} = -m\omega^2 \vec{r}$, oscila com frequência $f = \omega/2\pi$. A solução geral para o movimento desse oscilador, em qualquer instante t, é dada por

$$\vec{r} = \vec{r}_0 \cos\omega t \; + \; \frac{\vec{v}_0}{\omega} \operatorname{sen}\omega t$$

sendo $\vec{r}_0$ e $\vec{v}_0$, respectivamente, a posição e a velocidade iniciais da partícula, e $\vec{r}$ a posição em um instante t.

Supondo que ω, $\vec{r}_0$ e $\vec{v}_0$ possuem os mesmos valores que seus correspondentes no modelo circular de Bohr, a energia total do oscilador é dada por

$$\epsilon_{\text{osc}} = m\omega^2 r_0^2$$

Comparando com a energia do modelo de Bohr, obtém-se

$$|\epsilon_{\text{Bohr}}| = \frac{\epsilon_{\text{osc}}}{2} \qquad \Longrightarrow \qquad \omega L = \epsilon_{\text{osc}}$$

Assim, se a energia do oscilador obedece à quantização de Planck, $\epsilon_{\text{osc}} = nhf$, a energia do modelo circular de Bohr, postulada como sendo dada pela equação (12.3), pode ser escrita – comparando-se o resultado anterior com a equação (12.16) – como

$$\epsilon_{\text{Bohr}} = \frac{nhf}{2}$$

e, consequentemente, o momento angular é quantizado:

$$L = n\hbar \qquad (n = 1, 2, 3, ...)$$

12.1.7   O postulado desnecessário

Levando-se em conta o que foi visto até aqui sobre o modelo de Bohr, pode-se perguntar se esse cenário é único ou se é o mais simples. Será que Bohr poderia ter aberto mão de algum de seus postulados? Teria Bohr chegado aos mesmos resultados sem introduzir o *princípio de correspondência da frequência* – um postulado que depende, em última análise, da hipótese pouco usual de que a frequência da radiação emitida é igual à metade da frequência de revolução do elétron atômico na sua órbita final? Em um artigo de 2009, os autores argumentaram que as respostas a essas perguntas são *sim*. Mas, então, por que Bohr não adotou esse caminho alternativo?

De fato, Bohr poderia ter pensado diferente. No que diz respeito ao problema da órbita do elétron em seu modelo semiclássico, era perfeitamente possível, naquela época, explorar certos resultados clássicos, como será visto a seguir, incluindo apenas dois postulados: os elétrons descrevem órbitas estacionárias no interior do átomo (*o postulado quântico*); e a energia de *qualquer* oscilador harmônico simples é dada pela lei de quantização de Planck.

Portanto, considere, por simplicidade, o movimento circular clássico de uma carga elétrica em um plano com frequência $\omega = 2\pi f$, como indicado na Figura 12.3.[1]

O movimento circular é caracterizado por uma aceleração $a = \omega^2 r$. É bem conhecido da Acústica que esse movimento pode ser considerado uma superposição de dois osciladores harmônicos simples mutuamente perpendiculares, com amplitudes

$$\begin{cases} x = A\cos(\omega t + \theta) \\[2mm] y = A\operatorname{sen}(\omega t + \theta) \end{cases} \tag{12.17}$$

---

[1]O mesmo pode ser feito para a trajetória elíptica.

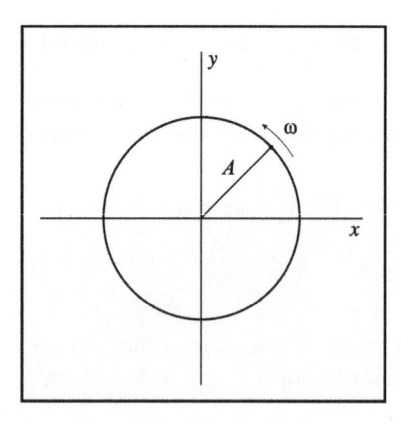

Figura 12.3: Movimento circular de uma partícula com frequência ω e raio A.

com as componentes da aceleração dadas por

$$\begin{cases} a_x = -\omega^2 A = -\omega^2 A \cos(\omega t + \theta) \\ a_y = -\omega^2 A = -\omega^2 A \operatorname{sen}(\omega t + \theta) \end{cases} \tag{12.18}$$

A energia potencial de um oscilador (na direção x) é

$$E_p = \frac{kx^2}{2} = \frac{kA^2}{2} \cos^2(\omega t + \theta) \tag{12.19}$$

com $k = m\omega^2$, e a energia cinética é

$$E_k = \frac{1}{2}mv^2 = \frac{1}{2}kA^2 \operatorname{sen}^2(\omega t + \theta) \tag{12.20}$$

Logo, a energia total de cada oscilador ($i = x, y$) é

$$E_i = E_p + E_k = \frac{1}{2}kA^2 \tag{12.21}$$

e a energia total é

$$E = E_x + E_y = kA^2 \tag{12.22}$$

Por outro lado, é sabido que, quando o movimento circular de uma partícula massiva e carregada é devido a uma força central atrativa (coulombiana), seu raio A pode ser expresso em função do momento angular e outras constantes associadas à partícula (massa e carga) como (Tabela 11.5)

$$A = \frac{L^2}{me^2} \tag{12.23}$$

Elevando o raio ao quadrado e substituindo seu valor junto com a expressão $k = m\omega^2$ na energia total, obtém-se

$$E = \frac{\omega^2 L^4}{me^4} \tag{12.24}$$

A frequência angular pode ainda ser expressa em termos do momento angular (Tabela 11.5) como

$$\omega = \frac{me^4}{L^3} \tag{12.25}$$

Portanto, pelas equações (12.24) e (12.25), chega-se à seguinte relação entre energia e momento angular:

$$E = \frac{me^4}{L^2} = L\omega \tag{12.26}$$

Esse é estritamente um resultado clássico. Nesse ponto, pode-se introduzir a quantização de Planck para a energia de ambos os osciladores harmônicos simples, $E = n\hbar\omega$, obtendo

$$E = n_1\hbar\omega + n_2\hbar\omega = (n_1 + n_2)\hbar\omega \quad \Rightarrow \quad \boxed{E = n\hbar\omega} \tag{12.27}$$

e, pela equação (12.26), segue-se a quantização do momento angular orbital

$$\boxed{L = n\hbar} \tag{12.28}$$

Note que esse resultado não depende de *qualquer* tipo de consideração sobre a transição do elétron entre duas órbitas. Apenas o movimento circular de uma *órbita estacionária* está sendo descrito pela composição formal de dois osciladores harmônicos simples de mesma frequência, e postula-se que a energia de *todo* oscilador harmônico é quantizada de acordo com a lei de quantização de Planck. Esse modo de tratar o problema do movimento do elétron no modelo semiclássico de Bohr parece mais "econômico": o postulado da frequência, dado pela equação $\nu = f/2$, ou equivalentemente o postulado da quantização do momento angular podem ser evitados.

Cabe então a questão: Por que Bohr não considerou essa possibilidade? Em primeiro lugar, simplesmente porque ele não levava muita a sério do conceito de *órbitas clássicas*. De fato, como relembra o historiador da ciência Henry Folse,

> As hoje conhecidas "órbitas dos elétrons" eram simplesmente um modo pseudoclássico de representar os estados estacionários. Embora o grau de seriedade com que Bohr tomou esse modelo aumentasse e diminuísse ao longo deste período, certamente ele só raramente foi tentado a tomar o elétron em órbita como uma descrição espaço-temporal literal da situação física dentro do sistema atômico. Além disso, ele estava alarmado com a tendência de muitos outros físicos fazerem isso.

Em um certo sentido, podemos argumentar que há uma segunda razão histórica mais forte: o fato de Bohr não ter sido capaz de perceber como introduzir a constante de Planck na descrição da matéria até que ele desenvolveu sua teoria da estrutura atômica para incluir não *um* mas *uma série* de estados estacionários, entre os quais as transições atômicas eram *descontínuas*. Essa descontinuidade era essencial para a compreensão da fórmula de Balmer, pelo menos qualitativamente. A pista relacionando teoria e experimento, como já visto, é o princípio de correspondência da frequência, o que levou a uma descrição quantitativa correta do espectro observado de átomos de hidrogênio. Portanto, a percepção de Bohr de que um sistema atômico deva ter mudanças de estado descontínuas é uma consequência necessária de sua crença de que as únicas transições possíveis são aquelas entre *estados estacionários*. *Dois* – não apenas *um* – estados são necessários (ponto 7 da lista de postulado de Whittaker, reproduzida anteriormente). Neste ponto é quase inevitável não lembrar do comentário de Dirac relativo ao ponto principal da ideia de Heisenberg de 1925, segundo o qual a teoria deve se concentrar em quantidades observadas:

> Agora, as coisas que você observa são apenas muito remotamente conectadas com as órbitas de Bohr. Então, Heisenberg disse que as órbitas de Bohr não são muito importantes. As coisas que são observadas, ou que estão estreitamente conectadas com as quantidades observadas, estão todas associadas com duas órbitas de Bohr e não apenas com uma órbita de Bohr: duas e não uma.

Essa discussão mencionada sugere que tal ponto de vista de Heisenberg não era tão estranho para Bohr doze anos antes, quando ele baseou seu modelo atômico em duas hipóteses: o *postulado da frequência* e o *princípio de correspondência da frequência*. Sua escolha parece ser muito mais filosófica que ditada por questões físicas. O raciocínio apresentado nesta Seção é uma forma alternativa para estabelecer a quantização tanto da energia e do momento angular do elétron em um *estado estacionário* sem passar por mais estados. Talvez, uma exploração desse raciocínio naquele momento poderia conduzir a uma versão da regra de quantização de Wilson-Sommerfeld, tal como sugerido na primeira palestra que Bohr deu em homenagem a C. Christiansen, publicada em 1918. De fato, em poucas palavras, foi nesse artigo que Bohr mostrou o resultado agora bem conhecido de que a lei de quantização de Planck para a energia de um oscilador harmônico unidimensional é equivalente à condição

$$\oint p \mathrm{d}q = nh$$

em que a integral é feita sobre uma oscilação completa da variável q entre seus limites e p é o *momentum* canonicamente conjugado.

Bohr chegou a essa conclusão depois de ter percebido o quanto a *hipótese adiabática*, introduzida por Ehrenfest (Seção 12.2.1) que a chamou de *princípio de transformabilidade mecânica*, poderia dar suporte à sua definição de *órbitas estacionárias*, ou, em outras palavras, como ele poderia justificar a fixação de uma série de estados atômicos *entre a contínua multitude de possíveis movimentos mecânicos*. Esse princípio, como Bohr menciona em 1918,

> *nos permite superar uma dificuldade fundamental que à primeira vista parece estar envolvida na definição de a diferença de energia entre dois estados estacionários que entra na relação $[E' - E'' = h\nu]$. De fato, nós supomos que a transição direta entre esses dois estados não pode ser descrita pela mecânica comum, enquanto, por outro lado, não possuímos meios de definir uma diferença de energia entre os dois estados se não existe nenhuma possibilidade de uma contínua ligação mecânica entre eles.*

Em suma, mostrou-se que há uma alternativa, através da qual é possível fixar não apenas a energia para a transição entre estados estacionários, mas também determiná-la, assim como o momento angular, para cada órbita estacionária.

12.1.8 Moseley, o modelo de Bohr e o número atômico

Os primeiros resultados de Moseley para as linhas espectrais α (mais intensas) emitidas por 12 elementos diferentes foram apresentados na Seção 8.2.4 e podem ser resumidos pela equação (8.26)

$$\sqrt{\nu} = k \left(Z - \sigma \right)$$

A constante universal k é expressa por Moseley como

$$k = \sqrt{\frac{3}{4}\nu_0}$$

a qual se relaciona à constante de Rydberg pela equação $R_H = \nu_0/c$, donde

$$k = \sqrt{\frac{3}{4}cR_H}$$

Ficou evidente, desde o início de sua pesquisa, que a quantidade

$$\sqrt{\frac{\nu}{3\nu_0/4}}$$

aumenta sempre de um valor constante ao se passar de um elemento químico ao próximo, seguindo a ordem da Tabela Periódica. Com exceção do Co e do Ni, essa ordem também era a dos pesos atômicos. Nas palavras de Moseley, *temos aqui uma prova de que existe no átomo uma quantidade fundamental que aumenta a passos regulares quando se passa de um elemento para o próximo. Esta quantidade só pode ser a carga do núcleo central positivo, de cuja existência já temos prova definitiva.*

A partir do espalhamento de partículas α pelo átomo nuclear, Rutherford havia mostrado que essa quantidade fundamental à qual Moseley se refere é aproximadamente $A/2$, sendo A o peso atômico. Por outro lado, como já mencionado, Barkla havia compreendido, a partir do espalhamento de raios X, que o número de elétrons em um átomo seria aproximadamente $A/2$. Ambos os resultados são compatíveis com a ideia de átomo eletricamente neutro. Sabendo que o peso atômico dos elementos cresce, em média, de duas unidades por vez, isso sugere fortemente que o número atômico cresça de uma unidade ao se passar de um átomo para o seguinte, correspondendo a uma unidade eletrônica. Assim, Moseley conclui:

Somos, portanto, levados pela experiência à visão de que Z é o mesmo que o número do lugar ocupado pelo elemento no sistema periódico [de Mendeleiev]. Este número atômico é, portanto, 1 para o H, *2 para o* He, *3 para o* Li *(...) 20 para o* Ca *(...) 30 para o* Zn *etc.*

Desta forma, Moseley confirma a regra estabelecida pelo físico holandês Antonius Johannes van den Broek, segundo a qual *o número serial de todo elemento na sequência ordenada pelo peso atômico crescente é igual à metade do peso atômico e, portanto, à carga interatômica*. Na verdade, pôr a prova esta regra foi a motivação original dos trabalhos de Moseley sobre os espectros de raios X.

Para compreender toda essa regularidade, Moseley recorreu ao modelo atômico de Bohr. Por volta de 1912, havia evidências de que as linhas dos espectros de raios X corresponderiam a transições de elétrons entre as órbitas mais internas do átomo. Moseley, como Bohr, admite que estes elétrons estão em movimento circular uniforme e, portanto, a velocidade angular ω e o raio da órbita relacionam-se pela equação

$$m\omega^2 r = \frac{e^2}{r^2}\left(Z - \sigma_n\right) \tag{12.29}$$

na qual Z é o número atômico e σ_n (às vezes chamado de *constante de blindagem*), um termo devido à influência dos demais elétrons do anel considerada pequena, mas dominante em relação àqueles devidos aos elétrons de outros anéis. O fator $Q = (Z - \sigma_n)$ não é outra coisa senão o número efetivo de unidades eletrônicas de cargas do núcleo na aproximação considerada.

Com a validade da equação (12.29), ao se passar de um elemento de número atômico Z para outro de $Z + 1$, o número de elétrons no anel central permanece inalterado,

$$(\omega^2 r^3)_{Z+1} - (\omega^2 r^3)_Z = \text{constante} \tag{12.30}$$

Por outro lado, Moseley mostrou experimentalmente que

$$\nu_{Z+1}^{1/2} - \nu_Z^{1/2} = \text{constante} \tag{12.31}$$

Combinando as equações (12.30) e (12.31), tem-se

$$\frac{\omega^2 r^3}{\sqrt{\nu}} = \text{constante}$$

Considerando o princípio da correspondência de Bohr, Moseley admite que $\nu \propto \omega$, donde se obtém que

$$(\omega^{1/2} r)^3 = \text{constante} \quad \Rightarrow \quad \omega r^2 = \text{constante}$$

ou, equivalentemente, o momento angular do elétron é constante,

$$L = m\omega r^2 = \text{constante}$$

para *todos* os diferentes átomos. Tem-se, assim, uma comprovação experimental a partir de técnicas de raios X da constância de L proposta por Nicholson e Bohr.

A frequência de transição de um elétron entre uma órbita n_i e outra n_f é obtida por Moseley, em termos da carga efetiva $Q = (Z - \sigma)$, de forma análoga à equação (12.6),

$$\nu = cR_{_H}Q^2 \left(\frac{1}{n_f^2} - \frac{1}{n_i^2} \right) \qquad (12.32)$$

Considerando a transição correspondente a $n_i = 1$ e $n_f = 1$, obtém-se

$$\nu = \frac{3}{4}cR_{_H}(Z - \sigma)^2$$

a ser comparada com o quadrado da expressão da lei de Moseley,

$$\nu = \frac{3}{4}\nu_{_0}(Z - \sigma)^2$$

Sobre o acordo numérico entre as constantes multiplicativas das duas últimas equações, Moseley fez o seguinte comentário:

> *O acordo numérico entre os valores experimentais e aqueles calculados por uma teoria concebida para explicar o espectro ordinário do hidrogênio é notável, pois os comprimentos de onda envolvidos nos dois casos diferem aproximadamente de um fator 2 000.*

Em seu trabalho seguinte, publicado em 1914, Moseley investiga sistematicamente mais de 30 outros elementos, encontrando novamente leis simples para descrever seus resultados. Na Figura 12.4 vê-se que os valores de $\sqrt{\nu}$ para todas as linhas tanto da série K quanto da série L estão sobre curvas regulares que se aproximam muito de linhas retas, mostrando a dependência linear entre $\sqrt{\nu}$ e o número atômico Z.

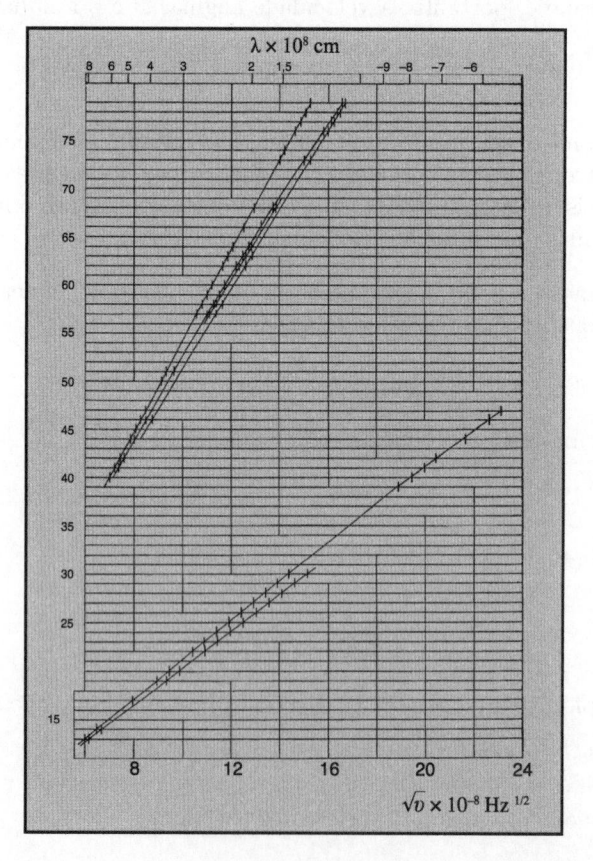

Figura 12.4: Gráfico da relação entre a raiz quadrada da frequência das linhas espectrais da série K e os números atômicos de diversos elementos.

Os resultados precisos de Moseley podem ser resumidos como ele próprio conclui o artigo de 1914:

1) *Todo elemento, do alumínio ao ouro, é caracterizado por um inteiro Z que determina seu espectro de raios X. Todo detalhe no espectro de um elemento pode, portanto, ser predito a partir dos espectros de seus vizinhos;*

2) *Esse inteiro Z, o número atômico do elemento, é identificado como o número de unidades positivas de eletricidade contidas no núcleo atômico;*

3) *Os números atômicos de todos os elementos de* Al *ao* Au *foram tabulados com a hipótese de que Z = 13 para o* Al;

4) *A ordem dos números atômicos é a mesma daquela dos pesos atômicos, exceto quando o último não está de acordo com a ordem das propriedades químicas;*

5) *Os elementos conhecidos correspondem a todos os números entre 13 e 79, com exceção de três. Há aqui três possíveis elementos ainda não descobertos;*

6) *A frequência de toda linha no espectro de raios X é aproximadamente proporcional a $A(Z - b)^2$, sendo A e b constantes.*

Os elementos háfnio (Hf), com $Z = 72$, e rênio (Re), com $Z = 75$, foram descobertos a partir de análises de raios X, respectivamente, em 1923 e 1925.

O fato de a posição de um elemento na Tabela Periódica estar mais diretamente relacionada ao *número atômico* do que ao *peso atômico* mostra, claramente, que as propriedades químicas são diretamente relacionadas à carga nuclear e não são determinadas pela magnitude do peso atômico, como acreditava Mendeleiev. Talvez por isso Rutherford, em 1917, tenha comparado a contribuição científica de Moseley à de Mendeleiev, não sem razão.

O gráfico do potencial de ionização dos átomos, ou seja, a energia necessária para retirar um elétron do átomo em função do número atômico (Figura 12.5), assim como o gráfico de Meyer (Figura 2.9), evidencia a periodicidade dos elementos químicos.

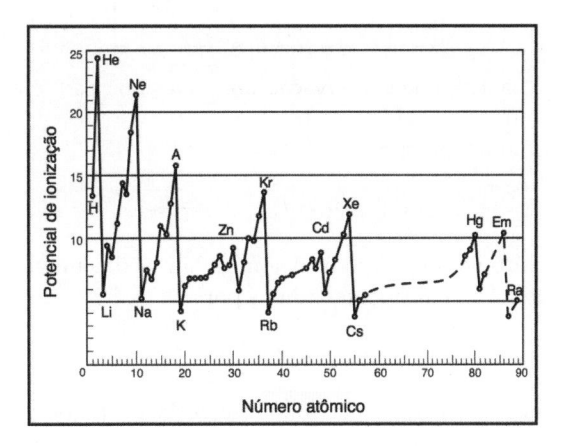

Figura 12.5: Gráfico do potencial de ionização dos átomos em função do número atômico.

12.1.9 O efeito Doppler

Para se interpretar o efeito Doppler (Seção 6.5.8) do ponto de vista corpuscular, deve-se analisar o processo elementar da emissão de um fóton de frequência ν, por um átomo-fonte, de massa M, que se move com uma velocidade $v_1 = u$, *momentum* $p_1 = Mv_1$ e energia ϵ_1, aplicando, de modo idêntico ao efeito Compton (Seção 10.3.3), a conservação de *momentum* e de energia.

Sejam v_2, $p_2 = Mv_2$ e ϵ_2, respectivamente, a velocidade, o *momentum* e a energia do átomo, após ter emitido um fóton de energia ϵ_γ e *momentum* $p_\gamma = \epsilon_\gamma/c$ no ponto O da Figura 12.6.

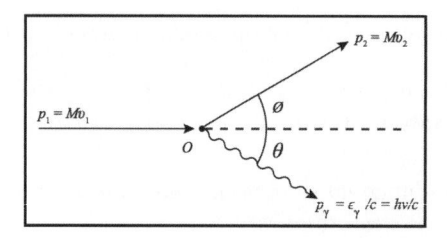

Figura 12.6: Diagrama de conservação do *momentum* para o efeito Doppler, considerando a luz como composta de fótons.

De acordo com a Figura 12.7, a conservação de *momentum*, $\vec{p}_1 = \vec{p}_2 + \vec{p}_\gamma$, pode ser expressa como

$$\begin{cases} p_2^2 = p_1^2 + p_\gamma^2 - 2p_1 p_\gamma \cos\theta \\ \qquad\Downarrow \\ (Mv_2)^2 = (Mv_1)^2 + \left(\dfrac{\epsilon_\gamma}{c}\right)^2 - 2Mv_1\dfrac{\epsilon_\gamma}{c}\cos\theta \end{cases}$$

Assim, a variação da energia cinética $(\Delta\epsilon_c)$ do átomo pode ser escrita como

$$\frac{1}{2}Mv_2^2 - \frac{1}{2}Mv_1^2 = \frac{\epsilon_\gamma^2}{2Mc^2} - v_1\frac{\epsilon_\gamma}{c}\cos\theta = \Delta\epsilon_c \tag{12.33}$$

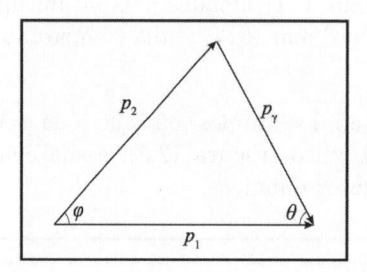

Figura 12.7: Diagrama de conservação do *momentum* para o efeito Doppler.

Por outro lado, a conservação de energia,

$$\epsilon_{c1} + \epsilon_1 = \epsilon_{c2} + \epsilon_2 + \epsilon_\gamma$$

sendo ϵ_1 a energia de Bohr do átomo no estado estacionário antes da emissão e ϵ_2 a energia em seu estado final, implica que a energia do fóton emitido seja dada por

$$\epsilon_\gamma = (\epsilon_1 - \epsilon_2) + (\epsilon_{c1} - \epsilon_{c2})$$

O termo $(\epsilon_1 - \epsilon_2)$ é a diferença de energia do átomo entre dois estados estacionários e corresponderia, segundo os postulados de Bohr, à energia $h\nu$ do fóton no referencial do átomo. O segundo termo, $(\epsilon_{c1} - \epsilon_{c2}) = -\Delta\epsilon_c$, corresponde à correção da energia do fóton $(\Delta\epsilon_\gamma)$ devida ao efeito Doppler, ou seja,

$$\Delta\epsilon_\gamma = h\Delta\nu = \Delta\epsilon_c \tag{12.34}$$

Comparando-se as equações (12.33) e (12.34) e lembrando-se de que $v_1 = u$, pode-se expressar a variação relativa da frequência como

$$\frac{\Delta\epsilon_\gamma}{\epsilon_\gamma} = \frac{\Delta\nu}{\nu} = \frac{u}{c}\cos\theta - \frac{h\nu}{2Mc^2} \tag{12.35}$$

A equação (12.35) deve ser comparada com a equação (10.16), deduzida a partir da teoria ondulatória clássica. O segundo termo do lado direito da equação (12.35), por exemplo, para a radiação emitida na região do violeta ($h\nu \sim 2$ eV) por um átomo de hidrogênio ($2Mc^2 \sim 2$ GeV), é da ordem de 10^{-9}. Como o processo não é relativístico, o valor máximo do primeiro termo, u/c, não pode ser grande. Com efeito, para átomos de um gás de hidrogênio, cujas velocidades são distribuídas segundo a distribuição de Maxwell, a velocidade eficaz devida à agitação térmica é da ordem de $\sqrt{2kT/M}$ e, portanto, $u/c \simeq 10^{-5}$. Esses valores, que diferem de um fator 10^{-4}, justificam por que, em primeira aproximação, pode-se considerar a energia do fóton emitido como

$$\epsilon_\gamma = h\nu \left(1 + \frac{\Delta\nu}{\nu}\right) \simeq h\nu$$

e representar a transição entre dois níveis de energia do átomo em movimento pelo diagrama da Figura 12.8, considerando a energia do fóton como $h\nu = \epsilon_1 - \epsilon_2$, de acordo com os postulados de Bohr, válidos para o átomo em repouso.

Do ponto de vista experimental, o efeito Doppler é responsável pela não monocromaticidade da luz emitida por um átomo.

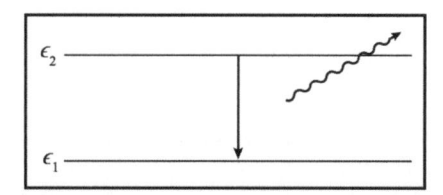

Figura 12.8: Diagrama de emissão de um fóton entre dois níveis atômicos.

12.2 A velha Mecânica Quântica

Pergunta-se se não é necessário introduzir nas leis naturais descontinuidades, não aparentes, mas essenciais (...).

Henri Poincaré

12.2.1 Os invariantes adiabáticos

Na procura de estender os procedimentos ou as regras de quantização para outros sistemas atômicos que não o átomo de hidrogênio, Ehrenfest, em 1917, generaliza a regra de quantização do momento angular para os chamados *invariantes adiabáticos*.

Um invariante adiabático é um parâmetro que resulta da combinação de outras grandezas associadas a um sistema, que permanece constante se outros parâmetros variam "lentamente" durante a evolução do sistema.

Para sistemas mecânicos periódicos, com um grau de liberdade cuja frequência é ν, um invariante adiabático é dado por

$$2\frac{\langle \epsilon_c \rangle}{\nu}$$

na qual $\langle \epsilon_c \rangle$ é o valor médio temporal da energia cinética do sistema.

Por exemplo, seja um oscilador harmônico simples de massa m e frequência angular ω, cuja energia (ϵ) é dada por

$$\epsilon = \underbrace{\frac{1}{2}mv^2}_{\epsilon_c} + \underbrace{\frac{1}{2}m\omega^2 x^2}_{\epsilon_p} = \frac{1}{2}kA^2 \tag{12.36}$$

sendo $\omega^2 = k/m$, k é a constante elástica, x e v, a posição e velocidade e A, a amplitude do movimento, a energia média é dada por

$$\langle \epsilon \rangle = \epsilon = \langle \epsilon_c \rangle + \langle \epsilon_p \rangle = 2\langle \epsilon_c \rangle = 2\langle \epsilon_p \rangle$$

Se as propriedades elásticas do oscilador variarem lentamente, pode-se expressar a energia como

$$\epsilon' = \epsilon + \Delta\epsilon$$

em que $\Delta\epsilon = \frac{1}{2}\Delta k\, A^2$. Assim,

$$\frac{\Delta\epsilon}{\epsilon} = \frac{1}{2}\frac{\Delta k}{k} = \frac{1}{2}\frac{\Delta\omega}{\omega} = \frac{1}{2}\frac{\Delta\nu}{\nu}$$

implica que a quantidade

$$\frac{\epsilon}{\nu} = \text{constante} = 2\frac{\langle \epsilon_c \rangle}{\nu}$$

denominada invariante adiabático permanece constante com relação às variações lentas de k.

Logo, a regra de quantização postulada por Planck para um oscilador harmônico

$$\epsilon = nh\nu \qquad (n = 1, 2, ...)$$

é equivalente à hipótese de que o invariante adiabático é quantizado e dado por

$$2\frac{\langle \epsilon_c \rangle}{\nu} = nh \qquad (n = 1, 2, ...)$$

Por outro lado, uma vez que a equação (12.36) para a energia pode ser expressa, em termos do *momentum*, como

$$\frac{x^2}{2\epsilon/m\omega^2} + \frac{p^2}{2m\epsilon} = 1$$

ou ainda como

$$\frac{x^2}{a^2} + \frac{p^2}{b^2} = 1 \tag{12.37}$$

a trajetória do oscilador no plano de fase (x, p) é uma elipse (Figura 10.1), em que os semieixos são dados por

$$\begin{cases} a = \sqrt{2\epsilon/m\omega^2} \\ b = \sqrt{2m\epsilon} \end{cases}$$

Desse modo, a área da elipse dada por

$$I = \oint p\,\mathrm{d}x = \pi ab = 2\pi\frac{\epsilon}{\omega} = \frac{\epsilon}{\nu}$$

é quantizada e, devido à quantização de energia de um oscilador, é dada por

$$I = \oint p\,\mathrm{d}x = nh \qquad (n = 1, 2, ...) \tag{12.38}$$

Essa quantidade, que tem a dimensão de momento angular, é genericamente denominada *variável de ação*.

12.2.2   A regra de quantização de Wilson-Sommerfeld

Ainda seguindo a linha de tentar "salvar" a Física Clássica e conseguir um argumento teórico favorável aos postulados de Bohr, em 1915 e 1916, o inglês William Wilson e o professor alemão Arnold Sommerfeld, independentemente, generalizaram os postulados de quantização de Planck, Bohr e Ehrenfest, propondo que:

Se uma das coordenadas (q) que descrevem um sistema é periódica e dependente do tempo, a integral do momentum (p_q), conjugado a essa coordenada, sobre o período, é um múltiplo da constante de Planck.

$$\oint p_q\,\mathrm{d}q = n_q h \qquad\qquad (n_q = 1, 2, ...) \qquad\qquad (12.39)$$

Ou seja, estendendo os procedimentos de quantização para outros sistemas periódicos, Sommerfeld e Wilson postulam que as energias dos estados estacionários são aquelas que correspondem às órbitas clássicas, para as quais a condição de quantização da variável de ação é satisfeita.

A partir da equação (12.39), as regras de quantização de Bohr e Planck resultam como casos particulares.

- **o modelo circular de Bohr**

Considere um elétron de massa m que se move com velocidade angular constante, em uma órbita circular de raio r; a posição da partícula pode ser determinada pelas coordenadas polares r e θ. Suas dependências com o tempo são mostradas na Figura 12.9.

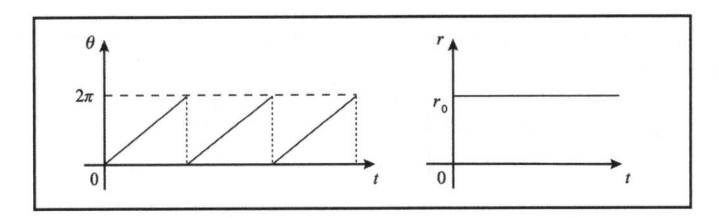

Figura 12.9: Dependência temporal das variáveis polares de um elétron atômico no caso de uma órbita circular.

O *momentum* associado à coordenada polar θ é o momento angular

$$L = mr^2\dot\theta = mr^2\omega = \text{constante}$$

e o *momentum* associado à coordenada radial é nulo, pois

$$r = \text{constante} \qquad \Longrightarrow \qquad \mathrm{d}r/\mathrm{d}t = 0$$

Aplicando-se a regra de Wilson-Sommerfeld para a coordenada θ, obtém-se

$$\oint L\,\mathrm{d}\theta = L\int_0^{2\pi} \mathrm{d}\theta = n_\theta h \qquad (n_\theta = 1, 2, ...)$$

donde

$$2\pi L = n_\theta h \qquad \Longrightarrow \qquad L = n_\theta \hbar \qquad (n_\theta = 1, 2, ...)$$

que é a regra de quantização do momento angular de Bohr.

- **o oscilador harmônico de Planck**

Considerando-se uma partícula de massa m que executa um movimento harmônico simples com frequência ν, tal que sua posição (x) varia com o tempo segundo a expressão

$$x = A \operatorname{sen} 2\pi\nu t \qquad \Longrightarrow \qquad \dot{x} = 2\pi\nu A \cos 2\pi\nu t$$

o *momentum* associado é dado por

$$p = m\dot{x} = m(2\pi\nu)A \cos 2\pi\nu t$$

Aplicando-se a regra de quantização de Wilson-Sommerfeld,

$$\oint p \, \mathrm{d}x = m(2\pi\nu)A \oint \cos 2\pi\nu t \, \mathrm{d}x = n_x h \qquad (n_x = 1, 2, ...)$$

Expressando-se $\cos \omega t$ em função de x e integrando-se, obtém-se

$$\oint p \, \mathrm{d}x = m(2\pi^2\nu)A^2 = n_x h \qquad (n_x = 1, 2, ...) \tag{12.40}$$

Uma vez que a energia (ϵ) total do oscilador harmônico é dada por

$$\epsilon = \frac{1}{2} \, m(2\pi\nu)^2 A^2$$

obtém-se a regra de quantização de Planck,

$$\frac{\epsilon}{\nu} = nh \qquad \Longleftrightarrow \qquad \epsilon = nh\nu \qquad (n = 1, 2, ...)$$

- **o poço de potencial infinito**

O movimento de uma partícula sob a ação de um campo de forças singular tal que a energia potencial (ϵ_P) seja do tipo

$$\epsilon_P(x) = \begin{cases} \infty & x < 0, \ x > a \\[2mm] 0 & 0 < x < a \end{cases}$$

é unidimensional, e, enquanto a partícula se move dentro do "poço de potencial" $(\epsilon_P = 0)$, no sentido $+x$, seu *momentum* linear p permanece constante e passa a $-p$ após a partícula ser refletida na parede $(\epsilon_P = \infty)$, quando se move então no sentido $-x$.

Aplicando-se a regra de quantização de Wilson-Sommerfeld,

$$\oint p \, \mathrm{d}x = 2p \int_0^a \mathrm{d}x = nh \qquad (n = 1, 2, ...)$$

resulta que os níveis de energia associados ao movimento da partícula são dados por

$$p_n = \frac{nh}{2a} \qquad \Longrightarrow \qquad \epsilon_n = \frac{p_n^2}{2m} = \frac{n^2 h^2}{8ma^2} \qquad (n = 1, 2, ...)$$

Esses são os valores de energia possíveis para uma partícula em um poço de potencial (Capítulo 15).

12.2.3   A estrutura fina dos espectros atômicos

Com o aperfeiçoamento da espectroscopia, verificou-se que cada raia do espectro de hidrogênio era formada por raias bem mais finas, que distam uma das outras o equivalente a 10^{-4} vezes a distância entre duas raias adjacentes; é o que se chama *estrutura fina* do átomo de hidrogênio (Figura 12.10).

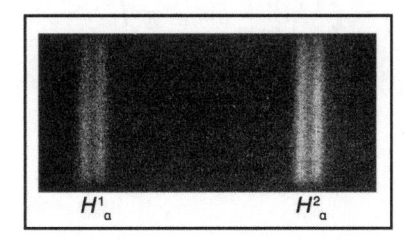

Figura 12.10: Exemplo da estrutura fina do átomo de hidrogênio.

Inicialmente, Sommerfeld tentou explicar o fenômeno restabelecendo o modelo mais geral de Bohr, considerando que um elétron poderia descrever órbitas elípticas. Entretanto, como o elétron, descrevendo uma órbita elíptica, explicaria a estrutura fina do hidrogênio?

Como visto no modelo de Bohr, a energia ou a frequência do elétron está associada a um único número quântico. No entanto, a cada raia da estrutura fina está associada uma energia diferente; caso contrário, se teria uma única raia. Assim, a energia do elétron em um estado quântico deveria ter associada a ela um segundo número quântico que permitiria distinguir dentro de uma raia a estrutura fina do hidrogênio. Portanto, a órbita elíptica introduziria este segundo número quântico, que se originaria da regra de quantização de Wilson-Sommerfeld ligada à componente radial. No caso da órbita circular, esse número quântico, n_r, é nulo, visto que o raio da órbita é constante, o que não mais acontece na órbita elíptica.

Sommerfeld calculou, então, a forma e o tamanho da órbita elíptica, assim como a energia do elétron se movendo em tal órbita, utilizando as equações da Mecânica Clássica (Seção 11.4.4).

Aplicando-se as condições de quantização de Wilson-Sommerfeld às coordenadas r e θ, correspondentes aos momentos conjugados p_r e L, obtém-se

$$\oint p_r \, \mathrm{d}r = n_r h \tag{12.41}$$

$$\oint L \, \mathrm{d}\theta = n_\theta h \tag{12.42}$$

Uma vez que L é uma constante do movimento, da equação (12.42) segue-se o resultado já conhecido $L = n_\theta h$.

Para resolver a equação (12.41), pode-se expressar a coordenada r em função de θ. Sabendo-se que $p_r = m\mathrm{d}r/\mathrm{d}t$, segundo a equação (11.20), a relação entre os operadores $\mathrm{d}/\mathrm{d}t$ e $\mathrm{d}/\mathrm{d}\theta$ pode ser escrita como

$$\frac{\mathrm{d}}{\mathrm{d}t} = \frac{L}{mr^2} \frac{\mathrm{d}}{\mathrm{d}\theta}$$

Assim,

$$p_r \mathrm{d}r = \frac{L}{r^2} \frac{\mathrm{d}r}{\mathrm{d}\theta} \, \mathrm{d}r = \frac{L}{r^2} \frac{\mathrm{d}r}{\mathrm{d}\theta} \frac{\mathrm{d}r}{\mathrm{d}\theta} \, \mathrm{d}\theta = L \left(\frac{1}{r} \frac{\mathrm{d}r}{\mathrm{d}\theta} \right)^2 \mathrm{d}\theta$$

Invertendo-se a equação da órbita, equação (11.24),

$$r = \frac{L^2/(m|\alpha|)}{(1 - \xi \cos\theta)}$$

em que aqui $|\alpha| = Ze^2$ e a fase inicial $\theta_o = 0$. Logo,

$$\frac{dr}{d\theta} = -\left[L^2/(m|\alpha|)\right]\frac{\xi \,\text{sen}\,\theta}{(1 - \xi \cos \theta)^2}$$

donde

$$\oint p_r\, dr = \int_0^{2\pi} L\left[\frac{1}{r}\frac{dr}{d\theta}\right]^2 d\theta = L\int_0^{2\pi}\left[\frac{\xi\,\text{sen}\,\theta}{1 - \xi\cos\theta}\right]^2 d\theta$$

Como o integrando é uma função par, pode-se calcular a integral

$$I = \oint p_r\, dr = 2L\int_0^{2\pi}\left[\frac{\xi\,\text{sen}\,\theta}{1 - \xi\cos\theta}\right]^2 d\theta$$

fazendo a mudança de variável $t = \text{tg}(\theta/2)$ e reescrevendo-a como

$$I = 16\xi^2\int_0^\infty\left[\frac{t^2}{(1+t^2)(at^2+b)^2}\right]dt$$

sendo $a = 1 + \xi$ e $b = 1 - \xi$. Utilizando-se o método das frações parciais, pode-se escrever

$$\frac{t^2}{(1+t^2)(at^2+b)^2} = \frac{At+B}{(1+t^2)} + \frac{Ct+D}{(at^2+b)^2} + \frac{Ft+E}{(at^2+b)}$$

Um algebrismo direto permite determinar que

$$A = C = F = 0;\quad B = -\frac{1}{4\xi^2};\quad E = \frac{1+\xi}{4\xi^2};\quad D = -\frac{2\xi(1-\xi)}{4\xi^2}$$

Assim,

$$I = 4\left(-\int_0^\infty\frac{dt}{1+t^2} - \frac{2\xi(1-\xi)}{(1+\xi)^2}\int_0^\infty\frac{dt}{(t^2+k^2)^2} + \int_0^\infty\frac{dt}{t^2+k^2}\right)$$

ou

$$I = -4I_1 - \frac{8e(1-\xi)}{(1+\xi)^2}I_2 + 4I_3$$

com

$$k = \sqrt{\frac{b}{a}} = \left(\frac{1-\xi}{1+\xi}\right)^2$$

que deve ser um número positivo para a órbita elíptica, para a qual $\xi < 1$.

A primeira integral é simplesmente

$$I_1 = \frac{1}{2}\int_0^\pi d\theta = \frac{\pi}{2}$$

As integrais I_2 e I_3 podem ser reduzidas a uma integral do tipo I_1 fazendo-se $t = k\,\text{tg}\theta/2$, do que resulta

$$I_2 = \frac{\pi}{2k}\quad\text{e}\quad I_3 = \frac{\pi}{4k^3}$$

Logo,

$$I = -2\pi + \frac{2\pi}{k} - 2\pi\frac{\xi(1-\xi)}{(1+\xi)^2}\frac{1}{k^3}$$

Substituindo o valor de k,

$$I = 2\pi\left[-1 + \left(\frac{1+\xi}{1-\xi}\right)^{1/2} - \frac{\xi(1-\xi)}{(1+\xi)^2}\left(\frac{1+\xi}{1-\xi}\right)^{3/2}\right]$$

ou ainda

$$I = 2\pi\left[(1-\xi^2)^{-1/2} - 1\right]$$

Portanto, o resultado procurado é

$$\oint p_r \, dr = 2\pi L \left[(1 - \xi^2)^{-1/2} - 1 \right] = n_r h$$

mas $2\pi L = n_\theta h$, e, assim,

$$n_r = n_\theta \left[(1 - \xi^2)^{-1/2} - 1 \right] \quad \Longrightarrow \quad n_r + n_\theta = n_\theta \left(1 - \xi^2 \right)^{-1/2}$$

Substituindo-se o valor da excentricidade, dado pela equação (11.23), em função da energia, obtém-se

$$n_r + n_\theta = \frac{n_\theta}{\left[-\dfrac{2L^2 \epsilon}{mZ^2 e^4} \right]^{1/2}}$$

ou

$$(n_r + n_\theta)^2 = \frac{n_\theta^2}{\left[-\dfrac{2L^2 \epsilon}{mZ^2 e^4} \right]}$$

donde

$$\epsilon = -\frac{n_\theta^2 m Z^2 e^4}{(n_r + n_\theta)^2 2L^2}$$

Levando-se em conta que $L = n_\theta \hbar$, pode-se escrever, finalmente,

$$\epsilon_n = -\frac{mZ^2 e^4}{2n^2 \hbar^2} \qquad n = n_r + n_\theta \qquad\qquad (12.43)$$

Na realidade, como já foi visto, deve-se utilizar a massa reduzida do elétron e do núcleo, então a equação (12.43) se escreve como

$$\epsilon_n = -\frac{\mu Z^2 e^4}{2n^2 \hbar^2} \qquad n = n_r + n_\theta \qquad\qquad (12.44)$$

Costuma-se chamar $n = n_r + n_\theta$ de número quântico principal, enquanto n_r é o número quântico devido à quantização do *momentum* relacionado à coordenada radial, e n_θ – às vezes chamado de número quântico secundário – é devido à quantização do momento angular.

Para $n_r = 0$, a equação (12.44) torna-se idêntica à equação prevista pelo modelo de Bohr, levando em conta a massa reduzida e uma órbita circular. A energia da órbita circular é denotada por ϵ_0. Para todos os outros casos em que $n_r \neq 0$, com $\epsilon < 0$, tem-se uma órbita elíptica.

Os possíveis valores de n_r, n_θ e n são os seguintes:

$$n_r = 0, 1, 2, \ \cdots, (n - 1)$$
$$n_\theta = n, (n - 1), \ \cdots, 1$$
$$n = 1, 2, 3, \cdots$$

A partir da equação (12.44), pode-se concluir que, apesar de o elétron poder descrever diferentes órbitas para um dado número quântico n, a energia dessas órbitas é a mesma, pois só depende do quadrado de n.

Para explicar a estrutura fina, a energia deveria ser função de n_r e n_θ, mas não como uma soma ao quadrado, pois, neste caso, não importa qual seja a órbita descrita pelo elétron, a energia dependerá apenas de n^2 e, portanto, será a mesma para um conjunto de valores de (n_r, n_θ). Sendo assim, esse modelo não relativístico de órbitas elípticas ainda não explica a estrutura fina do hidrogênio. Mostrou-se que a energia total do elétron só depende de um único número inteiro, n. As várias órbitas caracterizadas por um mesmo número quântico n são ditas *degeneradas*. As energias de diferentes estados *se degeneram* em uma mesma energia total.

A solução encontrada por Sommerfeld foi a correção relativística de seu modelo.

12.2.4   A teoria relativística de Sommerfeld

Ao tratar o "movimento de Kepler" de um elétron em uma dada órbita atômica usando a Relatividade Restrita (Capítulo 6), Sommerfeld conseguiu remover a degenerescência da energia dos elétrons, que foi discutida na seção anterior. A correção relativística da massa do elétron é da ordem de $(v/c)^2$, mas, apesar de esse fator ser da ordem de 10^{-4}, a correção é justamente da ordem de grandeza necessária para explicar a estrutura fina do espectro do hidrogênio.

Considerando que a massa (M) de um núcleo de carga $+Ze$ é muito maior que a massa (m) de um elétron, pode-se desprezar o movimento relativo do núcleo e considerá-lo a origem de um sistema de coordenadas polares r e θ. A equação da órbita obtida por Sommerfeld foi

$$\frac{1}{r} = \text{constante} + A\cos\gamma\theta \tag{12.45}$$

que difere do valor encontrado para o caso não relativístico do movimento de Kepler, equação (11.24), pelo fator

$$\gamma = [1 - Z^2 e^4 / p^2 c^2]^{1/2}$$

definido convenientemente, que tende à unidade no caso não relativístico.

Com a equação (12.45), verifica-se que as órbitas não são mais elipses fechadas (Figura 12.11). De fato, admitindo-se que, para $\theta = 0$, a posição inicial do elétron é no periélio, a órbita alcança seu próximo periélio não mais quando $\theta = 2\pi$, e sim quando $\gamma\theta = 2\pi$, donde $\theta = 2\pi/\gamma > 2\pi$. O deslocamento angular do movimento será, então,

$$\Delta\theta = \frac{2\pi}{\gamma} - 2\pi$$

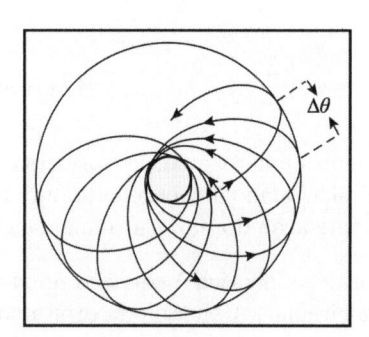

Figura 12.11: Representação da trajetória de um elétron orbital em relação ao núcleo, levando-se em conta a correção relativística para o seu movimento, que implica uma elipse em precessão, formando a figura conhecida como rosácea.

A aplicação da regra de quantização de Wilson-Sommerfeld a este problema foi feita por Sommerfeld utilizando o formalismo de Hamilton-Jacobi da Mecânica Clássica e não será reproduzida aqui.

O que é importante chamar a atenção é que o resultado assim obtido para a frequência de transição do elétron entre duas órbitas indicadas por 1 e 2 é dado por

$$\nu = \frac{mc^2}{h}\left\{\left[1 + \frac{\alpha^2 Z^2}{[n_r + \sqrt{n_\theta^2 - \alpha^2 Z^2}]^2}\right]_{(1)}^{-1/2} - \left[1 + \frac{\alpha^2 Z^2}{[n_r + \sqrt{n_\theta^2 - \alpha^2 Z^2}]^2}\right]_{(2)}^{1/2}\right\} \tag{12.46}$$

na qual os subíndices 1 e 2 significam que n_r e n_θ assumirão os valores relativos às órbitas 1 e 2, e $\alpha = e^2/\hbar c$ é a chamada *constante de estrutura fina*. A novidade trazida por este resultado é que, ao contrário do caso não relativístico, a expressão acima para a frequência não depende apenas da soma de n_r e n_θ, donde se pode afirmar que *a estrutura fina dos espectros atômicos é explicada pela correção relativística da massa do elétron*.

Para Z pequeno (H, He$^+$, Li^{++}, ...), uma boa aproximação para ν é obtida expandindo-se os colchetes $[\ ]_{(1)}$ e $[\ ]_{(2)}$ da equação (12.46) em potências da pequena quantidade α^2 e considerando-se apenas os dois primeiros termos da expansão. Para valores de Z um pouco maiores deve-se ainda considerar o terceiro termo da expansão, obtendo-se assim

$$\nu_n = R_\infty Z^2 \left[\frac{1}{n^2} + \frac{\alpha^2 Z^2}{n^4} \left(\frac{n}{n_\theta} - \frac{3}{4} \right) \right] \qquad (n = 1, 2, ...)$$

ou $\epsilon_n = -h\nu_n$, visto que, para um estado ligado, $\epsilon < 0$. Introduzindo a massa reduzida no lugar da massa do elétron, por motivos já mencionados, obtém-se a equação da energia de um elétron de um átomo leve, em uma órbita representada por (n, n_θ),

$$\boxed{\epsilon_{n,n_\theta} = \underbrace{-\frac{\mu Z^2 e^4}{2n^2 \hbar^2}}_{\epsilon_n} \left[1 + \frac{\alpha^2 Z^2}{n} \left(\frac{1}{n_\theta} - \frac{3}{4n} \right) \right]} \qquad (12.47)$$

sendo $n = n_r + n_\theta$.

A teoria de Bohr-Sommerfeld ficou conhecida como "a velha teoria quântica", e conseguiu reproduzir, de maneira satisfatória, muitos dos resultados experimentais da época. Entretanto, o próprio Bohr fez diversas críticas para mostrar a necessidade de uma "nova teoria" capaz de explicar os fenômenos atômicos: a *Mecânica Quântica*.

Entre essas críticas, as principais eram:

(i) as regras de quantização foram adicionadas à Física Clássica sem nenhuma ligação lógica;

(ii) a teoria só descreve o comportamento de sistemas físicos cujas grandezas dinâmicas variam periodicamente;

(iii) a teoria só é aplicável com sucesso aos átomos de um elétron.

12.3 De que é feito o núcleo atômico?

> *A teoria nuclear da estrutura atômica (...) envolve a necessidade de uma grande energia armazenada no átomo e lança uma luz interessante sobre a natureza das mudanças que um átomo radioativo sofre sob transformação.*
>
> James Chadwick

Outros experimentos tipo o de Rutherford reforçaram a hipótese da natureza nuclear da matéria, ou seja, de que os átomos são constituídos de um núcleo e elétrons orbitais. Além disso, houve outras evidências experimentais que sugeriram uma subestrutura para o próprio núcleo, como as relacionadas à radioatividade, como já foi visto no Capítulo 9.

Mas, quais seriam as partículas que constituem o núcleo? Como se sabia que a massa do átomo era aproximadamente um múltiplo inteiro da massa do próton, era preciso supor a existência de A prótons no interior do núcleo de modo a obter o número de massa A correto para cada elemento. Por outro lado, isso acarretaria a necessidade de existirem $(A - Z)$ partículas carregadas negativamente (e de massa muito pequena comparada à do próton) no interior do núcleo, de forma a neutralizar, em parte, a carga do núcleo. O outro argumento histórico favorável à hipótese de que o núcleo tenha também constituintes negativos é o da estabilidade do núcleo, que não seria assegurada se este fosse constituído só de prótons, devido à grande repulsão coulombiana que resultaria entre os prótons contidos em uma região da ordem de 10^{-12} cm.

A origem da ideia de uma subestrutura constituída de prótons e de elétrons para o núcleo pode, de certa forma, ser atribuída à teoria de Prout (1815), que explicava o fato de os pesos atômicos serem inteiros, supondo que o átomo de hidrogênio fosse o constituinte elementar dos demais (Capítulo 2). Neste modelo de constituição nuclear, um elemento E_Z^A teria A prótons e $(A - Z)$ elétrons.

Tal modelo, no entanto, apresentava certas contradições, entre elas a predição de um momento angular semi-inteiro para o núcleo do nitrogênio N_7^{14}, enquanto se verificava, experimentalmente, que seu momento angular é inteiro. Para se entender melhor esse ponto, deve-se notar que, nesse modelo, tal núcleo tem 14 prótons e 7 elétrons, e cada qual tem um *spin* semi-inteiro. Portanto, com um total ímpar de partículas de *spin* semi-inteiro, a predição teórica seria de que esse núcleo teria momento angular semi-inteiro, em desacordo com os experimentos.

Essa contradição só pôde ser resolvida em 1932 com a descoberta do nêutron por Chadwick. O modelo que considerava o núcleo formado por prótons e nêutrons se mostrou em excelente acordo com vários resultados experimentais. Nesse modelo, um núcleo E_Z^A contém Z prótons e $(A - Z)$ nêutrons, uma vez que se verifica que a massa do nêutron difere muito pouco da massa do próton. Sabendo-se que tanto o próton como o nêutron têm *spin* igual a $1/2$, esse modelo prediz um momento angular inteiro para N_7^{14} (nº de prótons $= 7$ e nº de nêutrons $= 7$).

Com a verificação posterior de que a interação entre prótons e nêutrons dentro do núcleo independe da carga elétrica do próton e como $m_p \simeq m_n$, costuma-se então dizer que os dois são estados diferentes de uma mesma partícula: *o núcleon*.

Em 1934, o físico japonês Hideki Yukawa propôs que a interação entre prótons e nêutrons dentro de um núcleo fosse feita através de um *quantum* hipotético. Hoje sabe-se que este *quantum* é, na verdade, o méson π, cuja detecção experimental (Figura 12.12), da qual participou o brasileiro César Lattes, ocorreu em 1947 (Capítulo 17).

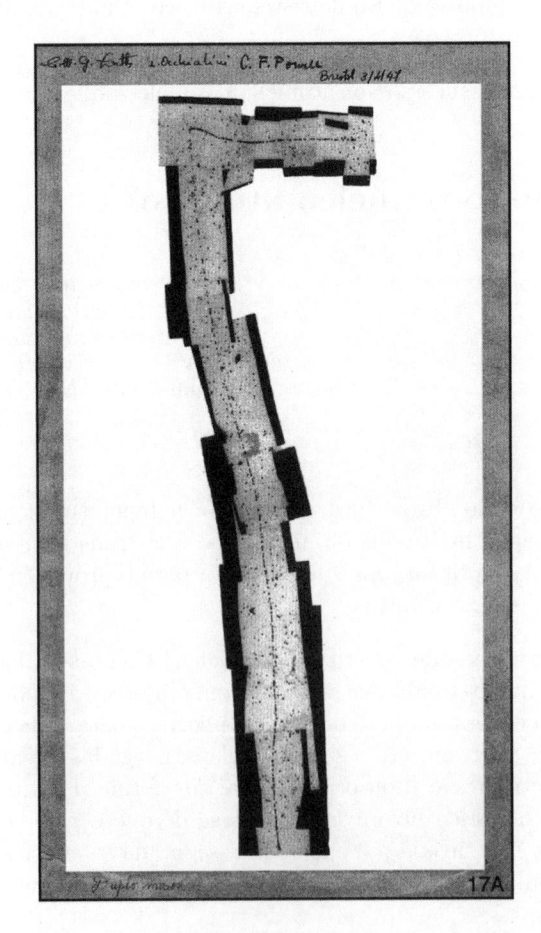

Figura 12.12: Fotografia de um decaimento do méson pi, assinada por César Lattes, Giuseppe Occhialini e Cecil Powell, gentilmente cedida por Alfredo Marques.

12.4 Fontes primárias

Bjerrum, N., 1912. Über die ultraroten Absorptionsbanden der Case. *Festschrift Walther Nernst*, Halle: Knapp, p. 90-98.

Bohr, N., 1913. On the Constitution of Atoms and Molecules. *Philosophical Magazine* S. 6, **26**, n. 151, p. 1-25. On the Constitution of Atoms and Molecules, Part II. Systems Containing Only a Single Nucleon. *Ibid*, p. 476-502. On the Constitution of Atoms and Molecules, Part III. *Ibid*, p. 857-875. Os três artigos foram traduzidos para o português e publicados no livro *Sobre a constituição de átomos e moléculas*. Lisboa: Fundação Calouste Gulbenkian (1969).

Ehrenfest, P., 1916. Adiabatische Invarianten und Quantentheorie. *Annalen der Physik* **51**, n. 19, p. 327-352. Tradução para o inglês, Adiabatic Invariants and the Theory of Quanta, em **Van der Waerden (Ed.), 1968**, p. 79-93.

Haas, A.E., 1910. Über eine neue theoretische Methode zur Bestimmung des elektrischen Elementar-quantums und des Halbemessers des Wasserstoffatoms. *Physikalische Zeitschrift* **11**, n. 12, p. 537-538.

Kent, N.A.; Taylor, L.B.; Pearson, H., 1927. Doublet Separation and Fine Structure of the Balmer Lines of Hidrogen. *Physical Review* **30**, n. 3, p. 266-283.

Nernst, W., 1911. Zur Theorie der spezifischen Wärme and über die Anwendung der Lehre von den Energiequanten auf physikalisch-chemische Fragen überhaupt. *Zeistschrift für Elektrotechnik und Elektrochemie* **17**, p. 265-275.

Nicholson, J.W., 1912. The Constitution of the Solar Corona. *Monthly Notices of the Royal Astronomical Society* **72**, p. 677-693.

Sommerfeld, A., 1916a. Zur Quantentheorie der Spektrallinien I. Theorie der Balmerschen Serie. *Annalen der Physik* **51**, n. 17, p. 1-94.

Sommerfeld, A., 1916b. Zur Quantentheorie der Spektrallinien II. Theorie der Röntingenspektrum. *Annalen der Physik* **51**, n. 18, p. 125-167.

Sommerfeld, A., 1916c. Zur Theorie des Zeeman-Effekts der Wasserstofflinien, mit einem Anhang über den Stark-Effekt. *Physikalische Zeitschrift* **17**, p. 491-507.

Wilson, W., 1915-16. The Quantum-Theory of Radiation and Line Spectra. *Philosophical Magazine*, S. 6, **24**, n. 173, p. 795-802; *ibid.*, **31**, p. 156 (1916).

12.5 Outras referências e sugestões de leitura

Beller, M., 1992. The birth of Bohr's complementarity: The context and the dialogues. *Studies in History and Philosophy of Science Part A* **23**, n. 1, p. 147-180.

Beyer, R.T. (Ed.), 1949. Coletânea de artigos originais relacionados à origem da Física Nuclear.

Bohr, N., 1918-1922. A Teoria Quântica das linhas espectrais segundo Bohr.

Bohr, N., 1932-1957. Coletânea de ensaios sobre Física Atômica e Conhecimento Humano, publicados no período de 1932 a 1957.

Bohr, N., 1972-2005. Coletânea dos trabalhos científicos e de divulgação científica de Bohr em 12 volumes.

Caruso, F.; Oguri, V., 2009. Bohr's Atomic Model Revisited. *Old and New Concepts of Physics* **6**, n. 2, p. 139-162.

Debye, P.; Scherrer, P., 1918. Atombau. *Physikalische Zeitschrift* **10**, p. 474-483.

Folse, H.J., 1985. The Philosophy of Niels Bohr: The Framework of Complementarity. Amsterdã: North-Holland.

Furçat, F., 1990. Biografia contextualizada de Bohr.

Heilbron, J.L. & Kuhn, T.S., 1969. The Genesis of the Bohr atom. *Historical Studies in the Physical Sciences* **1**, p. 211-290.

Hermann, A., 1971. Livro sobre a história da Teoria Quântica cobrindo o período de 1899 a 1913.

Jammer, M., 1966 Obra clássica de história da Mecânica Quântica enfatizando seu desenvolvimento conceitual. Rica em detalhes e em referências bibliográficas.

Kinoshita, T., 1996. The fine structure constant. *Reports on Progress of Physics* **59**, p. 1459-1492.

Kragh, H., 2003. Magic Numbers: A Partial History of the Fine Structure Constant. *Archive for History of Exact Science* **57**, n. 5, p. 395-431.

Krajewski, W., 1977. Livro avançado dedicado a um público interessado em História e Filosofia da Ciência, que considera o Princípio de Correspondência de Bohr um princípio básico para o desenvolvimento do conhecimento científico.

Liboff, R.L., 1984. The Correspondence Principle Revisited. *Physics Today*, fevereiro, p. 50-55.

Pais, A., 1991. Obra relevante para quem deseja aprofundar-se sobre a contribuição científica de Bohr.

Rozental, S. (Ed.), 1967. Coletânea de artigos sobre a vida e obra de Niels Bohr.

Strathern, P. 1999. Pequeno livro de divulgação científica sobre as contribuições de Niels Bohr.

Tanona, S. 2004. Idealization and Formalism in Bohr's Approach to Quantum Theory. *Philosophy of Science* **71**, p. 683-695.

12.6   Exercícios

Exercício 12.6.1 Calcule a razão entre o momento de dipolo magnético orbital (μ_ℓ) e o momento angular total (L) para um elétron em uma órbita circular do átomo de Bohr.

Exercício 12.6.2 No modelo de Bohr para o átomo de hidrogênio, o elétron circula em torno do núcleo em uma trajetória circular de $5,1 \times 10^{-11}$ m de raio, com uma frequência de $6,8 \times 10^{15}$ Hz. Determine o valor do campo magnético produzido no centro da órbita.

Exercício 12.6.3 A partir dos dados do exercício anterior, determine o momento magnético correspondente à órbita circular do elétron.

Exercício 12.6.4 Determine a relação entre as frequências dos fótons γ e γ' emitidos nas transições indicadas no esquema a seguir.

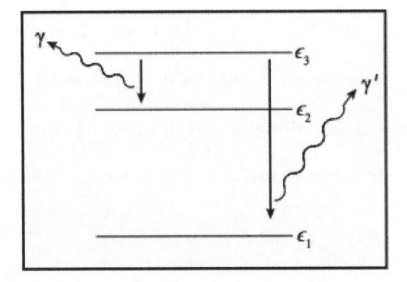

Exercício 12.6.5 Determine a energia de ionização do hidrogênio se o menor comprimento de onda na série de Balmer é igual a $3\,650$ Å.

Exercício 12.6.6 Considere a radiação emitida por átomos de hidrogênio que realizam transições do estado $n = 5$ para o estado fundamental. Determine quantos comprimentos de onda diferentes estão associados à radiação emitida.

Exercício 12.6.7 Considere que seja possível substituir o *elétron* de um átomo de hidrogênio por um *múon*, que tem a mesma carga elétrica e massa cerca de 200 vezes maior do que a do elétron. Com base no modelo de Bohr, determine:

a) o raio da órbita do estado fundamental deste novo átomo em relação ao primeiro;

b) a energia de ionização do átomo muônico.

Exercício 12.6.8 Mostre que no estado fundamental do átomo de hidrogênio a velocidade do elétron pode ser escrita como $v = \alpha c$, em que c é a velocidade da luz e $\alpha = e^2/(\hbar c)$ é a constante de estrutura fina introduzida por Sommerfeld.

Exercício 12.6.9 Os valores da constante de Rydberg para o hidrogênio (H) e para o íon de hélio (He), levando em conta as massas reduzidas, são, respectivamente, $10967757,6$ m^{-1} e $10972226,3$ m^{-1}. Sabendo que a relação entre as massas dos núcleos destes elementos é

$$M_{\text{He}} = 3,9726\, M_{\text{H}}$$

calcule a razão entre a massa do próton e a do elétron.

Exercício 12.6.10 O espectro de um tubo de raios X com filamento de cobalto (Co) é composto da série K do cobalto mais uma série de linhas K mais fracas devidas a impurezas. O comprimento de onda da linha K_α do cobalto é $1\,785$ Å; para as impurezas, os comprimentos de onda são $2\,285$ Å e $1\,537$ Å. Usando a lei de Moseley e lembrando que $\sigma = 1$ para a série K, determine os números atômicos das duas impurezas.

13

A Mecânica Quântica Matricial

(...) as regras formais que são usadas na (velha) teoria quântica para o cálculo de quantidades observáveis como a energia do átomo de hidrogênio podem ser seriamente criticadas, uma vez que contêm, como elementos básicos, relações entre quantidades, a princípio, não observáveis, isto é, a posição e o período de revolução do elétron.

Werner Heisenberg

O modelo de Bohr, aplicado com sucesso na espectroscopia atômica, com relação à determinação da frequência da luz emitida por um átomo, ainda utilizava, basicamente, a Mecânica Clássica. No entanto, essa "velha mecânica quântica" não determinava a intensidade da radiação correspondente a uma dada linha espectral.

A expressão *Mecânica Quântica* foi cunhada por Max Born, em um artigo intitulado *Über Quantenmachanick*, enviado para publicação na revista alemã *Zeitschrift für Physik*, no dia 13 de julho de 1924.

A estrutura básica de uma teoria quântica não relativística foi construída coletivamente, no período de 1900 a 1926, a partir dos trabalhos de Planck, Einstein, Rutherford, Arthur Haas, Nicholson, Bjerrum, Bohr, Ehrenfest, Sommerfeld, Wilson, Stern, Gerlach, Landé, Ladenburg, Kramers, Slater, Van Vleck, Kuhn, Thomas, Uhlenbeck, Goudsmit, Compton e Debye. Finalmente, Heisenberg, Born, Jordan, Pauli, Louis de Broglie, Schrödinger e Dirac conseguiram romper com a Física Clássica, sem introduzir os postulados quânticos *ad hoc* da "velha teoria" para explicar os fenômenos microscópicos. Desse contexto emergiu uma nova teoria dinâmica, a *Mecânica Quântica*, para a descrição do comportamento de sistemas atômicos. Duas formulações, aparentemente distintas, foram apresentadas, respectivamente, pelo alemão Werner Heisenberg, em 1925, e pelo austríaco Erwin Schrödinger, em 1926, o qual, nesse mesmo ano, ainda mostrou a equivalência de ambos os formalismos.

A estrutura de uma teoria quântica da radiação, ou seja, de uma teoria quântica relativística, iniciada por Einstein, em 1905, foi construída por Heisenberg, Rosenfeld, Weisskopf, Pauli, Jordan, Gordon, Fierz, Fock, Podolsky, Landau, Peierls, Oppenheimer, Nishina, Klein, Wigner e Dirac, e completada em 1947, com os trabalhos de Retherford, Lamb, Kramers, Bethe, Feynman, Schwinger, Dyson e Tomonaga, com a *Eletrodinâmica Quântica*, a mais efetiva teoria da Física, a partir de então. Vale destacar, nesse processo, o estabelecimento, pelo inglês Paul Dirac, em 1932, de uma equação relativística para descrever o comportamento do elétron ao interagir com o campo eletromagnético (Capítulo 16).

13.1 Os novos argumentos probabilísticos de Einstein

> (...) em 1917, Einstein utiliza-se de outros
> argumentos termodinâmicos para examinar com
> detalhes a natureza da interação entre ondas
> eletromagnéticas e sistemas quanto-mecânicos. E
> uma revisão de suas conclusões sugere quase
> imediatamente um meio pelo qual átomos ou
> moléculas podem de fato amplificar [a radiação].
>
> Charles Hard Townes

13.1.1 As probabilidades de transição e a radiação de corpo negro

Em 1917, a partir de novos argumentos probabilísticos, Einstein deriva de modo diferente a fórmula de Planck para a densidade de energia do corpo negro. Essa nova derivação pode ser feita a partir das hipóteses de Bohr sobre os estados estacionários, da distribuição de probabilidades de Maxwell-Boltzmann e da expressão clássica de Rayleigh para a densidade de energia da radiação de corpo negro. Tais hipóteses são resumidas como:

i) os átomos que constituem um corpo negro são equivalentes a osciladores, e seus estados estacionários são caracterizados por um conjunto discreto de valores de energia, $\{\epsilon_n\}$, tal que, na absorção ou na emissão de um fóton entre dois estados de energia ϵ_l e ϵ_n, a frequência (ν) da radiação é dada por

$$\nu = \frac{|\epsilon_n - \epsilon_l|}{h} = |\nu_{nl}| = |\nu_{ln}|$$

sendo $h \simeq 6{,}63 \times 10^{-34}$ J·s a constante de Planck;

ii) o conjunto de osciladores do corpo negro se comporta como um gás ideal em equilíbrio térmico, tal que, para uma dada temperatura T, o número (N_m) de átomos em cada estado (m) de energia (ϵ_m) é proporcional ao fator de Boltzmann, ou seja,

$$N_m \propto p_m\, e^{-\epsilon_m/kT} \qquad \Longrightarrow \qquad \frac{N_l}{N_n} = \frac{p_l}{p_n}\, e^{(\epsilon_n - \epsilon_l)/kT}$$

sendo $k \simeq 1{,}38 \times 10^{-23}$ J/K a constante de Boltzmann e p_m o peso estatístico, ou probabilidade de ocorrência, do estado m;

iii) no limite clássico de baixas frequências ($h\nu \ll kT$), a densidade espectral de energia (u_ν) da radiação é dada pela fórmula de Rayleigh,[1]

$$u_\nu = \frac{8\pi\nu^2}{c^3}\, kT$$

na qual $c \simeq 3{,}00 \times 10^8$ m/s é a velocidade da luz no vácuo.

A radiação de corpo negro resulta da interação entre os osciladores e o campo eletromagnético da radiação, de maneira que haja equilíbrio entre a absorção e a emissão de fótons. Enquanto o processo de absorção é sempre induzido por um campo, Einstein considera que o de emissão pode ser espontâneo ou induzido.

A emissão induzida, ou estimulada, ocorre após a absorção de um fóton por um átomo que, um tempo depois, emite espontaneamente um outro fóton e induz um segundo átomo, já em um estado excitado, a emitir um outro fóton de mesma frequência. O resultado final é a emissão de dois fótons de igual frequência. Tanto o processo de emissão estimulada quanto o de absorção são processos ressonantes, que ocorrem com mais frequência quando a energia dos fótons é igual à diferença de energia entre os dois estados estacionários envolvidos.

---

[1] Einstein utilizou o limite de altas frequências, ou seja, a lei de Wien.

Esses mesmos mecanismos de absorção e emissão de fótons, concebidos por Einstein, ocorrem também na emissão da radiação eletromagnética por qualquer sistema no qual seus estados estacionários são excitados. Enquanto na radiação de corpo negro a excitação dos estados superiores resulta da transmissão de calor, na radiação dos gases a excitação é feita por descargas elétricas.

Considerando-se dois estados n e l, tal que $\epsilon_n > \epsilon_l$, e denotando-se por $A_{n\to l}$ a taxa de probabilidade de emissão espontânea, por $B_{n\to l}\, u_\nu$ a taxa de probabilidade de emissão induzida por uma radiação de densidade u_ν, e por $B_{l\to n}\, u_\nu$ a taxa de probabilidade de absorção entre os estados l e n, as respectivas frequências de transições entre esses estados são proporcionais a

$$\begin{cases} A_{n\to l}\, N_n & \text{(emissão espontânea)} \\[2ex] B_{n\to l}\, N_n\, u_\nu & \text{(emissão induzida)} \\[2ex] B_{l\to n}\, N_l\, u_\nu & \text{(absorção)} \end{cases}$$

Segundo esse argumento, a fração $(\mathrm{d}N/N)$ de átomos que realizam transições espontâneas entre um estado de energia ϵ_n e o estado fundamental, em um intervalo de tempo $\mathrm{d}t$, é dada por

$$\frac{\mathrm{d}N}{N} = A_{n\to o}\, \mathrm{d}t$$

Desse modo, o número de átomos no nível n decresce exponencialmente como

$$N = N_o\, e^{-t/\tau}$$

sendo N_o a população inicial do estado n, e $\tau = 1/A_{n\to o}$ o tempo médio de vida, ou *vida-média*, desse estado.

Assim, Einstein, em 1916, foi o primeiro a perceber que a compreensão da taxa de decaimento radioativo só seria possível no contexto da teoria quântica. Isto fica evidente quando ele afirma que a lei estatística que usou para a emissão espontânea nada mais é do que a lei do decaimento radioativo de Rutherford. Seu coeficiente $A_{n\to l}$ e o coeficiente λ da equação (9.2) teriam uma mesma raiz quântica. A derivação teórica do coeficiente $A_{n\to l}$ só foi publicada por Dirac em 1927.

A condição de equilíbrio entre a emissão e a absorção de radiação por um corpo negro é, então, dada por

$$A_{n\to l}\, N_n + B_{n\to l}\, N_n\, u_\nu = B_{l\to n}\, N_l\, u_\nu \qquad \Longrightarrow \qquad u_\nu = \frac{A_{n\to l}}{B_{l\to n}\left(\dfrac{N_l}{N_n}\right) - B_{n\to l}} \tag{13.1}$$

e, de acordo com as hipóteses (i) e (ii), pode-se escrever

$$u_\nu = \frac{p_n\, A_{n\to l}}{p_l\, B_{l\to n}\, e^{h\nu/kT} - p_n\, B_{n\to l}} \tag{13.2}$$

Segundo a hipótese (iii), no limite clássico de baixas frequências, a densidade de energia é dada pela fórmula de Rayleigh,

$$u_\nu = \frac{p_n\, A_{n\to l}}{p_l\, B_{l\to n} - p_n\, B_{n\to l} + p_l\, B_{l\to n}\, h\nu/kT} = \frac{8\pi\nu^2}{c^3}kT$$

Assim, os chamados coeficientes de Einstein, $A_{n\to l}$, $B_{n\to l}$ e $B_{l\to n}$, obedecem às relações

$$\boxed{p_l\, B_{l\to n} = p_n\, B_{n\to l}} \tag{13.3}$$

e

$$\boxed{\frac{A_{n\to l}}{B_{n\to l}} = \frac{8\pi h\nu^3}{c^3}} \tag{13.4}$$

Lembrando que $\nu \propto |\epsilon_n - \epsilon_l|$, a equação (13.4) mostra que, quanto maior a diferença entre dois níveis de energia, maior a taxa de emissão espontânea, quando comparada com a emissão induzida.

Substituindo as equações (13.3) e (13.4) na equação (13.2), obtém-se a fórmula de Planck, equação (10.49),

$$u_\nu = \frac{8\pi h\nu^3/c^3}{e^{h\nu/kT} - 1}$$

Assim, a relação entre as frequências de transições (de emissão) espontâneas e estimuladas é dada por

$$\frac{A_{n\to l}}{B_{n\to l}u_\nu} = e^{h\nu/kT} - 1 \tag{13.5}$$

Enquanto na faixa de micro-ondas ($\nu \sim 2 \times 10^{10}$ Hz) as transições estimuladas são mais frequentes que as espontâneas, na faixa de radiação de corpo negro (infravermelho, para a qual $\nu \sim 3 \times 10^{13}$ Hz), as ocorrências dos processos de emissão espontâneos e estimulados são equivalentes; já no domínio óptico ($\nu \sim 6 \times 10^{14}$ Hz), as transições espontâneas são bem mais frequentes que as estimuladas.

A característica fundamental desse trabalho de Einstein foi evidenciar a existência de processos elementares aleatórios na absorção e na emissão da radiação por sistemas atômicos. Além das probabilidades de ocorrência de cada estado, Einstein introduz também as probabilidades de transições entre os estados. O termo $A_{n\to l}\Delta t$ é simplesmente a probabilidade de que um único átomo no estado n efetue uma transição espontânea para um estado l, emitindo um fóton de energia $\hbar\omega_{nl}$ durante um intervalo de tempo Δt.

Nesse sentido, segundo os argumentos de Einstein, qualquer que fosse o programa de construção de uma Mecânica Quântica, este deveria resultar em uma teoria que possibilitasse o cálculo tanto das probabilidades de ocorrência dos estados quanto das probabilidades de transições entre os estados.

13.1.2 Fontes de laser

O conceito de emissão induzida, introduzido por Einstein, antecipa em cerca de 50 anos a explicação para a operação do dispositivo que revolucionou a indústria eletrônica do século XX, a fonte de laser,[2] que produz radiação eletromagnética com alto grau de coerência, quase monocromática e direcional. Por possuir pequeníssimas divergências espectral e angular, a luz proveniente de uma fonte de laser aproxima-se de uma onda plana.

Segundo a condição de equilíbrio, equação (13.1), a razão entre as probabilidades de emissão (P_{em}) e de absorção (P_{abs}) é dada por

$$\frac{P_{\text{em}}}{P_{\text{abs}}} = \frac{N_l}{N_n}$$

Em geral, em equilíbrio térmico, a população associada aos níveis superiores de energia é consideravelmente menor que a população dos níveis inferiores, ou seja,

$$\epsilon_n > \epsilon_l \quad \Longrightarrow \quad N_n \ll N_l$$

Entretanto, se por algum processo externo as populações desses níveis pudessem ser invertidas, o processo de emissão seria mais frequente que o de absorção e as emissões estimuladas, mais frequentes que as espontâneas. Nesse caso, o resultado efetivo seria a produção de radiação de frequência $\nu = |\epsilon_n - \epsilon_l|/h$, constituída de componentes monocromáticas e coerentes, pois as ondas induzidas estariam em fase com aquelas que induzem as transições.

---

[2] A palavra LASER é um acrônimo retirado da expressão *Light Amplification by Stimulated Emission of Radiation*.

Os primeiros dispositivos de geração de radiação monocromáticas foram construídos em 1953 pelo norte-americano Charles Townes e colaboradores, na faixa de micro-ondas ($\nu \sim 24$ GHz),[3] a partir da inversão de população entre dois níveis de energia de moléculas de amônia (NH_3). Segundo Townes, *por que não usar osciladores atômicos e moleculares já prontos para nós pela natureza?*

Devido ao curto tempo de vida do nível superior, o processo era bastante instável, e, portanto, os períodos de emissão de radiação coerente eram muito breves.

O tempo médio de vida (τ) da maioria dos estados atômicos excitados é da ordem de 10^{-8} s, e dos denominados *metaestáveis*, da ordem de 10^{-3} s. Por esse motivo, os russos Nikolai Basov e Alexander Prokhov, em vez de dois níveis apenas, utilizaram um terceiro nível de energia (Figura 13.1), com um tempo de vida muito mais longo, ou seja, um nível correspondente a um estado metaestável, obtendo feixes coerentes de longa duração.

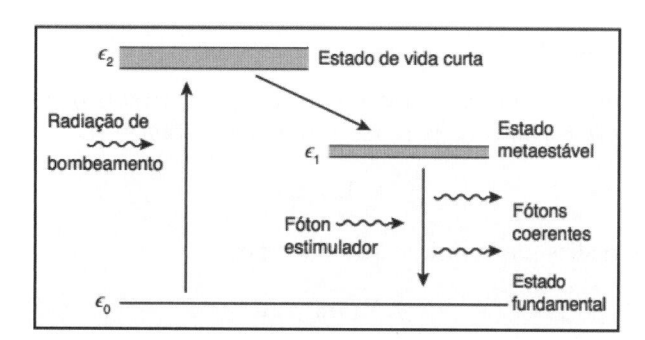

Figura 13.1: Emissão estimulada em três níveis de energia.

Em 1958, Townes e Schawlow estabeleceram o princípio de funcionamento para um dispositivo de produção de radiação na faixa visível, e em 1960 o também norte-americano Theodore Maiman construiu o primeiro laser sólido de rubi (Al_2O_3), com radiação de comprimento de onda da ordem de 6 940 Å.

13.2   A Mecânica Matricial de Heisenberg, Born e Jordan

> *É claro que eu conhecia a teoria [de Heisenberg], mas sentia-me desencorajado, para não dizer repelido, pelos métodos da álgebra transcendental, a qual me parecia muito difícil, e pela falta de visualização.*
>
> Erwin Schrödinger

Na trilha apontada por Bohr em seu trabalho de 1917 sobre os espectros atômicos, Heisenberg, admitindo que o oscilador harmônico seria o modelo adequado para o cálculo da intensidade da radiação de frequência ν emitida por um átomo, e tendo como guia o Princípio de Correspondência, procurou uma versão quântica para a expressão de Larmor, equação (5.44), reescrita como

$$P = \frac{2}{3}\frac{e^2}{c^3}\,\omega^4\,\langle x^2 \rangle = \frac{4}{3}\frac{e^2}{c^3}\,\omega^4\,|X|^2 \tag{13.6}$$

na qual $x = X\left(e^{i\omega t} + e^{-i\omega t}\right)$ e $\omega = 2\pi\nu$.

A solução encontrada por Heisenberg baseia-se na hipótese de Bohr de que as frequências correspondentes às linhas emitidas seriam determinadas pela diferença de energia dos chamados estados estacionários dos osciladores atômicos, ou seja, pelo espectro de energia $\{\epsilon_n\}$, e que as probabilidades de

---

[3] Esses dispositivos foram denominados MASER, devido à expressão *Microwave Amplification by Stimulated Emission of Radiation.*

transições entre esses estados seriam proporcionais aos elementos x_{nl} de uma matriz, que descreveria as coordenadas espaciais dos átomos associadas a cada possível transição.

Heisenberg abandonou as tentativas de encontrar as trajetórias de um sistema atômico e resolveu o problema com a determinação de duas matrizes: uma representando a energia (H) e outra, as possíveis coordenadas espaciais (x) do sistema:

$$
H = \begin{pmatrix} \epsilon_1 & 0 & 0 & 0 & 0 \\ 0 & \epsilon_2 & 0 & 0 & 0 \\ 0 & 0 & \ddots & 0 & 0 \\ 0 & 0 & 0 & \epsilon_n & 0 \\ 0 & 0 & 0 & 0 & \ddots \end{pmatrix} \qquad x = (x_{nk}) = \begin{pmatrix} x_{11} & x_{12} & \cdots & x_{1n} & \cdots \\ x_{21} & x_{22} & \cdots & x_{2n} & \cdots \\ \vdots & \vdots & \ddots & \vdots & \vdots \\ x_{l1} & x_{l2} & \cdots & x_{ln} & \cdots \\ \vdots & \vdots & \vdots & \vdots & \ddots \end{pmatrix}
$$

com $x_{ln} = x_{nl}^*$, ou seja, a matriz x é hermitiana.[4]

Se a probabilidade de que um átomo no estado de energia ϵ_n irradie durante um intervalo de tempo Δt, efetuando uma transição espontânea para um estado de energia ϵ_l $(\epsilon_n > \epsilon_l)$, é dada por

$$
A_{n \to l} \Delta t
$$

o número de átomos que realizam a transição será dado por

$$
N_n \, A_{n \to l} \, \Delta t
$$

e a potência (P_e) da radiação emitida, por

$$
P_e = h\nu_{nl} \, N_n \, A_{n \to l} \tag{13.7}
$$

na qual $A_{n \to l}$ é o coeficiente de Einstein que indica a taxa de probabilidade de emissão espontânea.

De acordo com a fórmula de Larmor, no limite do Princípio de Correspondência, a potência emitida por N_n átomos, na transição do estado de energia ϵ_n para um estado de energia ϵ_l, é dada por

$$
P_e = \frac{4}{3} \frac{e^2}{c^3} (2\pi\nu_{nl})^4 N_n |X_{nl}|^2 \tag{13.8}
$$

sendo $\nu_{nl} = (\epsilon_n - \epsilon_l)/h$.

Igualando-se as equações (13.7) e (13.8), obtém-se, para o coeficiente de emissão espontânea,

$$
\boxed{A_{n \to l} = \frac{8\pi e^2}{3hc^3} (2\pi\nu_{nl})^3 |X_{nl}|^2} \tag{13.9}
$$

Segundo a teoria clássica da dispersão de Drude-Lorentz, o deslocamento (x) de um átomo oscilador, de massa m e frequência própria ν_o, sob a ação de um campo elétrico de frequência ν e amplitude E_o, pode ser expresso como

$$
x = \frac{eE_o}{m} \frac{1}{(2\pi)^2(\nu_o^2 - \nu^2)} \cos 2\pi\nu t
$$

Em 1924, o alemão Rudolph Ladenburg e o holandês Hendrik Kramers, utilizando-se também do Princípio de Correspondência, haviam expressado as coordenadas espaciais associadas ao átomo como

$$
x_{nl} = \frac{eE_o}{m} \underbrace{\frac{f_{nl}}{(2\pi)^2(\nu_o^2 - \nu_{nl}^2)}}_{X_{nl}} e^{i2\pi\nu_{nl}t} \tag{13.10}
$$

---

[4] Quem identificou o caráter matricial e hermitiano dos arranjos numéricos propostos por Heisenberg foi Max Born.

em que os f_{nl} indicam o peso estatístico de cada transição de um estado n para um estado l e, portanto, satisfazem a relação $\sum_n f_{nl} = 1$, chamada regra de soma de Thomas-Kuhn.

De acordo com a equação (13.9) e a expressão de Kramers, equação (13.10), o quadrado desses pesos é proporcional aos coeficientes de Einstein e, segundo a fórmula de Larmor, equação (13.6), determina as intensidades das linhas de absorção.

Se a probabilidade de transição induzida por absorção entre os estados l e n ($\epsilon_n > \epsilon_l$), em um intervalo de tempo Δt, por um único átomo, pode ser escrita como

$$B_{l \to n} \, u_\nu \, \Delta t$$

então a potência absorvida (P_a) será dada por

$$P_a = h\nu_{nl} \, B_{l \to n} \, u_\nu \tag{13.11}$$

sendo $B_{l \to n}$ o coeficiente de Einstein que indica a taxa de probabilidade de absorção.

A fórmula de Planck, $(\pi e^2/3m)u_\nu$, equação (10.34), multiplicada pelo peso estatístico da transição, no limite do Princípio de Correspondência, também expressa a potência absorvida por um único átomo durante as transições entre os estados n e l,

$$P_a = f_{nl} \, \frac{\pi e^2}{3m} \, u_\nu \tag{13.12}$$

Igualando-se as equações (13.11) e (13.12), obtém-se, para o coeficiente de absorção,

$$\boxed{B_{l \to n} = \frac{f_{nl}}{h\nu_{nl}} \, \frac{\pi e^2}{3m}} \tag{13.13}$$

e, levando-se em conta os resultados de Einstein, equações (13.3) e (13.4), pode-se escrever o coeficiente de emissão espontânea como

$$\boxed{A_{n \to l} = \frac{8\pi^2 e^2}{3mc^3} \, \nu_{nl}^2 \, f_{nl}} \tag{13.14}$$

Assim, os coeficientes de Einstein, que representam taxas de probabilidades espontâneas e induzidas, podem ser estimados a partir de medidas de dispersão da luz.

Comparando-se a expressão anterior, equação (13.14), com a equação (13.9), obtém-se

$$f_{nl} = \frac{2m(2\pi\nu_{nl})}{h/2\pi} |X_{nl}|^2$$

De acordo com a regra de soma de Thomas-Kuhn, pode-se, então, escrever

$$\boxed{\frac{h}{2\pi} = 2m \sum_n \omega_{nl} |X_{nl}|^2} \tag{13.15}$$

sendo $\omega_{nl} = 2\pi\nu_{nl}$.

A equação (13.15), obtida por Heisenberg em 1925, expressa a principal condição imposta à teoria na formulação matricial da Mecânica Quântica e foi generalizada no mesmo ano pelos alemães Max Born e Pascual Jordan.

13.2.1 A regra de comutação entre a posição e o *momentum*

A representação de grandezas físicas cinemáticas por matrizes implica a possibilidade de não comutatividade entre pares de grandezas.

Sejam $x_{nl} = X_{nl}\, e^{i\omega_{nl} t}$ e $p_{nl} = m\dot{x}_{nl} = im\omega_{nl} X_{nl}\, e^{i\omega_{nl} t} = im\omega_{nl} x_{nl}$ as variáveis de posição e de *momentum* associadas a um átomo, tal que $\omega_{nl} = -\omega_{ln}$ e x_{nl} é um elemento da matriz hermitiana x ($x_{nl}^{*} = x_{ln}$).

Assim, a relação de Heisenberg, equação (13.15), pode ser escrita como

$$\frac{h}{2\pi} = m\sum_n \left(\omega_{nl} x_{nl}^{*} x_{nl} - \omega_{ln} x_{nl}^{*} x_{nl} \right)$$

$$= -i\sum_n \left(\underbrace{im\omega_{nl} x_{nl}}_{p_{nl}}\, x_{ln} - \underbrace{im\omega_{ln} x_{ln}}_{p_{ln}}\, x_{nl} \right)$$

ou seja, a equação (13.15) pode também ser vista como uma regra de comutação entre as matrizes que representam a coordenada espacial e o *momentum* de uma partícula,

$$\sum_n \left(x_{ln} p_{nl} - p_{ln} x_{nl} \right) = i\left(h/2\pi \right)$$

ou ainda como

$$\left(xp - px \right)_{lk} = i\hbar\delta_{lk} \quad \Longleftrightarrow \quad \boxed{[x,p] = i\hbar} \qquad (13.16)$$

sendo[5] $\hbar = h/2\pi \simeq 1{,}05 \times 10^{-34}$ J·s.

Em seu artigo de 1927, Heisenberg escreve: *quanto mais precisamente a posição é determinada, menos precisamente o* momentum *é conhecido neste instante e vice-versa.*

A regra de comutação entre as matrizes de posição e de *momentum* é a relação fundamental da formulação matricial da teoria quântica.[6]

13.2.2 As equações de movimento de Heisenberg

De modo geral, qualquer grandeza periódica (q) associada a um oscilador harmônico pode ser escrita como

$$q_{nl}(t) = Q_{nl}\, e^{i\omega_{nl} t} \qquad \text{em que} \quad \omega_{nl} = (\epsilon_n - \epsilon_l)/\hbar$$

o que implica

$$\dot{q}_{nl}(t) = i\omega_{nl} Q_{nl}\, e^{i\omega_{nl} t} = i\omega_{nl} q_{nl}$$

$$= \frac{i}{\hbar}\left(\epsilon_n q_{nl} - \epsilon_l q_{nl} \right) = -\frac{i}{\hbar}\left(\epsilon_l q_{nl} - \epsilon_n q_{nl} \right)$$

$$= -\frac{i}{\hbar}\left(\sum_m \underbrace{\epsilon_m \delta_{ml}}_{H_{ml}}\, q_{nm} - \sum_k \underbrace{\epsilon_k \delta_{nk}}_{H_{nk}}\, q_{kl} \right)$$

$$= -\frac{i}{\hbar}\left[(qH)_{nl} - (Hq)_{nl} \right] = -\frac{i}{\hbar}\left(qH - Hq \right)_{nl}$$

---

[5] Sob muitos aspectos, a constante $\hbar$ seria mais apropriada do que h para ser considerada a constante fundamental da Mecânica Quântica, mas por motivos históricos a constante de Planck h foi descoberta antes e, assim, tornou-se a constante fundamental.

[6] A importância dessa relação na conexão entre a Mecânica Clássica e a Quântica foi evidenciada por Dirac ao relacionar os comutadores aos parênteses de Poisson.

ou seja, a evolução temporal da grandeza q é dada pela equação de movimento de Heisenberg,

$$\boxed{i\hbar \frac{\mathrm{d}q}{\mathrm{d}t} = [q, H]}$$

(13.17)

Apesar de terem sido estabelecidas aqui para um sistema cujo comportamento é periódico, as equações de movimento de Heisenberg, devido ao caráter linear da teoria, são válidas para a descrição da evolução temporal das grandezas associadas a qualquer sistema cuja matriz hamiltoniana H represente sua interação com a vizinhança.

13.2.3 O oscilador harmônico: as intensidades das linhas espectrais do hidrogênio

A partir das equações de movimento de Heisenberg para as matrizes de posição e de *momentum*, pode-se então determinar a intensidade da radiação associada às linhas espectrais do hidrogênio, considerando o problema do oscilador harmônico.

Seja um oscilador harmônico de massa m e frequência própria ω_o, cuja energia potencial (ϵ_p) é dada por

$$\epsilon_p = \frac{1}{2} m \omega_o^2 x^2$$

e x representa a coordenada espacial.

A matriz hamiltoniana é expressa como

$$H = \frac{p^2}{2m} + \frac{1}{2} m \omega_o^2 x^2$$

em que p representa o *momentum* do oscilador.

Determinando-se os comutadores

$$
\begin{aligned}
[x, H] &= [x, p^2/2m] = \frac{1}{2m}[x, p^2] = \frac{1}{2m}\left(xpp - ppx\right) \\
&= \frac{1}{2m}\left(\underbrace{xpp - pxp}_{[x,p]\,p} + \underbrace{pxp - ppx}_{p\,[x,p]}\right) = i\hbar \frac{p}{m}
\end{aligned}
$$

e

$$
\begin{aligned}
[p, H] &= [p, m\omega_o^2 x^2/2] \\
&= -i\hbar m \omega_o^2 x
\end{aligned}
$$

decorrem as equações de movimento

$$
\begin{cases}
i\hbar \dot{x} = [x, H] = i\hbar \dfrac{p}{m} & \Longrightarrow \quad p = m\dot{x} \\[2mm]
i\hbar \dot{p} = [p, H] = -i\hbar m \omega_o^2 x = i\hbar m \ddot{x} & \Longrightarrow \quad \ddot{x} + \omega_o^2 x = 0
\end{cases}
$$

Admitindo como solução da última equação acima, $x_{nl}(t) = X_{nl}\, e^{i\omega_{nl}t}$, com $\omega_{nl} = (\epsilon_n - \epsilon_l)/\hbar$, os elementos de matriz X_{nl} obedecem à relação

$$\left(\omega_o^2 - \omega_{nl}^2\right) X_{nl} = 0$$

ou seja, apenas os elementos tais que $\omega_{nl} = \pm\omega_o$ ou $(\epsilon_n - \epsilon_l) = \pm\hbar\omega_o$ não são nulos,

$$
\begin{cases}
X_{nl} = 0 & \text{se} \quad \omega_{nl} \neq \pm\omega_o \\[2mm]
X_{nl} \neq 0 & \text{se} \quad \omega_{nl} = \pm\omega_o
\end{cases}
$$

Ordenando-os segundo $n = 0, 1, 2, \ldots$, tal que os processos de emissão correspondam a transições do tipo $n + 1 \to n$, e os de absorção, a $n - 1 \to n$ (Figura 13.2), isso implica que

$$\omega_{n,n\pm1} = \mp\omega_o \quad \text{e} \quad \begin{cases} X_{nl} = 0 & \text{se } l \neq n \pm 1 \\[2mm] X_{nl} \neq 0 & \text{se } l = n \pm 1 \end{cases}$$

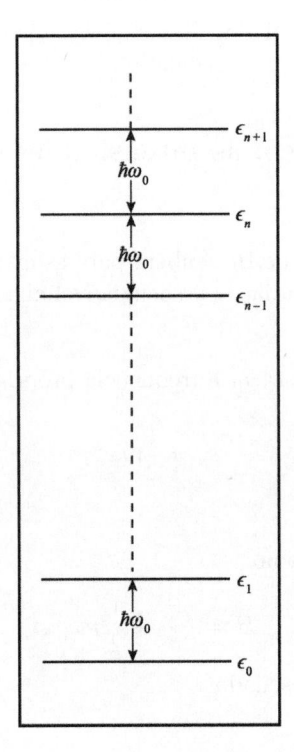

Figura 13.2: Estrutura do espectro de energia do oscilador.

Assim, resulta que

$$x = (x_{nl}) = \begin{pmatrix} 0 & X_{01}e^{i\omega_{01}t} & 0 & 0 & \cdots \\ X_{10}e^{i\omega_{10}t} & 0 & X_{12}e^{i\omega_{12}t} & 0 & \cdots \\ 0 & X_{21}e^{i\omega_{21}t} & 0 & X_{23}e^{i\omega_{23}t} & \cdots \\ 0 & 0 & X_{32}e^{i\omega_{32}t} & 0 & \cdots \\ \vdots & \vdots & \vdots & \vdots & \ddots \end{pmatrix}$$

$$= \begin{pmatrix} 0 & X_{01}e^{-i\omega_o t} & 0 & 0 & \cdots \\ X_{01}^*e^{i\omega_o t} & 0 & X_{12}e^{-i\omega_o t} & 0 & \cdots \\ 0 & X_{12}^*e^{i\omega_o t} & 0 & X_{23}e^{-i\omega_o t} & \cdots \\ 0 & 0 & X_{23}^*e^{i\omega_o t} & 0 & \cdots \\ \vdots & \vdots & \vdots & \vdots & \ddots \end{pmatrix}$$

e

$$p = (p_{nl}) = m\dot{x}$$

$$= im\omega_o \begin{pmatrix} 0 & -X_{01}e^{-i\omega_o t} & 0 & 0 & \cdots \\ X_{01}^*e^{i\omega_o t} & 0 & -X_{12}e^{-i\omega_o t} & 0 & \cdots \\ 0 & X_{12}^*e^{i\omega_o t} & 0 & -X_{23}e^{-i\omega_o t} & \cdots \\ 0 & 0 & X_{23}^*e^{i\omega_o t} & 0 & \cdots \\ \vdots & \vdots & \vdots & \vdots & \ddots \end{pmatrix}$$

De acordo com a regra de comutação de Heisenberg entre x e p,

$$\left(xp - px\right)_{nk} = i\hbar\delta_{nk}$$

pode-se escrever

$$\begin{cases} (xp)_{00} - (px)_{00} = i\hbar = im\omega_o\left[|X_{01}|^2 + |X_{01}|^2\right] \implies |X_{01}|^2 = \hbar/2m\omega_o \\[2em] (xp)_{11} - (px)_{11} = i\hbar = im\omega_o 2\left[|X_{12}|^2 - |X_{01}|^2\right] \implies |X_{12}|^2 - |X_{01}|^2 = \hbar/2m\omega_o \\[2em] (xp)_{22} - (px)_{22} = i\hbar = im\omega_o 2\left[|X_{23}|^2 - |X_{12}|^2\right] \implies |X_{23}|^2 - |X_{12}|^2 = \hbar/2m\omega_o \\[1em] \qquad\qquad \vdots \\ \qquad\qquad \vdots \end{cases}$$

e, portanto,

$$\begin{cases} |X_{01}|^2 = |X_{10}|^2 = \hbar/2m\omega_o \\[1em] |X_{12}|^2 = |X_{21}|^2 = 2\hbar/2m\omega_o \\[1em] |X_{23}|^2 = |X_{32}|^2 = 3\hbar/2m\omega_o \\[1em] \qquad \vdots \\[1em] \qquad \vdots \end{cases} \implies \begin{cases} |X_{n,n+1}|^2 = (n+1)\dfrac{\hbar}{2m\omega_o} \quad \text{(emissão)} \\[2em] |X_{n,n-1}|^2 = n\,\dfrac{\hbar}{2m\omega_o} \qquad \text{(absorção)} \end{cases} \qquad (13.18)$$

Desse modo, de acordo com a fórmula de Larmor e o *Princípio de Correspondência*, Heisenberg mostrou que a potência associada a uma linha de emissão entre os estados $n+1$ e n pode ser calculada por

$$\boxed{P_{n+1\to n} = \frac{2e^2\omega_o^3\hbar}{3mc^3}\,(n+1)} \qquad (13.19)$$

enquanto a intensidade associada à linha de absorção entre os estados $n-1$ e n é dada por

$$\boxed{P_{n-1\to n} = \frac{2e^2\omega_o^3\hbar}{3mc^3}\,n} \qquad (13.20)$$

Esses resultados, que decorrem da estrutura da matriz das coordenadas espaciais (x_{ln}), mostram que só ocorrem transições que correspondem à emissão ou à absorção da luz entre níveis de energia vizinhos, ou seja, quando a diferença (Δn) entre os números quânticos que caracterizam os níveis de energia for tal que

$$\Delta n = \pm 1$$

Restrições dessa espécie, que limitam a ocorrência de transições entre estados quânticos, são denominadas *regras de seleção*.

Para se determinar o espectro de energia, é necessário o cálculo de x^2 e p^2,

$$x^2 = \begin{pmatrix} |X_{01}|^2 & 0 & X_{01}X_{12}e^{-2i\omega_o t} & 0 & \cdots \\ 0 & |X_{01}|^2 + |X_{12}|^2 & 0 & X_{12}X_{23}e^{-2i\omega_o t} & \cdots \\ X_{12}^*X_{01}^*e^{2i\omega_o t} & 0 & |X_{12}|^2 + |X_{23}|^2 & 0 & \cdots \\ 0 & X_{12}^*X_{23}^*e^{2i\omega_o t} & 0 & |X_{23}|^2 + |X_{34}|^2 & \cdots \\ \vdots & \vdots & \vdots & \vdots & \ddots \end{pmatrix}$$

$$p^2 = m^2\omega_o^2 \begin{pmatrix} |X_{01}|^2 & 0 & -X_{01}X_{12}e^{-2i\omega_o t} & 0 & \cdots \\ 0 & |X_{01}|^2 + |X_{12}|^2 & 0 & -X_{12}X_{23}e^{-2i\omega_o t} & \cdots \\ -X_{12}^*X_{01}^*e^{2i\omega_o t} & 0 & |X_{12}|^2 + |X_{23}|^2 & 0 & \cdots \\ 0 & -X_{12}^*X_{23}^*e^{2i\omega_o t} & 0 & |X_{23}|^2 + |X_{34}|^2 & \cdots \\ \vdots & \vdots & \vdots & \vdots & \ddots \end{pmatrix}$$

e, a seguir, da matriz hamiltoniana,

$$H = \frac{p^2}{2m} + \frac{1}{2}m\omega_o^2 x^2$$

$$= m\omega_o^2 \begin{pmatrix} |X_{01}|^2 & 0 & 0 & 0 & \cdots \\ 0 & |X_{01}|^2 + |X_{12}|^2 & 0 & 0 & \cdots \\ 0 & 0 & |X_{12}|^2 + |X_{23}|^2 & 0 & \cdots \\ 0 & 0 & 0 & |X_{23}|^2 + |X_{34}|^2 & \cdots \\ \vdots & \vdots & \vdots & \vdots & \ddots \end{pmatrix}$$

A partir da expressão explícita para a matriz H e tendo em conta as equações (13.18), resulta que o espectro de energia de um oscilador cuja frequência própria é ω_o não depende de sua massa, sendo dado por

$$H_{00} = \frac{\hbar\omega_o}{2} = \epsilon_o = \frac{1}{2}\hbar\omega_o$$

$$H_{11} = \hbar\omega_o\left(\frac{1}{2} + \frac{2}{2}\right) = \frac{3}{2}\hbar\omega_o = \epsilon_1 = \left(\frac{1}{2} + 1\right)\hbar\omega_o$$

$$H_{22} = \hbar\omega_o\left(\frac{2}{2} + \frac{3}{2}\right) = \frac{5}{2}\hbar\omega_o = \epsilon_2 = \left(\frac{1}{2} + 2\right)\hbar\omega_o$$

$$H_{33} = \hbar\omega_o\left(\frac{3}{2} + \frac{4}{2}\right) = \frac{7}{2}\hbar\omega_o = \epsilon_3 = \left(\frac{1}{2} + 3\right)\hbar\omega_o$$

$$\vdots$$

$$H_{kk} = \hbar\omega_o\left(\frac{k}{2} + \frac{k+1}{2}\right) = \hbar\omega_o\left(\frac{2k+1}{2}\right) = \epsilon_k = \left(\frac{1}{2} + k\right)\hbar\omega_o$$

$$\vdots$$

ou seja, de acordo com a Mecânica Quântica Matricial,

$$\epsilon_n = \left(\frac{1}{2} + n\right)\hbar\omega_o \qquad (n = 0, 1, 2, \ldots)$$

A expressão de Planck, $\epsilon_n = n\hbar\omega_o$, para a energia do oscilador é válida apenas no limite de grandes números quânticos. A nova Mecânica Quântica atribui uma energia não nula ao estado $n = 0$.

A solução de problemas baseada na Mecânica Quântica Matricial envolve um número infinito de equações lineares e, aparentemente, constitui uma barreira intransponível. Entretanto, Heisenberg conseguiu encontrar a solução para o espectro de energia do oscilador harmônico, determinando as intensidades das radiações associadas às linhas espectrais de emissão e de absorção. O problema do campo central, ou seja, o espectro de energia para o átomo de hidrogênio, assim como o efeito Zeeman foram resolvidos por Pauli.

No próximo capítulo, apresenta-se o outro caminho que levou à formulação ondulatória da Mecânica Quântica.

13.3 Fontes primárias

Born, M.; Jordan, P., 1925. Zu Quantenmechanik. *Zeitschrift für Physik* **34**, p. 858-888. Traduzido para o inglês em **Van der Waerden (Ed.), 1968**, p. 277-306, como On Quantum Mechanics. Regra de comutação na forma matricial e equação de movimento de Heisenberg.

Dirac, P.A.M., 1926. The Fundamental Equations of Quantum Mechanics. *Proceedings of the Royal Society of London A* **109**, p. 642-653. Conexão entre comutadores e parênteses de Poisson.

Dirac, P.A.M., 1927. The Quantum Theory of the Emission and Absorption of Radiation. *Proceedings of the Royal Society of London* **A114**, p. 243-265. Artigo seminal da Eletrodinâmica Quântica.

Einstein, A., 1917. Quantentheorie der Strahlung. *Physikalische Zeitschrift* **18**, p. 121-128. Traduzido para o português na *Revista Brasileira de Física* **27**, n. 1, p. 93-99 (2005), como Sobre a Teoria Quântica da Radiação.

Heisenberg, W., 1925. Über quantentheoretische Umdeutung Kinematischer und mechanischer Beziehungen. *Zeitschrift für Physik* **33**, p. 879-893. Traduzido em **Van der Waerden (Ed.), 1968**, p. 261-276, com Quantum-Theoretical Re-Interpretation of Kinematic and Mechanical Relations. Regra de comutação e solução para o oscilador harmônico.

Maiman, T.H., 1960. Stimulated Optical Radiation in Ruby. *Nature* **187**, n. 187, p. 493-494. O primeiro laser.

Kramers, H.A., 1924. The Law of Dispersion and Bohr's Theory of Spectra. *Nature* **113**, p. 673-676. Republicado em **Van der Waerden (Ed.), 1968**, p. 177-180.

Kuhn, W., 1925. Über die Gesamtstärke der von eirem Zustande ausgehenden Absorptionslinien. *Zeitschrift für Physik* **33**, p. 408-412. Traduzido para o inglês em **Van der Waerden (Ed.), 1968.**, p. 253-257, com o título On the Total Intensity of Absorption Lines Emanating from a Given State.

Pauli, W., 1926. Über das Wasserstoffspektrum vom Standpunkt der neuen Quantenmechanik. *Zeitschrift für Physik* **36**, p. 336-363. Traduzido para o inglês em **Van der Waerden (Ed.), 1968**, p. 387-415, como On the Hydrogen Spectrum from the Standpoint of the New Quantum Mechanics.

Thomas, W., 1925. Über die Zahl der Dispersionelektronen, die einem stationärien Zustande zugeordnet sind. *Naturwissenschaft* **13**, p. 627.

13.4 Outras referências e sugestões de leitura

Auletta, G., 2001. Livro sobre os fundamentos e as interpretações da Mecânica Quântica.

Basov, N.G.; Prokhorov, A.M., 1954. 3 level gas oscillator. *Zhurnal Eksperimental'noi i Teoretischeskoi Fiziki* **27**, p. 431. MASER em três níveis.

Basov, N.G.; Prokhorov, A.M., 1955. *Zhurnal Eksperimental'noi i Teoretischeskoi Fiziki* **28**, p. 249. Traduzido como Possible Methods of Obtaining Active Molecules for a Molecular Oscilato. *Soviet Physics JETP* **1**, p. 184 (1955). Ver também *Uspekhi Fizicheskikh Nauk* **57**, p. 485-501 (1955).

Born, M., 1935. Apresentação clara e resumida a respeito da Mecânica das Matrizes, por um de seus fundadores.

Born, M.; Auger, P.; Schrödinger, E.; Heisenberg, W., 1969. Pequeno livro em português contendo quatro artigos sobre a Física Moderna.

Cassidy, D.; Baker, M., 1984. Werner Heisenberg: A Bibliography of His Writings. *Berkeley Paper in History of Science* **IX**, n. VI, 153 pp.

Dirac, P.A.M., 1930. Uma grande síntese da Mecânica Quântica, escrita por um de seus criadores.

Gordon, J.P.; Zeiger, H.J.; Townes, C.H., 1954. Molecular Microwave Oscillator and New Hyperfine Structure in the Microwave Spectrum of NH_3. *Physical Review* **95**, n. 1, p. 282-284. O MASER de gás de amônia.

Heisenberg, W., 1930. Obra clássica que corresponde a uma série de palestras dadas pelo autor na Universidade de Chicago, na qual ele apresenta uma visão física completa da Teoria Quântica, incluindo, além da sua, as contribuições de Bohr, Einstein, Louis de Broglie, Schrödinger, Dirac, Pauli e outros.

Heisenberg, W., 1971. Autobiografia do autor.

Jammer, M., 1974. Obra que apresenta a evolução da Mecânica Quântica e suas interpretações em uma perspectiva histórica.

Piza, de Toledo A.F.R., 2002. Um texto avançado, em português, que desenvolve a formulação matricial da Mecânica Quântica.

Popper, K., 1982. Nesse livro, Popper aborda aspectos da Teoria Quântica, segundo sua filosofia da Ciência, buscando defender uma interpretação objetiva dessa teoria.

Reichenbach, H., 1959. Livro sobre a filosofia da Mecânica Quântica.

Schawlow, A.L., Townes, C.H., 1958. Infrared and Optical Masers. *Physical Review* **112**, n. 6, p. 1940-1949. A concepção do laser.

Van der Waerden (Ed.), 1968. Contém todas os artigos listados como fontes primárias. Esses artigos pressupõem um conhecimento razoável das formulações da Mecânica Clássica de Hamilton, Lagrange e Jacobi.

13.5   Exercícios

Exercício 13.5.1 Mostre que a energia média $\langle \epsilon \rangle$ de um conjunto de osciladores harmônicos de frequência natural ω_o, em equilíbrio térmico à temperatura T, é dada por

$$\langle \epsilon \rangle = \frac{\hbar\omega_o}{2} \operatorname{cotgh} \left(\frac{\hbar\omega_o}{2kT} \right)$$

Exercício 13.5.2 Análogo ao efeito Zeeman para o campo magnético, o deslocamento dos níveis de energia de um sistema sob a ação de um campo elétrico é denominado efeito Stark, descoberto em 1913. Mostre que os níveis de energia de um oscilador harmônico de frequência natural ω_o, massa m e carga elétrica e, sob ação de um campo elétrico uniforme E na direção de seu movimento, são dados por

$$\epsilon_n = \left(n + \frac{1}{2} \right) \hbar\omega_o - \frac{e^2 E^2}{2m\omega_o^2} \qquad (n = 0, 1, 2, \ldots \ldots)$$

Exercício 13.5.3 Se $[x, p] = i\hbar$ e $H = T + V$, em que $V = m\omega_o^2 x^2 / 2$ e $T = p^2 / 2m$, mostre que:

a) $[p, H] = [p, V] = -i\hbar m\omega_o^2 x$;

b) $[x, H] = [x, T] = i\hbar p/m$;

c) $[x^2, H] = [x^2, T] = i\hbar(xp + px)/m$;

d) $[xp, T] = [px, T] = i\hbar p^2/m$.

Exercício 13.5.4 Definindo

$$\begin{aligned} x &= \sqrt{\frac{\hbar}{2\omega m}} \left(a + a^\dagger \right) \\ p &= i\sqrt{\frac{\hbar\omega m}{2}} \left(a^\dagger - a \right) \end{aligned} \qquad\qquad (13.21)$$

sendo a e $a^\dagger$ operadores, mostre que:

a) o operador hamiltoniano do oscilador harmônico simples pode ser escrito como

$$H = \frac{1}{2} \left(a^\dagger a + a a^\dagger \right) \hbar\omega;$$

b) os operadores a e $a^\dagger$ satisfazem a regra de comutação $[a, a^\dagger] = 1$;

c) $[H, a^\dagger] = \hbar\omega a^\dagger \qquad [H, a] = -\hbar\omega a$

d) o autovalor mínimo de energia do oscilador é $\hbar\omega/2$.

14

A Mecânica Quântica Ondulatória

Um outro caminho na construção da Mecânica Quântica originou-se com os trabalhos do francês Louis de Broglie, que culminaram com sua tese de doutorado apresentada na Sorbonne, em 25 de novembro de 1924. A partir desses trabalhos, Schrödinger, em 1926, em uma série de artigos seminais, desenvolveu a formulação ondulatória da Mecânica Quântica.

14.1   As hipóteses de Louis de Broglie

A partir dos trabalhos de Planck sobre a radiação de corpo negro, nos quais é introduzida a constante fundamental h, Einstein mostrou ser possível associar a uma onda eletromagnética plana monocromática, de frequência ν, um conjunto de partículas, os fótons, que carregam, cada um, um fragmento ou *quantum* de energia E, proporcional à frequência da radiação ($E = h\nu$), tal que a energia total da onda, em uma dada região do espaço, é expressa como a soma das energias dos fótons. Nesse sentido, uma onda eletromagnética apresentaria uma natureza discreta, sendo constituída de corpúsculos não materiais de energia: os *fótons*.

De maneira análoga, L. de Broglie considerou que, assim como a um conjunto de fótons de energia E corresponde uma onda eletromagnética de frequência $\nu = E/h$, pode-se associar a um feixe de partículas livres de massa m e mesma velocidade um comportamento ondulatório.

Para um observador em um referencial segundo o qual as partículas estão em repouso, de acordo com a relação de Einstein, a energia de repouso de cada partícula é dada por

$$E_o = mc^2$$

em que c é a velocidade da luz no vácuo.

Segundo a relação de Planck, pode-se associar a cada partícula a frequência

$$\nu_o = \frac{E_o}{h} = \frac{mc^2}{h}$$

Para um outro observador, segundo o qual as partículas se deslocam com velocidade v e energia $E = \gamma(v)mc^2$, a frequência associada a cada partícula seria dada por

$$\nu = \frac{E}{h} = \gamma(v)\frac{mc^2}{h} = \gamma(v)\nu_o$$

sendo $\gamma(v) = \left(1 - v^2/c^2\right)^{-1/2}$ o fator de Lorentz.

Em essência, para de Broglie, o comportamento dual apresentado pela luz não seria único na natureza e deveria aplicar-se também à matéria nos casos em que a magnitude da constante de Planck – que tem dimensão de *ação* – não pudesse ser desprezada comparada a outras ações; de maneira recíproca, o elétron também apresentaria um comportamento ondulatório. Propõe, então, que no referencial próprio segundo o qual as partículas estão em repouso, à frequência ν_o corresponderia um processo periódico, genericamente descrito pela função harmônica

$$\Psi \sim \exp\left(-2\pi i\,\nu_o t_o\right)$$

em que t_o representa intervalos de tempo próprios.

Para um observador segundo o qual as partículas se deslocam na direção x com velocidade v, os intervalos de tempo (t) determinados por ele e os intervalos de tempo próprios (t_o) se relacionam segundo a transformação de Lorentz, equação (6.11),

$$t_o = \gamma\left(t - xv/c^2\right)$$

Assim, o processo periódico associado a uma partícula como o elétron seria descrito por uma função que descreve uma propagação do tipo onda plana monocromática,

$$\Psi(x,t) \sim \exp\left[2\pi i\,\gamma\nu_o\left(xv/c^2 - t\right)\right] = \exp\left[2\pi i\,\nu\left(x/v_f - t\right)\right] = \exp\left[2\pi i\left(x/\lambda - \nu t\right)\right]$$

no qual $v_f = c^2/v > c$ é a velocidade de fase e $\lambda = v_f/\nu = c^2/(v\nu)$ é o período espacial da perturbação ou comprimento de onda associado à partícula.

Uma vez que o *momentum* p e a energia E de cada partícula são, respectivamente, iguais a $p = \gamma mv$ e $E = \gamma mc^2$, o comprimento de onda também pode ser expresso como

$$\lambda = \frac{c^2}{v\nu} = \frac{8mc^2h}{pE} = \frac{h}{p} \qquad \Rightarrow \qquad p = \frac{h}{\lambda} \tag{14.1}$$

Desse modo, expressando-se o *momentum* como

$$p = \hbar k$$

em que $k = 2\pi/\lambda$, a função de onda é escrita usualmente como

$$\Psi(x,t) \sim \exp\left[i\left(kx - \omega t\right)\right] = \exp\left[i\left(px - E\,t\right)/\hbar\right]$$

com $\omega = 2\pi\nu = E/\hbar$

Partículas livres e ondas planas monocromáticas são idealizações aparentemente incompatíveis. O conceito de partícula livre supõe que a energia e o *momentum* sejam definidos de forma unívoca em um ponto do espaço. Já o conceito de onda plana monocromática exige que a frequência e o comprimento de onda também sejam univocamente definidos, com a amplitude variando indefinidamente no tempo e no espaço de forma harmônica, ao que correspondem duração temporal e extensão espacial infinitas.

Como ressalva o físico russo Dmitri Ivanovich Blokhintsev, se na relação de L. de Broglie, equação (14.1), entende-se por λ um comprimento de onda, não faz sentido dizer que uma partícula se encontra em uma posição definida, uma vez que o comprimento de onda é, por definição, a característica de uma onda plana monocromática que pressupõe uma extensão que se repete periodicamente no infinito espacial $(-\infty \leq x \leq \infty)$.

Entretanto, o maior problema enfrentado por de Broglie tinha origem no fato de que a velocidade de fase da onda plana associada às partículas seria maior que a velocidade da luz no vácuo e, portanto, não poderia representar um transporte de energia associado a partículas materiais, pois estas se deslocam, necessariamente, com velocidades inferiores à velocidade da luz no vácuo. De Broglie admitiu então que, em vez de se associar uma única onda plana monocromática ao movimento de uma partícula, dever-se-ia representar o processo ondulatório associado a ele pela superposição de várias ondas planas monocromáticas, ou seja, por um pacote de ondas que interferissem destrutivamente em quase todo o espaço, exceto em uma certa região em torno das partículas. Esse pacote se deslocaria com a chamada *velocidade de grupo* (Seção 14.1.1), v_g, dada por

$$v_g = \frac{\mathrm{d}\omega}{\mathrm{d}k} = \frac{\mathrm{d}E}{\mathrm{d}p}$$

Uma vez que a relação entre o *momentum* e a energia de uma partícula material também pode ser expressa como

$$E^2 = p^2 c^2 + m^2 c^4$$

obtém-se, para a velocidade de grupo,

$$v_g = c^2 p \left(p^2 c^2 + m^2 c^4\right)^{-1/2} = c^2 \frac{p}{E} = v$$

O pacote de ondas se propagaria, portanto, com a mesma velocidade v das partículas, resultado compatível com o transporte de energia associado a partículas materiais.

Dessa forma, o movimento de uma partícula seria governado pelas propriedades do movimento ondulatório de um *pacote-piloto*, não mais monocromático, ligado à partícula, cuja relação de dispersão, no caso relativístico, para o qual vale a relação de Einstein, $E = c\sqrt{p^2 + m^2 c^2}$, seria dada por

$$\omega = c \left[k^2 + \left(\frac{mc}{\hbar}\right)^2\right]^{1/2}$$

e, no limite não relativístico, para o qual $E = p^2/(2m)$, por[1]

$$\omega = \frac{\hbar k^2}{2m}$$

Essas hipóteses vão ao encontro da visão de Heisenberg de não mais associar trajetórias clássicas, no sentido de uma sucessão temporal de posições definidas, ao movimento de partículas. Entretanto, a relação de dispersão proposta por de Broglie implica a dispersão espacial dos pacotes-piloto ao longo do tempo e, consequentemente, uma condição final caracterizada também por uma extensão espacial ilimitada, similar a uma onda plana monocromática (Seção 14.7).

Do mesmo modo que um pacote-piloto não pode ser caracterizado por uma única frequência ou comprimento de onda, a partícula associada ao pacote também não pode ser caracterizada por um único

---

[1] No limite não relativístico, a velocidade de fase (v_f) não é maior que a velocidade da luz no vácuo, ou seja, $v_f = \lambda \nu = v/2$.

valor de energia ou *momentum*. Essa associação, portanto, implica a impossibilidade de uma definição precisa tanto da posição quanto do *momentum*, introduzindo *incertezas* tanto nos valores da posição quanto nos *momenta* de uma partícula. Esse fato, de imediato, sugere que, no microcosmo, não se deve esperar que a primeira lei de Newton possa caracterizar o movimento da partícula livre, pois nem sua velocidade nem sua trajetória são exatamente definidas.

A aceitação dessas hipóteses, aparentemente contraditórias, só ocorreu após a interpretação probabilística adequada dos chamados experimentos de difração de partículas (Seção 14.2).

14.1.1   Os pacotes de ondas-piloto

O melhor argumento a favor da ideia de associar um pacote-piloto a uma partícula resulta do fato de que esse pacote, ao contrário de uma onda plana monocromática, pode ser, de algum modo, espacialmente localizado. Sua amplitude não se estende por todo o espaço, sendo não nula apenas em uma certa região.

- Um exemplo simples de um pacote de ondas pode ser obtido através da superposição linear de duas ondas planas monocromáticas e coerentes, Ψ_1 e Ψ_2, de mesma amplitude (A), que se propagam ao longo da direção x, com frequências ω e $\omega + d\omega$, sendo $d\omega \ll \omega$, e números de onda k e $k + dk$ bem próximos, ou seja, $dk \ll k$,

$$\begin{cases} \Psi_1(x,t) = A\,\text{sen}\,(kx - \omega t) \\[2mm] \Psi_2(x,t) = A\,\text{sen}\,[(k + dk)x - (\omega + d\omega)t)] = A\,\text{sen}\,\left\{(kx - \omega t) + [(dk)\,x - (d\omega)\,t]\right\} \end{cases}$$

Levando em conta que $\text{sen}\,\theta_1 + \text{sen}\,\theta_2 = 2\,\text{sen}\,\dfrac{\theta_1 + \theta_2}{2}\,\cos\,\dfrac{\theta_2 - \theta_1}{2}$, resulta para a superposição $\Psi = \Psi_1 + \Psi_2$,

$$\Psi = 2A\cos\frac{1}{2}\left[(dk)\,x - (d\omega)\,t\right]\,\text{sen}\,(k_o x - \omega_o t) = A'(x,t)\,\text{sen}\,(kx - \omega t)$$

em que $k_o = k + dk/2 \simeq k$ e $\omega_o = \omega + d\omega/2 \simeq \omega$.

Assim, obtém-se uma onda plana quase monocromática, de frequência $\nu_o = 2\pi/\omega_o$ e comprimento de onda $\lambda_o = 2\pi/k_o$, que se propaga na direção x, com amplitude variável $A'(x,t) = 2A\cos\frac{1}{2}\left[(dk)\,x - (d\omega)\,t\right]$.

Em um dado instante, o perfil da onda (Figura 14.1) se apresenta como a função denominada portadora, $\text{sen}\,(k_o x - \omega_o t)$, cuja amplitude é modulada pela função $\cos\left[(dk)\,x - (d\omega)\,t\right]/2$, tal que a distância entre dois máximos relativos consecutivos da portadora é dada por $2\pi/k_o$. Enquanto a portadora se desloca com velocidade de fase $v = \omega_o/k_o$, sua envoltória moduladora representa um pacote de ondas que se propaga com velocidade igual a $v_g = d\omega/dk$, chamada de velocidade de grupo.

Para um meio não dispersivo, no qual vale a relação linear $\omega(k) = vk$, todas as componentes deslocam-se com a mesma velocidade de fase, de tal modo que o pacote se propaga sem distorção em seu perfil, com a velocidade de grupo dada por $v_g = v$, igual à velocidade de fase.

No entanto, uma vez que a amplitude desse pacote se estende indefinidamente no tempo e no espaço, um pacote desse tipo ainda descreve uma situação idealizada.

- Uma superposição mais próxima do esperado pode ser obtida se as ondas planas que formam um pacote possuem números de onda (k) variando continuamente no intervalo $(0, \infty)$. Nesse caso, pode-se escrever o pacote associado a uma partícula de massa m, que obedece à relação de dispersão de L. de Broglie, $\omega(k) = \hbar k^2/(2m)$, como

$$\Psi(x,t) = \int_0^\infty a(k)\,\exp\left\{i\left[kx - \omega(k)t\right]\right\}\,dk \tag{14.2}$$

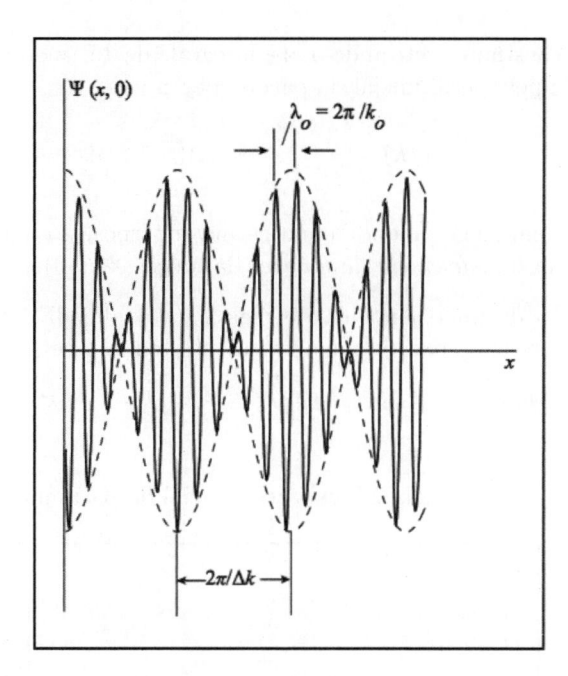

Figura 14.1: Perfil do pacote resultante da superposição de duas ondas monocromáticas, de valores de comprimentos de onda e frequências bem próximos, em um dado instante, ao longo da direção x.

sendo $a(k)$ o peso de cada componente monocromática do pacote.

Assim,

$$\Psi(x,0) = \int_0^\infty a(k)\, e^{ikx}\, \mathrm{d}k$$

e multiplicando ambos os lados dessa equação por $e^{-ik'x}$ e integrando em relação a x,

$$
\begin{aligned}
\int_{-\infty}^{\infty} \Psi(x,0)\, e^{-ik'x}\, \mathrm{d}x &= \int_0^\infty \int_{-\infty}^{\infty} a(k)\, e^{i(k-k')x}\, \mathrm{d}x\, \mathrm{d}k = \int_0^\infty a(k)\, \left. \frac{e^{i(k-k')x}}{i(k-k')} \right|_{-\infty}^{\infty} \mathrm{d}k \\
&= \lim_{\alpha \to \infty} 2 \int_0^\infty a(k)\, \frac{\operatorname{sen}(k-k')\alpha}{k-k'}\, \mathrm{d}k
\end{aligned}
\tag{14.3}
$$

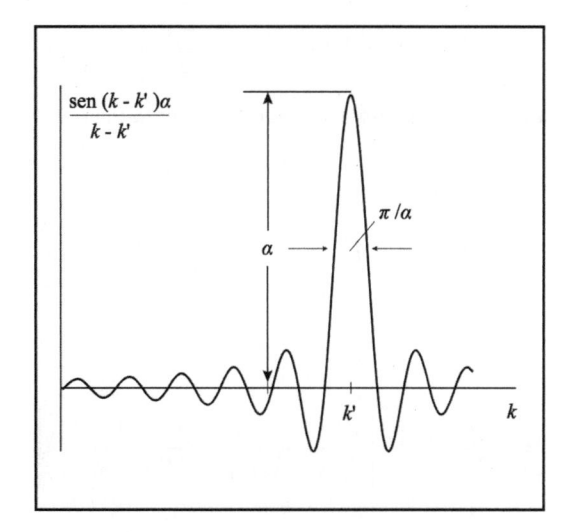

Figura 14.2: Comportamento da função $\dfrac{\operatorname{sen}(k-k')\alpha}{k-k'}$ $(k'>0)$.

Uma vez que a função trigonométrica no argumento da integral na equação (14.3) só é apreciável em uma pequena vizinhança de k' (Figura 14.2), na qual varia muito rapidamente, pode-se considerar a função $a(k)$ como constante, retirando-a da integral, de tal modo que o peso de cada onda monocromática é dado pelo perfil inicial do pacote, obtendo-se

$$a(k) = \frac{1}{2\pi} \int_{-\infty}^{\infty} \Psi(x,0)\, e^{-ikx}\, \mathrm{d}x$$

O peso $a(k)$ de cada componente monocromática, na superposição linear que descreve um pacote de ondas, é denominado *transformada de Fourier* da função $\Psi(x,0)$.

- Um exemplo típico é o de uma partícula de massa m, confinada inicialmente em um pequeno intervalo $(x_o, x_o + a)$, tal que o pacote que a representa tenha o perfil

$$\Psi(x,0) = A\,\mathrm{sen}\,k_o(x - x_o) \qquad x_o < x < x_o + a$$

com $k_o = 2\pi/\lambda_o$.

Nesse caso, a incerteza Δx associada à localização inicial da partícula é da ordem da largura a.

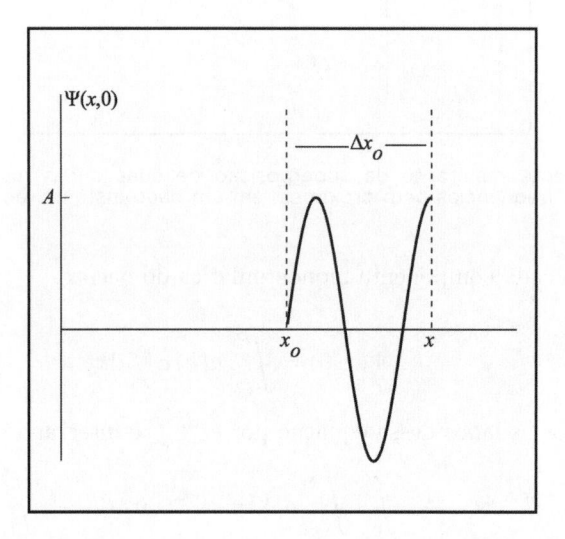

Figura 14.3: Exemplo de um perfil inicial de um pacote de ondas.

Escrevendo o perfil inicial como

$$\Psi(x,0) = A\left(\frac{e^{ik_o(x-x_o)} - e^{-ik_o(x-x_o)}}{2i}\right)$$

o peso de cada componente monocromática pode ser calculado por

$$
\begin{aligned}
a(k) &= \frac{A}{2\pi} \int_{x_o}^{x_o+a} \left[\frac{e^{-ik_o x_o}e^{-i(k-k_o)x} - e^{ik_o x_o}e^{-i(k+k_o)x}}{2i}\right]\mathrm{d}x \\
&= \frac{A}{2\pi}\, e^{-ikx_o} \int_0^a \left[\frac{e^{-i(k-k_o)y} - e^{-i(k+k_o)y}}{2i}\right]\mathrm{d}y
\end{aligned}
$$

em que $y = x - x_o$.

Assim,

$$
\begin{aligned}
a(k) &= \frac{A}{2\pi}\, e^{-ikx_o} \left[\left.\frac{e^{-i(k-k_o)y}}{2(k-k_o)}\right|_0^a - \left.\frac{e^{-i(k+k_o)y}}{2(k+k_o)}\right|_0^a\right] \\
&= \frac{A}{2\pi}\, e^{-ikx_o} \left[\frac{e^{-i(k-k_o)a} - 1}{2(k-k_o)} - \frac{e^{-i(k+k_o)a} - 1}{2(k+k_o)}\right] \\
&= \frac{Ai}{2\pi}\, e^{-ikx_o} \left[-e^{-i\alpha a/2}\frac{\mathrm{sen}(\alpha a/2)}{\alpha} + e^{-i\beta a/2}\frac{\mathrm{sen}(\beta a/2)}{\beta}\right]
\end{aligned}
$$

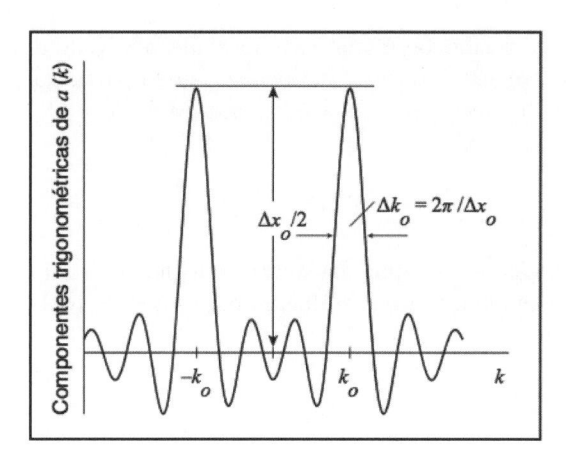

Figura 14.4: Componentes trigonométricas de um pacote cujo perfil inicial é dado por $A\operatorname{sen} k_o x$.

sendo $\alpha = k - k_o$ e $\beta = k + k_o$.

Uma vez que as funções trigonométricas (Figura 14.4) só são apreciáveis em pequenas vizinhanças de $-k_o$ e k_o, e k deve ser positivo, apenas o primeiro termo da expressão anterior contribui para o peso das componentes monocromáticas do pacote,

$$|a(k)| = \left(\frac{A}{2\pi}\right) \left|\frac{\operatorname{sen}(k - k_o)\Delta x/2}{k - k_o}\right|$$

Assim, a incerteza (Δx) na localização espacial inicial da partícula está associada a uma dispersão (Δk) do número de onda em torno do valor k_o e, portanto, a uma dispersão (Δp) de seu *momentum*, em torno de um dado valor p_o.

- $\Delta x \to \infty \quad \Longrightarrow \quad \Delta k \to 0 \quad \Longrightarrow \quad \Delta p \to 0 \quad$ (limite de onda plana)
- $\Delta x \to 0 \quad \Longrightarrow \quad \Delta k \to \infty \quad \Longrightarrow \quad \Delta p \to \infty \quad$ (limite de confinamento)

Deve-se destacar que as incertezas Δx e Δp não fixam nenhum valor para x_o ou p_o. O valor de p_o é determinado por λ_o, o qual não é correlacionado com x_o nem com a posição da partícula. Associadas ao estado inicial da partícula, essas incertezas representam as dispersões em torno dos valores de x_o e p_o, os quais podem ter, independentemente, quaisquer valores.

Quanto maior a incerteza Δx, mais o pacote se aproxima de uma onda plana e, portanto, mais definido é o *momentum* da partícula, que, no entanto, pode ter qualquer valor. Por outro lado, quanto maior a incerteza Δp, mais localizada estará a partícula, ou seja, mais definida a sua posição, que, contudo, também pode ter qualquer valor.

Esse compromisso, que de fato expressa um vínculo entre as medidas de dispersão da posição e do *momentum* de uma partícula em torno de seus valores médios, é conhecido como relação de incerteza entre a posição e o *momentum*, e foi quantificado apropriadamente por Heisenberg como (Seção 14.6)

$$\boxed{\Delta x \Delta p \geq \frac{h}{4\pi}} \tag{14.4}$$

ou seja, *quanto mais precisamente a posição é determinada, menos preciso é o conhecimento do* momentum *nesse instante, e vice-versa.*

Segundo a abordagem de L. de Broglie, a relação de incerteza é uma consequência matemática da transformada de Fourier.

Se a posição (x) de uma partícula confinada em uma dada região de dimensão linear da ordem de a refere-se a algum ponto dessa região, a posição ou localização da partícula é limitada pela incerteza Δx. Desse modo, a distância r de um elétron ao núcleo satisfaz a relação

$$r \leq \Delta r \sim a/2$$

sendo Δr a incerteza na posição e a uma constante que define o raio característico de um átomo $(a \sim 10^{-8}$ cm$)$. Nesse caso, segundo a relação de Heisenberg, equação (14.4), a incerteza mínima associada ao *momentum* é da ordem de

$$(\Delta p)_{\min} \sim \frac{h}{2\pi a} \sim 10^{-26}\,\text{kg} \cdot \text{m/s}$$

Os conceitos clássicos de partículas e ondas foram elaborados com base em experimentos realizados em escala macroscópica e, portanto, são idealizações que, a princípio, não se aplicam a fenômenos cuja escala espacial seja da ordem das dimensões atômicas. O conceito do elétron como partícula resultou de experimentos que envolviam o movimento de feixes de elétrons em campos eletromagnéticos gerados por aparatos macroscópicos, tal que seu movimento, a partir de posição e velocidade iniciais conhecidas, pudesse ser descrito por uma sucessão de posições e velocidades ao longo do tempo, ou seja, por curvas parametrizadas pelo tempo, ou trajetórias.

A associação de elétrons a pacotes de ondas implica que nem a sua posição nem o seu *momentum* são univocamente definidos. Segundo as relações de incerteza de Heisenberg, tudo o que se pode afirmar é que os elétrons se localizam em uma certa região finita do espaço com uma distribuição de valores de *momentum*, de modo que quanto menor a região ocupada, maior a dispersão de *momentum*, e vice-versa. As relações de incerteza refletem, em grande parte, a analogia comportamental de partículas e ondas estabelecida por Louis de Broglie, ou seja, a *dualidade onda-partícula*.

Figura 14.5: A dualidade onda-partícula.

14.1.2   A quantização de Wilson-Sommerfeld segundo Louis de Broglie

Como consequência de suas hipóteses, de Broglie conseguiu também explicar as regras de quantização previamente estabelecidas pela "velha teoria quântica".

Segundo de Broglie, um elétron ligado ao núcleo de um átomo descrevendo órbitas circulares somente poderia ter também associada a ele uma onda-piloto se esta fosse estacionária, o que preservaria a estabilidade do átomo (Figura 14.6a), ao contrário do que ocorreria na situação representada na Figura 14.6b, na qual haveria interferência destrutiva.

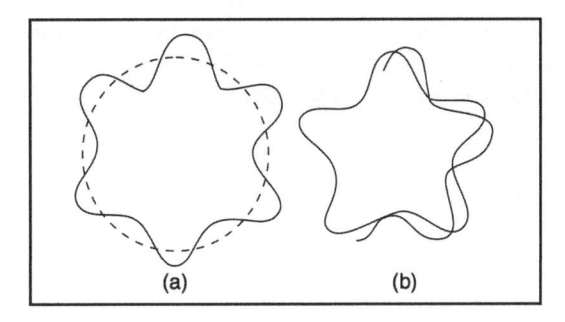

Figura 14.6: Órbitas e ondas estacionárias associadas ao movimento do elétron em um átomo.

Nessas circunstâncias, o perímetro de uma possível órbita deveria ser um múltiplo inteiro de comprimentos de onda da onda-piloto, ou seja,

$$\oint \frac{\mathrm{d}s}{\lambda} = n \qquad (n = 1, 2, \ldots)$$

na qual $\mathrm{d}s$ é um elemento de arco ao longo da trajetória do elétron.

Levando-se em conta a relação entre o *momentum* e o comprimento de onda, $p = h/\lambda$, obtém-se

$$\oint p\,\mathrm{d}s = nh$$

que é, essencialmente, a regra de quantização de Wilson-Sommerfeld.[2]

De maneira similar a Louis de Broglie, Schrödinger, em sua teoria, substituiu as regras de quantização *ad hoc* por condições de contorno impostas às soluções de uma equação diferencial de onda.

14.2   A difração de elétrons

> *Todas as partículas podem exibir efeitos de interferência, e todos os movimentos ondulatórios têm energia na forma de* quanta.
>
> Paul Dirac

Enquanto o desenvolvimento da formulação matricial da Mecânica Quântica ocorreu associado a experimentos que envolviam sistemas de partículas ligadas em átomos, a formulação ondulatória originou-se com as hipóteses de Louis de Broglie, associadas ao comportamento de partículas materiais livres, como os elétrons de um feixe.

---

[2] Uma vez que

$$\begin{cases} \mathrm{d}\vec{r} = \hat{\imath}\,\mathrm{d}x + \hat{\jmath}\,\mathrm{d}y \\[2mm] \vec{p} = \hat{\imath}\,p_x + \hat{\jmath}\,p_y \end{cases}$$

e $p\,\mathrm{d}s = \vec{p} \cdot \mathrm{d}\vec{r}$, essas expressões implicam

$$\oint p_x\,\mathrm{d}x = n_x h \qquad \text{e} \qquad \oint p_y\,\mathrm{d}y = n_y h.$$

14.2.1   Os experimentos de Davisson, Kunsman e Germer

Os primeiros experimentos com feixes de elétrons, como os realizados por Zeeman e Thomson utilizando tubos de raios catódicos, evidenciaram os aspectos corpusculares do elétron, como a massa e a carga. As primeiras evidências experimentais acerca do comportamento ondulatório do elétron foram reportadas pelos norte-americanos Clinton Davisson e Charles Kunsman, em 1921, quando, casualmente, observaram reflexões seletivas de elétrons por superfícies metálicas de platina (Pt) e magnésio (Mg). A Figura 14.7 mostra um esquema do aparato utilizado por Davisson.

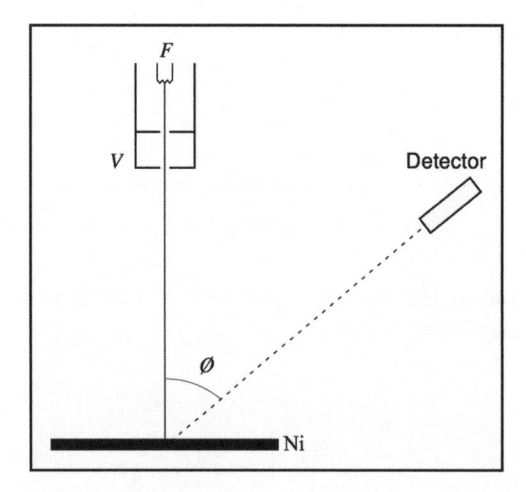

Figura 14.7: Esquema do aparato utilizado por Davisson, no qual um filamento (F) de tungstênio libera elétrons, que são acelerados por um potencial (V), colimados, espalhados e refletidos em um cristal metálico de níquel (Ni), detectados em vários ângulos (ϕ).

Enquanto nos experimentos de J.J. Thomson foram utilizados tubos de raios catódicos, no interior dos quais se fazia vácuo para facilitar a propagação dos feixes de elétrons, nos experimentos de Davisson os elétrons se propagavam em câmaras de vácuo para minimizar o espalhamento pelas moléculas gasosas presentes nas câmaras.

Espalhamentos de elétrons, realizados entre 1921 e 1923 por Davisson, foram interpretados como experimentos de difração, à luz das hipóteses de L. de Broglie, por um orientando de Max Born, o alemão Walter Elsasser.

Davisson e Germer, em 1927, já considerando as hipóteses de L. de Broglie, observaram fortes reflexões para ângulos da ordem de 50°, correspondente a 54 V, e 44°, para 65 V, com elétrons acelerados por potenciais entre 30 e 600 V. Nesses experimentos, cristais de níquel (Ni) foram cortados de forma tal que os átomos de suas superfícies pertencessem a planos equidistantes (Figura 14.8) e o feixe de elétrons incidisse perpendicularmente à superfície do cristal.

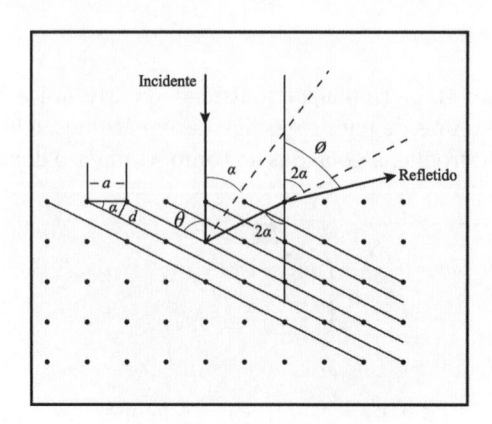

Figura 14.8: Difração de elétrons por uma rede cristalina, na qual $d = a\,\mathrm{sen}\,\alpha$.

As distâncias (a) entre esses planos, determinadas por difração de raios X, eram da ordem de 2,15 Å.

Para estabelecer a analogia com a difração de raios X, torna-se necessário considerar a refração do feixe ao penetrar e ao deixar o cristal. Para uma incidência normal, se o comprimento de onda associado aos elétrons é λ antes da penetração no cristal, e no interior do cristal é λ', o índice de refração (μ) os relaciona por[3]

$$\mu = \frac{\lambda}{\lambda'} = \frac{\operatorname{sen}\phi}{\operatorname{sen} 2\alpha}$$

em que ϕ é o ângulo entre o feixe (refletido) que deixa o cristal e o feixe incidente, e α, o ângulo entre o feixe incidente e a normal aos planos de reflexão.

Se a condição de Bragg, equação (8.22), for satisfeita no interior do cristal,

$$n\lambda' = 2d\operatorname{sen}\theta = 2d\cos\alpha$$

implica que

$$n\lambda = \frac{2d\cos\alpha\operatorname{sen}\phi}{2\operatorname{sen}\alpha\cos\alpha} = \left(\frac{d}{\operatorname{sen}\alpha}\right)\operatorname{sen}\phi = a\operatorname{sen}\phi$$

Calculando-se o comprimento de onda que corresponderia a um máximo de difração de ordem $n = 1$, para $\phi = 50°$, obtém-se

$$\lambda = a\operatorname{sen}\phi = 2,15 \times \operatorname{sen} 50° = 1,65 \text{ Å}$$

Esse valor corresponde também ao comprimento de onda da onda-piloto associada por de Broglie a um elétron acelerado por um potencial $V = 54$ V, que adquire energia $E = eV$ e *momentum* $p = \sqrt{2mE}$,

$$\lambda = \frac{h}{p} = \frac{h}{\sqrt{2mE}} = \frac{h}{\sqrt{2meV}} = 1,67 \text{ Å}$$

sendo e a carga e m a massa do elétron.

Assim, experimentos com feixes de partículas materiais como os elétrons puderam ser interpretados de maneira análoga aos experimentos de interferência em Óptica, como aqueles nos quais ondas eletromagnéticas são difratadas pela estrutura periódica de um cristal, que serve como uma rede de difração.

Dessa maneira, se um feixe homogêneo e colimado de elétrons, correspondente a uma onda quase plana e monocromática, incide sobre um cristal, espera-se que sejam observadas reflexões seletivas do feixe de partículas, análogas às observadas na difração de ondas eletromagnéticas, como os raios X, de modo que os feixes refletidos sejam mais intensos segundo direções que dependem do comprimento de onda associado às partículas. Além de elétrons, padrões de difração foram obtidos com feixes de nêutrons, átomos e moléculas. As difrações de átomos e moléculas foram realizadas pela primeira vez por Stern e colaboradores, utilizando o seletor de velocidades (Seção 3.2.3), empregado para o estudo das distribuições de velocidades de feixes moleculares.

Com relação ao uso da difração de partículas eletricamente neutras para a determinação da estrutura dos materiais, a principal dificuldade é a obtenção de feixes bem colimados e monoenergéticos, ou seja, feixes homogêneos com pequeníssima divergência espectral. Essa falta de monocromaticidade é mais acentuada quando são utilizados nêutrons térmicos com energia da ordem de 0,025 eV. No entanto, a técnica da dupla difração (Figura 14.9) utiliza o próprio fenômeno da difração para a obtenção de feixes colimados e monoenergéticos.

Essa técnica pode ser utilizada tanto para feixes de raios X e de elétrons quanto para nêutrons. De acordo com a Figura 14.9, a difração por planos atômicos conhecidos no primeiro cristal (1), denominado monocromador, permite a seleção de energias ou comprimentos de onda desejados para as partículas que serão espalhadas pelo segundo cristal (2), cuja estrutura se deseja determinar.

---

[3] Para raios X, o índice de refração é praticamente unitário, na maioria dos casos.

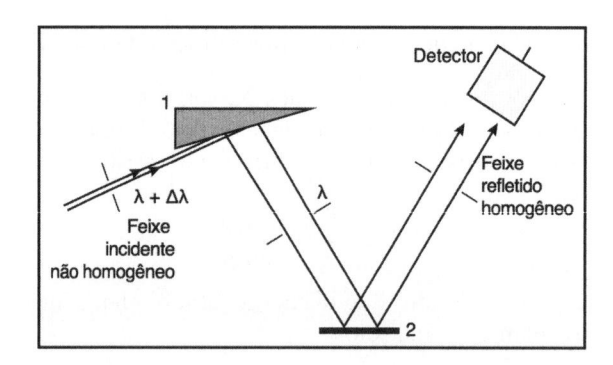

Figura 14.9: Esquema de um arranjo de dupla difração.

14.2.2 Os experimentos de G.P. Thomson

O inglês George Paget Thomson, filho de J.J. Thomson, utilizando feixes de elétrons (Figura 14.10) com energia da ordem de 10 a 60 keV – muito maior que a dos elétrons utilizados por Davisson –, conseguiu observar, ainda em 1927, padrões de intensidade similares aos obtidos com a difração de raios X por transmissão em cristais pulverizados (Figura 14.11).

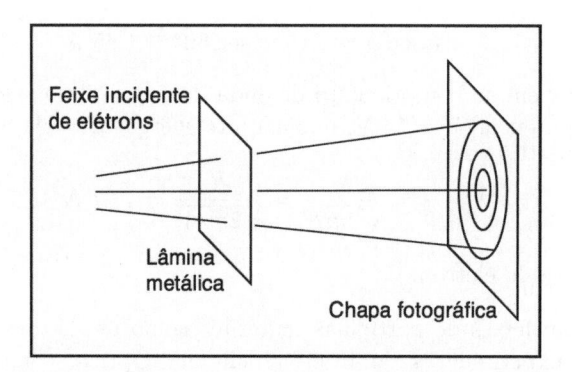

Figura 14.10: Esquema do aparato utilizado por G.P. Thomson.

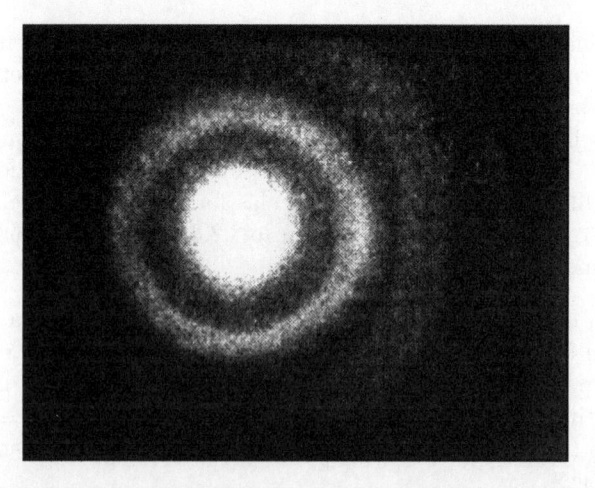

Figura 14.11: Figura de difração de elétrons obtida por G.P. Thomson.

O experimento consistia em registrar em uma chapa fotográfica[4] os elétrons que atravessavam finas lâminas metálicas. O comprimento de onda associado a esses elétrons, segundo a relação de L. de Broglie, variava de 0,05 Å a 0,12 Å, da mesma ordem de raios X duros. As lâminas metálicas, fossem de alumínio

---

[4] Experimentos com filmes de celulose já haviam sido realizados por G.P. Thomson e Alexander Reid.

(Al), de ouro (Au), de platina (Pl) ou de chumbo (Pb), consistiam em agregados de pequenos cristais aleatoriamente orientados, de modo que sempre algum plano do cristal estivesse presente na direção apropriada, para a qual a condição de Bragg seria satisfeita.

Com o objetivo de evitar múltiplos espalhamentos, que destruiriam os padrões de interferência visíveis na chapa fotográfica e apenas se revelaria um borrão luminoso, as lâminas eram suficientemente finas, com espessuras da ordem de 0,1 μm, de modo a impedir que os elétrons colidissem mais do que uma vez ao atravessá-las.

Além desses resultados qualitativos, G.P. Thomson comparou os valores das distâncias entre os planos atômicos, calculadas através da difração de raios X e de elétrons (Tabela 14.1),[5] encontrando discrepâncias relativas da ordem de 6%.

Tabela 14.1: Medidas das distâncias entre planos atômicos para alguns metais, segundo G.P. Thomson

Metal	d(Å)	
	Raios X	Elétrons
Al	4,05	4,06
Au	4,06	4,18
Pl	3,91	3,88
Pb	4,92	4,99

14.2.3 O efeito Kapitza-Dirac

Os experimentos de Davisson, Kunsman, Germer e G.P. Thomson mostraram que feixes de partículas, como o elétron, podiam, em determinadas situações, manifestar comportamentos ondulatórios, além do comportamento corpuscular usual em outras situações.

De modo complementar, um feixe de luz, que era tido como o resultado de processos ondulatórios eletromagnéticos, podia, em certos fenômenos, como os efeitos fotoelétrico e de Compton (Capítulo 10), manifestar o comportamento classicamente esperado de um feixe de partículas.

O físico russo Pyotr Leonidovich Kapitza e Dirac idealizaram, em 1933, um experimento muito interessante que contribuiria para alargar a compreensão do comportamento dual de ondas e partículas. A proposição, aparentemente inverossímil, foi a de realizar o espalhamento de elétrons por ondas estacionárias de luz, ou seja, em um único experimento se evidenciariam os comportamentos duais do elétron e da luz.

Esse experimento, esquematizado na Figura 14.12, pode ser assim descrito: a luz de uma fonte intensa, a partir de um ponto (O), atravessa uma lente (L) e incide sobre um espelho (E) no qual é refletida, formando ondas estacionárias entre a lente e o espelho; um feixe de elétrons, originados de um filamento (F), é acelerado e colimado na direção do ponto P, mas parte dele é desviada pelas ondas estacionárias para o ponto P'.

Todo o aparato deveria ser montado em uma câmara de vácuo, e o efeito só poderia ser realmente observado se a intensidade do feixe em P' fosse de magnitude comparável àquela em P. Entretanto, a intensidade das fontes disponíveis na época não era suficiente para tal observação. Padrões de difração de feixes de partículas pela luz emitida por uma fonte de laser foram observados, por Gordon Gould e colaboradores, somente em 1986, utilizando feixes de átomos.

---

[5] J.J. e G.P. Thomson foram laureados com o prêmio Nobel de Física. O pai, por evidenciar a existência e os aspectos corpusculares do elétron; o filho, por evidenciar propriedades ondulatórias ligadas ao comportamento desta partícula elementar.

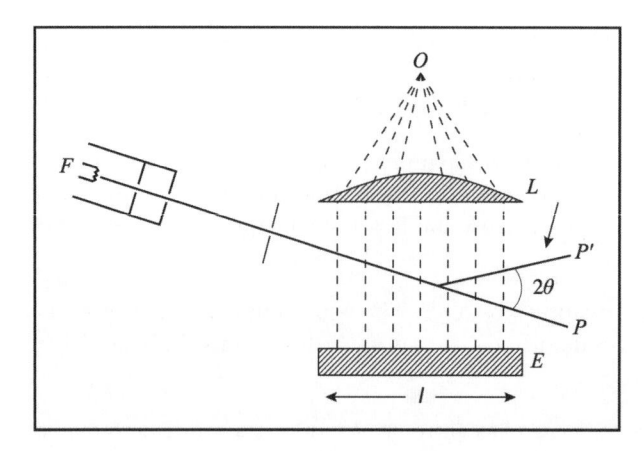

Figura 14.12: Esquema do experimento de Kapitza-Dirac.

O tratamento teórico do problema consiste na descrição da interação do feixe de elétrons com os campos produzidos por dois feixes de ondas progressivas de mesma frequência ν e comprimento de onda λ que se propagam em sentidos opostos, em vez de com o campo de ondas estacionárias. Segundo Kapitza e Dirac, o fenômeno deve-se ao chamado espalhamento Compton estimulado, no qual um elétron absorve um determinado fóton de energia $h\nu$, refletido pelo espelho E, adquirindo um *momentum* da ordem de $h\nu/c = h/\lambda$. Este fóton, então, é reemitido, após o elétron ser estimulado por um outro fóton de mesma energia do feixe que se propaga de encontro ao espelho. O resultado final é que o elétron volta a ter a mesma energia, mas sofre uma variação de *momentum* da ordem de $2h\nu/c$. Logo, o ângulo de espalhamento 2θ (Figura 14.13) será dado por

$$\operatorname{sen}\theta = \frac{h/\lambda}{p}$$

sendo p o *momentum* do elétron incidente.

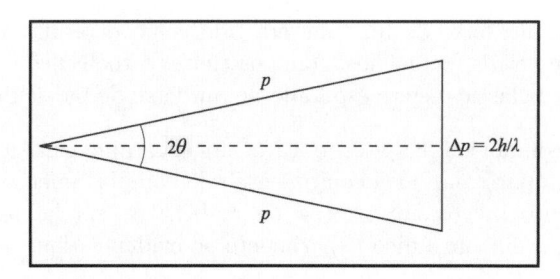

Figura 14.13: Variação de *momentum* no espalhamento de um elétron por ondas eletromagnéticas.

Assim, de acordo com a relação de Louis de Broglie, como o comprimento de onda (λ_e) associado ao elétron é dado por

$$\lambda_e = \frac{h}{p}$$

obtém-se a relação

$$\lambda_e = \lambda \operatorname{sen}\theta \tag{14.5}$$

que é exatamente a condição de Bragg de ordem 1, com um espaçamento de rede igual a $d = \lambda/2$, conforme a equação (8.22). Portanto, o campo estacionário se comporta aqui como uma rede de difração com constante de rede igual à metade do seu comprimento de onda, enquanto o feixe de elétrons se comporta como um feixe de raios X.

14.3 A equação de Schrödinger

[A equação de onda de Schrödinger] provavelmente é a equação mais reinterpretada jamais escrita.

Mario Bunge

Na Física Clássica, as leis e as equações fundamentais, como as leis de Newton e as equações de Maxwell, são utilizadas para a dedução de outras equações de caráter geral que cobrem uma ampla gama de fenômenos, como a equação de onda de d'Alembert, que descreve o comportamento ondulatório coletivo de um meio.

Na Física Quântica, no entanto, as chamadas equações de ondas, que descrevem o comportamento de partículas materiais, como a equação de Schrödinger ou a equação de Dirac (Capítulo 16), não podem ser deduzidas a partir de uma teoria ou de princípios básicos da Física. As equações de onda quânticas são propostas e aceitas a partir de suas consistências teóricas e da compatibilidade de suas consequências com os resultados experimentais; são estabelecidas a partir de analogias e argumentos que as tornam mais plausíveis, como as próprias leis de Newton, que, segundo o filósofo alemão Emmanuel Kant, Newton impôs à Natureza, e o conjunto das equações de Maxwell.

14.3.1 A analogia de Hamilton e a equação independente do tempo

Tanto de Broglie quanto Schrödinger basearam-se nos estudos de Hamilton, de 1835, nos quais estabelece analogias formais entre a Óptica e a Mecânica Clássica. Nas palavras do próprio Louis de Broglie,

[Schrödinger] aprofundando a analogia assinalada (...) por Hamilton, entre a Óptica Geométrica e a Mecânica Analítica, conseguiu escrever a equação geral de propagação, válida na aproximação não relativística, para uma onda associada a um corpúsculo em um dado campo (...).

Hamilton expressou a equação de movimento de uma partícula de massa m, sob a ação de um campo de forças, de um modo bastante similar às equações que descrevem a trajetória de um raio de luz em um meio não homogêneo, cujo índice de refração depende da posição. As variações do índice de refração modificam a trajetória dos raios luminosos da mesma maneira que a variação da energia potencial de interação faz com que as trajetórias de partículas (Figura 14.14) sejam curvas.

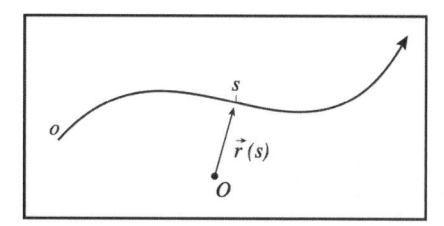

Figura 14.14: Trajetória de um raio luminoso.

Seja $\vec{r}(s)$ a posição ao longo da trajetória de um raio luminoso, parametrizada pelo comprimento de arco s sobre a trajetória. Nesse caso, a partir do vetor unitário tangente à trajetória em cada ponto $\hat{t} = d\vec{r}/ds$, pode-se escrever

$$(n\hat{t}) \cdot (n\hat{t}) = n^2$$

na qual $n(\vec{r})$ é o índice de refração do meio, que varia de ponto a ponto.

Logo, resulta que

$$\hat{t} \cdot \mathrm{d}(n\hat{t}) = \mathrm{d}n = \vec{\nabla}n \cdot \mathrm{d}\vec{r} = \vec{\nabla}n \cdot \left(\frac{\mathrm{d}\vec{r}}{\mathrm{d}s}\right)\mathrm{d}s = \left(\hat{t} \cdot \vec{\nabla}n\right)\mathrm{d}s$$

ou

$$\hat{t} \cdot \frac{\mathrm{d}}{\mathrm{d}s}\left(n\frac{\mathrm{d}\vec{r}}{\mathrm{d}s}\right) = \hat{t} \cdot \vec{\nabla}n$$

da qual se obtém a chamada equação diferencial dos raios luminosos

$$\boxed{\vec{\nabla}n = \frac{d}{ds}\left(n\frac{d\vec{r}}{ds}\right)} \tag{14.6}$$

Segundo a Dinâmica de Newton, uma partícula de massa m e energia E, sujeita a um campo de forças tal que a energia potencial de interação seja dada por $V(\vec{r})$, obedece à equação

$$\frac{d\vec{p}}{dt} = -\vec{\nabla}V(\vec{r})$$

sendo $|\vec{p}| = p = \left[2m(E - V)\right]^{1/2}$. Desse modo, pode-se escrever

$$\vec{\nabla}p = \frac{\partial p}{\partial x}\hat{i} + \frac{\partial p}{\partial y}\hat{j} + \frac{\partial p}{\partial z}\hat{k} = \frac{\partial p}{\partial V}\left(\frac{\partial V}{\partial x}\hat{i} + \frac{\partial V}{\partial y}\hat{j} + \frac{\partial V}{\partial z}\hat{k}\right) = -\left(\frac{m}{p}\right)\vec{\nabla}V$$

ou

$$-\vec{\nabla}V = \frac{p}{m}\vec{\nabla}p$$

Notando-se que

$$\frac{\mathrm{d}\vec{p}}{\mathrm{d}t} = \frac{\mathrm{d}\vec{p}}{\mathrm{d}s}\underbrace{\frac{\mathrm{d}s}{\mathrm{d}t}}_{v=p/m} = \frac{p}{m}\frac{\mathrm{d}}{\mathrm{d}s}\Big(\underbrace{m\frac{\mathrm{d}\vec{r}}{\mathrm{d}t}}_{\vec{p}}\Big) = \frac{p}{m}\frac{\mathrm{d}}{\mathrm{d}s}\left(m\frac{\mathrm{d}\vec{r}}{\mathrm{d}s}\frac{\mathrm{d}s}{\mathrm{d}t}\right) = \frac{p}{m}\frac{\mathrm{d}}{\mathrm{d}s}\left(p\frac{\mathrm{d}\vec{r}}{\mathrm{d}s}\right)$$

implica que, para o movimento de uma partícula clássica, vale a equação

$$\boxed{\vec{\nabla}p = \frac{d}{ds}\left(p\frac{d\vec{r}}{ds}\right)} \tag{14.7}$$

Comparando-se a equação (14.7) com a equação dos raios, equação (14.6), pode-se estabelecer que

> *a trajetória de uma partícula de massa m e energia E, em uma região onde sua energia potencial é dada por $V(\vec{r})$, é idêntica à trajetória de um raio de luz, em um meio de índice de refração $n(\vec{r})$ proporcional a $\left[E - V(\vec{r})\right]^{1/2}$.*

Uma vez que a luz em um meio não homogêneo de índice de refração $n(\vec{r})$ se propaga como uma onda eletromagnética cuja variação espacial da função de onda Ψ obedece à equação de Helmholtz (Capítulo 15),

$$-\nabla^2\psi \sim n^2(\vec{r})\,\psi$$

por meio da analogia de Hamilton,

$$n^2(\vec{r}) \sim 2m\left[E - V(\vec{r})\right] = p^2$$

pode-se supor que a onda-piloto de Louis de Broglie obedeça à equação diferencial parcial linear e homogênea,

$$-\nabla^2\psi = \frac{p^2}{\hbar^2}\,\psi(\vec{r})$$

chamada *equação de Schrödinger independente do tempo*,

$$\boxed{\left[-\frac{\hbar^2}{2m}\nabla^2 + V(\vec{r})\right]\psi(\vec{r}) = E\,\psi(\vec{r})}$$
(14.8)

sendo $\hbar$ uma constante cuja dimensão é de momento angular.

Admitindo que a interação entre o próton e o elétron fosse dada pela energia potencial de interação eletrostática coulombiana, $V(\vec{r}) = -e^2/r$, Schrödinger determinou o espectro de energia do átomo de hidrogênio e, comparando seu resultado para o espectro com a fórmula de Bohr, pôde identificar que a constante $\hbar$ se relaciona com a constante de Planck por

$$\hbar = \frac{h}{2\pi} = (1{,}05457168 \pm 0{,}00000018) \times 10^{-34} \text{ J.s}$$

A equação de Schrödinger, então, descreve o comportamento dinâmico de uma partícula não relativística de massa m e energia E, em uma dada região do espaço, sujeita à ação de um campo de forças cuja energia potencial de interação é $V(\vec{r})$, por meio de um campo escalar representado por uma função de onda $\psi(\vec{r})$.

Em uma dimensão espacial x, a equação de Schrödinger independente do tempo é escrita como

$$\boxed{\left[-\frac{\hbar^2}{2m}\frac{\mathrm{d}^2}{\mathrm{d}x^2} + V(x)\right]\psi(x) = E\psi(x)}$$
(14.9)

Schrödinger utilizou a equação independente do tempo em problemas de contorno para determinar, com sucesso, os espectros de energia do átomo de hidrogênio e do oscilador harmônico, sem estabelecer, entretanto, uma interpretação convincente das soluções para as funções de onda.

Essa interpretação da função de onda como uma quantidade auxiliar a partir da qual se pode determinar as distribuições de probabilidade para a ocorrência dos valores das grandezas físicas associadas a uma partícula só foi estabelecida por Max Born, em 1926, após o próprio Schrödinger determinar uma equação de onda dependente do tempo, válida para a descrição de uma partícula em campos não conservativos, mas ainda no domínio não relativístico. Conforme declarou em sua *Nobel Lecture*, Max Born inspirou-se em uma interpretação sugerida por Einstein, segundo a qual o quadrado das amplitudes das ondas luminosas poderia ser visto como uma densidade de probabilidade da ocorrência dos fótons.

14.3.2 A equação de Schrödinger dependente do tempo

Em 23 de novembro de 1925, Schrödinger proferiu um colóquio, a convite de Debye, sobre a tese de Louis de Broglie, ao final do qual ouviu o próprio Debye comentar que havia aprendido com seu mestre, Professor Arnold Sommerfeld, que o melhor modo de tratar com ondas era dispor de uma equação diferencial de onda. Qual seria, então, a equação para a onda de Louis de Broglie?, perguntou-lhe Debye. Algumas semanas mais tarde, Schrödinger informou-lhe que havia chegado a uma equação diferencial para a onda de Louis de Broglie associada ao movimento de um elétron: a *equação de Schrödinger*,

$$H\Psi(\vec{r},t) = i\hbar\frac{\partial}{\partial t}\Psi(\vec{r},t)$$
(14.10)

na qual H é o operador hamiltoniano que, no caso de sistemas conservativos, corresponde à energia do elétron.

Ao procurar uma equação de onda dependente do tempo, Schrödinger considerou que a função de onda associada a uma partícula com energia E, em uma região do espaço, sob a ação de um campo de forças conservativo, tivesse uma dependência temporal harmônica do tipo

$$\Psi(\vec{r},t) = \psi(\vec{r})\,e^{\pm iEt/\hbar}$$

sendo $\vec{r}$ um ponto genérico do espaço e t qualquer instante de tempo.

Assim, além da equação independente do tempo, a função de onda deveria obedecer também às equações

$$-\hbar^2 \frac{\partial^2 \Psi}{\partial t^2} = E^2 \, \Psi(\vec{r}, t) \qquad \text{e} \qquad \mp i\hbar \frac{\partial \Psi}{\partial t} = E \, \Psi(\vec{r}, t)$$

A partir da expressão que envolve a derivada segunda, pôde eliminar a dependência explícita da energia, obtendo

$$\left[-\frac{\hbar^2}{2m}\nabla^2 + V(\vec{r}) \right]^2 \Psi(\vec{r}, t) = -\hbar^2 \frac{\partial^2 \Psi}{\partial t^2}$$

e, a partir da expressão que envolve a derivada primeira,

$$\left[-\frac{\hbar^2}{2m}\nabla^2 + V(\vec{r}) \right] \Psi(\vec{r}, t) = \pm i\hbar \frac{\partial \Psi}{\partial t} \tag{14.11}$$

Utilizando o argumento da simplicidade, Schrödinger optou pela equação (14.11) e pelo sinal positivo para descrever o comportamento de uma partícula de massa m, mesmo em um campo de forças não conservativo, $V(\vec{r}, t)$, em uma dada região do espaço, mas ainda no domínio não relativístico, estabelecendo, assim, aquela que ficou conhecida como equação de Schrödinger dependente do tempo, ou, simplesmente, *equação de Schrödinger*,

$$\boxed{\left[-\frac{\hbar^2}{2m}\nabla^2 + V(\vec{r}, t) \right] \Psi(\vec{r}, t) = i\hbar \frac{\partial \Psi}{\partial t}} \tag{14.12}$$

De acordo com a escolha de Schrödinger, a solução para a onda associada a uma partícula livre de massa m e energia E, que se propaga com *momentum* de magnitude $|\vec{p}| = \sqrt{2mE}$, é dada pela onda plana de L. de Broglie

$$\Psi(\vec{r}, t) = A \, e^{i(\vec{p} \cdot \vec{r} - Et)/\hbar}$$

em que A é uma constante.

- A presença da unidade imaginária i na equação de Schrödinger implica que o valor da função de onda $\Psi(\vec{r}, t)$ seja complexo, pois representando-a como

$$\Psi(\vec{r}, t) = f(\vec{r}, t) + i \, g(\vec{r}, t)$$

em que f e g são funções reais da posição ($\vec{r}$) e do tempo (t), substituindo-a na equação (14.12) e agrupando as partes real e complexa da equação obtida, resulta que

$$\begin{cases} -\dfrac{\hbar^2}{2m} \nabla^2 f + Vf = -\hbar \, \dfrac{\partial g}{\partial t} \\[3mm] -\dfrac{\hbar^2}{2m} \nabla^2 g + Vg = -\hbar \, \dfrac{\partial f}{\partial t} \end{cases}$$

Como as funções $f(\vec{r}, t)$ e $g(\vec{r}, t)$ estão acopladas pelas duas equações anteriores e não existem soluções não triviais, dependentes do tempo, correspondentes a $f = 0$ ou $g = 0$, isso implica que o valor de Ψ nunca é real nem puramente imaginário, gerando sérias dificuldades para se interpretar essa equação.

Nesse sentido, a onda-piloto de Louis de Broglie não pode ser associada diretamente a nenhuma variável dinâmica ou propriedade característica de uma partícula. Além disso, a generalização da equação de Schrödinger para átomos multieletrônicos, com N elétrons, pressupõe uma função de onda cuja dependência espacial envolve as $3N$ coordenadas espaciais dos elétrons, o que constitui um outro argumento contrário à realidade da onda-piloto.

14.3.3   O limite das órbitas clássicas

A equação de Schrödinger independente do tempo para uma partícula que se move em uma direção x, sob ação de um potencial $V(x)$, com energia E, pode ser escrita como

$$\hbar^2 \frac{d^2\psi}{dx^2} + p^2(x)\,\psi(x) = 0 \qquad (14.13)$$

em que

$$p(x) = \sqrt{2m[E - V(x)]}$$

A solução para $V = 0$ é do tipo onda plana, $e^{ipx/\hbar}$. Admitindo que para $V \neq 0$ exista uma solução do tipo $\psi(x) = A \exp\left[\dfrac{i}{\hbar}\,\beta(x)\right]$, a equação (14.13) torna-se

$$\left[i\hbar \frac{d^2\beta}{dx^2} - \left(\frac{d\beta}{dx}\right)^2\right]\psi(x) = -p^2\,\psi(x) \qquad (14.14)$$

Considerando o limite no qual o valor de $\hbar$ é muito pequeno, pode-se considerar uma boa aproximação

$$\left(\frac{d\beta}{dx}\right)^2 = p^2 \qquad \Longrightarrow \qquad \beta(x) = \pm \int p\,dx$$

Desse modo, a solução geral da equação (14.13) é dada por

$$\begin{aligned}
\psi(x) &= C_1 \exp\left(\frac{i}{\hbar}\int p\,dx\right) + C_2 \exp\left(-\frac{i}{\hbar}\int p\,dx\right) \\
&= A\,\mathrm{sen}\left(\frac{1}{\hbar}\int p\,dx\right) + B\cos\left(\frac{1}{\hbar}\int p\,dx\right)
\end{aligned}$$

Se a partícula está confinada em um intervalo (a, b), as condições de contorno nos extremos a e b implicam que

$$\begin{cases}
\psi(a) = 0 \qquad \Longrightarrow \qquad \psi(x) = A_1\,\mathrm{sen}\left(\dfrac{1}{\hbar}\displaystyle\int_a^x p\,dx\right) \\[3mm]
\psi(b) = 0 \qquad \Longrightarrow \qquad \psi(x) = A_2\,\mathrm{sen}\left(\dfrac{1}{\hbar}\displaystyle\int_x^b p\,dx\right)
\end{cases}$$

Para que as expressões coincidam em todo o intervalo (a, b), deve-se ter

$$A_1\mathrm{sen}\,\theta_1 = A_2\mathrm{sen}\,\theta_2$$

ou seja,

$$\frac{A_2}{A_1} = \begin{cases} 1 & (n = 1, 3, ...) \\[2mm] -1 & (n = 2, 4, ...) \end{cases}$$

e a soma dos argumentos das autofunções deve ser um múltiplo inteiro de π,

$$\theta_1 + \theta_2 = \frac{1}{\hbar}\left[\int_a^x p\,dx + \int_x^b p\,dx\right] = n\pi \qquad (n = 1, 2, 3, ...)$$

Se o movimento da partícula for periódico, pode-se escrever

$$\frac{1}{\hbar}\oint p\,dx = 2\pi n \qquad \Longrightarrow \qquad \oint p\,dx = nh \qquad (14.15)$$

que é exatamente a condição de quantização de Wilson-Sommerfeld.

Portanto, as ideias que pareciam estranhas, colocadas *ad hoc* na "velha mecânica quântica", passam a ser compreendidas no âmbito da formulação quântica de Schrödinger.

14.4 A interpretação probabilística de Born

*Predições estatísticas podem ser, geralmente falando,
tão certas (ou incertas) quanto qualquer outro tipo de
predição (...).*

Mario Bunge

A interpretação da função de onda baseia-se no comportamento do quadrado de seu módulo, $|\Psi|^2 = \Psi^*\Psi$, pois, derivando $|\Psi|^2$ em relação ao tempo,

$$\begin{aligned}
\frac{\partial |\Psi|^2}{\partial t} &= \frac{\partial \Psi^*}{\partial t}\Psi + \Psi^*\frac{\partial \Psi}{\partial t} \\
&= \frac{i}{\hbar}\left[\Psi\left(-\frac{\hbar^2}{2m}\nabla^2 + V\right)\Psi^* - \Psi^*\left(-\frac{\hbar^2}{2m}\nabla^2 + V\right)\Psi\right]
\end{aligned}$$

e levando em conta a relação

$$\Psi^*\nabla^2\Psi - \Psi\nabla^2\Psi^* = \vec{\nabla}\cdot\left(\Psi^*\vec{\nabla}\Psi - \Psi\vec{\nabla}\Psi^*\right)$$

obtém-se

$$\frac{\partial |\Psi|^2}{\partial t} = -\frac{i\hbar}{2m}\vec{\nabla}\cdot\left(\Psi\vec{\nabla}\Psi^* - \Psi^*\vec{\nabla}\Psi\right)$$

Denotando-se $|\Psi|^2 = \rho$ e $\dfrac{i\hbar}{2m}\left(\Psi\vec{\nabla}\Psi^* - \Psi^*\vec{\nabla}\Psi\right) = \vec{J}$, pode-se escrever

$$\boxed{\frac{\partial \rho}{\partial t} + \vec{\nabla}\cdot\vec{J} = 0} \tag{14.16}$$

Assim, as quantidades ρ e $\vec{J}$ obedecem a uma equação análoga à equação de continuidade de massa ou de carga elétrica, equação (3.50).

Schrödinger, então, interpretou $e|\Psi|^2$ – em que e é a carga do elétron – como uma densidade de carga. Apesar de essa interpretação poder ser aplicada em alguns casos especiais, a interpretação aceita para a função de onda Ψ deve-se a Max Born. Um argumento de Einstein, que procurava compreender a dualidade onda-corpúsculo, interpretando a intensidade e a densidade de energia associadas a uma onda eletromagnética como proporcionais à distribuição de probabilidades para a ocorrência de fótons em uma dada região do espaço, levou Born, por analogia, a estender essa ideia às ondas de L. de Broglie, retomando o caráter probabilístico previamente estabelecido pelos próprios argumentos de Einstein ao descrever os processos de emissão e absorção da radiação pela matéria (Seção 13.1).

Considerando que a luz de frequência ν é composta de fótons, a densidade de energia (u) de um feixe de fótons, que se deslocam com velocidade c, é dada pelo número (N) de fótons por unidade de volume (V), ou densidade de fótons (N/V),[6] multiplicado pela energia ($h\nu$) de cada fóton,

$$u = (N/V)h\nu$$

De acordo com o Eletromagnetismo de Maxwell, a equação (5.31) mostra que a densidade de energia de uma onda eletromagnética no vácuo é proporcional ao quadrado do módulo do campo elétrico ($\vec{E}$),

$$u \propto |\vec{E}|^2$$

---

[6] A rigor, o número de fótons não é uma quantidade definida, mas, a partir da densidade de energia, pode-se calcular a densidade (N/V) de fótons.

Logo, o quadrado do módulo do campo elétrico é proporcional à densidade de fótons em uma dada região.

É possível fazer uma analogia entre um feixe de elétrons e um feixe luminoso: se ao fóton corresponde o elétron, ao campo elétrico $\vec{E}$ corresponde a função de onda Ψ, de tal modo que o produto $\Psi^*\Psi = |\Psi|^2$, isto é, o quadrado do módulo da função de onda, seja igual ao número de elétrons por unidade de volume.

Born interpretou, assim, o quadrado do módulo da função de onda, $|\Psi|^2 = \rho$, como uma *densidade de probabilidade de presença*, representando a distribuição de probabilidade das posições ocupadas por uma partícula ao longo de seu movimento por uma dada região do espaço, e $\vec{J} = i\hbar \left(\Psi \vec{\nabla}\Psi^* - \Psi^*\vec{\nabla}\Psi \right)/2m$ como uma *densidade de corrente de probabilidade*.

Nesse sentido, apesar de não haver uma denominação equivalente na teoria de probabilidades, a função de onda Ψ associada a uma partícula é chamada também de *amplitude de probabilidade* de presença.

O elemento unificante para a descrição de fenômenos corpusculares e ondulatórios, que é a interpretação probabilística de Born, pode ser assim enunciado:

> a probabilidade $dP(\vec{r}, t)$ *de uma partícula associada a uma função de onda* $\Psi(\vec{r}, t)$ *ser encontrada, em um dado instante* t, *no interior de um elemento de volume* $dV = dx\,dy\,dz$ *em torno do ponto localizado por* $\vec{r}$, *é igual a* $\Psi^*(\vec{r}, t)\Psi(\vec{r}, t)\,dV$.

Portanto,

$$dP(\vec{r}, t) = |\Psi(\vec{r}, t)|^2\,dV \quad \Longrightarrow \quad \boxed{\rho = |\Psi|^2 = \Psi^*\Psi} \tag{14.17}$$

A equação de continuidade da probabilidade de presença, equação (14.16), mostra que, em um volume V delimitado por uma superfície S, se a probabilidade de ser encontrado um elétron em seu interior diminui ao longo do tempo é porque há uma variação igual e contrária na probabilidade de que ele atravesse a superfície S.

É importante ressaltar que a amplitude de probabilidade associada a uma partícula não deve ser identificada como uma propriedade ou característica intrínseca da partícula, mas sim como uma medida da distribuição de probabilidades de ocorrências de eventos associados a ela, que depende da interação com a sua vizinhança.

De acordo com o filósofo de ciência austríaco Karl Popper, uma das principais fontes de divergências em uma abordagem probabilística da Mecânica Quântica é a não discriminação entre categorias distintas, ou seja, a associação dos comportamentos análogos de algumas propriedades dos elementos de um sistema com a natureza desses elementos. Por exemplo, a distribuição gaussiana dos pesos das pessoas residentes em uma certa rua não revela nem está associada a nenhuma característica intrínseca de cada indivíduo. Do mesmo modo, os salários dos leitores de um jornal, ou as notas de prova dos alunos de uma escola, em geral, apresentam essa mesma distribuição. Apesar de os elementos de cada conjunto terem todos um "caráter gaussiano", e de alguns de seus atributos apresentarem comportamentos análogos, *suas naturezas são completamente distintas*.

Assim, os elementos de sistemas que apresentam comportamentos análogos ou duais, no sentido de que alguns de seus atributos ou grandezas obedecem à mesma distribuição ou equação, *não possuem*, necessariamente, a mesma natureza.

Esse tipo de analogia é encontrado na comparação do comportamento das partículas subatômicas, como elétrons e prótons, com o das ondas eletromagnéticas. O fato de o campo Ψ, associado a uma partícula como o elétron, obedecer a uma equação diferencial linear e, portanto, ao Princípio da Superposição,[7]

---

[7] Para Dirac, o Princípio da Superposição de estados quânticos é a hipótese fundamental da Mecânica Quântica, a partir da qual se estabelece a estrutura linear da teoria.

reflete propriedades que se manifestam também no comportamento de partículas de natureza distinta, não materiais, como os fótons.

Devido à não visualização dos fenômenos microscópicos, ao se analisar um experimento imaginário de dupla fenda de Young com partículas, considerou-se a distribuição resultante das partículas a evidência de que possuíam a mesma natureza que os fótons, e não a manifestação de comportamentos análogos de sistemas compostos por elementos distintos. Esse argumento foi crucial para que fossem aceitos, no final do século XIX, o caráter ondulatório e a natureza contínua dos fenômenos ópticos.

O fato de a equação de Schrödinger descrever o comportamento de uma única partícula implica que o padrão de interferência mostrado em um experimento de difração de elétrons não é o resultado de um processo coletivo, no qual participa simultaneamente um número muito grande de partículas. O padrão de interferência, que decorre do caráter linear da equação de Schrödinger, ou seja, o fato de a densidade de probabilidade de presença da partícula apresentar uma variação análoga à variação da intensidade dos raios X ao serem difratados por um cristal, é um fenômeno associado à interação de apenas uma partícula com a estrutura cristalina. A presença de muitas partículas apenas acentua a intensidade do fenômeno, aumentando a estatística do experimento.

Pode-se conjecturar, reciprocamente, que a própria difração da luz decorra do comportamento individual de cada fóton. Experimentos nesse sentido, realizados pelo francês Alain Aspect e colaboradores, em 1986, evidenciaram as correlações esperadas no experimento de dupla fenda, ao aplicar-se o Princípio de Superposição de estados quânticos ao fóton.[8]

As analogias, apesar de seu caráter não comprobatório, são frutíferas; a grande crise na Física, ao final do século XIX, foi configurada a partir de tentativas para se estabelecerem analogias mais do que formais entre os fenômenos ondulatórios, acústicos e eletromagnéticos.[9] Dessa crise surgiram as duas teorias fundamentais da Física Moderna: a Teoria da Relatividade Restrita e a Mecânica Quântica, que exigiram a revisão e a modificação de vários conceitos geométricos e dinâmicos acerca da natureza, criados e aceitos até então pelo homem.

A utilização de analogias baseadas na Mecânica Clássica constituiu um procedimento tão forte, durante a construção da teoria quântica, mascarando várias questões de cunho interpretativo, que muitas controvérsias assim originadas perduram até os dias de hoje.

O resultado desses procedimentos é que tanto a Teoria da Relatividade Restrita (Capítulo 6) quanto a Mecânica Quântica (Capítulos 13 e 14) possuem estruturas formais condicionadas pela Mecânica Clássica, através de correspondências estabelecidas para a forma e a expressão de seus conceitos, grandezas e leis.

A Teoria de Probabilidades e a Estatística estabelecem distribuições de probabilidades[10] e métodos de análise de caráter tão geral que são utilizados nos modelos propostos nas mais diversas áreas do conhecimento. O emprego de argumentos probabilísticos na Física apresenta, porém, características específicas.

Do ponto de vista da Física Experimental, a adoção de uma descrição probabilística decorre da aleatoriedade dos processos de medição de grandezas. Nesses casos, utilizam-se as distribuições básicas de probabilidades e os métodos da Estatística, como o da máxima verossimilhança, para fundamentar os resultados de uma medição.

Do ponto de vista da Física Teórica Clássica, os métodos estatísticos são utilizados para a descrição de sistemas macroscópicos, devido ao grande número de partículas ou de variáveis envolvidas e, consequentemente, à impossibilidade de definição das grandezas necessárias à caracterização completa do estado de um sistema. O comportamento dos constituintes dos sistemas físicos, condicionado pelas leis da Mecânica e do Eletromagnetismo clássicos, resulta, entretanto, em distribuições de probabilidades

---

[8] Nesse sentido, as equações de onda clássicas para o campo eletromagnético descrevem tanto a propagação de um feixe de fótons quanto a de um único fóton.

[9] Foram várias as tentativas de explicação dos fenômenos elétricos a partir de modelos materiais mecânicos que obedecessem às leis de movimento de Newton da Mecânica Clássica, ou seja, a redução do Eletromagnetismo à Mecânica.

[10] As distribuições básicas de probabilidades são: de Bernoulli, de Gauss e de Poisson.

distintas das estabelecidas pela Estatística, como a distribuição de Maxwell-Boltzmann, estabelecida pela Teoria Cinética dos Gases (Capítulo 3).[11]

A abordagem probabilística, segundo a hipótese básica da interpretação de Born da Mecânica Quântica, não ocorre pela complexidade dos sistemas físicos, mas, sim, por uma característica intrínseca da própria evolução desses sistemas, mesmo daqueles com poucos graus de liberdade; para cada sistema deve-se calcular uma distribuição específica de probabilidades, a partir da equação de Schrödinger, para os possíveis eventos associados ao sistema, por mais simples que seja.

Enquanto as teorias clássicas da Mecânica de Newton e do Eletromagnetismo de Maxwell descrevem os fenômenos de maneira causal e determinística, a Mecânica Quântica Ondulatória de Schrödinger e de Born descreve os fenômenos de modo causal e não determinístico.

A causalidade ocorre quando, da associação do estado inicial de uma partícula, em um instante $t = 0$, a uma função de onda inicial, $\Psi(\vec{r}, 0) = \psi_o(\vec{r})$, a partir da equação de Schrödinger, determina-se a função de onda, $\Psi(\vec{r}, t)$, ou o estado da partícula em qualquer instante posterior, $t > 0$. A menos que o estado inicial seja especialmente preparado, as medidas resultantes da medição de qualquer grandeza associada à partícula são aleatórias. Nesse sentido, os resultados da teoria quântica não são afirmações determinísticas, mas proposições probabilísticas, como a probabilidade de ocorrência de um dado valor, ou conjunto de valores, da energia, da posição ou do *momentum* de uma partícula.

Referindo-se aos fundamentos da Mecânica Quântica, Heisenberg afirma que na formulação mais estrita da lei de causalidade – *"se conhecermos o presente exatamente, podemos calcular o futuro"* – *não é a conclusão que está errada, mas a premissa.*

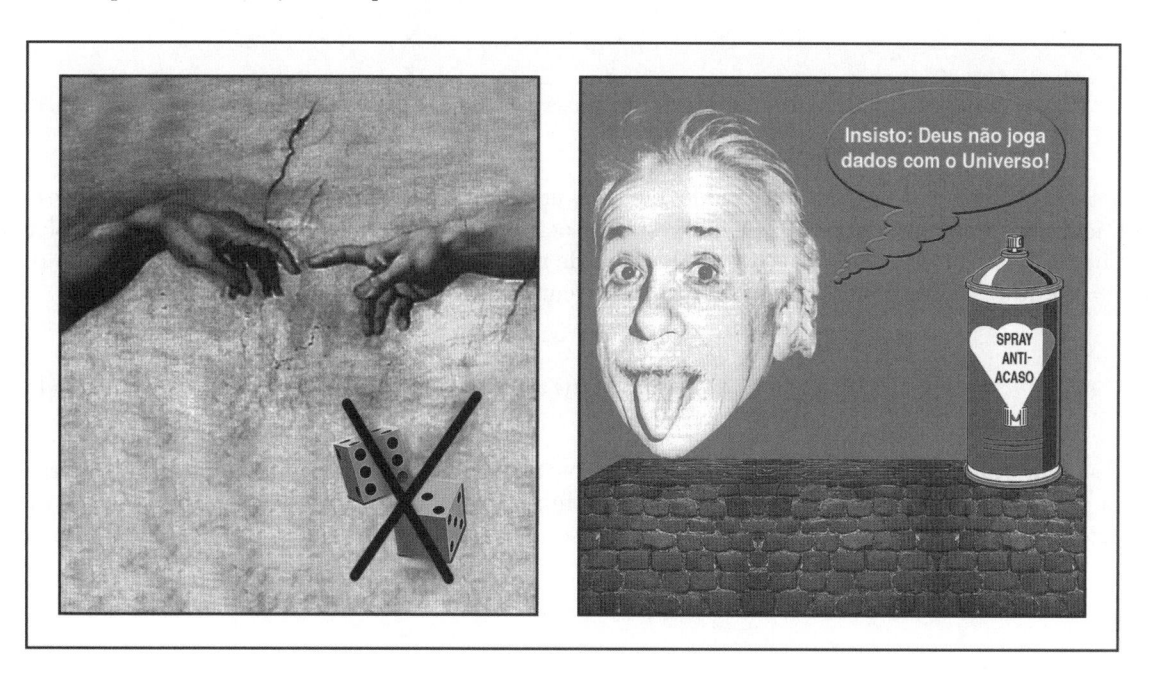

Figura 14.15: "Deus não joga dados com o Universo."

14.4.1 A normalização da função de onda

De acordo com a interpretação de Born, para todo o espaço deve valer a chamada *condição de normalização* para a função de onda,

$$\int_V \rho(\vec{r}, t)\, dV = \int_V \Psi^*(\vec{r}, t)\, \Psi(\vec{r}, t)\, dV = 1 \qquad (V \to \infty) \qquad (14.18)$$

[11] No domínio quântico, os gases obedecem a outras distribuições como as de Planck, Bose-Einstein e Fermi-Dirac.

A condição de normalização simplesmente expressa o fato de que a partícula deve ser encontrada em algum local do espaço.

Entretanto, para uma interpretação consistente, além da conservação local de probabilidade, é necessário que haja também a conservação global, expressa por

$$\frac{\mathrm{d}}{\mathrm{d}t} \left[\int_V \rho(\vec{r}, t) \, \mathrm{d}V \right] = 0 \tag{14.19}$$

ou seja, a normalização da função não deve depender do tempo.

- De acordo com a equação de continuidade da probabilidade, equação (14.16), pode-se escrever

$$\frac{\mathrm{d}}{\mathrm{d}t} \int_V \rho(\vec{r}, t) \, \mathrm{d}V = \int_V \frac{\partial}{\partial t} \rho(\vec{r}, t) \, \mathrm{d}V = \int_V -\vec{\nabla} \cdot \vec{J}(\vec{r}, t) \, \mathrm{d}V$$

e, aplicando-se o teorema da divergência, obtém-se

$$\frac{\mathrm{d}}{\mathrm{d}t} \int_V \rho(\vec{r}, t) \, \mathrm{d}V = -\oint_S \vec{J}(\vec{r}, t) \cdot \mathrm{d}\vec{S}$$

em que S é a superfície de raio infinitamente grande, que limita o volume V.

Uma vez que $\vec{J} = i\hbar \left(\Psi \vec{\nabla} \Psi^* - \Psi^* \vec{\nabla} \Psi \right) / 2m$, a conservação global só é satisfeita se a função de onda Ψ se anular ao longo da superfície S,

$$\Psi(x = \pm\infty, y = \pm\infty, z = \pm\infty) = 0$$

o que implica $\oint_S \vec{J} \cdot \mathrm{d}\vec{S} = 0$ e, portanto, a conservação global da probabilidade, equação (14.19).

Para um feixe homogêneo constituído de uma enorme quantidade (N) de elétrons que possuem praticamente a mesma energia e, portanto, estão associados à mesma função de onda, os elétrons ocupam regiões distintas do espaço, tal que a probabilidade de presença de qualquer um deles em uma dada região $\mathrm{d}V = \mathrm{d}x \, \mathrm{d}y \, \mathrm{d}z$ é proporcional a $|\Psi|^2 \, \mathrm{d}V$. Nessas circunstâncias, Ψ pode ser normalizada como

$$\int_V \Psi^*(\vec{r}, t) \, \Psi(\vec{r}, t) \, \mathrm{d}V = N \tag{14.20}$$

pode-se interpretar $|\Psi|^2$ como uma densidade de partículas e $e|\Psi|^2$ como uma densidade de carga em uma dada região. Ou seja, a interpretação de Schrödinger é aplicável, e as densidades de carga e corrente clássicas, associadas ao feixe de partículas, podem ser calculadas a partir da função de onda, solução da equação de Schrödinger para uma partícula.

14.4.2   Incertezas e valores médios da posição

Ao admitir-se a interpretação probabilística de Born, admite-se também que, em geral, os resultados da medição de uma grandeza física associada a uma partícula, ou a um sistema de partículas, sejam aleatórios.

Assim, em vez de uma posição ($\vec{r}$) definida para uma partícula, cujo comportamento é descrito por uma função de onda $\Psi(\vec{r}, t)$, o que se pode calcular, a partir da Mecânica Quântica, é a média das posições em uma dada região de volume V,

$$\langle \vec{r} \rangle = \langle x \rangle \, \hat{i} + \langle y \rangle \, \hat{j} + \langle z \rangle \, \hat{k}$$

em que os *valores médios* das componentes x, y e z são dados por

$$
\begin{cases}
\langle x \rangle = \displaystyle\int_V x\,\rho(\vec{r},t)\ \mathrm{d}V = \int_V \Psi^*(\vec{r},t)\ x\ \Psi(\vec{r},t)\,\mathrm{d}V \\[2ex]
\langle y \rangle = \displaystyle\int_V y\,\rho(\vec{r},t)\ \mathrm{d}V = \int_V \Psi^*(\vec{r},t)\ y\ \Psi(\vec{r},t)\,\mathrm{d}V \\[2ex]
\langle z \rangle = \displaystyle\int_V z\,\rho(\vec{r},t)\ \mathrm{d}V = \int_V \Psi^*(\vec{r},t)\ z\ \Psi(\vec{r},t)\,\mathrm{d}V
\end{cases}
$$

e as dispersões associadas a cada componente, em torno de seus valores médios, são caracterizadas por

$$
\begin{cases}
\Delta x = \sqrt{\langle x^2 \rangle - \langle x \rangle^2} \\[2ex]
\Delta y = \sqrt{\langle y^2 \rangle - \langle y \rangle^2} \\[2ex]
\Delta z = \sqrt{\langle z^2 \rangle - \langle z \rangle^2}
\end{cases}
$$

Essas medidas de dispersão são denominadas, na Teoria de Probabilidades, desvio-padrão e, na Mecânica Quântica, *incerteza* na posição da partícula.

Em geral, o valor médio de qualquer grandeza física f, representada por uma função da posição, $f(\vec{r})$, é calculado por

$$
\langle f \rangle = \int_V f(\vec{r})\,\rho(\vec{r},t)\,\mathrm{d}V
$$

e a incerteza (Δf) em torno do valor médio é dada por

$$
\Delta f = \sqrt{\langle f^2 \rangle - \langle f \rangle^2}
$$

As incertezas *não* estão associadas a procedimentos experimentais de determinação de uma grandeza, que acarretem erros de medição; elas indicam que as possíveis medidas para uma grandeza são aleatórias, mesmo na hipotética ausência de erros experimentais.

14.4.3 A invariância da equação de Schrödinger

Sejam $V(x,y,z,t)$ e $V'(x',y',z',t')$ as energias potenciais de uma partícula em dois sistemas de referência inerciais K e K', respectivamente, tal que K' se desloque com velocidade v em relação a K, no sentido positivo do eixo x. As coordenadas espaciais e temporais (x,y,z,t) e (x',y',z',t') no domínio não relativístico relacionam-se pela transformação de Galileu

$$
\begin{cases}
x' = x - vt \\
y' = y \\
z' = z \\
t' = t
\end{cases}
\qquad \Longrightarrow \qquad
\begin{cases}
\partial/\partial x = \partial/\partial x' \\
\partial/\partial y = \partial/\partial y' \\
\partial/\partial z = \partial/\partial z' \\
\partial/\partial t = \partial/\partial t' - v\,\partial/\partial x'
\end{cases}
\tag{14.21}
$$

Como o potencial é uma função escalar, cujo valor independe do referencial,

$$
V'(x',y',z',t') = V(x,y,z,t)
\tag{14.22}
$$

em relação ao sistema K, a equação de Schrödinger é dada por

$$
\left[\frac{-\hbar^2}{2m}\,\nabla^2 + V(x,y,z,t) \right] \Psi(x,y,z,t) = i\hbar\frac{\partial \Psi}{\partial t}
\tag{14.23}
$$

Como a densidade de probabilidade também é um invariante escalar e, portanto, não deve depender do sistema de referência, as funções de onda segundo os sistemas K e K' devem satisfazer a igualdade

$$|\Psi(x,y,z,t)|^2 = |\Psi'(x',y',z',t')|^2$$

Segue-se, então, que as funções Ψ e Ψ' só podem diferir entre si por um número complexo unitário ou um fator de fase,

$$e^{i\alpha}\,\Psi'(x',y',z',t') = \Psi(x,y,z,t) \qquad \Longrightarrow \qquad \Psi'(x',y',z',t') = e^{-i\alpha}\,\Psi(x,y,z,t) \tag{14.24}$$

em que α é uma função real de (x',y',z',t') ou, equivalentemente, de (x,y,z,t).

Levando em conta as relações entre as derivadas nos dois sistemas de referência, a equação de Schrödinger pode ser expressa segundo as coordenadas do sistema K', por

$$\left[-\frac{\hbar^2}{2m}\,\nabla'^2 + V'\right](e^{i\alpha}\Psi') = i\hbar\left(\frac{\partial}{\partial t'} - v\,\frac{\partial}{\partial x'}\right)e^{i\alpha}\,\Psi' \tag{14.25}$$

ou

$$i\hbar\frac{\partial\Psi'}{\partial t'} = -\frac{\hbar^2}{2m}\,\nabla'^2\Psi' + i\hbar\left(\frac{\hbar}{m}\,\vec{\nabla}'\alpha - \vec{v}\right)\cdot\vec{\nabla}'\Psi' +$$
$$+ \left[V' - \frac{i\hbar^2}{2m}\,\nabla'^2\alpha + \frac{\hbar^2}{2m}\,|\vec{\nabla}'\alpha|^2 - \hbar(\vec{v}\cdot\vec{\nabla}'\alpha) - \hbar\,\frac{\partial\alpha}{\partial t'}\right]\Psi'$$

em que $\vec{v} = v\hat{\imath}$.

Para que a forma original da equação de Schrödinger seja restabelecida, é preciso determinar uma função α que satisfaça às equações

$$\begin{cases} \dfrac{\hbar}{m}\,\vec{\nabla}'\alpha - \vec{v} = 0 \\[4mm] \dfrac{i\hbar^2}{2m}\,\nabla'^2\alpha - \dfrac{\hbar^2}{2m}|\vec{\nabla}'\alpha|^2 + \hbar\,(\vec{v}\cdot\vec{\nabla}'\alpha) + \hbar\,\dfrac{\partial\alpha}{\partial t'} = 0 \end{cases}$$

A função

$$\alpha(x',y',z',t') = \frac{m}{\hbar}\,\vec{v}\cdot\vec{r}' - \frac{mv^2}{2\hbar}\,t'$$

satisfaz as duas condições.

Logo, a equação de Schrödinger é invariante por transformações de Galileu desde que a relação entre Ψ e Ψ', em dois referenciais inerciais K e K', tal que K' se desloque em relação a K com velocidade $\vec{v}$, seja dada por

$$\Psi(x,y,z,t) = \exp\left[i\left(-\frac{m}{\hbar}\,\vec{v}\cdot\vec{r}' + \frac{mv^2}{2\hbar}\,t'\right)\right]\Psi'(x',y',z',t') \tag{14.26}$$

Uma vez que um fator de fase, de módulo unitário, não altera a distribuição de probabilidade de presença, a invariância da equação de Schrödinger com relação às transformações de Galileu implica que as previsões da teoria não dependem do referencial inercial utilizado para a descrição do movimento de uma partícula.

A diferença desse resultado em relação à invariância das leis de Newton sob uma transformação de Galileu é que, enquanto a equação de movimento clássica é invariante, *independentemente* de qualquer condição adicional, na Mecânica Quântica, o conceito probabilístico desempenha um papel fundamental na fixação de um fator de fase, que assegura a invariância da equação de Schrödinger.

14.5   O movimento da partícula em campos conservativos

> *Qualquer estado [quântico] pode ser considerado resultado da superposição de dois ou mais estados, de um número infinito de modos. Reciprocamente, quaisquer dois ou mais estados podem ser superpostos para se obter um novo estado.*
>
> Paul Dirac

Para campos conservativos, a equação de Schrödinger dependente do tempo, equação (14.12), deve ser reduzida à equação independente do tempo, equação (14.8). Um procedimento sistemático, já utilizado na obtenção da própria equação dependente do tempo, é o método de separação das variáveis, no qual se escreve a solução como o produto de funções que dependem de variáveis distintas,

$$\Psi(\vec{r}, t) = \psi(\vec{r})\, \phi(t)$$

Substituindo na equação (14.12),

$$-\frac{\hbar^2}{2m}\, \phi(t)\, \nabla^2 \psi(\vec{r}) + V(\vec{r})\, \psi(\vec{r})\, \phi(t) = i\hbar\, \psi(\vec{r})\, \frac{\mathrm{d}}{\mathrm{d}t}\phi(t)$$

e dividindo pelo produto $\psi(\vec{r})\, \phi(t)$, obtém-se

$$-\frac{\hbar^2}{2m}\, \frac{1}{\psi(\vec{r})}\, \nabla^2 \psi(\vec{r}) + V(\vec{r}) = i\hbar\, \frac{1}{\phi(t)}\, \frac{\mathrm{d}}{\mathrm{d}t}\phi(t)$$

Como o lado esquerdo da expressão anterior depende só da posição, enquanto o lado direito depende apenas do tempo, a equação só pode ser satisfeita se ambos os membros forem iguais a uma constante de separação E com dimensão de energia que, a princípio, pode ser complexa, resultando o seguinte sistema de equações diferenciais

$$\begin{cases} i\hbar\, \dfrac{\mathrm{d}\phi}{\mathrm{d}t} = E\, \phi(t) \\[3mm] \left[-\dfrac{\hbar^2}{2m}\nabla^2 + V(\vec{r})\right]\psi(\vec{r}) = E\, \psi(\vec{r}) \end{cases}$$

A primeira equação diferencial no domínio do tempo não depende da dinâmica de interação e pode ser imediatamente integrada,

$$\phi(t) \;\propto\; e^{-iEt/\hbar}$$

A segunda é a equação de Schrödinger independente do tempo, equação (14.8), e, do ponto de vista matemático, constitui um *problema de autovalor*, tal que, dependendo das condições impostas à função de onda $\psi(\vec{r})$, o *autovalor* E, isto é, a energia da partícula, pode assumir valores discretos ou contínuos. Suas soluções, $\psi_E(\vec{r})$, associadas a cada autovalor E, são denominadas *autofunções* de energia.

Assim, a quantização da energia para sistemas estáveis, como os sistemas atômicos de partículas confinadas em campos de forças, é obtida a partir de condições de contorno impostas à função de onda.

Uma vez que as interações de um elétron com outras partículas no interior de um átomo, ou com um campo externo, são de caráter eletromagnético e, por isso, a energia potencial de interação é proporcional ao potencial elétrico, o termo de energia potencial na equação de Schrödinger é citado simplesmente como potencial. Diz-se, então, que uma partícula está sob a ação de um potencial, está confinada em um poço de potencial ou incide sobre uma barreira de potencial (Capítulo 15).

Como a equação diferencial de Schrödinger independente do tempo, equação (14.8), é de segunda ordem, e a energia E, o potencial V e a função de onda ψ devem ser quantidades finitas, a solução ψ

e suas derivadas primeiras devem ser contínuas em todo o espaço para que a equação tenha soluções, mesmo nos pontos em que o potencial $V(\vec{r})$ não seja contínuo.[12] Na realidade, um potencial real não apresenta descontinuidades; as que aparecem em vários exemplos são devidas às aproximações realizadas, quando o potencial real $V(\vec{r})$ sofre grandes variações próximo a um certo ponto do espaço.

A cada possível valor de energia E podem corresponder um ou mais estados da partícula. Se a um dado valor de energia estão associados dois ou mais estados independentes, esse autovalor é dito *degenerado*. Por serem representados por autofunções ψ_E da equação de Schrödinger, são chamados de *autoestados de energia*, e o conjunto dos autovalores, de *espectro de energia*.

Em geral, a equação de Schrödinger independente do tempo, para uma partícula de massa m, em um campo conservativo $V(\vec{r})$, é escrita como

$$\boxed{H\Psi = E\Psi} \tag{14.27}$$

em que $H = -\dfrac{\hbar^2}{2m}\nabla^2 + V(\vec{r})$ é o chamado *operador hamiltoniano*.

Desse modo, diz-se que *o espectro de energia de um sistema é constituído dos autovalores do operador* H.

- Segundo a equação de continuidade, equação (14.16), a constante de separação que aparece na solução da equação de Schrödinger em um campo conservativo, ou a energia da partícula, é necessariamente real. Esse fato mostra a consistência da formulação de Schrödinger. Com efeito, partindo-se da hipótese de que E seja complexo, pode-se escrever

$$\begin{cases} \Psi(\vec{r},t) = \psi(\vec{r})\,e^{-iEt/\hbar} \\ \Psi^*(\vec{r},t) = \psi^*(\vec{r})\,e^{iE^*t/\hbar} \end{cases} \implies \rho(\vec{r},t) = \Psi^*(\vec{r},t)\,\Psi(\vec{r},t) = |\psi(\vec{r})|^2\,e^{-i(E-E^*)t/\hbar}$$

Derivando a densidade de probabilidade em relação ao tempo,

$$\frac{\partial\rho}{\partial t} = -\frac{i}{\hbar}(E - E^*)\,|\psi(\vec{r})|^2$$

e expressando a equação da continuidade como

$$\int_V \frac{\partial\rho}{\partial t}\,\mathrm{d}V = -\oint_S \vec{J}\cdot\mathrm{d}\vec{S} = 0$$

obtém-se

$$(E - E^*)\int_V |\psi(\vec{r})|^2\,\mathrm{d}V = 0$$

Como $\displaystyle\int_V |\psi(\vec{r})|^2\,\mathrm{d}V > 0$, se $\psi(\vec{r})$ não for identicamente nula, $E = E^*$ é um parâmetro real.

14.5.1 Os estados estacionários

As autofunções da equação de Schrödinger correspondem aos estados estacionários de Bohr, pois, se o estado inicial, $\Psi(\vec{r},0)$, associado a uma partícula é um dado autoestado ψ_E de energia,

$$\Psi(\vec{r},0) = \psi_E(\vec{r})$$

a solução da equação de Schrödinger, $\Psi(\vec{r},t)$, que representa o estado da partícula, em um instante t, será dada por

$$\Psi(\vec{r},t) = \psi_E(\vec{r})\,e^{-iEt/\hbar}$$

---

[12] Exceto para potenciais que tendem ao infinito no ponto de descontinuidade.

Assim, as densidades de probabilidades de presença associadas às soluções que evoluem de um autoestado de energia não dependem do tempo,

$$\rho(\vec{r}) = \psi_E^*(\vec{r})\,\psi_E(\vec{r})$$

Por isso, os autoestados de energia de uma partícula em um campo conservativo são também denominados *estados estacionários*.

14.5.2   Os estados não estacionários

Mesmo que o estado inicial, $\Psi(\vec{r},0)$, não seja um dos autoestados de energia, uma vez que a equação de Schrödinger é linear e homogênea, a solução geral, para uma partícula confinada em um campo conservativo, pode ser expressa como uma combinação linear de seus possíveis estados estacionários,[13]

$$\Psi(\vec{r},t) = \sum_n c_n\,\psi_n(\vec{r})\,e^{-i(E_n/\hbar)t} = \sum_n c_n(t)\,\psi_n(\vec{r}) \tag{14.28}$$

em que $\{E_n\}$ é o espectro de energia, $\{\psi_n(\vec{r})\}$ é o conjunto de autoestados, e os coeficientes $c_n(t) = c_n\,e^{-iE_n t/\hbar}$ são determinados pelo estado inicial da partícula.

Nesse caso geral, no entanto, a densidade de probabilidade de presença depende do tempo,

$$\rho(\vec{r},t) = \sum_{l,n} c_l^*(t)\,c_n(t)\,\psi_l^*(\vec{r})\,\psi_n(\vec{r}) \tag{14.29}$$

e o estado $\Psi(\vec{r},t)$ é dito não estacionário.

14.5.3   A ortogonalidade dos autoestados de energia

A ortogonalidade é uma das principais propriedades das soluções da equação de Schrödinger independente do tempo, $\{\psi_n(\vec{r})\}$, que representam os autoestados estacionários de energia de uma partícula de massa m, confinada em uma dada região do espaço, sob a ação de um campo conservativo $V(\vec{r})$, isto é,

$$\int_V \psi_l^*(\vec{r})\,\psi_n(\vec{r})\,\mathrm{d}V = 0 \qquad\qquad (l \neq n) \tag{14.30}$$

Uma vez que $\psi_n(\vec{r})$ e $\psi_l(\vec{r})$ satisfazem a equação de Schrödinger,

$$H\psi_n(\vec{r}) = \left[-\frac{\hbar^2}{2m}\nabla^2 + V(\vec{r})\right]\psi_n(\vec{r}) = E_n\,\psi_n(\vec{r}) \tag{14.31}$$

e

$$H\psi_l^*(\vec{r}) = \left[-\frac{\hbar^2}{2m}\nabla^2 + V(\vec{r})\right]\psi_l^*(\vec{r}) = E_l\,\psi_l^*(\vec{r}) \tag{14.32}$$

multiplicando a equação (14.31) por $\psi_l^*(\vec{r})$, a equação (14.32) por $\psi_n(\vec{r})$, e subtraindo-as, resulta que

$$-\frac{\hbar^2}{2m}\left[\psi_l^*\,\nabla^2\psi_n - \psi_n\,\nabla^2\psi_l^*\right] = (E_n - E_l)\,\psi_l^*\,\psi_n$$

ou seja,

$$-\frac{\hbar^2}{2m}\vec{\nabla}\cdot\left[\psi_l^*\,\vec{\nabla}\psi_n - \psi_n\,\vec{\nabla}\psi_l^*\right] = (E_n - E_l)\,\psi_l^*\,\psi_n$$

---

[13] Considera-se que o espectro é não degenerado, a menos que se explicite o contrário.

Integrando em todo o espaço,

$$\int_V \vec{\nabla} \cdot \left[\psi_l^* \, \vec{\nabla} \psi_n - \psi_n \, \vec{\nabla} \psi_l^* \right] \mathrm{d}V = \frac{2m}{\hbar^2} \left(E_l - E_n \right) \int_V \psi_l^* \, \psi_n \mathrm{d}V$$

e aplicando-se o teorema da divergência, resulta uma integral sobre uma superfície de raio arbitrariamente grande na qual as autofunções se anulam. Assim, se ψ_l e ψ_n são autofunções associadas a distintos autovalores de energia, $E_l \neq E_n$, obtém-se a relação de ortogonalidade, equação (14.30).

Em linguagem matemática, as funções que gozam dessa propriedade são ditas ortogonais, e, desse modo, pode-se afirmar que *os autoestados de energia de uma partícula em um campo conservativo são representados por autofunções ortogonais e normalizadas.*

- A condição de normalização e a ortogonalidade implicam que os coeficientes, $c_n(t)$, da expansão da função de onda, $\Psi(\vec{r}, t)$, em termos das autofunções normalizadas, $\{\psi_n\}$, da equação de Schrödinger independente do tempo, obedeçam à *relação de completeza,*

$$\boxed{\sum_n |c_n(t)|^2 = \sum_n |c_n|^2 = 1} \qquad (14.33)$$

Uma vez que

$$\begin{cases} \Psi(\vec{r}, t) = \displaystyle\sum_n c_n(t) \, \psi_n(\vec{r}) \\[2mm] \Psi^*(\vec{r}, t) = \displaystyle\sum_l c_l^*(t) \, \psi_l^*(\vec{r}) \end{cases}$$

em que $c_n(t) = c_n \, e^{-iE_n t/\hbar}$ e $c_l^*(t) = c_l^* \, e^{iE_l t/\hbar}$, de acordo com a condição de normalização, obtém-se

$$\int_V \Psi^*(\vec{r}, t) \, \Psi(\vec{r}, t) \, \mathrm{d}V = \sum_{l,n} c_l^* \, c_n \, e^{i(E_l - E_n)t/\hbar} \int_V \psi_l^*(\vec{r}) \, \psi_n(\vec{r}) \, \mathrm{d}V = 1$$

Se as autofunções além de ortogonais são normalizadas,

$$\int_V \psi_l^*(\vec{r}) \, \psi_n(\vec{r}) \mathrm{d}V = \delta_{ln} = \begin{cases} 0 & (l \neq n) \\ 1 & (l = n) \end{cases}$$

obtém-se a relação de completeza, equação (14.33), em que δ_{ln} é o delta de Kronecker.

- A propriedade de ortogonalidade das autofunções normalizadas permite também que se determine o peso $c_n(t)$ de cada autoestado ψ_n no estado atual da partícula, $\Psi(\vec{r}, t)$, de modo sistemático, a partir do conhecimento do estado inicial, $\Psi(\vec{r}, 0)$, por

$$\boxed{c_n = \int_V \psi_n^*(\vec{r}) \, \Psi(\vec{r}, 0) \, \mathrm{d}V} \qquad (14.34)$$

Escrevendo o estado inicial como

$$\Psi(\vec{r}, 0) = \sum_n c_n \, \psi_n(\vec{r})$$

multiplicando por $\psi_l^*(\vec{r})$ e integrando,

$$\int_V \psi_l^*(\vec{r}) \, \Psi(\vec{r}, 0) \, \mathrm{d}V = \sum_n c_n \underbrace{\int_V \psi_l^*(\vec{r}) \, \psi_n(\vec{r}) \, \mathrm{d}V}_{\delta_{ln}}$$

obtém-se a equação (14.34).

14.5.4 A conservação de energia

Os coeficientes $c_n(t)$ da expansão linear de uma função de onda com relação às soluções estacionárias representam o peso de cada autoestado em seu estado atual, e, devido à relação de completeza, equação (14.33), o quadrado de seus módulos é identificado com a probabilidade, $P(E_n)$, de ocorrência do autovalor E_n para a medida da energia da partícula,

$$P(E_n) = |c_n|^2$$

Se o estado inicial de uma partícula é um dado autoestado estacionário normalizado $\psi_l(\vec{r})$,

$$\Psi(\vec{r}, 0) = \psi_l(\vec{r}) \qquad \Longrightarrow \qquad P(E_l) = 1 \qquad \text{e} \qquad P(E_m) = 0 \quad (m \neq l)$$

o valor médio da energia é igual a E_l, e a incerteza é nula ($\Delta E = 0$). A energia, portanto, é conservada.

Na Mecânica Clássica, a energia de uma partícula em um campo conservativo tem um valor constante ao longo do tempo. Na Mecânica Quântica, se a partícula não se encontra em um de seus autoestados estacionários, a energia não é univocamente definida, e existe a probabilidade de ocorrência de vários valores possíveis de seu espectro. Entretanto, a probabilidade de ocorrência de qualquer particular valor E_n, segundo a relação de completeza, equação (14.33), independe do tempo; a distribuição de seu espectro de energia é estacionária, e, portanto, o valor médio da energia, $\langle E \rangle$,

$$\boxed{\langle E \rangle = \sum_n P(E_n) E_n = \sum_n |c_n|^2 E_n} \qquad (14.35)$$

é constante ao longo do tempo.

Desse modo, a lei de conservação de energia na Mecânica Quântica é de caráter estatístico e, em geral, só é válida para os valores médios,

$$\frac{\mathrm{d}}{\mathrm{d}t} \langle E \rangle = 0$$

A grande vantagem da formulação de Schrödinger decorre do fato de que o cálculo do valor médio de qualquer grandeza A – não apenas da posição – pode ser feito a partir da função de onda da partícula, pela expressão

$$\boxed{\langle A \rangle = \int_V \Psi^*(\vec{r}, t) \, \mathcal{A} \, \Psi(\vec{r}, t) \, \mathrm{d}V} \qquad (14.36)$$

em que $\mathcal{A}$ é o operador associado à grandeza A, que pode ser comparada à equação (3.16).

- De imediato, pode-se mostrar que, no caso da energia, essa expressão é consistente com a Teoria de Probabilidades, pois para uma partícula em um estado arbitrário $\Psi(\vec{r}, t)$, de acordo com a expansão $\Psi(\vec{r}, t) = \sum c_n(t)\psi_n(\vec{r})$, se o valor médio da energia da partícula em um campo conservativo, associado a um operador hamiltoniano H, é dado por

$$\langle E \rangle = \int_V \Psi^*(\vec{r}, t) \, H \, \Psi(\vec{r}, t) \, \mathrm{d}V = \sum_{l,n} c_l^*(t) \, c_n(t) \int_V \psi_l^*(\vec{r}) \, H \, \psi_n(\vec{r}) \, \mathrm{d}V$$

levando em conta que $H\psi_n = E_n\psi_n$ e a validade da relação de ortogonalidade, obtém-se

$$\langle E \rangle = \sum_n c_n^* c_n E_n = \sum_n |c_n|^2 E_n$$

ou seja, a equação (14.35).

- Desse modo, o valor médio de qualquer grandeza A, representada por um operador $\mathcal{A}$, pode ser expresso por

$$\langle A \rangle = \sum_{l,n} c_l^* \, c_n \, e^{i(E_l - E_n)t/\hbar} \int_V \psi_l^*(\vec{r}) \, \mathcal{A} \, \psi_n(\vec{r}) \, \mathrm{d}V \tag{14.37}$$

Se $\mathcal{A}$ não depende explicitamente do tempo, a evolução temporal do valor médio será descrita por uma série de termos oscilantes cujas frequências (ω_{ln}), denominadas *frequências de Bohr*,[14]

$$\omega_{ln} = \frac{|E_l - E_n|}{\hbar}$$

são características do sistema, independentes da grandeza A e do estado inicial.

As únicas frequências permitidas para a emissão ou absorção da luz por um sistema são as frequências de Bohr, que correspondem às frequências de oscilação dos valores médios das grandezas atômicas, como o momento dipolar.

As quantidades determinadas pela grandeza A e pelos autoestados de energia do sistema

$$A_{ln} = \int_V \psi_l^*(\vec{r}) \, \mathcal{A} \, \psi_n(\vec{r}) \, \mathrm{d}V \tag{14.38}$$

representam o peso de cada termo oscilante na expansão do valor médio da grandeza A, e os valores nulos correspondem às frequências ausentes na absorção ou emissão da luz por um átomo. Essa é a origem das regras de seleção (Seção 13.2.3).

- **Valor médio da energia em um estado não estacionário**

Se o estado inicial de uma partícula em um campo conservativo, associado a um operador hamiltoniano H, é dado pela seguinte combinação linear de dois de seus autoestados, ψ_1 e ψ_2,

$$\Psi(\vec{r}, 0) = c_1 \, \psi_1(\vec{r}) + c_2 \, \psi_2(\vec{r}) = \frac{1}{\sqrt{2}} \, \psi_1(\vec{r}) + \frac{1}{\sqrt{2}} \, \psi_2(\vec{r})$$

as probabilidades de ocorrência de qualquer autovalor de energia são dadas por

$$P(E_1) = |c_1|^2 = |c_2|^2 = P(E_2) = \frac{1}{2} \qquad \text{e} \qquad P(E_{n \neq 1,2}) = 0$$

Nesse caso, o valor médio da energia é constante e dado por

$$\langle E \rangle = \frac{E_1 + E_2}{2} \tag{14.39}$$

a média do quadrado, por

$$\langle E^2 \rangle = \frac{E_1^2 + E_2^2}{2}$$

e a incerteza, por

$$\Delta E = \sqrt{\langle E^2 \rangle - \langle E \rangle^2} = \frac{|E_1 - E_2|}{2} \tag{14.40}$$

A partir desse estado inicial, uma vez que $c_n(t) = c_n e^{-iE_n t/\hbar}$, o estado atual da partícula, em um instante t, é dado por

$$\Psi(\vec{r}, t) = \frac{1}{\sqrt{2}} \, \psi_1(\vec{r}) \, e^{-iE_1 t/\hbar} + \frac{1}{\sqrt{2}} \, \psi_2(\vec{r}) \, e^{-iE_2 t/\hbar}$$

e a densidade de probabilidade de presença, por

$$\rho(\vec{r}, t) = |\Psi|^2 = \frac{1}{2} \left[|\psi_1|^2 + |\psi_2|^2 + \psi_1^* \, \psi_2 \, e^{i(E_1 - E_2)t/\hbar} + \psi_1 \, \psi_2^* \, e^{-i(E_1 - E_2)t/\hbar} \right]$$

---

[14] Se $\mathcal{A}\psi_n = a_n\psi_n$, em que a_n é um autovalor de A, ou seja, as autofunções de energia também são autofunções da grandeza A, o valor médio será constante.

Essa distribuição oscila com frequência $|E_1 - E_2|/\hbar$, mostrando um padrão de interferência com período $2\pi\hbar/|E_1 - E_2|$, e, de acordo com as equações (14.39) e (14.40), representa um estado de incerteza na energia igual a $\Delta E = |E_1 - E_2|/2$, no qual, em geral, o valor médio de qualquer grandeza oscila com período $\pi\hbar/\Delta E$.

Desse modo, o intervalo de tempo (τ) no qual as grandezas associadas à partícula têm variação máxima é da ordem de

$$\tau \sim \frac{\hbar}{\Delta E} \tag{14.41}$$

14.5.5 Os estados quase estacionários

Refere-se usualmente à equação (14.41) como a relação de Heisenberg entre a energia e o tempo. Entretanto, o tempo na Mecânica Quântica não é uma grandeza intrinsecamente aleatória, como a energia, a posição ou o *momentum* de uma partícula. O tempo é simplesmente um parâmetro real que permite expressar a ordenação temporal dos eventos associados a um sistema, como na Física Clássica. O parâmetro τ não é a incerteza quântica associada às ocorrências dos valores para a medida de um intervalo de tempo, mas sim a duração temporal na qual as propriedades do estado de um sistema têm a máxima variação. Se essa duração for infinita, o sistema encontra-se em um estado estacionário.

No entanto, a própria existência de estados estacionários de sistemas atômicos é questionável: um átomo em um estado estacionário deveria permanecer como tal indefinidamente, se esse fosse um autoestado de energia. Porém, como átomos de um gás excitado emitem radiação eletromagnética, após um intervalo de tempo da ordem de sua vida-média, retornando ao seu estado fundamental, pode-se dizer que os autoestados associados a um átomo são quase estacionários e que a incerteza (ΔE) na energia de um autoestado, cuja vida-média é τ, é dada por

$$\Delta E = \frac{\hbar}{\tau}$$

A instabilidade de um estado não fundamental, que implica incerteza na energia, deve-se aos campos eletromagnéticos não estacionários sempre presentes na interação de partículas carregadas. Em geral, no domínio não relativístico, a determinação dos autoestados de energia de um átomo isolado é feita a partir de um operador hamiltoniano que descreve as interações de suas partículas constituintes, tendo em conta apenas as interações eletrostáticas coulombianas.

Como consequência dessa incerteza, a frequência e o comprimento de onda da radiação emitida não são perfeitamente definidos e, portanto, as linhas espectrais da radiação de um gás apresentam uma certa largura que, a princípio, seria dada pela vida-média natural $(\tau \sim 10^{-8}$ s$)$ de um átomo. Entretanto, colisões devidas ao movimento térmico reduzem esse tempo para cerca de 10^{-10} s. Isso implica uma divergência espectral $(\Delta\nu/\nu)$ da ordem de 10^{-5} e uma largura de linha $(\Delta\lambda)$ da ordem de 0,05 Å, para um comprimento de onda da ordem de 5 000 Å.

No caso de fontes de laser, o tempo de vida, denominado tempo de coerência, é da ordem de 1 μs, o que implica uma divergência espectral da ordem de 10^{-9}.

Admitir que as coordenadas temporal e espacial são de naturezas distintas, entretanto, não está de acordo com a Teoria da Relatividade Restrita. De fato, na Eletrodinâmica Quântica, nem a posição nem o tempo são variáveis aleatórias; ambos são parâmetros que definem um domínio ao qual se associa um campo espinorial (Capítulo 16).

14.5.6 A relação entre as formulações matricial e ondulatória

Segundo as equações (14.37) e (14.38), o valor médio de uma grandeza A pode ser calculado como

$$\langle A \rangle = \sum_{l,n} c_l^* \, c_n \, e^{i(E_l - E_n)t/\hbar} \, A_{ln} = \sum_{l,n} c_l^*(t) \, c_n(t) \, A_{ln} \qquad (14.42)$$

em que $c_n(t) = e^{-iE_n)t/\hbar}$, ou como

$$\langle A \rangle = \sum_{l,n} c_l^* \, c_n \, A_{ln} \, e^{i\omega_{ln}t} = \sum_{l,n} c_l^* \, c_n \, a_{ln}(t) \qquad (14.43)$$

em que $a_{ln} = A_{ln} \, e^{i\omega_{ln}t}$, e $\omega_{ln} = (E_l - E_n)/\hbar$.

As quantidades a_{ln} podem ser agrupadas em uma matriz

$$A(t) = (a_{nl}) = \begin{pmatrix} A_{11}e^{i\omega_{11}t} & A_{12}e^{i\omega_{12}t} & \dots & A_{1n}e^{i\omega_{1n}t} & \dots \\ A_{21}e^{i\omega_{21}t} & A_{22}e^{i\omega_{22}t} & \dots & A_{2n}e^{i\omega_{2n}t} & \dots \\ \vdots & \vdots & \vdots & \vdots & \vdots \\ A_{l1}e^{i\omega_{l1}t} & A_{l2}e^{i\omega_{l2}t} & \dots & A_{ln}e^{i\omega_{ln}t} & \dots \\ \vdots & \vdots & \vdots & \vdots & \ddots \end{pmatrix}$$

que corresponde à matriz representando a grandeza A na formulação de Heisenberg.

Esses dois modos de calcular o valor médio expressam a diferença básica das formulações de Heisenberg e Schrödinger. No primeiro, equação (14.42), a dependência temporal está associada aos estados do sistema, enquanto no segundo, equação (14.43), à grandeza física. De modo geral, na formulação ondulatória de Schrödinger, as grandezas físicas são representadas por operadores lineares que não dependem do tempo, e a evolução do estado de um sistema, que depende de sua interação com a vizinhança através do operador hamiltoniano, é determinada como solução da equação de Schrödinger. De maneira equivalente, na formulação matricial, as grandezas físicas são representadas por matrizes que obedecem às equações de Heisenberg. Ambas as abordagens envolvem problemas de valor inicial, tornando-se necessário associar probabilidades aos autoestados do sistema.

Problemas aos quais é possível associar um estado inicial e, portanto, probabilidades iniciais de ocorrência de valores de algumas grandezas são chamados problemas que envolvem *estados puros* e correspondem a situações que geralmente envolvem um número reduzido de partículas em interação. Para os problemas que envolvem um grande número de partículas, do mesmo modo que na Física Clássica, são empregados métodos estatísticos, e, como envolvem sistemas aos quais não se pode atribuir um estado puro inicial, são chamados problemas que envolvem *estados de mistura*.

14.5.7   A partícula livre

Para uma partícula livre $(V = 0)$, de massa m e energia $E > 0$, que se desloca em uma direção x, as autofunções $\psi_E(x)$ de seu hamiltoniano H são dadas por

$$\psi_E^+(x) \sim e^{i\sqrt{2mE}\,x/\hbar} \qquad e \qquad \psi_E^-(x) \sim e^{-i\sqrt{2mE}\,x/\hbar}$$

em que ψ_E^+ corresponde aos autoestados nos quais a partícula se desloca no sentido $+x$, com *momentum* $p = \sqrt{2mE}$, e ψ_E^- corresponde àqueles nos quais ela se desloca no sentido $-x$, com $p = -\sqrt{2mE}$.

Essas funções satisfazem as equações de autovalores

$$H\left(e^{\pm i\sqrt{2mE}\,x/\hbar}\right) = -\frac{\hbar^2}{2m}\frac{\partial^2}{\partial x^2}\left(e^{\pm i\sqrt{2mE}\,x/\hbar}\right)$$

$$= E \left(e^{\pm i \sqrt{2mE}\, x/\hbar} \right)$$

Os autovalores associados ao operador hamiltoniano de uma partícula livre são, portanto, duplamente degenerados.

A evolução da autofunção $\psi_E^+(x)$ da partícula livre é dada por

$$\Psi(x,t) = \psi_E^+(x)\, e^{-i(E/\hbar)t} = A\, e^{i(\sqrt{2mE}\, x - Et)/\hbar}$$

em que A é uma constante de normalização. Essa é a expressão de uma onda plana que se desloca no sentido $+x$, com *momentum* $p = \sqrt{2mE}$.

A densidade de probabilidade de presença associada à autofunção da partícula livre é uniforme em todo o espaço, e, portanto, a probabilidade de presença é a mesma em qualquer região do espaço. Assim, as autofunções da partícula livre não podem ser normalizadas do modo usual, pois não podem satisfazer a condição de que a função de onda e suas primeiras derivadas se anulem nos extremos do intervalo $(-\infty, \infty)$. Portanto, não podem representar estados físicos da partícula. No entanto, a superposição linear dessas autofunções pode resultar em pacotes de extensões finitas que praticamente se anulam a grandes distâncias da partícula, reforçando a hipótese de L. de Broglie: à partícula livre deve-se associar um pacote de ondas constituído de autofunções de seu hamiltoniano, que são do tipo ondas planas monocromáticas e não possuem energia e *momentum* univocamente definidos.

Para contornar o problema da normalização de funções de ondas do tipo plana, pode-se, ainda, normalizá-las em um intervalo finito de comprimento L e, ao final do processo que estiver sendo estudado, tomar o limite $L \to \infty$.

Assim, do mesmo modo que são utilizadas ondas planas em muitos problemas ópticos, em experimentos que envolvem a preparação de um feixe de partículas de mesma espécie e praticamente a mesma energia, como aqueles utilizados nos experimentos de difração de elétrons e nêutrons, podem-se utilizar as autofunções do tipo ondas planas para representar o estado de qualquer partícula do feixe.

Essa representação também é extremamente útil no estudo de colisões e espalhamentos de partículas em Física de Altas Energias, por meio dos quais são investigadas as estruturas das partículas e suas interações fundamentais. Nesses casos, o fluxo de probabilidade, associado a cada partícula ou ao feixe de partículas que se desloque no sentido $+x$, é dado por

$$\boxed{J = \frac{p}{m}\, |A|^2} \tag{14.44}$$

e no sentido $-x$, por

$$\boxed{J = -\frac{p}{m}\, |A|^2} \tag{14.45}$$

em que $A = 1\sqrt{L}$. No caso tridimensional, $A = 1/\sqrt{V}$, em que V é o volume de um cubo de aresta L.

14.5.8 O operador *momentum*

Escrevendo-se o operador hamiltoniano (H), que, para uma partícula de massa m em um campo conservativo, $V(\vec{r})$, representa a energia da partícula, em uma forma análoga à relação clássica,

$$\boxed{H = \frac{p^2}{2m} + V(\vec{r})} \tag{14.46}$$

pode-se identificar o operador *momentum* por

$$\boxed{\vec{p} = -i\hbar\, \vec{\nabla}} \tag{14.47}$$

uma vez que $p^2 = -\hbar^2 \, \nabla^2$.

O operador *momentum* é um operador vetorial e, portanto, pode ser expresso como a soma de operadores escalares, que são os operadores que representam as componentes do *momentum* segundo os eixos cartesianos x, y e z,

$$\vec{p} = \hat{\imath} \, p_x + \hat{\jmath} \, p_y + \hat{k} \, p_z$$

em que $p_x = -i\hbar \dfrac{\partial}{\partial x}$, $p_y = -i\hbar \dfrac{\partial}{\partial y}$ e $p_z = -i\hbar \dfrac{\partial}{\partial z}$.

Para uma partícula livre que se desloca em uma direção x, resulta que

$$
\begin{aligned}
p_x \left(e^{i\sqrt{2mE}\,x/\hbar} \right) &= -i\hbar \frac{\partial}{\partial x} \left(e^{i\sqrt{2mE}\,x/\hbar} \right) \\
&= \underbrace{\sqrt{2mE}}_{p} \left(e^{i\sqrt{2mE}\,x/\hbar} \right)
\end{aligned}
$$

Assim, $e^{i\sqrt{2mE}\,x/\hbar}$ é uma autofunção do operador p_x associada ao autovalor $p = \sqrt{2mE}$.

Apesar de ψ_E^+ e ψ_E^- serem autofunções que correspondem a um mesmo autovalor de H, ou energia da partícula,

$$H \, \psi_E^+(x) = E \, \psi_E^+(x)$$

$$H \, \psi_E^-(x) = E \, \psi_E^-(x)$$

com respeito ao operador p_x, elas são autofunções que correspondem a autovalores distintos,

$$p_x \, \psi_E^+(x) = p \, \psi_E^+(x) \qquad \Longrightarrow \qquad \psi_E^+(x) = \psi_p(x)$$

$$p_x \, \psi_E^-(x) = -p \, \psi_E^-(x) \qquad \Longrightarrow \qquad \psi_E^-(x) = \psi_{-p}(x)$$

Para o operador hamiltoniano H, ψ_E^+ e ψ_E^- são autofunções de um mesmo autovalor degenerado E, e para o operador *momentum* $\psi_E^+ = \psi_p$ e $\psi_E^- = \psi_{-p}$ são autofunções associadas, respectivamente, a autovalores distintos p e $-p$.

Usualmente, representa-se por $\Psi(x,t) = \psi_p(x)\, e^{iEt/\hbar}$ o autoestado simultâneo de energia e *momentum* de uma partícula livre de massa m, que se desloca no sentido $+x$ com energia E e *momentum* $p = \sqrt{2mE}$, pela expressão do tipo onda plana proposta por de Broglie

$$\Psi(x,t) = A \, e^{i(px - Et)/\hbar}$$

em que a constante de normalização A é, usualmente, expressa como $1/\sqrt{2\pi\hbar}$.

Como o *momentum* p pode ter qualquer valor no intervalo $(-\infty, \infty)$, o pacote de L. de Broglie, dado pela superposição linear

$$\boxed{\Psi(x,t) = \int A \, c(p) \, e^{i[px - E(p)t]/\hbar} \, dp = \int c(p,t) \, \psi_p(x) \, dp} \tag{14.48}$$

representa a solução geral não estacionária da equação de Schrödinger para a partícula livre, em que o peso de cada componente, o coeficiente $c(p,t)$, é determinado pelas condições iniciais.

Analogamente ao caso de uma onda plana (Seção 5.2), se a partícula de massa m desloca-se em uma direção arbitrária definida por um vetor unitário $\hat{p}$, com energia E e *momentum* $\hat{p}\,p = \hat{p}\,\sqrt{2mE}$, a autofunção simultânea dessas grandezas associada à partícula livre é expressa por

$$\Psi(\vec{r},t) = A \exp\left\{ i\left[p\hat{p} \cdot \vec{r} - E(p)t \right]/\hbar \right\}$$

em que $A = 1/\sqrt{2\pi\hbar}$ é a constante de normalização, e $\psi_p(\vec{r}) = e^{i(p\hat{p}\cdot\vec{r})/\hbar}$ é autofunção do operador *momentum* $\vec{p} = -i\hbar\vec{\nabla}$, correspondente ao autovalor $p\hat{p}$,

$$\boxed{\vec{p}\,\psi_p(\vec{r}) = -i\hbar\,\vec{\nabla}\psi_p(\vec{r}) = p\hat{p}\,\psi_p(\vec{r})}$$

A solução geral para o estado da partícula livre, nesse caso, é dada pela superposição linear

$$\boxed{\Psi(\vec{r},t) = \int c(\vec{p},t)\,\psi_p(\vec{r})\,\mathrm{d}^3\vec{p}} \tag{14.49}$$

em que $\mathrm{d}^3\vec{p} = \mathrm{d}p_x\,\mathrm{d}p_y\,\mathrm{d}p_z$, e o coeficiente $c(\vec{p},t)$ é determinado por condições iniciais.

14.5.9 Incertezas e valores médios do *momentum*

O espectro de energia de uma partícula confinada em um campo conservativo é sempre discreto, e o coeficiente $c_n(t)$ da expansão linear da função de onda que a representa, em termos de seus autoestados de energia, está associado à probabilidade de ocorrência de um dado valor de energia E_n por $P(E_n) = |c_n|^2 = c_n^* c_n$.

Uma vez que os valores dos *momenta* associados a uma partícula livre são contínuos, o coeficiente $c(\vec{p},t)$ da superposição linear da função de onda que a representa, em termos das autofunções de seu *momentum*, está associado à probabilidade de ocorrência de valores do *momentum* em um intervalo entre (p_x, p_y, p_z) e $(p_x + \mathrm{d}p_x, p_y + \mathrm{d}p_y, p_z + \mathrm{d}p_z)$, por

$$\mathrm{d}P(\vec{p},t) = |c(\vec{p},t)|^2\,\mathrm{d}^3\vec{p} = c^*(\vec{p},t)\,c(\vec{p},t)\,\mathrm{d}^3\vec{p}$$

Assim, do mesmo modo que $|\Psi(\vec{r},t)|^2 = \rho(\vec{r},t)$ é a distribuição de probabilidades da posição da partícula, $|c(\vec{p},t)|^2$ é distribuição de probabilidades do *momentum*, tal que a média dos *momenta* pode ser calculada por

$$\langle\vec{p}\rangle = \langle p_x\rangle\,\hat{\imath} + \langle p_y\rangle\,\hat{\jmath} + \langle p_z\rangle\,\hat{k}$$

em que os *valores médios* das componentes p_x, p_y e p_z são dados por

$$\begin{cases} \langle p_x\rangle = \displaystyle\int_{-\infty}^{\infty} p_x\,|c(\vec{p},t)|^2\,\mathrm{d}^3\vec{p} \\[2mm] \langle p_y\rangle = \displaystyle\int_{-\infty}^{\infty} p_y\,|c(\vec{p},t)|^2\,\mathrm{d}^3\vec{p} \\[2mm] \langle p_z\rangle = \displaystyle\int_{-\infty}^{\infty} p_z\,|c(\vec{p},t)|^2\,\mathrm{d}^3\vec{p} \end{cases}$$

e as respectivas incertezas, Δp_x, Δp_y e Δp_z, por

$$\begin{cases} \Delta p_x = \sqrt{\langle p_x^2\rangle - \langle p_x\rangle^2} \\[2mm] \Delta p_y = \sqrt{\langle p_y^2\rangle - \langle p_y\rangle^2} \\[2mm] \Delta p_z = \sqrt{\langle p_z^2\rangle - \langle p_z\rangle^2} \end{cases}$$

Em geral, em vez de serem determinados coeficientes da expansão linear da solução da equação de Schrödinger em termos das autofunções associadas a alguma grandeza, como o *momentum*, seus valores médios podem ser calculados a partir da própria função de onda $\Psi(\vec{r},t)$, como

$$\boxed{\langle \vec{p} \rangle = \int_V \Psi^*(\vec{r}, t)\, (-i\hbar \vec{\nabla})\, \Psi(\vec{r}, t)\, \mathrm{d}V}$$ (14.50)

14.6 As relações de incerteza de Heisenberg

> *Existe um limite para os nossos poderes de observação e para o mínimo de perturbação que acompanha o nosso ato de observação, um limite que é inerente à natureza das coisas e que nunca pode ser vencido pelo aperfeiçoamento da técnica e da habilidade do observador.*
>
> Paul Dirac

Uma vez aceita a interpretação probabilística de Born, Heisenberg estabeleceu algumas relações de vínculo entre as incertezas das componentes da posição – Δx, Δy e Δz – e do *momentum* – Δp_x, Δp_y e Δp_z – de uma partícula.

Na formulação matricial da Mecânica Quântica, as matrizes (x e p_x) que representam a posição e o *momentum* da partícula obedecem à regra de comutação

$$\left(x p_x - p_x x \right) = \left[x, p_x \right] = i\hbar$$

Na formulação ondulatória, os operadores x e $p_x = -i\hbar \dfrac{\partial}{\partial x}$, associados à posição e ao *momentum* da partícula, também obedecem à mesma regra de comutação, pois as relações

$$\begin{cases} (x p_x)\, \psi(x, y, z) = -i\hbar\, x \dfrac{\partial}{\partial x} \psi(x, y, z) \\[2mm] (p_x x)\, \psi(x, y, z) = -i\hbar \left(1 + x \dfrac{\partial}{\partial x} \right) \psi(x, y, z) \end{cases}$$

implicam que

$$\left(x p_x - p_x x \right) \psi(x, y, z) = \left[x, p_x \right] \psi(x, y, z) = i\hbar\, \psi(x, y, z)$$

O termo $\left[x, p_x \right]$ é simplesmente um operador cuja ação consiste na multiplicação de uma função pela constante $i\hbar$, isto é, um múltiplo do operador identidade.

Ao definir

$$\begin{cases} x' = x - \langle x \rangle \\[2mm] p'_x = p_x - \langle p_x \rangle \end{cases}$$

em que $\langle x \rangle$ e $\langle p_x \rangle$ são os valores médios da posição e do *momentum* de uma partícula descrita por uma função de onda $\Psi(\vec{r}, t)$, pode-se escrever

$$\begin{cases} \langle x'^2 \rangle = \displaystyle\int_V \Psi^* \left(x - \langle x \rangle \right)^2 \Psi\, \mathrm{d}V = (\Delta x)^2 \\[4mm] \langle p'^2_x \rangle = \displaystyle\int_V \Psi^* \left(p_x - \langle p_x \rangle \right)^2 \Psi\, \mathrm{d}V = (\Delta p_x)^2 \end{cases}$$

o que implica

$$\left[x', p'_x \right] = \left(x' p'_x - p'_x x' \right) = \left(x p_x - p_x x \right) = \left[x, p_x \right] = i\hbar$$

Definindo-se também $\Psi' = (x' + i\alpha p'_x)\Psi$, em que α é um parâmetro real, pode-se calcular a quantidade positiva

$$\int_V |\Psi'|^2\, \mathrm{d}V = \int_V \Psi'^* \Psi'\, \mathrm{d}V = \int_V \left(x' - i\alpha p'^*_x \right) \Psi^* \Psi'\, \mathrm{d}V \geq 0$$

Como $p_x'^* = p_x^* - \langle p_x \rangle = -p_x - \langle p_x \rangle$, resulta

$$\int_V |\Psi'|^2 \, \mathrm{d}V = \int_V \Psi^* \left[x' + i\alpha \langle p_x \rangle \right] \Psi' \, \mathrm{d}V + i\alpha \int_V \Psi' \left(p_x \Psi^* \right) \mathrm{d}V \geq 0$$

Substituindo o operador $p_x = -i\hbar \partial/\partial x$ e integrando por partes o segundo termo do lado direito da equação anterior,

$$\int_V \Psi^* \left[x' - i\alpha \underbrace{(p_x - \langle p_x \rangle)}_{p_x'} \right] \Psi' \, \mathrm{d}V = \int_V \Psi^* (x' - i\alpha p_x')(x' + i\alpha p_x') \Psi \, \mathrm{d}V \geq 0$$

Desse modo, resulta

$$\underbrace{\int_V \Psi^* x'^2 \Psi \, \mathrm{d}V}_{(\Delta x)^2} + i\alpha \int_V \Psi^* \underbrace{\left(x' p_x' - p_x' x' \right)}_{[x', p_x'] = i\hbar} \Psi \, \mathrm{d}V + \alpha^2 \underbrace{\int_V \Psi^* p_x'^2 \Psi \, \mathrm{d}V}_{(\Delta p_x)^2} \geq 0$$

ou seja,

$$(\Delta p_x)^2 \alpha^2 - \hbar\alpha + (\Delta x)^2 \geq 0$$

Essa condição só é satisfeita se

$$\hbar^2 - 4(\Delta x)^2 (\Delta p_x)^2 \leq 0$$

isto é,

$$\boxed{\Delta x \, \Delta p_x \geq \frac{\hbar}{2}} \tag{14.51}$$

A relação obtida entre as incertezas expressa de modo apropriado o compromisso entre as dispersões associadas à posição e ao *momentum* de uma partícula.

Analogamente, valem também as expressões

$$\begin{cases} \Delta y \, \Delta p_y \geq \hbar/2 \\ \Delta z \, \Delta p_z \geq \hbar/2 \end{cases}$$

Em geral, as incertezas associadas aos valores de qualquer par de grandezas, ou componentes de grandezas, representadas por operadores lineares e hermitianos A e B, cujos comutadores não são nulos

$$[A, B] = AB - BA \neq 0$$

obedecem à relação geral de Heisenberg,

$$\boxed{\Delta A \, \Delta B \geq \frac{1}{2} \left| \langle [A, B] \rangle \right|} \tag{14.52}$$

Uma vez que $[x, p_x] = i\hbar$, essa relação geral reduz-se à equação (14.51) quando $A = x$, $B = p_x$.

- **operadores lineares hermitianos**

  Um operador linear A é dito hermitiano se

$$\int_V \Psi^* (A\Psi) \, \mathrm{d}V = \int_V (A\Psi)^* \Psi \, \mathrm{d}V$$

Uma vez que a todo operador linear corresponde um *operador adjunto* $A^\dagger$, definido por

$$\int_V \Psi^*(A\Psi)\,\mathrm{d}V = \int_V (A^\dagger\Psi)^*\Psi\,\mathrm{d}V$$

a condição de hermiticidade pode ser expressa como

$$A^\dagger = A$$

Assim,

i) $A = c$ (constante) $\implies$ $A^\dagger = c^*$

ii) $A = A^\dagger$ e $B = B^\dagger$ $\implies$ $\begin{cases} [A,B]^\dagger = -[A,B] \\[2mm] [A,B] = iC \quad \text{em que} \quad C = C^\dagger \end{cases}$

Definindo

$$\begin{cases} A' = A - \langle A \rangle \\[2mm] B' = B - \langle B \rangle \end{cases} \implies [A', B'] = [A,B] = iC$$

e $\Psi' = (A' + i\alpha B')\Psi$, segue-se, de modo similar ao desenvolvimento anterior,

$$\int_V |\Psi'|^2\,\mathrm{d}V = \int_V \left[(A' + i\alpha B')\Psi\right]^* (A' + i\alpha B')\Psi\,\mathrm{d}V \geq 0$$

$$= \int_V \Psi^*(A' - i\alpha B')(A' + i\alpha B')\Psi\,\mathrm{d}V \geq 0$$

ou seja,

$$\underbrace{\int_V \Psi^* A'^2 \Psi\,\mathrm{d}V}_{(\Delta A)^2} + i\alpha \int_V \Psi^* \underbrace{(A'B' - B'A')}_{[A,B]=iC} \Psi\,\mathrm{d}V + \alpha^2 \underbrace{\int_V \Psi^* B'^2 \Psi\,\mathrm{d}V}_{(\Delta B)^2} \geq 0$$

A condição

$$(\Delta B)^2 \alpha^2 - \langle C \rangle \alpha + (\Delta A)^2 \geq 0$$

só é satisfeita se

$$\langle C \rangle^2 - 4(\Delta A)^2(\Delta B)^2 \leq 0$$

isto é, se vale a equação (14.52),

$$\Delta A\,\Delta B \geq |\langle C \rangle|/2$$

A relação de incerteza entre a posição e o *momentum* é, algumas vezes, interpretada como a expressão da impossibilidade, por parte de um observador, de conhecer *simultaneamente* a posição e o *momentum* de uma partícula. Uma partícula perfeitamente localizada, tal que $\Delta x = 0$, implica uma dispersão infinita do *momentum*, $\Delta p \to \infty$; para um *momentum* perfeitamente definido, $\Delta p = 0$, implica a não localização, $\Delta x \to \infty$.

Quanto mais estreita a localização, mais amplo o espectro de *momentum*. Nesse sentido, a desigualdade de Heisenberg, como é chamada, entre outros, pelos franceses Jean-Marc Lévy-Leblond e Françoise Balibar, seria mais bem expressa como:

> *O produto da extensão espacial de uma partícula pela largura de seu espectro de* momentum *possui um limite inferior.*

Na verdade, pode-se argumentar que a impossibilidade de localização do elétron não se restringe apenas à tentativa de se medir, ao mesmo tempo, seu *momentum*. Há quem afirme que não se pode localizar exatamente um elétron, porque ele não se encontra em um lugar determinado. Sua localização está relacionada a uma extensão espacial, que depende das condições que definem o seu estado.

As grandezas físicas associadas a um fenômeno, ou a um sistema físico, são representadas por *operadores*, que possuem um conjunto de autovalores numéricos, denominado *espectro*. Um espectro constitui um domínio no qual os autovalores se distribuem em torno de um *valor médio*, com dispersão medida por um desvio-padrão, denominado *incerteza*. Como já mencionado, essa incerteza não traduz o desconhecimento experimental de um valor definido para medida de uma grandeza, mas uma indeterminação essencial, que independe da precisão instrumental com que se pode medir a grandeza.

- Um exemplo típico de grandeza cujo valor não é univocamente definido é a frequência de uma onda. Sua frequência será caracterizada por um único valor somente se sua amplitude variar de forma harmônica indefinidamente, o que, no caso de uma onda sonora, corresponderia a um som eterno, sem começo ou fim.

  Se τ é a duração de um pulso sonoro cujo perfil ao longo do tempo está representado na Figura 14.16, a incerteza associada à frequência não traduz um desconhecimento experimental de seu valor, mas a inexistência de um único valor para a frequência.

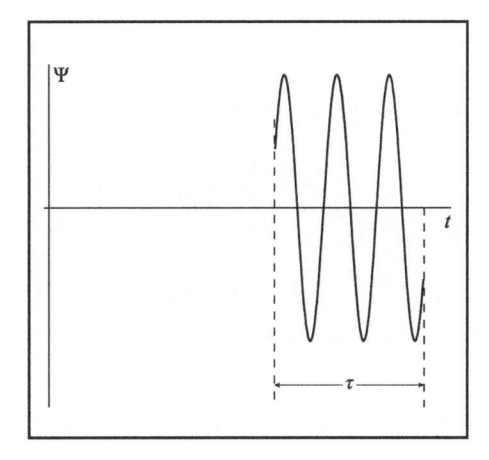

Figura 14.16: Perfil de um pulso sonoro ao longo do tempo.

De modo análogo, uma partícula livre representada por um pacote de ondas não possui energia e *momentum* definidos.

A relação de incerteza entre a posição e o *momentum* indica que o estado físico de uma partícula não pode ser representado por uma função de onda a ela associada quando, simultaneamente, seu *momentum* e sua localização sejam perfeitamente definidos. Em linguagem matemática, a função de onda que representa uma partícula não pode ser autofunção simultânea dos operadores associados à posição e ao *momentum* da partícula.

14.6.1 Aplicações das relações de incerteza

À velocidade da luz no vácuo (c), constante fundamental da Teoria da Relatividade Restrita, corresponde, na Mecânica Quântica, a constante de Planck (h). O critério para um limite clássico não relativístico é estabelecido pela comparação direta entre as velocidades relativas envolvidas em um fenômeno e o valor $c \simeq 3 \times 10^8$ m/s. O critério para estabelecer um limite clássico não quântico, por depender das relações de incerteza de Heisenberg, não é tão imediato.

Para uma partícula confinada em uma pequena região de dimensão linear a, tal que a posição x é referida a um ponto dessa região, o limite inferior para o produto das incertezas, segundo a relação de Heisenberg, implica que a incerteza mínima $(\Delta p)_{\min}$ associada ao *momentum* (p) da partícula satisfaz a relação

$$(\Delta p)_{\min} \sim \frac{\hbar}{a/2}$$

Considerando que essa incerteza mínima seja um limite para o próprio valor absoluto (p) do *momentum* da partícula, a condição

$$a\,p \gg \hbar \sim 10^{-34}\,\text{J·s} = 10^{-27}\,\text{erg·s}$$

pode ser utilizada como critério para estabelecer o caráter não quântico de um sistema, estabelecendo uma escala fundamental para que os fenômenos sejam descritos pela Mecânica Quântica.

O caráter clássico (não quântico) de um fenômeno pode ser determinado a partir da condição de que o produto de qualquer par de grandezas que tenha a mesma dimensão de momento angular seja muito maior que a constante de Planck. Seguem-se alguns exemplos.

- Um pêndulo simples de massa (m) igual a 10 g, comprimento igual a 1 m, período (T) da ordem de 2 s, amplitude (x) das oscilações igual a 1 cm, possui um *momentum* ($p = mv \simeq mx/T$) da ordem de 10 g·cm/s, e como

$$x\,p \sim 10\,\text{erg·s} \gg \hbar$$

  esse sistema obedece à Mecânica Clássica.

- Um oscilador massa-mola de massa (m) igual a 20 g, período (T) igual a 1 s, amplitude (x) das oscilações da ordem de 2 cm, e energia (E) expressa por

$$E = \frac{1}{2}m\left(\frac{2\pi}{T}\right)^2 x^2$$

  implica

$$E\,T \sim 10^3\,\text{erg·s} \gg \hbar$$

  e, portanto, também obedece à Mecânica Clássica.

- As frequências das vibrações moleculares estão na região do infravermelho ($\nu = 1/T \sim 10^{12}$ Hz), ocorrem em uma região de dimensão linear (a) da ordem de 10^{-8} cm, e a massa de uma molécula é maior que a massa do próton. A expressão da energia (E)

$$E = \frac{1}{2}m(2\pi\nu)^2 a^2 \quad \Longrightarrow \quad E\,T \sim 10^{-27}\,\text{erg·s} \sim \hbar$$

  mostra que esse fenômeno deve ser descrito pela Mecânica Quântica.

- No caso das vibrações atômicas, cujas frequências estão na faixa da luz visível ($\nu = 1/T \sim 6 \times 10^{14}$ H) e ocorrem em uma região de raio (a) da ordem de 10^{-8} cm, considerando que os elétrons são os responsáveis pelas vibrações, a energia (E) expressa por

$$E = \frac{1}{2}m(2\pi\nu)^2 a^2$$

  implica

$$E\,T \sim 10^{-27}\,\text{erg·s} \sim \hbar$$

  Esse fenômeno também deve ser descrito pela Mecânica Quântica.

  As relações de incerteza permitem também a estimativa de grandezas associadas a diversos sistemas quânticos.

- Considerando que a incerteza na posição do elétron em um átomo de hidrogênio é da ordem do raio atômico r, de acordo com a relação de Heisenberg, a incerteza mínima associada ao *momentum* é da ordem de $(\Delta p)_{\text{min}} \sim \hbar/r$.

  Supondo que o valor médio do *momentum* seja nulo, $\langle p \rangle = 0$, a energia média do elétron em cada ciclo é dada, aproximadamente, por

$$E = -\frac{e^2}{r} + \frac{(\Delta p)^2_{\text{min}}}{2m} = -\frac{e^2}{r} + \frac{\hbar^2}{2mr^2}$$

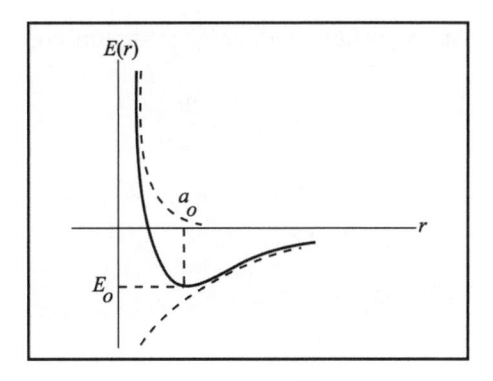

Figura 14.17: Variação da energia média do elétron no átomo de hidrogênio.

A Figura 14.17 mostra que, igualando a derivada da energia em relação ao raio r a zero,

$$\frac{dE}{dr}\bigg|_a = \frac{e^2}{a^2} - \frac{\hbar^2}{ma^3} = 0$$

a energia mínima, ou energia do estado fundamental, é dada por

$$E_o = -\frac{e^2}{2a} \simeq -13{,}6\,\text{eV}$$

em que $a = \hbar^2/me^2 \simeq 0{,}529 \times 10^{-8}$ cm é o raio de Bohr.

- Em primeira aproximação, a energia potencial $V(x)$ de uma partícula de massa m, confinada em uma dada região de dimensão linear a, pode ser representada pelo chamado poço de potencial retangular (Figura 14.18), de profundidade constante igual a V_o.

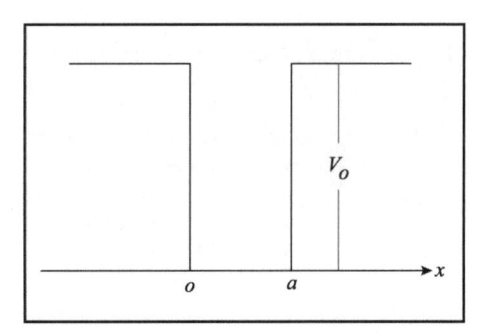

Figura 14.18: Poço de potencial retangular de largura a.

Nesse caso, a incerteza máxima, $\Delta x_{\max}$, na posição da partícula é da ordem da largura do poço, e a incerteza mínima associada ao *momentum*,

$$\Delta p_{\min} \sim \frac{\hbar}{a/2}$$

Uma vez que o valor médio do *momentum* é nulo, $\langle p \rangle = 0$, a energia mínima da partícula no poço é dada por

$$E_{\min} = \frac{(\Delta p_{\min})^2}{2m} = \frac{2\hbar^2}{ma^2}$$

Desse modo, a energia da partícula não pode ser nula, isto é, igual ao valor mínimo da energia potencial, e deve satisfazer a condição

$$E_{\min} \leq E \leq V_o$$

Esse limite inferior representa a profundidade mínima de um poço de potencial para confinar uma partícula, ou seja,

$$V_o \geq \frac{2\hbar^2}{ma^2}$$

Assim, o confinamento e a estabilidade de um elétron no átomo de hidrogênio, em uma região da ordem de 10^{-10} m, são compatíveis com essa condição, pois a energia de ligação do átomo, da ordem de 13 eV, é maior que

$$\frac{2 \times (10^{-34})^2}{10^{-30} \times 10^{-20}} \sim 10^{-18}\,\mathrm{J} = 10\,\mathrm{eV}$$

Já o confinamento de um elétron em um núcleo, em uma região da ordem de 10^{-14} m, não satisfaz essa condição, pois a energia de ligação, da ordem de 1 MeV, é muito menor que a profundidade do poço necessária para confiná-lo,

$$\frac{10^{-68}}{10^{-29} \times 10^{-28}} \sim 10^{-10}\,\mathrm{J} = 1\,\mathrm{GeV}$$

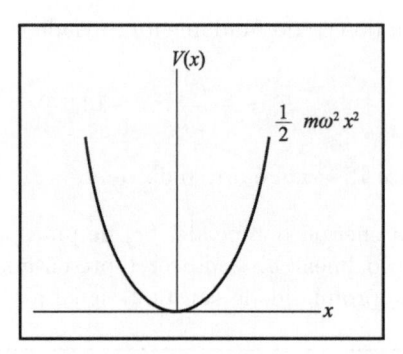

Figura 14.19: Diagrama de energia de um oscilador harmônico.

- A energia mínima de um oscilador harmônico de massa m e frequência natural ω (Figura 14.19) pode ser estimada a partir da expressão para a energia média

$$E = \frac{1}{2}m\omega^2(\Delta x)^2 + \frac{(\Delta p)^2}{2m}$$

uma vez que os valores médios da posição e do *momentum* são nulos, $\langle x \rangle = 0$ e $\langle p \rangle = 0$.

Utilizando-se o limite inferior da relação de Heisenberg, a energia pode ser escrita apenas em termos da incerteza na posição,

$$E = \frac{1}{2}m\omega^2(\Delta x)^2 + \frac{\hbar^2}{8m(\Delta x)^2}$$

e, de acordo com a condição de mínimo,

$$\frac{\mathrm{d}E}{\mathrm{d}(\Delta x)} = m\omega^2(\Delta x) - \frac{\hbar^2}{4m}\frac{1}{(\Delta x)^3} = 0$$

resulta que

$$(\Delta x)^4 = \left(\frac{\hbar}{2m\omega}\right)^2 \quad \Longrightarrow \quad (\Delta x)^2 = \frac{\hbar}{2m\omega}$$

ou seja,

$$E_{\min} = \frac{\hbar\omega}{2}$$

14.7 As equações de Ehrenfest

Existe uma indeterminação inevitável no cálculo dos resultados; a teoria nos permite calcular somente a probabilidade de obtermos um resultado particular.

Paul Dirac

A abordagem de Bohr para o átomo de hidrogênio e a de Planck para a radiação de corpo negro proporcionaram explicações parcialmente adequadas à descrição desses fenômenos, indicando que o comportamento de algumas grandezas podia ser descrito por expressões similares às equações clássicas.

Nesse sentido, Ehrenfest mostrou que os valores médios da posição $\vec{r}$ e do *momentum* $\vec{p}$ de uma partícula de massa m, em um campo conservativo $V(\vec{r})$, obedecem a expressões análogas às equações de movimento da Mecânica Clássica de Newton,

$$\begin{cases} \dfrac{\mathrm{d}}{\mathrm{d}t}\langle \vec{r}\rangle = \dfrac{\langle \vec{p}\rangle}{m} \\[2mm] \dfrac{\mathrm{d}}{\mathrm{d}t}\langle \vec{p}\rangle = -\langle \vec{\nabla}V\rangle \end{cases} \qquad \Longrightarrow \qquad m\dfrac{\mathrm{d}^2}{\mathrm{d}t^2}\langle \vec{r}\rangle = -\langle \vec{\nabla}V\rangle$$

- Partindo-se da expressão para o valor médio da posição,

$$\langle \vec{r}\rangle = \int_V \vec{r}\,\Psi^*\,\Psi\,\mathrm{d}V$$

derivando em relação ao tempo (t) e levando em conta que Ψ satisfaz à equação de Schrödinger,

$$\begin{aligned} \frac{\mathrm{d}}{\mathrm{d}t}\langle \vec{r}\rangle &= \int_V \vec{r}\,\Psi^*\left(\frac{\partial \Psi}{\partial t}\right)\mathrm{d}V + \int_V \vec{r}\left(\frac{\partial \Psi^*}{\partial t}\right)\Psi\,\mathrm{d}V \\[2mm] &= \frac{i\hbar}{2m}\int_V \vec{r}\left[\Psi^*\nabla^2\Psi - \left(\nabla^2\Psi^*\right)\Psi\right]\mathrm{d}V \\[2mm] &= -\frac{i\hbar}{2m}\int_V \vec{r}\left[\vec{\nabla}\cdot\left(\Psi\,\vec{\nabla}\Psi^* - \Psi^*\,\vec{\nabla}\Psi\right)\right]\mathrm{d}V \\[2mm] &= -\int_V \vec{r}\,(\vec{\nabla}\cdot\vec{J})\,\mathrm{d}V \end{aligned}$$

Uma vez que os termos que envolvem componentes distintas de $\vec{r}$ e $\vec{J}$ são nulos,

$$\int_{-\infty}^{\infty} x\,\frac{\partial J_y}{\partial y}\,\mathrm{d}y = x\int_{-\infty}^{\infty}\frac{\partial J_y}{\partial y}\,\mathrm{d}y = 0$$

a taxa de variação do valor médio de $\vec{r}$ é dada por termos do tipo

$$\int_{-\infty}^{\infty} x\,\frac{\partial J_x}{\partial x}\,\mathrm{d}x = \int_{-\infty}^{\infty} J_x\,\mathrm{d}x$$

ou seja,

$$\begin{aligned} \frac{\mathrm{d}}{\mathrm{d}t}\langle \vec{r}\rangle &= \int_V \vec{J}\,\mathrm{d}V = \frac{i\hbar}{2m}\int_V \left(\Psi\,\vec{\nabla}\Psi^* - \Psi^*\,\vec{\nabla}\Psi\right)\mathrm{d}V \\[2mm] &= \frac{i\hbar}{2m}\left[\int_V \Psi\left(\hat{i}\frac{\partial \Psi^*}{\partial x} + \hat{j}\frac{\partial \Psi^*}{\partial y} + \hat{k}\frac{\partial \Psi^*}{\partial z}\right)\mathrm{d}V + \right. \\[2mm] &\quad \left. -\int_V \Psi^*\left(\hat{i}\frac{\partial \Psi}{\partial x} + \hat{j}\frac{\partial \Psi^*}{\partial y} + \hat{k}\frac{\partial \Psi}{\partial z}\right)\mathrm{d}V\right] \end{aligned}$$

Tendo em conta que

$$\frac{\partial}{\partial x}(\Psi\Psi^*) = \Psi\,\frac{\partial\Psi^*}{\partial x} + \Psi^*\,\frac{\partial\Psi}{\partial x}$$

a primeira integral acima torna-se idêntica à segunda (lembrando que $\psi^*\psi \to 0$ quando $r \to \infty$), logo

$$\frac{d}{dt}\langle\vec{r}\rangle = \frac{1}{m}\int_V \Psi^*\,(-i\hbar\vec{\nabla}\Psi)\,dV = \frac{\langle\vec{p}\rangle}{m}$$

Derivando a expressão para o valor médio do *momentum* em relação ao tempo,

$$\begin{aligned}
\frac{d}{dt}\langle\vec{p}\rangle &= -i\hbar\left[\int_V \Psi^*\vec{\nabla}\left(\frac{\partial\Psi}{\partial t}\right)dV + \int_V\left(\frac{\partial\Psi^*}{\partial t}\right)(\vec{\nabla}\Psi)\,dV\right]\\
&= \int_V \Psi^*\vec{\nabla}\left[\left(\frac{\hbar^2}{2m}\nabla^2 - V\right)\Psi\right]dV + \int_V\left[\left(-\frac{\hbar^2}{2m}\nabla^2 + V\right)\Psi^*\right](\vec{\nabla}\Psi)\,dV\\
&= \frac{\hbar^2}{2m}\left\{\int_V\left[\Psi^*\vec{\nabla}(\nabla^2\Psi) - (\nabla^2\Psi^*)(\vec{\nabla}\Psi)\right]dV +\right.\\
&\qquad \left.+ \int_V\left[-\Psi^*\vec{\nabla}(V\Psi) + V\Psi^*(\vec{\nabla}\Psi)\right]dV\right\}
\end{aligned}$$

A primeira integral é nula, e da segunda, integrando-se por partes duas vezes no termo que contém Ψ^*, resulta

$$\frac{d}{dt}\langle\vec{p}\rangle = -\int_V \Psi^*\,(\vec{\nabla}V\Psi)\,dV = -\langle\vec{\nabla}V\rangle$$

- De maneira geral, de acordo com a equação de Schrödinger,

$$i\hbar\frac{\partial\Psi}{\partial t} = H\Psi$$

a evolução do valor esperado de uma grandeza A, associada a um operador hermitiano $\mathcal{A}$, é dada por

$$\begin{aligned}
\frac{d}{dt}\langle A\rangle &= \int_V \underbrace{\left(\frac{\partial\Psi^*}{\partial t}\right)}_{iH\Psi^*/\hbar}\mathcal{A}\Psi\,dV + \int_V \Psi^*\mathcal{A}\underbrace{\left(\frac{\partial\Psi}{\partial t}\right)}_{-iH\Psi/\hbar}dV\\
&= \frac{i}{\hbar}\int_V \Psi^*(H\mathcal{A} - \mathcal{A}H)\Psi\,dV = \frac{i}{\hbar}\langle[H,\mathcal{A}]\rangle
\end{aligned}$$

ou

$$\boxed{i\hbar\frac{d}{dt}\langle A\rangle = \langle[\mathcal{A},H]\rangle} \tag{14.53}$$

Desse modo,

$$[\mathcal{A},H] = 0 \quad\Longrightarrow\quad \langle A\rangle = \text{constante}$$

Assim,

> *qualquer grandeza de um sistema associada a um operador que comute com o hamiltoniano do sistema é estatisticamente conservada.*

Em geral, os operadores associados a grandezas cinemáticas, ou grandezas que são definidas mesmo na ausência de interações externas, como o *momentum* e a posição, não exibem dependência temporal. Apenas operadores associados a grandezas que se manifestam na presença de interações, como a energia potencial, a polarização ou a magnetização, podem exibir dependência temporal explícita. Nesses casos, a equação de evolução do valor esperado é dada por

$$\frac{d}{dt}\langle A\rangle = \left\langle\frac{\partial A}{\partial t}\right\rangle + \frac{i}{\hbar}\langle[H,\mathcal{A}]\rangle$$

14.7.1 O limite clássico da Mecânica Quântica

De acordo com as equações de Ehrenfest, para uma partícula que se desloca na direção x,

$$m\frac{d^2}{dt^2}\langle x\rangle = -\left\langle\frac{\partial V}{\partial x}\right\rangle \tag{14.54}$$

Esse resultado é referido algumas vezes, incorretamente, como uma expressão da segunda lei de Newton. De fato, denotando-se o gradiente de potencial como uma força F,

$$F(x) = -\frac{\partial V}{\partial x}$$

a equação (14.54) pode ser escrita como

$$m\frac{d^2}{dt^2}\langle x\rangle = \langle F(x)\rangle$$

A rigor, essa equação só seria análoga à equação newtoniana de movimento para o valor médio $\langle x\rangle$ se $\langle F(x)\rangle = F(\langle x\rangle)$. No entanto, expandindo a força F em série de Taylor, em torno do valor médio $\langle x\rangle$ da posição,

$$F(x) = F\big(\langle x\rangle\big) + \big(x - \langle x\rangle\big)\left(\frac{\partial F}{\partial x}\right)_{\langle x\rangle} + \frac{1}{2}\big(x - \langle x\rangle\big)^2\left(\frac{\partial^2 F}{\partial x^2}\right)_{\langle x\rangle} + \dots$$

resulta

$$\langle F(x)\rangle = m\frac{d^2\langle x\rangle}{dt^2} = F\big(\langle x\rangle\big) - \frac{(\Delta x)^2}{2}\left(\frac{\partial^3 V}{\partial x^3}\right)_{\langle x\rangle} + \dots$$

Portanto, apenas para sistemas descritos por potenciais constantes ou de primeira ou segunda ordem em x a equação de Ehrenfest coincide com a equação clássica do movimento para o valor médio $\langle x\rangle$.

A partícula livre e o oscilador harmônico, para os quais

$$-\frac{\partial^3 V}{\partial x^3} = \frac{\partial^2 F}{\partial x^2} = 0$$

são exemplos nos quais as soluções clássicas podem ser úteis para a solução de problemas quânticos análogos. Historicamente, foi a partir do uso de analogias que são parcialmente justificadas pelas expressões de Ehrenfest que ocorreu o processo de construção da Mecânica das Matrizes por Heisenberg, Born, Jordan e Pauli (Seção 13.2).

A formulação matricial originou-se do pressuposto de que a equação de movimento clássica devesse ser mantida em escala atômica, apesar de a variável $x(t)$ deixar de ser vista como uma função que determinaria a trajetória da partícula para ser considerada uma matriz relacionada às transições entre os autoestados de energia da partícula.

Por esse mesmo motivo, Bohr obteve resultados corretos para o átomo de hidrogênio. No seu modelo, a quantização do momento angular equivale a considerar os aspectos periódicos do movimento, e, portanto, implicitamente, utiliza o modelo do oscilador harmônico.

Do mesmo modo que as equações de Ehrenfest descrevem a evolução dos valores médios das grandezas, descrevem também a variação dos valores médios quadráticos e, portanto, implicam dispersões dos valores em relação aos valores médios, o que não ocorre na Mecânica Clássica.

Uma vez que a incerteza (ΔA) associada a uma grandeza A é determinada pelos valores médios,

$$\Delta A = \sqrt{\langle A^2\rangle - \langle A\rangle^2}$$

as equações que descrevem a evolução do valor médio podem ser utilizadas para o cálculo de incertezas.

- Para uma partícula livre de massa m, tal que $H = p^2/2m$, em que p representa o *momentum*, as equações de Ehrenfest,

$$\begin{cases} i\hbar \dfrac{\mathrm{d}}{\mathrm{d}t}\langle p \rangle = \big\langle [p,H] \big\rangle = 0 \\[3mm] i\hbar \dfrac{\mathrm{d}}{\mathrm{d}t}\langle x \rangle = \big\langle [x,H] \big\rangle = i\dfrac{\hbar}{m}\langle p \rangle \end{cases}$$

implicam

$$\langle p \rangle = \langle p \rangle_\circ = \text{constante} \tag{14.55}$$

$$\langle x \rangle = \langle x \rangle_\circ + \frac{\langle p \rangle_\circ}{m}\,t \tag{14.56}$$

Ou seja, os valores médios obedecem a equações idênticas às da Mecânica Clássica.

As incertezas associadas ao movimento da partícula podem ser estimadas a partir da generalização das equações de Ehrenfest para os valores médios de qualquer grandeza,

$$\frac{\mathrm{d}}{\mathrm{d}t}\langle p^2 \rangle = \frac{1}{i\hbar}\big\langle [p^2,H] \big\rangle = 0 \qquad \Longrightarrow \qquad \langle p^2 \rangle = \langle p^2 \rangle_\circ = \text{constante} \tag{14.57}$$

$$\frac{\mathrm{d}}{\mathrm{d}t}\langle x^2 \rangle = \frac{1}{i\hbar}\big\langle [x^2,H] \big\rangle = \frac{1}{m}\big[\langle xp \rangle + \langle px \rangle\big] \tag{14.58}$$

Assim, a incerteza associada ao *momentum* da partícula livre é constante ao longo do tempo,

$$\Delta p = (\Delta p)_\circ = \sqrt{\langle p^2 \rangle - \langle p \rangle^2} = \sqrt{\langle p^2 \rangle_\circ - \langle p \rangle_\circ^2}$$

Por outro lado, as equações

$$\begin{cases} \dfrac{\mathrm{d}}{\mathrm{d}t}\langle xp \rangle = \dfrac{1}{i\hbar}\big\langle [xp,H] \big\rangle = \dfrac{\langle p^2 \rangle_\circ}{m} = \text{constante} \\[4mm] \dfrac{\mathrm{d}}{\mathrm{d}t}\langle px \rangle = \dfrac{1}{i\hbar}\big\langle [px,H] \big\rangle = \dfrac{\langle p^2 \rangle_\circ}{m} = \text{constante} \end{cases}$$

implicam

$$\begin{cases} \langle xp \rangle = \langle xp \rangle_\circ + \dfrac{\langle p^2 \rangle_\circ}{m}\,t \\[4mm] \langle px \rangle = \langle px \rangle_\circ + \dfrac{\langle p^2 \rangle_\circ}{m}\,t \end{cases}$$

Substituindo essas expressões na equação que descreve a evolução de $\langle x^2 \rangle$, equação (14.58),

$$\frac{\mathrm{d}}{\mathrm{d}t}\langle x^2 \rangle = \frac{1}{m}\big[\langle xp \rangle_\circ + \langle px \rangle_\circ\big] + 2\,\frac{\langle p^2 \rangle_\circ}{m^2}\,t$$

e integrando, resulta

$$\langle x^2 \rangle = \langle x^2 \rangle_\circ + \frac{1}{m}\big[\langle xp \rangle_\circ + \langle px \rangle_\circ\big]\,t + \frac{\langle p^2 \rangle_\circ}{m^2}\,t^2 \tag{14.59}$$

Levando em conta que, segundo a equação (14.56),

$$\langle x \rangle^2 = \langle x \rangle_\circ^2 + \frac{2}{m}\langle x \rangle_\circ \langle p \rangle_\circ\,t + \frac{\langle p \rangle_\circ^2}{m^2}\,t^2 \tag{14.60}$$

Subtraindo a equação (14.60) da equação (14.59), obtém-se

$$\underbrace{\langle x^2 \rangle - \langle x \rangle^2}_{(\Delta x)^2} = \underbrace{\langle x^2 \rangle_\circ - \langle x \rangle_\circ^2}_{(\Delta x)_\circ^2} + \underbrace{\frac{1}{m}\big[\langle xp \rangle_\circ + \langle px \rangle_\circ - 2\langle x \rangle_\circ \langle p \rangle_\circ\big]}_{\beta}\,t + \underbrace{\big[\langle p^2 \rangle_\circ - \langle p \rangle_\circ^2\big]}_{(\Delta p)_\circ^2}\frac{t^2}{m^2}$$

ou seja,

$$(\Delta x)^2 = (\Delta x)_\circ^2 + \beta\, t + \frac{(\Delta p)_\circ^2}{m^2}\, t^2 \geq 0 \qquad (14.61)$$

> *a incerteza inicial associada à posição da partícula livre sempre é mínima:*
>
> $$(\Delta x)_{\min} = (\Delta x)_\circ$$

Após um longo intervalo de tempo, a incerteza cresce linearmente com o tempo

$$\lim_{t \to \infty} \Delta x = \frac{(\Delta p)_\circ}{m}\, t$$

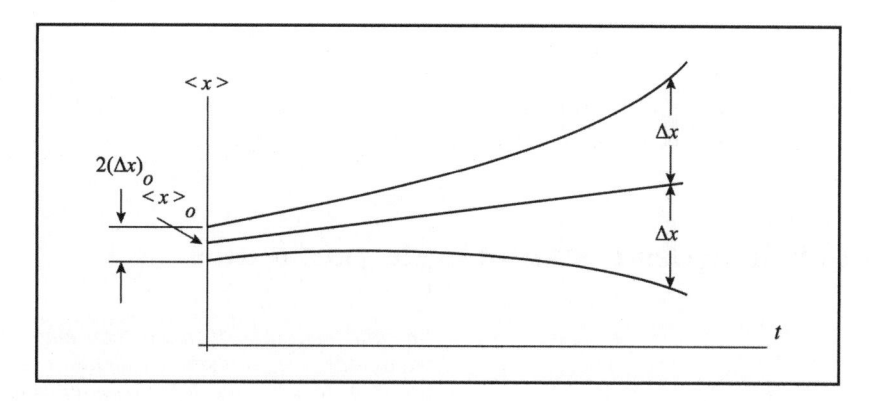

Figura 14.20: Incerteza na localização de uma partícula livre ao longo da direção de seu movimento.

Assim, mesmo que a incerteza inicial associada à posição da partícula seja praticamente nula, ela aumenta indefinidamente (Figura 14.20), tornando inaplicável o conceito de trajetória.

Quando a equação (14.61) é multiplicada por $(\Delta p)^2 = (\Delta p)_\circ^2$, resulta

$$(\Delta x)^2 (\Delta p)^2 = (\Delta x)_\circ^2 (\Delta p)_\circ^2 + \beta (\Delta p)_\circ^2\, t + \frac{(\Delta p)_\circ^4}{m^2}\, t^2 \geq 0$$

e a relação de Heisenberg implica que $(\Delta x)_\circ (\Delta p)_\circ$ seja o limite inferior para o produto das incertezas,

$$\left(\Delta x\, \Delta p\right)_{\min} = (\Delta x)_\circ (\Delta p)_\circ = \frac{\hbar}{2}$$

Para intervalos longos de tempo, a incerteza associada à posição de uma partícula livre cresce como

$$\Delta x = \frac{1}{(\Delta x)_\circ}\, \frac{\hbar}{m}\, t \qquad (t \to \infty)$$

- Se um feixe de elétrons é acelerado na direção x por um potencial (ϕ) de 10^3 eV, adquirindo *momentum* (p) da ordem de

$$p = \sqrt{2me\phi} \sim 10^{-23} \text{ kg·m/s}$$

e a incerteza relativa $(\Delta\phi/\phi)$ associada ao potencial é da ordem de 10^{-2}, a incerteza no *momentum* será dada por

$$\frac{\Delta p_x}{p} = \frac{1}{2}\frac{\Delta\phi}{\phi} \qquad \Longrightarrow \qquad \Delta p_x \sim 10^{-25} \text{ kg·m/s}$$

Desse modo,

$$\begin{cases} (\Delta x)_\circ = \dfrac{\hbar}{2\Delta p_x} \sim 10^{-9} \text{ m} \\[3mm] \Delta x = \dfrac{\Delta p_x}{m}\, t \sim 10^5\, t \end{cases}$$

De acordo com a equação de Ehrenfest, o tempo gasto para um elétron do feixe percorrer uma distância de 30 cm é da ordem de $d/(p/m) \sim 10^{-8}$ s, e a incerteza em torno da posição média é dada por

$$\Delta x \sim 10^{-3}\,\mathrm{m} = 1\,\mathrm{mm}$$

Em relação às direções transversais ao movimento, y e z, considerando que as incertezas nas componentes transversais do *momentum*, $\Delta p_y, \Delta p_z$ são muito menores que a associada à componente longitudinal,

$$\Delta p_y, \Delta p_z \ll \Delta p_x$$

implica que as incertezas nas componentes transversais da posição, $\Delta y, \Delta z$, também serão muito menores que Δx,

$$\Delta y, \Delta z \ll \Delta x$$

Nessas situações, o conceito de trajetória pode ser utilizado, e o movimento do feixe de partículas pode ser descrito pela Eletrodinâmica Clássica ou pela Relativística.

14.8   Generalizações e sistemas de partículas

Se um sistema atômico contém um número de partículas de mesma espécie, como um certo número de elétrons, as partículas são absolutamente indistinguíveis umas das outras. Nenhuma alteração é observada quando duas delas são intercambiadas.

Paul Dirac

14.8.1   O operador momento angular orbital

De maneira análoga à Mecânica Clássica, o operador momento angular orbital $(\vec{L})$ de uma partícula é definido como

$$\vec{L} = \vec{r} \times \vec{p} = -i\hbar \vec{r} \times \vec{\nabla}$$

em que $\vec{r}$ descreve a posição e $\vec{p}$, o *momentum* da partícula.

O operador $\vec{L}$ é um operador linear vetorial cujas componentes cartesianas são

$$\begin{cases} L_x = -i\hbar \left(y\dfrac{\partial}{\partial z} - z\dfrac{\partial}{\partial y} \right) \\[2ex] L_y = -i\hbar \left(z\dfrac{\partial}{\partial x} - x\dfrac{\partial}{\partial z} \right) \\[2ex] L_z = -i\hbar \left(x\dfrac{\partial}{\partial y} - y\dfrac{\partial}{\partial x} \right) \end{cases}$$

Ao contrário do *momentum*, para o qual as incertezas associadas às suas componentes não são necessariamente correlacionadas,

$$\begin{cases} [p_x, p_y] = 0 & \implies & \Delta p_x\, \Delta p_y \geq 0 \\[2ex] [p_y, p_z] = 0 & \implies & \Delta p_y\, \Delta p_z \geq 0 \\[2ex] [p_z, p_x] = 0 & \implies & \Delta p_z\, \Delta p_x \geq 0 \end{cases}$$

e, portanto, a função de onda plana $\Psi \sim e^{i\vec{p}\cdot\vec{r}}$ é autofunção simultânea dos operadores p_x, p_y e p_z, o fato de as incertezas associadas às componentes do momento angular serem correlacionadas

$$\begin{cases} \left[L_x, L_y\right] = i\hbar\, L_z \\[2mm] \left[L_y, L_z\right] = i\hbar\, L_x \\[2mm] \left[L_z, L_x\right] = i\hbar\, L_y \end{cases}$$

implica que uma partícula não pode ser representada por uma autofunção simultânea das três componentes cartesianas do momento angular.

Uma vez que o operador $L^2 = L_x^2 + L_y^2 + L_z^2$ comuta com qualquer das componentes do momento angular,

$$\left[L^2, L_x\right] = \left[L^2, L_y\right] = \left[L^2, L_z\right] = 0$$

existem autofunções simultâneas de L^2 e de uma das componentes de $\vec{L}$. Essas autofunções podem representar o estado de uma partícula cujo quadrado do módulo e uma das componentes do momento angular sejam precisamente definidos (Capítulo 15).

Como na Mecânica Clássica, o operador momento angular representa uma grandeza associada à lei de conservação que decorre da simetria de um sistema com relação a rotações. Por isso, seu estudo é fundamental na descrição do movimento de partículas em campos centrais, como os sistemas atômicos, nos quais o potencial de interação possui simetria esférica.

As componentes cartesianas do momento angular, em coordenadas esféricas, podem ser escritas como

$$\begin{cases} L_x = i\hbar \left(\operatorname{sen}\phi\, \dfrac{\partial}{\partial\theta} + \operatorname{cotg}\theta \cos\phi\, \dfrac{\partial}{\partial\phi} \right) \\[3mm] L_y = i\hbar \left(-\cos\phi\, \dfrac{\partial}{\partial\theta} + \operatorname{cotg}\theta \operatorname{sen}\phi\, \dfrac{\partial}{\partial\phi} \right) \\[3mm] L_z = -i\hbar\, \dfrac{\partial}{\partial\phi} \end{cases}$$

pois as equações que relacionam as coordenadas cartesianas e esféricas são

$$\begin{cases} x = r\operatorname{sen}\theta\,\cos\phi \;\;\Longrightarrow\;\; \begin{cases} \partial x/\partial r = \operatorname{sen}\theta\,\cos\phi \\[1mm] \partial x/\partial\theta = r\cos\theta\,\cos\phi \\[1mm] \partial x/\partial\phi = -r\operatorname{sen}\theta\operatorname{sen}\phi \end{cases} \\[6mm] y = r\operatorname{sen}\theta\operatorname{sen}\phi \;\;\Longrightarrow\;\; \begin{cases} \partial y/\partial r = \operatorname{sen}\theta\operatorname{sen}\phi \\[1mm] \partial y/\partial\theta = r\cos\theta\operatorname{sen}\phi \\[1mm] \partial y/\partial\phi = r\operatorname{sen}\theta\,\cos\phi \end{cases} \\[6mm] z = r\cos\theta \;\;\Longrightarrow\;\; \begin{cases} \partial z/\partial r = \cos\theta \\[1mm] \partial z/\partial\theta = -r\operatorname{sen}\theta \\[1mm] \partial z/\partial\phi = 0 \end{cases} \end{cases}$$

e resulta que

$$\begin{cases} \dfrac{\partial}{\partial r} = \operatorname{sen}\theta\,\cos\phi\, \dfrac{\partial}{\partial x} + \operatorname{sen}\theta\operatorname{sen}\phi\, \dfrac{\partial}{\partial y} + \cos\theta\, \dfrac{\partial}{\partial z} \\[4mm] \dfrac{\partial}{\partial\theta} = r\cos\theta\,\cos\phi\, \dfrac{\partial}{\partial x} + r\cos\theta\operatorname{sen}\phi\, \dfrac{\partial}{\partial y} - r\operatorname{sen}\theta\, \dfrac{\partial}{\partial z} \\[4mm] \dfrac{\partial}{\partial\phi} = -r\operatorname{sen}\theta\operatorname{sen}\phi\, \dfrac{\partial}{\partial x} + r\operatorname{sen}\theta\,\cos\phi\, \dfrac{\partial}{\partial y} \end{cases}$$

logo, o operador L^2 pode ser escrito como

$$L^2(\theta, \phi) = -\hbar^2 \left[\frac{1}{\operatorname{sen}\theta} \frac{\partial}{\partial\theta} \left(\operatorname{sen}\theta \frac{\partial}{\partial\theta} \right) + \frac{1}{\operatorname{sen}^2\theta} \frac{\partial^2}{\partial\phi^2} \right]$$

Impondo-se a continuidade no domínio $(0, 2\pi)$, os autovalores e as autofunções correspondentes à componente L_z são imediatamente determinados como

$$L_z \, e^{im\phi} = m \, \hbar \, e^{im\phi} \qquad (m = 0, \pm 1, \pm 2, ...)$$

Uma vez que L^2 comuta com L_z, é conveniente a determinação dos possíveis autoestados simultâneos de ambos os operadores. A solução desse problema (Capítulo 15) é fundamental na determinação do espectro do átomo de hidrogênio, pois, ao decompor a energia cinética do elétron em partes radial e angular, a parte angular pode ser escrita em termos do operador L^2.

As autofunções simultâneas de L^2 e L_z, identificadas por dois índices inteiros, l e m, tal que $|m| \leq l$, chamam-se *funções harmônicas esféricas*, são representadas como (Seção 15.4.2.1)

$$Y_l^m(\theta, \phi) = A_{lm} \, P_l^m(\theta) \, e^{im\phi}$$

e obedecem as relações

$$\begin{cases} L^2 Y_l^m(\theta, \phi) = \hbar^2 \, \lambda_l \, Y_l^m(\theta, \phi) \\[2mm] L_z \, Y_l^m(\theta, \phi) = m \, \hbar \, Y_l^m(\theta, \phi) \end{cases} \qquad \begin{cases} l = 0 \quad m = 0 \\ l = 1 \quad m = 0, \pm 1 \\ l = 2 \quad m = 0, \pm 1, \pm 2 \\ \quad \vdots \end{cases}$$

em que o autovalor λ_l só depende do índice l.

14.8.2 O acoplamento do momento angular orbital com o campo magnético

Uma vez que elétrons e prótons possuem carga elétrica e em movimento geram campos magnéticos, o momento angular dos sistemas atômicos está intimamente associado às propriedades magnéticas dos materiais.

Segundo o Eletromagnetismo Clássico, se uma partícula de massa m e carga elétrica negativa $-e$ executa um movimento circular de raio r, o momento dipolar magnético ($\vec{\mu}_l$) relaciona-se ao momento angular ($\vec{L}$) por

$$\vec{\mu}_l = -\gamma_l \vec{L} \tag{14.62}$$

em que a constante $\gamma_l = e/(2mc)$ é a razão giromagnética (Seção 7.2.2).

Sob a ação de um campo magnético uniforme B, a direção do momento angular executa um movimento de precessão, cuja frequência é dada pela frequência de Larmor (Ω), equação (7.10),

$$\Omega = \gamma_l B$$

Essa interação pode ser caracterizada por uma energia potencial magnética V, expressa por

$$V = -\vec{\mu}_l \cdot \vec{B} = \gamma_l \vec{L} \cdot \vec{B} \tag{14.63}$$

Essa mesma expressão foi utilizada na Mecânica Quântica por Pauli e Schrödinger para explicar o efeito Zeeman normal (Seção 7.2.2).

Supondo que o campo magnético atue na direção z, os autovalores da projeção do momento dipolar magnético na direção z são dados por

$$\mu_z = -\gamma_l \hbar m = -\mu_B m \qquad (m = -l, -l+1, \ldots, l-1, l)$$

em que $\mu_B = e\hbar/(2mc) \simeq 9{,}27 \times 10^{-21}$ erg/G, denominado *magnéton de Bohr*, é a unidade natural para medida de momentos dipolares magnéticos de sistemas atômicos.

Em geral, para um átomo com vários elétrons, os autovalores da projeção do momento dipolar magnético na direção z são expressos por

$$\mu_z = -g_L \mu_B m \qquad (14.64)$$

em que g_L é o *fator de Landé*.

• O efeito Einstein-de Haas

A relação entre as propriedades magnéticas da matéria e o momento angular foi determinada em 1915 em um experimento proposto por Einstein e pelo holandês Wander Johannes de Haas.

Quando um campo magnético $\vec{B}$ é aplicado na direção longitudinal de uma barra, supostamente composta por dipolos magnéticos e suspensa por um fio (Figura 14.21), ocorrem o alinhamento dos dipolos na direção do campo e o surgimento de um torque que provoca torção no fio (F), detectada pela reflexão do feixe originado em S e refletido pelo espelho E.

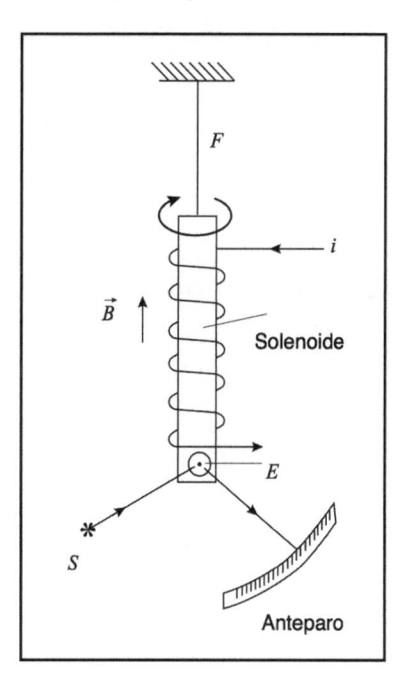

Figura 14.21: Esquema do experimento proposto por Einstein-de Haas.

Uma vez que o momento angular total da barra, inicialmente nulo, deve permanecer como tal, há uma reação da barra que tende a restaurar seu estado macroscópico inicial. Assim, a partir de medidas da magnetização (M) e do momento angular (L) totais da barra, pode-se determinar a razão giromagnética (γ) como

$$\gamma = \frac{M}{L}$$

As medidas realizadas, em 1915, forneceram um valor cerca de duas vezes maior que o esperado devido apenas à contribuição do momento angular orbital do elétron, pré-anunciando que é necessário levar em conta também o seu *spin*. Entretanto, cabe notar que, embora o efeito Einstein-de Haas relacione o magnetismo com o momento angular, este efeito é macroscópico. Portanto, não se pode concluir que ele seja suficiente para demonstrar a quantização do momento angular. Para isso, é preciso recorrer a experimentos que envolvam partículas em escala microscópica. O experimento clássico neste sentido foi o de Stern-Gerlach (Seção 16.6.2).

14.8.3 A equação de Schrödinger para N partículas

A dinâmica de um sistema de N partículas sob ação de potenciais internos e externos é elaborada a partir da definição de um operador hamiltoniano H, que representa a energia do sistema no caso de campos conservativos, como

$$H = \sum_{i=1}^{N} \frac{p_i^2}{2m_i} + V(\vec{r}_1, \vec{r}_2, \ldots\ldots, \vec{r}_N, t)$$

em que m_i é a massa; $\vec{p}_i = -i\hbar\vec{\nabla}_i$, o operador que representa o *momentum*; $\vec{\nabla}_i$, o gradiente segundo as coordenadas espaciais x, y e z da partícula i; e V, o potencial que representa as interações internas entre todas as partículas, ou a ação de um campo externo.

A equação de Schrödinger generalizada tem a mesma forma da equação para uma única partícula,

$$i\hbar\frac{\partial\Psi}{\partial t} = H\,\Psi$$

em que $\Psi(\vec{r}_1, \vec{r}_2, \ldots\ldots, \vec{r}_N, t)$ é uma função das $3N$ coordenadas espaciais de todas as partículas e do tempo.

Para campos conservativos, a expressão

$$H\,\Psi = E\,\Psi$$

é a equação que determina a energia (E) do sistema.

Desse modo, a interpretação probabilística de Born é tal que

> $dP = |\Psi(\vec{r}_1, \vec{r}_2, \ldots\ldots, \vec{r}_N, t)|^2\,d\mathcal{V}$ é a probabilidade de que, em um dado instante t, a partícula 1 esteja em uma região entre $(x, y, z)_1$ e $(x + dx, y + dy, z + dz)_1$, a partícula 2 esteja em uma região entre $(x, y, z)_2$ e $(x + dx, y + dy, z + dz)_2$, e assim por diante, e $\rho(\vec{r}_1, \vec{r}_2, \ldots\ldots, \vec{r}_N, t) = |\Psi|^2$ é a densidade de probabilidade de presença.

Se a solução da equação de Schrödinger para uma partícula já envolve grandes desafios matemáticos, as soluções exatas para problemas que envolvem N partículas em interação são inexistentes. Desse modo, as leis de conservação e outras propriedades de simetrias do sistema são usadas para um entendimento qualitativo de suas principais características, e os métodos numéricos de aproximação, que usualmente requerem o uso de computadores, são imprescindíveis para a obtenção de soluções quantitativas.

Apesar de não ter sido, historicamente, a formulação original da Mecânica Quântica, a construção e a elaboração da teoria quântica, a partir da formulação ondulatória, passaram a ser o método tradicional, quase canônico, de apresentação da teoria. Essa formulação utiliza uma função de onda que, ao menos para a descrição de uma partícula, é um campo escalar definido no espaço tridimensional ordinário, e também envolve equações diferenciais parciais lineares, as quais eram mais familiares aos físicos da época de Schrödinger.

Mesmo com a grande ruptura com conceitos resultantes da Mecânica Clássica, como os de trajetória de uma partícula, um procedimento que permaneceu na formulação da Mecânica Quântica[15] foi o método analítico newtoniano de focalizar ou isolar um objeto de estudo e representar suas interações com o restante do Universo, ou sua vizinhança, por um potencial que atua sobre o objeto.

---

[15] Tanto relativística quanto não relativística.

Essa característica, ainda presente nas sofisticadas formulações analíticas da Mecânica Clássica, de Hamilton, Jacobi e Lagrange, só foi modificada quando, em 1947, a partir dos trabalhos de Feynman, Schwinger, Tomonaga e Dyson de elaboração da Eletrodinâmica Quântica, foram descobertos e criados métodos aproximados perturbativos, que permitiram o cálculo de processos de interações entre partículas eletricamente carregadas que incorporam de modo eficaz suas ações recíprocas.

14.9 Fontes primárias

Born, M., 1926. Über Quantenmechanik. *Zeitschrift für Physik* **26**, n. 1, p. 379-395.

Born, M., 1926. Zur Quantenmechanik der Stoßvorgänge. *Zeitschrift für Physik* **37**, n. 12, p. 863-867.

Davisson, C.; Germer, L.H., 1927. Diffraction of Electrons by a Crystal of Nickel. *Physical Review* **30**, n. 6, p. 705-740.

Davisson, C.; Germer, L.H., 1927a. The scattering of electrons by a single crystal of Nickel. *Nature* **119**, n. 2998, p. 558-560.

Davisson, C.; Germer, L.H., 1928. Reflection of Electrons by a Crystal of Nickel. *Proceedings of the National Academy of Science* **14**, n. 2, p. 317-322.

Davisson, C.; Germer, L.H., 1928b. Reflection of Electrons by a Crystal of Nickel. *Proceedings of the National Academy of Science* **14**, n. 8, p. 619-627.

Davisson, C.; Germer, L.H., 1929. A Test for Polarization of Electron Waves by Reflection. *Physical Review* **33**, n. 5, p. 760-772.

Davisson, C.; Calbick, C.J., 1932. Electron Lenses. *Physical Review* **42**, n. 4, p. 580.

Davisson, C.; Kunsman, C.H., 1921. The Scattering of Electrons by Nickel. *Science* **54**, n. 1404, p. 522-524.

Davisson, C.; Kunsman, C.H., 1923. The Scattering of Low Speed Electrons by Platinum and Magnesium. *Physical Review* **22**, n. 3, p. 242-258.

De Broglie, L., 1923a. Ondes et Quanta. *Comptes Rendus* **177**, p. 507-510.

De Broglie, L., 1923b. Waves and Quanta. *Nature* **112**, n. 2815, p. 540.

De Broglie, L., 1923c. Quanta de Lumière, Diffraction et Interferences. *Comptes Rendus* **177**, p. 548-560.

De Broglie, L., 1925. Recherches sur la théorie des quanta. Thèse de Doctorat, publicada em *Annales de Physique* (10ème. serie) **3**, p. 22-128. Reeditado em Paris, por Masson & Cie., em 1963.

Eherenfest, P., 1927. Bemerkungenuber die angenaherte Gultigkeit der klassischen Mechanik innerhalb der Quantenmechanik. *Zeitschrift für Physik* **45**, p. 455-457. Traduzido para o português na *Revista Brasileira de Física*, **23**, n. 2, p. 190-195 (2001), no artigo de A.O. Bolivar, como Nota sobre a validade aproximada da Mecânica Clássica a partir da Mecânica Quântica.

Einstein, A.; de Haas, W.J., 1915-1916. Experimental Proof of the Existence of Ampère's Molecular Currents, *Koninklijke Akademie van Wetenschappen te Amsterdam.* Section of Science. *Proceedings* **18**, p. 696-711 (1915-1916); Ver também Notiz zu unserer Arbeit 'Experimenteller Nachweis der Ampèreschen Molekularströme'. *Deutsche Physikalische Gesellschaft. Verhandlungen* **17**, p. 152.

Elsasser, W., 1925. Bemerkungen zur Quantenmechanik. *Naturwissenchaften* **13**, p. 711.

Gerlach, W.; Stern, O., 1922. Der experimentelle Nachweis der Richtungsquantelung im Magnetfeld. *Zeitschrift für Physik* **9**, p. 349-352; Das magnetische Moment des Silberatoms. *Ibid*, p. 353-355.

Gerlach, W.; Stern, O., 1924. Über die Richtungsquantelung im Magnetfeld. *Annalen der Physik* **74**, p. 673-699.

Heisenberg, W., 1927. Über den anschaulichen Inhalt der quantentheoretischen Kinematik und Mechanik. *Zeitschrift für Physik*, **43**, p. 172-198. Relações de incerteza.

Heisenberg, W., 1929. Die Entwicklung der Quantentheorie 1918-1928. *Die Naturwissenschaften Heft* **26**, p. 490-496.

Kapitza, P.L.; Dirac, P.A.M., 1933. The reflection of electrons from standing light waves". *Proceedings of the Cambridge Philosophical Society* **29**, p. 297-300.

Maiman, T.H., 1960. Optical and Microwave-Optical Experiments in Ruby. *Physical Review Letters* **4**, n. 11, p. 564-566.

Schrödinger, E., 1926. Über das Verhältnis der Heisenberg-Born-Jordanschen Quantenmechanik zu der Meinen. *Annalen der Physik* **79**, p. 734-756. Traduzido para o inglês em **Schrödinger, E., 1926**, como On the Relation between the Quantum Mechanics of Heisenberg, Born, and Jordan, and that of Schrödinger.

Schrödinger, E., 1926I. Quantisierung als Eingenwertproblem. *Annalen der Physik*, Ser. 4, **79**, p. 361-76. Traduzido para o inglês em **Schrödinger, E., 1926.**, como Quantisation as a Problem of Proper Values (I). Equação de Schrödinger independente do tempo e o espectro do átomo de hidrogênio.

Schrödinger, E., 1926II. Quantisierung als Eingenwertproblem. *Annalen der Physik*, Ser. 4, **79**, p. 489-527. Traduzido para o inglês em **Schrödinger, E., 1926**, como Quantisation as a Problem of Proper Values (II). Analogia com a Óptica e o problema do oscilador harmônico.

Schrödinger, E., 1926III. Quantisierung als Eingenwertproblem. *Annalen der Physik*, Ser. 4, **80**, p. 437-490. Traduzido para o inglês em **Schrödinger, E., 1926**, como Quantisation as a Problem of Proper Values (III). Teoria de perturbação estacionária.

Schrödinger, E., 1926IV. Quantisierung als Eingenwertproblem. *Annalen der Physik*, Ser. 4, **81** p. 109-139. Traduzido para o inglês em **Schrödinger, E., 1926**, como Quantisation as a Problem of Proper Values (IV). Equação de Schrödinger e teoria da perturbação dependentes do tempo.

Thomson, G.P.; Reid, A., 1927. Diffraction of Cathode Rays by a Thin Film. *Nature* **119**, p. 890.

Thomson, G.P., 1928. Experiments on the Diffraction of Cathode Rays. *Proceedings of the Royal Society of London* **A117**, p. 600-609.

14.10   Outras referências e sugestões de leitura

Altschuler, S., Frantz, L.M.; Braunstein, R., 1966. Reflection of Atoms from Standing Light Waves. *Physical Review Letters* **17**, n. 5, p. 231-232.

Altschuler, S., Frantz, 1968. Photon-photon scatering by the Dirac-Kapitza mechanism. *Physical Letters A* **27**, n. 6, p. 399-400.

Aspect, A., Grangier, P.; Roger, G., 1982. Experimental Realization of Einstein-Podolski-Rosen-Bohm Gedankenexperiment: A New Violation of Bell's Inequalities. *Physical Review Letters* **49**, n. 2, p. 91-94.

Aspect, A., Dalibard, J.; Roger, G., 1982. Test of Bell's Inequalities Using Time-Varying Analizers. *Physical Review Letters* **49**, n. 25, p. 1804-1807.

Batelaan, H., 2000. The Kapitza-Dirac Effect. *Contemporary Physics* **41**, n. 6, p. 369-381.

Bell, J.S., 1964. On the Einstein Podolsky Rosen Paradox. *Physics* **1**, n. 3, p. 195-200.

Bell, J.S., 1966. On the Problem of Hidden Variables in Quantum-Mechanics. *Reviews of Modern Physics* **38**, n. 3, p. 447-452.

Blokhintsev, D., 1981. Princípios de Mecânica Quântica abordados por um importante autor russo.

Bohm, D., 1993. Livro instigante sobre a causalidade e a Teoria Quântica.

De Broglie, L., 1937. Tese de doutorado de Louis de Broglie sobre a dualidade onda-matéria aplicada ao elétron.

De Broglie, L., 1955. Interessante palestra sobre a questão da dualidade onda-partícula na obra de Einstein.

De Broglie, L., 1982. Texto no qual de Broglie discute as relações de incerteza de Heisenberg e a interpretação probabilística da Mecânica Quântica.

Dirac, P.A.M., 1930. Síntese original da Mecânica Quântica, escrita por um de seus criadores.

Forman, P., 1971. Weimar culture, causality, and quantum theory, 1918-1927: Adaptation by German physicists and the mathematicians to a hostile intellectual environment. *Historical Studies in the Physical Sciences* **3**, p. 1-115.

Einstein, A.; Podolsky, B.; Rosen, N., 2001. Can Quantum-Mechanical Description of Physical Reality be Considered Complete?. *Physical Review* **47**, n. 10, p. 777-780.

Freimund, D.L.; Aflatooni, K.; Batelaan, H., 2001. Observation of the Kapitza-Dirac Effect. *Nature* **413**, p. 142-143.

Frenkel, V.Ya., 1979. On the History of the Einstein-de Haas Effect. *Soviet Physics Uspekhi* **22**, n. 7, p. 580-587.

Gasiorowicz, S., 2003. Texto introdutório à Mecânica Quântica, que pode ser facilmente acompanhado como texto complementar.

Gould, P.L.; Ruff, G.A.; Pritchard, D.E., 1986. Diffraction of Atoms by Light: The Near-Resonant Kapitza-Dirac Effect. *Physical Review Letters* **56**, n. 8, p. 827-830.

Grangier, P.; Roger, G.; Aspect, A., 1986. Experimental Evidence for a Photon Anticorrelation Effect on Beam Splitter; A New Light on Single-Photon Interferences. *Europhysics Letters* **1**, p. 173-179.

Haas, A., 1928. Um dos primeiros livros didáticos sobre a nova Teoria Quântica.

Hendry, J., 1980. The development of attitudes toward the wave-particle duality of light and quantum theory, 1900-1920. *Annals of Science* **37**, p. 59-79.

Institut International de Physique Solvay, 1928. Anais da Conferência de Solvay sobre "Elétrons e Fótons".

Jammer, M., 1966. Obra clássica de história da Mecânica Quântica enfatizando seu desenvolvimento conceitual. Rica em detalhes e em referências bibliográficas.

Jammer, M., 1974. Obra que apresenta a evolução da Mecânica Quântica e suas interpretações em uma perspectiva histórica.

Jauch, J.M., 1989. Livro de divulgação, na forma de um diálogo galileano, sobre a realidade dos *quanta*.

Lawden, D.F., 1967. Livro de texto que pode ser útil para mais detalhes sobre a estrutura matemática da Mecânica Quântica.

Leite Lopes, J.; Escoubès, B., 1995. Coletânea de importantes textos fundadores da Mecânica Quântica traduzidos para o francês.

Leite Lopes, J.; Paty, M., 1977. Coletânea de artigos apresentados em um colóquio sobre os 50 anos da Mecânica Quântica, ocorrido na Universidade Louis Pasteur. Traz artigos de Wheeler, Frenkel, Jauch, D'Espagnat, Lévy-Leblond, Bohm, Paty e outros.

Lévy-Leblond, J.M.; Balibar, F., 1990. Livro sobre os fundamentos da Mecânica Quântica.

Lévy-Leblon, J.M., 2004. Análise de várias antinomias entre princípios e leis da Física.

Martin Nieto, M., 1969. Diffraction of electrons by standing electromagnetic waves: the Kapitza-Dirac effect. *American Journal of Physics* **37**, n. 2, p. 162-169. Além de revisar a apresentação original de Kapitza–Dirac, o autor refaz os cálculos de uma maneira mais geral usando a aproximação de Born e a teoria de espalhamento da Mecânica Quântica.

McKinnon, E., 1976. De Broglie's thesis: A critical retrospective. *American Journal of Physics* **44**, p. 1047-1055.

Pauling, L.; Bright Wilson, E., 1935. Livro clássico introdutório à Mecânica Quântica.

Popper, K., 1982. A Critical Note on the Greatest Days of Quantum Theory. *Foundations of Physics* **12**, n. 10, p. 971-976.

Rae, A.I.M., 1994. Livro de divulgação sobre as interpretações e a filosofia da Mecânica Quântica.

Schrödinger, E., 1927] A primeira edição alemã de uma coletânea de artigos seminais de Schrödinger, publicada em Leipzig, foi traduzida para o inglês e publicada pela Chelsea, em 1982.

Schrödinger, E., 1952a. Are there Quantum Jumps? Part I. *The British Journal for the Philosophy of Science* **3**, p. 109-123.

Schrödinger, E., 1952b. Are there Quantum Jumps? Part II. *The British Journal for the Philosophy of Science* **3**, p. 233-242.

Schrödinger, E., 1949-1955. Coletânea de palestras dadas por Schrödinger cujo eixo principal é a interpretação da Mecânica Quântica.

Tarozzi, G.; Van der Merwe, A. (Eds.), 1985. Coletânea de artigos apresentados em uma conferência em Bari, que discutem as dificuldades lógicas e conceituais da Mecânica Quântica que ainda persistiam por ocasião do encontro.

Tarozzi, G.; Van der Merwe, A. (Eds.), 1988. Livro que apresenta um panorama exaustivo da contribuição de cientistas e filósofos italianos aos fundamentos da Física Quântica, incluindo alternativas à interpretação ortodoxa da Escola de Copenhague.

Vander Merwe, A. (Ed.), 1982. *Foundations of Physics* **12**, n. 10. Esse volume especial reúne uma coleção de artigos dedicados a Louis de Broglie, por ocasião da comemoração de seus 90 anos. Os artigos são os seguintes: *A evolução das ideias de Louis de Broglie na Interpretação da Mecânica Ondulatória* (George Lochak); *Reminescências da minha primeira associação com Louis de Broglie* (O. Costa de Beauregard); *Uma nota crítica dos maiores dias da Teoria Quântica* (Karl Popper); *Sobre a contribuição de Louis de Broglie para a Teoria Quântica da Medida* (J. Andrade e Silva); *Sobre a onda piloto impossível* (J.S. Bell); *A Teoria da Onda Piloto de De Broglie e o desenvolvimento interior de novas introspecções nascendo dela* (D.J. Bohm e B.J. Hiley); *Será que a Mecânica Quântica aceita um suporte estocástico?* (L. de La Peña e A.M. Cetto).

Wallis, T.M.; Moreland, J.; Kabos, P., 2006. Einstein-de Has effect in a NiFe film deposited in a microcantilever. *Applied Physics Letters* **89**, a.n. 122502.

Wheeler, J.A.; Zurek, W.H. (Eds.), 1983. Oferece ao leitor 49 artigos que discutem o tema da Teoria Quântica e suas relações com os processos de medida.

14.11 Exercícios

Exercício 14.1.1 Discuta a afirmação do filósofo francês Gaston Bachelard: *a onda é um quadro de jogos, o corpúsculo é uma chance.*

Exercício 14.11.2 Estime o comprimento de onda e a frequência associados a um elétron com:

a) velocidade igual a 10^8 m/s;

b) energia igual a 1 GeV.

Exercício 14.11.3 O comprimento de onda de emissão espectral amarelada do sódio é 5 890 Å. Determine a energia cinética de um elétron que tenha o comprimento de onda de L. de Broglie igual a esse valor.

Exercício 14.11.4 Determine o comprimento de onda de de Broglie associado a um elétron na órbita de Bohr correspondendo a $n = 1$.

Exercício 14.11.5 O comprimento de onda associado a um átomo de hélio (He) de um feixe que foi difratado por um cristal é igual a 0,60 Å. Determine:

a) a velocidade dos átomos de hélio;

b) a temperatura que corresponde a tal velocidade.

Exercício 14.11.6 Calcule o comprimento de onda de de Broglie para:

a) um elétron com energia cinética de 50 eV;

b) um elétron relativístico com energia total de 20 MeV;

c) um nêutron em equilíbio térmico com o meio a $T = 500$ K (nêutron térmico);

d) uma partícula alfa com energia cinética de 60 MeV.

Exercício 14.11.7 Calcule a diferença de potencial acelerador que deve ser utilizada para acelerar elétrons, a partir do repouso, de modo a obter um comprimento de onda de 0,5 Å.

Exercício 14.11.8 Calcule o comprimento de onda de um elétron com energia cinética de 13,6 eV. Determine a razão entre este comprimento de onda e o raio da primeira órbita de Bohr para o átomo de hidrogênio.

Exercício 14.11.9 Mostre que o comprimento de onda de de Broglie de uma partícula de massa m e carga e, acelerada a partir do repouso é dada como uma função do potencial acelerador V como:

$$\lambda = \frac{h}{\sqrt{2meV}} \left(1 + \frac{eV}{2mc^2}\right)^{-1/2}$$

Exercício 14.11.10 O acelerador linear de Stanford (LINAC) pode acelerar elétrons até uma energia de 50 GeV. Determine o comprimento de onda de de Broglie para esses elétrons. Compare esse valor com o diâmetro do prótons ($d \sim 2 \times 10^{-15}$ m).

Exercício 14.11.11 Em um experimento de espalhamento de elétrons, um máximo de reflexão é encontrado para $\phi = 32°$ em um cristal cuja distância interatômica é de 0,23 nm. Determine o espaçamento entre os planos cristalinos. Supondo que essa seja a difração em primeira ordem, calcule o comprimento de onda, o *momentum*, a energia cinética e a energia total dos elétrons incidentes.

Exercício 14.11.12 Obtenha a equação de Schrödinger independente do tempo fazendo uma analogia com o problema da "corda vibrante" e usando as hipóteses de L. de Broglie.

Exercício 14.11.13 Verifique se ψ pode ser real ou complexa se a energia potential for complexa. Interprete o resultado.

Exercício 14.11.14 Partindo da equação de Schrödinger unidimensional, mostre que problemas de estado ligado são sempre *não* degenerados em uma dimensão, isto é, só existe *uma* autofunção correspondente a cada autovalor de energia.

Exercício 14.11.15 Mostre que, se o hamiltoniano $H\left(-i\hbar\partial/\partial q, q\right)$ é simétrico com relação a q, isto é, $H\left(-i\hbar\partial/\partial q, q\right) = H\left(-i\hbar\partial/\partial q, -q\right)$ e, se só existe uma autofunção $\psi_E(q)$ de H com autovalor E (não degenerado), esta solução é par ou ímpar, ou seja

$$\psi(q) = \lambda\psi(-q), \quad \lambda = \pm 1$$

Exercício 14.11.16 A partir das expressões

$$\begin{cases} \langle E \rangle = \displaystyle\int_V \Psi^* H \Psi \, dV \\[2mm] \langle E^2 \rangle = \displaystyle\int_V \Psi^* H^2 \Psi \, dV \end{cases}$$

mostre que, se o estado de uma partícula é representado por uma expressão do tipo

$$\Psi(\vec{r}, t) = \psi_n(\vec{r})\, e^{-iE_n t/\hbar}$$

na qual $\psi_n(\vec{r})$ é um autoestado de H, a dispersão da energia, $\Delta E = \sqrt{\langle E^2 \rangle - \langle E \rangle^2}$, é nula.

Exercício 14.11.17 O estado inicial $\Psi(x, 0)$, em $t = 0$, de uma partícula é expresso como

$$\Psi(x, 0) = \frac{N}{x^2 + \alpha^2}$$

em que α é um parâmetro real e N a constante de normalização. Determine:

a) a constante (N) de normalização;

b) o valor médio, $\langle x \rangle$, e a incerteza (Δx) de x;

c) o valor médio, $\langle p \rangle$, do *momentum* p da partícula.

Exercício 14.11.18 O estado inicial de uma partícula de massa m, confinada entre os limites $x = 0$ e $x = a$ de um poço de potencial infinito, é dada por

$$\Psi(x, 0) = \frac{1}{2}\,\psi_1(x) \;+\; \frac{\sqrt{3}}{2}\,\psi_3(x)$$

em que ψ_1 e ψ_3 são os autoestados correspondentes às energias E_1 e E_3. Determine:

a) as probabilidades de ocorrência dos valores de energia E_1 e E_3;

b) a probabilidades de ocorrência do valor de energia $E = E_1 + E_3$.

Exercício 14.11.19 Sejam $\Psi_1(x, t) = \psi_1(x)e^{-iE_1 t/\hbar}$ e $\Psi_2(x, t) = \psi_2(x)e^{-iE_2 t/\hbar}$ dois autoestados de uma partícula associados às energias E_1 e $E_2 = 2E_1$. As autofunções ψ_1 e ψ_2 são reais.

a) Escreva uma superposição linear desses autoestados que representa um estado para o qual o valor médio da energia é igual a $7/4E_1$.

b) Determine a incerteza na energia para esse estado.

c) Mostre que a densidade de probabilidade de presença oscila com o tempo, e determine a relação entre o período das oscilações e a incerteza na energia.

Exercício 14.11.20 A função de onda que descreve o estado de uma partícula de massa m, confinada entre os limites $x = 0$ e $x = a$ de um poço de potencial infinito, é dada por

$$\Psi(x, t) = A \operatorname{sen} \frac{5\pi}{a} x \, e^{-i \frac{25\hbar\pi^2}{2ma^2} t}$$

a) Classifique esse estado como estacionário ou não estacionário. Justifique.

b) Determine os valores médios da posição e do *momentum*.

c) Calcule a probabilidade de a partícula ser encontrada entre $x = 0$ e $x = a/2$.

Exercício 14.11.21 O estado inicial de uma partícula é dado por

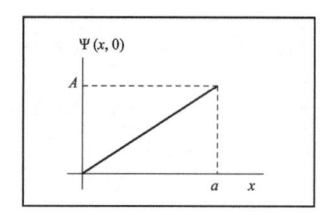

a) Normalize esse estado.

b) Esboce o gráfico da densidade de probabilidade de presença.

c) Calcule a probabilidade de presença no intervalo $a/2 < x < a$.

d) Determine o ponto b, a partir do qual a probabilidade de presença é igual a $1/2$, ou seja, $P(b < x < a) = 0{,}5$.

Exercício 14.11.22 O estado de uma partícula de massa m, confinada no intervalo $0 < x < a$, em um campo conservativo, é expresso por

$$\Psi(x, t) = A \left(\operatorname{sen} \frac{\pi}{a} x \right) e^{-iEt/\hbar}$$

em que E é a energia.

a) Classifique esse estado como estacionário ou não estacionário. Justifique.

b) Normalize esse estado.

c) Esboce o gráfico da densidade de probabilidade de presença, e determine a probabilidade de a partícula ser encontrada entre $x = 0$ e $x = a/2$.

d) Determine os valores médios da posição e do *momentum*.

Exercício 14.11.23 Com relação ao estado do problema anterior,

a) mostre que a incerteza na posição é dada por $\Delta x = \dfrac{a}{\pi}\sqrt{\dfrac{\pi^2}{12} - \dfrac{1}{2}}$;

b) calcule a incerteza no *momentum* e mostre que $\Delta x \Delta p \simeq 0{,}57\hbar$.

Exercício 14.11.24 Uma partícula está confinada na região $0 < x < a$ tal que seu estado inicial é dado por

$$\Psi(x,0) = Ax(a - x)$$

Determine

a) o valor médio, $\langle x \rangle$, e a incerteza (Δx) da posição da partícula;

b) o valor médio, $\langle p \rangle$, e a incerteza (Δp) do *momentum* da partícula.

Exercício 14.11.25 O estado de uma partícula confinada em um intervalo $(0, L)$ é descrito por

$$\Psi = A\,e^{-iE_n t/\hbar}\,\text{sen}\left(n\pi\frac{x}{L}\right)$$

em que n é um inteiro positivo.

a) Determine a constante de normalização A.

b) Represente graficamente a densidade de probabilidade de presença.

c) Calcule a probabilidade de se observar a partícula entre 0 e $L/4$.

Exercício 14.11.26 O estado inicial de uma partícula é dado por

$$\Psi(x,0) = \begin{cases} Ae^{ik_\circ(x-x_\circ)} & x_\circ < x < x_\circ + a \\[2mm] 0 & x < x_\circ \ \ \text{e}\ \ x > x_\circ + a \end{cases}$$

em que $k_\circ = 2\pi/\lambda_\circ$.

a) Determine a constante de normalização.

b) Represente graficamente a densidade de probabilidade de presença.

c) Determine o valor médio e a incerteza da posição.

Exercício 14.11.27 Mostre que a densidade de probabilidade de presença associada a uma partícula em um campo conservativo cujo estado inicial é dado pela combinação linear de dois de seus autoestados $\psi_1(\vec{r})$ e $\psi_2(\vec{r})$ pode ser expressa como

$$\rho(\vec{r}, t) = a(\vec{r}) + b(\vec{r})\cos\left[\omega t + \phi(\vec{r})\right]$$

Exercício 14.11.28 A todo operador diferencial linear A, definido para as funções complexas de uma variável real x, que se anulam no infinito, corresponde um outro operador linear adjunto $A^\dagger$, definido por

$$\int_{-\infty}^{\infty} \psi^*(x)\left[A\psi(x)\right] dx = \int_{-\infty}^{\infty} \left[A^\dagger\psi(x)\right]^* \psi(x)\, dx$$

Mostre que:

a) $A^\dagger = -\mathrm{d}/\mathrm{d}x$ é o adjunto de $A = \mathrm{d}/\mathrm{d}x$;

b) $A^\dagger = c^*$ é o adjunto de $A = c$, em que c é um número complexo;

c) $A^\dagger = A$ se $A = i\mathrm{d}/\mathrm{d}x$;

d) a imposição de que o valor médio $\langle A \rangle$ das medidas de uma grandeza A seja real implica que o operador associado seja hermitiano, ou seja, $A^\dagger = A$.

Exercício 14.11.29 Seja A um operador hermitiano que possui um espectro discreto de autovalores não degenerados, $\{a_n\}$, associados a um conjunto de autofunções, $\{\phi_n(\vec{r})\}$, tal que

$$A\,\phi_n(\vec{r}) = a_n\,\phi_n(\vec{r})$$

Mostre que:

a) os autovalores são reais;

b) as autofunções associadas a autovalores distintos são ortogonais, ou seja,

$$\int_V \phi_l^*(\vec{r})\,\phi_n(\vec{r})\,\mathrm{d}V = 0 \qquad (l \neq n)$$

Exercício 14.11.30 Seja $\Psi(\vec{r}, t)$ a função de onda que representa o estado atual de uma partícula. Se $\mathcal{A}$ é um operador hermitiano associado a uma grandeza A, que possui um espectro discreto de autovalores não degenerados, $\{a_n\}$, e autofunções, $\{\phi_n(\vec{r})\}$, ou seja,

$$\mathcal{A}\,\phi_n(\vec{r}) = a_n\,\phi_n(\vec{r})$$

tal que $\Psi(\vec{r}, t)$ pode ser expressa por uma combinação linear das autofunções $\phi_n(\vec{r})$, do tipo

$$\Psi(\vec{r}, t) = \sum_n c_n(t)\,\phi_n(\vec{r})$$

mostre que a expressão para o valor médio de A

$$\langle A \rangle = \int_V \Psi^*(\vec{r}, t)\mathcal{A}\Psi(\vec{r}, t)\,\mathrm{d}V$$

é equivalente a

$$\langle A \rangle = \sum_n |c_n|^2\,a_n$$

Exercício 14.11.31 Uma partícula livre de massa m, tal que sua energia é representada por $H = p^2/2m$, em que p representa o *momentum*, se desloca na direção x. Mostre que:

a) $\left[x, H\right] = i\hbar\dfrac{p}{m}$

b) $\left[x^2, H\right] = i\dfrac{\hbar}{m}(xp + px)$

c) $\left[xp, H\right] + \left[px, H\right] = 2i\hbar\dfrac{p^2}{m}$

Exercício 14.11.32 Mostre que, para uma partícula de massa m, sob a ação de um potencial central, $V(r)$, e, portanto, associada a um operador hamiltoniano $H = T + V$, em que $T = p^2/(2m)$, vale:

a) $\left[\vec{r}\cdot\vec{p}, T\right] = i\dfrac{\hbar}{m}p^2$, em que $\vec{p} = -i\hbar\vec{\nabla}$

b) $\left[\vec{r} \cdot \vec{p}, V\right] = -i\hbar r \dfrac{\mathrm{d}V}{\mathrm{d}r}$

Exercício 14.11.33 Um próton encontra-se confinado em uma região de dimensões da ordem de 0,2 nm. Determine:

a) o menor valor para a energia desse próton;

b) o menor valor de energia para um elétron confinado nessa região.

Exercício 14.11.34 A partir de uma relação de incerteza, mostre que as oscilações de um circuito LC, excitado por uma tensão eficaz de 1 mV, no qual $L = 3$ mH e $C = 4,7$ nF, podem ser descritas pelo Eletromagnetismo Clássico.

Exercício 14.11.35 A partir da igualdade $\displaystyle\lim_{\alpha \to \infty} \frac{\operatorname{sen} q\alpha}{q} = \int_{0}^{\infty} \cos qx \, \mathrm{d}x$, mostre que:

a) $\displaystyle\lim_{\alpha \to \infty} \frac{\operatorname{sen} q\alpha}{q} = \lim_{\epsilon \to 0} \frac{\epsilon}{q^2 + \epsilon^2}$

b) $\displaystyle\lim_{\alpha \to \infty} \frac{\operatorname{sen} q\alpha}{q} = \pi \, \delta(q)$

15

Aplicações da equação de Schrödinger

Do mesmo modo que os processos e fenômenos macroscópicos abordados pela Mecânica Clássica são modelados por idealizações que permitem a determinação de soluções aproximadas, o mesmo ocorre no domínio microscópico. De maneira análoga, a partícula livre, o oscilador harmônico e o sistema de dois corpos constituem os modelos básicos para a abordagem de qualquer problema pela Mecânica Quântica.

Apesar da estrutura linear da teoria, mesmo esses modelos básicos envolvem dificuldades matemáticas de tal ordem que, inicialmente, se utilizam modelos ainda mais simplificados, como partículas confinadas em poços de potenciais retangulares, ou feixe de partículas que incidem sobre barreiras de potenciais descontínuos, para os fenômenos reais.

15.1 A analogia entre a Mecânica Quântica e a Óptica

As equações de Maxwell (Seção 5.6.3) para os campos eletromagnéticos $\vec{E}$, $\vec{D}$ e $\vec{B}$, em um meio dielétrico linear e isotrópico, na ausência de cargas, podem ser escritas, no sistema gaussiano, como

$$
\begin{aligned}
\vec{\nabla} \cdot \vec{D} = 0 & & \vec{\nabla} \cdot \vec{B} = 0 \\
\vec{\nabla} \times \vec{E} = -\frac{1}{c}\frac{\partial \vec{B}}{\partial t} & & \vec{\nabla} \times \vec{B} = \frac{1}{c}\frac{\partial \vec{D}}{\partial t}
\end{aligned}
\tag{15.1}
$$

em que $\vec{D} = \epsilon\vec{E}$, e ϵ é a permissividade elétrica do meio.

Em um meio homogêneo, no qual a susceptibilidade não depende da posição

$$
\vec{\nabla} \cdot \vec{D} = \epsilon\vec{\nabla} \cdot \vec{E} = 0 \quad \implies \quad \vec{\nabla} \cdot \vec{E} = 0
$$

e as equações de Maxwell são formalmente iguais àquelas que descrevem a propagação dos campos eletromagnéticos no vácuo, com velocidade de propagação

$$v = \frac{c}{\sqrt{\epsilon}}$$

Assim, o Eletromagnetismo Clássico estabelece que o índice de refração ($n = c/v$) de um meio dielétrico linear é dado pela *relação de Maxwell*,

$$n = \sqrt{\epsilon}$$

Em meios não homogêneos, nos quais a variação da permissividade com a posição é muito mais suave que as variações dos campos, pode-se ainda considerar que

$$\vec{\nabla} \cdot \vec{D} \simeq \epsilon \vec{\nabla} \cdot \vec{E} = 0 \qquad \Longrightarrow \qquad \vec{\nabla} \cdot \vec{E} = 0$$

Nesse caso, o meio é caracterizado por um índice de refração que depende da posição,

$$n = \sqrt{\epsilon(r)}$$

Em ambos os casos, a dependência espacial da solução para as componentes de campos harmônicos obedece à equação de Helmholtz,

$$\left[\nabla^2 + n^2(r) \left(\frac{\omega}{c} \right)^2 \right] \psi(\vec{r}) = 0 \tag{15.2}$$

em que $\psi(\vec{r})$ representa qualquer componente dos campos.

De acordo com a Mecânica Quântica, a parte espacial da função de onda associada a uma partícula de massa m, em um campo conservativo $V(r)$, obedece à equação de Schrödinger independente do tempo,

$$\left[-\frac{\hbar^2}{2m} \nabla^2 + V(r) \right] \psi(\vec{r}) = E \psi(\vec{r})$$

que também pode ser escrita como

$$\left\{ \nabla^2 + \frac{2m}{\hbar^2} \left[E - V(r) \right] \right\} \psi(\vec{r}) = 0 \tag{15.3}$$

Definindo-se um "índice de refração quântico" por

$$n(r) = \frac{c}{\hbar\omega} \sqrt{2m \left[E - V(r) \right]} \tag{15.4}$$

as equações (15.2) e (15.3) tornam-se formalmente idênticas.

Desse modo, pode-se associar um problema de Mecânica Quântica a um problema de Óptica. Essa analogia mostra que, diferentemente da Mecânica Clássica, na qual uma partícula não pode estar em uma região em que $E < V$, a Mecânica Quântica prevê a possibilidade de a partícula penetrar em uma região classicamente proibida.[1] Além disso, se a partícula incide sobre uma barreira de potencial V com energia $E > V$, a probabilidade de ela ser refletida não é nula.[2]

---

[1] Esta situação é análoga à penetração de uma onda eletromagnética em um meio altamente dissipativo.

[2] Este é o caso no qual uma onda eletromagnética é parcialmente refletida e parcialmente transmitida através da superfície de separação entre dois meios dielétricos.

15.2 Problemas de potenciais descontínuos: poços e barreiras de potenciais

Faça as coisas mais simples que você puder, porém não se restrinja às mais simples.
Albert Einstein

As soluções da equação de Schrödinger para problemas que envolvem poços e barreiras de potenciais retangulares unidimensionais, além de serem analiticamente determinadas, proporcionam as primeiras estimativas sobre o comportamento de sistemas de partículas confinadas em um campo conservativo ou espalhadas por um outro sistema.

Nesse sentido, as principais características do sistema podem ser reveladas e compreendidas a partir da análise do comportamento de uma partícula em um poço de potencial do tipo (Figura 15.1)

$$V(x) = \begin{cases} \infty & -\infty < x < 0 \\ -V_o & 0 < x < a \\ 0 & a < x < \infty \end{cases}$$

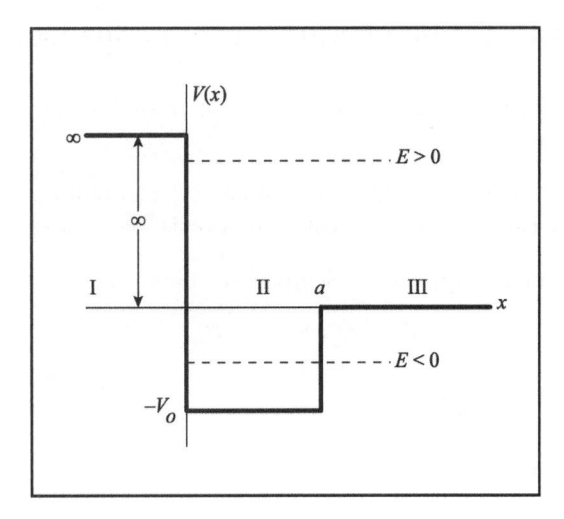

Figura 15.1: Poço de potencial retangular.

Esse perfil é similar ao potencial radial no qual um elétron sofre a ação de um campo de forças central coulombiano devido a sua interação com um núcleo, portanto, a solução do problema exibe as principais características do comportamento dos elétrons nos átomos.

Dependendo da energia da partícula, os autoestados de energia representam movimentos limitados, ditos *estados ligados*, ou movimentos ilimitados como o espalhamento de um feixe de partículas por um sistema-alvo, chamados *estados não ligados*.

De acordo com a Mecânica Clássica, se a energia (E) da partícula for negativa, compreendida entre $-V_o$ e 0, o movimento é periódico e confinado entre os pontos de retrocesso em $x = 0$ e $x = a$, nos quais a partícula é refletida, sem nunca ultrapassá-los. Entretanto, se a energia for positiva, o movimento é ilimitado à direita do único ponto de retrocesso, em $x = 0$.

Os autoestados estacionários de energia em um potencial unidimensional são descritos por funções de onda do tipo

$$\Psi(x,t) = \psi(x)\, e^{-iEt/\hbar}$$

cuja parte espacial satisfaz a equação de Schrödinger independente do tempo,

$$-\frac{\hbar^2}{2m}\frac{\mathrm{d}^2\psi}{\mathrm{d}x^2} + V(x)\,\psi(x) = E\psi(x)$$

De modo análogo ao problema da corda vibrante (Seção 5.2.12), a maneira sistemática de solução desse tipo de problema, que envolve descontinuidades, é, inicialmente, determinar as soluções da equação de Schrödinger em cada região na qual o potencial é contínuo.

Assim, podem-se definir os domínios

- região I: $-\infty < x < 0$ $\implies$ $\psi(x) = \psi_I$
- região II: $0 < x < a$ $\implies$ $\psi(x) = \psi_{II}$
- região III: $a < x < \infty$ $\implies$ $\psi(x) = \psi_{III}$

Como a função de onda e sua derivada, além de se anularem no infinito, devem ser contínuas em todo o espaço, as soluções devem satisfazer condições de contorno nas fronteiras de cada região. Devido ao tipo singular de descontinuidade do potencial, a derivada de $\psi(x)$, apesar de contínua em $x = a$, é descontínua em $x = 0$.

15.2.1   Espectros discretos de energia: autoestados ligados

Se a energia da partícula for negativa $(E < 0)$, ela encontra-se, basicamente, confinada na região II, e o espectro de energia é discreto.

Na região I, uma vez que o potencial é infinito, a única solução finita é $\psi_I = 0$. Essa solução coincide com a predição clássica, que caracteriza $x < 0$ como uma região cuja presença é proibida à partícula.

Na região II, a solução geral da equação de Schrödinger para $-V_o < E < 0$ é dada por

$$\psi_{II} = A_o\, e^{ik_o x} + B_o\, e^{-ik_o x}$$

sendo A_o e B_o constantes de integração a determinar, e $k_o = \dfrac{\sqrt{2m(V_o - |E|)}}{\hbar} > 0$.

Impondo a condição de contorno em $x = 0$,

$$\psi_I(0) = \psi_{II}(0) = 0 \implies A_o + B_o = 0$$

resulta que

$$\psi_{II} = C\,\mathrm{sen}\,k_o x = A_o\, e^{ik_o x} - A_o\, e^{-ik_o x} \qquad (0 < x < a)$$

sendo $C = 2iA_o$.

Essa solução representa uma onda estacionária, resultante da superposição de duas ondas de propagação que se deslocam em sentidos opostos, indicando que a partícula executa um movimento oscilatório entre os extremos da região, como previsto também pela análise clássica do movimento em um poço de potencial.

Na região III, classicamente proibida, apesar de o potencial nulo ser maior que a energia da partícula, a solução, entretanto, não é nula, sendo dada por uma *onda evanescente*, que satisfaz a condição $\psi_{III}(\infty) = 0$,

$$\psi_{III} = D\, e^{-\alpha x} \qquad (x > a)$$

em que D é uma constante de integração e $\alpha = \dfrac{\sqrt{2m|E|}}{\hbar} > 0$ é chamado *parâmetro de atenuação*.

Essa solução, ao contrário da expectativa clássica, mostra que a partícula, mesmo confinada, penetra em uma região classicamente proibida, comportamento análogo à penetração de uma onda eletromagnética em um meio dissipativo.

Como a função de onda e sua derivada devem ser contínuas também em $x = a$,

$$\begin{cases} \psi_{II}(a) = \psi_{III}(a) & \implies & C \operatorname{sen} k_o a = D\,e^{-\alpha a} \\[2ex] \dfrac{d\psi_{II}}{dx}\bigg|_a = \dfrac{d\psi_{III}}{dx}\bigg|_a & \implies & k_o\,C \cos k_o a = -\alpha\,D\,e^{-\alpha a} \end{cases}$$

dividindo uma equação pela outra,

$$k_o \operatorname{cotg} k_o a = -\alpha \tag{15.5}$$

resulta uma equação transcendental que só é satisfeita por certos valores dos parâmetros α e k_o, e uma vez que esses parâmetros se relacionam também por

$$\alpha^2 + k_o^2 = \frac{2mV_o}{\hbar^2} = v^2 \tag{15.6}$$

as soluções que representam os autoestados ligados e, simultaneamente, satisfazem as equações (15.5) e (15.6) são dadas pelos pontos de interseção das curvas (Figura 15.2)

$$\alpha = -k_o \operatorname{cotg} k_o a \qquad \text{e} \qquad \alpha^2 + k_o^2 = v^2$$

Uma vez determinados os parâmetros α e k_o, o espectro discreto de energia da partícula é dado por

$$E_n = -\frac{\hbar^2 \alpha_n^2}{2m}$$

na qual n é um índice que depende do número de interseções, ou seja, da profundidade do poço. Nesse caso, diz-se que a energia da partícula é quantizada.

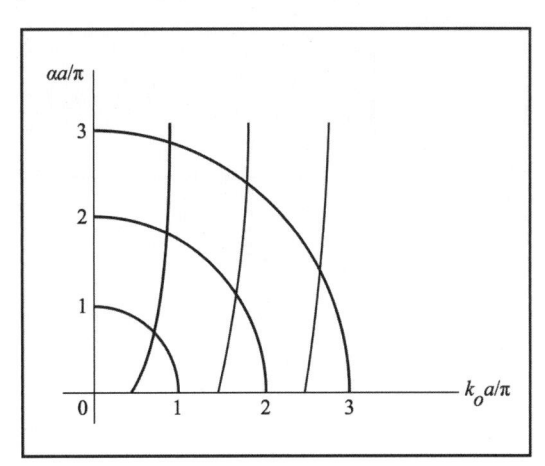

Figura 15.2: Relações entre os parâmetros α e k_o^2 para $v = \pi/a, 2\pi/a$ e $3\pi/a$.

A Figura 15.2 mostra que o número de interseções e, portanto, o número de autoestados ligados aumentam com a profundidade do poço e que o valor mínimo para confinar uma partícula é igual a (Seção 14.6.1)

$$V_o^{\min} = \frac{\pi^2 \hbar^2}{8ma^2}$$

Assim,

- para $v < \dfrac{\pi}{2a}$ $\Longleftrightarrow$ $V_o < \dfrac{\pi^2 \hbar^2}{8ma^2}$

não existe estado ligado.

- para $\dfrac{\pi}{2a} < v < \dfrac{3\pi}{2a}$ $\Longleftrightarrow$ $\dfrac{\pi^2 \hbar^2}{8ma^2} \leq V_o < \dfrac{9\pi^2 \hbar^2}{8ma^2}$

existe um único autoestado ligado, com energia da ordem de

$$E = -0{,}63\,\frac{\pi^2 \hbar^2}{2ma^2} \quad \text{para} \quad V_o = \frac{\pi^2 \hbar^2}{2ma^2}$$

- para $\dfrac{3\pi}{2a} < v < \dfrac{5\pi}{2a}$ $\Longleftrightarrow$ $\dfrac{9\pi^2 \hbar^2}{8ma^2} \leq V_o < \dfrac{25\pi^2 \hbar^2}{8ma^2}$

existem dois autoestados ligados, com energias da ordem de

$$E_1 = -3{,}26\,\frac{\pi^2 \hbar^2}{2ma^2} \quad \text{e} \quad E_2 = -1{,}17\,\frac{\pi^2 \hbar^2}{2ma^2}$$

Se o poço não tiver fundo, $V_0 \to \infty$, o espectro discreto é infinito.

15.2.2   Espectros contínuos de energia: estados não ligados

Se a partícula, inicialmente na região III, aproxima-se da região de descontinuidade do potencial, com energia positiva $(E > 0)$, devido ao tipo de descontinuidade do potencial em $x = 0$, a região I continua sendo uma região proibida. A partícula incidindo na barreira infinita de potencial é totalmente refletida (Figura 15.3).

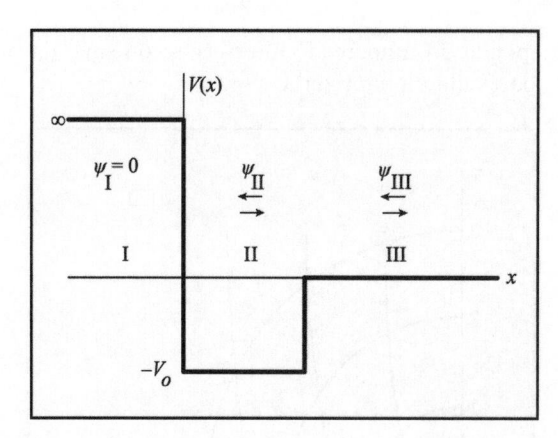

Figura 15.3: Partícula incidente em um poço de potencial retangular.

A solução para a região II, compatível com a condição de contorno em $x = 0$, ainda é dada pela onda estacionária

$$\psi_{II} = C\,\mathrm{sen}\,k_o x = A_o\,e^{ik_o x} - A_o\,e^{-ik_o x} \qquad (0 < x < a)$$

sendo $C = 2iA_o$ e $k_o = \dfrac{\sqrt{2m(V_o + E)}}{\hbar} > 0$.

Uma vez que $E > -V_o$, a solução na região III é dada por uma outra onda estacionária do tipo

$$\psi_{III} = D\,\mathrm{sen}\,(kx + \delta) \qquad (x > a)$$

sendo $k = \dfrac{\sqrt{2mE}}{\hbar} > 0$ e δ um *deslocamento de fase* devido à ação do potencial em $x = a$.

O mesmo efeito ocorre no espalhamento de partículas por um sistema-alvo, no qual o efeito da interação acarreta um deslocamento de fase na função de onda que representa o feixe incidente de partículas.

A solução ψ_{III} pode ser escrita em termos das ondas de propagação e^{ikx} e e^{-ikx},

$$\psi_{III} = A\,e^{-ikx} \; - \; A\,e^{2i\delta}e^{ikx}$$

sendo $A = -\dfrac{e^{-i\delta}}{2i}D$.

Nesse caso, a relação entre os parâmetros k_o e k é dada por

$$k_o^2 + k^2 = \frac{2mV_o}{\hbar^2} \tag{15.7}$$

e a que decorre das condições de contorno em $x = a$,

$$\begin{cases} \psi_{II}(a) = \psi_{III}(a) & \Longrightarrow \quad C\,\mathrm{sen}\,k_o a = D\,\mathrm{sen}\,(ka + \delta) \\[2ex] \dfrac{\mathrm{d}\psi_{II}}{\mathrm{d}x}\bigg|_a = \dfrac{\mathrm{d}\psi_{III}}{\mathrm{d}x}\bigg|_a & \Longrightarrow \quad k_o\,C\cos k_o a = -\alpha\,D\cos(ka + \delta) \end{cases}$$

$$\Downarrow$$

$$k_o\cotg k_o a = -k\cotg(ka + \delta) \tag{15.8}$$

não implicam restrições aos valores dos parâmetros (k_o e k) e, portanto, aos valores de energia da partícula, ou seja, o espectro de energia é contínuo. O deslocamento de fase permite que, para qualquer valor positivo de energia, os parâmetros k_o e k satisfaçam as equações (15.7) e (15.8).

A rigor, a solução estacionária ψ_{III} não pode representar um estado físico da partícula, uma vez que não se anula em $x = \infty$. Nessa região, o estado da partícula é não estacionário e deve ser representado pela superposição de pacotes de ondas cuja energia não é univocamente definida, denominadas ondas convergentes (*ingoing waves*),

$$\Psi^{\mathrm{in}}(x,t) = \int_0^\infty c_{\mathrm{in}}(E)\,e^{-i[px+E(p)t]/\hbar}\,\mathrm{d}E$$

e ondas emergentes (*outgoing waves*),

$$\Psi^{\mathrm{out}}(x,t) = \int_0^\infty c_{\mathrm{out}}(E)\,e^{i[px-E(p)t]/\hbar}\,\mathrm{d}E$$

Entretanto, se a dispersão de energia desses pacotes for bem pequena, podem-se utilizar as componentes de propagação monocromáticas e as respectivas densidades de corrente de probabilidades, em termos do quadrado do módulo das amplitudes.

Assim, se um feixe quase monoenergético de partículas incide sobre uma barreira de potencial, pode-se considerar um regime estacionário para o qual as condições de contorno impostas à função de onda que descreve as partículas do feixe não dependem do tempo.

15.2.3 O poço de potencial infinito

No caso de partículas que se movem como as moléculas de um gás, quase livres no interior de uma região, mas confinadas nessa região, as características do movimento podem ser determinadas analisando-se o comportamento de uma partícula em um poço de potencial de altura infinita.

O confinamento de uma partícula em um poço de potencial infinito, de largura a (Figura 15.4), exibe as principais características do comportamento dos elétrons nos metais.

$$V(x) = \begin{cases} \infty & x < 0 & \text{(região I)} & \Longrightarrow & \psi_I \\[2mm] 0 & 0 < x < a & \text{(região II)} & \Longrightarrow & \psi_{II} \\[2mm] \infty & x > a & \text{(região III)} & \Longrightarrow & \psi_{III} \end{cases}$$

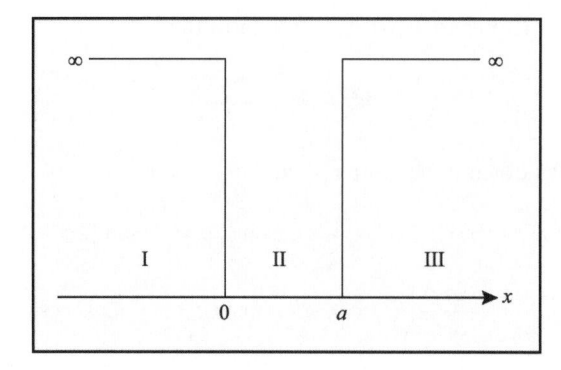

Figura 15.4: Poço de potencial infinito.

De modo análogo à predição clássica, as regiões I ($x < 0$) e III ($x > a$) são regiões proibidas à partícula, e as respectivas funções de ondas, ψ_I e ψ_{III}, são identicamente nulas.

Na região II ($0 < x < a$), o problema é análogo ao de uma corda vibrante, fixa em seus dois extremos, na qual são estabelecidas ondas estacionárias do tipo

$$\psi(x) = C \operatorname{sen} kx = A\, e^{ikx} - A\, e^{-ikx}$$

sendo $k = \sqrt{2mE}/\hbar$, e $C = 2iA$, de acordo com as condições de contorno $\psi_I(0) = \psi_{II}(0) = 0$.

A condição de contorno no outro extremo, em $x = a$,

$$\psi_I(a) = \psi_{II}(a) = 0 \quad \Longrightarrow \quad ka = n\pi \quad \Longrightarrow \quad pa = n\pi\hbar \qquad (n = 1, 2, \ldots)$$

implica que o espectro discreto de energia é dado por

$$\boxed{E_n = n^2 \frac{\pi^2 \hbar^2}{2ma^2}} \qquad (n = 1, 2, \ldots) \tag{15.9}$$

Como esperado, para um poço infinito o espectro é discreto e infinito, ou seja, existem infinitos possíveis níveis de energia.

Os autoestados normalizados de energia da partícula confinada no intervalo espacial $(0, a)$, idênticos aos modos normais de vibração da corda vibrante fixa em seus extremos (Seção 5.2.12), são dados por

$$\boxed{\psi_n(x) = \sqrt{\frac{2}{a}} \operatorname{sen}\left(n\pi \frac{x}{a}\right)} \qquad (n = 1, 2, \ldots)$$

Os valores médios e as incertezas da posição e do *momentum* da partícula, em qualquer autoestado estacionário n, são

$$\begin{cases} \langle x \rangle_n = \dfrac{a}{2} & (\Delta x)_n = \dfrac{a}{\sqrt{12}}\left(1 - \dfrac{6}{n^2\pi^2}\right) \\[4mm] \langle p \rangle_n = 0 & (\Delta p)_n = n\dfrac{\pi\hbar}{a} \end{cases}$$

O valor médio nulo para o *momentum* expressa o fato de que a partícula é essencialmente livre no interior do poço, deslocando-se com a mesma probabilidade em ambos os sentidos. No entanto, a dispersão de valores do *momentum* ($\Delta p \neq 0$) indica que os autoestados de energia não são autoestados do *momentum*, como uma partícula livre.

O valor médio da posição decorre da total simetria do potencial com relação à coordenada espacial.

Os autoestados estacionários possuem a propriedade de ortogonalidade

$$\int_0^a \psi_l \, \psi_n \, \mathrm{d}x = \delta_{ln}$$

tal que qualquer estado inicial, $\Psi(x,0)$, da partícula pode ser expresso por uma superposição linear desses autoestados,

$$\Psi(x,0) = \sum_{n=1}^{\infty} c_n \, \psi_n(x)$$

sendo $c_n = \displaystyle\int_0^a \psi_n(x) \, \Psi(x,0) \, \mathrm{d}x$.

- Se o estado inicial da partícula é caracterizado por

$$\Psi(x,0) = \frac{1}{2}\psi_1(x) + \frac{\sqrt{3}}{2}\psi_4(x)$$

e evolui segundo

$$\Psi(x,t) = \frac{1}{2}\psi_1(x)\,e^{-iE_1 t/\hbar} + \frac{\sqrt{3}}{2}\psi_4(x)\,e^{-iE_4 t/\hbar}$$

os valores médios associados a esse estado não estacionário são

$$\begin{cases} \langle x \rangle_\Psi = a\left[\dfrac{1}{2} + \dfrac{1}{80}\cos\left(\dfrac{15\pi^2\hbar t}{2ma^2}\right)\right] \\[4mm] \langle p \rangle_\Psi = -\sqrt{3}\dfrac{16}{15}\dfrac{\hbar}{a}\,\mathrm{sen}\left(\dfrac{15\pi^2\hbar t}{2ma^2}\right) \end{cases}$$

De acordo com a equação (15.9), a diferença entre dois níveis de energia consecutivos em um poço de potencial infinito é dada por

$$\Delta E_n = E_{n+1} - E_n = (2n+1)\frac{\pi^2\hbar^2}{2ma^2}$$

Para um elétron, cuja massa é $m \sim 10^{-31}$ kg, confinado em um átomo de raio $a \sim 5 \times 10^{-10}$ m, essa diferença é maior que 1 eV. Por outro lado, se o elétron encontra-se em uma região da ordem de 10 cm, a diferença, cerca de 10^{-16} eV, é tão menor que a energia térmica ($kT \geq 0{,}024$ eV) que o espectro pode ser considerado contínuo.

Essa situação pode ser idealizada para os elétrons de condução em um metal. Os elétrons movem-se quase livremente em seu interior, mas não ultrapassam a superfície do metal, uma vez que a barreira de potencial é muito maior que as energias cinéticas dos elétrons.

- Para uma estimativa mais precisa, considera-se o problema análogo tridimensional, no qual o elétron se encontra totalmente confinado em um metal cúbico de lado a, tal que a função de onda satisfaça as condições de contorno

$$\begin{cases} \psi(x=0,y,z) = \psi(x=a,y,z) = 0 \\[3mm] \psi(x,y=0,z) = \psi(x,y=a,z) = 0 \\[3mm] \psi(x,y,z=0) = \psi(x,y,z=a) = 0 \end{cases}$$

e obedeça à equação de Schrödinger,

$$-\frac{\hbar^2}{2m}\left(\frac{\partial^2}{\partial x^2}+\frac{\partial^2}{\partial y^2}+\frac{\partial^2}{\partial z^2}\right)\psi(x,y,z)=E\,\psi(x,y,z)$$

Nesse caso, as soluções estacionárias são dadas por

$$\psi_{n_1 n_2 n_3}(x,y,z)=\left(\frac{2}{a}\right)^{\frac{3}{2}}\operatorname{sen}k_1 x\,\operatorname{sen}k_2 y\,\operatorname{sen}k_3 z$$

com

$$\begin{cases} k_1=n_1\pi/a & (n_1=1,2,\ldots)\\[2mm] k_2=n_2\pi/a & (n_2=1,2,\ldots)\\[2mm] k_3=n_3\pi/a & (n_3=1,2,\ldots) \end{cases}$$

e o espectro, por

$$E_{n_1 n_2 n_3}=\frac{\pi^2\hbar^2}{2ma^2}\left(n_1^2+n_2^2+n_3^2\right)$$

Uma vez que a um dado autovalor de energia correspondem um ou mais autoestados, o espectro é degenerado. Por exemplo, para $n_1^2+n_2^2+n_3^2=6$, correspondem os três autoestados ψ_{211}, ψ_{121} e ψ_{112}.

Em vez de contar o número de estados de mesma energia, pode-se utilizar a aproximação contínua para o espectro e expressá-lo pelo volume de uma camada esférica de espessura dn, de um octante de raio $n=\sqrt{n_1^2+n_2^2+n_3^2}$ (Seção 10.2.3),

$$\frac{1}{8}\,4\pi n^2\,\mathrm{d}n$$

Em termos da energia, o número de estados entre os níveis E e $E+\mathrm{d}E$ é dado por[3]

$$\frac{1}{2\pi^2}\left(\frac{\sqrt{2m}}{\hbar}\right)^3 V E^{1/2}\,\mathrm{d}E$$

sendo $V=a^3$ o volume do metal.

Assim, os elétrons de condução de um metal são caracterizados pela densidade de estados

$$g(E)=\frac{1}{2\pi^2}\left(\frac{\sqrt{2m}}{\hbar}\right)^3 V E^{1/2} \tag{15.10}$$

A partir dessa densidade de estados e utilizando a distribuição estatística de Fermi-Dirac para os estados de um conjunto de elétrons em equilíbrio térmico, Sommerfeld determinou em 1928, a partir do modelo de Drude, a contribuição dos elétrons de condução ao calor específico de um metal.

---

[3] Esse número é obtido multiplicando o resultado anterior por 2, devido a um novo grau de liberdade do elétron, o *spin* (Seção 16.6).

As equações (15.10) e (10.37) permitem compreender por que os níveis de energia de translação em um gás perfeito podem ser considerados tão próximos quanto o contínuo. Da equação (10.37), o número de estados G é obtido integrando

$$G = \int g(\nu) \, \mathrm{d}\nu = \int g(E) \, \mathrm{d}E$$

ou, em termos da energia E, usando a equação (15.10),

$$G = \frac{2}{3} \frac{1}{2\pi^2} \left(\frac{\sqrt{2m}}{\hbar} \right)^3 V E^{3/2} \tag{15.11}$$

Considerem-se, agora, dois níveis de energia consecutivos E_1 e E_2 muito próximos, tal que ΔE seja pequeno. Neste caso, pode-se escrever

$$G_1 = \frac{2}{3} \frac{1}{2\pi^2} \left(\frac{\sqrt{2m}}{\hbar} \right)^3 V E_1^{3/2}$$

e

$$G_2 = \frac{2}{3} \frac{1}{2\pi^2} \left(\frac{\sqrt{2m}}{\hbar} \right)^3 V (E_1 + \Delta E)^{3/2}$$

Subtraindo a primeira equação da segunda e lembrando que só existe um estado entre os dois níveis $(G_2 - G_1 = 1)$, então

$$\Delta E = \frac{1}{g(E)}$$

Considerando um gás de hélio (He) ocupando um volume de 1 cm^3, para o qual $m \simeq 6{,}6 \times 10^{-24}$ g, a energia média é da ordem de $1{,}4 \times 10^{-16}$ erg, e a diferença entre dois níveis de energia é

$$\Delta E \simeq 10^{-37} \text{ erg}$$

Portanto, o efeito quântico sobre os níveis de energia das partículas de um gás macroscópico é tão pequeno que a energia pode ser considerada uma variável contínua, como se supõe na Teoria Cinética dos Gases (Capítulo 3).

15.2.4 A barreira de potencial retangular

A propriedade de penetração em uma região classicamente proibida permite a compreensão de fenômenos como o *tunelamento de elétrons*, ou o *decaimento* α de um núcleo, a partir da análise do comportamento de uma partícula que incide sobre uma barreira de potencial retangular (Figura 15.5), onde ela pode ser transmitida e refletida.

$$V(x) = \begin{cases} 0 & x < 0 & \text{(região I)} & \Longrightarrow & \psi_I \\ V_o & 0 < x < a & \text{(região II)} & \Longrightarrow & \psi_{II} \\ 0 & x > a & \text{(região III)} & \Longrightarrow & \psi_{III} \end{cases}$$

Nas regiões onde o potencial é nulo, a energia da partícula não é univocamente definida e seu estado deve ser representado por um pacote de ondas.

Assim, se a partícula de massa m aproxima-se da barreira pela região I, o estado incidente deve ser representado pelo pacote de ondas

$$\Psi_I^{\text{inc}}(x, t) = \int_0^\infty c_I^{\text{inc}}(E) \, e^{i[px - E(p)t]/\hbar} \, \mathrm{d}E$$

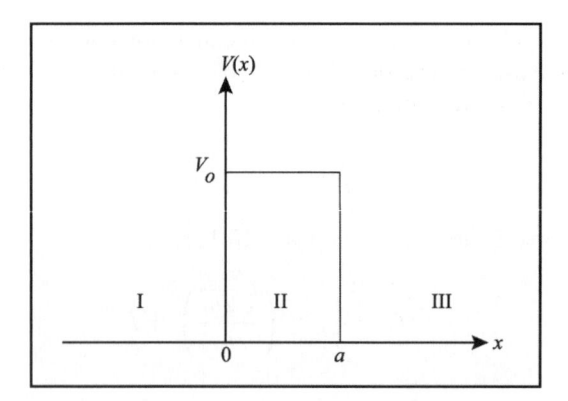

Figura 15.5: Barreira de potencial retangular de altura V_o e largura a.

e o estado associado à reflexão da partícula pela barreira, por

$$\Psi_I^{\text{refl}}(x,t) = \int_0^\infty c_I^{\text{refl}}(E)\, e^{-i[px+E(p)t]/\hbar}\, dE$$

e o estado associado à transmissão na região III, por um pacote que se propaga no sentido $+x$, pois a partícula não pode ser refletida em qualquer posição $x > a$,

$$\Psi_{III}^{\text{trans}}(x,t) = \int_0^\infty c_{III}^{\text{trans}}(E)\, e^{i[px-E(p)t]/\hbar}\, dE$$

sendo $E(p) = p^2/(2m)$.

Se o problema serve de modelo para o espalhamento de um feixe colimado e quase monoenergético de partículas, as dispersões desses pacotes serão bem pequenas, e os coeficientes de reflexão e transmissão podem ser determinados a partir das componentes de propagação planas monocromáticas, autofunções do hamiltoniano da partícula livre, com energia E,

$$\psi_I^{\text{inc}} = A\, e^{ikx} \qquad \psi_I^{\text{refl}} = B\, e^{-ikx} \qquad \psi_{III}^{\text{trans}} = F\, e^{ikx}$$

com as respectivas densidades de corrente de probabilidades dadas por

$$J_I^{\text{inc}} = \frac{\hbar k}{m}|A|^2 \qquad J_I^{\text{refl}} = -\frac{\hbar k}{m}|B|^2 \qquad J_{III}^{\text{trans}} = \frac{\hbar k}{m}|F|^2$$

sendo A, B e F constantes de integração, e $k = \sqrt{2mE}/\hbar$.

Uma vez que na região I a função de onda é dada por

$$\psi_I = \psi_I^{\text{inc}} + \psi_I^{\text{refl}} = A\, e^{ikx} + B\, e^{-ikx} \qquad \Longrightarrow \qquad J_I = J_I^{\text{inc}} + J_I^{\text{refl}} = \frac{\hbar k}{m}\left(|A|^2 - |B|^2\right)$$

a conservação da probabilidade implica que

$$J_I = J_{III}^{\text{trans}} = \frac{\hbar k}{m}|F|^2 \qquad \Longrightarrow \qquad |A|^2 = |B|^2 + |F|^2$$

Desse modo, os coeficientes de reflexão (r) e transmissão (t)

$$r = \left|\frac{J_I^{\text{refl}}}{J_I^{\text{inc}}}\right| = \left|\frac{B}{A}\right|^2 \qquad \text{e} \qquad t = \left|\frac{J_{III}^{\text{trans}}}{J_I^{\text{inc}}}\right| = \left|\frac{F}{A}\right|^2$$

satisfazem a relação

$$r + t = 1$$

e, portanto, representam, respectivamente, as probabilidades de reflexão e de transmissão da partícula pela barreira.

Se a energia da partícula incidente for maior que a altura da barreira, $E > V_o$, a função de onda na região II é dada por

$$\psi_{II} = C' \, e^{ik_o x} + D' \, e^{-ik_o x}$$

em que C', D' são constantes de integração, e $k_o = \sqrt{2m(E - V_o)}/\hbar$.

- **O efeito túnel**

Figura 15.6: Ilustração humorística do efeito túnel.

Se a energia da partícula incidente for positiva, mas menor que a altura da barreira, $0 < E < V_o$, a solução na região II é dada por

$$\psi_{II} = C \, e^{\beta x} + D \, e^{-\beta x}$$

sendo C, D constantes de integração, e $\beta = \sqrt{2m(V_o - E)}/\hbar$.

Nesse caso, a função de onda associada à partícula pode ser expressa por

$$\Psi(x) \;=\; \begin{cases} A \, e^{ikx} + B \, e^{-ikx} & (x < 0) \\[2mm] C \, e^{\beta x} + D \, e^{-\beta x} & (0 < x < a) \\[2mm] F \, e^{ikx} & (x > 0) \end{cases}$$

As condições de contorno em $x = 0$ implicam

$$\begin{cases} A + B = C + D \\[2mm] ik(A - B) = \beta(C - D) \end{cases} \quad\Longrightarrow\quad 2ikA = (\beta + ik)C - (\beta - ik)D$$

e, em $x = a$,

$$\begin{cases} C \, e^{\beta a} + D \, e^{-\beta a} = F \, e^{ika} \\[2mm] \beta(C \, e^{\beta a} - D \, e^{-\beta a}) = ikF \, e^{ika} \end{cases} \quad\Longrightarrow\quad F \, e^{ika} = \frac{2\beta e^{-\beta a}}{(\beta - ik)} \, D$$

Considerando que a barreira é suficientemente larga, tal que $\beta a \gg 1$, a penetração na região II é fortemente atenuada, de modo que $|C| \ll |D|$, e

$$2ikA \simeq -(\beta - ik) \, D$$

Assim, o coeficiente de transmissão é dado por

$$t = \left|\frac{F}{A}\right|^2 = \frac{16k^2\beta^2}{(\beta^2 + k^2)^2}\, e^{-2\beta a} = \frac{16E(V_o - E)}{V_o^2}\, e^{-2\beta a} \qquad (15.12)$$

ou seja, a probabilidade de a partícula atravessar a barreira decai exponencialmente com sua largura.

- **O microscópio de varredura por tunelamento**

A fórmula para o coeficiente de transmissão de uma partícula de massa m e energia E através de uma barreira de potencial (V_o), equação (15.12), indica que a variação relativa da probabilidade de tunelamento, com a largura (a) da barreira, é dada por

$$\left|\frac{\Delta t}{t}\right| = 2\beta\,\Delta a$$

sendo $\beta = \sqrt{2m(V_o - E)}/\hbar$.

A energia necessária para que o elétron no interior de um metal o abandone através de sua superfície, denominada função trabalho (Capítulo 10), é da ordem de 10 eV. Uma vez que a energia cinética dos elétrons é bem menor que esse valor, existe uma barreira de potencial na região da superfície do metal, tal que os elétrons mais energéticos só conseguem escapar quando absorvem a energia de um fóton, como no efeito fotoelétrico, ou calor, quando o metal é aquecido (emissão termoiônica).

O efeito túnel indica a possibilidade de emissão de elétrons de um metal a outro através da barreira de potencial estabelecida quando as duas superfícies metálicas encontram-se suficientemente próximas.

Esse fenômeno é utilizado no microscópio de varredura por tunelamento, no qual uma ponta de prova metálica se desloca bem próxima à superfície do material observado, de modo que as variações da corrente estabelecida entre ambos, por tunelamento, função da separação entre a ponta de prova e a superfície observada, revelem as irregularidades da superfície do material.

Para uma barreira de altura (V_o) cerca de 5 eV mais alta que a energia (E) de um elétron, o parâmetro de penetração (β) é da ordem de 10^{10} m^{-1}. Uma estimativa da sensibilidade do efeito túnel indica que mudanças da distância entre as duas superfícies de apenas 10^{-2} Å acarretam uma variação relativa de cerca de 2% na probabilidade de tunelamento.

15.3   O oscilador harmônico simples

Erros são, no final de contas, fundamentos da verdade.
Carl Jung

A análise do oscilador harmônico permite a compreensão de vários aspectos de outros problemas nos quais uma partícula de massa m, confinada em um poço de potencial, executa pequenas oscilações em torno de um ponto de equilíbrio x_o. Nesses casos, a partícula está sob a ação de um potencial $V(x)$ que tem um mínimo em $x = x_o$ (Figura 15.7).

Expandindo o potencial em torno de x_o,

$$V(x) = V(x_o) \;+\; (x - x_o)\left.\frac{\mathrm{d}V}{\mathrm{d}x}\right|_{x_o} \;+\; \frac{1}{2}\,(x - x_o)^2\left.\frac{\mathrm{d}^2V}{\mathrm{d}x^2}\right|_{x_o} \;+\; \cdots$$

como $V(x_o)$ é um mínimo, a derivada $\left.\dfrac{\mathrm{d}V}{\mathrm{d}x}\right|_{x_o}$ é nula, $\left.\dfrac{\mathrm{d}^2V}{\mathrm{d}x^2}\right|_{x_o} > 0$, e a origem da energia potencial é arbitrária, tomando-se x_o como a origem das coordenadas, pode-se descrever esse potencial por

$$V(x) = \frac{1}{2}\,C\,x^2$$

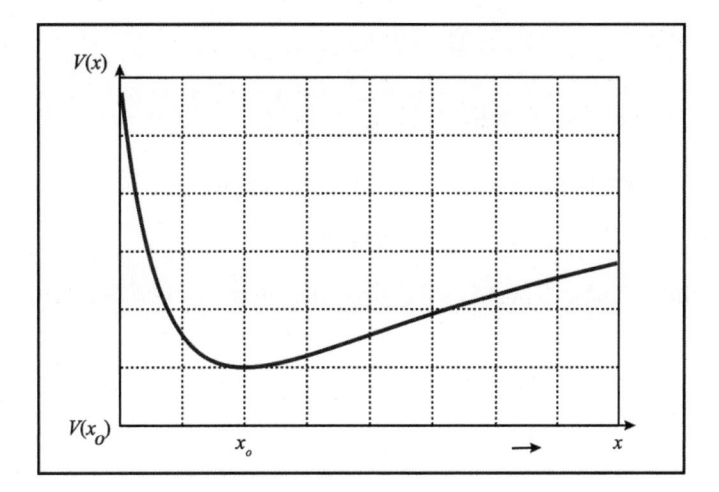

Figura 15.7: Poço de potencial genérico associado às pequenas oscilações de uma partícula.

sendo C uma constante positiva.

Desse modo, qualquer movimento em um poço de potencial, como as oscilações de uma molécula diatômica ou as vibrações de um átomo em uma rede cristalina, pode ser descrito por meio das soluções do oscilador harmônico. Além desses exemplos, o oscilador harmônico desempenha papel fundamental na descrição do próprio campo eletromagnético. Segundo a abordagem de Rayleigh (Capítulo 10), o campo eletromagnético seria equivalente a um conjunto de osciladores.

De acordo com a Mecânica Clássica, a partícula se moveria sob a ação da força restauradora

$$F = -\frac{\partial V}{\partial x} = -C\,x$$

realizando oscilações harmônicas em torno da origem x_o, com frequência própria igual a

$$\nu = \frac{1}{2\pi}\sqrt{\frac{C}{m}} \qquad \Longleftrightarrow \qquad C = m(2\pi\nu)^2 = m\omega^2$$

e energia $E = m\omega^2 A^2/2$ e amplitude A fixadas apenas pelas condições iniciais. Classicamente, como a frequência e a amplitude são independentes e podem ter qualquer valor real, a energia do oscilador pode ter também qualquer valor real.

Segundo a hipótese de Planck (Capítulo 10), o espectro de energia do oscilador é discreto e determinado por

$$E_n = nh\nu \qquad\qquad (n = 0, 1, 2, \ldots)$$

No entanto, segundo a Mecânica Quântica Matricial de Heisenberg, o espectro também é discreto, mas contém um termo a mais e é dado por

$$E_n = \left(n + \frac{1}{2}\right)h\nu \qquad\qquad (n = 0, 1, 2, \ldots)$$

Qual a predição da Mecânica Quântica de Schrödinger?

15.3.1 Os níveis de energia do oscilador

De acordo com a equação de Schrödinger independente do tempo, os níveis de energia e os correspondentes autoestados estacionários do oscilador harmônico são soluções da equação

$$\boxed{-\frac{\hbar^2}{2m}\frac{\mathrm{d}^2\psi}{\mathrm{d}x^2} + \frac{1}{2}m\omega^2 x^2\,\psi(x) = E\,\psi(x)}$$

(15.13)

Devido à simetria do potencial com relação a reflexões especulares,

$$V(-x) = V(x)$$

a densidade de probabilidade para as posições da partícula, em um estado estacionário, apresenta a mesma simetria,

$$\rho(x) = \rho(-x) \qquad \Longrightarrow \qquad |\psi(-x)|^2 = |\psi(x)|^2$$

e, portanto,

$$\begin{cases} \psi(-x) = \psi(x) & \text{(par)} \\[2mm] \psi(-x) = -\psi(x) & \text{(ímpar)} \end{cases}$$

ou seja, os autoestados estacionários possuem paridades definidas.

Definindo os parâmetros

$$\alpha = \frac{m\omega}{\hbar} \qquad \text{e} \qquad \beta = \frac{2mE}{\hbar^2}$$

a equação de Schrödinger torna-se

$$\frac{\mathrm{d}^2\psi}{\mathrm{d}x^2} + \left(\beta - \alpha^2 x^2\right)\psi = 0$$

(15.14)

Fazendo a mudança de variável,

$$\xi = \sqrt{\alpha}\,x \qquad \Longrightarrow \qquad \frac{\mathrm{d}^2}{\mathrm{d}x^2} = \alpha\frac{\mathrm{d}^2}{\mathrm{d}\xi^2}$$

e reescrevendo a equação (15.14) em termos da nova variável, resulta

$$\frac{\mathrm{d}^2\psi}{\mathrm{d}\xi^2} + \left(\gamma - \xi^2\right)\psi(\xi) = 0$$

(15.15)

em que $\gamma = \beta/\alpha = 2E/\hbar\omega$.

- Como a função de onda deve ser finita para qualquer valor de ξ no intervalo $(-\infty, +\infty)$, assintoticamente, para $|\xi| \to \infty$, $\psi(\xi)$ deve comportar-se como

$$\psi(\xi) \,\propto\, e^{-\xi^2/2}$$

O comportamento assintótico da função de onda sugere, então, que os autoestados de energia sejam da forma

$$\boxed{\psi(\xi) \,=\, e^{-\xi^2/2}H(\xi)}$$

(15.16)

em que $H(\xi)$ é uma função a determinar.

Calculando as derivadas,

$$\begin{cases} \dfrac{\mathrm{d}\psi}{\mathrm{d}\xi} = -\xi\,e^{-\xi^2/2}H(\xi) + e^{-\xi^2/2}\dfrac{\mathrm{d}H}{\mathrm{d}\xi} \\[4mm] \dfrac{\mathrm{d}^2\psi}{\mathrm{d}\xi^2} = e^{-\xi^2/2}\left[(\xi^2 - 1)\,H \,-\, 2\xi\dfrac{\mathrm{d}H}{\mathrm{d}\xi} \,+\, \dfrac{\mathrm{d}^2H}{\mathrm{d}\xi^2}\right] \end{cases}$$

e substituindo ψ e $\mathrm{d}^2\psi/\mathrm{d}\xi^2$ na equação (15.15), obtém-se a *equação diferencial de Hermite*

$$\boxed{\frac{\mathrm{d}^2 H}{\mathrm{d}\xi^2} - 2\xi\,\frac{\mathrm{d}H}{\mathrm{d}\xi} + (\gamma - 1)\,H = 0} \tag{15.17}$$

A solução da equação de Hermite pode ser obtida pelo método das séries de potência na variável ξ, admitindo como solução formal a expressão

$$H(\xi) = \sum_{k=0}^{\infty} a_k\,\xi^k = a_0 + a_1\,\xi + a_2\,\xi^2 + \cdots$$

e, portanto,

$$\begin{cases} \dfrac{\mathrm{d}H}{\mathrm{d}\xi} = \displaystyle\sum_{k=1}^{\infty} a_k\,k\,\xi^{k-1} = a_1 + 2a_2\,\xi + 3a_3\,\xi^2 + \cdots \\[4mm] \dfrac{\mathrm{d}^2 H}{\mathrm{d}\xi^2} = \displaystyle\sum_{k=2}^{\infty} a_k\,k(k-1)\,\xi^{k-2} = 2a_2 + 6a_3\,\xi + 12a_4\,\xi^2 + \cdots \end{cases}$$

Substituindo esses valores na equação de Hermite, equação (15.17), obtém-se a equação algébrica para os coeficientes

$$\sum_{k=2}^{\infty} a_k\,k(k-1)\,\xi^{k-2} \;-\; 2\sum_{k=1}^{\infty} a_k\,k\,\xi^k \;+\; (\gamma - 1)\sum_{k=0}^{\infty} a_k\,\xi^k \;=\; 0$$

a qual, fazendo-se no primeiro termo $k - 2 \to k$ e no segundo iniciando o somatório de $k = 0$, pode ser reescrita como

$$\sum_{k=0}^{\infty} \Big[a_{k+2}\,(k+2)(k+1) - 2a_k\,k + (\gamma - 1)a_k\Big]\xi^k = 0 \tag{15.18}$$

Essa equação só é satisfeita se o coeficiente de cada potência de ξ for identicamente nulo, o que implica a *fórmula de recorrência*

$$\boxed{a_{k+2} = -\,\frac{(\gamma - 1) - 2k}{(k+2)(k+1)}\,a_k} \tag{15.19}$$

A partir dessa fórmula, podem-se calcular os sucessivos coeficientes pares $a_2, a_4, \cdots, a_{2n}$ em função de a_0 e os ímpares, em função de a_1. Portanto, a função $H(\xi)$ pode ser escrita como a soma de uma função par e outra ímpar,

$$H(\xi) = a_0 \left(1 + \frac{a_2}{a_0}\,\xi^2 + \frac{a_4}{a_0}\,\xi^4 + \cdots\right) + a_1 \left(\xi + \frac{a_3}{a_1}\,\xi^3 + \frac{a_5}{a_1}\,\xi^5 + \cdots\right) \tag{15.20}$$

As duas constantes arbitrárias a_0 e a_1 são consequências do fato de a equação de Hermite, a equação (15.17), ser uma equação diferencial de segunda ordem.

Para um valor arbitrário de γ, tanto a série par como a ímpar possuem um número infinito de termos, e o limite dessas séries é o mesmo que o da série de e^{ξ^2}.

- De fato, o limite de a_{k+2}/a_k, na fórmula de recorrência, para $k \to \infty$,

$$\lim_{k\to\infty} \frac{a_{k+2}}{a_k} = -\lim_{k\to\infty} \left[\frac{\gamma - 1 - 2k}{(k+1)(k+2)}\right] \simeq \frac{2k}{k^2} = \frac{2}{k} \tag{15.21}$$

e a expansão em série de Taylor da função e^{ξ^2},

$$e^{\xi^2} = 1 + \frac{\xi^2}{1!} + \frac{\xi^4}{2!} + \cdots + \frac{\xi^k}{(k/2)!} + \frac{\xi^{k+2}}{(k/2+1)!} + \cdots$$

cuja razão entre dois coeficientes sucessivos, para k muito grande, é dada por

$$\frac{1/(k/2+1)!}{1/(k/2)!} = \frac{(k/2)!}{(k/2+1)!} = \frac{1}{k/2+1} \simeq \frac{2}{k}$$

implicam que as séries tenham o mesmo limite.

Assim, os termos de potência elevada na série de e^{ξ^2} devem ser proporcionais aos das séries par e ímpar, e a função $H(\xi)$ pode ser expressa como

$$H(\xi) = C \, a_0 \, e^{\xi^2} + D \, a_1 \, \xi \, e^{\xi^2} \qquad (|\xi| \to \infty)$$

sendo C e D constantes a se determinar.

Substituindo essa expressão na equação (15.16),

$$\psi = e^{-\xi^2/2} \, H(\xi) = C \, a_0 \, e^{\xi^2/2} + D \, a_1 \, \xi \, e^{\xi^2/2} \tag{15.22}$$

resulta uma expressão para a função de onda que diverge, para $|\xi| \to \infty$.

Consequentemente, a solução da equação de Hermite não pode ser uma série infinita. O parâmetro γ deve ser tal que torne a série finita.

De acordo com a equação (15.19), a função $H(\xi)$ se transforma em um polinômio para $\gamma = 2n + 1$, admitindo que uma das constantes arbitrárias seja nula. De fato, com esses valores de γ, a série termina para $k = n$, pois

$$a_{n+2} = -\frac{[(\gamma-1)-2n]}{(n+1)(n+2)} \, a_n = \frac{[2n+1-1-2n]}{(n+1)(n+2)} \, a_n = 0 \tag{15.23}$$

A solução resultante $H(\xi)$ são os *polinômios de Hermite* de ordem n.

Como a função $e^{-\xi^2/2}$ decai muito mais rapidamente a zero do que os polinômios de Hermite, a condição de contorno $\psi \to 0$ para $|\xi| \to \infty$ está assegurada.

Escrevendo a condição $\gamma = 2n + 1$ em termos da energia e da frequência,

$$\gamma = \frac{2E}{\hbar\omega} = 2n + 1$$

implica que os autovalores de energia do oscilador harmônico na teoria de Schrödinger são idênticos aos determinados por Heisenberg, ou seja,

$$\boxed{E_n = \left(n + \frac{1}{2}\right)\hbar\omega} \qquad (n = 0, 1, 2, \ldots) \tag{15.24}$$

15.3.2 Os autoestados de energia do oscilador

De modo geral, as propriedades dos autoestados de energia do oscilador podem ser determinadas pela construção dos polinômios de Hermite, a partir da função geratriz dos polinômios, da fórmula de Rodrigues e das chamadas fórmulas de recorrência.

15.3.2.1 A função geratriz dos polinômios de Hermite

Introduzindo a função geratriz

$$g(\xi,t) \;=\; e^{(2\,\xi\,t-t^2)} = \sum_{n}^{\infty} \frac{H_n(\xi)t^n}{n!} \tag{15.25}$$

$$=\; H_0(\xi) + H_1(\xi)\,t + H_2(\xi)\frac{t^2}{2!} + \cdots$$

as principais propriedades dos polinômios de Hermite são obtidas sem a necessidade de explicitá-los.

- Para verificação da equação (15.25), é conveniente utilizar os polinômios

$$h_n(\xi) = a_n\,\xi^n + a_{n-2}\,\xi^{n-2} + a_{n-4}\,\xi^{n-4}\;\cdots$$

de forma que o último termo seja a_0 ou a_1, conforme n seja *par* ou *ímpar*.

Substituindo $\gamma = 2n+1$ na equação (15.19),

$$a_{k+2} = -\frac{2(n-k)}{(k+1)(k+2)}\,a_k$$

e fazendo $k \to k-2$, os coeficientes a_{n-2}, a_{n-4}, $\cdots$, em função de a_n, são dados por

$$a_{k-2} = -\frac{k(k-1)}{2(n-k+2)}\,a_k \tag{15.26}$$

Para $k = n,\, n-2,\, n-4,\, \cdots$, obtém-se

$$
\begin{aligned}
a_{n-2} &= -\frac{n(n-1)}{2\cdot 2}\,a_n \\[2mm]
a_{n-4} &= -\frac{(n-2)(n-3)}{2\cdot 4}\,a_{n-2} = \frac{n(n-1)(n-2)(n-3)}{2^2\cdot 2\cdot 4}\,a_n \\[2mm]
a_{n-6} &= -\frac{(n-4)(n-5)}{2\cdot 6}\,a_{n-4} = -\frac{n(n-1)(n-2)(n-3)(n-4)(n-5)}{2^3\cdot 2\cdot 4\cdot 6}\,a_n \\[2mm]
&\;\;\vdots \qquad\;\; \vdots
\end{aligned}
$$

a partir do que se pode escrever

$$
\begin{aligned}
h_n(\xi) \;=\; a_n\Bigg[&\xi^n - \frac{n(n-1)}{2\cdot 2}\,\xi^{n-2} + \frac{n(n-1)(n-2)(n-3)}{2^2\cdot 2\cdot 4}\,\xi^{n-4} + \\[2mm]
&-\frac{n(n-1)(n-2)(n-3)(n-4)(n-5)}{2^3\cdot 2\cdot 4\cdot 6}\,\xi^{n-6} + \cdots \\[2mm]
&\cdots\cdots + (-1)^k \frac{n(n-1)\cdots(n-2k+1)}{2^k\cdot 2\cdot 4\cdot 6\cdots(2k)}\,\xi^{n-2k} + \cdots\cdots \Bigg]
\end{aligned}
$$

Uma vez que

$$n(n-1)(n-2)\cdots(n-2k+1) = \frac{n!}{(n-2k)!}$$

e o termo geral do denominador é dado por

$$2^k\cdot 2^k[1\cdot 2\cdot 3\cdot 4\cdots k] = 2^{2k}k!$$

o último termo não nulo da série ocorre quando $k = n/2$, e o polinômio $h_n(\xi)$ pode ser escrito como

$$h_n(\xi) = a_n \sum_{k=0}^{[n/2]} (-1)^k \frac{n!}{2^{2k}k!(n-2k)!}\,\xi^{n-2k} \tag{15.27}$$

na qual $[n/2]$ é o maior número inteiro $\leq n/2$.

Como a equação de Hermite é homogênea, o n-ésimo polinômio de Hermite não normalizado, $H_n(\xi)$, pode ser fixado fazendo-se $a_n = 2^n$,

$$H_n(\xi) = \sum_{k=0}^{[n/2]} (-1)^k \frac{n!}{k!(n-2k)!} (2\xi)^{n-2k} \tag{15.28}$$

Esta é uma escolha conveniente de a_n que será útil para se expressarem as várias propriedades dos polinômios de Hermite.

• A partir da equação (15.28), para se obter a equação de definição da função geratriz, equação (15.25), deve-se considerar o produto de duas séries infinitas de potências,

$$\left(\sum_{n=0}^{\infty} a_n t^n\right) \left(\sum_{n=0}^{\infty} b_n t^n\right) = \sum_{n=0}^{\infty} \left(\sum_{k=0}^{\infty} a_k b_{n-k}\right) t^n$$

No entanto, essa expressão não é conveniente quando a primeira série só possui potências pares, como

$$\left(\sum_{n=0}^{\infty} a_n t^{2n}\right) \left(\sum_{n=0}^{\infty} b_n t^n\right) = \; ?$$

Esse produto pode ser calculado agrupando-se dentre todos os possíveis produtos $a_k t^{2k} b_j t^j$ as potências de ordem $n = 2k + j$ que correspondam aos termos $a_k t^{2k}$ e $b_{n-2k} t^{n-2k}$, sujeitos às restrições

$$\begin{cases} k \geq 0 \\ n - 2k \geq 0 \end{cases} \implies \quad 0 \leq k \leq \frac{n}{2}$$

Para cada $n \geq 0$, k deve variar de 0 até o maior inteiro $\leq n/2$, e, portanto, o produto pode ser expresso por

$$\left(\sum_{n=0}^{\infty} a_n t^{2n}\right) \left(\sum_{n=0}^{\infty} b_n t^n\right) = \sum_{n=0}^{\infty} \left(\sum_{k=0}^{[n/2]} a_k b_{n-2k}\right) t^n \tag{15.29}$$

Substituindo a equação (15.28) na equação (15.25) e levando em conta a equação (15.29), obtém-se

$$\begin{aligned}
g(\xi,t) &= \sum_{n=0}^{\infty} \frac{H_n(\xi)}{n!} t^n = \sum_{n=0}^{\infty} \left(\sum_{k=0}^{[n/2]} \frac{(-1)^k (2\xi)^{n-2k}}{k!(n-2k)!}\right) t^n \\
&= \sum_{n=0}^{\infty} \left[\sum_{k=0}^{[n/2]} \underbrace{\frac{(-1)^k}{k!}}_{a_k} \times \underbrace{\frac{(2\xi)^{n-2k}}{(n-2k)!}}_{b_{n-2k}}\right] t^n = \left(\sum_{n=0}^{\infty} \frac{(-1)^n t^{2n}}{n!}\right) \times \left(\sum_{n=0}^{\infty} \frac{(2\xi)^n t^n}{n!}\right) \\
&= \left(\sum_{n=0}^{\infty} \frac{(-t^2)^n}{n!}\right) \times \left(\sum_{n=0}^{\infty} \frac{(2\xi t)^n}{n!}\right)
\end{aligned}$$

que são, respectivamente, as expansões em séries de Taylor de e^{-t^2} e de $e^{+2\xi t}$.

15.3.2.2   A fórmula de Rodrigues para os polinômios de Hermite

Como aplicação imediata da função geratriz, equação (15.25), pode-se determinar a fórmula que permite a determinação dos polinômios de Hermite a partir da *fórmula de Rodrigues*,

$$\boxed{H_n(\xi) = (-1)^n e^{\xi^2} \frac{d^n}{d\xi^n} e^{-\xi^2}} \tag{15.30}$$

- Uma vez que os coeficientes de uma série de Taylor $f(x) = \sum\limits_{n=0}^{\infty} a_n x^n$ são calculados por $a_n = \left.\dfrac{f^{(n)}}{n!}\right|_0$, os coeficientes H_n da série da função geratriz, equação (15.25), são dados por

$$H_n(\xi) = \left.\frac{\partial^n}{\partial t^n}\, e^{2\xi t - t^2}\right|_0$$

Completando o quadrado no expoente

$$H_n(\xi) = \left.\frac{\partial^n}{\partial t^n}\, e^{\xi^2} e^{-\xi^2 + 2\xi t - t^2}\right|_0 = e^{\xi^2}\left(\frac{\partial^n}{\partial t^n}\, e^{-(\xi-t)^2}\right)\bigg|_0$$

e introduzindo uma nova variável $\eta = \xi - t$, tal que $\partial/\partial t = -\partial/\partial\eta$, obtém-se a equação (15.30),

$$H_n(\xi) = (-1)^n e^{\xi^2}\left(\frac{\mathrm{d}^n}{\mathrm{d}\eta^n}\, e^{-\eta^2}\right)\bigg|_{\eta=\xi} \tag{15.31}$$

15.3.2.3 Relações de recorrência para os polinômios de Hermite

Duas relações de recorrência úteis para a manipulação dos polinômios de Hermite são

$$H_{n+1}(\xi) = 2\xi H_n(\xi) - 2n H_{n-1}(\xi) \tag{15.32}$$

$$\frac{\mathrm{d}}{\mathrm{d}\xi}\, H_n(\xi) = 2n H_{n-1}(\xi) \tag{15.33}$$

- Derivando a equação de definição da função geratriz, equação (15.25), em relação a t,

$$
\begin{aligned}
\frac{\partial g}{\partial t} &= \frac{\partial}{\partial t}\left(e^{-t^2 + 2\xi t}\right) = (2\xi - 2t)e^{-t^2 + 2\xi t} \\
&= 2\xi \sum_{n=0}^{\infty} H_n(\xi)\frac{t^n}{n!} - 2t\sum_{n=0}^{\infty} H_n(\xi)\frac{t^n}{n!} \\
&= 2\xi \sum_{n=0}^{\infty} H_n(\xi)\frac{t^n}{n!} - 2\sum_{n=0}^{\infty} H_n(\xi)\frac{t^{n+1}}{n!} \tag{15.34} \\
&= \sum_{n=0}^{\infty} n H_n(\xi)\frac{t^{n-1}}{n!} \tag{15.35}
\end{aligned}
$$

implica que

$$2\xi \sum_{n=0}^{\infty} H_n(\xi)\frac{t^n}{n!} - 2\sum_{n=0}^{\infty} H_n(\xi)\frac{t^{n+1}}{n!} = \sum_{n=0}^{\infty} n H_n(\xi)\frac{t^{n-1}}{n!}$$

Fazendo $n + 1 \to n$ no segundo termo do primeiro membro e $n - 1 \to n$ no segundo membro,

$$\sum_{n=0}^{\infty}\left\{2\xi \frac{H_n(\xi)}{n!} - 2\frac{H_{n-1}(\xi)}{(n-1)!}\right\} t^n = \sum_{n=0}^{\infty}(n+1)\,\frac{H_{n+1}(\xi)}{(n+1)!}\, t^n$$

logo

$$2\xi\,\frac{H_n(\xi)}{n!} - 2\,\frac{H_{n-1}(\xi)}{(n-1)!} = (n+1)\,\frac{H_{n+1}(\xi)}{(n+1)!}$$

Como

$$\frac{1}{(n-1)!} = \frac{n}{n!} \qquad \text{e} \qquad \frac{n+1}{(n+1)!} = \frac{1}{n!}$$

obtém-se

$$\boxed{H_{n+1}(\xi) = 2\xi H_n(\xi) - 2n H_{n-1}(\xi)}$$

- Derivando a equação (15.25) em relação a ξ,

$$
\begin{aligned}
\frac{\partial g}{\partial \xi} &= \frac{\partial}{\partial \xi}\left(e^{-t^2+2t\xi}\right) = 2te^{-t^2+2t\xi} = \frac{\partial}{\partial \xi}\sum_{n=0}^{\infty}H_n(\xi)\frac{t^n}{n!} \\
&= 2t\sum_{n=0}^{\infty}H_n(\xi)\,\frac{t^n}{n!} = 2\sum_{n=0}^{\infty}H_n(\xi)\frac{t^{n+1}}{n!} = \sum_{n=0}^{\infty}\frac{\mathrm{d}H}{\mathrm{d}\xi}\,\frac{t^n}{n!}
\end{aligned}
$$

e igualando os coeficientes das n-ésimas potências, resulta que

$$
2H_{n-1}(\xi)\,\frac{1}{(n-1)!} = \frac{\mathrm{d}H}{\mathrm{d}\xi}\,\frac{1}{n!}
$$

ou

$$
\boxed{\frac{\mathrm{d}}{\mathrm{d}\xi}H_n(\xi) = 2nH_{n-1}(\xi)}
$$

De acordo com a fórmula de Rodrigues e utilizando-se a relação de recorrência, equação (15.32), obtêm-se as fórmulas explícitas dos polinômios de Hermite não normalizados (Tabela 15.1).

Tabela 15.1: Os primeiros polinômios de Hermite não normalizados

Primeiros polinômios de Hermite
$H_0(\xi) = 1$
$H_1(\xi) = 2\xi$
$H_2(\xi) = 4\xi^2 - 2$
$H_3(\xi) = 8\xi^3 - 12\xi$
$H_4(\xi) = 16\xi^4 - 48\xi^2 + 12$
$H_5(\xi) = 32\xi^5 - 160\xi^3 + 120\xi$
$H_6(\xi) = 64\xi^6 - 480\xi^4 + 720\xi^2 - 120$

15.3.2.4 A ortogonalidade e a normalização dos autoestados de energia

De acordo com a interpretação de Born, os autoestados de energia do oscilador harmônico constituem um conjunto de funções ortogonais que devem ser normalizadas. Essas propriedades podem ser estabelecidas, individualmente, para cada autoestado ou, de modo geral, a partir da equação de Schrödinger, equação (15.15), reescrita como

$$
\frac{\mathrm{d}^2\psi_n}{\mathrm{d}\xi^2} + \left(2n + 1 - \xi^2\right)\psi_n = 0 \tag{15.36}
$$

Se as soluções

$$
\psi_n(\xi) = e^{-\xi^2/2}H_n(\xi) \qquad (n = 0, 1, 2, \cdots) \tag{15.37}
$$

são ortogonais, devem satisfazer a condição

$$
\boxed{\int_{-\infty}^{\infty}\psi_m\,\psi_n\,\mathrm{d}x = \int_{-\infty}^{\infty}\left(\frac{\hbar}{m\omega}\right)^{1/2}e^{-\xi^2}H_m(\xi)H_n(\xi)\,\mathrm{d}\xi = 0} \qquad (m \neq n) \tag{15.38}
$$

- Escrevendo a equação (15.36) para dois índices, n e m,

$$\psi''_n \quad + \quad \left[(2n+1) - \xi^2\right]\psi_n = 0 \tag{15.39}$$

$$\psi''_m \quad + \quad \left[(2m+1) - \xi^2\right]\psi_m = 0 \tag{15.40}$$

em que $\psi'' = \dfrac{\partial^2 \psi}{\partial \xi^2}$, multiplicando a equação (15.39) por ψ_m e a equação (15.40) por ψ_n, e subtraindo o segundo resultado do primeiro, encontra-se

$$\psi''_n \psi_m - \psi_n \psi''_m + 2(n-m)\psi_n \psi_m = 0$$

ou

$$\frac{\mathrm{d}}{\mathrm{d}\xi}\left[\psi'_n \psi_m - \psi_n \psi'_m\right] + 2(n-m)\psi_n \psi_m = 0$$

Ao integrar essa equação, sujeita à condição

$$\left.\left(\psi_n{}' \psi_m - \psi_n \psi'_m\right)\right|_{-\infty}^{\infty} = 0$$

obtém-se

$$2(n-m)\int_{-\infty}^{\infty} \psi_m \psi_n \,\mathrm{d}\xi = 0$$

Para $n \neq m \implies \displaystyle\int_{-\infty}^{\infty} \psi_m \psi_n \,\mathrm{d}x = 0$, ou seja, ψ_m e ψ_n são ortogonais.

- Para $n = m$, deve-se calcular a integral

$$I = \left(\frac{\hbar}{m\omega}\right)^{1/2} \int_{-\infty}^{\infty} e^{-\xi^2} H_n(\xi)\, H_n(\xi)\,\mathrm{d}\xi$$

Usando a fórmula de Rodrigues, equação (15.31),

$$I = \left(\frac{\hbar}{m\omega}\right)^{1/2} \int_{-\infty}^{\infty} e^{-\xi^2} H_n(\xi) H_n(\xi)\,\mathrm{d}\xi = (-1)^n \left(\frac{\hbar}{m\omega}\right)^{1/2} \int_{-\infty}^{\infty} H_n(\xi)\frac{\mathrm{d}^n}{\mathrm{d}\xi^n}\, e^{-\xi^2}\,\mathrm{d}\xi$$

e integrando por partes,

$$I = \left(\frac{\hbar}{m\omega}\right)^{1/2} \int_{-\infty}^{\infty} \frac{\mathrm{d}H_n}{\mathrm{d}\xi}\, \frac{\mathrm{d}^{n-1}}{\mathrm{d}\xi^{n-1}}\, e^{-\xi^2}\,\mathrm{d}\xi$$

Assim,

$$\int_{-\infty}^{\infty} H_n(\xi)\, \frac{\mathrm{d}^n}{\mathrm{d}\xi^n}\, e^{-\xi^2}\mathrm{d}\xi = (-1)^{n+1} \int_{-\infty}^{\infty} H'_n(\xi)\frac{\mathrm{d}^{n-1}}{\mathrm{d}\xi^{n-1}}\, e^{-\xi^2}\,\mathrm{d}\xi \tag{15.41}$$

é uma fórmula de recorrência e pode ser utilizada para se obter a integral do segundo membro fazendo $n \to n-1$ no primeiro membro,

$$I = (-1)^{n+2} \left(\frac{\hbar}{m\omega}\right)^{1/2} \int_{-\infty}^{\infty} H''_n(\xi)\frac{\mathrm{d}^{n-2}}{\mathrm{d}\xi^{n-2}}\, e^{-\xi^2}\,\mathrm{d}\xi$$

Iterando n-vezes,

$$I = (-1)^{2n} \left(\frac{\hbar}{m\omega}\right)^{1/2} \int_{-\infty}^{\infty} H_n^{(n)}(\xi)e^{-\xi^2}\,\mathrm{d}\xi$$

Uma vez que o termo de mais alta ordem de $H_n(\xi)$ é $2^n \xi^n$, sua n-ésima derivada em relação a ξ, $H_n^{(n)}(\xi)$, é igual a $2^n n!$, donde

$$I = 2^n n! \left(\frac{\hbar}{m\omega}\right)^{1/2} \int_{-\infty}^{\infty} e^{-\xi^2}\,\mathrm{d}\xi \;= 2^n n!\sqrt{\pi}\left(\frac{\hbar}{m\omega}\right)^{1/2}$$

Resumindo os resultados em uma única fórmula,

$$\int_{-\infty}^{\infty} e^{-\xi^2} H_l(\xi)\, H_n(\xi)\, \mathrm{d}\xi = 2^n n! \left(\frac{\pi\hbar}{m\omega}\right)^{1/2} \delta_{ln} \tag{15.42}$$

Dessa maneira, as autofunções de energia normalizadas do oscilador harmônico são dadas por

$$\psi_n(\xi) = \left(\frac{m\omega}{\pi\hbar}\right)^{1/4} \left(\frac{1}{2^n n!}\right)^{1/2} e^{-\xi^2/2} H_n(\xi) \tag{15.43}$$

em que $\xi = \sqrt{\alpha}\, x$ e $\alpha = m\omega/\hbar$.

Ou, em função de x (Figura 15.8), por

$$\psi_n(x) = \left(\frac{m\omega}{\pi\hbar}\right)^{1/4} \left(\frac{1}{2^n n!}\right)^{1/2} \exp\left(\frac{-m\omega}{2\hbar} x^2\right) H_n\left(\sqrt{\frac{m\omega}{\hbar}}\, x\right) \tag{15.44}$$

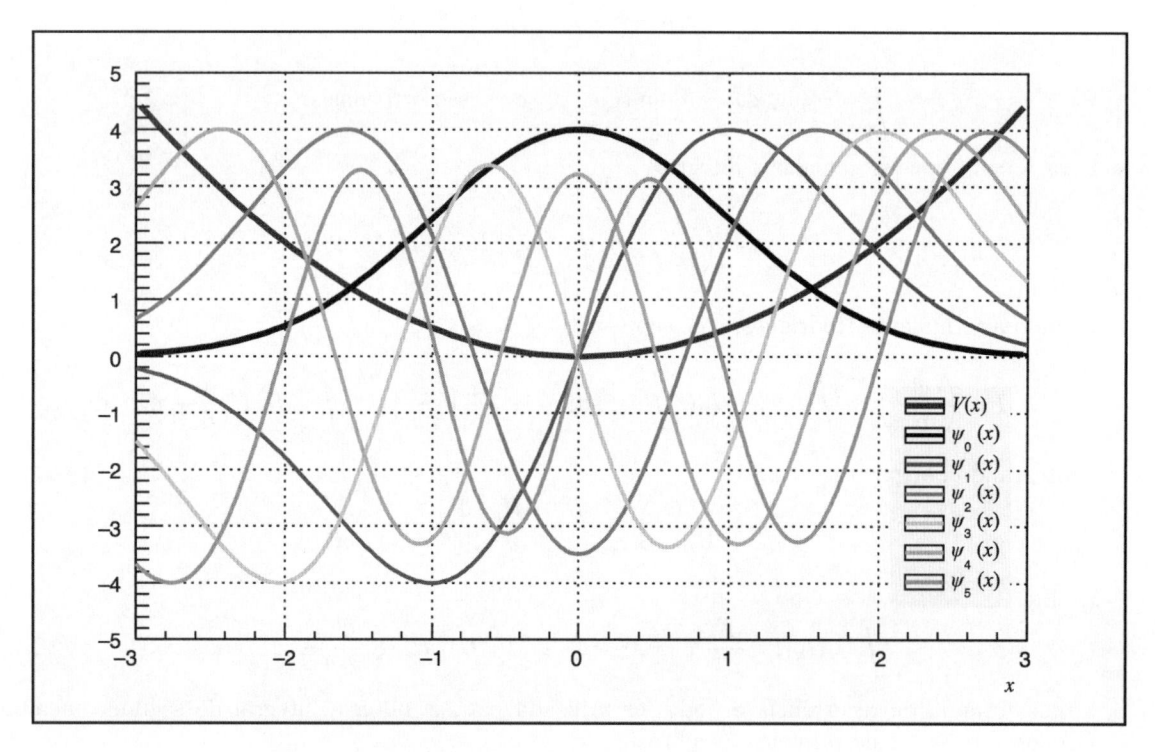

Figura 15.8: Os cinco primeiros autoestados do oscilador.

15.4　O átomo de hidrogênio

> *Quando você pode medir algo sobre o qual está falando, e expressá-lo em números, você sabe alguma coisa sobre ele.*
>
> Lord Kelvin

Historicamente, o átomo de hidrogênio foi o primeiro sistema abordado por Schrödinger quando estabeleceu a equação independente do tempo, caracterizando-o como um problema de autovalor. Sua importância, no entanto, reside na utilização de seus autoestados de energia para a construção de modelos atômicos mais complexos.

De modo análogo ao tratamento clássico, o comportamento de duas partículas de massas m_1 e m_2, como o elétron e o próton em interação no átomo de hidrogênio, o chamado problema de dois corpos, pode ser reduzido ao de uma única partícula sob a ação de um campo.

Como foi feito para o átomo de Bohr, introduzindo-se a posição relativa $\vec{r} = \vec{r}_2 - \vec{r}_1$ da partícula de massa m_1 em relação à partícula de massa m_2, por exemplo, do elétron em relação ao próton,[4] e a coordenada associada ao centro de massa $\vec{R} = \dfrac{m_1\vec{r}_1 + m_2\vec{r}_2}{m_1 + m_2}$ do sistema, a equação Schrödinger para as duas partículas é dada por

$$\left[-\frac{\hbar^2}{2m_1}\,\nabla_1^2 - \frac{\hbar^2}{2m_2}\,\nabla_2^2 + V(|\vec{r}_1 - \vec{r}_2|) \right] \psi(\vec{r}_1, \vec{r}_2) = E_T\,\psi(\vec{r}_1, \vec{r}_2) \tag{15.45}$$

na qual ∇_1^2 é o laplaciano segundo as coordenadas (x_1, y_1, z_1), associadas à partícula de massa m_1, e ∇_2^2, segundo as coordenadas (x_2, y_2, z_2), associadas à partícula de massa m_2.

Fazendo a separação de variáveis, $\psi(\vec{r}_1, \vec{r}_2) = \psi(\vec{R}, \vec{r}) = \chi(\vec{R})\psi(\vec{r})$, a equação (15.45) pode ser desmembrada nas seguintes equações

$$-\frac{\hbar^2}{2M}\,\nabla_R^2 \chi(\vec{R}) = E_{\text{CM}}\,\chi(\vec{R}) \tag{15.46}$$

$$\left[-\frac{\hbar^2}{2\mu}\,\nabla_r^2 + V(r) \right] \psi(r) = E\psi(r) \tag{15.47}$$

sendo $E_T = E_{\text{CM}} + E$.

A equação (15.46) mostra que o centro de massa do sistema tem o comportamento de uma partícula livre com a massa igual à massa total do sistema, $M = m_1 + m_2$, e energia E_{CM}.

A equação (15.47) descreve o movimento relativo das partículas, a partir do comportamento de uma partícula de massa $\mu = \dfrac{m_1 m_2}{m_1 + m_2}$, denominada massa reduzida, e energia E, em um campo com simetria radial.

No caso do átomo de hidrogênio, uma vez que a massa do próton é muito maior que a do elétron ($m_p \simeq 1836 m_e$), a massa reduzida é praticamente igual à massa do elétron, ou seja, $\mu \simeq m_e$.

Considerando, em primeira aproximação, que a interação entre o elétron e o próton pode ser descrita por uma energia potencial (V) eletrostático coulombiano,

$$V(r) = -\frac{e^2}{r} \tag{15.48}$$

sendo e o módulo da carga do elétron e r, a distância do elétron ao próton, a equação de Schrödinger para determinar os níveis de energia e os estados estacionários do elétron no átomo de hidrogênio pode ser expressa como

$$\left[-\frac{\hbar^2}{2m}\,\nabla^2 - \frac{e^2}{r} \right] \psi(\vec{r}) = E\,\psi(\vec{r}) \tag{15.49}$$

na qual $m \simeq m_e$.

Expressando o laplaciano em coordenadas esféricas,

$$\nabla^2 = \frac{1}{r^2}\frac{\partial}{\partial r}\left(r^2 \frac{\partial}{\partial r} \right) + \frac{1}{r^2}\left[\frac{1}{\operatorname{sen}\theta}\frac{\partial}{\partial\theta}\left(\operatorname{sen}\theta\,\frac{\partial}{\partial\theta} \right) + \frac{1}{\operatorname{sen}^2\theta}\frac{\partial^2}{\partial\phi^2} \right]$$

---

[4]Nesse caso, r_1 representa a coordenada espacial associada ao próton e r_2, a coordenada espacial associada ao elétron.

sendo θ a coordenada azimutal e ϕ a coordenada polar, e comparando a parte angular com o operador L^2 (Seção 14.8.1), a equação de autovalor para a energia pode ser escrita como

$$\left[-\frac{\hbar^2}{2m} \frac{1}{r^2} \left(r^2 \frac{\partial}{\partial r} \right) + \frac{L^2(\theta, \phi)}{2mr^2} - \frac{e^2}{r} \right] \psi(r, \theta, \phi) = E\, \psi(r, \theta, \phi) \tag{15.50}$$

15.4.1 A separação das variáveis

Escrita em coordenadas esféricas, a equação (15.50) pode ser separada em equações independentes, cada qual função de apenas uma variável.

Fazendo

$$\psi(r, \theta, \phi) = R(r)\, Y(\theta, \phi)$$

e substituindo na equação (15.50), obtém-se

$$\frac{\hbar^2}{2m} \frac{Y(\theta, \phi)}{r^2} \frac{\mathrm{d}}{\mathrm{d}r} \left(r^2 \frac{\mathrm{d}}{\mathrm{d}r} R \right) - \frac{R(r)}{2mr^2} L^2 Y(\theta, \phi) + \left(E + \frac{e^2}{r} \right) R(r)\, Y(\theta, \phi) = 0$$

ou seja, a equação pode ser separada em uma parte radial e uma parte angular,

$$\underbrace{\frac{1}{R} \frac{\mathrm{d}}{\mathrm{d}r} \left(r^2 \frac{\mathrm{d}R}{\mathrm{d}r} \right) + r^2 \frac{2m}{\hbar^2} + \left(E + \frac{e^2}{r} \right)}_{\text{parte radial}} = \underbrace{\frac{1}{Y} \left(\frac{L^2}{\hbar^2} \right) Y}_{\text{parte angular}} = \lambda_l^2 \geq 0 \tag{15.51}$$

Como os autovalores de L_x, L_y e L_z são reais e, portanto, os autovalores de $L^2 = L_x^2 + L_y^2 + L_z^2$ são positivos, a constante de separação λ_l^2 é um autovalor positivo de $\hat{l}^2 = L^2/\hbar^2$, e as correspondentes autofunções $Y_l(\theta, \phi)$ são as *funções harmônicas esféricas* (Seção 14.8.1).

A equação angular mostra que as autofunções não dependem da forma do potencial $V(r) = -e^2/r$, ou seja, são autofunções do momento angular de uma partícula em qualquer campo central.

15.4.2 A parte angular

15.4.2.1 Os polinômios de Legendre e as funções harmônicas esféricas

Escrevendo explicitamente a equação de autovalor para L^2,

$$\frac{1}{\operatorname{sen}\theta} \frac{\partial}{\partial \theta} \left(\operatorname{sen}\theta \frac{\partial Y_l}{\partial \theta} \right) + \frac{1}{\operatorname{sen}^2\theta} \frac{\partial^2 Y_l}{\partial \phi^2} + \lambda_l^2\, Y_l(\theta, \phi) = 0 \tag{15.52}$$

A equação angular ainda pode ser separada fazendo

$$Y(\theta, \phi) = P(\theta)\, \Phi(\phi) \tag{15.53}$$

Substituindo-se essa expressão na equação (15.52), obtém-se

$$\underbrace{\left[\frac{1}{P} \frac{1}{\operatorname{sen}\theta} \frac{\mathrm{d}}{\mathrm{d}\theta} \left(\operatorname{sen}\theta \frac{\mathrm{d}P}{\mathrm{d}\theta} \right) + \lambda_l^2 \right] \operatorname{sen}^2\theta}_{\text{parte polar}} = - \underbrace{\frac{1}{\Phi} \frac{\mathrm{d}^2\Phi}{\mathrm{d}\phi^2}}_{\text{parte azimutal}} = \lambda_m^2 \geq 0$$

sendo λ_m^2 uma nova constante de separação.

Assim, a função de onda associada à parte angular depende de duas constantes de separação (λ_l^2 e λ_m^2) e, usualmente, é escrita como

$$Y_l^m(\theta, \phi) = P_l^m(\theta)\,\Phi_m(\phi)$$

e as equações de autovalores associadas às partes azimutal e polar são expressas como

$$\begin{cases} \dfrac{1}{\operatorname{sen}\theta}\dfrac{\mathrm{d}}{\mathrm{d}\theta}\left(\operatorname{sen}\theta\,\dfrac{\mathrm{d}P_l^m}{\mathrm{d}\theta}\right) + \left(\lambda_l^2 - \dfrac{\lambda_m^2}{\operatorname{sen}^2\theta}\right)P_l^m(\theta) = 0 \\[4mm] -\dfrac{\mathrm{d}^2\Phi_m}{\mathrm{d}\phi^2} = \lambda_m^2\Phi_m(\phi) \end{cases}$$

Associando a equação que envolve a variável polar (ϕ) com a equação de autovalor da componente L_z do momento angular,

$$L_z = -i\hbar\frac{\partial}{\partial\phi} \qquad \Longrightarrow \qquad L_z^2 = -\hbar^2\frac{\partial^2}{\partial\phi^2}$$

mostra que a constante positiva[5] $\lambda_m^2 \le \lambda_l^2$, associada à autofunção de $-\dfrac{\mathrm{d}^2}{\mathrm{d}\phi^2}$, é também autofunção $\Phi_m = Ae^{im\phi}$ de L_z, ou seja, m^2 é igual ao quadrado do chamado número quântico magnético ($m = 0, \pm 1, \pm 2, \ldots, m_{\max}$), pois

$$-\frac{\mathrm{d}^2}{\mathrm{d}\phi^2}\left(Ae^{im\phi}\right) = m^2\left(Ae^{im\phi}\right) \qquad (m = 0, \pm 1, \pm 2, \ldots, m_{\max})$$

Uma vez que a condição de normalização para a função de onda é expressa por

$$\int_{r=0}^{\infty}\int_{\theta=0}^{\pi}\int_{\phi=0}^{2\pi}\Psi(r,\theta,\phi)^*\,\Psi(r,\theta,\phi)\,r^2\mathrm{d}r\,\operatorname{sen}\theta\,\mathrm{d}\theta\,\mathrm{d}\phi \tag{15.54}$$

a separação de variáveis permite que as funções $R(r)$, $P(\theta)$ e $\Phi(\phi)$ sejam normalizadas independentemente umas das outras.

A condição de normalização da parte polar implica

$$\int_0^{2\pi}\Phi_m(\phi)^*\Phi_m(\phi)\,\mathrm{d}\phi = 1 \qquad \Longrightarrow \qquad A = \frac{1}{\sqrt{2\pi}}$$

e as condições de normalização das partes radial e azimutal são expressas como

$$\begin{cases} \displaystyle\int_0^{\infty}|R(r)|^2 r^2\,\mathrm{d}r = 1 \\[4mm] \displaystyle\int_0^{\pi}P_l^m(\theta)^*P_l^m(\theta)\,\operatorname{sen}\theta\,\mathrm{d}\theta = 1 \end{cases} \tag{15.55}$$

Fazendo $x = \cos\theta$, a equação da parte associada à variável azimutal pode ser escrita como

$$\frac{\mathrm{d}}{\mathrm{d}x}\left[(1-x^2)\frac{\mathrm{d}P_l^m}{\mathrm{d}x}\right] + \left[\lambda_l^2 - \frac{m^2}{1-x^2}\right]P_l^m(x) = 0 \qquad (-1 \le x \le 1) \tag{15.56}$$

---

[5] $L^2 = L_x^2 + L_y^2 + L_z^2$ implica que $\lambda_l^2 \ge \lambda_m^2$.

Definindo ainda

$$(1 - x^2) = y \quad \Longrightarrow \quad \frac{\mathrm{d}}{\mathrm{d}x} = \left(\frac{\mathrm{d}y}{\mathrm{d}x}\right)\frac{\mathrm{d}}{\mathrm{d}y} = -2x\frac{\mathrm{d}}{\mathrm{d}y} = -2(1-y)^{1/2}\frac{\mathrm{d}}{\mathrm{d}y}$$

pode-se reescrever a equação (15.56) como

$$-2(1-y)^{1/2}\frac{\mathrm{d}}{\mathrm{d}y}\left[-2y(1-y)^{1/2}\frac{\mathrm{d}}{\mathrm{d}y}\,P_l^m(y)\right] + \left[\lambda_l^2 - \frac{m^2}{y}\right]P_l^m(y) = 0 \tag{15.57}$$

ou seja,

$$-4y(1-y)\frac{\mathrm{d}^2 P_l^m}{\mathrm{d}y^2} + \left[4(1-y) - 2y\right]\frac{\mathrm{d}P_l^m}{\mathrm{d}y} + \left[\lambda_l^2 - \frac{m^2}{y}\right]P_l^m(y) = 0 \tag{15.58}$$

Supondo que a solução de (15.58), a ser encontrada pelo método das séries de Frobenius, seja da forma

$$P_l^m(y) = y^\alpha \sum_j a_j y^j = \sum_j a_j y^{\alpha+j} \tag{15.59}$$

sendo α uma constante a determinar, as derivadas podem ser expressas como

$$\begin{cases} \dfrac{\mathrm{d}P_l^m}{\mathrm{d}y} = \sum_j (\alpha+j)a_j y^{\alpha+j-1} \\[4mm] \dfrac{\mathrm{d}^2 P_l^m}{\mathrm{d}y^2} = \sum_j (\alpha+j-1)(\alpha+j)a_j y^{\alpha+j-2} = \sum_j \left[(\alpha+j)^2 - (\alpha+j)\right]a_j \dfrac{y^{\alpha+j-1}}{y} \end{cases}$$

e a equação (15.58) torna-se

$$\sum_j a_j\left[4(\alpha+j)^2(1-y)y^{\alpha+j-1} - 2(\alpha+j)y^{\alpha+j} + (\lambda_l^2 - m^2 y^{-1})y^{\alpha+j}\right] = 0$$

Dividindo toda a equação por y^α, resulta

$$\sum_j a_j\left\{\left[4(\alpha+j)^2 - m^2\right]y^{j-1} + \left[-4\sum_j(\alpha+j)^2 - 2(\alpha+j) + \lambda_l^2\right]y^j\right\} = 0$$

Como a expressão deve ser válida para qualquer valor de j, para $j = 0$,

$$\left(4\alpha^2 - m^2\right)]y^{-1} + \left(-4\alpha^2 - 2\alpha + \lambda_l^2\right) = 0$$

Portanto, os coeficientes de y^{-1} e o termo independente devem ser nulos,

$$4\alpha^2 - m^2 = 0 \quad \Longrightarrow \quad \alpha = \frac{|m|}{2} \geq 0$$

Reescrevendo a solução, equação (15.59), em termos da variável x e de uma nova função (U_l^m),

$$P_l^m(x) = (1 - x^2)^{\frac{|m|}{2}} U_l^m(x) \qquad (-1 \leq x \leq 1) \tag{15.60}$$

verifica-se que $U_l^m(x)$ deve satisfazer a equação

$$(1 - x^2)\frac{d^2 U_l^m}{dx^2} - 2(|m| + 1)x \frac{dU_l^m}{dx} + \left[\lambda_l^2 - |m|(|m| + 1)\right] U_l^m = 0 \tag{15.61}$$

Fazendo $m \to m + 1$ na equação (15.61), resulta

$$(1 - x^2)\frac{d^2 U_l^{m+1}}{dx^2} - 2(|m| + 2)x \frac{dU_l^{m+1}}{dx} + \left[\lambda_l^2 - (|m| + 1)(|m| + 2)\right] U_l^{m+1} = 0 \tag{15.62}$$

Derivando essa nova equação em relação a x, obtém-se

$$(1 - x^2)\frac{d^3 U_l^m}{dx^3} - 2(|m| + 2)x \frac{d^2 U_l^m}{dx^2} + \left[\lambda_l^2 - (|m| + 1)(|m| + 2)\right] \frac{dU_l^m}{dx} = 0 \tag{15.63}$$

Da comparação direta entre as equações (15.63) e (15.62), vê-se que

$$\frac{dU_l^m}{dx} = U_l^{m+1} \tag{15.64}$$

o que permite estabelecer

$$\frac{dU_l^0}{dx} = U_l^1 \quad \Longrightarrow \quad \frac{d^2 U_l^0}{dx^2} = \frac{dU_l^1}{dx} = U_l^2 \quad \Longrightarrow \quad \frac{d^{|m|}}{dx^{|m|}} U_l^0 = U_l^m \tag{15.65}$$

ou seja, obtém-se uma fórmula de recorrência, equação (15.65), que permite a determinação de U_l^m a partir de U_l^0.

Fazendo-se $m = 0$ na equação (15.61), chega-se à chamada equação de Legendre,

$$(1 - x^2)\frac{d^2 U_l^0}{dx^2} - 2x \frac{dU_l^0}{dx} + \lambda_l^2 U_l^0 = 0 \tag{15.66}$$

cuja solução pode ser expressa em série de potências inteiras de x,

$$U_l^0(x) = \sum_{j=0}^{\infty} a_j x^j$$

Calculando as derivadas,

$$\begin{cases} \dfrac{dU_l^0}{dx} = \sum_{j=1}^{\infty} j a_j x^{j-1} = \sum_{j=0}^{\infty} (j + 1)a(j + 1)x^j \\[3mm] \dfrac{d^2 U_l^0}{dx^2} = \sum_{j=2}^{\infty} j(j - 1) a_j x^{j-2} = \sum_{j=0}^{\infty} (j + 2)(j + 1)a_{j+2} x^j \end{cases}$$

e substituindo na equação de Legendre, obtém-se

$$\sum_{j=0}^{\infty} \left\{ \left[a_{j+2}(j + 2)(j + 1) + a_j \lambda_l^2\right] x^j - 2a_{j+1}(j + 1)x^{j+1} - a_{j+2}(j + 2)(j + 1)x^{j+2} \right\} = 0$$

ou seja,

$$(\lambda_l^2 a_0 + 2a_2)\left[(\lambda_l^2 - 2)a_1 + 6a_3\right]x + \left[(\lambda_l^2 - 6)a_2 + 12a_4\right]x^2 + \ldots +$$

$$\left\{\left[(\lambda_l^2 - n(n+1)\right]a_n + (n+1)(n+2)a_{n+2}\right\}x^n + \ldots = 0$$

Como cada termo em x deve ser nulo, obtém-se a fórmula de recorrência

$$(n+1)(n+2)a_{n+2} + \left[\lambda_l^2 - n(n+1)\right]a_n = 0 \tag{15.67}$$

A solução pode ser expressa pela soma de duas séries: uma série de potências pares, em função de a_0, e uma série de potências ímpares, em função de a_1,

$$U_l^0(x) = a_0 U_p(x) + a_1 U_i(x)$$

Segundo a fórmula de recorrência, equação (15.67), a razão entre dois termos sucessivos das séries par e ímpar, para grandes valores de n, só tende a zero para $|x| < 1$,

$$\lim_{n\to\infty} \frac{a_{n+2}}{a_n}x^2 = \lim_{n\to\infty} \frac{n(n+1) - \lambda_l^2}{(n+1)(n+2)}x^2 \to x^2$$

Para as séries não divergirem para $x = \pm 1$, deve-se impor um $n_{\max} = l$ determinado pela constante de separação $\lambda_l^2 = l(l+1)$, de modo que cada uma das séries seja truncada a partir desse valor, resultando um polinômio de grau l, cujos coeficientes obedecem à relação de recorrência

$$\boxed{a_{n+2} = \frac{l(l+1) - n(n+1)}{(n+1)(n+2)}a_n} \qquad l = 0, \pm 1, \pm 2, \ldots \quad n = 0, \pm 1, \pm 2, \ldots l \tag{15.68}$$

Nessas condições, é necessário que

$$\begin{cases} l = \text{par} \quad \Longrightarrow \quad a_1 = 0 \quad \Longrightarrow \quad U_l^0(x) = a_0 U_p(x) = U_l^0(-x) \\ l = \text{ímpar} \quad \Longrightarrow \quad a_0 = 0 \quad \Longrightarrow \quad U_l^0(x) = a_1 U_i(x) = -U_l^0(-x) \end{cases}$$

Exigindo-se, por convenção, que $U_l^0(1) = 1$, qualquer que seja o valor de l, os polinômios U_l^0 de grau l, denominados *polinômios de Legendre*, são denotados por $P_l(x)$, e caracterizados pelo chamado número quântico azimutal (l).

De acordo com as restrições para o chamado número quântico magnético (m),

$$m^2 \leq l(l+1) \quad \Longrightarrow \quad m \leq \pm\sqrt{l(l+1)} \quad \Longrightarrow \quad |m| \leq l$$

as autofunções do momento angular, as funções harmônicas esféricas, são caracterizadas por dois números quânticos, o azimutal (l) e o magnético (m), dados por

l	m^2	m
0	0	0
1	0	0
	1	± 1
	0	0
2	1	± 1
	2	± 2

Desse modo, as funções $P_l^m(x)$, chamadas *funções associadas de Legendre de primeira espécie* (Tabela 15.2), de acordo com as equações 15.60 e 15.65, são dadas por

$$P_l^m(x) = (1 - x^2)^{\frac{|m|}{2}} \frac{\mathrm{d}^{|m|}}{\mathrm{d}x^{|m|}} P_l(x) \qquad (l \geq |m|) \tag{15.69}$$

ou, em termos da variável angular,

$$P_l^m(\theta) = (\operatorname{sen}\theta)^{|m|} \frac{\mathrm{d}^{|m|}}{\mathrm{d}\cos\theta^{|m|}} P_l(\theta) \tag{15.70}$$

Tabela 15.2: Primeiros polinômios e funções associadas de Legendre de primeira espécie

l	$P_l(x)$	$P_l(\theta)$	m	$P_l^m(\theta)$
0	$P_0 = 1$	1	0	$P_0^0 = 1$
1	$P_1 = x$	$\cos\theta$	0	$P_1^0 = \cos\theta$
			1	$P_1^1 = \operatorname{sen}\theta$
2	$P_2 = \dfrac{1}{2}(3x^2 - 1)$	$\dfrac{1}{2}(3\cos^2\theta - 1)$	0	$P_2^0 = \dfrac{1}{2}(3\cos^2\theta - 1)$
			1	$P_2^1 = 3\operatorname{sen}\theta\cos\theta$
			2	$P_2^2 = 3\operatorname{sen}^2\theta$

As autofunções da parte angular da equação de Schrödinger, as funções harmônicas esféricas, expressas a menos das constantes de normalização A_{lm} das funções associadas de Legendre, são dadas por

$$\boxed{Y_l^m(\theta, \phi) = \frac{A_{lm}}{\sqrt{2\pi}} P_l^m(\theta)e^{im\phi}} \qquad (l = 0, 1, 2, \ldots \quad \text{e} \quad m = 0, \pm 1, \pm 2, \ldots, \pm l) \tag{15.71}$$

15.4.2.2 Determinação dos primeiros polinômios e das funções associadas de Legendre não normalizadas

A partir da convenção $P_l(1) = 1$ e da fórmula de recorrência, equação (15.68),

$$a_n = \frac{(n+1)(n+2)}{l(l+1) - n(n+1)} a_{n+2}$$

pode-se facilmente construir os polinômios de Legendre de ordem mais baixa.

Por exemplo, para $l = 0$, $P_0(x) = a_0$ é uma constante que de acordo com a convenção $P_0(1) = 1$ implica $a_0 = 1$, ou seja,

$$\boxed{P_0(x) = 1}$$

Para $l = 2$, $P_2(x)$ deve ser da forma

$$P_2(x) = a_2 x^2 + a_0$$

De acordo com a fórmula de recorrência,

$$a_0 = -\frac{1}{3}a_4 \implies P_2(x) = a_2\left(x^2 - \frac{1}{3}\right)$$

e a convenção $P_2(1) = 1$,

$$a_2 \left(1 - \frac{1}{3} \right) = 1 \quad \Longrightarrow \quad a_2 = -\frac{3}{2}$$

resulta

$$\boxed{P_2(x) = \frac{1}{2} \left(3x^2 - 1 \right)}$$

Para $l = 4 \Longrightarrow P_4(x) = a_4 x^4 + a_2 x^2 + a_0$ e, de acordo com as fórmulas de recorrência,

$$\begin{cases} a_2 = -\dfrac{6}{7} a_4 \\[2mm] a_0 = -\dfrac{1}{10} a_2 = \dfrac{3}{35} a_4 \end{cases} \quad \Longrightarrow \quad P_4(x) = a_4 \left(x^4 - \frac{6}{7} x^2 - \frac{3}{35} \right)$$

e a convenção $P_4(1) = 1$,

$$a_4 \left(1 - \frac{6}{7} + \frac{7}{35} \right) = \frac{a_4}{35} (35 - 30 + 3) = 1 \quad \Longrightarrow \quad a_4 = \frac{35}{8}$$

resulta

$$\boxed{P_4(x) = \frac{1}{8} \left(35x^4 - 30x^2 + 3 \right)}$$

Para $l = 1 \Longrightarrow P_1(x) = a_1 x$ e, de acordo com a convenção $P_1(1) = 1 \Longrightarrow a_1 = 1$, obtém-se

$$\boxed{P_1(x) = x}$$

Para $l = 3 \Longrightarrow P_3(x) = a_1 x + a^3 x^3$ e, de acordo com a fórmula de recorrência,

$$a_1 = -\frac{3}{5} a_3 \quad \Longrightarrow \quad P_3(x) = a_3 \left(x^3 - \frac{3}{5} x \right)$$

e a convenção $P_3(1) = 1$,

$$a_3 \left(1 - \frac{3}{5} \right) = 1 \quad \Longrightarrow \quad a_3 = \frac{5}{2}$$

obtém-se

$$\boxed{P_3(x) = \frac{1}{2} \left(5x^3 - 3x \right)}$$

Esses polinômios estão representados na Figura 15.9.

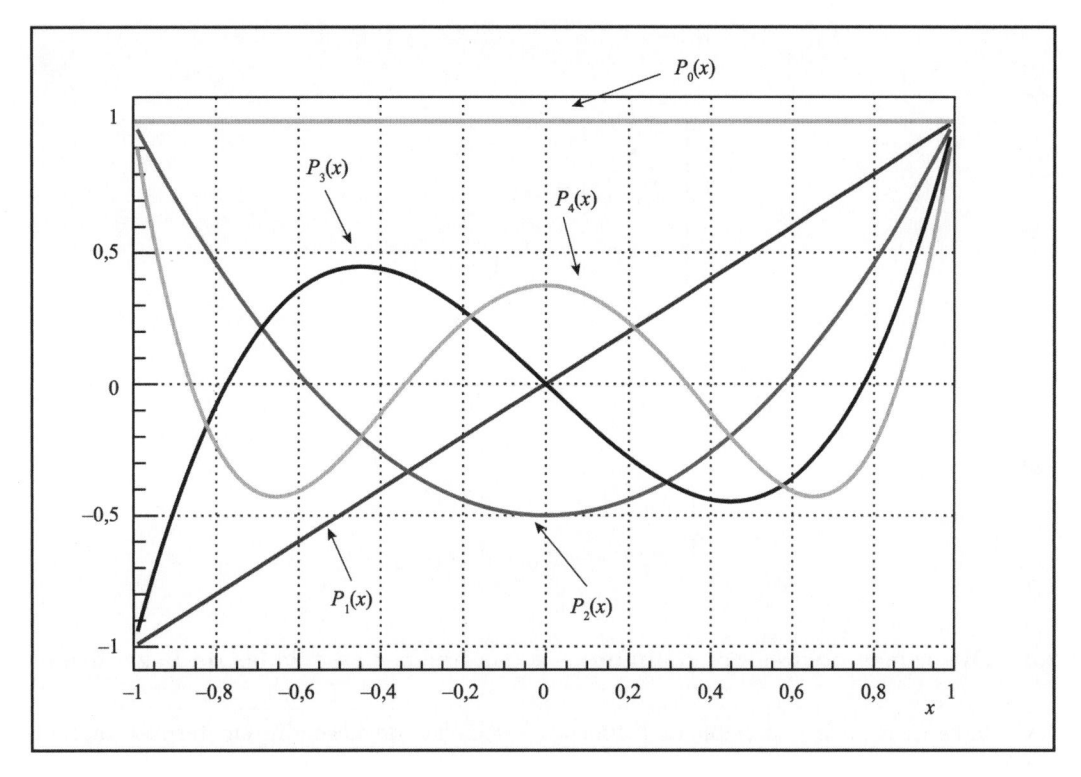

Figura 15.9: Os cinco primeiros polinômios de Legendre.

As funções associadas de Legendre para $m = 0$ são iguais aos polinômios de Legendre de mesmo índice $l \geq 0$,

$$\begin{cases} P_0^1(x) = P_0(x) = 1 \\[2mm] P_1^0(x) = P_1(x) = x \\[2mm] P_2^0(x) = P_2(x) = \dfrac{1}{2}(3x^2 - 1) \\[2mm] P_3^0(x) = P_3(x) = \dfrac{1}{2}(5x^3 - 3x) \\[2mm] P_4^0(x) = P_4(x) = \dfrac{1}{8}(35x^4 - 30x^2 + 3) \end{cases}$$

As demais funções de Legendre podem ser obtidas a partir da equação (15.69). Assim, para $m = \pm 1$,

$$P_l^{\pm 1}(x) = (1 - x^2)^{1/2} \frac{\mathrm{d}}{\mathrm{d}x} P_l(x) \qquad (l \geq 1)$$

obtém-se

$$\begin{cases} P_1^{\pm 1}(x) = (1 - x^2)^{1/2} \\[2mm] P_2^{\pm 1}(x) = 3(1 - x^2)^{1/2}x \\[2mm] P_3^{\pm 1}(x) = \dfrac{3}{2}(1 - x^2)^{1/2}(5x^2 - 1) \\[2mm] P_4^{\pm 1}(x) = \dfrac{5}{4}(1 - x^2)^{1/2}(14x^3 - 6x) \end{cases}$$

Para $m = \pm 2$,

$$P_l^{\pm 2}(x) = (1 - x^2)\frac{d^2}{dx^2}P_l(x) \qquad (l \geq 2)$$

obtém-se

$$
\begin{cases}
P_2^{\pm 2}(x) = 3(1 - x^2) \\[2mm]
P_3^{\pm 2}(x) = 15(1 - x^2)x \\[2mm]
P_4^{\pm 2}(x) = \dfrac{70}{2}(1 - x^2)x^2
\end{cases}
$$

Para $m = \pm 3$,

$$P_l^{\pm 3}(x) = (1 - x^2)^{3/2}\frac{d^3}{dx^3}P_l(x) \qquad (l \geq 3)$$

obtém-se

$$
\begin{cases}
P_3^{\pm 3}(x) = 15(1 - x^2)^{3/2} \\[2mm]
P_4^{\pm 3}(x) = 70(1 - x^2)^{3/2}x
\end{cases}
$$

15.4.2.3 Diagramas polares dos polinômios e das funções associadas de Legendre

Escrevendo-se os primeiros polinômios e funções associadas de Legendre em termos da coordenada azimutal θ,

$P_0^0(\theta) = P_0(\theta) = 1$	
$P_1^0(\theta) = P_1(\theta) = \cos\theta$	$P_1^{\pm 1}(\theta) = \operatorname{sen}\theta$
$P_2^0(\theta) = P_2(\theta) = \dfrac{1}{2}(3\cos^2\theta - 1)$	$P_2^{\pm 1}(\theta) = 3\operatorname{sen}\theta\cos\theta$
	$P_2^{\pm 2}(\theta) = 3\operatorname{sen}^2\theta$
$P_3^0(\theta) = P_3(\theta) = \dfrac{1}{2}\cos\theta(5\cos^2\theta - 3)$	$P_3^{\pm 1}(\theta) = \dfrac{3}{2}\operatorname{sen}\theta\,(5\cos^2\theta - 1)$
	$P_3^{\pm 2}(\theta) = 15\operatorname{sen}^2\theta\cos\theta$
	$P_3^{\pm 3}(\theta) = 15\operatorname{sen}^3\theta$

pode-se visualizar o comportamento da função de onda com relação às variações do ângulo θ, nos chamados diagramas polares (Figura 15.11). Esses diagramas mostram que a função de onda apresenta simetria radial apenas para $l = 0$. Para qualquer outro valor ($l \neq 0$), existem direções para as quais a função de onda se anula, ou seja, a densidade de probabilidade de presença do elétron é nula.

Nesses diagramas, a parte que depende de θ da função de onda, as funções associadas de Legendre, é representada pela coordenada radial de um sistema de coordenadas (ξ, z), para o qual θ é o ângulo polar com relação ao eixo z.

Por exemplo, para $P_1^0 = \cos\theta$, a representação polar pode ser obtida a partir das equações paramétricas

$$
\begin{cases}
|z| = P_1^0\cos\theta = \cos^2\theta = \dfrac{1 + \cos 2\theta}{2} \\[4mm]
\xi = P_1^0\operatorname{sen} = \operatorname{sen}\theta\cos\theta = \dfrac{\operatorname{sen} 2\theta}{2}
\end{cases}
$$

Tendo em conta que

$$\text{sen}^2 2\theta \,+\, \cos 2\theta = (2\xi)^2 \,+\, (2z \mp 1)^2 = 1$$

obtém-se

$$\left(\frac{\xi}{1/2}\right)^2 \,+\, \left(\frac{z \mp 1/2}{1/2}\right)^2 = 1$$

ou seja, a equação de dois círculos no plano (ξ, z) (Figura 15.10).

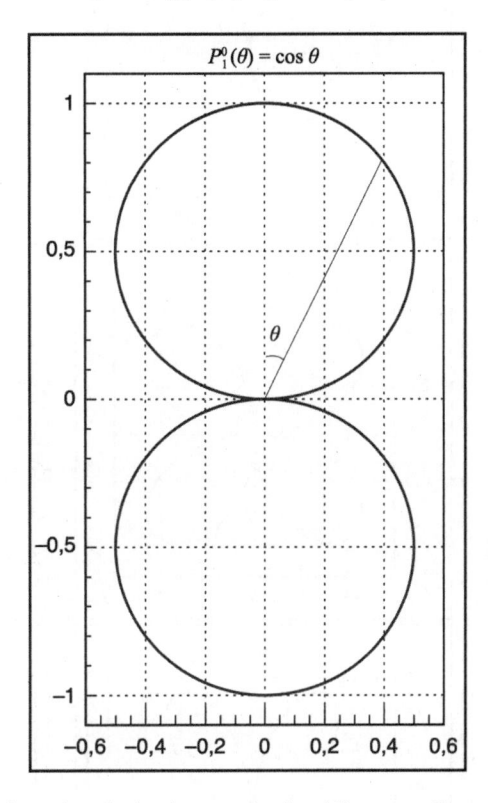

Figura 15.10: Diagrama polar do autoestado de energia do elétron no átomo de hidrogênio correspondente à função de Legendre P_1^0.

De maneira análoga, os outros diagramas polares, que correspondem às demais funções associadas de Legendre, podem ser obtidos para a dependência azimutal dos autoestados de energia do elétron no átomo de hidrogênio (Figura 15.11).

Note-se que para $|m| = l \gg 1$, no limite de grandes números quânticos, quando $P_l^{\pm l} \sim \text{sen}\,\theta$, o movimento do elétron é essencialmente plano, de acordo com o modelo de Bohr, pois a distribuição de probabilidade de presença só não é nula para valores de θ próximos a $\pi/2$ rad.

15.4.2.4 A normalização dos primeiros polinômios e das funções associadas de Legendre

De acordo com as condição de normalização da parte azimutal, equação (15.55),

$$\int_0^\pi |P_l^m(\theta)|^2 \,\text{sen}\,\theta\,\mathrm{d}\theta = \int_\pi^0 |P_l^m(\theta)|^2 \,\mathrm{d}\cos\theta$$

Expressando em termos da variável $x = \cos\theta$, os polinômios e as funções associadas de Legendre podem ser normalizados a partir de

$$\int_{-1}^1 |P_l^m(x)|^2 \,\mathrm{d}x = 1$$

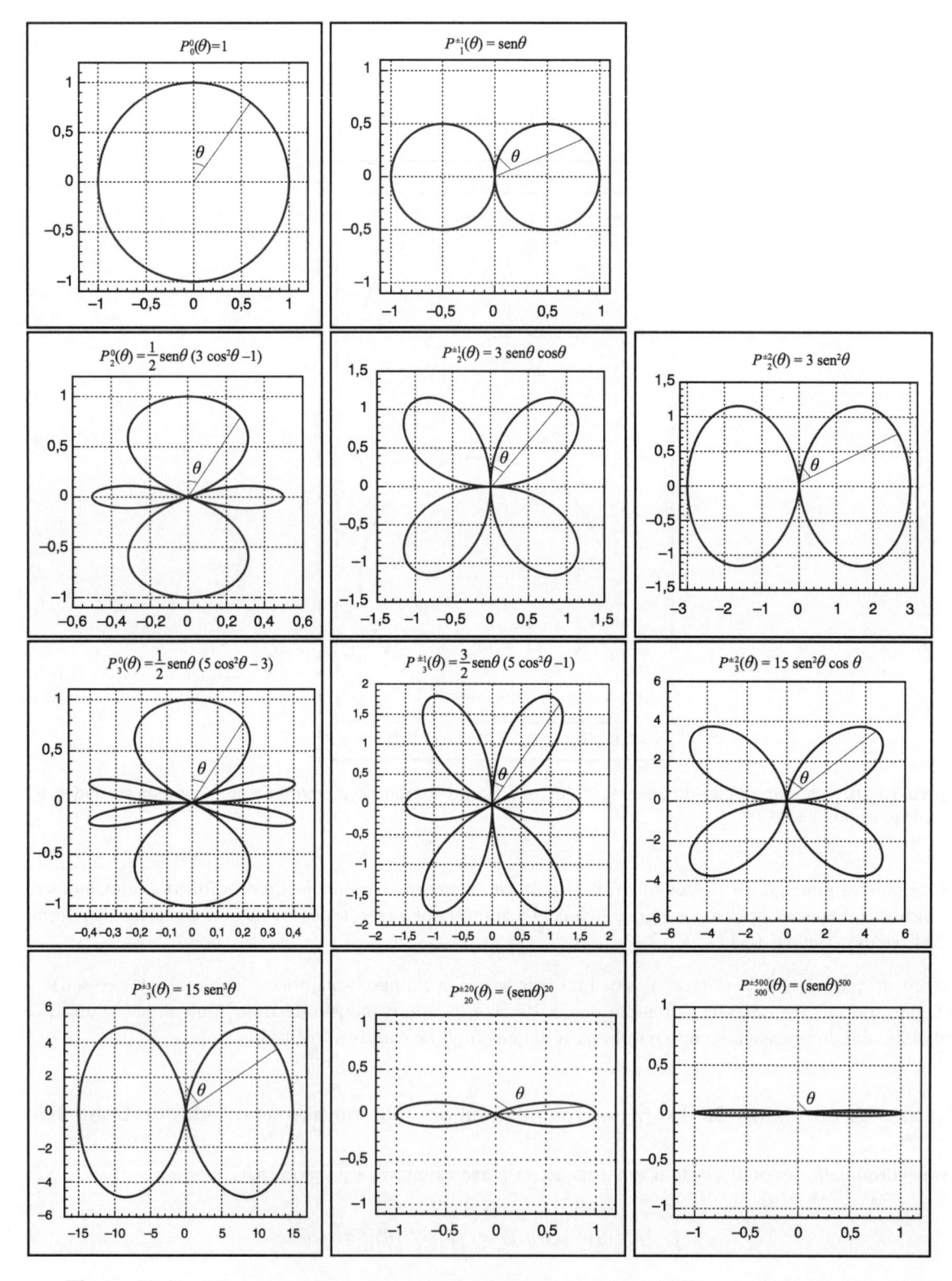

Figura 15.11: Diagramas polares para os autoestados de energia do elétron no átomo de hidrogênio.

Uma vez que os polinômios de Legendre têm paridade definida, $|P_l^0(x)|^2 = |P_l(x)|^2$ é sempre par, pode-se expressar a condição de normalização como

$$2 \int_0^1 |P_l(x)|^2 \, dx = 1$$

15.4.2.5 A função geratriz, a fórmula de Rodrigues e as relações de recorrência para os polinômios de Legendre

De modo análogo ao procedimento usado para os polinômios de Hermite, pode-se determinar de maneira geral e sistemática os polinômios e as funções associadas de Legendre, a partir das respectivas funções geratrizes, fórmulas de Rodrigues e relações de recorrência que envolvem os polinômios e derivadas de ordem distintas, estabelecendo relações gerais, como a ortogonalidade, para qualquer que seja a ordem dos polinômios.

- Função geratriz dos polinômios de Legendre

$$G(x,t) = \frac{1}{\sqrt{1 - 2xt + t^2}} \tag{15.72}$$

- Fórmula de Rodrigues para os polinômios de Legendre

$$P_l(x) = \frac{1}{2^l l!} \frac{d^l}{dx^l} (x^2 - 1)^l \tag{15.73}$$

- Fórmulas de recorrência para os polinômios de Legendre

$$(2l + 1)xP_l(x) = (l + 1)P_{l+1}(x) + lP_{l-1}(x) \tag{15.74}$$

$$
\begin{aligned}
P_l(x) &= P'_{l+1}(x) - 2xP'_l(x) + P'_{l-1}(x) & (l \geq 1) && (15.75) \\
lP_l(x) &= -P'_{l-1}(x) + xP'_l(x) & (l \geq 1) && (15.76) \\
P'_{l+1}(x) &= xP'_l(x) + (l + 1)P_l(x) & (l \geq 0) && (15.77) \\
(x^2 - 1)P'_l(x) &= lxP_l(x) - lP_{l-1}(x) & (l \geq 1) && (15.78) \\
P_{l-1}(x) &= xP_l(x) + \frac{(1 - x^2)}{l} P'_l(x) & (l \geq 1) && (15.79) \\
P_{l+1}(x) &= xP_l(x) - \frac{(1 - x^2)}{l + 1} P'_l(x) & (l \geq 0) && (15.80)
\end{aligned}
$$

15.4.2.6 A ortogonalidade e a normalização dos polinômios de Legendre

A partir da equação

$$\frac{d}{dx} \left[(1 - x^2) \frac{d}{dx} P_l(x) \right] + l(l + 1)P_l(x) = 0 \tag{15.81}$$

multiplicando-a por $P_{l'}(x)$ e integrando entre $x = -1$ e $x = 1$,

$$\int_{-1}^{+1} P_{l'}(x) \left\{ \frac{d}{dx} \left[(1 - x^2)\frac{dP_l}{dx} (x) \right] + l(l + 1)P_l(x) \right\} dx \tag{15.82}$$

obtém-se

$$\int_{-1}^{+1} \left[(x^2 - 1) \frac{dP_l}{dx} \frac{dP_{l'}}{dx} + l(l + 1)P_{l'}P_l \right] dx = 0 \tag{15.83}$$

e também

$$\int_{-1}^{+1} \left[(x^2 - 1) \frac{dP_l}{dx} \frac{dP_{l'}}{dx} + l'(l' + 1)P_{l'}P_l' \right] dx = 0 \qquad (15.84)$$

Subtraindo a equação (15.84) de (15.83), resulta

$$[l(l + 1) - l'(l' + 1)] \int_{-1}^{+1} P_l(x)P_{l'}(x)\, dx = 0$$

Para $l \neq l'$, implica $\int_{-1}^{+1} P_l(x)P_{l'}(x)\, dx = 0$. Para $l = l'$, segundo a fórmula de Rodrigues para os polinômios, equação (15.73),

$$I = \int_{-1}^{+1} [P_l(x)]^2\, dx = \frac{1}{2^{2l}(l!)^2} \int_{-1}^{+1} \frac{d^l(x^2 - 1)^l}{dx^l} \frac{d^l(x^2 - 1)^l}{dx^l}\, dx$$

Integrando por partes,

$$\begin{cases} u = \dfrac{d^l}{dx^l}\,(x^2 - 1)^l \quad \Longrightarrow \quad du = \dfrac{d^{l+1}}{dx^{l+1}}\,(x^2 - 1)^l\, dx \\[3mm] dv = \dfrac{d^l}{dx^l}\,(x^2 - 1)^l\, dx \quad \Longrightarrow \quad v = \dfrac{d^{l-1}}{dx^{l-1}}\,(x^2 - 1)^l \end{cases}$$

a cada integral por partes efetuada, a ordem de $(d^{l-1}/dx^{l-1})(x^2 - 1)^l$ é reduzida de uma unidade, enquanto a ordem da outra derivada aumenta de uma unidade. Portanto, após l integrações por partes, obtém-se

$$I = (-1)^l \int_{-1}^{+1} (x^2 - 1)^l \frac{d^{2l}}{dx^{2l}}(x^2 - 1)^l\, dx$$

Como a derivada de $(x^2 - 1)^l$ efetuada $2l$ vezes é igual a $(2l)!$,

$$I = \int_{-1}^{+1} [P_l(x)]^2\, dx = \frac{(2l)!}{2^{2l}(l!)^2} \underbrace{\int_{-1}^{+1} (1 - x^2)^l\, dx}_{J} \qquad (15.85)$$

Integrando por partes, sucessivamente,

$$\begin{aligned} J &= -\int_{-1}^{+1} -2l(1 - x^2)^{l-1}x^2\, dx = 2l \int_{-1}^{+1} (1 - x^2)^{l-1}x^2\, dx \\[3mm] &= \frac{2^2 l(l - 1)}{3} \int_{-1}^{+1} (1 - x^2)^{l-2}x^4\, dx \\[3mm] &= \frac{2^3 l(l - 1)(l - 2)}{3 \cdot 5} \int_{-1}^{+1} (1 - x^2)^{l-3}x^6\, dx \\[3mm] &= \frac{2^4 l(l - 1)(l - 2)(l - 3)}{3 \cdot 5 \cdot 7} \int_{-1}^{+1} (1 - x^2)^{l-4}x^8\, dx \\[2mm] &\qquad \vdots \\[2mm] &= \frac{2^l l!}{3 \cdot 5 \cdot 7 \ldots (2l - 1)} \int_{-1}^{+1} x^{2l}\, dx = \frac{2^l l!}{3 \cdot 5 \cdot 7 \ldots (2l - 1)} \left. \frac{x^{2l+1}}{(2l + 1)} \right|_{-1}^{+1} \\[3mm] &= \frac{2^{l+1} l!}{3 \cdot 5 \cdot 7 \cdots (2l - 1)(2l + 1)} \end{aligned}$$

Uma vez que

$$(2l+1)! = \underbrace{(2l+1)2l(2l-1)(2l-2)(2l-3)(2l-4)\dots}_{(2l+1)\text{ termos}}$$

os $(2l+1)$ termos podem ser escritos agrupando-se os termos ímpares e pares,

$$\begin{aligned}
(2l+1)! &= \underbrace{(2l+1)(2l-1)(2l-3)\cdots}_{(l+1)\text{ termos ímpares}} \times \underbrace{(2l)(2l-2)(2l-4)\dots}_{l\text{ termos pares}} \\
&= (2l+1)(2l-1)(2l-3)\dots \times 2^l \left[\underbrace{l(l-1)(l-2)(l-3)\dots 1}_{l!}\right] \\
&= 2^l l!(2l+1)(2l-1)(2l-3)\dots
\end{aligned}$$

Portanto,

$$J = \frac{2^{2l+1}(l!)^2}{(2l+1)!} \tag{15.86}$$

e, da equação (15.85),

$$\int_{-1}^{+1} [P_l(x)]^2 \, dx = \frac{(2l)!}{2^{2l}(l!)^2} \frac{2^{2l+1}(l!)^2}{(2l+1)!} = \frac{2}{2l+1}$$

Consequentemente, a condição de ortonormalidade pode ser finalmente escrita como

$$\boxed{\int_{-1}^{+1} P_l(x)P_{l'}(x) \, dx = \frac{2}{2l+1} \, \delta_{ll'}} \tag{15.87}$$

15.4.2.7 A fórmula de Rodrigues e as relações de recorrência para as funções associadas de Legendre

- Fórmula de Rodrigues para as funções associadas de Legendre

$$P_l^m(x) = \frac{(1-x^2)^{m/2}}{2^l l!} \frac{d^{l+m}}{dx^{l+m}} (x^2-1)^l \qquad (0 \le m \le l) \tag{15.88}$$

- Fórmulas de recorrência para as funções associadas de Legendre

$$(l-m+1)P_{l+1}^m - (2l+1)xP_l^m + (l+m)P_{l-1}^m = 0 \tag{15.89}$$

$$(1-x^2)^{1/2}P_l^{m+1} - 2mxP_l^m + (l+m)(l-m+1)(1-x^2)^{1/2}P_l^{m-1} = 0 \tag{15.90}$$

$$(1-x^2)\frac{dP_l^m}{dx} = mxP_l^m - (l+m)(l-m+1)(1-x^2)^{1/2}P_l^{m-1} \tag{15.91}$$

15.4.2.8 A ortogonalidade e a normalização das funções associadas de Legendre

A partir da equação

$$\frac{d}{dx}\left[(1-x^2)\frac{dP_l^m}{dx}\right] + \left[l(l+1) - \frac{m^2}{(1-x^2)}\right]P_l^m = 0 \tag{15.92}$$

multiplicando-a por $P_{l'}(x)$ e integrando entre $x=-1$ e $x=1$, obtém-se

$$\int_{-1}^{+1} P_{l'}^m \left\{\frac{d}{dx}\left[(1-x^2)\frac{dP_l^m}{dx}\right] + \left[l(l+1) - \frac{m^2}{(1-x^2)}\right]P_l^m\right\} dx = 0 \tag{15.93}$$

que pode ser escrita como

$$\int_{-1}^{+1} \left\{ (x^2 - 1) \frac{\mathrm{d}P_l^m}{\mathrm{d}x} \frac{\mathrm{d}P_{l'}^m}{\mathrm{d}x} + \left[l(l+1) - \frac{m^2}{(1-x^2)} \right] P_l^m P_{l'}^m \right\} \mathrm{d}x = 0 \qquad (15.94)$$

De modo análogo,

$$\int_{-1}^{+1} \left\{ (x^2 - 1) \frac{\mathrm{d}P_l^m}{\mathrm{d}x} \frac{\mathrm{d}P_{l'}^m}{\mathrm{d}x} + \left[l'(l'+1) - \frac{m^2}{(1-x^2)} \right] P_l^m P_{l'}^m \right\} \mathrm{d}x = 0 \qquad (15.95)$$

Subtraindo a equação (15.95) de (15.94), resulta

$$[l(l+1) - l'(l'+1)] \int_{-1}^{+1} P_l^m P_{l'}^m \, \mathrm{d}x = 0 \qquad (15.96)$$

Para $l \neq l'$, implica $\int_{-1}^{+1} P_l^m P_{l'}^m \, \mathrm{d}x = 0$ Para $l = l'$, segundo a fórmula de Rodrigues,

$$I = \int_{-1}^{+1} \left[P_l^m(x) \right]^2 \, \mathrm{d}x = \int_{-1}^{+1} (1-x^2)^m \frac{\mathrm{d}^m P_l}{\mathrm{d}x^m} \frac{\mathrm{d}^m P_l}{\mathrm{d}x^m} \, \mathrm{d}x$$

Integrando por partes,

$$\begin{aligned}
I &= -\int_{-1}^{+1} \frac{\mathrm{d}^{m-1} P_l}{\mathrm{d}x^{m-1}} \frac{\mathrm{d}}{\mathrm{d}x} \left[(1-x^2)^m \frac{\mathrm{d}^m P_l}{\mathrm{d}x^m} \right] \mathrm{d}x \\
&= -\int_{-1}^{+1} \frac{\mathrm{d}^{m-1} P_l}{\mathrm{d}x^{m-1}} \left[-2mx(1-x^2)^{m-1} \frac{\mathrm{d}^m P_l}{\mathrm{d}x^m} + (1-x^2)^m \frac{\mathrm{d}^{m+1} P_l}{\mathrm{d}x^{m+1}} \right] \mathrm{d}x \\
&= -\int_{-1}^{+1} (1-x^2)^{(m-1)/2} \frac{\mathrm{d}^{m-1} P_l}{\mathrm{d}x^{m-1}} \left[-2mx(1-x^2)^{(m-1)/2} \frac{\mathrm{d}^m P_l}{\mathrm{d}x^m} + \right. \\
&\qquad \left. + (1-x^2)^{(m+1)/2} \frac{\mathrm{d}^{m+1} P_l}{\mathrm{d}x^{m+1}} \right] \mathrm{d}x
\end{aligned}$$

Usando a definição (15.69), a integral acima pode ser escrita como

$$\begin{aligned}
I &= -\int_{-1}^{+1} P_l^{m-1} \left[-2mx(1-x^2)^{-1/2} P_l^m + P_l^{m+1} \right] \mathrm{d}x \\
&= -\int_{-1}^{+1} \frac{P_l^{m-1}}{(1-x^2)^{1/2}} \left[(1-x^2)^{1/2} P_l^{m+1} - 2mx P_l^m \right] \mathrm{d}x
\end{aligned}$$

e, pela fórmula de recorrência (15.90),

$$\begin{aligned}
I &= -\int_{-1}^{+1} (-1) \frac{P_l^{m-1}}{(1-x^2)^{1/2}} (l+m)(l-m+1)(1-x^2)^{1/2} P_l^{m-1} \, \mathrm{d}x \\
&= (l+m)(l-m+1) \int_{-1}^{+1} \left[P_l^{m-1}(x) \right]^2 \, \mathrm{d}x \qquad (15.97)
\end{aligned}$$

Iterando a equação (15.97) m vezes, pode-se escrever

$$\begin{aligned}
\int_{-1}^{+1} \left[P_l^m(x) \right]^2 \, \mathrm{d}x &= (l+m)(l+m-1)(l-m+1)(l-m+2) \int_{-1}^{+1} \left[P_l^{m-2}(x) \right]^2 \, \mathrm{d}x \\
&= (l+m)(l+m-1)...(l+m-k+1) \times \\
&\qquad (l-m+1)(l-m+2)...(l-m+k) \int_{-1}^{+1} \left[P_l^{m-k}(x) \right]^2 \, \mathrm{d}x \\
&= (l+m)(l+m-1)(l+m-2)...(l+1) \times \\
&\qquad (l-m+1)(l-m+2)... \, l \int_{-1}^{+1} \left[P_l^0(x) \right]^2 \, \mathrm{d}x
\end{aligned}$$

Sabendo que

$$\int_{-1}^{+1} \left[P_l^0(x) \right]^2 \, \mathrm{d}x = \frac{2}{2l+1}$$

encontra-se, finalmente, que

$$\int_{-1}^{+1} \left[P_l^m(x) \right]^2 \, \mathrm{d}x = \frac{2}{2l+1} \frac{(l+m)!}{(l-m)!}$$

Logo, a condição de ortonormalidade das funções associadas de Legendre é dada por

$$\boxed{\int_{-1}^{+1} P_l^m(x) P_{l'}^m(x) \, \mathrm{d}x = \frac{2}{2l+1} \frac{(l+|m|)!}{(l-|m|)!} \, \delta_{ll'}} \tag{15.98}$$

Como os coeficientes de normalização A_{lm} das funções harmônicas esféricas devem satisfazer a

$$\frac{|A_{lm}|^2}{2\pi} \int_{-1}^{+1} P_l^m P_{l'}^{m'} \, \mathrm{d}x \underbrace{\int_0^{2\pi} e^{-i(m-m')\phi} \, \mathrm{d}\phi}_{2\pi\delta_{mm'}} = 1$$

isso implica

$$A_{lm} = \left[\frac{2l+1}{2} \frac{(l-|m|)!}{(l+|m|)!} \right]^{1/2}$$

Finalmente, as funções harmônicas esféricas normalizadas podem ser escritas como

$$\boxed{Y_l^m(\theta,\phi) = \left[\frac{2l+1}{4\pi} \frac{(l-|m|)!}{(l+|m|)!} \right]^{1/2} P_l^m(\theta) e^{im\phi}} \tag{15.99}$$

15.4.3 A parte radial

De acordo com a separação de variáveis,

$$\psi(r,\theta,\phi) = R(r) Y_{lm}(\theta,\phi)$$

e os resultados da parte angular para os autovalores de L^2, $\hbar^2 l(l+1)$, a parte radial da função de onda $R(r)$, segundo a equação 15.51, é solução de

$$\frac{1}{r^2} \frac{\mathrm{d}}{\mathrm{d}r} \left(r^2 \frac{\mathrm{d}}{\mathrm{d}r} R \right) + \frac{2m}{\hbar^2} \left[E + \frac{e^2}{r} - \frac{\hbar^2}{2m} \frac{l(l+1)}{r^2} \right] R = 0 \tag{15.100}$$

Tendo em conta que $\dfrac{1}{r^2} \dfrac{\mathrm{d}}{\mathrm{d}r} \left(r^2 \dfrac{\mathrm{d}}{\mathrm{d}r} R \right) = \dfrac{1}{r} \dfrac{\mathrm{d}^2}{\mathrm{d}r^2} (rR)$, pode-se escrever

$$\frac{\mathrm{d}^2}{\mathrm{d}r} u(r) + \left[\frac{2mE}{\hbar^2} + \frac{2me^2}{\hbar^2} \frac{1}{r} - \frac{l(l+1)}{r^2} \right] u(r) = 0 \tag{15.101}$$

sendo $u(r) = rR(r)$.

Assim, a condição de normalização radial, segundo a equação (15.54), pode ser expressa como

$$\int_0^\infty |u(r)|^2 \, \mathrm{d}r = 1 \tag{15.102}$$

De acordo com o modelo de Bohr, dois parâmetros característicos do átomo de hidrogênio são o raio de Bohr, $a_B = \hbar^2/(me^2) \simeq 0{,}519$ Å, e a energia de ionização, $E_R = e^2/(2a_B) \simeq 13{,}6$ eV, também denominada *energia de Rydberg*.

Utilizando-se esses parâmetros, a equação de Schrödinger radial para o átomo de hidrogênio pode ser expressa nas chamadas unidades atômicas, para as quais as distâncias são dadas em unidades de raio de Bohr e as energias, em rydberg (Ry), como

$$\frac{\mathrm{d}^2}{\mathrm{d}\rho}u(\rho) + \left\{\varepsilon - \left[\frac{l(l+1)}{\rho^2} - \frac{2}{\rho}\right]\right\}u(\rho) = 0 \tag{15.103}$$

na qual $\varepsilon = \dfrac{E}{E_R}$, $\rho = \dfrac{r}{a_B}$ e $u(\rho) = \dfrac{u(r)}{a_B}$.

Em termos da variável adimensional ρ, a condição de normalização radial é dada por

$$\int_0^\infty |u(\rho)|^2 \, \mathrm{d}\rho = \frac{1}{a_B^3} \tag{15.104}$$

e as condições de contorno para $u(\rho)$, por

$$\begin{cases} u(0) = 0 \qquad R = \dfrac{u(\rho)}{\rho} \quad \text{deve ser finita na origem} \\[2ex] u(\rho \to \infty) \to 0 \qquad \text{estados ligados} \end{cases}$$

A equação radial de Schrödinger é similar à equação de uma partícula em um poço de potencial efetivo $V_e(\rho)$ dado por

$$V_e(\rho) = \frac{l(l+1)}{\rho^2} - \frac{2}{\rho} \tag{15.105}$$

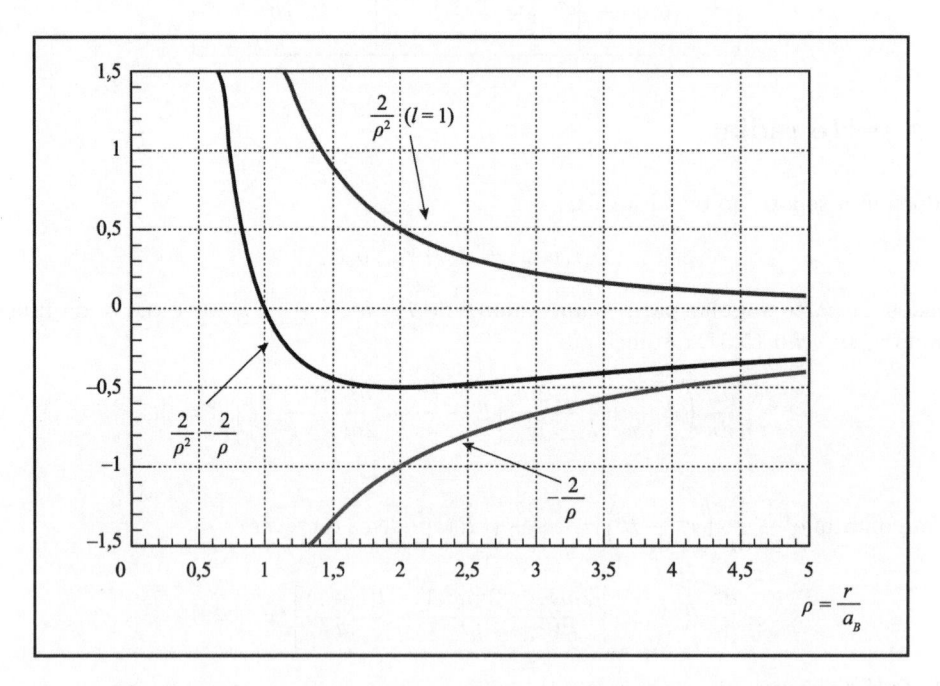

Figura 15.12: Potencial efetivo do elétron no átomo de hidrogênio.

Graficamente (Figura 15.12), o perfil do potencial efetivo mostra que para valores positivos de energia não há estados ligados. Para valores negativos de energia, os estados ligados do elétron têm as características de um movimento unidimensional em uma região limitada, de acordo com a condição de contorno para $\rho = 0$.

Para $l \neq 0$, o potencial efetivo tem um mínimo para $\rho = l(l+1)$. Do ponto de vista da Mecânica Clássica, esse valor mínimo dado por $\varepsilon_{\min} = \dfrac{-1}{l(l+1)}$ seria a energia mínima dos estados ligados.

Aparentemente, para um elétron com momento angular nulo, não haveria estados ligados estáveis, pois o potencial perto da origem seria tão atrativo que forçaria o elétron a colidir com o próton, indo para o fundo do poço infinito. No entanto, a equação radial de Schrödinger mostra que a energia média do elétron é composta de três parcelas: a energia cinética radial média, a energia cinética transversal média e a energia potencial média. Assim, mesmo que a energia cinética transversal média se anule, para $l = 0$, as energias médias cinética radial e potencial não serão necessariamente nulas.

De acordo com o princípio da incerteza, para um elétron localizado em uma região de raio r, bem próximo ao próton, a incerteza na componente radial do *momentum* é da ordem de $\hbar/r$. Desse modo, supondo que o valor médio do *momentum* seja nulo, a energia cinética radial média é dada por $\hbar^2/(2mr^2)$, e a energia potencial, por $-e^2/r$.

Assim, a energia média de um elétron no átomo de hidrogênio, com momento angular orbital nulo, em uma região de raio r, é dada, aproximadamente, por

$$E \simeq \frac{\hbar^2}{2mr^2} - \frac{e^2}{r} \qquad (l = 0)$$

ou seja, o princípio da incerteza mostra que existe um menor valor possível para a energia, devido ao balanço entre as energias potencial e cinética radial, dado por

$$E_{\min}(l = 0) \simeq -\frac{e^2}{2a_B} = -E_R \simeq -13{,}6 \text{ eV} \qquad \text{para} \qquad r = \frac{\hbar^2}{me^2} = a_B \simeq 0{,}529 \times 10^{-8} \text{ cm}$$

Esse é o limite inferior para as energias dos autoestados estacionários de energia para o elétron no átomo de hidrogênio.

15.4.3.1 Comportamento assintótico e espectro de energia do átomo de hidrogênio

Para $\rho \to \infty (r \to \infty)$, a forma assintótica de $u(\rho)$ obedece à equação

$$\frac{\mathrm{d}^2 u_\infty}{\mathrm{d}\rho^2} - \alpha^2 u_\infty = 0$$

sendo $\alpha^2 = -\varepsilon > 0$.

A solução que satisfaz a condição $u_\infty(\infty) \to 0$ é dada por

$$\boxed{u_\infty = e^{-\alpha\rho}} \qquad (\rho \to \infty) \tag{15.106}$$

Por outro lado, para $\rho \to 0$, $u(\rho)$ obedece à equação

$$\frac{\mathrm{d}^2 u_0}{\mathrm{d}\rho^2} - \frac{l(l+1)}{\rho^2} u_0 = 0 \tag{15.107}$$

Supondo que a solução seja da forma $u_0 = \rho^\beta$ e, portanto,

$$\begin{cases} \dfrac{\mathrm{d}u_0}{\mathrm{d}r} = \beta\rho^{\beta-1} \\[2mm] \dfrac{\mathrm{d}^2 u_0}{\mathrm{d}\rho^2} = \beta(\beta-1)\rho^{\beta-2} \end{cases}$$

implica

$$\beta(\beta-1)\rho^{\beta-2} - l(l+1)\rho^{\beta-2} = 0 \qquad \Longrightarrow \qquad \beta^2 - \beta - l(l+1) = 0$$

Assim,

$$\beta = \frac{1 \pm (2l+1)}{2} = \begin{cases} l+1 \\ \text{ou} \\ -l \end{cases}$$

e a solução compatível com $u_0(0) \to 0$ é dada por

$$\boxed{u_0 = \rho^{l+1}} \qquad (\rho \to 0) \tag{15.108}$$

As equações (15.106) e (15.108) sugerem que $u(\rho)$ tenha a forma

$$\boxed{u(\rho) = \rho^{l+1} e^{-\alpha\rho} v(\rho)} \qquad (\alpha^2 = -\varepsilon) \tag{15.109}$$

Tem-se, então,

$$\begin{cases} \dfrac{\mathrm{d}u}{\mathrm{d}\rho} = \rho^l e^{-\alpha\rho} \left[(l+1)v(\rho) - \alpha\,\rho\,v(\rho) + \rho\,\dfrac{\mathrm{d}v}{\mathrm{d}\rho} \right] \\[3mm] \dfrac{\mathrm{d}^2 u}{\mathrm{d}\rho^2} = \rho^l e^{-\alpha\rho} \Big\{ \rho\,\dfrac{\mathrm{d}^2 v(\rho)}{\mathrm{d}\rho^2} + 2(l+1-\alpha\,\rho)\,\dfrac{\mathrm{d}v_l(\rho)}{\mathrm{d}\rho} + \\[2mm] \qquad\qquad + \left[l(l+1)\rho^{-1} + \alpha^2\rho - 2\alpha(l+1) \right] v(\rho) \Big\} \end{cases}$$

Substituindo $u(\rho)$ e suas derivadas na equação (15.103) resulta

$$\boxed{\dfrac{\mathrm{d}^2 v(\rho)}{\mathrm{d}\rho^2} + 2\left[\dfrac{(l+1)}{\rho} - \alpha \right]\dfrac{\mathrm{d}v}{\mathrm{d}\rho} + \dfrac{2}{\rho}\left[\dfrac{1}{a} - \alpha(l+1) \right] v(\rho) = 0} \tag{15.110}$$

sendo $\alpha^2 = -\varepsilon$.

Expandindo $v(\rho)$ em série de potências,

$$v(\rho) = \sum_{j=0}^{\infty} b_j \rho^j \qquad \Longrightarrow \qquad \rho^{-1} v = \sum_{j=0}^{\infty} b_j \rho^{j-1}$$

obtém-se

$$\begin{cases} \dfrac{\mathrm{d}v(\rho)}{\mathrm{d}\rho} = \sum_{j=0}^{\infty}(j+1)b_{j+1}\rho^j = \sum_{j=1}^{\infty} jb_j \rho^{j-1} = \sum_{j=0}^{\infty} jb_j \rho^{j-1} \\[3mm] \dfrac{\mathrm{d}^2 v(\rho)}{\mathrm{d}\rho^2} = \sum_{j=2}^{\infty} j(j-1)b_j \rho^{j-2} = \sum_{j=0}^{\infty}(j+2)(j+1)b_{j+2}\rho^j \end{cases}$$

Substituindo $v(\rho)$ e suas derivadas na equação (15.110), resulta

$$\sum_{j=0}^{\infty} \left\{ (j+2)(j+1)b_{j+2}\rho^j + \left[2(l+1)(j+1)b_{j+1} + 2\Big(1 - \alpha(l+1) - \alpha j\Big)b_j \right]\rho^{j-1} \right\} = 0$$

Explicitando o somatório,

$$\left[2(l+1)b_1 + 2\Big(1 - \alpha(l+1)\Big)b_0\right]\rho^{-1} + \left[2 + (2\times 2)(l+1)\right]b_2 + 2\left[1 - \alpha(l+1) - \alpha\right]b_1 +$$

$$+ \left\{\left[(3\times 2) + (2\times 3)(l+1)\right]b_3 + 2\left[1 - \alpha(l+1) - 2\alpha\right]b_2\right\}\rho + \ldots\ldots +$$

$$+ \left\{\left[(\nu+1)\nu + 2(\nu+1)(l+1)\right]b_{\nu+1} + 2\left[1 - \alpha(l+1) - \alpha\nu\right]b_\nu\right\}\rho^{\nu-1} + \ldots\ldots = 0$$

e, igualando os termos independentes a zero, obtém-se para o termo genérico a fórmula de recorrência

$$\boxed{(\nu+1)\Big(\nu + 2l + 2\Big)]b_{\nu+1} = 2\Big[\alpha\nu + \alpha(l+1) - 1\Big]b_\nu} \qquad (15.111)$$

Para ν muito grande, a razão entre dois termos consecutivos da série é dada por

$$\lim_{\nu\gg 1}\frac{b_{\nu+1}}{b_\nu}\rho = \frac{2\alpha\Big[\nu + (l+1) - 1/\alpha\Big]}{(\nu+1)(\nu+2l+2)}\rho \to 2\frac{\alpha}{\nu}\rho$$

Portanto, a série será divergente para $\rho \to \infty$, a menos que exista um valor máximo para ν, $\nu_{\max} = k$, denominado número quântico radial, que trunque a série em um polinômio de grau k, tal que

$$k + l + 1 - \frac{1}{\alpha} = 0 \qquad k = 0, 1, 2, 3\ldots$$

Como α ou, equivalentemente, a energia ($\varepsilon = -\alpha^2$) não depende de k e l separadamente, fazendo $k + l + 1 = n$, os valores de α, ou de energia, podem ser expressos como

$$\varepsilon_n = -\frac{1}{n^2} \qquad n = 1, 2, 3\ldots$$

Desse modo, o espectro de energia do átomo de hidrogênio, segundo a equação de Schrödinger, é também determinado pela fórmula de Bohr, equação (12.5).

$$\boxed{E_n = -\frac{E_R}{n^2} = -\frac{1}{n^2}\left(\frac{e^2}{2a_B}\right) = \frac{me^4}{2n^2\hbar^2}} \qquad (n = 1, 2, 3\ldots) \qquad (15.112)$$

na qual n é chamado de número quântico principal.

As funções radiais dependem dos números quânticos n e l, e são denotadas por

$$v_{nl}(\rho) \quad\Longrightarrow\quad \boxed{u_{nl}(\rho) = \rho^{l+1}e^{-\alpha_n\rho}v_{nl}(\rho)} \qquad (\alpha_n = 1/n)$$

Uma vez que $n > l$, os valores possíveis para k, l e n são dados por

k	l	n
0	0	1
0	1	
1	0	2
0	2	
1	1	3
2	0	

tal que

$$v_{nl}(\rho) = \sum_{j=0}^{k} b_j\rho^j \quad (k, l \leq n-1) \qquad (15.113)$$

Assim, os números quânticos principal (n), azimutal (l) e magnético (m), que caracterizam os autoestados de energia do elétron no átomo de hidrogênio, satisfazem as condições

n	l	m
1	0	0
2	0	0
	1	± 1
3	0	0
	1	0
		± 1
	2	0
		± 1
		± 2

ou seja,

$$
\begin{cases}
n = 1, 2, 3 \ldots \\[2mm]
l = 0, 1, 2, \ldots, n-1 \qquad (l \leq n-1) \\[2mm]
m = 0, \pm 1, \pm 2, \ldots, \pm l \qquad (|m| \leq l)
\end{cases}
$$

15.4.3.2 O estado fundamental e os primeiros estados excitados

As soluções radiais $u_{nl}(\rho) = \rho^{l+1} e^{-\alpha_n \rho} v_{nl}(\rho)$ podem ser construídas a partir da expressão $v_{nl}(\rho) = \sum_{\nu=0}^{k} b_\nu \rho^\nu$, equação (15.113), e da fórmula de recorrência para os polinômios,

$$
b_{\nu+1} = \frac{2\alpha_n \left[\nu + (l+1) - 1/\alpha \right]}{(\nu+1)(\nu+2l+2)} b_\nu
\tag{15.114}
$$

• A solução mais simples corresponde ao autoestado fundamental de energia, para o qual $n = 1$, $l = 0$, $k = 0$, $m = 0$ e $\alpha_1 = 1$, e segundo a expressão para v_{nl}, é dada por

$$
v_{10}(\rho) = b_0 \qquad \Longrightarrow \qquad
\begin{cases}
u_{10}(\rho) = b_0 \, \rho \, e^{-\rho} \\[2mm]
u_{10}(r) = b_0 \, r \, e^{-r/a_B}
\end{cases}
$$

Impondo a condição de normalização,

$$
b_0^2 \underbrace{\int_0^\infty \rho^2 e^{-2\alpha_1 \rho} \, d\rho}_{1/4\alpha_1^3} = \frac{1}{a_B^3} \qquad \Longrightarrow \qquad b_0 = \frac{2}{a_B^{3/2}}
$$

implica
$$
\boxed{u_{10}(r) = \frac{2}{\sqrt{a_B}} \frac{r}{a_B} e^{-r/a_B}}
$$

Para $n = 2$ e $\alpha_2 = 1/2$, tem-se duas soluções radiais, correspondendo a $(l = 0, k = 1)$ e $(l = 1, k = 0)$.

- Para $(l = 0$ e $k = 1)$, segundo a equação (15.113),

$$v_{20}(\rho) = b_0 + b_1\rho \quad \Longrightarrow \quad \begin{cases} u_{20}(\rho) = (b_0 + b_1\rho)\, \rho\, e^{-\alpha_2\rho} \\[2mm] u_{20}(r) = \left(b_0 + b_1\dfrac{r}{a_B}\right)\, r\, e^{-r/(2a_B)} \end{cases}$$

De acordo com a fórmula de recorrência,

$$b_1 = 2\alpha_2\left(1 - \frac{1}{\alpha_2}\right)b_0 = (\alpha_2 - 1)b_0 \quad \Longrightarrow \quad b_1 = -\frac{1}{2a}b_0$$

Logo,

$$v_{20}(\rho) = b_0\left(1 - \frac{\rho}{2}\right) \quad \Longrightarrow \quad u_{20}(\rho) = b_0\rho\left(1 - \frac{\rho}{2}\right)e^{-\alpha_2\rho}$$

Impondo a condição de normalização,

$$b_0^2 \int_0^\infty \rho^2\left(1 - \frac{\rho}{2}\right)^2 e^{-\alpha_2\rho}\, \mathrm{d}\rho = b_0^2 \int_0^\infty \left(\rho^2 - \rho^3 + \frac{\rho^4}{4}\right)e^{-\alpha_2\rho}\, \mathrm{d}\rho = \frac{1}{a_B^3}$$

As três integrais já foram calculadas e, portanto,

$$b_0^2\left(\frac{1}{4\alpha_2^3} - \frac{3}{8\alpha_2^4} + \frac{3}{16\alpha_2^5}\right) = \frac{1}{a_B^3} \quad \Longrightarrow \quad b_0 = \left(\frac{\alpha_2}{a_B^3}\right)^{1/2} = \left(\frac{1}{2a_B^3}\right)^{1/2}$$

Assim,

$$\boxed{u_{20}(r) = \left(\frac{1}{2a_B}\right)^{1/2}\left(\frac{r}{a_B}\right)\, e^{-r/2a_B}}$$

- Para $(l = 1, k = 0)$, segundo a equação (15.113),

$$v_{21}(\rho) = b_0 \quad \Longrightarrow \quad \begin{cases} u_{21}(\rho) = b_0\, \rho^2\, e^{-\alpha_2\rho} \\[2mm] u_{21}(r) = b_0\, \dfrac{r^2}{a_B}\, e^{-r/(2a_B)} \end{cases}$$

De acordo com a condição de normalização,

$$b_0^2 \underbrace{\int_0^\infty \rho^4 e^{-2\alpha_2 r}\, \mathrm{d}\rho}_{3/(4\alpha_2^5)} = \frac{1}{a_B^3} \quad \Longrightarrow \quad b_0 = \frac{2}{\sqrt{3}}\frac{\alpha_2^{5/2}}{a_B^{3/2}} = \frac{1}{\sqrt{24}}\frac{1}{a_B)^{3/2}}$$

obtém-se,

$$\boxed{u_{21}(r) = \frac{1}{\sqrt{24a_B}}\left(\frac{r}{a_B}\right)^2 e^{-r/(2a_B)}}$$

De modo análogo, as demais funções radiais podem ser obtidas.

De acordo com a definição das autofunções radiais,

$$R_{nl}(r) = \frac{u_{nl}(r)}{r} \tag{15.115}$$

os primeiros estados estacionários, ou autoestados de energia do átomo de hidrogênio (não normalizados), e os correspondentes níveis de energia, são dados explicitamente por

n	l	m	$\psi_{nlm}(r,\theta,\varphi) = \dfrac{u_{nl}(r)}{r}\, P_l^m(\theta)\, e^{im\varphi}$	$E_n = -\dfrac{E_R}{n^2} \quad (E_R \simeq 13{,}6 \text{ eV})$
1	0	0	e^{-r/a_B}	$-E_R$ (estado fundamental)
2	0	0	$\left(1 - \dfrac{1}{2}\dfrac{r}{a_B}\right) e^{-r/2a_B}$	$-\dfrac{E_R}{4}$ (4 autoestados)
	1	0	$r\, e^{-r/2a_B}\cos\theta$	
		± 1	$r\, e^{-r/2a_B}\,\text{sen}\,\theta\, e^{\pm i\varphi}$	
3	0	0	$\left[1 - \dfrac{2}{3}\dfrac{r}{a_B} + \dfrac{2}{27}\left(\dfrac{r}{a_B}\right)^2\right] e^{-r/3a_B}$	$-\dfrac{E_R}{9}$ (9 autoestados)
	1	0	$\left(1 - \dfrac{1}{6}\dfrac{r}{a_B}\right) r\, e^{-r/3a_B}\cos\theta$	
		± 1	$\left(1 - \dfrac{1}{6}\dfrac{r}{a_B}\right) r\, e^{-r/3a_B}\,\text{sen}\,\theta\, e^{\pm i\varphi}$	
	2	0	$r^2 e^{-r/3a_B}(3\cos^2\theta - 1)$	
		± 1	$r^2 e^{-r/3a_B}\,\text{sen}\,\theta\cos\theta\, e^{\pm i\varphi}$	
		± 2	$r^2 e^{-r/3a_B}\,\text{sen}^2\theta\, e^{\pm i2\varphi}$	

15.4.3.3 As distribuições de probabilidade de presença radiais do elétron no átomo de hidrogênio

De acordo com a condição de normalização radial, equação (15.54),

$$\int_0^\infty |u(r)|^2\, dr = 1$$

$|u(r)|^2$ representa a distribuição de probabilidade de presença do elétron em função da distância r ao próton. Assim, o valor médio e a incerteza associada a qualquer grandeza que dependa apenas da componente radial do elétron podem ser calculados a partir das distribuições $|u(r)_{nl}|^2$.

Essa é a grande vantagem de se utilizar a equação radial de Schrödinger para $u(r)$ ou $u(\rho)$.

A Figura 15.13 mostra as distribuições de probabilidade radiais associadas aos autoestados de energia do elétron no hidrogênio,

$$\begin{cases} |u(r)_{10}|^2 \propto r^2 e^{-2r/a_B} \implies |u(r)_{10}|^2_{\max} \text{ para } r = a_B \\\\ |u(r)_{20}|^2 \propto r^2 \left(1 - \dfrac{r}{2a_b}\right) e^{-2r/a_B} \implies |u(r)_{20}|^2_{\max} \text{ para } r = (3 + \sqrt{5})a_B \\\\ |u(r)_{21}|^2 \propto r^4 e^{-2r/a_B} \implies |u(r)_{21}|^2_{\max} \text{ para } r = 4a_B \end{cases}$$

caracterizados pelos número quânticos $(n = 1, l = 0)$, $(2, 0)$ e $(2, 1)$.

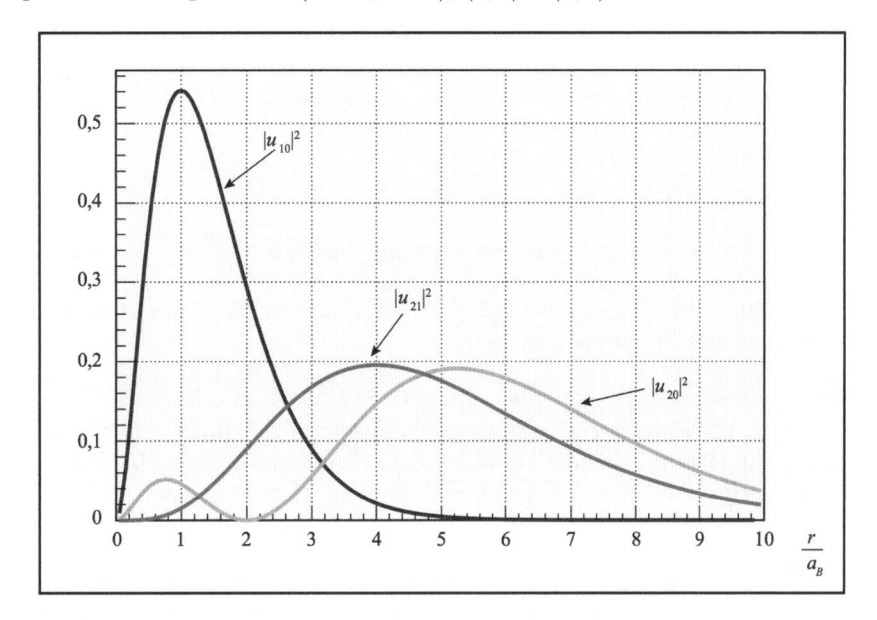

Figura 15.13: Distribuições de probabilidade radiais para os autoestados de energia $(1, 0)$, $(2, 0)$ e $(2, 1)$.

Outras distribuições de probabilidade, correspondentes aos autoestados caracterizados pelos número quânticos $(3, 0, 0)$, $(3, 1, 0)$ e $(3, 2, 0)$ são mostradas na Figura 15.14.

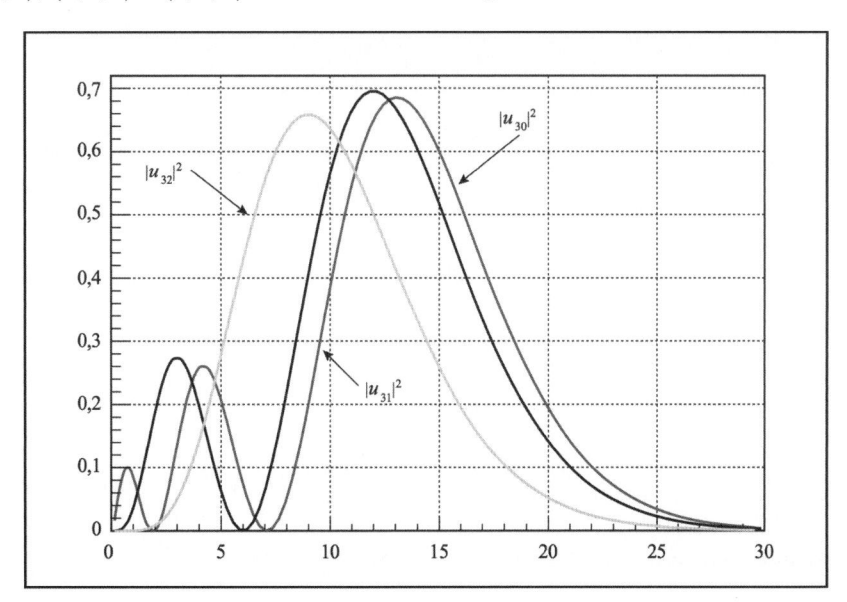

Figura 15.14: Distribuições de probabilidade radiais para os autoestados de energia $(3, 0)$, $(3, 1)$ e $(3, 2)$.

As Figuras 15.13 e 15.14 indicam que os valores que determinam os máximos das distribuições de probabilidades crescem com o número quântico principal (n), e apresentam também dependência com o número quântico azimutal (l).

Segundo o modelo de Bohr, os raios das órbitas permitidas (estacionárias) crescem com n^2, e, de acordo com a Mecânica Quântica, esse é também o comportamento previsto para as distribuições radiais associadas a autoestados de energia caracterizados por números quânticos do tipo $(n, l = n - 1)$,

$$u_{n,n-1} \sim r^n e^{-r/(na_B)} \implies |u_{n,n-1}|^2 \sim r^{2n} e^{-2r/(na_B)}$$

as quais têm máximo para $r = n^2 a_B$.

Em geral, o valor médio na Mecânica Quântica, além de crescer com n^2, apresenta também dependência com o número quântico azimutal (l).

Somente para grandezas que não possuem dependência angular azimutal (θ), ou autoestados de energia para os quais $l = 0$, a distribuição de probabilidade de presença do elétron apresenta simetria radial. Para grandezas que dependem de θ, os valores médios e as incertezas associadas, segundo a equação (15.54), são calculados a partir da distribuição de probabilidade definida por

$$|\psi_{nlm}(r, \theta, \varphi)|^2 \, r^2 = |u_{nl}(r)|^2 \, |P_l^m(\cos\theta)|^2 \tag{15.116}$$

Nesse sentido, $|P_l^m(\cos\theta)|^2$ é um fator de modulação para a distribuição de probabilidade de presença do elétron em qualquer região do átomo de hidrogênio.

Assim, os diagramas polares para os polinômios e funções associadas de Legendre apenas indicam as direções para as quais a probabilidade de presença do elétron é máxima, para uma dada distância do elétron ao próton. As dependências radial e angular da distribuição de probabilidade de presença do elétron no hidrogênio, dada por $|u_{nl}(r)|^2 |P_l^m(\cos\theta)|^2$, podem ser visualizadas nos diagramas mostrados na Figura 15.15.[6]

Como a dependência do ângulo polar φ das funções harmônicas esféricas $Y_l^m(\theta, \varphi)$ é do tipo $e^{im\varphi}$, a densidade de probabilidade de presença do elétron no átomo de hidrogênio tem simetria polar, ou seja, é invariante para rotações em torno do eixo z. Desse modo, as distribuições da Figura 15.15 representam a probabilidade de presença do elétron em qualquer plano vertical ao plano xy, que passa pelo eixo z.

Distribuições tridimensionais podem ser geradas pela rotação dos diagramas em torno do eixo z.

15.4.3.4 Notação espectroscópica

Historicamente, a classificação das linha observadas nos espectros de alguns átomos alcalinos (lítio, sódio e potássio), ou hidrogenoides, era denotada por letras do alfabeto, de acordo com as intensidades das linhas como: *sharp* (s), *principal* (p), *diffuse* (d), *fundamental* (f), (g), (h), ….

As letras dessa classificação empírica correspondem aos valores do número quântico azimutal (l), associados aos autoestados do quadrado do momento angular (L^2) da seguinte maneira:

l	0	1	2	3	4	5	…
	s	p	d	f	g	h	…

Esses valores definem as chamadas subcamadas eletrônicas do átomo.

As chamadas camadas ou orbitais atômicos K, L, M, N, …, correspondem aos números quânticos principais (n), os quais caracterizam os níveis de energia do átomo, ou seja,

---

[6] Esses diagramas foram gerados por métodos de Monte Carlo de rejeição.

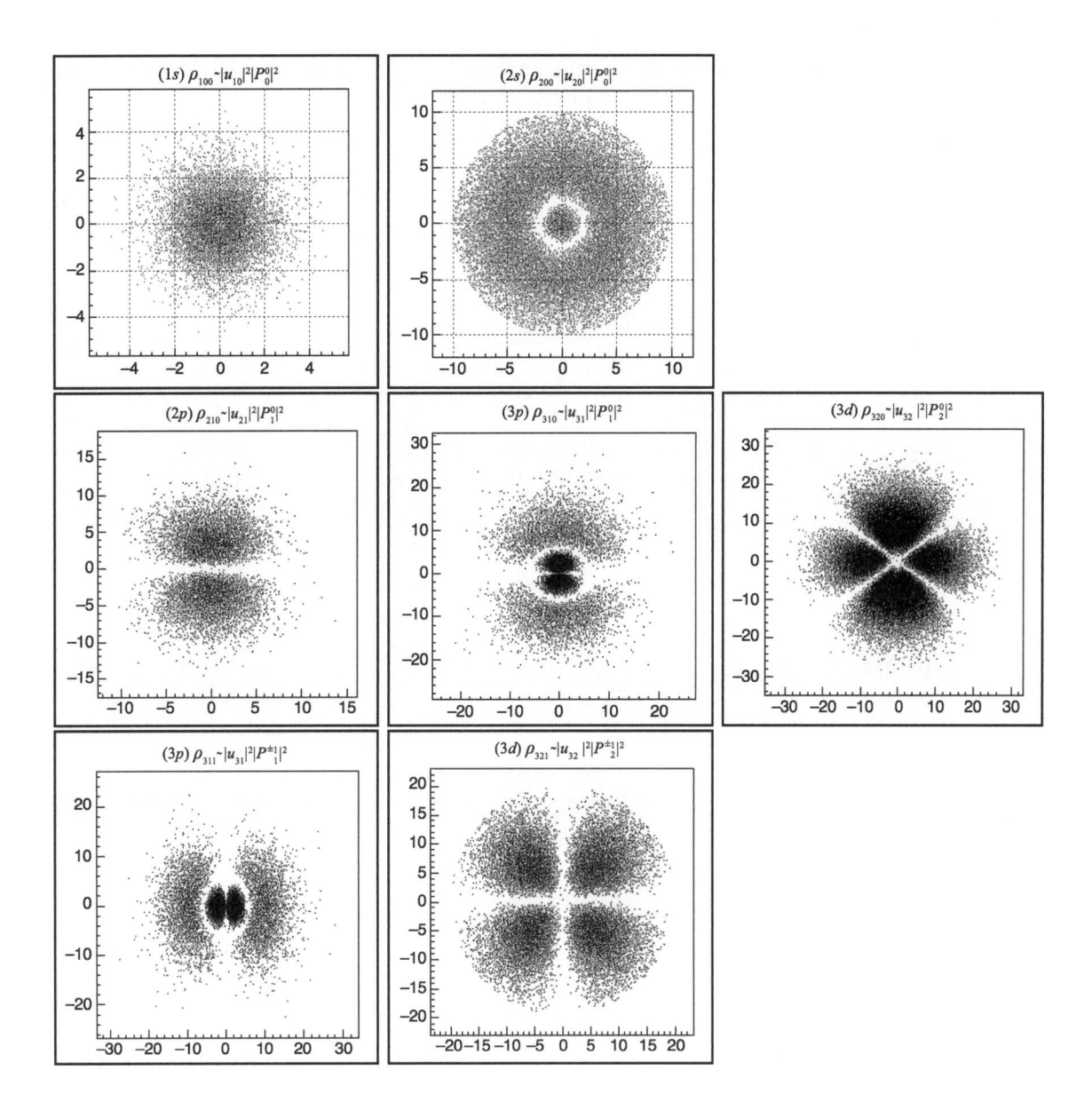

Figura 15.15: Diagramas polares das distribuições de probabilidade de presença do elétron no átomo de hidrogênio.

n	1	2	3	4	...
	K	L	M	N	...

Desse modo, o estado do elétron associado à camada K e subcamada s, ou seja, ao par $(n = 1, l = 0)$, é denotado como $1s$ e, o estado para o qual $(n = 3, l = 2)$, por $3d$.[7]

Na espectroscopia, usualmente, os níveis de energia degenerados e os correspondentes autoestados são representados em diagramas do tipo mostrado na Figura 15.16.

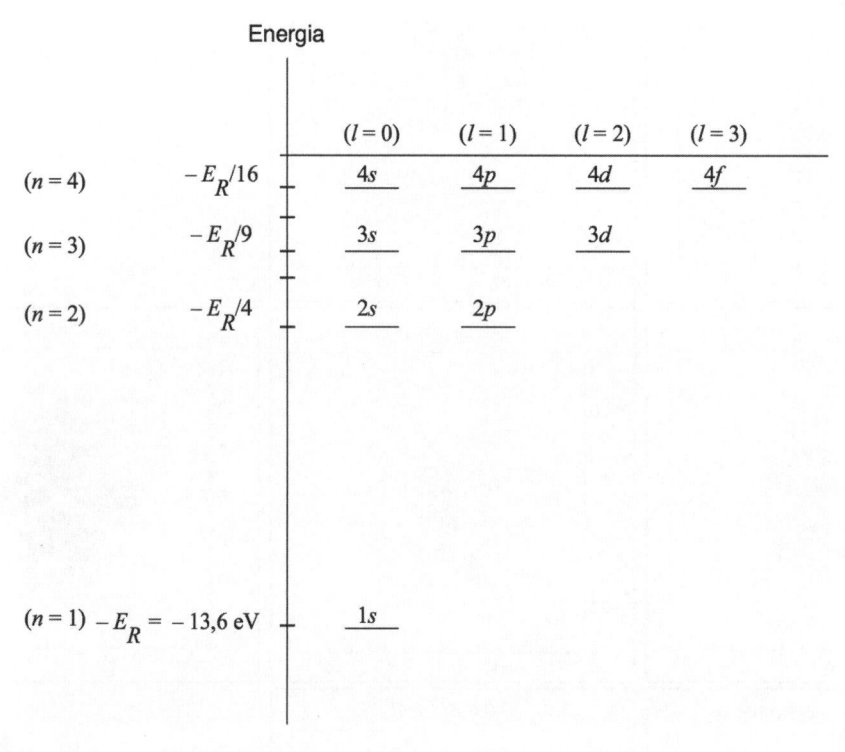

Figura 15.16: Diagrama dos níveis de energia degenerados e os correspondentes autoestados, para um átomo hidrogenoide.

15.4.3.5   As funções radiais e os polinômios e funções associadas de Laguerre

De modo análogo ao procedimento usado para os polinômios de Legendre, pode-se determinar de maneira geral e sistemática as funções radiais para o átomo de hidrogênio, associando-as aos chamados polinômios de Laguerre, a partir das respectivas função geratriz, fórmulas de Rodrigues e relações de recorrência que envolvem os polinômios e derivadas de ordem distintas, estabelecendo relações gerais, como a ortogonalidade, para qualquer que seja a ordem dos polinômios.

As funções associadas de Laguerre, $\mathcal{L}_n^k(x)$, satisfazem a equação de Laguerre

$$x\,y'' + (k + 1 - x)\,y' + n\,y = 0 \tag{15.117}$$

Sua solução pode ser expressa em termos dos polinômios ordinários de Laguerre, $\mathcal{L}_n(x)$, que satisfazem a equação (15.117) para $k = 0$. Sendo assim, os polinômios $\mathcal{L}_{n+k}(x)$ satisfazem a equação

$$x\,y'' + (1 - x)\,y' + (n + k)\,y = 0 \tag{15.118}$$

---

[7] Ao se considerar a chamada interação *spin*-órbita, o autovalor (j) associado ao momento angular total é indicado como um subíndice, tal que o estado para o qual $(n = 3, l = 1, j = 3/2)$ é indicado como $3p_{3/2}$.

Diferenciando k vezes a equação (15.118), obtém-se

$$x\,y^{(k+2)} + (k+1-x)\,y^{(k+1)} + n\,y^{(k)} = 0 \tag{15.119}$$

Comparando as equações (15.119) e (15.117), conclui-se que, se $\mathcal{L}_{n+k}$ é um polinômio que é solução da equação (15.118), então sua derivada de ordem k é um polinômio que é solução da equação de Laguerre, equação (15.117), dado por

$$\mathcal{L}_n^k(x) = \frac{d^k}{dx^k}\,\mathcal{L}_{n+k}(x) \tag{15.120}$$

No caso específico do átomo de hidrogênio, as funções radiais são dadas pelas equações (15.109) e (15.115)

$$R_{nl}(r) = r^l e^{-\alpha r} v_{nl}(r) \tag{15.121}$$

na qual

$$v_{nl}(r) = \sum_{\nu=0}^{k} b_\nu r^\nu$$

$$n = k + l + 1 = \frac{1}{\alpha a}$$

com a fórmula de recorrência

$$(\nu+1)(\nu+2l+2)\,b_{\nu+1} = 2\alpha\left(\nu+l+1-\frac{1}{\alpha a}\right) b_0$$

sendo

$$\alpha = \frac{(2m|E|)^{1/2}}{\hbar} \qquad e \qquad a = \frac{\hbar^2}{me^2}$$

Os polinômios $v_{nl}(r)$ satisfazem a equação

$$\frac{d^2 v_{nl}}{dr^2} + 2\left(\frac{l+1}{r} - \alpha\right)\frac{dv_{nl}}{dr} + 2(n-l-1)\alpha\,\frac{v_{nl}}{r} = 0 \tag{15.122}$$

Esses são os polinômios associados de Laguerre, de grau $(n-l-1)$.

Fazendo-se a mudança de variáveis $\xi = 2\alpha r = \frac{2r}{na}$, segue-se que

$$v_{nl}(\xi) = (2\alpha)^{(2l+3)/2}\mathcal{L}_{n-l-1}^{2l+1}(\xi)$$

e a equação (15.111) passa a ser escrita como

$$(2\alpha)^{(2l+3)/2}\,\frac{d^2\mathcal{L}_{n-l-1}^{2l+1}}{d\xi^2} + 2\left(\frac{l+1}{r} - \alpha\right)(2\alpha)^{(2l+3)/2}\,\frac{d\mathcal{L}_{n-l-1}^{2l+1}}{d\xi} +$$
$$+2\,(n-l-1)\,\frac{\alpha}{r}\,(2\alpha)^{(2l+3)/2}\mathcal{L}_{n-l-1}^{2l+1} = 0 \tag{15.123}$$

ou

$$\frac{d^2\mathcal{L}_{n-l-1}^{2l+1}}{d\xi^2} + \left(\frac{2(l+1)}{\xi} - 1\right)\frac{d\mathcal{L}_{n-l-1}^{2l+1}}{d\xi} + \frac{1}{\xi}\,(n-l-1)\mathcal{L}_{n-l-1}^{2l+1} = 0 \tag{15.124}$$

Em outras palavras, a solução radial da equação de Schrödinger para o átomo de hidrogênio depende do polinômio generalizado de Laguerre de grau $(n-l-1)$ e ordem $(2l+1)$ e pode ser escrita como

$$R(r) = R_{nl}(\xi) = (2\alpha)^{3/2}\,A_{nl}\,e^{-\xi/2}\,\xi^l \mathcal{L}_{n-l-1}^{2l+1}(\xi) \tag{15.125}$$

sendo A_{nl} uma constante de normalização.

15.4.3.6   Fórmulas de recorrência, de Rodrigues e função geratriz dos polinômios de Laguerre

A fórmula de Rodrigues dos polinômios associados de Laguerre pode ser obtida da seguinte maneira. Em termos de uma nova variável z, a solução da equação (15.117) pode ser escrita na forma

$$y = e^x \, x^{-k} \, z$$

Neste caso, encontra-se

$$x \, z'' + (x - k + 1) \, z' + (n + 1) \, z = 0$$

Fazendo agora

$$z = \frac{\mathrm{d}^n w}{\mathrm{d}x^n}$$

a equação anterior passa a ser escrita como

$$x \, w^{(n+2)} + (x - k + 1) \, w^{(n+1)} + (n + 1) \, w^{(n)} = 0$$

que é equivalente a

$$\frac{\mathrm{d}^{n+1}}{\mathrm{d}x^{n+1}} \left[x \, w' + (x - n - k) \, w \right] = 0$$

Como a equação entre colchetes tem uma solução do tipo $w = A \, e^{-x} \, x^{n+k}$, segue-se que

$$y = A \, e^x \, x^{-k} \frac{\mathrm{d}^n}{\mathrm{d}x^n} \left[e^{-x} x^{n+k} \right]$$

Escolhendo-se convenientemente $A = (-1)^k \, (n + k)!/n!$, a solução y torna-se idêntica ao polinômio associado de Laguerre, $\mathcal{L}_n^k$, donde

$$\mathcal{L}_n^k(x) = (-1)^k \, \frac{(n + k)!}{n!} \, e^x x^{-k} \, \frac{\mathrm{d}^n}{\mathrm{d}x^n} \left[e^{-x} x^{n+k} \right] \tag{15.126}$$

que é a fórmula de Rodrigues.

No caso particular em que $k = 0$, obtém-se a fórmula de Rodrigues para os polinômios ordinários de Laguerre[8]

$$\mathcal{L}_n(x) = e^x \frac{\mathrm{d}^n}{\mathrm{d}x^n} \left[e^{-x} x^n \right]$$

Pode-se ainda escrever

$$\mathcal{L}_n(x) = n! \sum_{r=0}^{n} \binom{n}{r} \frac{(-x)^r}{r!}$$

em que

$$\binom{n}{r} = C(n, r) = \frac{n!}{(n - r)! \, r!}$$

são os coeficientes binomiais.

Algumas fórmulas de recorrência úteis são:

$$\begin{aligned}
\mathcal{L}_n' &= n \left(\mathcal{L}_{n-1}' - \mathcal{L}_{n-1} \right) \\
x \mathcal{L}_n' &= n \mathcal{L}_n - n \mathcal{L}_{n-1} \\
\mathcal{L}_{n+1} &= (2n + 1 - x) \, \mathcal{L}_n - n \mathcal{L}_{n-1}
\end{aligned}$$

---

[8] Alguns autores incorporam nesta equação um fator $1/n!$, o que implicará diferenças nas fórmulas de recorrência para os polinômios de Laguerre.

A função geratriz dos polinômios de Laguerre é

$$\Phi(x, h) = \frac{\exp\left[-xh/(1-h)\right]}{(1-h)} = \sum_{n=0}^{\infty} \mathcal{L}_n(x)\, h^n$$

Para os polinômio associados de Laguerre, vale a relação de recorrência

$$(n+1)\mathcal{L}_{n+1}^{\alpha} = (2n+\alpha+1-x)\mathcal{L}_n^{\alpha} - (n+\alpha)\mathcal{L}_{n-1}^{\alpha}$$

15.4.3.7 Ortogonalidade dos polinômios de Laguerre e das funções radiais

Os polinômios generalizados de Laguerre também satisfazem a uma condição de ortogonalidade, que pode ser demonstrada a partir da integral

$$\int_0^{\infty} e^{-x} x^k \mathcal{L}_n^k(x)\mathcal{L}_m^k(x)\, \mathrm{d}x \tag{15.127}$$

Sem perda de generalidade, pode-se supor que $n \geq m$ e substituir $\mathcal{L}_n^k(x)$ pela fórmula de Rodrigues, equação (15.126), obtendo-se

$$(-1)^k \frac{(n+k)!}{n!} \int_0^{\infty} \frac{\mathrm{d}^n}{\mathrm{d}x^n}\left[e^{-x}x^{n+k}\right] \mathcal{L}_m^k(x)\, \mathrm{d}x$$

Realizando n integrações por partes, levando em conta que aparecerá sempre um termo já integrado que depende do fator xe^{-x}, que se anula nos limites de integração, chega-se a

$$(-1)^{n+k} \frac{(n+k)!}{n!} \int_0^{\infty} e^{-x} x^{n+k} \frac{\mathrm{d}^n}{\mathrm{d}x^n}\mathcal{L}_m^k(x)\, \mathrm{d}x$$

Nos casos em que $n > m$, a derivada dentro do integrando é sempre nula; para $n = m$,

$$\frac{\mathrm{d}^n}{\mathrm{d}x^n}\mathcal{L}_m^k(x) = (-1)^{n+k}(n+k)!$$

Logo,

$$\int_0^{\infty} e^{-x} x^{n+k}\, \mathrm{d}x = (n+k)!$$

donde, finalmente,

$$\int_0^{\infty} e^{-x} x^k \mathcal{L}_n^k(x)\mathcal{L}_m^k(x)\, \mathrm{d}x = \frac{[(n+k)!]^3}{n!}\, \delta_{mn} \tag{15.128}$$

Na prática, integrais semelhantes a essa podem aparecer nos cálculos envolvendo a função de onda radial do átomo de hidrogênio. Algumas delas são dadas a seguir:

$$\int_0^{\infty} e^{-x} x^{k+1}(\mathcal{L}_n^k)^2\, \mathrm{d}x = \frac{(2n+k+1)\left[(n+k)!\right]^3}{n!}$$

$$\int_0^{\infty} e^{-x} x^{k-1}(\mathcal{L}_n^k)^2\, \mathrm{d}x = \frac{\left[(n+k)!\right]^3}{n!\, k}$$

$$\int_0^{\infty} e^{-x} x^{k-2}(\mathcal{L}_n^k)^2\, \mathrm{d}x = \frac{(2n+k+1)\left[(n+k)!\right]^3}{n!\, k\, (k^2-1)}$$

$$\int_0^{\infty} e^{-x} x^{k+1}\mathcal{L}_n^k\,\mathcal{L}_{n+1}^{k-2}\, \mathrm{d}x = -\frac{3(2n+k+1)\left[(n+k)!\right]^3}{n!\,(n+k)!} \tag{15.129}$$

A constante de normalização é determinada pela condição de normalização

$$\int_0^\infty |R_{nl}(r)|^2 \, r^2 \, \mathrm{d}r = 1$$

que, de acordo com (15.109), se escreve

$$\int_0^\infty r^{2l} e^{-2\alpha r} |v_{nl}(r)|^2 \, r^2 \, \mathrm{d}r = 1$$

Como $|v_{nl}|^2 = (2\alpha)^{2l+3} \left| \mathcal{L}_{n-l-1}^{2l+1}(\xi) \right|^2$, fazendo-se $\xi = 2\alpha r$, pode-se escrever a condição de normalização como

$$\int_0^\infty e^{-\xi} \xi^{2l+2} \left[\mathcal{L}_{n-l-1}^{2l+1}(\xi) \right]^2 \, \mathrm{d}\xi = 1$$

e usando-se a primeira fórmula da equação (15.129), pode-se mostrar, finalmente, que

$$A_{nl} = \left[\frac{(n-l-1)!}{2n \left[(n+l)! \right]^3} \right]^{1/2} \tag{15.130}$$

15.4.4 Regras de seleção

Como as dimensões atômicas são muito menores que os comprimentos de onda da luz, pode-se considerar, em primeira aproximação, que a emissão e a absorção da radiação por um átomo são determinadas pelo momento dipolar elétrico, o qual é proporcional à coordenada de posição ($\vec{r}$) do elétron. Assim, o valor médio

$$\langle \vec{r} \rangle = \int \vec{r} \, \psi_{n'l'm'}^*(x,y,z) \, \psi_{nlm}(x,y,z) \, \mathrm{d}x \, \mathrm{d}y \, \mathrm{d}z$$

determina as regras de seleção para as transições permitidas.

Uma vez que

$$N \int_0^\infty \int_0^\pi \int_0^{2\pi} \vec{r} \, R_{n'l'}(r) R_{nl}(r) r^2 P_{l'}^{m'}(\theta) P_l^m(\theta) \, \mathrm{sen}\,\theta \, e^{-im'\phi} \, e^{im\phi} \, \mathrm{d}r \, \mathrm{d}\theta \, \mathrm{d}\phi$$

e que

$$\vec{r} = \hat{\imath}x + \hat{\jmath}y + \hat{k}z = \hat{\imath}\, r \, \mathrm{sen}\,\theta \cos\phi + \hat{\jmath}\, r \, \mathrm{sen}\,\theta \, \mathrm{sen}\,\phi + \hat{k}\, r \cos\theta$$

podem-se calcular as regras de seleção separadamente para transições que envolvem os números quânticos m e l.

Para o número quântico magnético, obtém-se

$$\begin{cases} \langle z \rangle \propto \displaystyle\int_0^{2\pi} e^{-im'\phi} e^{im\phi} \, \mathrm{d}\phi \propto \delta_{m'm} \\[2ex] \langle x \rangle \propto \displaystyle\int_0^{2\pi} e^{-im'\phi} e^{im\phi} \underbrace{\cos\phi}_{\dfrac{e^{i\phi}+e^{-i\phi}}{2}} \, \mathrm{d}\phi \propto \delta_{m',m\mp1} \\[3ex] \langle y \rangle \propto \displaystyle\int_0^{2\pi} e^{-im'\phi} e^{im\phi} \, \mathrm{sen}\,\phi \, \mathrm{d}\phi \propto \delta_{m',m\mp1} \end{cases} \implies \boxed{\Delta m = 0, \pm1}$$

As regras de seleção para os números quânticos l são estabelecidas de modo não tão direto. Entretanto, utilizando-se a notação

$$\int_0^\pi \int_0^{2\pi} P_{l'}^{m'}(\theta) \, \mathcal{A} \, P_l^m(\theta) \, \mathrm{sen}\,\theta \, \mathrm{d}\theta \, \mathrm{d}\phi = \langle l', m' | \mathcal{A} | l, m \rangle$$

para o valor médio de um operador $\mathcal{A}$, pode-se escrever

$$\begin{cases} \langle l', m'|L^2|l, m\rangle = \underbrace{\hbar^2 l(l+1)}_{\lambda_l} \langle l', m'|l, m\rangle \\[2em] \langle l', m'|L_z|l, m\rangle = \hbar m \langle l', m'|l, m\rangle \end{cases}$$

A partir da regra de comutação

$$\left[L^2, \left[L^2, z\right]\right] = 2\hbar^2(zL^2 + L^2 z)$$

obtém-se

$$\langle l', m'|\left[L^2, \left[L^2, z\right]\right]|l, m\rangle$$

Explicitando-se o comutador do lado esquerdo, e usando a identidade $\langle l', m'|L^2|l, m\rangle = \lambda_l \langle l', m'|l, m\rangle$ no lado direito, tem-se também

$$\langle l', m'|L^2\left[L^2, z\right] - \left[L^2, z\right]L^2|l, m\rangle = 2\hbar^2(\lambda_l + \lambda_{l'})\,\langle l', m'|z|l, m\rangle$$

ou ainda

$$(\lambda_{l'} - \lambda_l)\,\langle l'm'|\left[L^2, z\right]|l, m\rangle = (\lambda_{l'} - \lambda_l)^2\,\langle l', m'|z|l, m\rangle$$

Assim, igualando-se os lados direitos das duas últimas equações, encontra-se

$$2\hbar^2(\lambda_{l'} + \lambda_l) = (\lambda_{l'} - \lambda_l)^2$$

Substituindo-se os valores de λ_l e $\lambda_{l'}$ obtém-se (Exercício 15.7.18)

$$\left[(l' + l + 1)^2 + (l' - l)^2 - 1\right] = \left[(l' + l + 1)\,(l' - l)\right]^2$$

o que implica

$$\left[(l' + l + 1)^2 - 1\right]\left[(l' - l)^2 - 1\right] = 0$$

ou seja,

$$l' = l \pm 1 \quad \Longrightarrow \quad \boxed{\Delta l = \pm 1}$$

Apesar do sucesso na determinação do espectro do hidrogênio e na predição das linhas espectrais com base nas regras de seleção, a teoria de Schrödinger não explicava a estrutura fina do espectro. Por exemplo, embora a previsão seja a de uma única linha, de comprimento de onda da ordem de $6\,563$ Å, correspondente à transição entre os níveis $3s$ e $2p$, na realidade ocorrem duas linhas separadas de $1,4$ Å.

Por outro lado, quando um átomo encontra-se sob ação de um campo magnético, de acordo com a regra de seleção

$$\Delta m = 0, \pm 1$$

espera-se um efeito Zeeman normal, com a divisão de uma linha espectral em três componentes, conforme previsto também pelo Eletromagnetismo Clássico. No entanto, a observação mais frequente é o aparecimento de quatro, seis ou mais componentes, correspondendo ao chamado efeito Zeeman anômalo.[9]

Com base nas tentativas de Sommerfeld, Landé, Pauli, Ralph Krönig e Thomas, os holandeses George E. Uhlenbeck e Samuel Goudsmit, em 1925, sugeriram um novo grau de liberdade para o elétron, um momento angular intrínseco, o *spin*, independente do momento angular orbital e, na verdade, de qualquer interação (Seção 16.6).

---

[9] Apesar do nome, o efeito anômalo é o mais frequente.

Apesar de as autofunções do momento orbital $(\vec{L})$, $Y_l^m(\theta, \phi)$, dependerem das coordenadas angulares θ e ϕ, as ações dos operadores L^2 e L_z podem ser representadas por

$$\begin{cases} L^2|l, m_l\rangle = \hbar^2 l(l+1)\,|l, m_l\rangle & l = 0, 1, 2, \ldots \\[2mm] L_z|l, m_l\rangle = \hbar m_l\,|l, m_l\rangle & m_l = 0, \pm 1, \pm 2, \ldots \pm l \end{cases}$$

na qual os inteiros l e m_l são os números quânticos orbital e magnético.

O espectro de autovalores associados ao *spin* do elétron é formado de valores semi-inteiros, e a ação dos operadores correspondentes S^2 e S_z é denotada como

$$\begin{cases} S^2|s, m_s\rangle = \hbar^2 s(s+1)\,|s, m_s\rangle & s = 1/2 \\[2mm] S_z|s, m_s\rangle = \hbar m_s\,|s, m_s\rangle & m_s = -1/2, 1/2 \end{cases} \tag{15.131}$$

em que os semi-inteiros s e m_s são denominados números quânticos de *spin*.

Os autoestados associados ao *spin*, entretanto, não dependem de coordenadas espaciais.

A partir do conceito de *spin*, foram explicados não só a chamada estrutura fina do espectro de emissão ou absorção dos átomos como um grande número de outros efeitos que ocorrem nos fenômenos microscópicos.

Sob a ação de um campo magnético na direção z, um feixe de átomos excitados, com momento angular orbital l, se desdobraria em $2l + 1$ feixes, que seriam detectados como traços paralelos em um anteparo. No entanto, os experimentos realizados pelos alemães Otto Stern e Walther Gerlach em 1922 mostraram que, para átomos no estado fundamental $(l = 0)$, sempre eram observados apenas dois traços (Seção 16.6), correspondentes a dois valores de momento dipolar magnético, $-\mu_B$ e μ_B.

Segundo Goudsmit e Uhlenbeck, uma explicação para os resultados dos experimentos de Stern e Gerlach, compatível com apenas dois autovalores para a projeção do momento dipolar magnético na direção z, seria possível se fosse atribuído ao elétron um momento angular intrínseco $(\vec{S})$, cujos autovalores para S^2 e S_z fossem dados pela equação (15.131).

Nesse caso, o momento dipolar (μ_s) seria dado por

$$\vec{\mu}_s = -g_s \gamma_l \vec{S} = -\gamma_s \vec{S} \tag{15.132}$$

sendo $g_s = 2$ e $\gamma_s = e/m$.

A principal aplicação do conceito de *spin*, no entanto, veio com o *princípio de exclusão de Pauli*.

O estado normal do átomo de hidrogênio é o estado fundamental, no qual o elétron se encontra em seu nível mais baixo de energia. Qual seria o estado fundamental de um átomo multieletrônico? Estariam todos os elétrons com a mesma energia?

Apesar da relutância inicial de aceitar o conceito de *spin*, o próprio Pauli, em 1925, propõe que a estrutura eletrônica dos átomos seria explicada adotando-se o chamado princípio de exclusão, o qual estabelece que os números quânticos, incluindo os de *spin*, que caracterizam dois elétrons não podem ser todos simultaneamente iguais.

Em 1927, Pauli apresentou uma equação capaz de descrever fenomenologicamente a dinâmica da interação entre uma partícula com *spin* e um campo magnético. A equação de Pauli corresponde ao limite não relativístico (Seção 16.5) da equação relativística de onda para o elétron (Seção 16.2), estabelecida por Dirac em 1928.

15.5 Fontes primárias

Krönig, R. de L., 1926. A theorem of space quantization. *Proceedings of National Academy of Science* **12**, n. 5, p. 330-334.

Pauli, W., 1927. Zur Quantenmechanik des magnetischen Elektrons. *Zeitschrift für Physik* **43**, n. 8, p. 601-623.

Stark, J., 1916. Der Träger der Haupt- und Nebenserien der Alkalien, alkalischen Erden und des Heliums. *Annalen der Physik*, Ser. 4, **51**, n. 18, p. 220-236.

Uhlenbeck, G.E.; Goudsmit, S., 1926. Spinning Electrons and the Structure of Spectra. *Nature* **117**, p. 264-265.

15.6 Outras referências e sugestões de leitura

Caruso, F.; Martins, J.; Oguri, V., 2013. On the existence of hydrogen atoms in higher dimensional Euclidean spaces. *Physics Letters A* **377**, n. 9, p. 694-698.

Caruso, F.; Oguri, V., 2014. O método numérico de Numerov aplicado à equação de Schrödinger. *Revista Brasileira de Ensino de Física* **36**, n. 2, a.n. 2310. Nesse artigo, mostra-se como resolver numericamente problemas de autovalor associados a equações diferenciais ordinárias lineares de segunda ordem. O método de Numerov é aplicado a dois problemas clássicos da Mecânica Quântica não relativística cujas soluções analíticas sao bem conhecidas: o oscilador harmônico simples e o átomo de hidrogênio. Os resultados numéricos sao confrontados com os obtidos analiticamente.

Eisberg, R.M.; Resnick, R., 1979. Livro de texto de Física Moderna que dedica seis capítulos a aplicações nas áreas de Física Molecular, do Estado Sólido, Nuclear e de Partículas.

Flügge, S., 1971. Problemas de Mecânica Quântica com soluções.

Gasiorowicz, S., 2003. Contém várias aplicações dos poços de potenciais descontínuos.

Lawden, D.F., 1967. Tratamento detalhado da solução da equação radial de Schrödinger.

Lévy-Leblond, J.M.; Balibar, F., 1990. Discussão de vários fenômenos atômicos e nucleares modelados por poços de potenciais descontínuos.

Ter Haar, D., 1964. Seleção de problemas de Mecânica Quântica com soluções.

15.7 Exercícios

Exercício 15.7.1 Uma partícula de massa m e energia $E > V_o$ deslocando-se na direção e no sentido positivo do eixo x incide em um degrau de potencial de altura V_o, em $x = 0$. Determine os coeficientes de transmissão (t) e reflexão (r).

Exercício 15.7.2 Uma partícula de massa m, que se desloca na direção x, encontra-se confinada em um poço de potencial infinito entre $x = 0$ e $x = a$. Determine:

a) os valores médios da posição e do *momentum*, $\langle x \rangle_n$ e $\langle p \rangle_n$, para seus autoestados estacionários de energia;

b) o autoestado estacionário que minimiza o produto das incertezas $(\Delta x)_n (\Delta p)_n$;

c) a distribuição de probabilidades para os *momenta*.

Se o estado inicial da partícula é $\Psi(x,0) = Ax(a - x)$, determine:

d) os valores médios da posição e do *momentum*, $\langle x \rangle_o$ e $\langle p \rangle_o$;

e) as probabilidades de ocorrência de cada autovalor de energia da partícula;

f) o estado da partícula em um instante genérico t.

Exercício 15.7.3 Considere o espalhamento de um feixe de partículas de massa m e energia E, por uma barreira de potencial retangular de altura V_o e largura a.

Para $E < V_o$,

a) mostre que a probabilidade de transmissão é dada por

$$t = \left(1 + \frac{V_o^2 \operatorname{senh}^2 \rho a}{4E(V_o - E)} \right)^{-1}$$

sendo $\rho = \sqrt{2m(V_o - E)}/\hbar$;

b) determine os limites de t para $\hbar \to 0$ e $\rho a \gg 1$ $(E \ll V_o)$.

Para $E > V_o$,

c) mostre que a probabilidade de transmissão é dada por

$$t = \left(1 + \frac{V_o^2 \operatorname{sen}^2 ka}{4E(E - V_o)}\right)^{-1}$$

sendo $k = \sqrt{2m(E - V_o)}/\hbar$;

d) determine o limite de t para $E \gg V_o$;

e) determine a condição para a qual t é máximo;

f) neste caso, calcule o valor do coeficiente de reflexão r;

g) determine os valores de energia para os quais t é máximo.

Exercício 15.7.4 Um próton com energia igual a 12 eV incide sobre uma barreira de potencial retangular de altura igual a 16 eV e largura de $1{,}8 \times 10^{-10}$ m. Determine a probabilidade de transmissão.

Exercício 15.7.5 Mostre que a energia do único estado ligado de uma partícula de massa m, em um poço de potencial retangular finito, de profundidade $-V_o$ e largura a, é dada por

$$E = -\frac{ma^2 V_o^2}{2\hbar^2}$$

Exercício 15.7.6 Seja um oscilador harmônico de massa m e frequência própria ω. Determine:

a) a probabilidade de presença nas regiões classicamente proibidas para o estado fundamental;

b) os valores médios da posição e do *momentum*, $\langle x \rangle_n$ e $\langle p \rangle_n$, para o estado fundamental e para o primeiro autoestado excitado.

Se o estado inicial é dado por

$$\Psi(x,0) = \frac{1}{2}\psi_0 + \frac{\sqrt{3}}{2}\psi_1$$

Determine:

c) os valores médios da posição e do *momentum* linear, $\langle x \rangle$ e $\langle p \rangle$;

d) as probabilidades de ocorrência de cada autovalor de energia;

e) o estado em um instante qualquer.

Exercício 15.7.7 Considere um oscilador harmônico simples unidimensional em um campo elétrico uniforme, ε, (efeito Stark) cuja equação de Schrödinger é

$$\left\{-\frac{\hbar^2}{2m}\frac{\mathrm{d}^2}{\mathrm{d}x^2} + \frac{1}{2}m\omega^2 x^2 - q\varepsilon x\right\}\phi(x) = E\phi(x)$$

a) determine as autofunções e os autovalores de energia;

b) faça um gráfico dos níveis de energia E em função do campo elétrico ε;

c) esboce o diagrama de energia, enfatizando as diferenças de níveis com relação ao oscilador harmônico livre.

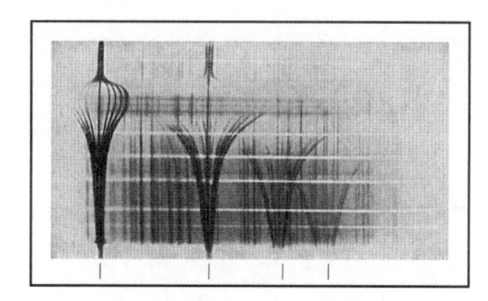

Figura 15.17: Espectro evidenciando o efeito Stark.

Exercício 15.7.8 Escreva a equação de Schrödinger para o átomo de hidrogênio em d dimensões e mostre que:

a) a solução da parte angular depende dos polinômios de Gegenbauer;

b) o termo centrífugo que aparece na equação radial, em vez de $l(l+1)\hbar^2/r^2$, é $j(j+1)\hbar^2/r^2$, em que $j = l + (d-3)/2$.

Exercício 15.7.9 A equação de Schrödinger pode ser obtida heuristicamente a partir do hamiltoniano clássico que descreve um sistema físico conservativo, $H(x,p) = p^2/(2m) + V(x) = E$, considerando H um operador e substituindo $p \to -i\hbar\partial/\partial x$ e $E \to i\hbar\partial/\partial t$. Entretanto, há que se considerar algo mais. Classicamente, por exemplo, o termo cinético pode ser escrito como

$$\frac{p^2}{2m} = \frac{1}{2m} p \frac{1}{x} px$$

Como x e p comutam na Física Clássica, o termo $1/x$ se cancela com x. Mas, aplicando-se a regra acima ao hamiltoniano com o termo cinético escrito dessa forma, obtém-se *outra* equação de Schrödinger. Discuta esse problema e estabeleça um procedimento para que essa ambiguidade seja evitada ao se aplicar a regra exposta anteriormente.

Exercício 15.7.10 Um elétron de um átomo de hidrogênio encontra-se em seu estado fundamental. Determine:

a) a probabilidade de que o elétron se encontre no interior do próton ($r \sim 1\,\mathrm{F} = 10^{-15}\,\mathrm{m}$);

b) a distância mais provável entre o próton e o elétron;

c) a probabilidade de presença entre $0{,}99\,a$ e $1{,}11\,a$, sendo a o raio de Bohr;

d) a probabilidade de presença para $r > 4a$;

e) os valores médios $\langle r \rangle$, $\langle r^2 \rangle$, $\langle x \rangle$ e $\langle x^2 \rangle$.

Exercício 15.7.11 Mostre que:

a) $[L_x, z] = -i\hbar y$

b) $[L_y, z] = -i\hbar x$

c) $[L_x, y] = i\hbar z$

d) $[L_y, x] = -i\hbar z$

e) $[L^2, z] = 2i\hbar (xL_y - yL_x - i\hbar z)$

f) $\left[L^2, [L^2, z]\right] = 2\hbar^2(zL^2 + L^2 z)$

g) $\vec{r} \cdot \vec{L} = 0$

Exercício 15.7.12 Calcule (para $k = -3, -2, -1, 1$ e 2)

$$\langle r^k \rangle = \int_0^\infty R_{nl}^* \, r^k \, R_{nl} \, r^2 \, \mathrm{d}r$$

Exercício 15.7.13 Calcule os valores médios de $\langle p_x \rangle$, $\langle p_y \rangle$ e $\langle p_z \rangle$ nos estados $l = 1$ e $m = 0, \pm 1$ do átomo de hidrogênio.

Exercício 15.7.14 Considerando os polinômios de Legendre, mostre que

$$\int_{-1}^{+1} P_l(x) G_k(x) \, \mathrm{d}x = 0$$

para todo polinômio $G(x)$ de ordem $k < l$.

Exercício 15.7.15 A equação diferencial

$$\frac{\mathrm{d}}{\mathrm{d}x} \left[A(x) \frac{\mathrm{d}y}{\mathrm{d}x} \right] + [\lambda B(x) + C(x)] \, y = 0$$

é chamada de *equação de Sturm-Liouville*, na qual o parâmetro λ está associado aos autovalores. Mostre que as equações do movimento harmônico simples, de Hermite, de Legendre e de Laguerre podem ser escritas nesta forma geral.

Exercício 15.7.16 Sabendo que a função de onda para uma partícula livre movendo-se ao longo do eixo-z, com momentum $\hbar k$, pode ser expressa como:

$$\psi = e^{ikz} = \sum_\ell^\infty i^\ell \sqrt{4\pi(2\ell + 1)} j_\ell(kr) Y_{\ell 0}$$

em que j_ℓ são funções de Bessel e $Y_{\ell 0}$, os harmônicos esféricos. Lembrando que

$$Y_{00} = \frac{1}{\sqrt{4\pi}}$$

$$Y_{20} = \frac{1}{2} \sqrt{\frac{5}{4\pi}} (3 \cos^2 \theta - 1)$$

calcule a integral

$$(\hbar k)^2 \int \psi \, \mathrm{sen}^2 \theta \, d\Omega$$

Exercício 15.7.17 Considere que um elétron no campo coulombiano de um próton se encontra em um estado descrito pela seguinte função de onda $\psi_{n\ell m}(\vec{r})$:

$$\frac{1}{4}[2\psi_{100}(\vec{r}) + 3\psi_{211}(\vec{r}) - \psi_{210}(\vec{r}) + \sqrt{2}\psi_{21-1}(\vec{r})].$$

Calcule o valor esperado de L^2.

Exercício 15.7.18 Mostre que

$$\left[(l' + l + 1)^2 + (l' - l)^2 - 1 \right] = \left[(l' + l + 1)(l' - l) \right]^2$$

16

A equação de Dirac

Nos momentos de crise, só a imaginação é mais importante do que o conhecimento.

Albert Einstein

A descoberta do *elétron* afastou definitivamente a ideia de que o átomo seria o constituinte último da matéria, indivisível, imutável e indestrutível, como sustentava a teoria atômica química da matéria. Passado agora mais de um século da sua descoberta, o elétron continua sendo uma partícula elementar, no sentido de não apresentar nenhuma estrutura, pelo menos até o limite experimental de hoje, que permite sondar distâncias da ordem de 1 000 000 000 000 000 000 de vezes menores que o metro. E em que este novo conceito de elementaridade difere do conceito clássico de *a-tomo*? Pode-se continuar utilizando os mesmos critérios adotados na Química para definir o que é elementar? A resposta é não, mas este ponto será analisado no Capítulo 17.

É importante notar que por volta de 1928, ano dos primeiros trabalhos de Dirac para compreender o elétron, não havia ainda sequer uma descrição teórica coerente do *spin* do elétron. Havia apenas modelos que tentavam explicar esse novo grau de liberdade do elétron. Muito menos existia uma teoria consistente que levasse em conta a dinâmica da interação dos elétrons com o campo eletromagnético no cenário da Física Quântica.

Por outro lado, a descoberta do *pósitron* desencadeou um longo e profundo processo de revisão do conceito de partícula elementar, que culminou com o entendimento de que essas partículas não são necessariamente imutáveis e indestrutíveis. Como uma das consequências importantes desse processo, deve-se considerar a gênese da ideia de *quarks*, na década de 1960 (Capítulo 17).

Durante esse período, muito rico para a Física, o estudo das simetrias das propriedades das partículas e de suas interações desempenhou um papel notável, que passou pelo reconhecimento – a exemplo do que fez Heráclito na Filosofia grega – de que o conflito dos opostos é, em última análise, um tipo de harmonia, e os contínuos processos de mudança são, eles próprios, princípios fundamentais que merecem lugar de destaque nos estudos da estrutura quântica da matéria. A ideia de que para cada partícula existe uma correspondente *antipartícula*[1] abre, de fato, a possibilidade de um grande número de novos fenômenos e conduz também a uma revisão radical do conceito de vácuo, como será visto posteriormente.

A constante fundamental na Mecânica Quântica é a constante de Planck, h, enquanto na Relatividade Restrita a constante que desempenha tal papel fundamental é a velocidade da luz no vácuo, c. Como o estudo de sistemas microscópicos envolve partículas de massas muito pequenas, como, por exemplo, o elétron, que pode atingir velocidades próximas à da luz, faz-se necessária a proposição de uma *teoria*

---

[1] Uma antipartícula possui a mesma massa e um conjunto de cargas opostas com relação à partícula associada.

quântico-relativística. A equação fundamental dessa teoria, naturalmente, deve envolver as duas constantes h e c e deve conter a equação não relativística de Schrödinger como caso limite.

A partir de um raciocínio análogo, Dirac estabeleceu uma equação capaz de descrever a dinâmica de um elétron em sua interação com um campo eletromagnético, covariante com relação às transformações de Lorentz, mostrando, pela primeira vez, que o *spin* parece ser intrinsecamente uma propriedade quântico-relativística do elétron e do pósitron.

16.1   O milho e a pérola

Um galo, escavando o chão,
acha uma pérola e, então,
vai até a joalheria.
É rara, eu sei: vê que brilho!
Mas juro que um grão de milho,
para mim, tem maior valia!

Jean de La Fontaine

A descoberta do elétron foi fundamental para a revisão do conceito de átomo. Contudo, do ponto de vista da descrição teórica da dinâmica dessa partícula e de sua interação com campos externos, foi a descoberta do *pósitron* que permitiu entender melhor o que é o elétron. Do ponto de vista da História das Ideias, a concepção e a descoberta do pósitron talvez sejam comparáveis apenas à gênese do conceito de *átomo* na Grécia Antiga.

Foi partindo desse pressuposto que, passada a comemoração do centenário da descoberta experimental do elétron, optou-se por não enfatizar aqui tanto seus aspectos ontológicos, mas por tratar do que se pode chamar do *negativo* dessa partícula elementar, ou seja, da descoberta do *antielétron*,[2] e do seu significado para a Física Moderna e Contemporânea.

Essa foi a primeira antipartícula, observada por Carl David Anderson ao estudar os raios cósmicos em 1931, e por ele batizada de *pósitron* – nome pelo qual é conhecida até hoje –, acatando uma sugestão do editor da revista *Science News Letters*, onde foi publicada a primeira fotografia do traço de ionização deixado pelo pósitron em uma câmara de nuvens (Figura 16.1).

É importante ressaltar que esse não é o único exemplo na História da Ciência em que a aceitação da negativa de um conceito físico desempenha um papel epistemológico importante. Talvez o exemplo mais conhecido seja a contribuição dos atomistas gregos, no século V a.C., ao admitirem como pilares da filosofia materialista a coexistência do *átomo* (o *Ser*) e do *vazio* (o *Não Ser*).

O descobrimento dessa pérola de grande brilho – o pósitron – foi decisivo para a moderna conceituação do milho: o elétron.

A constatação da existência de antipartículas, além de ter sido decisiva no processo de consolidação de uma teoria capaz de descrever a interação entre partículas eletricamente carregadas e fótons – a *Eletrodinâmica Quântica* –, exigiu que o próprio conceito de *matéria* fosse revisto, introduzindo o conceito de *antimatéria*. Contribuiu, também, para abrir um novo caminho para a investigação teórica e experimental dos constituintes últimos da matéria, através do que se convencionou chamar de Física de Partículas ou, mais tarde, de Física de Altas Energias.

---

[2] Antielétron foi o termo cunhado por Dirac para o pósitron.

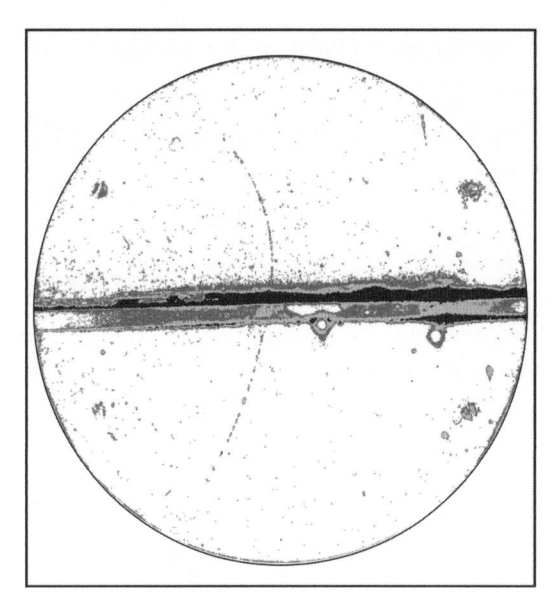

Figura 16.1: Traço de ionização deixado por um pósitron em uma câmara de nuvens no experimento de Anderson ao atravessar uma placa de chumbo.

16.2 A equação relativística de Dirac

A presente forma da Mecânica Quântica não deve ser considerada a forma final.

Paul Dirac

A descrição da dinâmica do microcosmo a partir das ideias de Louis de Broglie, em particular do comportamento de partículas submetidas à ação de campos eletromagnéticos, como no caso dos elétrons atômicos, foi encontrada em 1926 por Schrödinger, a partir da equação

$$H\Psi(\vec{r},t) = i\hbar \frac{\partial}{\partial t}\Psi(\vec{r},t) \tag{16.1}$$

sendo H o operador hamiltoniano que, no caso de sistemas conservativos, corresponde à energia do elétron (Capítulo 14).

Entretanto, a equação de Schrödinger é uma equação não relativística, que envolve derivadas espaciais de segunda ordem, enquanto a derivada temporal é de primeira ordem. Por outro lado, Sommerfeld já havia mostrado que, para explicar a estrutura fina dos espectros de raias do átomo de hidrogênio, era necessário considerar correções relativísticas ao movimento do elétron orbital.

Como compatibilizar, então, a Mecânica Quântica e a Teoria da Relatividade Restrita? Essa foi a pergunta que Dirac se fez entre os anos de 1926 e 1928. Para ele, não deveria haver assimetria na ordem das derivadas envolvidas em uma equação relativística. Por exemplo, a equação de onda de d'Alembert envolve derivadas de segunda ordem no espaço e no tempo, e é covariante com relação às transformações de Lorentz.

Nesse sentido, o próprio Schrödinger havia chegado a uma equação relativística para o elétron no átomo de hidrogênio, mas o espectro calculado com base nessa equação não estava de acordo com a experiência. Teoria e experimento só estavam de acordo no limite não relativístico. O problema estava em não considerar o *spin* do elétron, sequer conhecido naquela época.

A equação relativística encontrada por Schrödinger foi redescoberta, em 1926, pelo físico sueco Oskar Benjamin Klein e pelo alemão Walter Gordon, tendo ficado conhecida como *equação de Klein-Gordon*. Ao contrário do que se imaginava, esta equação não descreve partículas como o elétron, de *spin* 1/2, mas sim partículas de *spin* zero, como o méson π. Dela resulta uma aparente contradição conceitual com a interpretação probabilística da Mecânica Quântica, proposta por Max Born, pois poderiam ocorrer probabilidades negativas.

Um procedimento mnemônico para a obtenção da equação não relativística de Schrödinger pode ser apresentado a partir da associação

$$\begin{cases} H \rightarrow i\hbar\dfrac{\partial}{\partial t} \\[3mm] \vec{p} \rightarrow -i\hbar\vec{\nabla} \end{cases}$$

e da hipótese de que a relação entre os operadores hamiltoniano (H) e *momentum* $(\vec{p})$ para uma partícula livre de massa m seja dada pela expressão não relativística

$$H = \frac{p^2}{2m}$$

Assim, resulta

$$-\frac{\hbar^2}{2m}\nabla^2\Psi(\vec{r},t) = i\hbar\frac{\partial}{\partial t}\Psi(\vec{r},t)$$

De acordo com a expressão relativística de Einstein, a relação entre os operadores hamiltoniano e *momentum* para a partícula livre de massa m deveria ser dada por

$$H^2 = p^2 c^2 + m^2 c^4$$

Ao se adotar o mesmo procedimento anterior e escrever a equação análoga à de Schrödinger,

$$H\Psi = i\hbar\frac{\partial}{\partial t}\Psi$$

a partir desse novo hamiltoniano surge o problema de uma *teoria não local*, pois dever-se-ia expandir a raiz quadrada de um termo que envolveria todas as potências dos operadores associados às derivadas espaciais.

No entanto, utilizando-se a expressão compatível com a equação de Schrödinger,

$$H^2\Psi = -\hbar^2\frac{\partial^2}{\partial t^2}\Psi = \hbar^2 c^2\left[-\nabla^2 + \left(\frac{mc}{\hbar}\right)^2\right]\Psi \tag{16.2}$$

resulta a *equação de Klein-Gordon*,

$$\left[\Box^2 + \left(\frac{mc}{\hbar}\right)^2\right]\Psi(x,y,z,t) = 0 \tag{16.3}$$

na qual o operador $\Box^2 \equiv \dfrac{1}{c^2}\dfrac{\partial^2}{\partial t^2} - \nabla^2$ é denominado d'alembertiano.

Ao se procurar escrever uma equação de continuidade obtida a partir da equação de Klein-Gordon, vê-se que não será possível manter a interpretação probabilística sem ambiguidades, visto que a densidade de probabilidade (ρ) não será estritamente positiva.

De fato, seguindo-se um procedimento análogo ao utilizado para se obter a equação da continuidade relacionada à equação de Schrödinger (Seção 14.4),

$$\Psi^*\left[\Box^2 + \left(\frac{mc}{\hbar}\right)^2\right]\Psi - \Psi\left[\Box^2 + \left(\frac{mc}{\hbar}\right)^2\right]\Psi^* = 0$$

obtém-se

$$\frac{\partial\rho}{\partial t} + \vec{\nabla}\cdot\vec{J} = 0$$

em que, agora,

$$\begin{cases} \rho = \dfrac{i\hbar}{2mc^2} \left(\Psi^* \, \dfrac{\partial \Psi}{\partial t} - \Psi \, \dfrac{\partial \Psi^*}{\partial t} \right) \\[4mm] \vec{J} = \dfrac{\hbar}{2mi} \left(\Psi^* \vec{\nabla} \Psi - \Psi \vec{\nabla} \Psi^* \right) \end{cases} \tag{16.4}$$

Esse resultado levou ao abandono provisório da equação de Klein-Gordon. A equação foi resgatada após Feynman reinterpretar as soluções da equação de Dirac. Atualmente, sabe-se que a equação de Klein-Gordon descreve o comportamento de partículas massivas de *spin* 0.

Dirac, no entanto, acreditava que a equação relativística para descrever o elétron movendo-se em um campo eletromagnético deveria ser de primeira ordem tanto na derivada temporal quanto na espacial. A solução encontrada por ele foi a equação que pode ser escrita como

$$\left[i\hbar \left(\frac{\partial}{c\partial t} + \alpha_1 \frac{\partial}{\partial x} + \alpha_2 \frac{\partial}{\partial y} + \alpha_3 \frac{\partial}{\partial z} \right) - \beta mc \right] \Psi(x,y,z,t) = 0 \tag{16.5}$$

na qual a função de onda Ψ não é mais um campo escalar, e sim um campo denominado natureza espinorial, que possui quatro componentes, e os coeficientes α são matrizes hermitianas de dimensões 4×4.[3]

Note na equação (16.5) que os α não podem ser simplesmente números, pois nesse caso a equação não seria invariante nem por rotação espacial. Por exemplo, uma rotação dextrogira de $90°$ em torno do eixo z leva a $x \to x' = y$ e $y' = -x$. Logo, a função de onda deve ser representada por matrizes colunas do tipo

$$\Psi = \begin{bmatrix} \Psi_1 \\ \vdots \\ \Psi_4 \end{bmatrix}$$

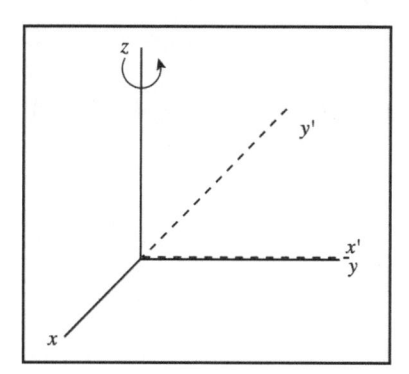

Figura 16.2: Representação de uma rotação de $90°$ de um sistema cartesiano em torno do eixo z.

Escrevendo-se a *equação de Dirac*, equação (16.5), como

$$\begin{aligned} -\hbar^2 \frac{\partial^2 \psi}{\partial t^2} &= -\hbar^2 c^2 \sum_{i,j=1}^{3} \frac{1}{2} (\alpha_i \alpha_j + \alpha_j \alpha_i) \frac{\partial^2 \psi}{\partial x^i \partial x^j} + \\ &\quad + \frac{\hbar mc^3}{i} \sum_{j=1}^{3} (\alpha_j \beta + \beta \alpha_j) \frac{\partial \psi}{\partial x^j} + \beta^2 m^2 c^4 \psi \end{aligned} \tag{16.6}$$

---

[3]Um campo espinorial com duas componentes já havia sido proposto por Pauli para a descrição da dinâmica do elétron em um campo magnético.

a equação resultante só será compatível com a equação (16.2) se as matrizes α e β satisfizerem as propriedades

$$\begin{cases} \alpha_i\alpha_j + \alpha_j\alpha_i = 2\,\delta_{ij} \\[2mm] \alpha_i\beta + \beta\alpha_i = 0 \\[2mm] \alpha_i^2 = \beta^2 = 1 \end{cases} \tag{16.7}$$

Dessas propriedades, decorre que:

- as matrizes α e β têm traço nulo.

  De fato, a chamada regra de anticomutação

  $$\alpha_i\beta + \beta\alpha_i = 0 \qquad \Longrightarrow \qquad \alpha_i = -\beta\alpha_i\beta$$

  implica

  $$\operatorname{tr}\alpha_i = \operatorname{tr}\beta^2\alpha_i = \operatorname{tr}\beta\alpha_i\beta = -\operatorname{tr}\alpha_i \qquad \Longrightarrow \qquad \operatorname{tr}\alpha_i = 0$$

- $\alpha_i^2 = \beta^2 = 1$ implica que os autovalores α e β são ± 1.

Como o traço é a soma dos autovalores, a dimensão (d) dessas matrizes deve ser *par*. A escolha $d = 2$ não serve, pois o número máximo de matrizes 2×2 que anticomutam é 3, as *matrizes de Pauli*, σ_x, σ_y e σ_z,

$$\sigma_x = \begin{pmatrix} 0 & 1 \\ 1 & 0 \end{pmatrix} \qquad \sigma_y = \begin{pmatrix} 0 & i \\ -i & 0 \end{pmatrix} \qquad \sigma_z = \begin{pmatrix} 1 & 0 \\ 0 & -1 \end{pmatrix}$$

A menor dimensão possível, que satisfaz a álgebra do sistema de equações (16.7), é $d = 4$. Usualmente, as chamadas *matrizes de Dirac* são representadas por (representação de Pauli)

$$\alpha_i = \begin{bmatrix} \mathbf{0} & \sigma_i \\ \sigma_i & \mathbf{0} \end{bmatrix} \qquad\qquad \beta = \begin{bmatrix} \mathbf{1} & \mathbf{0} \\ \mathbf{0} & -\mathbf{1} \end{bmatrix}$$

sendo

$$\mathbf{0} = \begin{pmatrix} 0 & 0 \\ 0 & 0 \end{pmatrix} \qquad\qquad \mathbf{1} = \begin{pmatrix} 1 & 0 \\ 0 & 1 \end{pmatrix}$$

A equação de Dirac também pode ser expressa por

$$\left(p_0 - \alpha_1 p_1 - \alpha_2 p_2 - \alpha_3 p_3 - \beta mc\right)\Psi = 0$$

com $p_o = i\hbar\partial/\partial x_o$, $p_i = -i\hbar\partial/\partial x_i$ $(i = 1, 2, 3)$, $x_0 = ct$, $x_1 = x$, $x_2 = y$ e $x_3 = z$.

Como todo ponto do espaço-tempo deve ser equivalente, os operadores que atuam sobre a função de onda Ψ não devem depender das coordenadas espaciais. Logo, as matrizes α e β devem ser independentes da posição e, portanto, comutam com os operadores de posição $(x_1, x_2$ e $x_3)$ e de *momentum* $(p_1, p_2$ e $p_3)$. Essas matrizes descrevem um novo grau de liberdade relacionado a uma propriedade interna do elétron, o *spin*.

Das quatro soluções da equação de Dirac para partículas livres de massa m, de acordo com a relação de Einstein, equação (6.46), duas correspondem a partículas com energia positiva,

$$E = +\sqrt{p^2 c^2 + m^2 c^4}$$

e as outras duas, a partículas com energia negativa,

$$E = -\sqrt{p^2 c^2 + m^2 c^4}$$

Esse foi o principal problema conceitual enfrentado por Dirac, pois, ao contrário de partículas em estados ligados, uma partícula livre não pode ter energia negativa. Entretanto, se esses estados de energia negativa não pudessem ser considerados, a estrutura da teoria não seria matematicamente consistente. O próximo passo teve a ver com uma profunda revisão do conceito de *vácuo*, como atestam suas próprias palavras:

> *Se não podemos excluir [os estados de energia negativa], devemos encontrar um método de interpretação física para eles. Pode-se chegar a uma interpretação razoável adotando uma nova concepção de vácuo. Anteriormente, as pessoas pensavam no vácuo como uma região do espaço que é completamente vazia, uma região do espaço que não contém absolutamente nada. Agora devemos adotar uma nova visão. Podemos dizer que o vácuo é a região do espaço onde temos a menor energia possível.*

Com esse modo original e revolucionário de definir o *vácuo*, Dirac evidencia que *espaço* e *matéria* não mais se excluem reciprocamente, como na grande escola materialista da antiguidade, como em Descartes e Einstein. O vácuo deixa de ser o espaço totalmente privado de matéria. Assim, Dirac, ao tentar conciliar a Mecânica Quântica e a Relatividade Especial – que fundamenta as simetrias entre *espaço* e *tempo* –, é levado a descobrir uma profunda relação entre *matéria* e *espaço*; relação esta que decorre das simetrias matemáticas sob as quais sua equação se mantém invariante. Comentando essa tentativa de fusão entre Quântica e Relatividade, Weinberg enfatiza que *dela resultou uma nova visão de mundo, em que a matéria perdeu seu papel central e são os* princípios de simetria *que assumem este papel.*

Essa importante contribuição de Dirac está na base do desenvolvimento da *Eletrodinâmica Quântica* e, em geral, da Teoria Quântica de Campos. É no âmbito do formalismo geral dessa teoria – capaz de descrever os novos processos de criação e aniquilação de partículas – que se define o vácuo e se descreve a dinâmica das interações entre partículas elementares, o que, por sua vez, determina a revisão do próprio conceito de *partícula elementar.*

Inspirado na teoria da valência química, Dirac imaginou que o vácuo seria o estado com todos os níveis de energia negativa ocupados pelos elétrons – chamado de *mar de elétrons.* O vácuo teria, portanto, uma estrutura complexa – por mais paradoxal que isso possa parecer –, com uma energia total negativa e infinita. Parece que infinitos e divergências são uma consequência inevitável de qualquer teoria que tente satisfazer simultaneamente os requisitos da Mecânica Quântica e da Teoria da Relatividade Especial.

Figura 16.3: Os elétrons e os buracos de Dirac.

O preenchimento desses estados de energia negativa se daria de modo análogo a como se preenchem as camadas fechadas dos átomos. Dessa forma, de acordo com o princípio de exclusão de Pauli, um elétron de energia positiva nunca poderia sofrer uma transição para estados de energia negativa (já todos ocupados). No entanto, um desses elétrons do vácuo poderia ser excitado, indo para um estado de energia positiva, deixando no vácuo (mar de elétrons de energia negativa) o que Dirac chamou de *buraco.* Cada buraco é interpretado, assim, como uma partícula de carga elétrica positiva e energia positiva. Esse é o chamado processo de criação de pares de partículas e antipartículas, que foi observado experimentalmente mais tarde.

Por simetria, Dirac achou que um buraco deveria ter a mesma massa do elétron, embora com carga elétrica positiva. Entretanto, naquela época, a única partícula com carga elétrica positiva conhecida era o *próton*! Como explicar, então, a diferença de massa da ordem de 2 000 vezes? Foi Hermann Weyl quem primeiro acreditou na existência de outra partícula com massa igual à do elétron, pelos motivos que o próprio Dirac relata e que valem a pena ser lembrados:

> *[Weyl] disse enfaticamente que os buracos deveriam ter a mesma massa do elétron. Mas Weyl era um matemático. Ele de modo algum era um físico. Ele se interessava pelas consequências matemáticas de uma ideia, calculando o que pode ser deduzido a partir das várias simetrias. E esse enfoque matemático levou diretamente à conclusão de que os buracos teriam a mesma massa que o elétron.*

Dirac não se utiliza da Matemática apenas como uma linguagem capaz de descrever fenômenos observados, mas como importante instrumento cognoscitivo, no qual as *simetrias* desempenham um papel decisivo. Sua equação tem o mérito de abrir o caminho para o conhecimento de novas simetrias até então impensáveis, não apenas relacionadas ao espaço-tempo. Outras simetrias, como as chamadas *simetrias internas*, que se referem a espaços abstratos, como a *conjugação de carga*, simetria que leva o estado de uma partícula ao de sua correspondente antipartícula, passam a fazer parte da descrição quântica das partículas elementares.

16.3   A descoberta do pósitron

> *No que concerne à observação, a sorte favorece apenas as mentes preparadas.*
>
> Louis Pasteur

Na verdade, os buracos eram muito mais do que uma possibilidade matemática. Foi necessário pouco menos de um ano para que essa estranha previsão de Dirac – de certa forma ditada pelo ideal de simplicidade e de beleza de uma teoria – tivesse uma confirmação experimental. O pósitron, ou o antielétron, com massa idêntica e carga elétrica de mesmo valor mas de sinal oposto com relação ao elétron, foi descoberto por Anderson, que havia desviado seus interesses para as investigações de Millikan sobre os raios cósmicos. Segundo testemunho do próprio Anderson, ele conhecia a teoria de Dirac, embora não estivesse familiarizado com seus detalhes. Estava tão ocupado com o funcionamento de sua câmara de nuvens que não tinha muito tempo para ler os artigos de Dirac, considerados não ortodoxos para o pensamento científico da época. A descoberta do pósitron foi, portanto, completamente acidental, conforme assegura o próprio Anderson.

De início, Anderson detectou alguns traços curiosos, cujas trajetórias poderiam ser de partículas negativas movendo-se para cima ou de partículas positivas movendo-se para baixo. A origem dessa ambiguidade é simples de entender. As partículas carregadas são desviadas pelo resultado da ação da força de Lorentz, no SI,

$$\vec{F} = q\vec{v} \times \vec{B} \tag{16.8}$$

na qual q é a carga da partícula, $\vec{v}$, a velocidade da partícula, e $\vec{B}$, o campo magnético.

Portanto, fazendo-se simultaneamente as substituições $q \to -q$ e $\vec{v} \to -\vec{v}$, a força $\vec{F}$ não se altera. Obviamente, Anderson ponderou que o sentido do movimento dos raios cósmicos deveria ser de cima para baixo. Mas como ter certeza de que aqueles eventos eram realmente assim? A solução encontrada por ele foi muito simples e engenhosa: foi colocada uma placa de chumbo de 6 mm de espessura ao longo do diâmetro da câmara. É bem sabido que uma partícula carregada, ao atravessar a matéria, perde energia e, por conseguinte, perde velocidade.

A fotografia da Figura 16.1 mostra o traço deixado por um pósitron em uma câmara de nuvens submetida a um campo magnético perpendicular ao plano da câmara. Há uma evidente alteração na curvatura do traço. Para se poder discernir o sentido do movimento a partir dessa observação, define-se a curvatura em termos de quantidades conhecidas.

De acordo com a Eletrodinâmica relativística de Einstein (Seção 6.6.3), o raio de curvatura (r) da trajetória de uma partícula de massa m e carga elétrica q, em um campo magnético B, é dado, no SI, por

$$r = \gamma(v) \left(\frac{mv}{qB} \right) \tag{16.9}$$

sendo $\gamma(v)$ o fator de Lorentz e v a velocidade da partícula.

Portanto, tendo em conta que a curvatura é definida como o inverso do raio da curvatura,

$$\text{curvatura } = \frac{1}{\gamma} \left(\frac{q}{m} \right) \left(\frac{B}{v} \right) \tag{16.10}$$

e como a curvatura é maior no hemisfério superior da câmara, segue-se, da equação (16.10), que, nessa região, a velocidade da partícula é menor. Pela direção do campo magnético, Anderson pôde concluir, então, que essa fotografia correspondia a uma partícula de carga elétrica positiva que penetrava na câmara pelo hemisfério inferior e perdia energia na placa de chumbo.

Seria um próton? Impossível, por dois motivos: primeiro porque o poder de ionização do próton seria cerca de duas vezes maior do que aquele evidenciado na foto, relacionado à espessura do traço registrado; segundo porque, sendo a massa do próton cerca de 2 000 vezes a do elétron e a curvatura inversamente proporcional à massa, o próton que tivesse energia suficiente para ultrapassar a placa de chumbo não deixaria um traço de curvatura visível na câmara de nuvens.

Era assim detectada, pela primeira vez, uma antipartícula em laboratório, que havia sido prevista pela teoria de Dirac: a primeira partícula elementar que não se encontra naturalmente no interior dos átomos!

A Figura 16.4, também obtida por Anderson, mostra um chuveiro de três elétrons e três pósitrons produzidos por um raio cósmico, ao interagir com a parede da própria câmara de nuvens. Nessa foto, os elétrons se curvaram para a esquerda e os pósitrons, para a direita. O inglês Patrick Maynard Stuart Blackett e o italiano Giuseppe Occhialini deram, em 1933, uma importante contribuição ao estudo e à interpretação desses chuveiros, que resultam da materialização de raios γ (fótons de alta energia) de origem cósmica em um par elétron-pósitron, fenômeno este que só pode ocorrer, de modo a satisfazer a conservação de *momentum* e energia, na vizinhança de núcleos.

Cerca de um ano mais tarde, Irène Curie e Frédéric Joliot mostraram que pares elétron-pósitron também podiam ser produzidos em laboratório a partir de raios γ muito energéticos provenientes de uma fonte de polônio (Po) e berílio (Be). Na Figura 16.5, reproduz-se uma fotografia que mostra dois processos de criação de pares elétron-pósitron por raios γ distintos, obtida com câmara de bolhas. A diferença da curvatura dos traços dos dois pares deve-se à diferença de energia entre eles; quanto mais energético, menor a curvatura. Basta lembrar da equação (16.10) e do fato que massa e energia estão ligadas pela relação de Einstein, $E = \gamma(v)mc^2$. A energia do par da parte superior é menor porque o γ perdeu boa parte de sua energia na colisão com um elétron atômico (a linha maior). Cabe notar que as espirais não aparecem rigorosamente simétricas devido à inclinação do plano de produção do par em relação à máquina fotográfica.

Finalmente, em julho de 1933, Irène Curie e Frédéric Joliot observaram a produção de pósitrons desacompanhados além dos produzidos em pares, com uma característica ainda mais marcante: a distribuição de energia desses pósitrons parecia assumir valores contínuos. Esses pósitrons são produzidos pelo *decaimento* β (Seção 9.3.2),

$$p \rightarrow n \; e^+ \; \bar{\nu}$$

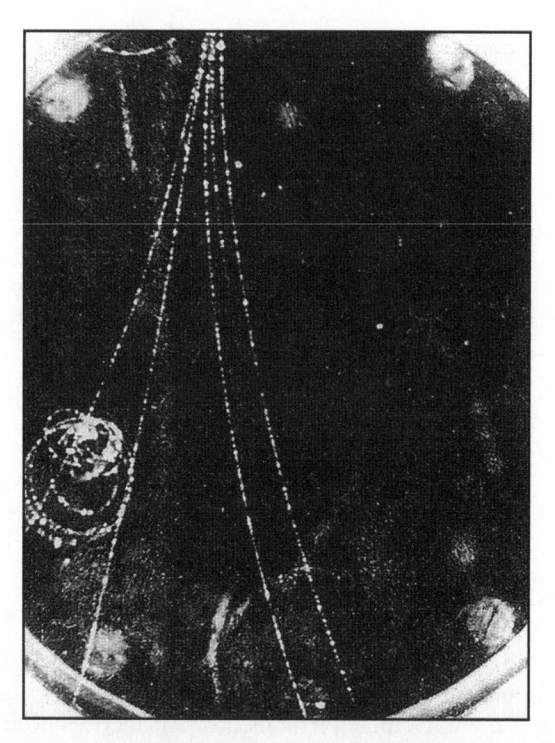

Figura 16.4: Fotografia feita por Anderson no topo de uma montanha no Colorado, mostrando a criação de um chuveiro de três elétrons e três pósitrons a partir de raios cósmicos.

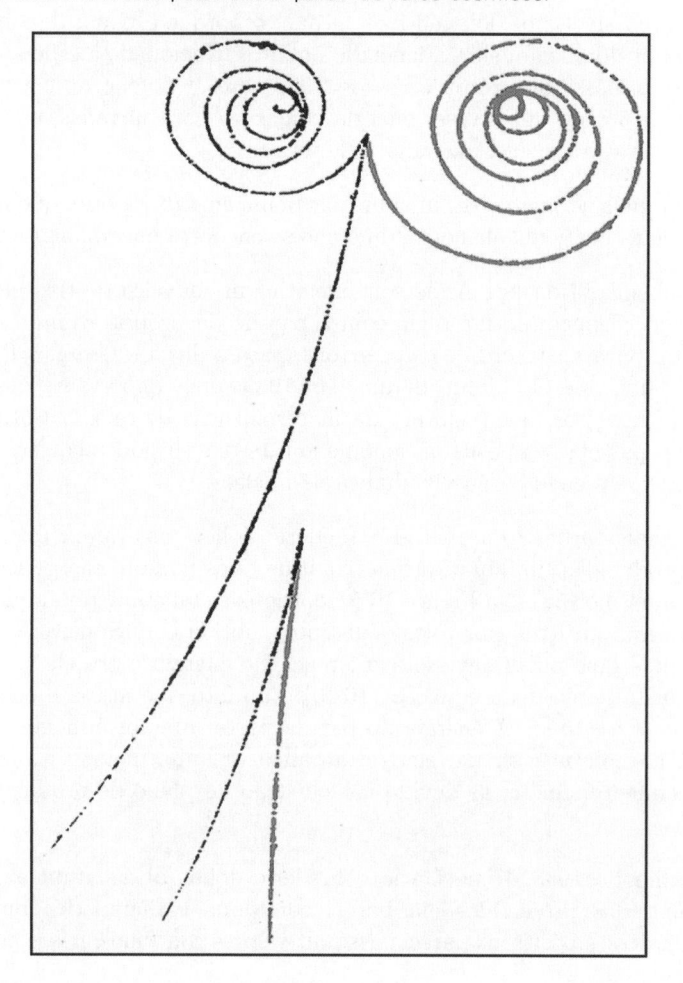

Figura 16.5: A criação de dois pares elétron-pósitron a partir de dois raios γ distintos.

em que o próton decai em um nêutron mais um pósitron e um antineutrino. Embora tenham chegado bem perto da descoberta do pósitron e do nêutron, a grande contribuição do casal Joliot-Curie foi a descoberta da radioatividade artificial (Capítulo 9), na qual o pósitron é essencial. Nesse processo, um isótopo radioativo do fósforo (P) decaía em silício (Si) mais um pósitron e um neutrino. A compreensão do decaimento β e da radioatividade artificial teve um impacto notável sobre a Física Nuclear e de Partículas, pois através dela descobriu-se um novo tipo de interação fundamental entre constituintes subnucleares da matéria: a *interação fraca*.

16.4 A pérola e o milho: moral da fábula

> *A realidade essencial é um conjunto de campos sujeitos às regras da Relatividade Especial e da Mecânica Quântica; qualquer outra coisa é derivada como consequência da dinâmica quântica destes campos.*
>
> Steven Weinberg

Enquanto a descoberta do *elétron* mostrou a divisibilidade do *átomo*, a descoberta do *pósitron*:

- revolucionou o conceito de vácuo;
- consolidou uma nova compreensão teórica do que é o *spin*;
- provocou uma revisão do conceito de partícula elementar;
- permitiu a consolidação de uma teoria quântica de campos capaz de descrever a interação da luz com a matéria;
- abriu novos caminhos à investigação experimental e teórica dos constituintes últimos da matéria;
- contribuiu para que o estudo das propriedades de simetria das partículas e de suas interações passasse a desempenhar papel fundamental no desenvolvimento da Física.

De fato, do ponto de vista conceitual, foi visto que a partir da descoberta do pósitron se consolidou uma nova visão do vácuo, que passou a depender da matéria, da qual esteve separado por mais de 25 séculos e que, em sua essência, permanece válida até hoje. O pósitron foi uma peça-chave na construção de uma teoria capaz de descrever quanticamente o elétron e sua interação com a luz: a Eletrodinâmica Quântica. Dois novos fenômenos, previstos por essa teoria, devem ser destacados: a possibilidade de criação de pares elétron-pósitron e a existência de um estranho átomo (instável), eletricamente neutro, composto de um elétron e um pósitron (o *positronium*). O estudo teórico do *positronium* permitiu o teste de várias propriedades de simetria da Eletrodinâmica Quântica e mostrou-se muito útil, mais tarde, quando os físicos começaram a estudar outros estados ligados de partícula e antipartícula, como os mésons no modelo a *quarks*, segundo o qual cada méson é um estado ligado *quark-antiquark* (Capítulo 17).

Os processos de criação e aniquilação elétron-pósitron tiveram, e continuam tendo, um papel experimental muito importante no desenvolvimento da Física de Partículas. Antes de mencioná-los, seria oportuno citar outra consequência importante desses processos: a possibilidade de espalhamento da luz pela própria luz, fenômeno essencialmente quântico. Classicamente, vale o princípio de que não há autointeração da radiação eletromagnética, ou, em outras palavras, vale o princípio de superposição linear para o eletromagnetismo de Maxwell. Embora esse efeito quântico, mediado pela criação e subsequente aniquilação de um par $e^- e^+$, seja muito pequeno, suas implicações são profundas: as equações lineares de Maxwell em nível quântico não são mais válidas e é a equação de Dirac, acoplada ao campo eletromagnético, que descreve corretamente a autointeração da luz. Por outro lado, a descoberta do pósitron e a posterior descoberta dos múons e dos neutrinos permitiram a generalização do conceito de carga, que passou a denotar também novas quantidades conservadas (números quânticos) associadas a novas leis de simetria.

Outra questão conceitual muito importante, que decorre diretamente da possibilidade de se criar antimatéria – até hoje sem uma resposta definitiva –, é: por que existe em nosso Universo essa enorme assimetria entre matéria e antimatéria? Essa questão talvez só possa ser compreendida quando se tiver uma visão unificada das quatro interações fundamentais.

Enquanto a descoberta do pósitron abria caminho para a descoberta da *interação fraca*, a descoberta do nêutron, em 1932, abria caminho para a compreensão da interação nuclear, ou *interação forte*, como é conhecida hoje. Ambas são interações de curto alcance, restritas a regiões espaciais ainda menores que as do núcleo atômico. As duas, junto com as outras interações de longo alcance, a *gravitacional* e a *eletromagnética*, formam o conjunto das quatro interações fundamentais da natureza que se conhece hoje.

Deixando de lado a interação gravitacional, pode-se resumir o quadro teórico atual dos constituintes últimos da matéria, afirmando que existem basicamente 12 partículas sem estrutura (*a-tomos*): seis *quarks* e seis *léptons*. Todos participam das interações fracas, e apenas os *quarks*, os constituintes dos hádrons, participam das interações fortes. *Quarks*, hádrons e léptons carregados podem interagir eletromagneticamente pela mediação de fótons. Os mediadores das interações forte e fraca são, respectivamente, os glúons (em número de 8), e os 3 bósons pesados: Z (neutro) e os $W^{\pm}$ (positivo e negativo). Esse modelo, atualmente aceito pela grande maioria da comunidade de Físicos de Partículas para a descrição das interações entre *quarks* e léptons, é chamado de *Modelo Padrão*. As partículas elementares desse modelo são apresentadas na Tabela 17.1.

Do ponto de vista experimental, pode-se relacionar quais dessas partículas fundamentais foram descobertas a partir da interação elétron-pósitron, ou a partir da interação de partícula e antipartícula. Primeiramente os léptons. O múon (μ) foi descoberto cinco anos mais tarde que o pósitron, com a mesma técnica de estudo de raios cósmicos com câmara de nuvens, e o tau (τ), o lépton mais pesado, foi descoberto em 1975, no centro de aceleradores da universidade norte-americana de Stanford, no SLAC (*Stanford Linear Accelerator Center*), por meio da aniquilação de elétrons e pósitrons. A evidência em favor do *quark charmoso* (c) vem da descoberta da partícula J/Ψ, em 1974, por dois grupos independentes: um no SLAC, por intermédio de um processo de aniquilação, e outro no *Brookhaven National Laboratory* de Nova York, em colisões próton-núcleo.

Os bósons intermediários massivos foram descobertos a partir da aniquilação de partículas e antipartículas. Os bósons W e Z foram vistos, pela primeira vez, no grande laboratório europeu localizado em Genebra, na Suíça, o CERN (*European Organization for Nuclear Research*),[4] em 1983, via aniquilação de prótons e antiprótons, enquanto a primeira evidência em favor dos glúons vem da aniquilação elétron-pósitron e data de 1979.

Por fim, até mesmo a recente notícia (2012) de uma possível descoberta no CERN da partícula de Higgs, em colisões pp a $\sqrt{s} = 7$-8 GeV – com participação também de pesquisadores brasileiros do CBPF e da UERJ –, depende de canais de decaimento deste estado em outros envolvendo uma partícula e uma antipartícula.[5]

Constata-se, portanto, que um número expressivo de partículas elementares que constituem o Modelo Padrão foi observado graças à possibilidade de fazer interagir matéria e antimatéria em grandes aceleradores. A comprovação da interpretação dada por Dirac aos buracos deixados no vácuo como estados de energia positiva, mas de carga contrária, é o que vem permitindo, em última análise, a investigação das estruturas mais íntimas da matéria em grande parte dos anéis de colisão em funcionamento hoje em dia.

Pode-se afirmar que a descoberta do pósitron, além de revolucionar a Física Teórica, teve consequências experimentais absolutamente impensáveis e inatingíveis antes que se pudesse fazer colidir, em laboratório, feixes de partículas e de antipartículas.

Tudo isso nos remete às palavras que Einstein disse uma vez a um grupo de mestres e alunos:

> *Pensem que todas as maravilhas, objeto de nossos estudos, são a obra de muitas gerações, uma obra coletiva que exige de todos um esforço entusiasta e um labor difícil e impreterível. Tudo isso, nas mãos de vocês, se torna uma herança. Vocês a recebem, respeitam-na, aumentam-na e, mais tarde, irão transmiti-la fielmente à sua descendência. Deste modo somos mortais imortais, porque criamos juntos obras que nos sobrevivem.*

---

[4] A sigla refere-se, originalmente, ao nome *Centre Européen pour la Recherche Nucleaire*.
[5] De fato, três dos cinco canais analisados envolvem pares de partículas e antipartículas como W^+W^-, $\tau^+\tau^-$ e $b\bar{b}$.

Decididamente, Paul Dirac é um desses imortais. Ao reconhecer, como fez Heráclito, que o *conflito entre os opostos* é, em última análise, uma forma de harmonia e que os contínuos processos de mudança são, eles próprios, *princípios fundamentais* que merecem destaque nos estudos da estrutura quântica da matéria, Dirac muda o rumo da Física.

Moral da fábula: Compreender a valia do brilho de uma pérola requer toda uma sabedoria e audácia intelectual, nem sempre presentes nos galos!

16.5   A equação de Pauli como limite não relativístico da equação de Dirac

As pequenas imagens fixam as grandes.
Gaston Bachelard

Como obter a equação de Dirac que descreve um elétron, considerado uma carga pontual, interagindo com um campo eletromagnético externo? Basta substituir na equação (16.5) o operador $p^\mu = -i\hbar\partial^\mu$, pelo chamado acoplamento mínimo, isto é, substituir

$$p^\mu \to p^\mu - \frac{e}{c}\,A^\mu$$

A equação que se obtém é

$$\left[c\vec{\alpha} \cdot \left(\vec{p} - \frac{e}{c}\,\vec{A} \right) + \beta mc^2 + e\phi \right] \psi = i\hbar\,\frac{\partial\psi}{\partial t} \tag{16.11}$$

Na representação de Pauli para as matrizes de Dirac (Seção 16.2) escrevendo-se

$$\psi = \left[\begin{array}{c} \tilde{\varphi} \\ \tilde{\chi} \end{array} \right] \tag{16.12}$$

obtém-se

$$i\hbar\,\frac{\partial}{\partial t} \left[\begin{array}{c} \tilde{\varphi} \\ \tilde{\chi} \end{array} \right] = c\vec{\sigma}\cdot\vec{\pi} \left[\begin{array}{c} \tilde{\chi} \\ \tilde{\varphi} \end{array} \right] + e\phi \left[\begin{array}{c} \tilde{\varphi} \\ \tilde{\chi} \end{array} \right] + mc^2 \left[\begin{array}{c} \tilde{\varphi} \\ -\tilde{\chi} \end{array} \right]$$

com a definição do operador $\vec{\pi} = \vec{p} - \frac{e}{c}\,\vec{A}$.

No limite não relativístico ($c \to \infty$), o termo dominante corresponde à energia de repouso ($mc^2 >> c\vec{\sigma}\cdot\vec{\pi} + e\phi$), e pode-se expressar a solução como:

$$\left[\begin{array}{c} \tilde{\varphi} \\ \tilde{\chi} \end{array} \right] = \exp\left(-\frac{imc^2 t}{\hbar} \right) \left[\begin{array}{c} \varphi \\ \chi \end{array} \right]$$

em que agora φ e χ são funções que variam lentamente no tempo. Substituindo na equação (16.12)

$$i\hbar \left(\frac{mc^2}{i\hbar} \right) \exp\left(\frac{-imc^2 t}{\hbar} \right) \left[\begin{array}{c} \varphi \\ \chi \end{array} \right] + i\hbar \exp\left(\frac{-imc^2 t}{\hbar} \right) \frac{\partial}{\partial t} \left[\begin{array}{c} \varphi \\ \chi \end{array} \right] =$$

$$\begin{aligned} = \quad & c\vec{\sigma}\cdot\vec{\pi}\,\exp\left(\frac{-imc^2 t}{\hbar} \right) \left[\begin{array}{c} \chi \\ \varphi \end{array} \right] + mc^2 \exp\left(\frac{-imc^2 t}{\hbar} \right) \left[\begin{array}{c} \varphi \\ -\chi \end{array} \right] + \\ & + e\phi \exp\left(\frac{-imc^2 t}{\hbar} \right) \left[\begin{array}{c} \varphi \\ \chi \end{array} \right] \end{aligned} \tag{16.13}$$

Logo, $\begin{bmatrix} \varphi \\ \chi \end{bmatrix}$ satisfaz a equação:

$$ i\hbar\, \frac{\partial}{\partial t} \begin{bmatrix} \varphi \\ \chi \end{bmatrix} = c\vec{\sigma}\cdot\vec{\pi} \begin{bmatrix} \chi \\ \varphi \end{bmatrix} + e\phi \begin{bmatrix} \varphi \\ \chi \end{bmatrix} - 2mc^2 \begin{bmatrix} 0 \\ \chi \end{bmatrix} \tag{16.14} $$

e cada componente satisfaz o conjunto de equações acopladas:

$$ i\hbar\, \frac{\partial \chi}{\partial t} = c\vec{\sigma}\cdot\vec{\pi}\varphi + e\phi\chi - 2mc^2\chi \tag{16.15} $$

$$ i\hbar\, \frac{\partial \varphi}{\partial t} = c\vec{\sigma}\cdot\vec{\pi}\chi + e\phi\varphi \tag{16.16} $$

A primeira equação pode ser escrita como

$$ \left(p_0 - \frac{e}{c}\,\phi \right) \chi + 2mc\chi = \vec{\sigma}\cdot\vec{\pi}\varphi $$

sendo

$$ p_0 \equiv i\hbar\, \frac{\partial}{\partial (ct)} $$

No limite não relativístico,

$$ \chi \sim \frac{\vec{\sigma}\cdot\vec{\pi}}{2mc}\,\varphi \tag{16.17} $$

Levando-se essa expressão na equação (16.16), obtém-se

$$ i\hbar\, \frac{\partial \varphi}{\partial t} = \left[\frac{(\vec{\sigma}\cdot\vec{\pi})(\vec{\sigma}\cdot\vec{\pi})}{2m} + e\phi \right] \varphi $$

Usando-se a identidade abaixo para as matrizes de Pauli,

$$ (\vec{\sigma}\cdot\vec{a})(\vec{\sigma}\cdot\vec{b}) = \vec{a}\cdot\vec{b} + i\vec{\sigma}\cdot(\vec{a}\wedge\vec{b}), $$

tem-se

$$ (\vec{\sigma}\cdot\vec{\pi})(\vec{\sigma}\cdot\vec{\pi}) = \vec{\pi}^2 + i\vec{\sigma}\cdot(\vec{\pi}\wedge\vec{\pi}) $$

Note que o termo $(\vec{\pi}\wedge\vec{\pi})$ não é nulo, pois o operador $\vec{\pi}$ depende, em última análise, dos operadores *momentum* e posição, que não comutam entre si. De fato,

$$
\begin{aligned}
i\vec{\sigma}\cdot(\vec{\pi}\wedge\vec{\pi}) &= i\vec{\sigma}\cdot\left(\vec{p} - \frac{e}{c}\,\vec{A} \right) \wedge \left(\vec{p} - \frac{e}{c}\,\vec{A} \right) \\
&= i\vec{\sigma}\cdot\left(\vec{p}\wedge\vec{p} - \frac{e}{c}\left[\vec{A}\wedge\vec{p} + \vec{p}\wedge\vec{A} \right] + \frac{e^2}{c^2}\,\vec{A}\wedge\vec{A} \right) \\
&= -\frac{e}{c}\, i\vec{\sigma}\cdot\left(\vec{A}\wedge\vec{p} + \vec{p}\wedge\vec{A} \right) \\
&= -\frac{e}{c}\, i\,\vec{\sigma}\cdot\left[\vec{A}\wedge(-i\hbar\vec{\nabla}) + (-i\hbar\vec{\nabla})\wedge\vec{A} \right] \\
&= -\frac{\hbar e}{c}\,\vec{\sigma}\cdot\left[\vec{A}\wedge\vec{\nabla} + \vec{\nabla}\wedge\vec{A} \right] \\
&= -\frac{\hbar e}{c}\left\{ \vec{\sigma}\cdot\vec{A}\wedge\vec{\nabla} + \vec{\sigma}\cdot\vec{B} \right\} \\
&= -\frac{\hbar e}{c}\left\{ \vec{A}\cdot(\vec{\nabla}\wedge\vec{\sigma}) + \vec{\sigma}\cdot\vec{B} \right\} \\
&= -\frac{\hbar e}{c}\,\vec{\sigma}\cdot\vec{B}
\end{aligned}
$$

Portanto:

$$i\hbar \, \frac{\partial \varphi}{\partial t} = \left[\frac{\vec{\pi}^2}{2m} - \frac{e\hbar}{mc} \, \vec{\sigma} \cdot \vec{B} + e\phi \right] \varphi$$

ou

$$i\hbar \, \frac{\partial \varphi}{\partial t} = \left\{ \frac{1}{2m} \left(\vec{p} - \frac{e}{c} \, \vec{A} \right)^2 - \frac{e\hbar}{mc} \, \vec{\sigma} \cdot \vec{B} + e\phi \right\} \varphi \tag{16.18}$$

que é a equação não relativística de Pauli.

16.6 O *spin* do elétron

> *O princípio de exclusão, como o da relatividade, não é apenas outro teorema na Física, mas um preceito geral que regula a própria formulação das leis físicas.*
>
> Max Jammer

16.6.1 As origens do conceito de *spin*

A espectroscopia, que já havia sido fundamental para a compreensão de importantes regularidades relacionadas à estrutura do átomo, para a formulação do modelo atômico de Bohr e mesmo para a descoberta de novos elementos químicos, ainda seria o palco de mais uma descoberta essencial: o *spin*. Este novo número quântico, introduzido em 1925 por dois jovens físicos holandeses, George Eugene Uhlenbeck e Samuel Goudsmit, quase que "por brincadeira", era a chave que faltava para a compreensão da Tabela Periódica em termos da Mecânica Quântica.

Sommerfeld havia calculado a correção relativística à fórmula de Balmer, dada pela equação (12.47). O número quântico n_θ relaciona-se ao número quântico l do momento angular pela equação

$$n_\theta = l + 1$$

Por outro lado, Paschen havia estudado o espectro do íon He^+ em detalhes. Em particular, analisou a estrutura fina da linha cujo comprimento de onda é $\lambda = 4\,686$ Å, que corresponde a uma transição entre os estados $n = 4$ e $n = 3$. Se todas as transições fossem permitidas, deveria haver 12 componentes na estrutura fina do espectro correspondente a esta linha. Paschen verificou que o número realmente observado era a metade, valendo-se de campos eletromagnéticos externos.

Em 1918, Bohr e o físico polonês Wojciech Rubinowicz propuseram, independentemente, que essa redução no número de linhas observadas estaria relacionada a uma regra de seleção sobre o momento angular do tipo (Seção 15.4.4)

$$\Delta l = \pm 1 \tag{16.19}$$

o que, na verdade, reduziria o número de componentes de 12 para 5, e não para 6 como Paschen observou. Não havia, portanto, explicação para esta transição "proibida", mas observada, entre os estados

$$(n, n_\theta) = (4, 1) \implies (3, 1)$$

O que Uhlenbech e Goudsmit fizeram foi admitir que a fórmula de Sommerfeld, dada pela equação (12.47), estava correta e supuseram que o número quântico relacionado ao momento angular poderia ser um número semi-inteiro, ou seja, que

$$n_\theta = j + \frac{1}{2}$$

Quanto à regra de seleção, admitiram algo mais amplo do que a equação (16.19), isto é,

$$\Delta j = 0, \pm 1$$

Perguntado sobre a motivação destas escolhas, Uhlenbeck respondeu que Goudsmit e ele *estavam apenas tentando* e que a ideia dos números semi-inteiros *já havia sido considerada para explicar o efeito Zeeman*. Goudsmit declarou uma vez seu grande júbilo por terem conseguido mostrar que a linha "proibida" vista por Paschen era, na verdade, uma linha real e lá estava ela no espectro.

A interpretação de que $j = l + 1/2$, ou seja, que o momento angular total j é igual à soma do momento angular orbital l mais o *spin* $(1/2)$, só foi publicada no artigo que saiu na *Nature* em 1926.

A derivação considerada definitiva para a estrutura fina dos níveis de energia dos átomos hidrogenoides só foi feita em 1928, pelo alemão Walter Gordon e pelo inglês Charles Galton Darwin, a partir da equação de Dirac.

Contudo, antes disso, Goudsmit escreveu um artigo ainda em 1925 dando uma interpretação ao recém-publicado princípio de exclusão de Pauli em termos do *spin* semi-inteiro. Uhlenbeck e Goudsmit haviam compreendido que o elétron possui um novo grau de liberdade – o *spin* – e construíram a imagem semiclássica de uma esfera que gira em torno do seu eixo. Dessa forma, o átomo de hidrogênio, por exemplo, passa a ser descrito por quatro números quânticos.

O estudo da interação do *spin* com o campo magnético vai permitir que se compreendam as complicações do efeito Zeeman, o chamado *efeito Zeeman anômalo*.

16.6.2   O experimento de Stern-Gerlach

O aparato utilizado por Stern e Gerlach em 1921 consistia essencialmente em um ímã que produzia um campo magnético não uniforme. Um feixe direcionado de átomos de prata (Hg) era obtido aquecendo-se a prata em um forno com um pequeno orifício por onde os átomos escapavam, a uma pressão aproximadamente de 10^{-2} mm Hg. A pressão fora do forno era mantida a 10^{-6} mm Hg, o que garantia que o livre caminho médio dos átomos fosse grande comparado com a dimensão da abertura do forno e, portanto, permitia obter um feixe bem colimado, que passava pelo ímã em uma direção perpendicular ao gradiente do campo (Figura 16.6) e era posteriormente detectado por contadores. A escolha da prata deve-se ao fato de ela possuir apenas um elétron na sua camada mais externa. Se os elétrons não tivessem *spin*, seria observado o mesmo que na ausência do campo magnético, ou seja, os átomos não seriam desviados pelo ímã (Figura 16.7a). A observação do desdobramento do feixe em dois pode facilmente ser compreendida atribuindo-se um momento angular intrínseco, ou *spin*, $\vec{S}$ aos elétrons tal que, ao interagirem com um campo magnético na direção $\hat{z}$, ficasse evidente que os autovalores associados à componente S_z valem $\pm \hbar/2$. (Figura 16.7b).

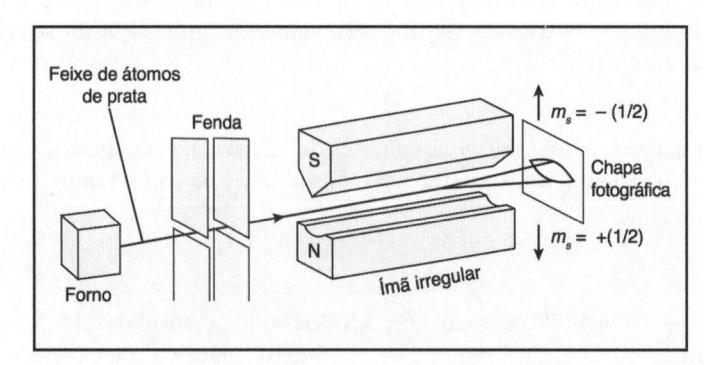

Figura 16.6: Esquema do experimento de Stern-Gerlach sobre o *spin* do elétron.

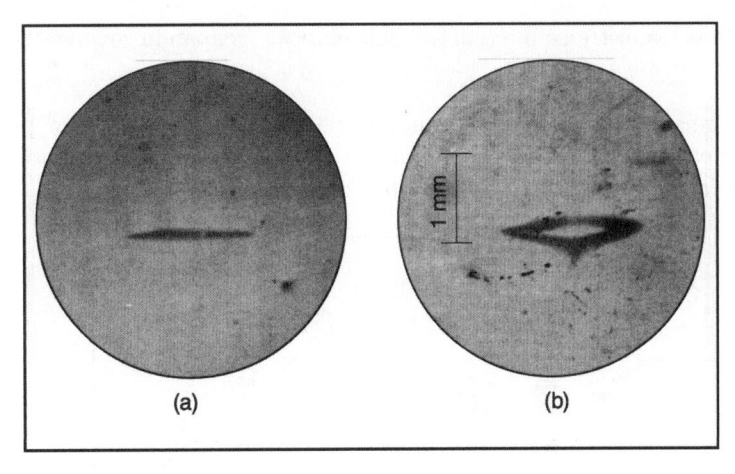

Figura 16.7: Resultado do experimento de Stern-Gerlach.

Isto ocorre porque, conforme a equação (15.132), ao elétron é associado um momento magnético, proporcional ao *spin*, dado por

$$\vec{\mu}_s = -\frac{e}{2mc}g_s\vec{S} \qquad \text{sendo } g_s = 2$$

Assim, de acordo com a equação (14.63), quando o elétron interage com um campo magnético não uniforme $\vec{B} = B_z\hat{k}$, sofre a ação de uma força proporcional ao gradiente do campo, isto é,

$$\vec{F} = -\vec{\nabla}V = \vec{\nabla}(\vec{\mu}_s \cdot \vec{B}) \qquad \Longrightarrow \qquad F_z = (\mu_s)_z\frac{\partial B_z}{\partial z}$$

A configuração experimental escolhida por Stern e Gerlach foi tal que os átomos podiam ser desviados para cima ou para baixo, caso tivessem *spin* (Figura 16.6).

O experimento pôde ser refeito com átomos de hidrogênio no estado S, ou seja, com $l = 0$. Estes átomos também sofreram o mesmo tipo de desvio que no caso do feixe de átomos de prata, o que prova que estes átomos possuem um momento magnético, mesmo com $l = 0$. Além disso, o feixe aqui também divide-se em dois, mostrando que a projeção de seu momento magnético só pode assumir dois valores distintos. Este momento magnético deve-se ao próprio *spin* do elétron.

16.6.3   O *spin* e a Tabela Periódica

Como já foi mencionado, faltava um ingrediente essencial para se poder dar uma resposta clara à questão de quais são os fatores últimos que determinam a estrutura regular da Tabela Periódica de Mendeleiev. Este ingrediente é o *spin*.

Atribui-se a Pauli, com razão, o mérito de ter dado a receita para a estrutura eletrônica dos átomos. Seu famoso princípio de exclusão requer que dois elétrons de um certo sistema não possam ocupar o mesmo estado. Isto quer dizer que o conjunto de quatro números quânticos de um elétron em um sistema não pode ser igual ao de outro. Em outras palavras, quando dois elétrons possuem os mesmos números quânticos n, l e m, devem ter *spins* diferentes. Assim, um dado orbital atômico pode conter, no máximo, dois elétrons com a restrição de que seus *spins* sejam opostos ou antiparalelos.

Mas, na prática, isto ainda não é suficiente para se definir o preenchimento dos estados atômicos pelos elétrons. É aí que entram em cena as chamadas *regras de Hund*, estabelecidas pelo físico alemão Friedrich Hermann Hund. Levando em conta o princípio de exclusão de Pauli, elas estabelecem que, quando os elétrons podem ocupar mais de um orbital livre, os arranjos se dão de modo que o maior número de orbitais seja ocupado pelos elétrons; além disso, dois elétrons ocupando sozinhos orbitais diferentes têm sempre *spin* paralelo.

A Figura 16.8 é uma representação esquemática da distribuição eletrônica para alguns elementos químicos. Nela, cada círculo representa um orbital permitido e as setas representam os *spins*: no mesmo sentido significam *spins* paralelos e em sentidos opostos, *spins* antiparalelos.

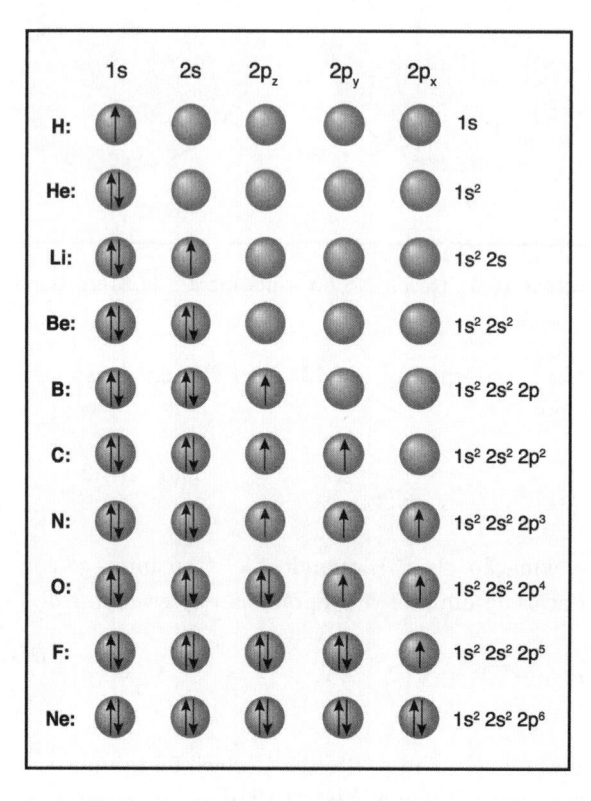

Figura 16.8: Representação de Hund para o preenchimento dos primeiros níveis eletrônicos.

Usando a notação espectroscópica, a camada eletrônica K corresponde a um único orbital para o qual $n = 1$ e $l = m = 0$. Nesta camada pode haver apenas dois elétrons. Em geral, o número máximo de elétrons em uma camada n é $2n^2$.

É esse o esquema que fornece a chave para a compreensão da Tabela Periódica. Na Tabela 16.1 pode-se encontrar a distribuição eletrônica dos primeiros 20 elementos químicos e de mais alguns.

Em suma, entre o modelo atômico científico de Dalton e a publicação da Tabela Periódica de Mendeleiev, decorreram mais de 60 anos (Capítulo 2). Da primeira tentativa de compreender as regularidade da Tabela Periódica a partir de um modelo eletrônico para o átomo, empreendida por J.J. Thomson, até a compreensão da distribuição ordenada de todos os elementos químicos, a partir do princípio de exclusão de Pauli, foram necessários pouco mais de 20 anos. Este foi um dos períodos mais férteis e fascinantes da Física, imbricado com o desenvolvimento da Mecânica Quântica e caracterizando uma maneira totalmente nova de descrever a Física do microcosmo.

Tabela 16.1: Distribuição eletrônica por camadas de um grupo de elementos químicos

Número atômico	Elemento	Camada					
		K	L	M	N	O	P
1	H	1					
2	He	2					
3	Li	2	1				
4	Be	2	2				
5	B	2	3				
6	C	2	4				
7	N	2	5				
8	O	2	6				
9	F	2	7				
10	Ne	2	8				
11	Na	2	8	1			
12	Mg	2	8	2			
13	Al	2	8	3			
14	Si	2	8	4			
15	P	2	8	5			
16	S	2	8	6			
17	Cl	2	8	7			
18	Ar	2	8	8			
19	K	2	8	8	1		
20	Ca	2	8	8	2		
35	Br	2	8	18	7		
36	Kr	2	8	18	8		
37	Rb	2	8	18	8	1	
53	I	2	8	18	18	7	
54	Xe	2	8	18	18	8	
55	Cs	2	8	18	18	8	1
56	Ba	2	8	18	18	8	2

16.7 Fontes primárias

Chamberlain, O.; Segrè, E.; Wiegand, C.; Ypsilantis, T., 1955. Observation of Antiprotons. *Physical Review* **100**, n. 3, p. 947-950.

CMS Collaboration, 2012. Observation of a new boson at a mass of 125 GeV with the CMS experiment at the LHC. *Physics Letters B* **716**, n. 1, p. 30-61.

Cohen, V.W.; Ellett, A., 1937. Velocity Analysis by Means of the Stern-Gerlach Effect. *Physical Review* **52**, n. 5, p. 502-508.

Darwin, C.G., 1928. The Wave Equations of the Electron. *Proceedings of the Royal Society of London A* **118**, p. 654-679.

Dirac, P.A.M., 1928a. The Quantum Theory of the Electron. *Proceedings of the Royal Society of London A* **117**, p. 610-624.

Dirac, P.A.M., 1928b The Quantum Theory of the Electron. Part II. *Proceedings of the Royal Society of London A* **118**, p. 351-361.

Dirac, P.A.M., 1929a. A Theory of Protons and Electrons. *Proceedings of the Royal Society of London A* **126**, p. 360-365.

Dirac, P.A.M., 1929b. The Basis of Statistical Quantum Mechanics. *Proceedings of the Cambridge Philosophical Society* **25**, p. 62-66.

Dirac, P.A.M., 1930a. On the Annihilation of Electrons and Protons. *Proceedings of the Cambridge Philosophical Society* **26**, p. 361-375.

Dirac, P.A.M., 1930b. A Theory of Protons and Electrons. *Proceedings of the Royal Society of London A* **126**, p. 360-365.

Dirac, P.A.M., 1932. Relativistic Quantum Mechanics. *Proceedings of the Royal Society of London A* **136**, p. 453-464.

Dirac, P.A.M., 1934. Discussion of the Infinite Distribution of Electrons in the Theory of the Positron. *Proceedings of Cambridge Philosophical Society* **30**, p. 150-163.

Dirac, P.A.M., 1942. Bakerian Lecture. The Physical Interpretation of Quantum Mechanics. *Proceedings of the Royal Society of London A* **180**, p. 1-40.

Gerlach, W.; Stern, O., 1924. Über die Richtungsquantelung im Magnetfeld. *Annalen der Physik*, Ser. 4, **74**, p. 673-699.

Gordon, W., 1926. Der Comptoneffekt nach der Schrödingerschen Theorie. *Zeitschrift für Physik* **40**, n. 1-2, p. 117-133.

Gordon, W., 1928. Die energieniveaus des Wasserstoffatoms nach der Diracschen quantentheorie des Elektorns. *Zeitschrift für Physik* **44**, p. 11-14.

Goudsmit, S.; Uhlenbeck, G.E., 1925. Opmerking over de spectra van waterstof en helium. *Physica* **5**, p. 266-270.

Goudsmit, S.; Uhlenbeck, G.E., 1926. Die kopplungsmöglichkeiten der Quantenvektoren in Atom. *Zeitschrift für Physik* **35**, n. 7, p. 618-625.

Hund, F., 1923. Theoretische Betrachtungen über die Ablenkung von freien largsamen Elektronen in Atomen. *Zeitschrift für Physik* **13**, p. 241-263.

Klein, O.B., 1926. Quantentheorie und fünfdimensionale Relativitätstheorie. *Zeitschrift für Physik* **37**, p. 895-906; The Atomicity of Electricity as a Quantum Theory Law. *Nature* **118**, n. 2971, p. 516.

Klein, O.B., 1927. Elektrodynamik und Wellenmechanik vom Standpunkt des Korrespondenzprinzips. *Zeitschrift für Physik* **41**, n. 6, p. 407-442.

Meyer, E.; Gerlach, W., 1913. *Verhandlungen der Deutschen Physikalischen Gesellschaft* **15**, n. 20, p. 1037-1046.

Pauli, W., 1925a. Über den Einfuß der Geschwindingkeitsabhängigkeit der Elektronmasse auf den Zeemaneffekt, *Zeitschrift für Physik* **31**, p. 373-385.

Pauli, W., 1925b. Über den Zusammenhang des Abschlusses der Elektronengruppen im Atom mit der Komplexstruktur der Spektren. *Zeitschrift für Physik* **31**, p. 765-783.

Pauli, W., 1927. Zur Quantenmechanik des magnetischen Elektrons. *Zeitschrift für Physik* **43**, n. 8, p. 601-623.

Pauli, W., 1940. The connection between spin and statistics. *Physical Review* **58**, n. 8, p. 716-722.

Stern, O.; Gerlach, W., 1922. Der experimentelle Nachweis der Richtungsquantelung im Magnetfeld. *Zeitschrift für Physik* **9**, p. 349-355.

Uhlenbeck, G.E.; Goudsmit, S., 1925. Ersetzung der Hypothese von umnechanischen Zwang durch eine Forderung bezüglich des inneren Verhaltens jedes einzelnen Elektrons. *Die Naturwissenschaften* **13**, p. 953-954.

Uhlenbeck, G.E.; Goudsmit, S., 1926a. Spinning Electrons and the Structure of Spectra. *Nature* **117**, p. 264-265.

Uhlenbeck, G.E.; Goudsmit, S., 1926b. Over Het Ruteerende Elektron en de Structurur der Spectra. *Physica* **6**, p. 273.

Uhlenbeck, G.E.; Goudsmit, S., 1926c. Die Kopplungsmöglischkeiten der Quantenvektoren im Atom. *Zeitschrift für Physik* **35**, n. 8-9, p. 618.

16.8 Outras referências e sugestões de leitura

Brading, K.; Castellani, E. (Eds.), 2003. Apresenta uma coletânea de artigos sobre o papel das simetrias nos fundamentos da Física Moderna, tanto na Teoria Quântica quanto na Relatividade.

Caruso, F.; Martins, J.; Perlingeiro, L.; Oguri, V. Does Dirac equation for a generalized Coulomb-like potential in $D + 1$ dimensional flat spacetime admit any solution for $D \geq 4$?. *Annals of Physics* **359**, p. 73-79.

Dirac, P.A.M., 1930. Livro clássico de Mecânica Quântica avançado.

Dirac, P.A.M., 1971. Síntese feita por Dirac sobre o desenvolvimento da Teoria Quântica por ocasião do recebimento do prêmio J. Robert Oppenheimer.

Dirac, P.A.M., 1978. Coletânea de palestras feitas por Dirac na Autrália, pertinentes ao assunto deste capítulo.

Dirac, P.A.M., 1995. Reimpressão de artigos de Dirac cobrindo o período de 1924-1948.

Enz, C.P.; von Meyenn, K. (Eds.), 1994. Coletânea de textos de Wolfgang Pauli. Veja em particular: Exclusion Principle and Quantum Mechanics, p. 165-181; "Probability and Physics", p. 43-48; The Philosophical Significance of the Idea of Complementarity, p. 35-42 e On the Earlier and More Recent History of the Neutrino, p. 193-217.

Feynman, R.P., 1987. Texto sobre a origem das antipartículas.

Hanson, N.R., 1963. Livro único sobre os aspectos filosóficos relacionados ao conceito de pósitron.

Kragh, H., 1981. The Genesis of Dirac's Relativistic Theory of Electrons. *Archives for History of Exact Sciences* **24**, p. 31-67.

Pauli, W., 1946. Remarks on the History of the Exclusion Principle. *Science* **103**, p. 213-215.

Thaller, B., 1992. Livro avançado sobre a equação de Dirac.

Tomonaga, S.-i., 1997. Importante livro que aborda a história do *spin*.

16.9 Exercícios

Exercício 16.9.1 Mostre que o número máximo de elétrons que pode ser acomodado em uma camada associada a um número quântico n é igual a $2n^2$.

Exercício 16.9.2 Calcule os autovalores das matrizes de Pauli.

Exercício 16.9.3 Determine os autoestados da terceira componente do operador de *spin* $S_z = \pm\hbar/2$.

Exercício 16.9.4 Determine a configuração eletrônica do alumínio (Al) e do argônio (Ar).

Exercício 16.9.5 Obtenha a equação da continuidade associada à equação de Klein-Gordon, verificando que ρ e $\vec{J}$ satisfazem as equações (16.4).

17

Os indivisíveis de hoje

Feliz daquele capaz de entender as causas das coisas.

Virgílio

17.1 Os *quarks*

A Natureza ama esconder-se.

Heráclito

O uso da expressão *partículas elementares* está ligado ao processo histórico de suas descobertas e ao estado de avanço das teorias que as descrevem; na verdade, depende de dois conceitos: o de *partículas* e o de *elementar*. Sobre eles cabe um pequeno comentário. O conceito *partícula* pode ser remetido à gênese do atomismo grego e não deixa de envolver um ideal de simplicidade, ou seja, a busca – seja ela especulativa, teórica ou experimental – do constituinte último da matéria desprovido de qualquer estrutura. Historicamente, a partir das novas bases galileanas da Ciência, foi-se construindo uma concepção de que o comportamento dessas partículas depende de sua interação com o aparato experimental de detecção. Isto é verdade, sobretudo, no que se refere ao atributo *elementar*. Não se pode mais pensar em uma elementaridade no sentido da estabilidade das partículas, pois muitas que "se recusam" a revelar qualquer estrutura, como os múons e os taus, decaem em outras partículas. Tampouco é a escala de massa que define a elementaridade. O elétron possui uma massa cerca de 2 000 vezes menor que o próton e ambos não decaem. Por outro lado, o tau, que é cerca de 3 000 vezes mais pesado que o elétron, também não apresenta qualquer estrutura até as menores dimensões já exploradas (10^{-18} m).[1]

Postulados, de início, como entidades matemáticas mnemônicas nos trabalhos dos físicos norte-americanos Murray Gell-Mann e George Zweig da década de 1960, os *quarks* guardam uma forte analogia com os triângulos de Platão. De fato, Gell-Mann, que cunhou o termo *quark*,[2] afirma que *seria engraçado especular sobre o modo como os* quarks *se comportariam se fossem partículas físicas (...)*. E acrescenta, no final do artigo: *a procura de* quarks *estáveis (...) nos aceleradores de altas energias ajudaria a nos assegurar da não existência de* quarks *reais*. Em uma entrevista naquela época, Gell-Mann teria dito: *há físicos procurando os* quarks; *está havendo um horrível mal-entendido, eu nunca disse que os* quarks *existem*. A experiência com aceleradores mostrou exatamente o contrário!

---

[1] Essa escala de dimensão espacial corresponde à escala para a qual os atuais aceleradores de partícula podem fornecer informação. Daí o desejo de se construírem aceleradores cada vez maiores e mais potentes.

[2] Conta a lenda que quando esse nome foi escolhido por Gell-Mann, em 1963, ele só tinha em mente o som da palavra, algo como "*kwork*". Mais tarde, ele encontrou a palavra *quark* no seguinte trecho do *Finnegan's Wake*, do escritor irlandês James Joyce: "*Three quarks for Muster Mark! / Sure he hasn't got much of a bark / And sure any he has it's all beside the bark.*". Nesse livro, os *quarks* são seres que vivem experiências estranhas.

Partículas observadas diretamente na natureza, como o próton e o nêutron, e outras, produzidas em laboratório, seriam constituídas de partículas *não observáveis*, cujas existências teriam origem em princípios formais de simetria, portanto, em princípios puramente matemáticos. Com relação a essa ideia de Gell-Mann, que, aliás, se mostrou muito frutífera, pode-se referir às palavras de Heisenberg: *Nossas partículas elementares são comparáveis aos corpos regulares do* Timeu *de Platão. São os modelos originais, a ideia de matéria.*

Pensar que a estrutura última da constituição da matéria se reduz a entidades meramente matemáticas, incapazes de serem observadas, é, portanto, recorrente na história, como atesta o exemplo dos *quarks* de Gell-Mann. Mesmo do ponto de vista da Química, parece que o pensamento até o início do século XX não era diferente. Basta recordar as definições muito interessantes que o químico alemão Charles Adolphe Wurtz fornece para os termos *átomo* e *molécula* em seu Dicionário de Química: *átomo* é a menor massa capaz de existir em combinação; *molécula* é a menor quantidade capaz de existir no estado livre. Constata-se uma certa analogia entre a concepção que Wurtz tinha dos átomos e a que Gell-Mann tinha dos *quarks*.

As Figuras 17.1 e 17.2 mostram alguns diagramas que classificam um vasto grupo de partículas chamadas de *bárions* e *mésons*,[3] já conhecidos no início da década de 1960. Sabe-se hoje que os mésons e os bárions não são partículas elementares, sendo constituídas, respectivamente, por pares de *quark-antiquarks* e por três *quarks*.

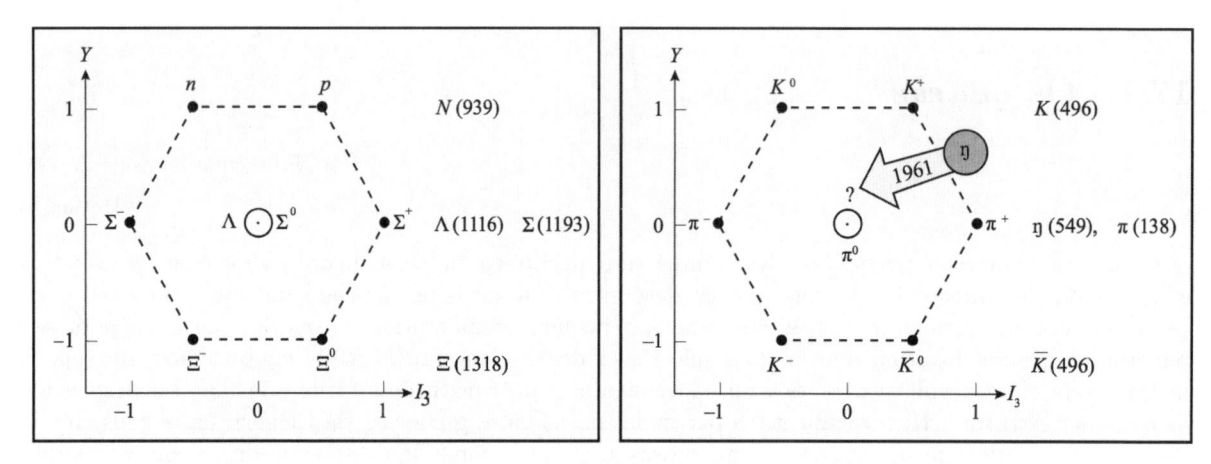

Figura 17.1: Representação dos octetos de bárions e mésons de Gell-Mann.

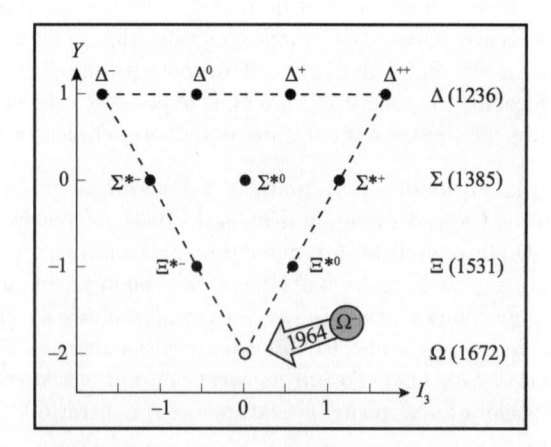

Figura 17.2: Representação do decupleto de bárions no plano $I_3 \times Y$.

Esses arranjos em um plano abstrato (I_3, Y) têm por trás de si uma estrutura matemática abstrata,

---

[3] Uma das primeiras classificações que se tentou para as partículas elementares dizia respeito às massas. As de maiores massas seriam os *bárions* (do grego, *pesado*) e as de menores massas, os *léptons* (do grego, *leve*). Os *mésons* seriam as partículas com massas intermediárias.

a Teoria de Grupos, que leva em conta certas simetrias aproximadas dessas partículas. Nesse sentido, foi crucial a ideia de Heisenberg de que as forças nucleares não distinguiam prótons e nêutrons; essas partículas seriam dois estados com carga elétrica distinta do que se passou a chamar de *núcleon*. Associada a esta partícula, introduziu-se a chamada simetria de *isospin*.

A exemplo do que ocorreu com a Tabela de Mendeleiev (Seção 2.5.5), havia, nessa classificação, dois espaços em branco: o ponto $(I_3 = 0, Y = 0)$ no gráfico da direita da Figura 17.1 e o ponto $(I_3 = 0, Y = -2)$ da Figura 17.2. A eles deveriam corresponder duas partículas até então não observadas. Em 1961, a primeira delas – o méson η – foi encontrada em reações $\pi^+ d$, enquanto a segunda – o bárion Ω^- – foi detectada pela primeira vez em 1964 em reações $K^- p$.

A busca e a descoberta de simetrias têm sido essenciais em vários outros ramos da Ciência, principalmente quando, devido ao grau de complexidade do sistema, não se podem fazer cálculos exatos ou quando não existe sequer uma teoria dinâmica capaz de descrever a evolução e o comportamento de um sistema ou um determinado processo.

Baseando-se no esquema mencionado de simetria com o qual se classificavam as partículas elementares conhecidas na época, Gell-Mann previu a existência de novas partículas – os *quarks*.

Os *quarks* seriam partículas de carga elétrica fracionária que, teoricamente, seriam confinados no interior das partículas, ou seja, seria impossível observá-los livremente na natureza, como se pode observar, por exemplo, com os elétrons.

Figura 17.3: O confinamento dos *quarks*.

17.2   Uma herança de Rutherford

Sabemos como se víssemos
através da névoa.

Plauto

Apesar dos argumentos de simetria e do trabalho de classificação de partículas realizado por Gell-Mann e Zweig, complementado pelos trabalhos de Ne'eman, Sakata, Iliopoulos, Maiani, Nambu, Glashow e Bjorken, postulando a existência dos *quarks*, ao final dos anos 1960, esses ainda eram considerados elementos "não reais", utilizados apenas em uma espécie de taxionomia de partículas, baseada em uma estrutura matemática abstrata, a Teoria de Grupos de Simetria.

A motivação para a existência dos *quarks*, durante todo esse período, ainda não era considerada suficientemente convincente. Entretanto, em 1969, argumentos de natureza dinâmica baseados em experimentos de colisões de elétrons e prótons acabaram por convencer a todos sobre a existência dos *quarks*.

Desde os trabalhos de Thomson, grande parte dos físicos vinha tentando descrever o comportamento de sistemas macroscópicos em termos de processos de interações entre seus elementos constituintes microscópicos. Esse ideal reducionista continua incorporado na Física de Partículas, que procura reduzir esses processos às interações fundamentais, de preferência, entre um pequeno número de *partículas elementares*. Do ponto de vista experimental, esse nível mais básico de interação só é adequadamente revelado em colisões entre partículas com energias muito maiores que suas energias de repouso.[4]

Historicamente, as leis relativas a essas interações foram estabelecidas a partir de observações de fenômenos macroscópicos, principalmente de origem eletromagnética, ou a partir de estudos do movimento de feixes de elétrons sob ação de campos eletromagnéticos, entre as placas de um capacitor ou no interior de indutores toroidais ou solenoidais.

Os experimentos envolvendo o estudo do comportamento das partículas carregadas em campos eletromagnéticos proporcionaram, desde o final do século XIX até meados do século XX, o descobrimento de vários fenômenos ou de partículas elementares, que evidenciaram o caráter discreto da matéria, e ainda constituem a base para o entendimento e a concepção dos diversos detectores de partículas utilizados em pequenos e grandes experimentos da Física, tanto na área da Matéria Condensada quanto na de Altas Energias.

Do ponto de vista dinâmico, as colisões entre os elementos constituintes de um feixe incidente com os constituintes de um alvo ou de um outro feixe podem ser *elásticas* ou *inelásticas* e constituem o processo genericamente denominado *espalhamento*.

O feixe resultante de um espalhamento depende, em última análise, da natureza das interações entre os constituintes do feixe incidente e do alvo, que são ditadas por propriedades tais como a *massa*, a *carga*, o *spin* e grandezas como a *frequência*, o *momentum* e a *energia*, além de outros vínculos ditados por leis de simetria. Entretanto, a existência de um arranjo espacialmente ordenado das partículas constituintes de um alvo implica correlações entre os constituintes espalhados que, em grande parte, independem da natureza das interações.

Desse modo, o feixe espalhado por um sistema ordenado de partículas exibirá também uma distribuição espacial característica, definida pelas simetrias estruturais do alvo, que podem ser reveladas na medição de sua intensidade. Nesse caso, o feixe espalhado é dito resultante de uma composição *coerente*, e o processo é chamado de *difração*. Esse é o caso do espalhamento de elétrons ou nêutrons por um cristal. Na ausência de um padrão de ordem por parte do sistema-alvo, a intensidade do feixe espalhado resulta de uma composição dita *incoerente*.

Muitas foram as heranças científicas de Rutherford para a Física Moderna e para a Química, sem mencionar o número de físicos que tiveram carreiras brilhantes e foram seus alunos. O estudo de um sistema a partir da análise de um espalhamento, explorado de maneira sistemática por Rutherford, foi tão frutífero que marcou o início de uma nova era da Física Experimental, inicialmente através dos chamados experimentos de *alvo fixo* e, posteriormente, com os *anéis colisores*. Por exemplo, foi a partir de um experimento de alvo fixo, envolvendo o espalhamento profundamente inelástico de feixes de elétrons – com energias da ordem de 10 GeV – por prótons de um alvo de hidrogênio líquido, realizado por Kendall e colaboradores, em 1969, que Feynman concluiu que o processo poderia ser explicado pela composição incoerente de colisões elásticas dos elétrons do feixe incidente com outras partículas pontuais – os *partons* –, que seriam os constituintes elementares dos prótons. Ou seja, a subestrutura do próton foi revelada, pela primeira vez, por meio de um experimento baseado na mesma lógica do de Rutherford. O espalhamento profundamente inelástico de elétrons pela matéria foi decisivo para se estabelecer fenomenologicamente a estrutura quarkônica dos prótons.

---

[4] Por isso a Física de Partículas também é denominada *Física de Altas Energias*.

Usar partículas controladamente como "sondas", em laboratório, ainda é o melhor modo que se conhece para explorar de forma sistemática e controlada cada vez mais a estrutura microscópica da matéria: essa é a grande herança experimental de Rutherford.[5] A Tabela 3.4 mostra quais foram as principais medidas de seção de choque que marcaram o desenvolvimento da Física de Partículas, realizadas em experimentos de colisões com feixes de partículas levados a níveis tais que as leis da Eletrodinâmica Clássica já não explicavam ou descreviam os fenômenos observados. Desse modo, novas formas de interação entre os constituintes velhos e novos da matéria foram descobertas.

A resolução espacial obtida a partir do espalhamento de um feixe de partículas por um sistema-alvo depende da relação entre o comprimento de onda de L. de Broglie associado às partículas do feixe e as dimensões lineares do alvo. Nesse sentido, as partículas α utilizadas por Geiger e Marsden tinham energia cinética (E) da ordem de 5,5 MeV e, portanto, o comprimento de onda (λ) associado era muito menor que as dimensões atômicas ($\sim 10^{-10}$ m), sendo da ordem das dimensões nucleares ($\sim 10^{-15}$ m), ou seja,

$$\lambda = \frac{h}{p} = \frac{h}{\sqrt{2mE}} \sim 6 \times 10^{-15} \text{ m}$$

sendo $p = \sqrt{2mE}$ o módulo do *momentum* das partículas α incidentes e espalhadas.

Ao admitir que o núcleo atômico fosse concentrado em um ponto, Rutherford obtém para a seção de choque diferencial do processo de colisões elásticas das partículas α com o núcleo a equação (11.29), que pode ser reescrita como

$$\left(\frac{d\sigma}{d\Omega} \right)_{\text{Ruth}} \propto \frac{1}{p^4 \, \text{sen}^4 \theta/2}$$

em que θ é o ângulo de espalhamento (Figura 11.19), que define o ângulo sólido Ω.

Denotando-se a variação de *momentum* ($\Delta p = 2p \, \text{sen}\, \theta/2$) das partículas α (Figura. 11.20) por q, equação (11.27), a seção de choque de Rutherford pode ser expressa como

$$\left(\frac{d\sigma}{d\Omega} \right)_{\text{Ruth}} \propto \frac{1}{q^4}$$

com q usualmente denominado *momentum* transferido às partículas α.

A fórmula de Rutherford pode ser obtida também a partir da equação de Schrödinger,

$$\left[-\frac{\hbar^2}{2m} \nabla^2 + V(r) \right] \psi(\vec{r}) = E \, \psi(\vec{r})$$

em que $V(r)$ é a energia potencial que representa o efeito da interação das partículas α incidentes, de massa m e energia $E = p^2/(2m)$, com os núcleos do sistema-alvo.

Se as partículas incidentes forem elétrons com energia da ordem de 10 keV, correspondente a comprimentos de onda de L. de Broglie da ordem de 0,1 Å, além dos núcleos, os elétrons interagem também com a nuvem eletrônica que os circunda, de tal modo que a seção de choque diferencial do processo será dada por

$$\frac{d\sigma}{d\Omega} \propto \frac{1}{q^4} |F(q)|^2 \propto \left(\frac{d\sigma}{d\Omega} \right)_{\text{Ruth}} |F(q)|^2 \tag{17.1}$$

sendo $|F(q)|$ uma função do *momentum* transferido aos elétrons, que reflete a distribuição de cargas eletrônicas no átomo, denominada *fator de forma atômico*.

Assim, a interação de um feixe de partículas com um sistema-alvo que não seja constituído por elementos pontuais é determinada pelo produto da seção de choque de Rutherford por um fator de forma, que depende do *momentum* transferido e da distribuição dos elementos do alvo.

---

[5] Uma alternativa é a Física de Raios Cósmicos, na qual, no entanto, não se tem controle sobre o fluxo de partículas que incidem na atmosfera terrestre.

No domínio relativístico, ou seja, para elétrons incidentes com velocidade v e energias da ordem de 50 keV, que interagem apenas com alvos pontuais, a generalização da expressão de Rutherford foi obtida pelo inglês Nevil Francis Mott, em 1929, como

$$\left(\frac{\mathrm{d}\sigma}{\mathrm{d}\Omega}\right)_{\text{Mott}} \propto \left(\frac{\mathrm{d}\sigma}{\mathrm{d}\Omega}\right)_{\text{Ruth}} \left[1 - \left(\frac{v}{c}\right)^2 \operatorname{sen}^2 \frac{\theta}{2}\right] \tag{17.2}$$

Em outras palavras, Mott introduziu um fator de correção relativístico na fórmula de Rutherford.

Se os elétrons interagem com os núcleos atômicos de um alvo fixo, a seção de choque relativística é dada por

$$\frac{\mathrm{d}\sigma}{\mathrm{d}\Omega} \propto \left(\frac{\mathrm{d}\sigma}{\mathrm{d}\Omega}\right)_{\text{Mott}} |F(q)|^2 \tag{17.3}$$

na qual agora $|F(q)|$ é um *fator de forma nuclear*.

A fórmula de Mott não considera o *spin* dos constituintes dos núcleos, os núcleons. Ao levar em consideração os *spins* dos núcleons, Marshall Nicholas Rosenbluth, em 1950, parametrizou a seção de choque relativística, em termos do ângulo de espalhamento, introduzindo dois fatores de forma, F_1 e F_2, tal que a seção de choque pode ser expressa como

$$\left(\frac{\mathrm{d}\sigma}{\mathrm{d}\Omega}\right)_{\text{Rosen}} \propto K_1(q) \cos^2 \frac{\theta}{2} + K_2(q) \operatorname{sen}^2 \frac{\theta}{2} \tag{17.4}$$

na qual as funções K_1 e K_2 são combinações dos fatores de forma F_1 e F_2; q é um invariante de Lorentz, denominado *quadrimomentum* transferido, definido por

$$q^2 = (\epsilon/c)^2 - |\Delta\vec{p}|^2 \tag{17.5}$$

e $\epsilon = \Delta E$ é a variação de energia dos elétrons, devido ao recuo e excitação dos núcleons. Nesse caso, as colisões dos elétrons com os núcleons são inelásticas. Este resultado pode ser obtido também a partir da equação de Dirac.

À medida que a energia do feixe de elétrons aumenta, o espalhamento torna-se mais inelástico, até que o caráter não pontual dos núcleons torna-se manifesto, como no experimento de Kendall e colaboradores. Nesse contexto, a seção de choque diferencial em termos do *quadrimomentum* transferido e da variação de energia dos elétrons é dada por

$$\left(\frac{\mathrm{d}\sigma}{\mathrm{d}\Omega\,\mathrm{d}\epsilon}\right)_{\text{Rosen}} \propto |W_1(\epsilon, q^2)| \cos^2 \frac{\theta}{2} + |W_2(\epsilon, q^2)| \operatorname{sen}^2 \frac{\theta}{2} \tag{17.6}$$

sendo W_1 e W_2 denominadas *funções de estrutura* do próton.

Considerações teóricas por parte do físico norte-americano James Daniel Bjorken, em 1967, mostraram que no limite de altas energias, quando $q^2 \to \infty$ e $\epsilon \to \infty$, as funções de estrutura W_1 e W_2 só dependeriam da razão entre q^2 e ϵ, ou seja, da variável adimensional

$$x = \frac{q^2}{2M\epsilon}$$

sendo M a massa do próton. Essa hipótese de Bjorken foi verificada nos experimentos do SLAC, e mostraram que em altas energias as colisões últimas (elementares) eram elásticas.

Essa hipótese foi interpretada por Feynman, em 1969, admitindo que em altas energias os elétrons interagiam não mais com os prótons como um todo, mas com seus constituintes pontuais, denominados por ele de *partons*.

A partir de então, a estrutura partônica dos prótons foi admitida e os *partons* foram identificados com os *quarks* e glúons, responsáveis pelas interações fortes.

Com a evolução do modelo de *quarks* para prótons, nêutrons e outras partículas (Figura 17.4) e com o estabelecimento do que se convencionou chamar de *Modelo Padrão* das partículas e das interações

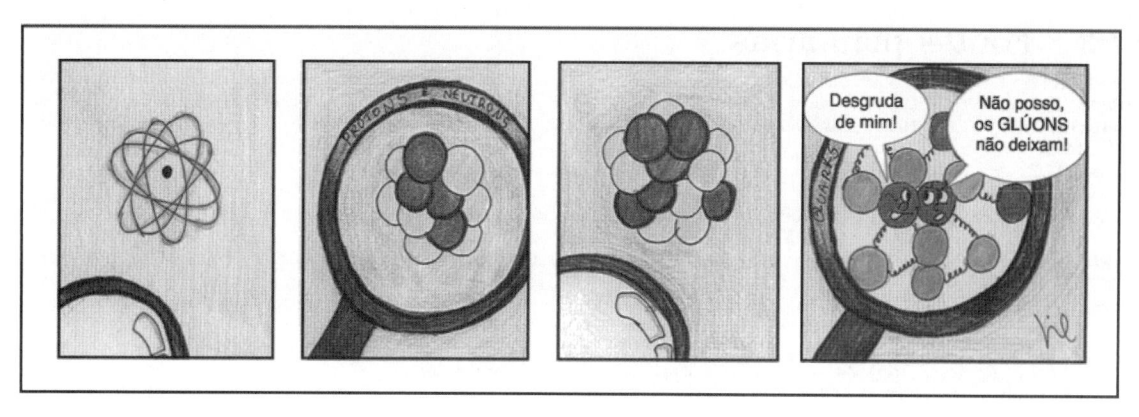

Figura 17.4: *Quarks* e glúons confinados no interior de um núcleo.

fundamentais, chegou-se, mais uma vez, a um quadro de poucos tijolos fundamentais da natureza: 6 *quarks* e 6 *léptons*. Esse quadro, reproduzido na Tabela 17.1, esteve incompleto até a descoberta do *quark top*, ocorrida em 1995, por dois grandes experimentos no Fermilab (*Fermi National Accelerator*), em Batavia, EUA, com a participação de um grupo de pesquisadores brasileiros liderado pelo físico Alberto Franco de Sá Santoro.[6]

Tabela 17.1: As partículas elementares de hoje, segundo o Modelo Padrão da Física de Partículas. Os *quarks* são conhecidos pelos nomes que receberam em inglês: *up* (u), *down* (d), *strange* (s), *charm* (c), *top* (t) e *bottom* (b). Os léptons são: o elétron (e), o múon (μ) e o tau (τ), acompanhados do neutrino do elétron (ν_e), do neutrino do múon (ν_μ) e do neutrino do tau (ν_τ). Por fim, os mediadores das interações são o fóton (γ), os glúons (g), o bóson z e os bósons $w^\pm$. Tabela adaptada do original da colaboração DØ do Fermilab

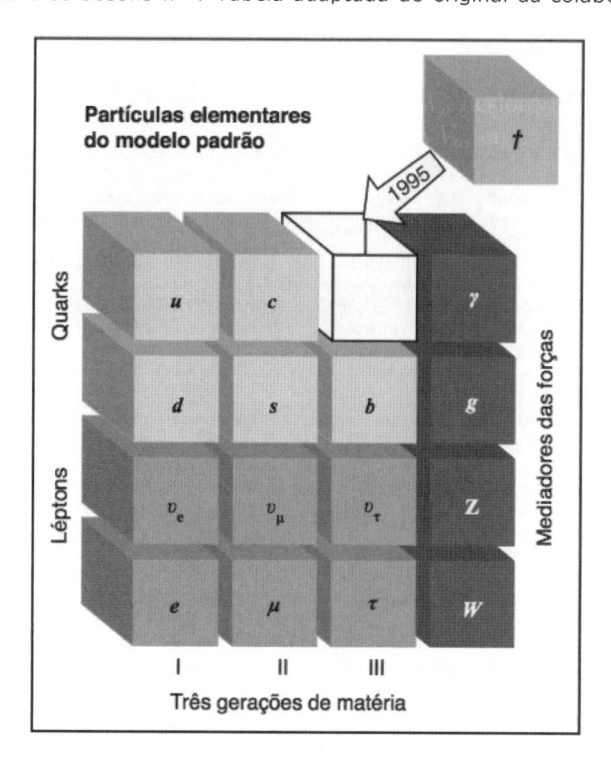

Ao encerrar este último capítulo, o leitor pode refletir sobre o desafio e a dificuldade de, a partir desses 6 *quarks* e 6 léptons, além dos bósons de interação, descrever os 111 elementos químicos (incluindo 22 artificiais), os 329 isótopos naturais, os 2 400 isótopos artificiais e as 325 partículas atualmente conhecidos.

---

[6] Professor do Departamento de Física Nuclear e Altas Energias (DFNAE) do Instituto de Física Armando Dias Tavares, da Universidade do Estado do Rio de Janeiro (Uerj).

17.3 Fontes primárias

Aubert, J.J. *et al.*, **1974.** Experimental Observation of a Heavy Particle *J. Physical Review Letters* **33**, n. 23, p. 1404-1406.

Augustin, J.-E., *et al.*, **1974.** Discovery of a Narrow Resonance in e^+e^- Annihilation. *Physical Review Letters* **33**, n. 23, p. 1406-1408.

Barnes, V.E. *et al*, **1964.** Observation of a hyperon with strangeness minus three. *Physical Review Letters* **12**, n. 8, p. 204-206. Descoberta do bárion Ω^-.

Brandelik *et al.*, **1977.** Origin of Inclusive Electron Events in e^+e^- annihilation between 3.6 and 5.2 GeV. *Physics Letters* **70B**, n. 1, p. 125-131; Evidence for F Meson. *Idem*, p. 132-136.

Breidenbach, M. *et al.*, **1969.** Observed behavior of highly inelastic electron-proton scattering. *Physical Review Letters* **23**, n. 16, p. 935-939.

Burmester, J.*et al.*, **1977.** Anomalous muon production in e^+e^- annihilations as evidence for heavy leptons. *Physics Letters* **68B**, n. 3, p. 297-300; Evidence for heavy leptons from anomalous μ^-e production in e^+e^- annihilation. *Idem*, p. 301-304.

CDF Collaboration, 1995. Observation of Top Quark Production in $p - \bar{p}$ Collisions with the Collider Detector at Fermilab". *Physical Review Letters* **74**, n. 14, p. 2626-2631. Descoberta do *quark top*.

DZERO Collaboration, 1995. Observation of the Top Quark. *Physical Review Letters* **74**, n. 14, p. 2632-2637. Descoberta do *quark top*.

Feldman, G.J. *et al.*, **1976.** Inclusive Anomalous Muon Production in e^+e^- Annihilation. *Physical Review Letters* **38**, n. 3, p. 117-120.

Gell-Mann, M., 1962. Symmetries of Baryons and Mesons. *Physical Review* **125**, n. 3, p. 1067-1084. Reproduzido em **Gell-Mann, M.; Ne'emann, Y., 1964**, p. 216-233.

Gell-Mann, M., 1964. A Schematic Model of Baryons and Mesons. *Physics Letters* **8**, p. 214-215. Reproduzido em **Gell-Mann, M.; Ne'emann, Y., 1964.**, p. 168-169.

Herb, S.W. *et al.*, **1977.** Observation of a Dimuon Resonance at 9.5 GeV in 400-GeV Proton-Nucleus Collisions, *Physical Review Letters* **39**, n. 5, p. 252-255. Descoberta do *bottom*.

Perl, M.L., *et al.*, **1975.** Evidence for Anomalous Lepton Production in e^+e^- Annihilation. *Physical Review Letters* **35**, n. 22, p. 1489-1492; Properties of the Proposed τ charged lepton. *Physics Letters* **70B**, p. 487-490.

Perl, M.L., *et al.*, **1976.** Properties of Anomalous $e\mu$ events produced in e^+e^- annihilation. *Physics Letters* **63B**, n. 4, p. 466--476.

Pevsner, A. *et al.*, **1961.** Evidence for a three pion resonance near 550 MeV. *Physical Review Letters* **7**, n. 11, p. 421-423. Descoberta do méson η.

UA1 Collaboration, 1983. Experimental observation of isolated large transverse energy electrons with associated missing energy at $\sqrt{s} = 540$ GeV. *Physics Letters* **122B**, n. 1, p. 103-116.

Zweig, G., 1964 An SU(3) Model for Strong Interaction Symmetry and its Breaking I. *CERN Report* 8182/TH.-401 (não publicado). A versão II aparece em *CERN Report* TH.-412.

17.4 Outras referências e sugestões de leitura

Abdalla, M.C.B., 2004. Livro de divulgação científica que, em linguagem simples e precisa, apresenta uma história da Física de Partículas muito bem ilustrada.

Alves, G.; Souza, M.; Santoro, A., 1995. Do elétron ao *quark top*: como 'ver' uma partícula elementar. *Ciência Hoje* **19**, n. 113, p. 34-42. Republicado em **Alves, G.; Caruso, F.; Motta, H.; Santoro, A., 2000**, p. 71-88.

Caruso, F.; Oguri, V.; Santoro, A. (Eds.), 2005. Este volume contém um conjunto de artigos que corresponde ao ciclo de palestras da Lishep 2001, abordando as principais descobertas da Física das Partículas Elementares durante o século XX, ou seja: O cenário da Física antes de 1900 (Bassalo); Física Nuclear, Raios Cósmicos e as origens da Física de Partículas Elementares (Salmeron); A descoberta do elétron (Joffily); Fótons (Shellard); O Próton (Da Motta); O milho e a pérola: A descoberta do pósitron e a moral da Fábula (Caruso); A descoberta do nêutron: uma saga científica (Barreto); O múon: passado, presente e futuro (Alves); O píon (Marques); Introduzindo os neutrinos (Guzzo & Natale); Quarks: como chegamos a eles? (Salmeron); A descoberta do $J\psi$ e do *charm* (Begalli); Os bósons intermediários W e Z (Oguri); A descoberta do *quark b* (Green); O *quark top* (Santoro).

Caruso, F.; Santoro, A. (Eds.), 2000. Contém uma série de artigos que tratam da evolução do Átomo Grego à Física das Partículas Elementares.

Cooper, N.G.; West, G.B., 1988. Livro que apresenta uma síntese dos desenvolvimentos e perspectivas da Física de Partículas.

Ezhela, V.V., *et al.*, **1996.** Uma interessante cronologia das descobertas da Física de Partículas no período de 1895 a 1995, seguida de uma bibliografia anotada, incluindo o título, a referência completa do artigo e um pequeno extrato ou resumo.

Gell-Mann, M.; Ne'emann, Y., 1964. Contém uma coletânea de 30 artigos originais publicados entre 1961 e 1964, além de dois comentários finais dos editores, relacionados ao estudo das simetrias unitárias nas interações fortes.

Gell-Mann, M., 1995. O autor procura oferecer respostas a questões sobre como a Física de Partículas relaciona-se com o quotidiano e como se podem relacionar os constituintes mais simples da matéria com as formas mais complexas, como os seres vivos.

Lederman, L.M., 1978. The Upsilon Particle, *Scientific American*, October 1978, vol. 239, n. 4, p. 72-80.

Lipkin, H.J., 1966. Livro introdutório sobre a Teoria de Grupos voltada para a Física de Partículas.

Longo, M.J., 1973. Livro básico sobre os fundamentos da Física de Partículas.

McCuster, B., 1983. Livro de divulgação científica que se propõe a explicar ao leigo como são os *quarks*, se são eles realmente os blocos fundamentais da matéria, quantos eles são e se eles podem ser encontrados livremente.

Melissinos, A.C., 1966. Descreve uma série de experimentos e técnicas experimentais da Física Moderna.

PDG, 2004. Particle Data Group, Review of Particle Physics. *Physics Letters B* **592**, n. 1-4, p. 1-1109.

Salmeron, R., 2005a. Física Nuclear, Raios Cósmicos e as origens da Física de Partículas Elementares. *In* **Caruso, F., Oguri, V. & Santoro, A. (Eds.), 2005**, p. 43-72.

Salmeron, R., 2005b. *Quarks*: como chegamos a eles? *In* **Caruso, F.; Oguri, V.; Santoro, A. (Eds.), 2005**, p. 209-230.

Weinberg, S., 1993. Livro de divulgação científica sobre o sonho de se ter uma teoria unificada final.

Wille, K., 2000. Esse livro, que pressupõe bom conhecimento de Eletromagnetismo, procura explicar, de forma sistemática, os princípios físicos básicos que estão por trás dos aceleradores de partículas utilizados em Física de Altas Energias. O livro apresenta um panorama geral dos diversos tipos de aceleradores e depois se concentra no anel de armazenamento de elétrons, muito útil em Física de Altas Energias e na produção de radiação síncroton.

17.5 Exercícios

Exercício 17.5.1 Sabendo que o próton é formado por três *quarks* de valência, dois do tipo *up* e um do tipo *down*, e o nêutron, por um *up* e dois *down*, determine a carga elétrica destes *quarks*.

Exercício 17.5.2 A partícula Ω^- tem três *quarks* estranhos de valência. Determine a carga elétrica destes *quarks*.

Exercício 17.5.3 Os mésons charmosos D^0 e D^+ têm o seguinte conteúdo de *quarks* de valência: $D^0(c\bar{u})$ e $D^+(c\bar{d})$. Determine a carga elétrica do *quark* charmoso.

Exercício 17.5.4 Sabendo que o número de cargas elétricas possíveis dos núcleons é dado por $2I + 1$, sendo I o *isospin*, determine o *isospin* do próton e do nêutron.

Exercício 17.5.5 Faça um esboço da dependência angular da razão

$$\left(\frac{\mathrm{d}\sigma}{\mathrm{d}\Omega}\right)_{\text{Mott}} \Big/ \left(\frac{\mathrm{d}\sigma}{\mathrm{d}\Omega}\right)_{\text{Ruth}}$$

para os seguintes valores de $\beta = v/c$: 0,5, 0,6, 0,7, 0,8, 0,9 e 0,99.

Exercício 17.5.6 Um potencial fenomenológico confinante entre *quarks* separados de uma distância r pode ser representado por

$$V = -\frac{k_1}{r} + k_2 r$$

sendo $k_1 \simeq 0{,}5$ e $k_2 \simeq 0{,}2$ GeV^2. Faça um esboço da dependência de V com r.

Constantes e unidades físicas

Sempre que necessário, ao tentar resolver os exercícios que envolvam cálculos numéricos, utilize os valores das constantes e das conversões de unidades apresentadas nas tabelas a seguir. Se preferir, use valores aproximados.

Constantes universais		
Símb.	**SI**	**Outros sistemas**
e	$1,6 \times 10^{-19}$ C	$4,8 \times 10^{-10}$ ues
h	$6,626 \times 10^{-34}$ J · s	$6,626 \times 10^{-27}$ erg · s
$\hbar$	$1,055 \times 10^{-34}$ J · s	$6,58 \times 10^{-22}$ MeV · s
m_e	$9,11 \times 10^{-31}$ kg	$0,511$ MeV/c^2
m_p	$1,673 \times 10^{-27}$ kg	$938,3$ MeV/c^2
k	$1,381 \times 10^{-23}$ J/K	$8,617 \times 10^{-5}$ eV/K
c	$3,0 \times 10^8$ m/s	
G	$6,674 \times 10^{-11}$ m^3 · kg^{-1} · s^{-2}	
ϵ_0	$8,854 \times 10^{-12}$ F/m	
μ_0	$4\pi \times 10^{-7}$ N · A^{-2}	

Conversão de unidades	
1 pol	2,54 cm
1 Å	10^{-8} cm
1 T	10^4 G
1 C	3×10^9 ues
1 F	10^{17} cm
1 N	10^5 dyn
1 J	10^7 erg
1 eV	$1,6 \times 10^{-19}$ J
1 GeV^{-1}	$0,2 \times 10^{-13}$ cm $= 0,66 \times 10^{-24}$ s
1 barn	10^{-24} cm^2
1 atm	$1,01 \times 10^5$ Pa $= 760$ Torr

Referências Bibliográficas

A

[Abdalla, M.C.B., 2004] *O discreto charme das partículas elementares.* São Paulo: Unesp.

[Abraham, H.; Langevin, P. (Eds.), 1905] *Les quantités élémentaires d'électricité: ions, électrons, corpuscules. Mémoires Réunis et Publiés,* 2 volumes. Paris: Gauthier-Villars.

[Achinstein, P., 1991] *Particles and Waves: Historical Essays in the Philosophy of Science.* Nova York & Oxford: Oxford University Press.

[Alfonso-Goldfaber, A.M., 2001] *Da Alquimia à Química.* São Paulo: Landy.

[Alonso, M.; Finn, E.J., 1972] *Física: Um curso universitário,* v. I. São Paulo: Edgar Blücher.

[Alonso, M.; Finn, E.J., 1972a] *Física: Um curso universitário,* v. II. São Paulo: Edgar Blücher.

[Alonso, M.; Finn, E.J., 1976] *Fundamental University Physics – Quantum and Statistical Physics,* v. III. Massachusetts: Addison-Wesley.

[Alves, G.; Caruso, F.; Motta, H.; Santoro, A. (Eds.), 2012] *O mundo das partículas de hoje e de ontem.* São Paulo: Livraria da Física, segunda edição.

[Amaldi, G., 1982] *The Nature of Matter: Physical Theory from Thales to Fermi.* Chicago: The University Press.

[Anderson, D.L., 1964] *The Discovery of the Electron: The Development of the Atomic Concept of Electricity.* New York: D. van Nostrand Co.

[Andrade, E.N.C., 1927] *The Atom.* London: Ernest Benn.

[Andrade, E.N.C., 1964] *Rutherford and the Nature of the Atom.* New York: Anchor Books.

[Anselmino, M.; Caruso, F.; Mahon, J.R.P.; Oguri, V., 2012] *Introdução à QCD Perturbativa.* Rio de Janeiro: LTC.

[Arabatzis, T., 2006] *Representing Electrons: A Biographical Approach to Theoretical Entities.* Chicago: University Press.

[Arzeliès, H., 1966] *Rayonnemant et dinamique du corpuscule chargé fortement accéléré.* Paris: Gauthier-Villars.

[Ashcroft, N.W.; Mermin, N.D., 1976] *Solid State Physics.* Fort Worth, Texas: Sauders College.

[Aston, F.W., 1933] *Mass Spectra and Isotopes.* Londres: Edward Arnold & Co.

[Auletta, G., 2001] *Foundations and Interpretation of Quantum Mechanics.* Singapore: World Scientific.

[Auletta, G.; Fortunato, M.; Parisi, G., 2009] *Quantum Mechanics.* Cambridge: University Press.

[Authier, A., 2013] *Early days of X-ray cristallography.* Oxford: University Press.

B

[Bachelard, G., 1973] *Le Pluralisme Cohérent de la Chimie Moderne.* Paris: Librairie Philosophique J. Vrin.

[Badash, L. (Ed.), 1969] *Rutherford and Boltwood: Letters on Radioactivity.* New Haven: Yale University Press.

[Bailey, C., 1928] *The Greek Atomists and Epicurus.* Oxford: Claredon Press.

[Barnes, J., 1982] *The Presocratic Philosophers.* Londres: Routledge and Kegan Paul.

[Barnes, J. (Ed.), 1985] *The Complete Works of Aristotle.* Princeton: Princeton University Press, v. I-II.

[Barone, V., 2004] *Relatività: Principi e Applicazione.* Torino: Bollati Boringhieri.

[Bassalo, J.M.F., 1996-2005] *Nascimentos da Física: 3500 a.C. - 1900 a.D.,* v. 1 (1996); *1901-1950,* v. 2 (2000); 1951-1970, v. 3 (2005). Belém: UFPA.

[Bassalo, J.M.F., 1997-2002] *Crônicas da Física,* tomos 1-6. Belém: UFPA.

[Bassalo, J.M.F.; Caruso, F., 2013-2016] *Dirac; Landau; Einstein; Pauli; Fermi; Feynman; Schrödinger; Heisenberg; Leite Lopes; Born; Meitner; De Broglie; Kapitza; Bohr; Oppenheimer; Salam.* Coleção de biografias de físicos que mudaram o século XX. São Paulo: Livraria da Física.

[Beiser, A., 1995] *Concepts of Modern Physics.* New York: McGraw-Hill, Fifth edition.

[Bellone, E., 1990] *Caos e Armonia: Storia della Fisica Moderna e Contemporanea.* Torino: UTET Libreria.

[Bensaude-Vincent, B.; Stengers, I., 1996] *História da Química.* [Lisboa]: Instituto Piaget.

[Bergmann, P.G., 1942] *Introduction to the Theory of Relativity.* Edição utilizada, New York: Dover (1976).

[Berkson, W., 1974] *Fields of Force: The Development of a World View from Faraday to Einstein.* New York: John Wiley & Sons.

[Berzelius, J.J., 1819] *Essai sur la Théorie des Proportions Chimiques et sur L'Influence Chimique de L'Électricité.* Edição utilizada New York e Londres: Johnson Reprint Corporation (1972).

[Beyer, R.T. (Ed.), 1949] *Selected Papers in Foundations of Nuclear Physics.* New York: Dover.

[Birks, J.B., 1963] *Rutherford at Manchester.* New York: W.A. Benjamin Inc.

[Bitbol, M., 1996] *Schrödinger's Philosophy of Quantum Mechanics.* New York: Springer.

[Bitbol, M.; Darrigol, O., 1992] *Erwin Schrödinger Philosophy and the Birth of Quantum Mechanics.* Gif-sur-Yvette: Editions Frontières.

[Blokhintsev, D., 1981] *Principes de Mécanique Quantique.* Moscou: Ed. Mir.

[Bohm, D., 1993] *Causality & Chance in Modern Physics*. Philadelphia: University of Pennsylvania. Publicado em português com o título *Causalidade e acaso na Física Moderna*. Rio de Janeiro: Contraponto (2015).

[Bohm, D., 2015] *A Teoria da Relatividade Restrita*. São Paulo: Editora Unesp.

[Bohr, N., 1918-1922] *On the Quantum Theory of Line-Spectra*. Edição utilizada, New York: Dover (2005).

[Bohr, N., 1932-1957] *Física Atômica e conhecimento humano, ensaios 1932-1957*. Rio de Janeiro: Contraponto (1998).

[Bohr, N., 1972-2005] *Collected Works*, 12 volumes. Amsterdã: North-Holland.

[Boltzmann L., 1896-1898] *Lectures on Gas Theory*. Edição utilizada, New York: Dover (1995).

[Boorse, H.A.; Motz, Ll., 1966] *The World of Atom*, 2 volumes. New York: Basic Books.

[Boorse, H.A.; Motz, L.; Weaver, J.H., 1989] *The Atomic Scientists: A Biographical History*. New York: John Wiley.

[Born, M., 1926] *Problems of Atomic Dynamics*. Edição utilizada, Massachusetts: MIT (1970).

[Born, M., 1923] *The Constitution of Matter: Modern Atomic and Electron Theories*. New York: E.P. Dutton.

[Born, M., 1935] *Física Atômica*. Edição utilizada, Lisboa: Fundação Calouste Gulbenkian (1965).

[Born, M., 1969] *Physics in my Generation*. New York: Springer-Verlag.

[Born, M., 1971] *The Born-Einstein Letters 1916-1955 – Friendship, Politics and Physics in Uncertain Times*. London: Macmillan Press.

[Born, M.; Auger, P.; Schrödinger, E.; Heisenberg, W., 1969] *Problemas da Física Moderna*. São Paulo: Perspectiva.

[Born, M.; Wolf, E., 1980] *Principles of Optics: Electromagnetic Theory of Propagation Interference and Diffraction of Light*, 6 ed., Oxford: Pergamon Press.

[Brading, K.; Castellani, E. (Eds.), 2003] *Symmetries in Physics: Philosophical Reflections*. Cambridge: University Press.

[Bragg, L., 1975] *The Development of X-Ray Analysis*. Edição utilizada, New York: Dover (1992).

[Brock, W.H. (Ed.), 1967] *The Atomic Debates: Brodie and the Rejection of the Atomic Theory*. Leicester: Leicester University.

[Brown, L.M.; Hoddeson, L., 1986] *The Birth of Particle Physics*. Cambridge: University Press.

[Brown, L.M.; Pais, A.; Pippard, B., 1995] *Tweentieth Century Physics*. Bristol and Philadelphia: Institute of Physics.

[Bruno, G., 1584] *Spaccio della Bestia Trionfante*. Paris e Londres.

[Brush, S.G., 1965] *Kinetic Theory. v. I. The Nature of Gases and of Heat*. Oxford: Pergamon Press.

[Brush, S.G., 1976] *The Kind of Motion we Call Heat. A History of the Kinetic Theory of Gases in the 18th Century*. Amsterdã: North-Holland, 2 v.

[Brush, S.G., 1983] *Statistical Physics and the Atomic Theory of Matter, from Boyle and Newton to Landau and Onsager*. Princeton, New Jersey: University Press.

[Brush, S.; Belloni, L., 1983] *The History of Modern Physics: An International Bibliography*. New York & London: Garland.

[Bub, J., 1974] *The Interpretation of Quantum Mechanics*. Dordrecht: D. Reidel.

[Buchwald, J.Z., 1989] *The Rise of Wave Theory of Light: Optical Theory and Experiment in the Early Nineteenth Century*. Chicago: University of Chicago.

[Bunge, M., 1979] *Causality and Modern Science*. New York: Dover.

[Burnet, J., 1914] *Greek Philosophy, Part I, Thales to Plato*. Londres: The Macmilan Co.

[Burnet, J., 1957] *Early Greek Philosophy*. New York: The Meridian Library, Fourth edition.

[Butkov, E., 1968] *Mathematical Physics*. Massachusetts: Addison-Wesley.

[Byron, F.W.; Rober, W.F., 1992] *Mathematics of Classical and Quantum Physics*. New York: Dover.

C

[Califano, S., 2012] *Pathways to Modern Chemical Physics*. Berlin: Springer Verlag.

[Cannizzaro, S., 1858] *Sunto di un Corso di Filosofia Chimica*. Nova edição Palermo: Sellerio editore (1991). Comentários e notas históricas de Luigi Cerruti e introdução de Leonello Paolini. Tradução para o inglês republicada por The Alembic Club, Edinburgh (1947).

[Cantore, E., 1969] *Atomic Order: An Introduction to the Philosophy of Microphysics*. Cambridge, Massachusetts: MIT Press.

[Čapek, M., 1961] *Philosophical Impact of Contemporary Physics*. Princeton, New Jersey: D. van Nostrand.

[Caruso, F.; Daou, L., 2000-2002] *Tirinhas de Física*, Rio de Janeiro, 6 v.

[Caruso, F.; Jorge, A.; Oguri, V., 2013] *Galileu em Sala de Aula*. São Paulo: Livraria da Física.

[Caruso, F.; Oguri, V.; Santoro, A. (Eds.), 2005] *Física de Partículas Elementares: 100 anos de descobertas*. Manaus: EDUA. Nova edição, 2012, São Paulo: Livraria da Física.

[Caruso, F.; Santoro, A. (Eds.), 2000] *Do átomo grego à Física das Partículas Elementares*. Rio de Janeiro: CBPF, segunda edição corrigida. Terceira edição, São Paulo: Livraria da Física (2012).

[Carvalho, R., 1955] *História do Átomo*. Coimbra: Atlântica.

[Cassidy, D.C., 1992] *Uncertainty. The Life and Science of Wener Heisenbeg*. Nova York: W.H. Freeman.

[Cassirer, E., 1956] *Determinism and Indeterminism in Modern Physics: Historical and Systematic Studies of the Problem of Causality*. Yale University Press.

[Chalmers, A., 2011] *The Scientist's Atom and the Phisosopher's stone. How Science Succeeded and Philosophy Failed to Gain Knowledge of Atoms*. New York: Springer.

[Chpolski, E., 1978] *Physique Atomique*, v. I-II. Moscou: Éditions Mir.

[Churchill, R.V., 1978] *Fourier Series and Boundary Value Problems*, 3ª ed. New York: McGraw-Hill.

[Ciardi, M., 1995] *L'Atomo Fantasma: Genesi storica dell'ipotesi di Avogadro*. Firenze: Leo S. Olschki.

[Cohen, M.R., 1953] *Reason and Nature: An Essay on the Meaning of Scientific Method*. Edição utilizada, New York: Dover (1978).

[Cohen-Tannoudji, G., 1995] *Les Constantes Universelles*. Paris: Hachette Livre.

[Cooper, N.G.; West, G.B., 1988] *Particle Physics: A Los Alamos Primer*. Cambridge University.

[Copernico, N., 1543] *As revoluções dos orbes celestes*. Edição portuguesa utilizada, Lisboa: Fundação Calouste Gulbenkian (1984).

[Coughland, G.D.; Doodz, J.E., 1993] *The Ideas of Particle Physics: An Introduction for Scientists*. Cambridge: University Press.

[Crawford, F.S., 1968] *Berkeley Physics Course – Waves*, v. 3. New York: McGraw-Hill.

[Crowther, J.A., 1947] *Iones, Electrones y Radiaciones Ionizantes*. Buenos Aires: Espasa-Calpe.

[Curie, M., 1925] *Le Radium et les Radio-Éléments*. Paris: Librairie J.-B. Baillière.

[Curie, M$^{me.}$ S., 1904] *Recherches sur les Substances Radioactives*. Thèse présentée a la Faculté des Sciences de Paris pour obtenir le grade de Docteur ès Sciences Physiques. Paris: Gauthiers-Villars, deuxième édition, revue et corrigée.

[Curie, M.S., 1954] *Œuvres de Marie Sklodowska Curie*, recueillies par Irène Joliot-Curie. Varsóvia: Państwowe Wydawnictwo Naukowe.

[Cushing, J.T., 1994] *Quantum Mechanics: Historical Contingency and the Copenhagen Egemony*. Chicago: University Press.

D

[Dahl, P.F., 1997] *Flash of the Cathodic Rays: A History of J.J. Thomson's Electron*. London: IOP Publishing.

[Danna, J., 1904] *Le Radium: Sa préparation et ses Propriétés*. Paris: Librairie Polytechnique Ch. Béranger.

[Darius, J., 1984] *Beyond Vision*. Oxford: University Press.

[Darrigol, O., 2000] *Electrodynamics from Ampère to Einstein*. New York: Oxford University Press.

[De Broglie, L., 1924] *Recherches sur la Théorie des Quanta*. Reedição, Paris: Masson (1963).

[De Broglie, L., 1937] *La Physique Nouvelle et les Quanta*. Paris: Ernest Flammarion. Reeditada, em 1963, Paris: Masson, e, em 1992, pela Fondation Louis de Broglie.

[De Broglie, L., 1945] *Ondes, Corpuscules, Mécanique Ondulatoire*. Paris: Albin Michel.

[De Broglie, L., 1955] *Le Dualisme des ondes et des corpuscules dans l'Œuvres de Albert Einstein*. Paris: Palais de L'Institut.

[De Broglie, L., 1982] *Les Incertitudes d'Heisenberg et l'Interpretation Probabiliste de la Mécanique Ondulatoire*. Paris: Gauthier-Villars.

[De Broglie, M., s/d] *X-Rays*. New York: E.P. Dutton and Co.

[De Broglie, M., 1951] *Les Premiers Congrès de Physique Solvay et l'orientation de la physique depuis 1911*. Paris: Albin Michel.

[Debye, P., 1954] *The Collected Papers of Peter J.W. Debye*. New York: Interscience.

[D'Espagnat, B., 1981] *A la Recherce du Réel: Le Regard d'un Physicien*. Paris: Bordas.

[Dijksterhuis, E.J., 1986] *The Mechanization of the World Picture: Pythagoras to Newton*. Princeton: University Press.

[Dirac, P.A.M., 1930] *Quantum Mechanics*, 4 ed. Oxford: Claredon Press (1958).

[Dirac, P.A.M., 1971] *The Development of Quantum Theory*. New York: Gordon and Breach.

[Dirac, P.A.M., 1978] *Directions in Physics*. New York: John Wiley (edited by H. Hora and J.R. Shepanski).

[Dirac, P.A.M., 1995] *The Collected Works of P.A.M. Dirac, 1924-1948*, edited by R.H. Dalitz. Cambridge: Cambridge University Press.

[Duck, I.; Sudarshan, E.C.G., 1997] *Pauli and the Spin-Statistics Theorem*. Singapore: World Scientific.

E

[Einstein, A., 1909-1955] *The Collected Papers of Albert Einstein*, v. 1-13. Princeton: University Press (1987-2015).

[Einstein, A., 1916] *A Teoria da Relatividade especial e geral*. Edição utilizada, Rio de Janeiro: Contraponto (1999).

[Einstein, A., 1926] *Investigations on the Theory of the Brownian Movement*. Edição utilizada, New York: Dover (1956).

[Einstein, A., 1972] *Reflexion sur l'Électrodynamique, l'Éther, la Géométrie et la Relativité*. Paris: Gauthier-Villars.

[Einstein, A.; Infeld, L., 1938] *A evolução da Física*. Edição utilizada, Rio de Janeiro: Guanabara Koogan (1988).

[Eisberg, R.M., 1961] *Fundamental of Modern Physics*. New York: John Wiley & Sons.

[Eisberg, R.M.; Resnick, R., 1979] *Física Quântica: átomos, moléculas, sólidos, núcleos e partículas*. Rio de Janeiro: Elsevier/Campus.

[Elitzur, A.; Dolev, S.; Kolenda, N. (Eds.), 2005] *Quo Vadis Quantum Mechanics?*. Berlin: Springer-Verlag.

[Enge, H.A., 1966] *Introduction to Nuclear Physics*. Reading, Massachusetts: Addison-Wesley.

[Enz, C.P.; von Meyenn, K. (Eds.), 1994] *Wolfgang Pauli. Writings on Physics and Philosophy*. Berlim, New York: Springer-Verlag.

[Esposito, G.; Marmo, G.; Sudarshan, G., 2004] *From Classical to Quantum Mechanics*. Cambridge: University Press.

[Estermann, I. (Ed.), 1959] *Recent Research in Molecular Beams*. New York & London: Academic Press.

[Eve, A.S., 1939] *Rutherford*. New York, The MacMillan Company.

[Ezhela, V.V., et al., 1996] *Particle Physics: One Hundred Years of Discoveries*. Woodbury: American Institute of Physics.

F

[Fajans, K., 1922] *Radioaktivität und die neueste Entwicklung der Lehre von den chemischen Elementen*. Braunschweig: Vieweg. Traduzido para o inglês como *Radio-Activity and the latest Developments in the Study of the Chemical Elements*. Londres: Mathuen (1923).

[Fajans, K., 1931] *Radioelements and Isotopes: Chemical Forces and Optical Properties of Substances*. New York: McGraw-Hill. Nova edição da Dover, 2005.

[Farrington, B., 1944] *Greek Science: its Meaning for Us (Thales to Aristotle)*. New York: Penguin Books.

[Farrington, B., 1968] *A doutrina de Epicuro*. Rio de Janeiro: Zahar.

[Faye, J., 1991] *Niels Bohr, his Heritage and Legacy: An Antirealist View of Quantum Mechanics*. Dordrecht: Kluwer Academic Publisher.

[Faye, J.; H. Folse (Eds.), 1994] *Niels Bohr and Contemporary Philosophy*. Dordrecht: Kluwer Academic Publisher.

[Fernow, R., 1990] *Introduction to Experimental Particle Physics*. Cambridge: University Press.

[Ferrater Mora, J., 1981] *Diccionario de Filosofia*. Madri: Alianza, tercera edición, 4 v.

[Février, P., 1955] *Déterminisme et Indéterminisme*. Paris: Presses Universitaires de France.

[Feynman, Leighton; Sands, 1975] *The Feynman Lectures on Physics*, volumes I, II, III. Massachusetts: Addison-Wesley, Fifth printing.

[Feynman, R.P., 1961] *Quantum Electrodynamics.* Edição utilizada, Massachusetts: Perseus (1998).

[Feynman, R.P., 1987] The Reason for Antiparticles, em *Elementary Particles and the Laws of Physics.* Cambridge: University Press.

[Feynman, R.P., 1988] *QED: A estranha teoria da luz e da matéria.* Lisboa: Gradiva.

[Feynman, R.P., 2000] *O que é uma Lei Física,* Lisboa, Gradiva, segunda edição.

[Flügge, S., 1971] *Practical Quantum Mechanics.* Berlim, Heildelberg: Springer-Verlag.

[Folse, H., 1985] *The Philosophy of Niels Bohr. The Framework of Complementarity..* Amsterdã: North Holland.

[French, A.P., 1966] *Vibrações e ondas.* Brasília: UnB.

[French, A.P., 1968] *Relatividad Especial.* Barcelona: Reverté.

[French, A.P.; Kennedy, P.J. (Eds.), 1985] *Niels Bohr: A Centenary Volume.* Cambridge, Massachusetts: Harvard University Press.

[French, A.P.; Taylor, E.F., 1978] *Introduction to Quantum Physics.* New York: Norton.

[Furçat, F., 1990] *Niels Bohr avant/après.* Paris: Criterion.

G

[Galvani, L., 1791] *De Viribus Electracitatis in Moto Musculari Commentarius.* Bononiae.

[Galvani, L., 1998] *Opere edite ed inedite. Raccolte e pubblicate per cura dell'Academia delle Scienze dell'Istituto di Bologna.* Bologna: Arnold Forni Editore.

[Garber, E.; Brush, S.G.; Everitt, C.W.F., 1986] *Maxwell on Molecules and Gases.* Cambridge: University Press.

[Garola, C., 2004] *The Foundations of Quantum Mechanics: Historical Analysis and Open Questions.* Singapore: World Scientific.

[Gasiorowicz, S., 2003] *Quantum Physics.* New York: John Wiley, Third edition.

[Gell-Mann, M.; Ne'emann, Y., 1964] *The Eightfold Way.* New York: Benjamin.

[Gell-Mann, M., 1995] *Le Quark et le Jaguar: voyage au coeur du simple et du complexe.* Paris: Albin Michel.

[Gibbs, J.W., 1901] *Elementary Principles in Statistical Mechanics.* Edição utilizada, Woodbridge: Ox Bow Press (1981).

[Gibbs, J.W., 1961] *The Scientific Papers of J. Willard Gibbs,* volumes 1 e 2. New York: Dover.

[Gibert, A., 1982] *Origens históricas da Física Moderna.* Lisboa: Fundação Calouste Gulbenkian.

[Golden, S., 1964] *Elements of the Theory of Gases.* Massachusetts: Addison-Wesley.

[Goldstein, H., 1980] *Classical Mechanics.* Massachusetts: Addison-Wesley, Second edition.

[Goudsmith, S.A., 1983] *The History of Modern Physics, 1800-1950.* Los Angeles: Thomash Publisher.

[Greenberger, D.; Hentschel, K.; Weinert, F., 2009] *Compendium of Quantum Physics: Concepts, Experiments, History and Philosophy.* New York: Springer.

[Greene, B., 2001] *O universo elegante: supercordas, dimensões ocultas e a busca da teoria definitiva.* São Paulo: Companhia das Letras.

[Greiner, W., 1998] *Classical Electrodynamics.* New York: Springer.

[Gross, D.; Henneaux, M.; Servin, A., 2013] *The Theory of Quantum World.* Singapore: World Scientific.

[Grynberg, G.; Aspect, A.; Fabre, C., 2010] *Introduction to Quantum Optics.* Cambridge: University Press.

[Guthrie, W.K.C., 1967] *The Greek Philosophers: From Thales to Aristotle.* Londres: Methuen & Co.

[Guthrie, W.K.C., 1962-1981] *A History of Greek Philosophy,* v. I. *The earlier Pressocratics and the Pythagoreans* (1962); v. II. *The Presocratic tradition from Parmenides to Democritus* (1965); v. III. *The Fifth-Century Enlightenment* (1969); v. IV. *Plato: the Man and his Dialogues – earlier period* (1975); v. V. *The Later Plato and the Academy* (1978); v. VI. *Aristotle: an Encouter* (1981). Cambridge: University Press.

H

[Haas, A., 1928] *Wave Mechanics and the New Quantum Theory.* Londres: Constable & Co.

[Haas, A., 1928bis] *The World of Atoms: Ten non-mathematical Lectures.* New York: D. van Nostrand, second printing.

[Haas, A.; Uhler, H.S., 1928] *The World of Atoms.* New York, D. van Nostrand, second printing.

[Hall, A.R., 1963] *From Galileo to Newton 1630-1720.* Londres: William Collins Sons.

[Hamilton, E.; Cairns, H. (Eds.), 1989] *Plato: The Collected Dialogues, including the Letters.* Princeton: University Press.

[Hanson, N.R., 1963] *The Concept of the Positron: A Philosophical Analysis.* Cambridge: University Press.

[Harman, P.M. (Ed.), 1990-2002] *The Scientific Letters and Papers of James Clerk Maxwell.* Cambridge: University Press, 3 volumes em 5 tomos.

[Hasenölrl, F. (Ed.), 1968] *Wissenschaftliche Abhandlungen von Ludwig Boltzmann.* New York: Chelsea.

[Hecht, E.; Zajac, A., 1975] *Optics.* Fourth printing. Massachusetts: Addison-Welsey.

[Heisenberg, W., 1930] *Die Physikalischen Prinzipien der Quantentheorie.* Leipzig: S. Hirzel. Edição utilizada: *The Physical Principles of the Quantum Theory.* New York: Dover (1958).

[Heisenberg, W., 1954] *La Physique du Noyau Atomique.* Paris: Albin Michel.

[Heisenberg, W., 1958] *Physics and Philosophy.* New York: Harper & Brothers, Edição brasileira utilizada *Física e Filosofia.* Brasília: UnB (1981).

[Heisenberg, W., 1966] *Introduction to the Unified Field Theory of Elementary Particles.* New York: Interscience Publishers.

[Heisenberg, W., 1971] *Physics and Beyond: Memories of a Life in Science.* Londres: George Allen & Uniwin Ltd.

[Heisenberg, W., 1985-1989] *Gesammelte Werke (Collected Works.* Series AI-AIII, BI, Berlin: Springer-Verlag; Series CI-CV, München: R. Piper GmbH.

[Heitler, W., 1945] *Elementary Wave Mechanics.* Oxford: Claredon Press.

[Hendry, J., 1984] *The Creation of Quantum Mechanics and the Bohr-Pauli Dialogue.* Dordrecht/Boston/Lancaster: D. Reidel.

[Hermann, A., 1971] *The Genesis of Quantum Theory (1899-1913).* Cambridge: MIT Press.

[Hertz, H., 1884] *Die Constitution der Materie.* Texto editado por Albrecht Fölsing, Berlin: Springer, 1999.

[Herzberg, G., 1937] *Atomic Spectra and Atomic Structure.* New York: Dover (1945).

[Hesse, M.B., 1962] *Forces and Fields: The Concepts of Action at a Distance in the History of Physics*. New York: Philosophical Library.

[Hindmarsch, W.R., 1967] *Atomic Spectra*. Oxford: Pergamon Press.

[Holton, G., 1979] *A imaginação científica*. Rio de Janeiro: Zahar.

[Honner, J., 1988] *The Description of Nature: Niels Bohr and the Philosophy of Quantum Physics*. Oxford: University Press.

[Hutchins, R.M. (Ed.), 1980] *Great Books of the Western World*, v. 45, 23 ed. Chicago: The University of Chicago & Encyclopaedia Britannica.

[Huygens, C.; Fresnel, A., 1945] *La Teoria Ondulatoria de la Luz*, Introducción y notas de Cortês Pla. Buenos Aires: Losada.

I

[Ihde, A.J., 1984] *The Development of Modern Chemistry*. New York: Dover.

[Institut International de Physique Solvay, 1928] *Électrons et Photons*, rapports et discussions du Cinquième Conseil de Physique tenu a Bruxelles du 24 au 29 Octobre 1927 sous les auspices de L'Institut International de Physique Solvay. Paris: Gauthier-Villars.

J

[Jackson, J.D., 1999] *Classical Electrodynamics*. New York: John Wiley & Sons, Third edition.

[Jaeger, F.M., 1917] *Lectures on the Principles of Symmetry and its Applications in All Natural Sciences*. Amsterdã: Elsevier.

[Jaffe, B., 1960] *Michelson and the Speed of Light*. New York: Anchor Books.

[Jammer, M., 1966] *The Conceptual Development of Quantum Mechanics*. New York: McGraw-Hill.

[Jammer, M., 1974] *The Philosophy of Quantum Mechanics: The Interpretations of Quantum Mechanics in Historical Perspective*. New York: John Wiley & Sons.

[Jammer, M., 1993] *The History of the Concept of Space in Physics*. New York: Dover, Third edition.

[Jammer, M., 2006] *Concepts of Simultaneity from Antiquity to Einstein and Beyond*. Baltimore: The John Hopkins University Press.

[Jauch, J.M., 1989] *Are Quanta Real?: A Galilean Dialogue*. Bloomington: Indiana University.

[Jensen, W.B., 2002] *Mendeleev on the Periodic Law. Selected Writings, 1869-1905*. New York: Dover.

K

[Kangro, H. (Ed.), 1972] *Planck's Original Papers in Quantum Physics*. German and English edition. Londres: Taylor & Francis.

[Kangro, H., 1976] *Early History of Planck's Radiation Law*. Londres: Taylor & Francis.

[Kaplan, I., 1963] *Nuclear Physics*. Reading, Massachusetts: Addison-Wesley.

[Kargon, R.H., 1966] *Atomism in England from Hariot to Newton*. Oxford: Claredon Press.

[Kirchhoff, G., 1898] *Abhandlungen über Emission und Absorption*. Leipzig: Verlag von Wilhelm Engelmann.

[Kirchhoff, G.; Bunsen, R., 1895] *Chemische Analyse durch Spectralbeobactung*. Leipzig: Verlag von Wilhelm Engelmann.

[Kirk, G.S.; Raven, J.E., 1990] *Os filósofos pré-socráticos*. Lisboa: Fundação Calouste Gulbenkian.

[Kirk, G.S.; Raven, J.E.; Schofield, M., 1994] *Os filósofos pré-socráticos*, 4 ed. Lisboa: Fundação Calouste Gulbenkian.

[Kittel, C., 1978] *Introdução à Física do Estado Sólido*. Rio de Janeiro: Guanabara Dois, quinta edição.

[Kittel, C.; Knight, W.D.; Ruderman, M.A., 1973] *Curso de Física de Berkeley – Mecânica*, v. I. São Paulo: Edgar Blücher.

[Knight, D.M. (Org.), 1970] *Classical Scientific Papers: Chemistry, second series*. Londres: Mill & Boan, New York: American Elsevier Publisher.

[Konishi, K.; Paffuti, G., 2009] *Quantum Mechanics: A New Introduction*. Oxford: University Press.

[Krajewski, W., 1977] *Correspondence Principle and Growth of Science*. Dordrecht: D. Reidel.

[Krüger, L.; Daston, L.J.; Heidelberger, M., 1989] *The Probabilistic Revolution*, 2 volumes. Massachusetts: MIT Press, Second printing.

[Kuhn, T.S., 1978] *Black Body Theory and Quantum Discontinuity 1894-1912*. New York: Oxford University Press.

L

[Lacroix, P., 1877] *Sciences & Lettres au Moyen Age et a l'Époque de la Renaissance*. Paris: Librairie de Firmin-Didot.

[Lagerkvist, U., 2012] *The Periodic Table and the Missed Nobel Prize*. Singapore: World Scientific.

[Lanczos, C., 1986] *The Variational Principles of Mechanics*, 4 ed. New York: Dover.

[Landau, L., 1957] *Mecânica*. Moscou: Mir (1978).

[Landau, L.; Rumer, Y., 2004] *O que é a Teoria da Relatividade?*. São Paulo: Hemus.

[Lange, F.A., s/d] *História do Materialismo*; volumes 1 e 2. Lisboa: Editora Gleba.

[Langevin, P.; de Broglie, M. (Eds.), 1912] *La Théorie du Rayonnement et les Quanta*; Rapports et Discussions de la Réunion tenue à Bruxelles, du 30 octobre au 3 novembre de 1911, sous les auspices de M.E. Solvay. Paris: Gauthier-Villars.

[Lawden, D.F., 1967] *The Mathematical Principles of Quantum Mechanics*. Londres: Methuen & Co.

[Leicester, H.M., 1971] *The Historical Background of Chemistry*. New York: Dover.

[Leicester, H.M.; Klickstein, H.S. (Eds.), 1963] *A Source Book in Chemistry, 1400-1900*. Massachusetts: Harvard University.

[Leite Lopes, J., 1967] *Fondaments de la Physique Atomique*. Paris: Hermann.

[Leite Lopes, J., 1992] *A estrutura quântica da matéria: Do átomo pré-socrático às partículas elementares*. Rio de Janeiro: UFRJ e Erca.

[Leite Lopes, J.; Escoubès, B., 1995] *Sources et évolution de la physique quantique: textes fondateurs*. Paris: Masson.

[Leite Lopes, J.; Paty, M., 1977] *Quantum Mechanics, a Half Century Later*. Dordrecht: D. Reidel.

[Levi, P., 1994] *A Tabela Periódica*. Rio de Janeiro: Relume-Dumará.

[Lévy-Leblond, J.M., 2004] *O pensar e a prática da ciência – antinomias da razão.* São Paulo: Edusc.

[Lévy-Leblond, J.M.; Balibar, F., 1990] *Quantics – Rudiments of Quantum Physics.* Amsterdã: North-Holland.

[Libby, W.F., 1952] *Radiocarbon dating.* Chicago: The University of Chicago Press.

[Lichtenberg, D.B., 1978] *Unitary Symmetry and Elementary Particles.* Londres: Academic Press, Second edition.

[Lindberg, D.C., 1976] *Theories of Vision from Al-Kindi to Kepler.* Chicago & Londres: University of Chicago.

[Lipkin, H.J., 1966] *Lie Groups for Pedestrians.* Amsterdã: North-Holland Publishing Co., Second edition.

[Livingston, D.M., 1973] *The Master of Light: A Biography of Albert A. Michelson.* New York: Charles Scribner's Sons.

[Longair, M.S., 1994] *Theoretical Concepts in Physics.* Cambridge: University Press.

[Longair, M.S., 2013] *Quantum Concepts in Physics: An Alternative Approach to teh understanding of Quantum Mechanics.* Cambridge: University Press.

[Longo, M.J., 1973] *Fundamentals of Elementary Particle Physics.* New York: MacGraw-Hill.

[Lorentz, H.A., 1909] *The Theory of Electrons: and its applications to the phenomena of light and radiant heat.* Edição utilizada, New York: Dover (2003).

[Lorentz, H.A., 1935-1939] *Collected Papers.* The Hague: Martinus Nijoff, 9 v.

[Lorentz, H.A., et al., 1923] *The Principle of Relativity,* A Collection of Original Papers on the Special and General Theory of Relativity. Edição utilizada, New York: Dover (1952).

M

[Magalhães, M.N.; Lima, A.C.P., 2002] *Noções de probabilidade e estatística,* 4ª ed. São Paulo: EdUsp.

[Mahon, J.R.P., 2011] *Mecânica Quântica: Desenvolvimento Contemporâneo e Aplicações,* Rio de Janeiro: LTC.

[Majorana, E., 1987] *Lezioni dell'Università di Napoli.* Napoli: Bibliopolis.

[Marks, R.W., 1967] *Great Ideas of Modern Science.* New York: Bantam Books.

[Marques, G.C., 2010] *Do que tudo é feito?* São Paulo: Editora da Universidade de São Paulo.

[Martins, J.B., 2002] *A história do átomo de Demócrito aos quarks.* Rio de Janeiro: Ciência Moderna.

[Martins, R.A., 2012] *Becquerel e a descoberta da radioatividade: uma análise crítica.* São Paulo: Livraria da Física.

[Mason, S.F., 1962] *História da Ciência.* Rio de Janeiro, Porto Alegre e São Paulo: Editora Globo.

[Massimi, M., 2005] *Pauli's Exclusion Principle: The Origin and Validation of a Scientific Principle.* Cambridge: University Press.

[Mathieu, J.-P., 1984] *Histoire de la constante d'Avogadro.* Paris: Société Française d'Histoire des Sciences et de Techniques.

[Mayants, L., 1984] *The Enigma of Probability and Physics.* Dordrecht / Boston / Lancaster: D. Reidel Publishing Co.

[McCuster, B., 1983] *The quest for quarks.* Cambridge: Cambridge University Press.

[McKie, D.; Heathote, N.H.V., 1935] *The Discovery of Specific and Latent Heats.* Londres: Edward Arnold.

[Medawar, P.B., 1984] *The Limits of Science.* New York: Harper & Row.

[Mehra, J., 1975] *The Solvay Conferences on Physics: Aspects of the Development of Physics Since 1911.* Dordrecht/Boston: D. Reidel Publishing Company.

[Mehra, J.; Rechenberg, H., 1982-2000] *The Historical Development of Quantum Theory,* volumes 1-6, em 9 tomos. New York: Springer-Verlag.

[Melhado, E., 1981] *Jacob Berzelius. The Emergence of his Chemical System.* Stockholm: Almquist & Wilksell International.

[Melissinos, A.C., 1966] *Experiments in Modern Physics.* New York & Londres: Academic Press.

[Meyer, P.L., 1983] *Probabilidade – aplicações à Estatística.* Rio de Janeiro: LTC, segunda edição.

[Meyerson, E., 1951] *Identité et Réalité.* Paris: Librairie Philosophique J. Vrin, cinquième edition.

[Miller, A.I., 2012] *Sixty-two Years of Uncertainty: Historical, Philosophical and Physical Inquiries into the Foundations of Quantum Mechanics.* New York: Springer.

[Miller, T.S., 1981] *Albert Einstein's Special Theory of Relativity; Emergence (1905) and early interpretation (1905-1911).* Massachusetts: Addison-Wesley.

[Millikan, R.A., 1947] *Electrons (+ and −), Protons, Photons, Neutrons, Mesotrons, and Cosmic Rays.* Chicago: University Press.

[Millikan, R.A., 1950] *The Autobiography of Robert A. Millikan.* New York: Prentice-Hall.

[Mottelay, P.F., 1922] *Bibliographical History of Electricity and Magnetism Chronologically Arrenged.* London: Charles Griffin & Co. Reimpresso por Maurizio Martino Publisher, New York, s/d.

[Moore, R., 1985] *Niels Bohr: The Man, his Science, and the World they Changed.* Cambridge, Massashusetts: The MIT Press.

[Moore, W., 1989] *Schrödinger Life and Thought.* Cambridge: University Press.

[Morse, P.M., 1965] *Thermal Physics.* New York: W.A. Benjamin.

[Munro, J., 1912] *The Story of Electricity.* New York: Appleton and Co.

[Murdoch, D., 1987] *Niels Bohr's Philosophy of Physics.* Cambridge: University Press.

N

[Nambu, Y., 1985] *Quarks.* Singapore: World Scientific.

[Newlands, J.A.R., 1884] *On the discovery of the periodic law and on relations among the atomic weights.* London: Spon. Edição utilizada, Nobel Press, 2014.

[Niven, W.D. (Ed.), 1890] *The Scientific Papers of James Clerk Maxwell.* Edição utilizada, New York: Dover (2003).

[Novello, M., 1988] *Cosmos & Contexto.* Rio de Janeiro: Ed. Forense Universitária.

[Novello, M., 2004] *Os jogos da natureza: a origem do universo, os buracos negros, a evolução das estrelas e outros mistérios da natureza.* Rio de Janeiro: Elsevier/Campus.

[Nye, M.-J., 1972] *Molecular Reality: A perspective on the scientific work of Jean Perrin.* New York: Elsevier.

[Nye, M.-J., 1983] *The Question of the Atom: From Karlsruhe Congress to the Solvay Conference, 1860-1911.* Los Angeles: Tomash.

O

[Oguri, V. (Org.) *et al.*, 2005] *Estimativas e Erros em Experimentos de Física*. Rio de Janeiro: EdUerj.

[Ohanian, H.C., 1976] *Gravitation and Spacetime*. New York/London: W.W. Norton & Co.

[Omnès, R., 1994] *The Interpretation of Quantum Mechanics*. Princeton, New Jersey: University Press.

[Omnès, R., 1999] *Understanding Quantum Mechanics*. Princeton, New Jersey: University Press.

[Ordine, N., 1996] *La Cabala dell'Asino: Asinità e Conoscenza in Giordano Bruno*. Napoli: Liguori, seconda edizione.

[Osada, J., 1972] *Evolução das ideias da Física*. São Paulo: Edgar Blücher.

P

[Pais, A., 1987] *Sottile è il Signore: La Scienza e la Vita di Albert Einstein*. Torino: Boringhieri.

[Pais, A., 1988] *Inward Bound of Matter and Forces in the Physical World*. New York: Oxford University.

[Pais, A., 1991] *Niels Bohr's Times, in Physics, Philosophy, and Polity*. Oxford: Claredon Press.

[Palmer, W.G., 1945] *Valency: Classical and Modern*. Cambridge: University Press.

[Papenfuß, D.; Lüst, D.; Schleich, W.P. (Eds.), 2002] *100 Years Werner Heisenberg: Work and Impact*. Weinheim: Wiley-VCH Verlag.

[Partington, J.R., 1998] *A History of Chemistry*. New York: Martino Publisher.

[Patterson, E.C., 1970] *John Dalton and the Atomic Theory*. New York: Anchor Book.

[Pauli, W., 1921] *Theory of Relativity*. Edição em inglês, New York: Dover (1981).

[Pauli, W., 1947] *Exclusion Principle and Quantum Mechanics*. Newchatel: Édition du Griffon.

[Pauli, W. (Ed.), 1955] *Niels Bohr and the Development of Physics*. New York: McGraw-Hill

[Pauling, L.; Bright Wilson, E., 1935] *Introduction to Quantum Mechanics*. New York: McGraw-Hill.

[Pearce Williams, L., 1980] *The Origin of Field Theory*. New York: University Press of America.

[Peebles, P.J.E., 1992] *Quantum Mechanics*. New Jersey: Princeton University Press.

[Perrin, J., 1910] *Brownian Movement*. Edição utilizada, Woodbridge: Ox Bow Press (1990).

[Perrin, J., 1913] *Atoms*. Edição utilizada, New York: Dover (2005).

[Perrin, J., 1950] *Œuvres Scientifiques*. Paris: Centre National de La Recherche Scientifique.

[Pessoa Jr., O., 2003] *Conceitos de Física Quântica*. São Paulo: Livraria da Física.

[Pessoa Jr., O., 2006] *Conceitos de Física Quântica*, volume II. São Paulo: Livraria da Física.

[Petruccioli, S., 1993] *Atoms, Metaphors and Paradoxes: Niels Bohr and the Construction of a New Physics*. Cambridge: University Press.

[Piza, de Toledo A.F.R., 2002] *Mecânica Quântica*. São Paulo: EdUsp.

[Planck, M., 1914] *The Theory of Heat Radiation*. Edição utilizada, New York: Dover (1995).

[Planck, M., 1958] *Physikalische Abhandlungen und Vorträge*, 3 v. Braunschweig: Friedrich Vieweg und Sohn.

[Popper, K., 1982] *Quantum Theory and the Schism in Physics*. Edição utilizada, Londres: Routledge (1995).

[Posin, D.Q., 1948] *Mendeleyev: The Story of a Great Scientist*. New York: McGraw-Hill.

[Powers, J., 1982] *Philosophy and the New Physics*. Edição utilizada, Londres: Routledge (1991).

[Przibram, K., 1967] *Letters on Wave Mechanics*: Schrödinger, Planck, Einstein, Lorentz. New York: Philosophical Library.

[Pullman, B., 1998] *The Atom in the History of Human Thought*. New York: Oxford University.

[Purcell, E.M., 1973] *Curso de Física de Berkeley – Eletricidade e Magnetismo*, v. 2. São Paulo: Edgar Blücher.

[Pyle, A., 1997] *Atomism and its Critics: From Democritus to Newton*. Bristol: Thoemmes Press.

R

[Rae, A.I.M., 1994] *Quantum Physics: Illusion or Reality*. Cambridge: University Press.

[Rayleigh, Lord, 1964] *Scientific Papers by Lord Rayleigh (John William Strutt)*. New York: Dover, six volumes bound as three.

[Reichenbach, H., 1944] *Philosophic Foundations of Quantum Mechanics*. Edição utilizada, New York: Dover (1998).

[Reichenbach, H., 1959] *Modern Philosophy of Science*. Londres: Routledge and Kegan Paul.

[Reif F., 1975] *Berkeley Physics Course – Estatística*, v. 5. Barcelona: Reverté.

[Renn, J., 2005] *Einstein's Annaler Papers: The Complete Collection 1901-1922*. Weinheim: Wiley-VCH.

[Renn, J.; Schulmann (Orgs.), 1992] *Albert Einstein-Mileva Marić: Cartas de Amor*. Campinas: Papirus.

[Resnick, R., 1971] *Introdução à Relatividade Especial*. São Paulo: Polígono.

[Rice, F.O.; Teller, E., 1949] *The Structure of Matter*. New York: John Wiley; London: Capman & Hall.

[Riggs, P.J., 2009] *Quantum Causality: Conceptual Issues in teh Causality Theory of Quantum Mechanics*. New York: Springer.

[Robotti, N., 1978] *I Primi Modelli dell'Atomo: dall'Elettrone all'Atomo di Bohr*. Torino: Loescher Editore.

[Rocke, A.J., 1984] *Chemical Atomism in the Nineteenth Century from Dalton to Cannizzaro*. Columbus: Ohio State University.

[Rohlf, J.W., 1994] *Modern Physics, from α to Z^0*. New York: Wiley.

[Rohrlich, F., 1965] *Classical Charged Particles: Foundations of Their Theory*. Massachusetts: Addison-Wesley.

[Rozental, S. (Ed.), 1967] *Niels Bohr: His life and work as seen by his friends and colleagues*. Amsterdã: North-Holland.

[Ruark, A.E.; Urey, H.C., 1930] *Atoms, Molecules and Quanta*. New York & London: McGraw-Hill.

[Ruhla, C., 1992] *The Physics of Chance, from Blaise Pascal to Niels Bohr*. Oxford: Oxford University Press.

[Rupert Hall, A., 1995] *All was Light: An Introduction to Newton's Opticks*. Oxford: Claredon Press.

[Russell, B., 1969] *Obras filosóficas*, 3 ed. São Paulo: Companhia Editora Nacional & Codil.

[Rutherford, E., 1937] *The Newer Alchemy*. Cambridge: University Press.

[Rutherford, E., 1962-1965] *The Collected Papers of Lord Rutherford of Nelson*, published under the scientific direction of Sir James Chadwick. Londres: George Allen & Unwin, 3 v.

[Rutherford, E., 2004] *Radio-activity.* New York: Dover.

[Rutherford; E. Chadwick, J.; Ellis, C.D., 1930] *Radiations of Radiocative Substances.* Cambridge: University Press.

S

[Sabra, A.I., 1967] *Theories of Light: from Descartes to Newton.* Edição utilizada, Cambridge: University Press (1981).

[Samburski, S., 1975] *Physical Thought from the Presocratics to the Quantum Physicists.* New York: Pica Press.

[Samburski, S., 1987] *Physical World of the Greeks.* Princeton, New Jersey: Princeton University.

[Schaffner, K.F., 1972] *Nineteenth Century Aether Theories.* Oxford: Pergamon Press.

[Schankland, R.S. (Ed.), 1973] *Scientific Papers of Arthur Holly Compton: X-Ray and Other Studies.* Chicago & Londres: The University of Chicago Press.

[Schilpp, P.A. (Ed.), 1988] *Albert Einstein: Philosopher-Scientist.* The Library of Living Philosophers, v. vii. La Salle, Illinois: Open Court.

[Schrödinger, E., 1926] *Collected Papers on Wave Mechanics.* Terceira edição, New York: Chelsea (1982).

[Schrödinger, E., 1984] *Gesammelte Abhandlungen – Collected Papers,* hrsg. von der Osterreichiscye Akademie der Wissenchaften. Vienna: Verlag der Wissenchaften, Wiesbaden, Vieweg, 4 vols.

[Schrödinger, E., 1949-1955] *The Interpretation of Quantum Mechanics: Dublin Seminars (1949-1955) and others unpublished essays.* Edição utilizada, Woodbridge: Ox Bow Press (1995).

[Scott, W.L., 1970] *The Conflict between Atomism and Conservation Theory: 1644-1860.* Londres: McDonald & New York: Elsevier.

[Sears, F.W., 1965] *Mechanics, Wave Motion and Heat.* Massachusetts: Addison-Wesley.

[Sears, F.W., 1972] *An Introduction to Thermodynamics, the Kinetical Theory of Gases, and Statistical Mechanics.* Massachusetts: Addison-Wesley.

[Segrè, E., 1980] *From X-Rays to Quarks: Modern Physicists and Their Discoveries.* San Francisco: W.H. Freeman.

[Selleri, F., 1987] *La Causalità Impossibile: L'Interpretazione Realistica della Fisica dei Quanti.* Milão: Jaca Book.

[Selleri, F., 2001] *Le forme dell'energia: La luce e il calore. Da $E = mc^2$ all'energia nucleare.* Bari: Edizioni Dedalo.

[Servien, P., 1948] *Probabilité et Quanta.* Paris: Hermann.

[Sesmat, A., 1937] *Système de Référence et Mouvements (Physique Relativiste).* Paris: Hermann.

[Seth, S., 2010] *Crafting the Quantum. Arnold Sommerfeld and the Practice of Theorie, 1890-1926.* Cambridge, Massachusetts: MIT Press.

[Shamos, M.H., 1987] *Great Experiments in Physics.* New York: Dover.

[Shankland, R.S. (Ed.), 1973] *Scientific Papers of Arthur Holly Compton: X-Ray and Other Studies.* Chicago: University Press.

[Silk, J., 1980] *The Big Bang: The Creation and Evolution of the Universe.* San Francisco: W.H. Freeman and Co.

[Simmons, G.F., 1974] *Differencial Equations with Applications and Historical Notes.* Nova Deli: Tata McGraw-Hill.

[Sklar, L., 1995] *Physics and Chance: Philosophical issues in the Foundations of Statistical Mechanics.* Cambridge: University Press.

[Slater, J.C., 1955] *Modern Physics.* New York: MacGraw-Hill.

[Smith, J.H., 1978] *Introducción a la Relatividad Especial.* Barcelona: Reverté.

[Sneddon, I.N., 1980] *Special Functions of Mathematical Physics and Chemistry.* New York: Longman Inc.

[Snow, A.J., 1926] *Matter and Gravity in Newton's Physical Philosophy.* Edição utilizada, New York: Arno (1976).

[Soddy, F., 1915] *La Chimie des Éléments Radioactifs.* Paris: Gauthier-Villars.

[Soddy, F., 1919] *Le Radium. Interprétation et Enseigments de la Radioactivité.* Paris: Librairie Félix Alcan.

[Soddy, F., 1920] *The Interpretation of Radium and the Structure of the Atom.* New York: G.P. Putnann's Sons.

[Sommerfeld, A., 1919] *Atombaum und Spektrallinien.* Vieweg: Braunschweig. Edição inglesa *Atomic Structure & Spectral Lines.* Londres: Mathuen & Co. (1934).

[Sommerfeld, A., 2013] *Die Bohr-Sommerfeldsche Atomtheorie. Somerfelds Erweiterung des Bohrschen Atommodells 1915/16.* Berlin: Springer Spektrum.

[Sommerfeld, A., s/d] *Three Lectures on Atomic Physics.* New York: E.P. Dutton and Company Publishers.

[Sorabji, R., 1992] *Matter, Space & Motion: Theories in Antiquity and Their Sequel.* New York: Cornell University.

[Spiridonov, O.P., 1988] *Universal Physical Constants.* Moscou: Mir Publishers.

[Springford, M. (Ed.), 1997] *Electron: A Centenary Volume.* Cambridge: University Press.

[Stachel, J. (Org.), 2001] *O ano miraculoso de Einstein: cinco artigos que mudaram a face da Física.* Rio de Janeiro: UFRJ.

[Stephenson, G., 1975] *Introdução a matrizes, conjuntos e grupos.* São Paulo: Edgar Blücher.

[Stephenson, G., 1975a] *Uma introdução às equações diferenciais parciais.* São Paulo: Edgar Blücher.

[Stillman, J.M., 1960] *The Story of Alchemy and Early Chemistry.* New York: Dover.

[Strathern, P., 1999] *Bohr e a Teoria Quântica.* Rio de Janeiro: Zahar.

[Strathern, P., 2002] *O sonho de Mendeleiev: a verdadeira história da Química.* Rio de Janeiro: Zahar.

[Stuewer, R.H., 1975] *The Compton Effect: Turning Point in Physics.* New York: Science History Publications.

T

[Tagliaferri, G., 1985] *Storia della Fisica Quantistica dalle Origini alla Meccanica Ondulatoria.* Milão: Franco Angeli.

[Tarasov, L.V., 1980] *Basic Concepts of Quantum Mechanics.* Moscou: Mir.

[Tarozzi, G.; Van der Merwe, A. (Eds.), 1985] *Open Questions in Quantum Physics: Invited Papers on the Foundations of Microphysics.* Dordrecht/Boston/Lencester: D. Reidel Publishing Company.

[Tarozzi, G.; Van der Merwe, A. (Eds.), 1988] *The Nature of Quantum Paradoxes.* Dordrecht/Boston/Londres: Kluwer Academic Publishers.

[Taton, R, 1961] *Histoire Générale des Sciences.* Paris: Presses Universitaires de France.

[Ter Haar, D., 1964] *Selected Problems in Quantum Mechanics.* New York: Academic Press.

[Thackray, A., 1981] *Atomi e Forze: Studio Sulla Teoria della Materia in Newton*. Bologna: Il Mulino.

[Thaller, B., 1992] *The Dirac Equation*. Berlim: Springer-Verlag.

[Thomson, G.P., 1964] *J.J. Thomson and the Cavendish Laboratory in his Day*. Londres: Thomas Nelson and Sons.

[Thomson, J.J., 1902] *The Discharge of Electricity through Gases*. Westminster: Archibald Constable & Co.

[Thomson, J.J., 1929] *Beyond the Electron*. Cambridge: University Press.

[Thomson, T., 1825] *An Attempt to Establish the First Principles of Chemistry*, London, Baldwin, Craddock and Joy.

[Thomson, W. (Lord Kelvin), 1894] *Popular Lectures and Addresses*. London: Macmillan.

[Tommasi, D., 1899] *Traité des Piles Électriques*. Paris: Georges Carré Editeur.

[Tomonaga, S.-i., 1997] *The Story of Spin*. Chicago: University Press.

[Tonnelat, M.A., 1971] *Histoire du Principe de Relativité*. Paris: Flammarion.

[Trenn, T.J., 1975] *Radioactivity and Atomic Theory. Presenting facsimile reproduction of the Annual Progress Reports on Radioactivity 1904-1920 to the Chemical Society bt Frederick Soddy F.R.S.*. London: Taylor & Francis.

[Trífonov, D.N.; Trífonov, V.D., 1984] *Cómo fueron descubiertos los elementos químicos*. Moscou: Mir.

U

[Ulich, H., 1946] *Manual de Química Física*. Barcelona: Manuel Marín.

[Ushenko, A.P., 1937] *The Philosophy of Relativity*. Londres: George Allen & Unwin.

V

[Van der Waerden (Ed.), 1968] *Sources of Quantum Mechanics*. New York: Dover.

[Van Melsen, A.G., 1952] *From Atomos to Atom: The History of the Concept 'Atom'*. Pittsburg, Pa.: Duquesne University Press.

[Van Spronsen, J.W., 1969] *The Periodical System of Chemical Elements: A History of the First Hundred Years*. Amsterdã, Londres, New York: Elsevier.

[Van Wylen, G.J.; Sonntag, R.E., 1976] *Fundamentos da Termodinâmica Clássica*. São Paulo: Edgard Blücher.

[Von Laue, M., 1950] *History of Physics*. New York: Academic Press.

[Von Plato, J., 1998] *Creating Modern Probability: Its Mathematics, Physics and Philosophy in Historical Perspective*. Cambridge: University Press.

W

[Weeks, M.E., 1935] *Discovery of the Elements (1933)*. Easton, Pa.: Mack Printings Third edition revised.

[Weinberg, S., 1993] *Dreams of a Final Theory*. New York: Pantheon Books.

[Weinberg, S., 2013] *Lectures on Quantum Mechanics*. Cambridge: University Press.

[Westfall, R., 1995] *A Vida de Isaac Newton*, Rio de Janeiro, Nova Fronteira.

[Wheaton, B.R., 1983] *The Tiger and the Shark: Empirical Roots of Wave-Particle Dualism*. Cambridge: University Press.

[Wheeler, J.A.; Zurek, W.H. (Eds.), 1983] *Quantum Theory and Measurement*. Princeton, New Jersey: Princeton University Press.

[White, H.E., 1934] *Introduction to Atomic Spectra*. New York: McGraw-Hill.

[White, J.H., 1932] *The History of Phlogiston Theory*. London: Edward Arnold.

[Whittaker, E., 1951] *A History of the Theories of Aether and Electricity*. Edição utilizada, s.l., Tomash & AIP (1987).

[Wichmann, E.H., 1972] *Berkeley Physics Course – Física Quántica*, v. 4. Barcelona: Reverté.

[Wille, K., 2000] *The Physics of Particle Accelerators: An Introduction*. Oxford: University Press.

Y

[Yourgrau, W.; Mandelstan, S., 1968] *Variational Principles in Dynamics and Quantum Theory*. New York: Dover.

Z

[Zahar, E., 1989] *Einstein's Revolution: A Study in Heuristic*. La Salle: Open Court.

[Zeeman, P., 1903] Pieter Zeeman: Nobel Lecture, *Nobel Lectures, Physics 1901-1927*. Amsterdã: Elsevier.

[Zemansky, M.W., 1978] *Calor e Termodinâmica*, quinta edição. Rio de Janeiro: Guanabara Dois.

Sites

[EDUHQ, 2005] www.cbpf.br/eduhq – Site da Oficina de Educação Através de Histórias em Quadrinhos.

[ELSA, 2004] www-elsa.physik.uni-bonn.de/Informationen/accelerator_list.html

[NOBEL, 2005] www.nobel.se/chemistry/laureates/1922/aston-lecture.pdf

[PDG, 2006] pdg.lbl.gov/

[Tirinhas, 2000] www.cbpf.br/tirinhasdefisica

Índice Onomástico

A

Abraham (1875-1922)
    Max, 257, 258
Amaldi (1908-1989)
    Edoardo, 284
Ampère (1775-1836)
    André-Marie, 41, 42, 111, 148, 149
Anaxágoras (c. 500-428 a.C.), 6, 9
Anaxímenes (c. 586-526 a.C.), 4, 6
Anaximandro (c. 610-546 a.C.), 3, 4, 7
Anderson (1905-1991)
    Carl David, 204, 532, 538, 539
Angstrom (1814-1874)
    Anders Jöns, 228, 229
Aquino (1225-1274)
    São Tomás de, 14
Arago (1786-1853)
    François, 134
Aristóteles (384-322 a.C.), 1–4, 6–9, 14, 15, 21, 115, 171
Arrhenius (1859-1927)
    Svante August, 76, 77
Asimov (1920-1992)
    Isaac, 39
Aspect (1947-)
    Alain, 428
Aston (1877-1945)
    Francis William, 36
Avogadro (1776-1856)
    Amedeo, 37–40, 43, 57, 59, 62, 64, 71, 88, 101–104, 107, 110, 111

B

Bachelard (1884-1962)
    Gaston, xiii, 1, 45, 173, 225, 282, 463, 543
Bachelier (1870-1946)
    Louis, 106
Bacon (1561-1626)
    Francis, 32
Balibar (1940-)
    Françoise, 446
Balmer (1825-1898)
    Johann Jakob, 228, 365, 367, 368, 370–372, 545
Barkla (1877-1944)
    Glover, 261, 265, 266, 342, 377
Basov (1922-2001)
    Nikolai Gennadievich, 397
Baudelaire (1821-1867)
    Charles Pierre, 219
Bayley
    Thomas, 50
Becher (1635-1682)
    Johann Joachim, 28
Becquerel (1852-1908)
    Henri, 273, 274, 277, 279
Berkson
    William, 165
Bernoulli (1654-1705)
    Jacob, 428
Bernoulli (1700-1782)
    Daniel, 58, 59, 129
Berthollet (1748-1822)
    Claude-Louis, 224

Berzelius (1779-1848)
    Jakob, 16, 34–36, 40, 224, 225
Bethe (1906-2005)
    Hans Albrecht, 393
Bevan (1875-1913)
    Penry Vaughan, 369
Biot (1774-1862)
    Jean-Baptiste, 133, 149
Bjerrum (1879-1958)
    Niels, 370, 371, 393
Bjorken (1934-)
    James Daniel, 553, 556
Blackett (1897-1974)
    Patrick Maynard Stuart, 539
Blackman (1908-1983)
    Moses, 325
Blokhintsev (1908-1979)
    Dmitri Ivanovich, 409
Boerhaave (1668-1738)
    Hearman, 28
Bohr (1885-1962)
    Niels, xiv, 50, 162, 166, 228, 229, 266, 282, 301, 319, 326, 354, 363–372, 376–377, 380, 381, 383, 385, 387, 389, 393, 394, 397, 423, 434, 451, 453, 545
Boisbaudran (1838-1912)
    Paul Emile Lecoq, 48
Boltzmann (1844-1906)
    Ludwig, 62–64, 68, 69, 71, 72, 74–76, 82, 83, 87, 95, 99, 104, 111, 173, 284, 291–293, 296, 297, 300, 311, 316, 318, 322, 323, 332, 429
Born (1882-1970)
    Max, vii, xi, xiv, 162, 213, 257, 258, 365, 393, 397–399, 416, 423, 426, 427, 429, 430, 444, 453, 460, 534
Boscovich (1711-1787)
    Roger Joseph, 133
Bose (1894-1974)
    Satyandranath, 319
Boyle (1627-1691)
    Robert, 23, 25, 58, 59, 61, 118
Brackett (1896-1972)
    Frederick Sumner, 229
Bragg (1862-1942)
    William Henry, 262, 266
Bragg (1890-1971)
    William Lawrence, 261, 262, 266
Brahe (1546-1601)
    Tycho, 13
Brauner (1855-1935)
    Bohuslav, 50
Breugel (1525-1569)
    o Velho, 29
Brillouin (1889-1969)
    Léon, 107
Brown (1773-1858)
    Robert, 99, 100
Bruno (1548-1600)
    Giordano, 15, 23
Brush
    Stephen G., 296
Bucherer (1863-1927)
    Alfred Heinrich, 245
Bunge (1919-)
    Mario Augusto, 421, 426

Bunsen (1811-1899)
    Robert Wilhelm, 225, 226, 298

C

Caeiro (1889-1915)
    Alberto, vii
Cannizzaro (1826-1910)
    Stanislao, 21, 39, 40, 42, 43
Carlisle (1768-1840)
    Anthony, 220
Casimir (1909-2000)
    Hendrik, 258
Cavendish (1731-1810)
    Henry, 58
Chadwick (1891-1974)
    James, 280, 390
Chancourtois (1820-1886)
    Alexandre-Émile Béguyer de, 42–44, 55
Charles (1746-1823)
    Jacques Alexandre Cesar, 59, 61
Clapeyron (1799-1864)
    Émile, 61
Clausius (1822-1888)
    Rudolph Julius Emmanuel, 59, 84, 85, 87, 94, 95, 219, 296
Cleve (1840-1905)
    Per Teodor, 48
Cockcroft (1897-1967)
    John Douglas, 211
Compton (1892-1962)
    Arthur Holly, 265, 321, 326–330, 393
Compton (1887-1954)
    Karl Taylor, 81
Conway (1875-1950)
    Arthur William, 369, 370
Coolidge (1873-1975)
    William David, 261
Copérnico (1473-1543)
    Nicolau, 12, 21, 24
Costa
    J.L., 74, 81
Coster (1889-1950)
    Dirk, 48
Coulomb (1736-1806)
    Charles Augustin, 149
Cranston
    John A., 48
Crookes (1832-1919)
    William, 237, 239, 241, 320
Curie (1897-1956)
    Irène, 280, 539, 541
Curie (1867-1934)
    Madame (Maria Sklodowska), 48, 273–277, 279, 280
Curie (1859-1906)
    Pierre, 48, 276, 279

D

d'Alembert (1717-1783)
    Jean-le-Rond, 119, 533
da Vinci (1452-1519)
    Leonardo, 24
Dalton (1766-1844)
    John, 26, 28, 30–34, 36, 39, 40, 55, 59, 99
Damarçay
    Eugene, 48
Darwin (1887-1962)
    Charles Galton, 546
Davisson (1881-1958)
    Clinton Joseph, 416, 418, 419
Davy (1778-1829)
    Humphry, 29, 220, 221
de Broglie (1892-1987)
    Louis Victor Pierre Raymond, xiv, 363, 393, 407–409, 413–417, 421, 423, 424, 426, 441, 442, 533
de Haas (1878-1960)
    Wander J., 459
Debierne (1874-1949)
    André-Louis, 48, 285
Debye (1884-1966)

Peter, 233, 324, 325, 329, 393, 423
Delafontaine (1837-1911)
    Marc, 48
Demócrito (c. 470-380 a.C.), 7, 8, 15, 24, 55
Descartes (1596-1650)
    René, 6, 21–23, 25, 27, 116, 117, 537
Dewar (1842-1923)
    James, 323
Dirac (1902-1984)
    Paul Adrien Maurice, xiv, 31, 90, 131, 204, 213, 254, 257, 259, 393, 395, 400, 415, 419–421, 428, 429, 444, 451, 456, 478, 526, 531–533, 535–539, 541–543
Döbereiner (1780-1849)
    Johann Wolfgang, 42, 43
Dorn (1848-1916)
    Friedrich Ernst, 48
Drude (1863-1906)
    Paul, 255–257
du Bois-Reymond (1818-1896)
    Emil, 27
Dufay (1698-1739)
    Charles François, 149
Dulong (1785-1838)
    Pierre Louis, 40, 322, 323
Dyson (1923-)
    Freeman John, 393, 460

E

Ehrenfest (1880-1933)
    Paul, 310, 370, 381, 383, 393, 451, 453
Ehrenhaft (1879-1952)
    Felix, 254, 255
Einstein (1879-1955)
    Albert, xiv, 5, 29, 31, 45, 57, 58, 88, 99, 101, 103–107, 111, 115, 116, 151, 152, 165–167, 171–173, 176, 181, 182, 197, 200–203, 205, 207, 208, 213, 245, 254, 284, 292, 293, 296, 297, 299, 305, 313, 314, 316, 318–321, 323–327, 363, 368, 393–396, 399, 407, 409, 423, 426, 426, 459, 469, 471, 531, 534, 537, 539, 542
Eldridge
    John A., 81
Eliade (1907-1986)
    Mircea, 279, 280
Elsasser (1904-1991)
    Walter Maurice, 416
Empédocles (c. 490-493 a.C.), 5, 6, 10, 14, 115
Epicuro (342-270 a.C.), 7, 8, 15, 24
Eratóstenes (c. 276-196 a.C.), 20, 116
Estermann (1900-1973)
    Immanuel, 77, 79
Etienne
    Bernard, 255
Euclides (c. 300 a.C.), 21, 116
Euler (1707-1783)
    Leonhard, 27, 59, 67, 129
Exner (1876-1930)
    Felix Maria, 102
Exner (1846-1926)
    Sigmund, 100

F

Fajans (1887-1975)
    Kasimir, 48, 284
Faraday (1791-1867)
    Michael, 27, 38, 115, 148, 149, 165, 197, 199, 200, 219, 221–225, 229, 230, 236, 238, 248, 313
Fermat (1601-1665)
    Pierre de, 116
Fermi (1901-1954)
    Enrico, 50, 478
Feynman (1918-1988)
    Richard, 112, 393, 460, 535, 554, 556
Fierz (1912-)
    Markus Eduard, 393
Fischer (1852-1919)
    Hermann Emil, 16
Fitzgerald (1851-1901)
    George, 175, 189

Fizeau (1819-1896)
    Armand Hyppolyte Louis, 81, 133
Fock (1898-1974)
    Vladimir Aleksandrovich, 393
Folse
    Henry J., 375
Foucault (1819-1868)
    Jean-Baptiste Leon, 133, 227
Fourier (1768-1830)
    Jean-Baptiste Joseph, 27, 129, 146, 147, 256, 260
Francesca (1412-1492)
    Piero della, 21
Frankland (1825-1899)
    Edward, 39
Franklin (1706-1790)
    Benjamin, 149, 238
Franz (1826-1902)
    Johann Carl Rudolf, 257
Fresnel (1788-1821)
    Augustin-Jean, 133–135, 138, 150, 173, 200
Friedrich (1883-1968)
    Walther, 262, 263

G

Galilei (1564-1642)
    Galileu, 22–24, 27, 116, 117, 133, 152, 172, 177, 336, 432
Galvani (1737-1798)
    Luigi, 149, 219
Gassendi (1592-1665)
    Pierre, 23–25
Gauss (1777-1855)
    Karl Friedrich, 428
Gay-Lussac (1778-1850)
    Joseph-Louis, 37, 38, 40, 59
Geiger (1882-1945)
    Hans, 279, 316, 339, 348, 352, 555
Geissler (1814-1879)
    Johann Heinrich, 237
Gell-Mann (1929-)
    Murray, 551–553
Gerlach (1889-1979)
    Walther, 393, 526
Gerlach (1899-1979)
    Walther, 546, 547
Germer (1896-1971)
    Lester Halbert, 416, 419
Gibbs (1839-1903)
    Josiah Willard, 293
Gilbert (1544-1603)
    William, 149
Glaser (1926-)
    Donald, 246
Glashow (1932-)
    Sheldon Lee, 553
Glattli (1954-)
    Denis-Christian, 255
Goethe (1749-1832)
    Johann Wolfgang von, 173
Göhring
    Otto, 48
Goldstein (1850-1930)
    Eugene, 238, 241
Goldstein (1922-2005)
    Herbert, xi
Gordon (1893-1940)
    Walter, 393, 533, 546
Goudsmit (1902-1978)
    Samuel, 393, 525, 526, 545, 546
Gould (1920-2005)
    Gordon, 419
Gouy (1854-1926)
    Louis Georges, 100
Grassi
    Anna, 317
Gray (1666-1736)
    Stephen, 149
Grimaldi (1618-1663)
    Francesco Maria, 118
Grosseteste (c. 1175-1253)
    Robert, 116
Grummert (1719-1776)

    Gottfried Heinrich, 238

H

Haas (1884-1941)
    Arthur Erich, 368, 369, 371, 393
Hahn (1879-1968)
    Otto, 48
Hamilton (1805-1865)
    William Rowan, 293, 388, 421, 460
Heaviside (1850-1925)
    Oliver, 149
Heisenberg (1901-1961)
    Werner, vii, xiii, 162, 228, 363, 365, 368, 393, 397–400, 403, 404, 407, 409, 413, 429, 444, 453, 455, 486, 552, 553
Henry (1797-1879)
    Joseph, 149
Heráclito (c. 544/41-484/81 a.C.), 2, 4, 11, 531, 543, 551
Hertz (1857-1894)
    Heinrich Rudolph, 150, 151, 160, 165, 166, 181, 241, 259, 320
Hipólito (c. 170-235), 28
Hittorf (1824-1914)
    Johann Wilhelm, 240, 260
Holton (1922-)
    Gerald, 57, 254
Hooke (1635-1703)
    Robert, 118, 133
Hull (1870-1956)
    Gordon Ferrie, 160
Hund (1896-1997)
    Friedrich Hermann, 547
Huygens (1629-1695)
    Christiaan, 118, 133, 200, 326

I

Iliopoulos (1940-)
    John, 553
Infeld (1898-1968)
    Leopold, 258

J

Jackson (1925-)
    John David, 197
Jacobi (1804-1851)
    Carl Gustav Jacob, 460
Jammer (1916-2010)
    Max, 116, 291, 545
Jeans (1877-1946)
    James, 305, 309, 310, 363
Jin
    Yong, 255
Joliot (1900-1958)
    Frédéric, 280, 539, 541
Jordan (1902-1980)
    Ernest Pascual, 162, 365, 393, 397, 399, 453
Joule (1814-1889)
    James, 61, 63, 64, 94, 118
Joyce (1822-1941)
    James, 551
Jung (1875-1961)
    Carl, 482

K

Kant (1724-1804)
    Emmanuel, 421
Kapitza (1894-1984)
    Pyotr Leonidovich, 419, 420
Kaufmann (1871-1947)
    Walter, 216, 245
Kelvin (1824-1907)
    Lord (William Thomson), 16, 27, 61, 88, 173, 291, 337, 492
Kendall (1926-1998)
    Henry Way, 554, 556
Kepler (1571-1630)

Johannes, 12, 13, 20, 21, 24, 388
Kirchhoff (1824-1887)
    Robert Wilhelm, 225, 298, 299
Klein (1894-1977)
    Oskar Benjamin, 329, 393, 533
Knipping (1883-1935)
    Paul, 262, 263
Ko
    Cheng Chuang, 77, 78
Koyré (1892-1964)
    Alexandre, 30
Kramers (1894-1952)
    Hendrik Anthony, 162, 393, 398, 399
Kröning (1904-1995)
    Ralph de Laer, 525
Kuhn (1899-1963)
    Werner, 393
Kunsman (1890-1970)
    Charles Henry, 416, 419
Kurlbaum (1857-1927)
    Ferdinand, 291, 304, 310
Kusch (1911-1993)
    Polykarp, 77

L

La Fontaine (1621-1695)
    Jean de, 532
Ladenburg (1882-1952)
    Rudolph, 393, 398
Lagrange (1736-1813)
    Joseph Louis, 59, 129, 147, 148, 460
Laguerre (1834-1886)
    Edmond Nicolas, 520–523
Lamb (1849-1934)
    Horace, 118
Lamb Jr. (1913-2008)
    Willis Eugene, 393
Lanczos (1893-1974)
    Cornelius, 116
Landé (1888-1976)
    Alfred, 393, 525
Landau (1908-1968)
    Lev Davidovich, 393
Langevin (1888-1892)
    Paul, 101, 104, 105, 285
Laplace (1749-1827)
    Pierre-Simon de, 27, 57, 133
Larmor (1857-1942)
    Joseph, 162, 165, 188, 231, 340, 368
Lattes (1924-2005)
    Cesar, 24, 390
Lavoisier (1743-1794)
    Antoine Laurent, 26, 28–33, 40, 41, 151
le Bel (1847-1930)
    Joseph Aquille, 17
Lebedev (1866-1912)
    Pyotr Nikolaievich, 160
Lebesgue (1875-1941)
    Henri, 129, 171
Leibniz (1646-1716)
    Gottfried Wilhelm, 55
Lenard (1862-1947)
    Philipp, 241, 259, 260, 320
Lenz (1804-1865)
    Friedrich Emil, 149
Leucipo(c. 460-370 a.C.), 7, 8, 15
Levi (1919-1987)
    Primo, 50
Lévy-Leblond (1940-)
    Jean-Marc, 446
Lewis (1875-1946)
    Gilbert, 130
Libby (1908-1980)
    Willard Frank, 286
Locke (1632-1704)
    John, 16
Lopes (1918-2006)
    José Leite, 257
Lorentz (1853-1928)
    Hendrik Antoon, 152, 165–167, 175, 179, 181, 189, 200,
        229, 230, 257, 258, 326, 368, 370, 533

Loschmidt (1821-1895)
    Josef, 111, 296
Lucrécio (c. 98-55 a.C.)
    Tito, 15
Lummer (1860-1925)
    Otto, 291, 300, 310
Lyman (1874-1954)
    Theodore, 229

M

Mach (1838-1916)
    Ernest, 88, 172
Maiani (1941-)
    Luciano, 553
Maiman (1927-2007)
    Theodore Harold, 397
Maraldi (1665-1729)
    Giacomo Filippo, 135
Marić (1875-1948)
    Mileva, 181
Marignac (1817-1894)
    Jean Charles Galissard de, 48
Marques (1930-)
    Alfredo, 390
Marsden (1889-1970)
    Ernest, 339, 348, 352, 555
Masaccio (1401-1428), 21
Maxwell (1831-1875)
    James Clerk, xiv, 27, 58, 59, 64, 65, 68, 71, 72, 74, 75, 77,
        78, 83, 85, 87, 111, 150, 151, 153, 154, 165, 166, 172,
        173, 176, 177, 181, 182, 197, 200, 213, 224, 227, 229,
        230, 233, 239, 240, 254, 258, 291, 292, 300, 304, 308,
        348, 368, 421, 426, 429, 541
Mayer (1836-1897)
    Alfred Marshall, 341
Mayer (1814-1878)
    Julius Robert, 118
Medawar (1915-1987)
    Peter, 99, 115
Meitner (1878-1968)
    Lise, 48
Melisso (c. 485-425 a.C.), 5, 7
Mendeleiev (1834-1907)
    Dmitri, 34, 39–51, 377, 379
Mendenhall (1872-1935)
    Charles Elwood, 300
Meyer (1830-1895)
    Lothar, 44, 45, 379
Meyerson (1859-1933)
    Emile, 31
Michell (1724-1793)
    John, 58
Michelson (1852-1931)
    Albert Abraham, 173, 226
Mie (1868-1957)
    Gustav, 258
Miller
    R.C., 77
Miller (1930-)
    Stanley, 17
Millikan (1868-1953)
    Robert, 225, 246, 248, 250–255, 316, 320, 321, 538
Morley (1838-1923)
    Edward Williams, 173
Moseley (1887-1915)
    Henry Gwyn-Jeffreys, 50, 266, 267, 376–379
Mott (1905-1996)
    Nevill Francis, 556

N

Nagaoka (1865-1950)
    Hantaro, 348, 349, 352, 353
Nambu (1921-2015)
    Yoichiro, 553
Ne'eman (1925-)
    Yuval, 553
Nernst (1864-1941)
    Walther Hermann, 324, 370

Newlands (1837-1898)
John Alexander Reina, 35, 43, 44, 46
Newton (1642-1727)
Isaac, 6, 7, 22, 23, 26, 27, 31, 57–59, 88, 116–118, 120, 131, 133, 145, 146, 150–152, 166, 171, 172, 177, 179, 200, 202, 207, 208, 225, 326, 336, 338, 410, 421, 422, 428, 429, 432, 451, 453
Nichols (1854-1937)
Edward Leamington, 160
Nicholson (1881-1955)
John William, 369, 370, 378, 393
Nicholson (1753-1815)
William, 220
Nilson (1840-1899)
Lars Frederick, 48
Nishina (1890-1951)
Yoshio, 329, 393
Noddack (1893-1960)
Walter, 48
Nye
Mary Joe, 21

O

Occhialini (1905-1993)
Giuseppe, 390, 539
Ockham (1300-1347)
Guilherme de, 2
Oersted (1777-1851)
Hans Christian, 149
Ohm (1787-1854)
George Simon, 149
Oppenheimer (1904-1967)
Julius Robert, 393
Ordine (1958-)
Nuccio, 15
Ostwald (1853-1932)
Wilhelm, 40, 88, 336
Ovídio (43 a.C.-17 d.C)
Públio, 32

P

Pais (1918-2000)
Abraham, 39, 318, 335
Paracelso (1493-1541)
(Theophrastus Philippus Aureolus Bombastus von Hohenheim), 23
Parmênides (c. 515/10 a.C.), 5, 7
Paschen (1865-1947)
Friedrich, 229, 291, 300, 333, 545
Pasteur (1822-1895)
Louis, 538
Pauli (1900-1958)
Wolfgang, 39, 50, 233, 282, 393, 404, 453, 458, 525, 526, 536, 537, 543–547
Pearson (1857-1936)
Karl, 106
Peierls (1907-1995)
Rudolph, 393
Penzias (1933-)
Arnold Allan, 316
Pereira (1941-)
Rui, 350
Perrin (1870-1942)
Jean-Baptiste, 39, 71, 88, 99, 100, 103, 104, 107, 108, 110, 241, 254, 285, 292, 348
Petit (1791-1820)
Alexis Thérèse, 322
Pfund (1879-1949)
August Herman, 220
Pitágoras (569-475 a.C.), 2, 9
Plücker (1801-1868)
Julius, 238
Planck (1858-1947)
Max, xi, xiv, 63, 111, 147, 152, 173, 202, 254, 284, 291–294, 296–299, 302, 304, 305, 308–319, 321, 323, 324, 326, 333, 363, 368–370, 382–384, 393, 394, 404, 407, 408, 423, 429, 451

Platão (427-348 a.C.), 10–12, 14, 21, 116, 551, 552
Plauto (c. 250-184 a.C.)
Tito Maccio, 553
Podolsky (1896-1966)
Boris, 393
Poincaré (1854-1912)
Jules Henri, 171, 175, 181, 207, 273, 310, 315
Poisson (1781-1840)
Siméon-Denis, 135, 428
Pollaiuolo (1431-1498), 21
Popper (1902-1994)
Karl Raimund, 1, 427
Powell (1903-1969)
Cecil Frank, 390
Poynting (1852-1914)
John Henry, 157
Priestley (1733-1804)
Joseph, 28
Pringsheim (1859-1917)
Ernst, 291, 300, 310
Prokhov (1916-2002)
Alexander Mikhailovich, 397
Proust (1754-1826)
Joseph Louis, 31–33, 37
Prout (1785-1850)
William, 36, 389
Ptolomeu (87-151)
Cláudio, 21
Pullman (1919-1996)
Bernard, 14

R

Raffaello (1483-1520), 21
Ramsay (1852-1916)
William, 48
Rank
David M., 255
Rayleigh (1842-1919)
Lord (John W. Strutt), 48, 63, 239, 240, 260, 261, 291, 292, 296, 305, 308, 309, 316, 317, 324, 344, 394, 483
Redondi (1950 -)
Pietro, 24
Regener (1881-1955)
Ernest, 279
Reid
Alexander, 418
Retherford (1912-1981)
Robert Curts, 393
Riemann (1826-1866)
Bernhard, 129
Ritz (1878-1909)
Walther, 227, 229, 369
Roemer (1644-1710)
Olaf, 133
Roman
Paul, 83
Röntgen (1845-1923)
Wilhelm, 259, 260, 273
Rosenbluth (1927-2003)
Marshall Nicholas, 556
Rosenfeld (1904-1974)
Leon, 364, 393
Rubens (1865-1922)
Heinrich, 291, 304, 310
Rubinowicz (1889-1974)
Wojciech, 545
Rumford (1753-1814)
conde (Benjamin Thompson), 29
Russell (1872-1970)
Bertrand, 9, 107, 349
Rutherford (1871-1937)
Ernest, xiv, 93, 111, 166, 223, 225, 239, 240, 266, 277, 279, 282, 285, 286, 289, 316, 339, 349, 350, 352–355, 359, 361, 365, 369, 377, 379, 389, 393, 395, 553–555
Rydberg (1854-1919)
Johannes Robert, 228, 229

S

Sacks (1933-2015)
    Oliver, 48
Sadler
    Charles Albert, 266
Sakata (1911-1970)
    Shoichi, 553
Saminadayer
    L., 255
Santoro (1941-)
    Alberto Franco de Sá, v, 557
Saunders
    F.A., 300
Savart (1791-1848)
    Felix, 149
Schawlow (1921-1999)
    Arthur Leonard, 397
Schenberg (1914-1990)
    Mario, 257
Schmidt (1865-1949)
    Gerhard Carl, 282
Schopenhauer (1788-1860)
    Arthur, xiii
Schrödinger (1887-1961)
    Erwin, xiv, 50, 147, 363, 368, 393, 397, 407, 415, 421, 423, 426, 428, 429, 458, 460, 483, 486, 490, 492, 525, 532–534
Schwinger (1918-1994)
    Julian Seymour, 393, 460
Seaborg (1912-1999)
    Glen Theodore, 51, 279
Seeber (1793-1855)
    Ludwig August, 58
Segrè (1905-1989)
    Emilio, 50
Sêneca (4 a.C.-65 d.C.)
    Lucio Anneo, vii, 100, 469
Simplício (c. 490-560), 5, 6
Simpson
    O.C., 77
Sironi
    Giorgio, 317
Slater (1900-1976)
    John Clarke, 162, 393
Smoluchowski (1872-1917)
    Marian, 104
Smyth
    H.D., 81
Snell (c. 1580-1626)
    Willebrord van Roijen, 117
Snow
    Adolph Judah, 23, 26
Soddy (1877-1956)
    Frederick, 36, 48, 277, 279, 284, 285
Sommerfeld (1868-1951)
    Arnold, xiv, 233, 254, 370, 383, 385, 388, 389, 392, 393, 423, 478, 525, 533, 545
Soret (1827-1890)
    Jacques-Louis, 48
Souza Barros (1929-2011)
    Susana de, 350
Sparnaay
    Marcus, 258
Stahl (1660-1734)
    Georg Ernst, 28
Stark (1874-1957)
    Johannes, 326
Stas (1813-1891)
    Jean Servais, 35
Stefan (1835-1893)
    Joseph, 299, 300
Stern (1888-1969)
    Otto, 77, 78, 393, 417, 526, 546, 547
Stokes (1819-1903)
    George, 102
Stoney (1826-1911)
    George Johnstone, 223, 229, 235
Strathern (1940-)
    Paul, 363

Strini
    Giuliano, 317

T

Tacke (1896-1978)
    Ida, 48
Tait (1831-1901)
    Peter Guthrie, 85, 86
Tales (c. 624-548/45 a.C.), 2–5, 11, 335
Tavares (1917-1988)
    Armando Dias, v, 557
Teofrasto (c. 372-287 a.C.), 8
Thomas
    Willy, 393, 525
Thompson (1753-1814)
    Benjamin
        ver Rumford, Conde, 29
Thomsen (1826-1909)
    Julius, 50
Thomson (1892-1975)
    George Paget, 418, 419
Thomson (1856-1940)
    Joseph John, xiv, 36, 88, 111, 162, 164, 224, 230, 237, 239–247, 253, 260, 265, 275, 320, 327, 329, 330, 335–346, 348, 349, 353, 368, 369, 416, 418, 419, 554
Thomson (1773-1852)
    Thomas, 55
Thomson (1824-1907)
    William
        ver Kelvin, *Lord*, 27
Tomonaga (1906-1979)
    Sin-Itiro, 393, 460
Townes (1915-2015)
    Charles Hard, 394, 396
Townsend (1868-1957)
    John Sealy Edward, 246

U

Uhlenbeck (1900-1988)
    George Eugene, 393, 525, 526, 545, 546
Urbain (1872-1938)
    George, 48
Urey (1893-1981)
    Harold Clayton, 17, 63

V

van den Broek (1870-1926)
    Antonius Johannes, 377
van Vleck (1889-1980)
    John Hasbrouek, 393
van't Hoff (1852-1911)
    Jacobus Henricus, 17, 77
Varley (1828-1883)
    Cromwell Fleetwood, 240, 241
Villard (1860-1934)
    Paul Ulrich, 277
Virgílio (70 a 19 a.C.)
    Públio, 551
Voigt (1850-1919)
    Woldemar, 175
Volta (1745-1827)
    Alessandro, 149, 219, 220
von Fraunhofer (1787-1826)
    Joseph, 138, 227
von Helmoltz (1821-1894)
    Hermann Ludwig Ferdinand, 118, 181, 224
von Laue (1879-1960)
    Max, 58, 262, 263
von Plato (1944-)
    Jan, 292
Von Welsbach (1858-1929)
    Carl Auer, 48

W

Walton (1903-1955)
  Ernest Thomas Sinton, 211
Watson (1715-1787)
  William, 238
Weber (1843-1912)
  Heinrich Friedrich, 324
Weber (1804-1891)
  Wilhelm Eduard, 149
Weinberg (1933-)
  Steven, 27, 537, 541
Weisskopf (1908-2002)
  Viktor, 393
Weyl (1885-1955)
  Hermann, 538
Whitrow (1912-2000)
  Gerald James, 18
Whittaker (1873-1956)
  Edmund, 134, 365, 368
Wichelhaus (1842-1927)
  Hermann, 39
Wiedemann (1826-1899)
  Gustav Heinrich, 257
Wien (1864-1928)
  Wilhelm, 291, 299, 300, 303, 304, 308
Wigner (1902-1995)
  Eugene Paul, 393
Wilson (1869-1959)
  Charles Thomson Rees, 246, 247
Wilson (1874-1964)
  Harald Albert, 246, 247

Wilson (1936-)
  Robert Woodrow, 316
Wilson (1875-1965)
  William, 383, 388
Winkler (1838-1904)
  Clemens, 48
Wurtz (1817-1884)
  Charles Adolphe, 552

X

Xenófanes (570-475 a.C.), 5

Y

Young (1773-1829)
  Thomas, 133, 134, 138, 150, 173, 200, 262, 428
Yukawa (1907-1981)
  Hideki, 390

Z

Zartman (1899-1981)
  Ira Forry, 77–79
Zeeman (1865-1943)
  Peter, 224, 229, 230, 233, 244, 368, 416
Zenão (c. 490/85 a.C.), 5, 7
Zweig (1937-)
  George, 551, 553

Índice de Assuntos

1ª lei da Termodinâmica, 296
2ª lei da Termodinâmica, 296
3ª lei da Termodinâmica, 324

A

A velha Mecânica Quântica, 381
absorção
    estimulada, 394
Alquimia, 11, 25, 29
Ampère
    lei de, 156
Ampère-Maxwell
    lei de, 152, 157
amplitude
    de onda, 122
    de probabilidade, 427
ampolas
    de Crookes, 237, 238
analogia
    de Hamilton, 421
    quanto-óptica, 470
ângulo
    de espalhamento, 359
antiatomismo, 14
antielétron
    descoberta do, 532
antimatéria, 532
antipartícula, 531
apeiron, 3
Arrhenius
    fórmula de, 76
Aston
    espectrômetro de, 36
    lei dos números inteiros de, 36
atomismo
    grego, 9
átomo, 7
    de Bohr, 363
    de hidrogênio, 492
    de Rutherford, 365
    grego, 7
    muônico, 392
    químico, 29
        de Dalton, 30
autoestados
    de energia, 434
    ortogonalidade dos, 435
    tempo de vida de, 439
autofunções, 433
    da energia, 433
    do momento angular, 457
    do *momentum*, 442
autovalores
    de energia, 433
        do oscilador, 486
    de momento angular, 458
    de *momentum*, 442
Avogadro
    constante de, 38, 39
    hipótese de, 64
    lei de, 38, 39

número de, 38, 40, 57, 62, 71, 88, 100–104, 107, 110, 111, 113, 223, 224, 253, 265, 285, 286, 289, 313, 316

B

Bag model, 285
Balmer
    fórmula de, 166, 228, 229, 235, 344, 365, 370–372
    série de, 228, 367, 368, 392
bárions, 552
barn, 91
barreira
    de potencial retangular, 479
Bessel
    funções de, 530
Bohr
    átomo de, 363
    frequências de, 438
    hipóteses de, 364
    magnéton de, 459
    modelo atômico de, 363
    modelo circular de, 373, 383
    modelo de, 373, 392, 393
    modelo circular de, 373
    princípio da correspondência de, 377
    raio de, 369, 371, 449
    regra de quantização de, 383
Bohr-Sommerfeld
    teoria de, 389
Boltzmann
    constante de, 62, 257, 294, 297, 312, 313, 394
    distribuição de, 69
    fator de, 293, 295, 394
Born
    interpretação probabilística de, 426, 427
Born-Infeld
    Eletrodinâmica de, 258
Bose-Einstein
    distribuição quântica de, 82
bóson
    W, 542
    Z, 542
bósons, 319
    intermediários, 542
Brackett
    série de, 235
Bragg
    lei de, 263
buraco, 538

C

calor
    específico
        dos gases, 73
        dos sólidos, 322
        molar dos sólidos, 322
    propagação de, 146
calórico, 28, 146
câmara
    de bolhas, 246
    de nuvens, 538
    de nuvens de Wilson, 246
    de Wilson, 246, 247

campos
  conservativos, 433
  elétricos, 148
  eletromagnéticos, 148
  magnéticos, 148
capacidade
  térmica
    dos gases, 73
capacitância, 155
carga
  do elétron, 224, 250, 313
  elementar, 224, 248, 250
  fracionária, 254
catástrofe do ultravioleta, 310
causa
  efficiens, 27, 148, 151
  formalis, 148, 151
centro de massa
  referencial do, 209
Clapeyron
  equação de, 69, 159
Clausius
  relação de, 297
coeficiente
  de difusão, 103
  de reflexão, 132, 480
  de transmissão, 132, 480
coeficientes
  de Einstein, 395, 398, 399
colisões
  de partículas em altas energias, 211
comprimento
  de onda, 122
    de L. de Broglie, 409, 555
Compton
  efeito, 321, 327, 329, 330
  fórmula de, 327
condutividade elétrica, 149
conservação
  de energia, 118, 437
    princípio da, 208
  de *momentum*
    princípio da, 208
  global
    da probabilidade, 430
  local
    da probabilidade, 427
constante
  de Avogadro, 39
  de Boltzmann, 62, 257, 294, 297, 312, 313, 394
  de estrutura fina, 388, 392
  de Faraday, 223, 224, 236, 313
  de fase, 123
  de Planck, 254, 292, 312, 313, 365, 368, 369, 400, 408, 447,
    448, 531
  de Rydberg, 229, 363, 372, 376
  de Stefan-Boltzmann, 300
  universal dos gases, 62
contração espacial
  de Lorentz-Fitzgerald, 189
Coolidge
  tubos de, 261
corpo negro, 299
  densidade
    espectral de energia do, 300
  radiação de, 299
Cosmos, 1
covariância, 179

D

d'Alembert
  equação de onda de, 119, 121, 122, 128, 129, 153, 215, 308,
    421, 533
Dalton
  átomo de, 30
  lei das proporções múltiplas de, 31
datação radiológica, 286
Davisson e Germer
  experimentos de, 416
de Broglie
  comprimento de onda de, 409, 555

relação de, 408, 409
Debye
  temperatura de, 325
  teoria de, 75
decaimento
  radioativo, 282
defeito de massa, 210
densidade
  de carga elétrica, 148
  de corrente, 88
    de probabilidade, 427
    elétrica, 148
  de energia eletromagnética, 156
  de estados, 294
  de modos, 309
  de probabilidade
    de presença, 427
  espectral de energia do corpo negro, 300
deslocamento
  de fase, 474
  médio quadrático, 104
determinismo
  mecanicista, 27
diferença de marcha, 138
difração, 118
  de elétrons, 415
  de raios X, 262
difusão
  coeficiente de, 103
dilatação temporal, 187
Dirac
  equação de, 90, 393, 421, 526, 531, 533, 535, 536, 541, 543,
    556
  matrizes de, 536, 543
distribuição
  de Boltzmann, 69
  de Maxwell-Boltzmann, 72, 255, 394
  de velocidades de Maxwell, 65, 68, 381
  dos livres caminhos, 87
    lei de, 87
  dos módulos das velocidades de Maxwell, 68
Döbereiner
  tríades de, 43
Doppler
  efeito, 301, 379
Drude
  modelo de, 255–257, 478
Drude-Lorentz
  modelo de, 257, 398

E

efeito
  Casimir, 258
  Compton, 321, 327, 329, 330
  Doppler, 301, 379–381
  Einstein-de Haas, 459
  fotoelétrico, 320
  Kapitza-Dirac, 419
  piezelétrico, 275
  Stark, 528
  túnel, 481
  Zeeman, 165, 229, 404, 406
    anômalo, 233
    normal, 233, 458
efusão, 77
Ehrenfest
  equações de, 451, 453, 454, 456
Einstein
  coeficientes de, 395, 398, 399
  Eletrodinâmica Relativística de, 200
  equação do efeito fotoelétrico de, 320
  fórmula de velocidade, 197
  fórmula do deslocamento browniano de, 104
  relação de, 407
  relação entre energia, *momentum* e massa de, 204
  temperatura de, 324
Einstein-de Haas
  efeito, 459
elétron, 226, 229
  carga do, 224, 250, 313
  de Abraham, 257

descoberta do, 237, 244
massa do, 253
puntiforme, 257
raio clássico do, 164
razão giromagnética orbital do, 231
spin do, 525, 536, 545
elétrons
de condução, 478
densidade de estados de, 478
difração de, 415
tunelamento de, 479
elemento
químico, 30
Eletrodinâmica
Clássica
de Lorentz, 151, 230
Clássica de Maxwell, 368
de Born-Infeld, 258
de Lorentz, 258
Quântica, 259
Relativística
de Einstein, 200
eletrólise
da água, 220
eletroluminescência, 226
emissão
espontânea, 394
estimulada, 394
induzida, 394
energia
autoestados de, 434
autofunções da, 433
autovalores de, 433
conservação de, 118, 437
de ligação, 210
de repouso, 204
de uma onda eletromagnética, 155
do oscilador harmônico, 402, 404
eletromagnética
densidade de, 156
eletrostática, 155
espectro contínuo de, 474
espectro discreto de, 472
média dos osciladores de Planck, 308
magnetostática, 156
relativística da partícula livre, 203
entropia, 297
equação
da continuidade, 90, 103
de difusão de calor
de Fourier, 147
de Dirac, 393, 421, 526, 531, 533, 535, 536, 541, 543, 556
de estado do gás ideal, 59
de evolução
do valor médio, 451
de Helmholtz, 308, 470
de Hermite, 485
fórmula de recorrência da, 485
de Klein-Gordon, 534
de Langevin, 104
de Legendre, 505
de movimento relativística, 202
de onda, 119, 121, 122, 128, 129, 153
de d'Alembert, 119, 121, 122, 128, 129, 153, 308, 421, 533
solução geral da, 122
de ondas eletromagnéticas, 152
de Pauli, 543
de Schrödinger, 424, 432–435, 464, 470–472, 478, 483, 484, 493, 499, 532, 534, 555
dependente do tempo, 424
independente do tempo, 423
invariância da, 431
para N partículas, 460
de Sturm-Liouville, 530
do efeito fotoelétrico de Einstein, 320
dos raios luminosos, 422
equações
de Ehrenfest, 451, 453, 454, 456
de Maxwell, 148, 198, 469, 470
de movimento de Heisenberg, 400, 401
equivalente eletroquímico, 223

escola
eleática, 5
jônica, 2
pitagórica, 9
espaço
de fase, 293
espaço-tempo, 181, 213, 538
espalhamento, 83
ângulo de, 359
de partículas α, 346
de partículas α por núcleos, 359
espectro
contínuo
de energia, 474
da luz, 225
de absorção, 226
de bandas, 226
de energia
do oscilador harmônico, 402
de linhas, 226
discreto
de energia, 472
do hidrogênio, 228
espectroscopia
óptica, 225
estabilidade
do modelo de Rutherford, 353
do modelo de Thomson, 341
estado(s)
clássico da partícula, 293
de mistura, 440
estacionários, 434
ligados, 471
não estacionários, 435
não ligados, 471
puros, 440
quase estacionários, 439
estrutura fina
dos espectros atômicos, 385
éter, 4, 116, 133, 165
Euler
função gama de, 67
excentricidade, 357
experimento(s)
de Davisson e Germer, 416
de Davisson e Kunsman, 416
de Faraday, 221
de G.P. Thomson, 418
de Michelson e Morley, 174
de Millikan, 248, 252, 253
de Perrin, 107
de Stern-Gerlach, 460
de Thomson, 241
de Young, 134

F

Faraday
constante de, 225, 226, 238, 315
eletrólise de, 223, 255
experimentos de, 223
lei de, 155, 159
leis da eletrólise de, 225
fator
de Boltzmann, 295, 297, 396
de forma, 558
atômico, 557
nuclear, 558
de Lorentz, 182, 198, 247, 410, 541
fenômenos ondulatórios, 120
Fermi-Dirac
distribuição quântica de, 82
filosofia pré-socrática, 2
Física
de Altas Energias, 534, 556
de Partículas, 534, 556
fissão, 212
flogístico, 28
fluxo, 84, 88
do campo magnético, 151
fônons, 132

força
    central, 357
    de Lorentz, 154, 204, 233, 243, 244, 540
    eletromotriz, 151
fórmula
    barométrica, 69, 109
    de Arrhenius, 76, 77
    de Balmer, 166, 228, 229, 235, 344, 365, 370–372
    de Compton, 327
    de Larmor, 160, 162, 170, 305, 353, 397–399, 403
    de Planck, 311, 394, 396, 399
    de Rayleigh, 291, 305, 309, 310, 315, 316, 394, 395
    de Rayleigh-Jeans, 309
    de Ritz, 367
    de Rutherford, 361
    de Rydberg, 218, 366
    de velocidade de Einstein, 197
    de Wien, 291, 300, 304, 305, 310, 311
    do deslocamento browniano
        de Einstein, 104
formulação
    de Heisenberg, 440
    de Schrödinger, 440
    matricial, 439
        de Heisenberg, 440
    ondulatória, 439
fótons, 130, 318
Fourier
    equação de difusão de, 147
    transformada de, 412, 413
frente de ondas planas, 125
frequência(s)
    de Bohr, 438
    de Larmor, 231, 458
    de onda, 122
função (ões)
    associadas de Legendre, 499, 502
        fórmula de Rodrigues, 505, 507
        função geratriz, 505, 507
        normalização, 503
        ortogonalidade das, 507
    de estrutura, 556
    de partição, 294
    harmônicas esféricas, 494
        normalizadas, 509
função de onda
    normalização da, 429
    ortogonalidade da, 435
fusão, 210

G

Galileu
    atomismo de, 23
    princípio da relatividade de, 177
    revolução científica, 23
    transformações de, 174, 178–180, 182, 197, 202, 215, 431, 432
gás ideal, 59
    constante universal do, 62
    energia interna do, 61
    equação de estado do, 59
    pressão média do, 60
    velocidade eficaz, 61
    velocidade média quadrática, 61
gases
    relativísticos, 209
Gauss
    lei de, 155
Gegenbauer
    polinômios de, 529
Geiger-Nuttall
    relação de, 283
Gibbs
    Mecânica Estatística de, 293
graus de liberdade, 64

H

hádrons, 285

Hamilton
    analogia óptica de, 421
hamiltoniano
    operador, 434
Heisenberg
    equações de movimento de, 400, 401
    Mecânica Matricial de, 365, 397, 483
    regra de comutação de, 399, 400, 403
    relação de, 400, 439, 446
    relações de incerteza de, 413, 414, 444, 447, 448, 450
Helmholtz
    equação de, 470
Hertz
    experimentos de, 150
hipóteses
    de Bohr, 364
Hund
    regra de, 547

I

incerteza
    na posição, 412, 430
    no *momentum*, 413, 443
    relação de, 413, 444
indutância, 156
intensidade
    da radiação isotrópica, 299
    das linhas
        de absorção, 403
        de emissão, 403
    de um feixe, 92
    de uma onda, 127
    de uma onda eletromagnética monocromática, 158
interação
    forte, 541
    fraca, 541
interferômetro
    de Michelson, 174
interpretação probabilística de Born, 426, 427
invariância
    da equação
        de Schrödinger, 431
    transversal, 186
invariantes
    adiabáticos, 381, 382
íons, 222
irreversibilidade
    macroscópica, 296
        princípio da, 297
isômeros, 17
isospin, 553
isótopos, 36

J

Joule
    fórmula de, 159

L

L. de Broglie
    relação de dispersão de, 410
Laguerre
    funções associadas de, 522
    polinômios associados de, 521
    polinômios de, 522
Langevin
    equação de, 104
Laplace
    determinismo mecanicista de, 57
Larmor
    dilatação temporal de, 187
    fórmula de, 162, 170, 305, 353, 397–399, 403
    frequência de, 231, 458
    precessão de, 231
Laser
    fontes de, 396

lei
    da radiação
        de Wien, 304
    da refração, 117
    de Avogadro, 38, 39
    de Bragg, 263
    de distribuição dos livres caminhos, 87
    de Dulon-Petit, 322, 323
    de Gauss, 149
    de Moseley, 378
    de Rayleigh, 314
    de Stefan, 299, 300, 303, 304, 333
    de Stokes, 102, 251
    de Wien, 300, 305, 310, 318, 319
    do deslocamento de Wien, 300, 303
leis
    da eletrólise de Faraday, 223
    de Newton, 178
Lenard
    janela de, 272
léptons, 542, 557
limite
    clássico, 209
        da Mecânica Quântica, 453
    das órbitas clássicas, 425
    semirrelativístico, 210
linhas de força, 149
livre caminho
    médio, 84
Lorentz
    contração espacial de, 189
    Eletrodinâmica Clássica de, 151, 162, 230
    Eletrodinâmica de, 258
    fator de, 179, 196, 245, 408, 539
    força de, 148, 151, 154, 158, 202, 231, 241, 242, 538
    transformações de, 179, 181, 182, 196, 202, 215, 408, 532, 533
Lorentz-Fitzgerald
    contração espacial de, 189
Loschmidt
    número de, 111
luminescência, 226
luminosidade, 92
luz
    velocidade da, 531
Lyman
    série de, 235

M

macroestados, 297
magnéton de Bohr, 459
Maser
    fontes de, 396
massa
    atômica, 34
    defeito de, 210
    do elétron, 253
    molecular, 34
    reduzida, 493
matriz
    de posição, 398
    hamiltoniana, 398
matrizes
    de Dirac, 536, 543
    de Pauli, 536
Maxwell
    distribuição de, 68, 77, 86, 97
    distribuição de velocidades de, 381
    distribuição do módulo de velocidade de, 68, 78
    Eletrodinâmica
        Clássica de, 368
    equações de, 148, 198, 469, 470
    relação de, 470

Maxwell-Boltzmann
    distribuição de, 71, 72, 74, 75, 82, 97, 255, 394
Mayer
    relação de, 73
Mecânica
    das Matrizes, 365
    Estatística, 293
    Matricial de Heisenberg, 483
    Matricial de Heisenberg, Born e Jordan, 397
    Quântica, 365
    Quântica Matricial, 393, 404
    Quântica Ondulatória, 407
        de Schrödinger, 407
mecanicismo, 22
medida
    de comprimento própria, 182
    de desordem, 297
    de tempo próprio, 183, 187
    própria, 182
meio
    dispersivo, 124
    homogêneo não dispersivo, 121
    não dispersivo, 120
Mendeleiev
    tabela de, 553
    tabela Periódica de, 45, 344
méson π, 390
mésons, 552
método
    da observação indireta, 349
Michelson
    interferômetro de, 174
Mickelson–Morley
    experiência de, 174, 175
microestados, 297
Miller-Kush
    experimentos de, 81
    seletor de, 82
Millikan
    aparato de, 248
    experimentos de, 248, 252, 253
modelo
    atômico
        de Bohr, 363
        de Nagaoka, 348, 349, 353
        de Rutherford, 277, 340, 352, 354, 361, 363–365, 369, 370
        de Thomson, 337, 339, 340, 344, 346, 347, 349, 364, 368, 369
    circular de Bohr, 373, 383
    de Bohr, 373, 392, 393
    de Drude, 255–257, 478
    de Drude-Lorentz, 257, 398
Modelo Padrão, 542, 556
modos
    de vibração de Rayleigh, 308
    normais de vibração, 129, 308
mol, 40
moléculas, 38
    quirais, 16
momento angular
    acoplamento de, 458
    autofunções do, 457
    autovalor de, 458
    operador, 456
momentum
    autofunções do, 442
    autovalores do, 442
    de uma onda eletromagnética monocromática, 159
    incerteza no, 443
    operador, 441
    relativístico, 202
    transferido, 555
    valor médio do, 443
monismo, 5
monopolos
    magnéticos, 254
Moseley
    lei de, 378
Mott
    seção de choque de, 556
movimento
    browniano, 99

em campos conservativos, 433
ondulatório, 119
múon, 542

N

Nagaoka
    modelo atômico de, 350, 351, 355
não sincronismo, 184
nêutron
    descoberta do, 390
Newlands
    lei das oitavas de, 44
Newton
    atomismo de, 26
    cosmovisão científica de, 26
    cosmovisão mecanicista de, 26
    leis de, 178
normalização
    da função de onda, 429
núcleo
    atômico, 352, 389
núcleon, 390, 553
número
    atômico, 36, 284
    de Avogadro, 38, 40, 57, 62, 71, 88, 100–104, 107, 110, 111, 223, 224, 253, 265, 285, 286, 289, 313, 316
    de Loschmidt, 111
    de onda, 123
    de propagação, 122
    quântico
        principal, 387
        secundário, 387

O

observação indireta
    método da, 349
onda
    comprimento de, 122
    convergente, 475
    divergente, 475
    eletromagnética monocromática
        intensidade de, 158
        momentum de, 159
    evanescente, 472
    linearmente polarizada, 121
    plano-polarizada, 121
    velocidade de propagação de, 119
ondas
    acústicas, 119
    de propagação, 125
    eletromagnéticas
        energia de, 155
        equação de, 153
    esféricas, 126
    estacionárias, 128
    longitudinais, 121
    monocromáticas, 122
    pacote de, 410
    planas monocromáticas, 125
    propagação de, 119
    reflexão de, 131
    transmissão de, 131
    transversais, 121
ondas-piloto
    pacote de, 410
operador
    d'alembertiano, 534
    hamiltoniano, 434
    laplaciano, 147
    momento angular, 456
    momentum, 441
    nabla, 148
operadores
    hermitianos, 445
ortogonalidade
    da função de onda, 435
    dos autoestados de energia, 435
    dos estados estacionários, 435

oscilador
    autoestados de energia do, 483
    autovalores de energia do, 483
    harmônico, 482
        espectro de energia do, 402, 404
        simples, 482
        solução matricial do, 401
osciladores
    de Planck, 305

P

pacote de ondas, 410
pacote-piloto, 409
parâmetro
    de atenuação, 473
    de impacto, 359
paridade, 484
partícula
    elementar, 537
    livre, 440
partículas
    α, 277
    β, 277
    alfa, 277
    beta, 277
partons, 556
Paschen
    série de, 235, 367
passeio aleatório, 106
Pauli
    equação de, 543
    matrizes de, 536
    princípio
        de exclusão de, 526
permeabilidade magnética, 149
permissividade elétrica, 149
Perrin
    aparato de, 108
    experimentos de, 107
peso atômico, 34
Physis, 1
pilha voltaica, 220
Planck
    constante de, 254, 312, 313, 365, 368, 369, 400, 408, 447, 448, 531
    fórmula de, 394, 396, 399
    osciladores de, 305
    quantum de energia de, 312
    regra de quantização de, 369, 373, 382, 383
plano de fase, 382
poço de potencial
    descontínuo, 471
    infinito, 475
    profundidade mínima de um, 450
    retangular, 449, 471
polinômios
    associados
        de Laguerre, 521
        de Gegenbauer, 529
    de Hermite, 486
        fórmula de Rodrigues dos, 488
        função geratriz dos, 487
        ortogonalidade dos, 490
        relações de recorrência, 489
    de Laguerre, 522
        fórmulas de recorrência dos, 522
        função geratriz dos, 522
        ortogonalidade dos, 523
    de Legendre
        diagramas polares, 502
        fórmula de Rodrigues, 494, 505
        função geratriz, 499, 505
        normalização, 503
        ortogonalidade dos, 505
posição
    incerteza na, 430
    valor médio da, 430
pósitron, 531
    descoberta do, 538
potência
    de uma onda, 127

potencial retangular
    barreira de, 479
Poynting
    vetor de, 157
precessão
    de Larmor, 231
pressão
    da luz, 159
    eletromagnética, 159
princípio
    da conservação de energia, 208
    da conservação de momentum, 208
    da correspondência, 364, 403
        de Bohr, 377
    da equipartição de energia, 64, 72
    da invariância da velocidade da luz, 181
    da irreversibilidade
        macroscópica, 297
    da relatividade de Galileu, 177
    da relatividade restrita, 181
    da superposição, 427
    de correspondência, 367
    de exclusão de Pauli, 526
    de mínima ação, 116
    do caos molecular, 60
    do tempo mínimo, 116
    teleológico, 14
probabilidade
    amplitude de, 427
    de transição, 394
    de transmissão, 92
    densidade de, 427
    densidade de corrente, 427
propagação
    de calor, 146
Proust
    lei das proporções definidas de, 31
Prout
    hipótese de, 36
pulso, 120

Q

quadrimomentum
    transferido, 556
Quântica
    Mecânica, 407
quantização
    da luz, 318
    do momento angular, 368
quantum
    de eletricidade, 224
    de energia, 291
    de energia de Planck, 312
quark, 255, 285, 542, 551
    charm, 542
    top, 557

R

radiação
    de corpo negro, 299
radiotividade
    artificial, 280
    natural, 274
raio
    atômico, 339
    clássico do elétron, 164
    de Bohr, 369, 371, 449
    nuclear, 354
raios
    alfa, 277
    beta, 277
    catódicos, 237
    gama, 277
raios X, 259
    difração de, 262
Rayleigh
    fórmula de, 291, 305, 309, 310, 315, 316, 394, 395
    lei de, 314

razão
    carga/massa, 242
    giromagnética orbital do elétron, 231
reducionismo, 119
referencial
    do centro de massa, 209
regra
    de comutação, 444
        de Heisenberg, 399, 400
        entre posição e momentum, 400
    de comutação de Heisenberg, 403
    de Hund, 547
    de quantização
        de Bohr, 383
        de Planck, 369, 373, 382, 383
        de Wilson-Sommerfeld, 383, 414
    de seleção, 403
    de soma
        de Thomas-Kuhn, 399
regras de seleção, 524
relação
    carga-massa, 229
    de dispersão, 124
        de L. de Broglie, 410
    de Einstein, 407
    de Heisenberg, 400, 439, 446
    de incerteza de Heisenberg, 413, 414, 444, 447, 448, 450
    de L. de Broglie, 408, 4109
    de Maxwell, 153, 470
    de ortogonalidade, 435
    entre energia, momentum e massa
        de Einstein, 204
relatividade do comprimento, 185
Relatividade Geral
    teoria da, 166
Relatividade Restrita
    princípio da, 181
    teoria da, 116, 166
Rühmkorff
    bobina de, 238
Rutherford
    átomo de, 365
    estabilidade do modelo de, 353
    modelo, 362
    modelo atômico de, 277, 340, 352, 354, 361, 363–365, 369, 370
    seção de choque de, 361, 555
Rydberg
    constante de, 229, 363, 372, 376
    fórmula de, 228, 366

S

Schrödinger
    equação de, 424, 432–435, 464, 470–472, 478, 483, 484, 493, 499, 532, 534, 555
seção de choque
    de Mott, 556
    de Rutherford, 361, 555
    de Thomson, 162, 164
    diferencial, 90, 556
    diferencial de Thomson, 164
    geométrica, 84
    probabilística, 91
    total, 90
série de
    Balmer, 367, 368, 392
    Lyman, 235
    Paschen, 367
simultaneidade, 183
    relativa, 184
sincronismo, 183
sistema saturniano, 348
sistemas nucleares, 210
Soddy-Fajans
    lei do deslocamento de, 284
Solvay
    Conferência de, 167
Sommerfeld
    teoria relativística de, 388
spin
    do elétron, 525, 536, 545

Stark
    efeito, 528
Stefan
    lei de, 299, 300, 303, 304, 333
Stefan-Boltzmann
    constante de, 300
Ster-Gerlach
    experimento de, 460
Stokes
    lei de, 113, 251
Sturm-Liouville
    equação de, 530
substâncias compostas, 31

T

tabela Periódica, 346, 376
    de Mendeleiev, 45, 346, 553
temperatura
    de Debye, 325
    de Einstein, 324
tempo
    de coerência, 439
    de vida
        de autoestados, 439
    escala, 183
    próprio, 183, 187
Teoria Cinética dos Gases, 58
Termodinâmica
    1ª lei da, 296
    2ª lei da, 296
Thomas-Kuhn
    regra de soma de, 399
Thomson
    estabilidade do modelo, 341
    experimentos de, 241
    modelo atômico de, 337, 339, 340, 344, 346, 347, 349, 364, 368, 369
    modelo de, 362
    seção de choque de, 162, 164, 165
    seção de choque diferencial de, 164
transformações
    de coordenadas, 196
    de Galileu, 178–180, 182, 197, 202, 431, 432
    de Lorentz, 179, 182, 196, 202, 408, 532, 533
    de velocidades, 197
    dos campos eletromagnéticos, 199, 200
transformada
    de Fourier, 412, 413
transmissão
    probabilidade de, 92
transmutação, 279
tubos
    de Coolidge, 261
    de Geissler, 237

    de raios catódicos, 237
tunelamento
    microscópio de varredura por, 482

V

valência, 45
valor médio, 437
    da posição, 430
    do momentum, 443
    equação de evolução do, 451
variável de ação, 382
variedade
    a quatro dimensões, 213
velocidade
    da luz no vácuo, 531
    de fase, 124
    de grupo, 124, 409
    de propagação de onda, 119
vetor
    de Poynting, 157
    de propagação, 125
vida-média
    atômica, 340
    de autoestados, 439
viscosidade, 100, 101
Volta
    pilha de, 33

W

Wien
    fórmula de, 291, 300, 304, 305, 310, 311
    lei de, 305, 310, 318, 319
    lei do deslocamento, 303
Wilson
    câmara de, 247
Wilson-Sommerfeld
    regra de quantização de, 383, 414

Y

Young
    experimentos de, 134

Z

Zartman e Ko
    experimentos de, 78
Zeeman
    efeito, 165, 229, 404, 406